内燃机先进技术译丛

内燃机学

[韩]全兴信　（전흥신）著
李钟福　等译

机 械 工 业 出 版 社

内燃机是汽车、飞机、火箭等核心部分发动机的统称，包含了机械工程学中所学的热力学、流体力学、材料力学、机械力学、热传递、燃烧学、润滑工学等基本力学和应用力学的方方面面。本书用简单的语言讲述了和内燃机相关的新技术，涉及内燃机热力学、内燃机的性能及测试、燃料和燃烧特性、汽油机和柴油机的工作原理和技术特点、进/排气系统和增压系统、冷却技术、润滑系统与摩擦损失以及内燃机的力学特性等，还讲述了航空燃气涡轮发动机、火箭推进发动机等内燃机的应用技术，内容全面，讲解清楚，非常适合相关专业的学生、老师及广大研究人员参考。

图书在版编目(CIP)数据

内燃机学/(韩)全兴信著；李钟福等译. —北京：机械工业出版社，2015.10

(内燃机先进技术译丛)

书名原文：Internal Combustion Engine

ISBN 978－7－111－51380－3

Ⅰ. ①内…　Ⅱ. ①全…②李…　Ⅲ. ①内燃机　Ⅳ. ①TK4

中国版本图书馆 CIP 数据核字（2015）第 206450 号

机械工业出版社(北京市百万庄大街 22 号　邮政编码 100037)

策划编辑：何士娟　责任编辑：何士娟

版式设计：赵颖喆　责任校对：陈延翔　樊钟英

封面设计：鞠　杨　责任印制：李　洋

北京圣夫亚美印刷有限公司印刷

2016 年 1 月第 1 版第 1 次印刷

169mm×239mm ·37.75 印张·2 插页·779 千字

0001—4000 册

标准书号：ISBN 978－7－111－51380－3

定价：198.00 元

凡购本书，如有缺页、倒页、脱页，由本社发行部调换

电话服务	网络服务
服务咨询热线：010－88361066	机 工 官 网：www.cmpbook.com
读者购书热线：010－68326294	机 工 官 博：weibo.com/cmp1952
010－88379203	金　书　网：www.golden－book.com
封面无防伪标均为盗版	教育服务网：www.cmpedu.com

译 者 序

受韩国全兴信教授和机械工业出版社的委托，我组织大家翻译了这本韩国的经典专著——《内燃机学》。

韩语和汉语的语言结构完全不同，韩语中还大量使用英文外来语，要将韩文的意思准确表达为符合中国人语言习惯的方式，不仅要求有深厚的技术基础，能够正确地理解翻译资料内的相关技术、术语、相关背景以及作者写作时的社会背景、社会现象，准确表达原文的主线，还需要深厚的中文功底，这样才能使译文准确、精炼、地道。

在翻译本书的过程中，我深刻感觉到了作者渊博的学识，而且他为了能使广大学者和学生易学易懂，翻阅了大量的资料，尽可能以通俗易懂的语言表达了复杂的技术。

现在终于完成了《内燃机学》一书的翻译。

翻译工作非常艰辛，回顾这段历程，愉快、疲劳混杂在一起，我还回想起了我在中国空军部队服役的日子，这段经历对航空发动机和火箭发动机部分的翻译工作非常有益。但是，因为翻译工作的投入，我很长一段时间忽视了家庭、朋友，在此对他们表示深深的愧疚和衷心的感谢。

本书的翻译人员有李钟福、姜哲云、高松春、安晓玲、李昂、郑明花、李斌、金靖云、南文淑、金明淑、崔美香、金成哲、金基焕、陈兰花、孙海月、张日梅、金文浩、洪彪、安丽娜、吴龙海、许成海、李仙女、林昌云、崔光辉、金男浩、金虎、李京国、金春吉、李美玲、延虎、李钟光、池明实、申玉子、陈香花。

本书是内燃机方面的专业著作，内容精深，译者的知识局限性会给译文带来很多不足之处，望广大读者提出宝贵的意见。

谢谢！

译 者

2015 年 2 月 1 日

前　言

韩国在过去30年经济发展的同时，以国内汽车保有量1500万辆（2005年）、向国外出口汽车1000万辆（2002年）的成绩说明了汽车产业已进入了急速发展的阶段。

从第一辆汽车诞生至今已有120多年，虽然汽车的基本概念没有多大的变化，但汽车技术的发展一直在与时俱进。现在，全世界越来越重视低碳、环保，因此环保、高效率的节能型小型车、混合动力车、燃料电池车、电动车等正受到广泛的注目。

很长一段时间内，乘用车市场几乎由汽油机独占鳌头，几乎占领了全部的市场份额。现在，地球变暖化问题摆在人类的前面，为了实现节能减排，具有高动力、高耐久性和高燃油经济性优势的柴油机，通过对其振动、噪声等缺点的重大改善，以欧洲为中心的厂商开始在高级乘用车上搭载柴油机。韩国开发生产的柴油机也采用了环保技术、高科技技术等，正以从未有过的高速在发展着，柴油机乘用车正在逐步普及使用。在汽油机汽车方面，也广泛开发并应用了稀薄燃烧系统、直喷式等节能技术。

内燃机是汽车、飞机、火箭等核心部分发动机的统称，其包含了机械工程学中所学的热力学、流体力学、材料力学、机械力学、热传递、燃烧学、润滑工学等基本力学和应用力学的方方面面。本书还讲述了各个时代开发的新技术和多样化的技术发展，因此本书不仅在质的层面上，而且在量的层面上也很丰富。目前大多数内燃机理论书籍主要叙述了基本的理论，没能记述新开发和新应用的新的技术和系统。

作者认识到之前出版的内燃机书籍具有的这些缺憾，收集当前已采用的或研究中的新技术。此外，对于内燃机设计方面必须熟知的基础理论方面进行了详细的说明，尤其是对数学表达式的展开更加详细地进行了说明。

作者曾经于2009年在宾夕法尼亚州立大学的Richard Yetter教授处学习了内燃机的课程。这次学习对本书的帮助很大。对此向Yetter教授和邀请我的Domenic Santavicca教授表示衷心的感谢，并对著作本书时帮助我的人表示感谢。最后向因著书而对他们关心不够的智穗、智禧、珍禹说一声：“对不起，我爱你们！”

2011. 12.

全兴信

目录

第1章 绪　　论

1.1 概述

1.1.1 热力机

汽车用发动机是热力机的一种。热力机作为将热能转换成机械能或电能的装置，种类繁多，不仅在汽车、船舶、火车、飞机、火箭上广泛使用，还作为火力发电厂的蒸汽原动机。热能一般是从化石原料（石油、天然气、煤炭）的燃烧中获得，除此之外，也可利用太阳能、风力、地热、水力等自然界中存在的能量，以及通过核反应产生的原子能。

热力机的运行原理根据其热效果的不同而有所差异。热效果是指所有的物质受热时温度上升或体积膨胀，不加热时温度下降或体积收缩。热力机就是通过热能的传递使流体发生膨胀和收缩，把热能转换成机械能的装置。

热力机主要以对工质流体加热的方法和把工质流体转换成功的方法来分类。首先根据对工质流体加热的方法不同，可分为外燃机和内燃机。外燃机是从外部产生热能，再通过壁传递给工质流体获得功的方式。外燃机的燃烧气体与工质流体不是同一种气体，且产生热量的部分和发生动力的部分各自独立。这部分有将水作为工质流体的汽轮机和蒸汽机，还有将氢气与氦气作为工质流体的斯特林发动机。内燃机是作为工质流体的燃料与空气混合气燃烧生成的高温、高压燃烧气体直接产生功的装置，这时工质流体与燃烧气体是同一种气体。内燃机包括汽油机、柴油机、燃气涡轮发动机、火箭发动机等。

根据工质流体转换为功的方式不同，热力机可分为往复型和旋转型。往复型由气缸、活塞构成，使工质流体在气缸内燃烧，使活塞进行往复运动做功。这种方式在一定容积的气缸内充填燃料/空气混合气，故还称为容积型发动机，其特征为间歇燃烧。另外，旋转型发动机如燃气轮机或汽轮机，把工质流体转换为高速气流，再使高速气流冲击旋转叶片，并利用产生的冲击力或反作用力来获得功。涡轮的旋转速度比往复型发动机的旋转速度高很多，故旋转型发动机还称为速度型发动机，其特征为连续燃烧。

目前汽车用发动机采用较多的是内燃机中的往复型发动机和转子型发动机（汪克尔发动机），而外燃机的往复型蒸汽发动机仅应用在观光用火车上。虽然转子型发动机为旋转型，但在一定容积内通过火花点火将燃料/空气混合气进行间歇燃烧，因此应属于容积型（往复型）内燃机。热力机的分类和比较见表 1-1。

表 1-1　热力机的分类和比较

<table>
<tr><th colspan="3">热力机</th><th>主要用途</th><th>特征</th></tr>
<tr><td rowspan="2">外燃机</td><td>旋转型</td><td>汽轮机</td><td>火力发电厂、原子能发电厂</td><td>高效率、大转矩、连续燃烧</td></tr>
<tr><td>往复型</td><td>蒸汽机
斯特林发动机</td><td>火车、船舶</td><td></td></tr>
<tr><td rowspan="2">内燃机</td><td>旋转型</td><td>燃气涡轮发动机
火箭发动机
涡轮喷气发动机</td><td>飞机、船舶、发电、火箭</td><td>轻量、小型、连续燃烧、效率稍微比往复型低</td></tr>
<tr><td>往复型</td><td>汽油机
柴油机
燃气发动机
石油发动机
汪克尔发动机</td><td>汽车、飞机、船舶、发电、土木、工农业、林业</td><td>轻量、小型、高效率
采用便利
运行范围较宽
间歇燃烧</td></tr>
</table>

1.1.2　内燃机的特征

今天，随处可见的摩托车、汽车、火车、船舶、飞机、火箭等都使用内燃机。使用的燃料有气体燃料（天然气、LPG）和液体燃料（汽油、煤油、柴油、重油等）。汽车、摩托车、火车、船舶等采用往复型发动机，大中型飞机则采用旋转型发动机。本章将对汽车用往复型内燃机进行具体说明，对航空航天用发动机将在第 12 章航空燃气涡轮发动机和第 13 章火箭推进发动机中进行说明。

1. 往复型内燃机

往复型内燃机可在燃烧室中通过间歇燃烧获得燃料热能，并通过活塞旋转曲轴产生动力。外燃机为连续燃烧型，燃烧室与动力发生装置各自独立。因此，内燃机与外燃机相比，具有体积小、重量轻且移动便利的优点。但是，因在狭小空间燃烧室中短时间内间歇燃烧，易发生严重的冲击和振动，并会排放有害气体。

往复型内燃机的一次燃烧时间仅为曲轴角度 40°～60°CA。即，如果发动机的旋转速度为 4000r/min，是 60s/4000r＝0.015s/r，也就是说曲轴旋转一圈的时间为 15ms。如果将燃烧时间设为 60°CA，此时燃烧时间为 15ms×60/360＝2.5ms 非常短，并且燃烧最高温度可以达到 2400～2600K。因此，内燃机如果在燃料与空气没有充分混合的状态下短时间内燃烧，很容易生成碳氢化合物（HC）、一氧化碳（CO）、颗粒性物质（PM），以及在高温状态下的氮氧化物（NO_x）。

往复型内燃机与外燃机相比具有如下优点：

① 在气缸内进行间歇燃烧，循环最高温度高，热损失少，因此热效率高。

② 输出功率范围很广，可以达到1~30000kW（汽车用发动机的功率范围在20~300kW），功率体积比或功率重量比小。

③ 不需要如锅炉等附属装置，因此能做到小型、轻量，且移动便利，成本低。

④ 发动机的起动、停止和转速（或负荷）调节容易，因此倒车性能好，起动前后没有燃料损失。

⑤ 不使用固体燃料，故不会产生灰，接近于完全燃烧。

⑥ 热效率高，因此同一燃料装载量条件下行驶里程长。

但存在如下缺点：

① 往复型发动机要进行间歇燃烧，因此压力变化大，会产生严重的冲击和振动。

② 排气量较大的发动机，功率体积比或功率质量比较大。

③ 因为是间歇燃烧，所以在后处理之前的排放废气中有害成分多。

④ 不能自起动，低速时输出转矩小，因此保持低速运行较困难。

⑤ 由于燃烧压力高，发动机中需要采用高级材料或高精密度加工的部件较多。

⑥ 由于高温、高压部件多，特别需要注意润滑和冷却。

⑦ 燃料的多样性不足，很难使用低级别燃料，磨损和腐蚀的部分较多，使得发动机的寿命短。

2. 发动机的要求特性

对汽车发动机的性能要求如图1-1所示，可分为经济性、安全性、舒适性、低公害性等。经济性方面的要求有低油耗、小型、轻量、高可靠性、耐久性、低成本等。安全性和舒适性方面的要求有高输出功率、良好的操控性、低噪声、低振动等。低公害性方面的要求有污染物低排放等。汽车用发动机的商品性不能由其中的一种或两种特性来决定，必须全面考虑所有的项目。各项要求特性根据废气排放和噪声相关法规等社会性要求，以及造型、价格和发动机类型（轿车用、多功能车型、跑车用等）等的不同而不同。

时代不同，对发动机的要求也不同。如1970年代前是高输出功率的竞争，1970年代从马斯基法开始的废气排放对策和两次石油危机带来了低空燃比、小型车、紧凑型车及代替能量车辆的需求上升。从20世纪80年代开始，款式造型得到重视，生产工艺也开始发生变化，车身款式也从70年代的方方正正型转变成柔和的流线型，从造型、设计到生产，电脑的应用越来越广泛，CAD/CAM等程序应用在全部领域。20世纪90年代，车上基本都配备了安全气囊、ABS（防抱死制动系统）等安全装置，并逐步开始扩大卫星导航系统的应用。进入21世纪后，随着电子信息技术的发展，汽车的所有领域都配备了电控系统，并开始向智能化、高安全化、环保化发展。特别是日趋严格的废气排放法规以及对应温室效应和能源匮乏的危机所制定的降低二氧化碳（CO_2）排放的低油耗法规，在发动机开发上也要求与此对应。现在汽车制造公司正热衷于环保的混合动力、生物柴油技术的开发，同时也正积极开发氢燃料电动汽车。

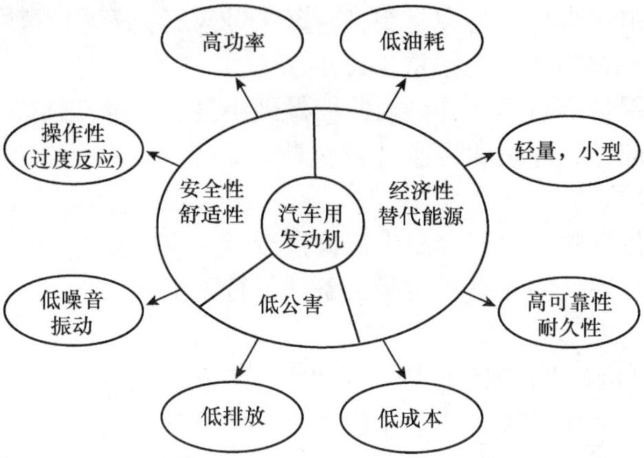

图 1-1　对汽车用发动机的性能要求

1.1.3　汽车发动机的历史

最初的汽车发动机不是内燃机而是外燃机。这是 1769 年法国的炮兵将校尼古拉·约瑟夫·居纽为了移动大炮而发明的炮车（蒸汽机车）。他在 1771 年制造出第二号车，可承载 4 人以 3.5km/h 的速度行驶。此后，该技术在欧洲各地发展开来。1801 年，理查·特里维西克制造出最初的实用性蒸汽机车。该车有 3.3m 直径的大轮，成功地在伦敦市内承载 8 人以 13km/h 的速度行驶。蒸汽机车从 1820 年开始在英国普及，并在 1830 年随着营业用蒸汽机巴士的登场，正式作为大众交通工具应用。到 20 世纪初，蒸汽机车正式进入了黄金时代。蒸汽机车（蒸汽机）的原理：在锅炉中燃烧煤炭加热水产生高温、高压蒸汽，并通过滑阀交替地向气缸内活塞两侧轮流供给高压蒸汽，使蒸汽膨胀并带动活塞做直线运动，以此带动曲轴旋转做功，这种类型称为复动式。

此后，因蒸汽机车无法回避的炭烟问题，人们开始研发并出现了电动汽车。电动汽车虽然从 1870 年开始与蒸汽机车一起应用到 1920 年，但因为电池的重量重，行驶距离仅在 50km 以内，因此随着内燃机汽车的发明，与蒸汽机车一同慢慢退出了历史的舞台。内燃机最初由英国的罗伯特·斯特里特在 1794 年提出的燃气理论开始：在气缸内燃烧燃料带动机械装置移动。之后，威廉·巴聂特在 1838 年提出可燃混合气在点火前进行压缩就会很有利，并研制了火焰点火装置。之后勒努瓦开发出最初的实用性内燃机。

法国人艾蒂安·勒努瓦在 1860 年制造了虽与当时蒸汽机形态相同，但可在气缸内直接燃烧燃料来取得动力的复动式㊀燃气发动机。这是把浸泡液体燃料的布团

㊀ 在活塞两侧轮流供给蒸汽工作的方式，与单动式相对。

所蒸发的气体燃料与空气的混合气引入到气缸内进行燃烧的无压缩电火花点火式燃气发动机。虽然气体在气缸内燃烧爆炸所产生的噪声很大，但发动机可以正常运转，因此数百台被实用化，且其效率为3%～4%。从这时开始，以欧洲为中心，各国很多人开始研究内燃机。

1862年，法国的德罗沙针对为了提高内燃机的效率提出了如下4点：

① 混合气在点火燃烧前要提高压力。

② 相对气缸体积的表面积要做到最小。

③ 使燃气尽可能膨胀。

④ 发动机的转速尽可能大。

对于当时从事研究和制造发动机的人们来说，他的这些理论明确了方向，明示了包含已经成为现代高效率发动机最基本的理论，如包括压缩冲程的四冲程理论。这为当时的研究提供了巨大帮助。

1866年，由德国的尼古拉斯·奥托与尤根·朗根发明了将煤气作为燃料的火焰点火自由活塞式[㊀]燃气发动机。1876年，奥托根据德罗沙提倡的原理制造了带有曲柄机构的四冲程燃气发动机。此发动机以功率2.2hp、压缩比2.5和效率10%的表现带来了发动机飞跃性的发展，并且运转也很安静，以此命名为寂静发动机。奥托的燃气发动机取代了当时使用的勒努瓦发动机，在出现汽油机前的10年间独占了市场，约制造了5000台。

奥托发动机在四个行程中仅有1个行程中做功，因此存在旋转不规则的缺点。而后英国的克拉克在晚于奥托4年的1880年制造了二冲程燃气发动机，斯科特于1901年完成了二冲程汽油机的制造。

与现在汽车用燃气发动机几乎相同形态的内燃机（四冲程汽油机）是由戈特利布·戴姆勒在1883年完成并实用化的。

1900年代，对汽油机的研究持续发展，确立了化油器、节气门、电火花点火、活塞、连杆和曲柄机构等为产生功率不可缺少的基本结构。

压燃式发动机的观点在比汽油机晚10年的1893年由德国的鲁道夫·狄塞尔提出。他发表了《合理性热力机的理论与结构》的论文，并制造了发动机。他在论文中指出，只将空气吸入气缸内，并使空气压缩到高于燃料着火温度的程度，后向其中以空气喷射[㊁]的方式喷射燃料，即可进行燃烧，其效率可达到73%。

曼（MAN）公司给他提供了经济上的支援，于1897年第三季度开发成功了柴油机。此款发动机是采用了与蒸汽发动机相同的十字头[㊂]和冷却方式的单气缸发动机，它获得了功率为18hp、总效率为28%的好成绩。在1901年删减了十字头，而采用了筒状活塞[㊃]。表1-2为奥托发动机与柴油机的性能比较。

㊀ 在燃烧压力作用下飞起、落下时通过齿条和小齿轮带动轴旋转的方式。

㊁ 利用高压压缩空气把燃料加压喷射进入气缸内的方式。

㊂ 在往复式发动机中，连接活塞杆和连杆小端的部件，通过十字头滑块运动，引导活塞杆的直线运动，并支承连杆的侧向力。

㊃ 还称为单动式活塞，采用仅在一侧作用爆发压力并做功的结构，是广泛使用的活塞类型。

表 1-2　奥托发动机与柴油机的性能比较

项目	奥托发动机（1876）	柴油机（1897）
气缸个数	1	1
排气量/L	6.1	20
内径/mm	161	250
行程/mm	330	400
输出功率/hp(kW)	2.2（1.64）	18（13.43）
容积效率/(L/min)	180	172
效率（%）	10	28

1.2　内燃机的工作原理

目前，汽车用内燃机有四冲程发动机、二冲程发动机、转子发动机（汪克尔发动机），其中主要使用四冲程汽油机和四冲程柴油机。现在四冲程汽油机大部分为空气过量系数在 $\lambda=1$ 的理论混合气附近运行的发动机，此外在 $\lambda>1$ 的稀薄混合气状态运行的端口喷射稀薄汽油机和气缸内直接喷射汽油机也正在开发使用。稀薄汽油机是从开发分层进气发动机开始的。

1.2.1　四冲程发动机

往复式活塞发动机根据运行方式分为四冲程发动机和二冲程发动机。四冲程发动机根据使用燃料的不同可分为汽油机、柴油机、液化气（LPG）发动机和天然气（CNG）发动机等。这些发动机的结构和工作原理几乎相同。

1. 结构

往复式发动机是燃料与空气的混合气在气缸内燃烧产生的高温、高压气体推动活塞，使活塞进行往复运动，此往复运动通过连杆带动曲轴旋转，以此获得动力。把活塞的往复运动转换为曲轴旋转运动的机构称为曲柄连杆机构。

汽油机的结构如图 1-2 所示。发动机本体的运动部分有进行往复运动的活塞、把活塞的往复运动转换为旋转运动的连杆（连接杆）和曲轴、与曲轴通过正时带连接同步以曲轴一半的速度旋转的凸轮轴和通过凸轮轴的旋转开闭的进、排气门。

柴油机有直喷式和副燃烧室式，目前大部分采用直喷式共轨柴油机。直喷式柴油机的结构与汽油机类似，发动机本体的活塞、连杆、曲轴、凸轮轴、进气门、排气门等结构和设置位置几乎相同。不同的是，在汽油机火花塞的位置处安装了喷油器，并配备有以高压供给燃料的柱塞泵（或高压泵）。另外，柴油机的燃烧室由活塞在上止点位置时活塞头部的凹陷空间构成，并且因最高压力较高，因此在总体结构上比汽油机坚固。

图 1-3 显示了汽油机气缸的结构。活塞在气缸内进行上下往复运动。把活塞速度为0的位置称为止点（死点），最上位置称为上止点（TDC），最下位置称为下止点（BDC），把此间的距离称为行程（S），一个行程相当于曲轴旋转 180°活塞移动的距离。气缸的直径称为内径或缸孔（B）。

气缸在活塞处于上止点位置时其容积达到最小 V_{min}，这称为燃烧室容积 V_c，活塞从上止点移动到下止点时的容积称为工作容积 V_h。活塞在下止点位置时达到最大容积 V_{max}，此容积为燃烧室容积和工作容积之和。汽车的排气量 V_{st}是工作容积 V_h 与气缸数 Z 之积。

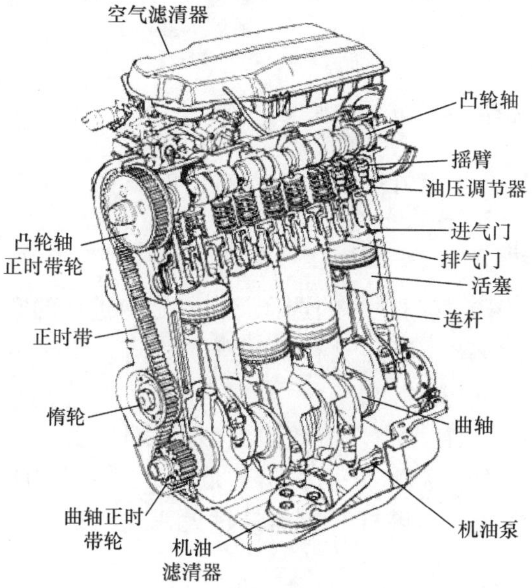

图 1-2 汽油机的结构

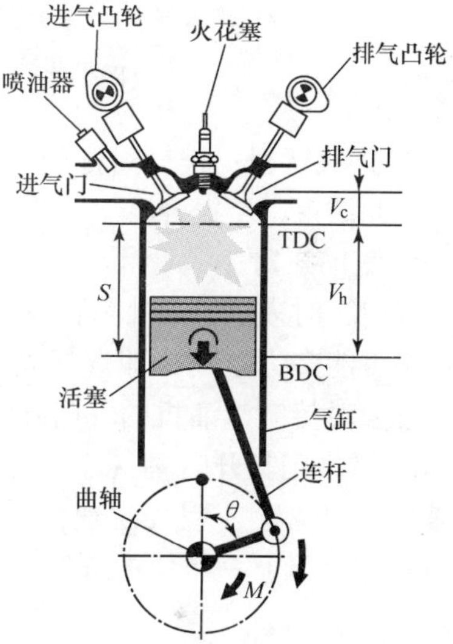

图 1-3 汽油机气缸的结构

2. 工作原理

四冲程循环表示一个循环有四个行程，即进气行程、压缩行程、做功行程和排气行程。一个行程相当于曲轴旋转 180°，四个行程相当于曲轴旋转 720°，即曲轴转动每2周完成1个循环。图 1-4 显示了四冲程发动机的工作原理。

① 进气行程：进气门打开，活塞从上止点开始向下止点移动，点燃式发动机（汽油、LPG 发动机）是把燃料与空气的混合气吸入气缸，压燃式发动机（柴油机）是仅把空气吸入到气缸内。

② 压缩行程：进排气门均关闭，活塞从下止点开始上升压缩混合气（或空气）并成为高温高压状态。在压缩行程末期，点燃式发动机是通过火花塞点燃混合气，压燃式发动机是向高温状态的空气中喷射燃料并自着火。

③ 做功行程：在活塞上止点附近混合气发生周期性燃烧，活塞通过燃烧气体的力量从上止点被推动到下止点，以此使曲轴旋转获得功，因此又称为动力行程。

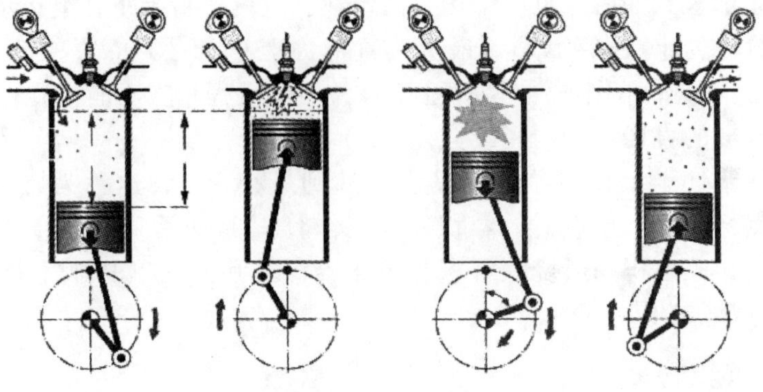

图 1-4　四冲程循环发动机的工作原理

④ 排气行程：排气门打开，活塞从下止点开始上升，气缸内的燃烧气体被排出，以此结束一个循环。

3. 气门正时

气门正时表示进、排气门的开闭时期。气门正时的选择是以气缸内进入的空气量要尽可能多为原则，即选择高的容积效率。汽油机和柴油机的气门开闭时刻不同，下面对传统汽油机的气门开闭时刻进行说明。

① 进气门打开时刻（IO）：进气门打开初期空气流通面积小。因此，为了在活塞速度大的位置（空气流速大的位置）使气门打开面积达到最大，通常在 BTDC（上止点前）10°～15°CA 进气门开始打开。如果打开提前量过大，气门重叠量会增大。

② 进气门关闭时刻（IC）：在进气行程初期空气的流通面积小，相对于气缸容积增加量的新鲜混合气进入量小，因此发生急速压力降。但是，气门逐步开大，新鲜混合气通过气缸壁进行加热，因此气缸内的压力上升，并在进气行程末期进气动能也增加，以此压力会恢复到大气压左右。如果进气门的关闭时刻过早，压力不能恢复到大气压，因此进气门的关闭时刻为 ABDC（下止点后）40°～60°CA。如果比此早关闭，会降低容积效率。最佳进气门关闭时刻会受到进气惯性的影响，以此在低速状态下提早关闭，高速状态下延迟关闭。

③ 排气门打开时刻（EO）：排气门的打开时刻对容积效率的影响小，因此主要考虑获得尽可能大的膨胀功，并要减少排气损失这两个方面。为了提高输出功率，在低速状态下延迟打开，在高速状态下提前打开。通常，排气门的打开时刻多为 BBDC（下止点前）45°～60°CA。

④ 排气门关闭时刻（EC）：在排气行程中，气缸内的压力在排气门的节流作用下比排气管的压力略大。为了减少残留废气量，排气门的关闭时刻为 ATDC（上止点后）5°～20°CA。如果关闭时刻过于提前，则不能充分排气，残留废气量会增

多，因此容积效率会降低。与此相反，如果关闭时刻过于延迟，则废气会从排气口逆流到气缸内，结果残留废气量会增多，因此容积效率降低。

综上所述，进气行程中进气门在活塞到达上止点前打开，排气行程中排气门在活塞到达上止点以后关闭，因此在上止点附近进、排气门均处于打开状态。这称为气门重叠。如果气门重叠量过大，在低速状态下残留废气量过多，容积效率会降低。相反在高速、高负荷时获得动态效果，容积效率会增大。图1-5显示了汽油机和柴油机的气门正时。图1-5b的阴影部分表示气门重叠量。

4. 指示线图

利用压力表测量气缸内的压力 p，p 随曲轴角度 θ（或气缸容积 V、时间 t）的压力变化关系线图称为指示线图或示功图（$p-\theta$ 线图、$p-V$ 线图、$p-t$ 线图）。图1-6显示了汽油机的 $p-\theta$ 线图。曲线图中纵轴为气缸内压力 p 和热发生率，横

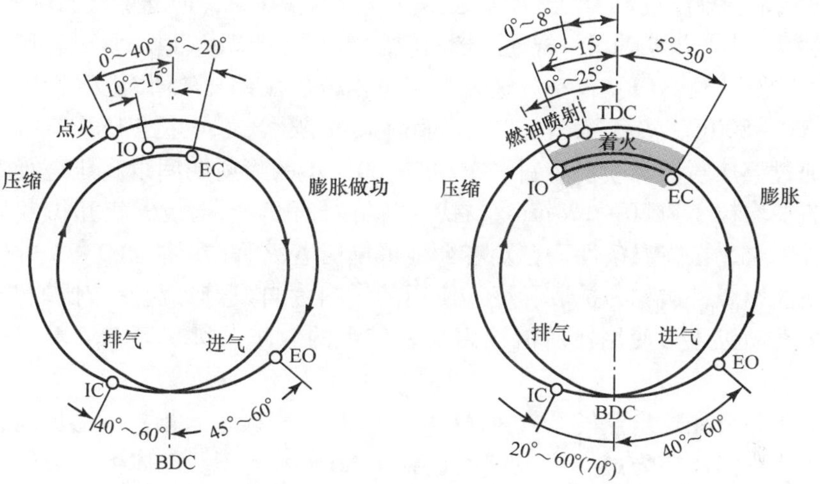

a) 汽油机 b) 柴油机

图1-5 四冲程发动机的气门正时

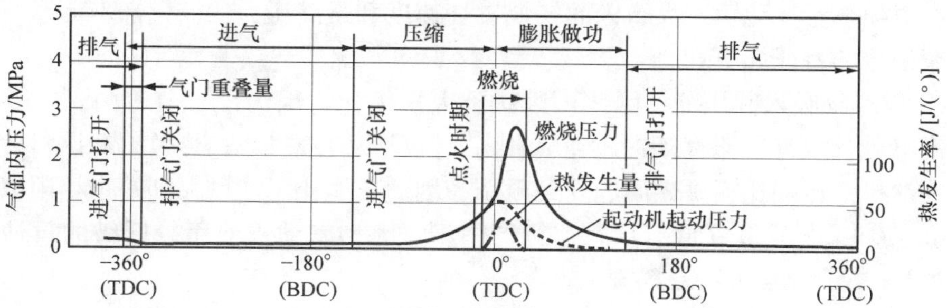

图1-6 $p-\theta$ 线图和工作原理

轴为曲轴角度 θ。从图中可以看出，曲轴每旋转 720°CA 即每 2 周重复进气、压缩、膨胀做功和排气行程，图中还显示了各位置进、排气门的打开时刻和关闭时刻、点火时期、燃烧、燃烧压力、热发生率、起动机起动压力等。这里所谓的起动机起动压力是指利用起动机带动发动机旋转时气缸内的压力。

5. 汽油机和柴油机的不同点

汽车以四冲程发动机为主，分为点燃式发动机和压燃式发动机。

点燃式发动机（SI）把空气与燃料（汽油、LPG）以约 15:1 混合的可燃混合气在气缸内以压缩比为 10 左右进行压缩后，利用火花塞点火并燃烧 40°～60°CA 时间，此时燃烧气体会达到最高压力 5MPa、最高温度 2600K 左右。点燃式发动机采用预混合燃烧，适合于小型低输出功率，因而多使用在乘用车上，多用于汽油机。输出功率的控制以过量空气系数 $\lambda=1$ 的状态下运行的发动机，其燃料量与空气量成比例，以通过在进气系统中设置节气门开度来控制空气量的多少，稀薄燃烧汽油机在 $\lambda>1$ 的状态下运行，因此与柴油机一样通过燃料喷射量来控制输出功率。

压燃式发动机（CI）仅空气进入到气缸内，以压缩比 15 以上进行压缩，使空气达到 700～800K、40 个大气压以上的高温、高压空气，并在 15°BTDC（喷射时刻）时通过高压喷油器喷射燃料。在 40°～60°CA 的喷射期间以高压进行喷射的燃料雾气的平均粒径为 20～100μm 左右，燃料被气化与周围空气相互扩散混合形成可燃混合气层，在高温条件下自发着火（或同时着火），在约为 60°CA 的燃烧期间进行周期性燃烧，这称为扩散燃烧。使用的燃料为自发着火温度较低的柴油燃料。压缩着火发动机通常使用在所需输出功率较大的客车、货车等车辆上，多采用柴油机。

柴油机始终在过量空气系数 $\lambda>1$ 的稀薄混合气状态运行，压缩比高，初期燃烧速度较快，因此燃烧最高压力可以达到 10MPa 的高压。总体上，即使为稀薄混合气，燃料喷雾粒子附近形成可燃混合气可以燃烧，因此输出功率以燃料喷射量来进行控制。在 $\lambda=1$ 的状态下运行的汽油机以进气空气量（或混合气量）控制负荷，压缩压力低，火焰速度小，最高压力也低。但是，柴油机即使负荷发生变化，初期燃料喷射量变化也不大，因此初期燃烧速度和最高压力的变化都不大。

柴油机的特征如下：

① 仅空气吸入并压缩，因此可以做到大压缩比。因为没有节气门，在部分负荷状态下进气没有节流直接进入到气缸内，因此泵气损失小，热效率和燃料效率良好。汽油机的压缩比因爆燃问题受到限制，因此压缩比不能增大到一定界限以上。

② 燃料多样化。在低速状态运行的中型、大型发动机使用较低级的重油也是可能的。

③ 因自发着火能用于大型气缸，因此适合于大型发动机。汽油机如果气缸内径过大，容易发生爆燃，因此受到限制。

④ 因燃烧最高压力大，振动较大，所以发动机缸体的强度要大，发动机重量

增加和机械损失较大，并且不能实现高转速，起动较困难，因此使用上不太便利，成本也较高。

⑤ 扩散型燃烧不能完全利用燃烧室内的空气，因此与预混合燃烧的汽油机相比，比功率（或单位功率）小。

⑥ 因为是扩散燃烧，空气不足的部分会不完全燃烧，容易生成炭烟。炭烟会与机油混合，降低机油的品质。

柴油机因具有上述优缺点，因此主要在重视燃料经济性的中型以上客车、货车和船舶用发动机上使用，但随着降振、降噪等技术和小型高速化技术的发展，目前在乘用车上也逐步普及应用。鉴于柴油机在燃料经济性和低二氧化碳排放量等方面的优势，欧洲新车销售量的50%以上为柴油机车辆。汽油机与柴油机的差异显示见表1-3。

表1-3　汽油机与柴油机的差异

项目	汽油机	柴油机
使用燃料	汽油	柴油或重油
循环方式	奥托循环	柴油循环或混合循环
燃料供给方式	进气系统或气缸内直接喷射	燃烧室内高压喷射
混合气	预混合均匀混合	混合不均匀
点火方法	火花点火	压缩着火
压缩比	9~11	17~23
输出功率控制方法	通过节气门控制空气量（混合比一定，$\lambda=1$）	燃料量控制（空气量一定，混合比变化）
燃料消耗率［g/（kW·h）］	250~380	195~240
热效率（%）	22~30	30~40
排放	CO、NO_x、HC	NO_x、PM

1.2.2　二冲程发动机

二冲程发动机也分为点燃式发动机和压燃式发动机。目前最大型发动机和最小型发动机均采用二冲程压燃式发动机。最小型发动机是配备预热塞的压燃式发动机，输出功率在100W以下的发动机也有。最大型发动机也同样采用二冲程压燃式发动机，因大型活塞的重量影响其转速受到限制，但能获得很大的输出功率，因此广泛使用在大型船舶等的动力系统上。二冲程点燃式发动机因燃料消耗率较高，且有害废气排放量大等问题，在汽车上不使用，主要用于摩托车等小型发动机上。

1. 结构

二冲程发动机如图1-7所示，没有进气门和排气门，在气缸壁上设置有扫气口和排气口，在曲轴箱内设置有簧片阀，另外除了燃烧室外还有曲轴箱。气缸壁上的排气口和扫气口在活塞上下运动时不断开启和关闭。也有的二冲程发动机将进气口与排气口、扫气口一同设置在气缸壁上。

2. 工作原理

二冲程发动机虽然仅以2个行程形成1个循环，但在1个循环中与四冲程发动机相同，进气、压缩、膨胀做功和排气4个行程都具备。新气（燃料空气混合气或空气）的压缩行程、膨胀做功过程与四冲程发动机相同，但进气和排气行程不同。四冲程发动机的进气和排气行程在曲轴旋转1周完成一次，但二冲程发动机新气和废气的交换以做功行程的下止点为中心、曲轴旋转1/2周时完成一次。

① 压缩和进气过程：如图1-7a所示，活塞从下止点开始上升至完全关闭扫气口和排气口时，气缸内的新气开始被压缩。同时密闭的下部曲轴箱因活塞的上升导致压力下降处于真空状态，此时簧片阀开启，新气开始进入到曲轴箱内。

② 燃烧和做功过程：如图1-7b所示，如果是点燃式发动机，在压缩行程末期通过火花塞点燃混合气；如果是压燃式发动机，在火花塞位置设置的喷油器喷射燃油并自发着火燃烧，使燃烧气体推动活塞向下运动。此时簧片阀关闭，活塞从上止点开始到排气口开启的位置膨胀做功，同时使进入到曲轴箱内的空气被压缩。

③ 排气过程：如图1-7c所示，活塞下降到排气口开启时，燃烧气体开始排放。此时曲轴箱内的混合气进一步被压缩，压力上升。

④ 扫气过程：活塞进一步下降时，如图1-7d所示，扫气口也开启，曲轴箱内被压缩的新气开始膨胀进入到气缸内，并驱赶气缸内的燃烧气体。新气进入并驱赶气缸内燃烧气体的过程称为扫气。活塞开始上升时，通过活塞将扫气口和排气口依次关闭。

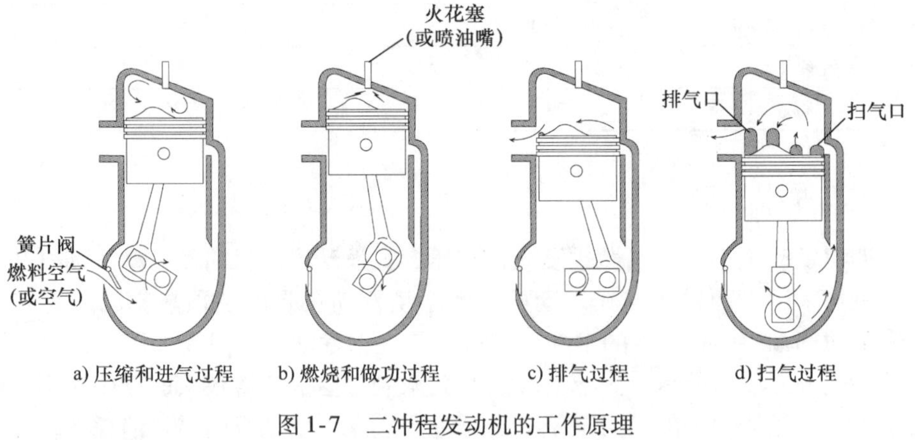

图1-7 二冲程发动机的工作原理

3. 指示线图

二冲程发动机的指示线图如图1-8所示。在指示线图中没有进气、排气过程，表示为$a-c$进气和压缩过程、$c-d$为燃烧过程、$d-e-a$膨胀过程和$e-a-b$扫气过程。从气门正时线图中可以看出，当活塞下降时首先开启排气口 e（EO），其后开启扫气口 f（SO），当活塞上升时首先关闭扫气口 f'（SC），其后关闭排气口 b（EC），以做功过程的下止点（BTC）为中心，约为曲轴旋转 1/2 周时完成新气和废气的交换。

4. 特征

二冲程发动机的特征如下：

① 在排气量、转速相同的条件下，如果不考虑扫气效率，二冲程发动机的输出功率为四冲程发动机的 2 倍。这是因为二冲程发动机每旋转 1 周做功 1 次，四冲程发动机是每旋转 2 周做功 1 次。但是，考虑各冲程损失和扫气效率、机械效率等的影响，实际输出功率为 1.5～1.6 倍。

② 因每转都要做功，因此转矩变化小且均匀。

③ 因没有气门机构，即使有也简单，因此部件数量少，相对于输出功率的摩擦损失和机械性噪声小，尺寸小，比功率大。

④ 排出燃烧气体并且新气（燃料空气混合气或空气）进入的时间短，因此与四冲程发动机相比，实际有效行程小。

⑤ 在发动机结构层面上排气口和扫气口同时开启的重叠时间长，会使新气通过排气口排放，因此碳氢化合物的排放量大。

⑥ 在扫气作用不完全时，大量的燃烧气体会残留与新气混合，另外部分混合气会通过排气口排放，因此不仅因进气量不足导致平均有效压力下降，还会导致燃料消耗率增加。因此二冲程发动机的扫气过程是影响发动机性能和效率的最重要因素。

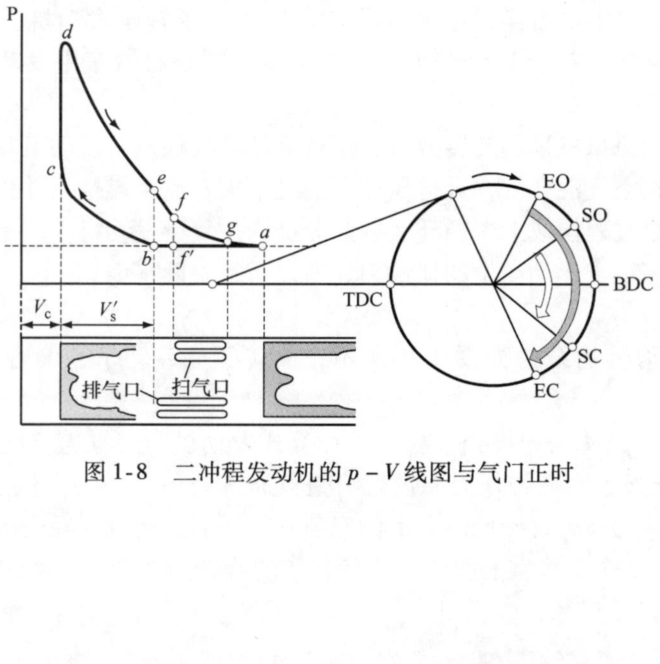

图 1-8 二冲程发动机的 $p-V$ 线图与气门正时

二冲程汽油机因不完全扫气的问题，只能供给浓可燃混合气，部分燃料在扫气过程中直接通过排气口排放，因此热效率低。同时虽然它没有燃料损失，但气缸内残留有过多废气，因此效率会降低。

二冲程柴油机所存在的上述问题，通过增压可以解决。当增压时，进气空气压力比排气背压大得多，因此能获得良好的扫气效果，尤其是柴油机即使在扫气过程中进气通过排气口排放，因不包含燃料，其效率也不会降低。因此，大型发动机多使用带扫气泵增压器的二冲程柴油机。表 1-4 为二冲程发动机与四冲程发动机的比较。

表 1-4　二冲程发动机与四冲程发动机的比较

比较内容	某型航空器二冲程发动机	汽车四冲程发动机	大型二冲程发动机
内径/mm	20.0	94.2	500
行程/mm	20.4	98.9	1610
每循环行程容积/L	0.0066	0.69	316
转速/(r/min)	13000	5200	125
每循环每气缸输出功率/(kW)	0.72	35	311
平均活塞速度/(m/s)	8.84	17.1	6.71
比功率/(kW/L)	109	50.7	0.98
平均有效压力/kPa	503	1170	4.72

1.2.3　转子发动机

转子发动机是由德国的菲力斯·汪克尔与 NSU 公司共同开发，也称为汪克尔发动机。其后，日本的东洋工业（现马自达）引入了转子发动机，它克服了侧密封和径向密封问题，并于 1967 年开始量产，到目前还将汽车用发动机出口到世界各国。

汪克尔发动机虽然采用旋转方式，但燃烧原理与往复式发动机相同，在一定的容积内进入燃料空气混合气并进行压缩，通过电火花点火燃烧，并膨胀做功后排放燃烧气体的 4 个过程构成 1 个循环，以此分类为往复型发动机。但是，因为汪克尔发动机没有活塞往复运动产生的惯性力，所以运行安静平稳。

1. 结构

汪克尔发动机的结构如图 1-9 所示，由转子壳、转子、偏心轴、转子侧盖组成。

① 转子壳：又称为中央壳，相当于往复式发动机的气缸盖，配置有水套（冷却通道）。在长圆形的一侧外周面设置有进气口和排气口，另一侧安装有火花塞。内部由基圆和转动圆的直径比为 2:1 的双节外摆线曲面构成，在壳内插入转子会形成 3 个工作室。3 个工作室的容积大小随转子的旋转连续变化，对工作室内的混合

气进行压缩、点火燃烧、膨胀做功过程。

② 转子：相当于活塞式发动机中的活塞，其形状为三角形，进行行星运动。在转子的3个角部安装有与活塞环的作用相同的防止压缩气体泄漏和燃烧气体窜气的径向密封，始终紧贴在转子壳体内表面上，以此保持密封。转子的转子轴承与偏心轴的转子轴颈结合，在偏心轴的旋转中心之间以偏心量进行偏心旋转运动。

③ 偏心轴：相当于活塞式发动机中的曲轴，是传递输出功率的旋转轴，偏心轴的轴颈插入转子内面，以此支撑转子。转子内侧的内啮合齿轮与固定在侧面盖上的外啮合齿轮（固定正时齿轮）以齿轮比3∶2互相啮合，转子在主轴周围公转并自转。转子的内部设置有机油通道，并用机油进行冷却。转子内的机油量始终保持一定的量，否则会发生振动，因此内置有为排出过剩机油的泵型圆盘。

④ 转子侧盖：相当于气缸体，起着密封转子壳侧面的作用。另外，安装有固定外啮合齿轮，与转子的内啮合齿轮相互啮合引导转子的旋转运动。在固定齿轮的内侧安装有主轴轴承，以此支撑偏心轴。

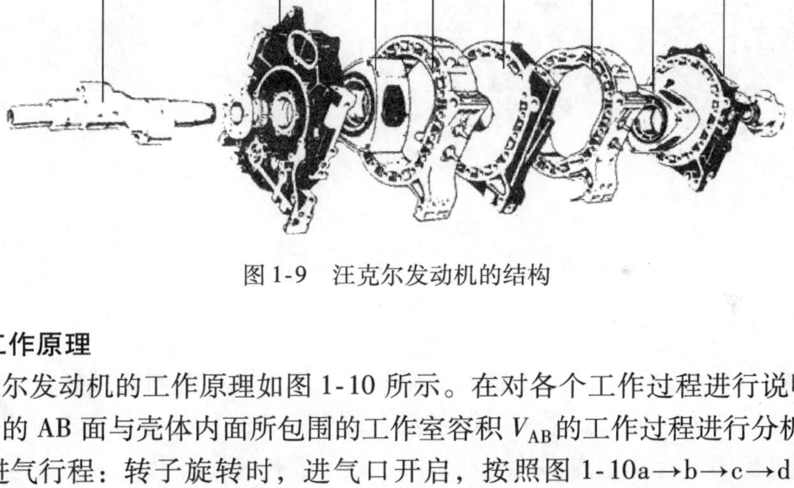

图1-9 汪克尔发动机的结构

2. 工作原理

汪克尔发动机的工作原理如图1-10所示。在对各个工作过程进行说明前，首先对转子的AB面与壳体内面所包围的工作室容积V_{AB}的工作过程进行分析。

① 进气行程：转子旋转时，进气口开启，按照图1-10a→b→c→d的顺序，V_{AB}逐渐增加，这就是混合气的吸入过程。当到达图1-10d所示的位置时，其容积达到最大，相当于往复式发动机的活塞到达下止点时的状态。进气行程中，转子从图1-10a的状态到图1-10d的状态转动了90°。当主轴旋转90°时，下一步图1-10d中V_{AB}工作过程与图1-10a中V_{CA}工作过程相同，因此下一步以图1-10a中V_{CA}的工作行程进行说明。

② 压缩行程：V_{CA}在图中以1-10a→1-10b的顺序容积减小，并到图1-10c位置达到最小容积，至此压缩行程结束。此状态相当于往复式发动机的压缩上止点状态。

③ 爆发、做功行程：V_{CA}达到最小容积状态时，通过火花塞的火花点火进行静

态燃烧。图 1-10d 开始做功冲程，⑧领域的燃烧气体压力在转子的 CA 面上均匀分布，此时因主轴为偏心轴，向转子旋转的方向产生分力，因此会产生主轴圆周方向的旋转功。随着旋转的持续，V_{CA} 如图 1-10a、b 的⑨、⑩领域增加，这相当于图 1-10a中 V_{BC}工作过程，因此下一步以图 1-10a 中 V_{BC}的工作过程进行说明。

④ 排气过程：图 1-10a 中 V_{BC}在转子的 B 角部，如图 1-10b 通过排气口时，开始燃烧气体的排放行程，以图 1-10c→1-10d 表示排气过程，再回到图 1-10a 完成 1 个工作循环。

综上所述，转子旋转 1 周时，1 个工作循环结束，此时主轴（输出轴）以相同方向旋转 3 周，在此期间其他两个工作室也同时进行另外的循环，因此转子旋转 1 周时，会有 3 次做功行程。因此，汪克尔发动机的主轴（输出轴）每旋转 1 周，进行 1 次做功（爆发），因此主轴旋转与功之间的关系与二冲程循环发动机相同。配备两个转子的转子发动机主轴每旋转 1 周进行两次做功，与 4 气缸四冲程循环往复式发动机相同。

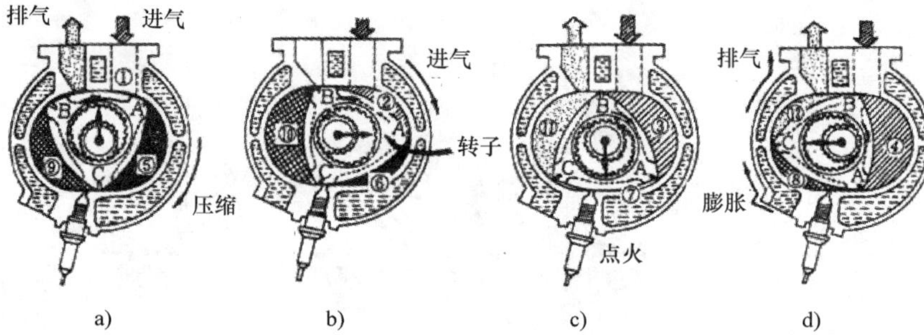

图 1-10　汪克尔发动机的工作原理

3. 特征

汪克尔发动机的润滑除了主轴外还需要对壳体内面摩擦面进行润滑。润滑方式采用机油喷雾方式，但不是采用与燃料混合的供油方式，而是采用分离供油方式。另外，通过机油进行转子内部的冷却，因此还需要机油冷却器。

燃烧室是平坦结构，（表面积/容积）比与往复式发动机相比大，另外具有燃烧室与转子的旋转方向同时移动的特征。因此，混合气也以相同方向移动，使前半部分（引领部分）的火焰传播速度快，后半部分的火焰传播速度低，导致后半部分会发生不完全燃烧，因此会增加未燃烧碳氢化合物（HC）的排放量。但是，因燃烧速度相对低，氮氧化物（NO_x）的生成量较少。为了解决燃烧延迟，在实用的汪克尔发动机上设置有两个火花塞。另外，进气口在传统两个端口（主端口和副端口）的基础上，在副端口侧增设根据负荷开闭的辅助端口，因此在 1 个转子上配置有 3 个进气端口。目前，汪克尔发动机研发了 2 个转子配置 6 个进气端口的 6 端口进气系统。

辅助端口的作用是仅在高速区域供给更多的混合气，在低速区域把主端口的开闭时期向延迟方向设置，以消除重叠量，从而改善燃烧和提高输出功率。这样的方法与传统发动机相比，能在稀薄混合气状态运行，大大改善燃料消耗率。

汪克尔发动机单位容积或单位重量的输出功率大，因而不需要动态气门机构和曲柄机构，因此部件数量相当少，并且因没有活塞－曲柄机构，具有容易掌握平衡、振动小、燃烧温度低、氮氧化物（NO_x）的排放量低等很多优点，但存在燃料消耗率过大的缺点。

1.2.4 分层进气发动机

分层（或成层）进气发动机是日本本田公司于20世纪70年代开始研发的符合马斯基法的发动机，于1973年成功开发了具有划时代意义的CVCC（复合涡流控制燃烧）发动机。此发动机为现在汽油稀薄燃烧发动机或直喷式汽油机的始祖。

分层进气发动机的工作原理：在火花塞附近供给可燃混合气，在燃烧室内供给稀薄混合气，总体上在稀薄混合气状态进行燃烧。传统的汽油机要进行预混合燃烧，因此燃料与空气提前均匀混合后进入到气缸内。这种方式如果吸入比理论空燃比（14.7）更大的空燃比混合气，例如气缸内进入超过可燃范围界限22以上空燃比的稀薄混合气，就不能点火燃烧。为了解决这个缺陷，分层进气发动机气缸内的混合气并不全部为均匀混合气，而仅在火花塞附近为理论空燃比混合气的方式。

分层进气方式的目的：汽油机的输出功率不以节气门供给的混合气量进行调节，而与柴油机相同，以燃料供给量的控制来调节输出功率。分层进气发动机分为在副燃烧室内喷射燃料的分层进气方式和在主燃烧室内喷射燃料的分层进气方式。

本田公司开发的CVCC采用的是在副燃烧室内喷射燃料的方式，发动机如图1-11所示，由安装有火花塞的副燃烧室和主燃烧室构成。将燃料喷射到副燃烧室内的方式，虽然与副燃烧室式柴油机相似，但是在副燃烧室混合气供给通道上设置专门的进气门，利用节气门控制空气－燃料混合气的进气分层，燃烧时刻由点火正时进行控制。在压缩行程中，主燃烧室内形成稀薄混合气，副燃烧室内形成浓混合气，并在副燃烧室中用火花塞点火，火焰通过连接通道传播到主燃烧室，以使主燃烧室的稀薄混合气完全燃烧。

主燃烧室内喷射燃料的分层进气方式分为德士古燃烧方式（TCP）和福特燃烧方式（FCP)。这两种方式均为利用遮蔽进气门在燃烧室内形成进气涡流的类型，但不同的是前者为利用屏蔽气门的类型，后者为在气门向后退出现的进气道壁上设置壁屏蔽的类型。这两种类型均在压缩冲程末期喷射燃料并利用火花塞点火，燃烧阶段为强制性利用涡流搅拌空气和燃料混合并进行燃烧。其他分层进气发动机有IFP方式、布罗德森（Broderson）方式、福特缸内直喷燃烧（PROCO）方式等。

分层进气发动机的优点：

① 能宽范围控制燃烧，因此可大幅度降低有害废气的排放量。

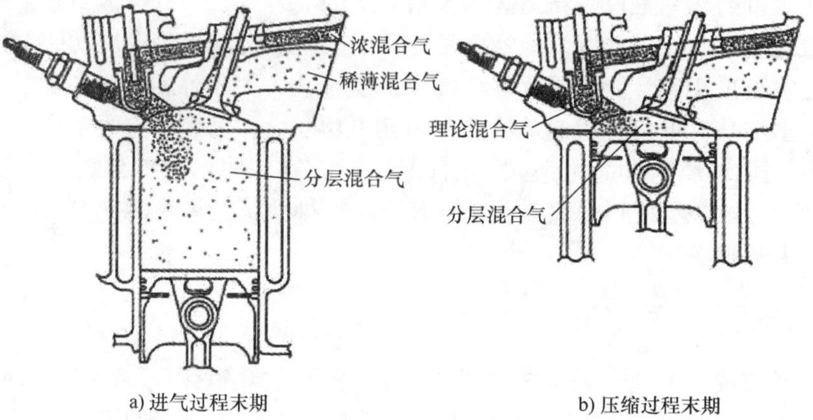

图 1-11　本田的 CVCC

② 无节流损失，因此效率提高。

③ 可以在汽油机上应用，也可以在柴油机上应用，由此可以形成燃料的多样化。

④ 无爆燃的发生，因此可以做到高压缩比。

⑤ 在非常稀薄的混合气状态也可以运行。

1.3　汽车用内燃机的分类

根据不同的分类方法，汽车用内燃机可分为多种类型。

1. 根据点火方式的分类

① 火花点火式发动机：混合气利用电火花点火并进行燃烧的类型，燃烧温和以及能获得高转速。汽油机、LPG 发动机、气体发动机、石油发动机、乙醇发动机等属于此类型。

② 压燃式发动机：在进气行程气缸内仅空气进入并压缩达到燃料自发着火温度以上后，向气缸中以高压喷射雾状燃料，并自发着火燃烧的类型，可以做成大输出功率的大型发动机。但存在不能获得高转速以及振动和噪声大等缺点。柴油机为其代表性的发动机。

③ 热球点火式发动机：利用外部热源对气缸盖内的热球进行加热，并在此喷射燃料点火进行燃烧的发动机。此类型发动机仅在起动时以此方式点火，起动后与柴油机一样能通过自发着火运行，发展为小型柴油机。此类型发动机结构简单，价格也便宜，也能使用低等级燃料，曾经应用在小型渔船上，但现在几乎已经绝迹。

2. 根据运行方式的分类

① 四冲程发动机：1 个工作循环由 4 个行程构成，曲轴每旋转 2 周完成 1 个工

作循环。大部分汽车发动机属于此类型。

② 二冲程发动机：1个工作循环由2个行程构成，曲轴每旋转1周完成1个工作循环，主要应用在大型低速大输出功率的柴油机上。二冲程点燃式发动机结构简单，因此多应用在摩托车发动机或小型通用汽油机上。

3. 根据燃料供给方式的分类

① 化油器式发动机：通过化油器供给燃料的类型，有配备化油器的汽油机、气体混合LPG发动机等，但现在已被淘汰。

② 燃料喷射式发动机：还分为空气喷射方式和无气喷射方式发动机。空气喷射式发动机是初期在柴油机上采用的方式，利用高压压缩空气喷射燃料的发动机。无气喷射式发动机是通过燃料泵提高燃料压力并把燃料喷射在进气管路中或直接喷射在气缸内的发动机。现在使用的汽油机、LPG发动机和柴油机全部采用此类型。

4. 根据冷却方式的分类

① 水冷式发动机：在气缸周围设置冷却液通道，利用水泵强制循环冷却液进行冷却的发动机，现在使用的大部分发动机为此类型。

② 空冷式发动机：在气缸周围设置冷却片，利用行驶产生的气流或冷却风扇吹出的空气进行冷却的发动机，主要应用在摩托车发动机和小型石油发动机上。

5. 根据气门配置方式的分类

根据气门配置方式的分类如图1-12所示。

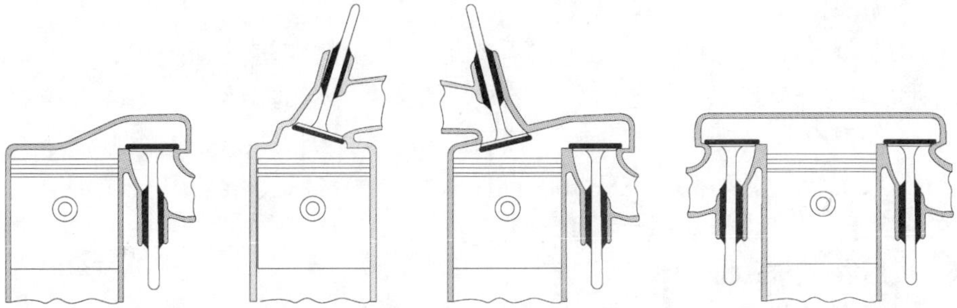

a) L形气缸盖　b) I形气缸盖　c) F形气缸盖　d) T形气缸盖

图1-12　根据气门配置方式的分类

① L形气缸盖发动机：在气缸体上设置进气门、排气门的类型，气门机构较为简单，燃烧效率高。仅在点燃式发动机上采用此类型。

② I形气缸盖发动机：在气缸盖上设置进气门、排气门的类型，气门机构较复杂。气门通过凸轮轴或摇臂控制开闭，通常点燃式发动机、压燃式发动机均可采用此类型。

③ F形气缸盖发动机：在气缸盖上设置进气门，在气缸体上设置排气门的类型，气门机构较复杂，但进气效率较高，混合气能均匀预热。

④ T形气缸盖发动机：在气缸体的左右分别设置进气门、排气门的类型。目前发动机上不采用此类型。

6. 根据气缸排列方式的分类

① 直列式发动机：在1个气缸体上各气缸以一条直线排列的类型，多应用在4气缸或6气缸发动机上。4气缸时以曲轴相位180°排列，6气缸时以曲轴相位120°排列。此类型结构较简单，因此广泛应用。

② V型发动机：V型发动机为在2个排上分别直列相同数量气缸的类型，2个排的气缸向着1个曲轴倾斜安装。V型发动机与直列型发动机相比，具有重量轻、混合气分配均匀、旋转平衡较好的优点，以及在气缸数较多时可以减小发动机的长度和高度的优点，例如V6、V8发动机等，主要应用在6气缸以上的发动机上。

③ 水平对置式发动机：气缸相互对向设置的类型，多应用在空冷式发动机上。此类型可以减小发动机的高度，在空间受限的部位上安装容易。创造单一车型世界生产量记录的德国甲壳虫初期车型就应用了水平对置型发动机。

④ W型发动机：W8发动机是把2个V4发动机排列在一起，与V8发动机相比体积更小，功率更大。发动机的宽度与V8相同，但长度会短得多。最近由德国大众汽车公司开发并应用。

⑤ 星型发动机：配备4排或4~16排的发动机。在一个曲轴销中连接4个或4个以上连杆。可以减小发动机所占的空间，因此多应用在航空发动机上。

7. 根据混合气形成方式的分类

① 均质混合气发动机：利用化油器或把燃料喷射在进气系统中，以此提前均匀混合形成可燃混合气，并进入到气缸内火花点火燃烧的类型。

② 不均混合气发动机：把燃料直接喷射在气缸内压缩点火的类型。

③ 分层混合气发动机：在气缸内形成浓混合气和稀薄混合气分层混合气，总体上在稀薄混合气区域温和燃烧的类型。

8. 根据供气方式的分类

① 无增压式发动机：通过活塞的运动吸入空气或混合气的发动机，传统发动机属于此类型。这种类型又称为自然吸气发动机（NA）。

② 增压式发动机：以增加输出功率为目的，增设增压器把进气压力缩为大气压以上压力（1.5~3.5个标准大气压），并供给到气缸内的类型，主要应用在中型、大型柴油机上。

9. 根据发动机的输出功率和速度分类

（1）根据发动机的输出功率不同，可分为

① 大型发动机：1000hp以上发动机（气缸内径为500mm以上）。

② 中型发动机：100~1000hp范围发动机（气缸内径为200~500mm）。

③ 小型发动机：100hp以下发动机（气缸内径为200mm以下）。

（2）根据发动机的速度分类　不是根据曲轴的转速，而是根据活塞的平均速度，即活塞单位时间的运动距离进行分类。因此发动机的速度与曲轴的转速和活塞的行程有关。即使发动机转速相同，活塞行程大的发动机属于高速发动机，行程小的发动机属于低速发动机。通常分类如下：

① 高速发动机：活塞的平均速度为9m/s以上（发动机的转速为1000r/min以上）。

② 中速发动机：活塞的平均速度为6～9m/s范围（发动机的转速为500～1000r/min）。

③ 低速发动机：活塞的平均速度为6m/s以下（发动机的转速为500r/min以下）。

10. 其他分类

内燃机还根据其用途（汽车用发动机、载货车用发动机、火车用发动机、飞机用发动机、船舶用发动机、动力生产用发动机等）、燃料（汽油机、柴油机、LPG发动机、CNG发动机、石油发动机、乙醇发动机、氢气发动机等）和气缸数（单缸发动机、多缸发动机等）等进行分类。

1.4 现状和未来

今后汽车用内燃机会更加多种多样。

1.4.1 现行发动机

我国汽车保有量中，68%为汽油机，20%为柴油机，12%为LPG发动机。乘用车大部分为汽油机，大型载货车和客车大部分为柴油机。LPG发动机主要使用在出租车、RV车型和1t以下的乘用车上。

最近，更为严格的废气排放法规以及燃油消耗率制度等的制定，使内燃机加速发展。现行发动机的开发方向以汽车要求特性的经济性、低公害性、安全舒适性为中心，包括发动机、行驶系、车身、轮胎等多方面技术开发。下面对现行发动机的对比功率、热效率等的变化进行说明。

1. 比功率

发动机最基本的要求项目为输出功率性能，能说明发动机与燃料、排气量、输出功率性能的指标是比功率（kW/L）。

图1-13所示为内燃机提高输出功率的变化过程。1886年，由奔驰开发的汽油机1L排气量的输出功率为0.5kW左右，戴姆勒初期发动机的比功率为1.4kW/L，转速为600r/min。其后约30年后第一次世界大战时，增大到压缩比为5、转速为2000r/min左右，比功率增大到约10倍，即达到15kW/L。随着发动机的高速化和进气效率的改善，即使采用自燃吸气发动机的普通车也达到50～70kW/L，以跑车为中心普及的配备增压器的增压式发动机达到70～100kW/L，与戴姆勒发动机相

比其基本构成相同，但比功率在约 100 年间提高了 50～70 倍，获得了极大的发展。尤其是，自然吸气 F1 赛车用发动机的比功率达到了 220kW/L。

比功率的提高通过多气门（2、3、4 气门等）、可变机构（进气/排气、动态气门系统等）、多气缸化等获得。发动机的性能与单位时间进入气缸的空气量成正比，尤其对高转速化的影响较大，现行传统发动机的最高转速为 6000～8000r/min，F1 赛车用发动机的转速超过 20000r/min。这种发动机的燃烧时间像照相机闪光灯的发光时间一样相当短，约 1ms。

柴油机的性能也有很大的提高。这与比传统发动机增大 5 倍左右的高压燃料喷射及可变涡轮系统高增压的影响是密不可分的。如此改善混合气的形成，可缩短燃烧时间，并能获得高转速性能，比功率可以达到 60kW/L 左右。柴油机性能的提高和二氧化碳（CO_2）排放量的降低，使得它在欧洲的使用量急剧增加，在比利时、法国销售的新车中，70% 以上为柴油机车辆。

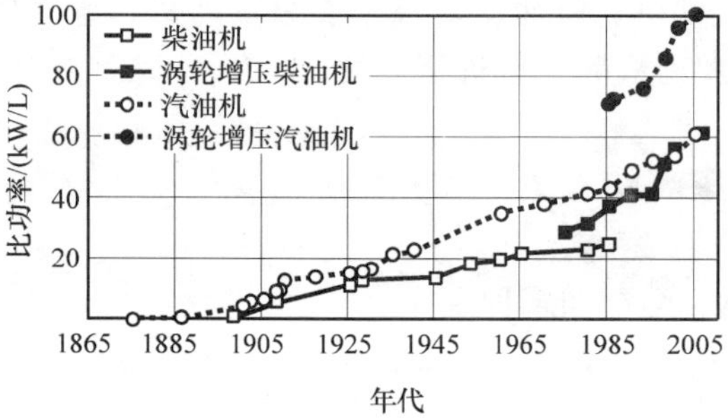

图 1-13　内燃机的比功率

2. 热效率

自纽可门 1712 年发明蒸汽机以来，人开始可以自己动手“制作”动力。此发动机的热效率仅为 0.5% 左右，曾经广泛使用在矿山等生产生活上。其后 57 年的 1769 年，英国克拉斯哥大学实验室助教詹姆斯 · 瓦特发明了冷凝器，由此蒸汽机的热效率增加到 2%。再经过 100 多年的 1876 年，由奥托发明的四冲程内燃机的热效率达到了 10% 左右，与瓦特的蒸汽机相比提高了 5 倍。其后继续通过研究改

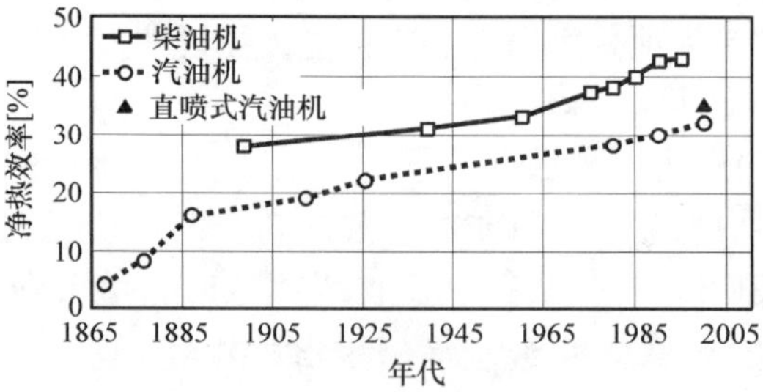

图 1-14　内燃机的热效率的发展历程

善燃烧和减少各种损失，目前的汽油机热效率达到30%。汽油机热效率的改善，主要是通过提高压缩比、降低燃烧温度（以此减少冷却液的损失）所带来的。近年来开发的直喷式发动机热效率接近35%的高热效率。柴油机在开发初期效率就较高，达到28%左右。目前柴油机热效率为43%左右，这主要是通过采用高压喷射和可变涡轮增压器，以及通过过盈空气进行完全燃烧和通过低燃烧温度的热损失减小等所实现的。内燃机的热效率发展历程如图1-14所示。

1.4.2 未来发动机

若不考虑石油能源的有限性和减少地球温室化物质二氧化碳（CO_2）排放量的必要性，目前很多汽车制造商预计今后20年继续保持内燃机作为汽车动力源的主流地位。未来发动机的技术开发以减少二氧化碳（CO_2）排放量，及改善燃油消耗量为目标，以降低有害废气排放量和提高动力性能等为努力方向，最终开发出燃料电池汽车。

汽车相关未来技术开发对策如图1-15所示。大体上可以分为，开发低二氧化碳（CO_2）排放汽车（代替能源车辆）、提高发动机效率、提高传动系效率、提高辅助机构效率、实现车辆的轻量化、降低行驶阻力等。

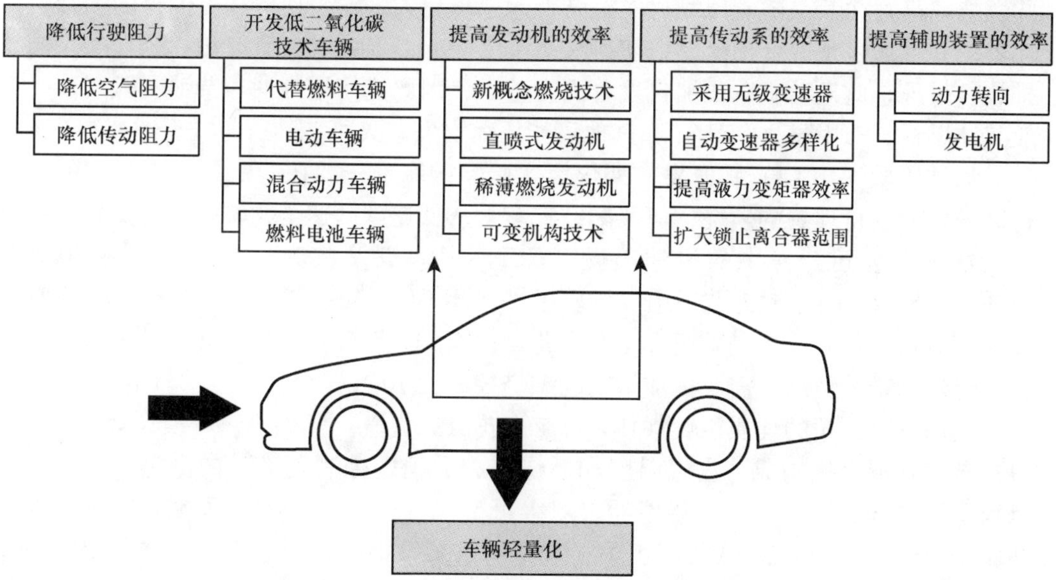

图1-15 汽车改善燃料消耗率的对策

1. 提高发动机的效率

提高发动机效率的技术大体可以分为新概念燃烧技术［均质压燃（HCCI）、低温燃烧（LTC）等］、可变机构、电控超精密化、降低摩擦损失的技术等。

（1）新概念燃烧技术 最近，汽车新型发动机的均质压燃技术（HCCI）和低温燃烧技术（LTC）在传感器技术、高度电子化技术和高速传送等技术的引领下，已在快速发展。

均质压燃（HCCI）是集合汽油机和柴油机的优点，即跨过汽油机与柴油机界限的理想发动机，能同时降低柴油机的氮氧化物（NO_x）和炭烟颗粒（PM）生成量的新技术。此发动机具有汽油机的均质预混合特性和柴油机的压缩着火特性，又称为均质预混合－压燃式发动机，有的汽车制造商还称为预混合压燃（PCCI）式发动机或复合燃烧（CCS）式发动机。

均质压燃（HCCI）的概念是20世纪70年代提出的，但以当时的技术很难取得成功。在2005年东京汽车展上，大众汽车公司发表了以涡轮增压直接喷射(TDI)为基础的1.5L柴油机上应用在一定运行范围内工作的HCCI技术的雏形，在2007年法兰克福汽车展上梅赛德斯－奔驰汽车公司展示了在F700概念车上配置的汽柴油混合技术（Diesotto）的均质压燃（HCCI）发动机。目前，本田、宝马(BMW)、通用（GM)、现代等汽车公司都把均质压燃（HCCI）发动机作为开发目标，预计今后30年汽柴油混合技术发动机会逐渐成为主要动力源。

均质压燃（HCCI）发动机没有火花塞，如同柴油机提高压缩比，在燃烧室内把稀薄混合气的温度增高到自发着火的温度，以此诱发均匀的同时多发性燃烧，因此燃烧率高，尤其是随着压缩比的提高，能获得更大的输出功率和更优秀的燃油消耗率，并且通过预混合稀薄燃烧使得燃烧温度降低，以此减少氮氧化物（NO_x）的排放。另外，此发动机以压缩自发着火为基本，因此能使用汽油、柴油、氢气、一般气体燃料、二甲醚（DME）和其他可能压缩自发着火可能的所有类型的燃料。

均质压燃（HCCI）在开发初期仅为实验室的水准，即在一定条件下很窄的运行区域内能获得理想的燃烧，但装配在汽车上从低速到高速全领域内没能实现。因此大众汽车公司开发中的汽油压燃（GCI）发动机仅在负荷不大的40～80km(1500～3500r/min）时速范围内以均质压燃（HCCI）模式运行，在起动、急加速、高速等运行条件下，还是采用火花塞火花点火方式。因此在低负荷和高负荷条件下具有燃烧困难等特点，需要更加精密的燃烧控制技术。

通用汽车公司的均质压燃（HCCI）/火花点火（SI）发动机，均质压燃（HCCI）技术在混合气构成、进气温度和燃烧压力的精密控制是必需的，它是直喷式燃料供给系统、燃烧室压力传感器、双级可变气门升程（VVL）系统和应用电控凸轮相位的进气/排气可变气门正时（VVT）系统等尖端技术总动员。尤其要注意的是，ECU直接检测燃烧压力，并以此信息为依据实行可变气门升程（VVL）/可变气门正时（VVT）的精密控制这一点。均质压燃（HCCI）技术的主要目标之一是降低氮氧化物生成量，为防止通过燃烧室内部急剧的燃烧使压力和温度急剧上升，控制废气再循环（EGR)、残留气体量、混合气构成和进气温度，因此调节燃烧室内部发生的化学反应要适当。这要通过检测燃烧压力，反馈控制各运行条件下的燃烧过程。

均质压燃（HCCI）技术方面，如上所述要详细检测发动机燃烧室内温度和压力的变化等细微的燃烧状态，在燃料喷射时刻、可变气门正时、可变气门升程等精密控制技术方面努力钻研，正在一步一步扩大理想的燃烧领域。

（2）可变系统技术　可变系统是能提高燃料效率的技术，目前多采用可变气门系统、可变涡轮增压系统，此外正在开发可变气缸系统、可变压缩比系统等。

可变气门驱动（VVA）技术是本田汽车公司于20世纪80年代末开发的，最初以电控气门正时（VTEC）系统的名称配备在思域（Civic）、CRX、NS－X车型上，随后丰田、宝马（BMW）也生产了配置可变气门正时（VVT）系统的车型。现代汽车公司配备连续可变气门正时（CVVT）系统的$\beta-2.0$ VVT发动机装配在2003年酷派和伊兰特XD车型上，在2004年新瑞纳、新伊兰特XD车型上也装配了小排气量$\alpha-1.5$ VVT发动机。

可变气门系统可以分为相位可变方式和升程－驱动角可变方式。相位可变方式以利用发动机机油压力操控的进气凸轮轴连续可变正时系统为主，为了确保在低速区域充分的响应速度，应用电动制动器的技术也开始出现。另外，为了利用大的气门重叠量获得高性能－低燃料消耗率，与排气凸轮轴连续可变正时系统组合的双可变气门正时系统的应用也正在逐步增加。

可变涡轮增压（VGT）系统与传统涡轮增压相比，能提高最大输出功率约10%、最大转矩约14%，在一般行驶条件下能改善燃油消耗率约8%。另外，精密控制排气通道，在低速、高速全领域增加涡轮的驱动力，以充分的进气量获得最佳燃烧，以减少不完全燃烧，从而降低炭烟等有害废气的生成量。

可变气缸（或可变排气量）发动机是在实际行驶中使用频率较高的低速－低负荷运行区域，切断部分气缸的燃烧过程运行的方式。即，在高负荷区域所有气缸正常运行，以获得高输出功率，在巡航等低负荷区域，仅部分气缸正常运行，以减少燃料消耗量的技术。此项技术大体上能降低约10%的燃料消耗率。

可变压缩比技术是根据运行条件改变燃烧室的容积，以改变压缩比、提高热效率的系统，另外具有能使用代替燃料的特征。此技术对发动机性能的影响约为3%～4%，为了能充分发挥可变压缩比系统的优点，必须减小排气量，保证高的燃烧室压力。

2. 提高传动系的效率

提高传动系效率的技术方向有：使用无级变速器、使用多档高效率自动变速器、提高液力变矩器的效率、扩大锁止离合器的锁止领域等。

无级变速器与自动变速器不同，传动比的实现依赖于链条带与带轮或环状凸轮之间的摩擦力，为了保持其摩擦力，使用与自动变速器相比大5倍（5MPa）的油压。为此需要解决效率的降低和漏油等问题。

多档高效率自动变速器需要提高工作油压以减小离合器等元件的尺寸，并且开发油压技术和变速控制系统，在硬件层面上需要通过最佳传动比的行星齿轮组合和摩擦要素的合理配置，以及各种齿轮和轴、轴承等最佳化设计，以减小重量。

液力变矩器锁止离合器啮合领域的技术发展上，有增大缓冲器工作角的长行程缓冲器技术、改善 NVH 性能的双模式缓冲器技术、利用电控连续离合器控制（EC3）系统的锁止离合器等。长行程缓冲器方面，日本的爱信公司（Aisin - aw）最早开发了最大角度达到30°的长行程缓冲器，配备在丰田的 OPA 车型上，在韩国国内派沃泰公司（Powertech）生产 20°左右的长行程缓冲器。双模式缓冲器技术由德国的鲁克公司开发，配备在奔驰 C203 车型上，获得了相当好的 NVH 改善效果。利用电控连续离合器控制（EC3）系统锁止离合器的全滑动控制技术应用在丰田的 U660E 自动变速器上。它是从车辆起步开始锁止离合器滑动，以此使动力传递效率最大化的系统，它把锁止离合器的接合领域扩大到车辆全部运行区间的系统。丰田应用液力变矩器全滑动控制系统，加速性能提高了 4.4%，燃油经济性提高 3% ~5%。今后预计全滑动控制系统变矩器会成为主流产品。

3. 代替燃料

汽车所要求的代替燃料应具备能保持汽车的性能和输出功率、能量损耗小、二氧化碳（CO_2）和有害物质的生成量少并能持续供给的特征。另外，还能与传统的燃料混合使用，以及能使用早期的燃料供给基础设施。根据这些特征，能作为代替燃料的有生物燃料、合成燃料、氢气 - 天然气混合燃料。

（1）生物燃料　从防地球温暖化（二氧化碳剧增）和一次能源多样化的观点上，生物燃料正受到广泛的关注，并在世界各国使用。早期生物燃料的制造成本较高，但目前原油的价格急增，因此生物燃料极具竞争力，有望扩大使用范围。生物燃料分为汽油机用生物乙醇和柴油机用生物柴油。生物柴油是把菜籽油、大豆油、棕榈油等通过酯化反应制造的。无论在哪个地区生产的生物燃料，均可以与传统燃料混合使用，也可以单独使用。这些燃料在发动机上使用时，应考虑燃料的特性差异和对材料的腐蚀性等。

生物燃料是植物吸收空气中的二氧化碳（CO_2）而获得的，因此具有抑制大气中二氧化碳（CO_2）增加的效果。但是在乙醇制造工艺中会使用各种化石燃料，产生的二氧化碳（CO_2）量会超出植物从大气中吸收的二氧化碳（CO_2）量，因此从天然气、石油等原料中制造乙醇没有意义，仅可以将从植物中提取的生物乙醇和生物柴油作为代替燃料。

（2）合成燃料　合成燃料有把天然气、煤炭、生物等合成制造的甲醇、二甲醚（DME）、费托合成柴油（FTD）、生物合成燃料（BTL）、煤直接液化油。这些燃料单位容积的发热量仅为汽油的 1/2 左右，因此尽管热效率好，但行驶里程短是最大的问题。此外，排放乙醛，以及对材料的腐蚀性等问题也是需要解决的课题。

甲醇（CH_3OH）是利用天然气改质化、煤炭气化生成的一氧化碳（CO）和氢气（H_2）合成制造的。在使用方式上，甲醇与乙醇相同，可以 100% 甲醇使用，也可与汽油混合使用，或把甲醇转换为甲基叔丁基醚（MTBE）使用。

二甲醚（DME）是把一氧化碳（CO）和氢气（H_2）合成气体通过脱水反应间接制造，或天然气等通过直接合成过程制造的新燃料。费托合成柴油是把天然气、煤炭、生物等转换为一氧化碳（CO）和氢气（H_2）的合成气体（混合气体）后，通过费托反应（FT法）制造的液体合成燃料。

生物合成燃料（BTL）是把生物转换为合成气体后，以与费托合成柴油（FTD）类似的各种燃料合成制造。以生物制造的费托合成柴油（FTD）作为汽车用燃料其特性很优秀，因此极具发展潜力。目前因制造成本较高，所以还未能成为市场性商品。

煤直接液化油是把煤炭和氢气直接发生反应生成的液体通过与石油精制工艺相同的精制设备制造的燃料，是20世纪80年代后开始研发的。通常，芳烃的含量多，以及烯烃等不稳定物质的含有量大，作为燃料的特性不是很好。但因煤炭资源丰富，世界各国都在继续进行研究。

（3）氢气－天然气混合燃料　氢气－天然气混合燃料（HCNG或氢烷）是在天然气中添加氢气的燃料，可以扩大稀薄运行领域，降低有害废气和二氧化碳（CO_2）排放量，提高燃烧效率，降低循环变化值等。另外，氢气和天然气的辛烷值高，因此添加氢气可以在稀薄运行区域提高压缩比的可能性增大，因而有望提高热效率。

天然气目前以高压气体（CNG）装载的形式，多使用在市内公共汽车上。天然气车辆即使在燃料箱中以170倍大气压的高压充气，1次充满气行驶里程仅为汽油车的20%～30%，这成为很大的问题。如果要以液体（LNG）状态储存，就必须把容器的温度保持在超低温（110K）状态，因此液体状态（LNG）也在运输、储存等方面成为课题。但是，鉴于天然气优秀的清洁性，开发高效率、高性能天然气发动机也极具意义。为了稀薄燃烧发动机和直接喷射发动机的开发，燃烧室、活塞、喷油器等设计和耐久性测试正紧锣密鼓地进行着。

4. 替代能源车辆

替代能源车辆有电动汽车、混合动力汽车和燃料电池汽车。

（1）电动汽车　电动汽车（EV）是利用蓄电池驱动电动机进而驱动车辆行驶，在减速控制时把电动机作为发电机（再生制动系统）使用，把动能转换为电能并向蓄电池充电。电动汽车由电池系统、电机及其控制技术、再生制动系统、动力传递装置等组成。

电动汽车在行驶里程、充电时间、销售价格等方面存在很多问题。因此，电动汽车仅开发作为近距离通勤用。最近轮毂电动机（直接在车轮内部安装电动机的结构）有所发展，已经在部分小型电动汽车上进行了应用。

（2）混合动力汽车　混合动力汽车（HEV）是发动机和电动机并用行驶的汽车。日本丰田汽车公司于1997年在世界上最早成功生产了汽油机＋驱动电动机并用驱动的普锐斯。随后，很多汽车制造商开发生产了多种多样的混合动力汽车。

混合动力汽车根据发动机和驱动电机的组合方式分为串联式、并联式和混联式。串联式混合动力汽车是在电动汽车上装载发动机和发电机，发动机、发电机和电动机串联连接，以此利用发动机所发的电能带动驱动电动机，并驱动电动机把驱动力传递到车轮行驶的方式。

并联式混合动力方式是发动机的驱动力直接传递到车轮的动力传递路径和驱动电机的驱动力传递到车轮的动力传递路径相对于驱动轴并联，或者是一体型的方式。此类型的行驶里程较短，因此在不需要大输出功率的市内道路上仅用驱动电机驱动行驶，需要长途高速行驶时，利用发动机驱动行驶。代表车型有奥迪的 duo、大众的高尔夫 Hybrid－TDI、本田的 Insight。

典型的混联式系统是丰田的 THS，它是把串联和并联组合应用、取长补短的系统。发动机的输出功率分为两个部分：一部分是通过发电机所发的电能带动驱动电机驱动车轮；另一部分是直接驱动车轮。

目前，混合动力电动汽车量产车型的趋势是插电式混合动力汽车（PHEV）。插电式混合动力汽车是增大混合动力电动汽车的能量储备，可以利用外部电源充电，以此增大行驶里程的电动汽车。插电式混合动力汽车除了能量储备系统和车辆运行控制逻辑不同外，与传统混合动力汽车的系统构成相似。HEV 与 PHEV 的构成比较如图 1-16 所示。

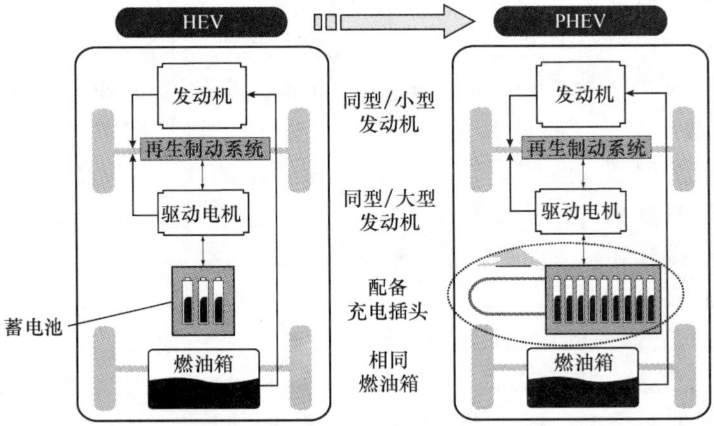

图 1-16　HEV 与 PHEV 构成比较

插电式混合动力汽车的缺点：与传统混合动力汽车不同，它需要外部电能充电，因此需要优秀的充电特性。另外，在一定的充电状态（SOC）下，虽然能与传统混合动力汽车一样跑起来，但会处于相对较低的充电状态（SOC）运行，因此需要能确保性能和寿命的卓越输出功率特性。目前生产并试销的在传统混合动力汽车上配置的能量储备装置为镍氢蓄电池，在低速状态下利用纯电能驱动可行驶里程仅为 2～3km，因此插电式混合动力汽车为了确保所要求的 16～50km 及以上水准纯电能驱动可行驶里程，还需要提高二次电池性能，并降低成本。

（3）燃料电池汽车　燃料电池汽车（FCEV）是配备燃料电池代替蓄电池，以氧气和氢气的电化学反应产生电能带动驱动电机驱动车辆行驶的一种电动汽车。

燃料电池汽车既可以单独使用燃料电池，也可以燃料电池+二次电池或燃料改质系统等辅助装置使用。单独使用燃料电池的方式虽然系统构成简单，但不能利用再生系统进行回收和再利用，尤其是存在低温起动性不良和采用改质方式时负荷响应慢的缺点。混合动力方式能回收和再利用能量，并且燃料电池能在效率较好的范围内运行，因此能大大提高能量使用效率。另外，在起动或紧急状态下，通过辅助充电、放电系统供给电能，以此能保证输出功率，因而具有良好的响应性，但系统构成较复杂。目前，燃料电池汽车在氢气装载方式结合二次电池或电容器等蓄电装置的混合动力方式成为主流。

燃料电池是把氢气和氧气所具有的化学能直接转换为电能的装置。燃料电池的分类见表1-5，根据电解质或燃料的不同分为碱性（AFC）、固体高分子型（PEFC）、磷酸型（PAFC）、熔融碳酸盐型（MCFC）和固体氧化物型（SOFC）等。对于汽车用电池来说，主要使用常温下易起动、运行温度与内燃机汽车相似，并且对振动和冲击耐久力强的聚合物电解质膜的固体高分子型燃料电池（PEFC）。

表1-5　燃料电池的分类

类型	碱性（AFC）	固体高分子型（PEFC）	磷酸型（PAFC）	熔融碳酸盐型（MCFC）	固体氧化物型（SOFC）
工作温度/℃	常温	60~80	160~210	600~700	800~1000
燃料气体	氢气/氧气	氢气/空气	氢气/空气	改质气体/空气	改质气体/空气
电解液（使用形态）	氢氧化钾（基质含浸）	氟素类（高分子薄膜）	磷酸（基质含浸）	碳酸锂+K_2CO_2（$LiAlO_2$含浸）	氧化锆-三氧化二钇（薄膜）
电荷载体	OH^-	H^+	H^+	CO_3^{2-}	O^{2-}
用途	宇航用	汽车、便携式	再生、分散型电源	电力实业、分散型电源	再生、分散型电源
阶段	实用化	验证试验	实用化	研究开发	研究开发

燃料电池汽车最早于2002年12月开始销售，要普及必须解决包括氢气供给基础设施在内的不解决不行的很多课题。但是，石油时代后氢气时代必将到来，因此燃料电池技术必将得到迅猛发展。

练　习　题

1. 请制表说明点燃式发动机与压燃式发动机的燃烧差异。

2. 汽油机提高转速能达到何种程度？如果有局限性，请说明其原因？如果是柴油机，其局限性在哪里？

3. 如何调节汽油机和柴油机的输出功率？

4. 请叙述到出现瓦特的蒸汽机为止的原动机的历史。

5. 请说明汽油机的工作原理，以及气门开闭时期。

6. 请说明进气门不在 BDC 关闭，而在 ABDC 关闭的理由。

7. 请说明柴油机能应用在大直径气缸发动机上（如气缸直径 = 1000mm），而汽油机不能应用在大直径气缸发动机上的理由。

8. 请制表说明四冲程发动机与二冲程发动机的优点和缺点，以及使用案例。

9. 二冲程发动机与四冲程发动机相比虽然产生动力方面有利，但效率低。请说明其理由，并说明提高效率的方法。

10. 气缸内径为 70mm、行程为 80mm、燃烧室容积为 500 毫升的单气缸四冲程发动机，请求出气缸工作容积和压缩比。另外，如果是 4 气缸发动机，排气量为多少？

11. 气缸内径为 100mm、行程为 130mm 的四冲程柴油机，如果压缩比为 18，请求出发动机的工作容积和燃烧室容积？

12. 请说明分层进气发动机的种类和工作原理。

13. 请描述未来的汽车。

第2章　内燃机热力学

2.1　热力学基础

2.1.1　单位

世界上常用的单位制有米制和英制（英尺、英镑制），并分别有绝对单位制（物理单位制）和工程单位制（重力单位制）。

国际度量衡总会（CGPM）制定并发布了统一的SI单位制（国际单位制）。虽然现在各国对各工业标准中规定使用国际单位制，并积极推荐使用国际单位制，但在实际生活中依然混合使用旧时习惯的单位制。对于内燃机的功率性能等方面也常常混合使用国际单位制和工程单位制，因此我们必须明确各单位制的定义和相互之间的关系。

1. 国际单位制（SI）

国际单位制主要以传统米制单位的绝对单位MKSA（米-千克-秒-安培制）为主发展起来的，基本包括7个基本单位，即长度［米（m）］、质量［千克（kg）］、时间［秒（s）］、电流强度［安培（A）］、温度［开尔文（K）］、表示发光量的光强［坎德拉（cd）］和物质的量［摩尔（mol）］，以及两个辅助单位，即平面角［Rad］和立体角［sr］，并以基本单位为基础，组合导出各种导出单位。此外，规定了各单位的前缀，并根据大小使用适合的单位前缀。国际单位制的基本单位见表2-1。

表2-1　国际单位制的基本单位

基本单位	符号	单位名称
长度	m	米（meter）
质量	kg	公斤（kilogram）
时间	s	秒（second）
电流强度	A	安培（ampere）
物质的量	mol	摩尔（mole）
光的强度	cd	坎德拉（candela）

在内燃机规格表示方面常用的单位有，力、压力、能量、动力等。在国际单位制中使用的力的单位为牛顿，以 N 表示。根据牛顿定律，1N 定义为 1kg 的质量在其加速度为 $1m/s^2$ 时所受到的力量，表示为 $1kg \cdot m/s^2$。

压力单位使用帕斯卡，在单位面积（$1m^2$）上所受到的压力为 1N 时，定义为 1Pa。另外，能量单位使用焦耳，以符号 J 表示。当物体上作用 1N 的力量，并移动 1m 时所做的功定义为 1J。动力以单位时间能量比率来进行定义，在内燃机上把动力称为功率。功率单位使用瓦特（Watt），单位时间内输出 1J 能量称为 1W。

$$1N \equiv (1kg)(1m/s^2) = 1kg \cdot m/s^2$$

$$1Pa \equiv 1N/m^2 \equiv 1kg/(m \cdot s^2)$$

$$1J \equiv (1N)(1m) \equiv 1kg \cdot m^2/s^2$$

$$1W \equiv 1J/s \equiv 1N \cdot m/s$$

2. 工程单位制

工程单位制又称为重力单位制，其基本单位为长度（m）、时间（s）和力（kgf）。1kgf 定义为在 1kg 质量上所作用的力，即以 1kg 物体的重量进行定义。重量为“质量×重力加速度”，根据地球位置的不同，重力加速度也有所不同，因此把海平面的重力加速度定义为标准重力加速度（$9.80665m/s^2$）。

压力单位使用气压 at，1 气压定义为 $1kgf/cm^2$。功定义为“力×距离”，功的工程单位使用（kgf · m）。1kgf · m 功定义为把 1kgf 的物体移动 1m 所做的功。动力（或功率）为单位时间所做的功，其单位以 kgf · m/s 表示。

$$1kgf = 1kg \times 9.80665m/s^2 = 9.80665N$$

$$1at = 1kgf/cm^2 = 98.0665kPa$$

$$1kgf \cdot m = 9.80665N \cdot m = 9.80665J$$

$$1kgf \cdot m/s = 9.80665J/s = 9.80665W$$

在内燃机上常用的功率单位是马力。马力有米制单位的马力（PS）和英制单位的马力（HP）。1 马力（PS）定义为一匹马能输出的力量，与国际单位制之间的相互关系为 1PS = 0.7355W。在表 2-2 和表 2-3 中已列出了压力和功率单位的许多国际单位制之间的关系。

表 2-2 压力单位换算表

kPa [10^3bar]	kgf/cm^2 [at]	atm	mmHg [Torr]	Lb/in^2 [psi]
100	1.01972	0.98692	750.06	14.5038
98.0665	1	0.96784	735.56	14.2234
101.325	1.03323	1	760	14.6960

表 2-3　功率单位换算表

kW	kgf · m/s	PS	HP	ft · lb/s
1	101.9716	1.3596	—	—
0.0098	1	0.0133	0.0132	7.23
0.7355	75.0	1	0.9859	542.5
0.746	76.07	1.0143	1	550.2

2.1.2　理想气体的状态变化

虽然供给到气缸内的热量（Q_1）以燃料的放热量（$m_f H_i$）来进行计算，但在一般情况下，加热量、放热量、膨胀功和压缩功以工质的状态变化量来进行计算。

首先要导出行程中计算做功的计算式。现在，假设气缸内高压状态 1（p_1、v_1）的 1kg 气体膨胀到低压状态 2（p_2、v_2）。此过程在图 2-1$p-v$ 关系线图中以路径 1→2 表示。在此过程中，单位质量气体所做的功可以计算为

$$W = \int_1^2 p\mathrm{d}v = \int_{v_1}^{v_2} p\mathrm{d}v = S_{1234} \tag{2.1a}$$

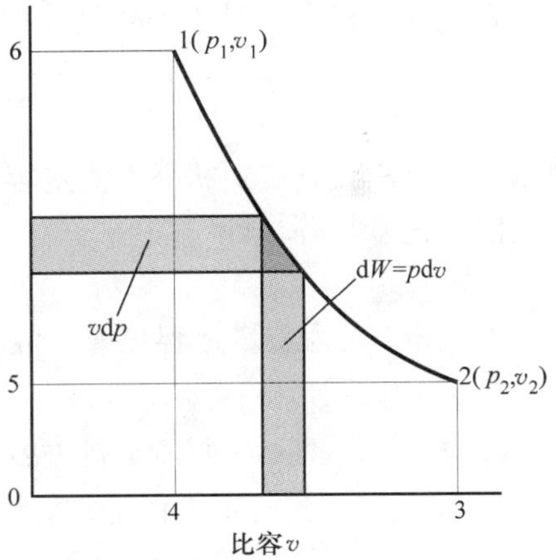

图 2-1　$p-v$ 关系线图

式中，压力为绝对压力，始终大于 0；体积为 $v_2 > v_1$，因此所做的功为正（+）；S_{1234}为面积。在能量单位中，符号表示方向，做功符号为正（+），表示系统（工质）向周围（外部）所做的功。因此，在此过程中，工质随着体积的增大，对外做功，我们把它称为膨胀功 W_e。其中下标 e 表示膨胀。

活塞反方向移动，压缩气体从低压状态 2 到达高压状态 1，此时所做的功 W 可以计算为

$$W = \int_{v_2}^{v_1} p\mathrm{d}v = -\int_{v_1}^{v_2} p\mathrm{d}v = -W_e \tag{2.1b}$$

因膨胀功 W_e为正，因此功 W 为负。功 W 的（-）符号表示外部向系统做功。在此功的作用下，气体被压缩，因此称为压缩功 W_c。其中下标 c 表示压缩。在此可以知道相同的两个状态之间的膨胀功 W_e 和压缩功 W_c大小相同，方向相反。

然后，要对加热量和放热量进行计算。气体状态在图 2-1 中从状态 1 变换到状态 2 时，向单位质量工质供给的热量 q_1可以利用下述能量守恒定律公式进行积分计算：

$$q_1 = \int_1^2 \delta q = \int_1^2 (\mathrm{d}u + p\mathrm{d}v) = u_2 - u_1 + \int_{v_1}^{v_2} p\mathrm{d}v = \Delta u + W_e \tag{2.2a}$$

从上述推理可以得知，热量 Q_e作用在内能变化 $\Delta u(=u_2-u_1)$和膨胀功 W_e。

这次，以相反的方向进行计算。气体状态从状态 2 变换到状态 1，气体被压缩时，可计算压缩功 W_c与放热量 Q_e之间的关系为：

$$q_2=\int_2^1\delta q=\int_2^1(\mathrm{d}u+p\mathrm{d}v)=u_1-u_2+\int_{v_2}^{v_1}p\mathrm{d}v=-\Delta u+W_c \qquad (2.2b)$$

从上述推理可以得知，压缩功 W_e 作用在内能变化 $\Delta u(=u_2-u_1)$和放热量 Q_2。

1. 定容过程

在体积一定的定容状态（$v_0=v_1$）时的变化在图 2-2$p-v$ 关系线图中以垂直线 0→1 路径表示。在定容过程中 $\mathrm{d}v=0$，式（2.1）中的 $W=0$，因此没有膨胀功和压缩功。但是在定容过程中热量减少，从式（2.2）可以得知，热量的传递导致内能的变化，即温度的变化。

在定容过程中，对于理想气体的状态变化，下式成立。

$$\frac{T_0}{p_0}=\frac{T_1}{p_1}=\frac{T}{p}=\text{常量}$$

在图 2-2 中从状态 0 到状态 1 为定容过程。当压力下降时，气体传热 q 与式（2.2）的内能变化量相等，即

$$q_1=u_1-u_0=c_v(T_1-T_0) \qquad (2.3)$$

上式中，c_v为质量定容热容，假设为常量。

2. 定压过程

在压力一定的定压状态（$p_0=p_2$）时的变化在图 2-2$p-v$ 关系线图中以水平线 0→2 路径表示。在定压过程中，对于理想气体的状态变化，下式成立：

$$\frac{T}{v}=\text{常量}$$

在图 2-2 中从状态 0 到状态 2 为定压过程，对于其膨胀功利用式（2.1）导出下式加以计算。

$$W_e=\int_{v_0}^{v_2}p\mathrm{d}v=p(v_2-v_0)=R(T_2-T_0) \qquad (2.4)$$

在定压过程中的气体传热 q，根据式（2.2）可以导出下式中的任一项加以计算：

$$q=u_2-u_0+p(v_2-v_0)=h_2-h_0=c_p(T_2-T_0) \qquad (2.5)$$

3. 等温过程

等温过程（$T_0=T_3$）在图 2-2 中以直角双曲线 0→3 表示。理想气体的内能 u 与

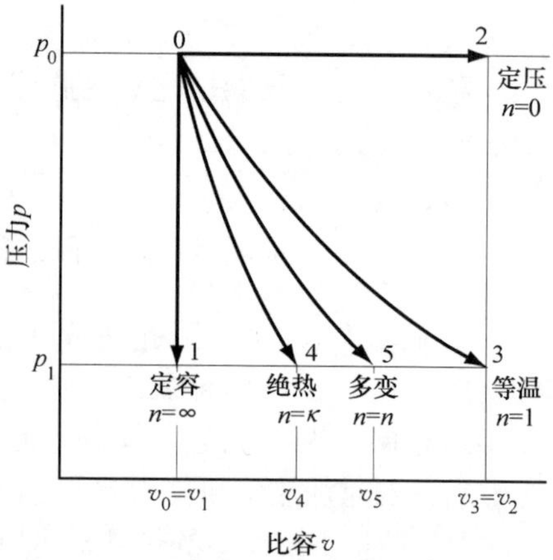

图 2-2 各种状态变化的 $q-v$ 线图

焓 h 为温度的函数，在等温过程中这些变量不变，即 $u_3 = u_0$、$h_3 = h_0$。在等温过程中，对于理想气体的状态变化，下式成立。

$$pv = 常量$$

利用式（2.1），可以导出如下的在等温过程中从状态 0 到状态 3 的膨胀功计算式：

$$W_e = \int_{v_0}^{v_3} p\mathrm{d}v = \int_{v_0}^{v_3} \frac{RT_0}{v}\mathrm{d}v = RT_0 \ln \frac{v_3}{v_2} = RT_0 \ln \frac{p_0}{p_3} \tag{2.6}$$

在等温过程中的气体传热 q，根据式（2.2）导出下式加以计算：

$$q = \int_0^3 (\mathrm{d}u + p\mathrm{d}v) = \int_{u_0}^{u_3} \mathrm{d}u + \int_{v_0}^{v_3} p\mathrm{d}v = W_e \tag{2.7}$$

即，因在等温过程中没有内能的变化，气体传热 q 直接转换为膨胀功 W_e。相反，压缩功全部转换为外部功，这表示等温压缩热全部被散发到外部。

4. 绝热过程

绝热过程表示气缸内的气体与周围之间没有热传导，即 $\delta q = 0$。在图 2-2 所示的 $p-v$ 关系线图中，绝热过程线以比等温过程的直角双曲线斜度更大的 0→4 路径表示。在绝热过程中，压缩功全部转换为热量，使气体温度（或内能）上升。相反，膨胀功表现为气体温度（或内能）下降。

在绝热过程中理想气体的状态变化公式如下：

$$\begin{aligned} pv^{\kappa} &= 常量 \\ Tv^{\kappa-1} &= 常量 \\ Tp^{(1-\kappa)/\kappa} &= 常量 \end{aligned} \tag{2.8}$$

绝热膨胀过程中的膨胀功计算，在式（2.1）中把压力 p 用 $p = p_0 v_0^{\kappa}/v^{\kappa}$ 代替可以导出下式：

$$\begin{aligned} W_e &= \int_{v_0}^{v_4} p\mathrm{d}v = p_0 v_0^{\kappa} \int_{v_0}^{v_4} \frac{\mathrm{d}v}{v^{\kappa}} = p_0 v_0^{\kappa} \left[\frac{v^{1-\kappa}}{1-\kappa}\right]_{v_0}^{v_4} \\ &= p_0 v_0^{\kappa} \frac{v_4^{1-\kappa} - v_0^{1-\kappa}}{1-\kappa} = \frac{p_0 v_0 - p_4 v_4}{\kappa - 1} = \frac{R(T_0 - T_4)}{\kappa - 1} \\ &= \frac{p_0 v_0}{\kappa - 1}\left\{1 - \left(\frac{v_0}{v_4}\right)^{\kappa - 1}\right\} \end{aligned} \tag{2.9a}$$

在往复式发动机中的膨胀功 W_e，因压缩比 ε 在图 2-2 的绝热过程中定义为 $\varepsilon = v_4/v_0$，因此根据式（2.8a），可以导出下式：

$$W_e = \frac{p_0 v_0}{\kappa - 1}\left\{1 - \left(\frac{1}{\varepsilon}\right)^{\kappa - 1}\right\} = \frac{p_0 v_0}{\kappa - 1}(1 - \varepsilon^{1-\kappa}) \tag{2.9b}$$

5. 多变过程

在实际内燃机中，因气缸内气体与外部存在温度差，始终进行热量的传递过程，因此不可能实现绝对的等温过程或绝热过程。尤其是，即使在相同的冲程中，随着活塞位置（或气体比容）的不同，其热传导量也不同。如，在压缩过程中，初期因气缸内气体的温度为常温（20°C）程度的低温状态，因此从活塞、气缸等部件中吸收热量，但到了后期，因气体被压缩温度上升，处于高温状态，通过气缸壁等放出热量。另外，在膨胀过程（做功过程）中，初期因气缸内的燃烧气体处于高温状态，向活塞、气缸、进排气门等放出热量。这表示实际的压缩过程和膨胀过程既不是绝热过程，也不是等温过程。

虽然在相同的工作过程中热传导量有所变化，但解释此工作过程时，把在此工作过程期间的热传导量看成为均等，以此用下式表达工质的状态变化公式：

$$pv^n = \text{常量}\ (n \neq \kappa \neq 1)$$

把上述公式表达的状态变化称为多变过程，把 n 称为多变指数（或绝热指数）。在实际发动机中，根据运转条件，抽取任意值测试取得多变指数，但在以上所述的各状态变化中，具有特定值。如，在定容过程中 $n=\infty$，在定压过程中 $n=0$，在等温过程中 $n=1$，在绝热过程中 $n=\kappa$。在实际过程中，抽取绝热过程和等温过程的中间值。即多变指数 n 在 $1<n<\kappa$ 之间变化，多变过程在图 2-2$p-v$ 关系线图中以 0→5 路径表示。根据式（2.9），用下式表达多变过程中的理想气体的状态变化公式：

$$\begin{gathered} pv^n = \text{常量} \\ Tv^{n-1} = \text{常量} \\ Tp^{(1-n)/n} = \text{常量} \end{gathered} \tag{2.10}$$

式（2.10）表示，在绝热过程中理想气体的状态变化公式中，用多变指数 n 置换质量热容比 κ 的形态。

从状态 0 变化到状态 5 时的多变过程膨胀功 W_e 的计算式为，在绝热过程膨胀公式（2.8）中，用多变指数 n 置换质量热容比 κ 的形态，即，

$$W_e = \frac{p_0 v_0 - p_5 v_5}{n-1} = \frac{R(T_0 - T_5)}{n-1} \tag{2.11}$$

现在计算一下多变指数 n 和热量 q 之间的关系。首先对理想气体状态方程 $pv=RT$ 进行微分计算，得出 $\mathrm{d}v/v$ 方程式，并把多变过程关系式（2.10）进行微分得出的 $\mathrm{d}p/p$ 代入到本方程式中，得出下述方程：

$$\frac{\mathrm{d}v}{v} = \frac{R\mathrm{d}T}{v} - \frac{\mathrm{d}p}{p} = \frac{\mathrm{d}T}{T} - \frac{\mathrm{d}p}{p} = \frac{\mathrm{d}T}{T} + n\frac{\mathrm{d}v}{v}$$

从上式中推导出：

$$\frac{\mathrm{d}v}{v} = \frac{1}{1-n}\frac{\mathrm{d}T}{T} \text{或} \ \mathrm{d}T = (1-n)T\frac{\mathrm{d}v}{v} \tag{2.12}$$

把式（2.12）中的 $\mathrm{d}T$ 代入到能量守恒公式 $\delta q = c_v \mathrm{d}T + p\mathrm{d}v$ 中，可以得出：

$$\delta q = c_v(1-n)T\frac{\mathrm{d}v}{v} + p\mathrm{d}v = c_v(1-n)\frac{pv}{R}\frac{\mathrm{d}v}{v} + p\mathrm{d}v$$

从上式可以推导出：

$$\frac{\delta q}{p\mathrm{d}v}=\frac{c_v(1-n)}{R}+1=\frac{c_v(1-n)}{c_v(\kappa-1)}+1=\frac{\kappa-n}{\kappa-1}$$

把上式中的 $p\mathrm{d}v$ 用能量守恒公式 $p\mathrm{d}v=\delta q-c_v\mathrm{d}T$ 代入，可以推导出：

$$\delta q=\frac{\kappa-n}{1-n}c_v\mathrm{d}T \tag{2.13}$$

因此，对于状态 0 到状态 5 的多变过程中的传热量 q，对式（2.13）进行积分，可以得出：

$$q_1=\int_{T_0}^{T_5}\frac{\kappa-n}{1-n}c_v\mathrm{d}T=\frac{\kappa-n}{1-n}c_v(T_0-T_5)=\frac{\kappa-n}{1-n}W_e \tag{2.14}$$

式中，把过程中的质量定容热容 c_v、质量热容比 κ、多变指数 n 看成常量。

2.1.3　混合气的性质

内燃机的工质为空气与燃料混合的混合气或可燃气体，由两种以上气体混合的混合气。

对于混合气状态的计算可以使用理想气体的概念。理想气体因不存在分子间的相互引力，其状态处于纯正状态，还是处于混合气的状态，各成分的运动不受其他成分的影响，因此热力学性质不会发生变化。这表示理想气体 A、B 即使处于混合状态，也可以适用独立的理想气体状态方程式。因此，混合气的比热、气体常数、内能、焓、熵等参数与各气体的状态量和混合比率有关。混合气的状态规定为独立状态量和各成分气体的混合比率这两种。

1. 混合气的结构

理想气体混合物各成分的混合比率（结构）分为质量百分比和摩尔百分比。

由 N 个纯正物质混合结构的混合物总质量 m 和总摩尔数 n 可表示为

$$m=m_1+m_2+\cdots+m_N=\sum m_i \tag{2.15}$$

$$n=n_1+n_2+\cdots+n_N=\sum n_i \tag{2.16}$$

式中，各成分质量分别为 m_i，摩尔数为 n_i。第 i 个成分的质量百分比 f_i 定义为，第 i 个成分质量 m_i 与混合气总质量 m 之比。摩尔百分比 y_i 定义为，第 i 个成分摩尔数 n_i 与混合气总摩尔数 n 之比。

$$f_i=\frac{m_i}{m} \tag{2.17}$$

$$y_i=\frac{n_i}{n} \tag{2.18}$$

把式（2.15）和式（2.16）各用总质量 m 和总摩尔数 n 进行除法运算，可以推导出：

$$\sum_i f_i=1$$

$$\sum_i y_i = 1$$

即，混合气所有成分的质量百分比和摩尔数百分比总和为1。

因物质质量 m 和摩尔数 n、分子量 M 之间具有 $m = nM$ 的关系，因此混合物的质量百分比 f_i 与摩尔百分比 y_i 之间具有下述关系：

$$f_i = \frac{m_i}{m} = \frac{n_i M_i}{nM} = y_i \frac{M_i}{M} \tag{2.19}$$

2. 混合气的分子量、气体常数

混合气的表观分子量（或平均分子量）M[kg/kmol]定义为混合物的总质量 m(kg)除以总摩尔数 n(kmol)得出的值。因此各成分气体的分子量 M_i、摩尔百分比 y_i、质量百分比 f_i 之间的关系式为

$$\begin{aligned} M &= \frac{m}{n} = \frac{\sum n_i M_i}{n} = \sum y_i M_i \\ &= \frac{m}{n} = \frac{m}{\sum m_i/M_i} = \frac{1}{\sum m_i/(mM_i)} = \frac{1}{\sum f_i/M_i} \end{aligned} \tag{2.20}$$

混合气的气体常数 R 定义为气体常数 $\bar{R}$ 除以混合气的分子量 M 得出的值，即混合气常数 R 为各成分气体的气体常数 R_i 乘以质量百分比 f_i 的总和：

$$R = \frac{\bar{R}}{M} = \bar{R}\sum f_i/M_i = \sum f_i R_i$$

$$pV = n\bar{R}T = mRT = m\frac{\bar{R}}{M}T \tag{2.21}$$

混合气也可以满足下述的理想气体状态方程式：

$$pv = RT,\ p\bar{v} = \bar{R}T \tag{2.22}$$

式中，p、v、$\bar{v}$、V、T、R、$\bar{R}$、m、n、M 分别表示混合气的压力（Pa）、比容（m^3/kg）、摩尔比容（m^3/kmol）、容积（m^3）、温度（K）、气体常数[kJ/(kg·K)]、通用气体常数[8.314kJ/(kmol·K)]、总质量（kg）、总摩尔数（kmol）、平均分子量（kg/kmol）。

3. 比热

在上述说明中，假设气体的质量热容（质量定容热容，质量定压热容）为常数，但实际上质量热容 c 为温度的函数。质量为 m 的物质吸收热量，其温度从 T_1 上升到 T_2 时，传递的热量为

$$Q = m\int_{T_1}^{T_2} c\mathrm{d}T = mc_{\mathrm{m}}(T_2 - T_1)$$

$$c_{\mathrm{m}} = \frac{1}{T_2 - T_1}\int_{T_1}^{T_2} c\mathrm{d}T$$

式中，c_{m} 为温度 T_1 与 T_2 之间的平均质量热容。

混合气的质量热容（质量定容热容 c_v、质量定压热容 c_p）也是各成分气体的

质量热容 c_i乘以质量百分比f_i的总和。同理，混合气的摩尔比热是各成分气体的摩尔热容 $\bar{c}_i$ 乘以摩尔百分比 y_i的总和。

$$c_v \equiv \left(\frac{\partial u}{\partial T}\right)_v = \frac{\partial \sum f_i u_i}{\partial T} = \sum f_i c_{v,i} \tag{2.23}$$

$$c_p \equiv \left(\frac{\partial h}{\partial T}\right)_p = \frac{\partial \sum f_i h_i}{\partial T} = \sum f_i c_{p,i} \tag{2.24}$$

式（2.24）说明，质量热容定义为在一定的容积（或温度）下，单位质量的物质上升单位温度所需的内能（或焓）。即，理想气体的内能、焓的变化可以计算为

$$dh = c_p dT,\ du = c_v dT$$

混合气的质量热容比 κ 定义为混合气的质量定压热容与质量定容热容之比，因此下式成立：

$$\kappa = c_p / c_v$$
$$c_p - c_v = R \tag{2.25}$$
$$c_p = \frac{\kappa R}{\kappa - 1}$$

表2-4 显示了各成分气体的质量定压热容 c_p、质量定容热容 c_v和质量热容比 κ。

表 2-4　质量定压热容、质量定容热容、质量热容比（101.3kPa，0°）

气体种类	空气	O_2	H_2	N_2	CO	CO_2	Ar
分子 M(kg/kmol)	28.96	31.99	2.01	28.016	28.01	44.01	38.95
质量定压热容 c_p[J/(kg·K)]	1007	919	14288	1041	1043	847	523
质量定容热容 c_v[J/(kg·K)]	720	658	10162	743	745	658	315
质量热容比 κ	1.40	1.40	1.41	1.40	1.40	1.29	1.66

【例题 2.1】

干燥空气成分的质量百分比：氮气 75.53%、氧气 23.14%、氩气 1.28%、二氧化碳 0.05%。请求出干燥空气的气体常数 R_{air}、平均分子量 m_{air}、质量热容比 κ。

计算：

干燥空气（混合气）的气体常数和状态量以各成分气体的状态量乘以质量百分率f_i 的总和来进行计算的，因此有

$$R = \sum f_i R_i = 0.7553 \times \frac{8314}{28.96} + 0.2314 \times \frac{8314}{31.99} + 0.0128 \times \frac{8314}{38.95} + 0.0005 \times \frac{8314}{44.01} = 279.8$$

$$M = \frac{1}{\sum f_i / M_i} = 1/(0.7553/28.016 + 0.2314/31.99 + 0.0128/38.95 + 0.0005/44.01)$$

$= 28.96$

$$c_v \equiv \sum f_i c_{v,i} = 0.7553 \times 743 + 0.2314 \times 658 + 0.0128 \times 315 + 0.0005 \times 658 = 717.81$$

$$c_p \equiv \sum f_i c_{p,i} = 0.7553 \times 1041 + 0.2314 \times 919 + 0.0128 \times 523 + 0.0005 \times 847$$

$= 1006.04$

4. 内能、焓、熵

混合气的状态量（U、H、S）为各成分气体状态量（U_i、H_i、S_i）的总和，或各成分气体比状态量（u_i、h_i、s_i）乘以各成分质量 m_i 的总和，或各成分气体摩尔比状态量（$\bar{u}_i$、$\bar{h}_i$、$\bar{s}_i$）乘以各成分摩尔数 n_i 的总和。

$$\begin{aligned} U(T) &= \sum U_i(T) = \sum_i n_i \bar{u}_i(T) = \sum_i m_i u_i(T) \\ H(T) &= \sum H_i(T) = \sum_i n_i \bar{h}_i(T) = \sum_i m_i h_i(T) \\ S(T,p) &= \sum S_i(T,p_i) = \sum_i n_i \bar{s}_i(T,p_i) = \sum_i m_i s_i(T,p_i) \end{aligned} \tag{2.26}$$

混合气也与理想气体一样，内能和焓仅为温度的函数，熵为温度和压力的函数。

混合气的比状态量为把上述公式用混合气的总质量 m 相除的值，也是各成分气体比状态量（u_i、h_i、s_i）乘以质量百分比 f_i 的总和。

$$\begin{aligned} u &= \frac{U}{m} = \frac{\sum m_i u_i}{m} = \sum f_i u_i \\ h &= \frac{H}{m} = \frac{\sum m_i h_i}{m} = \sum f_i h_i \\ s &= \frac{S}{m} = \frac{\sum m_i s_i}{m} = \sum f_i s_i \end{aligned} \tag{2.27}$$

混合气熵的变化为

$$\begin{aligned} \Delta s &= c_p \ln \frac{T_2}{T_1} - R \ln \frac{p_2}{p_1} \\ \Delta s &= c_v \ln \frac{T_2}{T_1} + R \ln \frac{v_2}{v_1} \end{aligned} \tag{2.28}$$

2.1.4 热效率和平均有效压力

内燃机的性能取决于从一定的供给热量中能获得多少动力，以及在一定体积的气缸内能输出多少动力。表示这种能力的就是效率和平均有效压力。

1. 热效率

热效率为在发动机中产生的总热量与转换为动力的热量之间的比率。一般情况下，供给热量用燃料的低热值进行计算。这是因为排气中含有的 H_2O 以气体状态

（水蒸气）排出，不能充分利用 H_2O 冷凝热的原因。如果能以液态排出，充分利用水蒸气的冷凝热，可以用高热值进行计算，但目前在大部分内燃机中还不能利用水蒸气的冷凝热。

内燃机中热效率分为理论热效率、指示热效率、净热效率等，区分为很多种加以利用。

（1）理论热效率　理论热效率 η_{th} 定义为在热力学上仅存在不可避免产生不可逆损失的理论循环中供给的热量 Q_1 与理论功 W_{th} 之间的比值。

$$\eta_{th}=\frac{W_{th}}{Q_1} \tag{2.29}$$

供给热量 Q_1 以燃料质量 m_f（kg）乘以燃料低热值 H_l（kJ/kg）的 m_fH_l 公式进行计算。

在每一循环中获得的理论功 W_{th} 的计算方法不同于过程功计算式（2.1），利用对气缸内压力、体积进行循环积分的公式加以计算。

$$W_{th}=\oint p\mathrm{d}V \tag{2.30}$$

式（2.30）中，如果把要积分的循环工质假设为空气，称为空气循环（Air cycle），如果假设为燃料空气混合气，称为燃料 - 空气循环。

（2）指示热效率　气缸内气体对活塞所做的有用功 W_i，因气体燃烧时存在不完全燃烧、燃烧延迟、气体泄漏、冷却损失等损失，所以比理论循环中得出的理论功 W_{th} 小。如此在气缸内气体对活塞所做的有用功称为指示功 W_i，并把此动力称为指示功率 $\dot{W}_i$。指示热效率 η_i 定义为供给热量与指示功之间的比，与理论热效率的关系如下：

$$\eta_i=\frac{W_i}{Q_1}=\frac{W_i}{W_{th}}\frac{W_{th}}{Q_1}=\eta_g\eta_{th} \tag{2.31}$$

式（2.31）中，η_g 称为指示效率（或指示系数、引导系数、示功图因数），表示指示功与理论功之间的比值 W_i/W_{th}。发动机的性能多以指示线图（或示功图）进行解释，但是指示热效率低，不能明确是理论热效率低，还是在上面所述的各种损失大。对此能明确说明的指标就是指示效率。指示效率 η_g 的值通常为 85% 左右。

指示 $p-V$ 线图表现为理论 $p-V$ 线图的边角圆滑，指示循环面积比理论循环面积小。汽油机在效率良好的条件下，指示热效率约为 40% 左右。

（3）净热效率　净热效率（或制动热效率）η_e 定义为发动机内产生的热量 Q_1 与实际曲轴旋转动力的净指示功 W_e 之间的比。实际曲轴所获得的净指示功为，从指示功减去活塞 - 曲轴机构等运动部分摩擦力和驱动进排气门、水泵、冷却风扇等辅助装置所需的功（称为机械损失）W_f 后剩余的部分功。

净热效率 η_e 的计算式如下，与指示热效率 η_i 有下述关系：

$$\eta_e = \frac{W_e}{Q_1} = \frac{W_e}{W_i}\frac{W_i}{Q_1} = \eta_m \eta_i \tag{2.32}$$

式（2.32）中，η_m为机械效率，表示净指示功与指示功之间的比值 W_e/W_i。发动机输出功率的测量多利用测功机检测曲轴的转速并利用此数据计算净指示功率（或制动功率、轴功率）$\dot{W}_e$（kW），但一旦净热效率（或净指示功率）低时，不能明确是指示热效率低，还是机械损失大。对此能明确说明的指标就是机械效率。机械效率与机械摩擦力损失有关。

摩擦功（机械损失功）W_f和摩擦功率 $\dot{W}_f$ 分别为，指示功与净指示功之差和指示功率与净指示功率之差，即

$$W_f = W_i - W_e \text{ 或 } \dot{W}_f = \dot{W}_i - \dot{W}_e \tag{2.33}$$

上述 3 种热效率与机械效率、有效效率之间的关系为

$$\eta_e = \eta_i \eta_m = \eta_{th} \eta_g \eta_m \tag{2.34}$$

传统的汽油机的净热效率 η_e一般是 30% 左右，但近来对汽油机的稀薄燃烧方面进行了良好的改善，因此有些发动机的净热效率可以达到 35% 左右。图 2-3 显示了指示功、摩擦功和净指示功之间的关系。

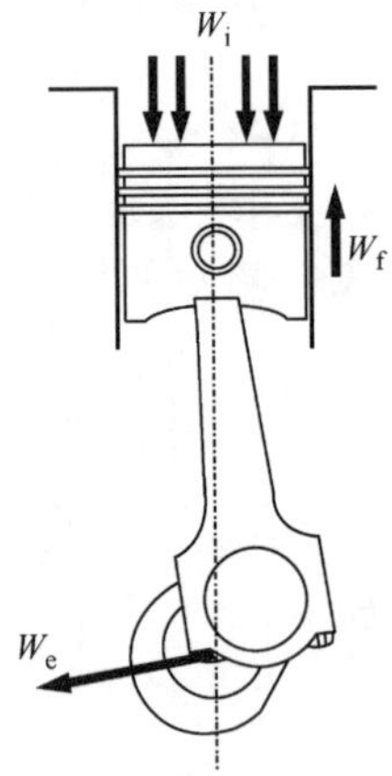

图 2-3　指示功、摩擦功和净指示功之间的关系

2. 平均有效压力

发动机的排气量不同，其输出功率也不同，因此不同工作容积或排气量的发动机之间互相比较性能是不妥当的。输出转矩也是表现发动机性能的一项有效值，其大小也随发动机尺寸的不同而不一样。与发动机的工作容积、排气量、转速、发动机尺寸没有关系，能表现出发动机性能的指标就是平均有效压力。平均有效压力为单位容积每一循环所产生的功，即为功率密度，此数据能有效地使用在发动机性能评价上。当发动机的工作容积和运行条件相同时，平均有效压力越大，其输出功率也越大。

平均有效压力（MEP）p_m定义为活塞运行每一循环所做的功除以工作容积所得到的值。每一循环所做的功可以用理论功、指示功、净指示功来表示，由此可以获得各自的平均有效压力。

（1）理论平均有效压力　理论平均有效压力 p_{th}定义为每一循环获得的理论功 W_{th}除以工作容积 V_h所得到的值。

$$p_{th} = \frac{W_{th}}{V_h} = \frac{Q_1}{V_h}\eta_{th} \tag{2.35}$$

理论平均有效压力相当于在图 2-4（a）中显示的理论循环线图的面积除以工

作容积为底边的直角四边形的高度。

(2) 指示平均有效压力　指示平均有效压力 $p_{m,i}$ 定义为每一循环获得的指示功 W_i 除以行程容积所得到的值，以理论平均有效压力 p_{th} 与指示效率 η_g 的乘积进行计算。

$$p_{m,i}=\frac{W_i}{V_h}=\frac{W_{th}\eta_g}{V_h}=p_{th}\eta_g \tag{2.36}$$

从图 2-4 (b) 可以看出，指示平均有效压力 $p_{m,i}$ 比理论平均有效压力 p_{th} 小。

(3) 净平均有效压力　净（或制动）平均有效压力 $p_{m,e}$ 定义为每一循环净指示功 W_e 除以行程容积所得到的值。净平均有效压力 $p_{m,e}$ 与理论平均有效压力 p_{th} 之间的关系为

$$p_{m,e}=\frac{W_e}{V_h}=\frac{W_i\eta_m}{V_h}=p_{m,i}\eta_m=p_{th}\eta_g\eta_m \tag{2.37}$$

从式 (2.37) 可以看出，净平均有效压力是由理论平均有效压力 η_{th}、指示效率 η_g 和机械效率 η_m 这三项乘积所得到的值。

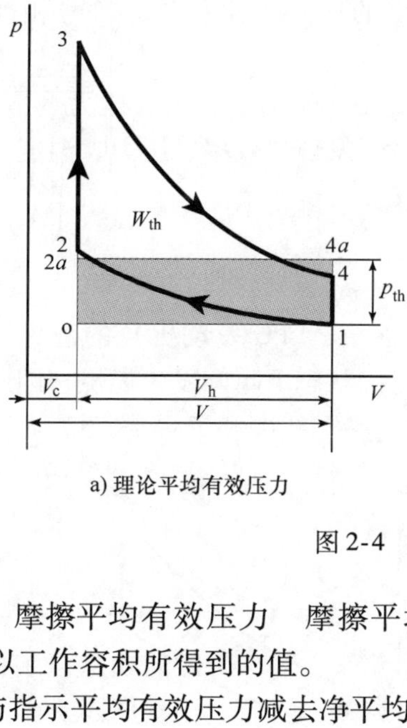

a) 理论平均有效压力

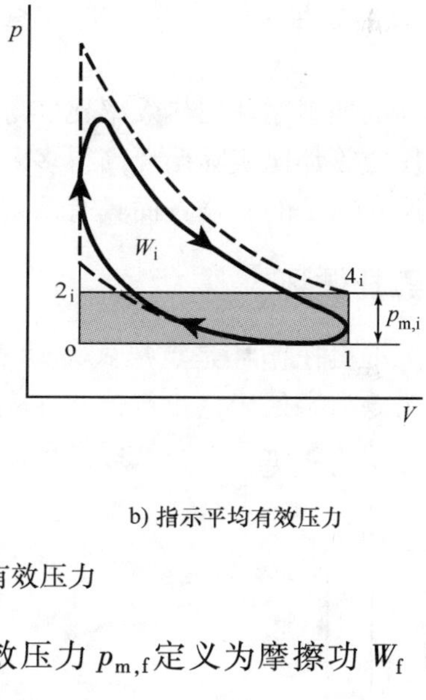

b) 指示平均有效压力

图 2-4　平均有效压力

(4) 摩擦平均有效压力　摩擦平均有效压力 $p_{m,f}$ 定义为摩擦功 W_f $(=W_i-W_e)$ 除以工作容积所得到的值。

这与指示平均有效压力减去净平均有效压力所得到的值相等。

$$p_{m,f}=\frac{W_f}{V_h}=\frac{W_i-W_e}{V_h}=p_{m,i}-p_{m,e} \tag{2.38}$$

2.2　空气标准理想循环

往复式内燃机的基本循环有奥托循环、狄赛尔循环（柴油循环）和沙巴特循

环。最近阿特金森循环（或米勒循环）被使用在所有的混合动力发动机上。

内燃机的工质为，在燃烧之前为空气与燃料的混合气，燃烧后为燃烧废气，与燃烧前的状态不同。另外，燃烧废气的性质在燃烧过程中通过化学反应，其成分和结构发生了复杂的变化，因此对真实的循环过程很难进行解释。实际对内燃机循环的解释采用的方法为，首先以工质为空气来推论空气标准理想循环，其次对考虑燃料空气混合气特性的燃料－空气循环进行推论，然后考虑损失要素接近实际发动机工况。

空气标准理想循环进行如下假设：

① 工质为标准状态的空气，看成为理想气体。

② 压缩和膨胀过程为可逆绝热（等熵）过程，质量热容与温度无关恒定。

③ 工质始终在气缸内的密闭系统，代替燃料的燃烧，从外部供给相当于燃料燃烧发热量的热量，并在膨胀行程末期代替排气，在定容状态向外部放出热量。

④ 没有进气和排气阻力。另外，假设节气门处于完全开启状态，进、排气过程气缸内的压力与大气压相等，压力线保持水平状态。因进气过程功（空气进入时推动的功）和排气过程功（推动空气排出的功）大小相等，符号相反，相互抵消。

空气标准理想循环的热效率比实际循环高很多。另外，最大压力、最高温度、平均有效压力等都比实际循环高得多。但，对于发现热效率、压力、温度、平均有效压力等所有因子的影响方面具有重要的意义。

2.2.1 奥托循环

空气标准奥托循环是点燃式发动机（汽油机、LPG 发动机）的理想循环。此循环假设为，活塞处于上止点，并在容积一定的状态下瞬间发生燃烧，因此又称为定容循环。图 2-5 所示为空气标准奥托循环的 $p-V$ 线图和 $T-s$ 线图。

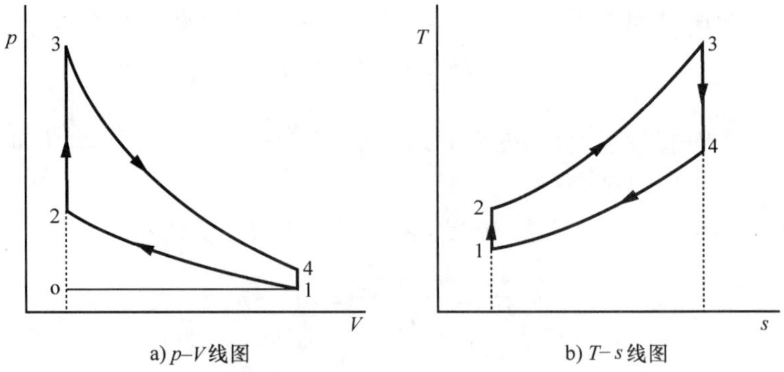

图 2-5　空气标准奥托循环

① 1－2 过程：空气可逆绝热压缩过程，需要压缩功 W_c。

② 2－3 过程：在定容状态对空气加热的过程，定容加热量为 Q_1。

③ 3－4 过程：高温高压空气可逆绝热膨胀过程，发生膨胀功 W_e。

④ 4－1 过程：在定容状态放出热量的过程，定容放热量为 Q_2。

另外，1－0 过程为活塞从下止点到上止点上升时排出空气的排气过程，0－1 过程为活塞从上止点到下止点下降时吸入空气的进气过程，因进气和排气过程中没有阻力，压力等于大气压，压力线保持水平。因此，空气标准奥托循环仅以 1－2－3－4 构成的循环进行解释，根据能量守恒定律 $\Sigma W=\Sigma Q$，即公式 $W_e-W_c=Q_1-Q_2$成立。

热效率定义为供给热量 Q_1与净功 W_{net}之间的比值。如果利用能量守恒定律计算定容加热量 Q_1和定容放热量 Q_2，假设空气的质量定容热容 c_V不变，工质的质量为 m，因 $\mathrm{d}V=0$，因此可以推导出：

$$Q_1=\int_2^3(\mathrm{d}U+p\mathrm{d}V)=m(u_3-u_2)=mc_V(T_3-T_2)$$

$$Q_2=-\int_4^1(\mathrm{d}U+p\mathrm{d}V)=m(u_4-u_1)=mc_V(T_4-T_1) \tag{R1}$$

由此，空气标准定容循环热效率 η_o的计算式如下：

$$\eta_o=\frac{W_{net}}{Q_1}=1-\frac{Q_2}{Q_1}=1-\frac{T_4-T_1}{T_3-T_2}=1-\frac{T_1(T_4/T_1-1)}{T_2(T_3/T_2-1)} \tag{R2}$$

在式（R1）中，$T_1\sim T_4$为状态 1～4 中工质（空气）的温度。在 1－2 过程和 3－4 过程的绝热过程中使用理想气体状态方程。$Tv^{\kappa-1}=$常数，在 2－3 过程的定容过程中使用理想气体状态方程。$T/p=$常数。$T_2\sim T_4$表现为 T_1的函数如下：

$$T_2=T_1\left(\frac{V_1}{V_2}\right)^{\kappa-1}=T_1\varepsilon^{\kappa-1}$$

$$T_3=T_2\frac{p_3}{p_2}=T_1\varepsilon^{\kappa-1}\frac{p_3}{p_2} \tag{R3}$$

$$T_4=T_3\left(\frac{V_3}{V_4}\right)^{\kappa-1}=T_3\frac{1}{\varepsilon^{\kappa-1}}=T_1\frac{p_3}{p_2}$$

式中，ε 为压缩比（$\varepsilon=V_1/V_2=V_4/V_3$），$\kappa$ 为质量热容比。

计算供给热量和放热量时，把式（R3）代入式（R1）中，推导出：

$$Q_1=mc_pT_1\varepsilon^{\kappa-1}\left(\frac{p_3}{p_2}-1\right)$$

$$Q_2=mc_pT_1\left(\frac{p_3}{p_2}-1\right)$$

因此，空气标准奥托循环热效率的计算式如下：

$$\eta_o=1-\frac{Q_2}{Q_1}=1-\frac{T_1}{T_2}=1-\frac{1}{\varepsilon^{\kappa-1}} \tag{2.39}$$

从式（2.39）中可以看出，定容循环理论热效率与供给热量 Q_1无关，仅与压

缩比 ε 和质量热容比 κ 有关，随着这些值的增大，定容循环热效率也增加。这是因为发动机的压缩比越大，气体膨胀比越大，放出的热量越少。这些现象在图 2-6 中的 $T-s$ 线图上可以得到解释。

图 2-6 中，$1-2'-3'-4'$循环的压缩比比 $1-2-3-4$ 循环的大。对于循环中的供给热量 Q_1，在 $T-s$ 线图中以面积 $A23B$ 和面积 $A2'3'B$ 表示，这两者近似相等。但对于循环中放出的热量 Q_2，各自以面积 $A14B$ 和面积 $A14'B'$表示，可以看出后者明显小于前者。因此，高压缩比的放热量小，自然热效率高。图 2-7 中显示了随不同的定容循环压缩比的理论热效率。因标准状态空气的质量热容比 $\kappa=1.4$ 恒定不变，因此热效率仅为压缩比 ε 的函数。从图中可以看出，随压缩比的增大，热效率缓慢增加。但是，如果汽油机的压缩比过大，会发生爆燃，产生噪声，降低发动机的输出功率，甚至会对发动机造成损伤。因此，目前汽油机的压缩比 ε 约为 10 左右。在图中可以看出，质量热容比 $\kappa=1.4$ 和压缩比 $\varepsilon=10$ 时，热效率为 60% 左右，热效率较高。

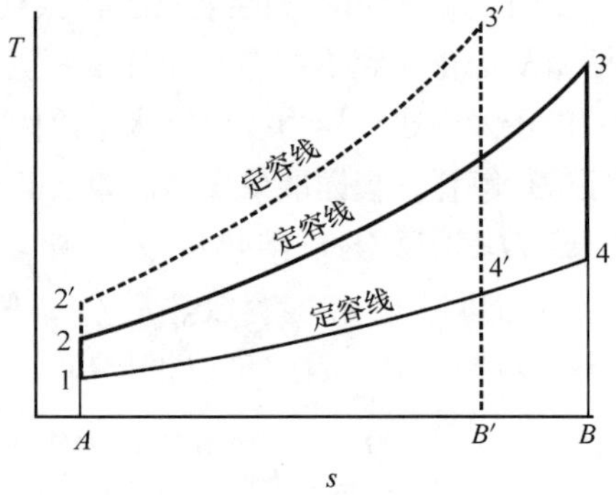

图 2-6　随压缩比的放热量

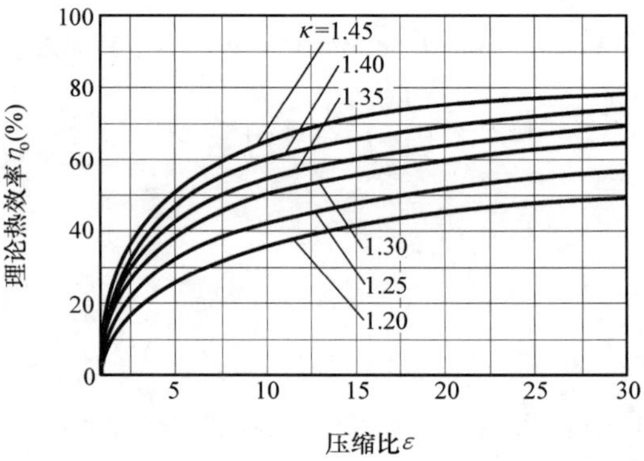

图 2-7　定容循环理论热效率

2.2.2　狄赛尔循环（柴油循环）

空气标准柴油循环为低速柴油机（船用）的理想循环，因在定压状态下燃烧，又称为定压循环。柴油循环与奥托循环 4 个过程中的 3 个过程相同，仅加热过程不同。

柴油机的压缩比为 17 ~ 23，比汽油机的压缩比 10 大很多。把 1 个气压（0.1MPa）、25°C 状态的空气（$\kappa=1.4$）吸入到气缸内，并以压缩比 17 进行可逆绝热压缩，如果使用理想气体状态方程 pV^{κ} = 常数、$TV^{\kappa-1}$ = 常数进行计算，空气的温度和压力各自会达到约 652℃和 52.8 个气压，远比轻油或重油的自燃温度 250℃大。如果在如此高温、高压状态的空气中喷入燃料，燃料会自发火燃烧。对于活塞下降过程中气缸内压力的降低，可以从燃料燃烧所提高的压力来得到补充，因此可以假设热量的供给在定压状态中进行。图 2-8 是空气标准柴油循环的 $p-V$ 线图和$T-s$线图。

现在求出空气标准柴油循环的热效率。如果利用能量守恒定律计算定压加热量 Q_1和定容放热量 Q_2，则有

$$Q_1 = \int_2^3 (\mathrm{d}U + p\mathrm{d}V) = (U_3 - U_2) + p(V_3 - V_2) = H_3 - H_2$$

$$= mc_V(T_3 - T_2) \tag{R4}$$

$$Q_2 = -\int_4^1 (\mathrm{d}U + p\mathrm{d}V) = (U_4 - U_1) = mc_V(T_4 - T_1)$$

由此，可知空气标准柴油循环热效率 η_{d}为

$$\eta_{\mathrm{d}} = 1 - \frac{Q_2}{Q_1} = 1 - \frac{c_V}{c_p}\frac{T_4 - T_1}{T_3 - T_2} = 1 - \frac{1}{\kappa}\frac{T_1(T_4/T_1 - 1)}{T_2(T_3/T_2 - 1)} \tag{R5}$$

现在推导把式（R5）中的温度比用柴油机的压缩比 ε 和燃料喷射时间表达的公式。ϕ 定义为燃料喷射开始到结束时的气缸容积比，即定压预胀比（或燃料定压预胀比），其计算式为

$$\phi = \frac{V_3}{V_2} \tag{2.40}$$

各点的温度比计算式为：在 1－2 过程和 3－4 过程中，因为是可逆绝热过程，所以通过 $TV^{\kappa-1}$ = 常数和 $V_1 = V_4$关系式；在 2－3 过程中，因为是定压过程，所以通过 V/T = 常数和定压预胀比 ϕ，可以推导出：

$$\frac{T_1}{T_2} = \left(\frac{V_2}{V_1}\right)^{\kappa-1} = \varepsilon^{1-\kappa}$$

$$\frac{T_3}{T_2} = \frac{V_3}{V_2} = \phi \tag{R6}$$

$$\frac{T_4}{T_3} = \left(\frac{V_3}{V_4}\right)^{\kappa-1} = \left(\frac{V_3}{V_2}\frac{V_2}{V_4}\right)^{\kappa-1} = \left(\frac{\phi}{\varepsilon}\right)^{\kappa-1}$$

通过式（R6），可以推导出：

$$\frac{T_4}{T_1} = \left\{\frac{T_3(\phi/\varepsilon)^{\kappa-1}}{T_3\varepsilon^{1-\kappa}/\phi}\right\} = \phi^{\kappa} \tag{R7}$$

把式（R6）和式（R7）代入到式（R5）中，可以推导出柴油循环热效率计算式为

$$\eta_{\mathrm{d}} = 1 - \frac{1}{\varepsilon^{\kappa-1}}\left\{\frac{\phi^{\kappa} - 1}{\kappa(\phi - 1)}\right\} \tag{2.41}$$

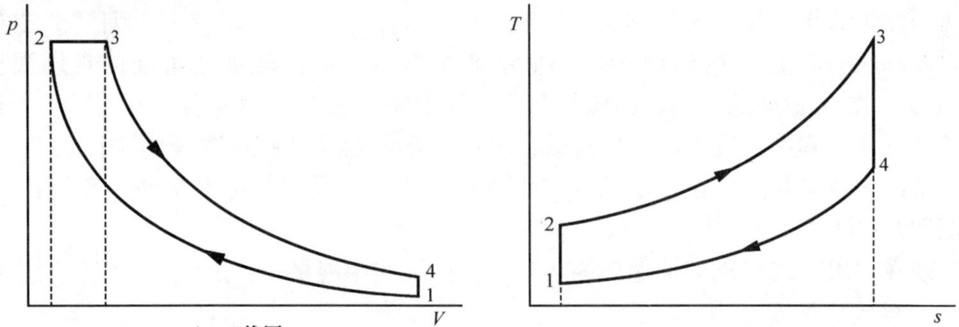

a) $p-V$线图　　b) $T-s$线图

图 2-8　空气标准柴油循环

柴油循环热效率公式为在奥托循环热效率式（2.39）中添加$\{(\phi^{\kappa-1})/\kappa(\phi-1)\}$的形态。定压预胀比 ϕ 与质量热容比 κ 始终大于 1，因此括弧内的项目始终大于 1，定压预胀比 ϕ 越大，分子项以指数函数性增加，所以热效率就越低。这是因为定压预胀比（$\phi=V_3/V_2$）越大，膨胀比（$=V_4/V_3$）越小。图 2-9 显示了柴油循环理论热效率关系曲线。从关系图中可以看出，压缩比 ε 越大，定压预胀比 ϕ 越小，即越接近 1，柴油循环热效率就越高。

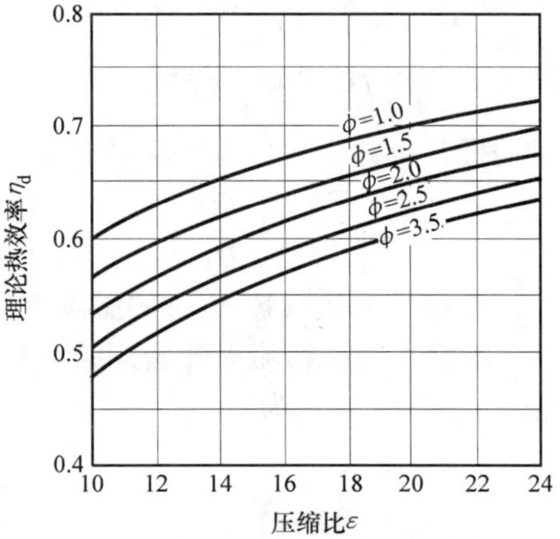

图 2-9　定压循环理论热效率

2.2.3　沙巴特循环

空气标准沙巴特循环为高速柴油机（大型客车或货车等）的基本理想循环。

在汽车上配备的柴油机，因转速高，有必要提前燃料喷射时刻，在压缩行程结束之前提前进行燃料喷射，因此同时出现定容燃烧和定压燃烧过程。因此，沙巴特循环又称为复合循环。图 2-10 所示为空气标准沙巴特循环的 $p-V$ 线图和 $T-s$ 线图。

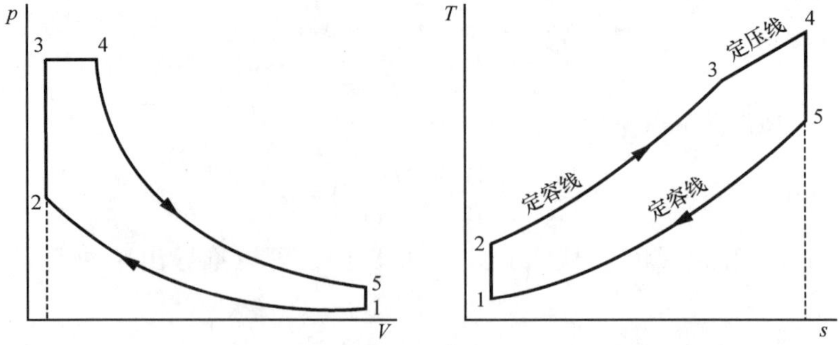

a) $p-V$线图　　b) $T-s$线图

图 2-10　空气标准沙巴特循环

1. 理论热效率

在沙巴特循环供给的热量 Q_1 为定容加热量 Q_v 与定压加热量 Q_p 之和，因此定容放热量 Q_2 计算式为

$$Q_1 = Q_V + Q_p = mc_V(T_3 - T_2) + mc_p(T_4 - T_3)$$

$$Q_2 = mc_V(T_5 - T_1)$$

根据能量守恒定律，每一循环所做的功 $W_{\mathrm{net}} = W_{\mathrm{e}} - W_{\mathrm{c}} = Q_1 - Q_2$，因此可以推导出：

$$W_{\mathrm{net}} = Q_1 - Q_2 = mc_V(T_3 - T_2) + mc_p(T_4 - T_3) - mc_V(T_5 - T_1)$$

由此，沙巴特循环热效率 η_{s} 为

$$\begin{aligned}\eta_{\mathrm{s}} &= \frac{W_{\mathrm{net}}}{Q_1} = 1 - \frac{Q_2}{Q_V + Q_p} \\ &= 1 - \frac{c_V(T_5 - T_1)}{c_V(T_3 - T_2) + c_p(T_4 - T_3)} \\ &= 1 - \frac{T_1}{T_2}\frac{(T_5/T_1 - 1)}{\{(T_3/T_2 - 1) + \kappa(T_4/T_2 - T_3/T_2)\}}\end{aligned} \tag{R8}$$

在式（R8）中，把温度比用压缩比 ε、定压预胀比 ϕ 和压力比 ξ 进行表达。已从前述可知压缩比 $\varepsilon = v_1/v_2$，定压预胀比 $\phi = V_4/V_3$，压力比 ξ 定义为定容加热过程中的压力上升比率（p_3/p_2）。由此，导入 2－3 定容过程中理想气体状态方程 $p/T =$ 常数，推导出如下的压力比 ξ 关系式，它可以被用作温度比：

$$\xi \equiv \frac{p_3}{p_2} = \frac{T_3}{T_2} \tag{2.42}$$

现在求出各点的温度。因温度比 T_1/T_2 在压缩比式（R6）中赋值，温度比 T_3/T_2 在压力比式（2.42）中赋值，通过这些公式可以推导出如下的温度 T_2、T_3 计算式：

$$T_2 = \varepsilon^{\kappa-1}T_1$$

$$T_3 = \xi T_2 = \xi\varepsilon^{\kappa-1}T_1$$

对于温度 T_4，根据 3－4 定压过程的状态公式 $V/T =$ 常数和定压预胀比 ϕ，对于温度 T_5，根据 4－5 绝热过程的状态公式 $TV^{\kappa-1} =$ 常数和 $V_2 = V_3$、$V_5 = V_1$，可以分别推导出下述计算式：

$$T_4 = \phi T_3 = \phi\xi T_2$$

$$T_5 = T_4\left(\frac{V_4}{V_5}\right)^{\kappa-1} = T_4\left(\frac{V_4}{V_3}\frac{V_3}{V_5}\right)^{\kappa-1} = \phi\xi\varepsilon^{\kappa-1}\left(\frac{\phi}{\varepsilon}\right)^{\kappa-1}T_1 = \xi\phi^{\kappa}T_1$$

在上式中，通过各点的温度计算求出温度比，并代入到式（R8）中，可以推导出如下的空气标准复合循环热效率的计算式：

$$\eta_s = 1 - \frac{T_1}{T_2} \frac{(T_5/T_1 - 1)}{\{(T_3/T_2 - 1) + \kappa(T_4/T_2 - T_3/T_2)\}}$$

$$= 1 - \frac{1}{\varepsilon^{\kappa-1}} \left\{ \frac{\xi\phi^{\kappa} - 1}{(\xi - 1) + \kappa\xi(\phi - 1)} \right\} \tag{2.43}$$

从式（2.43）可以看出，压缩比 ε 和压力比 ξ 越大，定压预胀比 ϕ 越接近 1，沙巴特循环热效率越高。

因沙巴特循环为复合循环，其热效率式（2.43）中，如果设定压力比 $\xi = 1$，则与柴油循环热效率式（2.41）相同；如果设定燃料定压预胀比 $\phi = 1$，则与奥托循环热效率式（2.39）相同。

2. 理论平均有效压力

理论平均有效压力 p_{th} 定义为发动机的理论功 W_{th} 除以工作容积 V_h 所得到的值。根据能量守恒定律 $\Sigma W = \Sigma Q$，每一循环所做的理论功 W_{th} 等于 $Q_1 - Q_2$，工作容积 V_h 等于 $V_1 - V_2$，因此可以推导出：

$$p_{th} = \frac{W_{th}}{V_h} = \frac{Q_1 - Q_2}{V_1 - V_2} \tag{R9}$$

在沙巴特循环中可以导出：

$$Q_1 - Q_2 = mc_V(T_3 - T_2) + mc_p(T_4 - T_3) - mc_V(T_5 - T_1)$$

$$= mc_V[T_3 - T_2 + \kappa(T_4 - T_3) - (T_5 - T_1)]$$

$$= \frac{mR}{\kappa - 1} T_1 [\varepsilon^{\kappa-1}\{\xi - 1 + \kappa\xi(\phi - 1)\} - (\phi^{\kappa}\xi - 1)] \tag{R10}$$

或

$$V_1 - V_2 = V_1\left(1 - \frac{1}{\varepsilon}\right) = \frac{mRT_1}{p_1} \frac{\varepsilon - 1}{\varepsilon} \tag{R11}$$

因此，把式（R10）和式（R11）代入式（R9）中，可以推导出沙巴特循环理论平均有效压力 $p_{th,s}$ 的计算式为：

$$\frac{p_{th,s}}{p_1} = \frac{1}{(\kappa - 1)(\varepsilon - 1)} [\varepsilon^{\kappa}\{\xi - 1 + \kappa\xi(\phi - 1)\} - \varepsilon(\phi^{\kappa}\xi - 1)] \tag{2.44}$$

与奥托循环和柴油循环的平均有效压力对应，在式（2.44）中，如果设定压力比 $\xi = 1$，与柴油循环的理论平均有效压力 $p_{th,d}$ 相同，如果设定燃料定压预胀比 $\phi = 1$，与奥托循环的理论平均有效压力 $p_{th,o}$ 相同，则各自可以推导出：

$$\frac{p_{th,o}}{p_1} = \frac{(\xi - 1)\ (\varepsilon^{\kappa} - \varepsilon)}{(\kappa - 1)\ (\varepsilon - 1)} \tag{2.45}$$

$$\frac{p_{th,d}}{p_1} = \frac{\varepsilon^{\kappa}\kappa(\phi - 1) - \varepsilon(\phi^{\kappa} - 1)}{(\kappa - 1)(\varepsilon - 1)} \tag{2.46}$$

上面虽然论述了理论热效率和理论平均有效压力的计算式，但是在其公式中包含的燃料定压预胀比 ϕ 和压力比 ξ 不是高速柴油机的特性值，仅是为了论述上的方便而使用的。如果要把理论循环的公式应用到实际发动机循环中，则测量空气过量系数 λ 和燃烧最大压力 p_3 等数据，并用“2.3.2 实际发动机上的应用”中式（2.55）和式（2.56）进行计算更加方便。

2.2.4　阿特金森循环

阿特金森循环是艾金森·阿特金森于 1882 年开发的循环，从开发初期开始，因热效率较高，考虑用在航空发动机上，但最终没有采用。最近在汽车发动机上成功应用，称为米勒循环。目前在混合动力车辆的汽油机上采用此循环，最近研发成功在传统乘用车上配备的米勒循环发动机，开始在车辆上装配使用。

阿特金森循环与奥托循环 4 个过程中的绝热压缩、定容加热、绝热膨胀这 3 个过程相同，仅排气过程从定容放热改变为定压放热过程。对于往复式汽油机来说，基本上压缩行程的压缩比与膨胀行程的膨胀比相同。但是阿特金森循环因采取了定压放热过程，膨胀比比压缩比更大。传统发动机在膨胀行程中活塞到达下止点前打开排气门，所以不能获得从此位置开始到下止点为止的活塞下降时的动力，但阿特金森循环发动机直到活塞到达下止点为止可以获得膨胀功。理想状态下，气缸内的气体膨胀直到压力达到大气压（初始压力），可以增加约 10% 的输出功率（或减少燃料消耗量）。因此，把阿特金森循环称为过膨胀循环或完全膨胀循环，表示膨胀行程比压缩行程更大的循环。

阿特金森循环要应用在汽车用发动机上，因往复式发动机为把往复运动转换为旋转运动，在结构设计上要使压缩比与膨胀比不同，这带来很大问题。更大的问题是，如果延迟打开排气门，进气门也相应地延迟打开，进气量减少，导致发动机输出功率（或转矩）也降低。另外，使用转速范围也会受到限制。正因如此，以前在汽车用发动机上阿特金森循环没有受到关注。

循环的各个过程如下：

① 1－2 过程：空气可逆绝热压缩过程，需要压缩功 W_c。

② 2－3 过程：在定容状态对空气加热的过程，定容加热量为 Q_1。

③ 3－4 过程：高温、高压空气可逆绝热膨胀过程，产生膨胀功 W_e。

④ 4－1 过程：在定压状态放热过程，定压放热量为 Q_2。

现在求出阿特金森循环的热效率 η_a。图 2-11 所示为空气标准阿特金森循环的 $p-V$ 线图和 $T-s$ 线图。在循环中供给的定容加热量 Q_1 和定压放热量 Q_2 为

$$Q_1 = mc_V(T_3 - T_2)$$

$$Q_2 = mc_p(T_4 - T_1)$$

因每一循环所做的功 W_{net} 等于 $Q_1 - Q_2$，因此理论热效率 η_a 为

$$\eta_a = 1 - \frac{Q_2}{Q_1} = 1 - \kappa\frac{T_4/T_1 - 1}{T_3/T_1 - T_2/T_1} \tag{2.47}$$

在式（2.47）中包含的温度比可以按如下方法获得。因阿特金森循环的压缩

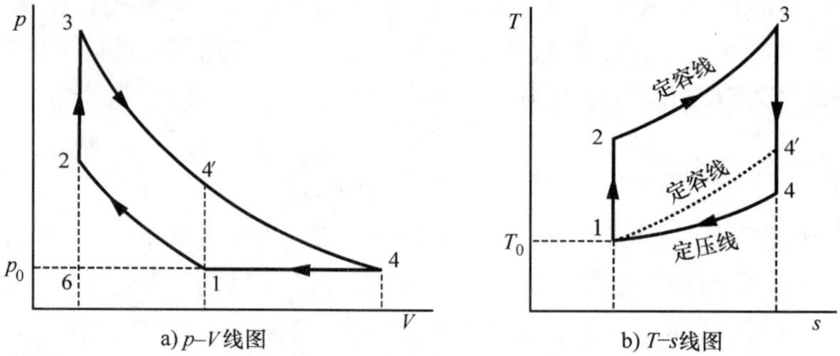

图 2-11　空气标准阿特金森循环

比 ε_c（$=V_1/V_2$）与膨胀比 ε_e（$=V_4/V_3$）不同，各自有不同的定义。根据 1－2 和 3－4 的绝热过程中理想气体的状态公式 $TV^{\kappa-1}=$常数，2－3 的定容加热过程中 $T/p=$常数和 $p_1=p_4$，可以推导出各点温度 $T_2 \sim T_4$ 与 T_1 的函数关系式为

$$T_2=T_1\left(\frac{V_1}{V_2}\right)^{\kappa-1}=T_1\varepsilon_c^{\kappa-1}$$

$$T_3=T_2\frac{p_3}{p_2}=T_1\varepsilon_c^{\kappa-1}\frac{p_3}{p_4}\frac{p_1}{p_2}=T_1\varepsilon_c^{\kappa-1}\varepsilon_e^{\kappa}\frac{1}{\varepsilon_c^{\kappa}}=T_1\varepsilon_e^{\kappa}\frac{1}{\varepsilon_c}$$

$$T_4=T_3\left(\frac{V_3}{V_4}\right)^{\kappa-1}=T_3\frac{1}{\varepsilon_e^{\kappa-1}}=T_1\varepsilon_e^{\kappa}\frac{1}{\varepsilon_c}\frac{1}{\varepsilon_e^{\kappa-1}}=T_1\varepsilon_e\frac{1}{\varepsilon_c}$$

把上式代入到理论热效率式（2.47）中，可以推导出：

$$\eta_a=1-\kappa\frac{\varepsilon_e-\varepsilon_c}{\varepsilon_e^{\kappa}-\varepsilon_c^{\kappa}} \tag{2.48}$$

根据式（2.48）可以得出，阿特金森循环的理论热效率 η_a 与质量热容比 κ、压缩比 ε_c 和膨胀比 ε_e 有关。

现在，计算一下阿特金森循环膨胀比 ε_e，并与奥托循环比较一下热效率。把标准状态（25℃、101.325kPa）的空气（$\kappa=1.4$）以压缩比 $\varepsilon_c=10$ 进行压缩，其压缩压力 p_2 为 2.5MPa。一般情况下，汽油机的燃烧最大压力 p_3 为 5.0MPa 左右，如果膨胀直到初期压力 0.1MPa 为止，根据 $pv^{\kappa}=$常数公式，其膨胀比 ε_e 达到 35 左右。与压缩比 10 相比，能获得 3.5 倍的膨胀比是非常困难的。把此数据代入到式（2.48）中进行计算，按照下式，得出阿特金森循环的热效率为 71%：

$$\eta_a=1-\kappa\frac{\varepsilon_e-\varepsilon_c}{\varepsilon_e^{\kappa}-\varepsilon_c^{\kappa}}=1-1.4\frac{35-10}{35^{1.4}-10^{1.4}}=0.71 \tag{2.49}$$

在压缩比为 10 时，根据式（2.49）进行计算，奥托循环的热效率为 60%。以此，可以看出在相同的压缩比状态下，阿特金森循环的热效率为 71%，比奥托循环增加了 11%。但是，因阿特金森循环的摩擦损失会增大，效率增加的幅度不会如此大，但能说明的是效率和输出功率肯定会增加。

2.3　理想循环的探讨

2.3.1　理想循环的比较

对奥托、柴油、沙巴特循环的热效率进行比较。因在 $T-s$ 线图中以面积表示热量的供给和释放，因此对循环的比较很便利。

1. 各循环的压力和温度

对于循环中各点的压力和温度，如果以初始压力 p_1 和初始温度 T_1 表示，见表 2-5。其中，压缩比为 $\varepsilon = V_1/V_2$，定压预胀比为 $\phi = V_3/V_2$，压力比为 $\xi = p_3/p_2$。

表 2-5　各循环的压力和温度

	压力			温度		
	奥托循环	柴油循环	复合循环	奥托循环	柴油循环	复合循环
状态 1	p_1	p_1	p_1	T_1	T_1	T_1
状态 2	$\varepsilon^{\kappa} p_1$	$\varepsilon^{\kappa} p_1$	$\varepsilon^{\kappa} p_1$	$\varepsilon^{\kappa-1} T_1$	$\varepsilon^{\kappa-1} T_1$	$\varepsilon^{\kappa-1} T_1$
状态 3′	—	—	$\xi\varepsilon^{\kappa} p_1$	—	—	$\xi\varepsilon^{\kappa-1} T_1$
状态 3	$\xi\varepsilon^{\kappa} p_1$	$\varepsilon^{\kappa} p_1$	$\xi\phi\varepsilon^{\kappa} p_1$	$\xi\varepsilon^{\kappa-1} T_1$	$\phi\varepsilon^{\kappa-1} T_1$	$\xi\phi\varepsilon^{\kappa-1} T_1$
状态 4	ξp_1	$\phi^{\kappa} p_1$	$\xi\phi^{\kappa} p_1$	ξT_1	$\phi^{\kappa} T_1$	$\xi\phi^{\kappa} T_1$

2. 压缩比和供给热量一定时

压缩比和供给热量一定时，奥托、柴油、沙巴特循环的 $p-V$ 和 $T-s$ 线图如图 2-12 所示。在图中，奥托循环为 123_o4_o，柴油循环为 123_d4_d，沙巴特循环为 $123'3_s4_s$。在初始状态和压缩比一定的条件下，状态点 1 和 2 都相同。另外因供给热量 Q_1 相同，从 $T-s$ 线图中可以得出下述关系：

$$Q_1 = S_{A23_oB_o} = S_{A23_dB_d} = S_{A23'3_sB_s}$$

因放热量 Q_2 为在定容过程中进行，一定的定容线与熵 s 轴组成的面积，从图中可以很明确地看出下述关系：

$$Q_{2,o} < Q_{2,s} < Q_{2,d}$$

由此可以看出，当压缩比和供给热量一定时，奥托循环的热效率最高，柴油循环的热效率最低，即

$$\eta_o > \eta_s > \eta_d$$

在压缩比相同的条件下，奥托循环热效率较高的原因已在前面叙述过，是膨胀比较大的原因。但在实际内燃机中，汽油机的压缩比局限于 11 左右，而柴油机的

压缩比可以提高到 17 以上，因此柴油机的热效率比汽油机高。

3. 最大压力和最高温度一定时

最大压力和最高温度一定时的 $p-V$ 线图和 $T-s$ 线图如图 2-13 所示。在图中，奥托循环为 12_o34，柴油循环为 12_d34。因最大压力和最大温度相同，$p-V$ 线图和 $T-s$ 线图中的状态点 3 相同。在此条件下，奥托循环和柴油循环在图 2-13b$T-s$ 线图中放热量相等，都是 S_{A14B}。

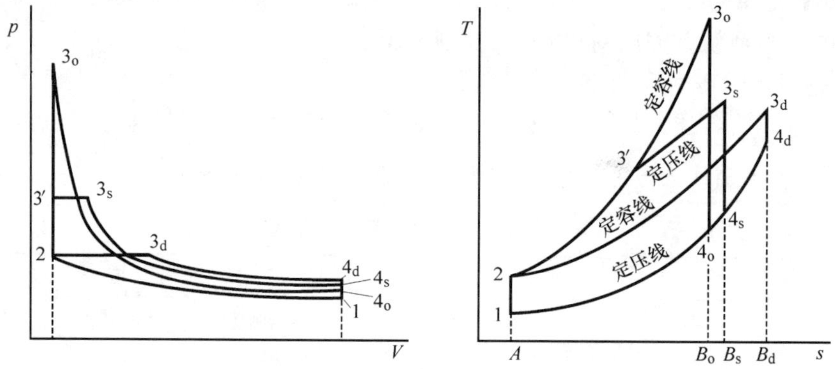

a) $p-V$ 线图　　b) $T-s$ 线图

图 2-12　在压缩比和供给热量一定时理想循环的比较

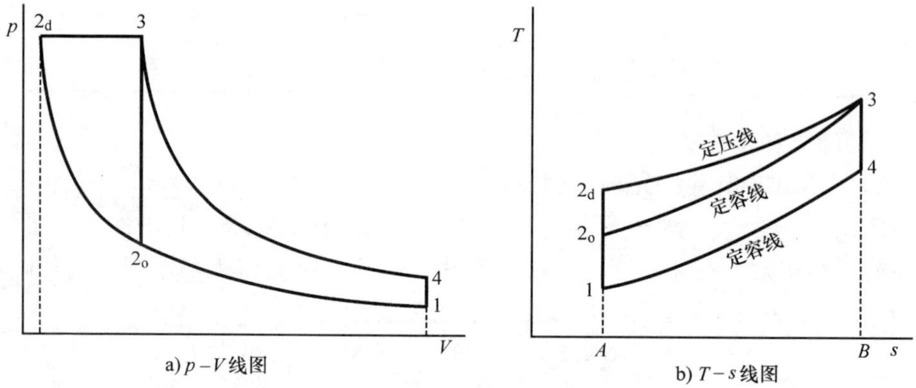

a) $p-V$ 线图　　b) $T-s$ 线图

图 2-13　在最大压力和最大温度一定时理想循环的比较

热效率公式如下：

$$\eta_{th}=1-\frac{Q_2}{Q_1}=1-\frac{常数}{Q_1}$$

即，供给热量 Q_1 越大，热效率越高。从图 2-13b 所示的 $T-s$ 线图中可以得知，柴油循环的供给热量（S_{A2_d3b}）比奥托循环的供给热量（S_{A2_o3b}）大。以此可以看出，热效率最高开始的顺序为柴油、沙巴特、奥托循环，即

$$\eta_d > \eta_s > \eta_o$$

4. 最大压力和供给热量一定时

最大压力一定状态下的奥托循环与柴油循环的比较如图2-14所示。在图中，奥托循环为$12_o3_o4_o$，柴油循环为$12_d3_d4_d$，因假设为最大压力相同，因此$p_{3o}=p_{3d}$。另外因供给热量Q_1相同，从$T-s$线图中可以得出下述关系：

$$Q_1 = S_{A2_o3_oB_o} = S_{A2_d3_dB_d}$$

因供给热量Q_1一定，放热量Q_2在图2-14b所示的$T-s$线图中$Q_{2,o}(=S_{A14_oB_o}) > Q_{2,d}(=S_{A14_dB_d})$，因此柴油循环的热效率比奥托循环的热效率高，沙巴特循环的热效率居中。因此有

$$\eta_d > \eta_s > \eta_o$$

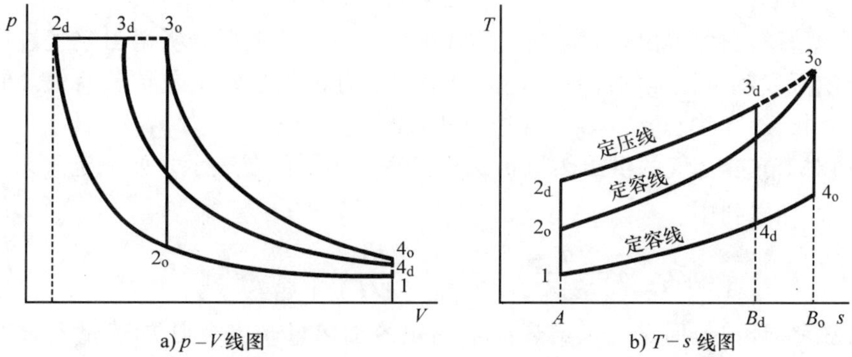

图2-14　在最大压力和供给热量一定时理想循环的比较

2.3.2　实际发动机上的应用

在实际发动机上测量燃烧最大压力p_3和空气过量系数λ，利用此数据推导出理论热效率和平均有效压力计算式，并对此结果进行探讨。

1. 热效率和平均有效压力

在空气标准理想循环中，除了奥托循环外的热效率（或供给热量），其他循环的热效率不仅与压缩比ε有关，还与压力比ξ和定压预胀比ϕ有关。在实际发动机中供给热量与空气过量系数λ有关，因此把压力比ξ和定压预胀比ϕ表示为空气过量系数，并加以计算。

空气过量系数λ与理论空燃比$(A/F)_s$的定义为

$$\lambda = \frac{实际空气量}{理论空气量} = \frac{m_a}{m_{a,s}}$$

$$(A/F)_s = \frac{m_{a,s}}{m_f}$$

式中，$m_{a,s}$为燃料完全燃烧所需的理论空气量；m_a为实际供给的空气量；m_f为燃料

量。下标 s 表示理论空燃比。利用上述两个公式推导出实际空气量为

$$m_a = m_{a,s}\lambda = m_f(A/F)_s\lambda$$

每一循环所供给混合气的质量 m 为供给燃料量 m_f 与实际空气量 $m_a[=\lambda m_{a,s}=\lambda m_f(A/F)_s]$ 之和，即

$$m = m_f + m_a = m_f[1+\lambda(A/F)_s]$$

另外，供给热量 Q_1 定义为燃料完全燃烧所产生的热量：

$$Q_1 = m_f H_l$$

式中，H_l 为 1kg 燃料的低热值（$kJ/kg_{燃料}$）。

在沙巴特循环中，1kg 混合气所供给的热量 q_1 用上述两个公式推导为

$$q_1 = \frac{Q_1}{m} = \frac{H_l}{[1+\lambda(A/F)_s]} \tag{2.50}$$

式中，根据燃料类型得出理论空燃比 $(A/F)_s$，对排气进行分析得出空气过量系数 λ。对于实际发动机性能的评价，还需要最大压力 p_3 和初始状态 p_1、T_1 值。假设初始状态等同于外部状态 p_0、T_0，并通过实际测量得出最大压力 p_3。

下边对 1kg 混合气的供给热量 q_1 进行计算。为了简要表示，如下定义无量纲供给热量 $\bar{q}$ 并加以利用。

$$\bar{q} = \frac{q_1}{c_V T_1} = \frac{H_l}{[1+\lambda\ (A/F)_s]\ c_V T_1} \tag{2.51}$$

沙巴特循环单位质量的供给热量 q_1 为定容加热量 q_V 与定压加热量 q_p 之和。此时，无量纲供给热量 $\bar{q}$ 与压力比 ξ、定压预胀比 ϕ 之间的关系为

$$\bar{q} = \frac{q_V + q_p}{c_V T_1} = \frac{c_V(T_3 - T_2) + c_p(T_4 - T_3)}{c_V T_1} = \varepsilon^{\kappa-1}[\xi - 1 + \kappa\xi(\phi - 1)] \tag{2.52}$$

把压力比 ξ 和定压预胀比 ϕ 用 ε、$\bar{q}$、p_3、p_1 等表示如下，即压力比为

$$\xi = \frac{p_3}{p_2} = \frac{p_3}{p_1}\frac{p_1}{p_2} = \frac{p_3}{p_1}\left(\frac{V_1}{V_2}\right)^{-\kappa} = \frac{p_3}{p_1}\varepsilon^{-\kappa} \tag{2.53}$$

把上述公式代入到式（2.52），可以推导出定压预胀比 ϕ 为

$$\phi = \frac{1}{\kappa}\left(\frac{p_1}{p_3}\bar{q}\varepsilon + \kappa - 1 + \frac{p_1}{p_3}\varepsilon^{\kappa}\right) \tag{2.54}$$

把式（2.52）~式（2.54）代入沙巴特循环热效率式（2.43）和理论平均有效压力式（2.44）中，可以推导出

$$\eta_s = 1 - \frac{1}{\bar{q}}\left[\frac{p_3}{p_1}\varepsilon^{-\kappa}\left(\frac{p_1}{p_3}\frac{\bar{q}\varepsilon}{\kappa} + \frac{\kappa-1}{\kappa} + \frac{p_1}{p_3}\frac{\varepsilon^{\kappa}}{\kappa}\right)^{\kappa} - 1\right] \tag{2.55}$$

$$\frac{p_{th,s}}{p_1} = \frac{\varepsilon}{(\kappa-1)\ (\varepsilon-1)}\left[\bar{q} - \frac{p_3}{p_1}\varepsilon^{-\kappa}\left(\frac{p_1}{p_3}\frac{\bar{q}\varepsilon}{\kappa} + \frac{\kappa-1}{\kappa} + \frac{p_1}{p_3}\frac{\varepsilon^{\kappa}}{\kappa}\right)^{\kappa} + 1\right] \tag{2.56}$$

计算沙巴特循环理论热效率 η_s 和理论平均有效压力 $p_{th,s}$ 时，利用上述公式可以不使用燃料定压预胀比 ϕ 和压力比 ξ，而是用空气过量系数 λ 和最大压力 p_3，比式（2.43）和式（2.44）更加便利。

2. 对结果的观察

根据式（2.55），空气标准沙巴特循环的热效率与质量热容比 κ、燃烧最大压力 p_3 和无量纲供给热量 $\bar{q}$ 有关。由式（2.51）可知无量纲供给热量为空气过量系数 λ 的函数。

对于相同的压缩比和未燃混合气的结构，在图 2-15 中显示了各循环无量纲 $p-V$ 线图。纵轴为相对进气压力 p_1 的压力 p，横轴为相对燃烧室容积 V_c 的气缸体积 V。各循环条件为，压缩比 $\varepsilon=12$、绝热指数 $\kappa=1.3$、无量纲供给热量 $\bar{q}=9.3$、$(\kappa-1)/\kappa=8.525$、$p_{3a}/p_1=67$。

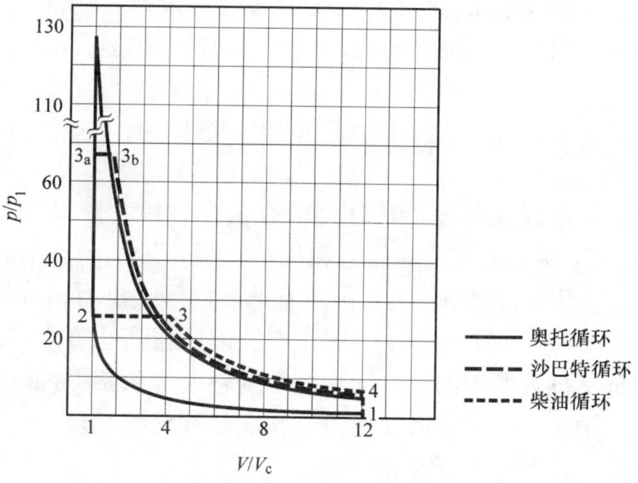

图 2-15　空气标准循环的比较

利用无量纲供给热量式（2.51）进行计算。空气的质量定容热容为 $c_V=946\text{J}/(\text{kg}\cdot\text{K})$，温度 $T_1=333\text{K}$（60℃），1kg 混合气的供给热量 Q_1 以 1kg 异辛烷理论混合气为对象，是 2685.53kJ/kg。此循环的性能特性显示在表 2-6 中。从此表中可以得出，本条件的压缩比一定时，热效率以奥托循环为最高，柴油循环为最低。在每一循环供给热量均相同的情况下对比各循环的热效率，平均有效压力 p_{th} 和最大压力 p_{max} 以奥托循环为最大。

（1）热效率　如图 2-16 所示，当质量热容比 $\kappa=1.3$ 恒定时，随压缩比的各种空气标准理想循环的热效率。在图中，a 为奥托循环；e 为柴油循环；b、c、d 为 p_3/p_1，即相对于初始压力的最大压力比值各为 100、68、34 时的沙巴特循环。

表 2-6 空气标准循环的比较

空气标准循环	η_{th}	p_{th}/p_1	p_{th}/p_3	p_{max}/p_1
奥托循环（定容循环）	0.525	16.3	0.128	128
沙巴特循环（复合循环）	0.500	15.5	0.231	67
柴油循环（定压循环）	0.380	11.8	0.466	25.3

可以看出，奥托循环、柴油循环、沙巴特循环的理论热效率均为压缩比 ε 的函数，其值随着压缩比的增大而增加。沙巴特循环随压缩比的增大而增加的理论热效率的增加率小于奥托循环和柴油循环。另外，压力比 p_3/p_1 越大，即最大压力 p_3 越大，效率越高，越接近奥托循环的效率。但是，当压力比 p_3/p_1 相同时，即使把压缩比增加 8～10 以上，其效率几乎没有变化。

目前汽油机不能满足压缩比越大其热效率越高的条件，其压缩比最大也就是 11 左右。这是因为，如果压缩比过大，在压缩行程末期可燃混合气的温度过高，会发生爆燃。爆燃是因异常燃烧导致的，会给发动机带来运行不稳定和耐久性降低的问题。

（2）平均有效压力　比较发动机性能的唯一指标为，与发动机的排气量、尺寸无关的平均有效压力。

发动机因有机械强度局限性，其最大压力 p_3 一定时，获得与此压力成比例的输出功率。如图 2-17 所示为在最大压力和供给热量一定的状态下，随压缩比 ε 的平均有效压力与最大压力之比 p_{th}/p_3。因所有循环的最大压力 p_3 相同，可以把压力比 p_{th}/p_3 直接理解为平均有效压力 p_{th}。即，在压缩比相同的条件下，平均有效压力越大，单位容积每一循环所做的功，即功率密度越大。从图中可以得出，压缩比 ε 为 8～12 时，柴油循环 e 的功率密度最大，其次是沙巴特循环 b、c、d，奥托循环 a 为最小。这与图 2-12 所描述的内容一致。

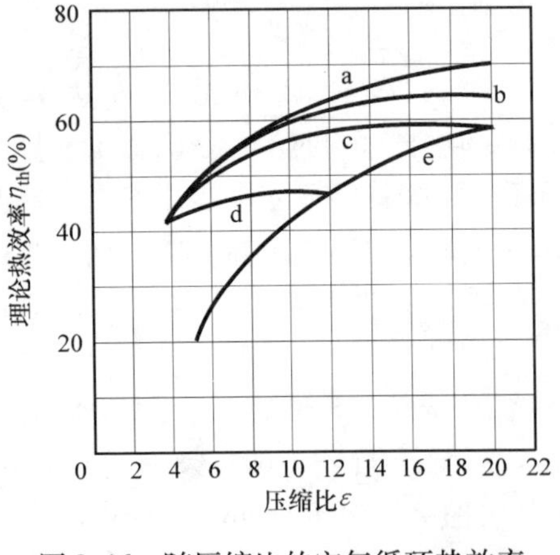

图 2-16　随压缩比的空气循环热效率

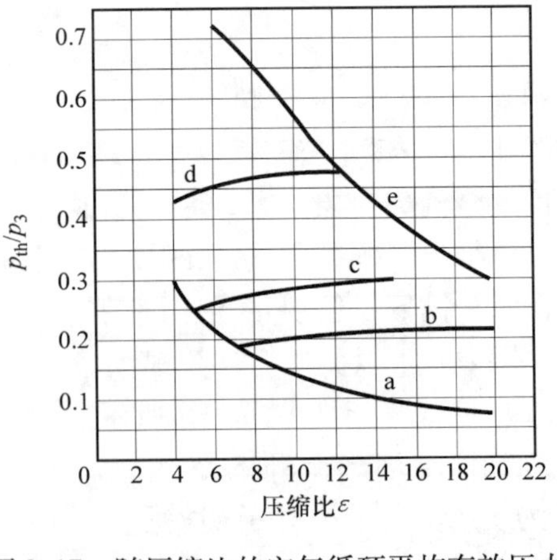

图 2-17　随压缩比的空气循环平均有效压力

2.3.3　进气、排气过程解释

在解释燃料－空气循环之前，先对理想发动机空气循环的进气、排气过程进行解释。进气、排气过程为定压绝热过程，下面对没有任何损失包括进气、排气阻力的理想过程进行说明。

1. 理想发动机

四冲程理想 SI 发动机的空气标准理想循环与图 2-18 相同，理想发动机的工作过程如下：

① 可逆绝热压缩过程（1－2）和可逆绝热膨胀过程（3－4）。

② 定容燃烧过程（2－3）。

③ 定容放热过程（4－5）：把在奥托循环中描述的一定比容条件下的放热过程，在理想发动机中以一定的容积和绝热条件下向大气中减压排出（blow－down）废气来代替。

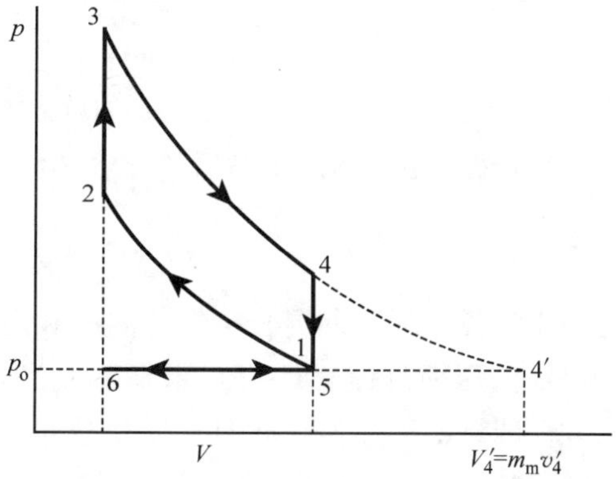

图 2-18　理想发动机的 $p-V$ 线图（WOT）

④ 定压排气过程（5－6）。

⑤ 定压进气过程（6－1）：在理想发动机中，新鲜空气的进气在定压绝热过程中进行，这时在燃烧室中的残留废气与新鲜空气混合。

实际发动机的空气燃料理论混合比为，汽油机为 14.7，柴油机为20～80。因此，因空气在全部混合气中占有 93%～98%，把实际发动机按照工质仅为空气的空气标准循环进行解释也可以预测其性能。表 2-7 所示为空气的内能和质量热容比。

表 2-7　空气的内能和质量热容比

T/K	u/(kJ/kg)	κ	T/K	u/(kJ/kg)	κ	T/K	u/(kJ/kg)	κ
288	0	1.399	1000	553.16	1.336	2600	2061.06	1.292
300	7.78	1.398	1200	728.45	1.324	2800	2252.33	1.290
400	80.73	1.396	1400	908.99	1.315	3000	2461.50	1.288
500	153.76	1.387	1600	1093.62	1.308	3200	2663.40	1.286
600	229.14	1.376	1800	1282.64	1.303	3400	2866.19	1.281
700	306.61	1.365	2000	1473.93	1.299	3600	3079.55	1.282
800	386.85	1.354	2200	1667.51	1.296	3800	3273.20	1.281
900	168.63	1.344	2400	1863.65	1.293	4000	3477.23	1.280

【例题 2.2】

空气发动机的压缩比为 8，混合空气 1kg 中新鲜空气为 0.97kg，残留空气为

0.03kg。此发动机向新鲜空气按照3000kJ/kg比率供给热量。压缩过程初始混合空气的温度和压力分别为60℃和100kPa，请计算下述参数：

（1）各过程末期混合空气的温度和压力。

（2）所做的功、热效率和平均有效压力。

答：

发动机的大小（或混合空气比容）用图2-18中的符号，其计算过程如下：

$$V_1 = v_1 = \frac{RT}{p} = \frac{287\mathrm{J/(kg \cdot K)} \times 333\mathrm{K}}{100 \times 10^3 \mathrm{N/m^2}} = 0.956\mathrm{m^3/kg}$$

因压缩比 ε 为8，压缩后的比容为

$$V_2 = v_2 = \frac{v_1}{8} = 0.119\mathrm{m^3/kg}$$

（1）各过程末期混合空气的温度和压力计算如下：

① 因压缩过程（1－2）末期温度和压力为绝热过程，利用公式 $Tv^{\kappa-1} = C$ 和 $pv^{\kappa} = C$ 计算出下述值。此时，质量热容比 κ 值采用了温度333～800K之间的平均值1.376。

$$T_2 = T_1(V_1/V_2)^{\kappa-1} = 333 \times 8^{0.376} = 727\mathrm{K}$$

$$p_2 = p_1(v_1/v_2)^{\kappa} = 100 \times 10^3\mathrm{Pa} \times 8^{1.376} = 1.74\mathrm{MPa}$$

② 在定容加热过程（2－3）中的加热量 Q_{23}，因能量守恒定律 $\delta Q = \mathrm{d}U + p\mathrm{d}V$ 中的 $\mathrm{d}V = 0$，因此空气的内能 $\Delta u(= u_3 - u_2)$ 增加。根据表2－7中所列数据计算，当 $T_2 = 727\mathrm{K}$ 时，空气的内能 u_2 为

$$u_2 = 328.27\mathrm{kJ/kg}$$

$$Q_{23} = 3000\mathrm{kJ/kg} \times 0.97\mathrm{kg} = 2910\mathrm{kJ}$$

$$u_3 = u_2 + Q_{23} = 328.27 + 2910 = 3238.27\mathrm{kJ/kg}$$

在表2-7中此值为 $T_3 = 3763\mathrm{K}$。由此，压力为

$$p_3 = \frac{RT}{v} = \frac{287\mathrm{J/(kg \cdot K)} \times 3763\mathrm{K}}{0.119\mathrm{m^3/kg}} = 9.07\mathrm{MPa}$$

③ 膨胀过程（3－4）末期的温度和压力用与压缩过程相同的方法进行计算，质量热容比 κ 采用温度3300K与2000K之间的平均值1.29。

$$T_4 = T_3(V_3/V_4)^{\kappa-1} = 3763 \times (1/8)^{0.29} = 2059\mathrm{K}$$

$$p_4 = p_3(v_3/v_4)^{\kappa} = 9.07\mathrm{MPa} \times (1/8)^{1.29} = 620.32\mathrm{kPa}$$

（2）所做的功、热效率和平均有效压力计算如下。

① 通过表2-7计算温度 $T_1 = 333\mathrm{K}$ 与 $T_4 = 2059\mathrm{K}$ 时的内能 u_1、u_4，发动机所做的功如下：

$$\begin{aligned} W &= W_{31} - W_{12} = (u_3 - u_4) - (u_2 - u_1) \\ &= (3238.27 - 1531.03) - (328.27 - 31.85) = 1410.82\mathrm{kJ/kg} \end{aligned}$$

② 热效率 η 和平均有效压力 pm_e 为

$$\eta = \frac{W}{Q} = \frac{1410.82}{2910} = 0.48$$

$$p_{me} = \frac{W}{V_h} = \frac{1410.82\text{kJ/kg}}{(0.956 - 0.119)\text{m}^3/\text{kg}} = 1.685\text{MPa}$$

2. 排气过程

举例说明奥托循环，在图 2-19 中显示了 $p-v$ 线图和 $T-s$ 线图。排气过程中，在排气门打开瞬间点 4 位置的废气分为两部分：一部分为继续膨胀的废气；另一部分为从气缸排放的废气。继续膨胀的废气状态向排出的废气施加推动力（或压力）并以等熵过程取得 4 – 4′ 路径。排放废气的第一部分从点 4 到点 4′高速膨胀。点 4′的高速废气在排气管内的一定压力（大气压）作用下，以流动摩擦和扰流抵消，并吸收产生的热量达到最终状态 4″。其次，在点 4 与点 4′ 之间的废气从气缸排放。此部分的废气膨胀到点 4′，虽然其速度（比第一部分小）增加，但还是以摩擦方式抵消。最后部分的状态从点 4′到点 4″继续膨胀。因不可逆节流过程，被排放废气的温度比气缸内的废气温度高，比容增大。因此，点 4″位于比点 4′比容大的位置。

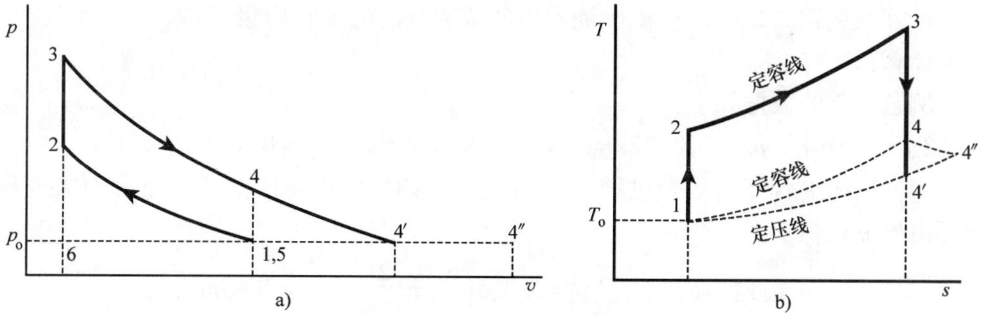

图 2-19　废气排放过程

任意瞬间气缸内的废气质量 m，如果知道气缸容积 V 和废气的比容 v，可以容易计算得出。

$$m = \frac{V}{v} \tag{2.56a}$$

废气比容通过过程 4 – 4′可以决定。在理想发动机上，排气过程为可逆绝热过程（等熵过程）。

在废气排放结束和重新开始排气过程前，气缸内残留的废气质量如下：

$$m_5 = \frac{V_5}{v_5} = \frac{V_1}{v_{4'}} \tag{2.56b}$$

排气过程末期质量 m_e 为

$$m_e = \frac{V_0}{v_0} = \frac{V_{2.3或6}}{v_{4'}} \tag{2.56c}$$

式中，m_e为在燃烧室残留的废气质量；$V_{2,3或6}$为燃烧室容积；$v_{4'}$为状态点4′的比容。

残留废气的质量在混合气全质量中所占的比率f为

$$f = \frac{m_e}{m_m} \tag{2.57a}$$

式中，m_m为混合气的全质量，在图2-18$p-v$线图中，以$m_m = V_{4'}/v_{4'}$进行计算。

混合气的全质量m_m在1－2－3－4过程中相同，因此表达式为

$$m_m = \frac{V_1}{v_1} = \frac{V_{4'}}{v_{4'}} \tag{2.56d}$$

将式（2.56c）和式（2.56d）代入式（2.57a），可得

$$f = \frac{m_e}{m_m} = \frac{V_0}{V_{4'}} \tag{2.57b}$$

式中，$V_{4'}$为混合气膨胀到压力达到大气压时混合气全质量m_m所占的全容积。

【例题2.3】

计算在例题2.2中发动机燃烧室内残留废气的温度和质量。

计算：

例题2.2的数据如下：

$T_4 = 2059\text{K}$，$p_4 = 620.32\text{kPa}$，$V_4 = 0.956\text{m}^3/\text{kg}$，$V_6 = 0.119\text{m}^3/\text{kg}$

因气缸内混合气为等熵过程（$\kappa = 1.31$），如果假设膨胀到压力下降至大气压，计算得出下述值。

$$p_4 V_4^{\kappa} = p_{4'} V_{4'}^{\kappa},\quad V_{4'} = 0.956\left(\frac{620.32}{100}\right)^{1/1.31} = 3.85\text{m}^3$$

此时，因混合气质量$m_m = 1\text{kg}$，上述计算得出的容积表示比容。根据式（2.57b），如果假设在排气过程期间废气的状态没有任何变化，残留废气所占的质量比率为

$$f = \frac{V_6}{V_{4'}} = \frac{0.119}{3.85} = 0.0309$$

上述计算得出的值与在例题2.2中计算得出的值0.03相似。

残留废气的温度计算如下：

$$\frac{T_{4'}}{T_4} = \left(\frac{p_{4'}}{p_4}\right)^{(\kappa-1)\kappa},\ T_{4'} = 2059\left(\frac{100}{620.32}\right)^{(1.31-1)/1.31} = 1336\text{K}$$

3. 进气过程

奥托循环的进气过程模型如图2-20所示。排气过程末期活塞在上止点时，在燃烧室中残留有质量为m_e的高温废气。残留废气的内能在进气过程初期，即在时

间 T_1（上止点）时为 u_1。此时，进气门开启，质量为 m_a、焓为 h_a的新鲜的空气进入并推动活塞从上止点到下止点，并与残留废气混合，在时间 T_2（下止点）时，混合气的质量为 m_m（$=m_a+m_e$），内能为 u_m。

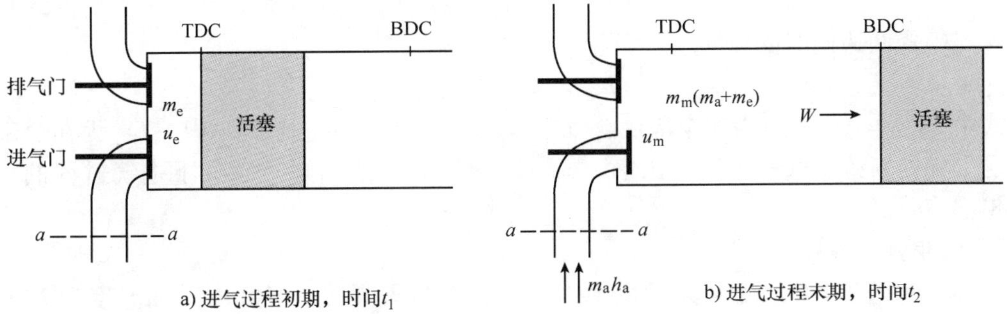

图 2-20　排气、进气过程模型

进气过程时间为 $\Delta t=t_2-t_1$。

进气过程为非正常流动过程，进气过程的能量守恒定律可以应用如下：

$$\underbrace{(E_{in}+Q)}_{\text{向系统进入的能量}} \cdots\cdots - \underbrace{(E_{out}+W)}_{\text{从系统排放的能量}} \cdots\cdots = \underbrace{\Delta E_{sys}}_{\text{系统能量变化}}$$

因进气过程仅有通过进气门进入的流动，E_{out}为 0。另外，假设进气过程为绝热过程，Q 也是 0。因此，上述公式可以表示为

$$-W=-E_{in}+\Delta E_{sys} \tag{R12}$$

在进气过程 Δt 期间，通过图 2-20 中进气管 $a-a$ 端面向气缸内进入的质量为 m_a空气的能量 E_{in}，如果忽略势能和动能，为内能 u_a与流动能量 p_av_a之和，即

$$E_{in}=m_a(u_a+p_av_a)=m_ah_a$$

在进气过程 Δt 期间系统能量变化仅为内能变化。

$$\Delta E_{sys}=m_mu_m-m_eu_e$$

把上述两个公式代入式（R12）中，此功与活塞从上止点到下止点所做的功 W（$=p\mathrm{d}V$）相同，可以推导出：

$$-W=-\int_{TDC}^{BDC}p\mathrm{d}V=m_mu_m-m_eu_e-m_ah_a \tag{2.58}$$

式（2.58）就是进气过程的基本公式。下面对全负荷、部分负荷运行条件下的进气过程分别进行分析。

（1）全负荷　全负荷运行条件为节气门全开（Wide Open Throttle，WOT）时的状态。此时，进气过程在一定的压力下进行，进气管压力为理想状态下的大气压 p_a（或 p_0）。

参考图 2-4 的 $p-V$ 线图，在进气过程 0－1 期间活塞所做的功为

$$W=\int_6^1 p\mathrm{d}V=p_1(V_1-V_6)$$

根据混合气的容积定义 $V=m_v$，从上述公式可以推导出：

$$W=m_{\mathrm{m}}p_1v_1-m_{\mathrm{e}}p_6v_6=m_{\mathrm{m}}p_{\mathrm{a}}v_{\mathrm{a}}-m_{\mathrm{e}}p_{\mathrm{e}}v_{\mathrm{e}}$$

根据式（2.57）和上述公式，可得

$$m_{\mathrm{m}}h_{\mathrm{m}}=m_{\mathrm{a}}h_{\mathrm{a}}+m_{\mathrm{e}}h_{\mathrm{e}} \tag{2.59a}$$

等式两边同时除以 m_{m}，可得

$$h_{\mathrm{m}}=(1-f)h_{\mathrm{a}}+fh_{\mathrm{e}} \tag{2.59b}$$

式中，$f(=m_{\mathrm{e}}/m_{\mathrm{m}})$为在全部混合气中残留废气所占质量比率，$(1-f)$ 为在全部混合气中新鲜空气所占质量比率。式（2.59）是全负荷运行条件下进气过程的理想模型公式。

【例题 2.4】

在例题 2.1 中，如果发动机中进入了压力为大气压（100kPa）和温度为 27℃ 的空气，请问混合气的温度为多少？

计算：

例题 2.2　的数据为：

$$T_{\mathrm{G}}=T_{4'}=1336\mathrm{K},\quad f=0.031,\quad p_6=p_1=100\mathrm{kPa}$$

利用表 2-7 和表 2-8 中的数据并通过式（2.59）可以直接进行计算。但是，如果假设质量定压热容为恒定，$h=c_pT$，并仅含有空气，可以进行近似计算：

$$h_{\mathrm{m}}=(1-f)h_{\mathrm{a}}+fh_{\mathrm{e}}$$

$$c_pT_{\mathrm{m}}=(1-f)c_pT_{\mathrm{a}}+fc_pT_{\mathrm{e}}$$

$$T_{\mathrm{m}}=(1-f)T_{\mathrm{a}}+fT_{\mathrm{e}}$$

$$T_{\mathrm{m}}=(1-0.031)\times300+0.031\times1336=332.12\mathrm{K}$$

可以看出，此值与在例题 2.2 中假设的压缩过程初始温度 333K 近似。

【例题 2.5】

计算例题 2.2 中发动机的容积效率。

计算：

利用例题 2.2、例题 2.3、例题 2.4 中的数据，可以得到下述数据：

从例题 2.2 得到，混合气空气质量 $m_{\mathrm{m}}=1\mathrm{kg}$，工作容积 $V_{\mathrm{h}}=0.837\mathrm{m}^3$，$p_1=100\mathrm{kPa}$。

从例题 2.3 得到，残留废气所占质量比率 $f=0.031$，新鲜空气所占质量 $m_{\mathrm{a}}=0.969\mathrm{kg}$。

从例题 2.4 得到，新鲜空气温度 $T_{\mathrm{a}}=27℃$，混合空气温度 $T_{\mathrm{m}}=60℃$。

体积效率 η_v 定义为气缸内存在的最大空气质量 m 与新鲜空气质量 m_{a} 之间的比。气缸内存在的最大空气质量为

$$m=\frac{pV}{RT}=\frac{100\times10^3\mathrm{Pa}\times0.837\mathrm{m}^3}{287\mathrm{J}/(\mathrm{kg}\cdot\mathrm{K})\times300\mathrm{K}}=0.972\mathrm{kg}$$

$$\eta_v=\frac{m_{\mathrm{a}}}{m}\times100\%=\frac{0.969}{0.972}\times100\%=99.6\%$$

（2）部分负荷　图2-21a所示为部分负荷运行条件下的 $p-V$ 线图。在部分负荷运行条件下，因节气门的节流作用，进气管内的压力低于大气压。即，新鲜空气的压力低于气缸内的压力。排气过程末期的残留废气状态处在点6的位置。当进气门开启、进气过程开始时，假设在新鲜空气进入之前由残留废气通过绝热膨胀6－6′过程做功，此后活塞下降时新鲜空气和残留废气通过6′－1过程混合。把部分负荷运行条件下的进气过程设定为6－6′－1过程，系统所做的功为

$$W = \int_{TDC}^{BDC} p\mathrm{d}V = \int_{6}^{6'} p\mathrm{d}V + \int_{6'}^{1} p\mathrm{d}V$$

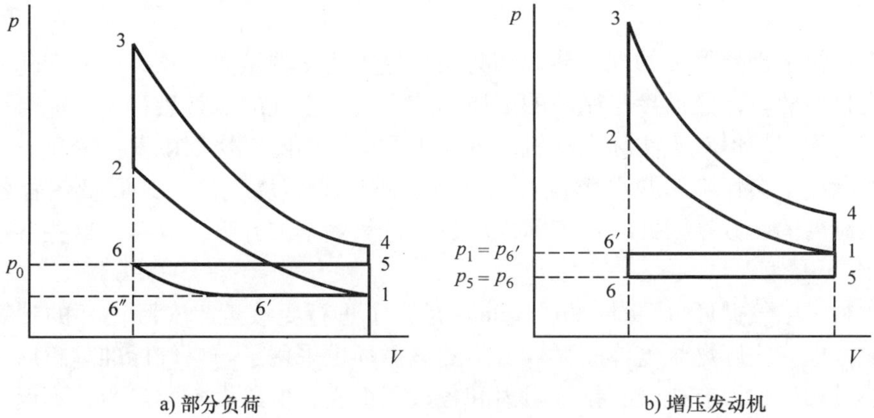

图2-21　奥托循环发动机的理想 $p-V$ 线图

残留废气通过绝热膨胀6－6′过程所做的功 W（$=p\mathrm{d}V$）为（根据式（2.2a）得出 $W=-\Delta U$）

$$\begin{aligned} W &= m_e(u_6 - u_{6'}) + p_1(V_1 - V_{6'}) \\ &= m_e(u_6 - u_{6'}) + m_m p_1 v_1 - m_e p_6 v_{6'} \end{aligned}$$

把上述公式代入式（2.57）中，有

$$m_m h_m = m_a h_a + m_e h_{6'} \tag{2.60a}$$

$$h_m = (1-f)h_a + f h_{6'} \tag{2.60b}$$

在式（2-60b）中，下标a为进入到气缸内的新鲜空气；下标 m 为进气过程末期新鲜空气和残留废气混合的混合气；下标6′为残留废气绝热膨胀到进气压力后的状态。式（2.59）是以进气门开启时刻晚为前提条件的。如果进气门在活塞到达上止点之前开启，残留废气首先膨胀进入到进气管内（逆流）后，重新与新鲜空气一起进入到气缸内。此时，路径类似于6－6″－1，在进气过程所做的功 W 用 $p_1(V_1-V_6)$ 得出。考虑上述所解释内容和式（2.57），可以得出

$$W = p_1(V_1 - V_6) = p_1(m_m v_1 - V_6) = p_1 m_a v_1 + p_1 m_e v_1 - p_1 V_6$$

$$m_m h_m = m_a h_a + m_e u_6 + p_1 V_6 \tag{2.61a}$$

$$h_m = (1-f)h_a + f(u_6 + p_1 v_6) \tag{2.61b}$$

实际上，残留废气通过不可逆膨胀进入到进气管内会造成损失，但在这里没有考虑此损失。

（3）增压发动机　增压发动机的进气过程在进气管内压力高于大气压的高压状态下进行。图 2-21（b）显示了增压发动机的理想 $p-V$ 线图。其中，p_1（$=p6'$）表示增压压力，p_5（$=p_6$）表示排气压力。对于增压发动机的增压功应用能量守恒定律，与式（2.60）相同。

2.4　燃料－空气循环

空气标准理想循环的理论热效率为质量热容比 κ 的函数，随着 κ 的变化，成正比例变化。此时，假设参与循环的工质为纯空气，空气的质量热容 c_V、c_p 与温度无关，保持恒定。但对于实际发动机来说，工质的结构随燃烧反应发生变化，尤其在很高的温度下会伴随着热分解反应。另外，不同的燃烧气体，其质量热容各不相同，是温度的函数。因此，对实际发动机理论热效率的计算，应考虑这些参数的实际变化。

燃料－空气循环（Fuel－air cycle）是为了进行更接近于实际循环的计算，而把工质考虑为实际燃烧气体的循环。虽然该循环也采用了与空气标准理想循环相同的绝热过程，也没有进气、排气阻力和各过程损失，但最大不同点为，不但考虑工质的物理性变化（结构），还考虑化学性变化。空气标准理想循环与燃料－空气循环最大的差异为，质量热容的影响因素最大，占据了绝大部分。

2.4.1　循环的假设

燃料－空气循环如下设定工质的结构和其物理性、化学性变化。

1. 工质的结构

工质的结构随着空气过量系数 λ 的变化和燃烧过程中复杂的化学反应同时发生变化。工质的结构变化导致工质的质量热容（或质量热容比）发生变化，这影响到燃烧温度。

空气的质量热容小于燃烧废气的质量热容。因此，如果空气过量系数（或空气量）增加，工质的质量热容就减小。工质的质量热容减小，会使燃烧废气的温度升高，热效率随空气过量系数的增大而增加。特别是在沙巴特循环中其倾向更加明显。这是因为在沙巴特循环中，如果 λ 增大，不但随质量热容的减小使热效率增加，还因燃料定压预胀比 ϕ 减小，即接近于 1，进一步提高了热效率。表 2-8 所示为做功的例子，显示了随分子式为 C_nH_{2n} 型燃料－空气混合气空气过量系数 λ 的变化，质量定容热容和质量热容比值所发生的变化。

表 2-8　随空气过量系数变化的质量定容热容和质量热容比

λ	1	1.2	1.4	1.6
c_V/[kJ/(kmol · K)]	29.80	29.18	28.76	28.42
κ	1.278	1.285	1.289	1.292

压缩过程中工质，柴油机为空气和残留废气的混合气，奥托发动机还包含了燃料。虽然燃烧后均为废气，但其成分比例随空燃比（或空气过量系数）和燃烧温度的不同而有所变化。设定压缩过程和膨胀过程为多变指数分别为 $n=1.30\sim1.32$ 和 $n=1.28\sim1.30$ 的绝热过程。

2. 热分解

空气标准理想循环仅考虑了燃料中包含的碳（C）和氢气（H_2）仅生成二氧化碳（CO_2）和水蒸气（H_2O）的完全燃烧，并且供给热量采用了燃料的低热值。但鉴于空气不足的状态和空气过剩的状态（因发生吸热反应而产生热分解）总是存在，这种理想循环在实际发动机中不会存在。因此，燃料 - 空气循环因热分解时的吸热作用使其供给热量减小，会导致燃烧温度降低。

热分解可以利用水性气体反应式等化学平衡公式进行计算，温度越高，H_2O、CO_2 等分解率越高，需要考虑的分解反应如下：

$$2CO_2 \leftrightarrow 2CO + O_2$$

$$2H_2O \leftrightarrow 2H_2 + O_2$$

$$2H_2O + O_2 \leftrightarrow 4OH$$

$$H_2 \leftrightarrow 2H$$

$$O_2 \leftrightarrow 2O$$

$$N_2 + O_2 \leftrightarrow 2NO$$

3. 质量热容的增加

废气的质量热容与温度成正比例增加，因此燃料 - 空气循环比空气标准理想循环温度上升相对减少。在压缩过程中因温度低故影响小，但在燃烧过程中温度高，进而发生热分解，受其影响温度上升明显减少，从而使其压力上升减少，输出功率和效率降低。

质量热容 c 为温度的函数，计算式为

$$c = A + BT + CT^2 + DT^{-1}$$

式中，A、B、C、D 等系数为各气体固有的气体常数。燃料 - 空气混合气或燃烧废气的质量热容为各成分气体的质量热容与质量比率（或摩尔比率）乘积的总和。

4. 分子数的变化

在燃烧过程中，分子数（或摩尔数）发生变化，燃料 - 空气循环的计算要考虑气缸内废气总量的变化。

假设燃烧后的分子数变化δ倍，则理想气体状态方程为：

$$pV=\delta n\bar{R}T$$

式中，n为燃烧前的分子总摩尔数。根据上述公式，如果$\delta>1$，且温度T和容积V相同，则得出的压力p就高，进而效率会增加。液体燃料的$\delta>1$，气体燃料的$\delta<1$。碳氢化合物燃料的分子量越大，空气过量系数越小，其δ会增加。图2-22所示为燃烧时分子数增加率δ的变化曲线。

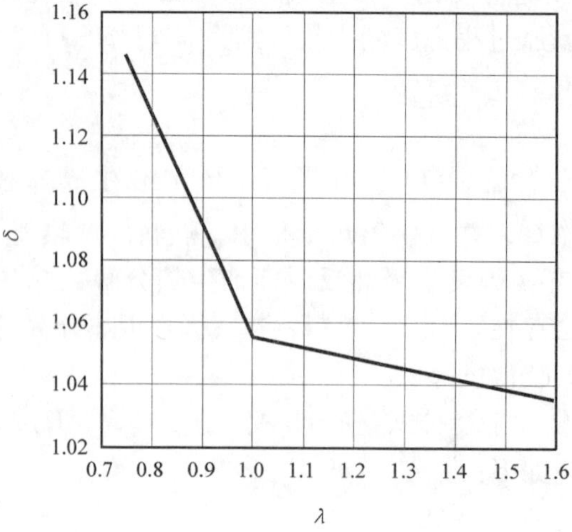

图2-22　燃烧时分子数增加率

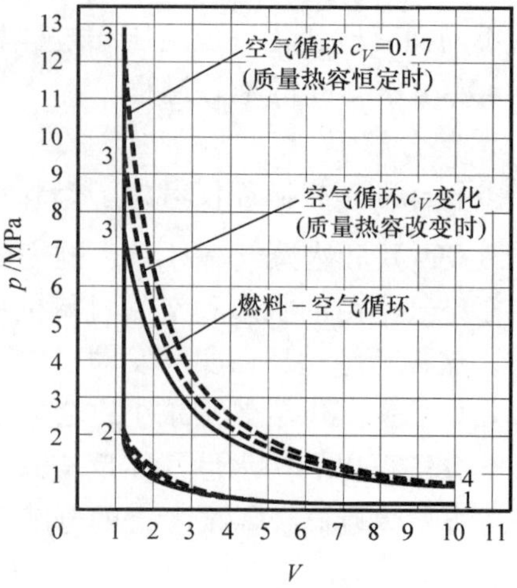

图2-23　燃料－空气循环$p-V$线图

2.4.2　$p-V$线图

根据在前面燃料－空气循环中压力和容积的假设，所计算结果的做功例子如图2-23所示。燃料－空气循环是燃料为辛烷（C_8H_{18}）、压缩比为8、空气过量系数$\lambda=0.83$的奥托循环，各点的压力、温度和热效率见表2-9。初始状态1点的压力和混合气温度分别为$p_1=101.3\text{kPa}$、$T_1=333\text{K}$（60℃），残留废气所占质量比率为$f=0.05$。

表2-9　图2-23中各点的状态

	压力/（kgf/cm^3）				温度/℃				热效率
	1	2	3	4	1	2	3	4	
空气标准循环（$c_V=0.17$）	1	18.3	124	8.5	60	494	4927	1991	57%
空气标准循环	1	—	—	—	60	468	3755	1910	49.4%
燃料－空气循环	1	16.1	77	5.8	60	383	2522	1427	35.5%

1. 压缩过程

燃料－空气循环中，对空气、燃料蒸气和残留废气的混合气进行压缩。混合气的质量热容大于空气的质量热容，随压缩温度的增大，质量热容也随着增加，在压缩过程末期混合气的温度和压力比空气标准循环减少约 15%。

2. 燃烧

燃料 - 空气循环中，假设燃烧在瞬间发生。此时燃烧生成物 H_2O 和 CO_2 各为 13% 和 10% 左右，这些气体的质量热容大于空气的质量热容。另外，温度越高，质量热容越大，因此燃烧气体的质量定容热容比空气的质量热容 0.716kJ/(kg·K) 大，约上升到 1.0kJ/(kg·K)。尤其是，根据化学平衡公式，在空燃比 12 附近发生 CO_2 为 10% ~20%、H_2O 为 5% 左右的热分解反应，燃料发热量的有效热量仅为 70% 左右。

因此，燃烧后的温度和压力与空气标准循环相比，仅为 47% 和 38% 左右。

3. 膨胀过程

膨胀过程虽然为绝热过程，但计算时仍应考虑随温度降低导致的燃烧气体质量热容的变化。

4. 放热

虽为定容放热，此时也要考虑随温度的降低而导致的质量热容变化。此时，对于放热量的计算，燃烧气体的质量定容热容应取用定容放热过程初期和末期之间平均温度的质量热容，这样可以减少误差。

2.4.3　热效率

燃料 - 空气循环热效率的计算，可以利用根据 $p-V$ 线图中各点的温度、压力、分子数的变化所计算的功 W 进行计算，也可以直接从 $p-V$ 线图中计算面积（功）得出。从图 2-23 所示的 $p-V$ 线图的面积得出的热效率，燃料 - 空气循环为 35.5%，这与空气标准循环的 57% 相比降低了约 21.5%。

影响燃料 - 空气循环热效率的压缩比和当量比的影响如图 2-24 和图 2-25 所示。燃料为辛烷（C_8H_{18}），初始状态压力为 $p_1 = 101.325\text{kPa}$，混合气温度为 $T_1 = 115℃$，残留废气所占质量比率为 $f = 0.05$，绝对湿度为 $\omega = 0.02$，压缩比为 $\varepsilon = 6 \sim 25$，当量比为 $\varphi = 0.4 \sim 1.4$。可以看出，压缩比越大，当量比越小（混合气越稀），热效率越高。特别是，当当量比为 1 时，其热效率变化最大。

从图中可以看出，当当量比为 1 和压缩比为 10 时，燃料 - 空气循环的热效率约为 46%，这与在图 2-6 中查到的空气标准奥托循环的理论热效率约 60% 相比很低。如前所述，这主要是高温、高压状态下质量热容增加和质量热容比降低导致的。

图 2-26 所示为随燃烧气体温度变化的质量热容比。燃烧气体的质量热容比与温度成反比，即温度升高时质量热容比降低，在相同的温度下与空气过量系数 λ 成正比，即 λ 减小时质量热容比降低。如前所述，这是空气的质量热容小于燃烧气体的质量热容，空气过量系数增加时，工质的质量热容减小，进而燃烧温度增加

所导致的。

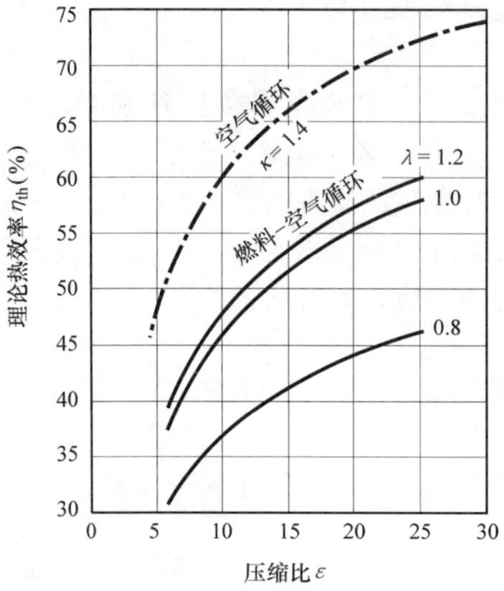

图 2-24 燃料空气循环压缩比的影响

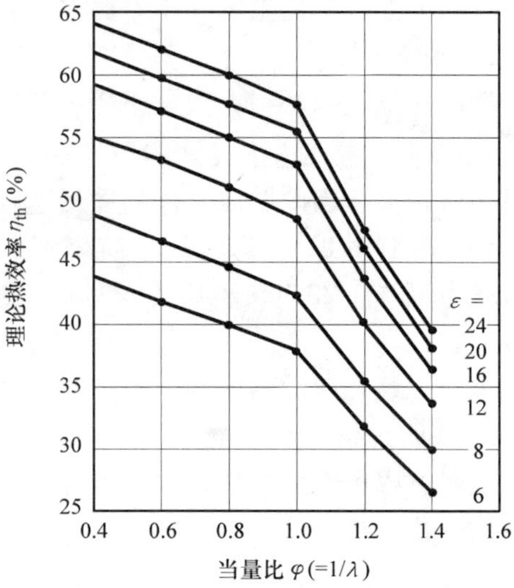

图 2-25 燃料空气循环当量比的影响

2.4.4 与实际循环的比较

因很难对内燃机的实际循环进行解释，因此，首先对空气标准理想循环的基本特性进行分析，其次对考虑了燃料 – 空气混合气特性的燃料 – 空气循环进行分析，然后考虑损失要素，进行接近实际发动机状态的分析。表 2-10 为从空气标准理想循环向实际循环的变化。

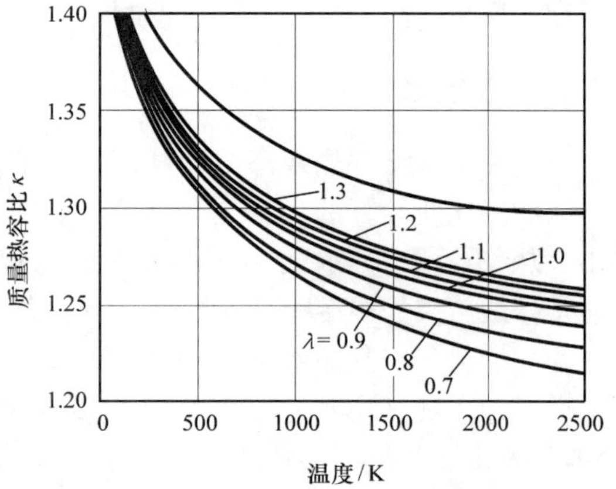

图 2-26 随燃烧气体温度变化的质量热容比

图 2-27 所示为燃料 – 空气循环和实际循环之间的比较。

在图 2-27 中，①与 a 为同一点。从图中可以查到，气缸内气体实际所做的功（实际循环）小于燃料 – 空气循环①②③④①中所做的功。这是因为在燃料 – 空气循环中没有考虑的各种损失在实际循环中是存在的，即因存在不可逆过程（热损失、流动损失等），循环各点温度、压力均发生变化，还有燃烧时间延迟或燃烧不完全或漏气损失等。这些损失综合起来在图中显示，有冷却损失、时间损失、减压排气损失、气体交换损失和漏气损失等，其中影响最大的损失为冷却损失，其次为时间损失。

表 2-10　从空气标准理想循环向实际循环的变化

	空气标准理想循环	燃料－空气循环	实际循环
工质	空气（理想气体）	燃料空气和燃烧气体	燃料空气和燃烧气体
进气过程	无损失 $p_1 = p_a$（大气压）	无损失 $p_1 = p_a$（大气压）	泵气损失（进气/排气管压力损失）
压缩过程	绝热指数 $\kappa = 1.4$	燃料空气混合气多变压缩 $n = 1.30 \sim 1.32$，恒定	传热、漏气多变指数变化
燃烧过程	定容或定压加热	定容或定压加热	燃烧时间损失
膨胀过程	绝热指数 $\kappa = 1.4$	燃烧气体的多变膨胀 $n = 1.28 \sim 1.30$，恒定	燃烧气体冷却损失后燃等多变指数变化
排气过程	无损失 定容减压排气 定压排气	无损失 定容减压排气 定压排气	减压排气损失 排气管压力损失

1. 冷却损失

因为在燃料－空气循环中以绝热过程进行分析，所以没有冷却损失。但在实际发动机中一旦开始燃烧，气体温度上升，膨胀过程中工质与气缸壁之间存在很大的温差，存在热量传递，导致冷却损失。图 2-27 中实际循环的绝热线与定容加热线相遇的点为③′，假设实际循环完全膨胀点为④′，则面积③′③④④′就是冷却损失。

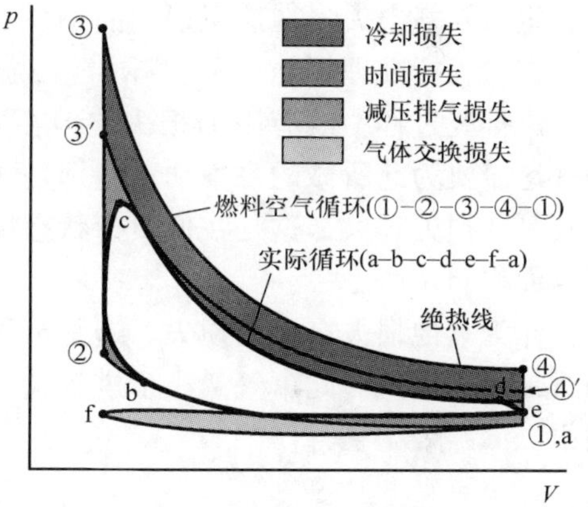

图 2-27　燃料空气循环与实际循环的比较

2. 时间损失

在空气标准理想循环和燃料－空气循环中假设为热量供给或燃烧在活塞上止点瞬间完成。但在实际循环中，燃烧期间（热量产生时间）需要曲轴转角 60°～70°CA（600r/min 时 10ms，6000r/min 时 1.5ms 左右）。因存在燃烧时间，最大压力降低，在膨胀过程中也供给热量，进而废气热量损失增加。把因为燃烧期间导致的损失称为时间损失。

燃烧时间随燃料、混合比、燃烧室的形状/尺寸、发动机的运行条件的不同而发生变化，特别是随转速的改变而明显发生变化。燃烧时间随发动机转速的增大而缩短，因此用曲轴转角（60～70℃A）描述燃烧持续时间。为了在 ATDC 10～20°的位置产生燃烧最大压力，把燃烧开始点放在压力比上止点低的图 2-26 中的 b 点上，因此压缩过程的压缩功增加。另外，燃烧最大压力比假设为瞬间燃烧的燃料－

空气循环低。即在定容加热过程中计算的压力比（或爆发度）降低。时间损失在图 2-27 中为面积 b②③′c。

3. 减压排气损失

在理论循环中放热过程设定为，活塞在下止点位置时，在一定的容积（定容）下瞬间排气。但在实际发动机中活塞到达下止点前在 d 点（图 2-27）开启排气门，所以不能获得从此位置开始到下止点为止的活塞下降时的动力，这称为减压排气损失或不完全膨胀损失。如此早期开启排气门是为了在气缸内高压作用下有效地高速排出废气，也是为了有效地吸入新鲜空气（或混合气），进而提高容积效率。

通常，发动机在下止点前 60°CA 位置开启排气门。如此不完全膨胀原因导致了减压排气损失，在图 2-27 中以面积 de④′显示。在图中可以看出，该损失相对于全部功所占的比例很小。

4. 气体交换损失

气体交换损失为在排出燃烧废气并吸入空气（或混合气）时产生的损失。此损失包括如前所述的减压排气损失，以及为了向气缸内吸入混合气和排出燃烧废气所产生的泵气损失。在这里说明的是泵气损失。

在空气标准理想循环和燃料 - 空气循环中没有考虑泵气损失。在这些循环中假设为进排气过程中没有阻力损失。但在实际发动机的进排气过程中伴随着压力损失，这需要为此所做的泵气功。特别是通过节气门调整动力的汽油机来说，负荷越小其泵气损失越大，这是在低负荷状态指示热效率低下的原因。气体交换损失在图中以面积 efae 表示。

作为其他损失有泄漏损失。这是工质通过气缸壁与活塞之间的间隙向曲轴箱泄漏所导致的损失。此窜气量小于进气量（混合气）的 0.2%，因此对热效率的影响很小。

练 习 题

1. 在密闭的容器中充有温度为 25℃ 的空气 0.5kg。对此容器进行加热，向空气供给 350kJ 热量，请问空气的温度为多少？空气的质量定压热容为 $c_p = 1007\text{J}/(\text{kg}\cdot\text{k})$，质量定容热容为 $c_V = 720\text{J}/(\text{kg}\cdot\text{k})$。

2. 把气缸内质量为 2kg、绝对压力为 3×102kPa、容积为 0.85m^3 的空气，压缩到压力为 8×102kPa、容积为 0.4m^3，此时空气的内能增加 100kJ，请问焓的变化量为多少？

3. 绝对压力为 1.2MPa 的 3kg 空气从外部受热等温膨胀，并做功 5.5×105N·m 后压力降低到 200kPa。请求出空气的初始温度、容积和接受的供给热量。空气的气体常数 R 为 287.03J/(kg·K)。

4. 把气缸内温度为 293K 的 0.2kg 空气以 1/10 的容积比绝热压缩时，空气温度为多少？还要求出压缩所需的功。空气的质量热容比为 1.4，气体常数为 287.03J/(kg·K)。

5. 把气缸内压力为 $p_1 = 101.3\text{kPa}$、比容为 $v_1 = 0.85\text{m}^3/\text{kg}$ 的空气压缩到压力 $p_2 = 3.5\text{MPa}$，此时比容为 $v_2 = 0.044\text{m}^3/\text{kg}$。请求出此过程的多变指数 n。

6. 气缸直径为8.0cm、升程为8.0cm的奥托循环发动机，其压缩初始压力为100kPa，为了使压缩后压力达到1.5MPa，请问：

（a）燃烧室容积应该是多少？

（b）发动机的理论热效率为多少？假设压缩过程 $\kappa = 1.37$，过程为绝热过程。

7. 沙巴特循环压缩初始状态：$p_1 = 100\text{kPa}$、$T_1 = 310\text{K}$、$V_1 = 0.030\text{m}^3$，压缩后的压力为 $p_2 = 1.0\text{MPa}$，燃烧后的压力为 $p_4 = 3.4\text{MPa}$，容积为 $V_4 = 0.0075\text{m}^3$。请问此循环的热效率为多少？

8. 定容循环压缩初始状态：压力 $p_1 = 96\text{kPa}$、温度 $T_1 = 360\text{K}$、压缩比 $\varepsilon = 8$、最大压力 $p_3 = 3.3\text{MPa}$，请求出各行程的压力和温度。假设 $\kappa = 1.4$。

9. 奥托－空气循环中，$p_1 = 101.3\text{kPa}$，$T_1 = 298\text{K}$，压缩比 $\varepsilon = 8$，1kg空气供给热量 $q = 1000$。请求出 $p_{\max}$、$T_{\max}$、效率 η_{th} 和平均有效压力 p_{m}。

10. 为了提高奥托－空气循环的效率：情况①把压缩比从9增大到11；情况②把进气压力从100kPa提高到140kPa。请问三种参数（a）循环最大压力、（b）热效率、（c）平均有效压力，在哪一种情况下更大，大多少？

11. 低速柴油机的最大温度和压力分别为2500K和4MPa，最低温度和压力分别为300K和100kP。请问空气循环的压缩比、定压预胀比、热效率和平均有效压力各为多少？

12. 在气缸容积为 V_1、压缩比为 $\varepsilon = 10$ 的定容空气循环中，压缩初始压力 $p_1 = 100\text{kPa}$、温度 $T_1 = 300\text{K}$ 时，求出

（a）压缩后的压力 p_2 和温度 T_2。

（b）燃烧后的压力 p_3 和温度 T_3。

（c）膨胀后的压力 p_4 和温度 T_4。

（d）1kg工质放出的热量。

（e）1kg工质向外所做的功。

（f）循环热效率。

（g）循环平均有效压力。

假设压缩初始状态工质中新鲜空气所占质量比率为 $1 - \phi = (\ = 1 - 1/\varepsilon)$，燃烧产生向1kg新鲜空气供给的加热量为2780kJ/kg（相当于理论混合气），空气的质量定容热容为 $c_V = 0.72\text{kJ/(kg·K)}$，质量热容比为 $\kappa = 1.4$。

第3章　内燃机的性能和测试

3.1　发动机性能

3.1.1　概述

发动机的性能要素有，输出功率、转矩、平均燃油消耗量、燃油效率、比功率、比重量、体积效率、污染物质排放量等。发动机污染物排放特性将在第11章中详述。

1. 输出功率、转矩

（1）输出功率的定义　输出功率是指发动机通过燃油的燃烧在单位时间内获得的功，即动力。因内燃机或外燃机的使用目的和运行条件不同，其输出功率都不同，所以热力发动机的输出功率定义各有不同。因此必须明确各热力发动机的输出功率定义和意义。

发动机的输出功率分类有巡航功率、额定功率和最大功率，各有各的用途。

① 巡航功率：船以规定的巡航速度（经济速度）行驶时所需的输出功率，即表示燃油消耗率最低的输出功率。

② 额定功率：在规定的运行条件下所得到的输出功率。这是在充分考虑经济性和耐久性的基础上，在一定时间（1小时、半年、1年以上等）内能连续运行的输出功率。根据其时间还称为1小时额定功率、连续额定功率。超过额定功率时称为过载功率。陆上用定速发动机主要以额定功率表示。

③ 最大功率：是发动机能输出的最大功率，分为瞬间最大功率、连续最大功率和离地最大功率。

汽车的使用条件（车速、负荷等）时刻发生变化，随发动机转速的改变其输出功率也会发生变化。因此，汽车在节气门全开瞬间可获得输出最大功率。通常发动机输出功率（瞬间最大功率）与转速合并表示。

连续最大功率也称为全功率，是指能安全连续使用发动机的最大功率，是计算发动机强度的主要依据。在船上配备的主发动机性能以连续最大功率表示。

离地最大功率是指飞机在标准海平面海拔上起飞离地时输出的发动机功率。

（2）输出功率的测量　发动机的输出功率主要是通过利用转矩平衡原理的测功机测量发动机的转矩并加以计算得出。测功机种类很多，但其测量原理相同，其中以摩擦测功器（普龙尼制动器）的原理较易理解。

摩擦测功器原理如在图 3-1 所示，在发动机输出轴上装配半径为 r 的制动鼓（转子），并利用制动蹄（制动元素）进行制动，在制动蹄上安装了长度为 R［m］的控制杆，其末端设置了测量秤，在制动蹄上所作用的力 F［N］通过控制杆作用在秤上并测量动力。这时，在制动鼓和制动蹄之间的摩擦力作用下，摩擦测功器的温度会上升，这时要利用在制动鼓内循环冷却液的方法进行冷却，防止温度的进一步上升。

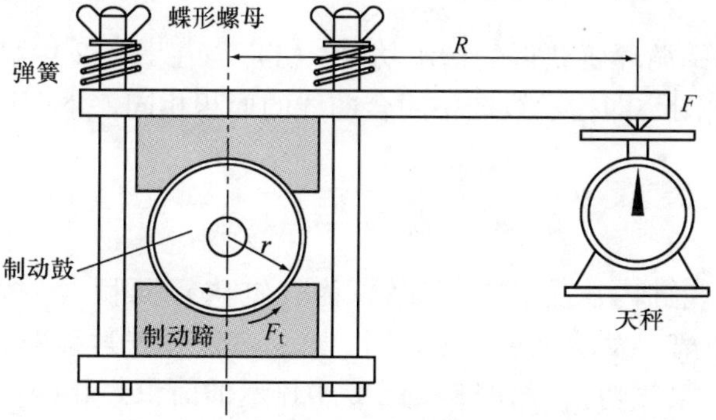

图 3-1　测功机的测量原理

（3）转矩　转矩（制动力矩 = 转矩）T_e［N · m］为切线力 × 半径，根据转矩平衡关系可知

$$T_e = rF_t = FR \tag{3.1}$$

F_t为作用在制动鼓的切线力，即为摩擦力；F 为施加在秤上的力。

制动鼓每转所做的制动功（净指示功）W_e［J/r］为摩擦力 × 旋转距离，为

$$W_e = 2\pi rF_t = 2\pi T_e$$

如果制动鼓转速为 n（r/min），制动功为 $2\pi nT_e/60$（J/s），此制动功转换为动力（输出功率），以此导出输出功率 W_e（kW）的计算式为

$$\dot{W}_e = \frac{2\pi nT_e}{60 \times 1000} = \frac{2\pi nFR}{60 \times 1000} = \frac{T_e\omega}{1000} \tag{3.2}$$

角速度 ω 为 $2\pi n/60$。式（3.2）的输出功率单位（kW）为 SI 单位，如要把它转换为工程单位（PS），因 1PS = 0.7355kW，因此由式（3.2）得出的值乘以 0.7355 就会得出。

如果在摩擦测功器中测量的力 F 为工程单位（kgf），转矩 T'_e的单位为（kgf · m），此时输出功率 $\dot{W}'_e$ 的单位为（PS），因 1PS = 75kgf · m/s，故有

$$\dot{W}'_e = \frac{2\pi nT'_e}{60 \times 75} \tag{3.3}$$

式中，符号上部的一撇（′）表示工程单位。

SI单位的转矩单位 T_e（N·m）与工程单位的转矩单位 T'_e（kgf·m）之间换算关系为1kgf=9.81N，因此可以导出：

$$T_e = 9.81T'_e \tag{3.4}$$

2. 指示功率、指示平均有效压力

（1）指示功率　发动机输出功率（制动功率、净功率）的测量方法：一是利用测功机直接测量；二是通过测量气缸压力和容积的指示功率线图（或示功图）计算指示功率。这是因为气缸内的气体压力可以用于计算推动活塞继而带动曲轴旋转的功。

1个气缸在每一循环所获得的指示功 W_i（J）与在图3-2中显示的发动机实际循环压力和容积线图，即指示线图中闭合曲线的面积相同，下面用循环积分式进行推算。

$$W_i = \oint p\mathrm{d}V = \oint pA_p\mathrm{d}x \tag{3.5}$$

式中，p（Pa）为气缸内压力；A_p（m^2）为气缸内径面积（活塞面积）；x（m）为活塞上下移动距离。发动机实际工作时，在进气、排气过程中有阻力，因此存在进气、排气损失（泵气功），与图3-2a、b中显示的面积 B 相同。因此指示功 W_i 为在气体压缩和膨胀过程中所做的功 $W_{i,g}$（面积 A）减去进气、排气过程中的泵气功 $W_{i,p}$（面积 B）所得到的值。即

$$W_i = W_{i,g} - W_{i,p} \tag{3.6}$$

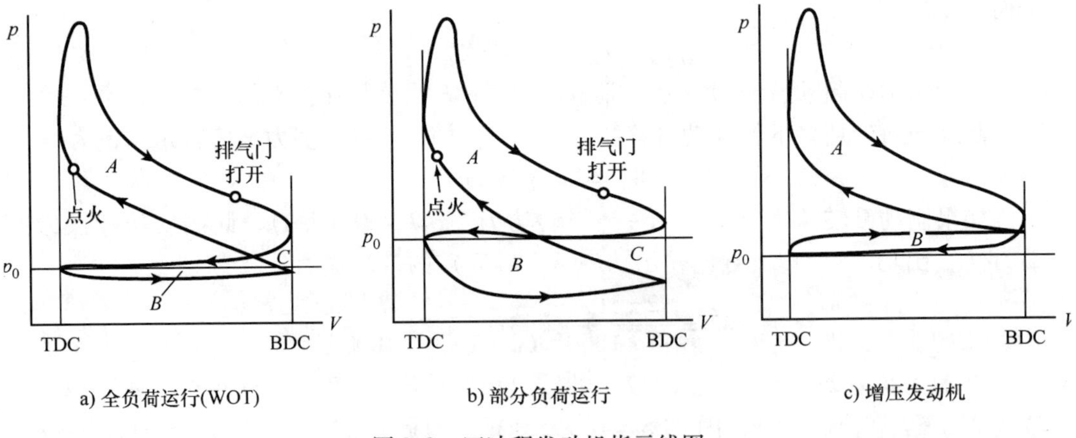

图3-2　四冲程发动机指示线图

实际气缸数为 Z 个的发动机以 n（r/min）转速旋转时，指示功率 $\dot{W}_i$（kW）的计算式为

$$\dot{W}_i = \frac{W_i n i Z}{60 \times 1000} \tag{3.7}$$

式中，W_i（J）为 1 个气缸在每一循环所获得的指示功；i 为每一循环所做的功，四冲程发动机 $i=1/2$，二冲程发动机 $i=1$。在“3.2 指示线图说明”部分说明了求得指示功的方法。

实际曲轴所获得的净功率（制动功率）$\dot{W}_e$ 为，指示功率（W_i）减去活塞－曲柄机构运动部分的机械摩擦功和驱动进/排气门、水泵和风扇等辅助设施所需的功后得出。把上述所有动力损失的和称为摩擦损失（或机械损失功）$\dot{W}_f$。因此，指示功率与净功率之间关系为

$$\dot{W}_i = \dot{W}_e + \dot{W} \tag{3.8}$$

机械效率 η_m 定义为净指示功 W_e 与指示功 W_i 之比，或净功率 $\dot{W}_e$ 与指示功率 $\dot{W}_i$ 之比，与下式相同，也可以用摩擦功 W_f 或摩擦平均有效压力 $p_{m,f}$ 进行表示，并加以利用。

$$\eta_m = \frac{W_e}{W_i} = \frac{\dot{W}_e}{\dot{W}_i} = 1 - \frac{\dot{W}_f}{\dot{W}_i} = 1 - \frac{p_{m,f}}{p_{m,i}} \tag{3.9}$$

机械效率越好，即摩擦损失越小，净功率（制动功率）越大。摩擦损失根据发动机的类型或运转条件（转速、负荷等）变化很大。例如，在无负荷条件下，净功率 $\dot{W}_e=0$，因此 $\dot{W}_i=\dot{W}_f$，指示功全部转换为摩擦功，即机械效率为 $\eta_m=0$。汽车发动机的机械效率在部分负荷运转条件下逐步减小到无负荷条件下为 0，但在全负荷条件下可以达到 0.85～0.9。由此，发动机的净功率 $\dot{W}_e$ 由指示功率 $\dot{W}_i$ 乘以机械效率 η_m 得出。

（2）指示平均有效压力　指示平均有效压力（IMEP）$p_{m,i}$ 定义为每一循环指示功 W_i 除以工作容积 V_h 所得到的值。

$$p_{m,i} = \frac{W_i}{V_h} = \frac{W_{th}\eta_g}{V_h} = p_{th}\eta_g \tag{3.10}$$

式中，每一循环指示功 W_i 为如同在式（3.6）中所显示的，在气体压缩和膨胀过程中所做的功 $W_{i,q}$ 减去进气、排气冲程中的泵气功 $W_{i,p}$ 所得到的值；W_{th} 为理论功；p_{th} 为理论平均有效压力；η_q 为指示效率。

指示平均有效压力 $p_{m,i}$ 是把式（3.7）代入式（3.10）中，与指示功率 $\dot{W}_i$ 的关系式：

$$p_{m,i} = \frac{60 \times 1000 \dot{W}_i}{V_h n i Z} \tag{3.11}$$

式中，$p_{m,i}$ 单位为（kPa）；$\dot{W}_i$ 单位为（kW）；n（r/min）为转速；i 为每一循环所

做的功；V_h（m^3）为工作容积。如果已知指示平均有效压力 $p_{m,i}$，利用式（3.11）可以计算指示功率 $\dot{W}_i$。

发动机的指示功率 $\dot{W}_i$（kW）可以用指示效率 η_i 和理论平均有效压力 p_{th} 得出。根据式（3.7）和式（3.10），可知指示功率为

$$\dot{W}_i=\frac{W_i niZ}{60\times1000}=\frac{\eta_g W_{th} niZ}{60\times1000}=\frac{\eta_g p_{th} V_h niZ}{60\times1000}=\frac{\eta_g p_{th}\frac{\pi}{4}B^2 SniZ}{60\times1000} \tag{3.12}$$

式中，S（m）为活塞冲程；B（m）为气缸直径（mm）；V_h（m^3）为工作容积；η_g 为指示效率，其值为 0.75 ~ 0.95。

3. 净功率、净平均有效压力

发动机净功率（制动功率、轴功率）的测量，除了利用测功机进行测量的方法和利用指示线图中指示功率进行计算的方法外，利用净平均有效压力也可以进行计算。

（1）净功率　通常，设计发动机时，首先利用现有发动机的净指示（制动）平均有效压力（BMEP）$p_{m,e}$ 以下式求出单气缸输出功率后，再计算新发动机的预测输出功率，即

输出功率 = 平均有效压力 × 受压面积 × 距离 × 转速 × 每一循环所做的功

$$\dot{W}_e=p_{m,e}\times\frac{\pi B^2}{4}\times\left(S\times\frac{n}{60}\right)\times i=\frac{p_{m,e}V_h ni}{60}$$

Z 个气缸发动机的输出功率为

$$\dot{W}_e=\frac{p_{m,e}V_h niZ}{60}=\frac{p_{m,e}V_{st} ni}{60} \tag{3.13a}$$

式中，V_{st}（m^3）为发动机的总工作容积（排气量），与 $V_h Z$ 相同。以此，净功率以净平均有效压力、总工作容积和发动机的转速这三者的乘积进行计算。

净功率 $\dot{W}_e$(kW)与净指示转矩 T_e(N · m)之间的关系利用式（3.2），与指示功率 $\dot{W}_i$ 之间的关系利用式（3.9）和式（3.12），各自可以推导出下式：

$$\dot{W}_e=\frac{2\pi nT_e}{60\times1000} \tag{3.13b}$$

$$\dot{W}_e=\eta_m\dot{W}_i=\eta_m\frac{W_i niZ}{60\times1000}$$

$$=\eta_m\frac{p_{m,i}\frac{\pi}{4}B^2 SniZ}{60\times1000}=\eta_m\eta_i\frac{p_{th}\frac{\pi}{4}B^2 SniZ}{60\times1000} \tag{3.13c}$$

（2）净平均有效压力　净平均有效压力 $p_{m,e}$（kPa）与净功率 $\dot{W}_e$（kW）、净指示转矩 T_e（N · m）之间的关系根据式（3.13a）和式（3.13b），可知

$$p_{m,e}=\frac{60\times\dot{W}_e}{\frac{\pi}{4}B^2SniZ}=\frac{60\dot{W}_e}{V_hniZ}=\frac{60\dot{W}_e}{V_{st}ni}=\frac{2\pi T_e}{1000\times V_{st}i} \tag{3.14}$$

净平均有效压力 $p_{m,e}$ 与指示平均有效压力 $p_{m,i}$ 之间的关系以机械效率 η_m 进行定义，即可以推导出下述关系式。

$$p_{m,e}=\eta_m p_{m,i} \tag{3.15}$$

最近，汽车用发动机的净平均有效压力可以参考表 3-1。

表 3-1　最近各种发动机的净平均有效压力

	未配备涡轮增压/MPa	涡轮增压/MPa
四冲程汽油机	0.8~1.1	1.1~1.5
二冲程汽油机	0.4~0.6	
四冲程柴油机	0.7~1.0	1.0~1.3
转子式发动机（汪克尔发动机）	0.8~1.1	

（3）根据进气量的净功率和平均有效压力　虽然本内容以将在后部分说明的容积效率和空燃比的理解为前提，但在这里提前进行说明。

在空气过量系数 $\lambda\leqslant 1$ 的条件下运转的发动机，其输出功率和平均有效压力与进入到气缸内的空气质量成比例。单气缸发动机每一循环所吸入的空气质量 m_a(kg) 与工作容积 $V_h(m^3)$、容积效率 η_v 和大气密度 $p_a(kg/m^3)$ 这三者的关系为

$$m_a=V_h\eta_v p_a$$

根据空气过量系数 λ 的定义式（λ = 实际空气量/理论空气量），进入到气缸内的实际空气量为理论空气量 $m_{a,s}$ 的 λ 倍。因此，推导出理论空气量计算式为

$$m_{a,s}=\frac{m_a}{\lambda}=\frac{V_h\eta_v\rho_a}{\lambda}$$

在燃料供给量 m_f 与理论空燃比的定义式中，即在 $(A/F)_s=m_{a,s}/m_f$ 式中代入上述理论空气量 $m_{a,s}$，有

$$m_f=\frac{m_{a,s}}{(A/F)_s}=\frac{1}{(A/F)_s}\frac{V_h\eta_v\rho_a}{\lambda} \tag{3.16}$$

下标 s 表示理论空燃比（或化学计量比）。

如果燃料的低热值为 H_l，则净指示功 W_e 计算式为

$$W_e=\eta_e Q_1=\eta_m\eta_g\eta_{th}m_fH_l \tag{3.17}$$

式中，净热效率 η_e 为 $\eta_e=\eta_m\eta_g\eta_{th}$，供给热量为 $Q_1=m_fH_l$。式（3.17）为以单气缸每一循环所吸入的空气量为基准计算的净指示功。如果气缸数为 Z 的发动机转速为 n（r/min），在净功率 $\dot{W}_e=W_eZni/60$ 中代入净指示功 W_e［式（3.17）］和以实际空气过量系数 λ 和进气量所表示的燃料量 m_f［式（3.16）］，则可知

$$\dot{W}_e = W_e Z \frac{ni}{60} = \eta_m \eta_g \eta_{th} m_f H_l Z \frac{ni}{60} = \eta_m \eta_g \eta_{th} \eta_v \rho_a \frac{V_h Z}{\lambda} \frac{ni}{60} \left(\frac{F}{A}\right)_s H_l \tag{3.18}$$

i 为每一循环所做的功，在四冲程发动机中 $i=1/2$，在二冲程发动机中 $i=1$。净平均有效压力 $p_{m,e}$ 的计算式为

$$p_{m,e} = \frac{W_e}{V_h} = \frac{\eta_e m_f H_l}{V_h} = \frac{\eta_m \eta_g \eta_{th} \eta_v \rho_a H_l}{\lambda} \left(\frac{F}{A}\right)_s \tag{3.19a}$$

式中，密度 ρ_a 根据周围大气温度 T_a、大气压力 p_a 和空气的气体常数 R_{air}，利用理想气体状态式 $\rho = p/RT$ 可以计算得出。如果不清楚空气的气体常数 R_{air}，因标准状态（0℃，101.325kPa）下空气的密度为 $\rho_0 = 1.2925\text{kg/m}^3$，因此可以利用下式计算得出。

$$\rho_a = 1.293 \times \frac{273}{T_a} \frac{p_a}{101.325} = 3.483 \frac{p_a}{T_a}$$

式中，T_a（K）和 p_a（kPa）为周围大气的绝对温度和绝对压力。把此式代入到式（3.19a）中，净平均有效压力 $p_{m,e}$ 的计算式也可以表示为

$$p_{m,e} = 3.483 \frac{p_a}{T_a} \frac{\eta_e \eta_v \rho_a H_l}{\lambda} \left(\frac{F}{A}\right)_s \tag{3.19b}$$

如果是理论混合气，在式（3.19b）中代入空气过量系数 $\lambda=1$ 可以进行计算。在设计发动机时，多利用式（3.18）和式（3.19）预测计算输出功率 $\dot{W}_e$ 和净平均有效压力 $p_{m,e}$。

4. 燃料消耗率、燃料效率

燃料消耗率（SFC）b[g/(kW·h)]定义为，发动机为获得单位输出功率 $\dot{W}$（kW）每小时所消耗的燃油流量 $\dot{m}_f$(g/h)，或为获得 1kW·h 的功（能量）所消耗的燃料质量 m_f，即

$$b = m_f / W \tag{3.20}$$

发动机的燃料消耗量 b 与车辆的燃料消耗率 FE（km/L）不同，比起以每升燃油所能行驶的里程来表示的车辆燃料消耗率 FE，以单位燃料所能获得的能量来表示更为准确。

如果燃料消耗率 b 为指示燃料消耗率 b_i(ISFC)，输出功率为指示功率 $\dot{W}_i$，如果为净指示（制动）燃料消耗率 b_e(BSFC)，输出功率就是净功率 $\dot{W}_e$。如果以马力（PS）表示发动机的输出功率 W'_e，则燃料消耗率 b_e 的单位为[g/(PS·h)]。

虽然燃料消耗率的单位为[g/(kW·h)]，但如果把燃料量（g）用燃料的发热

量（kJ）进行换算，则燃料消耗率的单位为[kJ/(kW·h)]，这成为无量纲。即，燃料消耗率表示了所获得的功与所供给能量之间的比，与热效率的定义正好相反。把利用燃料消耗率所得出的热效率定义为燃料效率（或燃料转换效率）η_f 并加以利用。

（1）燃料消耗率与燃料效率之间的关系　燃料效率 η_f 与热效率的定义相同，是把供给的能量用燃料消耗率 b 进行计算的，即

$$\eta_f = \frac{\text{输出功率}}{\text{供给能量}} = \frac{\dot{W}}{\dot{Q}} = \frac{\dot{W}_e}{\dot{m}_f H_l} \tag{3.21a}$$

式中的燃料消耗率 $\dot{m}_f$ 以式（3.20）代入，可以导出燃料效率计算式为

$$\eta_f = \frac{3600}{b_e H_l} \tag{3.21b}$$

式中，b_e[g/(kW·h)]为净指示燃料消耗率，H_l(kJ/g)为燃料低热值。从式(3.21b)中可以看出，净指示燃料消耗率 b_e 与燃料效率 η_f 之间为反比例关系。以普通的碳氢化合物燃料低热值 $H_l = 44\text{kJ/g}$ 为例，如图3-3所示具有定量关系。可以肯定的是，燃料消耗率越小，发动机的效率越高。另外，在式（3.21b）中，如果燃料消耗率为指示燃料消耗率 b_i，热效率就为指示热效率 η_i。

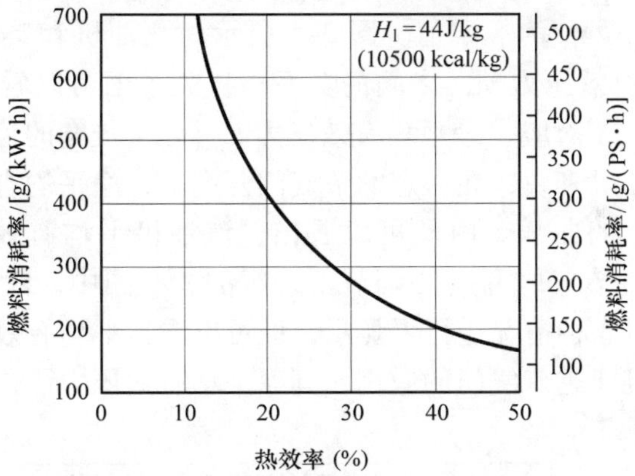

图3-3　燃料消耗率与热效率之间的关系

表3-2　最近各种发动机的燃料消耗率 b_e

	未配备涡轮增压发动机/[g/(kW·h)]	涡轮增压发动机/[g/(kW·h)]
四冲程汽油机	250～350	280～380
二冲程汽油机	400～600	—
四冲程柴油机	210～240	195～225①
转子式发动机（汪克尔发动机）	300～380	—

① 配备中间冷却器。

如果以净指示燃料消耗率 b_e 计算燃料效率 η_f，则燃料效率与以燃料供给量和

曲轴输出功率（净功率）的比率所表示的净指示（制动）热效率 η_e 的值相同，其意义也相同。即，燃料效率 η_f 与净热效率 η_e 相同。

四冲程自然吸气（未配备涡轮增压）汽油机的燃料消耗率 b_e 为 250～350g/(kW·h)（η_f：0.327～0.234），涡轮增压发动机为 280～380g/(kW·h)（η_f：0.292～0.215）。四冲程柴油机的燃料消耗率 b_e 比汽油机低，热效率高。配备中间冷却器的涡轮增压柴油机的燃料消耗率为 195～225［g/(kW·h)］（η_f：0.419～0.364），比汽油机小很多。最近汽车用发动机的燃料消耗率大体与表 3-2 相同。

（2）燃料消耗率与平均有效压力之间的关系　现在要推导出作为发动机性能评价重要指标的燃料消耗率 b_e 与平均有效压力 $p_{m,e}$ 之间的关系式。这在净指示燃料效率［式（3.21）］中的 η_f 以净热效率 $\eta_e(=\eta_m\eta_g\eta_{th})$［式(3.19a,b)］代入即可得出。这是因为净指示燃料效率 η_f 与净热效率 η_e 相同。由此推导出：

$$b_e p_{m,e} = 3600 \times \frac{\eta_v \rho_a}{\lambda}\left(\frac{F}{A}\right)_s = 12538.8 \times \frac{\eta_v}{\lambda}\left(\frac{F}{A}\right)_s \frac{p_a}{T_a} \tag{3.22}$$

指示燃料消耗率 b_i 与指示平均有效压力 $p_{m,i}$ 之间也如式（3.22）具有相同的关系。对未配备涡轮增压系统的汽油机来说，把理论空燃比 $(A/F)_s=14.7$、大气温度 15℃即 $T_a=288.15\text{K}$、压力 $p_a=101.325\text{kPa}$ 代入到式（3.22）中，可以得出：

$$\lambda b_e p_{m,e}/\eta_v = \lambda b_i p_{m,i}/\eta_v = 299.94 \tag{3.23}$$

即，$\lambda b_e p_e/\eta_v$ 和 $\lambda b_i p_i/\eta_v$ 为一定值。图 3-4 所示为汽油机和柴油机的净指示燃料消耗率 b_e 与净平均有效压力 $p_{m,e}$ 之间的关系。从关系图可以看出，对于柴油机来说，与空气过量系数 λ 对应，净平均有效压力 $p_{m,e}$ 处于较宽的范围，其曲线显示出很平坦变化。对汽油机来说，在一定的节气门开度下，净平均有效压力 $p_{m,e}$ 显示出范围较窄的尾巴模样的曲线。由此可以看出，汽油机平均有效压力（输出功率、负荷）的调整是通过节气门开度的调节来进行的。在图中，对于汽油机节气门开度的变化，虽然仅对 3 种情况进行了显示，但可以看出平均有效压力范围比柴油机宽。这表示了汽油机通过节气门的应用，其净平均有效压力可以比柴油机在更宽的范围内进行调整。

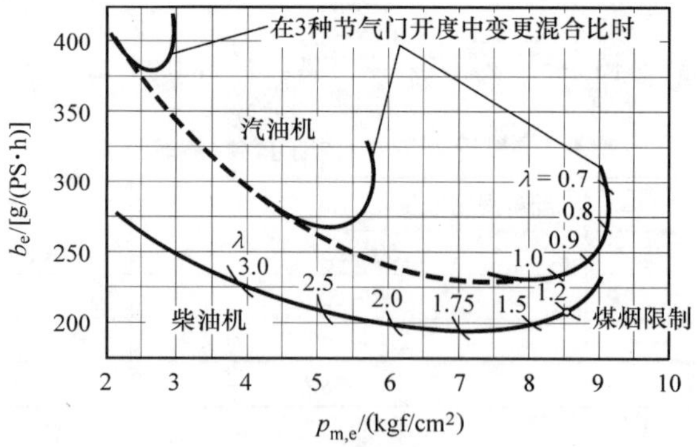

图 3-4　平均有效压力与燃料消耗率之间的关系

5. 比功率、比重量

提高净平均有效压力 $p_{m,e}$ 和降低净指示燃料消耗率 b_e 在发动机设计中是非常重要的目标。当然，为了减少发动机的重量和体积，提高输出功率与单位工作容积（或单位重量）之比也是很重要的。为此，作为评价发动机重量和体积的指标，引出了比功率和比重量的概念，并在发动机设计中作为评定良好与否的指标使用。因为不论汽车还是飞机，行驶燃料消耗率都与车体重量成正比，可以很容易推测到比功率越大，其行驶燃料消耗率越良好。

（1）比功率　比功率 $\dot{W}_{e,sp}$ 定义为发动机单位排气量输出功率或活塞单位面积输出功率。

① 单位工作容积输出功率。单位排气量输出功率，即比功率 $\dot{W}_{e,spv}$ 利用发动机总工作容积 V_{st}(m^3)所对应的输出功率 $\dot{W}_e$(kW)进行定义。根据式（3.13a），可以推导出输出功率。以前常用升马力概念，即每升（L）容积所产生的马力（PS）。

$$\dot{W}_{e,spv} = \frac{\dot{W}_e}{V_{st}} = \frac{p_{m,e}ni}{60} \tag{3.24a}$$

$$\dot{W}'_{e,spv} = \frac{\dot{W}'_e}{V_{st}} = \frac{p'_{m,e}ni}{450} \tag{3.24b}$$

式中，比功率 $\dot{W}_{e,spv}$ 的单位为（kW/m^3）；$\dot{W}'_{e,spv}$ 的单位为（PS/L），符号上部的一撇（′）表示工程单位。即，$p_{m,e}$ 的单位为（kPa）；$p'_{m,e}$ 的单位为（kgf/cm^2）。

② 活塞单位面积输出功率。活塞单位面积输出功率，即活塞比功率 $\dot{W}_{e,spa}$ 与气缸大小无关，是设计发动机活塞时的参数。

Z 个气缸发动机的活塞比功率 $\dot{W}_{e,spa}$（kW/m^2），利用净功率[式(3.14)和式(3.18)]可以推导如下：

$$\dot{W}_{e,spa} = \frac{\dot{W}_e}{A_pZ} = \frac{p_{m,e}V_hniZ}{60} \times \frac{1}{A_pZ} = p_{m,e}\frac{v_{p,m}}{2} \tag{3.25a}$$

$$= \frac{\dot{W}_e}{A_pZ} = \eta_f\eta_v\rho_a\frac{V_hZ}{\lambda}\frac{ni}{60}\left(\frac{F}{A}\right)_s H_l \times \frac{1}{A_pZ} \tag{3.25b}$$

$$= \eta_f\eta_v\rho_a\frac{v_{p,m}}{2}\left(\frac{F}{A}\right)H_l i$$

式中，n（r/min）为发动机转速；$A_p = \pi B^2/4$（m^2），为活塞面积；$v_{p,m} = 2nS/60$（m/s），为活塞平均速度。

比功率与平均有效压力 $p_{m,e}$ 和活塞平均速度 $v_{p,m}$ 成正比。当平均有效压力一定时，因小型发动机的运动部件惯性力小，可以高速运转，对高转速 n 设计有利。但是，对于转速 n，即使工作容积 V_h（$=\pi B^2 S/4$）相同，根据冲程 S 的长短其活塞平均速度不同，因此必须考虑冲程 S 的影响。在发动机设计中把冲程 S 作为唯一的变数。

（2）比重量　比重量 SW 与比功率的定义正好相反，定义为单位发动机输出功率 $\dot{W}_e$(kW) 的重量 G(kgf)（或单位马力重量）。

$$SW = \frac{G}{\dot{W}_e} \propto \frac{B^3}{B^2} \propto B \propto \sqrt{\dot{W}_e} \tag{3.26}$$

从式（3.26）中可以看出，气缸直径越小，比重量越小。但实际上，即使气缸直径做得小，也不能把发动机厚度、辅助装置的重量等与气缸直径成正比地减小，一旦达到限度还得重新做大。另外，如果气缸直径小，为了获得相同的输出功率，应与气缸直径的平方成正比增加气缸数，并有一定的限度，因此越要使发动机的输出功率增大，越难以使发动机轻便。表 3-3 所示为商用发动机的代表性性能数据。

表 3-3　商用发动机的代表性性能数据

		冲程	压缩比	直径/m	行程/直径	额定、最大			b_{emax}/[g/(kW·h)]	比重量/(kg/kW)
						转速/(r/min)	$p_{m,e}$/($\times10^5$Pa)	比功率(kW/L)		
SI发动机	摩托车	2, 4	6~11	0.02~0.085	1.2~0.9	4500~7500	4~10	20~60	350	5.5~2.5
	乘用车	4	9~11	0.07~0.1	1.1~0.9	4500~6500	9~12	20~50	260	4~2
	大型	4	7~9	0.09~0.13	1.2~0.7	3600~5000	6.5~7	25~30	300	6.5~2.5
CI发动机	乘用车	4	17~23	0.075~0.1	1.2~0.9	4000~5000	5~7.5	18~22	250	5~2.5
	货车 NA	4	16~22	0.1~0.15	1.3~0.8	2100~4000	6~9	15~22	210	7~4
	货车 TC		14~20				12~18	18~26	200	7~3.5
	大型船舶	2	10~12	0.4~1.0	1.2~3.0	110~400	7~9	2~8	180	12~50

注：NA 为自然吸气发动机；TC 为涡轮增压发动机。

6. 容积效率、充气效率

汽油机在空气过量系数 $\lambda \leqslant 1$ 条件下运行，因此输出功率和平均有效压力与气缸内进气量成正比。进气量随周围大气条件和残留废气量，以及进气系统的温度和压力等运行条件的不同而改变。因此，气缸内实际存在的空气质量比根据大气密度（压力和温度）计算的相对工作容积的空气质量少。判定这些状态的变数就是容积效率和充气效率。这些效率是表示发动机进气能力的要素，与发动机的输出功率有直接关系。

容积效率和充气效率仅适用在进气过程很明确的四冲程发动机上，在二冲程发动机上不适用。

（1）容积效率　容积效率 η_v 定义为实际在气缸内存在的空气质量与相对工作容积能在气缸内存在的最大空气质量之比值，即

$$\eta_v = \frac{\text{实际进入到气缸内的空气质量}}{\text{能在气缸内存在的最大空气质量}} = \frac{m_a}{\rho_a V_h} \tag{3.27a}$$

式中，m_a(kg) 为 1 个气缸内实际存在的空气质量；ρ_a（kg/m^3）为大气密度；V_h（m^3）为气缸工作容积。

发动机的总工作容积为 V_{st}，转速为 n 时，容积效率为

$$\eta_v = \frac{\text{实际进入到气缸内的空气质量流量率}}{\text{能在气缸内存在的最大空气质量流量率}} = \frac{60\dot{m}_a}{\rho_a V_{st} n i} \tag{3.27b}$$

式中，$\dot{m}_a$（kg/s）为空气质量流量率，可根据进气系统内温度、压力和速度计算得出；V_{st}（m^3）为发动机的排气量；n（r/min）为发动机的转速；i 为每一转进气行程数，四冲程发动机为 1/2。正确地说，从进气系统所测量的空气质量流量率不是实际在气缸内存在的空气质量流量率。这是因为，进入到气缸内的空气中的一部分，在气门重叠期间从进气系统直接通过排气系统排出了。一般情况下，假设在气门重叠期间进入到气缸内的空气不直接通过排气系统排出。

如果发动机的运行条件相同，因式（3.27b）分子的空气质量流量率 $\dot{m}_a$ 相同，因此容积效率 η_v 也相同。但在高海拔地区和低海拔地区、高温地区和寒冷地区等，环境条件不同时，即使容积效率 η_v 相同，因进入到气缸内的空气质量流量率不同，其输出功率也不同。

这是因为，式（3.27b）中的分母随活塞配给的空气质量，即在气缸内能存在的最大空气质量不同所造成的。

（2）充气效率　充气效率 η_c 定义为，把式（3.27）中的分母项空气的绝对质量，即最大空气质量用标准状态进行定义，与大气条件的变化无关，仅在运行条件下空气能进入到气缸内的能力。

$$\eta_c = \frac{\text{实际进入到空气质量}}{\text{标准状态下能在气缸内存在的最大空气质量}}$$

$$= \frac{m_a}{\rho_n V_h} = \frac{60\dot{m}_a}{\rho_n V_{st} n i} \tag{3.28}$$

式中，标准状态表示大气压为 $p_n = 101.325\text{kPa}$；温度为 $t_n = 20℃$；相对湿度为 60%；蒸气分压为 $p_v = 1.4\text{kPa}$。

由此可以推导出容积效率和充气效率关系为

$$\eta_v = \frac{\rho_n}{\rho_a}\eta_c \tag{3.29}$$

当发动机在标准状态下运转时，因 $\rho_a=\rho_n$，容积效率 η_v 与充气效率 η_c 相同。一般情况下，因汽车在标准状态下使用，所以容积效率和充气效率相同，但对飞机上配置的往复式内燃机来说，容积效率与充气效率会很大不同。自然吸气发动机的容积效率最大可以达到 0.8% ~0.9%。柴油机因没有节气门，其容积效率稍高于汽油机。

3.1.2 发动机性能的影响因素

对发动机性能的影响因素有发动机设计因素、发动机运行条件和环境因素。在发动机设计因素方面，主要关系到往复式发动机的几何学形状，如压缩比、气缸直径对行程比、燃烧室容积与表面积之比、活塞平均速度等。在发动机运行条件方面，主要关系到空燃比、点火时刻（或燃料喷射时期）、负荷和车速等。在环境因素方面，主要有周围大气温度、湿度和压力等。

在这里对发动机的设计因素和空燃比等进行说明，对于运行条件和环境因素方面将在“3.3 发动机性能影响因素的影响”部分进行说明。

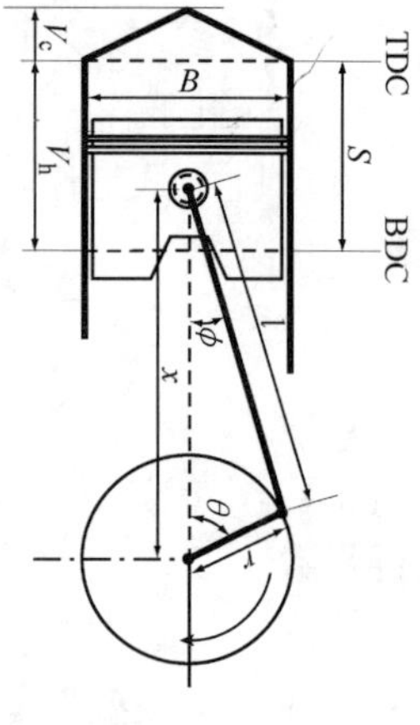

图 3-5 活塞－曲柄机构

1. 压缩比

图 3-5 所示为活塞－曲柄机构的简图。在图中，B 为气缸内径，S 为行程距离，l 为连杆的长度，r 为曲轴的长度（曲轴半径），x 为曲轴中心到活塞销的距离，θ 为曲轴角度（CA）。活塞在上止点时定义曲轴角度 θ 为 θ°CA。CA 表示曲轴的旋转角度。

压缩比 ε 定义为气缸的最大容积与最小容积之比，即

$$\varepsilon=\frac{V_{max}}{V_{min}}=\frac{V_e+V_h}{V_c} \tag{3.30}$$

式中，V_h 为工作容积；V_e 为燃烧室容积。

2. 气缸直径与活塞行程之比

气缸直径（B）与活塞行程（S）之比 R_{sb} 的定义式为

$$R_{sb}=\frac{S}{B} \tag{3.31}$$

如果该比值小于 1，则称为短行程发动机；如果该比值等于 1，则称为等径程发动机；如果该比值大于 1，则称为长行程发动机。

长行程发动机因膨胀比大，效率好，因此大部分汽车采用此类发动机。短行程发动机虽然因活塞的行程短不能提高压缩比，但因气缸内径大，可以配置大进气门，故可以增大容积效率，并且在相同的转速下活塞的平均速度小，利于高速运转，因此多在运动型跑车上采用此类发动机。表 3-4 为气缸直径与活塞行程之比的

变化。

表 3-4　气缸直径与活塞行程之比 R_{sb} 的变化

年度	1912	1922	1932	1941	……	现在
R_{sb}	1.91	1.51	1.27	0.89	……	1

3. 曲轴半径与连杆长度之比

曲轴半径（R）与连杆长度（l）之比 R_{lr} 的定义式为

$$R_{lr} = \frac{l}{r} = \frac{2l}{S}$$

曲轴半径 r 与活塞行程 S 具有 $S=2r$ 的关系。

这些是设计因素中具有代表性的因素，汽油机的压缩比为 $\varepsilon=9\sim11$，柴油机的压缩比为 $\varepsilon=15\sim24$。对于活塞行程与气缸直径比，小型和中型发动机为 $R_{sb}=0.8\sim1.2$，低速大型柴油机为 $R_{sb}\approx0.5$，是短行程发动机。对于曲轴半径与连杆长度比，小型和中型发动机为 $R_{lr}=3\sim4$，低速大型柴油机为 $R_{lr}=5\sim9$。

4. 燃烧室容积与表面积比

活塞在任意位置，即任意曲轴角度 θ 时的气缸容积 $V(\theta)$ 表示为

$$V(\theta) = V_c + \frac{\pi B^2}{4}(S + r - x) \tag{3.32}$$

式中，x 为活塞销与曲轴中心之间的距离，可以表示为

$$x = r\cos\theta + (S^2 - r^2\sin^2\theta)^{1/2} \tag{3.33}$$

把式（3.33）代入到式（3.32）中可以推导出：

$$V(\theta) = V_c + \frac{1}{2}(\varepsilon - 1)V_c[R_{lr} + 1 - \cos\theta - (R_{lr}^2 - \sin^2\theta)^{1/2}] \tag{3.34}$$

任意曲轴角度 θ 时的燃烧室表面积 $A(\theta)$ 为

$$A(\theta) = A_h + A_p + \pi B(S + r - x)$$

式中，A_h 为气缸盖表面积；A_p 为活塞顶部表面积。如果是平面活塞，$A_p=\pi B^2/4$。在上式中，把 x 用式（3.33）代入，可以得到

$$A(\theta) = A_h + A_p + \frac{\pi BS}{2}[R_{lr} + 1 - \cos\theta - (R_{lr}^2 - \sin^2\theta)^{1/2}] \tag{3.35}$$

燃烧室表面积与工作容积之比 $\psi(=A/V)$ 对汽油机的冷却损失、污染物排放等特性的影响很大。

5. 活塞平均速度和瞬间速度

在发动机设计因素中有活塞平均速度 $V_{p,m}$（m/s）。当计算气缸内气体流动带来的热传递，或者部件的惯性或发动机摩擦带来的负荷等时，比起曲轴转速更把活塞平均速度作为可变量。

$$v_{p,m} = \frac{2Sn}{60} \tag{3.36}$$

式中，S(m)为活塞行程长度；n(r/min)为发动机的转速。

活塞速度（或瞬间活塞速度）v_p 为

$$v_p = \frac{dx}{dt} \tag{3.37}$$

通过对式（3.33）进行微分可以计算出活塞速度。活塞速度在活塞处于上止点和下止点位置时为0，在活塞行程中间位置可以达到最大。

活塞速度或活塞平均速度随活塞行程 S、转速 n 和曲轴半径 r 的不同而发生变化。因此，通常使用把活塞速度用活塞平均速度相除的无量纲活塞速度。把式（3.33）进行微分的值用式（3.36）相除，可以得出。

$$\frac{v_p}{v_{p,m}} = \frac{\pi}{2}\sin\theta\left[1 + \frac{\cos\theta}{(R_{lr}^2 - \sin^2\theta)^{1/2}}\right] \tag{3.38}$$

图3-6R_{lr}=3～9时随曲轴角度 θ 的无量纲活塞速度。无量纲活塞速度，即活塞速度与曲轴角度不是对称的，可以看出最大速度在90°CA之前出现。另外，曲轴半径与连杆长度比 R_{lr} 越小，出现最大活塞速度的位置越靠前。

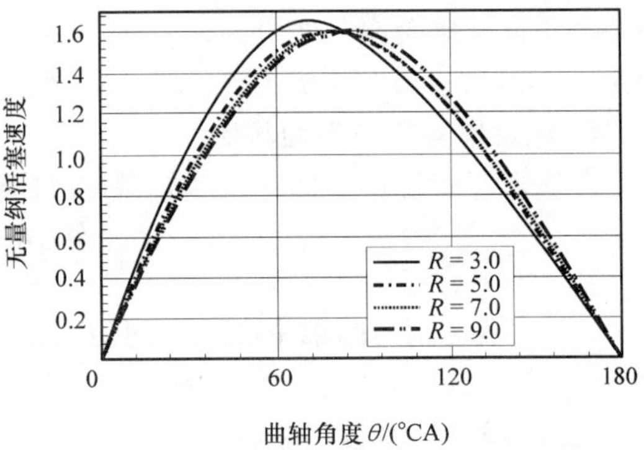

图3-6　随曲轴角度的无量纲活塞速度

因进入到气缸内的气体流动阻力和运动部件惯性导致的应力等问题，最大活塞平均速度受到限制，汽车用高速发动机在16m/s以下，大型船舶用柴油机在8m/s以下。

6. 气门角度和端口角度

汽车用发动机大多采用Ⅰ型气缸盖。因为Ⅰ型气缸盖发动机的气门角度和端口角度与空气流量系数有关，所以给发动机的进气、排气特性带来影响。气门角度定义为气缸中心轴与气门杆所形成的角度，端口角度定义为气缸水平面与端口轴所形成的角度，如图3-7所示。

气缸直径相同时，气门角度越大，可以配置使用的气门越大，会提高容积效率。但是，如果为顶置气门类型，要考虑气门驱动系统的装配和压缩比等因素，因此火花点火方式发动机的进气和排气门角度都要在10°～30°范围内。通常压缩比较高的压缩点火式发动机的气门角度为0°。

气门角度和端口角度对进入到气缸内的空气或混合气的进气流形成滚流和涡流状态，这会给燃烧特性带来影响。积极利用气缸内气体流动状态的分层充气发动机、稀薄燃烧发动机等，非常重视气门角度和端口角度的选择。

7. 空燃比

发动机运行条件中有混合气的构成。表示混合气浓度的指数通常使用空燃比（A/F）、空气过量系数 λ 和当量比 ϕ 这三种。

空燃比（A/F）是影响发动机性能的三大要素（空燃比、点火时刻、转速）之一，是进入到发动机内的空气质量与燃料质量的比值。把空燃比的相反数称为燃空比（燃料与空气比）（F/A）。这些参数是通过发动机试验测量空气质量流量率 $\dot{m}_a$ 和燃料质量流量率 $\dot{m}_f$ 进行计算得出。

$$A/F=\frac{\text{空气量}}{\text{燃料量}}=\frac{\dot{m}_a}{\dot{m}_f} \tag{3.39}$$

1kg 燃料完全燃烧所需的最小空气质量称为理论空气量。把燃料量与理论空气量之比称为理论空燃比 $(A/F)_s$，其定义式为

$$(A/F)_s=\frac{\text{理论空气量}}{\text{燃料量}}=\frac{\dot{m}_{a,s}}{\dot{m}_f} \tag{3.40}$$

式中，下标 s 表示理论空燃比（理论混合比）。

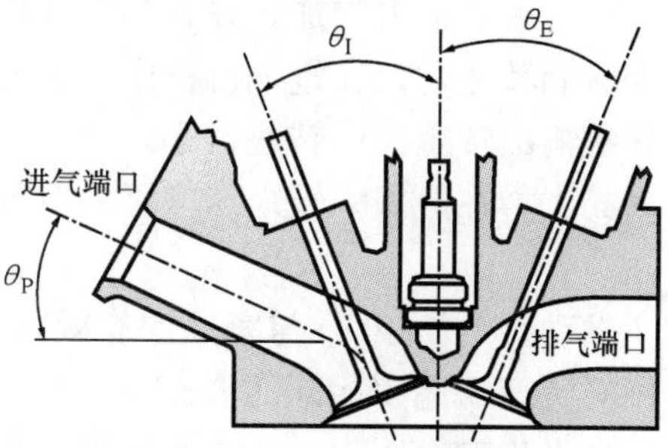

图 3-7　气门角度和端口角度

空气过量系数（或空气比）λ 为理论空燃比与实际空燃比之比，或理论空气量与实际空气量之比，把相反数称为当量比 ϕ。这三种指数的关系为

$$\lambda=\frac{1}{\phi}=\frac{(F/A)_{\text{理论}}}{(F/A)_{\text{实际}}}=\frac{\text{实际空气量}}{\text{理论空气量}}=\frac{\dot{m}_a}{\dot{m}_{a,s}} \tag{3.41}$$

燃料的燃烧根据空气过量系数 λ 的不同，有如下区分和假设利用：

① $\lambda>1$：稀混合气可以完全燃烧。

② $\lambda=1$：理论混合气可以完全燃烧。

③ $\lambda<1$ 浓混合气不能完全燃烧。

汽油机的理论空燃比 $(A/F)_s$ 为 14.7，虽然正常工作范围为 $12\leqslant(A/F)\leqslant 18$，最近开发了稀薄燃烧汽油机、直喷汽油机等，这些发动机的空燃比范围可以扩大到 40。柴油机的理论空燃比 $(A/F)_s$ 为 14.5，正常工作范围为 $18\leqslant(A/F)\leqslant 70$，所有工作范围在稀混合气状态使用。

3.1.3 发动机性能曲线

发动机性能曲线显示了发动机输出功率 $\dot{W}_e$、转速 n、转矩 T_e、净平均有效压力 $p_{m,s}$ 和燃料消耗率 b_e 之间的关系。

发动机输出功率 $\dot{W}_e$ 由前述的式（3.13）表示为

$$\dot{W}_e = \frac{2\pi n T_s}{60\times 1000} = \frac{T_e\omega}{1000} = \frac{p_{m,e}V_h niZ}{60}$$

首先，上式中转矩与输出功率之间的关系为

$$T_e \propto \dot{W}_e / n$$

转矩在理论上与输出功率成正比，与转速成反比，但如图 3-8a 所示，实际上在中转速 n_{tm}时达到最大。这是因为在中转速时进气时间较长，容积效率较好，燃烧可以达到最大压力所致。高转速时，进气门开启保持时间较短，致使容积效率降低，同时摩擦损失增加，并且燃烧速度与活塞速度不能协调，导致推动活塞的力量减少。低转速时，在进气行程中气流的惯性效果降低，致使容积效率降低，这些因素导致输出转矩比中转速时小。

其次，在上式中转矩与净平均有效压力之间的关系为

$$T_e \propto p_{m,e}V_h \tag{3.42}$$

发动机的转矩 T_e 与净平均有效压力 $p_{m,e}$成正比。因此，转矩和净平均有效压力相对转速 n 趋于相同的形态。

净平均有效压力 $p_{m,e}$与燃料消耗率 b_e 之间的关系，如同在式（3.23）中看到的 $b_e \propto 1/p_{m,e}$，成反比。以此，平均有效压力 $p_{m,e}$或转矩 T_e 达到最大的位置，在理论上表示燃料消耗率最低。转矩（或平均有效压力）最大的位置就是气缸内燃烧最佳的状态。但是，如图 3-8b 所示，实际发动机的最佳燃料消耗率出现在比最大转矩对应转速大的一侧。

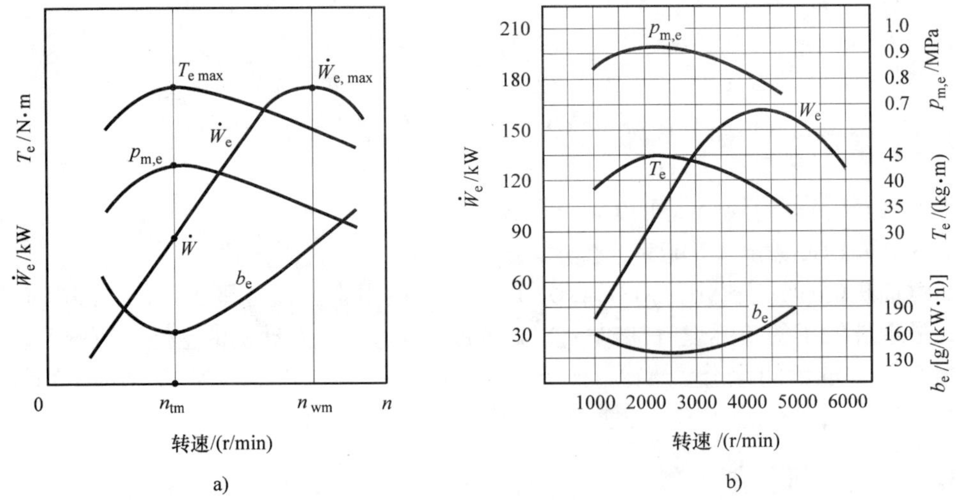

图 3-8　发动机性能曲线

净功率 $\dot{W}_e$ 与转矩 T_e 和转速 n 的乘积成正比。如图中显示，虽然随着转速的增大而增加，但到了高转速范围因摩擦损失增加和容积效率降低，在某一限度转速

n_{tm}以上其输出功率降低。在往复式内燃机中，此值定义为瞬间最大输出功率$\dot{W}_{e,max}$。

出现最大转矩T_e的转速n_{tm}与出现最大输出功率的转速n_{wm}不同，这意味着最大转矩$T_{e,max}$即平均有效压力最大的位置肯定不是出现最大输出功率$\dot{W}_{e,max}$的位置。对应发动机的负荷和应对负荷变化的不是最大输出功率（或转速），而是转矩（或平均有效压力），即以良好的燃烧状态来应对负荷条件。这说明，通常汽车的运行范围不是输出功率最大的位置，而是在对负荷和外部条件的应对相对较灵活的最大转矩$T_{e,max}$的转速n_{tm}和最大输出功率$\dot{W}_{e,max}$的转速n_{wm}之间。

发动机的转矩随空气燃料混合气的量和点火时刻的不同而会发生变化。发动机在实际设计时通常把出现最大转矩的转速设定在稍微低于2000r/min的位置。

3.2 指示线图的说明

发动机的实际循环是通过实际发动机的运行利用指示线图（或示功图）获得的。利用压力传感器测量相对于曲轴角度θ（或容积V）的气缸内压力，并通过信号放大器进行放大后，通过示波器或计算机输出得到。测量气缸内压力的装置称为压力计。发动机每一循环气缸内的压力都不同，因此通常采用300~500循环的平均值。一般情况下，指示线图有$p-\theta$线图、$p-V$线图和$p-t$线图。

一旦获得指示线图，不但可以推算出指示功、指示平均有效压力和指示热效率，还可以获得根据燃烧最大压力、点火延迟时刻、燃烧时期、曲轴角度的燃烧效率、热产生率等有用信息。因此，内燃机必须执行此项试验。

3.2.1 指示功和指示平均有效压力

一旦获得指示线图，通过直接测量闭合曲线内的面积，可以计算指示功W_i。指示线图如图3-9所示。

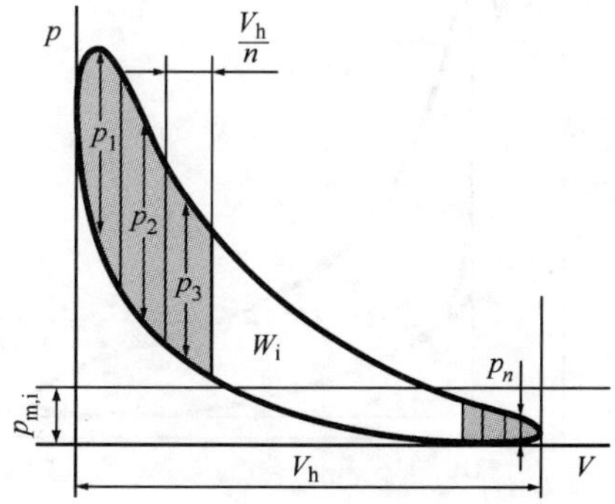

图3-9 指示线图

指示功的推算方法为，如图所示，把指示线图以一定的间隔分为很多微小的面积，并求出微小面积的高度（压力），把微小面积压力和容积的乘积相加得出指示功，即

$$W_i = \sum p_k \Delta V$$

式中，k为微小区间数。

指示平均有效压力$p_{m,i}$以指示功W_i除以工作容积V_h得出。

$$p_{m,i}=\frac{W_i}{V_h}$$

3.2.2 指示线图

（1）全负荷运行　图3-10所示为全负荷（WOT：节气门全开）条件下火花点火式发动机的$p-V$线图和$p-\theta$线图。在图中ab为进气行程，bc'为压缩行程，$c'yd$为膨胀（或做功）行程，da为排气行程。在进气行程ab中，因气体在进气系统中流动时有摩擦损失，因此进气压力显示低于大气压力。点火是少量混合气在放电火花作用下发生，点火时刻由压缩行程上止点（TDC）前的点x来决定。为了获得最大输出功率，必须测出最佳的点火时刻，这要通过试验测出。点火时刻如果比最佳点火时刻早，称为点火提前，如果比最佳点火时期迟，称为点火延迟。排气门在膨胀行程$c'yd$中下止点（BDC）前的z位置开启。从此时开始，废气减压排放直到其压力达到大气压力。当发动机转速增加时，点火时刻也随之提前，此时混合气的湍流（或燃烧速度）与发动机速度一起增加，因此指示线图与发动机速度无关，如图3-10所示。

点火时刻的点x越接近（延迟）上止点c，压缩行程所需的功越小。相反，燃烧最大压力的点y越接近上止点（TDC），膨胀行程（膨胀功）越大。在图3-10b所示的$p-\theta$线图中，xy的斜率表示了燃烧速度。如果xy为垂直线，说明不管燃烧状态如何，是在一定的容积条件下瞬间发生的。为了避免异常燃烧的发生，xy的最大斜率在2000～3000r/min时限制在250kPa/d（°）。每一循环中，即使在相同的条件下，因燃料－空气混合气的局部不均导致燃烧状态不同，因此$p-\theta$线图通常采用300～500循环的平均值。

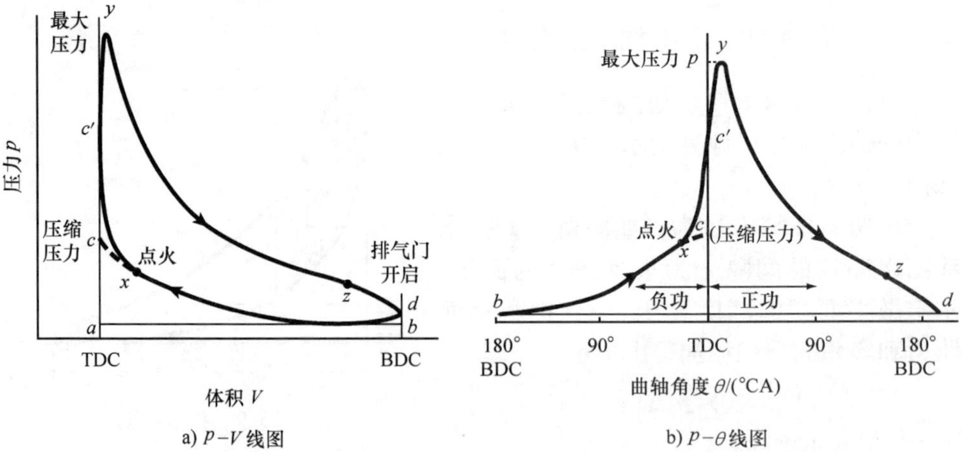

a) $p-V$线图　b) $p-\theta$线图

图3-10　全负荷条件下SI发动机的指示线图

（2）部分负荷运行　在汽油机上，为了部分负荷条件下的运行需要节气门。在部分负荷运行条件下的指示线图与全负荷条件下的指示线图有很大不同。如图3-11所示，图a为全负荷条件，图b为部分负荷条件。图中的下半部分为把上半部分 $p-V$ 线图中进气、排气行程放大显示的图。在全负荷条件下，进气行程 cd 的压力为大气压，但在部分负荷条件下，从图中可以看出，因节气门和进气门的节流损失，进气行程的压力低于大气压力。假设在指示线图中把4个冲程用4个面积进行解释。首先，因膨胀行程（膨胀功）为面积 $meabn$，压缩行程（压缩功）为面积 $medn$，因此净功（W_{net}）为面积 $A+C$，此面积为每一循环所做的功。其次，因排气行程（排出功）为面积 $mcbn$，进气行程（进气功）为面积 $mcdn$，因此发动机在进气和排气时所做的泵气功为面积 $B+C$。有效功为 $A+C$，泵气功为 $B+C$，面积 C 部分要抵消。在很多情况下定义为，面积 A 为有效功，面积 B 为泵气功（进气、排气损失功）。因此，发动机的输出功率与面积 A 减去面积 B 的值成正比。这与式（3.6）的说明一致。

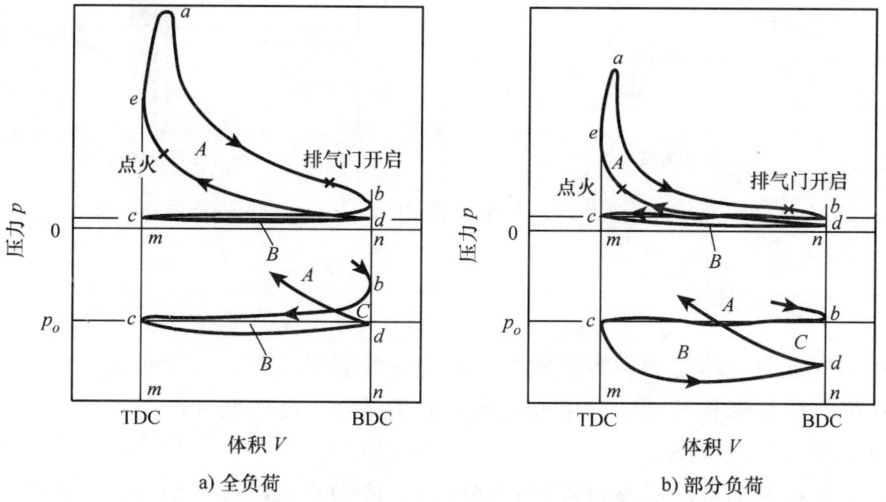

图3-11　全负荷与部分负荷 $p-V$ 线图比较

指示线图不仅表示了燃烧特性，还表示了气门正时和流动面积设计得是否合理。如果排气门过早开启，气体的膨胀力减小，如果过晚开启，会因排气行程中过高的压力使泵气功增大。另外，如果进气门过早开启，废气会逆流到进气系统中；如果过晚开启，泵气功会增大。

（3）爆燃和 $p-t$ 线图　现在分析一下汽油机的正常燃烧和异常燃烧（爆燃）时的 $p-t$ 线图。图3-12a所示为正常燃烧，图3-12b所示为弱爆燃（异常燃烧）发生的状态。在 $p-t$ 线图的各点（时间）测量的曲线斜率（压力上升率）表示在 $p-t$ 线图的下边。把这线图称为压力上升率-时间线图（$\mathrm{d}p/\mathrm{d}t-t$）。在压力上升率-时间线图中，最大斜率出现在燃烧最大压力出现之前，在最大压力位置斜率为0。

当发动机发生弱爆燃时，从图b的$p-t$线图中可以看出，燃烧室内的压力波形显示少量的振动。但是，如$\mathrm{d}p/\mathrm{d}t-t$线图中所示，大斜率正值以大负值持续变化，较乱地放大显示。由此，利用压力上升率-时间线图可以很容易判断爆燃发生与否。

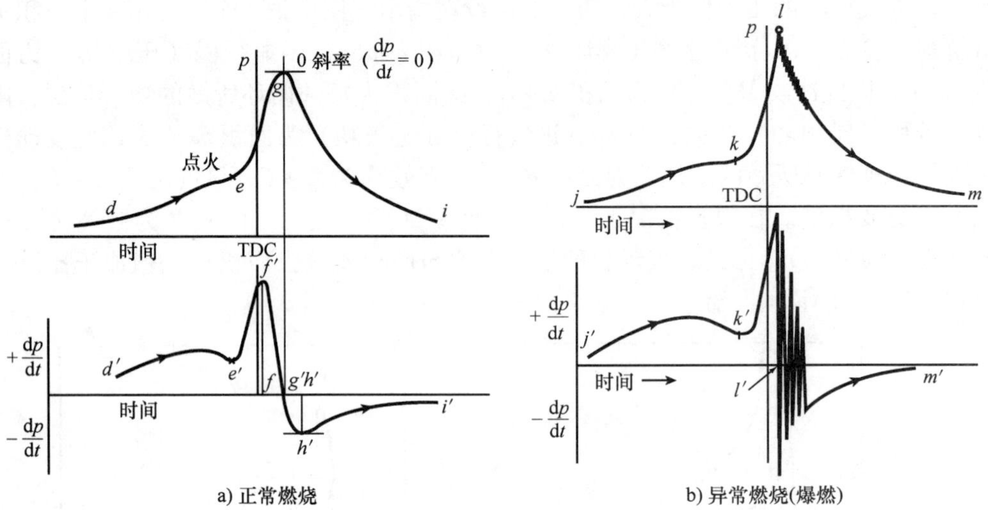

图3-12　正常燃烧和异常燃烧时的压力上升率-时间线图

3.2.3　多变指数

得出气缸内气体压力和容积数据，并把此数据显示在对数-对数坐标中，可以得出压缩行程和膨胀行程中的多变指数。如果已知多变指数n的值，可以知道气缸内气体热量的出入状态。

理论上把发动机的压缩过程和膨胀过程假设为绝热过程。但是，实际发动机在压缩过程和膨胀过程中，气缸内气体和周围气缸壁之间有温差，会发生传热现象，因此不是绝热过程。当有传热现象时，把气体状态变化称为多变状态，表示为

$$pV^n = C$$

式中，把两边取对数，有

$$\log p + n\log V = 常数$$

在这里，获取压缩（或膨胀）过程的两点状态，即状态1（p_1，V_1）和状态2（p_2，V_2）代入到上式中，有

$$\log p_1 + n\log V_1 = \log p_2 + n\log V_2$$

$$n = \frac{\log p_1 - \log p_2}{\log V_2 - \log V_1} = \tan\alpha \qquad (3.43)$$

此时，把正确的 p，V 数据显示在对数 - 对数坐标（纵轴为 $\log p$，横轴为 $\log V$）中，压缩过程和膨胀过程基本上显示为平衡直线，其斜率为多变指数。图 3-13 所示为做功的试验结果。图 3-13a 为四冲程火花点火（SI）发动机，图 3-13b 为二冲程压缩点火（CI）发动机。

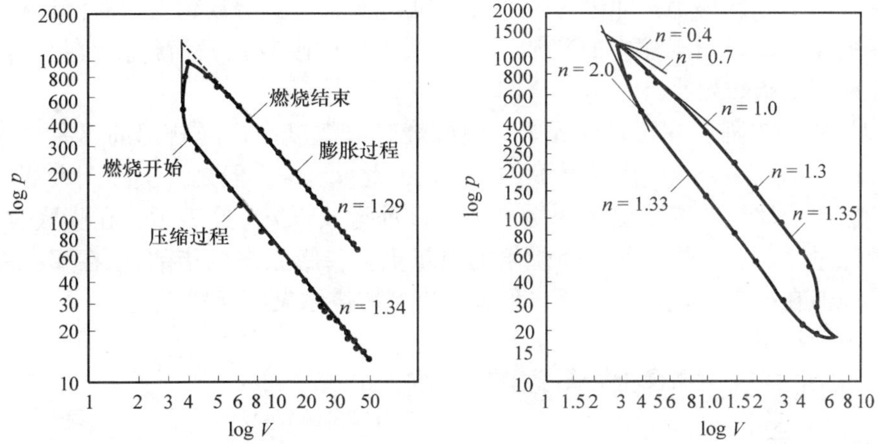

a) SI 发动机　　b) CI 发动机

图 3-13　$\log p - \log V$ 线图

在 $\log p - \log V$ 线图中，燃烧开始点 A 处于脱离直线压缩过程线的位置。这是因为在燃烧作用下供给热量使 n 值发生变化导致的。可以看出，CI 发动机膨胀过程的 n 值为 1.3，比 SI 发动机的 1.29 大。这是因为，CI 发动机在膨胀过程中的燃烧生成物较少的原因。另外，CI 发动机在膨胀过程期间 n 值为 1.0、1.3、1.35 持续增加，这表示在膨胀过程期间持续发生燃烧。因此，在 $\log p - \log V$ 线图中可以获得持续燃烧的相关信息。

其次，要看一下多变指数 n 与工质供给热量 δQ 之间的关系。因关系式推导过程较复杂，仅显示其结果为

$$\frac{\delta Q}{\mathrm{d}V} = \frac{c_V p}{R}(\kappa - n) \tag{3.44}$$

式中，右边 $c_V p/R$ 总是正（+），因此多变指数 n 与比热比 κ 之间的关系（差）由 $\delta Q/\mathrm{d}V$ 的值为正（+）或负（-）来决定。

（1）压缩过程　即便是压缩过程，在压缩过程初期和压缩过程末期的多变指数不同。这是因为，通常进入到气缸内的燃料空气混合气（或空气）的温度比气缸温度低，直到压缩过程的中期从气缸和残留废气中接受热量，使 $\delta Q/\mathrm{d}V < 0$，但到了压缩过程的后期因温度上升，会通过气缸向外部放热，使 $\delta Q/\mathrm{d}V > 0$。即，压缩过程的多变指数 n_e，在压缩过程前半部分为 $n_c > \kappa$，在后半部分为 $n_c < \kappa$。这种现象在压缩比高的柴油机中更为显著。

虽然多变指数 n 由气缸内气体与气缸壁之间的热量传递的大小来决定，但还受到压缩比、转速、发动机的种类和气缸尺寸等参数的影响。

对于压缩多变指数 n_C 来说，压缩比越大，与气缸之间的温差更大，压缩多变指数越小；转速越高，热损失越少，压缩多变指数越大。另外，对柴油机来说，燃烧室与表面积之比越小，即越为大型发动机，压缩多变指数越大；对汽油机来说，虽然压缩比小，但因压缩中的汽油蒸发时从空气中吸收蒸发潜热，因此混合气越浓，压缩多变指数越小。

（2）膨胀过程　在膨胀过程中，因燃烧气体温度高，与外部的温差更大，进而大量向外部放热，$\delta Q/\mathrm{d}V$ 值为负（-），因此 $n_e > \kappa$。但是，实际上大部分发动机的膨胀曲线比绝热变化更为缓慢下降，显示为 $n_e < \kappa$。这表示，在膨胀过程中，比起放热量，在后燃烧作用下所供给的热量更多。膨胀多变指数 n_e 在膨胀冲程初期变小，但在持续燃烧作用下逐步增大，直到燃烧结束后保持一定。

3.3　发动机性能影响因素的影响

发动机性能（输出功率、燃料消耗率等）受到很多要素的影响，大体可以分为发动机设计因素、运行条件和环境因素。其中运行条件对发动机的性能带来最大的影响。

3.3.1　设计因素

1. 压缩比

图 3-14 所示为实际发动机中压缩比对发动机指示热效率的影响。运行条件为，理论空燃比下几乎没有泵气损失的全负荷状态。在图中同时显示了空气标准循环和燃料-空气循环的理论热效率。在压缩比相同的条件下，实际循环热效率为燃料-空气循环的 75% ~85%。可以看出，虽然热效率随压缩比的增大而同时增加，但其增加的幅度随压缩比越大而减小。

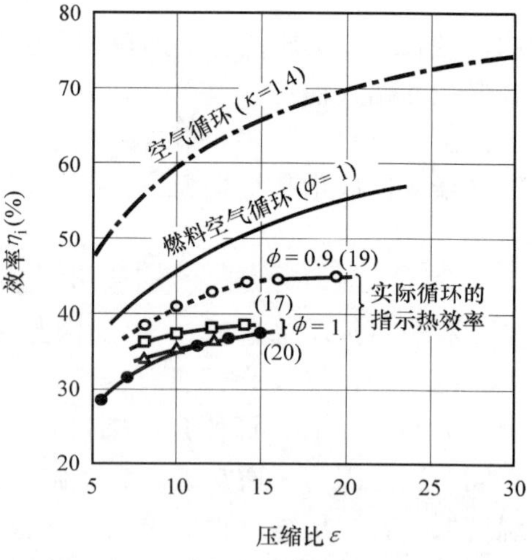

图 3-14　实际发动机的指示热效率

2. 气缸直径与行程比

根据式（3.25a），活塞比功率与平均有效压力 $p_{m,e}$ 和活塞平均速度 $v_{p,m}$ 的乘积成正比，因其活塞平均速度 $v_{p,m}$ 在相

同的工作容积 V_h 下随行程 S 的不同而不一样，因此有必要考虑冲程 S 的影响。行程 S 在发动机设计中成为唯一的变数。对此有必要进一步进行探讨。

气缸内径 B 与冲程 S 之间的比值，即 R_{sb}（$=S/B$）的选择与发动机性能息息相关，因此在发动机设计因素中非常重要。如果采用大 R_{sb} 值，只能采用小型气缸内径，气缸内径小必然会导致气门面积 A_v（或气门孔直径 d_v）减小。还有，R_{sb} 与影响输出功率的活塞摩擦力，即侧压（侧向推力：Side thrust）F_n 也有关联。

活塞往复运动时的转矩，参考图 3-15 所示的活塞 - 曲柄机构，有

$$F_n\,\overline{OB}=F\,\overline{OH}=M$$

由此可知

$$\frac{F_n}{\overline{OH}}=\frac{F}{\overline{OB}}$$

如果各运动转矩 M 相同，$\overline{OB}$（活塞与曲轴之间的距离）会影响 F_n。这表示气门直径 d_V 与侧压 F_n 在几何学上相互有关联。

下面对 R_{sb} 与压缩比之间的关系进行探讨。压缩比越大，燃烧室的几何学形状越平整，使燃烧室表面积与容积比越大。这表示，当发动机的工作容积 V_h 一定时，对比长行程发动机，短冲程发动机的气缸内径大，因此行程越短其发动机表面积越大，热损失越大。活塞的热负荷与活塞头部受到的热量成正比，另外活塞面积与活塞直径 B 的平方成正比，因此越是行程短的发动机，其活塞头部的温度越高。从图 3-16 中可以看出，行程越短，随 R_{sb}（$=S/B$）传递到气缸、活塞的热量比率越大。

下边对随燃烧室表面积与容积比 ψ（$=A/V$）的传热量进行探讨。气缸容积为燃烧室容积与工作容积之和。在此，利用燃烧室容积（与活塞的位置无关）相关的表面积与容积之比进行探讨。燃烧室容积相关的气缸盖与活塞之间的距离 x 可以利用压缩比 ε 以下式进行推算：

$$\varepsilon=\frac{V_c+V_h}{V_c}=1+\frac{V_h}{V_c}$$

$$\varepsilon-1=\frac{V_h}{V_c}=\frac{\frac{\pi}{4}B^2S}{\frac{\pi}{4}B^2x}=\frac{S}{x}$$

$$\therefore x=\frac{S}{\varepsilon-1}$$

燃烧室表面积与容积比 ψ 为

$$\psi=\frac{\text{燃烧室表面积}}{\text{燃烧室容积}} \tag{3.45}$$

$$=\frac{2\times\frac{\pi}{4}B^2+\pi Bx}{V_c}=\frac{2\times\frac{\pi}{4}B^2+\frac{\pi BS}{\varepsilon-1}}{\frac{\pi}{4}B^2S\left(\frac{1}{\varepsilon-1}\right)}=\frac{2\ (\varepsilon-1)}{S}+\frac{4}{B}$$

根据气缸直径与行程比 $R_{sb}=S/B$，式（3.45）可以表示为

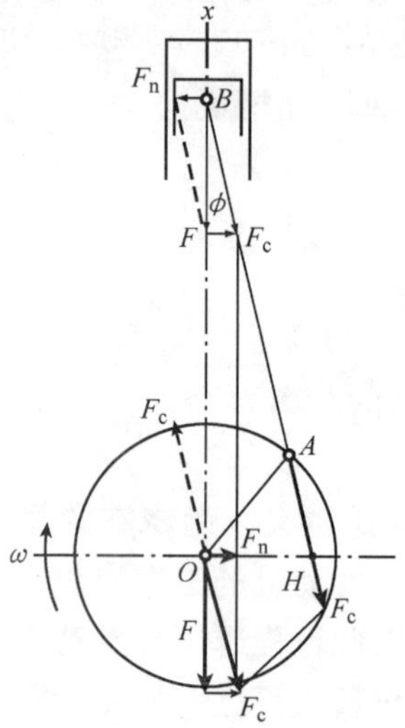

图 3-15　活塞－曲柄机构力的关系

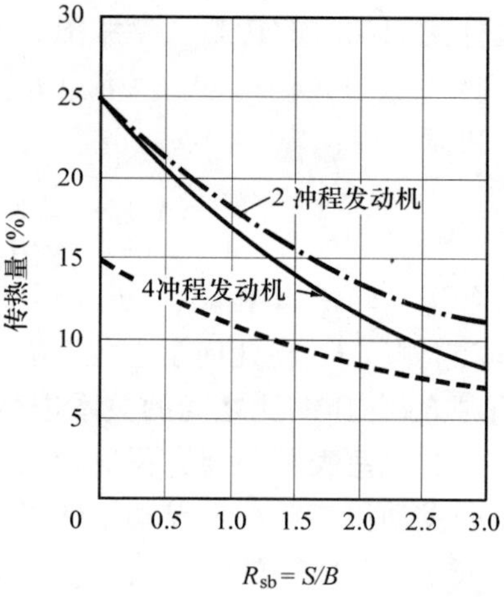

图 3-16　发动机的传热量比较

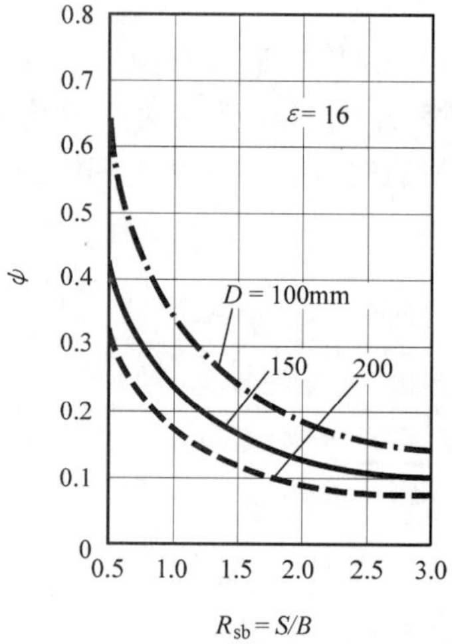

图 3-17　压缩比一定时 ψ 与 R_{sb}之间关系

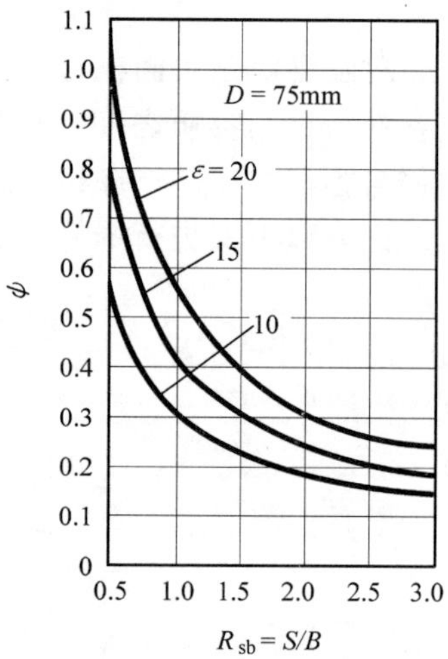

图 3-18　气缸直径一定时 ψ 与 R_{sb}之间关系

$$\psi=\frac{1}{B}\left\{\frac{2(\varepsilon-1)}{R_{sb}}+4\right\}\tag{3.46}$$

根据式（3.46），ψ、R_{sb}、B 和 ε 之间的关系如图 3-17 和图 3-18 所示。即，

当压缩比 ε 一定时，气缸直径 B 越大，燃烧室表面积与容积比 ψ 越小。当气缸内径 B 一定时，压缩比 ε 越大，R_{sb}越大。

更可以看出，当压缩比 ε 和气缸内径 B 一定时，R_{sb}越小，燃烧室表面积与容积比 ψ 越大。因此，可以得出对于左右热传递的 ψ 值来说存在最佳的 R_{sb}。对于此关系，图 3-19 显示了通过试验得出的柴油机的此关系曲线。从图中可以看出，当转速一定时，R_{sb}越大，净平均有效压力越大。这表示减少了同等量的冷却损失。

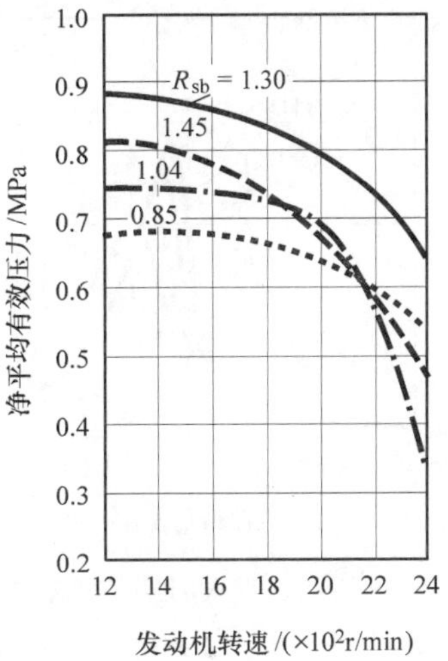

图 3-19　V_h 一定，R_{sb}变化时的性能

3.3.2　运行条件

点火时刻（或喷射时刻）、混合气组成和转速对发动机的性能有很大的影响。

1. 点火时刻

图 3-20 所示为随点火时刻变化气缸内压力的变化率。试验条件为，转速为 2000r/min，处在全负荷状态，进气量和空燃比相同。如图显示，通常，点火时刻越提前，气缸内最高压力越大，最高压力的位置也越接近上止点（TDC）。

在理论上，气体的燃烧在上止点位置一定容积下进行，使压力波形垂直急升，这对于最大输出功率和效率具有良好的作用。但是，需要 40～60°CA 燃烧时间的实际发动机来说，如果点火时刻过早，因压缩功增加，会导致输出功率反而降低。因点火时刻过早或过晚，都要降低发动机的输出功率，因此存在能获得最大输出功率的点火时刻。图 3-21 显示了此关系。最佳点火时刻（MBT）为获得最大输出功率的点火时刻，随转速、负荷等运行条件的变化而改变，因此根据运行条件有必要适当进行控制。

发动机的最佳点火时刻（MBT）越是在低速 - 高负荷条件下越要延迟，越是在高速 - 低负荷条件下越要提前。这是因为，在气体急剧燃烧开始之前，从点火开始到热产生时点需要着火延迟时间，此着火延迟时间与发动机的转速没有关联的原因。因为，转速越快，每曲轴角度所需的时间越短，这就需要相对于着火延迟时间所需的曲轴角度就越大，因此需要点火时刻越要提前。对于燃烧时间所需的曲轴角度，发动机转速越快，气缸内混合气的湍流越强，因而燃烧速度增加，相反地发动机在低负荷状态混合气进入量减少，残留废气量比率增加，因而燃烧速度降低。在这两个相反现象的作用下，即使高转速，相对于曲轴角度的燃烧时间（热产生时间）几乎是一定的。

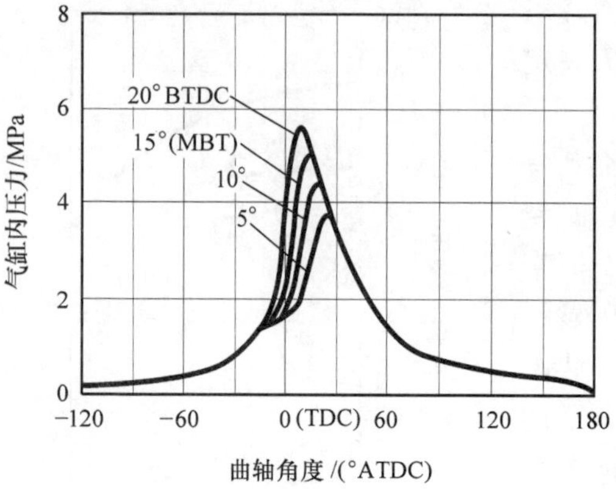

图3-20　点火时期和气缸内压力

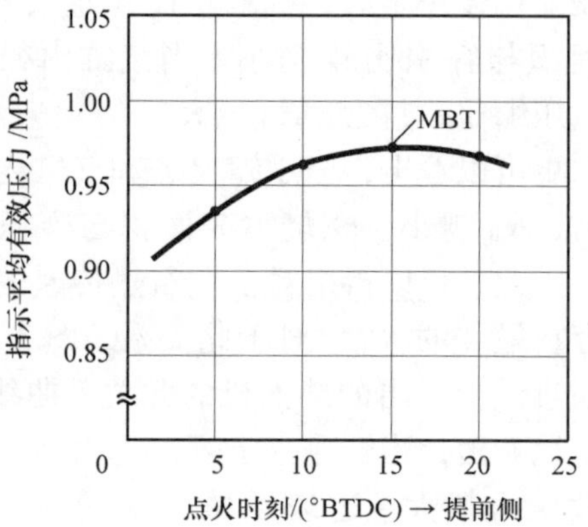

图3-21　点火时期对平均有效压力的影响

2. 混合气的组成

（1）空燃比　SI 发动机的输出功率与进气量成正比，因此空燃比肯定是影响发动机性能的因素。图3-22显示了在全负荷（WOT）状态空燃比（或空气过量系数）对净平均有效压力 $p_{m,e}$ 和净指示燃料消耗率 b_e 的影响。平均有效压力 $p_{m,e}$ 在比理论空燃比 $(A/F)_s=14.7$ 更为浓厚混合比的位置达到最大，燃料消耗率 b_e 在稀混合气则显示良好的状态。

这是因为，因工质热分解的影响下，最高燃烧温度出现在比理论空燃比更为浓厚的混合比侧，还因CO的生成使分子数（摩尔数）增加导致平均有效压力出现在比理论空燃比10%以上浓厚的混合比侧。但是，因浓混合比的混合气中空气不足，不能完全燃烧，燃料消耗率会不良。另一方面，在稀混合比状态，因燃烧温度低冷却损失小，还因工质气体组成的变化使比热比增加等原因，循环越接近空气循环，热效率和燃料消耗率都有提高。与此相反，如果混合气的浓度进一步稀薄，因燃烧速度降低，燃烧变动增大，以及平均有效压力和机械效率降低等原因，净指示燃料消耗率反而会恶化。

汽油机在转速和输出功率一定的部分负荷稀混合比运行条件下，与理论空燃比状态相比，对于相同空气量的平均有效压力降低量，同等量增大节气门的开度。因此，与全负荷状态相比较，稀混合气运行条件下的泵气损失减小，因稀混合比的燃料消耗率会大有改善。

稀混合比运行虽然能有效降低燃料消耗率，但因燃烧速度降低，燃烧变动会增大。为此，提高稀薄燃烧速度、即缩短燃烧时间、抑制燃烧变动极为重要。对此，稀薄燃烧汽油机或直喷汽油机等目前采取通过涡流强化气体的湍流，以及分层充气燃烧等方法逐步实现。图3-23所示为稀薄燃烧发动机在2000r/min、39.2N·m的部分负荷条件下的空燃比对转矩的影响状态。通过湍流的强化抑制燃烧变动，可以把空燃比增大到接近稀薄燃烧界限。

（2）EGR　废气再循环（EGR）是为了通过燃烧减少排放废气中的氮氢化物（NO_x），把一部分排放废气重新引入到进气进行再循环的方法。NO_x生成的主要原因为，因气缸内的燃烧温度高，致使空气中的氧气（O_2）和氮气（N_2）化合反应生成的。因此，在进气中利用废气中非活性化比率较高的 CO_2 或 H_2O 等降低燃烧温度，进而降低 NO_x的生成量。

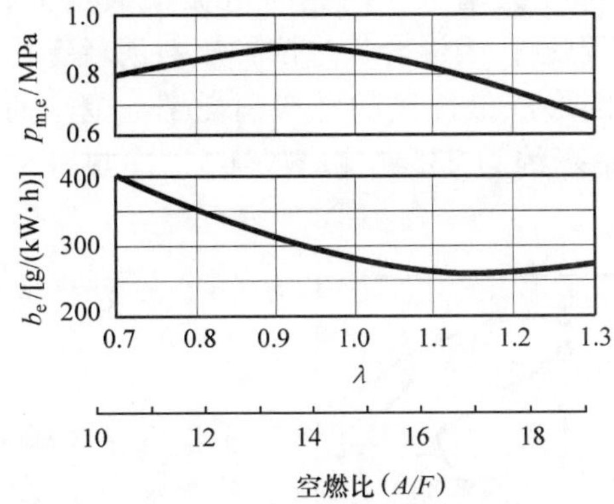

图 3-22　全负荷条件空燃比的影响

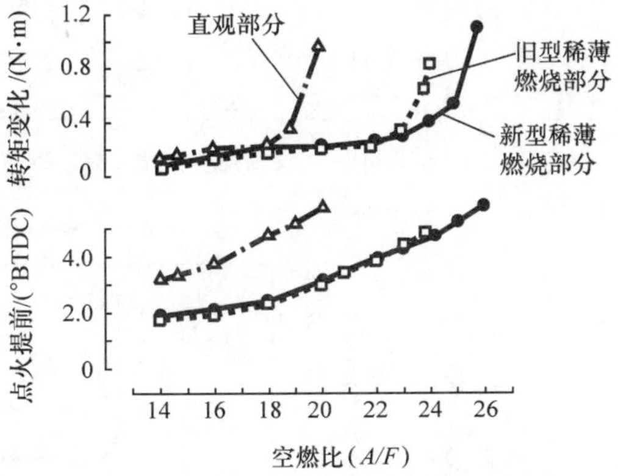

图 3-23　部分负荷条件空燃比的影响

与空燃比稀薄燃烧状态相同，EGR 也会出现两个截然相反的效果，即通过泵气损失和冷却损失的降低而带来的燃料消耗率的减少，和因燃烧温度和燃烧速度降低导致燃烧变动增大而带来的燃料消耗率的增大。因此，EGR 与燃料消耗率之间的关系随发动机燃烧稳定性的变化而改变。图 3-24 所示为 EGR 对燃料消耗率的影响。如图所示，对于条件 C 的情况而言，在多点点火和进气门屏蔽罩作用下湍流强度增强，使燃烧时间短的发动机 EGR 率达到 20% ~30% 可以持续减少燃料消耗率。但是，对于条件 A 的情况而言，在湍流强度弱、偏心单点点火发动机中 EGR 的作用下燃料消耗率会进一步恶化。

	火花塞	火花塞屏蔽
A	a	无
B	a	有
C	a&b	有

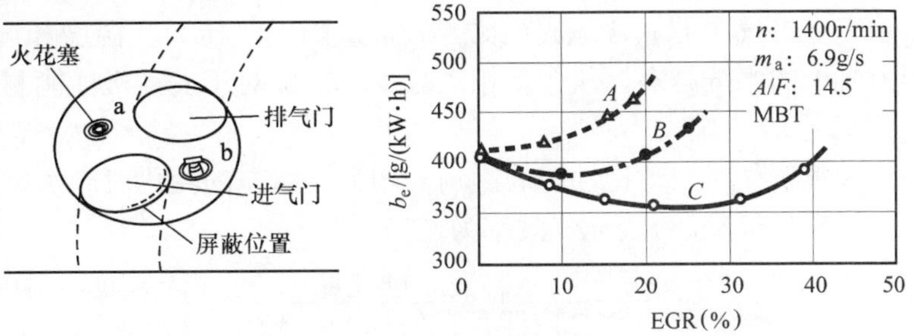

图 3-24　EGR 对燃料消耗率的影响

3. 转速

根据式（3.13）和图 3-8 发动机性能曲线，可以看出发动机的输出功率 $\dot{W}_e$（kW）

与转速 n 成正比。在发动机运转但不对外做功的怠速（无负荷）状态，指示功率与机械损失相互平衡，发动机所产生的功全部转换为机械摩擦损失。怠速运转条件设定为，发动机能对应自身摩擦损失而不会停止的最小燃料供给状态。这表示，在怠速状态影响燃料消耗量的因素有摩擦损失、气门重叠和发动机转速。

图3-25所示为DOHC 4气门 2.0L汽油机的等燃料消耗率曲线。在相同的负荷（净平均有效压力）条件下，因低速时冷却损失增大，高速时机械损失增大，因此其燃料消耗率比中速范围恶化。在全负荷附近，因混合气过浓，燃料消耗率也会恶化。如图3-25所示，在中速–高负荷范围形成最优良的燃料消耗率范围。通过试验获得此发动机的最优良净指示燃料消耗率约为235g/（kW·h），净热效率约为35%。

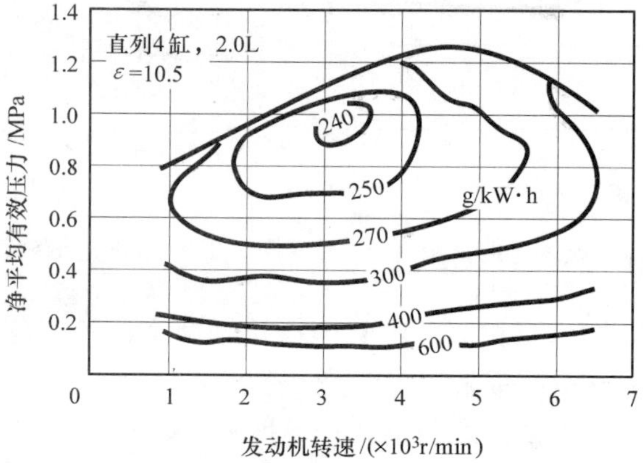

图3-25　4气门汽油机的等燃料消耗率曲线

3.3.3　环境因素

影响发动机性能的环境因素为大气温度、湿度和大气压力。通常，汽油机的输出功率与进气中的氧含量成正比，氧含量随大气压力、温度和湿度的变化而改变。因大气中的水分越多，氧含量相对减少，因此对于发动机性能测试，规定在标准大气状态下进行。

大气条件对发动机性能的影响，用大气状态的变化对充气效率的影响来进行评价。根据式（3.28），充气效率为

$$\eta_c = \frac{\text{实际进气量}}{\text{气缸内能存在的标准状态空气量}} = \frac{m_a}{m_{a,n}} = \frac{\rho V_h}{\rho_n v_h}$$

式中，$m_{a,n}$为标准状态（大气压力 $p_n = 101.325\text{kPa}$、温度 $t_n = 20°\text{C}$、相对湿度60%、水蒸气分压力 $p_v = 1.4\text{kPa}$）；V_h 为工作容积；m_a 为在实际大气状态 p、T 下工作容积所占有的空气质量；下标 n 表示标准状态。

表示发动机进气能力的充气效率 η_c 与容积效率 η_v 之间的关系以密度比进行表

示（式 3.29），适用理想气体状态式 $\rho = p/RI$ 可以推导出下述密度比的推算式：

$$\eta_c = \eta_v \frac{\rho}{\rho_n} = \eta_v \frac{T_n}{T} \frac{p - p_v}{p_n - p_{nv}}$$

式中，p_n 为标准大气压力；p_{nv} 为标准状态水蒸气分压力；T_n 为标准状态温度；p，T，p_v 分别为任意大气状态的压力、温度和水蒸气分压力。在式中代入标准状态的值，可得

$$\eta_c = \eta_v \frac{293.15}{T} \frac{p - p_v}{99.945} = 2.933\eta_v \frac{p - p_v}{T} \quad (3.47)$$

式中，大气温度 T、大气压力 p 和水蒸气分压力 p_v 随大气条件的改变而变化。如果忽略水蒸气分压力 p_v，且大气条件为标准状态，即 $p = p_n$、$T = T_n$，就可以得出 $\eta_c = \eta_v$，利用容积效率 η_v 可以计算气缸内的空气质量。但是，当大气中的湿度高时，自然水蒸气分压力 p_v 就大，在发动机进气中，与水蒸气相当量的氧气不能参与燃烧，导致输出功率会降低。

3.4 发动机的能量平衡

发动机能量平衡说明的是，假设供给到发动机中的燃料完全燃烧所获得的发热量为 100%，那么分配到各个部分的能量有多少。通常，供给热量分配为净指示功、冷却损失、排气损失和摩擦损失。发动机的能量平衡在热效率最大的附近大体与表 3-5 类似。

表 3-5　汽油机和柴油机的能量平衡（在热效率最大附件检测值）

	净指示功	冷却损失	排气损失	摩擦损失
汽油机	30%	30%	33%	7%
柴油机	38%	27%	25%	10%

3.4.1 净指示功

净指示功（制动功、轴功、有效功）与净热效率相关，净指示功的比率随负荷的变化而改变。图 3-26 所示为汽油机根据净平均有效压力（负荷）计算的能量平衡例子。净平均有效压力较大的情况为，接近如上坡等全负荷运行的状态。能量转换比例为，在低负荷条件下，如净平均有效压力为 0.2MPa 时，冷却损失约为 45%，大于净指示功 20% 的 2.5 倍，冷却损失占据了最大的比例。另

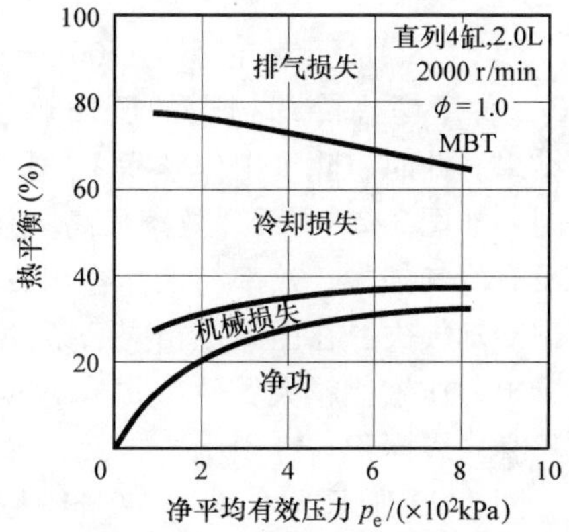

图 3-26　汽车汽油机的能量平衡

外，越是低负荷状态，在节流作用下，进气的摩擦损失（或进气－排气损失）越大。能量平衡方面，随着负荷的增加，冷却损失和摩擦损失所占的比例减小，而排气损失和净指示功所占的比例增加。可以看出，在最大负荷状态，净指示功的比例超过了30%。

接近空气标准循环的柴油机中，因燃烧温度低，热损失小，净指示功约为38%。柴油机的摩擦损失变化小，在低负荷条件下，净指示功所占的比例大于汽油机的20%。

3.4.2 冷却损失

冷却损失为通过气缸套、气缸盖、排气口和排气歧管向外放出的热量损失。其中，通过排气歧管的损失最小，通过发动机冷却液的冷却损失最大。

通常在节温器开启时，通过冷却液损失的热量根据发动机内循环的冷却液量、发动机冷却液通道进口和出口的温度，利用下式进行推算。

$$Q_c = \dot{m}_w c_w (T_{out} - T_{in}) \tag{3.48}$$

式中，Q_c 为冷却损失（kW）；$\dot{m}_w$ 为冷却液流速（kg/s）；c_w 为冷却液比热[kg/(kg·K)]，T_{in}为冷却液进口温度K；T_{out}为冷却液出口温度K。

图3-27所示为发动机各部位的冷却液损失影响率。各部位损失分别为，排气口39%、气缸套37%、气缸盖24%。排气口放热比率较大的原因是，在排气过程中气门附近的气体流速可以达到接近声速的速度，因此热量传递率较高。通过气缸套放出的热量中，包括活塞与气缸套之间的摩擦热，把此热量除外的仅燃烧气体放出的热量占全部冷却损失的25%左右。

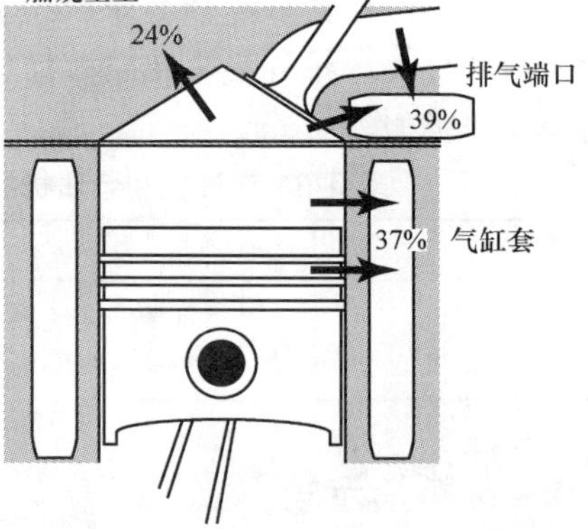

图3-27 发动机冷却损失的影响率

图3-28所示为在 $n = 1500$r/min、$\Phi = 1.0$ 条件下考虑冷却损失的循环热效率的模拟结果。此时，除了工作容积 V_h 外其他条件相同。如图3-28所示，效率最高的点线为燃料－空气循环。在燃料－空气循环中，因没有冷却损失，效率与工作容积或转速无关，仅与压缩比和空燃比有关，但如果考虑冷却损失，在压缩比相同的条件下，工作容积越小，其热效率越低。另外，还能看出，压缩比越大，效率提高程度越小。这是因为，工作容积越小，燃烧室的 A/V 值（表面积与容积比）越大，导致冷却损失比率越大。

图3-29所示为在 $V_h = 375$mL、$\varepsilon = 9.0$、$\phi = 1.0$ 条件下，对影响供给热量 Q_f 与压缩过程、膨胀过程中的冷却损失 Q_c 之比值（Q_c/Q_f）的转速和充气效率，通

过数字模型解释其影响度的结果。这与在实际发动机中改变转速和负荷时的冷却损失比率相对应。如图 3-29 所示，冷却损失比例在低速 - 低负荷时以 22% 为最大，越到高速 - 高负荷状态越小，可以减小到 12%。这是因为，越是低速，每一循环所需的时间越长，冷却损失会增加，并且越是低负荷，供给热量越小，但冷却面积不变，因此损失比例增加。

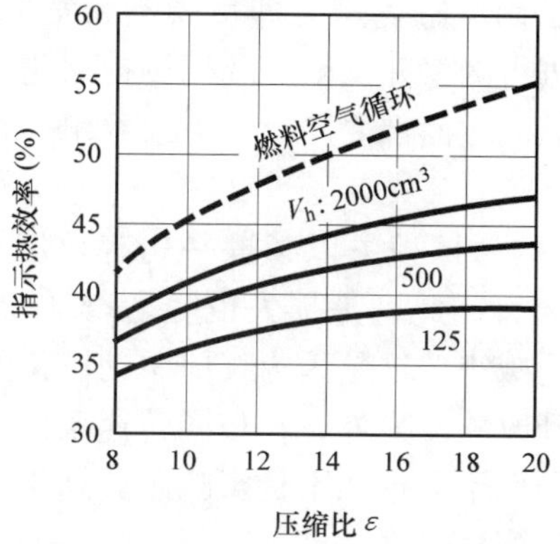

图 3-28 考虑冷却损失的循环热效率

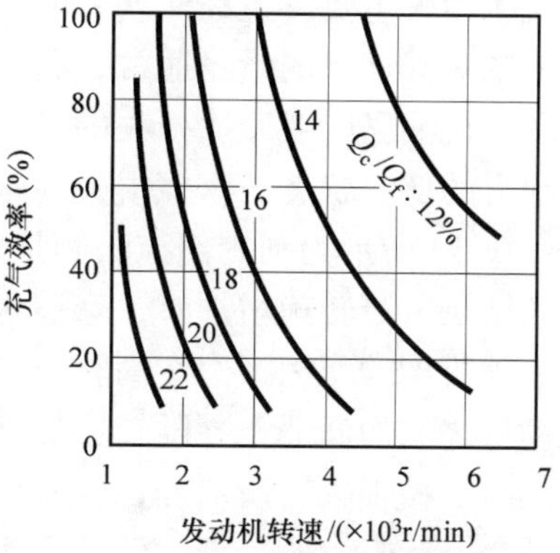

图 3-29 随转速和负荷的冷却损失比率

如上所述，在转速和负荷相同的条件下，工作容积越小，还有即使在同一发动机上其运行状态越是低速 - 低负荷状态，冷却损失（或冷却损失比率）就越大。由此可知，实际循环的热效率低于燃料 - 空气循环，同样指示热效率也会低。

人们一直在研究冷却损失的降低方法，有一段时间展开了对绝热发动机的研究。如在上面已进行了说明，在冷却损失中通过气缸套放出的热量为供给热量的 $0.3\times0.25=0.075$，即约为 7.5%。即使发动机完全绝热，冷却放热量不会全部转换为功，而显示为燃烧气体能量的增大，以柴油机为对象考虑了很多绝热的方法，但其燃油消耗率仅降低 6% 左右。现在得知，因绝热带来的燃油消耗率的改善程度很低，并且作为绝热材料研究的陶瓷材料不能保证其加工性和可靠性，因此目前对绝热发动机的研究处于停滞不前的状态。

3.4.3 摩擦损失

摩擦损失为机械损失、泵气损失和辅助装置驱动所消耗功的总和。消耗在摩擦损失上的动力称为摩擦动力，是计算机械效率 η_m 的基准。

摩擦损失包括：

① 活塞环、曲轴轴承、气门驱动机构等的机械损失。

② 泵气损失（进气 - 排气损失）。

③ 驱动辅助装置（冷却水泵、燃料泵、冷却风扇、机油泵、发电机、空调压缩机等）所需的动力。

最近生产的汽车发动机的机械损失和泵气损失会有所减少，但驱动辅助装置所需的动力趋于增加的趋势。对于用摩擦损失度量指标的机械效率来说，在活塞环等运动部件惯性力降低的作用下，摩擦损失相对减少，因此机械效率可以达到85% ~90% 。

1. 机械损失

机械损失主要发生在活塞－曲柄机构中，因气缸内压力即负荷不断发生变化，因此很难对其进行测量。通常，利用倒拖法进行测量并比较。利用倒拖法测量的数据显示，机油黏度对摩擦损失的影响比任何其他方面都要严重，可以看出，在机油黏度很大的低温状态，摩擦损失大幅度增加。

图 3-30 所示为利用倒拖法测量的汽油机的摩擦损失以摩擦平均有效压力 $p_{m,f}$ 表现的结果。当转速增加时，摩擦也随之加大，因此摩擦损失也随之增加。但是，气门驱动机构的摩擦损失在高转速领域中反而减小，这是因为气门驱动机构的凸轮与从动件之间的润滑条件随转速的增加而得到改善。另外，在相同转速条件下，负荷增加时机械损失有所增加，但看成基本相同也不会带来不良影响。其结果净热效率在低负荷状态急剧降低，到了无负荷状态达到 0。

2. 泵气损失

泵气损失是把混合气吸入到气缸内，并把燃烧废气排出到气缸外而消耗的损失功，在理论循环中不考虑此损失。如图 3-30 所示，在摩擦损失中泵气损失所占的比例与发动机转速无关，约为 40% 。

图 3-31 所示为为了说明泵气损失的净平均有效压力 $p_{m,e}$ 与指示热效率 η_i 之间的关系。图中 η_i 和 η'_i 分别为考虑泵气损失的指示热效率和没有考虑泵气损失的指示热效率，与此所对应的指示平均有效压力为 $p_{m,i}$ 和 $p'_{m,i}$。$p_{m,f}$ 为缘于摩擦损失动力的摩擦平均有效压力。图中两个指示效率之差，即 $\eta'_i-\eta_i$ 表示泵气损失。可以

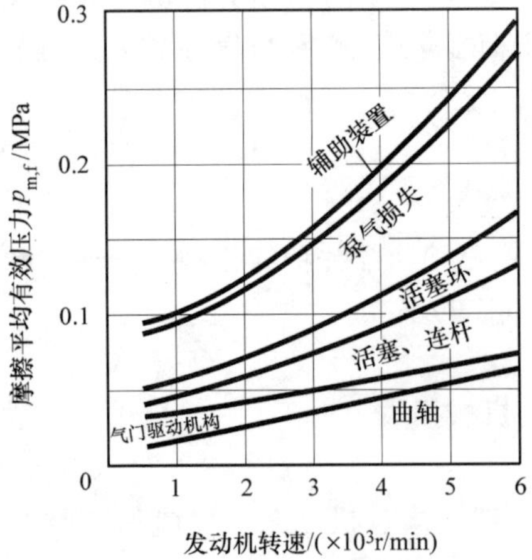

图 3-30　汽油机的摩擦损失

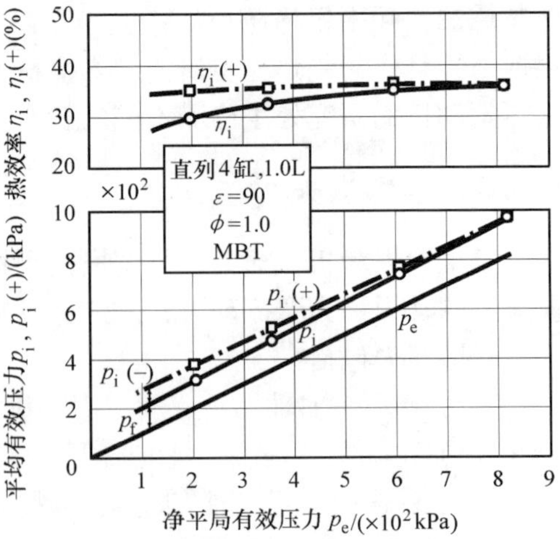

图 3-31　泵气损失和指示热效率

看出，没有考虑泵气损失的指示热效率 η_i' 随净平均有效压力（或负荷）的变化而受到的影响非常小。但是，因为随负荷（或净平均有效压力）降低，泵气损失增大，所以考虑了泵气损失的指示热效率 η_i 会降低。与此所对应的指示平均有效压力和摩擦平均有效压力的大小可以在图 3-32 中看出。

图 3-32 所示为随转速和负荷的指示热效率 η_i 和净热效率 η_e 及两者之比的机械效率 η_m 的变化。可以看出，负荷越大，泵气损失越小，转速越高，冷却损失越小，因此指示热效率 η_i 在低速 - 低负荷侧低，在高速 - 高负荷侧高。机械效率 η_m 在越是低速 - 高负荷状态越高，越是高速 - 低负荷状态越小。以 η_i 和 η_m 乘积表示的净热效率 η_e 受到转速的影响较少，几乎仅为负荷的函数，因此具有在低负荷状态低、在高负荷状态高的特性。

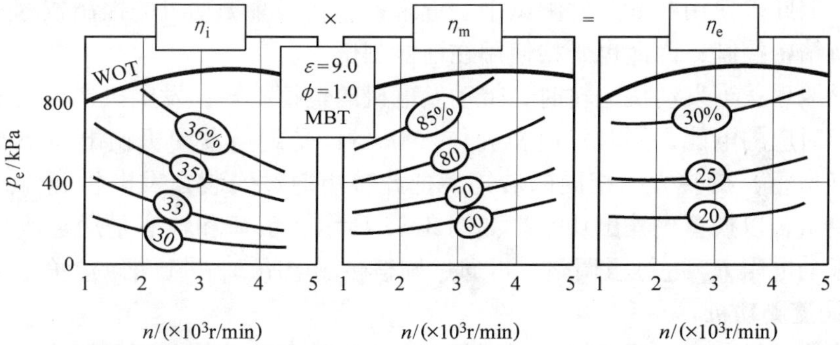

图 3-32　随转速和负荷变化的指示热效率、净热效率和机械效率

3. 辅助装置驱动损失

发动机上安装使用的辅助装置有水泵、机油泵、燃料泵、动力转向泵、冷却风扇、发电机、空调压缩机等。这些辅助装置都由发动机的输出功率驱动，因此把这些辅助装置的驱动力视为损失。

最近，汽车上配备的以发动机为主的动力传动系统、悬架系统、制动系统、智能系统等所有部分均为电控部件，导致辅助装置的驱动损失要素趋于增大。

3.5　发动机性能试验

汽车发动机的动力输出性能通常以性能曲线或性能表的形式发布。对于发动机的动力输出性能或效率，各个国家按照自己所规定的内燃机性能试验方法测试得出，如韩国的 KS（韩国工业标准）、日本的 JIS（日本工业标准）、美国的 SAE（美国汽车工程师协会）、德国的 DIN（德国工业标准）等。

3.5.1　测功机

发动机的净输出功率（制动功、轴功）$\dot{W}_e$ 如在式（3.13b）中所显示的，如

果已知轴转矩 T_e 和转速 n 就可以计算得出。测功机是在发动机转速一定的条件下，检测发动机的负荷即转矩，以此计算出输出功率的装置。

测功机的类型很多，有以电力方式吸收负荷的电力测功机、利用水的搅拌阻力的水力测功机等，目前主要使用精密度较高的直流测功机、涡流测功机，以及集直流和涡流优点为一体的交流测功机。

1. 直流测功机

直流测功机为集直流发电机和电动机为一体的结构，具备了既能吸收发动机的输出功率，又能强制驱动发动机的特性。相反，涡流测功机没有驱动功能，只能单纯地吸收发动机的输出功率。直流测功机比涡流测功机具备更为精密的控制特性，因此多使用在性能测试中。与直流测功机相比，涡流测功机因构造比较简单，价格较便宜，因此多使用在耐久性测试中。近来，随着涡流测功机的控制技术发展，已经能执行精密控制，因此也开始使用在性能测试中。

测量原理：当发动机运转时，带动发电机的电枢旋转，发电机产生与发动机输出功率相对应的电能，同时发电机壳体（铁心）受到与发动机输出功率相对应并与转子（电枢）旋转方向相同的转矩，把此转矩通过安装在发电机壳体上的盘和秤进行测量，以换算出输出功率。如图 3-33 所示，负荷和转速是通过改变转子电路上的起动电阻 R_A 进行粗调整，再通过调整磁场电阻 R_F 进行细调整的。

2. 涡流测功机

涡流测功机与直流测功机不同，仅具备吸收能量的功能，不具备驱动功能。涡流测功机的测量原理与直流测功机基本相同，涡流测功机根据能量的吸收方式不同，可分为多种类。

图 3-34 所示为涡流测功机的基本形态。转矩测量原理为，在壳体上固定的环状励磁线圈的作用下形成点线箭头方向的磁路，由于内部齿轮形状的转子旋转并切

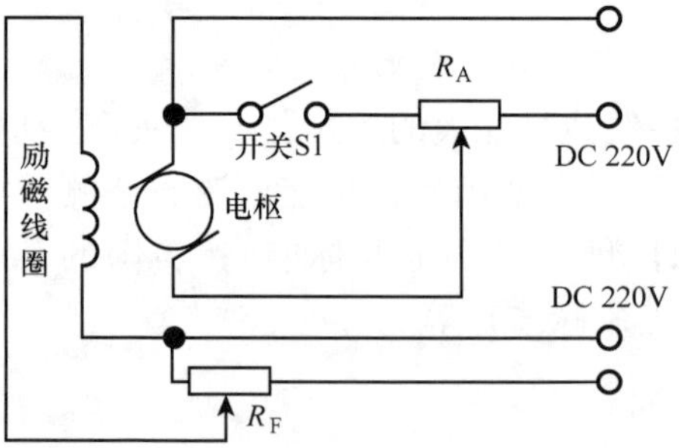

图 3-33 电力测功机接线图

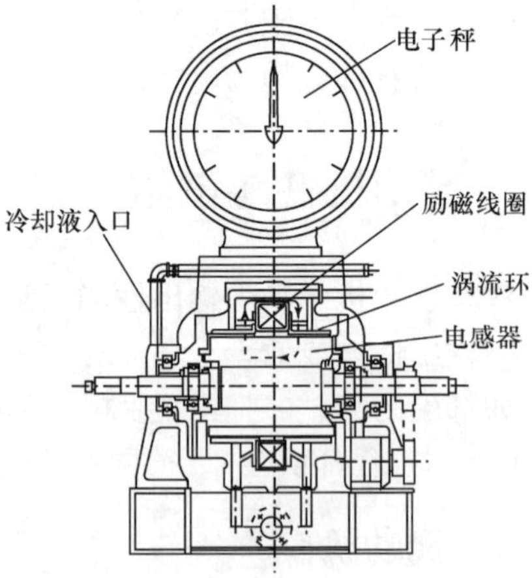

图 3-34 涡流测功机

断磁路，磁密值发生周期性发生变化，在涡流环上产生电动势，因此涡流流动，并在此涡流的作用下产生制动力矩。此时，制动力矩转换为热能，并通过在壳体内部流动的冷却液进行散热。涡流测功机虽不能用作电动机，但能以较低的电流控制转矩（制动力）。

3. 发动机动力测量方法

直流测功机通过控制磁通和电流（或电压），涡流测功机通过控制磁通来控制转速和转矩。在测功机上配套有转速调节器和转矩调节器，但这两种调节器不能同时使用，仅能选择使用其中一个。因此，用测功机仅能控制转速或者转矩中的一个，剩余部分由发动机进行控制。

测功机利用电力控制转速或者转矩，发动机利用节气门的调节控制转速或者转矩。从控制特性方面来说，测功机的控制比利用发动机节气门的控制更为精密和稳定。

通常，测量发动机动力时，测功机控制发动机的转速，发动机通过节气门控制转矩。此时，测功机控制发动机始终保持在一定的转速（与发动机的转矩无关）。利用电位器控制节气门的开度。即，利用电位器控制节气门的角度在符合基准电压的位置。比起手动调节节气门的方法，这种电控调节方法具有节气门开度调节准确和稳定的特性。当节气门开度变化时，发动机的进气量也同时发生变化，因此发动机的输出转矩也随之发生变化。所有发动机运行条件的变化（空燃比、点火时刻、喷射时刻等）都以转矩的变化来表现。在节气门全开（WOT）运行和部分负荷运行等所有测试中均采用此方法。

3.5.2　压力计

压力计是测量并记录发动机气缸内的压力 p 和容积 V（或时间 t、曲轴角度 θ），并以指示线图（或压力线图）进行显示的装置。指示平均有效压力或指示功率为通过指示线图推算的值。指示功率与净（轴功）输出功率之比可以表示摩擦动力或机械效率。更为重要的是，利用指示线图可以发现气缸内燃烧状态和爆燃状态，也可以推算出发动机的最佳运行条件。

往复式内燃机中，燃烧最高压力可以达到 10MPa 左右，转速也很高，尤其是每个循环气体温度最高到 2800K 发生很大的变化。因此，对于气缸内压力的测量，无延迟无变化地进行正确的测量是非常困难的。

从压力计的发展史看，最初使用的是，通过螺旋弹簧或薄铁片膜的变形测量气体压力的机械式压力计，此后使用了以电信号测量压力变化的电气式压力计，目前仍然使用当中。此外，还有压力平衡式压力计。

1. 电气式压力计

电气式压力计是把气体压力的变化通过图 3-35 所示的方法进行检测的装置。图 3-35a 所示为检测随间隙 s 的变化而改变的线圈电感的变化量，图 3-35b 所示为用张力计检测水压膜上的压力变化，图 3-35c 所示为作用在水压膜上的力（压力）

压缩电致伸缩元件（水晶需要量多）所产生的压电电压，这些方法是把压力的变化量转换为电压信号进行检测的。电气式压力计容易受到高温燃烧气体的温度影响，所以供给冷却液进行冷却，以此避免温度的影响。图 3-35d 为对温度的影响进行补偿而不使用冷却液的压电式压力传感器。目前，多采用图 d 的类型。

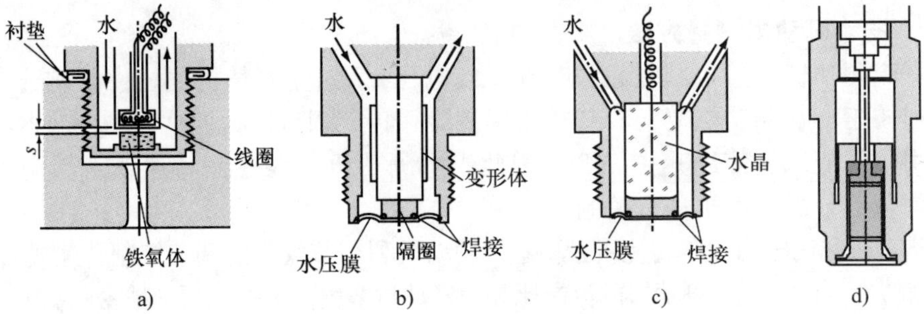

图 3-35　电气式压力传感器

2. 压力平衡式压力计

压力平衡式压力计有范堡罗式压力计，如图 3-36 显示。此压力计的优点是，不受电气式压力传感器缺陷（温度）的影响，可以利用在发动机的热特性分析等。

这种形式的工作原理为，平衡阀的一侧作用着气缸压力，另一侧作用着空气压力（储气罐）P_r，使阀的两侧力量平衡。在平衡的瞬间，通过转换器在与曲轴同步旋转的记录鼓 S 上以点的方式进行记录。另外，当压力平衡阀失去平衡时，一方面平衡阀会移动，在初级电路上产生微量的电流，并通过感应线圈转换为高电压，另一方面空气压力 p_r 发生变化，使活塞 P 上下移动，并使电压发生变化，把此两者合并的值（平衡失去值）记录在记录鼓 S 上。

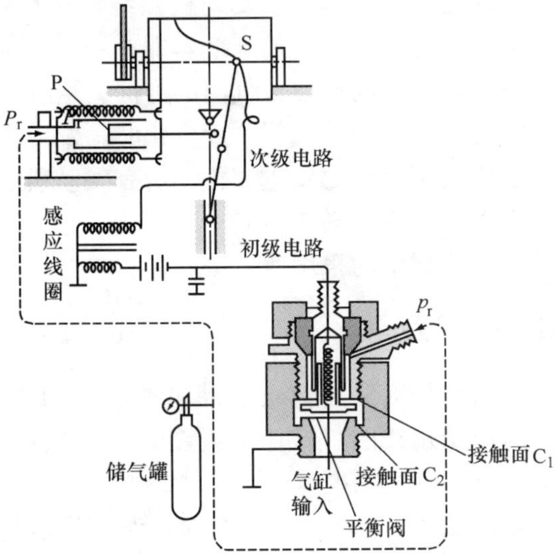

图 3-36　范堡罗式压力计

此方法在高速条件下也能获得准确的值，尤其是能获得230mm × 360mm 大小的压力线图，但不适合于如爆燃等振动现象的测试方面。

3.5.3　性能试验

内燃机的性能试验项目见表 3-6，如图 3-37 所示为试验装置的概略图。性能试验需要空气流量和燃料量检测装置。此外，还需要发动机转速、点火时刻和节气门开度调节器，以及检测冷却液流量、各种温度、压力和湿度的装置。

往复式发动机的进气、排气和爆发为间歇进行的。因此，当空气进入时，会发生脉动现象，为了消除空气脉动的影响，需要配置有进气缓冲器。进气缓冲器一侧为用橡胶材料制作的一定容积的容器，其容积一般为工作容积的150~200倍。进气流量通常在进气缓冲器的空气入口设置喷嘴进行测量。如果在进气缓冲器入口需要设置空气管，注意不要因空气管影响其惯性效果。在进气缓冲器与发动机之间最好用宽而短的大直径空气管连接。

表3-6　内燃机性能试验测量项目

		测量项目
试验前	大气	温度、压力、湿度
	燃料	密度、低热值、辛烷值或十六烷值
	润滑油	密度、动态黏度
试验中	空燃比 负荷	节气门开度或喷射泵打开角度 燃料消耗量、进气温度、进气系统压力、进气量 冷却液入口温度、出口温度 机油温度、机油压力 转速、测功机负荷 点火或喷射时刻
	冷却损失热量、燃烧特性	冷却液流量、机油消耗量（循环量）、排气成分
	记录特殊事项	爆燃或振动音，气体、机油、冷却液等泄漏
试验后		发动机各部位的检查

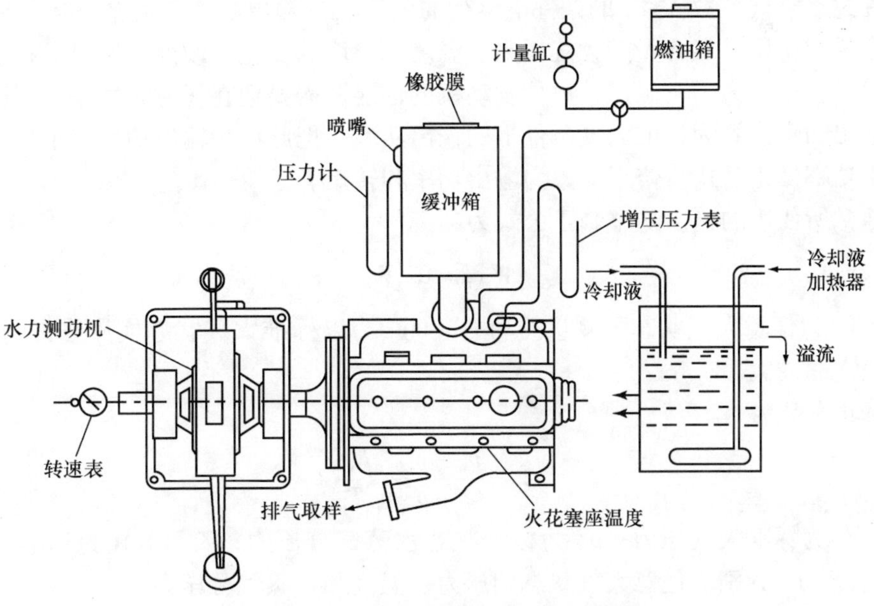

图3-37　发动机性能试验装置的配置举例

排气系统也同样需要注意：如果进气系统压力的下降程度大，需要在进气口前设置送风机，使进气系统的压力达到大气压力。水冷式发动机要同时控制冷却液入口和出口温度，在试验中尽可能保持一定的温度。为此，需要散热器的加热和冷却装置。加热器用电热线较便利，冷却要用冷却液循环较好。

1. 试验环境的测量

测量试验室的大气环境条件，即测量大气压力、干球温度、湿球温度。湿度以干球温度和湿球温度进行计算。

2. 性能试验

全负荷性能试验的基本概念就是试验条件要面向输出功率的极大化。这表示，当空燃比和点火时刻相关 LBT（输出功率最大的最佳空燃比）、MBT（输出转矩最大的最佳点火时刻）、DBL（爆燃发生前的点火时期）等已经获得，在空气过量系数 $\lambda \leqslant 1$ 的运行条件下仅由进气量决定输出功率。在空气过量系数 $\lambda > 1$ 条件下运行的稀薄燃烧发动机、直喷汽油机或柴油机来说，其输出功率仅由供给的燃料喷射量决定。这是因为通过燃料量的调节控制负荷所致。

在这里，LBT 具有如下意义：如果能完全燃烧，达到理论空燃比时发热量最大，以此产生最大转矩。但实际上在过量空气系数 $\lambda = 0.9$ 左右的浓混合气时产生最大转矩。其原因为，在高温条件下，会发生燃烧生成物 CO_2、H_2O 的热分解。因此，LBT 实际为在浓混合气中能输出最大输出功率的最稀薄的空燃比。

全负荷性能中最重要的数据是输出功率或转矩。所以应关注输出功率的正确测量，以及对其修正影响要素的测量。对其修正方面的标准有 SAE、JIS、DIN 等。

3. 输出功率的修正

在过量空气系数 $\lambda \leqslant 1$ 的条件下运行的内燃机的输出功率，通常与进气中包含的氧含量成正比，氧含量随大气压力、温度、湿度的变化而改变。所以，在发动机认证等试验中，为了正确比较评价发动机的性能，需要把在任意大气条件下试验得出的输出功率换算为标准大气条件下的输出功率。把此称为输出功率修正，为此需要输出功率修正公式。修正对象为输出功率和转矩。

通常所使用的输出功率修正公式为

$$\dot{W}_{e,n} = C_F \dot{W}_e \tag{3.49}$$

式中，$\dot{W}_e$为任意大气状态下测量的动力；$\dot{W}_{e,n}$为以标准大气状态换算修正的动力；C_F 为修正系数。

修正系数为

$$C_F = \frac{p_n - p_{nv}}{p - p_v}\sqrt{\frac{T}{T_n}} \tag{3.50}$$

式中，p_n 为标准大气压力；p_{nv} 为标准状态水蒸气分压力；T_n（K）为标准状态温度；p、T、p_v 分别为任意大气状态的压力、温度和水蒸气分压力。

式（3.50）的理论根据为，指示功率$\dot{W}_i$与任意状态下的进气质量流量率$\dot{m}_a$成正比，空气的质量流量率计算基础为$\dot{m}_a \propto p/\sqrt{T}$。把任意状态（$p$，$T$，$p_v$）进气的干空气质量和标准状态进气的空气质量相互比较，即$\dot{m}_{a,n}/\dot{m}_a$，标准状态的干空气分压为$p_n - p_{nv}$，任意状态的干空气分压为$p - p_v$，因此可以推导出式（3.50）。

输出功率修正公式的缺陷是，修正系数为标准状态的函数，汽油机和柴油机的标准状态各有不同，并且各国家的规定都有所不同。尤其是，从净功率与指示功率之间的关系$\dot{W}_e = \eta_m \dot{W}_i$可以看出，机械效率$\eta_m$对其有影响，但修正系数没有包含机械效率$\eta_m$的影响。即，没有包含机械效率的影响，表示假设机械效率为一定。也有一些国家在修正系数中考虑了机械效率。

（1）SAE修正　SAE输出功率修正的特征是考虑了摩擦损失。考虑摩擦损失的原因是，在气缸中测量的指示功率（或压力）为净功率与摩擦输出功率之和。即，以$\dot{W}_i = \dot{W}_e + \dot{W}_f$来进行定义，因此对于指示功率要考虑摩擦损失。可以说此方法是最符合原则的方法。

SAE的标准状态为大气压力99.47kPa（29.38inHg、746.3mmHg），大气温度29.4℃（85℉），这与约152m（500ft）海拔的条件相当。此时，水蒸气分压力为1.3kPa（0.38inHg、9.7mmHg）。把上述数值代入到式（3.50），可以推导出下述SAE修正系数：

$$C_F = \frac{98.18}{p - p_v}\sqrt{\frac{T}{302.6}} \tag{3.51}$$

式中，p、T分别为测量发动机性能时的大气压力（kPa）和进气温度（K）；p_v为水蒸气分压力（kPa）。

SAE输出功率的修正包含了摩擦损失动力$\dot{W}_f$，输出功率修正式为

$$\dot{W}_{e,n} = C_F\left(\dot{W}_e + \dot{W}_f\right) - \dot{W}_f \tag{3.52}$$

式中，$\dot{W}_{e,n}$为以标准状态修正的输出功率；$\dot{W}_e$为测量的输出功率；$\dot{W}_f$为测量的摩擦功率。

摩擦功率原则上应利用强制驱动发动机测量出的摩擦力矩值来计算，但在不便于测量摩擦力矩的状态，假设发动机总输出功率的15%为摩擦功率、85%为净输出功率进行计算。以此摩擦损失比例为$\dot{W}_f/\dot{W}_e = 15/85 = 0.18$，即$\dot{W}_f = 0.18\dot{W}_e$，把此值代入式（3.52），可知修正的标准状态输出功率为

$$\dot{W}_{e,n} = 1.18C_F\dot{W}_e - 0.18\dot{W}_e \tag{3.53}$$

在SAE发动机试验法中，有测量总输出功率与和净输出功率两种方法。总输出功率为在发动机能运行的最少数量附件状态进行试验获得的输出功率，是安装有飞轮、燃料泵、机油泵，没有安装空气滤清器、冷却风扇、散热器和排气消声器等

部件的状态。净输出功率为在发动机运行所必要的所有部附件安装状态进行试验获得的输出功率。此状态与在生产线生产的发动机状态相同，是安装了空气滤清器、冷却风扇、散热器和排气消声器等所有部件的状态。

（2）JIS 修正　JIS 修正以标准状态的干空气大气压力 99kPa（743mmHg）和大气温度 25℃为基准。JIS 修正的修正系数 C'_F 与式（3.52）稍微不同，为

$$C'_F = \left(\frac{99}{p - p_v}\right)^{1.2}\left(\frac{T}{298}\right)^{0.6} \tag{3.54}$$

式中，p、p_v、T 分别为发动机性能试验时的大气压力、水蒸气分压力和进气温度。

输出功率修正式为

$$\dot{W}_{e,n} = C'_F \dot{W}_e \tag{3.55}$$

（3）DIN 修正　DIN 输出功率修正的特征为，没有包含空气中湿度（湿蒸气）的影响，以标准状态的大气压力 101.325kPa 和大气温度 20℃为基准。把此值代入到式（3.50），DIN 的修正系数为

$$C_F = \frac{101.325}{p}\sqrt{\frac{T}{293.15}} \tag{3.56}$$

式中，p、T 分别为性能试验时的周围大气压力（kPa）和进气温度（K）。

输出功率修正式与式（3.49）相同，即

$$\dot{W}_{e,n} = C_F \dot{W}_e$$

DIN 发动机性能试验条件与 SAE 发动机净输出功率测量的方法相同，在发动机的空气滤清器、冷却风扇、散热器和排气消声器等所有部件安装的状态下进行试验。

4. 湿度技术

在发动机性能试验中，为了计算干空气重量，有必要测量大气中的水蒸气分压力（或湿度）。湿度值不仅使用在输出功率的计算中，还在 NO_x 排放量计算中也有需要。在韩国，随着季节的不同湿度的变化很大，因此修正系数 C_F 在 0.6～1.2 范围内变化很大。

相对湿度 ϕ 定义为，在此温度条件下实际空气中包含的蒸气压（水蒸气量）p_{db} 与在空气中能最大包含的蒸气压（或蒸气量）p_v 之比。首先，饱和水蒸气压力根据干球温度 T_d 与湿球温度 T_v 为

$$p_{db} = \exp\left(-12.150799\ln T_d + \sum_{k=1}^{10} C_d(k) T_d^{k-3}\right)$$

$$p_{vb} = \exp\left(-12.150799\ln T_v + \sum_{k=1}^{10} C_d(k) T_v^{k-3}\right)$$

式中，p_{db}（Pa）为在干球温度 T_d（K）下的饱和水蒸气压力；p_{vb}（Pa）为在湿球温度 T_v（K）下的饱和水蒸气压力（Pa）。

$$C_d(1) = -8499.22,\quad C_d(2) = -7423.1865$$
$$C_d(3) = 96.1635147,\quad C_d(4) = 0.024917646$$
$$C_d(5) = -1.3160119\times10^{-5},\quad C_d(6) = -1.1460454\times10^{-8}$$
$$C_d(7) = 2.1701289\times10^{-11},\quad C_d(8) = -3.610258\times10^{-15}$$
$$C_d(9) = 3.8504519\times10^{-18},\quad C_d(10) = -1.4317\times10^{-21}$$

实际蒸气压 p_v（kPa）利用费雷尔式如下进行计算：

$$p_v = [p_{vb} - 0.00066\times(T_d - T_v)]\times p_a\times1000$$
$$\times[1+0.00115\times(T_v - 273.15))]\div1000$$

因相对湿度 $\phi(\%)$ 为在此温度条件下实际空气中包含的蒸气压 p_v 与在空气中能最大包含的蒸气压 p_{db} 之比，计算如下：

$$\phi = \frac{p_v}{p_{db}}\times100 \tag{3.57}$$

练　习　题

1. 气缸内径为 32cm、活塞行程为 38cm 的 6 气缸四冲程发动机转速 600r/min 时的输出功率为 960kW。请求出此发动机的（a）转矩；（b）净指示平均有效压力；（c）机械效率为 87% 时的指示平均有效压力。

2. 把产生热量的 38% 转换为功的柴油机，发热量为 $H_l = 4.25\times10^4$kJ/kg 的柴油燃烧效率为 98% 时，1kW/h 所消耗的燃料量为多少？

3. 海拔为 2000m（$p_e = 79.4$kPa），温度为 250K 时产生 540kW 输出功率的柴油机，在 $p_o =$ 101.3kPa、$T_a = 300$K 时的输出功率为多少？

4. 利用臂长为 600mm 的测功机进行汽油机性能试验的结果，在转速为 2400r/min、制动负荷为 4.8kg 的状态下，2min 消耗了 70g 燃料。求出（a）轴功率、（b）燃料消耗率、（c）净热效率。已知汽油的发热量为 $H_l = 4.6\times10^4$kJ/kg。

5. 压缩比为 $\varepsilon = 14$，容积比为 $\rho = 2$ 的柴油机，每小时消耗 50kg 燃料，输出指示功率 250kW，轴功率 200kW。燃料的发热量为 $H_l = 4.3\times10^4$kJ/kg 时，求出（a）指示热效率；（b）净热效率；（c）线图系数；（d）机械效率。已知 $\kappa = 1.4$。

6. 某类型发动机 1h 消耗汽油 1kg，输出 2.2kW 功率。净热效率为多少？

7. 四冲程发动机在工作容积 250mL、转速 6500r/min 时净平均有效压力为 560kPa。净功率为多少？

8. 一旦确定燃料，燃料消耗率就与净热效率之间具有恒定关系。如果燃料的发热量为 $H_L =$ 4.4×10^4kJ/kg，净热效率为 30%，燃料消耗率为多少？

9. 8 气缸发动机的净功率为 72kW。如果停止 1 个气缸的点火，输出功率为 60kW。假设各气缸的指示功率相同，求出发动机的摩擦动力。此方法称为模态法。

10. N 公司的 L20 型汽车用四冲程汽油机的规格如下。气缸数：直列 6 缸，压缩比为 $\varepsilon = 10$，直径 × 行程为 78mm × 69.7mm，总排气量为 1998mL，最大输出功率为 85kW/5600r/min，最大转矩为 162N · m/3600r/min。此发动机的（a）输出最大功率时的净平均有效压力为多少？（b）输出最大转矩时的输出功率为多少？

11. 船舶用直列 9 气缸二冲程柴油机的气缸内径为 750mm，活塞行程为 1500mm，轴功率为 7400kW/1209r/min，每小时燃料消耗量为 1720kg。燃料为柴油，发热量为 $H_l = 4.3 \times 10^4 \mathrm{kJ/kg}$ 时，净平均有效压力、燃料消耗率、净热效率为多少？

12. 净功率 110kW 的发动机机械效率为 80%，每小时燃料消耗量为 50kg。对此发动机进行改进，摩擦损失减小了 5kW，但指示热效率还是相同。改进后发动机的每小时燃料消耗量减小了多少？

13. 指示热效率 28% 的发动机摩擦动力为 13.2kW/1500r/min 和 38kW/2500r/min。如果在这两个转速下此发动机的净功率为 52kW，燃料的发热量为 $H_l = 4.4 \times 10^4 \mathrm{kJ/kg}$，则两个转速状态下的燃料消耗率为多少？

第4章　燃料和燃烧

4.1　燃料

燃料有固体、液体和气体，在内燃机中主要使用石油类液体燃料和气体燃料。作为最初的汽车，蒸汽机汽车（外燃机）使用固体燃料——煤炭。除此之外，有代替燃料天然气（CNG）、乙醇等。汽车用燃料与环境、能源安全性、经济性等方面具有很深的关联。从保护环境角度来说，以前主要注重于城市大气污染的改善方面，近年来上升到地球环境的改善上，人们强烈要求有效降低地球温室气体二氧化碳（CO_2）的排放量。因此，代替燃料和燃料电池等新动力源的开发已提上日程。

4.1.1　原油的精制

在内燃机中使用的汽油、煤油、柴油、重油为石油类液体燃料，这些燃料是将集聚在地下油田中的天然原油（或石油）分馏或通过化学工业分解和合成所制造的。这些燃料由数十种碳氢化合物分子混合组成，各种燃料的特性值如沸点、冰点等不是固定不变的。因此，燃料的品质不是由燃料的固有值决定的，应以基准条件来判定其品质。

1. 产品和分馏比率

产地不同，即使在同一地区，原油也根据油层的不同，具有不同的物理、化学性质。原油的精制过程为，把原油装入蒸馏塔中，在常压状态下进行蒸馏，从沸点低的轻质组分开始依次气化，并冷却液化获得石脑油、煤油、柴油、常压残留等馏分，把这些馏分通过加氢精制、减压蒸馏、催化重整、催化分解等，制成汽油、航空燃料、煤油、柴油、重油、润滑油等各种石油产品。把此工作称为分馏，如图4-1所示。

2. 碳氢化合物燃料成分

从石油中提炼的液体燃料都是由碳和氢原子构成的碳氢燃料的混合物。碳氢化合物燃料的分子过多，通常根据分子的结构分类为烷烃类、烯烃类、炔烃类和芳烃类四种。

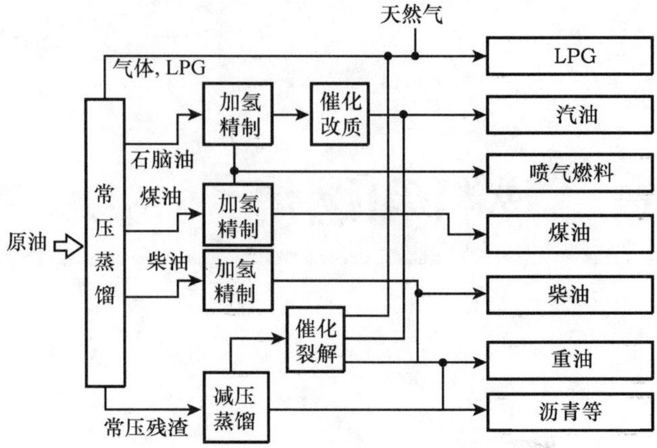

图 4-1　石油的精制过程

(1) 烷烃类　烷烃类是以分子式 C_nH_{2n+2} 表示的碳氢化合物燃料，在所有碳氢化合物中最为稳定。烷烃类有很多种类，如 CH_4（甲烷）、C_2H_6（乙烷）、C_3H_8（丙烷）、C_4H_{10}（丁烷）、C_5H_{12}（戊烷）、C_6H_{14}（己烷）、C_7H_{16}（庚烷）、C_8H_{18}（辛烷）等，在常温下碳原子数在 4 以下时处于气体状态，5 以上时处于液体状态。

在这些系列中，碳元素的结合为单一结合，处于饱和状态，所以称为饱和碳氢化合物。饱和碳氢化合物有线性链接的结构和树枝状链接的结构。直链结构称为“正构体”；侧链结构称为“异构体”。正构体和异构体具有相同的化学分子式，但碳原子和氢原子的结合结构不同，其化学性质也不同。一般情况下，异构体比正构体辛烷值高。正戊烷与异戊烷（C_5H_{12}）的结合结构见表 4-1。

(2) 烯烃类　烯烃类为一个双键结合和线性结合结构的化合物，其化学分子式为 C_nH_{2n}。烯烃类也有很多种类，如 C_3H_6（丙烯）、C_4H_8（丁烯）等。这些化合物通过加氢反应破坏双键结合，处于可以与氢原子或其他化合物结合的不饱和状态，称为不饱和碳氢化合物。正构体戊烯和异构体戊烯（C_5H_{10}）的结构见表 4-1。

表 4-1　碳氢化合物的种类和结构

种类	分子式	结　构		辛烷值［RON］
烷烃类（饱和链）	C_nH_{2n+2}	n－戊烷	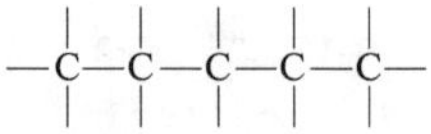	最低
		iso－戊烷	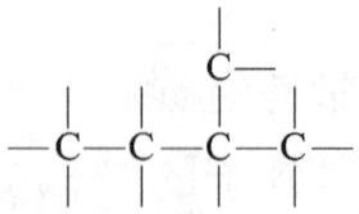	中间

（续）

种类	分子式	结构		辛烷值［RON］
烯烃类（不饱和链）	C_nH_{2n}	n－戊烯	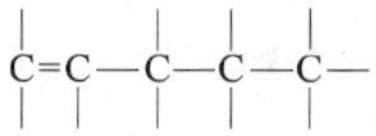	中间
		iso－戊烯	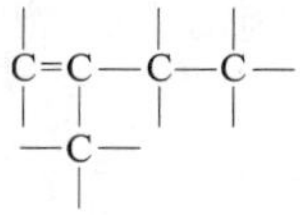	高
环烷类（饱和环状）	C_nH_{2n}	cyclo－戊烯	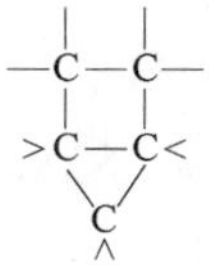	高
芳烃类（不饱和环状）	C_nH_{2n-6}	苯	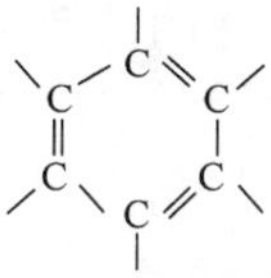	最高

烯烃类大部分通过催化裂化提取。烯烃类燃料易与空气结合氧化，氧化物会降低燃料的品质，并易在发动机内产生胶状沉淀物，堵塞发动机供油系统。因此，需要添加防氧化剂防止燃料的氧化。

（3）环烷　环烷虽具有与烯烃 C_nH_{2n} 相同的化学分子式，但其结构为环状结构，没有双键结构，处于饱和状态，比较稳定。环戊烯（C_5H_{10}）的结构见表 4-1。

（4）芳烃类　芳烃类的化学分子式为 C_nH_{2n-6}，3 个双键结合结构，以六角形不饱和环状结构的苯为基本。因为是不饱和状态，可以直接氧化或与其他元素、化合物结合。芳烃类的辛烷值最高。苯（C_6H_6）的结构见表 4-1。

3. 碳氢化合物燃料的特征

通常，饱和碳氢化合物分子（烷烃、环烷）的辛烷值较低，但其不良影响小，与此相反，不饱和碳氢化合物（烯烃类、芳烃类）的辛烷值较高，但其化学性质不稳定，与氧气反应生成活性氧、有机酸、沉积物等。另外，不饱和碳氢化合物的研究法辛烷值（RON）和马达法辛烷值（MON）之间具有很大的差异，因此喜欢高速、高负荷驾驶的欧洲对此相当重视。石油类液体燃料不同于单一分子结构的水，它由数百种碳氢化合物分子混合而成，因此各种燃料组成成分均不同，其挥发性、沸点、凝固点等特性各不相同。

4.1.2 液体燃料

汽车用液体燃料有从石油中精制提取的汽油和柴油。通常汽车运行的环境条件为，周围大气温度为 -30℃ ~ +40℃，大气压力为 0.5 ~ 1 × 10^5 Pa。在如此宽幅条件下，要充分发挥汽车的性能，燃料的品质很重要。燃料的品质通过 ASTM 蒸馏特性、抗爆性（或着火性）和其他添加剂等进行评价。

1. 汽油

汽油（ULP），外观为透明液体，主要由 C_4 ~ C_{10} 各族烃类组成，按研究法辛烷值分为 90 号、93 号、95 号三个牌号。具有较高的辛烷值和优良的抗爆性，用于高压缩比的汽油机上，可提高发动机的功率，减少燃料消耗量；具有良好的蒸发性和燃烧性，能保证发动机运转平稳、燃烧完全、积炭少；具有较好的安定性，在储运和使用过程中不易出现早期氧化变质，对发动机部件及储油容器无腐蚀性。

汽油主要是由 C_4 ~ C_{12} 各族烃类 200 余种碳氢化合物燃料混合而成，是沸点范围在 30 ~ 220℃的挥发性石油馏分的总称。汽油通常呈现无色透明状，挥发性较高，易燃，不仅作为汽油机的燃料，还广泛使用于其他用途。

汽油所具备的条件如下：

① 具备适当的挥发性和高发热量。

② 抗爆性强，无腐蚀性，不易生成燃烧沉积物。

③ 不对排气净化装置产生恶劣影响。

在韩国通常生产销售普通汽油和高级汽油两种无铅汽油。这两种汽油的差异为，仅辛烷值不同，其他蒸馏特性、蒸汽压、铅含量和烯烃含量等都相同。韩国汽车用汽油的品质标准见表 4-2。

（1）蒸馏特性　汽油的挥发性与发动机的起动、加速性能等有密切的关系，以蒸馏特性和蒸汽压（雷德蒸汽压，在 37.8℃时的汽油饱和蒸汽压）进行定义。

燃料的挥发性评价方面有 ASTM（美国材料试验协会）蒸馏法。如图 4-2 显示，ASTM 蒸馏装置很简便，其测量方法也很简单。在烧杯中加入 100mL 燃料，在大气压下进行加热，并测量每 10% 燃料蒸发时的温度。把测量的数据在横坐标为流出量（%）和纵坐标为蒸馏温度（℃）的坐标上标出，可以获得 1 条曲线。其中，10%、50% 和 90% 的馏出温度与运行

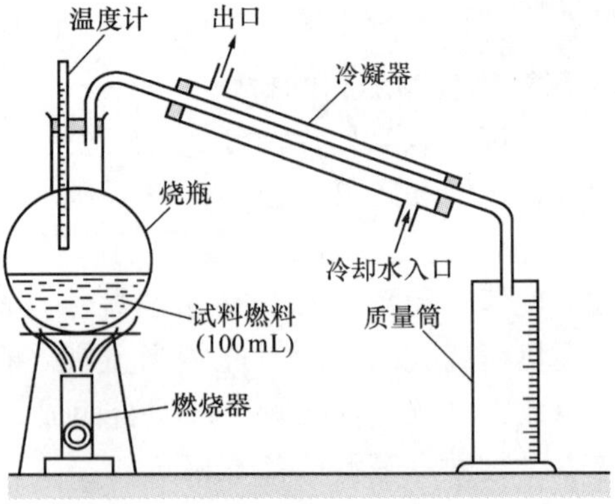

图 4-2　ASTM 蒸馏试验装置

性能有直接的关系，品质标准见表 4-2。

表 4-2 韩国汽车用汽油的品质标准

项目/等级		1（普通汽油）	2（高级汽油）
辛烷值（研究法）		91 ~ 94 以下	94 以上
颜色（肉眼识别）		黄色	草绿色
蒸馏特性	10% 馏出温度/℃	75 以下	
	50% 馏出温度/℃	125 以下	
	90% 馏出温度/℃	175 以下	
	终馏点/℃	225 以下	
	残留量的体积分数（%）	2.0 以下	
水和沉积物的体积分数（%）		0.01 以下	
蒸汽压/kPa（37.8℃）		44 ~ 82（夏季用 44 ~ 65，冬季用 44 ~ 96）	
铜板腐蚀性（50℃，3h），氧化稳定性/min		1 以下，480	
溶剂洗胶质含量/[mg/100mL]，硫含量/[mg/kg]		5 以下，50 以下	
铅含量、磷含量/[g/L]		0.013 以下、0.0013 以下	
芳烃类化合物的体积分数，苯的体积分数，烯烃的体积分数（%）		30（27）以下，1.0 以下，18（21）以下	
氧的质量分数，甲醇的质量分数（%）		0.5 以上 ~ 2.3 以下（冬季用 1.0 以上 ~ 2.3 以下），0.1 以下	

注：1. 对于烯烃含量可以适用括号内的标准。此时，芳烃类化合物含量也适用括号内的标准。
2. 氧的质量分数表示在 MTBE（甲基 t－丁醚）、ETBE（乙基 t－丁醚）和生物乙醇中含有的氧气量。
3. 蒸汽压为雷德蒸汽压（RVP），不是汽油绝对蒸汽压，是相对于大气压的值。

（2）辛烷值　在奥托循环中，压缩比越大，理论热效率就越高。但在实际发动机上，如果压缩比过大，发生异常燃烧（爆燃），不仅会使发动机过热和性能下降，甚至会损坏发动机，所以压缩比的增加是有限度的。导致汽油机异常燃烧的因素有燃料的性质、压缩比、点火时刻、燃烧室形状等许多因素，其中燃料抗爆性的影响最大。

汽油抗爆性的度量尺度为辛烷值（ON）。辛烷值是，把抗爆性较高的异构体辛烷（$C_5H_9(CH_3)_3$）定为 100，抗爆性最低的正构体庚烷（C_7H_{16}）定为 0，把此两种燃料混合制成任意辛烷值的燃料，把此燃料作为试验标准燃料，对进行试验的燃料发生爆燃的特性与此标准相比较判定其燃料的辛烷值。

$$辛烷值=\frac{异构体辛烷（体积）}{异构体辛烷（体积）+正构体辛烷（体积）}\times 100\%$$

如，把 90% 异构体辛烷和 10% 正构体庚烷混合的标准燃料加入到 CFR 发动机上，并改变压缩比，使发动机发生适当的爆燃，之后加入任意汽油，如果在相同的压缩比条件下，发动机发生同等程度爆燃，此汽油的辛烷值就是异构体辛烷的含油率90。

辛烷值分为研究法和马达法。研究法辛烷值（RON，称为F－1法）为发动机在低速、低温条件下进行测量的方法，马达法辛烷值（MON，又称为F－2法）为发动机在高速、高负荷、高温条件下进行测量的方法。在韩国以研究法进行测量，在美国取用这两者的平均值，并以抗爆指数加以利用。

如表4-1显示，碳氢化合物分子的辛烷值随碳元素结合状态的不同而不同，直链结构烷烃较低，具有双键结合结构的烯烃类和环状饱和结构的环烷为其次，以芳烃类为最高。

（3）挥发性和发动机性能

汽油的蒸馏特性对发动机的运行性能产生影响，如图4-3所示。蒸馏特性不仅对发动机的冷起动性能、暖机特性、加速性和润滑性有影响，还对发动机的高温重起动性能和排气特性等有影响。

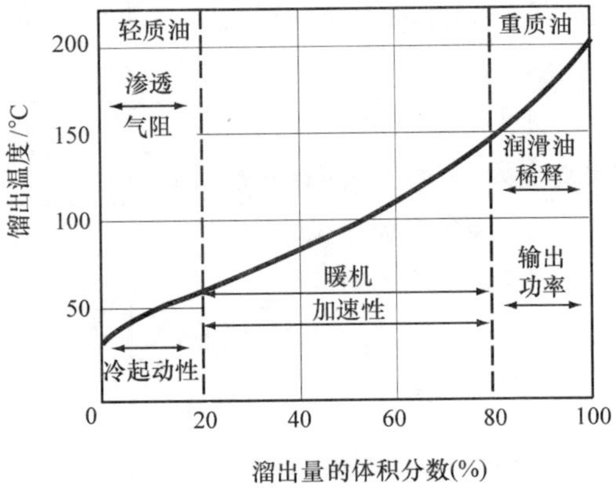

图4-3　汽油的蒸馏特性与运行性能之间的关系

蒸馏特性10%馏出温度与发动机的起动性能和气阻有关联。发动机起动时，气缸内混合气必须在可燃范围内。但是，在冬季寒冷气候条件下，汽油的气化很困难。通常，对汽油机来说，ASTM蒸馏曲线10%的点决定能否起动的难易度。10%馏出温度越低，越容易起动，但如果过低，在夏季就越易发生气阻㊀现象。

50%馏出温度与发动机的暖机性能和加速性能有关联。为了加速加大节气门的开度，向气缸内进入的空气量会急剧增加，但汽油的增加量相对于进气量不能立即增加。尤其是，如果汽油的挥发性不良，汽油的气化不良，不直接进入到气缸内，而粘附在管壁上，加速性能反而会降低。50%馏出温度低的汽油，发动机的暖机速度快，加速性能良好，相反50%馏出温度高的汽油，暖机时间长，急加速时容易导致失火，加速性能会恶化。

90%馏出温度高的汽油，在气缸内不能完全气化，通过活塞与气缸壁之间进入到曲轴箱内，稀释机油，使机油的黏度显著降低。

㊀ 气阻：如果燃料的挥发性过高，在发动机热量的影响下，燃料管路内的燃料受热蒸发，阻断燃料在管路内流动的现象。

燃料的蒸馏特性对燃烧废气也会有影响。特别是对发动机暖机前（冷态时）碳氢化合物（HC）（未燃碳氢化合物）排出量带来很大影响。尤其是 50% 馏出温度的影响大，在与排放废气之间的关系上成为重要的指标。图 4-4 显示了 ULEV（超低排放汽车）汽车和 LEV（低排放汽车）汽车随 50% 馏出温度和 90% 馏出温度的碳氢化合物（HC）排放量。试验结果显示：以 50% 馏出温度 97℃ 为基准，如果小于此温度，碳氢化合物（HC）排放量小；如果高于此温度，碳氢化合物（HC）排放量显著增加。90% 馏出温度以 150℃ 为基准，高低不分碳氢化合物（HC）排放量都多。

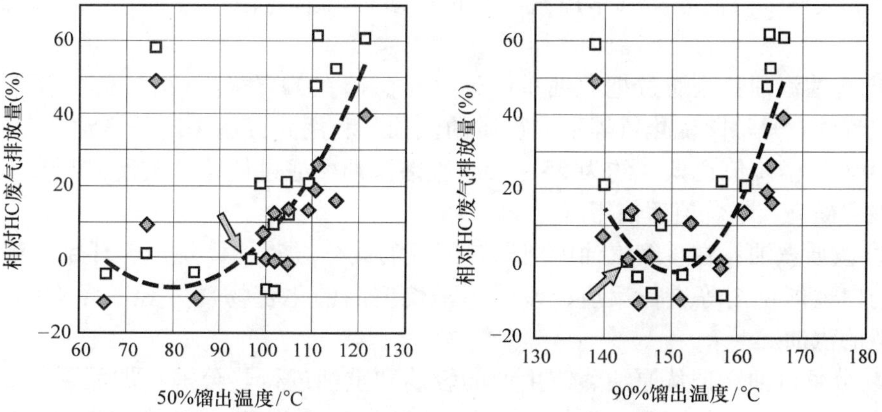

图 4-4　蒸馏特性对碳氢化合物（HC）排放量的影响

（4）汽油添加剂　为了提高汽油的品质，使用有许多添加剂。如，防爆燃剂、防氧化剂、防表面着火剂和防腐蚀剂等。

① 防爆燃剂：是辛烷值提高剂。无铅汽油中主要使用辛烷值高的乙醇或乙醚系列含氧化合物，有甲醇、乙醇、TBA（叔丁醇）、MTBE（甲基 t－丁醚，甲基叔二丁醚）等。这些防爆燃剂的特性见表 4-3。

表 4-3　防爆燃剂特性

	汽油	MTBE	TBA	甲醇	乙醇
平均辛烷值[（R＋M）/2]	87～93	105	98	110	112
氧气质量分数（%）	0	18	22	35	50
理论空燃比（A/F）	14.7	11.7	11.2	9.0	6.5
密度	0.74	0.746	0.791	0.794	0.796
低热值/（MJ/kg）	44.0	35.2	32.5	26.8	20.0
气化潜热/（MJ/kg）	0.35	0.34	0.57	0.84	1.16
沸点/℃	30～220	55	83	78	65

② 防氧化剂：汽油的分解大部分为烯烃类引起。烯烃与空气接触容易氧化产

生胶状物质。对此预防措施为添加 5 ~ 100p 柴油颗粒（PM）的烷基酚类或氨基苯酚类。

③ 防表面着火剂：燃烧室内沉积物达到高温时，有时会出现点燃混合气的现象。对此应添加磷成分。

④ 防腐蚀剂：一旦水分进入汽油，汽油就会变质，导致供油系统腐蚀，进而堵住燃油滤清器或喷油器等。因此应添加防腐蚀剂表面活性剂。

（5）汽油的种类　汽油根据用途可以分为粗汽油（工业用汽油）、汽车汽油、航空汽油。根据制造法可以分为直馏汽油、改质汽油、分解汽油、异构化汽油、聚合汽油、天然气汽油等。汽车用汽油是把很多种汽油混合并添加了很多添加剂的产品。

① 直馏汽油：是通过把原油单纯地升压蒸馏在 LP 气体（丙烷等）后制造的直馏粗汽油，是消除硫化氢等不纯物质的汽油。利用此方法生产的汽油产量很少，约为 20%，辛烷值也低，约为 55 ~ 70。直馏汽油要通过催化剂改质或与高辛烷值汽油混合提高其辛烷值后使用。

② 改质汽油：在直馏汽油中把辛烷值低的成分（正构体烷烃、环烷）通过加热或与白金催化剂等进行反应，改质为辛烷值高的化合物（芳烃、异构体烷烃）所制造的汽油。

③ 分解汽油：把从原油蒸馏生产的轻油和重油进行热分解、加氢裂化、催化裂化等所制造的汽油。即，把沸点高的石油馏分进行分解制造为沸点低的汽油，包含的烯烃类比芳烃类更多。

④ 异构体汽油：把在轻质粗汽油馏分中碳原子数为 C_4 ~ C_6 左右的正构体烷烃碳氢化合物利用催化剂转换为辛烷值高的中质异构体烷烃所制造的汽油。

⑤ 聚合汽油：通过丙烯、丁烯、异构体丁烷等催化裂化装置，进行聚合或烷基化反应制造的汽油，耐爆燃性良好，因此作为高级汽油使用。

⑥ 天然气汽油：是从油井开采的湿性气体中含有的、沸点较低的汽油。把在开采原油时同时喷出的湿性天然气汽油引入到生产工厂，通过压缩、冷却或利用精制油吸收等方法制造的汽油。

2. 轻油

轻油（柴油）是 200 余种 C_{12} ~ C_{19} 碳氢化合物混合而成的化合物，沸点范围为 200 ~ 340℃ 的石油馏分，主要作为高速柴油机（客车、货车）的燃料。此外，还作为燃烧炉的燃料、机械类清洁油和切削润滑油。

柴油着火温度（燃点）即燃料被加热燃烧的温度为 250℃，比汽油 300 ~ 400℃ 的着火温度低，这就是把柴油作为自点火柴油机燃料的原因。即汽油的沸点（或引火点）比柴油低，而柴油的着火温度比汽油低。如在加热到 280℃ 的铁板上滴落汽油和柴油，汽油在接触铁板的瞬间加热蒸发，但柴油蒸发时常常会发生燃烧现象。燃点为火焰接近燃料时燃料能着火的最低温度，燃料的沸点越低，其燃点越低。通常，汽油的燃点为 -45℃，但柴油的燃点为 60℃左右，与燃点特性正好相反。

柴油是通过石油蒸馏和脱硫过程制造的。随着汽车用燃料（轻质馏分）消耗量的不断增大，把重质馏分进行分解制造分解柴油加以使用。但是，分解柴油中除了加氢裂化柴油（在重油中加入氢气通过裂化反应制造的柴油）外，因十六烷值低，其混合量受到限制。在欧洲等地，从蔬菜等生物质中提炼植物油，并与甲醇混合反应制造脂肪酸甲酯（FAME），把此物质再与柴油混合作为燃料使用。另外，把生物质原料汽化后合成的费托合成油也可与柴油混合使用。韩国柴油的品质标准见表 4-4。

表 4-4　韩国柴油的品质标准

项目/等级	汽车用	船舶用
流动点/℃	0.0 以下（冬季 -17.5 以下）	0.0 以下（冬季 -12.5 以下）
燃点/℃	40 以上	
运动黏度/(mm^2/s)(40℃)	1.9 ~ 5.5	1.5 ~ 6.0
蒸馏特性 90% 馏出温度/℃	360 以下	
10% 蒸余物残炭的质量分数(%)	0.15 以下	0.20 以下
水和沉积物的体积分数(%)	0.02 以下	
硫黄粉/(mg/kg)	30 以下	1.0 以下(重量%)
灰分的质量分数(%)	0.02 以下	0.01 以下
十六烷值(十六烷指数)	45 以上	40 以上
冷滤点/℃	-16 以下	—
铜片腐蚀/(100℃,3h)	1 以下	
润滑性 60℃时 HFRR 磨痕直径/μm	460 以下	—
密度(15℃时)/(kg/m^3)	815 ~ 845	—
多环芳烃质量分数(%)	11 以下	—
脂肪酸甲酯体积分数(%)	5 以下	—

注：1. 生产、进口阶段和流通阶段检查适用 -15℃。

2. 冷滤点仅在酷寒期（11 月 15 日开始来年 2 月 25 日为止）生产、进口阶段检查时适用。

3. 润滑性和多环芳烃质量分数仅在生产、进口阶段检查时适用。

（1）蒸馏特性　柴油基本上是通过原油蒸馏制造的，因此如果原油的种类不变，柴油的特性仅与蒸馏特性有关。

柴油机也同样面对起动或低负荷运行等燃烧环境不良的条件，燃料（柴油）的挥发性给发动机的性能带来很大影响。另外，如果在燃料中含有沸点较高的油分，可能会导致喷油器积炭，以及炭烟的排放，在低负荷运行条件下还会产生焦油（tar）等物质。对此具有影响力的蒸馏特性为 90% 馏出温度。

通常，燃料特性的90%馏出温度因其对炭烟的产生、燃烧室积炭等带来影响，因此350℃以下较为良好。在韩国柴油的90%馏出温度为360℃以下，根据ASTM法的90%蒸馏温度为613K（340℃）以下。

（2）着火性　柴油机直接在高温、高压空气中喷射燃料使其自着火，因此燃料的着火性是影响发动机性能的最重要的性质。如果着火性不良，因延迟着火，喷射的燃料会突然燃烧，局部压力急剧上升，导致发生柴油爆燃。

着火性指标有十六烷值、柴油指数、十六烷指数等。如果着火性（或发火性）良好，着火延迟时间短，则起动容易，燃烧压力也不会急剧上升，因此可以稳定运行。

① 十六烷值。辛烷值是，把抗爆性较高的异构体辛烷［$C_5H_9(CH_3)_3$］定为100，抗爆性最低的正构体庚烷（C_7H_{16}）定为0，把此两种燃料混合制成任意辛烷值的燃料，把此燃料作为试验标准燃料，对进行试验的燃料发生爆燃的特性与此标准相比较判定其燃料的辛烷值。

十六烷值定义与汽油辛烷值的定义方法相同，把着火性良好的正构体十六烷（$C_{16}H_{34}$）定为100，着火性不良的α－甲基萘（$C_{10}H_7CH_3$）定为0，把此两种燃料混合制成任意标准样品燃料，对在单缸CFR发动机上进行试验的燃料特性与此样品燃料特性进行比较，如果着火性相同，以样品燃料中正构体十六烷的体积分数（%）来确定此燃料的十六烷值，即

$$十六烷值=\frac{十六烷（体积）}{十六烷（体积）+\alpha甲基萘（体积）}\times100\%$$

目前，柴油机为以直接喷射类型为主，虽然测量十六烷值的CFR发动机为副燃烧室方式，与目前使用的发动机有所不同，但其检测方式在世界上已成为标准化方式。

柴油指数是CFR发动机检测方法之外的着火性十六烷值的计算方法。先利用下述方程计算出柴油指数，然后用图4-5计算出十六烷值。

$$柴油指数=苯胺点\times\frac{API密度}{100}=\frac{AG}{100} \tag{4.1}$$

式中，A（℉）为苯胺点；G为美国石油协会（API）制定的60℉温度下的API密度，计算式为

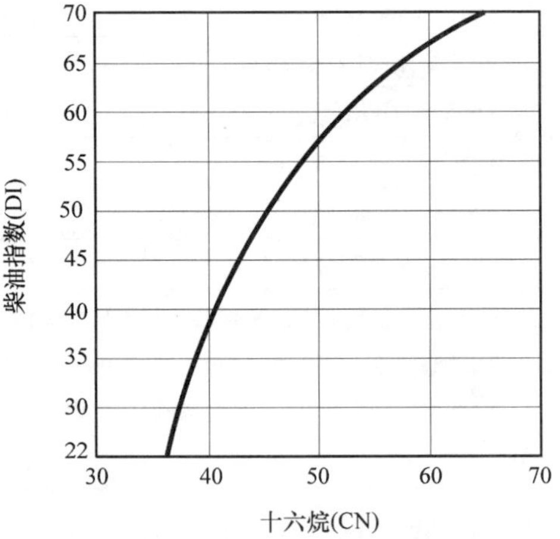

图4-5　柴油指数与十六烷值

$$G = \frac{141.5}{60\,^{\circ}\mathrm{F}时的密度} - 131.5 \tag{4.2}$$

柴油指数、十六烷值数值越大，其着火性能越好。

十六烷指数（CI）也是 CFR 发动机检测方法之外的十六烷值的计算方法。利用燃料的 10%、50%、90% 馏出温度和密度计算十六烷指数可以代替十六烷值广泛使用，其计算式为

$$\begin{aligned} 十六烷指数 = 45.2 &+ (0.0892)(T_{10N}) \\ &+ [0.131 + (0.901)(B)][T_{50N}] + [0.0525 - (0.420)(B)][T_{90N}] \\ &+ [0.00049][(T_{10N})^2 - (T_{90N})^2] + (107)(B) + (60)(B)^2 \end{aligned}$$

式中，$B = \exp(-0.035D_N) - 1$，其中 $D_N = D - 850$，$D = \rho_1 \times 1000$（kg/m³），ρ_1 为 15℃时的密度（g/cm³）；T_{10N} 为体积分数为 10% 的馏出温度（℃），$T_{10N} = T_{10} - 215$；T_{50N} 为体积分数为 50% 的馏出温度（℃），$T_{50N} = T_{50} - 260$；T_{90N} 为体积分数为 90% 的馏出温度（℃），$T_{90N} = T_{90} - 310$。十六烷指数不适用于添加十六烷值添加剂的燃料中。

② 十六烷值的影响。十六烷值会影响发动机的起动性能和废气排放性能。十六烷值越低，即着火性越不良，低温起动性能越不好，并在暖机过程中不完全燃烧产生白烟（白色烟），因而增加碳氢化合物（HC）和一氧化碳（CO）的排放量。图 4-6 所示为添加十六烷值添加剂，把十六烷值从 50 提高到 58 时，随发动机运行负荷的氮氧化物（NO_x）的排放特性。在中速和额定速度运行的条件下，随负荷的增加，氮氧化物（NO_x）的排放量均有增加。另外，低十六烷值会延长着火延迟时间，导致发生急剧燃烧，继而发生柴油爆燃。

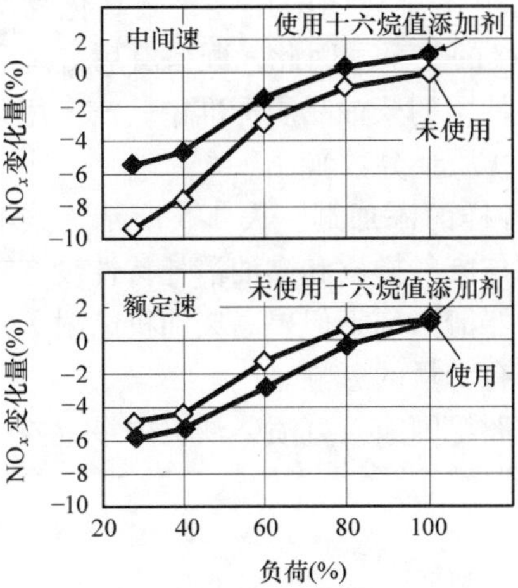

图 4-6　十六烷值对废气排放的影响

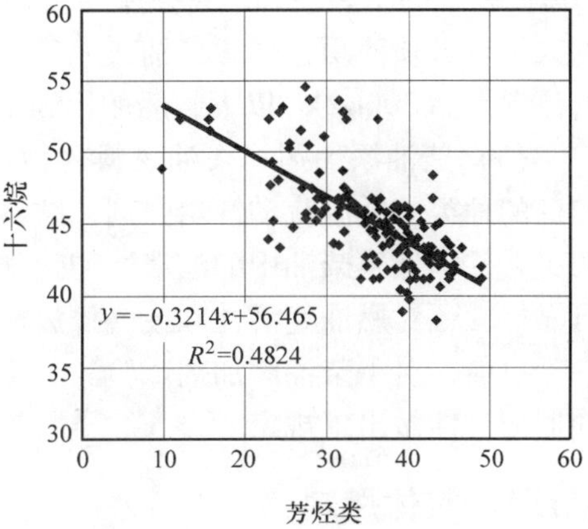

图 4-7　十六烷值与芳烃类的关系

十六烷值高的燃料会在燃料喷射结束之前着火，热产生率和压力上升受到燃料喷射率和燃料－空气混合情况的支配，比起低十六烷值燃料能获得较缓和的运行状态。因此，柴油的十六烷值越高越好。

十六烷值与辛烷值具有倒数关系。燃料的十六烷值越高，辛烷值就越低，辛烷值越高，十六烷值就越低。各种碳氢化合物的辛烷值（RON）和十六烷值（CN）的关系为

$$辛烷值=120-2\times 十六烷值$$

如前所述，十六烷值与芳烃类碳氢化合物的含油量有关，其关系如图 4-7 所示。柴油的芳烃类成分含量越高，十六烷值越低。

（3）黏度　柴油的黏度对高压泵的润滑、油雾特性和废气的排放影响很大。柴油机的燃料通过高压泵压送，因此需要适当的燃料黏性。另外，小型柴油机主流的转子式燃油泵或者最新共轨用燃油泵均以燃料进行润滑，因此燃油黏度非常重要。尤其是，使用低硫柴油时，因在柴油脱硫工艺中原油中的润滑成分也随之一起清除，因此为了保持柴油的黏度，需要添加提高润滑性的添加剂。

柴油黏度的另一重要方面是它对油雾特性的影响。如果黏度过大，因燃料雾气分子过大，分散性不好，会导致燃烧不良。如果黏度过低，因润滑性不良，会导致高压泵的泄漏或磨损。韩国规定，柴油的黏度在 40℃时汽车用为$(1.9\sim5.5)\times10^{-6}m^2/s$，船舶用为$(1.5\sim6.0)\times10^{-6}m^2/s$。

（4）硫　燃料中的硫在燃烧时全部生成为二氧化硫（SO_2），继续与氧气反应生成无水硫酸（三氧化硫，SO_3）。无水硫酸易吸附在灰尘或墙壁上，增加柴油颗粒（PM）的排放量，还与燃烧气体中的水蒸气反应生成硫酸蒸气（H_2SO_4），硫酸蒸气易吸附在低温金属表面，导致金属的腐蚀和磨损。因此，柴油车配备有后处理装置，如柴油颗粒滤清器（DPF）、氧化催化转化器（DOC）等，氮氧化物净化（De）装置的耐久性和净化效率与硫含量有直接的关系。因此，配备有后处理装置的柴油机必须使用超低硫柴油或无硫柴油。在韩国的柴油品质标准中，汽车用柴油的硫含量为 30mg/kg 以下，船舶用为 1% 以下（质量分数）。

（5）柴油添加剂　柴油燃料也使用各种各样的添加剂。表 4-5 所示为柴油添加剂的种类。低温流动性增强剂、防氧化剂等与废气排放和燃油消耗特性没有直接的关系，但低硫柴油中的润滑性增强剂和喷油器清洁剂不但提高柴油机的耐久性和可靠性，还对燃油经济性和废气排放性能方面有少量的影响。

目前，对于柴油添加剂试验法，美国和欧洲等国家对直喷柴油机中最重要的喷油器清洁性做出了规定。

4.1.3　气体燃料

目前，内燃机中使用的气体燃料有液化石油气和天然气两种。

表 4-5　柴油燃料用添加剂的类型

添加剂的类型	目的
喷油器清洁剂	确保喷油器的清洁
金属非活性剂（防锈剂）	防止因燃料的腐蚀
防乳化剂	防止吸收水分
十六烷值增强剂	提高着火性，以提高起动性能、降低噪声等
润滑性增强剂	提高低硫柴油的润滑性
低温流动性增强剂	防止在低温状态下蜡沉积导致流动性降低
防氧化剂	防止燃料因氧化裂化生成沉积物，确保储存稳定

1. 液化石油气

LPG 是液化石油气的缩写词，其成分主要是正丁烷（$n-C_4H_{10}$）和丙烷（C_3H_3），使用在家庭、商业和汽车上。在液化石油气的安全管理和事业法律上定义为，把“以丙烷、丁烷为主要成分的气体进行液化的产品（包括气化的）”称为液化石油气。

LPG 有两种：一种是与天然气一起生产的；另一种是在石油精制工艺中提炼的。石油精制工艺中提炼的 LPG 是在石油馏分中最轻最先生产的，主要以丙烷、丁烷、丙烯、丁烯等成分为主。在常压状态下为气态，加压处理容易转换为液态。对于汽车用 LPG，将其加压转换为液态后填充到燃料箱中。把石油气体丙烷和丁烷加压转换为液态的原因是，把体积压缩成 250:1，以增大能量密度。

汽车用 LP 气体为丁烷或丁烷与丙烷的混合气体。在欧洲，LPG 多使用在运输用燃料，因此还称为汽车气体。此类气体无色无味。为了当气体泄漏时人能闻出，在法律上规定，必须添加约 0.1% 的出味添加剂。丙烷和丁烷的物理化学特性见表 4-6。丙烷和丁烷的主要差异为沸点不同。丙烷的沸点为 -42℃，但丁烷的沸点为 -0.5℃。在寒冷的冬季，丙烷很容易气化，但丁烷在低温状态下不容易气化。因此，汽车用 LPG 在夏季使用 100% 丁烷，冬季使用丁烷和丙烷的混合气。

表 4-6　丙烷和丁烷的物理化学特性

区分	丙烷	正丁烷	备注
分子式	C_3H_8	C_4H_{10}	
分子量	44.09	58.12	
气体密度（0℃时，1 个大气压下）	1.52	2.01	空气为 1 时
液体密度（15℃/水 4℃时）	0.507	0.584	水为 1 时
沸点（1 个大气压下）	-42.04℃	-0.50℃	
发热量	12042kcal/kg， 23673kg/m^3	11845kcal/kg 30695kg/m^3	
蒸气压/kgf/cm^2（20℃时）	7.4	1.4	
燃烧范围（空气中容积%）	2.2～9.5	1.9～8.5	

2. 天然气

天然气随产地的不同其组成成分有所差异，但其主要成分为甲烷（CH_4）。天然气与石油对比，其可采埋藏量多，分布非常广，且比石油或煤炭一氧化碳的排放量少，非常清洁，因此其使用量逐步增加。

汽车所使用的天然气为气体状态，在燃料箱中能填充的燃料量少，因此把天然气以高压（$200kgf/cm^2$）进行压缩，并填充到高压燃料箱中使用。把高压压缩的天然气称为压缩天然气（CNG）。因此，天然气汽车（NGV）与柴油汽车相比，具有颗粒物质等有害物排放量少的优点，但因燃料装载量受到限制，行驶距离短，尤其是仅能在具备高压气体相关基础设施完备的城市中使用，所以此类汽车在使用上具有一定的局限性。

天然气的辛烷值高，约为120，并且单位质量发热量大，以及每单位发热量的二氧化碳（CO_2）排放量明显低于石油或煤炭，尤其是氮氧化物（NO_x）、炭烟、颗粒性物质（PM）的排放量明显减少，以此可以对应大城市环境保护和地球温室化问题等方面的规定，因此作为汽车用燃料正受到广泛的关注。但是，因其密度小，理论混合气的发热量低于汽油，约为汽油的90%，并且因在常温下为气体状态，需要配备高压燃料箱。表4-7所示为天然气与汽油、柴油的物理性质比较。

表4-7 天然气、汽油、柴油的物理性质比较

比较项目	天然气(CNG)	汽油	柴油
构成	85%～90% CH_4	C_4～C_{12}	C_{14}～C_{19}
沸点/℃	−162	30～220	200～340
密度/(kg/L)	0.19	0.72～0.78	0.81～0.88
燃料蒸气密度	0.6	2～4	4～6
蒸气热量/(kJ/kg)[kJ/L]	509	275～365	225～280
低热值/(kJ/kg)[kJ/L]	43520[8910]	43800[32400]	42800[36400]
自燃温度/℃	540	220	225
理论空燃比	17.2	14.7	0.6～5.5
可燃下界限(%)	5～15	1.4～7.6	15
火焰温度/℃	1790	1977	2054

4.1.4 替代燃料

为了节约能源，并减少地球温室效应气体二氧化碳（CO_2）的排放量，汽车用替代燃料的开发和利用已提上日程，如生物燃料、合成燃料和氢气。图4-8所示为天然燃料和替代燃料的制造过程。

1. 生物燃料

为了防止地球温室效应和从一次能源多样化的观点出发，生物起源的生物能源

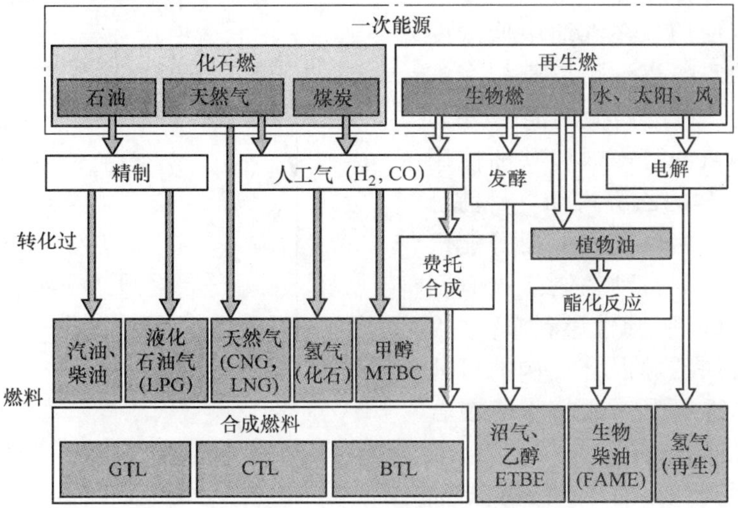

图 4-8　天然燃料与替代燃料的制造过程

燃料正受到广泛的关注。生物燃料有汽油机用生物乙醇和柴油机用生物柴油。生物能源燃料虽然制造费用较高，但随原油价格的上升，逐步形成与石油类燃料的竞争力。

生物能源燃料是植物从空气中吸收二氧化碳（CO_2）形成的，具有抑制大气中二氧化碳（CO_2）量增加的效果。在乙醇制造工艺中，也可以使用各种天然燃料精制，但在制造过程中产生的二氧化碳（CO_2）量几乎大于植物从大气中吸收的二氧化碳（CO_2）量。从抑制二氧化碳（CO_2）排放的角度来说，利用天然气、石油等天然燃料制造乙醇的方式还不如制造汽油，没有任何意义，因此仅用生物乙醇和生物柴油作为替代燃料正受到关注。

（1）生物乙醇　生物乙醇是把玉米或土豆等淀粉质类，以及甘蔗或甜菜等糖质类作为原料发酵制成。最近因谷物国际价格的上升，开始利用木材或农产废弃物等木质纤维素类作为原料经发酵制成乙醇。

生物乙醇的使用方法有直接使用100%乙醇、在汽油中低浓度混合乙醇使用和把乙醇转换为乙基叔丁基醚（ETBE）使用的方法。

乙醇与乙基叔丁基醚（ETBE）的优点：辛烷值和蒸发潜热高，高的含氧量可以降低一氧化碳（CO）等汽油机产生有害废气量。缺点：因沸点一定和瑞德蒸气压（RVP）高，导致冷起动性能不良；因轻质馏分（低温蒸馏小分子量馏分）增加，易引起燃料管路的气塞，导致驾驶稳定性下降；如果与汽油混合，因吸收空气中的水分诱发相分离，需要采取防止此类现象发生的措施，以及需要消除水分等。另外，乙醇具有腐蚀材料、橡胶膨胀等恶劣影响，需要对燃料供给系统进行改造。

100%乙醇发动机可以提高压缩比，因而能提高输出功率和热效率。乙醇发动机已在巴西部分车型上应用，在赛车领域也有使用。在汽油中低浓度混合乙醇的乙醇汽油可以直接在汽油机上使用。在巴西使用混合20%乙醇的乙醇汽油，美国和欧洲使用混合10%乙醇的乙醇汽油。目前已经研发出了利用爆燃传感器等能根据乙醇混合比例自动控制点火时间的发动机（FFV：弹性燃料车），因而加大了增加乙醇混合比例的可能性。图4-9所示为汽油与乙醇混合燃料的蒸馏曲线。

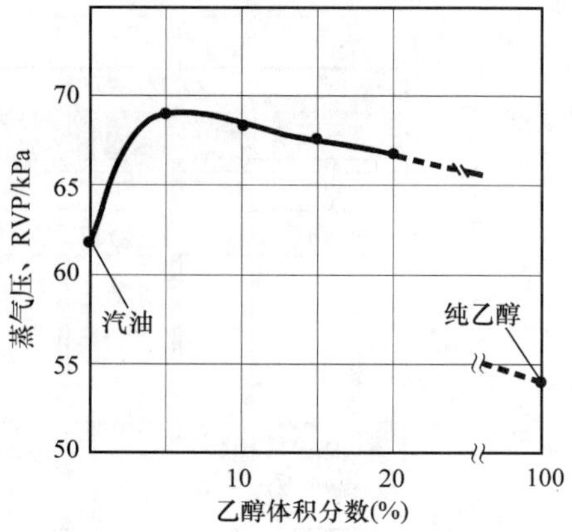

图4-9　乙醇混合汽油的蒸气压特性

（2）生物柴油　生物柴油（BDF：生物柴油燃料）是利用从植物中提取的植物油转换为汽车用燃料的脂肪酸甲酯（FAME），此外也可以利用动物脂肪和废食用油制造。植物油脂的提取，在欧洲利用油菜籽、向日葵作为原料制造，在东南亚利用棕榈油，在美国利用大豆油，在部分地区还利用废食用油。

把植物油作为发动机燃油使用时，要考虑黏度、沸点、燃点或引燃点等是否适合。通常，植物油的黏度较大，沸点也高达约600℃，不能以原态直接使用。因此，如图4-10所示，对植物油进行加水反应，使脂肪酸与甲醇反应酯化，利用密度差分离和清除甘油后，获得并使用低黏度脂肪酸甲酯（FAME）。脂肪酸甲酯（FAME）的90%馏出温度较低，约为360℃，十六烷值也为50左右，其物理特性与柴油相似，因此可以作为替代柴油的替代燃料或与柴油混合使用。

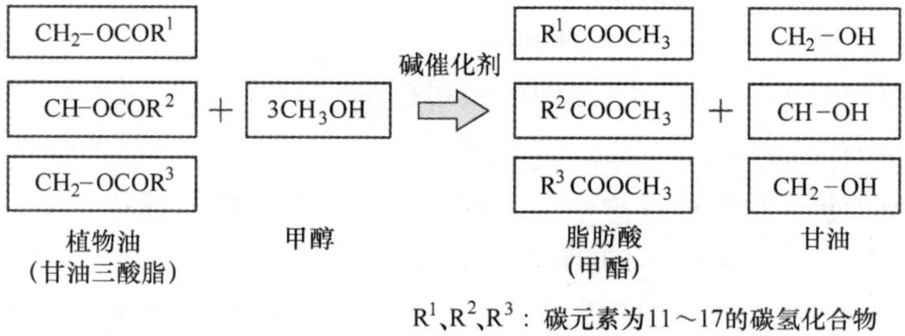

图4-10　植物油脂的酯化反应

脂肪酸甲酯（FAME）为天然产物，氧化稳定性差，低温流动性比柴油差，因而会影响起动性能。另外，在喷油器上会生产沉积物，还会影响燃料供给系统材料的耐久性。因此，把脂肪酸甲酯（FAME）作为车用燃料时，需要添加防氧化剂等。目前，在美国、欧洲等地区，在部分柴油机的柴油中混合5%～10%的脂肪酸甲酯（FAME），但没有大量普及。如要普及使用脂肪酸甲酯（FAME），需要有效利用在制造脂肪酸甲酯（FAME）过程中产生的甘油，或者对在废食用油中掺有动物油等有质量管理方面的改善。脂肪酸甲酯（FAME）的特性与作为原料的植物油特性有关。表 4-8 所示为脂肪酸甲酯（FAME）与柴油的特性比较。

表 4-8　柴油、脂肪酸甲酯（FAME）、费托合成柴油（FTD）的特性

特　　性	轻油	脂肪酸甲酯	瑞典柴油	费托合成柴油
15℃时的密度/(g/cm^3)	0.82~0.85	0.89	0.8167	0.7826
30℃时的黏度/(mm^2/s)	1.9 以上~5.5 以下	6.5	2.430	4.145
十六烷指数	45 以上	52	53	93.2
硫($\times 10^{-6}$)	30 以下	<1	<2	<1
芳烃体积分数(%)	—	—	3.9	0
初馏温度/℃	—	—	183.5	170.5
10% 馏出温度/℃	—	327	208	257
50% 馏出温度/℃	—	336	240	292
90% 馏出温度/℃	360 以下	361	270.5	327.5
终馏温度/℃	—	—	285	338.5
流动点/℃	冬季，-17.5 以下	—	-31	0
低热值/(MJ/kg)	43	40	43.10	43.52

2. 合成燃料

把天然气、煤炭、生物能源转换为一氧化碳（CO）和氢气（H_2）的合成气后，通过化学工艺制造的甲醇、二甲醚（DME）、费托合成柴油（FTD）、生物合成燃料（BTL）和煤炭液化油等就是合成燃料。

（1）甲醇　甲醇（CH_3OH）又称为甲基酒精，是把天然气改质煤炭气化生成的一氧化碳（CO）和氢气（H_2）合成制造的。甲醇与乙醇相同，可以使用 100% 甲醇、在汽油中混合甲醇的甲醇汽油燃料或把甲醇转换成甲基叔丁基醚（MTBE）的燃料。甲基叔丁基醚（MTBE）与汽油混合也不会起相分离反应，辛烷值也很高，因而也可以作为无铅汽油的防爆燃添加剂加以使用。

甲醇具有比汽油辛烷值高和无硫的优点，但其燃点高，会影响起动性能，并且易腐蚀橡胶、塑料等，还有毒性、沸点低等多种缺点。

20 世纪 90 年代开始，各国为了发展绿色环保燃料，将甲醇作为国家项目加以促进发展。但是，甲醇存在高腐蚀性、单位容量发热量低、需要新的燃料供给基础设施和自动化建设等问题。随着低排放柴油汽车的发展，甲醇的优点开始不明显，因此目前此项目的研究处于缩小或停滞状态。但是，因为已经确立了甲醇的制造工艺，所以可以从长远考虑它作为汽车燃料的可能性。

目前，北美正使用既可使用甲醇85%、汽油15%混合燃料，也能使用100%汽油燃料的双重燃料汽车。

（2）二甲醚（DME） 二甲醚（DME）燃料是一氧化碳（CO）和氢气（H_2）的合成气进行脱甲醇反应间接生产或天然气等原料通过直接合成工艺生产的新型燃料。与液化气（LPG）相同，在常温、常压状态下为气体，在5×10^5Pa的压力下进行压缩就很容易液化，因此在常规液化气（LPG）流通设施的基础上就很容易实现流通。另外，因辛烷值低，不能用在汽油机上，但十六烷值比柴油大或几乎相同，因此可以作为柴油机燃料使用。

尤其是，这种燃料中含有大量的氧气（体积分数为34.8%），分子内没有碳结合，因此具有不排放柴油机最大缺陷柴油颗粒（PM）的优点。但是，二甲醚（DME）比柴油黏度低，润滑性差，如要在柴油机上使用，必须对燃料箱、燃料泵等燃料供给系统进行改造。图4-11所示为使用二甲醚（DME）燃料的发动机需要改造的各系统内容。

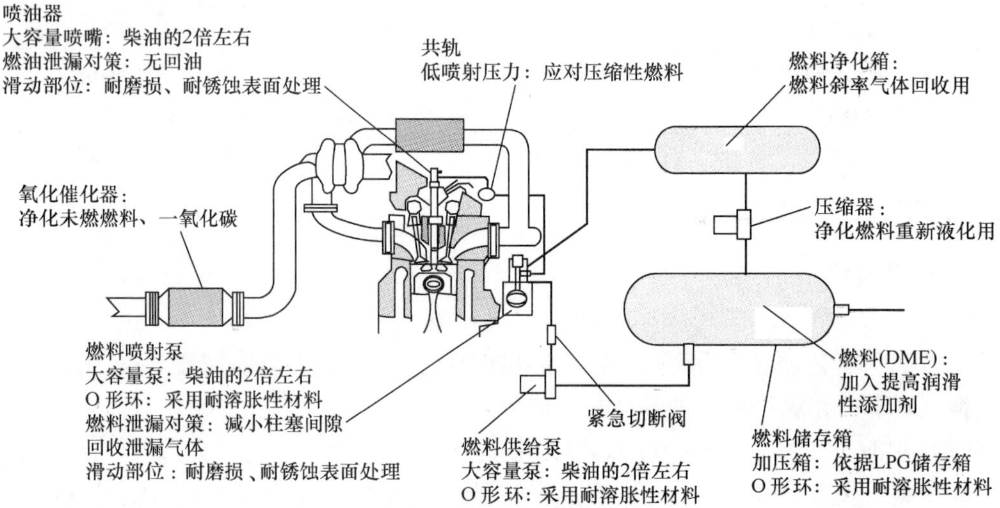

图4-11 二甲醚（DME）发动机

（3）费托合成柴油 费托合成柴油（FTD）是把天然气、煤炭、生物能源等作为原料转换为一氧化碳（CO）和氢气（H_2）的合成气后，通过费托合成反应（FT反应）制造的液体合成燃料。

这种燃料虽然在物理特性上与柴油很相似，但因不包含硫分和芳烃类成分，十六烷值又高，因此比利用原油精制生产的柴油作为柴油机的燃料具备更优秀的特性。费托合成柴油（FTD）的典型特性与在寒冷地区使用的柴油（瑞典柴油）特性之间的比较见表4-8。

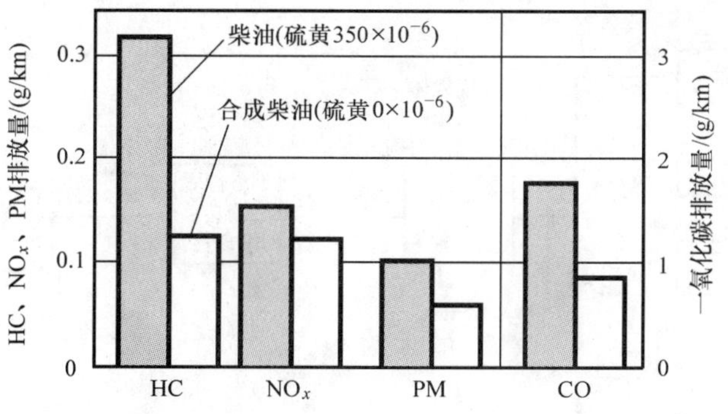

图 4-12　费托合成柴油（FTD）的排放废气

费托合成柴油（FTD）对废气排放的影响如图 4-12 所示。从图中可以看出，碳氢化合物（HC）、一氧化碳（CO）、氮氧化物（NO_x）、柴油颗粒（PM）等所有的有害气体大幅度减少，尤其是在柴油机最大问题的柴油颗粒（PM）的排放特性上，即使没有改造发动机也比柴油有大幅度的改善。还有，费托合成柴油（FTD）与同样为合成燃料的二甲醚（DME）不同，在常温、常压条件下为液体，因此可以利用以前的基础设施进行运输和供给。但是，其润滑性比柴油略低，并且对燃料供给系统的密封材料带来不良影响，尤其是密度过低，因此如果直接用在现在的柴油机上，会带来输出功率不足的问题。

根据原料的不同，费托合成柴油（FTD）又称为天然气合成油（GTL）、煤转油（CTL）、生物质制油（BTL）等，但合成的费托合成柴油（FTD）与原料无关都相同。费托合成柴油（FTD）是以直链碳氢化合物为主成分的混合物，其特性不是以原料区分而是以制造工艺区分。图 4-13 所示为费托合成柴油（FTD）的合成制造工艺。通常，称为天然气合成油（GTL）、煤转油（CTL）、生物质制油（BTL）的情况是，利用费托合成反应制造的不仅有费托合成柴油（FTD），还包括二甲醚（DME）或甲醇，因此要在使用上注意。天然气合成油（GTL）在南美洲已经实用化。

（4）生物质合成燃料　生物质合成燃料（BTL）是把生物能源转换为合成气后，如费托合成柴油（FTD）等各种燃料的制造方法也正进行研究中。通常，在利用天然燃料（煤炭、天然气）制造合成燃料的过程中，二氧化碳（CO_2）的排放量比制造汽油、柴油时更多。生物质合成燃料是把从大气中吸收的二氧化碳（CO_2）通过燃烧排放到大气中，因此会最小化二氧化碳（CO_2）的排放量。利用生物能源制造的费托合成柴油（FTD）作为汽车用燃料的特性很优秀，以此作为未来汽车用燃料的期望值很高。但是，目前因存在经济性问题，还没有达到市场化的程度。

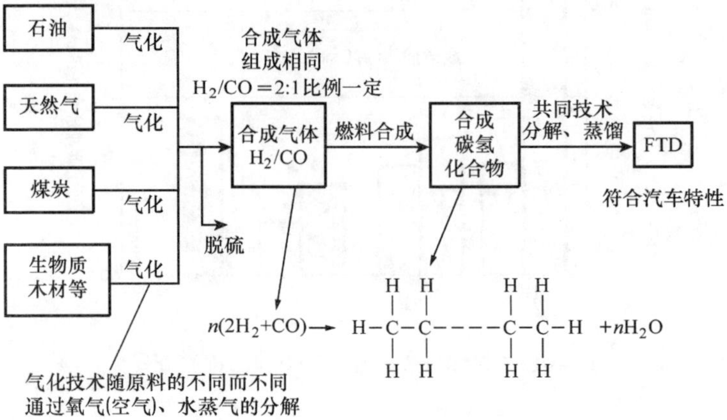

图4-13　费托合成柴油（FTD）合成燃料制造工艺概略图

（5）煤炭液化油　煤炭液化油是把煤炭和氢气通过直接反应过程进行液化后，利用与石油精制工艺相同的精制设备制造的燃料，在20世纪80年代后开展了多种研究。通常，此种产品多含有芳烃类和烯烃类不稳定物质，作为燃料的特性不佳。但是，因煤炭的埋藏量很丰富，所以各国持续研究此项目。在上面叙述的把煤炭转换为合成气后制造柴油的方法（CTL：煤转油）称为煤炭间接液化法，以此区别煤炭液化油的制造方法。

3. 氢气

如图4-14所示，制造氢气的方法很多。与电能的制造过程类似，有从一次能源制造的方法，利用原子能制造的方法，利用再生能源制造的方法和从在制铁、化学品制造工艺产生的气体中提炼制造的方法。从一次能源中制造的方法，因原料或制造工艺（WTT）中产生的二氧化碳（CO_2）量变化很大，不适合于环保，因此目前主要以天然气水蒸气改质法或部分氧化法来制造。另外，正在研究利用不产生二氧化碳（CO_2）的再生能源（太阳电池、风力等）所发电能进行水的电解，或利用地球上丰富的生物能源制造氢气的方法。利用原子能并通过水的电解或热分解制造氢气的方法，可能会大幅度降低二氧化碳（CO_2）的生成。

把氢气作为汽车用燃料，可以直接使用或转换为燃料电池使用。如果把氢气直接使用在内燃机上，出现的问题较多，通过燃料电池发电并驱动电动机的方式，因具有无公害、高效率、低噪声等优点，正在研发过程中。但是，目前因燃料电池的价格和耐久性问题还没有得到解决，迟迟不能投入到市场。据预测，燃料电池汽车在2020年后能大量投入到市场上。

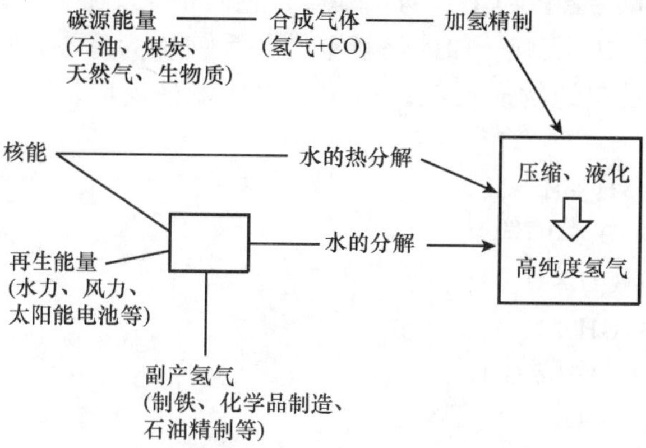

图4-14 氢气制造工艺

4.2 燃烧

汽车、飞机、火箭等所有热力发动机都是利用燃料燃烧所产生的热能。燃烧可以定义为反应物质燃料与氧化剂的分子或原子急速反应同时产生热量的化学反应。

化学反应是在两个以上原子或分子相互接近时发生。因此燃料的燃烧要经过燃料和氧化剂的熔融、蒸发和分解的过程。之后，可燃要素被点燃的着火反应，活性化学成分持续反应的气体状燃烧反应或表面燃烧反应，高温热分解过程和燃烧结束时的消焰反应等，均为化学反应。一旦发生化学反应，因反应物质与生成物质之间的内部能量（化学能量）差，体积、压力会发生改变，同时温度会发生很大变化。燃烧时作为反应物质的燃料的内部能量大于生成物质的燃烧气体，因而把此能量的差异以温度的形态获得。

本章节对内燃机燃烧基础的燃烧化学反应、燃烧的形态、着火和点火进行说明。

4.2.1 燃烧的化学反应

燃烧化学反应最重要的应用是，燃烧气体平衡构成和绝热火焰温度的计算。

1. 基本反应

燃料的主要成分——碳和氢气的反应式为

$$C + O_2 = CO_2$$

$$H_2 + 1/2O_2 = H_2O$$

上述反应式仅表现了反应开始和结束时的形态等式，称为综合反应式或化学计量式。在实际燃烧反应中，几乎没有燃料与氧化剂直接反应生成燃烧生成物的情况。如，氢气与氧气的燃烧反应，首先通过这些分子的热分解反应生成氢原子

(H)、氧原子(O)、羟基(OH)自由基等，它们相互发生一系列反应，结果生成在化学性质上稳定的水蒸气。如此比较单纯的反应称为基本反应（元反应、链反应）。基本反应虽是单纯物质反应，但超过100多种反应，这些大体可以分类为5种。

(Ⅰ) $H_2 + M \rightarrow H + H + M$

$O_2 + M \rightarrow O + O + M$

(Ⅱ) $H + O_2 \rightarrow OH + O$

$O + H_2 \rightarrow OH + H$

$O + H_2O \rightarrow OH + OH$

(Ⅲ) $OH + H_2 \rightarrow H_2O + H$

$H + H_2O \rightarrow OH + H_2$

(Ⅳ) $H + O_2 + M \rightarrow HO_2 + M$

$OH + H_2O_2 \rightarrow H_2O + HO_2$

(Ⅴ) $H + OH + M \rightarrow H_2O + M$

$O + OH + M \rightarrow H_2O + M$

上述反应式不仅向箭头方向进行（正反应），通过分解也会逆向进行（逆反应）。因此，燃烧反应任何时候也不会结束，在燃烧气体中包含反应生成的中间物质。

① 链引发（创造）反应：上述反应式（Ⅰ）是为了引发燃烧反应，把燃料和氧化剂从稳定分子创造为活性基（还称为链载体，自由基）。活性基是电子没有成双的分子或原子，很容易发生反应。

② 支链反应：上述反应式（Ⅱ）为易发生反应的活性基数量增加的反应。

③ 链转移（传播）反应：上述反应式（Ⅲ）为仅活性基发生交替，但其数量不变的反应。

④ 气相停止反应：上述反应式（Ⅳ）为活性基减少，或转换为活性度较低的超氧化氢（HO_2）等稳定分子的反应。在此反应式中，M称为第3体（或第3分子），是从活性基获得能量，即为了满足化学式上的能量守恒，仅进行能量交换而自身不发生变化的分子。与第3体的碰撞反应在高压状态下更要加重，因此燃烧反应随压力的变化而会发生改变。

⑤ 表面停止反应：氢原子(H)、氧原子(O)、羟基(OH)自由基等活性基向壁面扩散，与壁面接触时发生反应，由此其自由基状态被破坏，转换为稳定分子的反应。

2. 反应速度

(1) 基本反应速度　现在分析一下基本反应的反应速度。下面对单分子反应、2分子反应和3分子反应速度进行说明。

单分子反应是燃料与氧化剂进行分解的解离反应（$H_2 \rightarrow H + H$，$O_2 \rightarrow O + O$）

为具有代表性的单分子反应。2分子反应是2个分子的反应，3分子反应是3个分子的反应。燃烧反应中2分子反应占大部分，反应速度公式的推导方法均类似。

对化学物种 A 和 B 反应生成化学物种 C 和 D 的2分子反应进行分析，反应式为

$$A+B \to C+D \tag{4.3}$$

此反应的反应速度 $\dot{w}$[kmol/(m^3·s)]以物质的量浓度的时间变化进行计算。

$$\dot{w}=\frac{\mathrm{d}(C)}{\mathrm{d}t}=k[A][B] \tag{4.4}$$

式中，[C] 为化学物种 C 的物质的量浓度 [kmol/m^3]；t 为时间；k 为通过试验获得的系数，称为反应速度系数，是温度的函数，表达为

$$k(T)=aT^b\cdot\exp(-E/\overline{R}T) \tag{4.5}$$

式中，a 为频率因数；b 为试验因数；E 为活化能量；$\overline{R}$ 为通用气体常数（=8.314kJ/kmol·K）。每个反应的因数和活化能量都不同，均通过试验获得。

式（4.3）反应仅表示了正反应，可能还存在逆反应。正反应与逆反应的速度系数分别为 k_f、k_r，反应速度分别为 $\dot{w}_f$、$\dot{w}_r$ 时，正反应的净化反应速度 $\dot{w}_n$ 以下式可以表达。

$$\dot{w}_n=\dot{w}_f-\dot{w}_r=k_f[A][B]-k_r[C][D] \tag{4.6}$$

反应速度用式（4.4）进行分析，温度和反应物质的浓度越大越增加。尤其是，从式（4.5）可以看出，反应速度以温度的指数函数增加。

（2）平衡系数 如果反应的时间很充分，温度和压力保持一定值，反应物质和生成物质的浓度也保持一定的值。这不表示化学反应停止，而是正反应速度与逆反应速度趋于相等的状态，即净反应速度 $\dot{w}_n$ 处于0的状态。这称为化学平衡。

根据式（4.6），因化学平衡状态为 $\dot{w}_n=0$，以此推导出下述关系式：

$$K_c=\frac{k_f}{k_r}=\frac{[C][D]}{[A][B]} \tag{4.7a}$$

式中，[A]、[B]、[C]、[D]为化学物种的浓度；K_c 为浓度平衡系数。此公式说明正反应速度系数与逆反应速度系数之比等于浓度平衡系数。因反应速度系数 K 仅为温度的函数，因而浓度平衡系数 K_c 也仅为温度的函数。

通常，考虑反应式 $aA+bB \to cC+dD$，摩尔浓度平衡系数也可以表达为

$$K_c=\frac{k_f}{k_r}=\frac{[C]^c[D]^d}{[A]^a[B]^b} \tag{4.7b}$$

物质的量浓度[A][kmol/m^3]在状态方程 $p\overline{v}=\overline{R}T$ 中为摩尔比容 $\overline{v}$ [m^3/kmol]的倒数，表达为

$$[A]=p_A/\overline{R}T$$

把上式和化学物种 B、C、D 相关的参数代入到式（4.7b）中并进行整理，可

以获得以成分分压表示的平衡系数（或压力平衡系数）K_p。

$$K_p = \frac{k_f}{k_r} = \frac{p_C^c p_D^d}{p_A^a p_B^b} \tag{4.8}$$

在上式中的各成分分压 p_A、p_B、p_C、p_D 随系统压力 p 由下式进行定义。

$$p_A = \frac{a}{a+b+c+d} p$$

求化学平衡时，使用平衡系数（压力平衡系数）的情况较多。表 4-9 显示了几种反应的平衡系数 K_p。平衡系数随温度的变化会发生大的改变。平衡系数值为如同 10^{40}、10^{-41} 的较大的指数函数，因此也用 lg（K_p）值进行表示。

表 4-9　平衡系数

T [K]	$H_2 + 0.5O_2 \leftrightarrow H_2O$	$0.5O_2 + 0.5H_2 \leftrightarrow OH$	$0.5H_2 \leftrightarrow H$	$0.5O_2 \leftrightarrow O$
298	1.1143×10^{40}	2.8340×10^{-7}	2.4831×10^{-36}	4.8978×10^{-41}
300	6.1235×10^{39}	3.1311×10^{-7}	4.2560×10^{-36}	9.0157×10^{-41}
400	1.7418×10^{29}	2.14191×10^{-5}	1.3459×10^{-26}	5.5335×10^{-30}
500	7.6913×10^{22}	2.6984×10^{-4}	6.9984×10^{-21}	7.7140×10^{-23}
1000	1.1482×10^{10}	4.1295×10^{-2}	2.2693×10^{-9}	1.9055×10^{-10}
1500	5.2541×10^{5}	2.13241×10^{-1}	1.7575×10^{-5}	1.6315×10^{-5}
2000	3.3931×10^{3}	4.7664×10^{-1}	1.6233×10^{-3}	7.3350×10^{-4}
2500	1.6127×10^{2}	7.6648×10^{-1}	2.5090×10^{-2}	1.5574×10^{-2}
3000	2.0999×10^{1}	1.0478	1.5762×10^{-1}	1.2010×10^{-1}
3500	4.9295	1.3046	5.8933×10^{-1}	5.1807×10^{-1}
4000	1.6623	1.5315	1.5933	1.5528

3. 热解与绝热火焰温度

在理论上能达到的燃烧气体的最高温度称为绝热火焰温度。但是，在实际燃烧中能获得的最高温度通常比绝热火焰温度小。这是因为，在高温作用下始终存在着燃烧生成物获得热量返回到原来反应物质的过程，即热解过程会始终发生，以及如生成氮氧化物（NO_x）等的吸热反应也时刻存在。

（1）热解　碳氢化合物燃料与氧气发生反应，会生成二氧化碳（CO_2）和水（H_2O），在 1700K 以上的高温下，生成的部分二氧化碳（CO_2）和水（H_2O）吸热发生逆反应重新分解成原来的氧气（O_2）、氢气（H_2）、一氧化碳（CO）。把这种在热量的作用下分子被分解的现象称为热解（分解、热分解），反应式为

$$CO_2 \rightarrow CO + 1/2O_2 - 283.12[\text{MJ/kmol}] \tag{4.9}$$

$$H_2O \rightarrow H_2 + 1/2O_2 - 241.94[\text{MJ/kmol}] \tag{4.10}$$

即，二氧化碳（CO_2）吸取 283.12MJ 的热量，1kmol(44kg)二氧化碳（CO_2）被分解为一氧化碳（CO）和氧气（O_2）。同样，1kmol 水（H_2O）吸收 241.94kJ

的热量被分解为氧气（O_2）和氢气（H_2）。此外，燃料的氧化剂在温度高于2000K时，与空气中的氮气（N_2）和氧气（O_2）发生吸热反应生成一氧化氮（NO）。

$$N_2 + O_2 \rightarrow 2NO - 180.38\ [\mathrm{MJ/kmol}] \tag{4.11}$$

因此，在高温条件下，发生热解、一氧化氮（NO）生成等吸热反应，绝热火焰温度（燃烧最高温度）会降低。

通过一氧化碳与氧气之间的反应分析热解过程：

$$CO + 1/2O_2 \leftrightarrow CO_2$$

通过热解，如果在1mol生成的二氧化碳（CO_2）中，α摩尔吸热还原为一氧化碳（CO）和氧气（O_2），逆反应式为

$$\alpha CO_2 \rightarrow \alpha CO + \alpha/2O_2$$

在上述反应式中$0 \leqslant \alpha \leqslant 1$。因此一氧化碳（CO）与氧气（$O_2$）的反应式为

$$CO + 1/2O_2 \rightarrow (1-\alpha)CO_2 + \alpha CO + \alpha/2O_2 \tag{4.12}$$

在实际反应中，1mol一氧化碳（CO）与1/2mol氧气（O_2）发生反应，生成（$1-\alpha$）mol二氧化碳（CO_2），α mol一氧化碳（CO），$\alpha/2$mol氧气（O_2）。把这样的燃烧称为不完全燃烧。

把反应式（4.12）中的系数α称为电离度。当电离度为α时，因生成物质的总摩尔数为（$1+\alpha/2$）摩尔，因此各成分摩尔数为

$$y_{CO_2} = \frac{1-\alpha}{1+\alpha/2},\ y_{CO} = \frac{\alpha}{1+\alpha/2},\ y_{O_2} = \frac{\alpha/2}{1+\alpha/2} \tag{4.13}$$

各成分的摩尔数与成分分压成正比，可以表示为

$$y_{CO_2} = \frac{p_{CO_2}}{p},\ y_{CO} = \frac{p_{CO}}{p},\ y_{O_2} = \frac{p_{O_2}}{p} \tag{4.14}$$

式中，p为燃烧生成物质的压力（总压力）。

燃烧因燃烧生成物质在某种温度以上发生逆反应，并有些物质发生吸热反应，燃烧生成物质的平衡浓度构成可以利用各温度下的平衡系数K_p求得，与此同时，可以利用试错法求出电离度α，进而求出燃烧温度。

（2）平衡浓度构成计算法　举例对氢气和氧气的燃烧反应计算平衡浓度，总反应式为

$$H_2 + 1/2O_2 \rightarrow H_2O$$

理想的燃烧生成物质应为全部水（H_2O），但水（H_2O）被分解成氢气（H_2）、氢原子（H）、羟基（OH）、氧原子（O）、氧气（O_2）、超氧化氢（HO_2）、氢气（H_2）、过氧化氢（H_2O_2）等。其中，超氧化氢（HO_2）、过氧化氢（H_2O_2）等化学物种量较少，可以忽略不计，因此可以用下述反应式表示氢气和氧气的燃烧反应。

$$H_2 + \beta O_2 \rightarrow n_1H_2O + n_2H_2 + n_3H + n_4OH + n_5O + n_6O_2 \tag{4.15}$$

式中，$\beta = 1/2$，但在这里要分析包括稀薄或浓混合气燃烧的一般状态。求平衡浓度

构成实际是求得上述反应式右边的 $n_1 \sim n_6$ 摩尔（浓度、分压）数的过程。因未知数为6个，故需要6个公式。

反应物质（未燃混合气）的各原子数构成比 m（=氧原子数/氢原子数）为已知数。生成物质的氢气与氧气的原子数如下式，此外摩尔数与成分分压成正比，因此可以表达为

$$n_H = 2\times n_1 + 2\times n_2 + n_3 + n_4 = 2\times p_{H_2O} + 2\times p_{H_2} + p_H + p_{OH}$$

$$n_O = n_1 + n_4 + n_5 + 2\times n_6 = p_{H_2O} + p_{OH} + p_O + 2\times p_{O_2} \tag{4.16}$$

$$m = \frac{n_O}{n_H} = \frac{p_{H_2O} + p_{OH} + p_O + 2p_{O_2}}{2p_{H_2O} + 2p_{H_2} + p_H + p_{OH}}$$

燃烧气体的压力 p 为成分气体分压之和，可以通过试验获得：

$$p = p_{H_2O} + p_{H_2} + p_H + p_{OH} + p_O + p_{O_2} \tag{4.17}$$

下面对燃烧生成物质水（H_2O）、氢气（H_2）、氢原子（H）、羟基（OH）、氧原子（O）、氧气（O_2）等相关反应式进行分析。在上面已经获取了两个反应物质的原子数构成比 m 与燃烧气体压力 p 相关反应式，还需要获取最少4个反应式。

与反应生成物质相关化学反应考虑如下4种化学反应：

① $H_2 + 1/2O_2 \leftrightarrow H_2O$

② $1/2O_2 + 1/2H_2 \leftrightarrow OH$

③ $1/2H_2 \leftrightarrow H$

④ $1/2O_2 \leftrightarrow O$

对于各反应的平衡系数 K_p，利用平衡系数的定义，以如下公式计算获得。

$$K_{p,1} = \frac{p_{H_2O}}{p_{H_2}p_{O_2}^{1/2}},K_{p,2} = \frac{p_{OH}}{p_{H_2}^{1/2}p_{O_2}^{1/2}},K_{p,3} = \frac{p_H}{p_{H_2}^{1/2}},K_{p,4} = \frac{p_O}{p_{O_2}^{1/2}} \tag{4.18}$$

表4-9显示了随温度的4个平衡系数值。如表中所示，在298K（室温）温度下，反应式①的平衡系数 $K_{p,1}$ 值为 1.1143×10^{40}，其他3个值为小于1。这表示，在室温状态下，仅进行第①种反应。随着温度的上升，其他值也逐步增大。这表示随温度的变化，其平衡状态也发生改变。因此，对于6个未知的各化学物种的摩尔数（分压），可以获取6个反应式并求出。

（3）绝热火焰温度　现在分析不考虑热分解状态的静态燃烧和定压燃烧的绝热火焰温度。燃烧温度的计算，假设如果空气过胜率 $\lambda\geqslant1$ 表示完全燃烧，如果 $\lambda<1$ 表示燃烧进行直到消耗全部氧气。此外，还假设燃烧效率为1，并没有能量损失。

① 不考虑热分解时。静态燃烧：假设气缸内残留废气量 m_r、燃料供给量 m_f、实际空气量 m_a 混合压缩后，静态进行燃烧。燃烧前后的状态分别表示为1、2，可以描述能量的平衡为

燃料的化学能+燃料的显热+空气的显热+残留废气的显热=燃烧废气的显热

$$m_f H_l + m_f u_{f,1} + m_a u_{a,1} + m_r u_{r,1} = (m_f + m_a + m_r) u_{m,2}$$

在上述平衡式中，$u_{f,1}$、$u_{a,1}$、$u_{r,1}$分别为燃烧前的燃料、空气、残留废气的内部能量（显热）；$u_{m,2}$为燃烧后燃烧气体的内部能量，分别以$c_{v,f}T_1$、$c_{v,a}T_1$、$c_{v,r}T_1$、$e_{v,m}T_2$进行计算。由此，上述平衡式可以表示为

$$m_f H_l + m_f c_{v,f} T_1 + m_a c_{v,a} T_1 + m_r c_{v,r} T_1 = (m_f + m_a + m_r) c'_{c,m} T_2$$

$$m_f H_l + (m_f + m_a + m_r) c_{v,m} T_1 = (m_f + m_a + m_r) c'_{v,m} T_2$$

$c_{v,m}$是燃烧前混合气的平均静态质量热容，为

$$c_{v,m} = \frac{m_f c_{v,f} + m_a c_{v,a} + m_r c_{v,r}}{m_f + m_a + m_r}$$

把上式以燃烧温度T_2进行整理，可以获得如下公式：

$$T_2 = T_1 \frac{c_{v,m}}{c'_{v,m}} + \frac{m_f H_l}{(m_f + m_a + m_r) c'_{v,m}}$$

式中，$c_{v,m}$为燃烧前混合气的静态质量热容；$c'_{v,m}$为燃烧气体的平均静态质量热容。残留废气量m_r定义为残留废气的质量比$f_r = m_r/(m_f + m_a + m_r)$，在上式的实际空气量$m_a$中代入$\lambda m_f (A/F)_s$和$m_r = f m_f[\lambda(A/F)_S + 1]/(1 - f_r)$可以获得下式：

$$T_2 = T_1 \frac{c_{v,m}}{c'_{v,m}} + \frac{1}{c'_{v,m}} \frac{(1 - f_r) H_l}{1 + \lambda (A/F)_s} \tag{4.19a}$$

$$= T_1 + \frac{1}{c'_{v,m}} \frac{(1 - f_r) H_l}{1 + \lambda (A/F)_s} \tag{4.19b}$$

式中，$(A/F)_s$为理论空燃比。另外，可以考虑燃烧前的燃料－空气－残留废气混合气的静态质量热容$c_{v,m}$与燃烧废气的平均静态质量热容$c'_{v,m}$几乎相同。因此，在静态燃烧中，燃烧温度T_2与空气过量系数λ和残留废气质量分率f_r有关。图 4-15 所示为随当量比变化的燃烧温度。燃烧温度在假设不发生热分解的理论混合比（$\phi = 1$）时为最大。

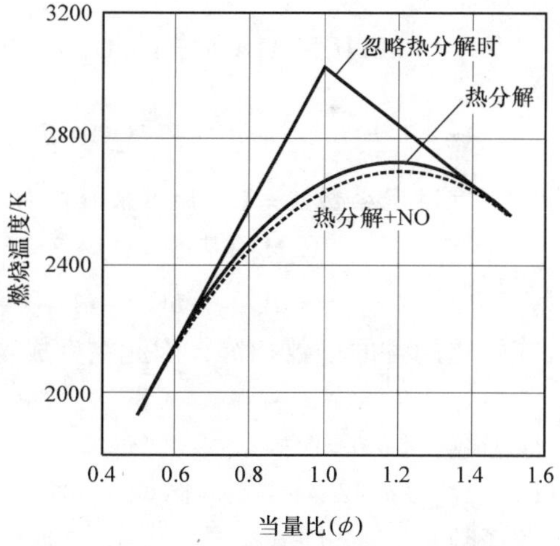

图 4-15　随当量比的燃烧温度

燃烧最高压力为当燃烧前后的气体常数分别为R、R'时，从理想气体状态式可以推导出

$$p_1 v_1 = R T_1, p_2 v_1 = R' T_2$$

$$p_2 = \frac{R'}{R} \frac{T_2}{T_1} p_1 = \delta \frac{T_2}{T_1} p_1 \tag{4.20}$$

式中，$\delta = R'/R = M/M'$，是燃烧前后的容积比或分子数（摩尔数）比。

定压燃烧：定压燃烧时的燃烧温度是以燃烧气体的平均定压质量热容 $c'_{v,m}$ 代替平均静态质量热容 $c'_{v,m}$ 进行计算，与式（4.19b）类似地如下进行表示。

$$T_2 = T_1 + \frac{1}{c'_{p,m}} \frac{(1-f_r)H_l}{1+\lambda(A/F)_s} \tag{4.21}$$

把此公式与静态燃烧式（4.19b）进行比较，可以看出仅燃烧气体的平均静态质量热容 $c'_{v,m}$ 和平均定压质量热容 $c'_{p,m}$ 不同。通常，静态质量热容 $c'_{v,m}$ 小于定压质量热容 $c'_{p,m}$，所以静态燃烧温度高于定压燃烧温度。

柴油机的燃烧为定压燃烧。如果柴油机在压缩行程末期喷射燃料，则可知容积比 ϕ 为

$$\phi = \frac{V_2}{V_1} = \frac{m_a + m_f + m_r}{m_a + m_r} \frac{R'}{R} \frac{T_2}{T_1} = \zeta \frac{T_2}{T_1}$$

由此可以推导出下述关系式：

$$T_2 = T_1 \frac{\phi}{\zeta} \tag{4.22}$$

式中，$\zeta = \dfrac{\lambda(A/F)_s + 1}{\lambda(A/F)_s + f_r} \dfrac{R'}{R}$。

② 考虑热分解时。以空气过量系数 λ 对碳氢化合物燃料（C_xH_y）与空气发生燃烧反应，并通过热分解生成一氧化碳（CO）和氢气（H_2）的过程进行分析。假设不生成氮氧化物（NO），可以获得下述反应式：

$$C_xH_y + \lambda\left(x + \frac{y}{4}\right)(O_2 + 3.76N_2)$$

$$= aCO_2 + bCO + cH_2O + dH_2 + eO_2 + 3.76\lambda\left(x + \frac{y}{4}\right)N_2$$

设定空气过量系数 $\lambda = 1$，并以苯（C_6H_6）为燃料时，可获得下述反应式：

$$\begin{aligned} &C_6H_6 + 7.5(O_2 + 3.76N_2) \\ &= aCO_2 + bCO + cH_2O + dH_2 + eO_2 + 28.2N_2 \end{aligned} \tag{4.23}$$

等式两边的各原子数相等，因此在生成物质摩尔数 a、b、c、d、e 之间有下述关系：

C 原子数：$a + b = 6$

O 原子数：$2a + b + c + 2e = 15$ （R1）

H 原子数：$2c + 2d = 6$

在燃烧生成物质中，氧气（O_2）和氮气（N_2）为没有参与反应的过剩氧气和氮气，因此对剩余的燃烧生成物质二氧化碳（CO_2）、一氧化碳（CO）、水（H_2O）和氢气（H_2）相关的化学反应式进行分析。在这里对下述两个反应式进行分析：

$$2CO_2 \rightarrow 2CO + O_2$$

$$CO_2 + H_2 \leftrightarrow CO + H_2O$$

上述反应式中的平衡系数和平衡系数试验公式为

$$K_{p,1}=\frac{(p_{CO})^2\ (p_{O_2})}{(p_{CO_2})^2},\ \lg K_{p,1}=8.593-\frac{28600}{T}$$
$$K_{p,2}=\frac{(p_{CO})\ (p_{H_2O})}{(p_{CO_2})\ (p_{H_2})},\ \lg K_{p,2}=1.2065-\frac{1100}{T}\tag{4.24}$$

因各成分分压与摩尔数成比例，上式的平衡系数可以表示为

$$K_{p,1}=\frac{b^2(p_{O_2})}{a^2},K_{p,2}=\frac{b\times c}{a\times d}\tag{R2}$$

如果燃烧气体压力为 p，总摩尔数为 X，则氧气分压 p_{O_2} 的计算公式为

$$X=a+b+c+d+e+56.4$$

$$p_{O_2}=p\frac{e}{X}$$

式中，假设汽油机的压缩比为5，燃烧前的混合气温度为100℃，压力为 1×10^5Pa，燃烧后的燃烧气体温度为 T，燃烧前的总摩尔数根据式（4.23）的左边得出为36.7，如果燃烧气体的摩尔数增加到 X，则燃烧压力 p 根据式（4.20）可以计算：

$$p=\frac{X}{36.7}\times5\times\frac{T}{373}$$

式中，假设燃烧最高温度为 $T=2500+273=2773$K，根据式（4.24）可以计算出：

$$K_{p,1}=0.019,\ K_{p,2}=6.45$$

$$p_{O_2}=p\frac{e}{X}=e\times\frac{5}{36.7}\times\frac{2773}{373}=0.253e$$

通过 $K_{p,1}$，$K_{p,2}$ 和 p_{O_2}，可以获得燃烧生成物质的摩尔数关系式为

$$\frac{b^2}{a^2}e=\frac{K_{p,1}}{0.506}=0.0375,\frac{b\times c}{a\times d}=K_{p,2}=6.45\tag{R3}$$

通过解式（R1）和（R3）的联立方程式，可以计算出燃烧生成物质的摩尔数为

$$a=10.09,\ b=1.91,\ c=5.83,\ d=0.17,\ e=1.04$$

如果生成如上成分燃烧气体时，其发热量为1kmol苯蒸气完全燃烧时的发热量减去1.91kmol一氧化碳（CO）和0.17kmol氢气（H_2）发热量的值，此热量是每1kmol混合气的热量18786kcal。另外，在绝热压缩过程中可以获得1590kcal/kmol的热量。如上成分构成的燃烧气体温度100～2500℃的平均质量热容为7.346kcal/kmol，则燃烧气体的上升温度 ΔT 为

$$\Delta T=\frac{18786+1590}{7.346}=2773℃$$

因此，压缩初期温度100℃加上上升的温度值 ΔT，最终燃烧气体温度为2873℃（3148K）。因此，最初的燃烧最高温度2500℃（2773K）的设定值有些不

够。在此，以最高温度2705℃的假设值重新进行计算，可以获得能满足2705℃的结果。此时燃烧气体的构成如下。

$$9.01CO_2 + 2.99CO + 5.72H_2O + 0.28H_2 + 1.635O_2 + 56.4N_2$$

在图4-15显示了把上述计算式用多种空气过量系数（或当量比）计算的燃烧温度结果及没有考虑热分解时的状态。如果考虑热分解，最高温度在大于理论混合比的浓混合气状态下获得。以此混合比为基准，混合气稀薄或浓时，燃烧温度会降低，使热分解反应减少，因此在此时不考虑热分解也对燃烧温度没有大的影响。另外，柴油机因在过剩空气下进行燃烧，因此热分解的影响小。图4-15中点线为考虑热分解和氮氧化物（NO）生成时的燃烧温度。

如上所述，燃烧气体各成分的摩尔数的计算，一旦决定了反应温度，利用此温度的平衡系数 K_p 的试验式就可以求出。虽然实际气缸内的燃烧气体温度会时刻发生变化，因反应时间较短，在膨胀过程中的浓度变化可以假设为基本不变，因此设定反应温度为1700K左右，可以获得与实际测量值相似的结果。图4-16显示的是在这样的条件下与空燃比相关燃烧气体构成的计算结果。空燃比比理论混合比浓时，二氧化碳（CO_2）的生成量减少，一氧化碳（CO）的生成量增加。在燃烧气体中一氧化碳（CO）越多，总分子数会增加。如果比最高温度混合比浓，一氧化碳（CO）的生成量会增加，因此应补充温度的降低影响，并使其在这两者相平衡的点上达到最高压力。

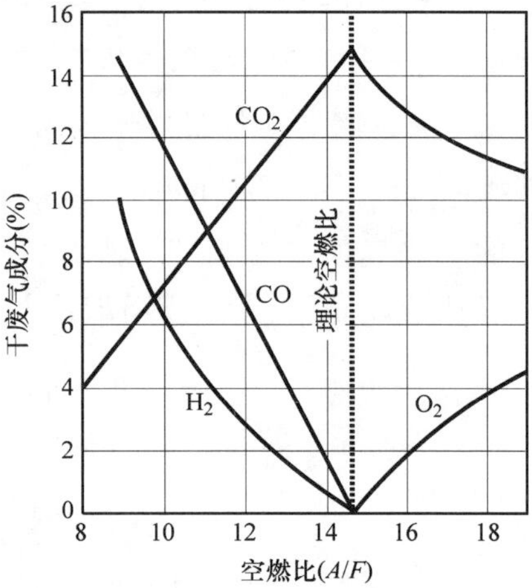

图4-16　随空燃比的干排气中各成分气体构成

（4）燃烧温度和压力　燃烧压力在考虑热分解的状态下，温度和分子数增加时，可以通过式（4.20）进行计算。其结果随混合气浓度和压缩比的曲线如图4-17所示。最高压力在比最高温度更为浓的混合比上获得。在一定容积下，混合比相同时，压力和温度随压缩比（或分子数）的增大而增加。

如果压缩比降低，燃烧温度也会降低，因此热分解会减少，如图4-17所示出现最大压力、最高温度的点接近理论混合比。另外，在做功过程中随着温度的降低，热分解会减少，做功过程末期的温度和压力在理论混合比上达到最大。燃烧最高温度是随着压缩比的增加而增大，但做功过程末期的温度与此相反，这一点应该需要关注。另外，做功过程末期的压力不受压缩比的影响。平均有效压力主要是依赖做功过程中的平均压力，最大平均有效压力出现在最高燃烧压力的过浓混合比与理论混合比的中间。这与最大转矩出现在比理论混合比浓10%～20%的混合比处的事实相吻合。

上述说明均为理论计算结果。实际上，因存在不完全燃烧、热损失等，因此最高温度会小于理论值。燃烧最高温度会出现在很短的时间内，要正确进行测量难度很大，通过光谱线反转法、光电管、白金线电阻、音速等可以进行相似测量。汽油机的最高温度为 2000～2500℃。

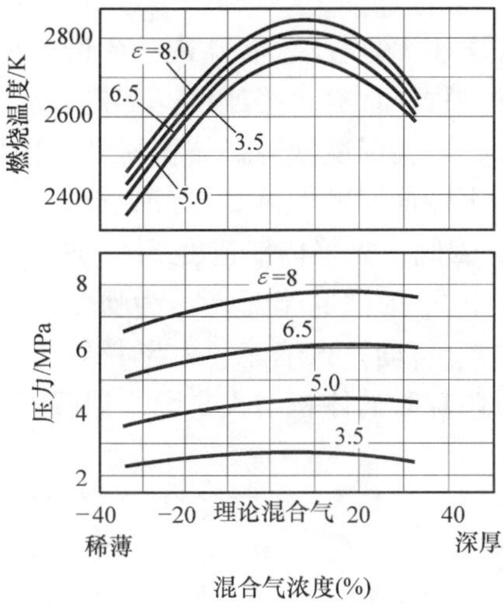

图 4-17　随压缩比的燃烧温度和压力

4.2.2　燃烧形态

点燃式发动机与压燃式发动机之间根本差异在于发生燃烧的形态上，并不是说点燃式发动机在一定的容积下、压燃式发动机在一定的压力下进行燃烧的。点燃式发动机发生预混合火焰，压燃式发动机发生扩散火焰。

1. 预混合燃烧

汽油机的燃料喷射发生在进气系统中，在压缩过程末期充分混合的均匀混合气发生燃烧，这称为预混合燃烧。经过电火花进行加热，部分预混合气达到着火温度时，发生急剧的氧化反应产生火焰内核，以此形成火焰前缘。火焰前缘在未燃混合气中以某一速度进行传递，这称为火焰传播。火焰前缘（或反应区）是发生实际燃烧的部分，厚度为 0.1mm 左右的薄层。火焰（或火焰前缘）通过的混合气大部分成为结束燃烧反应的燃烧气体状态。因此，在预混合燃烧中以火焰前缘为界，可以明确区分未燃气体（混合气）和已燃气体（燃烧气体）两部分。

预混合气能传播火焰是因为混合气处于可燃范围内。混合气的可燃范围随燃料的种类、混合气的温度、压力、混合气中残留废气和湍流强度等的不同而发生变化。

（1）火焰速度与燃烧速度　火焰传播仅在存在火焰前缘的预混合燃烧中进行。火焰传播有正常燃烧和异常燃烧两种形态。

正常燃烧是火焰通过热传递或扩散顺序传递到邻近的分子中，即通过温度波进行传播的状态，火焰速度为每秒几米到几十米左右，速度较低。异常燃烧是在正常火焰传播过程中发生冲击波，在冲击波的波面上发生绝热压缩自着火，以此传播火焰的状态。此时火焰前缘在压力波的推动下进行传播，火焰速度大于音速，达到 300～2000m/s。

燃烧室内的火焰传播速度，即火焰速度 S_f 为燃烧速度 S_b 与涡流或燃烧气体膨胀时的气体膨胀速度（移动速度）S_g 之和。

$$S_f = S_b + S_g \tag{4.25}$$

如图 4-18 所示，容器内处于静态的预混合气分为 7 个部分，分析各部分进行燃烧的过程，计算火焰速度。首先，从 A—A 端面开始燃烧，第一部分 A—B 燃烧 t 时间后，燃烧温度上升，体积膨胀，达到图 b 的 B'—B'状态。以此，A—A 端面到达 A'—A'端面时的速度 S_b 为 dx/dt，B—B 端面到达 B'—B'端面时的气体速度 S_g 为 dy/dt。因此，火焰传播速度 S_f 为这两个速度之和，即 $d(x+y)/dt = dz/dt = S_b + S_g$，其中 S_b 为燃烧速度，S_g 为膨胀速度。如果混合气全部与火焰传播相同的方向以速度 S_a 移动，火焰速度为与混合气流动速度 S_a 之和，即 $S_f = S_b + S_g + S_a$。混合气质量燃烧时的体积增大是因为依赖于温度的比容增大所致。

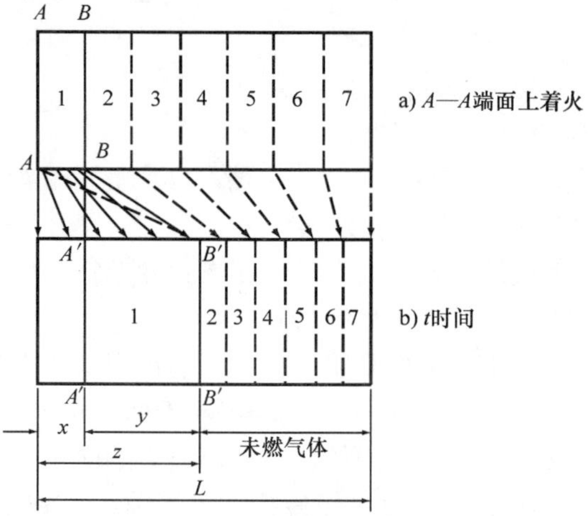

图 4-18　静态燃烧中火焰传播模型

（2）层流火焰　燃烧速度与混合气的湍流强度有很大关系。在没有湍流的层流混合气生成的火焰称为层流火焰，层流火焰的燃烧速度称为层流燃烧速度。层流燃烧速度根据燃料的种类、混合气的组成、温度和压力具有特定值。

图 4-19 显示了层流预混合火焰区的火焰结构（温度分布、浓度分布）。火焰是以火焰区（火焰前缘）为界限分为未燃气体和已燃气体，火焰区分为预热区和反应区。预热区为从反应区接收热量，通过热扩散混合气温度上升的领域，反应区为化学物种发生反应放热的同时生成多种中间物质的领域。因此，预热区与反应区之间有温度曲线的转折点，此点的温度 T_i 为保持燃烧反应所需的温度，称为着火温度。这是因为即使相同的燃料，每个火焰都表现为不同的值。

在预热区开始分解反应物质的同时生成中间生成物质和燃烧生成物质。在反应区全面产生连续的多数活性基之间基本反应的连锁反应，形成火焰的高温部分，反应物质完全转化为生成物质和中间生成物质。因此，中间生成物质［活性基、一氧化碳（CO）、氢气（H_2）、羟基（OH）、氧原子（O）和氢原子（H）等］的浓

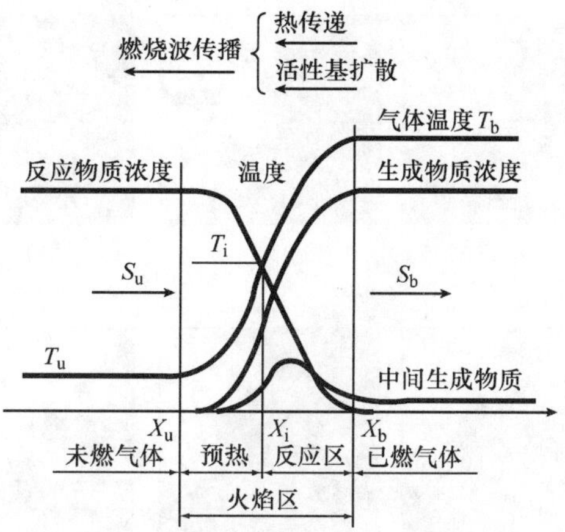

图 4-19　层流预混合火焰区的结构

度开始出现在温度转折点的上游，到反应区中间附近达到最大值后，逐步趋于平衡浓度。另外，生成物质随反应物质的逐步减少而增加，并趋于平衡浓度。实际碳氢化合物燃料与空气的预混合气在大气中以理论混合比发生反应时，火焰的厚度约为 0.1mm，传播速度约为 0.5m/s。通过火焰区的压力升降约为 1Pa 很小，反应区的温度会达到 2200～2600K 的高温。

（3）湍流火焰　湍流火焰为火焰区附近的流动为湍流状态，气缸内混合气的流动大部分为湍流状态。湍流火焰的燃烧速度称为湍流燃烧速度。湍流不同于层流，混合气的流速在时间上或空间上为完全不规则状态，可以定义为支配于偶然性，扩散能力强，并为三维性质流动。湍流会分散火焰前缘或使其曲折，因此火焰前缘的面积增大，燃烧速度就会加快。层流火焰的燃烧速度为 1～2m/s，但微湍流时燃烧室内的湍流燃烧速度在 6000r/min 条件下以燃烧时间推断，可以达到约 50m/s 的高速，与层流相比快 10 倍以上。无论对预混合燃烧或扩散燃烧，湍流均能提高其燃烧速度。

图 4-20 显示了通过激光片光在两个发动机运行转速下摄影的火焰结构照片。在下图转速 300r/min 的状态，火焰前缘仅出现类似于半岛形状的略微的凹凸部分。与此相比较，在上图转速 1200r/min 的状态，火焰前缘形成凹凸形状非常多的湍流火焰结构。这是因为转速上升时湍流强度也随之增大所致。在图中已燃部分中可以看到岛的模样未燃烧领域，这是因把激烈的凹凸形状未燃、已燃部分的边界面以二维影像看到的结果，如果用三维影像可以很明确地看到未燃、已燃领域边界面。最近，在发动机燃烧室中把混合气或空气的流动形成涡流或滚流，以改善燃烧速度。

（4）气缸内湍流　汽油机为了提高热效率和输出功率，理想的是火焰速度快，燃料瞬间燃烧结束。影响湍流燃烧速度的因素有混合气的种类、空燃比、温度、压力、湍流特性和残留废气量等，其中最重要的是燃烧室内的湍流，这还可以减少循环变动。

湍流燃烧速度由混合气的种类或空燃比决定的层流燃烧速度和湍流强度决定，表示为

$$S_T = S_L + Cu' \tag{4.26}$$

式中，S_T 为湍流燃烧速度；S_L 为层流燃烧速度；u'为湍流强度；C 为常数。

首先，分析湍流的定义和获得气缸内湍流数据的方法，对表示湍流特性的长度

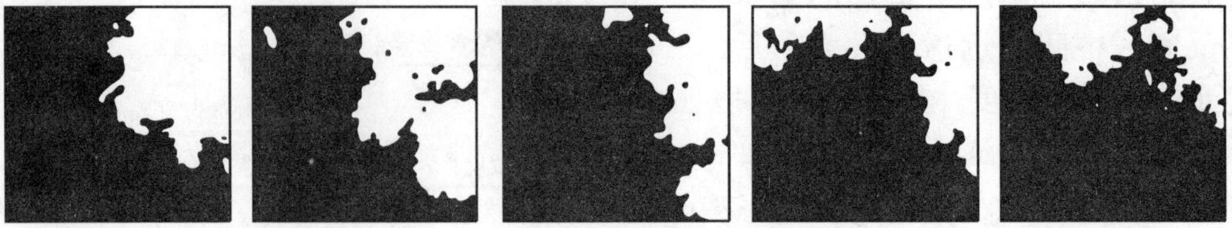

a) 1200r/min

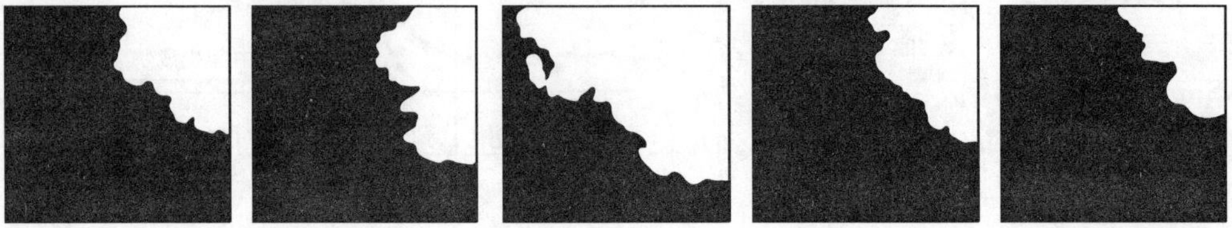

b) 300r/min

图 4-20　激光片光影像火焰前缘形状

尺度和时间尺度进行定义，并分析如何使用这些参数。

① 湍流的定义。湍流是许多大小不等的涡流相互叠加形成的三维无序流体运动状态。黏性剪应力消散涡流，此时虽然生成小的涡流，但如果不持续供应能量，湍流就会被消灭。

正常湍流流动在任意时间 t 时的瞬间流体速度 U（t）以下述的平均速度与可变速度分量之和表示。

$$U(t) + \overline{U} + u(t) \tag{4.27}$$

正常流动的平均速度$\overline{U}$为在充分长时间 τ 期间流体速度 $U(t)$ 的平均值，称为时间平均速度，以下式进行定义。

$$\overline{U} = \lim_{\tau \to \infty} \frac{1}{\tau} \int_{t_0}^{t_0+\tau} U(t)\,\mathrm{d}t \tag{4.28}$$

湍流强度 u'以可变速度分量 u 的均方根（RMS）进行定义。

$$u' = \lim_{\tau \to \infty} \left(\frac{1}{\tau} \int_{t_0}^{t} u^2\,\mathrm{d}t \right)^{1/2} \tag{4.29a}$$

或因$\overline{U}u(t)$的时间平均值为 0，可以用下式表示。

$$u' = \lim_{\tau \to \infty} \left(\frac{1}{\tau} \int_{t_0}^{t} [\,U(t)\,]^2 - \overline{U}^2\,\mathrm{d}t \right)^{1/2} \tag{4.29b}$$

发动机气缸内的气体流动不是正常的流动状态，是以周期发生变化的非正常流动状态。因此必须对各种循环进行测量，这些测量值应相对于特定的曲轴角度（或曲轴角度范围）处于平均的状态。把这样的接近方法称为总体均值或相平均。

气缸内气体流动速度原以时间的函数表示的可以用曲轴角度（θ）与任意循环（i）进行表示。由此，式（4.27）可以表示为

$$U(\theta,i) = \overline{U}(\theta,i) + u(\theta,i) \tag{4.30}$$

总体平均速度$\overline{U}_E(\theta)$以基本循环中特定曲轴角度或相位的平均值进行定义，在相同的曲轴角度下测量的 n 循环的平均值，即

$$\overline{U}_E(\theta) = \frac{1}{n}\sum_{i=1}^{n} U(\theta,i) \tag{4.31}$$

在式（4.30）中考虑总体平均速度时可以推导出下式：

$$U(\theta,i) = \overline{U}_E(\theta) + U^*(\theta,i) + u(\theta,i) \tag{4.32}$$

$$U^*(\theta,i) = \overline{U}(\theta,i) - \overline{U}_E(\theta) \tag{4.33}$$

式中，$U^*(\theta,i)$为循环平均速度与总体平均速度之差，表示每个循环气体流动速度的变化。

图 4-21 所示为气缸内气体流动速度分别以循环平均速度、湍流变化速度（同时速度）、总体平均速度表示的曲线图。图中实线为总体平均速度，点线为个别循环的平均速度，这两者速度之差为循环变化速度 U^*。

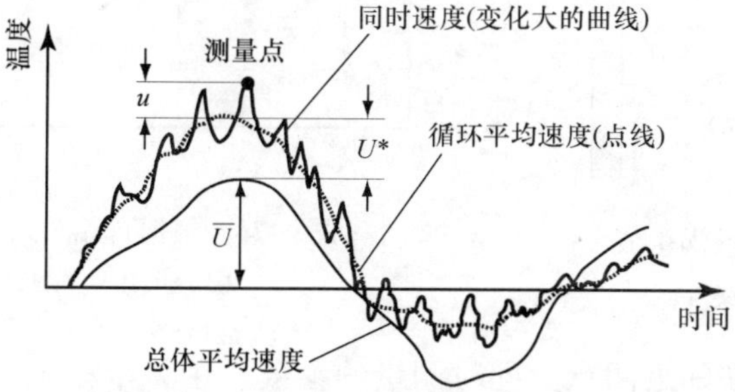

图 4-21 气缸内气体速度的循环变化

用 LDA 测量流动速度的信号不是连续的信号。对特定曲轴角度的数据取平均时，应决定以平均曲轴角度$\overline{\theta}$为中心的曲轴角度范围 $\pm\Delta\theta/2$。根据曲轴角度范围，所测量的速度不同。因此，式(4.30)~式(4.33)的 θ 为$\overline{\theta}\pm\Delta\theta/2$。

② 湍流特性。湍流特性是不规则运动流体大小的表示，有长度尺度和时间尺度。

气缸内湍流由漩涡产生，漩涡是通过进气门进入到气缸内的射流形成的。射流的轴向速度分量和半径方向速度分量比活塞速度大一个尺度左右，射流的宽度约为气门升程。图 4-22 所示为通过进气门射流的漩涡生成状态。大漩涡不稳定，分成许多小漩涡。

积分尺度 l_i 为在流场中最大的尺度。如果能以比积分尺度小得多的间隔测出速度，各速度之间具有相互关系。空间自相关系数 R_x 利用某一点 x_0 处的速度与相距 x 的某一点的速度如下进行定义：

$$R_x = \frac{\overline{U}(x_0)\ \overline{U}(x_0 + x)}{u'(x_0)u'(x_0 + x)} \tag{4.34}$$

积分尺度以邻近两点变化速度自相关系数 R_x 的积分，即以曲线底部的面积进行定义。

$$l_i = \int_0^\infty R_x \mathrm{d}x \tag{4.35}$$

这如图 4-23 所示。换句话说，曲线底部面积等于由坐标（l_i，1）与坐标轴围起来的直角四边形的面积。

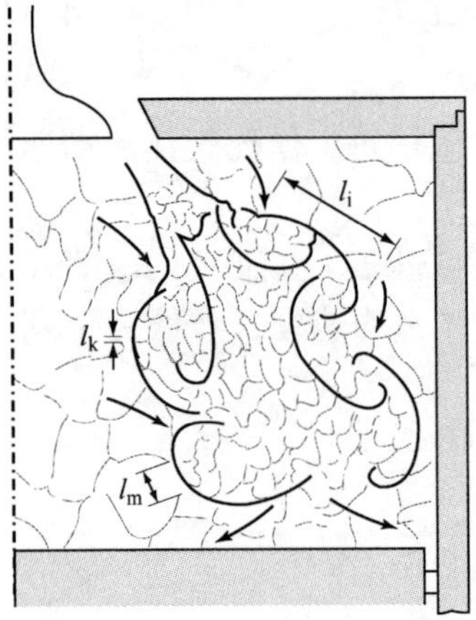

图 4-22 进气过程中漩涡生成和湍流特性长度

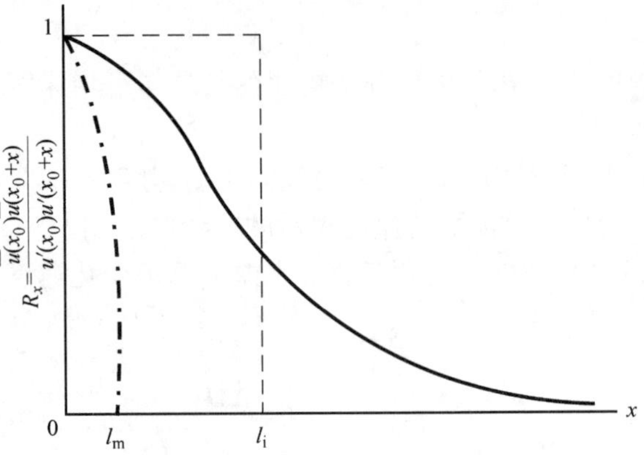

图 4-23 根据自相关系数变化的积分尺度、微尺度

积分尺度需要在邻近两点上同时测量的参数。在实际发动机上，同时很难做到测量两点的流动速度，因此引用了积分时间尺度 t_i。

$$t_i = \int_0^\infty R_t \mathrm{d}t \tag{4.36}$$

R_t 为时间自相关系数，除了在一点上测量变化速度外，与长度自相关系数类似的方法以下式进行定义。

$$R_t = \frac{1}{n-1}\sum_{i=1}^{n}\frac{u(t_0)u(t_0+t)}{u'(t_0)u'(t_0+t)} \tag{4.37}$$

式中，n 为测量次数。

湍流特性的第二个尺度是泰勒微尺度 l_m。微尺度定义为对湍流强度的湍流流动场发生变化的变形率之间的关系。如图 4-23 所示，微尺度定义为在 $x=0$ 时相关函数的曲率和高度值一致的抛物线与 x 轴相交的点。通过抛物线公式可以用下式进行计算。

$$l_m^2 = -\frac{2}{(\partial^2 R_x/\partial x^2)_{x=0}} \tag{4.38}$$

湍流特性的第三个最小的长度尺度是科莫微尺度 l_k。这是对流动结构内运动量扩散特性的分析。最小的漩涡随局部速度的改变而快速发生变化，由此可以假设科莫尺度的湍流为均质性，其黏性把湍流能量转化为热能。如果单位质量能量耗散率为 ε，运动黏度系数为 ν，科莫长度尺度 l_k 与时间尺度 t_k 之间的关系定义为

$$l_k = \left(\frac{\nu^3}{\varepsilon}\right)^{1/4}, t_k = \left(\frac{\nu}{\varepsilon}\right)^{1/2} \tag{4.39}$$

如果湍流较小，根据平均流动速度在积分长度尺度 l_i 与积分时间尺度 t_i 之间具有如下关系：

$$l_i = \overline{U} t_i \tag{4.40}$$

如果没有平均流动时，积分时间尺度表示漩涡的寿命。

对于均值湍流，微尺度 l_m 与微时间尺度 t_m 之间用类似的方法可知具有如下关系：

$$l_m = \overline{U} t_m \tag{4.41}$$

海伍德（Heywood）认为大尺度漩涡运动能量与 u'^2 成正比，漩涡的运动能量大部分在一次的传导时间 l_i/u' 内消失，以此获得下列公式：

$$\varepsilon \approx u'^3/l_i \tag{4.42}$$

把式（4.42）代入到式（4.39）中，可以获得下列关系式：

$$\frac{l_k}{l_i} \approx \left(\frac{u' l_i}{\nu}\right)^{-3/4} = Re_t^{-3/4} \tag{4.43}$$

式中，Re_t 为湍流雷诺系数（$u' l_i/\nu$）。海伍德提出了下列关系式：

$$\frac{l_m}{l_i} = \left(\frac{15}{A}\right)^{1/2} Re_t^{-1/2} \tag{4.44}$$

式中，A 为次数差为 1 时的常数。

③ 气缸内湍流。通过进气门进入的射流速度比活塞速度快一个层次，故射流不仅与气缸壁碰撞，还与活塞发生碰撞。因此，在进气过程中气缸内产生环状涡流，生成很大的湍流，其后逐步减小。兰开斯特（Lancaster）测量的 CFR 发动机在 2000r/min 电动机驱动运行状态下的湍流特性见表 4-10。

如表 4-10 所示，气缸内湍流的每个变量，如积分长度尺度 l_i、泰勒微尺度 l_m、科莫长度尺度 l_k 与曲轴转角几乎没有关系，比气缸孔径、行程（约 100mm）的影响小得多。积分长度尺度相当于气门升程的一半左右。最长的积分时间尺度（t_i = 0.8ms）也比进气过程时间（15ms）小得多。

表 4-10　气缸内湍流特性

	u' /(m/s)	$\overline{U}$ /(m/s)	l_i /mm	l_m /mm	l_i /mm	t_i /(m/s)	t_m /(m/s)	t_k /(m/s)
进气过程	5.0	20	4.0	1.0	0.02	0.4	0.07	0.04
压缩过程末期	15	10	4.0	1.0	0.03	0.8	0.20	0.12

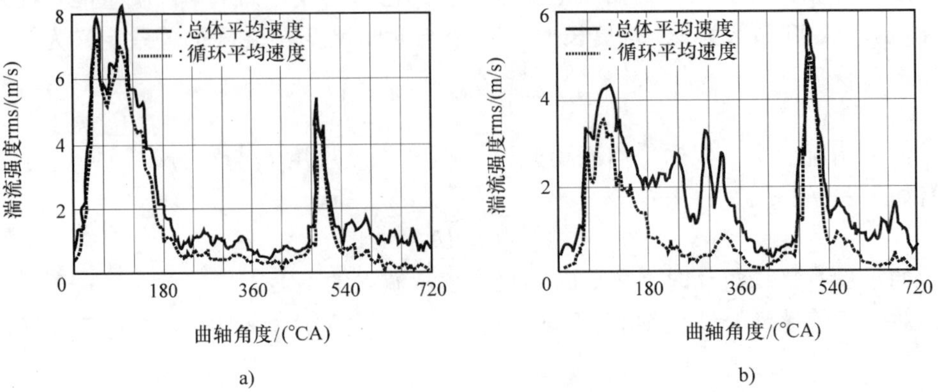

图4-24 随气缸内位置的总体平均速度和湍流强度

图4-24所示为在两点（进气门侧和气缸中央侧）测量的流动数据曲线。发动机转速为300r/min，由电动机驱动，此时活塞的平均速度为0.76m/s，并通过进气口生成涡流。图4-24a为进气门下游气缸壁面附近，图b为在气缸侧中心位置测量的随曲轴角度的循环平均速度和总体平均速度。从图中可以看出，其结果两点的平均速度有很大不同，在涡流（进气口）的影响下气体流动状态受到很大的影响。另外，图中总体平均速度与特定循环平均速度之间的差异表示平均流动的循环变化，在压缩过程中（曲轴角度180°~360°）气缸内的平均流动循环变化很大，其量也很重要。尤其是，随气缸内位置的湍流强度差异表示气体流动即不均匀也不带均质性。

（5）燃烧范围 燃烧速度 S_b 虽然随混合气的构成、压力和温度的不同而发生变化，其中混合比（空燃比）起着最重要的作用。图4-25显示了燃料的燃烧速度与空气过量系数之间的关系。最大燃烧速度出现在比理论空燃比稍浓的位置上。但是，火焰在混合比超出一定的界限时就不会出现，把这界限称为燃烧界限（或可燃界限、爆炸界限）。火焰能传播的最小浓度称为下限，最大浓度称为上限，把此两个界限的间隔称为燃烧范围。多种燃料空气混合气的燃烧范围见表4-11。这主要由氧气量来决定，越是高分子燃料其燃烧范围越窄，燃烧范围偏向于比理论混合比（空气过量系数 $\lambda=1$）更为浓厚的方向，即稀薄部分的范围小于浓厚部分的范围。仅氢气在相当的稀薄混合比上可以着火。但是，燃烧

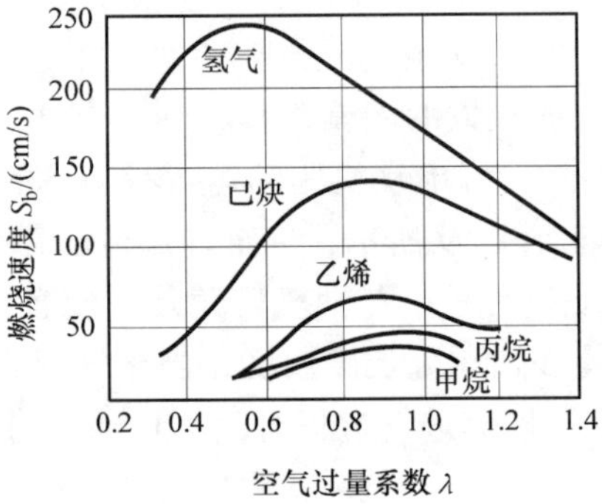

图4-25 燃料的燃烧速度与空气过量系数之间的关系

范围并不稳定不变，而是根据燃烧条件，即根据温度、压力的不同而发生变化。

汽油机的燃烧范围为下限 1.4%，上限 6.0%，这用空燃比表示时，下限（浓厚可燃界限）为 4.3: 1，上限（稀薄可燃界限）为 23: 1，在实际运行中稀薄燃烧界限为 17: 1 左右。但最近的直喷式汽油机可以达到 40: 1 的稀薄燃烧界限。

表 4-11　燃料空气混合气的燃烧范围（大气压，25℃）

燃料	分子式	燃料含油量体积分数（%）			燃烧速度	
		下限	理论	上限	燃烧速度 [cm/s]	体积分数（%）（当量比）
氢气	H_2	4.1	29.6	71.0	291	43（1.8）
一氧化碳	CO	12.5	29.6	73.0	43	52（2.6）
甲烷	CH_4	5.6	9.5	14.8	37	10（1.1）
乙烷	C_2H_6	3.1	5.7	10.7	40	6.3（1.1）
丙烷	C_3H_8	2.2	4.0	7.4	43	4.6（1.1）
丁烷	C_4H_{10}	1.7	3.1	5.7	—	—
乙烯	C_2H_4	3.0	6.5	22.0	75	7.4（1.2）
乙炔	C_2H_2	3.3	7.7	52.3	154	9.8（1.3）
苯	C_6H_6	1.5	2.7	5.6	41	3.3（1.2）
辛烷	C_8H_{18}	1.0	1.65	6.0	—	—
甲醇	CH_3OH	6.0	12.3	—	55	124（1.0）
乙醇	C_2H_5OH	4.4	5.7	—	—	—
汽油	—	1.4	1.7	6.0	38	—

2. 扩散燃烧

扩散燃烧与预混合燃烧不同，燃料与空气各自独立供给，在燃烧过程中两者相互扩散混合并燃烧。扩散燃烧的特征是，如果燃料与氧化剂相互形成边界不能扩散，就不能形成火焰。不仅不会出现明确的火焰前缘，也没有未燃气体与燃烧气体的区别，因为以火焰前缘为界限燃料与氧化剂（空气）分离，故没有火焰传播性。反应区的最高温度，即扩散火焰温度与预混合燃烧不同，不是由燃料的类型或初始温度决定的，而是随形成扩散火焰的流动场流速的变化而改变。通常，扩散速度远小于燃烧反应速度，扩散燃烧受到燃料与空气扩散速度（或扩散率）的支配。

扩散燃烧以火焰附近的燃料与氧化剂的流动状态为层流还是湍流，分为层流扩散燃烧和湍流扩散燃烧。因而，火焰形状、反应量、火焰亮度、燃烧生成物质组成等火焰性质大有不同。

柴油机的燃烧是进行湍流扩散燃烧。柴油机仅压缩空气，并向高温空气中喷射燃料着火燃烧。喷油器喷射的燃料成雾状（微粒滴），从周围空气中接收热量蒸发，与空气一起形成可燃混合气，一旦达到着火温度以上就着火形成火焰。火焰向混合气层传播，围绕油滴形成火焰形态，通过油滴继续准正常性燃烧。准正常性燃烧时油滴的燃烧率（燃烧速度系数）与蒸发率保持一定的量，根据燃料的种类、周围空气温度、速度、压力等有所不同。在这里一旦求出燃烧率，就可以求出燃烧中油滴的寿命。在火焰形成前喷射的燃料中，部分燃料气化与空气混合形成混合气，并着火形成与汽油机相同的预混合燃烧形态，但是大部分燃料通过喷油器喷射后与空气混合并燃烧，形成扩散燃烧形态。关于柴油机燃烧的详细内容将在 6.4 一节中进行说明。

（1）单纯油滴燃烧　燃料的蒸发率对柴油机燃烧的影响很大。燃料的蒸发率支配着自燃延迟，这与周围的温度、压力和空气的相对速度等有很大的关联。

在实际燃烧过程中，燃料喷射在燃烧室内时，油滴被周围高温空气（或燃烧气体）和燃烧室壁的对流及辐射热加热到达沸点。到达一定温度（沸点）的油滴通过从周围接收的热量蒸发，油滴的蒸发常数一定，蒸发率与时间 t 无关，仅与从周围接受的热量有关，随周围传递到油滴表面热量的变化而改变。蒸发的燃料蒸气从液体表面向周围扩散。此状态一直持续到油滴完全蒸发为止。现在分析一下单纯油滴的燃料蒸发率。

油滴的蒸发率（气化率）试验主要有下述三种：

① 把油滴置于高温空气中自由降落的方法。

② 把油滴捆在耐热石英纤维（40μm 以下）上并突然置于高温空气中的方法。

③ 从多孔球体中放出燃料并进行燃烧的方法。

其中，方法①和②为非正常燃烧，在方法③中，调节为球体表面保持湿润的状态，因此蒸发率和供给率相同，且球体的大小保持一定，这样可以获得接近于正常状态的燃烧试验结果。在方法①和②中，把非正常燃烧中随时间的油滴液态直径的变化，以每秒种 100 个画面左右的速度进行拍摄，以此跟踪油滴液态直径的大小变化。

图 4-26 显示了由 Faeth 利用多孔球体供给燃料的方法测量气化率的结果。油滴的气化过程在经过初期迁移期间后，成为正常状态，在正常蒸发期间油滴的大小随时间成比例地逐步减小。这是通常称为 d^2 法则（或平方法则），表示为

$$d^2 = d_0^2 - kt \tag{4.45}$$

式中斜率 k 为蒸发常数（蒸发速度系数），与时间无关保持一定常数。

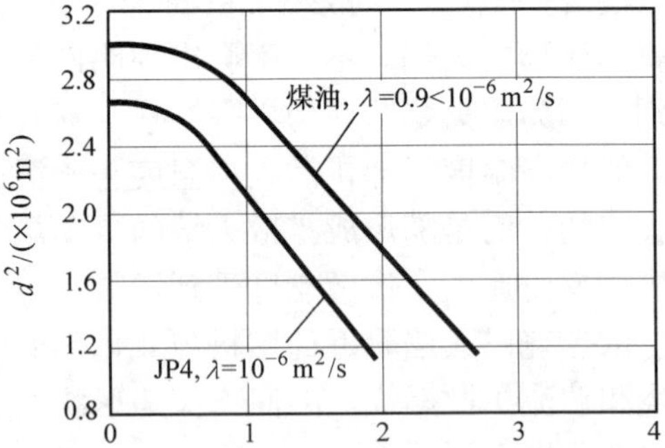

图 4-26　煤油和 JP4 的燃烧率曲线

油滴进行准正常性蒸发后，与周围空气混合逐步达到着火条件，并自燃形成火焰。油滴被火焰包围，持续进行准正常性燃烧。在准正常性燃烧中，油滴的燃烧率与蒸发率保持一定，并随燃料的类型、周围空气温度、速度和压力的不同而发生变化。

对油滴燃烧的解释假设如下：

① 油滴被球面对称的火焰包围，无流动，置于无限空间内。

② 燃烧过程是准正常状态。

③ 油滴周围的混合气层以火焰前缘为中心，内部仅为燃料蒸汽和燃烧生成物质，外部仅为氧化剂和燃烧生成物质。

④ 燃料与氧化剂以理论混合比快速反应，火焰前缘不存在厚度。

⑤ 路易斯数为1。

⑥ 热传导率、密度、质量热容等热量物性值均为常数。

通过上述假设，油滴燃烧模型如图4-27所示。图中火焰前缘定义为以燃料与空气混合比为理论混合比（当量比$\phi=1$）的点相连接的轨迹。图中显示了油滴表面和火焰前缘之间的内部领域（混合气层，$r_S \leqslant r \leqslant r_f$）和火焰前缘外的外部领域（$r_f \leqslant r < \infty$）的温度和化学物种分布。

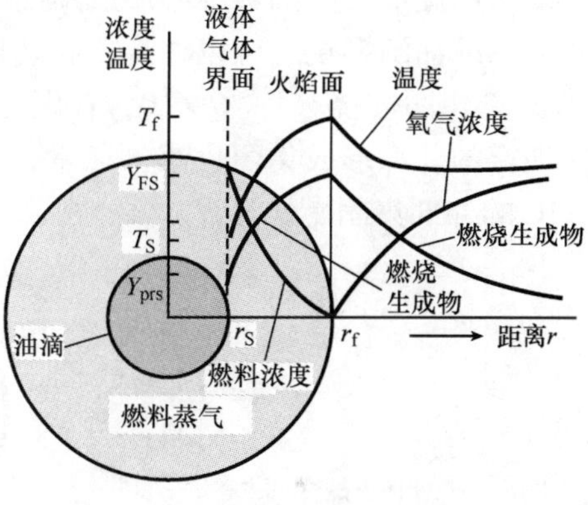

图4-27 油滴燃烧模型

燃料浓度在油滴表面达到最大值并向周围扩散，并在火焰前缘达到0。氧气（空气）也向火焰前缘进行扩散，并在火焰前缘氧气浓度也达到0。温度在火焰前缘达到最大值，并以火焰前缘为基准向内外部进行传递，其温度分布如图所示。燃烧生成物质（中间生成物质、活性化学物种、一氧化碳（CO）、氢氧基（OH）等）大体上以与温度成正比的速度从油滴表面增加，在火焰前缘达到最大值，并在外部领域逐渐减小。

（2）油雾燃烧　以柴油机为代表的工业用燃烧炉、气体涡轮燃烧器、火箭燃烧器等液体燃料的燃烧几乎都采用油雾燃烧（油雾扩散燃烧）的方式。

液体燃料的油雾油滴大小不均匀，并受到射流和湍流的影响，油滴在空间中的分布也不均匀，因此出现空间内油雾的密度差。通过瞬间拍摄进行观察，实际的油雾火焰并不是单纯的油滴燃烧，而是分成许多火焰群（油滴群、油雾群）进行燃烧，由油滴群支配油雾的燃烧。油雾的燃烧形态会受到油滴群燃料蒸气的生成速度与其产生反应的周围氧化剂（空气）扩散速度（进入速度）的影响。

Chiu等为了定量化分析这些现象，对由直径为d的均匀油滴形成的直径为D

的油滴群燃烧变量 G 如下进行定义，以此分类油雾燃烧。

$$G = 1.5L_e(1 + 0.276Re^{1/2}S_c^{1/3}) \times n_T^{2/3}(d/l) \tag{4.46}$$

式中，刘易斯系数 $L_e(=Pr/Sc = D/a = Dc_p\rho/k)$、雷诺系数 $Re(=uD/\nu)$、施密特系数 $S_c(=\nu/D)$ 为对油滴群的定义；n_T 为在油滴群中包含的油滴总数；d 为油雾粒径；l 为油滴之间的平均距离。另外，a 为热扩散系数（$=c_p\rho/k$，其中 c_p 为正压质量热容，ρ 为密度，k 为热传导率），D 为油雾群的直径；u 为油雾群的流速；ν 为动黏度系数。

油雾燃烧形态根据燃烧变量 G 大体分为 4 种，如图 4-28 所示：

① 单纯油滴燃烧（$G<10^{-2}$）：燃料油雾的内部供给有氧气，油滴分别以全包围火焰（液滴被火焰全包住的形态）的形态进行燃烧。此时油滴群的燃烧速度要随单纯油滴燃烧速度法则（d^2 法则）。

② 内部集团燃烧（$10^{-2}<G<1$）：因油滴群的中心氧气供给不足，在外部形成单纯油滴燃烧形态，油雾中心形成集团火焰（火焰群）。从此开始不能把油雾燃烧理解为单纯油滴燃烧，应以油滴群和气化燃料的预混合气混合体来进行分析。

③ 外部集团燃烧（$1<G<10^2$）：因与燃料的总蒸发率相比，氧气的供给量不足，在油雾的外部形成集团火焰。通常，工业用燃烧器为 $G>1$、气体涡轮燃烧器为 $G>10$ 的外部集团燃烧形态。

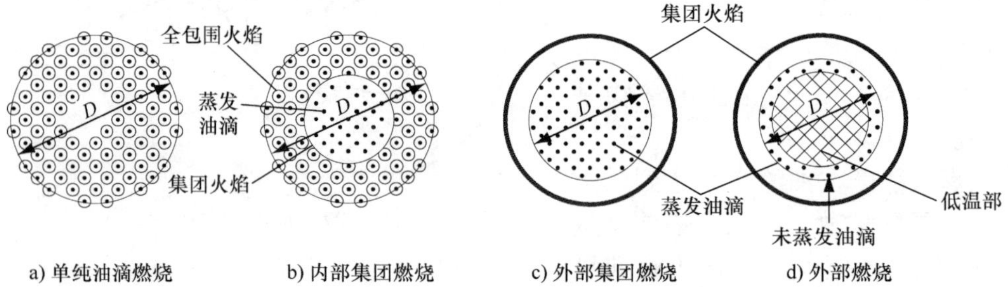

图 4-28　油雾燃烧的火焰形态

④ 外部燃烧（$G>10^2$）：虽然外部形成集团火焰，但因油滴的密度过大，燃烧热量不能传递到油雾的中心部位，液滴的蒸发仅限在部分外轮廓部位上。

柴油机油雾燃烧的方法有，通过燃烧室内旋转流动或微小湍流形成混合气进行燃烧，以及把油雾碰撞在活塞头部进行燃烧，因此不能直接适用油雾燃烧理论的范围也很多。另外，火焰前缘存在于混合气浓度在理论混合比的附近，但其厚度不太厚。在此火焰前缘前后产生热扩散或生成中间生成物质与预混合燃烧基本相同，但在燃烧温度较低的部位会生成煤烟。

4.2.3　自燃和点火

可燃混合气在某一温度下自燃着火的现象称为自燃（或自发着火、自着火），与此相反，以某种外部手段向部分混合气提供能量使混合气着火的方式称为点火（或强制点火）。汽油机利用火花塞点火开始燃烧，柴油机利用自燃开始燃烧。

1. 着火

可燃混合气能着火，其燃料的活性化学物质起着非常重要的作用。为了自发进行燃烧反应，必须积蓄和供给充分浓度的活性化学物种。为此所提供的最低温度称为燃点。燃点随燃料和氧化剂的种类、当量比、容器的形状或大小等的不同而会发生变化。

着火机制有热着火理论和链锁着火理论。热着火理论可以利用燃点进行推导。

（1）热着火理论　热着火理论把燃烧反应以一个总括反应进行分析，通过反应的产热速度等于或大于向周围的热损失速度，决定是否可以着火。如果火花塞的电极离燃烧室壁越近，其低温起动性能越不良。这是因为火花点火的混合气发热速度低于通过周围金属的散热速度所致。发热是反应速度相关问题，由燃料和氧化剂的组合、当量比、温度和压力等决定。热损失是热传递相关问题，由周围温度差、热传递系数等决定。

图 4-29a 显示了火花塞点火热着火理论的模型。假设火花塞间隙体积为由电极包围的容器。

此时，容器（间隙）内可燃混合气的反应热产生速度 $\dot{q}_r$ 为根据阿伦尼乌斯反应定律可以表示为

$$\dot{q}_r = HV\dot{\omega} = HVN_F N_o a\exp(-E/RT) \tag{4.47}$$

式中，H 为通过反应的混合气摩尔发热量；V 为容器容积；$\dot{\omega}$为反应速度；N_F、N_o 分别为燃料和氧化剂的浓度；a 为周期因数；E 为活性化能量；R 为一般气体常数；T 为混合气的温度。

设定容器壁面的温度为 T_w，通过容器壁面的热损失速度 $\dot{q}_L$ 的计算公式为

$$\dot{q}_L = hA(T - T_w) \tag{4.48}$$

式中，h 为热传递系数；A 为容器的表面积。

热产生速度和热损失速度之间关系如图 4-29b 所示。热产生速度随混合气温度 T 的增加以指数函数增加，压力以 p_1、p_2、p_3 逐步上升时，曲线向上移动。热损失速度与混合气温度和壁面温度之差成正比例，与压力无关显示为一条直线。此直线在压力为 p_2 时在点 c 进行交叉。自燃的条件为必须 $\dot{q}_r > \dot{q}_L$。因此，压力大于 p_2 的 p_3 状态，燃烧温度会急剧上升结果会达到爆发的温度；压力小于 p_2 的 p_1 状态，在超出点 a、b 的位置上发生着火。

自燃的条件为点 c 的温度即 T_c 为两条线相交叉的位置。在此条件下，因 $\dot{q}_r = \dot{q}_L$，如下公式成立：

$$HVN_F N_o a\exp(-E/RT) = hA(T - T_w)$$

在着火初期，因燃料与氧化剂的浓度大体上不会发生变化，可以看成为常数，并对上式以温度 T 进行微分，可以推导出下式。

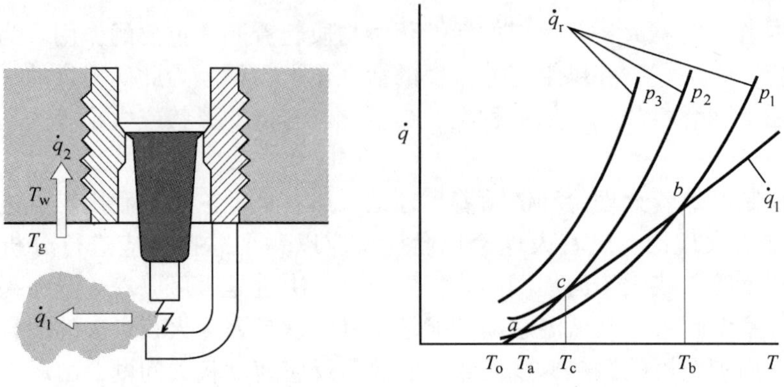

a) 概略图　　b) 热产生速度与热损失速度之间的关系

图 4-29　热着火理论模型

$$HVN_{F}N_{o}a\exp(-E/RT)\frac{E}{RT^2}=hA$$

根据上述两个公式可以推导出

$$\frac{RT^2}{E}=T-T_w \tag{4.49}$$

在上述二次方程式的两个根中，大的根温度相当大，不符合实际情况，因此小的根对应于燃点。因此，

$$T=\frac{E}{2R}\left(1-\sqrt{\frac{4RT_w}{E}}\right)$$

通常，$4R/E=(0.1\sim0.3)\times10^{-3}$，即使设定壁面温度为 $T_w=1000\text{K}$，$4RT_w/E$ 小于1，因此展开上式获得

$$T=\frac{E}{2R}\left\{1-1+2\frac{RT_w}{E}+2\left(\frac{RT_w}{E}\right)^2+\cdots\right\}$$

$$\frac{RT_w^2}{E}\simeq T-T_w \tag{4.50}$$

比较式（4.49）和式（4.50），可以看出 $T_w\backsimeq T$。举例说明，设定 $E=179\text{kJ/mol}$、$T_w=1000\text{K}$，可以得出 $T-T_w=49\text{K}$，可以看出其差异仅为5%左右，故可把着火容器的温度近似看成周围的温度。因此，对静态燃烧器进行加热，当容器内部混合气着火时，可以看成容器内避免的温度就是着火温度。

（2）链着火理论　链着火理论是活性化学物质（又称为活性基、链源、自由基）的生成速度比消灭速度大时发生着火的原理。

图 4-30 所示为氢气 – 氧气理论混合气自发着火后急剧燃烧开始的界限。当压力一定时，与压力所对应的燃点仅为一个，但当温度一定时，随压力的变化，可能发生着火也可能不发生着火，会出现第一、第二、第三燃烧界限。这时通过热着火理论无法进行说明，但可以利用链着火理论进行说明。

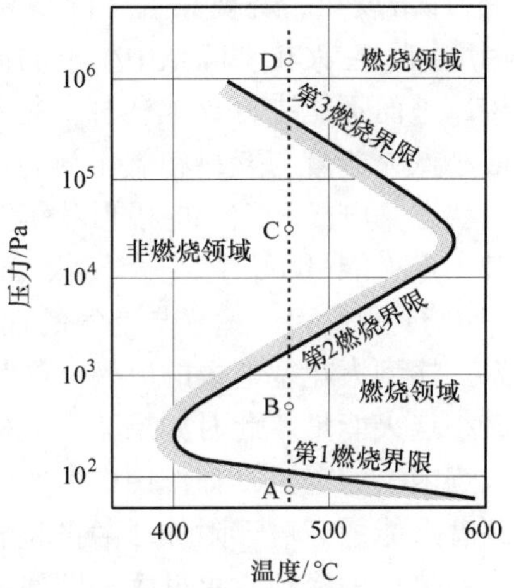

图 4-30　氢气 – 氧气理论混合气的燃烧界限

① 第一燃烧界限：这是支链反应和通过容器的链终止反应所致的，扩散速度的降低促进着火。在图中点 A 领域，因压力低，活性化学物质之间的碰撞频率低，也不能进行充分的碰撞，不仅活性基的生成速度低，连生成的活性基也与容器壁面接触失去其活性并消失。但是，会产生不能称为燃烧的缓慢的氧化反应，一旦经过长时间，容器内的成分会发生变化。

② 第二燃烧界限：这是支链反应和气状终止反应中链终止第三成分 M 所致。在点 B 领域中，压力较大，活性基之间高频率发生碰撞，从而发生支链反应，在容器壁面上的活性基失活率减小，结果活性基急速增加，因此发生燃烧反应。

③ 第三燃烧界限：不是链机制，可能因反应速度快，会发生自加热，因而热着火性能包含在内。在点 C 领域中，压力非常大，因而化学物质之间的碰撞频率更高，在此领域与在点 B 领域几乎没有的第三成分的碰撞增加，活性基的失活速度超过增加速度，因此不能发生燃烧反应。

超过第三燃烧界限，在点 D 领域中，压力更大，因此化学物质之间的碰撞更加强大，在点 C 领域中抑制活性基增长的 HO_2，在此领域与燃料中的 H_2 发生反应，使化学反应重新活泼起来，因而发生热着火燃烧反应。

第三界限对应于热爆发临界压力 p_0，在临界压力以上发生反应时，因温度上升会发生更加旺盛的燃烧反应。

2. 点火

预混合气温度不会达到自燃点以上发生着火，而用电火花塞、炙热的高温物体（预热塞）等强制进行点火。这是向部分混合气提供能量发生着火的方式，点火条件在于是否形成能进行火焰传播的火焰内核。

（1）火花点火　汽油具有良好的蒸发特性和着火特性，在很低的温度下也能容易自燃。因此，汽油机为了防止自燃不能过分提高压缩比，而是通过电火花强制进行点火。

电火花能量过大或过小也会成为问题。如果点火能量过大，会发生异常燃烧

（爆炸：冲击波和燃烧现象重叠的现象），如果点火能量过小，因对火焰的电极冷却作用增加，在火花塞间隙中生成的活性基的增速低于消失速度，因而不能形成火焰内核，进而不能进行火焰传播。把能进行火焰传播的临界能量称为最小点火能量。最小点火能量与燃料和氧化剂的种类、混合气的混合比、压力、温度、混合气的流动状态、电极间隙、电极形状等多种要素相关。

最小点火能量不仅随混合气状态的变化而改变，还会因电极形状的不同而改变。图4-31所示为天然气与空气的理论混合比状态电极间隙与最小点火能量之间的关系。棒型火花塞电极的电极间隙越小，最小点火能量就会越低，在某一间隙时达到最小点火能量。此时如果减小电极间隙，相反最小点火能量开始增加，这是因为对火焰内核的电极冷却作用增大所致。此时增加电极点火能量，即使间隙小也可以达到着火能量。对于附加法兰的电极来说，当电极间隙达到 $d_{t,min}$ 以下时，因通过法兰的热损失冷却效果过大，即使增大电极点火能量也不能达到着火能量。

多种碳氢化合物燃料在大气压、室温条件下的最小点火能量与当量比之间的关系如图4-32所示。最小点火能量是像甲烷（CH_4）等分子量较小的燃料在比理论混合比稀薄侧，像庚烷（C_6H_{14}）等分子量较大的燃料在浓混合比侧，这是因为燃料分子和氧气分子之间的扩散速度差所致。碳氢化合物燃料的最小点火能量的最小值为在任何状态下为0.2～0.3mJ，随燃料的成分不同有所差异，氢气（H_2）的最小点火能量远低于这些燃料，约为1/10。通常，混合气的压力越低、温度越低、流速越高或稀薄气体的比例越高，最小点火能量就越大。

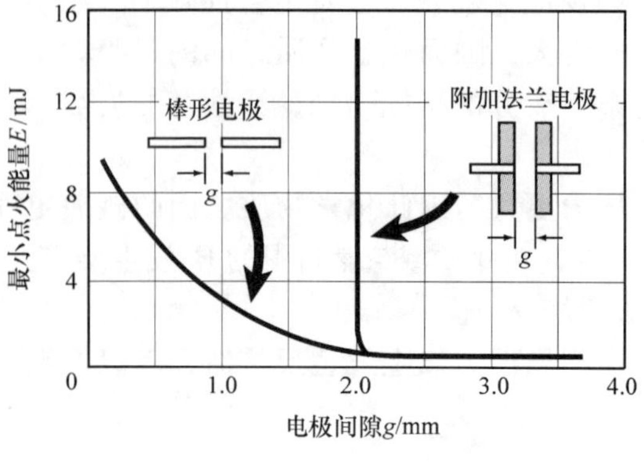

图4-31　电极间隙与最小点火能量

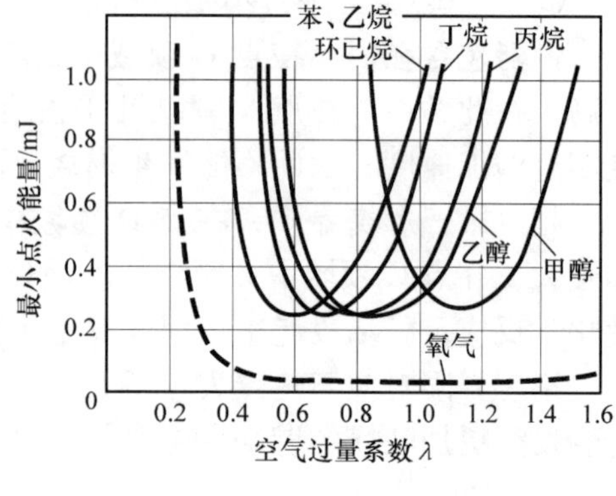

图4-32　各种燃料的最小点火能量

（2）通过高温物体的点火　柴油机、城市天然气简易点火器等利用镍铬合金加热线等高温物体点燃混合气。此时的点火是，在灼热表面附近的混合气在高温作用下达到自燃温度以上时开始燃烧反应。此时虽然加热表面的温度最高，但壁面上的活性化学物种会失活，因此在稍微离开的表面部位会发生着火。因此，高温物体表面温度通常远高于混合气的气体状态自燃温度，着火源越小、混合气的压力和温度越低、着火源与混合气之间的相对速度越大、混合气中的湍流越强，表面温度会越高。对此，利用催化剂促进反应，就可以使表面温度低于自燃温度。

练　习　题

1. 请说明庚烷与空气、甲醇与空气各自完全燃烧时的方程式。

2. 请计算庚烷和甲醇的理论空燃比。

3. 对燃料进行分析，由 85% 的碳和 15% 的氢气构成。请写出此燃料的分子式。

4. 一氧化碳定压燃烧时的发热量在温度 298K 时为 282.7kJ/mol。请计算静态燃烧时的发热量。

5. 请说明点燃式发动机控制火焰速度的主要因素。

6. 请说明辛烷值为 80 的含义。

7. 请说明十六烷值为 55 的含义。

8. 汽油为什么在压燃式发动机上不能使用？柴油为什么在点燃式发动机上不能使用？

9. 请说明点燃式发动机使用酒精燃料时的优点和缺点。

10. 如何测量爆燃强度？请说明其测量方法。

11. 请说明爆燃和爆炸。

12. 请说明预混合火焰和扩散火焰的特性。

13. 请制表说明点燃式发动机和压燃式发动机的燃烧特性。

14. 对柴油燃烧进行微观分析，说明一个油滴的燃烧过程。

15. 请说明多级着火过程和冷焰。

16. 请说明柴油机的着火延迟和柴油爆燃。

17. 柴油机在全部空燃比在 50:1 时也可以燃烧，汽油机在比空燃比 20:1 更稀薄状态下不能进行燃烧。其理由是什么？

18. 对于燃料的黏度有多种测量方法和单位，对此请进行说明。

第5章　汽　油　机

5.1　混合气形成

点燃式发动机是把引火性良好的燃料和空气混合，通过电火花点火燃烧的方式。根据燃料的不同分为汽油机、LPG发动机、汪克尔转子发动机、煤油发动机和乙醇发动机等，根据工作方式分为四冲程循环发动机和二冲程循环发动机。在本章中以四冲程汽油机为主进行说明。

当前四冲程汽油机主要采用进气端喷射式电控系统，但最近，稀薄燃烧式汽油机和直喷式汽油机已应用在部分乘用车上。

进气端喷射式电控汽油机自从采用三元催化转化器开始，除了冷起动和急加速等（$\lambda<1$）运行状态外，几乎在所有的运行条件下，在空气过量系数$\lambda=1$的理论空燃比（化学计量空燃比）的状态下运行。这样在空气过量系数$\lambda\leqslant1$条件下运行的发动机负荷调节，基本上都是通过节气门开度的调节来控制进气量。但是，稀薄燃烧和直喷式汽油机是在空气过量系数$\lambda>1$的条件下运行。在$\lambda>1$的条件下运行的发动机负荷调节，与柴油机相同，以燃料的供给量来进行调节。因此，目前多使用的进气端喷射式汽油机在$\lambda\leqslant1$条件下运行，进气量直接影响发动机的动力输出性能。

5.1.1　混合气的生成

汽油机转矩（或输出功率）生成的第一阶段为混合气的生成。图5-1所示为气缸内混合气的供给系统。虽然在图中一同显示了燃料箱蒸发气体通过活性炭罐进入到进气系统净化（purge）的蒸发气体控制系统和废气再循环系统废气再循环（EGR），但蒸发气体控制系统几乎在所有的汽油机中采用，而废气再循环（EGR）系统仅在部分汽油机中采用。

进气端喷射系统混合气的形成，在燃烧室外部的进气端开始形成。负荷调节是通过改变节气门的开度α进而调节进气量来进行的，燃料是由发动机控制模块（ECU）控制喷油器把与进气量相对应的理论空燃比（$\lambda=1$）的燃料量喷射到进气口。气缸内混合气由空气燃料混合气和气缸内残留废气混合形成。如果发动机配置有废气再循环（EGR）系统，气缸内混合气还包括废气再循环（EGR）气体。

气缸内空气燃料混合气以空燃比（A/F）或空气过量系数表示。空燃比为气缸内存在的空气与燃料的质量比，空气过量系数为对于实际供给燃料量的理论空气量与实际进气量之比。空气过量系数表示实际空燃比脱离理论空燃比的程度。

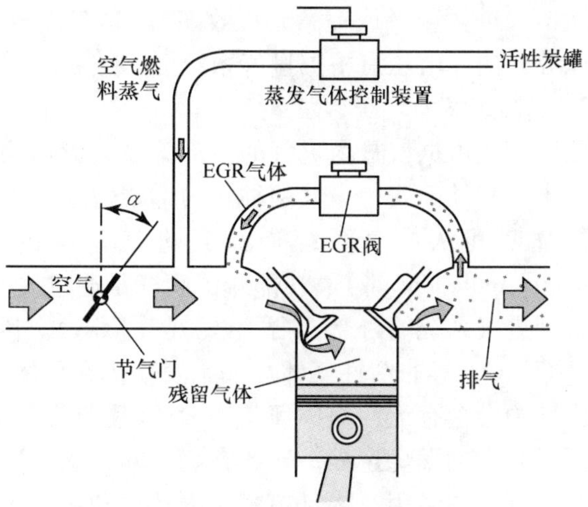

图5-1 汽油机的混合气供给系统

混合气的完全燃烧与理论混合比（或理论空燃比）有关。理论混合比又称为化学计量比，即1kg汽油燃料所需的空气量为14.7kg，即汽油机的空气燃料理论空燃比 $(A/F)_s$ 为14.7（或也以14.7∶1表示），此时空气过量系数为 $\lambda=1$。如果实际空燃比（A/F）大于理论空燃比14.7，即空气过量系数为 $\lambda>1$，会形成空气多的稀薄燃烧，与此相反如果 $\lambda<1$，就会形成燃料多的过浓燃烧。

1. 空气燃料混合气

因汽油机把燃料喷射在进气系统中，所以通常把压缩末期气缸内的混合气视为空气与燃料已经完全混合的均质混合气状态。但是，直喷式汽油机因把燃料直接喷射在气缸内，气缸内的混合气处于不是均质的分层混合气状态。

如图5-1所示，空气通过节气门进入到气缸。当蒸发气体控制系统工作时，从燃料箱内蒸发的燃料蒸气通过进气系统也进入气缸。蒸发气体控制系统在收集蒸发气体到一定限度时，在不影响发动机性能的运行范围内，向进气系统引入蒸发气体，以进行净化。

在空气过量系数 $\lambda=1$ 条件下运行的发动机，因其输出功率（或转矩）与进气量有直接的关系，气缸内进入的空气量越多，其输出功率越大。在 $\lambda=1$ 的条件下，与发动机的负荷和转矩相对应的空气量，通过节气门的开度进行调节并供给。此时，与空气量成正比供给燃料量。因此，把当前端口喷射式汽油机可以称为在 $\lambda=1$ 的均质混合气模式运行的系统，或者转矩直接与空气量成正比的系统。

空气过量系数 $\lambda>1$，即在空气过剩状态下运行的稀薄燃烧式发动机的转矩与燃料喷射量有直接的关系。这表示即使发动机的转矩一定，进气量也会有不同。因此，稀薄燃烧式汽油机的运行与柴油机在非均质混合气模式中运行、直接与燃料量成正比的系统类似。在汽油机的设计中，始终以提高转矩和输出功率为目的，为此尽可能增大进气量（或提高充气效率）。具有代表性的方法有增大发动机的排气量或增压等方法。增压有根据进气系统动态效果的增压、机械增压和涡轮增压。

2. 残留废气

残留废气占据气缸内进气的一部分，会影响混合气的燃烧进程。残留废气有内部残留废气和外部残留废气两种。内部残留废气为在气缸燃烧室内残留的废气和在气门重叠期间从排气系统逆流到进气系统的排放废气（内部再循环废气：Internal recirculation gas）。外部残留废气是通过废气再循环（EGR）系统从排气系统引入到进气系统的外部再循环废气（EGR）。因残留废气为燃烧气体，包含有N_2、H_2O、CO_2等非活性气体。如果发动机在稀薄混合气（$\lambda>1$）条件下运行，在残留废气中会含有活性气体氧气O_2。因残留废气为非活性气体，与进气混合引起点火延迟和影响燃烧过程，导致燃烧效率、燃烧最高压力和燃烧最高温度下降。因此，残留废气的使用［内部废气再循环（EGR）或外部废气再循环（EGR）］可以减少氮氧化物（NO_x）的排放量。目前在$\lambda=1$条件下运行的汽油机，可以利用三元催化转化器减少氮氧化物（NO_x）的排放量，但对于稀薄燃烧式发动机（直喷式汽油机、柴油机）不能利用三元催化转化器减少氮氧化物（NO_x）的排放量。

传统的汽油机对于因残留废气（外部废气再循环）而存在的输出功率降低问题，采用了增大节气门开度从而增加空气量的方法避免了输出功率的降低。但是，节气门开度增加使进气系统压力上升，节气门损失（进气阻力）降低，进而降低了燃料消耗量，即降低了燃料消耗率。

5.1.2 要求混合比

发动机所要求的空燃比通常不是汽油的理论空燃比14.7，即空气过量系数$\lambda=1$，而是随着所需负荷的不同而不一样。但是，目前利用三元催化转化器进行排气控制的汽油机，除了冷起动或急加速等状态外，始终把空燃比控制在理论空燃比（$\lambda=1$）上进行供给。

汽油的燃烧受到空燃比的影响。燃料量多的浓混合气的空燃比（A/F）值小于理论空燃比14.7，燃料量少的稀混合气的空燃比值大于理论空燃比14.7。如果混合气中燃料过浓或过稀，也会导致不能点火。混合气的空燃比（或空气过量系数）对输出功率和燃料消耗率起决定性的影响。图5-2显示了汽油机保持节气门开度和发动机转速一定，改变空燃比时输出功率和燃料消耗率的变化。可以看出，输出功率和燃料消耗率随空燃比的改变而发生变化，各自存在着最大和最小的空燃比。输出功率最大时的空燃比称为最大输出功率空燃比，其值约为12.5。当混合气比此值更大或更小时，会因发动机运行不良导致输出功率降低。当空燃比处在最大输出功率混合比的稀薄范围内时，会降低燃料消耗率，并会在某个空燃比条件下得到最佳值。把此空燃比称为最小燃油消耗率空燃比（或最佳经济空燃比）。

发动机所要求的空燃比随负荷的改变而发生变化，如图5-3所示。在负荷为0

的怠速状态下，因车辆没有行驶，发动机仅在不会停转的最小空气量条件下运行。把种状态称为怠速运行或无负荷运行。怠速（无负荷运行）状态为节气门完全关闭的状态。如果节气门完全关闭，进气系统内空气压力小，使进气量减少，因此供给的燃料量会减小。但是，因气缸内残留废气量的比例增大，会导致燃烧不稳。因此，在怠速状态下需要供给比理论燃料量更多的燃料，处在空燃比为12的浓混合气状态。

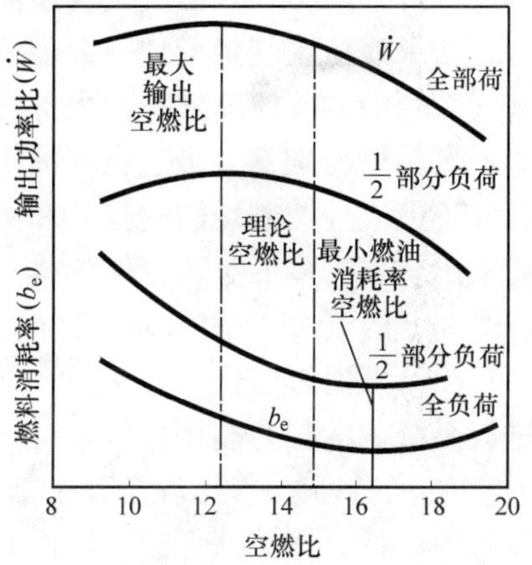

图5-2 随空燃比变化的输出功率和燃油消耗率

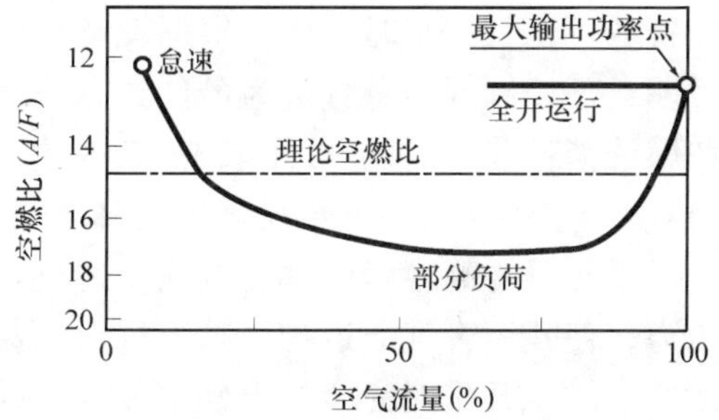

图5-3 发动机所要求的空燃比特性

随着负荷的增大，上述问题不再存在，发动机所要求的空燃比设定在逐步重视燃油消耗率的范围内运行。即，在最多使用的部分负荷范围内采用经济混合比。另外，空气量100%为在节气门全开状态以最高转速运行，此时为需要大输出功率的时期，因此设定为能产生最大输出功率的浓混合比。在节气门全开（WOT）运行时，空燃比$A/F=13$附近的水平线从低转速到最高转速的范围内也因需要最大输出功率，因此处在浓混合比状态。

以上所述为正常行驶的状态，在加速状态，因燃料粘附在进气系统管壁上，气缸内混合气暂时会处于稀混合气状态，因此有必要供给浓混合气。尤其是受到周围环境的影响，如热带与寒带，高海拔地区与低海拔地区等，根据所处的环境需要进行补偿，因此所要求的空燃比也会不同。

如上所述，电控发动机可以根据负荷的要求调整混合比，在废气排放法规下配备了三元催化转化器，在除了冷起动、急加速等状态外的所有运行条件下，在接近空气过量系数（$\lambda=1$）的理论空燃比附近运行。

5.1.3 气体交换

气体交换是把气缸内燃烧的废气完全排出，并用新的燃料空气混合气（或空气）取代的过程。此过程是通过与曲轴连接的凸轮轴操作进气门和排气门循环打开和关闭来进行的。

以理论空燃比（$\lambda=1$）的均质混合气运行的汽油机，输出功率与进气量成正比，在气体交换过程中要尽可能多吸入空气量。因此，气门正时会影响容积效率，并且肯定会对转矩和输出功率带来影响。气门正时的变量是进气门和排气门的打开和关闭时期，以及气门升程量。

进气门和排气门同时处于打开状态的重叠（Valve overlap）量会影响残留废气量。如果在气门重叠期间进气系统的压力低于排气系统的压力，残留废气会逆流到进气系统中，并在进气冲程中重新进入到气缸内，结果残留废气量增加。此现象发生在部分负荷运行的气门重叠期间，把逆流到进气系统中的残留废气称为内部再循环废气，其量与进气系统负压的大小和气门重叠量有关。特别是，最近在气油机上配备的可变气门正时系统，根据发动机的运行条件不但最佳控制气门的打开和关闭时期，还控制气门重叠量为最佳状态，以此提高输出功率，降低有害气体的排放量和燃油消耗量，并在常用转速范围内可以输出一定的转矩。内部废气再循环（EGR）表示通过内部再循环废气降低氮氧化物（NO_x）的排放量。

增压是提高容积效率的方法。通过增压使进气系统内的压力高于排气系统内的压力，使残留废气通过排气系统排出，甚至新鲜空气也会通过排气系统直接排出。因通过增压几乎能完全排出残留废气，并增加新鲜空气量，因此从低速范围内直到2000r/min 均能增加输出转矩。进气系统是把空气引入气缸内的通路，为了随动态增压效果提高容积效率配备了可变进气系统，为了能在气缸内形成湍流，精心设计进气口和进气门的角度，以及进气门的形状，还配备有电控涡流控制阀等，具有多种多样的设计。

5.2 进气系统、燃料供给系统

5.2.1 进气系统

汽油机的进气系统是把空气引入气缸内的通路，由空气滤清器、节气门、进气歧管、进气端口和进气门构成。此外，还有消除进气系统内空气脉动的进气缓冲器，为了正确测量进气量而设置的空气流量传感器、进气温度传感器和进气压力传感器，喷油器也安装在进气门的上游进气端口（进气口）上。

为了使发动机能输出高功率，降低燃料消耗量，进气系统的设计采用了很多新方法。如为了提高容积效率，采用了 3 气门、4 气门、5 气门等多气门化；为了使进气系统的长度、面积和通路等可变化，以便在较宽的运行范围内减小进气阻力，并获得动态增压效果，采用了可变进气系统等。另外，在进气口的形状设计上，为了提高燃烧特性，使进入到气缸内的空气或混合气的流动状态形成翻滚流，沿气缸轴上下流动（和涡流，沿气缸轴周围转动），并且为了促进雾状燃料与残留废气的混合和燃烧室内生成湍流，对进气门、燃烧室的形状也采用了各种各样的设计，甚至还会设置涡流控制阀等。

1. 进气歧管

目前，汽油机的所采用的进气歧管，有为了通过动态增压提高容积效率而利用共鸣效果或惯性效果的进气歧管，以及根据运行条件通过电控系统同时实现这两种效果而配置可变进气系统的进气歧管，如图5-4所示。

（1）冲击增压　图5-4a所示为MPI发动机的冲击增压进气系统，通常发动机的各个气缸与起进气缓冲作用的特殊长度共鸣管连接。压力波独立传播到各个共鸣管。

各个共鸣管的长度和直径，因其增压效果与进气系统的几何学形状、发动机转速相关，因此与气门正时相匹配。因此共鸣管设计为，在所要求的速度范围内，从共鸣管末端反射的压力波能在进气门打开时进入气缸，从而提高充气效率。在低速时长而细的、在高速时短而粗的管都可以获得良好的增压效果。

（2）惯性增压　图5-4b所示为惯性增压进气系统发动机，具有相同角度点火间隔的气缸群各自与共鸣室通过短管相互连接。共鸣室与大气压或进气缓冲装置通过同调进气管连接。把气缸分成两组的原因是，为了防止相互邻近的两个气缸之间进气流动发生重叠现象。

同调进气管的长度和共鸣室的大小设计为，最大化通过共鸣的增压效果，且为发动机转速的函数。此类型进气系统的负荷急剧变化时，因空气在共鸣室内积蓄，可能导致增压效果降低。

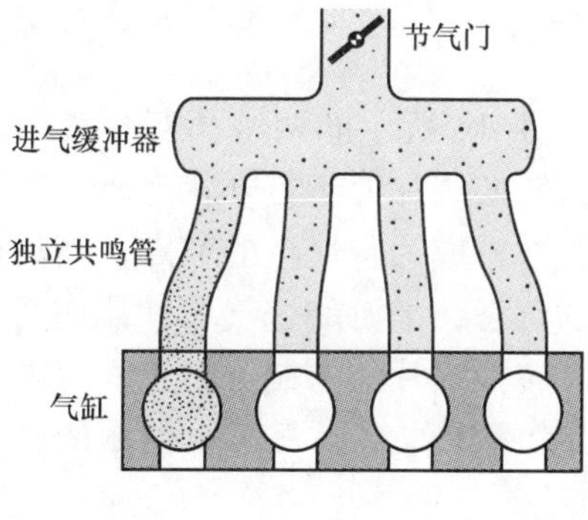

a) 冲击增压

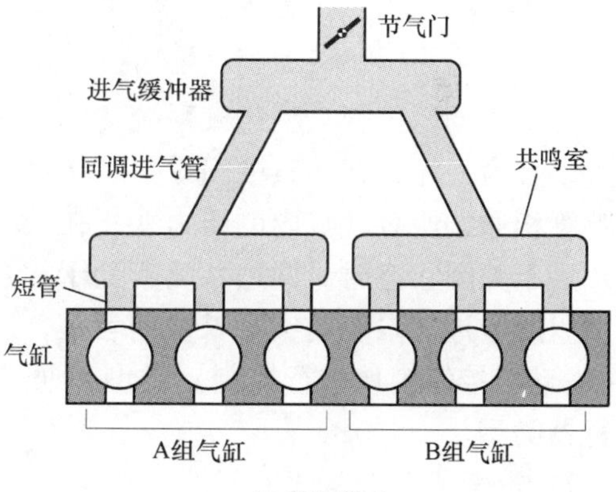

b) 惯性增压

图5-4　进气歧管

（3）可变进气歧管　动态增压受到运行条件的限制，主要以改善低速状态下容积效率较低的缺陷为目的。如图5-5所示，与传统进气系统相比，动态增压提高了容积效率。

可变几何尺寸进气歧管是利用进气控制阀（或阀片）变更进气系统管路的长度、直径（面积）和容积，以在所有运行条件下提高充气效率的进气系统。此类进气系统的形式有，可变冲压管、可变同调增压管、可变冲压管和同调增压管。

如图5-6所示，可变冲压管类型的进气系统在2个各自不同的冲压管之间进行转换。在中低速范围内转换阀片处于关闭状态，进入的空气通过长而细的冲压管以高速状态流动，进而提高惯性增压效果。在高速范围内转换阀片处于打开状态，进入的空气通过短而粗的冲压管，进而提高容积效率。

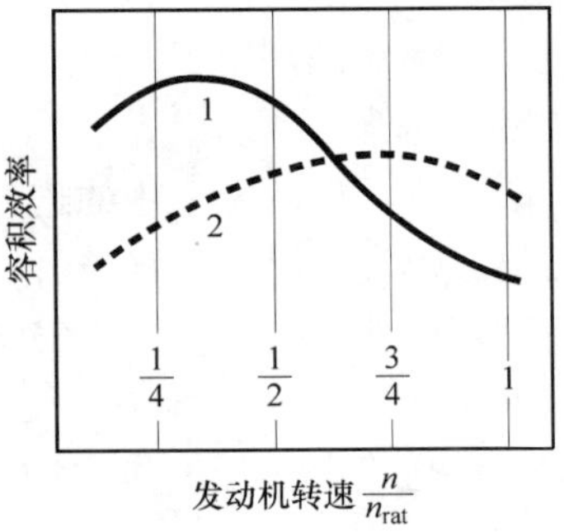

图5-5　随动态增压的容积效率增加

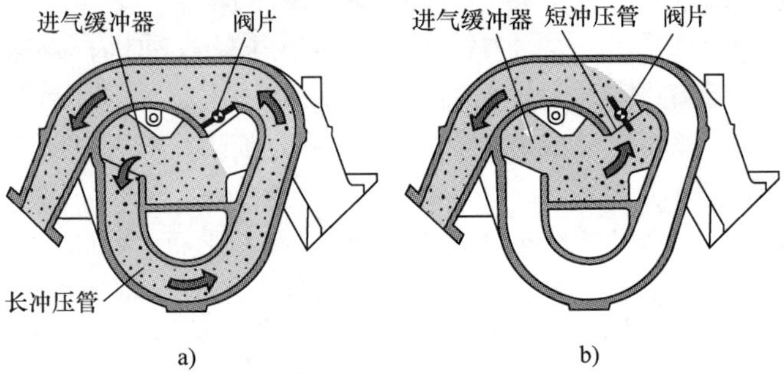

图5-6　可变冲压管类型

可变同调增压管类型进气系统的结构为，把图5-4b所示的两组相互分离的共鸣管组合为一体，并在其中间设置了转换阀片。当转换阀片处于打开状态时，两边共鸣管相通，所有气缸内的压力变化在共鸣管内缓冲，成为空气流的节点；当转换阀片处于关闭状态时，两边共鸣管处于相互独立的状态，上游的进气缓冲器成为节点。以此，进气系统的实际长度前者短，后者长。转换阀片的控制类型上，有电动（由发动机控制模块进行控制）类型和通过空气动力型操作室正负压力控制的膜片执行器类型。

2. 进气端口

目前的汽油稀薄燃烧发动机或直接喷射发动机，在稀薄燃烧条件下，虽然整体上空燃比处于稀薄状态，但在火花塞的周围有必要形成相对浓的混合气。为此，如图5-7所示，此类发动机的进气系统设置了两个进气管路，在其中的一个管路上设置了涡流控制阀（SCV），并由发动机控制模块（ECU）进行控制。在稀薄燃烧区间利用阀关闭一个管路，空气仅通过另外一个管路进入，因进气面积减小，空气流速加快，制造强涡流进入到燃烧室，所以可以在20以上空燃比的稀薄混合气或大量废气再循环（EGR）气体的环境下稳定燃烧。

利用涡流控制阀可以调整气缸内混合气的涡流强度。适合于在分层进气模式运行的涡流比计算，利用下述涡流比 ϕ 的定义公式：

$$\phi = \frac{涡流水平方向转速}{发动机转速}$$

式中，曲轴每转动1圈时涡流也转动1圈，涡流比为1。

气缸内混合气的燃烧为了尽可能遏制进气量的减少，有必要形成强涡流。涡流比 ϕ 一般为2~2.5。涡流控制阀膜片执行器的操作室压力由真空转换阀（VSV）控制，在正（+）压力和负（-）压力之间交替转换。

涡流控制阀在低负荷运行时关闭，在高速、高负荷运转和起动时打开。图5-8所示为燃烧室内滚流和涡流的湍流强度。

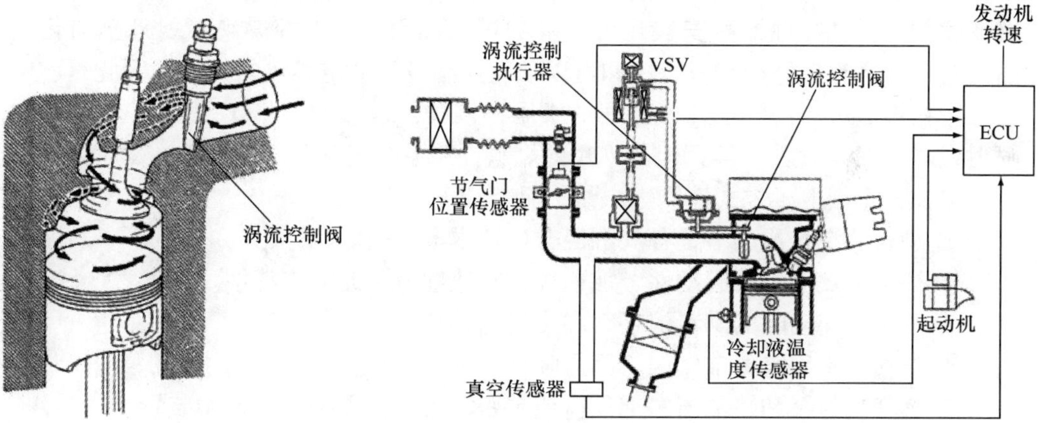

图5-7 涡流控制阀

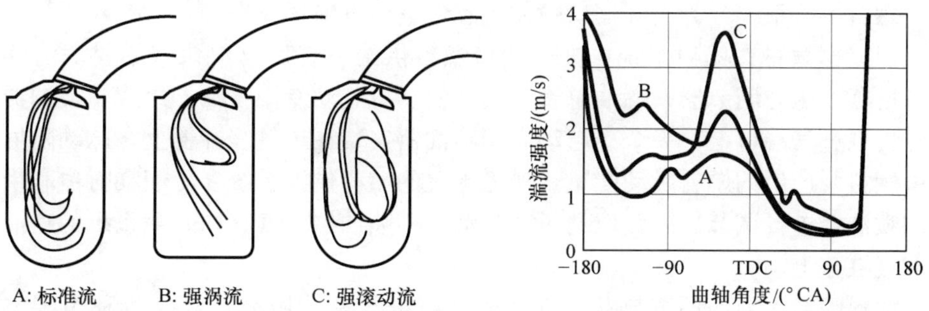

图5-8 涡流和滚流的燃烧室湍流强度

5.2.2 燃料供给系统

为了应对严格的废气排放规定，目前汽油机的燃料供给系统从以前的化油器式发展为电控汽化器式、电控燃料直喷式（ECI）。电控燃料喷射系统从20世纪80年代开始配置在乘用车上，现在基本所有的乘用车上都应用了此系统。

1. 燃料供给系统的发展史

化油器式燃料供给装置在无负荷运行（怠速）、部分负荷运行、全负荷运行的所有运行范围内可以获得发动机所需的适当的空气燃料混合气，因此在1980年之前几乎全世界所有的乘用车用汽油机上都使用化油器。随着时间的推移，各种各样的新式化油器不断出现，甚至还有电控化油器。但自从电控燃料供给系统出现，因其在燃油消耗性能、动力输出性能和降低有害气体排放等方面具有不可比拟的优势，因此传统的化油器式燃料供给系统已经彻底退出了历史舞台。

电控燃料喷射系统也有很多种类，目前使用最多的是多点喷射类型（MPI），还细分为进气端口喷射式和气缸内直喷式。进气端口喷射式还称为歧管喷射式，其燃油喷射装置（喷油器）安装在各气缸的进气门附近。电控燃料喷射系统与化油器式对比，具有良好的响应特性和可以独立控制各气缸空燃比的优点，因此目前广泛应用在汽油机上。鉴于开发公司的不同，该技术也被称为EFI、EGI（电控燃油喷射或电控汽油喷射）等，但其采用的燃料控制系统是几乎相同的。

电控类型因电子方式控制燃料量，具有如下特性：

① 精密的混合比调节，各气缸混合比基本上相同。

② 提高了发动机的起动性、加速性和减速性等过渡响应特性。

③ 改善了起动时的燃料消耗率和废气排放特性。

④ 直喷技术不需要节气门，因此降低了进气阻力，进而提高了容积效率。

⑤ 燃料喷射泵和喷油器等部件需要精密加工，并需要电子控制装置。

⑥ 因需要高压喷射泵和喷油器，价格较贵。

2. 燃料供给系统

燃料供给系统分为进气端口喷射式和气缸内直喷式。

（1）进气端口喷射系统　进气端口燃料供给系统由燃料泵、燃料滤清器、脉动阻尼器、压力调节器、燃油总管、喷油器和冷起动专用喷油器组成。喷油器配置在各气缸进气端口上，一个冷起动专用喷油器安装在进气缓冲器上。脉动阻尼器吸收由燃料泵产生的燃料脉动能量。最近配置的燃料供给系统在冷起动时也利用各气缸的喷油器进行调节，因此取消了冷起动专用喷油器。气缸内直喷系统的喷油器安装在气缸盖上。

燃料喷射压力的调节与发动机负荷（或进气系统压力）无关，利用压力调节器进行调节，并保持一定的压力。通常，燃料压力高于进气系统压力0.3~0.4MPa（3~4bar）。

进气端口喷射系统的燃料喷射压力低，因此配置低压喷射泵。如果燃油总管内的燃料压力大于规定喷射压力（0.3~0.4MPa），通过回油管把燃料返回到燃料箱内，保持燃油总管内的压力等于喷射压力。最近，多使用没有回油管的无回油燃料供给系统。

① 无回油系统。无回油系统的压力调节器和回油管与燃料泵一起内置在燃料箱内。这是因为压力调节器的设置位置不受进气系统压力或燃料泵压力的影响。燃料总管内仅输送喷射的燃料量，过剩燃料直接返回到燃料箱内。

这种类型的回油管设置在燃料箱内，返回燃料箱内的燃料不受发动机等热源的加热影响，可以很大程度减少燃料箱内燃料的蒸发。因此，目前多采用此类系统。

② 需求控制系统。需求控制系统与无回油系统类似。对于无回油系统来说，经过压力调节器调节后输送的燃料会过剩。需求控制系统是为了仅供给使用需求的燃料量，通过发动机控制模块（ECU）的时钟模块直接控制燃料喷射压力的方式。另外，该系统为了超运行时切断燃料和防止关闭开过后产生过剩压力，配置有减压阀。

该系统不仅能降低燃料箱内的燃料温度，还可以尽可能缩小燃料泵的体积，因此可以获得良好的燃料消耗率。另外，实现燃料压力的可变调节，以及为了防止热态起动时的燃料管路内燃料的蒸发汽化，可以把燃料管路内的燃料压力调节到高压。尤其是，因配置了燃料压力传感器，从无负荷到全负荷的全部运行领域内，能与进气系统压力无关地正确调节燃料喷射压力，进而可以供给更为精确的燃料量。

（2）气缸内直接喷射系统　气缸内直接喷射系统（GDI）与进气端口喷射系统在系统构成因素、控制方式、控制所用传感器和执行器等方面几乎相同。这两个系统的差异为，仅仅燃料喷射位置不同，以及随之所需的喷射压力和喷油器的形式不同。即，直接喷射式把燃料直接喷射在气缸内高压空气中，燃料与空气的混合时间非常短，燃料的喷射压力较高，为5～20MPa。为此，需要高压燃料泵和高压喷油器。作为参考，柴油机的燃料喷射压力为60～180MPa。在燃料高压状态喷射的雾状燃料的平均粒径更为小。

如图5-9所示，气缸内燃料直喷系统有连续燃油供给系统和需求控制系统。

① 连续燃料供给系统。连续燃料供给系统可以称为第一代汽油直喷系统，喷射压力随运行条件在5～12MPa（50～120bar）之间进行调整，燃料系统分为低压系统和高压系统。

如图5-9a所示，低压系统由低压燃料泵和压力调节器组成，几乎照搬了进气端口燃料供给系统。高压系统由高压燃料泵、压力传感器、燃料共轨、压力调节阀、高压喷油器组成，高压喷油器直接连接在燃料共轨。

高压泵由发动机凸轮轴驱动，把燃料增压为高压并提供给燃料共轨。当燃料量过多时，通过压力调节阀进行减压，并使过剩燃油返回到低压管路。燃料的喷射压力调节由发动机控制模块（ECU）输出控制指令，并由压力调节阀进行调节。此系统因始终向燃料共轨供给过剩燃料，消耗不必要的能量，因此燃料消耗量会增大。尤其是，过剩燃料通过压力调节阀返回低压燃料管路，会导致燃料系统的温度上升。为了解决这些缺陷，研究开发了需求控制系统。

② 需求控制系统。需求控制系统可以称为第二代汽油直喷系统，喷射压力可以达到20MPa（200bar）。如图5-9b所示，由发动机凸轮轴驱动的高压泵保持一定的压力，并仅把实际喷射所需的燃料量供给到燃料共轨。供给燃料量通过减压阀进行调节。为了安全，通常在高压系统中配备有机械式卸压阀。第一代汽油直喷系统把卸压阀安装在燃料共轨上，第二代直接内置在高压泵内。

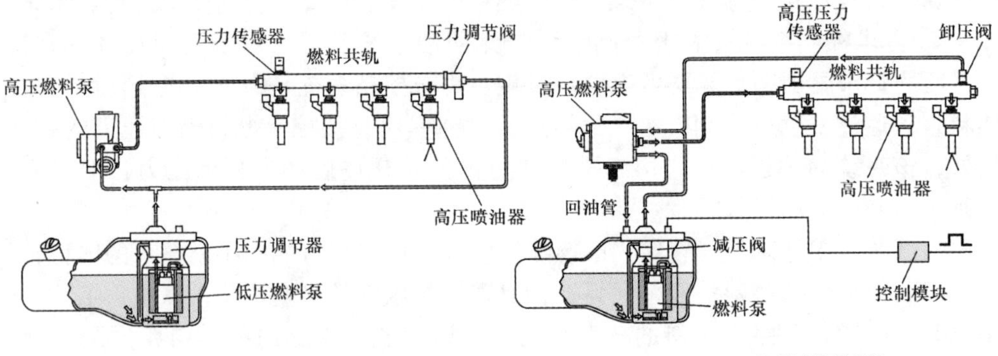

a) 连续燃料供给系统　　b) 需求控制系统

图5-9　气缸内燃料直喷供给系统

3. 蒸发气体控制系统

汽油车为了防止燃料箱内的蒸发燃料（碳氢化合物）直接排放到大气中，配备了蒸发气体控制系统。如图5-10所示，蒸发气体控制系统由活性炭罐、活性炭罐净化控制阀、双通阀等组成。

在燃料箱内蒸发的燃料蒸气通过通风管进入活性炭罐中。燃料蒸气被活性炭吸附储存在活性炭罐中，并通过活性炭罐净化控制阀与新鲜空气一起进入进气歧管。一旦被活性炭吸附的燃料蒸气被放出，活性炭就会重新获得吸附能力，可以重新使用。

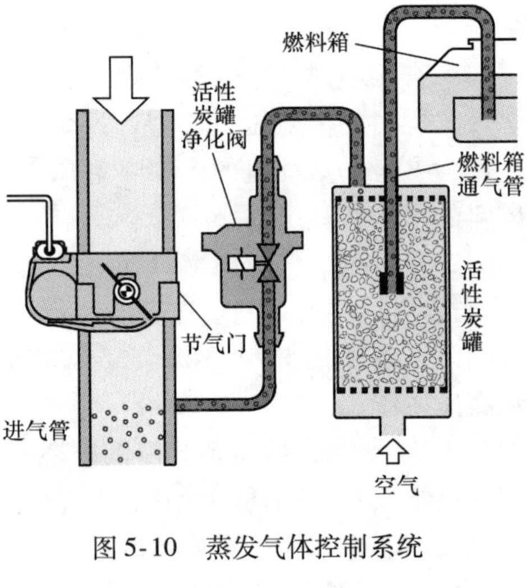

图5-10　蒸发气体控制系统

5.2.3　可变气门装置

气门开闭正时（Valve timing）是为了完全排出气缸内的燃烧气体，并吸入燃料空气混合气（或空气）的进气门和排气门的打开和关闭时期。如果气门开闭时间一定不变，则因气门重叠量和气缸内残留废气的影响下，不能良好地进行气体交换过程。

可变气门开闭正时可以随运行条件执行最佳控制，不仅提高容积效率，增加发动机的转矩和输出功率，还可以减少废气的排放量和燃油消耗量，提高低速运行条件下的运行性能。气门开闭正时的变量为进气门/排气门的开闭时期可变控制和气门升程的可变控制，有很多种类型。

1. 可变凸轮相位式

进气门/排气门的凸轮轴由曲轴通过正时带或正时链条驱动。因此曲轴和凸轮轴的相对位置非常重要。进气凸轮轴的转动决定进气门的开闭正时。可变凸轮相位方式是，为了控制曲轴与进气凸轮轴相位不一致，移动进气凸轮轴中心角的比较简单的构造。因此，这种类型在气门开度和气门升程量不变的情况下仅改变气门的开闭时期。图5-11a所示为进气凸轮轴向延迟或提前方向移动时进气门相对于曲轴角度的相位变化曲线。在图中曲线2为标准状态。

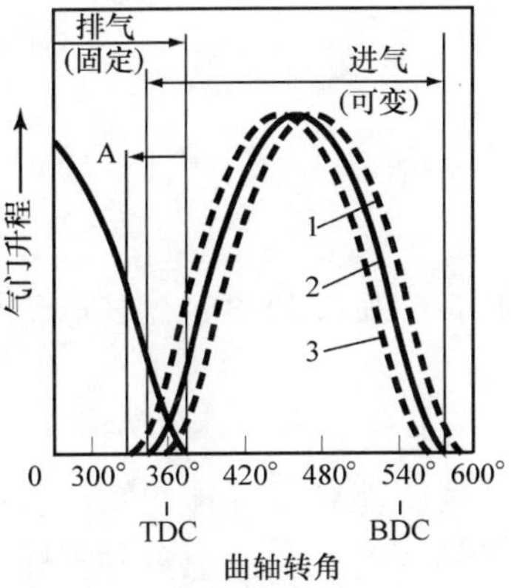

a) 可变凸轮相位

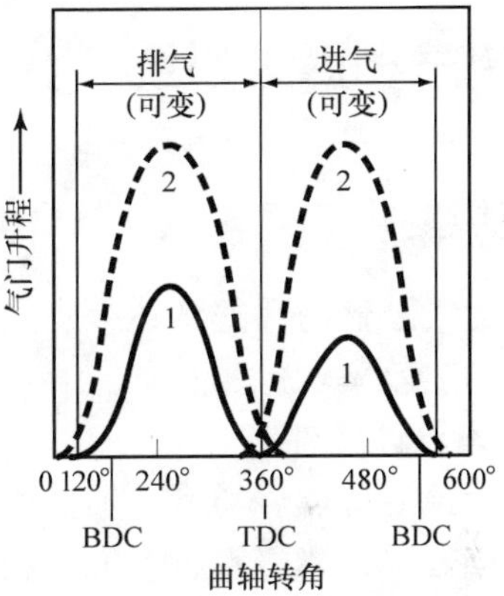

b) 可变凸轮升程

图5-11 可变气门装置

① 低速区间：在发动机低速（<2000r/min）状态，如图5-11a所示的曲线1延迟进气门的打开时期，减少气门重叠量，以减少逆流的废气量，获得稳定的燃烧。在无负荷（怠速）运行条件下，会更加延迟。

② 高速区间：在发动机高速（>5000r/min）状态，因进气、排气时间短，为了提高容积效率，如图曲线3提前进气门的打开时期，延迟关闭时期。进气凸轮轴正时提前会增大气门重叠量，因而残留废气量增多，这会降低燃烧最高温度，进而减少有害气体氮氧化物（NO_x）的生成量。通过加大节气门开度不仅补偿了因残留废气的增多导致的负面影响，还因减少节气门的节流损失，进而降低燃料消耗量。

可变凸轮相位方式仅改变进气凸轮轴的相位，最近为了大气门重叠自由度的需要和高性能低燃油消耗量，连同排气凸轮轴也做成相位可变方式。

2. 可变凸轮升程式

可变凸轮升程方式配备分别适合于低速、中速和高速的两个凸轮（凸轮凸起轮廓），并根据运行条件利用油压在两个气门机构之间互相转换的方式。此方法因使用了不同的凸轮，所以可以同时改变气门开闭正时和气门升程。通常，第一凸轮在低速和中速条件下使用，缩短气门开闭时期和减小气门升程；第二凸轮在高速和高负荷条件下使用，加长气门开闭时期和增大气门升程。如图 5-11b 所示为可变凸轮升程方式曲线。

① 低速－中速区间：在低速和中速运行条件下，控制气门开闭时间短，气门升程小。通过增加进气门的空气流速，汽油直喷系统可以提高气缸内空气的转动强度，尤其在部分负荷运行条件下可以形成良好的混合气。

② 高速区间：因在高速运行条件下需要较大的转矩，故需要最大充气效率。为此，加大气门升程，以增大气门打开截面积，增加气缸内空气（或混合气）进入量，并降低泵气损失。

5.3 燃烧室和点火系统

5.3.1 燃烧室

燃烧室为气缸盖与活塞到达上止点后其顶部包围的空间，其形状会影响发动机的输出功率和热效率。

1. 燃烧室设计条件

汽油机为预混合燃烧类型，加快燃烧速度就能获得更佳的发动机性能。为了能获得急速燃烧效果，燃烧室、进气口和进气门等形状设计上多种多样。

汽油机的燃烧室设计为，与火花塞的位置协调缩短火焰传播距离（或燃烧时间），在压缩过程末期活塞与气缸盖之间形成夹缝（挤压区域），在此夹缝中的气体在局部压力上升作用下高速喷出，并在燃烧室内产生强气体湍流。但是，过大的湍流会导致通过燃烧室壁面的过度热传递和产生异常噪声，因此应避免过大湍流的产生。另外，燃烧室内应没有容易升温的凸起部分，以免燃烧室早期点火，并且为了不因废气温度的上升发生爆燃，在设计上应具有废气降温措施。

在进气系统的形状设计上，为了加快燃烧速度以获得急速燃烧效果，采用螺旋形端口设计或屏蔽进气端口设计等，在燃烧室内产生湍流（涡流）。因急速燃烧会在瞬间进行，随发动机高速运行可以获得高输出功率，并能抑制爆燃的发生，所以高压缩比也是可能的。

进气门和排气门的面积应尽可能大，以降低空气的流动损失，冷却面积应尽可能小，以减少通过燃烧室壁面的冷却损失，进而提高热效率。

汽油机在燃烧室的设计上所要考虑的事项有：

① 火焰传播距离要短。

② 没有容易升温的凸起部。

③ 有废气降温措施。

④ 燃烧室内应产生涡流。

⑤ 进气门和排气门面积要大，以降低气体流动阻力。

⑥ 冷却面积（或 A/V 比）要小。

2. 燃烧室的种类

目前大部分点燃式发动机主要采用顶置（OHV、OHC、DOHC 等）式。顶置式发动机的进气门和排气门都设置在燃烧室上部（气缸盖）。这种结构虽然存在气门机构较复杂的缺点，但燃烧室紧凑，进气门面积大，可以提高充气效率，并提高压缩比，进而获得良好热效率的优点。图 5-12 所示为燃烧室的形状。

（1）楔形燃烧室　楔形燃烧室因能在压缩过程获得强涡流，所要求的辛烷值低，可以做到高压缩比。虽然不能做到大型气门，但在气缸盖倾斜面上配置有进气门和排气门，空气流动良好，火花塞配置较容易。但是因气门倾斜度大，进气歧管和排气歧管门处在气缸盖的相同侧，因此直列式发动机有气门机构配置困难的缺点。气缸内径/行程比较小的短行程 V 形发动机多采用此类型。

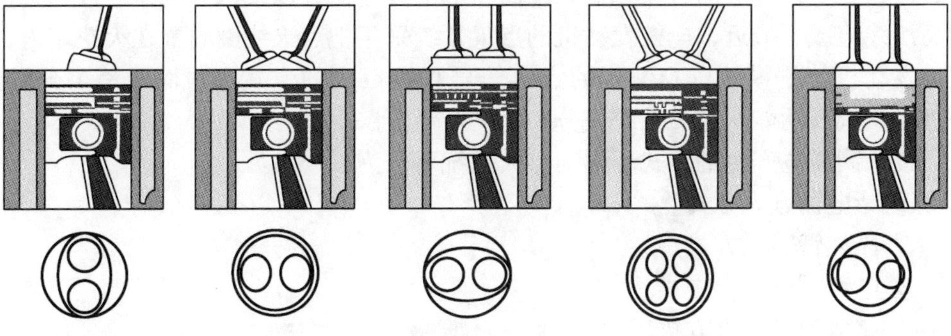

a) 楔形　b) 半球形　c) 浴槽形　d) 多球形　e) 盆形

图 5-12　汽油机燃烧室的形状

（2）半球形燃烧室　半球形燃烧室表面积小，可以在中间配置火花塞，火焰传播距离也小，被传为燃烧效率最佳。尤其是，可以配置大型气门，进气和排气口形状圆滑，可以期待获得高性能。但是，压缩时不能获得涡流，需要高辛烷值燃料。在韩国生产的小型汽油机多采用此类型。

（3）浴槽形燃烧室　浴槽形燃烧室有点类似西方浴缸的形状，顶杆和摇臂式 OHV（顶置气门）型发动机多采用此类型。此类型具有能获得空气涡流、对辛烷值的要求不高、火花塞配置容易等优点。但因气门大小受到限制，进气、排气系统曲率半径也小，因而不能期待高性能。此类型介于楔形与半球形特性之间。

（4）多球形燃烧室　此类型气缸盖的形状有一个以上球形，这是为了获得流动形态较复杂的挤压领域而设计的。燃烧室内部挤压领域（夹缝）越多，在活塞上升期间从夹缝中挤压喷出的空气越多，混合气搅拌就会更加充分，因而可以提高燃烧速度，进而提高燃烧效率。

（5）盆形燃烧室　盆形燃烧室仅适用在 DOHC（双顶置凸轮轴）类型发动机上，因 *A/V*（燃烧室表面积/燃烧室容积）小，又是平面结构，具有容易制造和挤压领域较多的特性。4 个气门结构可比 2 个气门结构获得更大的气门面积。

5.3.2　点火系统

汽油机的燃烧从活塞压缩混合气且火花塞通过放电产生电火花形成火焰核开始。因此需要能放电产生电火花的 20～30kV 高压电。点火系统是向火花塞提供高压电的装置。

1. 点火系统

汽油机的点火系统一直在不断发展，它的发展起源于 1925 年博世公司研发的蓄电池点火系统。

传统的点火系统由产生高压电的点火线圈、按照各气缸的点火顺序把高压电通过旋转的配电器转子向各火花塞分配高压电的分电器，以及从分电器连接到火花塞的高压线组成。最近，电控发动机的点火系统采用把点火线圈内置在火花塞内，并通过发动机控制模块（ECU）的点火信号直接点火的方式，因而取消了分电器，并且点火调节功能从点火系统被分离。

按照高压电产生的方式不同，点火系统可分为

① 断电器点火方式。

② 晶体管点火方式。

③ 电容放电点火方式。

④ 磁电动机点火方式。

⑤ 电控点火方式。

在上述点火方式中，汽车用发动机基本不采用电容放电和磁电动机点火方式，因此在本文中对传统的断电器点火方式，以及目前多采用的晶体管点火方式和电控点火方式进行说明。

（1）断电器点火方式　断电器点火方式点火系统由点火线圈、分电器、断电器、真空式（或离心式）点火提前角调节器、高压线和火花塞等组成。图 5-13 所示为断电器点火方式点火系统的基本电路。

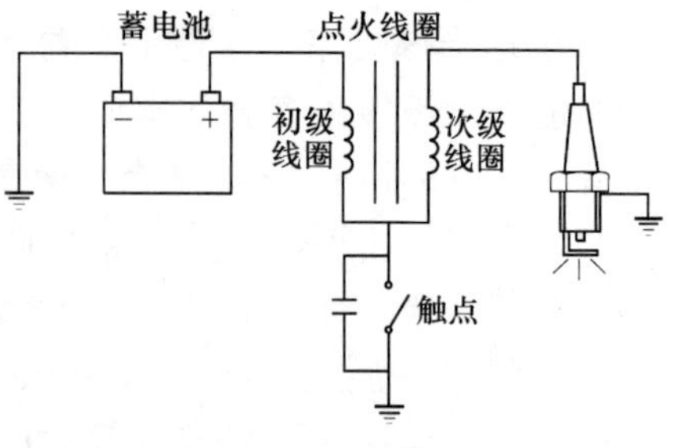

图 5-13　断电器点火方式基本电路

此类型利用机械式触点断电器切断从蓄电池提供到初级线圈的电流时，在次级线圈上产生感应电压，能获得20k～30kV高压电。此时，初级电流与次级感应放电电压之间的关系如图5-14所示。把初期峰值电压所产生的能量称为电容性放电能量E_C，切断电压且电压下降后所产生的放电能量称为电感放电能量E_I，充放电能量E为电容分量和电感分量之和。对于放电时间，电容性放电时间约为20μs，很短，电感放电时间要长得多，约为1ms。为了着火稳定性，电容性放电能量要大，并且为了扩大着火界限，电感放电时间要长。这是因为电容性放电能量对火焰核的生成具有决定性意义，并且电感放电能量对生成的火焰成长非常有效。

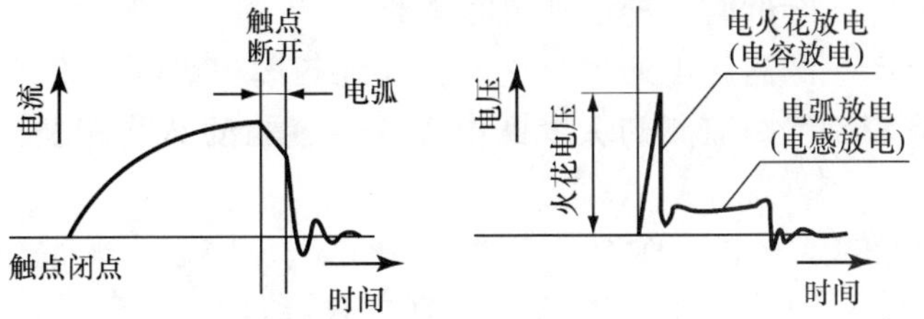

a) 初级电流　　b) 次级放电电压

图5-14　初级电流与次级感应放电电压之间的关系

这种点火方式存在断电器触点机械磨损导致的点火时刻变化、低速时产生电弧或高速时触点颤动导致的高压电能减小、触点无损导致的通电不良等缺陷，因此研发了无触点晶体管点火方式，现正成为主流。

（2）晶体管点火方式　这是用晶体管替代机械式断电器的方式。其中有继续利用断电器触点的半晶体管点火方式，以及完全不用断电器的全晶体管点火方式。

全晶体管点火方式如图5-15所示，此类型利用内置在分电器（配电器）内的转子（具有与气缸数相等齿数的正时转子，曲轴每旋转两圈时转子旋转1圈），以无触点方式切断初级电流，这样即使长时间使用，也能在很大的速度范围内确保高点火能量和闭合角，因而可以获得稳定的火焰。

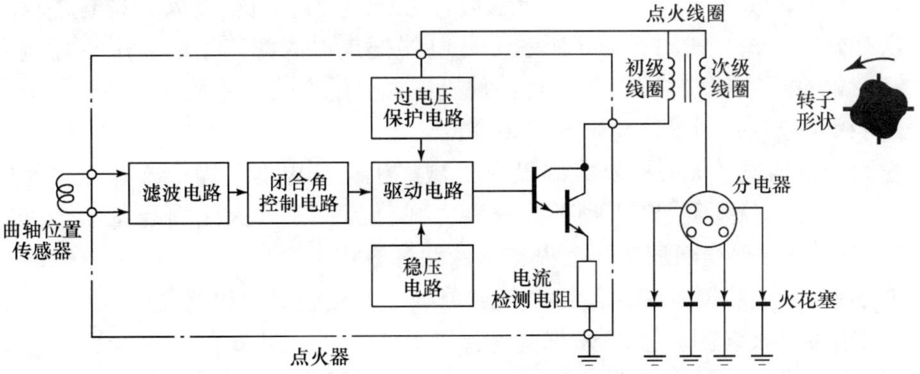

图5-15　全晶体管点火方式

全晶体管点火控制电路从曲轴位置传感器检测点火时刻开始，由波形滤波电路、闭合角控制电路、驱动电路、过电压保护电路和稳压电流控制电路等构成，其特征如下：

① 初级线圈的电流从通电开始以指数函数的变化增加。

② 次级线圈所产生的感应电压的大小由切断直前的初级电流决定，因此切断直前初级线圈电流要达到饱和电流。

③ 发动机高速运转时，因通电时间短，次级线圈产生的电压会降低，为此在转子形状和控制电路上充分考虑这些问题，提前通电开始角度。

④ 当蓄电池电压降低时，补偿通电时间长。

⑤ 次级线圈产生的高压电通过分电器分配到各火花塞。

⑥ 稳压电流控制电路监测初级线圈电流，通过驱动电路控制初级线圈电流保持在一定的水平。

具备这些功能的点火装置称为“点火器”或“点火模块”。晶体管点火方式的点火时刻调整继续沿用了传统断电器类型真空式（或离心式）点火提前角机构，但最近采用的电控点火方式是通过发动机控制模块（ECU）进行控制的。

（3）电控点火方式　电控点火方式为删减全晶体管方式的离心式和真空式点火时刻调整机构，根据发动机运行状态数据由发动机控制模块（ECU）控制点火时刻的方式。还称为电控点火提前角控制（ESA）。电控点火方式需要曲轴角度（或点火时刻）检测方法，通常利用霍尔效应传感器、光电传感器等进行检测。

传统点火系统点火时刻是通过组装在分电器内的离心式和真空式点火时刻调节机构进行控制的，只能根据发动机转速和进气系统内的真空状态进行一次性控制。电控点火方式（或ESA系统）根据发动机的运行状态可以精密控制点火时刻，可以有效减少有害气体的排放量，并能有效提高燃料效率和输出功率。

电控点火方式根据把次级线圈产生的高压电分配到各火花塞的方法，分为传统的分电器方式和无分电器方式两种。无分电器方式还称为全电控点火方式或DLI（Distributor Less Ignition）。图5-16所示为有/无分电器的电控点火方式电路。

① 有分电器式。如图5-16a所示，分电器把点火线圈产生的高压电通过分电器和高压线分配给各气缸火花塞，是一种机械式分配方式。随发动机旋转的分电器内转子的相对位置是通过凸轮轴连接传递的。

② 无分电器式。无分电器式因没有机械式机构分电器，因而不存在机械磨损和电压分配损失，也不会产生噪声。这种方式分为1个点火线圈配备1个火花塞（气缸）和1个点火线圈配备2个火花塞的两种方式。

单火花塞点火线圈系统：是每个气缸单独配备控制机构和点火线圈的类型，因而能做到小型点火线圈直接与火花塞连接。此系统的火花塞与点火线圈集成为一体，电能损失小，不需要调整点火正时，并且取消了分电器和高压线。但为了与凸轮轴同步点火，采用了凸轮轴位置传感器。

双火花塞点火线圈系统：是每两个气缸配备1个控制机构和点火线圈，使两个火花塞同时产生电火花的类型。在两个气缸中，1个气缸处在压缩行程时，另1个气缸处于排气行程。虽然此系统具有不需要与凸轮轴同步的优点，但是有各气缸点火时刻调节范围窄的缺点。

2. 点火时间控制

点火时间基本上根据发动机转速和负荷进行调节。

往复式内燃机的燃烧要在40～60℃A的位置完成，为了提高输出功率，燃烧最高压力应在ATDC10～20℃A的位置产生。影响燃烧的因素有着火延迟时间和燃烧时间（或燃烧速度）。从燃烧时间来说，虽在发动机转速上升时每1℃A的时间缩短，但在逐步增强的湍流影响下燃烧速度会加快，因此这两者之间可以互补。但是，着火延迟时间与发动机转速无关，为了补偿着火延迟时间，随发动机转速的增加，有必要提前点火时间。另外，在低负荷状态因燃烧室内的残留废气比例增加，燃烧速度会降低，因而燃烧时间会增长。因此，在低负荷运行条件下，为了保证充分的燃烧时间，应提前点火时刻。

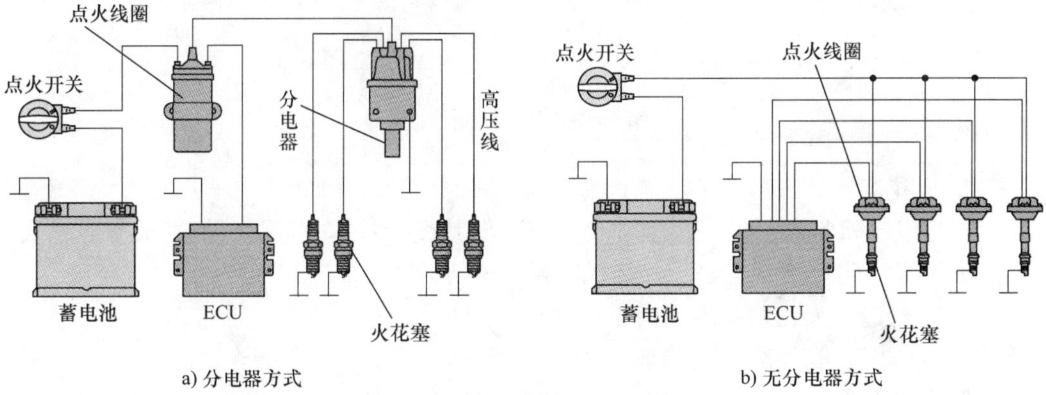

图5-16 电控点火方式

传统点火方式中利用机械式调节机构控制了点火提前角，但电控发动机采用了通过控制模块（ECU）在全运行领域内最佳控制点火时刻的映射模型控制方式。

（1）机械式控制　点火时刻的机械控制是根据发动机的转速和负荷进行调节的。机械式控制有真空方式和离心式。

① 离心式提前角调节机构。是随发动机的转速进行调节的提前角调节装置。其工作原理为，离心块在离心力的作用下向外扩张时，带动凸轮转动一定量，以此提前点火时刻。怠速运行时，在复位弹簧张力的作用下，离心块被向内拉进，因此点火时刻没有提前，在设定的点火正时位置进行。

② 真空式提前角机构。是随发动机负荷调节点火时刻的装置。进气系统压力随负荷发生变化，全负荷时最高，无负荷时最低。进气系统压力低时，把膜片向压

缩弹簧的方向拉住，以此提前点火时刻。在全负荷运行条件下，进气系统压力高，膜片在弹簧力的作用下回到原位，在设定的点火时刻点火。

（2）映射模型控制　最佳点火时间（MBT：最大制动力矩正时）是输出功率和效率最佳时的点火时间。电控发动机编程有如图 5-17a 所示的与发动机转速和进气系统压力相对应的点火时间映射模型，并保存在发动机控制模块（ECU）内并加以使用。发动机控制模块（ECU）以记忆的点火时间映射模型为基础，并根据发动机运行状态进行补偿确定最佳点火时间。发动机的最佳点火时间在低速、高负荷条件下延迟，在高速、低负荷条件下提前。

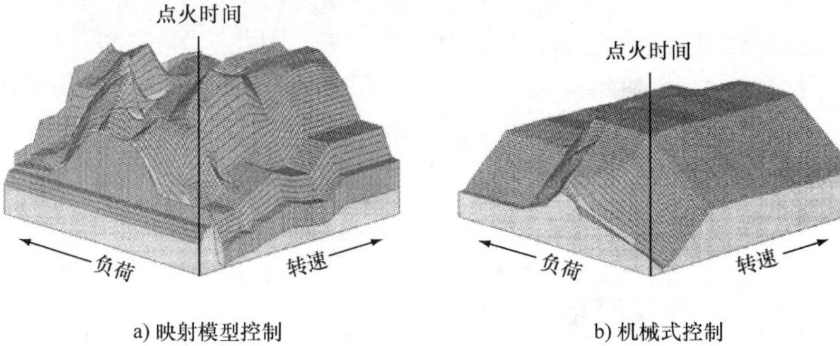

图 5-17　点火时间控制

3. 火花塞

根据发动机特性开发了很多种火花塞，但其设计基本方针是，提高稀薄混合气的点火界限，防止异常燃烧，并能提高耐久性等。

（1）构造　火花塞基本上由正极（中心电极）、负极（搭铁电极）和绝缘体等构成。图 5-18 显示了火花塞的构造和名称。为了火花塞的点火稳定性，有时会有意设计能滞留空气的空间。

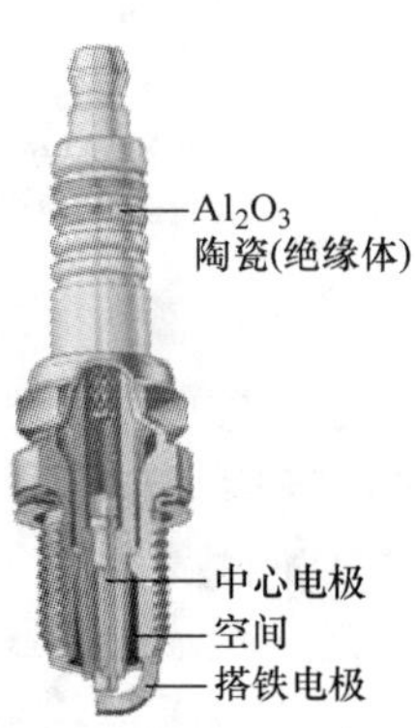

图 5-18　火花塞的构造

电极的材质采用能对火花塞放电和高温气体的腐蚀具有强耐腐蚀性和耐热的合金，这些材料通常使用镍铬合金，此外白金、铱金和钛金电极等也正商品化。绝缘体材料主要使用烧结瓷、陶瓷和高纯度烧结氧化铝等，航空发动机的火花塞上还使用云母绝缘体。中心电极因在其电气绝缘特性，容易过热。从火焰传递到火花塞的热量通过向上方向传递到空气中或通过螺纹传递到气缸盖冷却液中。

火花塞的中心电极长度（凸出量）、中心电极直径和电极间隙对稀薄混合气的点火界限具有重大的影响。火花塞的一般规格如下：

① 负极电极高度：6 ~ 8mm。

② 中心电极直径：0.5 ~ 2.5mm。

③ 电极间隙：0.7 ~ 1.0mm。

电极间隙为两电极之间的最窄距离，在图 5-19 显示了 3 种火花塞电极间隙类型。图 c 为表面间隙火花塞，配置了多个负极电极（搭铁电极），在直喷汽油机上采用这种类型。电极间隙越小，火花塞火花放电所需的电压越低。但是，如果间隙过小，就会产生过小的火焰核，因电极吸收热量并通过火花塞体向外放热的能量损失，小的火焰核就会失火。如果中心电极短，因向低温火花塞体传递热量，会恶化起动性能。另外，电极的直径越小，虽能获得更加良好的电火花，但其耐久性就越低，为此必须采用更加耐久的材质。

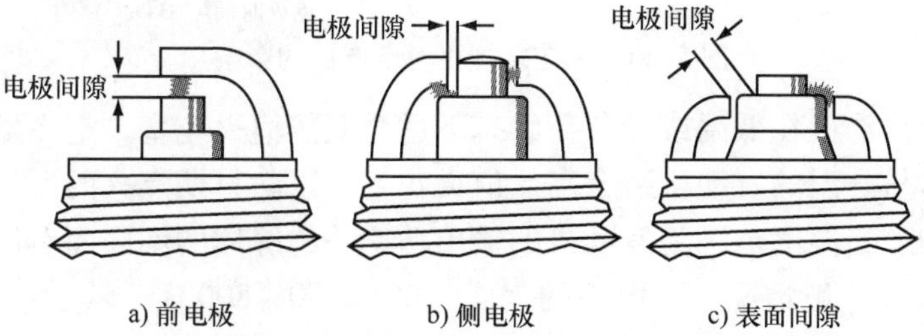

图 5-19 火花塞

图 5-20 所示为发动机转速在 1600r/min 时火花塞中心电极长度、中心电极直径和电极间隙对稀薄燃烧界限空燃比的影响。中心电极直径越小或电极间隙越大，空燃比界限越往稀薄侧扩大。这是因为初期火焰核的电极冷却作用减小所致。另外，中心电极长度越长，火焰核产生位置越靠近燃烧室中心位置，缩短燃烧时间，因而空燃比界限会向稀薄侧扩大。当然，如果在一个气缸上设置 2 个火花塞，并缩短其火焰传播距离，就会缩短燃烧时间，提高等容积度，从而提高热效率。这尤其对改善稀薄燃烧是非常有效的手段。等容积度表示在一定容积条件下压力的上升，以及接近奥托循环的程度。等容积度越高，就越接近理论热效率。

（2）热值 热值表示火花塞的热负荷容量（热吸收容量）。如果火花塞（火花塞的热值）与发动机不匹配，会导致很多不良反应。

虽然在发动机附件中火花塞为容易达到高温的部件，但必须保持适当的火花塞温度范围。如果火花塞的温度超过 900℃，会发生早期点火的现象。与此相反，如果火花塞的温度低于 500℃，容易在绝缘体附近生成积炭。积炭会阻碍放电火花的生成，或可能成为电极间的桥梁，使火花塞漏电，导致放电点火不稳定。因此，有必要保持适当的火花塞温度范围（自清温度）。

火花塞的热平衡主要根据中心电极和周围绝缘体从火焰中吸收的热量与通过火花塞的外表面向外放出的热量来进行调节的。热值越大，散热量越高；热值越小，

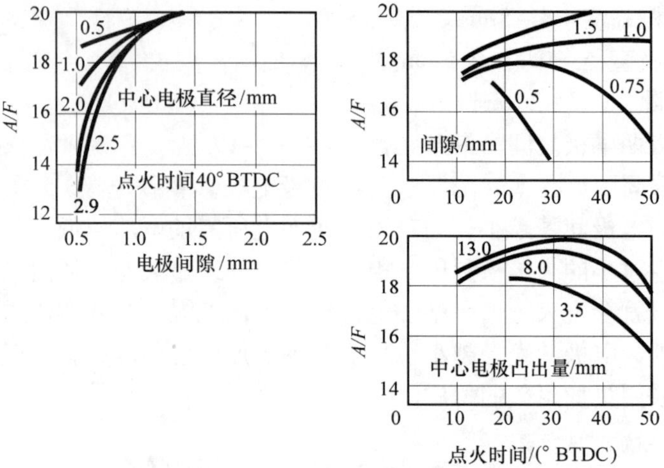

图 5-20　火花塞规格对空燃比的影响

散热量越低。汽油机在低温或低负荷状态下适合低热值火花塞，空冷发动机或摩托车发动机等容易升温的发动机适合高热值火花塞，以防早期点火的发生。

火花塞的适当温度范围随发动机的输出功率、绝缘体的不同而有所不同，通常为 500 ~ 900℃。一般情况下，电极的表面温度为 650 ~ 800℃。

（3）火花塞位置　图 5-21a 所示为火花塞中心电极相对于燃烧室壁面的位置。直喷汽油机中，火花塞位置会影响燃烧特性。把燃烧的均匀度 cov（%）以指示平均有效压力 $p_{m,i}$ 与标准偏差（或变差系数）s 表示为

$$cov = \frac{s}{p_{m,i}} \times 100\%$$

均匀度 cov 以 5% 为基准，如果小于基准（$<5\%$），则表明发动机为较稳定的状态；如果大于基准（$>5\%$），则表明为易造成燃烧延迟或失火的发动机恶劣状态。图 5-21b、c 显示了不同位置火花塞随点火时刻和空燃比的燃烧变化状态。粗条线为燃烧均匀度 5% 的界限。

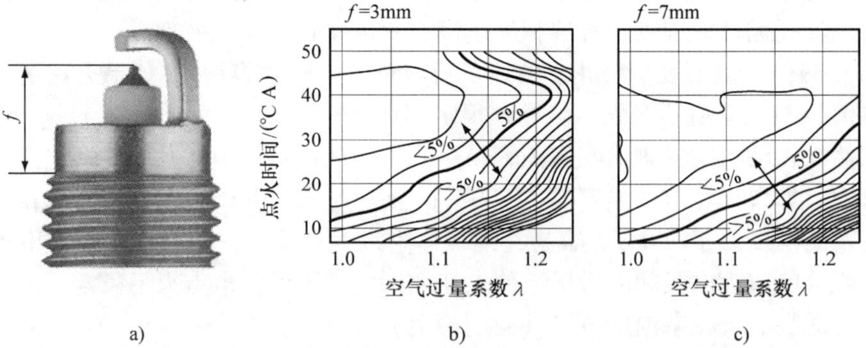

图 5-21　火花塞位置的变化造成的影响

从图中可以看出，火花塞的位置明显影响燃烧特性，离燃烧室壁越远，其均匀度小于5%的范围扩大，因而稳定燃烧空燃比界限范围也扩大。但是，搭铁电极位置离燃烧室壁越远，火花塞的温度会越高，会增加电极的热磨损。如要使火花塞电极的位置远离燃烧室壁，以此提高点火性能，就必须同时考虑火花塞的耐久性能。

5.4 汽油机的燃烧

汽油机的燃烧分为从火花塞点火传播火焰开始到燃烧结束的正常燃烧，和在火花塞没有点火的状态下混合气处于高温状态自燃或高温的燃烧室表面凸起点燃等异常燃烧。

5.4.1 正常燃烧

正常燃烧是指，火花塞点火生成火焰核，且火焰核逐步向混合气中传播，通过良好燃烧使压力上升后，全部混合气完全燃烧结束的状态。图5-22所示为点燃式发动机正常燃烧时火焰传播的过程。

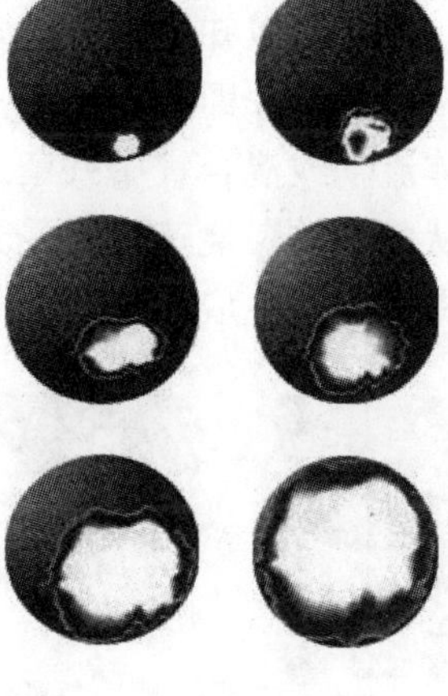

图5-22 火焰传播过程

正常燃烧过程中没有气缸内压力急剧上升（或能量辐射）的现象。图5-23所示为正常燃烧时气缸内压力的变化。图中，点 A 为点火时刻（或点火提前角），点 B 为生成火焰到开始实质性燃烧并压力开始上升的位置。通常分成两个部分进行说明。

① 第一期间：火花塞产生火花生成火焰核到正时燃烧开始的区间，称为点火延迟期间（或着火延迟期间）。在这期间与发动机转速或气缸内湍流无关，仅与燃料的性质有关。

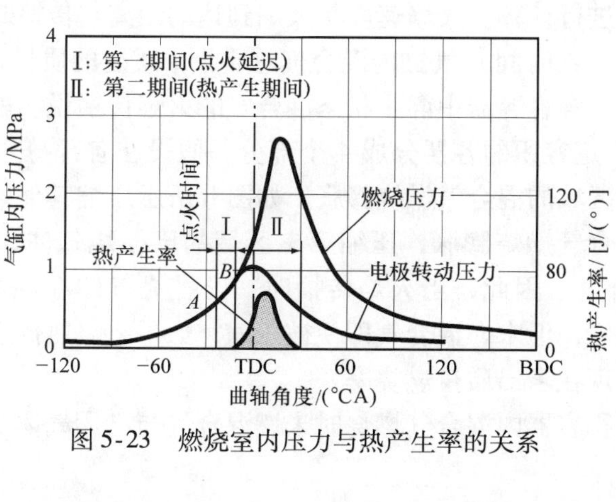

图5-23 燃烧室内压力与热产生率的关系

② 第二期间：从火焰核形成火焰面且正式燃烧压力上升开始到全部混合气燃烧结束时的区间，称为热产生期间。把这期间又分为压力上升开始到达最高压力为止的主燃烧期间和之后燃料完全燃烧的后燃烧期间。图中热产生率为每1°CA所产生的热量，热产生量越多，压力上升曲线斜率越大。

1. 点火和初期燃烧

即使运行条件相同，每个循环的燃烧都有不同。分析其原因，这与每个循环中点火能量和点火时刻的微小变化有关，但主要原因是在火花塞附近的残留废气浓度和湍流特性的变化引起的。

图5-24所示为火花塞间隙中生成火焰核时拍摄的纹影照片。拍摄时的运行条件都相同，发动机转速为1400r/min，空气过量系数为 $\lambda=1.2$，点火时刻为50° BTDC，测量期间为2℃A（=0.25ms）。可以看出，每个循环火焰核的生成形状都不同，由此可以知道每个循环都很容易发生变化。这是因为初期火焰核通常以层流燃烧速度成长，即使增加点火能量也不会改变火焰核的成长速度，但会受到间隙附近气体流动或混合气中残留废气浓度的影响。之后，火焰从层流燃烧转换到湍流燃烧，从此开始燃烧速度会受到湍流的影响，会急速增加。气缸内涡流、滚流或挤流等为促进湍流生成的气流，气缸内的燃烧特性会受到这些气流非常大的影响。

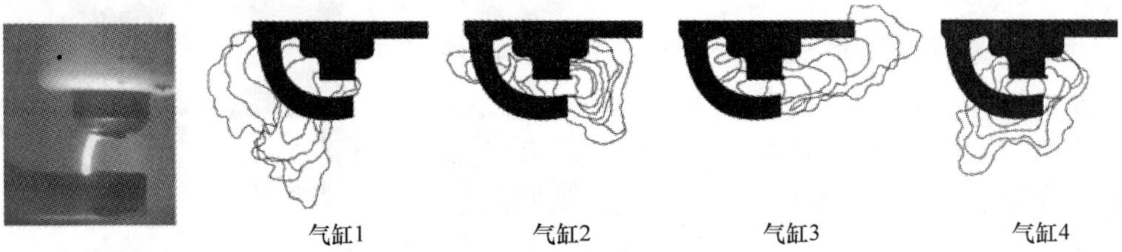

图5-24 不同火花塞间隙初始火焰核的变化

2. 质量燃烧率

虽然火焰传播仅在预混合气燃烧时出现，但在对燃烧进行解释时，比起火焰速度多以质量燃烧率进行计算。火焰速度是火焰到达的距离与传播时间之比，质量燃烧率是每曲轴角度（或时间）气缸内混合气总质量中燃烧的质量之比。

对质量燃烧率对等容容器中静止状态混合气的火焰传播说明就会容易理解。如图5-25所示，把一定容积的容器分成4个部分，假设在各部分中装有相同质量的混合气。如果第1区域的混合气燃烧膨胀，如图b所示压缩其他区域的混合气。然后，第2区域的混合气燃烧膨胀，压缩第1区域的已燃烧气体，并进一步压缩第3、4区域未燃混合气。因此，当火焰传播时，已燃烧气体在燃烧前后都被压缩，获得不同的温度梯度，但未燃混合气即使被压缩，如果忽略热传递，则在各个阶段具有相同的温度。现在求出质量燃烧率。

先求出一定容积容器内混合气燃烧时未燃混合气与已燃气体之间的关系。混合气的质量和容积分别为 m，V，已燃气体的质量和容积分别为 m_b，V_b，未燃混合气的质量和容积分别为 m_u、V_u，它们之间的关系为

$$m = m_u + m_b$$

$$V = V_u + V$$

已燃气体的质量燃烧率 x_b 为

$$x_b = \frac{m_b}{m} = 1 - \frac{m_u}{m} \tag{R1}$$

混合气质量 m 与任意阶段未燃混合气质量 m_u 之间适用理想气体状态公式，即

$$m = \frac{pV}{RT},\ m_u = \frac{p_u V_u}{RT_u}$$

把上述关系代入式（R1）中，可以导出：

$$x_b = 1 - \frac{p_u V_u / RT_u}{pV/RT} \tag{R2}$$

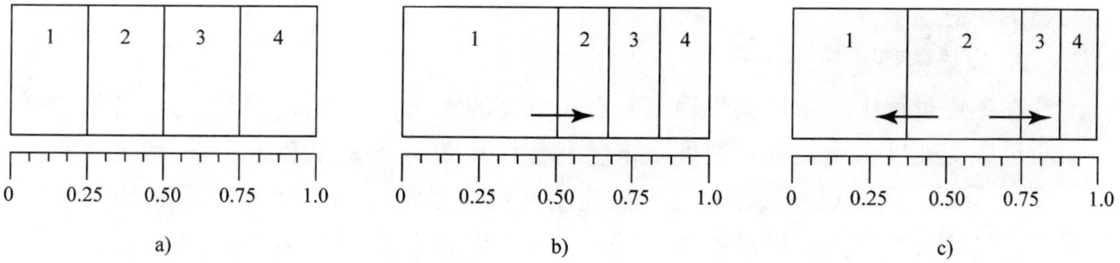

图5-25 对于质量燃烧率的两领域燃烧模型

假设未燃混合气以等熵过程 $Tp^{(1-\kappa)/\kappa} = C$ 被压缩，下述关系式成立：

$$\frac{T_u}{T} = \left(\frac{p_u}{p}\right)^{(1-\kappa)/\kappa}$$

把上述公式代入式（R2），可以推导出下述质量燃烧率 x_b 的计算公式为

$$x_b = 1 - \left(\frac{V_u}{V}\right)\left(\frac{p_u}{p}\right)^{1/\kappa} \tag{5.1}$$

把未燃混合气容积 V_u 以混合气容积 V 减去已燃容积 V_b 的值进行计算，改变上述公式可以推导出：

$$x_b = 1 - \left(1 - \frac{V_b}{V}\right)\left(\frac{p_u}{p}\right)^{1/\kappa} = 1 - (1 - y_b)\left(\frac{p_u}{p}\right)^{1/\kappa} \tag{5.2}$$

在式（5.2）中，y_b 为 $y_b = V_b/V$，是容积燃烧率（或火焰传播容积比）。从式（5.2）可知，质量燃烧率 x_b、容积燃烧率 y_b 和压力上升率 p_u/p 之间都有关系。因为已燃和未燃气体的膨胀和收缩要依赖于通过质量燃烧的燃烧压力 p_u。此压力上升与燃烧室的形状没有关联，与压缩比、热损失、空燃比和活塞位置有关系。但是，这些变量的影响很微小。因为，实际燃烧室的最大温度和最大压力受到燃烧气

体的质量热容和热分解的影响。

图 5-26 显示了压缩比（ε）为 7:1 与 12:1 时质量燃烧率与容积燃烧率的关系。可以看出压缩比的影响相当微小。如图所示，容积燃烧率 y_b 为 0.5 时所对应的质量燃烧率 x_b 为 0.25。这表示 25% 质量燃烧气体占据气缸容积的 50%，说明燃烧气体的膨胀相当大。即，气体膨胀速度对火焰传播速度的影响很大。另外，容积燃烧率 y_b 为 0.9 时所对应的质量燃烧率 z_b 为 0.75，说明 10% 容积的末期气体占 25% 质量的未燃混合气，因此不难理解为什么发生爆燃时易发生急剧的燃烧。

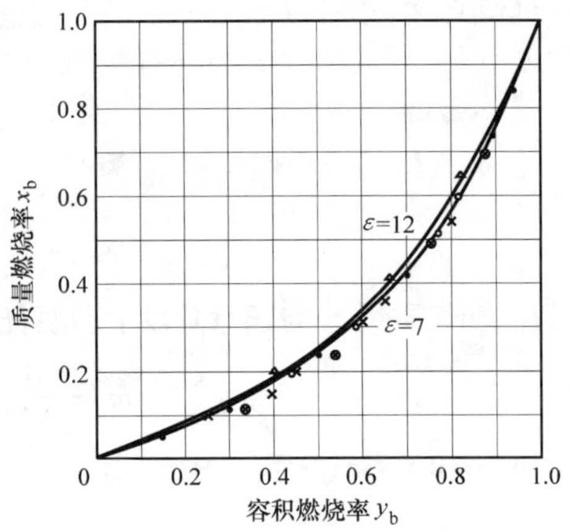

图 5-26 质量燃烧率与容积燃烧率的关系

3. 火焰传播和压力上升

在燃烧过程中，虽然火焰速度具有很重要的意义，但直接支配压力上升的主要是质量燃烧速度。质量燃烧速度是未燃混合气密度 ρ_u 与火焰面面积 A_f 和燃烧速度 S_b 间的乘积，所谓燃料转换为能量的速度（燃烧速度）。如果假设燃烧前后的质量热容、气体常数不变，随温度上升的压力上升与质量燃烧率 x_b 成正比。即，如果初期压力为 p，燃烧最高压力为 p_{max}，则近似地成立下述关系：

$$x_b = \frac{m_b}{m} = \frac{p_u - p}{p_{max} - p} \tag{5.3}$$

对于影响火焰传播的燃烧室形状，举例 3 个燃烧室进行比较分析。设定燃烧室的形状为圆锥形、圆柱形和倒圆锥形，它们的高度和基圆面积均相等，并都在相同的中央点火位置。图中 x 标记表示火花塞。图 5-27 显示了燃烧室中火焰面移动距离的容积或质量燃烧率与质量燃烧率。在这里可以看出：

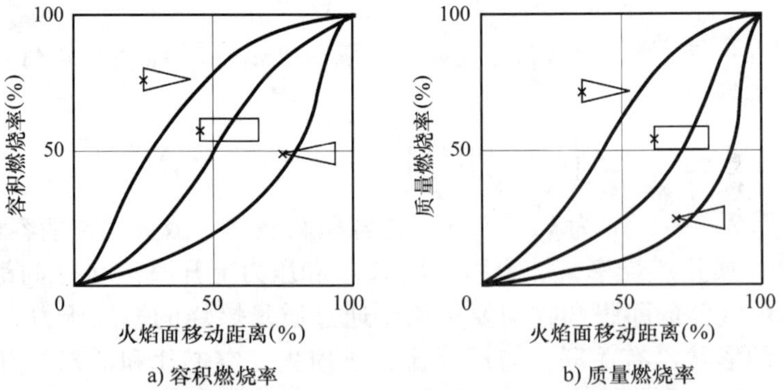

图 5-27 燃烧室形状不同，火焰面移动距离的燃烧率

① 燃烧室形状：燃烧室的形状不同，质量燃烧率和容积燃烧率都具有明显的差异。因为，点火初期的燃烧虽与燃烧室的形状无关，燃烧混合气的容积（或质量）相同，但随火焰面的移动，火焰面积随燃烧室形状的不同而大有差异，因此质量燃烧率也会不同。

② 容积燃烧率：圆柱形燃烧室随燃烧火焰面移动的距离燃烧相同容积比的混合气，圆锥形燃烧室随燃烧火焰面移动的距离燃烧更为少量的混合气，其容积比逐步减小，与此相反，倒圆锥形的容积比逐步增大。其结果，圆锥形和倒圆锥形燃烧室的容积燃烧率（或质量燃烧率）在压力上升率明显有差异。从这里可以判断出，圆锥形燃烧室的压力上升率大，比其他形状燃烧室对提高发动机性能方面更为优秀。另外，这种燃烧室因火焰传播时间短，压力上升时间也短，由此可以最小化压缩功和缩短未燃气体的滞留时间，因而可以预测其爆燃发生概率也会最小化。

实际发动机的燃烧特性通常通过测量压力进行分析。此时检测的压力为从混合气产生的热量中减去通过燃烧室壁散热的热量和传递到未燃烧混合气的热量后剩余的热量作用下上升的压力。把此压力值以热产生时间进行积分，可以计算出质量燃烧率。图5-28所示为甲醇随当量比变化的质量燃烧率。这是通过2领域模型实测的压力求得的。2领域模型是，假设以火花塞为中心的球面为火焰面位置和面积，并以此面为界限分成未燃混合气和已燃气体，然后计算根据湍流火焰传播的燃烧率和热产生率的方法。从图中可以看出，空燃比越稀薄，即当量比 ϕ 越小，燃烧时间越长。燃烧结束时质量燃烧率不为1的原因是，供给的燃料没有完全燃烧，以未燃气体（碳氢化合物）的状态被排放。

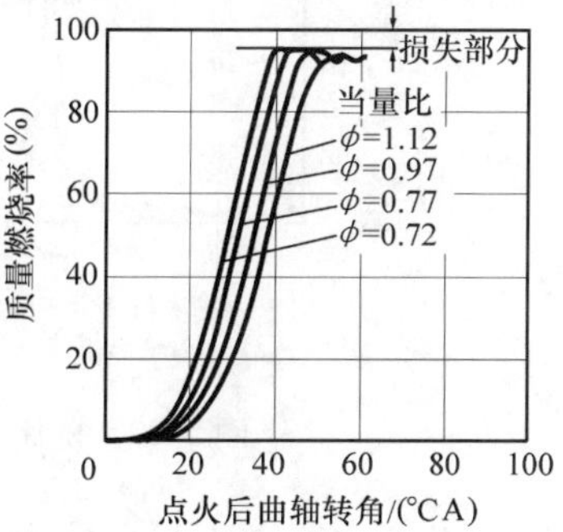

图5-28 2领域燃烧模型中获得的质量燃烧率

4. 燃烧变化

实际发动机即使在相同的条件下正常燃烧，也不可能获得一成不变的燃烧状态，每个循环的燃烧压力都会发生变化，这称为循环变化。其原因归纳为如下几点：

① 混合气的变化。

② 湍流能量的变化。

③ 残留废气量的变化。

在绝大部分运行条件下，向进气口喷射的燃料与空气混合，其中部分燃料会与进气口或气缸壁发生碰撞，气缸内空燃比会在每个循环的时间或空间上发生不均等现象，因而会导致燃烧变化。尤其是，进气系统内混合气的湍流或火花塞附近的残留废气成分比率的变化对燃烧压力造成很大的影响。

目前，汽油机为了提高热效率采用了在稀薄空燃比状态下运行以及为了减少氮氧化物（NO_x）的排放采用废气再循环（EGR）措施。但是发动机在稀薄混合气状态和残留废气量的增加，容易导致部分燃烧或失火等不稳定的燃烧。部分燃烧是火焰传播不充分并在循环过程中燃烧结束的状态，失火是混合气不能正常形成火焰的状态。正常燃烧和不稳定燃烧是根据部分燃烧发生的频率和大小加以区分，其差异为不稳定燃烧对循环变化（或燃烧变化率）的影响不同。正常燃烧也会发生循环变化，但不稳定燃烧时的程度会更加严重。

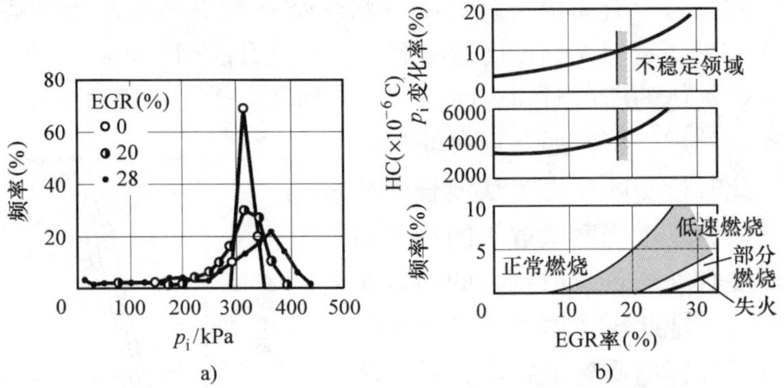

图 5-29 随废气再循环（EGR）率的容积燃烧率

如前所述，随稀薄混合气燃烧或废气再循环（EGR）的循环变化的主要原因为，火花塞附近混合气（燃料 + 空气 + 残留废气）的循环变化和在热产生期间气缸内气体流动（湍流速度）的循环变化。

图 5-29 显示了空气过量系数为 1、发动机转速为 1400r/min 时，废气再循环（EGR）率分别为 0、20%、28% 时的指示平均有效压力 p_i 的频率和变化率，以及碳氢化合物（HC）的排放浓度。在图中可以看出，废气再循环（EGR）率对燃烧变化的影响，指示平均有效压力 p_i 的分布逐步扩大。这是由于火花塞附近混合气中的残留废气引起了循环变化。

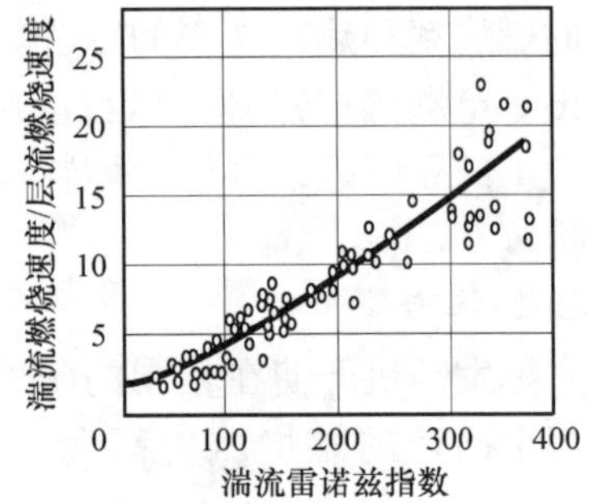

图 5-30 湍流强度与燃烧速度的关系

如果燃烧速度降低，使燃烧时间变长，循环变化因素介入的概率就会提高，以缩短燃烧时间来降低燃烧变化。提高燃烧速度的有效方法是增强湍流强度。图5-30 显示了随不同发动机转速或点火时间的气体流动湍流强度与燃烧速度之间的关系。从图中可以看出，随着湍流强度的增大，燃烧速度也增加。由此可以判定湍流速度对燃烧速度的影响非常大。

通常，为了减少循环变化，采取形成空气湍流促进内部混合的方法，即通过在进气过程中进气的滚流或涡流促进湍流生成的方法，和在压缩上止点附近活塞头部与气缸盖之间的压缩空气从气缸中心部喷出生成挤流的方法，以及把这两种方法组合使用的方法。一旦形成滚流、涡流、挤流，在压缩过程后期的燃烧开始初期，在上升的活塞压迫下有规律的混合气流动就会被破坏生成湍流。

5.4.2　异常燃烧

点燃式发动机的异常燃烧为混合气不是由火花塞点火，而是自燃燃烧的现象，爆燃的发生是其代表性的异常燃烧。汽油机的压缩比小于柴油机的原因是，因压缩比越大，越容易发生爆燃。

1. 爆燃

正常燃烧中火焰传播时，把前方未燃混合气压缩和加热，并在火焰到达时点燃燃烧。此时，如果发动机的温度或负荷高，末端气体的温度进一步上升，并时常会发生着火的现象。把混合气（末端气体）温度达到高温，并时常着火的现象称为爆燃或自着火（自发火、自燃）。爆燃发生的温度随燃料类型的不同而不同。爆燃往往在高负荷、低转速、高压缩比或点火时间提前较大时发生。如果预测到要发生爆燃，则可以推迟点火时期，以防止发生爆燃。

爆燃在高负荷运行条件下容易发生是因为未燃混合气的压力、温度较高的原因，在低转速运行条件下容易发生是因为低速时火焰传播速度与活塞速度低，发生爆燃所需的自着火延迟时间（预反应时间）长。另外，发动机的压缩比越高，混合气的温度就会越高，越容易发生爆燃，因此压缩比的增大不能大于一定的限度。同理，点火时间提前过大，也会使燃烧温度过高，容易发生爆燃。

爆燃发生时，过多的末端气体瞬间爆燃使气体压力瞬间上升过大，高压压力波传播与气缸壁高频率反复发生碰撞，产生5～7kHz频率的高频噪声。高密度压力波爆击气缸壁，因此又称为火花爆击。发生爆燃的异常燃烧与正常燃烧不同，末端气体全部同时处于着火状态，因此大部分混合气几乎同时燃烧，燃烧速度非常大，可以达到300～2000m/s，并且压力瞬间暴增，由此产生的高频振动就是其特征。高频振动产生爆燃声的同时破坏气缸和活塞的温度警戒层，通过此部分促进热量的传递，如果此状态长时间持续，会在铝制活塞等部位形成很多小坑等，对燃烧室部件造成热损伤。

实际发动机输出最大转矩的最佳点火时间（MBT），就在爆燃发生开始的点火时间附近。因此，发动机就在发生爆燃界限的范围前运行，对输出功率和燃油消耗率方面都很有利。电控发动机控制爆燃主要是通过爆燃传感器检测爆燃发生时间，并推迟点火时间，以防止爆燃的发生。推迟点火时间可以抑制压力和温度的上升。

（1）发生原因　爆燃发生的原因方面有很多种说法。如因预燃烧反应持续导致自着火的自着火学说，因预燃烧反应所发生的冲击波导致着火并以声速传播的引爆学说，以及正常燃烧的火焰加速导致的火焰加速学说等。无论哪一种情况，爆燃特有的振动、因冲击波的发生使火焰高速传播等观点一致，但燃烧开始和火焰传播方法等方面有所不同。目前，爆燃发生的原因学说方面较为认可有力的是自着火学说。

（2）爆燃发生的相关因素　爆燃发生的相关因素很多，如点火时间、压缩比、燃烧室形状、燃料辛烷值、冷却液温度等。如果取得这些因素的适当值，就能有效降低发生爆燃的概率。就是说，点火时间的延迟、机械辛烷值较高的燃烧室设计、高辛烷值燃料的使用、冷却液温度和进气温度的降低等，都可以有效降低爆燃的发生概率。

汽油直喷发动机不仅在燃料消耗率方面很优秀，在抗爆燃性能方面也很优秀。这是因为，直接向气缸内喷射雾状燃料，在燃料的气化潜热作用下混合气冷却降温，可以提高抗爆燃性能。

① 点火时间。图5-31显示了在相同的运行条件下，仅改变点火时间时气缸内压力的变化。起动机带动（用起动机转动发动机）时气缸内的压力变化曲线以上止点（TDC）为中心左右对称。点火时间合适的Ⓑ（BTDC 30℃A）曲线状态，在压缩上止点后10°~20℃A位置上出现最大燃烧压力，燃烧压力所做的功（曲线下部面积）为最大。点火时间延迟的Ⓒ（BTDC 10℃A）曲线状态，膨胀时的气体温度过高，冷却损失增加，导致燃烧压力低，所做的功也小。点火时间提前较大的Ⓐ（BTDC 50℃A）曲线状态，虽然因在上止点前的压力上升大，致使最大燃烧压力很大，但其发展下去会发生爆燃。即，在相同的运行条件下，点火时间提前较大时会发生爆燃。

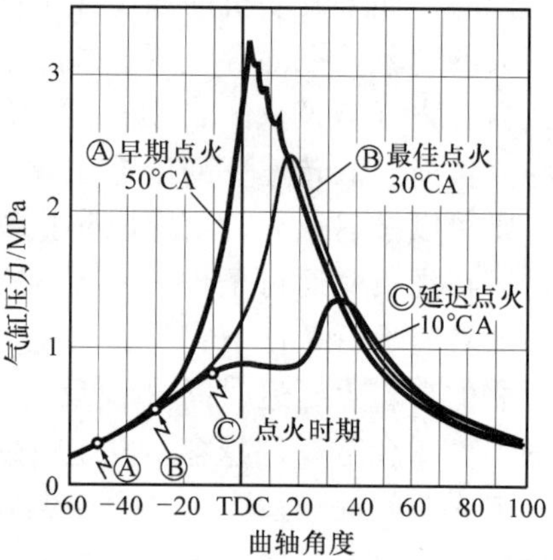

图5-31　点火时间与气缸内压力的关系

② 燃烧室形状。爆燃通过延迟点火时间、降低压缩比等可以预防。但是，这样的方法是以降低发动机的输出功率或燃料经济性为代价的。以防爆燃为目的所设计的燃烧室是以最低的辛烷值获得最大输出功率为目的的技术，考虑如下内容：

① 燃烧时间短。

② 火焰传播距离短。

③ 燃烧室内形成涡流。

④ 形成末端气体冷却效果。

为了满足上述条件所要采用的措施有：紧凑的燃烧室、使用双火花塞，以及燃烧室内形成涡流、滚流、挤流等。

图5-32显示了在压缩比9、转速为1000r/min、最佳点火时间条件下，燃烧室形状、所要求辛烷值和指示平均有效压力之间的关系。图为满足上述①、②条件的球形紧凑式燃烧室，其所要求的辛烷值以73为最低，燃烧时间也最短。可以看出，圆柱形燃烧室所要求的辛烷值以95为最高，燃烧时间也最长。图5-33显示了燃烧室形状、净平均有效压力和所要求辛烷值之间的关系。如图所示，相同气缸盖燃烧室中的球形燃烧室，挤压间隔越小，所要求的辛烷值会越低，指示平均有效压力会越高。

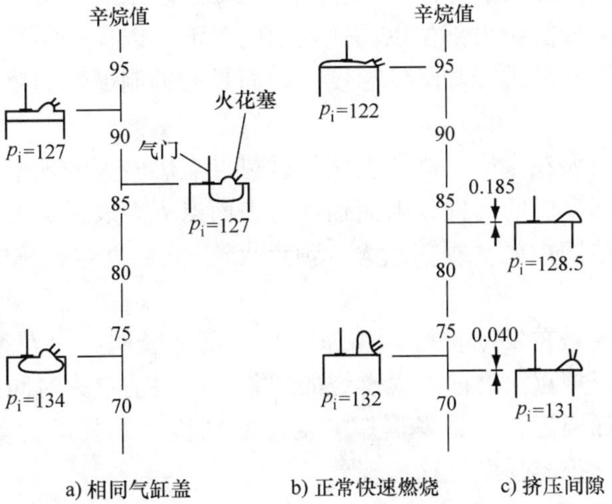

图5-32 燃烧室形状与燃烧时间的关系

③ 提高辛烷值。使用辛烷值高的燃料或添加辛烷值增强剂的燃料，可以有效防止爆燃，其理由如下所述。

通常，碳氢化合物燃料加热后会起如下化学反应，并生成氢过氧化物（ROOH）或醛类（RCHO）。

$$RH + O_2 \rightarrow R + H_2O$$

$$R + O_2 \rightarrow RO_2 \text{ 或 } RCHO + OH$$

$$RO_2 + RH \rightarrow ROOH + R$$

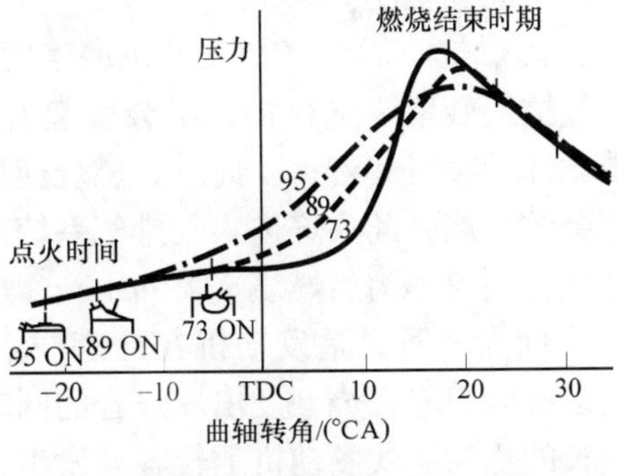

图5-33 燃烧室形状与所要求辛烷值的关系

在上述反应式中，R为碳氢化合物自由基。自由基（活性基、活性化学物种、连锁源）为不成对电子的分子或原子，在很小的能量作用下也很容易发生反应。如果碳氢化合物燃料要持续发生反应（自着火），像这类氢过氧化物或醛类等自由基能引导快速反应，因此必须增大自由基的生成速度。

辛烷值高的燃料或添加辛烷值增强剂的燃料可以提高像这类氢过氧化物或醛类的生成反应（或支链反应）温度和蓝焰发生温度，以延长自着火延迟时间，因而具有抑制爆燃发生的效果。

④ 降低冷却液温度和进气温度。如果进气温度低，燃烧温度也相对较低，由此末端气体温度也会降低，如果冷却液温度低，会直接降低末端气体的温度，因而具有抑制爆燃发生的效果。

增大相对于末端气体的容积比的方式也可以降低末端气体温度。这是把发动机的挤压领域设计为冷却带的方法。挤流是在压缩过程末期把气缸盖与活塞头部之间存在的混合气挤向气缸中央部位以高速喷出的气流，以促进湍流的生成，并增大火焰速度，同时末端气体被冷却降低温度，因而具有抑制爆燃的效果。

2. 表面点火

表面点火是由火花塞或燃烧室表面的过热点点燃着火的现象。火花塞是在发动机中温度容易达到高温的部件，因而很容易表面点火。表面点火在火花塞正规点火之前发生的称为早期点火（提前点火、预点火），之后发生的称为后期点火（后点火）。

早期点火主要是在发动机持续高速、高负荷运转时，火花塞蓄热并成为点火源，并在火花塞正规点火之前点火燃烧的现象，与提前点火时间的效果相同，会提高燃烧最高压力和温度，会诱发爆燃。空冷发动机（摩托车）如果没有正确选择火花塞的热值，就很容易发生这种现象。

3. 其他异常燃烧

其他异常燃烧主要是在化油器式发动机上容易发生的现象，在目前电控汽油机上发生的可能性很小。

（1）后燃烧　后燃烧是发动机减速时在排气系统中燃烧的现象。减速的初期阶段，气缸内残留废气很多，不会引起着火，但如果转速增加的同时混合气也增加，数循环后会引起着火。此时，燃烧速度较低，直到排气过程附近在气缸内还会存在剩余的火焰，此火焰进入到排气系统点燃滞留在排气系统中的可燃物，引起燃烧。把这种现象称为后燃烧（After burn）。

（2）回火　回火是发动机在冷态或点火时间推迟的状态，如果急加速运行，在进气系统内引起燃烧，发出爆炸音的同时火焰向大气逆流的现象。此现象在进气系统较长的化油器式发动机上较容易发生，其主要原因是，急加速时因燃料供给延迟，而从稀薄混合气状态开始燃烧导致的。稀薄混合气的燃烧速度较低，直到排气过程末期在气缸内或排气口附近还会存在剩余火焰，此火焰在气门重叠期间逆流进入进气系统，并点燃进气系统内的混合气进行燃烧。把这种现象称为回火（Back-fire）。

5.5 发动机的电子控制

发动机的电子控制是从研发电控燃料喷射的电控系统开始的。

本迪克斯（Bendix）公司于1953年开始了被称为电控汽油喷射祖先的Electro-jecter的开发，并于1957年发布，此后博世公司于1967年发布了D－Jetronic。另外，美国加利福尼亚州于1960年制定了汽车废气排放规定，并于1965年7月开始试行，以此开始了提高空燃比控制精密度技术的研发。20世纪70年代后期，德国的博世公司研发了电控汽油喷射装置（EFI），并在大众汽车上安装使用。此后，氧传感器与三元催化转化器组合的废气排放控制系统，并在配备使用汽油喷射控制的同时相继配备使用点火时间控制、怠速转速控制（ISC）等电控系统，这些电子控制系统组合发展为发动机电子控制系统。

最近，汽车在所有用机械控制技术不能实现的复杂控制领域，利用电子控制技术得以实现。以发动机电子控制系统为首，底盘系统控制、车身控制、信息通信等所有领域都实现了电子控制，给车辆环保性、安全性、舒适性、便利性等带来了划时代的变化。在本书中仅记述发动机的电子控制系统。

5.5.1 电子控制概述

发动机的电子控制与端口喷射式和气缸内直喷式几乎相似，不同点仅是喷油器和喷射压力不同。下面以端口喷射式为主进行说明。

进气口喷射式的电子控制从空气燃料混合气的形成开始工作，即在正确的时间进行精确燃料量喷射。在进气口前形成的均质混合气进入气缸，在压缩过程末期最佳点火时间被点火，并最终完成燃烧。发动机的输出功率和废气排放性能与燃料的喷雾方向、气缸内的空气流动息息相关。

在图5-34和表5-1中显示了目前传统的端口喷射电控系统的概述图和传感器（输入）、执行器（输出）和控制项目等构成因素。发动机的电子控制模块（ECU）接收各种传感器传送的信号，并以此信号为根据判断各种运行条件的最佳控制状态，对各种执行器输出控制信号进行控制。

1. 均质混合气的形成

进气端口喷射式汽油机进行均质预混合燃烧。均质预混合气是指在进气口前喷射的燃料在进气过程、压缩过程期间有充分的时间与空气混合形成。但是，混合气的形成并不简单，在混合气形成的过程中，相关的发动机温度、初始燃料喷雾粒径、喷射时期、喷雾方向、空气流动等对燃烧特性具有决定性的影响，因此要经过非常精密和复杂的控制过程。

（1）初始燃料喷雾　燃料喷射后径直生成的喷雾称为初始燃料喷雾。初始喷雾替代促进汽化。但是，发动机在冷态起动时温度较低，一部分燃料被汽化，大部

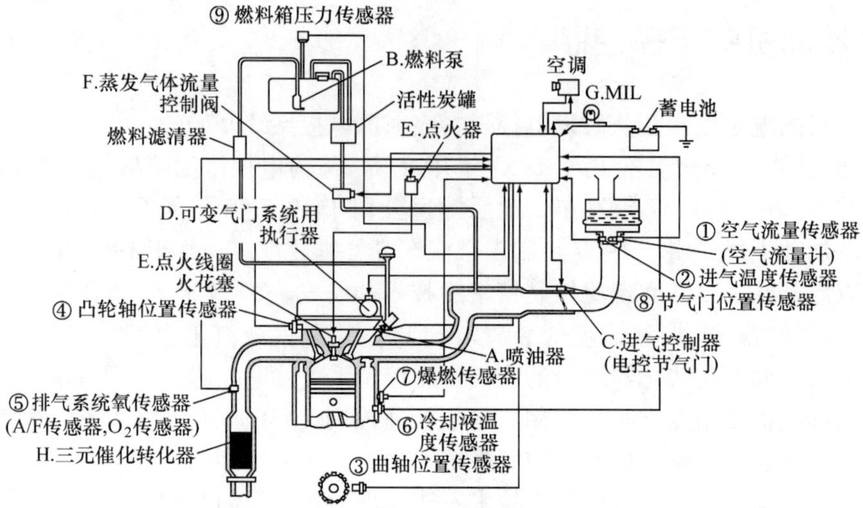

图 5-34　发动机控制系统

表 5-1　发动机的电子控制

输入项目	控制项目	输出项目
① 空气流量传感器	• 燃料喷射量	A. 喷油器
② 进气温度传感器	• 蒸发气体控制	B. 燃料泵
③ 曲轴位置传感器	• 点火时间控制	C. 空气量控制
④ 凸轮轴位置传感器	• 空气量控制	D. 可变气门系统执行器
⑤ 排气系统氧传感器	• 自诊断控制	E. 点火器
⑥ 冷却液温度传感器		F. 蒸发气体流量控制阀
⑦ 爆燃传感器	• 气门正时控制	G. 故障警告灯（MIL）
⑧ 节气门位置传感器	• 进气通路控制	H. 三元催化转化器、氮氧化物（NO_x）催化转化器
⑨ 燃料箱压力传感器	• 废气再循环（EGR）控制	I. 自诊断警告

分燃料粘附在壁上以液膜的状态存在。与此相反，发动机在热态时燃料汽化率较高，粘附在壁面上的燃料也会在进气系统中被汽化。发动机控制模块（ECU）判断这些条件并控制调整燃料量。

（2）喷射时间　在大部分运行条件下，喷射时间执行进气门开启直前（同步）向进气口喷射燃料的同步独立喷射。如果在进气门打开状态喷射燃料，不仅汽化时间短，而且混合时间也短，造成在混合气处于不均的状态下进行燃烧，会导致很大的燃烧变化。

通常，很少使用在进气门打开状态下的同步喷射方式，这仅在发动机冷起动时或增加发动机的输出功率时使用。这是因为，在进气门打开状态下喷射燃料，发动机冷起动时增加气缸内的燃料蒸气，增加输出功率时不是燃料蒸气（气体）的雾状（液体）燃料进入到气缸内，这样不仅增大充气量，还可以在燃料蒸发潜热的冷却效果下增加容积效率。另外，降低混合气的温度对抗爆性具有肯定的作用。

（3）喷雾方向 喷雾方向是为了在冷起动时减少碳氢化合物（HC）排放量的。喷油器喷射的方向对着进气口的根部，使喷雾能够随空气流传送到燃烧室中央（火花塞）部分，这可以减少排气侧燃烧室壁上的燃料粘附量，以减少碳氢化合物（HC）的排放量。

（4）空气流动 空气流动受到发动机转速、进气口形状、进气门打开时间和容量曲线的影响。如果为了提高气缸内湍流强度而使用了进气控制阀（或节流阀），也会受其影响。

空气流动快，会促进空气和燃料的混合，不仅能改善燃烧变化，还可以因燃烧速度的增加而提高输出转矩和输出功率。空气流动快尤其在使用废气再循环（EGR）时更为有效。但是，在全负荷条件下进气控制阀等使用会降低容积效率，继而减少输出转矩和输出功率。

2. 均质混合气的燃烧

点火瞬间燃烧室内空气燃料混合气的理想状态为完全均质状态。混合气的燃烧是通过火花塞点火开始。当高压电施加在火花塞上时，在电极间产生火花等离子（离子化气体），等离子加热其周围的混合气并点火，逐次形成火焰核、火焰面。

点火的影响因素有点火能量、高压电通电时间、火花塞周围局部流动、空气燃料比和火花塞形状，也会受到火花塞在燃烧室内的位置影响。

火焰面以亚音速的速度向前传播。以火焰面为界限分成前方为未燃气体，后部为（下游侧）已燃气体的领域。均质混合气的燃烧在超过碳生成界限的状态进行燃烧，因此为蓝火。火焰面的传播速度随燃烧室内气体流动湍流的增强的同时增加。气体流动湍流和质量燃烧率（或容积燃烧率）均与发动机转速成正比。其结果，燃烧时间与发动机转速无关，在一定的曲轴角度范围内进行。火花塞发生的火焰通过气缸壁的淬火效应被熄灭。在气缸壁附近剩余的混合气不燃烧，直接通过排气系统排放，这就是产生未燃碳氢化合物的原因。

5.5.2 电子控制输入传感器

随着汽油机电控技术的普及化，传感器应用也越加广泛。从类型上有力学式传感器、电子式传感器、光电式传感器、热敏电阻式传感器等，且传感器种类各种各样。表5-2显示了发动机为提高排放废气的净化和降低燃料消耗率在动力传动系统中配置的各种传感器。

下面主要对汽油机电控系统中最基本的空气流量传感器、氧传感器和温度传感器进行说明。

1. 空气流量传感器

为了精确地控制空燃比，正确测量进气量尤其重要。测量空气量的方法主要有测量进气系统压力并进行计算进气量的方法和直接测量空气流量的方法。最初的进气量检测方式为利用进气系统压力、节气门开度和发动机转速间接计算进气量的速度密度，最近采用了直接测量空气质量流量的方法。如图 5-35 所示，质量流量传感器有叶片式、卡曼漩涡式、热线式等。

叶片式为用电位计检测叶片的开启角度并推算空气流量的方法，卡曼漩涡式为利用超声波检测三角柱下游生成的涡流频率并推算空气流量的方法，热线式为利用正温度系数热线流量计检测热线的冷却量（电阻）并计算空气流量的方法。

表 5-2　动力传动控制传感器

控制系统		动力传动控制传感器	
力学式传感器	角度	• 节气门打开/关闭角度 • 加速踏板打开/关闭角度	
	加速度、振动	发动机爆燃	
	压力	• 发动机进气压力 • 燃烧压力	• 大气压力 • 燃料箱压力
	流量	• 空气流量	
电子式传感器	速度、转速、角度、位置	• 车速 • 曲轴位置	• 转速 • 凸轮轴位置
	电流、频率	• 电流（电动汽车（EV）用）	
光电传感器	光	• 发动机点火时间	
热敏电阻传感器	温度	• 发动机冷却液温度 • 进气温度	• 燃料温度 • 排气温度
气体传感器	气体密度	• 氧（O_2） • 碳氢化合物（HC）、氮氧化物（NO_x）	• 空燃比

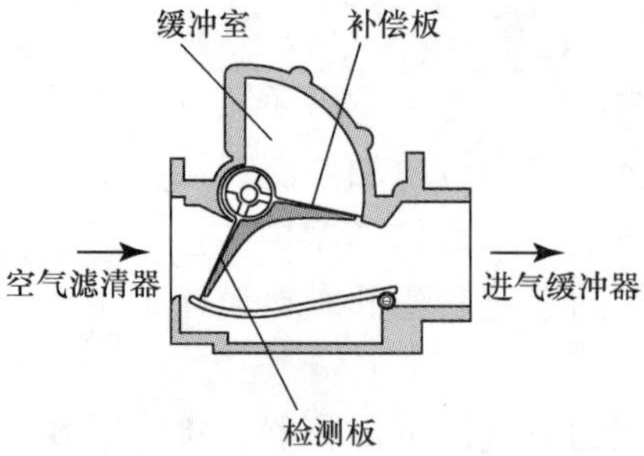

a) 叶片式

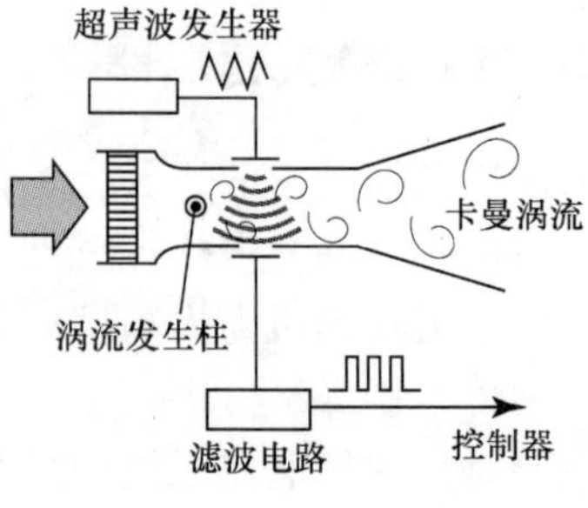

b) 卡曼漩涡式

图 5-35　空气量检测方法

2. 氧传感器

氧传感器检测排气中的氧气（O_2）浓度，是为把燃烧之前的混合气浓度控制为理论空燃比而进行反馈控制所需的传感器。

三元催化转化器发挥最大效率的空燃比为理论空燃比（$\lambda=1$）。发动机随运行条件的变化会脱离理论空燃比，通过排气中的氧含量可以判定是否脱离了理论空燃比。氧传感器有检测电势变化的氧化锆（Z_rO_2）式和检测电阻变化的氧化钛（T_iO_2）式两种。

图5-36a 所示为氧化锆式氧传感器（λ 传感器）的构造。通常，传感器本体为在氧化锆（Z_rO_2）中掺入少量钇（Y_2O_3）的固溶体氧化锆元件的内外侧表面上镀白金层的元件，其内外侧表面分别与大气和排放气体接触。在氧化锆元件上通电时，其内外侧表面产生氧浓度差，与氧浓度差成比例的氧离子移动，以形成电流的流动，并生成电势的性质。因此，在传感器元件的内侧提供氧浓度较高的大气，外侧与氧浓度较低的排放气体接触。如图5-36b 所示，氧传感器的电势以排气中氧含量0.5%（空燃比 $A/F=14.5$，看成理论空燃比）为界限发生巨大的变化。控制模块（ECU）根据氧传感器的信号判定空燃比的浓稀状态，并控制修正燃料的喷射时间（燃料喷射量），以控制燃烧前混合气的空燃比尽可能接近理论空燃比。

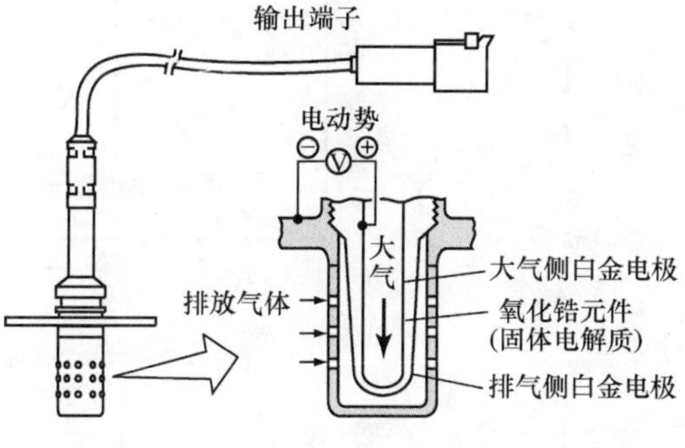

a) 构造

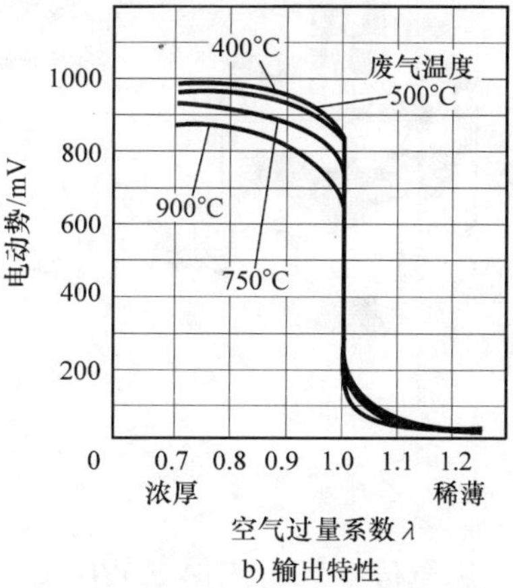

b) 输出特性

图5-36 氧化锆式氧传感器的结构与输出信号特性

3. 稀薄空燃比传感器

汽油稀薄燃烧和直喷式汽油机在空气过量系数为 $\lambda>1$ 的稀薄空燃比条件下也可以运行。稀薄空燃比传感器是在稀薄运行条件下正确检测空燃比的传感器。稀薄空燃比传感器（或空燃比传感器、*A/F* 传感器）的检测原理与传统氧传感器的工作原理相同。

氧传感器的氧化锆元件根据氧浓度差产生电势，相反地如果在氧化锆的两端接通电压使电流流动，氧离子通过固体电解质移动。这时氧化锆内流动的氧离子移动量与氧浓度差成正比，以电流信号检测氧离子的移动量，即可判断排气中的氧浓度。

4. 温度传感器

发动机温度传感器检测发动机冷却液温度、燃料温度、进气温度、排气温度等，通常使用随温度变化电阻值变化明显的热敏电阻。

进气温度传感器是为了补偿随温度变化的空气密度的变化，通常与空气流量传感器组合在一起，也有单独安装在进气缓冲器上的类型。

冷却液温度传感器的作用是提高起动性能和暖机特性，安装在发动机冷却液出口或气缸盖侧面或气缸体侧。当冷却液温度低时，大量燃料粘附在壁面上，燃烧室内混合气处于稀薄状态，会恶化起动或暖机时的燃烧特性。因此，冷却液温度多与起动开关联动，在冷起动时利用冷起动专用喷油器增加燃料喷射量。

5. 爆燃传感器

爆燃传感器是发动机发生爆燃时检测气缸体振动量的传感器。图 5-37 所示为爆燃传感器的构造、安装位置和输出特性。

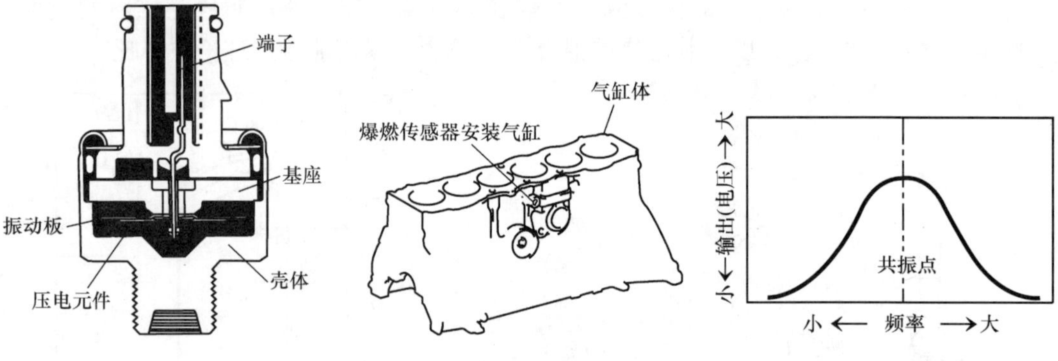

a) 构造　b) 安装位置　c) 爆燃传感器输出特性

图 5-37　爆燃传感器

爆燃传感器检测振动的压电元件安装在振动板上，振动板焊接在基座上，并把基座夹在壳体上进行固定。传感器体安装在气缸体上，压电元件的一侧电极端子通过插接器连接到终端上，另一侧电极通过振动板→基座→壳体最终与气缸体搭铁。

燃烧室内发生的爆燃振动通过气缸体→壳体→基座→振动板进行传递，最终压电元件变形（弯曲）。压电元件变形时，发生伸张、压缩生成电压。爆燃传感器振子的固有振动频率调节成与爆燃振动频率（6～8kHz）共振，这样也能检测到微小的爆燃。

5.5.3　电子控制项目

发动机的电子控制项目有燃料喷射控制、点火时间控制、怠速转速控制、废气再循环（EGR）控制、进气通路控制、气门正时控制等许多项目。

1. 燃料喷射控制

燃料喷射控制方面有喷射时间控制、喷射量控制、燃料切断、稀薄燃烧界限控制等。

（1）燃料喷射时间控制　燃料喷射时间控制有与发动机转动同步进行的同步喷射，以及与发动机的运转无关的，在需要时喷射所需量燃料的非同步喷射。同步喷射有同时喷射、分组喷射和单独喷射，图5-38显示了喷射时间。目前，电控汽油机几乎都采用单独喷射方式。

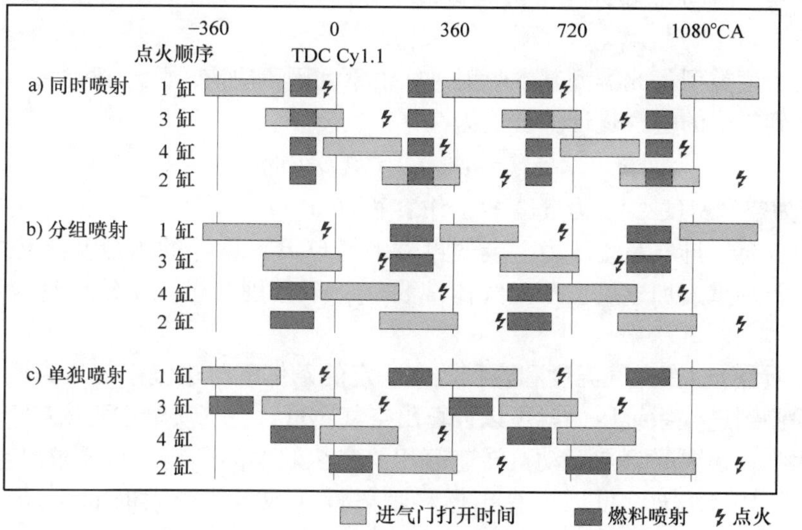

图5-38　燃料喷射时间

① 同时喷射：与进气门打开和关闭时间无关，所有喷油器在发动机每转动1转时喷射一次的类型。把一次燃烧所需的燃料量分成两次进行喷射。这种类型喷油器的驱动电路简单，价格便宜，曾在小排量发动机上采用过，但目前基本不采用此类型，仅有少数车辆在冷起动时使用。

② 分组喷射：是邻近两个气缸为一组在发动机每转动两转喷射一次、与各组进气过程同步顺次进行喷射的类型。与单独喷射相比喷油器驱动电路少，因而越是多气缸发动机，其经济性越好。6气缸发动机有2组喷射和3组喷射。目前这种类型也是仅有少数车型在冷起动时使用。

③ 单独喷射（SEFI：顺序燃油喷射或连续单独燃油喷射）：是发动机每转动两转喷射一次，与各气缸的进气过程同步单独进行喷射的类型。可以把一个循环的燃料量能在每个循环的最佳喷射时期喷射一次，目前大部分汽油机都采用此类型。

④ 非同步喷射：是为了在起动时喷射一定量燃料或急加速时补偿稀薄空燃比、与曲轴角度无关进行喷射的类型。

（2）燃料喷射量控制

① 基本燃料喷射量。基本燃料喷射量（或喷射时间）是根据测量的进气量由理论空燃比决定的。执行燃料喷射的执行器为喷油器。喷油器是在发动机控制模块（ECU）的指令下使电磁线圈流过电流被磁化，柱塞被吸住打开喷射孔，故喷射燃料。

喷射时间 t 为基本喷射时间 t_0 与喷射修正系数 f 的乘积和喷油器无效喷射时间 t_v 之和。

$$t = t_p f + t_v \tag{5.4}$$

基本喷射时间 t_0 随进气量检测类型（速度密度类型和质量流量类型）的不同而有所不同。

速度密度类型：此类型基本喷射时间由下列因素决定。发动机在每一循环进气过程进入到气缸的空气量计算公式为

$$m_a = \rho V_h \eta_v = k(p/T)\eta_v \tag{5.5}$$

式中，ρ 为空气密度；V_h 为气缸的工作容积（m^3）；η_v 为容积效率［是发动机转速、气门正时、排气系统压力、废气再循环（EGR）量等的函数］；k 为常数（$= V_h/gR$），g 为重力加速度，R 为气体常数；p、T 分别为进气系统内绝对压力和空气温度。

空气质量 m_a 在空气温度和容积效率一定的条件下与进气系统压力成正比，因此只要检测到进气系统压力就可以计算出空气质量。空气质量主要依赖于进气系统压力的大小，还要受到与发动机转速等相关容积效率的影响。只要求出空气质量，以理论空燃比 $(A/F)_s$ 可以计算出燃料喷射量（或基本喷射时间 t_0）$m_f = m_a(A/F)_s$。由此，利用进气系统压力和气缸转速可以求出基本喷射时间 t_0。电控发动机把基本喷射时间、进气系统压力和发动机转速之间的关系以3坐标映射值储存在发动机控制模块（ECU）内。

质量流量类型：利用空气流量传感器检测进入发动机内的空气流量 m_a，并利用 $m_f = m_a(A/F)_s$ 求出理论燃料量。求出基本喷射时间 t_0 时，如果是叶片式或卡曼漩涡式空气流量传感器，必须对进气温度和大气压力进行标准状态化的修正。如果是热线式空气流量传感器，因直接检测质量流量，所以不需要进行根据温度和压力的标准化修正。

② 喷射量修正。为了获得随发动机状态微量变化的空气量所对应的正确燃料量（或空燃比），有必要修正基本喷射时间。修正系数随发动机类型的不同而不同，是发动机控制中非常重要的因素。修正系数 f 为各修正系数（f_1，f_2…）之和或乘积。

$$f = f_1 \times f_2 \times \cdots \times (f_3 + f_4 + \cdots) \tag{5.6}$$

喷射修正系数 f 以高温起动修正、过渡修正、加减速修正、高负荷修正、空燃比反馈修正等，根据发动机的运行状态，将这些修正系数相加或相乘进行计算。

冷起动修正：冬季在发动机冷态进行冷起动时，会增加燃料喷射量。这是因为温度低时燃料会粘附在进气系统壁或气缸壁上，不能充分汽化，会导致燃烧不良。冷却液温度越低，初始燃料需求量越大。起动后，燃料增加量逐渐减少。

高温起动时：夏季高速行驶后，重新起动发动机时，也会增加燃料喷射量。汽油温度上升到80～100℃时，喷油器内汽油沸腾蒸发，喷射时包含汽油蒸气，汽油喷射量会减少，因而必须增加燃油喷射量，以保证良好起动。发动机的高温状态通过冷却液温度或汽油温度加以判断。

过渡时：过渡时期为急加速或急减速状态。急加速时，进气系统压力会突然增大，随进气量的突然增加，燃料喷射量的增加不能立即响应，因此混合气会变得稀薄。与此相反，急减速时，进气系统压力会突然减小，燃料的蒸发速度会增加，混合气会变得浓厚。因此，急加速时进行增量修正，急减速时进行减量修正。

高负荷时：高负荷行驶时，为了获得最大转矩，把空燃比设定为输出功率空燃比（12:1～13:1）。如果持续高负荷行驶造成排气系统部件（排气系统、排气传感器、催化转化器等）的温度超出界限温度时，还可以控制混合气更加浓厚，以保护排气系统的部件。

空燃比反馈控制：根据氧传感器的信号，混合气稀薄时进行增量修正，浓厚时进行减量修正。为了保证氧传感器的温度特性，及确保车辆行驶平顺性和防止催化转化器的过热，在起动、起动后暖机增量、冷却液温度低、稀薄信号维持一定时间、输出增量修正或切断燃料的状态下，禁止反馈控制。

③ 燃料切断。燃料切断控制是向喷油器输出喷射停止信号，以切断燃料供给的状态。这是以防止催化转化器过热和提高燃油消耗率为目的，减速时执行的燃料切断控制，以及以防止发动机超速损坏为目的，高速时执行的燃料切断控制。减速时燃料切断是因没有必要输出转矩，如果需要加速或发动机控制模块（ECU）判定需要保持怠速转速时，会重新开始供给燃料。

④ 稀薄空燃比控制。稀薄燃烧发动机利用稀薄空燃比传感器和单独喷射进行精密控制，如图5-39所示，在稀薄空燃比领域21～23内进行燃烧。另外，在超稀薄领域氮氧化物（NO_x）的生成量很少，因此氮氧化物（NO_x）的处理变得简单，并用催化转化器处理碳氢化合物（HC）和一氧化碳（CO），使排放气体的净化变得更加容易。稀薄燃烧的燃料消耗量低于理论空燃比的燃烧，可以降低10%～15%的燃料消耗率。稀薄燃烧控制技术作为废气排放控制和提高燃油消耗率法规的对应技术，正受到广泛的关注，并正在研发组合三元催化转化器的系统。

（3）冷起动初期燃料喷射控制　发动机在冷态起动时，会增加燃料喷射量。冷起动初期因三元催化转化器的温度没有达到正常运行温度，因此会排放大量有害气体（HC、CO等）。这可能会使排放达不到法规标准。

冷起动时，当点火开关转到“起动”位置时，起动机开始转动，同时发动机也被起动机带动转动。发动机控制模块（ECU）接收冷却液温度传感器和发动机

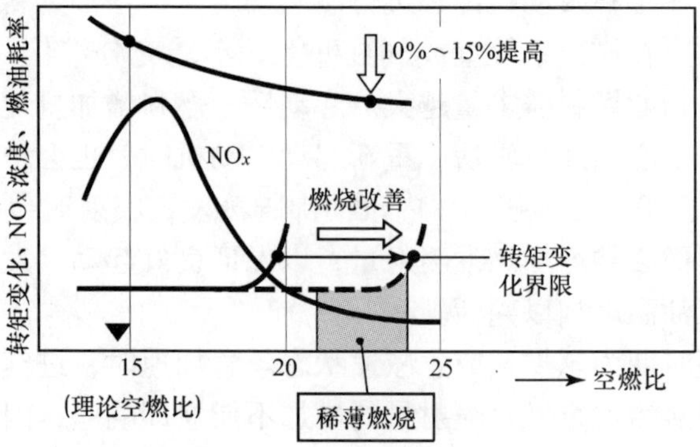

图 5-39　稀薄燃烧控制

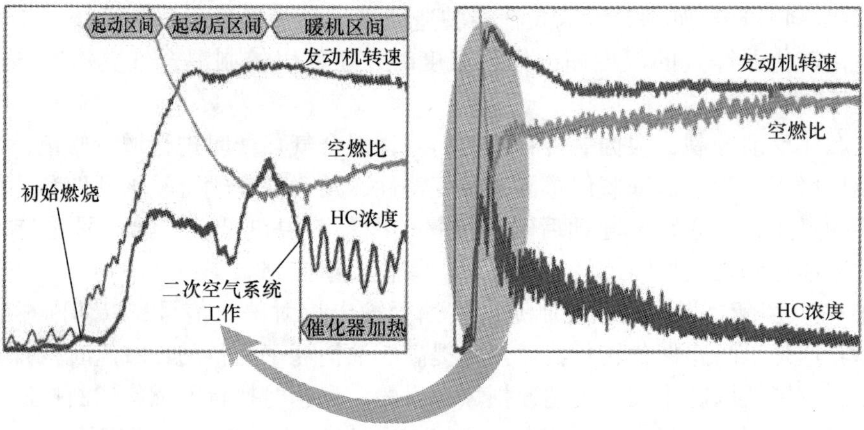

图 5-40　冷起动初期状态

转速传感器传送的信号，以此计算活塞的位置和燃料量，并向喷油器输出燃料供给指令。一旦供给燃料并点火，初始燃烧开始，发动机转速随之增加。图 5-40 所示为冷起动初期发动机转速、燃料量和空气量的变化曲线。冷起动初期状态可以分成 4 种状态：

① 起动区间：从初始燃烧开始，到超过催化转化器加热速度的第一时间为止，这个范围为起动区间。发动机起动时的燃料量为 20℃ 全负荷条件下燃料量的 3 ~ 4 倍。

② 起动后区间：此为起动区间结束后的区间，空气和燃料量随时间的推移持续减少。

③ 暖机区间：发动机温度仍很低，需要增加转矩的区间。因此，与起动后区间相反，供给的燃料量会增多，此燃料量仅与发动机温度相关，持续此状态直到发

动机温度达到界限值。

④ 催化转化器加热区间：作为附加策略，催化转化器的加热区间是为了在冷起动时使催化转化器尽快达到运行温度而设置的。把暖机区间扩大到催化转化器完全加热为止。

在冷起动时，没有完全燃烧的燃料会直接排放，因此会排放相当量的碳氢化合物（HC）和一氧化碳（CO）。对此采取的措施有燃料处理方法和使催化转化器的温度尽快达到最小运行温度300℃的方法。具体说明如下。

① 预进气喷射：冷起动时，为了减少有害气体的排放量，采用预进气喷射。这是把燃料向燃烧室中央喷射，以通过排气侧气缸壁上燃料的碰撞，避免形成燃料液膜。

② 催化转化器加热法：冷起动时，尽快加热催化转化器的方法有下述方法。

- 通过推迟点火时间和高质量气体流动提高排气的温度。
- 把催化转化器安装在接近发动机的位置。
- 通过后热解处理法提高排气的温度。

③ 后热解处理法：未燃碳氢化合物在排气系统中以高温后热解处理的方法还原为无害气体。如果是浓空气/燃料混合气，就需要二次空气喷射。如果是稀薄混合气，则利用排气中的剩余氧气可以燃烧净化。

④ 二次空气喷射：是在起动后的暖机期间（$\lambda_{engine}<1$），通过二次空气喷射向排气系统附加提供空气的方法。其结果是使未燃碳氢化合物起热反应，以减少碳氢化合物（HC）和一氧化碳（CO）。这些氧化反应会产生热量，加快催化转化器的加热。

2. 点火时间控制

电控系统的点火时间控制实行映射模型控制。映射模型分为基本点火时间控制和点火时间修正控制。

（1）基本点火时间　基本点火时间是根据进气系统压力、发动机转速、发动机暖机等状态确定的，并要考虑发动机的输出功率、燃料消耗量和废气排放的控制策略。即，发动机控制模块（ECU）检测发动机转速和进气系统压力，并以记忆的数据为基础判定基本点火时间。

（2）点火时间修正　点火时间的修正有如下方面：

① 起动时：因进气系统压力不稳定，不进行点火时间的修正，以基本点火时间进行控制。

② 暖机时：冷却液温度低，为了提高暖机性能和运行性能，提前点火时间。

③ 怠速时：暖机后怠速运转时，如果发动机转速变化脱离了目标怠速转速，与转速变化相同量控制点火时间提前或延迟，以稳定怠速转速。

④ 空燃比反馈修正：转速随燃料喷射量的增减发生变化，尤其是在怠速状态下根据空燃比反馈修正控制点火时间提前或延迟。

⑤ 高温时：高温、高负荷时，为了防止爆燃的发生延迟点火时间。

⑥ 爆燃修正：配备有爆燃控制系统的发动机，根据爆燃传感器的信号判定发生了爆燃时，延迟点火时间直到爆燃消失。

3. 怠速转速控制

发动机的怠速转速从燃料消耗量和噪声层面上考虑尽可能小为好，但如果转速过低，输出功率会很小，一旦辅助装置的负荷发生变化，转速会很容易发生变化。因此，怠速转速的控制要保证其输出转矩能克服发动机的摩擦力、辅助装置负荷等并稳定运转的程度。

电控汽油机在怠速状态下通过怠速转速控制器控制输出功率。此时节气门处于完全关闭的状态，空气通过节气门阀与壳体之间的间隙或节气门旁通怠速调节通路进入。在怠速转速控制方法上有旁通控制类型和用直流电动机直接控制节气门的类型。

图 5-41 显示了旁通控制类型构成。这是一种执行器，在旁通节气门的另外空气通路上设置怠速转速控制阀（ISCV），由发动机控制模块（ECU）输出控制指令改变空气通路面积，以此向气缸提供所需进气量的装置。怠速转速控制阀（ISCV）有步进电动机类型和线性电磁阀类型。前者始终记忆最近阀的位置，以此可以实行精确控制，但其响应速度会受到限制。后者结构简单且响应性良好，但操作力偏小，以及为了能克服上下游压力差的外力阻力，需要精密加工。

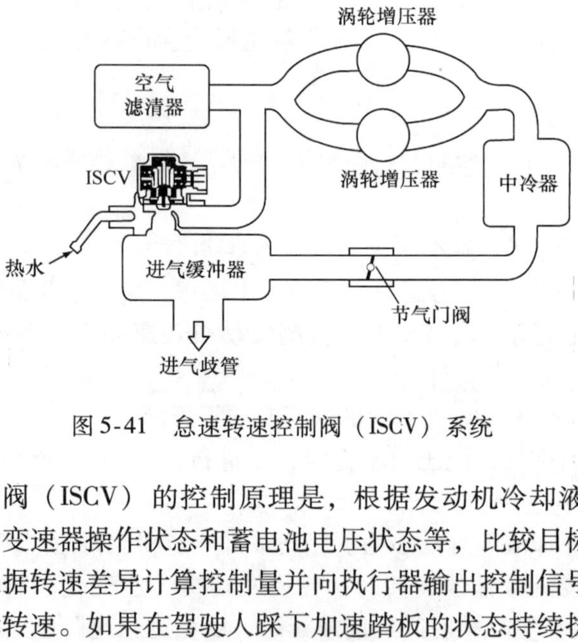

图 5-41　怠速转速控制阀（ISCV）系统

怠速转速控制阀（ISCV）的控制原理是，根据发动机冷却液温度、空调压缩机运转状态、自动变速器操作状态和蓄电池电压状态等，比较目标怠速转速与实际发动机转速，并根据转速差异计算控制量并向执行器输出控制信号。持续执行此程序，直到达到目标转速。如果在驾驶人踩下加速踏板的状态持续执行此项控制，会与主节气门的空燃比控制发生重叠。因此，根据节气门打开/关闭信号、车速信号判定怠速状态，并仅在怠速运转状态执行怠速控制。

怠速转速会影响燃料消耗量、冷态排放废气净化性能等，因此越来越多的发动机配备怠速转速控制系统。

4. 废气再循环控制

废气再循环（EGR）的控制原理是，在排气系统与进气系统的节气门后之间设置废气再循环通路，并在此通路上安装流量控制阀，以控制最佳废气再循环量。废气再循环（EGR）会降低混合气的着火性能或发动机的输出功率，因此仅选择氮氧化物（NO_x）排放量多的运行条件并控制适当的废气再循环量是很重要的。

废气再循环（EGR）控制系统有利用进气系统的真空和排气系统的正压力控制废气再循环（EGR）阀的气动类型（机械式）和以电信号控制的电控类型。机械式使用在废气再循环（EGR）量较少（5%～10%）的发动机上，电控类型使用在废气再循环（EGR）量较多（15%～20%）的发动机上。

图5-42显示了废气再循环（EGR）电控系统的构成。此系统控制真空控制阀电磁线圈的电压占空比，并通过控制废气再循环（EGR）阀膜片腔内的真空大小，进而控制废气再循环（EGR）阀的位置。发动机控制模块（ECU）内编程有发动机转速和负荷决定的废气再循环（EGR）量与电控阀占空比之间的关系映射模型，并根据此程序控制真空控制阀。

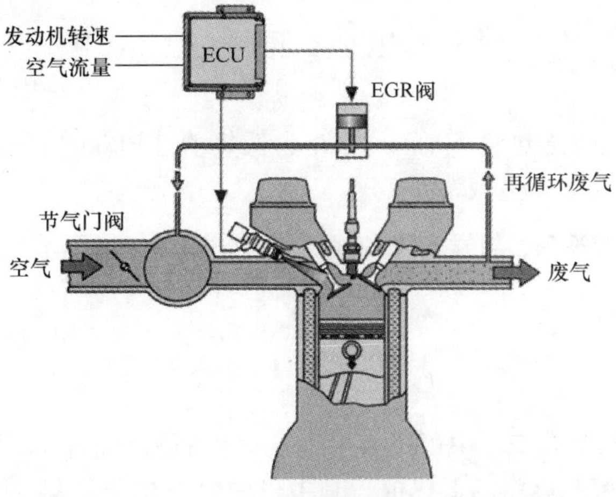

图5-42　废气再循环（EGR）电控系统的构成

5. 自诊断功能

自诊断功能是为保护环境而开发应用的。利用此功能，在汽车上配备的发动机控制模块（ECU）检测并诊断故障或恶化状态。基本上，在故障或恶化导致废气的排放量超出界限值之前检测出故障状态，并通过故障警告灯（MIL）告知故障状态，以便能及时进行维修。同时，发动机控制模块（ECU）储存故障部位和故障现象。需要检测的对象为，所有影响废气排放的项目，其中重要的项目包括催化转化器异常、排气传感器异常、失火、燃料供给系统异常、废气再循环（EGR）系统异常等。如，检测三元催化转化器的异常状态时，是通过其氧反应能力，即对催化转化器前后氧传感器的输出波形轨迹长度进行比较并作出判断的。

5.6 燃料消耗率

在降低二氧化碳（CO_2）排放的措施方面，可以说改善燃料消耗率是最根本的解决方法。燃料消耗率可以分为发动机的燃料消耗率和车辆的燃料消耗率这两个方面。

5.6.1 燃料消耗率的影响因素

燃料消耗率的影响因素可以分为发动机燃料消耗率影响因素和车辆燃料消耗率影响因素。

1. 发动机燃料消耗率的影响因素

发动机的燃料消耗率（SFC）b_e[g/(kW·h)]为净燃料消耗率，是发动机发出单位净（制动）输出功率$\dot{W}_e$［kW］时1小时所消耗的燃料消耗量$\dot{m}_f$［g/h］，根据第三章的公式（3.20）定义如下。

$$b_e = \frac{\dot{m}_f}{\dot{W}_e} = \frac{3.6\times10^6\,\dot{Q}}{H_l\,\dot{W}_e} = \frac{3.6\times10^6}{H_l\eta_e} = \frac{3.6\times10^6}{\eta_i\eta_m H_l} \tag{R1}$$

式中，$\dot{Q}$为单位时间供给热量［kJ/s］；H_l为低热值［kJ/kg］；η_e，η_i，η_m分别为净热效率、指示热效率和机械效率。

发动机的机械效率η_m与发动机的净输出功率$\dot{W}_e$与指示输出功率$\dot{W}_i$之间的关系为

$$\eta_m = \frac{\dot{W}_e}{\dot{W}_i} = 1 - \frac{\dot{W}_f}{\dot{W}_i} \tag{R2}$$

从式（R1）和式（R2）中可以看出，发动机的燃料消耗率依赖于发动机的指示热效率、机械效率和燃料的低热值，其中机械效率会受到摩擦损失的影响。

发动机的燃料消耗率影响因素除了由燃料类型决定的燃料低热值H_l外，还有发动机指示热效率η_i的压缩比、混合气的构成（空燃比、废气再循环率）、点火时间和燃烧室形状等。另外，活塞造成的发动机摩擦损失功率$\dot{W}_f$、曲轴的摩擦损失，机油泵等辅助装置的驱动力损失，进气、排气系统泵气损失等，都是影响发动机燃料消耗率的因素。

2. 车辆燃料消耗率的影响因素

车辆的燃料消耗率*FE*（燃油经济性）又称为燃料消耗性能，通常用随燃料消耗量的行驶里程（km/L）、MPG（英里/加仑）、（L/100km）进行表示。因此，车

辆的燃料消耗率 FE 与发动机的净输出功率 $\dot{W}_e$（kW）、净燃料消耗率 b_e（g/kW·h）、车速 v（km/h）和燃料的比重量 γ［g/mL］之间具有如下关系式：

$$FE = \frac{10^3 \times v_\gamma}{b_e \dot{W}_e} \tag{5.7}$$

另外，发动机的输出功率 $\dot{W}_e$（kW）与行驶阻力 R（kg）之间的关系为

$$\dot{W}_e = \frac{R \cdot v}{3.6 \times \eta_m} \tag{5.8}$$

$$R = \mu G + C_D A v^2 + (G + \Delta G)\frac{a}{g} + G\sin\theta \tag{5.9}$$

式中，G 为车辆重量（kg）；ΔG 为旋转部分相当重量（kg）；A 为车辆正面投影面积（m^2）；μ 为传动阻力系数（滚动阻力系数）；C_D 为阻力系数；a 为加速度（m/s^2）；g 为重力加速度（m/s^2）；θ 为道路坡度。式（5.9）右侧第一项为轮胎的传动阻力（滚动阻力），第二项为空气阻力，第三项为车辆重量和发动机及传动系统旋转部分相当重量在加速时受到的阻力，即加速阻力，第四项为坡度阻力。

把式（5.8）和式（5.9）代入到式（5.7）中，可以推导出：

$$FE = \frac{3.6 \times 10^3 \times \gamma\eta_m}{b_e\{\mu G + C_D A V^2 + (G + \Delta G)a/g + G\sin\theta\}}$$

当汽车在平坦的道路上定速行驶时，加速度 $a=0$，坡度 $\theta=0$，因此上述公式可以表达为

$$FE = \frac{10^3 \times \gamma\eta_m}{b_e(\mu G + C_D A V^2)} \tag{5.10}$$

从上述公式中可以看出，要降低在平坦道路上行驶的车辆燃料消耗率 FE，应降低净燃料消耗率 b_e、车辆重量 G、传动阻力系数 μ、车辆正面投影面积 A、空气阻力系数 C_D 和车速 v 等，并要提高机械效率 η_m。

5.6.2 降低燃料消耗率的技术

降低汽车燃料消耗率的技术分为发动机燃料消耗率降低技术和车辆燃料消耗率降低技术。其中包括发动机热效率的改善、发动机高效率领域的利用、辅助装置能量消耗量的降低、空转时燃料供给量的降低、减速时能量的回收、行驶阻力的降低等。此外，还包括道路设施和维修方式的改善、交通最佳化和运行习惯的改善等方面。图5-43所示为汽车燃料消耗率降低技术方面具有代表性的例子。

1. 发动机热效率的改善

发动机热效率改善技术有分层稀薄燃烧、降低排气损失（米勒循环发动机）、降低泵气损失、降低机械阻力等。

（1）稀薄燃烧　发动机的热效率受到压缩比、空燃比、点火时间等影响。如

果在稀薄空燃比状态下运行，会获得良好的燃料消耗率，但如果超出稀薄限度，会造成失火，反而会给燃料消耗率、运行性能等带来不良影响。另外，稀薄空燃比的燃烧因温度高又氧含量多，会增大氮氧化物（NO_x）的生成率。如要抑制氮氧化物（NO_x）的生成量，虽然降低压缩比，延迟点火时间和供给浓空燃比混合气等是很好的方法，但这是以牺牲燃料消耗为代价的。目前，配备三元催化转化器系统的汽油机把空燃比控制在理论空燃比附近。

近来，为了改善燃料消耗率，正加紧研发在空燃比 20 以上运行的进气端口喷射稀薄燃烧发动机和在空燃比 40 以上也能运行的直喷汽油机，实际使用量也正逐步增加。稀薄燃烧发动机和直喷式汽油机均采用分层稀薄燃烧，直喷式汽油机的燃料消耗率改善率约高于 15%。但是，为了满足严格的废气排放（尤其是 NO_x）规定，稀薄燃烧模式运行范围较窄，因而燃料消耗率的改善效果正趋于减少的趋势。因此，如要继续发展稀薄燃烧运行技术，改进抑制 NO_x 生成量的技术，或通过后处理提高 NO_x 净化率的技术成为首选课题。关于稀薄燃烧将在 5.6.4 节详细说明。

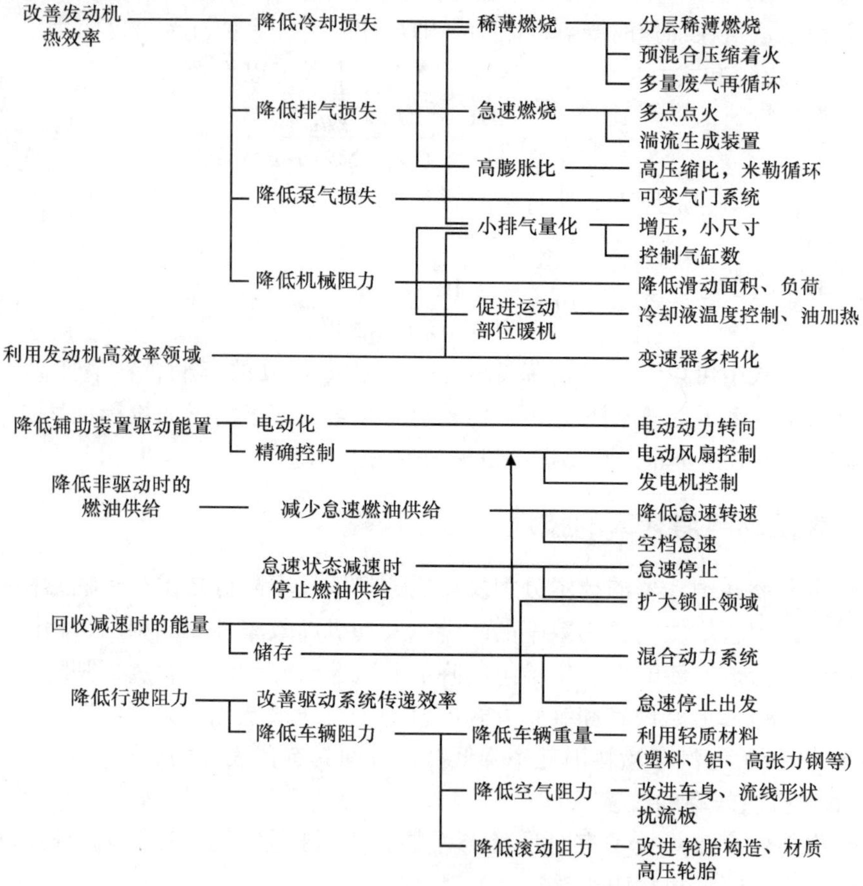

图 5-43　降低汽车燃料消耗率的技术

目前，稀薄燃烧以预混合压缩着火（HCCI：均质充量压缩点燃）燃烧类型受到关注。此发动机为把汽油机和柴油机的优点集中在一起的发动机，是能同时降低柴油机 NO_x 和 PM 的理想技术。目前，均质充量压缩点燃（HCCI）仅在一定运行条件下、很窄的范围内可以实现，在发动机从低速到高速的全部范围内不能实现。目前，均质充量压缩点燃（HCCI）技术通过发动机燃烧室内的温度和压力等，能够从微观上仔细观察燃烧状态，并通过燃料喷射时间、可变气门正时、可变气门升程等系统的精密控制，逐步微量地扩大理想燃烧范围。

（2）米勒循环发动机　降低排气损失的技术有为了获得高膨胀比采用的高压缩比和米勒循环技术，以及为了实现急速燃烧在一个气缸设置两个火花塞的多点点火技术。高压缩比可以减少残留废气量，提高混合气的温度和压力，且点火时湍流的增加会加快火焰速度。但是，高压缩比化会提高爆燃发生的概率，因此，防止爆燃的产生也成为其研究课题。

米勒循环发动机是采用高膨胀比技术的发动机。目前，混合动力车辆的汽油机全部采用高膨胀比技术，此发动机是为了在往复式发动机上采用可以获得高膨胀比的阿特金森循环，提出的进气门/排气门打开/关闭时间调节系统的提案。

通常，发动机气门正时的确定，主要以获得良好的发动机输出功率作为目标，以提高容积效率。米勒循环发动机延迟排气门的打开时间，保持高膨胀比，把传统发动机的减压排气损失（不完全膨胀损失）转换为轴功。为此，把进气门的打开时间从传统的上止点前（BTDC）延迟到上止点后（ATDC），把关闭时间在全负荷状态下为下止点后（ABDC）60℃A 左右作为标准，但稍微延迟关闭。如此，虽然有效进气过程缩短，进气量减少，使输出功率（或转矩）降低，但可以利用进气增压器进行补偿，以增加输出功率。初期米勒循环发动机配备了机械式增压器，目前采用无级变速器（CVT）来加以解决。

混合动力车辆丰田普锐斯的有效压缩比为8∶1，膨胀比为13∶1。其效率比同样排气量的汽油机高12%～14%。另外，进气门的关闭时间延迟到下止点后（ABDC）80～100℃A，因此具有降低泵气损失的效果。但是，运行范围窄，输出最大功率的转速低，导致低速转矩不足。转矩的不足可以通过采用无级变速器（CVT）来加以解决。这是把无级变速器（CVT）的传动比在低速范围设置为高齿轮传动比，以补偿转矩的不足，并且还配备了可变气门正时系统。尤其是，在混合动力汽车上配备有驱动用电动机，其输出功率特性为，转速为0时输出最大转矩，随着转速的增加，其输出转矩逐渐减小，这与发动机正好相反。米勒循环发动机在理论上一开始就已经明确了，在使用大功率电动机的混合动力车辆上采用，才能发挥其良好效率。

（3）降低泵气损失　泵气损失是把混合气吸入气缸且排放燃烧气体所必需的。在理论循环中假设进气和排气过程功为零，但实际发动机在吸入混合气时会产生通过节气门的阻力损失，在排放燃烧气体时需要排放功促进排放。尤其是，汽油机进气系统在节气门的节流作用下负压会很高，会导致较大的泵气损失，这会降低发动机的输出功率和效率。图5-44所示为随负荷变化的泵气损失。泵气功为阴影部分的面积，可以看出在无负荷运行状态为最大，在全负荷运行状态为最低。这表示车辆在低速行驶时泵气损失会占很大的比例。

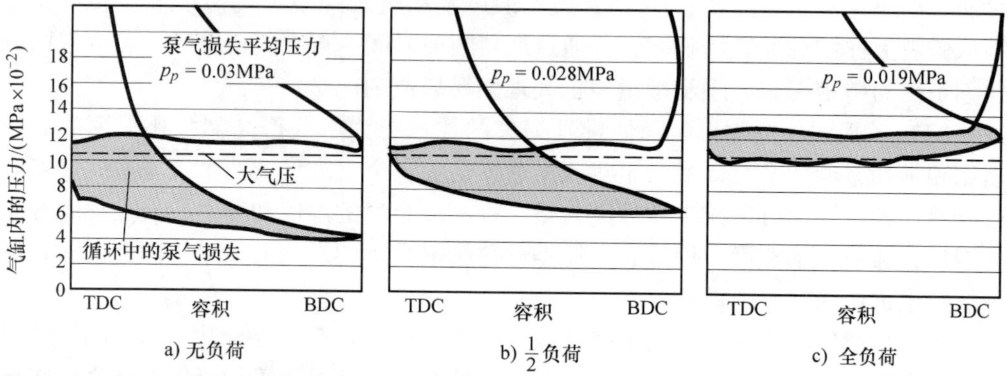

图5-44　随负荷变化的泵气损失

为了减少泵气损失，即减少进气、排气阻力，采用进气/排气机构最佳控制或可变气门装置的无节气门发动机正逐步成为现实。直喷式发动机、米勒循环发动机等就是无节气门发动机。

（4）降低机械损失　机械损失是活塞、曲轴轴颈和气门等运动所产生的摩擦损失。通常，为了降低摩擦损失所采取的措施有，为降低活塞环张力所做的滑动部位负荷的降低或减少滑动面积，以及在发动机机油黏度高机械阻力大的发动机暖机过程中，尽快增加运动部分的温度，以此降低机油的黏度，减少机械阻力的热管理技术。

此外，在降低机械损失和泵气损失方面，增压小尺寸和可变排气量技术受到瞩目。通常，小排气量发动机的机械损失小，燃料消耗率也良好，但因输出功率和转矩相对较小，因而在空燃比浓的全负荷状态运行的频率较高。另外，为了获得足够的驱动力，需要把变速器的减速比设置得较高，如此发动机需在较高的转速下运行，就会使机械损失增加，因此需要设置与车辆重量匹配的排气量。通过增压小尺寸小排气量化，可以减少泵气损失和机械损失，降低燃料消耗率。因小排气量化导致的输出功率降低，可以通过增压进行补偿。因此，为防止因增压引起的爆燃，涡轮式增压器要提高低速领域的响应性，机械式增压器要减少驱动阻力等，这都成为需要解决的课题。

2. 发动机高效率领域的利用

发动机单位输出功率的燃料消耗率 b_e[g/(kW·h)]随运行领域的变化而改变。因此，如图5-45所示，在等燃料消耗率线和等输出功率线之间的关系上，可以获

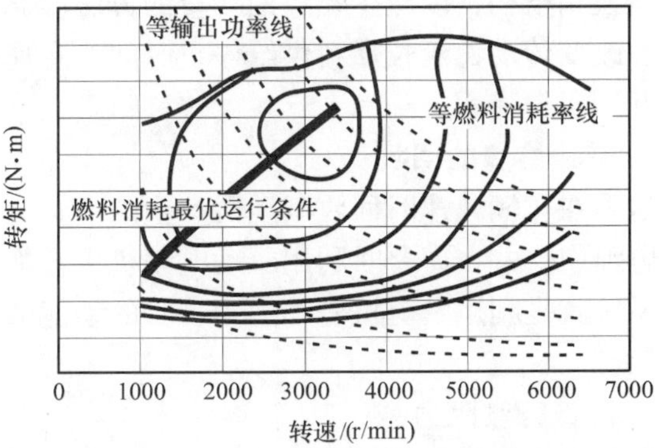

图5-45 发动机高效率领域的利用

得相同输出功率时的最佳燃料消耗率运行条件。为此，利用手动变速器（MT）、自动变速器（AT）的多档化或无级变速器，在良好的燃料消耗率运行领域运行，以降低燃料消耗率的技术正迅速发展。

因液力变矩器的滑动，自动变速器（AT）的燃料消耗率通常比手动变速器（MT）增加约10%。AT燃料消耗率不良的领域，主要是在因工作条件的恶化不能使用锁止机构的低速领域。在高速运行条件下，可以使用锁止机构，因此可以获得与手动变速器（MT）相同的燃料消耗率。另外，传动比也可以影响燃料消耗率，可以采用减少传动比的方法降低发动机的转速，从而减少发动机摩擦损失，进而减少燃料消耗率。超速档机构为用于高速行驶的档位机构，虽然能改善燃料消耗率，但因驱动力降低，需要与发动机的输出功率相互平衡。最近，采用以传动带等传动机构无级连续改变档位的无级变速器（CVT），它可以根据运行条件随时选择燃料消耗率良好的传动比档位，提高燃料消耗性能的技术正逐步发展中。

3. 降低辅助装置的驱动能量

汽车的辅助装置有动力转向系统、空调、燃料泵、水泵、机油泵、电动风扇和发电机等。这些辅助装置的驱动利用发动机输出功率的部分功，因此会增加发动机负荷，也会增加车辆的重量及燃料消耗率。

如，空调的驱动力随着空调负荷的变化（根据外界温度变化）而改变，也随运行条件的变化而改变，通常能增加9%～20%燃料消耗率。另外，发动机的排气量越小，随空调运转的燃料损失会越大。

通常，液压式动力转向系统的动力转向泵即使在没有辅助转向的状态下也始终处于运转状态。为了解决此问题，近来开发了仅在需要转向辅助时启动的转向泵电动机驱动动力转向系统，以降低驱动能量损失。另外，对于仅以ON/OFF方式控制的电动风扇或发电机等，实现精密控制，以降低驱动能量损失。

4. 空转时减少燃料供给

怠速或减速时，减少燃料供给也可以有效降低燃料消耗率。怠速时减少燃料供给的方法有，低怠速转速化或空档怠速运转。低怠速转速化方面，在确保怠速燃烧稳定的状态下，当增加电气等负荷时，应确保车身振动控制正常。空档怠速运转是自动变速器或无级变速器车辆的变速杆在D位时，如果发动机怠速运转，变速器自动转换到空档，以减少燃料消耗量的方法。尤其是，减速时利用自动变速器锁止机构、改变传动比延长燃料供给停止时间或怠速时完全停止燃料供给的怠速停止装置也开始研发使用。

5. 减速能量的回收

这是在车辆减速时回收制动所产生的能量（或行驶能量），以电能的形式储存在蓄电池内，并在需要时利用驱动电动机再转换成行驶能量加以使用的技术。混合动力系统就是利用发电机等，把制动时的动能转换成电能进行回收，实现能量的再生制动。

6. 降低行驶阻力

行驶阻力的降低，在低速领域减少车辆重量或滚动阻力较为有效，在高速领域减少空气阻力较为有效，此外最佳的车速行驶对燃料消耗率的改善很有效。

（1）车辆重量　降低车辆重量，主要是通过轻质材料来实现的，不仅车身，发动机部件也使用了塑料等轻质材料。当然，车身和发动机的小型化也是降低车辆重量的一种方法。

车辆重量会影响加速阻力和传动阻力（滚动阻力），其影响程度随行驶条件的不同而不同，平均速度越低和加速、减速行驶越多，其影响程度越大。与之相反，在一定的高速行驶状态下影响会小。

（2）行驶阻力　行驶阻力由空气阻力和传动阻力组成。空气阻力与空气阻力系数 C_D 和正面投影面积 A，滚动阻力与轮胎的滚动阻力系数 μ 和车辆重量 W 有关。低速行驶时行驶阻力为影响燃料消耗率的主要因素，低速时传动阻力的影响较大，高速时空气阻力的影响较大。

为了降低传动阻力，人们对轮胎构造和材料进行了改良，也提高了在湿滑路面或转弯行驶中的摩擦阻力等与传动阻力相反的性能。在降低空气阻力方面，对所有部分进行空气动力学改造，对从外观上看不见的车辆底部形状也进行了改良。

（3）行驶车速　图 5-46 所示为 1.5L 小型乘用车定速行驶时燃料消耗率的变化曲线。

40～60km/h 的车速为乘用车最佳燃料消耗率的车速范围。燃料消耗率随行驶车速发生变化的原因是，在低速领域机械损失比率大，在高速领域空气阻力急速增加。

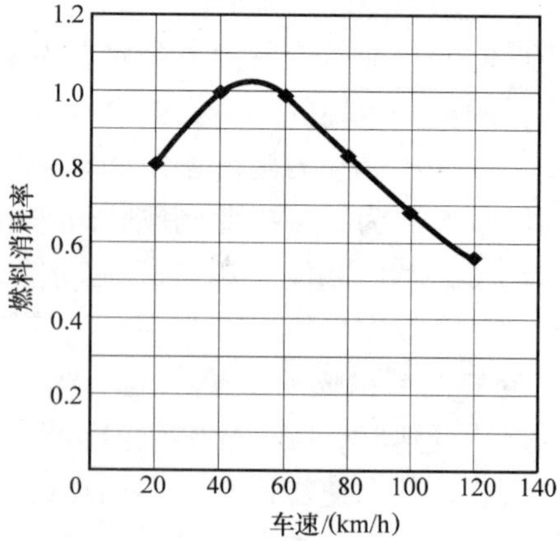

图 5-46　定速行驶时的燃料消耗率

5.6.3　稀薄燃烧

汽油机的燃料消耗性能不如柴油机。这是因为汽油机有节气门的节流损失，以及为预混合燃烧，不能在高空气充量系数的条件下运行，导致燃烧温度高，质量热容比增加的同时冷却损失也增大，热效率降低。

为了改善上述缺陷，汽油机开发了在空燃比20以上能进行燃烧的端口喷射稀薄燃烧发动机和在空燃比40以上也可以燃烧运行的直喷式汽油机。

1. 端口喷射稀薄燃烧

端口喷射稀薄燃烧发动机又称为稀薄燃烧发动机，是与传统端口喷射发动机在空气过量系数 $\lambda=1$（理论空燃比14.7∶1）附近运行相比，在混合气稀薄得多的空气过量系数 $\lambda=1.36\sim1.7$（空燃比20∶1～25∶1）的范围内燃烧的发动机。

（1）稀薄燃烧的原理　端口喷射稀薄燃烧是在气缸内生成强烈的气体流动（涡流、滚流），并利用湍流在稀薄空燃比状态也能稳定燃烧的技术。在湍流的生成方法上，大部分主要在进气系统中配置特殊的装置来实现，并根据是否生成涡流或滚流，其构成也不同。

稀薄燃烧发动机的进气通路有两个：一个是直线形端口，另一个是螺旋形端口。直线形端口和螺旋形端口之间有连接通孔，但也有的进气系统没有连接通路。涡流控制阀（SCV）设置在直线形端口侧，由发动机控制模块（ECU）控制其打开和关闭，进而控制气缸内的涡流比（或湍流强度）。螺旋形端口是在进气门直前位置内壁上设置有小型凸起，这种结构能产生强涡流。喷油器设置在涡流控制阀下游和连接通路上游之间，向两个进气门喷射燃料。此时，喷油器为了能向两个进气门侧供给相同量的燃料，分成两股喷射燃料。

在稀薄燃烧运行条件下，关闭涡流控制阀（SCV），仅通过一侧通路进气，使进气流速加快，且进气流通过螺旋形端口的涡流生成凸起生成涡流，另外的直线形端口侧形成较大负压。因此，在两个端口压力差的作用下，燃烧室内形成强涡流，使汽油机可以在稀薄空燃比条件下燃烧。也就是说，虽然整体上是稀薄状态，但在分层化状态下火花塞周围的混合气相对处于浓的状态，空燃比为13∶1～14∶1，因而很容易形成初始火焰并燃烧。

即使是稀薄燃烧发动机，仅在一定的区间内以稀薄空燃比进行控制，一旦超出此区间，以理论空燃比进行控制。

（2）气缸内湍流强度　稀薄燃烧主要利用通过进气口的形状生成滚流或涡流的技术。图5-47a显示了进行1200r/min转速空转测试时，用激光多普勒测速计（LDV）测量距离火花塞7mm的位置所生成涡流的湍流强度，其测试结果随进气过程曲轴角度的变化量曲线。图5-47b显示了，对于涡流和滚流合成的倾斜涡流角度 $\theta=30\sim90°$ 的压缩过程中BTDC 30℃A～上止点（TDC）之间的平均值。由此可以看出，平均湍流强度在倾斜涡流角度 $\theta=40°$ 时最大，这点在稀薄燃烧时可以加以利用。

但是，发动机高速运转时，如果仍通过进气口生成滚流或涡流，必须要注意其充气效率是否降低。即，需要不影响充气效率的滚流或涡流生成装置的设计。

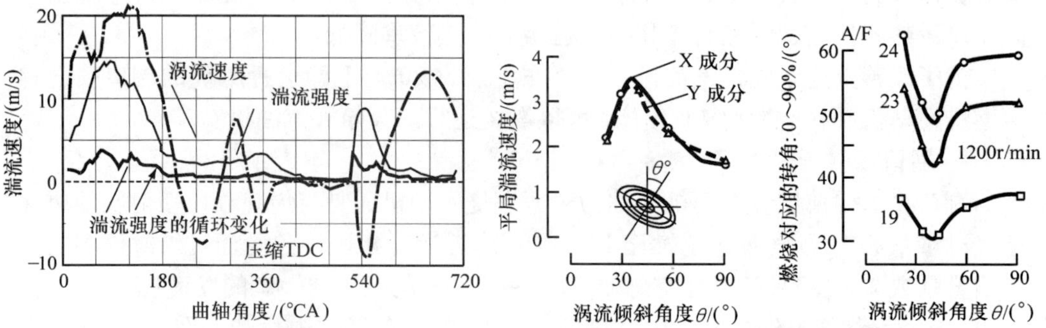

a) 随涡流的湍流生成　　b) 稀薄燃烧的改善

图 5-47　随涡流的湍流生成和稀薄燃烧的改善

（3）稀薄燃烧效果　稀薄燃烧发动机因稀薄燃烧时燃烧温度降低，降低了冷却损失，减少了质量热容比，从而提高了热效率。尤其是，因混合气稀薄带来的输出功率的降低，可以利用加大节气门的开度、增加进气量来进行补偿，同时也可以减少泵气损失。因此，稀薄燃烧发动机具有比传统发动机减少 10% ~15% 的燃料消耗率的改善效果，定速行驶时减少 20% 以上也是可能的。图 5-48 显示了发动机转速为 2000r/min、指示平均有效压力为 0.295MPa 时，通过循环模拟求得的 3 种发动机的热平衡。从图中可以看出，稀薄燃烧类型的冷却损失最小，并且在无节气门状态利用气门正时和气门升程的最佳化控制，可以把泵气损失减到最小的特性。

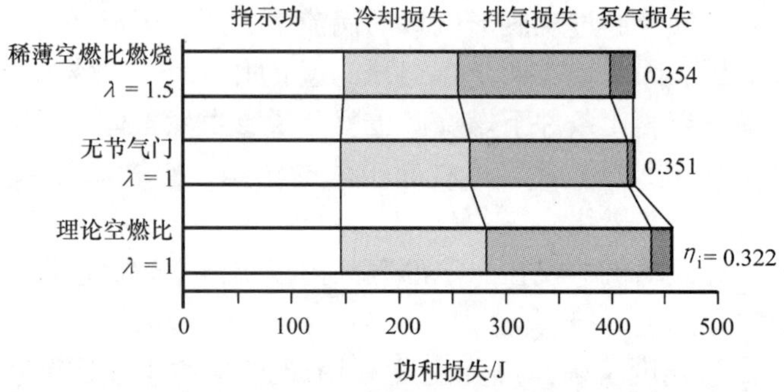

图 5-48　随稀薄燃烧、无节气门化的热效率的改善

在有害废气的排放层面上，稀薄燃烧发动机与传统发动机相比，可以减少碳氢化合物、一氧化碳的排放量 50% 以上。但是氮氢化合物会增加，因此需要稀薄燃烧发动机使用净化氮氧化物（NO_x）的催化转化器。

2. 直喷式稀薄燃烧

直喷式汽油机与柴油机相同，是直接把燃料喷射在气缸内，以在比稀薄燃烧发动机高得多的超稀薄空燃比（40∶1）下运行，并利用多种可变装置同时实现燃料消耗率的减少和发动机性能的提高。此发动机并不是新产品，早在1937年的飞机上、1951年产的汽车上已经采用过，但是因没有配套的汽油用高压泵和喷油器以及实现从低负荷到高负荷的稳定燃烧等，诸多难题没有解决，在耐久性和性能上可靠性较低，因此对其研发没有能得到进一步的发展。目前，通过材料的选择、加工精密度的提高、燃烧室形状的改善、空气流动性的提高、点火系统的强化，以及随气缸压力的变化改变喷雾形状的涡流喷油器等解决了诸多难题，已经可以实际应用。

直喷式汽油机根据开发的公司的不同，分别称为汽油直喷（GDI）、直喷火花点火（DISI）、可控自动点火（CAI）等。

（1）工作方法　直喷式发动机的稀薄燃烧是一种分层燃烧。分层燃烧是在压缩过程末期向气缸内直接喷射燃料，在火花塞附近形成燃料－空气混合气进行燃烧的。直喷式汽油机利用较少的燃料可以实现高效率的燃烧。在燃烧稳定领域，甚至在空燃比50以上也可以燃烧。此发动机空气与燃料的混合时间较短，为了获得良好的燃料颗粒化特性，配备使用高压燃料喷射系统。

在图5-49所示为直喷式发动机的燃料供给系统。此类型燃油供给系统分为低压系统和高压系统。低压系统沿用了喷射压力为0.3～0.5MPa的进气端口喷射式燃料供给系统，高压系统是高压泵内的柱塞在凸轮的驱动下上下运动，把0.3～0.5MPa的低压燃料加压到5～15MPa，并通过燃油总管和高压喷油器向气缸内进行直接喷射。图5-50所示为直喷式燃料喷雾与端口喷射式燃料喷雾的特性。从图中可以看出，直喷式喷油器的平均喷雾直径（SMD）为20μm，比端口喷射式的65μm小得多。

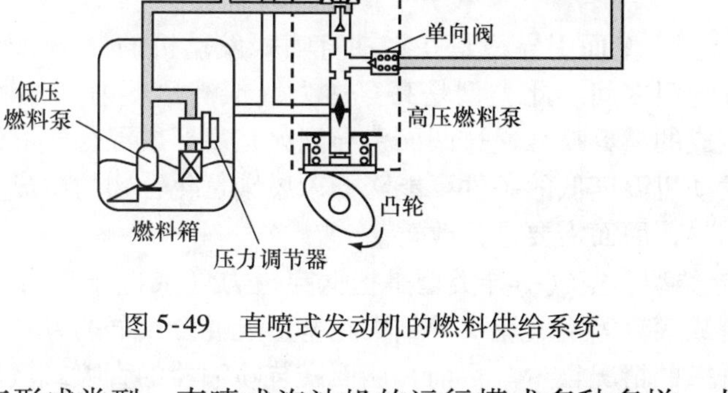

图5-49　直喷式发动机的燃料供给系统

（2）混合气形成类型　直喷式汽油机的运行模式多种多样，大体可以分为均

	直喷式（扇形喷雾）		进气端口喷射式	
	正面	侧面	正面	侧面
	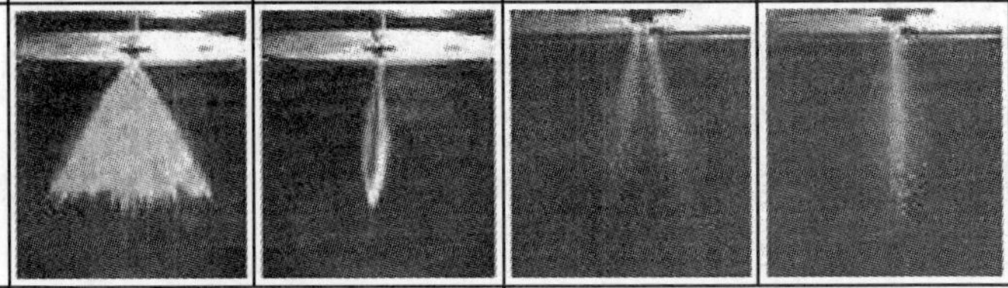			
燃料喷射压力	12MPa		0.3MPa	
平均粒径	20μm		65μm	
喷雾速度	60m/s		150m/s	

图 5-50　燃料喷雾特性

质模式燃烧过程与分层进气模式稀薄燃烧过程两种。对于均质混合气模式，进气端口喷射系统的空气燃料混合气在空气过量系数 $\lambda=1$ 附近进行燃烧，分层进气模式为在 $\lambda>1$ 的状态下运行的过程。

如图 5-51 所示，分层进气混合气的形成（或分层燃烧法）分为壁面引导类型、喷雾引导类型和空气引导类型三种。

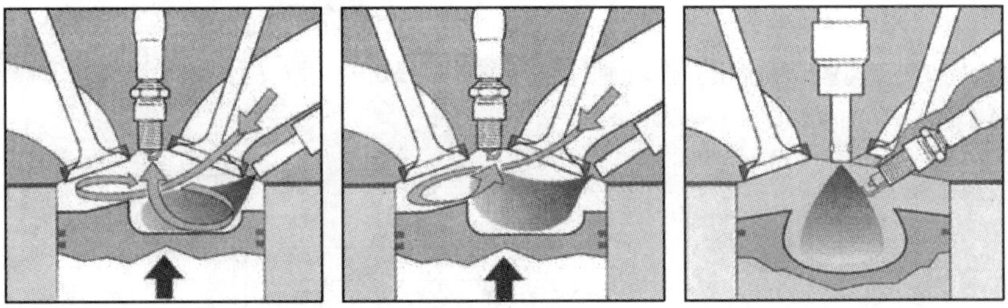

a) 空气引导（涡流）　　b) 空气引导（滚流）　　c) 喷雾引导方式

图 5-51　分层进气混合气形成的类型

① 壁面引导型。壁面引导型是在初期直喷式发动机的混合气形成类型，喷油器安装在两个进气门之间。此类型是高穿透力（或高压喷射）燃料碰撞在活塞的凹面，把以此生成的燃料喷雾通过凹面引导到火花塞形成混合气群的方式。此类型虽然在起动后发动机温度低的条件下能降低未燃碳氢化合物的生成，但是在活塞凹面上容易粘附燃料，因而需要进行改善。

② 空气引导类型。空气引导类型是把低穿透力（或低压喷射）燃料喷雾通过气缸内的强涡流或滚流等空气流引导到火花塞形成混合气群的方式。此类型的燃料与活塞面直接碰撞的情况很少。目前，侧面安装喷油器的直喷式汽油机多采用壁面引导/空气引导兼容类型（喷射压力为 5～15MPa）。这时根据喷油器的安装角度和

喷射量需要选择适当的方式。

气缸内的空气流可以分为两种：

涡流空气流：表示通过进气门进入的空气沿着气缸壁旋转的空气流，如图5-51a所示。

滚动空气流：表示通过进气门进入的空气从气缸上端向下端流动的空气流，如图5-51b所示。这样空气流可以迅速脱离活塞凹面，向火花塞方向流动。

③ 喷雾引导类型。如图5-51c所示，喷油器安装在气缸盖中央部位，与火花塞相邻。此类型在火花塞附近混合气的形成不依靠活塞凹面或空气的流动，而采用高响应性的压电式喷油器，在压缩过程的初期喷射燃料形成稀薄混合气，并在压缩上止点附件向火花塞附近喷射燃料，以实现分层化燃烧。

此类型混合气的形成时间更短，因此把喷射压力提高得比壁面引导/空气引导类型更高，有20MPa压力。因对燃料喷雾的依赖性较高，因此喷油器也从现在使用的涡流型改变为使用高穿透力狭缝喷油器或孔式喷油器。另外，为了在正确的时间点燃混合气，火花塞与喷油器的位置要准确，喷雾的喷射方向也需要非常精密。此类型火花塞直接受到较冷喷雾的冲击，因此应具备相当高的耐热应力性能。

除了上述几种混合气形成类型外，部分直喷式发动机还在进气系统中设置额外的喷油器，有两种：一种是高负荷时在进气系统中喷射燃料，以获得高输出功率；另一种是低负荷时直接喷射在气缸内，以实现稀薄燃烧。

(3) 运行模式　直喷式汽油机的运行模式依照图5-52所示的发动机运行模式映射模型来决定。图5-53所示为各运行模式的喷射时间和点火时间。

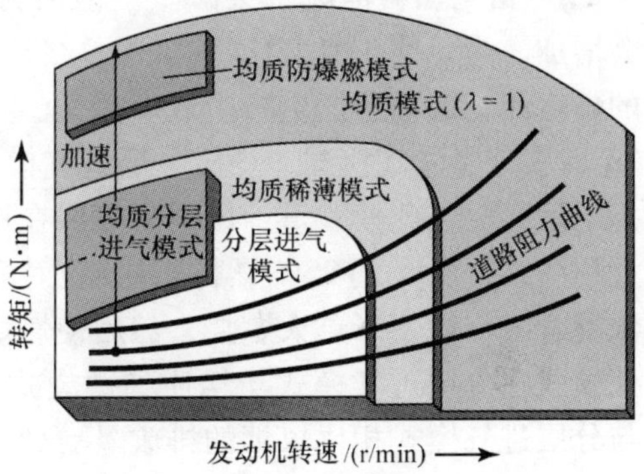

图5-52　运行模式映射模型

① 均质模式。在均质模式中以理论空燃比（$\lambda=1$）进行调节。燃料的喷射在进气过程进行，因此混合气均质化所需的时间很充分。为了在全负荷状态下使输出功率增加并保护催化转化器，应在燃料略微过剩（$\lambda<1$）的状态下运行。均质模式在需要高负荷（高转矩）或高速时使用，并且在理论空燃比下运行，因此废气排放量也少。另外，生成的有害废气还通过三元催化转化器进行还原。

② 分层进气模式。分层进气模式的燃料喷射在压缩过程进行，以此形成由空气包围的分层进气混合气滚动流。在分层进气模式中喷射时间非常重要。分层进气混合气滚动流在点火瞬间不但要充分均质，还应位于火花塞的附近。

分层进气模式（$\lambda>2$）的运行范围在低负荷、低速领域。因为在高负荷状态，

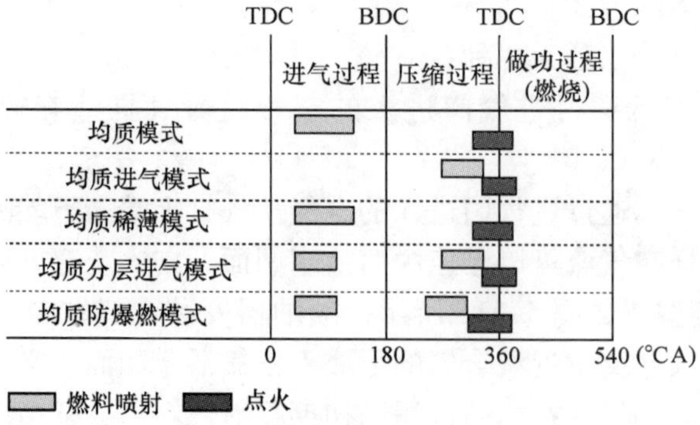

图 5-53　喷射时间和点火时间

优秀燃料消耗率的优点荡然无存，并且煤烟和氮氧化物（NO_x）的排放量增加。这是因为，在高速状态下，分层进气混合气滚动流均质化所需的时间并不充分。

③ 均质稀薄模式。均质稀薄模式的运行范围是在均质模式与分层进气模式之间的转移领域。发动机在均质稀薄空燃比（$\lambda>1$，22∶1）状态下运行，与均质模式（$\lambda\leqslant1$）相比燃料消耗率会减少。但因为是稀薄模式，氮氧化物（NO_x）的排放量会增加，为此使用氮氧化物（NO_x）吸附还原所需催化转化器，这需要催化转化器的再生能，因而会产生再生效率损失。

④ 均质分层进气模式。均质分层进气模式在均质稀薄空燃比（$\lambda>1$）的混合气状态下运行。在此模式下，燃料的喷射在进气过程中第 1 次（约 75% 燃料），在压缩过程中第 2 次（约 25% 燃料），共喷射两次。第 2 次喷射的燃料在火花塞周围形成浓混合气，以便于点火燃烧，然后使燃烧室中剩余的均质稀薄混合气燃烧。

此模式在分层进气模式与均质稀薄模式之间的转移领域中运行。通过双重喷射，与分层进气模式相比煤烟的排放量更少，与均质稀薄模式相比燃料消耗率更为优秀。

⑤ 均质防爆燃模式。传统的端口喷射发动机在发生爆燃时，通常采取延迟点火时间的方式防止爆燃的发生。直喷式发动机在发生爆燃的领域（低速－全负荷领域）以运行均质防爆燃模式的方式防止爆燃的发生。这是在容易发生爆燃的低速－高负荷运行领域，利用分层进气能抑制爆燃发生的特性，在不延迟点火时间、即不降低输出转矩的情况下，利用两次喷射避免爆燃发生的方式。

（4）超稀薄燃烧的效果　直喷稀薄燃烧通过精密的燃烧控制，在超稀薄混合气条件下也能实现高效率燃烧，因此能同时满足两种相互矛盾的减少燃料消耗率和获得高输出功率的要素。这是因为能大幅度降低在低负荷条件下产生的泵气损失，以及因超稀薄燃烧使燃烧温度较低，降低了冷却损失。此外，利用气缸内直喷汽油的蒸发潜热降低进气温度，从而提高容积效率，可以把压缩比提高 1～1.5，提高了输出功率。尤其是，与柴油机相同，通过燃料的流量控制负荷，取消了节气门，从而减少了泵气损失。

直喷式发动机与稀薄燃烧发动机相同，在一定领域内可以运行超稀薄空燃比控制。发动机超稀薄空燃比运行条件仅为低速、低负荷领域（分层进气模式），一旦发动机负荷增大脱离了此领域，就以均质模式（$\lambda=1$）和均质稀薄模式（$\lambda>1$，22:1）进行控制，如果发动机负荷进一步增大需要大的输出功率，在高速、高负荷领域以空燃比 $\lambda<1$（12:1～13:1）进行控制。

直喷式发动机因减少了泵气损失等，减少燃料消耗率20%～30%，并在冷态燃料的作用下使进气温度降低，因此能提高约10%的输出功率。另外，能大幅度减少碳氢化合物、一氧化碳等有害废气的排放量。但是，因空燃比越稀薄，氮氧化物（NO_x）的生成量就越多，因此直喷（GDI）式汽油机配备使用大容量废气再循环（EGR）系统，以及能还原氮氧化物的大容量吸附还原催化转化器，可以减少约30%的有害气体排放量。

5.6.4 可变装置

为了降低燃料消耗率，在柴油机上也逐步增加采用可变装置。可变装置方面包括可变气门装置、可变压缩比、可变涡轮装置和可变排气量装置（可变气缸装置）等系统。

1. 可变气门装置

可变气门装置在从怠速到高速、高负荷的全运行范围内，为了满足发动机的需求，多种动态气门系统可变装置正逐步实用化。可变气门系统不仅在进气凸轮上应用，在排气凸轮上也有配备，有多种类型。图5-54所示为可变动态气门装置的概念图。

可变气门装置可以分成第一代的可变相位、可变角度－升程装置、连续可变相位装置等，第二代的连续可变相位和可变角度－升程两者合一的合成装置，第三代的无节气门系统，第四代的多自由度可变装置。

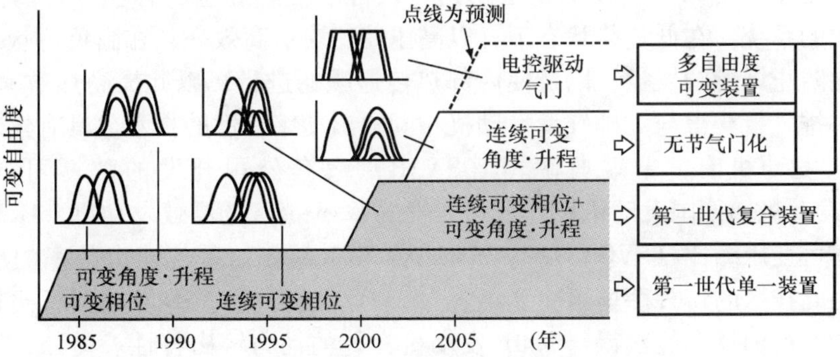

图5-54 可变动态气门装置的概念图

可变相位装置又称为可变气门正时系统（VVT）。此系统是为了最佳化随发动机转速的进气门和排气门的打开/关闭时期，对气门打开和关闭时间根据凸轮形状和相位角调整气门重叠区间的系统。可变气门升程装置（VVL）是调整气门升程高度，以调节进气量的系统。可变角度－升程装置是把凸轮角度和气门升程高度同时连续可变控制的装置。

连续可变相位系统通过扩大进气门和排气门的重叠区间，增大内部废气再循环（EGR）量并降低泵气损失，因而能改善5%～10%的燃料消耗率。

连续可变相位装置＋可变角度/升程装置有本田汽车开发的电控可变气门正时和升程（V－TEC）系统。由宝马（BMW）汽车公司开发的电控无级可变气门系统，也是通过电动机和蜗轮机构可变控制摇臂的位置，以此在全运行领域可变控制气门升程和正时的复合系统。此系统的气门升程可以在0～9.7mm范围内进行调整，并通过蜗轮机构可以把操作时间延长到300ms，大幅度降低了在低负荷－中负荷领域的燃料消耗率。

第三代无节气门系统，即删减进气系统的节气门，能降低泵气损失，并通过可变气门系统调节进气量，从而降低燃料消耗率的新概念可变气门装置，在欧洲等地区正在研究当中。此外，预计配备42V电源系统的混合动力汽车，利用电力驱动气门的电动－机械气门（EMV）系统等研究也正开始。此类型因气门运动与曲轴旋转之间不存在几何学关系，完全单独控制气门的运动，可以实现最佳的气门打开和关闭时间，也可以做到多样化的气门运动变化，因此正受到世界的关注。

上述这些技术不但能提高发动机输出功率，而且通过气门打开和关闭时刻的控制，并利用气缸内残留的废气［内部废气再循环（EGR）］降低氮氧化物（NO_x）的生成，以及通过缓和进气系统的负压来降低泵气损失，可以进一步降低燃料消耗率。

2. 可变压缩比技术

汽油机的热效率通过提高压缩比可以得到改善，但因发生火花爆燃而受到限制。可变压缩比（VCR）技术是根据运行条件改变燃烧室的容积、可以控制到适当压缩比的系统。在低负荷状态下，以高压缩比获得高效率；在高负荷状态下，降低压缩比防止爆燃的发生，以及使内部热传递顺畅进行，以此提高热效率的装置。这是以小排气量获得与大排气量发动机相同输出功率特性的技术。具有代表性的可变压缩比发动机有，由瑞典萨博（SAAB）汽车公司开发的萨博可变压缩比（SVC）发动机和德国发动机设计公司开发的Gomecsys的高效发动机（GoEngine）。

萨博可变压缩比（SVC）发动机能减少30%左右的单位输出功率的燃料消耗率，应用此技术的1.6L萨博可变压缩比（SVC）与传统1.6L发动机相比较，以几乎相同的燃料消耗率能获得与3.0L发动机相等的动力输出特性。另外，在一氧化碳（CO）和氮氧化物（NO_x）等废气排放量方面，也达到能满足未来废气排放限值规定的水平。

可变压缩比发动机的另一个特性为具备使用替代燃料的可能性。这是因为可以把压缩比调整到符合燃料特性的最佳值。因可变压缩对发动机性能的影响仅为3% ~4%，因此为了能充分发挥可变压缩比的优点，必须良好结合减小排气量与高燃烧室压力特性。

3. 可变排气量发动机

可变排气量发动机又称为可变气缸发动机，是在实际行驶时多使用低速 - 低负荷运行领域，切断部分气缸的燃料，使其无燃烧过程运行的类型。如，6 缸发动机在低负荷条件下，为了获得最小限度输出功率，仅控制 3 个气缸正常运行，并切断剩余 3 个气缸的燃料，以此获得节约燃料的效果。即，在高负荷领域控制所有的气缸参与运行，获得高输出功率；在稳定速度运行和低负荷领域仅控制部分气缸参与运行，以减少燃料消耗率。利用此项技术能减少约 10% 的燃料消耗率。

可变排气量发动机的控制方式有，利用与 V - TEC 技术（连续可变相位装置 + 可变角度/升程装置）相同的气门驱动装置停止气门工作的方式，以及气门继续工作，停止燃料喷射和点火的方式这两种。其中，停止燃料喷射和点火的方式因在进气和排气过程中存在泵气损失和气门驱动摩擦损失，并因氧气供给过多会降低催化转化器的净化效率，所以此种技术在应用上存在诸多问题。与此相反，停止气门驱动的方式因停止工作的气缸内没有空气的流动，可以消除上述缺点，虽然相对所需的费用较高，但还是以此种技术为主发展方向。气门驱动方式方面，主要采用电控精密控制油压执行器控制进气门和排气门的类型。

本田汽车公司把可变气缸技术（VCM：可变气缸管理）应用在称为 I - VTEC 的 V 型6 缸发动机上。此发动机在不需要输出功率和转矩的状态下，停止 3 个气缸的工作，以减少不必要的燃料消耗。另外，每气缸配置 4 个气门并附加进气、排气门用摇臂，以此形成本田独有的发动机调节机构。此发动机利用节气门位置传感器、档位传感器、油压传感器、冷却液温度传感器等各种传感器输入的信号控制气缸，这样的技术不仅提高燃料消耗性能，还在低速领域通过减少发动机的排气量，提高排放性能。

如此通过强制停止气缸实现可变控制排气量的独特技术，实际上在很早就开始应用过，本田公司最近在汽油混合动力汽车上采用这种技术，获得了明显的节能的效果。

练 习 题

1. 四冲程 4 气缸 1.6L 汽油机在 4800r/min 转速运行。假设气缸直径与行程比为 1.0，火花塞安装在气缸盖中心，为了获得最大输出功率，点火提前角为上止点（TDC）前多少度？已知空燃比为 14.7，火焰传播速度为 20m/s。

2. 请说明汽油机所要求的混合比。

3. 请说明汽油机的燃料供给系统。

4. 请比较说明凸轮相位可变类型与凸轮升程可变类型。
5. 请说明汽油机的质量燃烧率与容积燃烧率之间的关系。
6. 请说明发动机的电控系统传感器和控制项目。
7. 请说明汽油机冷起动初期的燃料喷射控制。
8. 请比较说明减少发动机燃料消耗率与减少车辆燃料消耗率的影响因素。
9. 请说明汽油机减少燃料消耗率的技术。
10. 请比较说明端口喷射稀薄燃烧与直接喷射稀薄燃烧。

第6章　柴　油　机

6.1　柴油机的基本原理

柴油机是一种压缩着火发动机。此发动机把空气吸入到气缸内然后进行压缩，一旦空气温度上升到高温状态，就向空气中喷射燃油，使其自发着火进行燃烧获得动力。目前柴油机已广泛成为汽车、船舶、火车等的动力装置。

柴油机仅压缩空气，因此可以加大压缩比。压缩比随柴油机的类型和燃油喷射系统的不同而不同，通常使用16: 1 ~24: 1，大于汽油机的9: 1 ~13: 1。如此高的压缩比可以把气缸内的空气压力大大提高。自然吸气发动机（非增压发动机）为3 ~5MPa，增压发动机为7 ~15MPa，温度可以上升到600 ~800℃。此温度远远大于柴油的着火温度250℃，因此一旦喷射柴油，就可以立即开始着火燃烧。另外，柴油机的运行范围空燃比A/F为20 ~80，可以在比汽油稀薄燃烧发动机（空燃比为20 ~25）更加稀薄的混合气中进行燃烧。但是，燃烧领域的喷雾中心部为$\lambda > 1$的浓混合气，因此易生成颗粒物质和一氧化碳（CO）、碳氢化合物（HC）。氮氧化物（NO_x）也在$\lambda = 1$附近与燃油喷射量成正比排放。因此，柴油机为了降低颗粒物质、氮氧化物（NO_x）等废气排放量，采取延迟喷射时间、配备废气再循环（EGR）系统、高压喷射、配备催化转换器或颗粒过滤器等各种措施组合，柴油机的废气排放规定更为严格。

6.1.1　运行状态

发动机的运行状态可以分为起动、无负荷（怠速）、全负荷、部分负荷以及运行状态之间的转换等很多种状态。

1. 起动

发动机的起动包括转动、点火、自运行阶段。燃烧是在压缩过程形成高温、高压的空气中喷射燃油并自发着火开始。柴油的自发着火温度大体上为250℃。

（1）起动带来的问题　柴油机压缩过程末期的空气状态应达到冷起动或低速转动状态也能自发着火的充分高的温度。起动时的影响因素有：

① 低速时：发动机转速越低，压缩过程末期的空气压力和温度越低，如图6-1

所示。这是因为通过活塞与气缸壁之间的间隙泄漏压缩空气，并且在起动初期不能起到润滑作用。另外，在压缩过程期间因存在热损失，最大压缩空气温度会在上止点（TDC）前几度位置出现，如图 6-2 所示。

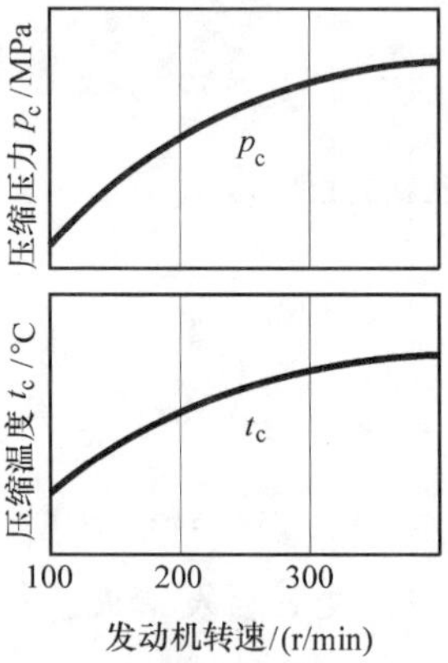

图 6-1　随发动机转速的压缩压力和温度

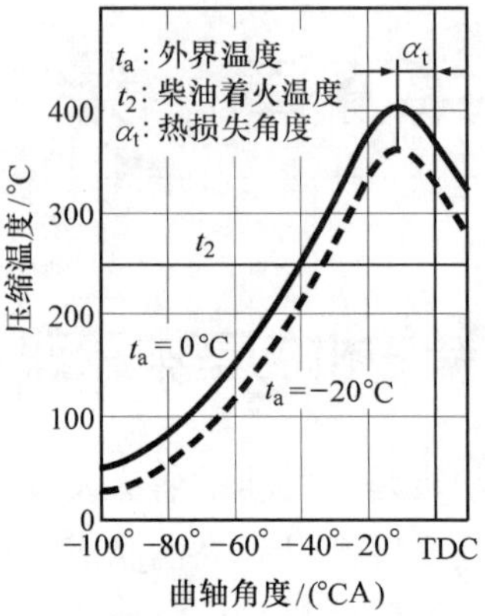

图 6-2　冷起动时随曲轴角度的压缩温度

② 低温时：在压缩过程期间热损失会较大。对于冷却损失，燃烧室表面积较大的分离式（IDI）比直喷式（DI）更大。

③ 摩擦：发动机机油的温度越低其黏度越大，因此发动机的机械摩擦在低温状态下更大。

④ 起动机的转速随温度的下降而减小。这是因为蓄电池电压随温度的下降而降低所致。

（2）提高冷起动性能对策　为了提高冷起动性能，可以采取很多种方法：

① 燃油修正：通常，为了防止在低温状态析出石蜡晶体，使用滤清器加热器或燃油加热器。

② 起动辅助系统：直喷式发动机对进气进行预热或使用预热塞。分离式使用预热塞。这有助于燃油的气化和空气燃油的混合。

③ 喷射适应：在冷起动喷射时，为了补偿燃油凝缩、泄漏损失和提高发动机转矩，执行过剩燃油喷射控制。

另外，为了在最大压缩温度的上止点（TDC）可靠点火和补偿点火延迟，需要精确调整燃油喷射时间的提前角，即对喷射时间进行修正。如果喷射过早，燃油在燃烧室壁上冷凝，仅部分燃油气化，使空气温度下降；相反地如果喷射过迟，因在做功过程中点火，不能充分对活塞做功。

2. 无负荷

无负荷表示发动机运行状态为仅提供克服摩擦力所需动力的运行状态，因此，在无负荷状态不产生输出转矩（旋转力）。因加速踏板可以放在任意位置，因此在发动机的所有转速范围内可以出现无负荷状态。

怠速（或空转）是发动机无负荷状态能运行的最小转速状态。此状态为没有踩下加速踏板的状态，因此不产生输出转矩。根据各种教材的叙述，有时把所有的无负荷运行状态统称为怠速，此时把最大无负荷界限转速称为上限怠速转速。

3. 全负荷

全负荷运行是完全踩下加速踏板的运行状态，或调速器（燃油供给装置）独立在燃油供给量上限运行的状态。燃油喷射量会处于最大喷射量，发动机在正常状态下输出最大转矩。全负荷运行状态从怠速转速开始到瞬间最大转速的所有转速范围内都可以出现。

4. 部分负荷

部分负荷是无负荷与全负荷之间的状态，输出转矩（或输出功率）可以从零到最大。柴油机在部分负荷状态燃油经济性比汽油机优秀，但是在冷态时出现的柴油机爆燃现象会成为问题。目前，采用预喷射方式的柴油机几乎不发生爆燃现象，因此可以作为乘用车用发动机。

车速和负荷越低气缸内空气的压缩温度越低。与全负荷状态相比，低负荷时的燃油供给量少，温度上升缓慢，因此燃烧室的温度相对较低，且加热缓慢。分离式柴油机因表面积大，热损失也大，因此该现象更加明显。发动机的温度越低，燃油的着火时间越迟，如果快速提高燃烧室的压力，有可能导致柴油机爆燃发生。

低负荷时，预喷射类型柴油机的预喷射量为几毫升。发动机的燃烧最高温度（或最大压力）会出现在上止点前（ATDC）10℃A 左右的位置。电控柴油机为了燃烧最高温度出现的位置与此位置同步，以防止柴油机爆燃的发生，精密控制燃油喷射时间和喷射量，大大降低了柴油机爆燃的发生倾向。

5. 运行状态之间的转换

发动机的反应特性可以用特性数据曲线或模型数据进行定义。这是因当负荷、发动机转速、加速踏板位置等发生变化时，发动机的运行状态（输出功率和输出转矩）也随之发生变化。

如图 6-3 所示为当加速踏板位置从 40% ~70% 发生变化时，发动机转速的变化状态。在图中从点 A 的起动开始到部分负荷点 D 为止，要通过全负荷曲线点 B 和点 C 到达，发动机转速从 n_A 增加到 n_D。

6.1.2 运行条件

柴油机把燃油以高压状态直接向高温、高压的空气中进行喷射。因此，是异种空气燃油混合气，与汽油机不同不受空气比（或空气燃油比 A/F）的影响。因气缸内的空气量始终一定，因此由燃油喷射量决定输出功率的大小。因此，柴油机来说决定燃油量、喷射时期、气缸内燃油分布状态的燃油喷射系统起着重要的作用。

柴油机的运行条件即空气燃油混合气界限与颗粒/炭烟排放限制、燃烧压力限制、排气温度限制、发动机转速及转矩限制、车辆和发动机负荷限制有关。

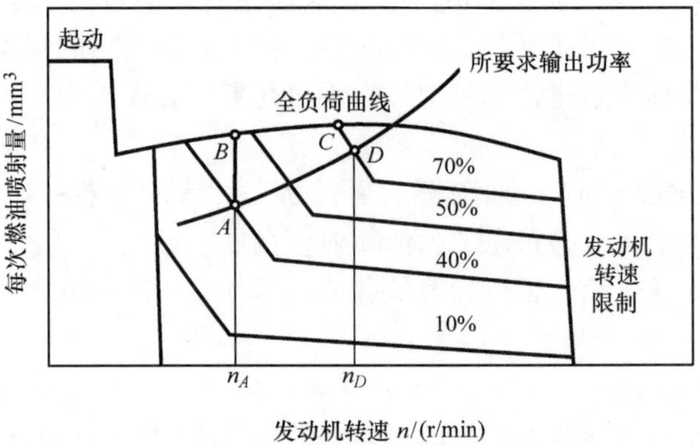

图6-3　发动机转速、加速踏板位置与燃油量之间的关系

1. 颗粒/炭烟排放限制

柴油机的颗粒和炭烟的排放许可限制在法律上有明确的规定，各个车型（乘用车、商用车）和各个国家（韩国、美国、欧洲、日本等）的规定都不相同。通常，原则上乘用车是在最低输出功率条件下进行试验，但商用车在所有的输出功率范围内进行试验。

颗粒排放量中占有最大比例的是炭烟颗粒。柴油机的空气与燃油的混合过程大部分在燃烧过程中进行，因此会形成局部浓混合气状态，此种状态会增加炭烟颗粒的生成量。在全负荷状态炭烟排放量界限的空燃比是空气有效利用率的界限。

2. 燃烧压力限制

燃烧初期在着火期间部分蒸发的燃油蒸气与空气的混合气在高压状态下快速燃烧，释放热量的同时燃烧压力急剧上升。燃烧初期的压力急剧上升状态称为“硬”燃烧。越是重型发动机越需要大的燃烧初期的燃烧压力上升速度。发动机各部件和驱动系统始终处在如此高的燃烧压力（或作用力）环境下，因此会限制最大压缩压力和燃油喷射量。

3. 排气温度限制

燃烧室周围的各部件，即排气门、排气系统、气缸盖等会受到高热应力，因此会限制最大排气温度。

4. 发动机转速限制

柴油机基本上在一定的空气量状态下运行，在一定转速状态下，输出功率以喷射的燃油量来进行调节。如果与负荷无关地持续增加燃油喷射量，发动机的转速会逐步增加，如果持续此种状态超出临界转速，会导致发动机损坏。这表示柴油机需要转速限制器或调速器。

工业用柴油机对运行转速范围和运行负荷制定了限制规定。因此，柴油机配备有可变速度或中间速度调速器。

车辆用柴油机是由驾驶人操作加速踏板调整发动机的转速。当加速踏板松动不能操作时，发动机的转速不能降到怠速转速以下。以此，调速器的功能主要有两个：

① 在怠速转速和最大转速之间调整转速功能。

② 限制怠速转速和最大转速功能。

6.1.3 燃油喷射系统

燃油喷射系统是从燃油箱到喷油器（喷嘴、喷射阀、喷射器）输送燃油的系统，要求根据发动机的运行条件执行非常精密的控制。

燃油喷射系统不仅精确控制燃油量，还要在精确的时间喷射燃油。电控柴油机配置非机械式的电控喷油器，把精确的燃油量在精确的时间进行喷射，以提高运行性能（稳定性）。

燃油喷射系统的作用为

① 在各个循环向各气缸均匀供给一定量的燃油。

② 根据运行条件（即负荷、转速）正确调整燃油喷射时间。

③ 喷油器应在喷射末期切断良好，没有“后喷射”。

④ 能获得燃烧室所要求的燃油喷雾状态和分布。

⑤ 喷射压力在所有的运行条件下可以独立改变控制。

对于上述第④项燃烧室内燃油喷雾状态和分布，直喷式柴油机虽然与进气涡流有关，但主要因素还是喷射能量。影响喷射能量的因素有喷孔数量、喷射压力、壁面冲撞等。第⑤项需要电控化的燃油喷射系统。

燃油喷射系统为了满足上述要求，由燃油泵、喷射量和喷射时间控制机构、喷油器等构成，其作用如下：

① 燃油泵：把燃油压缩为高压状态，并输送到各气缸。

② 燃油量控制机构：根据发动机转速、负荷决定并控制最佳燃油量。

③ 喷射时间控制机构：在精确的时间向气缸均匀分配燃油。

④ 喷油器：向燃烧室内喷射雾状燃油并进行分散的机构。

燃油喷射系统多种多样，根据把燃油以高压状态输送的柱塞数量和是否配备共轨，可以分为独立式、分配式和共轨式。

1. 独立式喷射系统

独立式喷射系统是发动机的气缸数与柱塞（或单元）数量相同的类型。燃油是各气缸的柱塞独立操作以高压状态供给，喷油器随油压进行操作。独立式有直列式喷射泵和集成式喷射泵。

对于柴油机（车辆用、船舶用等）的燃油供给装置来说，直列式喷射泵是在全世界范围内使用最广泛的类型，但随着电控燃油喷射系统的发展，共轨式喷射系统的使用也越加广泛。目前还开发了电控泵集成式喷射系统，并使用在部分小型柴油机上。

2. 分配式喷射系统

工作原理：一个柱塞压缩燃油到高压状态，并通过分配器在确定的喷射时间把必要的燃油量通过高压管路分配到所需气缸的喷油器。此类型部件数量少，小型轻量，因此广泛使用在小型柴油机上。

3. 共轨式喷射系统

早期柴油机（直列式和分配式喷射系统）喷射燃油时，每次由高压泵（柱塞）产生高压，并仅在此时能喷射燃油。共轨式喷射系统与燃油喷射时间无关，利用一个高压泵把一定压力的高压燃油提前储存在共轨（蓄压器）上，并通过高压管把燃油输送到喷油器进行喷射。

6.1.4 燃烧室

柴油机根据燃烧室的形状分为开放式（Open chamber）和分离式（Divided chamber）。开放式为在1个燃烧室内直接喷射燃油，因此称为直接喷射式。分离式是分别设计有主燃烧室和副燃烧室，主副燃烧室通过小孔连接的形状，把燃油喷射在副燃烧室内，因此称为间接喷射式，分为预燃烧室类型和涡流室类型等。

无论哪一种类型，都要在压缩过程末期高温、高压的空气中喷射燃油，并在极短的时间内完成完全燃烧。要做到这点，首先要保证形成良好的混合气，因此进气系统和活塞头部的形状设计相当重要。这关系到气缸内的空气流动要形成湍流并加以利用，主要方法有：

① 进气涡流：把进气口设计15°左右倾斜，使进入到气缸内的空气流直接产生涡流，通常使用在直喷式发动机上。

② 挤压涡流：直喷式在气缸与活塞头部之间设计有挤压领域，分离式把主燃烧室与副燃烧室之间的连接通道设计为副燃烧室的切线方向，以此在压缩过程中产生挤压涡流或连接通道中产生喷射涡流。

③ 燃烧涡流：在副燃烧室中燃烧产生的高压燃烧气体向低压主燃烧室喷出产生涡流的方式。这仅适用于分离式燃烧室发动机上。

1. 燃烧室的种类

柴油机的燃烧室分为直喷式、预燃烧室式和涡流室式等，这些类型如图6-4所示。

（1）直喷式　直喷式燃烧室大部分如图6-4a所示，在活塞头部加工有很薄的凹面形状（ω型）空间。燃油通过安装在气缸盖中央位置的多孔喷油器以相对较高的压力（100MPa以上）直接向燃烧室内均匀喷射。喷射的燃油快速雾化、加热、气化和与空气混合，并自发着火开始燃烧。

直喷式没有通过连接通道的挤压涡流，是通过进气通道形成进气涡流并加以利用，从喷油器喷孔到活塞头部的喷雾到达距离相对长，使从喷射燃油到开始燃烧的时间相对较长，因此燃油与空气很好地混合在一起，并能形成良好的燃烧。早期直喷式使用在气缸内径在200mm以上的大中型中低速发动机上，200mm以下的小型高速发动机上多使用分离式燃烧室。这是因为，因小型发动机从喷油器喷孔到活塞头部之间的距离较短，不能形成良好的燃油-空气混合气，会导致最大输出功率小，增大炭烟和氮氧化物（NO_x）的排放量，不仅振动和噪声大，还会导致点火延迟。但是，随着高压喷射、精密电子控制、产生涡流的进气系统和燃烧室等柴油机电控技术的发展，在小型发动机上也开始采用直喷式燃油系统。

直喷式燃烧室的特性如下：

① 燃烧室的形状简单，表面积小，使热损失小。因没有连接通道的节流损失和热损失，比分离式燃烧室热效率高，燃油消耗率低。此外，因没有连接通道，使不均匀温度上升导致的热障碍小，因此适合于大功率发动机。

② 压缩时的热损失小，压缩温度高，不需要预热塞，小型发动机在压缩比为15左右的冷起动性能也良好。

③ 对燃油的着火性很敏感，必须使用高质量燃油。

④ 燃油的雾化状态给发动机性能带来很大的影响，因此燃油喷射压力高，燃烧最高压力也高。

（2）预燃烧室类型　预燃烧室类型如图6-4b所示，设置在主燃烧室上部，两个燃烧室通过小孔（活塞面积的0.3%～0.6%）互相连接。预热塞设置在预燃烧室内。

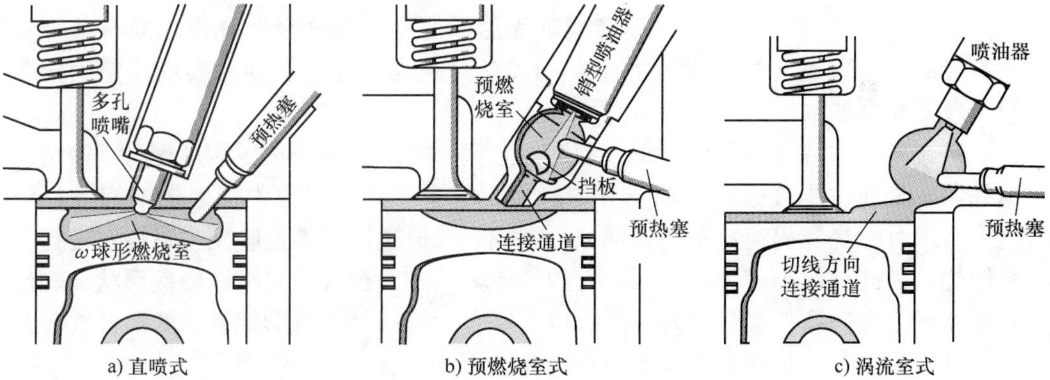

图6-4　柴油机的燃烧室

预燃烧室式发动机在压缩过程中约以100m/s速度的挤压涡流通过连接通道进入副燃烧室（预燃烧室）。燃油以相对较低的压力（45MPa）通过轴针式喷油器向设置在预燃烧室中央的挡板喷射。燃油与挡板发生碰撞与空气形成混合气。如果没有挡板，燃油的喷射方向要避免与进入副燃烧室的空气直接碰撞，向燃油通道附近的空气流背后喷射。一旦部分混合气开始燃烧，预燃烧室内的高温、高压气体在高压作用下向主燃烧室以高速喷出，并与主燃烧室内的空气混合，剩余的未燃混合气会完全燃烧。

预燃烧室式点火延迟时间较短，通过副燃烧室和主燃烧室阶段性燃烧的噪声低、氮氧化物排放少。通常，在预燃烧室中燃烧喷射燃油的30% ~40%，在主燃烧室中燃烧喷射燃油的60% ~70%。因此，预燃烧室式通过连接通道的空气流强度和方向很重要。预热塞为了加热从主燃烧室进入副燃烧室的空气，安装在空气流动方向上，操作时间为冷起动后1min 左右，对降低有害废气的排放和噪声、缩短暖机时间等起着很大的作用。

预燃烧室类型发动机的特性如下：

① 因利用在压缩过程中通过连接通道高速进入的挤压涡流，空气与燃油混合良好，点火延迟时间较短，通过在预燃烧室中喷射燃油的30% ~40%，在主燃烧室中喷射燃油的60% ~70% 的阶段性燃烧，降低了 NO_x 的排放量也降低了振动及噪声。

② 对雾化特性的良好与否不敏感，喷油器的直径大也可以，使用轴针式喷油器，喷射压力约为45MPa。

③ 气缸盖的构造较复杂。

④ 因多了预燃烧室，热损失大，压缩温度低，因此起动时需要预热系统。起动后，预热塞电源切断，处于自运行状态。

⑤ 热效率、燃油消耗率方面均不如直接喷射式。

（3）涡流室类型　涡流室类型如图6-4c 所示，在气缸盖或气缸壁位置上设计有全燃烧室容积60% ~70% 的球形或圆筒形涡流室，在两个燃烧室之间有 1 个较大直径的连接通道（活塞面积的2% ~3.5%）从切线方向贯通。喷油器使用与预燃烧室式相同的轴针式。

涡流室式的混合气形成过程与预燃烧室式的类似。即，在压缩过程时，被活塞压缩的空气通过连接通道以切线方向进入涡流室，并在涡流中喷射燃油和进行燃烧。大部分燃烧在涡流室进行，部分未燃混合气通过连接通道喷到主燃烧室进行完全燃烧。因此，此类型为了在涡流室内形成完整的混合气，要把涡流室形状、燃油喷雾状态、预热塞位置等良好匹配，以在所有运行条件下能形成良好的混合气。此外，在冷起动时尽快加热涡流室也很重要。

涡流室式发动机副燃烧室的大小、连接通道的端面积均比预燃烧室式的大，通过连接通道的涡流流速为60 ~80m/s，比预燃烧室式小。此外，涡流室式的燃油效率比预燃烧室式高，但噪声较大。涡流室式发动机特性方面处于直喷式与预燃烧室式的中间。

涡流室式发动机的特性如下：

① 因利用压缩空气的涡流，空气与燃油的混合良好，即使空气充气系数小，也可以提高平均有效压力。

② 适合于较高的转速。

③ 因配置涡流室，气缸盖或气缸体的结构会比较复杂。

④ 热效率、燃油消耗率方面次于直喷式发动机，但优于预燃烧室式发动机。

2. 随燃烧室的性能

柴油机的压力上升率比汽油机（或噪声）大，还会生成炭烟。另外，柴油机的最大负荷受限于排气炭烟的浓度。因此，柴油机的燃烧研究以如何减小排气中的炭烟量为主，即如何提高空气利用效果方面。但是，类似的燃烧改善会相伴着氮氧化物（NO_x）的增加，因此除了研究简单的空气燃油混合性能的改善外，还要研究整个燃烧期间的精密燃烧改良，以及在全局上不降低燃油效率的前提下降低氮氧化物（NO_x）和炭烟排放量的技术。

（1）燃烧性能　直喷式发动机的混合气形成如图6-5a所示，虽然受到燃烧室形状、进气涡流或湍流的影响，但最根本的影响因素还是喷雾自身的动量和微粒化特性、喷油器喷射和雾化特性。因此，直喷式的燃油喷射率和喷射压力比间接式重要得多。近年来使用了为降低燃油消耗率和氮氧化物（NO_x）的高压喷射系统。这主要是通过缩短喷射时间和燃烧时间提高燃油效率实现的。

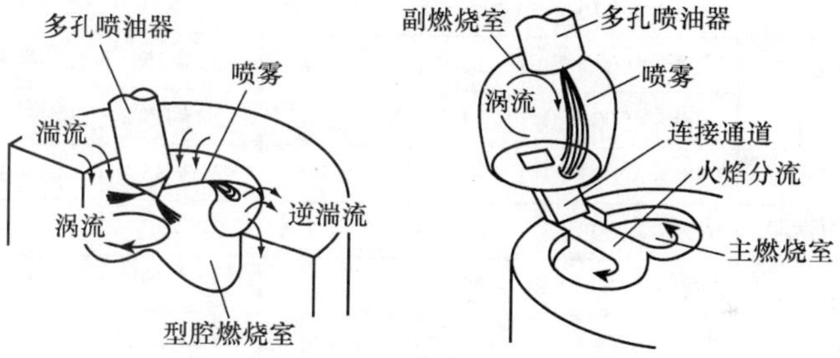

a) 直接喷射式　　b) 间接喷射式

图6-5　燃烧室形态比较

间接喷射式柴油机把燃油喷射在形成强力挤压涡流（旋转流、射流）的副燃烧室内，这样容易形成混合气。燃烧过程是在副燃烧室中部分混合气进行燃烧，并通过连接通道向主燃烧室喷射强力火焰射流，以此能实现良好的阶段性完全燃烧。间接类型虽然排气性能良好，但因气流要通过2个燃烧室之间的连接通道，节流损失会增大，并且要通过2个阶段进行燃烧，燃烧时间较长，以及通过强力气流的燃烧室壁面热损失会增大，因此在燃油效率方面比直接喷射类型发动机低。如表6-1所示为柴油机各种燃烧室对应的特性及用途。

（2）发动机性能　间接喷射式柴油机虽然因主燃烧室与副燃烧室之间存在节流损失，导致燃油效率不良，但容易形成混合气，并且噪声低，排放特性良好，因此多使用在小型车辆（乘用车、轻型商用车）上。与此相反，直喷式发动机虽然噪声大，排放特性不好，但燃油效率较好，因此多使用在中型、大型车辆上。

近来，直喷式柴油机通过高压喷射，同时预喷射、主喷射、后喷射等多级精密喷射，降低了噪声，提高了排放性能，达到了间接喷射式发动机的水平。因此，最近开发的新型柴油汽车，连小型乘用车发动机也采用直喷式，与间接喷射式相比提高了20% ~30%的燃油效率。表6-2 显示了各种柴油机的性能比较。

表 6-1 柴油机各种燃烧室对应的特性及用途

分类	混合气形成	特　　性	用　　途
直喷式	喷射能量 进气涡流	燃油效率高，起动性良好，噪声大，氮氧化物（NO_x）生成量多	中大型客车、载货车用 产业用、乘用车用
涡流室式	挤压涡流 燃烧涡流	介于直喷式与预燃烧室式之间	乘用车用、RV 车用
预燃烧室式	挤压涡流 燃烧涡流	噪声小，氮氧化物（NO_x）生成量少，燃油效率低，起动性不良	小型产业用

表 6-2 各种柴油机的性能比较

发动机	额定转速 n/（r/min）	压缩比 ε	平均压力① p_0/bar	比功率 /（kW/L）	质量功率 /（kW/kg）	燃油消耗率② b_e/[g/（kW·h）]
IDI 自然吸气乘用车	3500 ~ 5000	20:1 ~ 24:1	7 ~ 9	20 ~ 35	1:5 ~ 3:1	320 ~ 240
IDI 涡轮增压乘用车	3500 ~ 4500	20:1 ~ 24:1	9 ~ 12	30 ~ 45	1:4 ~ 1:2	290 ~ 240
DI 自然吸气乘用车	3500 ~ 4200	19:1 ~ 21:1	7 ~ 9	20 ~ 35	1:5 ~ 1:3	240 ~ 220
DI 涡轮增压乘用车	3600 ~ 4400	16:1 ~ 20:1	8 ~ 22	30 ~ 60	1:4 ~ 1:2	210 ~ 195
DI 自然吸气商用车	2000 ~ 3500	16:1 ~ 20:1	7 ~ 10	10 ~ 18	1:9 ~ 1:4	260 ~ 210
DI 涡轮增压商用车	2000 ~ 3200	15:1 ~ 18:1	15 ~ 20	15 ~ 25	1:8 ~ 1:3	230 ~ 205
DI 涡轮增压商用车	1800 ~ 2600	16:1 ~ 18:1	15 ~ 25	25 ~　-35	1:5 ~ 1:2	225 ~ 190
建设、农业机械	1000 ~ 3600	16:1 ~ 20:1	7 ~ 23	6 ~ 28	1:10 ~ 1:1	280 ~ 190
火车	750 ~ 1000	12:1 ~ 15:1	17 ~ 23	20 ~ 23	1:10 ~ 1:5	210 ~ 200
船舶（四冲程）	400 ~ 1500	13:1 ~ 17:1	18 ~ 26	10 ~ 26	1:16 ~ 1:13	210 ~ 190
船舶（二冲程）	50 ~ 250	6:1 ~ 8:1	14 ~ 18	3 ~ 8	1:32 ~ 1:16	180 ~ 160

① 平均压力 p_e 是通过转矩 T/（N·m），以下式进行计算：$p_e = 25/(\pi/T)$。

② 燃油消耗率 b_e 是最大燃油消耗率值。

注：是配备中冷器的涡轮增压发动机。

6.2 燃烧室进气系统

与汽油机的预混合燃烧不同，柴油机向燃烧室内喷射的燃油与空气相互扩散进行扩散燃烧。因此，从柴油机的燃烧来说，燃油和空气的混合气形成相当重要。混合气的形成主要受到燃油喷射系统和燃烧室进气系统的影响。

电控柴油机的燃烧室进气系统（图6-6）是向燃烧室内充填空气的一系列装置，由空气滤清器、涡流阀片、涡轮增压器和废气再循环系统构成。

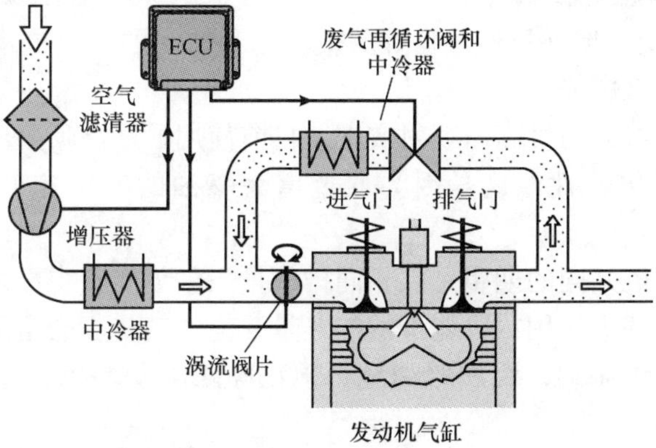

图6-6 柴油机的气缸进气系统

空气滤清器是过滤进气中异物的装置；涡流阀片是为了形成良好的混合气、促进燃烧室内空气湍流强度的装置；涡轮增压器是为了通过提高发动机的进气效率，以提高输出功率而设置的装置。废气再循环装置是为了降低氮氧化物（NO_x）的生成量而设置的装置，配备在部分乘用车和商用车发动机上。

6.2.1 混合气的形成

1. 空气与燃油混合气

柴油机的空气燃油混合气具体通过空燃比（A/F）、空气过量系数 λ（或比当量 $\phi = 1/\lambda$）来表现。空气燃油混合气的构成与汽油机相同，对发动机的燃油消耗率、转矩（或输出功率）、排放废气特性和燃烧噪声等均有很大的影响。

柴油的理论空燃比为 $(A/F)_s = 14.5$，类似于汽油的理论空燃比14.7。空气过量系数定义为理论空气质量对实际进气质量之比。在理论空燃比上空气过量系数 λ 为1。空气过量系数 $\lambda < 1$ 表示，实际进气量小于完全燃烧喷射的燃油所需理论空气量的浓混合气状态；空气过量系数 $\lambda > 1$ 表示，实际进气量大于理论空气量的稀薄混合气状态。

柴油机在 $\lambda < 1$ 的条件下运行时会产生炭烟，因此始终在 $\lambda > 1$ 运行。但是，涡轮增压柴油机在全负荷条件下，即使混合气在 $1.15 < \lambda < 2.0$ 的稀薄状态也会产生炭烟。这是因为柴油机中炭烟的产生会受到燃烧室内局部空燃比和点火时间等的影响。

柴油机在喷射燃油后经过曲轴角度几度后才能自发着火。燃烧室内混合气的空气过量系数为不是均质混合气的异质混合气，随位置而不同。喷射中心部位仅存在燃油，因此 $\lambda = 0$，而燃烧室壁面附近仅存在空气，因此 $\lambda = \infty$，因而存在所有范围（$0<\lambda<\infty$）空气过量系数。容易自燃点火的地方是空气过量系数约等于 1 的部位。

实际单一液体燃烧试验中，可燃范围如图 6-7 所示（在 $0.3<\lambda<1.5$ 的状态）。由此可以推论，柴油机通过良好的微粒化和适当的空气流动，产生很多可燃范围的局部领域着火燃烧。

良好的微粒化可以通过高压喷射实现。目前使用的最高喷射压力超过 200MPa。高压喷射能提高雾化特性，这是因为通过增大燃油的喷出速度，能提高微粒化特性。

柴油机或汽油机共同的期望是在相同排气量条件下能获得更大的输出功率。为此，应在高负荷条件下使用尽可能少的空气量，但空气量少会增加废气排放量。因在这些方面互相受到制约，因此燃油量必须正确匹配发动机转速与空气量之间的关系。

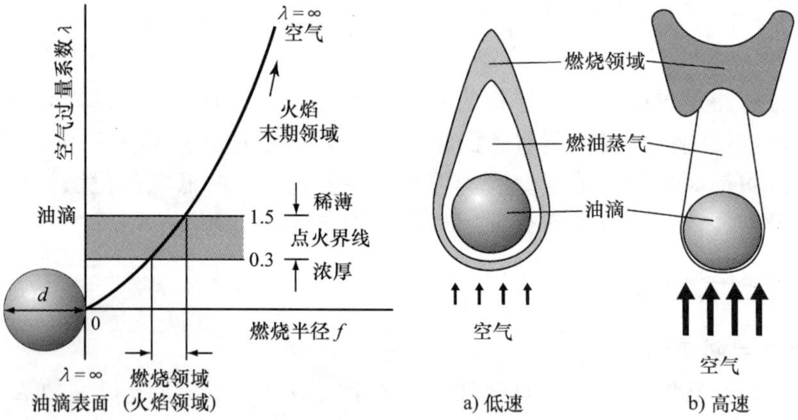

图 6-7　单一油滴周围的过盈空气率曲线

2. 进气口空气流动

小型高速直喷式柴油机留给混合气形成和燃烧的时间很短，因此通过进气口或进气门形成进气涡流，以满足稳定运行和低氮氧化物（NO_x）的要求。

即，自然吸气方式也好，增压进气方式也好，为了增加气缸内的湍流强度，提供进气涡流，应促进燃油雾化和与空气的混合及燃烧。

（1）涡流比　燃烧室内空气的涡流（旋转流）是相对于气缸轴的旋转运动。直喷式柴油机的混合气形成与进气涡流有很大的关系。涡流比（涡流强度、旋转比、旋转强度）ϕ 定义为

$$涡流比=\frac{涡流旋转速度}{发动机转速}$$

涡流旋转速度是燃烧室内空气流水平方向的旋转速度，不仅随进气和压缩过程（活塞的上下运动）变化，还随进气门的升程发生变化，因此使用在各过程中的平均值。测量方法如图6-8所示，在试验装置中，根据气门升程保持一定的流量，把旋转叶片的转速判定为涡流的旋转速度，把相对于空气流量的旋转速度适用于实际发动机中。进气涡流强度根据燃烧室的大小、形状和雾化特性进行适当的选择。

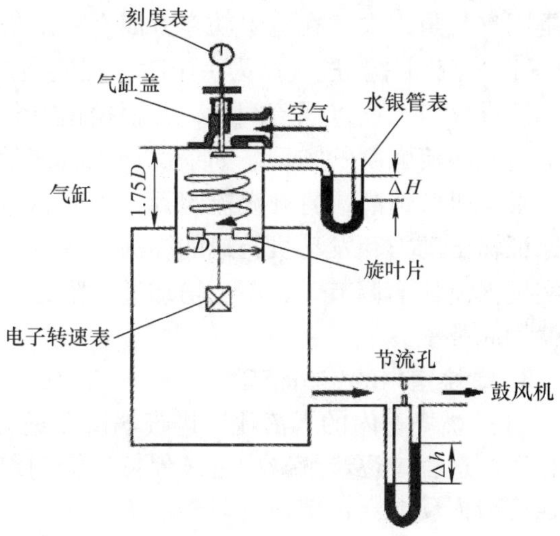

图6-8 涡流比测量装置

（2）进气口的设计 进气涡流的生成方法上，进气口设计为切线端口、涡流阀片、螺旋形端口、附加屏蔽阀片等方式，以及这些组合设计方式，如图6-9所示。

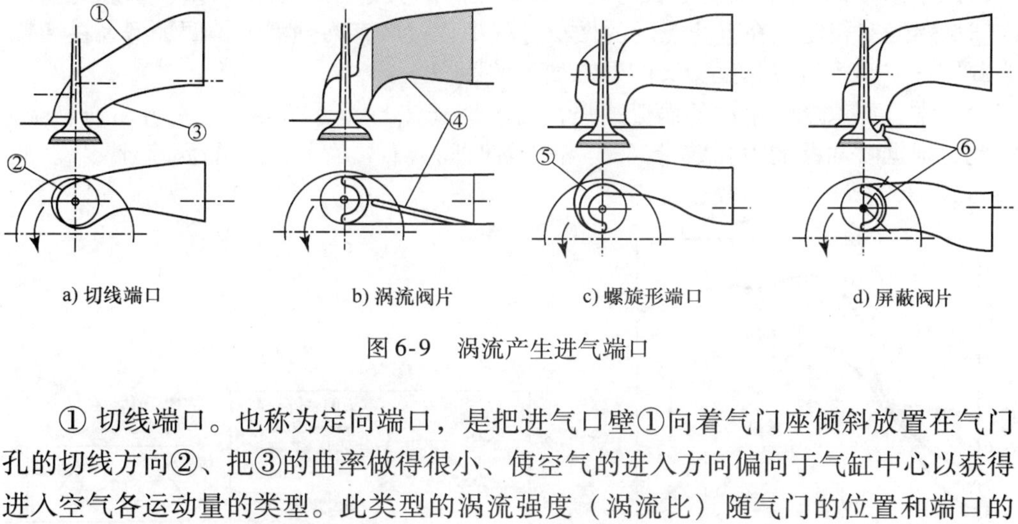

图6-9 涡流产生进气端口

① 切线端口。也称为定向端口，是把进气口壁①向着气门座倾斜放置在气门孔的切线方向②、把③的曲率做得很小、使空气的进入方向偏向于气缸中心以获得进入空气各运动量的类型。此类型的涡流强度（涡流比）随气门的位置和端口的方向而发生变化，平均涡流比 ϕ 仅为1～2，还有不小的空气流动阻力，因此目前基本上不使用此类型。

② 螺旋形端口。也称为旋风型端口，是在进气门杆附近制造成螺旋形通道⑤、进气流在进气管道中形成旋转风再进入气缸的类型。此类型进气流阻力小，平均涡流比 ϕ 也达到2～3。

③ 附加屏蔽阀片。也称为导流屏阀，是在阀的一部分附加切断壁⑥使进气流偏向于一定方向，从而产生较强涡流的类型。此类型涡流比 ϕ 可以达到4以上。

但是因进气阻力大，在输出功率方面有一定负面影响。

④ 涡流阀片。进气口为 1 个时，在通道内设置涡流阀片④，进气口为 2 个时，在一侧进气口上设置涡流阀片，并根据运行条件调节导向板或涡流阀片的开度，以调节进气涡流强度的类型。如果发动机转速低，关闭涡流阀片加强气缸内的涡流；如果发动机转速高，打开涡流阀片，以降低进气阻力，保证充足的进气量。因此，能保证输出动力和发动机转速的提高。最近，在 4 气门乘用车发动机上，可以很容易实现涡流比的调节，也不会增加进气阻力，可以确保所需的涡流比，因此正在广泛使用此类型。

3. 燃烧室内的空气流动

（1）燃烧室内的涡流比　进气涡流在进气过程中根据气缸内径大小进行旋转，并在压缩过程中逐步衰减中继续保持，影响着混合气的形成和燃烧。燃烧室内的涡流强度根据动能守恒定律可以表示为

$$\phi_c = \left(\frac{D_b}{D_c}\right)\phi_i$$

式中，ϕ_c 为燃烧室内的涡流比（涡流强度）；ϕ_i 为进气涡流比；D_c 为燃烧室直径；D_b 为气缸直径。

图 6-10 所示为燃烧室形状与进气涡流之间的关系。可以得知凹进型燃烧室与 ω 球型燃烧室相比，在上止点后的做功过程中也持续存在强涡流。凹进型为在活塞头部凹进空间入口以相互交叉的形态加工的燃烧室。

通常，如果燃烧室内的涡流过强，因燃烧气体与邻近的混合气混合阻碍燃烧。因此，根据喷油器的喷孔数量（z）和喷射时间（I_d）存在最佳的涡流比 ϕ_{op}。此值 $\phi_{op} = 360/zI_d$ 左右为较适合。

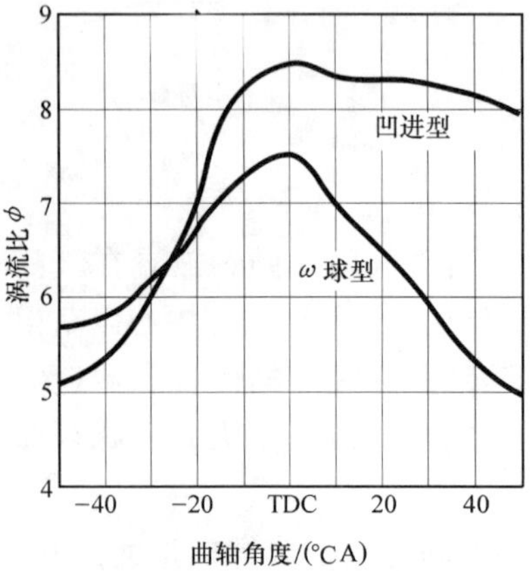

图 6-10　燃烧室内涡流比

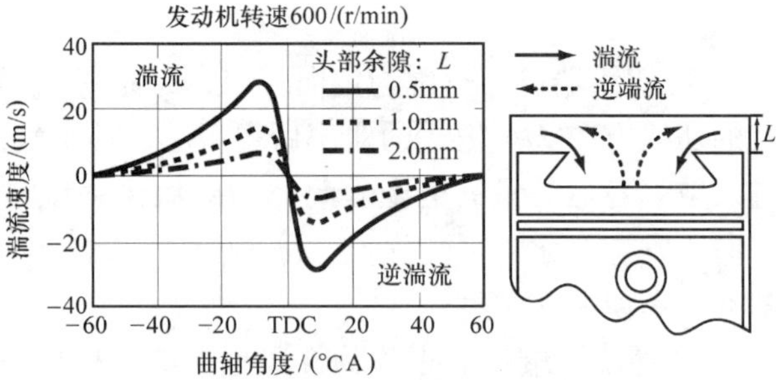

图 6-11　头部间隙与挤压流强度

（2）挤压流和逆挤压流　口径比（气缸内径 D_b 对燃烧室内径 D_c 之比，D_c/D_b）较小和深度较大的燃烧室，在压缩过程末期随着活塞逐步接近上止点，如

图6-11所示，存在于气缸盖与活塞头部之间间隙部位的空气被压入燃烧室，发生空气流动，即发生挤压现象。

柴油机在形成混合气的过程中，主要利用根据进气涡流的燃烧室内涡流，但挤压流也很重要。挤压流主要使用在汽油机上，在柴油机上正在研发使用进气涡流（水平方向旋转流）和挤压流（轴向上下流动）合成的复合涡流，以促进空气与燃油的混合。另外，在做功过程中火焰在活塞头部间隙部位逆流，可以帮助燃烧。这称为逆挤压流。

挤压流不降低容积效率，流动损失也较少，故多使用在小型柴油机上。如果并用挤压流和进气涡流，在压缩过程末期燃烧室内的空气流会成为复合涡流，能获得空气充量系数 $\lambda=1.25$ 左右的无烟燃烧。

（3）燃烧室形状和涡流强度　直喷式发动机为了改善燃烧和排气对策而设计的代表性的燃烧室与燃油喷射形状如图6-12所示。根据空气流的不同，分为：图a为利用弱涡流的低涡流薄盘型；图b为中涡流 ω 球状盘型；图c为中涡流凹进型；图d为中涡流盘型；图e为利用强涡流的强涡流M型（球型）。其中最常用的是图b所示的 ω 球型燃烧室。

ω 球型燃烧室是在活塞头部加工有两个球面凹进形状，在接近压缩过程末期时，气缸盖与活塞头部之间的挤压流进入凹进部位发生涡流并喷射燃油的形态。此形状在做功过程期间使燃烧气体逆流（逆挤压流），加快全部气体的流动，因而空气利用率较高。

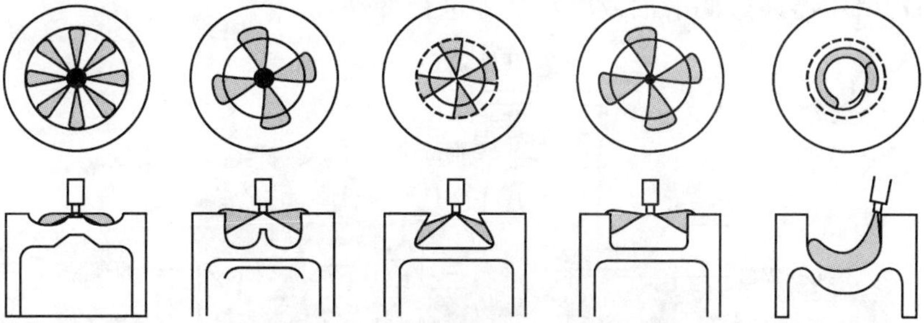

图6-12　各种燃烧室形状和涡流强度

直接燃烧式发动机因在着火延迟期间形成的混合气会发生急速燃烧，因此无法稳定运行。另外，在其后进行的燃烧因高温和氧气不足，会生成炭烟。为了改善这些不足，德国的曼（MAN）公司开发了如图6-12e所示的，在活塞头部中央加工有3/4球型燃烧室的M型燃烧室。此类型利用单孔喷油器向球形面喷射燃油形成液膜，使其从球形壁面受热逐步蒸发，利用通过附加屏蔽阀片生成的强涡流，加快空气与燃油蒸汽的混合，逐步进行燃烧，因而获得稳定运行状态。在着火延迟期间蒸发的燃油，因其量与普遍性燃烧法相比较少，到着火为止积累的可燃混合气量较少，因此即使着火延迟时间较长也不会发生柴油爆燃现象，可以实现稳定的无烟燃烧。但是，因为还没有能满足严格的废气排放规定，特别是在冷起动时有害废气的排放等问题，所以目前还没有实际应用。

6.2.2 涡轮增压系统

增压器利用压缩器供给提高密度的空气，以提高充气效率，因而在不增加排气量、发动机转速等状态下能提高输出功率和输出转矩。增压类型上有利用进气、排气发动机内压力波的动态增压器、机械式增压器和涡轮增压器。对此的详细内容将在 7.3 一节中进行说明，在此部分简要对涡轮增压系统的结构和特征进行说明。

涡轮增压器是涡轮和增压器（压缩器）的合成名称。这是利用 650℃ 的排气能量带动涡轮以几万至 30×10^4r/min 的速度高速旋转，并通过其旋转力带动同轴压缩器旋转压缩进气，把空气压力增加到 1.5～2.0 个大气压，以此增大气缸内进气量的装置。涡轮增压器在中型、大型柴油机上配备使用了很长时间，目前在输出功率 20kW 以上的小型柴油机和汽油机中也采用涡流增压器。

1. 涡轮增压器的结构

涡轮增压器代表性的类型离心式涡轮增压器的结构如图 6-13 所示。涡轮增压器的压缩器壳体、涡轮壳体和轴承壳为一体型，其内部配备有压缩进气的压缩器、利用排放废气能量驱动转动的涡轮、连接涡轮和压缩器的连接轴、支承旋转轴的轴承等。涡轮增压器通过润滑油或冷却液等进行冷却。

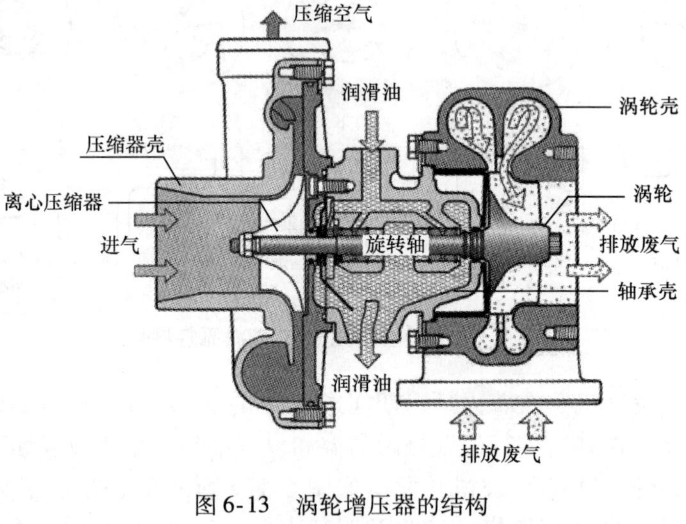

图 6-13 涡轮增压器的结构

（1）涡轮和压缩器　小型涡轮和压缩器均采用半径流动式。半径流动式涡轮把高温的排放废气以半径方向引入并从轴向排出。涡轮叶轮以能耐约 900℃ 高温的镍为基础并合成超耐热合金或陶瓷制成。叶轮与驱动轴通常以摩擦压入或电子束焊接的方法进行连接。涡轮壳体是较易小型化的无叶蜗壳类型。压缩器因不受热量的影响，通常用铝合金或塑料制成。

压缩器也使用与涡轮相同的半径流动类型，仅空气的流动方向相反。即空气从压缩器中心轴向进入，通过高速旋转的压缩器产生离心力，以此提高空气压力并从半径方向排出。压缩器（压缩器转子）的半径小型为50~60mm，大型为100mm。

中型、大型发动机主要使用涡轮为轴流式、压缩器为半径流动式的涡轮增压器。轴流式为气体轴向进入并轴向排出，比半径流动方式效率高。另外，压缩器的压力比：小型为3~4、大型（尤其二冲程发动机用）为2.5~3。

（2）中间冷却器　20℃的空气进入并通过压缩器进行压缩后，温度会上升到约180℃，因而相应地空气密度会降低。如果高温空气直接进入气缸，即使压力增加2倍，实际进气量仅增加1.6倍，不仅充气效率降低，还会使燃烧温度上升，导致 NO_x 排放量的增加。因此，涡轮增压器和气缸之间设置中间冷却器，对进气进行冷却，以提高发动机的输出功率和输出转矩。图6-14所示为随发动机转速变化的增压温度和涡轮增压压力。

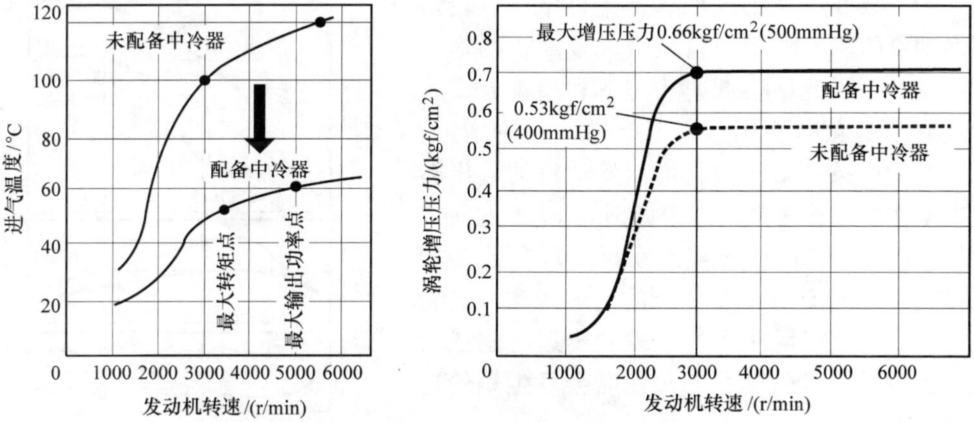

图6-14　随发动机转速的增压温度、涡轮增压压力

中间冷却器有水冷式和空冷式。空冷式热交换器虽然尺寸较大，但因能有效利用汽车行驶中的空气流，可以把增压进气温度降低到约60℃。水冷式热交换器虽然尺寸较小，但因不能把增压进气温度降低到冷却液温度（约100℃）以下，因此不能作为汽车用中冷器。

配备中间冷却器具有下述优点：

① 提高热效率、降低燃油消耗率、降低炭烟和氮氧化物（NO_x）的排放量。

② 降低气缸体和气缸盖的热负荷、热应力。

③ 通过增加增压进气的密度，可以降低增压压力和增压功。

④ 排气压力、泵损失减小，因此容易实现高增压化。

2. 涡轮增压器的特征

涡轮增压是有效利用发动机排放废气能量（废热）的方式，具有提高燃油效率和热效率的优点。但因压缩器转子存在惯性力问题，存在不能快速响应的涡轮迟滞的缺陷。涡轮增压的根本目的，通过小型化和高动力输出（提高比功率）的缩小尺寸和获得高输出转矩性能为特征。

（1）小型化　与传统的相同输出功率自然吸气发动机（NA）相比，涡轮增压发动机（TC）的优点是，小型和轻量化。涡轮增压发动机的输出功率和输出转矩如图 6-15 所示。图中曲线 a 为传统自然吸气发动机，曲线 b 为正常状态涡轮增压发动机，曲线 c 为动态运行条件下的涡轮增压发动机。涡轮增压发动机在主要使用的发动机转速（发动机转速比 $n/n_{\mathrm{rated}}=1/2$）范围内可以获得高输出转矩，并在其他发动机转速范围内的输出功率也在相同的燃油消耗率下具有 $A \rightarrow B$ 的差异。

涡轮增压器的高转矩特性，使获得相同输出功率（$C \rightarrow B$）所需的转速与传统发动机相比低得多。因此，涡轮增压发动机在相同输出功率下的摩擦损失小，结果燃油消耗率也向着更低（$E \rightarrow D$）的方向移动，可以获得更好的燃油经济性。

（2）转矩　在很低的转速条件下，涡轮增压发动机的输出转矩与自然吸气发动机的输出转矩相似。因此，在低速状态下利用排放废气能量驱动涡轮有些困难，不能进行涡轮增压。在动态运行条件下，涡轮增压发动机的输出转矩甚至在中间转速范围内，如图 6-15 中的曲线 c 所示，类似于自然吸气发动机。这是因为形成排放废气的流动存在一定的延迟所致。涡轮增压发动机获得增压压力所需的延迟时间成为“涡轮迟滞”，从低速状态加速时会发生涡轮迟滞现象。

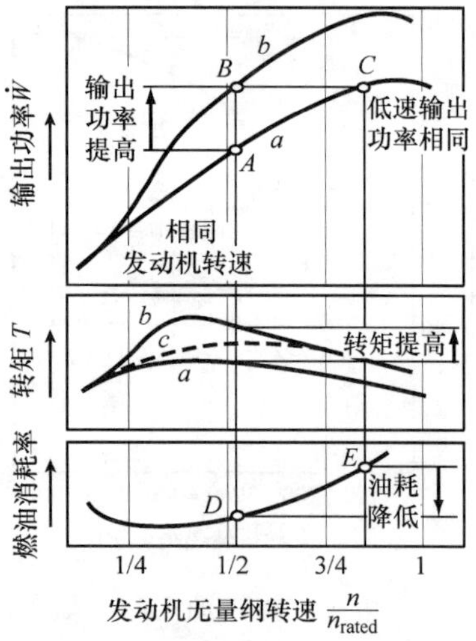

图 6-15　涡轮增压器的输出功率和输出转矩

汽油机可以利用动态增压效果最小化涡轮迟滞现象。柴油机利用可变涡轮增压器大幅度降低涡轮迟滞现象。在降低涡轮迟滞方面，还有电动辅助涡轮增压器方法。这是在涡轮增压器上配备电动机，在排放废气流不足的涡轮迟滞范围利用电动机辅助驱动涡轮，以此方法减小涡轮迟滞。

（3）燃油消耗率　涡轮增压的优点是不仅增大输出功率和输出转矩，在下述理由下可以改善车辆的燃油经济性。

① 车辆加大传动比，可以在燃油消耗率良好的条件下行驶。

② 因增压小排气量发动机与无增压大排气量发动机具有同等的动力性能，小

型化使摩擦损失减小，以及在进气过程中进行加压使泵气损失大幅度减小，因此能提高燃油效率。

曼（MAN）公司实用涡轮增压发动机的燃油消耗率甚至达到了193g/(kW·h)、142g/(PS·h)。此外，涡轮增压对废气排放的影响不大，但柴油机会促进混合气的形成，因此有利于降低颗粒物质的排放量。

6.2.3 废气再循环（EGR）系统

柴油机降低排放废气中NO_x量的技术上有废气再循环（EGR）系统和NO_x催化还原转换器装置。EGR系统在不增加燃油消耗率和柴油颗粒生成量的状态下，能有效降低NO_x生成量，但柴油机的炭烟生成量会增加，因此比汽油机在控制上较为困难。废气再循环（EGR）系统能降低NO_x生成量的原理是，把大质量热容排放废气（二氧化碳、氢气、阳离子等）引入进气系统，使混合气的热容量增加和空气过量系数降低（氧浓度降低），以降低燃烧气体的温度，因而抑制NO_x的生成。

1. 废气再循环（EGR）率的定义

废气再循环（EGR）率（%）定义为

$$EGR = \frac{\text{EGR量}}{\text{进气量} + \text{EGR量}} \times 100\% = \frac{Q_{EGR}}{Q_{\text{空气}} + Q_{EGR}} \times 100\%$$

$$= \frac{[CO_2]_{in} - [CO_2]_{amb}}{[CO_2]_{ex} - [CO_2]_{amb}} \times 100\%$$

式中，$(CO_2)_{in}$为进气中的CO_2浓度，$(CO_2)_{amb}$为排气中的CO_2浓度，$(CO_2)_{amb}$为大气中的CO_2的浓度。废气再循环（EGR）率控制在乘用车为到50%，商用车为5%～25%范围。

2. 废气再循环（EGR）系统的构成

废气再循环（EGR）系统由废气再循环（EGR）阀、废气再循环（EGR）冷却器构成。如图6-16所示为柴油机废气再循环（EGR）系统基本构成。

汽油机的废气再循环（EGR）系统在排气管与节气门下游的进气系统之间连接有废气再循环（EGR）通道，并在此之间设置有废气再循环（EGR）阀和废气再循环（EGR）冷却器。废气再循环（EGR）量因进气系统为负压（低于大气压力）和排气管为正压（大于大气压力），通过进、排气管的压力差和废气再循环（EGR）阀的开闭面积容易实现调节功能。

柴油机因在进气系统中没有设置节气门，进、排气管之间的压力差变化不大，因此实现废气再循环（EGR）量的调节有些困难。尤其是，配备涡轮增压器或机械增压器的增压发动机，进气系统的压力高于排气管的压力，因此需要特殊设计废气再循环（EGR）通道和循环方式。

（1）废气再循环（EGR）冷却器　冷却的废气再循环（EGR）气体对降低

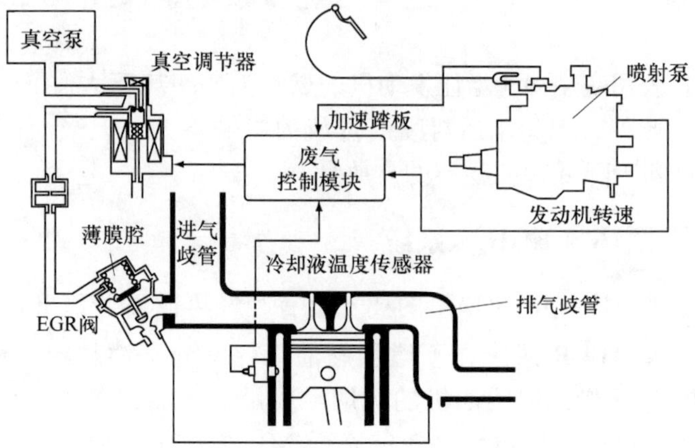

图 6-16　柴油机废气再循环（EGR）系统的基本构成

NO_x 的生成量很有效。废气再循环（EGR）冷却器（热交换器）设置在废气再循环（EGR）通道上，通过发动机的冷却液对废气再循环（EGR）气体进行冷却，以降低循环废气的温度。废气再循环（EGR）冷却器必须把 700℃ 的排放废气温度冷却到 150～200℃，并且要紧凑设计。还有如果压力降低量过多，废气再循环（EGR）气体的供给会发生困难，因此需要适当的压力降低量。

（2）废气再循环（EGR）阀　废气再循环（EGR）阀是调节废气再循环（EGR）率的阀，分为机械式和电控式两种。传统发动机多使用机械式，目前在越来越严格的废气排放规定下，需要更为精密的控制和快速相应，因此开始使用电控废气再循环（EGR）电磁阀。电控废气再循环（EGR）系统由发动机控制模块（ECM）根据发动机转速、负荷、冷却液温度等信息计算发动机运行状态，并通过电动机或电磁阀驱动废气再循环（EGR）阀，以控制废气再循环（EGR）气体量。

3. 废气再循环（EGR）系统的类型

废气再循环（EGR）系统的类型如图 6-17 所示，有低压管路类型、高压管路类型和强制驱动类型。图 6-17a 所示为低压管路类型，在涡轮出口与压缩器入口（上游）之间设置有废气再循环（EGR）通道。此类型因压力差大，可以在发动机较宽的运行范围内控制废气再循环（EGR）量。但是因排放废气要经过压缩器和中间冷却器，会影响这些部件的耐久性和可靠性，并且进气温度可能会超过压缩器的设计温度。图 6-17b 所示为高压管路类型，在涡轮入口的排气管与压缩器出口（下游）的进气系统之间设置有废气再循环（EGR）通道。此类型因排放废气不经过压缩器和中间冷却器，不影响这些装置的耐久性等，因此多使用在柴油乘用车用增压发动机上。但是发动机在高负荷条件下运行（约 30% 以上负荷）时，因进气系统的压力比排气管的压力大，所以不能使用废气再循环（EGR）系统，多限制在低负荷领域使用。因此，为了在大型柴油机上应用此系统，需要配置强制供给废气再循环（EGR）气体的废气再循环（EGR）泵，如图6-17c所示。

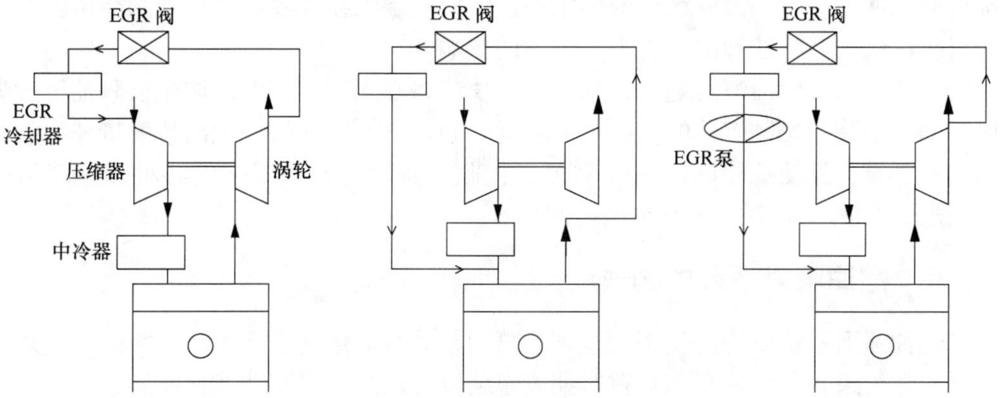

a) 涡轮出口/压缩器进口（低压管路类型） b) 涡轮进口/压缩器出口（高压管路类型） c) 涡轮出口/压缩器进口（强制类型）

图6-17 增压柴油机废气再循环（EGR）系统的类型

4. 汽油废气再循环与柴油废气再循环的比较

通过废气再循环（EGR）的 NO_x 排放量的降低效果，柴油机与汽油机有差异。汽油机的混合气与废气再循环（EGR）气体能均匀混合，热容量增大，因此能有效地冷却燃烧火焰。但是，柴油机的混合气在空间上不均匀，通过废气再循环（EGR）气体冷却燃烧火焰方面受到空间上的限制。因此，柴油机通过废气再循环（EGR）减少 NO_x 生成量的机制方面，不是通过降低燃烧温度实现的，而是通过降低 O_2 的浓度实现的。表6-3所示为汽油废气再循环与柴油废气再循环的比较情况。

表6-3 汽油废气再循环与柴油废气再循环的比较

项目	汽油	柴油
空燃比（A/F）	无变化	变化幅度大
燃油量	无变化	无变化
进入空气量、排放废气量	无变化	随废气再循环（EGR）减小
发动机进气量、发动机排气量	随废气再循环（EGR）增加	无变化
进气 O_2 浓度、CO_2 浓度	随废气再循环（EGR）减小、增加	随废气再循环（EGR）减小、增加
排气 O_2 浓度、CO_2 浓度	变化小，变化小	随废气再循环（EGR）减小、增加
CO_2 排放量	无变化	无变化

6.3 机械式燃油喷射系统

燃油喷射系统是柴油机最重要的部分，是把适量的燃油在正确的时间向燃烧室喷射的一系列装置的总称。此系统不仅影响柴油机的输出功率和排气性能，为了正确控制燃油喷射量，需要精密的加工制造，以及装配在高温、多振动的部位上，因此对柴油机的经济性和耐久性带来很大的影响。

传统机械式燃油喷射系统以利用离心块或离心配重离心力的调速器和油压式喷射时间调整装置控制燃油的喷射量和喷射时间。电控柴油机的燃油喷射量和喷射时间的控制是，发动机控制模块（ECM）接收在各种运行条件下的各种传感器信号（数据），并据此计算，进行精确控制。

6.3.1 燃油喷射系统的构成

燃油喷射系统以广泛使用的直列式喷射泵系统为例（图6-18）。燃油喷射系统由低压泵、泵壳、调速器和喷射时期调整装置等构成，以其功能如下所述。

（1）低压燃油系统　燃油从燃油箱通过供给泵输送到燃油滤清器，经过燃油滤清器过滤异物后进入到高压泵。低压燃油系统由低压泵、燃油滤清器和燃油温度传感器构成。

（2）高压燃油系统　低压燃油通过燃油喷射泵（高压泵）升压为高压后，通过燃油管输送到安装在各气缸上的喷油器上。此时，低压泵供给的部分燃油升压到高压，并通过喷油器喷射到燃烧室内，另一部分通过燃油滤清器溢流阀溢流的燃油，以及润滑和冷却高压燃油泵和喷油器的燃油返回到燃油箱。

高压燃油系统由燃油喷射泵、高压燃油管（喷射管）、喷油器固定架和喷油器构成。

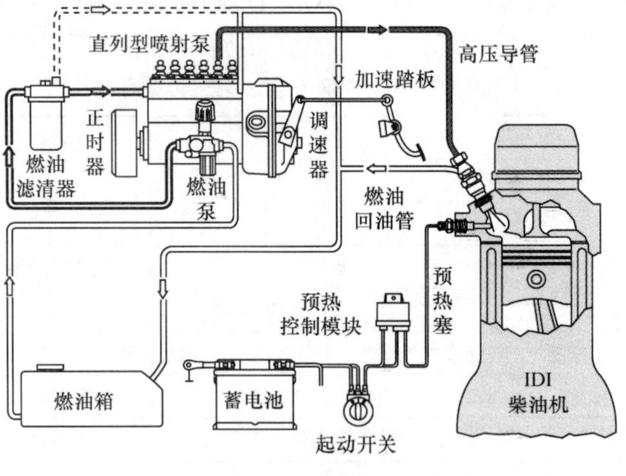

图6-18　燃油喷射系统

（3）燃油量调整装置　调速器是根据发动机转速和负荷控制燃油喷射量的装置。

（4）喷射时间调整装置　定时器是根据发动机的运行条件控制燃油送出时间的喷射时间调整装置。

6.3.2 燃油喷射装置

燃油喷射装置中燃油喷射泵（高压泵）、喷油器、喷射量控制机构和喷射时间调整装置非常重要。

1. 燃油喷射泵

燃油喷射系统根据压送燃油的高压柱塞数量和是否配备压缩器分为独立式、分配式和压缩式，独立式还分为直列式喷射泵和喷射泵一体式。目前的燃油喷射系统基本上由电控系统构成。

（1）直列式喷射泵　直列式燃油喷射泵是把与气缸数相同数量的柱塞（泵芯）排列为一行安装在泵壳上。图6-19所示为博世直列式燃油喷射泵的剖面图。泵的运转通过柱塞执行，柱塞是通过凸轮轴的旋转在泵筒内部以一定的行程进行上下往复运动。柱塞在柱塞弹簧力的推动下向下紧贴在凸轮上。柱塞的行程虽然一定，但有效行程随在柱塞上部加工的螺旋槽与溢流孔相对位置的变化而改变。博世燃油喷射泵的特征是以螺旋槽为燃油喷射量调整装置。

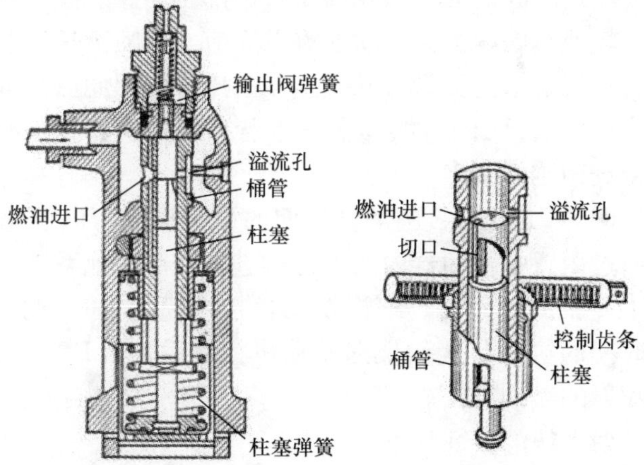

图6-19　博世直列式燃油喷射泵

燃油喷射量控制方法如图6-20所示。燃油进入口和溢流孔呈对称状态，柱塞位于这些孔下端时，柱塞处于下止点。此时，由供给泵（低压泵）供给的燃油通过进入口进入充满柱塞腔时，通过凸轮的推动柱塞开始向上移动，堵住进入口和溢流孔，并压缩燃油。

当燃油压力达到喷射压力时顶开输出阀，高压燃油通过燃油导管供给到喷油器，并向气缸内进行喷射。当柱塞继续上升到螺旋槽到达溢流孔位置时，柱塞腔内的高压燃油通过溢流孔排出，由此燃油压力急剧下降结束燃油喷射。

燃油量调节装置由控制齿杆、小齿轮、柱塞杆构成。当操作者推拉控制齿杆时，柱塞以顺时针或逆时针方向转动，以改变柱塞向上移动时螺旋槽到达溢流孔的时间，即改变柱塞的有效行程与喷油器之间的作用时间，因而燃油喷射量会发生变化。

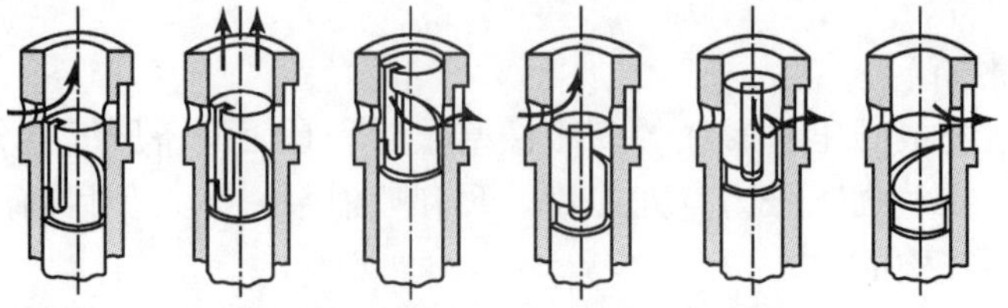

图 6-20 直列型泵的燃油量控制

（2）泵喷嘴 喷射泵与喷油器之间用长高压管连接时，存在高压管内部燃油压缩性导致的燃油输送时间延迟，以及高压管内部压力反射波导致的喷油器自开等问题，尤其是在高转速范围内的高压喷射难以适应。泵喷嘴是喷射泵与喷油器集成在一起并安装在各自气缸上的类型。此类型无高压管，因此虽然可以消除因高压管导致的各种损失，但因通过凸轮轴驱动推杆、摇臂机构进行直接燃油喷射，存在结构复杂、调整和检查困难等缺点。

电控泵喷嘴如图 6-21 所示。这是将早期的泵喷嘴进行电控化的系统，燃油喷射量和喷射时间通过内置在喷油器内的电磁阀进行控制。此系统由通过摇臂传递动力驱动泵柱塞产生高压的泵元件、根据发动机控制模块（ECM）信号操作电磁阀调节溢流阀开闭时间的执行装置和根据发动机控制模块（ECM）的控制信号把燃油向燃烧室进行喷射的喷油器构成。

电控喷射泵喷射系统的特征如下：

① 泵喷嘴因电磁阀与喷油器的喷嘴之间的距离短，不存在静容积，因此可以提高燃油喷射压力。

② 从燃油泵到喷油器喷射所需的时间短，因此喷射精密度高，不存在因电压、反射波等压力变化导致的异常喷射。

③ 因构成为模块，所以在发动机上安装容易，并且维修便利。

④ 喷射压力可以达到 200MPa 的超高压，因此燃油雾化良好，燃油与空气的混合良好，能做到完全燃烧，输出功率增加和有害废气的生成量减少。因此，这种类型具有比任何其他喷射方式燃烧效率都高、最高压力大、输出功率增加和有害废气生成量减少等优点。

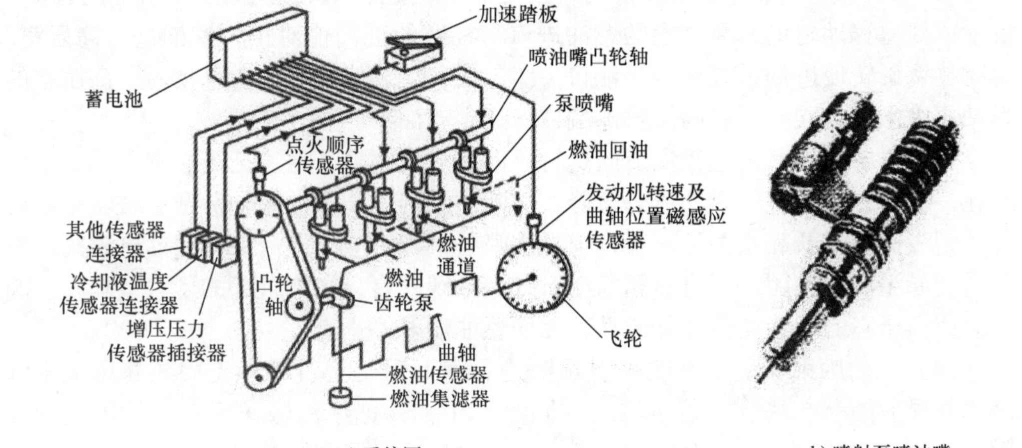

a) 系统图　　b) 喷射泵喷油嘴

图 6-21　电控泵喷嘴系统

（3）分配式喷射系统　柴油机为了高速化和泵的轻量化，与每个气缸各自配备 1 个泵的方式不同，利用 1 个柱塞泵压缩燃油并通过共轨把所需燃油量在正确的喷射时间通过高压管输送到各气缸的喷油器进行喷射，这种燃油供给系统称为分配式喷射系统。此类型也开发应用电控分配式喷射系统。图 6-22 所示为电控分配式燃油泵结构图。

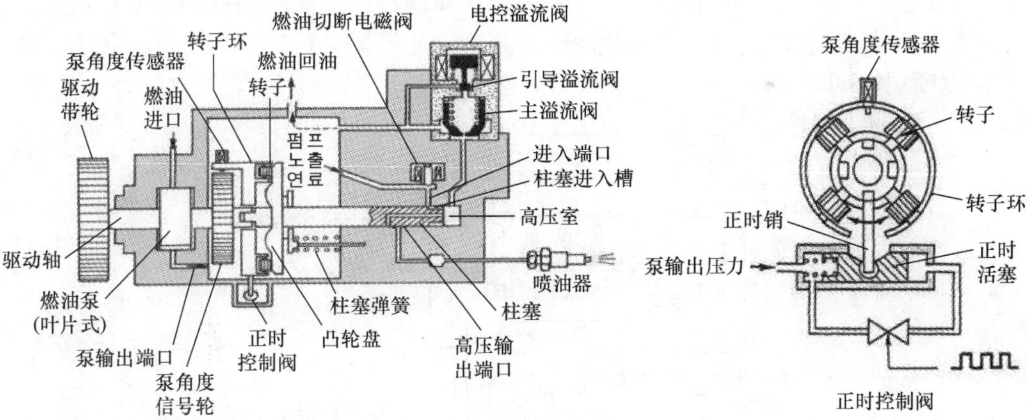

图 6-22　电控分配型燃油泵

燃油泵的驱动轴通过驱动带与发动机曲轴连接，当曲轴旋转 2 周时燃油泵旋转 1 周，燃油泵（叶片式压力泵）、凸轮盘和柱塞同时旋转。燃油泵压缩燃油到高压并输送到高压室，同时供给正时活塞的控制压力。

凸轮盘的正面（图中左侧）有与气缸数相同数量的凸起，凸轮盘通过驱动轴旋转时，凸起上到转子环上设置的转子上时，把旋转的柱塞向右（图上的方向）推动。柱塞移动之前，泵体上的燃油进口与柱塞的进油槽对正，燃油进入高压室。此时柱塞旋转使进油槽离开，进油口关闭。柱塞继续旋转并向右移动时，高压室的燃油压力上升，同时通过高压输出端口压送到喷油器。

燃油喷射的切断由电控溢流阀执行。电控溢流阀打开通道把高压室与低压室联通在一起时，高压室的燃油压力急降，切断供给到喷油器的燃油。凸起被转子推动开始到溢流孔打开为止的柱塞行程与燃油喷射量相对应。电控溢流阀的电磁阀通电时，引导溢流阀关闭。当电磁阀断电时，引导阀开启，主阀背部的压力下降，主阀开启使高压室的燃油向低压侧流动，因而燃油喷射停止。

（4）共轨喷射系统　共轨喷射系统是利用1个与喷射时间无关的高压泵压缩燃油并提前储存在共轨（蓄压器或共同室）中，并把燃油输送到各喷油器进行喷射。共轨式与气缸数、喷射时间无关，仅通过喷油器控制燃油量和喷射时期。此系统虽然是很早以前发掘的类型，但电控系统开始出现后开发为电控喷射系统，并广泛使用。国产柴油机把此类型以CRDi（共轨直接喷射）进行标识。

电控共轨喷射系统是通过燃油泵压缩的高压燃油储存在蓄压器中，并通过发动机控制模块（ECM）控制喷射时间。此类型因燃油高压化与燃油喷射控制相互分离，所以与发动机的转速和负荷无关，通过电控系统就能在正确的时间喷射精密量的燃油。

① 共轨式结构。共轨式高压喷射系统如图6-23所示，由燃油箱、燃油泵、滤清器、共轨、共轨压力传感器、压力限制阀、喷油器等构成。高压燃油泵通过凸轮的运转驱动柱塞压缩燃油。高压燃油进入共轨，并根据运行条件调节燃油压力，精密控制喷射时间。

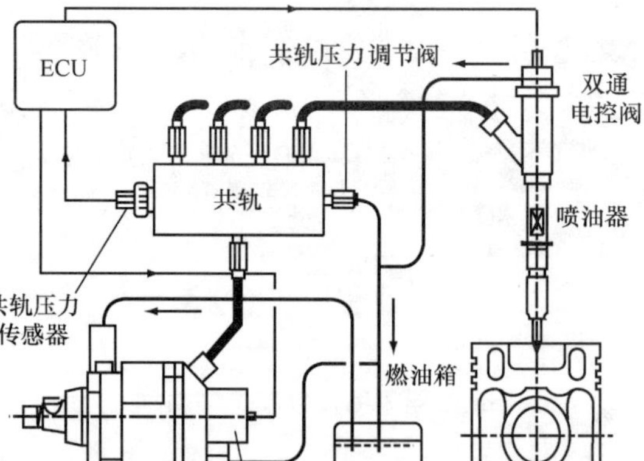

图6-23　共轨式高压喷射系统

② 共轨式特征。共轨喷射系统的特征是，高压喷射压力的生成过程和燃油喷射过程互相完全独立。即，燃油压力始终保持在135MPa或160MPa以上压力的高压共轨的使用，以及在一次做功过程分为预喷射和主喷射两次进行喷射为特征。两次以上的多级喷射可以一次喷射少量的燃油，以降低噪声和有害废气的排放量，并能加快催化转化器的暖机时间。共轨系统与传统柴油喷射式的性能比较见表6-4。

表6-4 共轨系统与传统柴油喷射式的性能比较

性能	传统柴油喷射式	共轨式	性能差异
燃油喷射控制方式	通过调速器与发动机的离心力成正比控制燃油喷射量	发动机控制模块（ECM）接收各种传感器的信息，并以电信号控制喷射	匹配最佳条件控制燃油喷射，以小量的燃油能获得高输出功率
燃油喷射次数	在发动机做功过程喷射一次	在发动机做功过程分为预喷射和主喷射两次喷射	减小最大爆发压力，能获得燃烧室内均匀的压力分布，并且能减小噪声
燃油喷射压力	最大75～110MPa	最大135～160MPa	把高压燃油向燃烧室内直接喷射，以提高输出功率和降低废气排放量
喷油器燃油供给方式	从燃油喷射泵通过燃油导管供给到喷油器	从共轨直接供给到喷油器	以一定的高压直接供给到燃烧室，以缩短发动机的反应时间，并提供加速性能

2. 燃油量和喷射时间调整装置

柴油机必须根据运行条件把最佳的燃油量在最佳时间进行喷射。尤其是，为了发动机的顺畅运行和安全，必须控制发动机的最小转速和最大转速。传统柴油机利用调速器和正时调节器调节燃油喷射量和喷射时间。

（1）调速器　柴油机的进气量一定，通过增减燃油喷射量控制发动机转速，把此机构称为调速器。调速器是控制柱塞泵内燃油量调节机构控制齿杆的装置。

柴油机每气缸一次燃油喷射量，即使是4气缸2400r/min、75kW左右的发动机也就是几到几十毫升。调速器燃油控制齿杆位置的微小变化也会给输出功率带来很大的变化。尤其在无负荷运行时，燃油量很小，因此对控制齿杆的移动很敏感，会导致发动机稳定运行困难。另外，发动机的旋转速度必须要防止超过最大限制速度。

调速器分为离心式和电控式。在直列式泵上使用的机械式调速器为离心式。离心式是利用连接在喷射泵凸轮轴上的离心飞重的离心力控制燃油控制齿杆移动，以决定最小转速和最大转速时的燃油量，对于中间速度的控制，驾驶人操作加速踏板时通过连杆控制控制齿杆移动，即可控制燃油供给量。

电控系统采用电控式调速器。这种类型在加速踏板上安装有传感器，发动机控制模块（ECM）根据发动机转速，把加速踏板位置信号相应地转换为控制齿杆的行程，以决定燃油喷射量。

（2）正时调节器　正时调节器是燃油喷射时间的调整装置。如果喷射时间过早，柴油机会发生爆燃，如果过迟，输出功率会降低。正时调节器采用离心式。这是在发动机转速上升时利用其离心力改变正时齿轮与喷射泵凸轮轴之间的位置关系，以自动提前喷射时间。柴油机喷射时间调整装置的结构和原理与汽油机的点火提前角调整装置相同。

正时调节器燃油输送时间的确定应充分考虑燃油从燃油泵通过高压管以压力波传送到喷油器的所需时间，即正时调节器所调节的燃油输送时间比喷射时间提前传送所需的时间。

6.3.3　燃油输送过程

直列型和分配式燃油喷射系统喷射燃油时，每次都在高压泵中产生压力，并通过高压管（高压燃油管）供给到喷油器。此时，燃油从喷射泵输送到气缸需要时间，这称为喷射延迟（或输送延迟）。如，高压管的长度为0.5m、转速为2400r/min时，因传播燃油中的音速为 $a=1500\text{m/s}$，所以压力波在高压管传播所需的时间相当于曲轴角度4.7℃A。因此，为了正确确定燃油喷射时间，必须把握喷射延迟时间。为了把握喷射延迟时间，对燃油以音速（压力波）传送的过程进行分析。

柱塞泵与喷油器之间连接的高压管内的压力与速度关系如图6-24所示。假设柱塞的直径为 d_p、端面积为 A_p，高压管的长度为 L、端面积为 A、直径为 d，初期压力为 p_0。

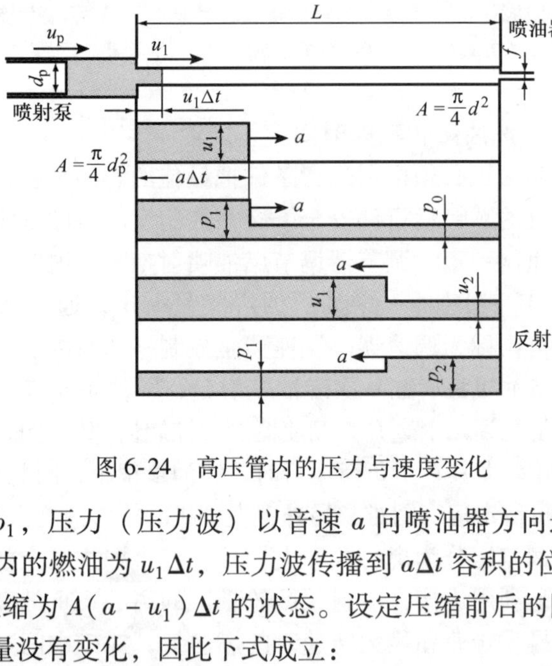

图6-24　高压管内的压力与速度变化

设定柱塞在 Δt 时间以速度 u_p 移动时，高压管内燃油不是立即以相当于压缩量的压力在全部燃油中，即到喷油器为止上升，而是以一定的速度 u_1 传送到喷油器，并喷射燃油。速度为 u_1 的部分压力从 p_0 上升到 p_1，压力（压力波）以音速 a 向喷油器方向进行传播。Δt 时间后，提供到高压管内的燃油为 $u_1\Delta t$，压力波传播到 $a\Delta t$ 容积的位置，以此最初占有 $Aa\Delta t$ 容积的燃油压缩为 $A(a-u_1)\Delta t$ 的状态。设定压缩前后的随压力变化的密度变化为 ρ_0、ρ_1，质量没有变化，因此下式成立：

$$\rho_0 Aa\Delta t=\rho_1 A(a-u_1)\Delta t$$

$$\frac{\rho_0}{\rho_1}=1-\frac{u_1}{a} \tag{6.1}$$

由此，用容积变化率 $\Delta V/V$ 和燃油容积弹性系数 E 之间的关系可以求出压力上

升量 $\Delta p(=p_1-p_0)$ 为

$$\Delta p = E\frac{\Delta V}{V} \tag{6.2}$$

在式（6.2）中代入容积 V 和容积变化量 ΔV 相关值，并引用式（6.1）可知

$$\frac{p_1-p_0}{E}=\frac{Aa\Delta t-A(a-u_1)\Delta t}{Aa\Delta t}=1-\frac{\rho_0}{\rho_1} \tag{6.3}$$

以此可知

$$p_1=p_0+E\frac{u_1}{a} \tag{6.4}$$

式中，a 为燃油中的音速，约为1470m/s；E 为燃油容积弹性系数，为 2.0×10^3kgf/m^2。压力为 p_1 的压力波在 L/a 时间后到达喷油器。但是，如果压力 p_1 低于喷嘴的开启压力，针阀不能上升开启，喷油器就不能喷射燃油，导致压力反射波向高压泵柱塞侧返回。此反射波与柱塞泵所供油的传送波发生碰撞重叠，当压力上升到大于喷嘴开启压力时，喷油器的针阀上升开启，燃油即喷射。一旦喷射燃油，高压管内的压力临时下降，但因燃油传送波的压力大得多，因此喷射与某种程度的压力变动（脉动）相伴进行，直到喷油器针阀下部的压力达到开启压力以下为止。如此，喷油器喷射燃油时，设定高压管内燃油的压力和速度分别为 p_2、u_2，其关系为

$$\frac{p_2-p_1}{E}=\frac{\Delta V}{V}=\frac{u_1-u_2}{a}$$

可以改写为

$$p_2=p_1+E\frac{u_1-u_2}{a} \tag{6.5}$$

高压管供给的燃油量（=端面积×速度）与喷油器喷射的燃油量（速度×端面积×流量系数）相同，故有

$$Au_2=C_DA_Nu_N$$

$$u_N=\frac{A}{C_DA_N}u_2 \tag{6.6}$$

另外，忽略势能的伯努利方程为

$$\frac{u_N^2-u_2^2}{2}+\frac{p_2-p_g}{\rho}=0 \tag{6.7}$$

从式（6.6）和式（6.7）可知，与喷油器喷射速度相同的高压管内速度 u_2 可以计算为

$$u_2=\sqrt{2\frac{p_2-p_g}{\rho}\left\{\frac{1}{(A/C_DA_N)^2-1}\right\}}\approx\frac{C_DA_N}{A}\sqrt{\frac{2(p_2-p_g)}{\rho}} \tag{6.8}$$

式中，ρ 为燃油的密度（kg/m^3）；p_g 为燃烧室内压力（Pa）；C_D 为喷油器的流量系数；A_N 为喷油器开口面积（m^2）。最近理论计算值与试验结果相当一致，这样

就可以通过计算在喷射系统规格发生变化时获得特性变化量。

高压喷射管有很多种类。汽车用柴油机多使用外径为6mm、内径为1.6mm或2.0mm的高压管，因高压管的长度L和内径d与喷射泵的性能有关系，因此由发动机决定。随喷射泵旋转速度的流量特性受喷射管内部阻力的大小影响很大。即，导管的长度相同时燃油量随导管的内径不同而不同。如图6-25所示，燃油量在低速领域发生很大的变化。

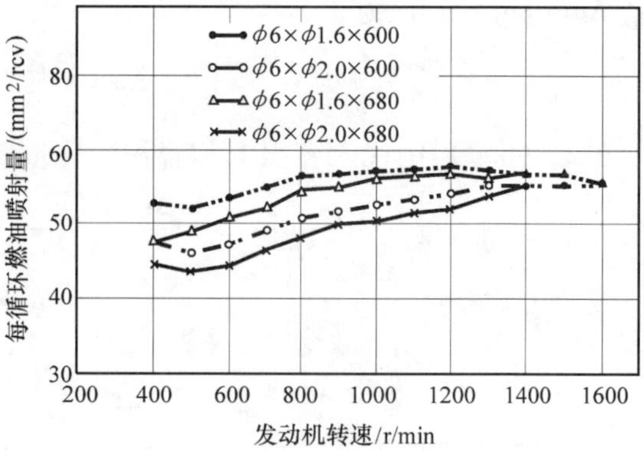

图6-25 随不同高压管的燃油量变化

6.3.4 喷油器

喷油器（喷射阀）安装在喷油器固定孔上部，是把燃油以雾化状态喷射到气缸内的装置。喷油器的燃油喷雾特性决定着是否能形成良好的混合气。喷油器分为传统柴油机使用的自动喷油器和电控系统使用的电控喷油器。在这里对自动喷油器进行说明。

自动喷油器：根据燃油喷射压力的大小喷嘴针阀自动开启和关闭。如图6-26所示为喷孔式自动喷油器喷嘴针阀上部的结构。喷嘴通过弹簧力始终处于关闭状态。当高压燃油通过高压管进入到喷嘴的压力室时，因针阀的受压面压力方向均处于针阀开启的方向，所以针阀向上的压力大于针阀弹簧力，针阀开启喷射燃油。此时把燃油压力称为开启压力p_0，与针阀弹簧力F（N）之间的关系为

$$F \leqslant \frac{\pi}{4}(D_n^2 - d_n^2)p_0 \tag{6.9}$$

当针阀关闭时的受压面积相当于针阀直径D_n，因此关闭压力p_s与弹簧力F之间的关系为

$$F \geqslant \frac{\pi}{4}D_n^2 p_s \tag{6.10}$$

通常，把针阀的弹簧力F设定为开启压力p_0达到喷孔式为18～35MPa，轴针式为8～15MPa。

自动喷射喷油器根据燃烧室的形状和发动机的使用目的分为很多种，通常在直接喷射类型中使用多孔喷油器，分离式使用在针阀端部附着有细销的销型喷油器。

1. 孔型喷油器

孔型喷油器是在端部钻有几个孔，以使通过多孔喷射的燃油会在燃烧室内分散在广泛的区域。此类型主要与直喷式柴油机的直列型喷射泵组合使用，最近的共轨

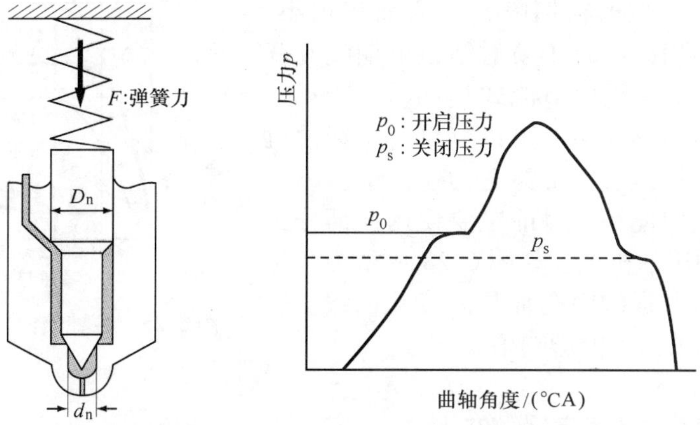

图 6-26 喷孔的开启压力和关闭压力

式喷油器也使用喷孔类型。

孔型喷油器通常在喷嘴端部直径为 2~3mm 的囊部钻有 4~8 个 0.15~0.3mm 左右的微小喷孔。直列型喷射泵的燃油压力为 40MPa 左右，为了保证贯通力使用 0.3mm 左右直径的喷孔，但共轨的喷射压力达到 180MPa 的高压状态，因此为了良好的雾化和减少粘附在燃烧室壁面的燃油量，使用更为微小的 0.15mm 左右直径的喷孔。如此的微量精密加工应用钻机或电火花加工等超精密加工技术。

2. 销型喷油器

销型喷油器在端部仅有 1 个喷孔，为了在初期开启时不使喷孔面积突然增加，在喷孔上设置有销。其中把销的长度短的类型称为轴针式喷油器，把销的长度长的类型称为节流式喷油器。如图 6-27 所示为博世销型喷油器的详细设计图。

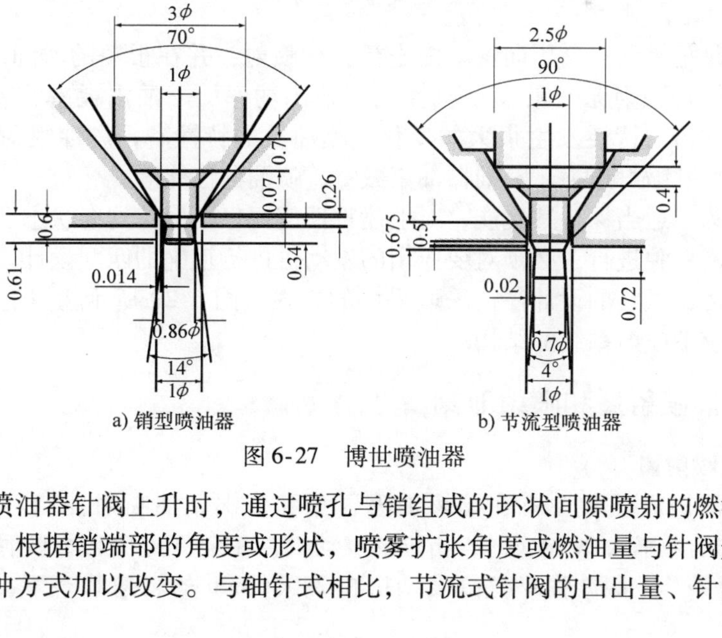

图 6-27 博世喷油器

此类型喷油器针阀上升时，通过喷孔与销组成的环状间隙喷射的燃油形成中空圆锥状喷雾。根据销端部的角度或形状，喷雾扩张角度或燃油量与针阀升程之间的关系可用多种方式加以改变。与轴针式相比，节流式针阀的凸出量、针阀销的重合长度较长，所以喷射初期喷孔开启面积很小，可以起节流作用；接近于喷射结束末期喷孔开口面积突然增大。因此节流式喷油器在着火延迟期间所喷射的燃油少，可以有效防止柴油机爆燃的发生，但是喷雾的穿透力小。销型喷油器多在分离式中使用，目前主要使用在部分工业用、船舶用柴油机上。如图 6-28 所示为各种喷油器随针阀升程的喷孔面积的变化曲线。燃烧特性受燃油喷射率的影响很大。

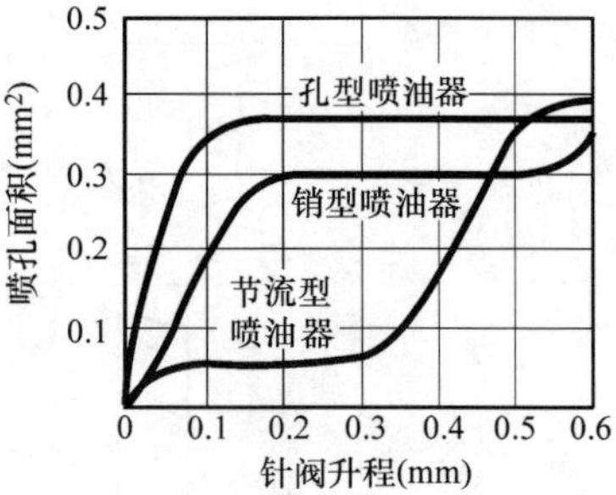

图 6-28　各种喷油器的喷孔面积

6.4　电控燃油喷射系统

近年来，随着电控技术的不断发展，以及对汽车经济性和排放性指标的重视，柴油机的电控化技术发展非常快。柴油机的电控化迟于汽油机，但实现了原来传统机械式或气压控制式无法达到的燃油精密控制，能满足严格的有害气体排放法规，还提高了输出功率和乘车舒适性。

6.4.1　概述

电控系统随各种运行条件（发动机负荷、速度、温度等）的最佳燃油量和喷射时间处于模型化的状态。发动机控制模块（ECM）根据从各种传感器接收的信号（数据），判断发动机的运行状态，以控制最佳燃油喷射量和喷射时间。发动机控制数据模型也具备了对应多次喷射的喷射时期控制，因此有望能改善燃油效率和废气的排放。

柴油机是把燃油以高压向气缸内进行直接喷射，并在很短的时间内进行燃烧，因此电控式燃油喷射系统的发动机性能（输出功率、燃油消耗率、废气排放等）也会随着喷油器的特性发生很大的变化。喷油器的特性有，燃油喷射量、喷射时间、喷射特性、喷射压力、喷油器油束数量、喷油器性能等。

柴油机为了适当保持其性能，对上述特性值要仔细保持均衡状态。燃油喷射系统的设计不能单独进行，必须对要应用的发动机进行正确的匹配设计。很多要素会互相冲突，因此最终的设计往往采取妥协的方式。图 6-29 所示为具有直列式喷射泵的电控式燃油喷射系统的结构。

6.4.2　燃油喷射量和喷射时刻

1. 燃油喷射量

电控柴油机的正确性就在于燃油喷射量和多次燃油喷射控制。输出功率为 75kW、燃油消耗率为 200g/(kW·h) 的发动机，在全负荷状态所喷射的燃油量为 $75\times0.2=15$kg/h。四冲程 4 气缸发动机在 2400r/min 的转速状态下，1 小时喷射

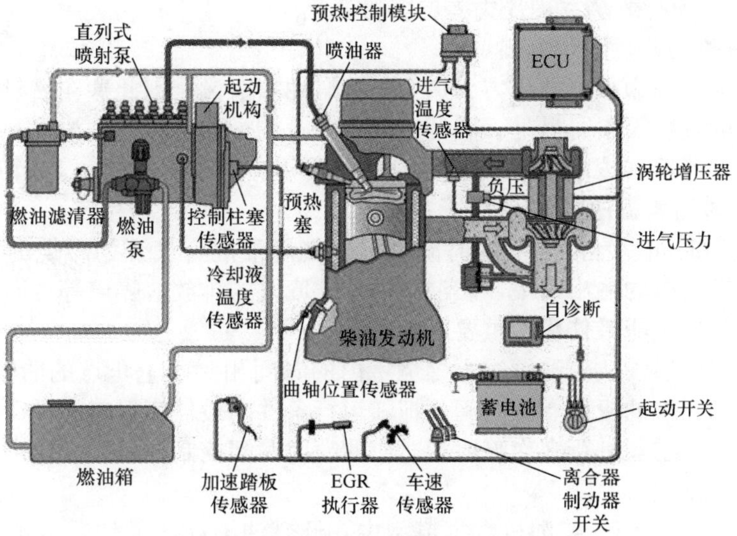

图6-29 电控式燃油喷射系统的结构

288800次。由此可知，1次喷射燃油量为59mL，在怠速状态运行时，比此量更小的1次喷射燃油量为5mL，预喷射燃油量仅为1mL，因而有望能进行更加精密的控制。因此，如果燃油喷射量微量偏离也能对发动机的运行性能和废气排放性能带来不良影响。

燃油喷射系统不仅在所有的运行条件下，能在正确的时间供给精确量的燃油，而且能在多气缸发动机中向各气缸供给相同量的燃油。电控柴油机控制模块（ECM）能计算并控制各气缸需要的精确并相同的喷油量，以实现稳定的运行。

气缸做功过程所需的燃油质量流量率$\dot{m}_f$（mg/行程）可以计算为

$$\dot{m}_f = \frac{33.33 \times \dot{W}_e b_e}{nZ} \tag{6.11}$$

式中，$\dot{W}_e$(kW) 为发动机输出功率；b_e 为燃油消耗量 g/(kW · h)；n (r/min) 为发动机转速；Z 为发动机的气缸数。

燃油喷射质量流量率所对应的体积流量率 V_f（mL/行程）可以计算为

$$V_f = \frac{1000 \times \dot{W}_e b_e}{30 n \rho Z} \tag{6.12}$$

式中，ρ（mg/mm^3）为燃油的密度，是温度的函数。从式6.11可以得知，当燃油消耗率 b_e 一定时（即效率一定，$\eta \sim 1/b_e$），发动机的输出功率$\dot{W}_e$ 与燃油量流量率 $\dot{m}_f$ 成正比。

燃油喷射系统所喷射的燃油量会受到下述因素的影响：

① 喷油器的燃油喷孔面积。

② 喷射时间。

③ 喷射压力与燃烧室内压力差的实时变化。

④ 燃油密度。

柴油燃油压缩为很高的压力，这会影响燃油喷射量，因此这在喷射调节系统中成为应考虑的重要因素。另外，燃油喷射量的改变会带来废气排放量和输出功率的变化。电控调速器（或电控喷油器）的使用，可以实现所需燃油量高精度输送。

2. 喷射时间和输送时间

（1）喷射时间　燃油的喷射时间表示空气燃油混合气开始燃烧的始点，从这一点上影响发动机的输出功率、燃油消耗率、废气的排放、噪声等方面。这表示喷射时间是发动机性能最佳化的重要因素。

喷射时间以燃油从喷油器进入燃烧室内的时间相对于上止点的曲轴角度表示。电控柴油机如同汽油机的点火时间，把随运行条件的最佳喷射时间进行模型化并进行控制。另外，也能进行多次喷射相对应的喷射时间控制，以此大幅度改善燃油消耗量和废气的排放。

① 基本喷射时间。柴油机数据模型中，低燃油消耗的最佳喷射位置是上止点前（TDC）0～8℃A 范围。为了满足废气排放法规，基本喷射时间见表 6-5。

表 6-5　喷射时间

	DI 发动机（乘用车）	IDI 发动机（商用车）
无负荷	上止点前（TDC）2℃A～ 上止点后（TDC）4℃A	上止点前（TDC）4～12℃A
部分负荷	上止点前（TDC）6℃A～ 上止点后（TDC）4℃A	上止点前（TDC）3～6℃A～ 上止点后（TDC）2℃A
全负荷	上止点前（TDC）6～15℃A	

注：IDI 发动机是没有配置废气再循环（EGR）系统的商用车用发动机。

② 喷射时间提前、延迟。发动机根据运行条件满足废气排放法规，把喷射时间从基本喷射时间提前或延迟。如，发动机冷起动时，为了最小化 HC 的排放量，乘用车、商用车均把喷射时间提前 3～10℃A，在全负荷状态为了最小化 NO_x 的排放量，延迟喷射时间。如图 6-30 所示为没有配备废气再循环（EGR）系统的商用车柴油机，随喷射时间提前和延迟的 NO_x 和 HC 排放量的比较。如图 6-30 所示，当喷射时间提前时，燃烧室内温度上升，NO_x 的排放量增加，HC 的排放量降低。

在无负荷条件下，当喷射时间延迟时，会导致不完全燃烧，使未燃烧 HC 的排放量增加。这是因为在燃烧室温度降低的状态下进行燃烧所致。因此，在无负荷运行状态下，为降低废气排放的最佳喷射时间 α_N 提前到最大上止点前（TDC）10℃A。在此条件下 NO_x 的排放量大为减少。

压缩温度是在活塞到达上止点时达到最大。如果燃烧在上止点（TDC）很早前开始，燃烧压力会大斜率上升，成为阻止活塞上下运动的阻力。这会导致发动机效率降低且燃油消耗量增大。压缩压力急速上升还会增大燃烧噪声。因此，在全负荷状态下最佳喷射时间 α_V 延迟到上止点后（TDC）1～5℃A，在此条件下 HC 的排放量会减少。

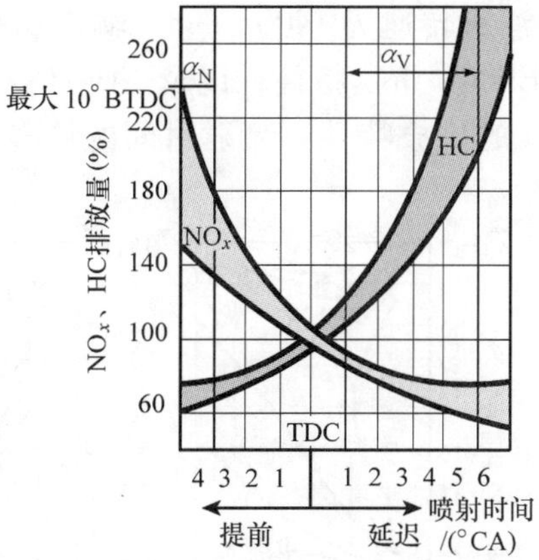

图6-30 随喷射时间变化的 NO_x 和 HC 的排放量

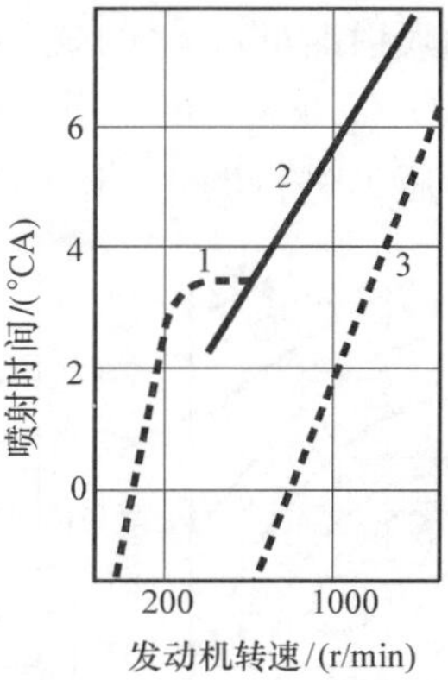

图6-31 喷射时间模型

③ 喷射时间模型。图6-31所示为随发动机温度、负荷、发动机速度变化的喷射时间模型。图中1号是冷起动（<0℃）状态，2号是全负荷状态，3号是部分负荷状态。发动机在部分负荷状态运行时，为了降低废气排放量和噪声，需要比全负荷状态运行时更加频繁地调节喷射时间。图中显示了这种态势。

（2）输送时间 输送时间是高压燃油泵把燃油向喷油器开始输送的时间，应与喷射时间一同考虑。传统燃油喷射系统的输送时间通过对燃油输送过程进行分析，能比喷射时间更容易判定。在传统的直列式和分配式燃油喷射系统中，喷射时间以输送时间为依据决定。输送时间要比喷射时间早一点，即喷射滞后时间。喷射滞后（输送延迟）时间是从输送时间到喷射时间之间的时间差，是压力波（或燃油）从高压泵到喷油器的移动时间，以曲轴旋转角度表示。喷射滞后时间随高压燃油管长度的不同而不同，尤其是喷射延迟曲轴角度随发动机转速的不同而不同。发动机还需要从喷射时间开始到着火时间为止的点火延迟（或着火延迟时间）。这两种延迟的影响应在确定喷射时间时要充分考虑，这就是燃油喷射系统必须根据发动机转速、负荷、温度调节输送时间和喷射时间的理由。

6.4.3 喷射特性

柴油机的输出功率、效率（燃油消耗率）和废气排放性能不仅与喷射时间有关，还与喷射特性有关。喷射特性是喷射燃油后随时间所显现的特性，有喷射时间、喷射模式、喷射率、喷雾特性等。因燃油喷射时间仅为3～4ms，是相当短的时间，并且还是间歇喷射，因此对喷射特性的解释有一定难度。

柴油机为了最小化燃油消耗量和炭烟排放量，喷射时间的设置随发动机运行条件的不同而不同。柴油机的燃油喷射量在全负荷状态下会受到炭烟排放量界限的限制，在高速状态下会受到最大废气排放许可温度界限和发动机转速界限的限制。

图 6-32 所示为 6 气缸共轨式电控柴油机转速为 1400r/min、输出功率为 50% 时，随喷射时间变化的燃油消耗率 b_e（g/kW · h）特性，以及 NO_x（g/kW · h）、未燃 HC（g/kW · h）、炭烟（g/kW · h）的排放特性。喷射时间的调整是通过改变喷射压力进行的。

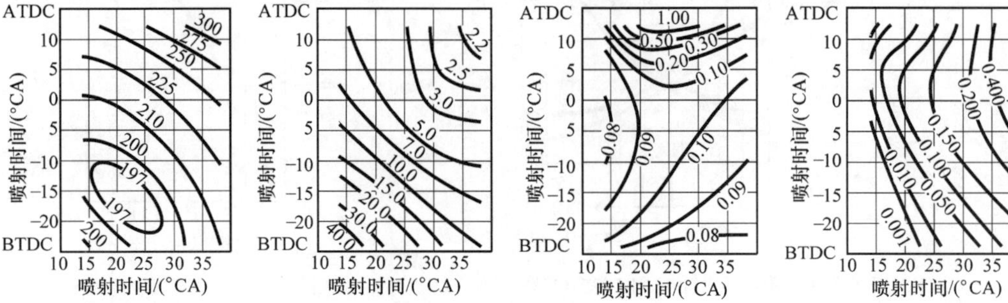

a) 燃油消耗率　b) NO_x　c) HC　d) 炭烟

图 6-32　随喷射时间变化的燃油消耗率和废气排放特性

1. 喷射时间

喷射时间随发动机转速和负荷等运行条件的改变而发生变化，以曲轴旋转角度（℃A）或时间（ms）表现。最大喷射时间随柴油机燃烧室的形状，即 DI 和 IDI 而不同，其值如下。

① DI 乘用车发动机：32 ~ 38℃A。

② IDI 乘用车发动机：35 ~ 40℃A。

③ DI 商用车发动机：25 ~ 36℃A。

柴油机的喷射时间通常为 10° ~ 30℃A。曲轴 30℃A 的喷射时间是凸轮轴旋转角度的 15°。即凸轮轴（或喷射泵）的转速为曲轴（或发动机）的 1/2。当喷射泵的转速为 2000r/min 时，喷射时间为很短的 1. 25ms 左右。

通常，如果喷射时间长，在做功过程中燃油量增加，会恶化燃烧，因此必须在上止点后（TDC）20° ~ 30℃A 内结束燃油喷射。为了使发动机高速化，确保在一定时间内的燃油喷射量，必须把燃油以高压状态进行喷射。尤其是为了热发生率均匀化的目的，正在研究在短时间内反复进行 1 次 1mL 左右的微量喷射。为了实现这样的喷射，需要更加精密的电子控制系统和压电式喷油器的应用。

喷射时间延迟是降低 NO_x 生成量的有效方法，但多数时间会给燃油消耗率或炭烟排放等方面带来不良影响。因此，目前在对此影响不太大的范围内进行控制。

2. 喷射模式

随着电子化技术的发展，电控柴油机的喷射系统功能越来越多，它与传统喷射模式如图 6-33 所示。这是未配备废气再循环（EGR）系统的发动机，在最大负荷状态下以低 NO_x 排放量为目的把点火时间调整到接近于上止点（TDC）的状态。燃油的输送时间因存在喷射延迟，因此处于比喷射时间早的提前方向，这随喷射系统的不同而会发生改变。图中各编号的意义如下。

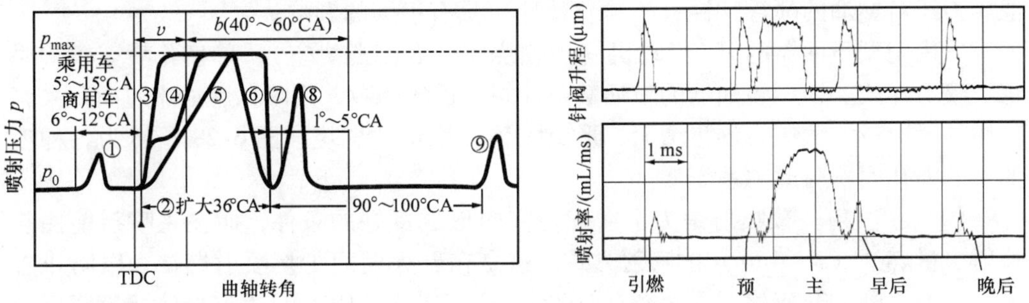

a) 燃油消耗率　　b) 实际测量例子

图 6-33　喷射模式

p_{max}—喷射最高压力　p_0—喷油器压力　b—主喷射燃油的燃烧时间　v—预喷射燃油的燃烧时间

① DI 发动机为了降低燃烧噪声和 NO_x 排放量的预喷射。

② 为确保输出功率和燃油消耗率的主喷射的喷射时间和形态。

③ 未配备废气再循环（EGR）系统的共轨式发动机为了降低 NO_x 排放量的主喷射急剧变化的压力梯度。

④ 未配备废气再循环（EGR）系统的发动机为了降低 NO_x 和炭烟排放量的主喷射第二阶段压力梯度。

⑤、⑥ 传统直列型燃油喷射系统渐进性压力上升曲线和下降曲线。

⑦ 配备废气再循环（EGR）系统的发动机，为降低炭烟排放量而进行的，一定高压主喷射的急剧的压力降。

⑧ 为降低炭烟生成量而进行的主喷射后的后喷射。

⑨ 为颗粒滤清器（DPF）再生的排放气体温度上升，以及为减少吸附式 NO_x 催化转化器（NSR、NSC）的吸附剂和催化剂的燃油延迟后喷射。

（1）传统喷射模式　传统喷射系统（直列式、分配式）通过喷射泵在喷射期间不间断供给压力。因此高压燃油泵的转速对燃油的喷射压力和喷射率有直接的影响。此喷射系统的喷射模式没有上述的预喷射①、后喷射⑧、⑨，而仅有主喷射⑤、⑥的三角形的形态。

但是，电磁阀调节分配器喷射泵或泵喷嘴都可以进行预喷射①模式。泵喷嘴的预喷射通常用油压进行调节。

传统喷射系统所喷射的燃油量与压力梯度之间的关系，因凸轮轴与喷射泵处于连接状态，并相互依赖，因此有下述喷射特性：

① 喷射压力如图 6-34 所示，与喷射速度和喷射的燃油量成正比。

② 少量的燃油量以低压进行喷射。

③ 未配备废气再循环（EGR）系统的发动机，其喷射模式为了获得安定的燃烧，以三角形形态代替。

喷射泵的构成要素与对其影响的要素为喷射最高压力（峰值压力）。另外，峰值压力还对燃油的喷雾特性（微粒化特性）具有很大的影响。

采用销型喷油器的IDI发动机（预燃烧室、涡流燃烧室），单喷孔喷雾模式决定了喷射样式。销型喷油器的喷油量是针阀升程的函数，用喷孔燃油流通面积来调节燃油喷射量，使压力逐步增大，形成安静和稳定的燃烧。图6-28所示为各种喷油器的喷孔面积与此关系。

（2）预喷射　预喷射是为了在燃烧室内形成良好的条件，而在主喷射前提前喷射少量燃油（1～4mL）的喷射方式。这是在着火期间少量喷射燃油，以防止着火后压力急剧上升变化，因而能有效防止柴油机爆燃的发生，尤其能大幅度降低冷态怠速爆燃的发生和噪声。

不同预喷射方式配置下的发动机压力曲线如图6-35所示。没有预喷射的压力曲线a到上止点（TDC）随压缩压力缓慢上升后，从燃烧开始急剧上升。传统的柴油机在如此的压力急剧上升条件下，很容易发生柴油机爆燃和燃烧噪声。如果进行预喷射，像压力曲线b压力会微量急剧上升，主喷射的点火延迟会很短。这样的燃烧模式会影响燃烧噪声和燃油消耗量，降低NO_x、HC的生成量。燃油消耗率随主喷射时间和预喷射与主喷射之间间隔的不同而发生变化。

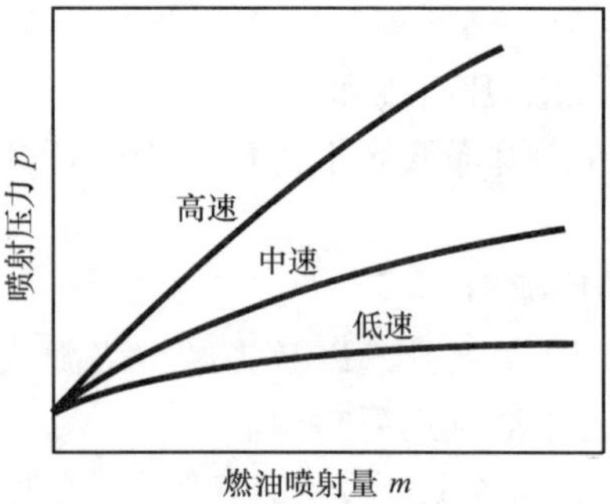

图6-34　喷射压力曲线

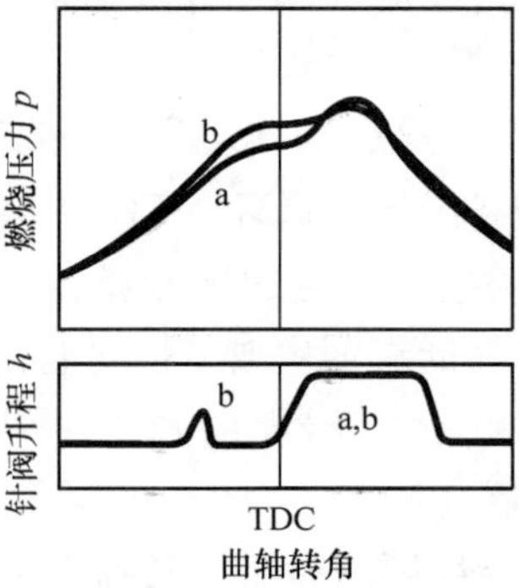

图6-35　影响燃烧压力的预喷射

（3）后喷射　后喷射有早后喷射和晚后喷射两种。

早后喷射紧跟主喷射后进行喷射，即燃烧室内仍在燃烧进行中喷射燃油的方式。利用此方法，活性化扩散燃烧，以此使炭烟颗粒完全燃烧，可以降低炭烟排放量20%～70%。

晚后喷射是在主喷射后的上止点后（TDC）后90°～180℃A时向排放废气中喷射微量燃油，以颗粒滤清器（DPF）或NO_x催化转化器的再生还原所采取的技术。这时喷射的燃油不在燃烧室进行燃烧，而是汽化后在排气过程中通过排气口进入到排放废气后处理系统NO_x催化转化器或颗粒滤清器。NO_x吸附还原催化转化器达到饱和状态时，在燃油的浓空燃比状态还原NO_x，并且在颗粒滤清器（DPF）内沉积了炭烟颗粒时，通过此燃油进行燃烧增加排气温度，以氧化炭烟颗粒并排除。

3. 后滴和死容积

后滴是当喷射结束喷油器关闭的瞬间重新打开发生的。这是在高压管内的压力波在高压管内反复多次传递，喷油器会微量被打开，从而使燃油通过喷嘴呈油滴状喷出的现象。后滴的燃油可能部分会燃烧，或者干脆全部不能燃烧，未燃 HC 与排放废气一起被排放。此现象可通过充分加大喷油器针阀的关闭力等方法消除。

在喷油器死容积上剩余的燃油也有与后滴相类似的影响。此部位是针阀座与喷嘴之间的空间。此部位的燃油在燃烧过程结束后进入气缸，并随排放废气一起被排放，会增加未燃 HC 的排放。如图 6-36 所示，图中 a 为没有死容积的喷油器，b 为有死容积的喷油器。把喷油器喷嘴的针阀座用钻加工后，死容积较小。

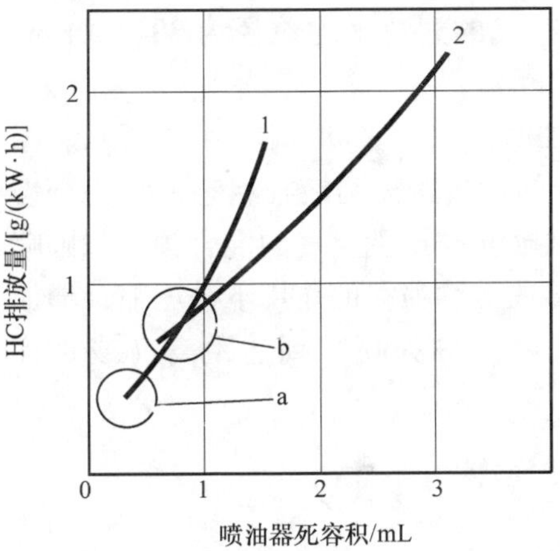

图 6-36 喷油器的设计对 HC 排放量的影响

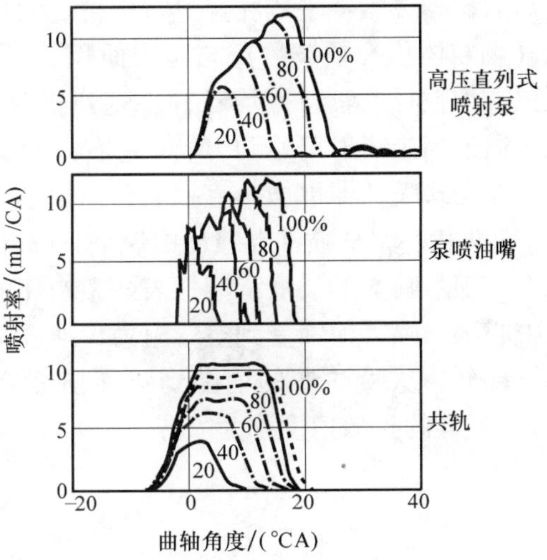

图 6-37 随喷射系统的喷射率模式

4. 喷射率

喷射率是在喷射时间 10°～30℃A 期间喷油器喷射的每曲轴角度的燃油喷射量[mL/(℃A)]，喷射系统不同，其喷射量不同，对燃烧特性有很大的影响。

喷油器喷射的燃油因在着火延迟时间后开始燃烧，与柴油机爆燃有关联的着火延迟时间的喷射率和主燃烧期间的喷射率是支配燃烧形态的重要的因素。销型喷油器根据销的尺寸可以控制喷射率，但孔型喷油器因不能控制喷孔面积，因此喷射率控制自由度较小。为了大幅改变喷射率需要高压化，传统的直列式喷射泵是通过扩大孔内的柱塞直径，并扩大喷射孔直径等方法来实现的。最近的共轨式利用高压泵确保所需的压力和输送量，因此减小直径喷孔也能确保喷射率。另外，在较短的喷射时间内多次喷射也能获得所需的燃油喷射量，进一步提高了喷射率控制自由度。

各高压喷射系统的喷射率模式如图 6-37 所示。从图中可以得知，喷射压力通过柱塞形成的直列式、分配式、泵喷嘴等，表现为峰值相似的喷射率特性，但共轨系统不出现峰值，出现均匀的燃油量期间，表现为与其他类型根本不相同的控制状态。

5. 喷雾特性

喷雾特性是喷雾的空间性特性，以平均粒径、喷雾的到达距离（贯穿力）、燃油分布等参数进行评价。喷雾特性是空间性特性，因此即使喷射系统（喷射泵、喷油器等）相同，其特性也不同，受燃烧室形状、燃烧室内的空气流动状态等影响较大。

燃油喷雾的平均粒径和粒径分布对蒸发、混合气形成等影响较大，随喷油器的类型，即微粒化机构的不同而发生变化。柴油机的燃烧虽然在宏观上为喷雾燃烧，但是在微观上可以看成燃油颗粒的燃烧，因此平均粒径越小和粒径分布宽度越窄越好。为此，柴油机采用小型喷油器喷嘴直径，并以高压喷射来实现喷雾的微细化。喷雾的粒径以索特平均粒径进行评价。索特平均粒径是与颗粒燃烧时间相关的总体积（颗粒体积×颗粒数）与总表面积（颗粒表面积×颗粒数）之比，成为体积表面积平均粒径或索特平均粒径。直列式喷射泵时代的索特平均粒径为 30～40μm，现在通过高压喷射可达到 10μm 左右。

像孔式喷油器以微小直径喷孔高速喷射燃油时的喷雾形状如图 6-38 所示。图 a 为初期状态，从喷油器喷出的燃油，喷孔直径的数倍距离为液柱状态，称为分裂长度。随着喷雾的发展，液柱表面微粒化的燃油喷雾与周围空气的混合领域包围喷雾中心部。喷雾前锋受到空气阻力，速度降低，在后续喷雾的作用下被压缩，形成整体部分，从喷油器的前端到喷雾前锋之间的距离称为喷雾到达距离（或贯穿力），喷雾的扩散角度称为喷雾角。

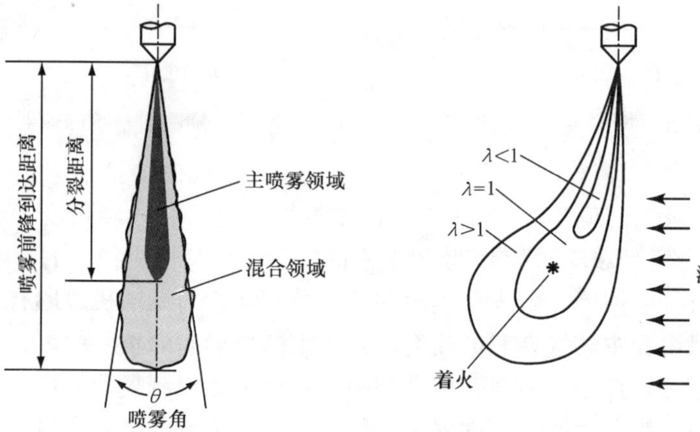

a) 静态空气中　　b) 强进气涡流中

图 6-38　喷雾结构的模型图

柴油机因混合气形成的时间较短，燃烧室内混合气分布处于不均匀状态，为了促进空气燃油的混合，积极利用进气涡流。从图 b 中可以看出，在强烈的进气涡流（旋转空气流）的作用下，喷雾流的扩散流动较大。强烈的旋转空气流不仅会促进燃油蒸气与空气的混合，还会促进未燃气体（混合气）与燃烧废气的混合。

6.4.4 喷油器

1. 喷射压力

分离式柴油机（IDI）在压缩过程中，通过连接通道进入的高速空气流促进空气燃油混合和气化，性能与喷雾特性良好与否较迟钝。因此，分离式喷油器的喷射压力即使增加到45MPa以上也没有什么效果。

直喷式柴油（DI）机与此相反，在气缸内空气的速度相对较低，因此有必要增大喷射压力，以提高喷雾特性，或增加气缸内空气流的湍流强度，促进与燃油的混合。直喷式柴油机（无论自然吸气发动机还是涡轮增压发动机）为了增加气缸内的湍流强度，给予涡流效果，燃油喷射压力乘用车为100～205MPa，商用车为100～180MPa。

2. 喷油器油束

如果喷油器油束（喷孔数）多，燃烧室内的空气利用率就高，效果较好。如果仅增加喷孔数，喷孔面积就会增大，喷射压力就会降低，导致微粒化特性恶化。因此，在保持总面积一定的情况下应增加喷孔数。

分离式柴油机使用单孔销型喷油器。直喷式柴油机使用多孔喷油器，主要考虑增加喷孔数。因此，传统的内径为100mm左右的发动机配备4孔喷油器，但因能进行高压喷射，喷孔数能增加到5～10个，一般使用6～8孔喷油器。喷孔直径也从0.3mm减小到0.15mm。

3. 喷油器

传统的电控喷油器为电磁阀类型，目前为了达到较宽运行范围的多次喷射，使用应答性较好的压电式电控喷油器。

（1）电磁阀类型　电磁阀式喷油器燃油系统通过高压泵把低压燃油增大到120～180MPa左右的高压并输送到共轨，通过电磁线圈开闭喷油器的针阀，以实现稳定的高压喷射。此类型可以实现多次喷射，以降低噪声和NO_x的生成量，加快催化转化器的活性化速度，因而在最小化燃油消耗量牺牲条件下，可以满足废气排放规定，因此目前应用广泛。

（2）压电类型　压电式喷油器结构如图6-39所示。压电叠堆具有在电荷的ON/OFF作用下能伸缩的特性，在电荷ON时，压电叠堆产生微量移位，通过大活塞-小活塞，推动三通压力控制阀向下移动，使针阀顶面的压力降低，针阀开启。与电磁阀类型的差异为，其响应速度快，能应对发动机的高速化，还能进一步缩短主喷射与预喷射之间喷射时间间隔。传统电磁阀式喷油器的喷射时间间隔最小为0.4～0.7ms，但压电式能达到0.1ms。另外，通过喷射时期为1ms以下微量燃油喷射量的多次喷射，循环变化小，控制性优秀。

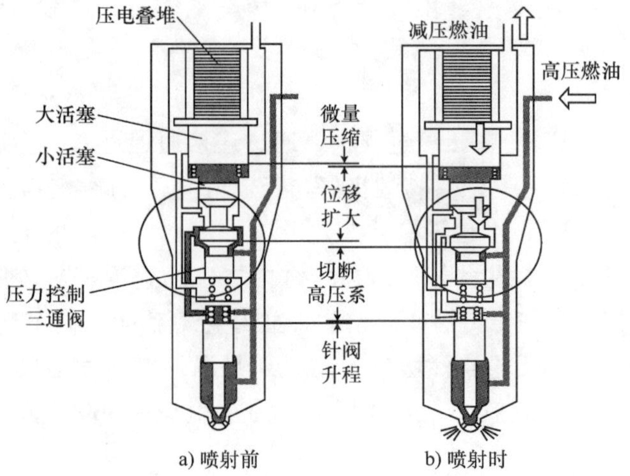

图 6-39　压电式喷油器

6.4.5　柴油机的电子控制

柴油机的电子控制方面，以配备可变涡轮增压（VGT）系统的共轨直接喷射系统（CRDi）为例（表6-6）。与汽油机相似，发动机控制模块（ECM）接收进气流量、加速踏板位置、进气温度等十几个传感器传送的输入信号，以此为基础综合计算发动机各部分的运行状态，与基本模型数据相比较和进行判断，并通过很多执行器控制最佳燃油喷射量、喷射时期、废气再循环（EGR）阀开度、VGR 阀开度等。此外，还具有很多种类的控制和自诊断、自修正功能。

表 6-6　柴油机的电子控制

输入项目	控制项目	输出项目
进气流量传感器 进气温度传感器 冷却液温度传感器 加速踏板位置传感器 曲轴位置传感器 凸轮轴位置传感器 氧传感器 增压（进气系统）压力传感器 共轨压力传感器 燃油温度传感器 燃油水分检测传感器	燃油喷射控制 燃油压力控制 共轨压力控制 废气再循环（EGR）率控制 可变涡轮增压器（VGT）控制 涡流阀片控制	喷油器 燃油压力调节阀 共轨压力调节阀 电控废气再循环（EGR）电磁阀 可变涡轮增压器（VGT）控制电磁阀 可变涡流执行器 自诊断 故障警告灯

1. 输入传感器

如果传感器测量参数相同，则柴油机与汽油机采用的输入传感器基本一样。但柴油机的控制与汽油机有一些不同，所以下面仅对汽油机的几种输入传感器进行说明。

（1）加速踏板位置传感器　与汽油机节气门位置传感器的原理一样，也是电位计式。发动机控制模块（ECM）利用此传感器检测加速踏板位置，以判断驾驶人的加速意愿，是在加速条件下决定燃油量的最重要的传感器。因此配备两个相互独立电路的加速踏板传感器确保其工作可靠性。发动机控制模块（ECM）比较传感器1和传感器2传来的信号，以判断传感器是否异常。

（2）曲轴位置传感器　曲轴位置传感器为电磁感应式传感器，安装在变速器壳上，利用由58个齿和2个缺齿槽构成的信号轮（安装在飞轮上）检测曲轴的位置。即曲轴每旋转1周分成60等分，每个凸起的识别角度为曲轴角度6°。发动机控制模块（ECM）利用此传感器信号计算发动机转速和曲轴角度，与加速踏板位置传感器信号一起决定基本燃油喷射量和燃油喷射时间。

（3）凸轮轴位置传感器　凸轮轴位置传感器安装在气缸盖上，通常使用霍尔式。此传感器内置有霍尔效应集成电路，当在集成电路上流过电流时，电感发生变化，使输出电压发生变化。此传感器通过安装在凸轮轴末端上的信号轮的凸起检测凸轮轴的转动。利用此传感器能检测不能通过曲轴位置传感器检测的各个活塞的实际行程位置。发动机控制模块（ECM）利用此信号判定发动机气缸，并计算曲轴角，以判定各气缸的正确位置（行程），因而能决定喷油器的喷射顺序和喷射时间。

（4）共轨压力传感器　发动机控制模块（ECM）检测共轨内部压力，以判定最佳燃油喷射量和喷射时间。另外，当共轨压力与目标压力不同时，利用反馈信号通过共轨压力调节阀调节共轨压力。

2. 输出功率控制

对于输出功率控制功能最重要的就是燃油喷射（燃油喷射量、喷射时间）控制。

（1）燃油喷射控制　发动机控制模块（ECM）根据运行条件和各传感器检测的数据，判定最佳的燃油喷射量和喷射时间，并以脉冲宽度和脉冲时间控制喷油器。

燃油喷射时间（曲轴角度）是由根据发动机转速和负荷条件决定的基本喷射时间和根据进气状态和冷却液温度等进行修正的修正喷射时间来决定最终喷射时间。燃油的喷射时间是把喷射曲轴角度换算为随转速的时间获得。

（2）燃油压力调节阀　燃油压力调节阀（FPRV）安装在高压燃油泵内，共轨压力调节阀安装在共轨上，分别起着调节向高压燃油管路中供给的燃油压力和共轨回油燃油压力的作用。燃油压力调节阀在一般运行模式中调节向高压共轨供给的燃油量，以控制共轨压力。如果燃油压力过大，开启压力调节阀，以使燃油通过回油管回到燃油箱；如果共轨压力低，则关闭压力调节阀，使燃油压力增加。

（3）共轨压力调节阀　共轨压力调节阀（RPRV）在需要共轨压力急速上升的起动初期或需要共轨压力急速解除的急减速时，控制供给到共轨的燃油回油量，以更加平稳和快速地控制共轨压力。发动机控制模块（ECM）为了根据当前发动机的负荷状态（发动机转速、加速踏板位置等）更为正确地控制燃油压力，接收燃油压力和共轨压力输入信号，并控制输出到燃油压力调节阀和共轨压力调节阀的操作电流量，以快速并正确控制燃油压力。

（4）电控废气再循环（EGR）电磁阀　电控废气再循环（EGR）电磁阀为线性电磁阀式，安装在废气再循环（EGR）冷却器与排气管之间。废气再循环（EGR）量是通过随电控废气再循环（EGR）执行器工作时进气流量传感器输出信号的变化来进行检测的。即当电控废气再循环（EGR）执行器工作，废气通过废气再循环系统进入燃烧室时，发动机控制模块（ECM）根据进气流量传感器信号计算在进入燃烧室内的全部空气量中废气所占的比例，并把根据发动机运行条件计算的废气再循环量，以占空比信号通过电控 EGR 阀进行反馈控制。柴油机中的进气流量检测是为了执行废气再循环控制而进行的。

（5）可变几何涡轮增压器控制电磁阀　发动机控制模块（ECM）为了最佳控制增压状态，接收发动机转速、加速踏板位置传感器、进气流量传感器和增压压力传感器的输入信号，并以占空比控制可变几何涡轮增压器（VGT）电磁阀。当可变几何涡轮增压器（VGT）电磁阀控制真空薄膜时，可变几何涡轮增压器（VGT）涡轮内部的叶片角度发生变化，以改变废气通道端面积的大小。在低速状态下，缩小废气通道，加快了废气速度，因而能消除涡轮迟滞现象。在高速状态下，最大化废气流量，减小背压，可以提高发动机的输出功率。

（6）可变涡流执行器　可变涡流执行器在低速状态下工作（关闭），可以提高进气速度，促进空气、燃油混合和增大燃烧室内的湍流强度（涡流强度）。此系统由检测涡流阀位置的传感器和操作涡流阀的电动机构成，并由发动机控制模块（ECM）根据发动机的运行条件进行控制。

6.5　柴油机的燃烧

6.5.1　燃烧过程

柴油机仅吸入空气并压缩为高温高压空气，并向燃烧室中喷射燃油，通过自发着火燃烧。柴油机的运行范围为空燃比 18:1 ~ 80:1，以比稀薄燃烧汽油机（A/F = 23:1）高的稀薄混合气状态下进行燃烧。

此外，燃烧是在燃烧室内空间上和时间上喷雾分布不均匀的条件下，即使在全负荷运行条件下，燃烧时间仅为 40° ~ 60℃A 的很短时间内，进行的异常湍流扩散燃烧。柴油机具有代表性的燃烧温度与热发生率如图 6-40 所示分为 4 阶段燃烧过程。

柴油机的燃烧过程是从喷油器向高温、高压空气中喷射燃油，燃油受热蒸发并与周围空气相互扩散形成混合气开始。其后混合气达到自着火温度和适当的可燃范围混合比，就会在多个位置同时着火燃烧，压力会急剧上升。燃油喷射开始到着火为止的时间称为着火延迟（点火延迟、着火延迟期间）。

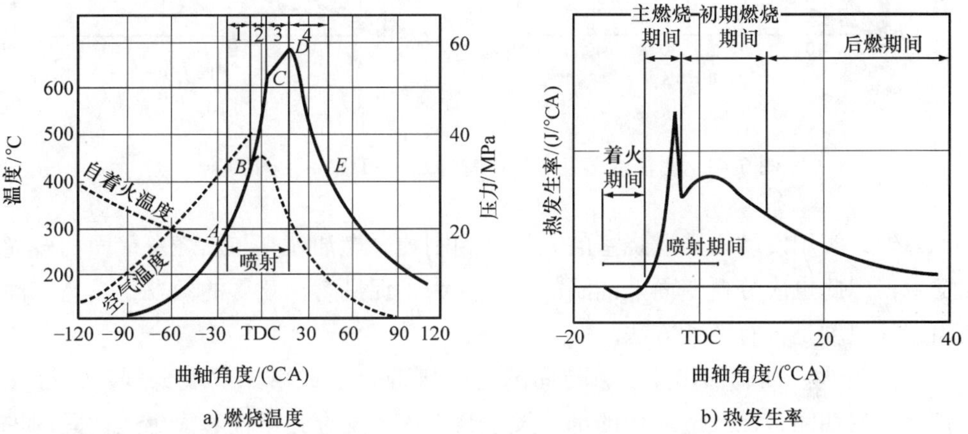

图 6-40　柴油机的燃烧过程

柴油机的燃烧过程可以分为如下 4 个阶段。

① 着火延迟期间（*A—B*）。

② 初期燃烧期间（*B—C*）。

③ 主燃烧期间（*C—D*）。

④ 后燃期间（*D—E*）。

1. 着火延迟期间

着火延迟期间是从燃油喷射开始到着火开始为止的时间，定义为物理性延迟期间和化学性延迟期间之和。物理性延迟期间是从喷射燃油到燃烧室内开始，液滴生成、蒸发形成混合气，并到达自着火温度为止的时间。混合气不是只要到达自着火温度就能立即着火，在此之前还有通过化学反应产生反应热，并发生连锁反应，以生成充分的活性基且产生火焰的化学性延迟期间。下面对燃油的蒸发过程和着火过程进行说明。

（1）喷雾的蒸发　燃油的蒸发率会很大程度上支配燃烧特性。油滴的蒸发率虽然与周围空气的温度、压力和油滴与空气之间的相对速度有很大的关系，但遵循油滴直径随时间成比例减小的 d^2 定律。根据单个油滴（正癸烷）在 30℃（303K）大气压下的蒸发相关研究结果，初期粒径和周围空气温度对蒸发率的影响如图 6-41所示。从图中可以得知，液滴的粒径越小，周围空气温度越高，蒸发率就会急增。

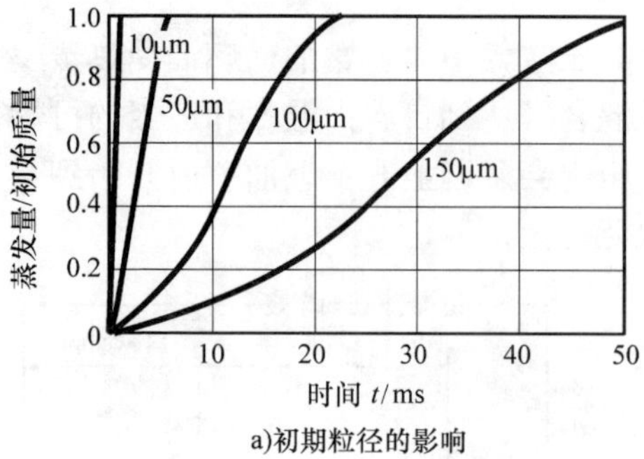

a)初期粒径的影响

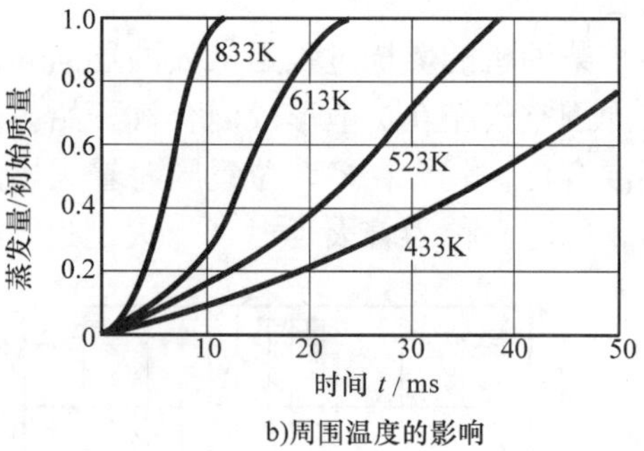

b)周围温度的影响

图6-41　对液滴蒸发率的影响（$T_0=303\text{K}$，$d_0=100\mu\text{m}$）

另外，实用发动机因燃烧室的大小受到制约，燃油喷雾与燃烧室壁面的碰撞时常发生，因此也应分析壁面上油滴的蒸发。为了促进燃油喷雾的蒸发，提高壁面温度和空气温度是很有效的方法。

（2）着火　油滴加热蒸发，与周围的空气混合形成可燃的混合气，经过化学性着火延迟期间，在反应最快的部分发生自着火。支配化学性着火延迟期间的主要因素有燃油着火性、环境温度和压力等。这表示当燃油的着火性（十六烷值）相同时，温度和压力为支配着火延迟的主要因素，因此通过增加压缩比、进气预热、增压、燃烧室的绝热等，可以缩短着火延迟期间。

图6-42所示为在一定容积内周围温度和压力对着火延迟的影响。从图中可以看出，两个实验均在温度为700～750K以下低温状态下，着火延迟由化学性延迟期间支配，并且对温度的依赖性较强。但是，在高温状态下，混合气形成所需时间，即物理性延迟期间支配着火延迟，对温度的依赖性减弱。

化学性着火延迟期间计算为

$$\int_0^{\tau_i}\frac{1}{\tau}\mathrm{d}t = 1 \tag{6.13}$$

$$\tau = Ap^{-B}\exp(C/T) \tag{6.14}$$

式中，τ_i 为着火延迟；p 为压力；T 为温度；A、B、C 为常数。

直喷式发动机的着火延迟期间一般为1～1.5ms。小型、中型发动机通常在此期间喷射的燃油到达燃烧室壁面并发生碰撞，此外，在喷油器附近初期喷射的燃油混合气开始着火，以此开始初期燃烧。着火延迟主要影响因素有喷射时期和负荷条件。随冷却液温度和十六烷值的变化，喷射时间、负荷条件与着火延迟之间的关系如图6-43所示。

① 喷射时间。着火为化学反应，因此温度的影响远远大于压力的影响。如图6-43a所示，在温度高的上止点附近进行燃油喷射时，着火延迟期间会很短。

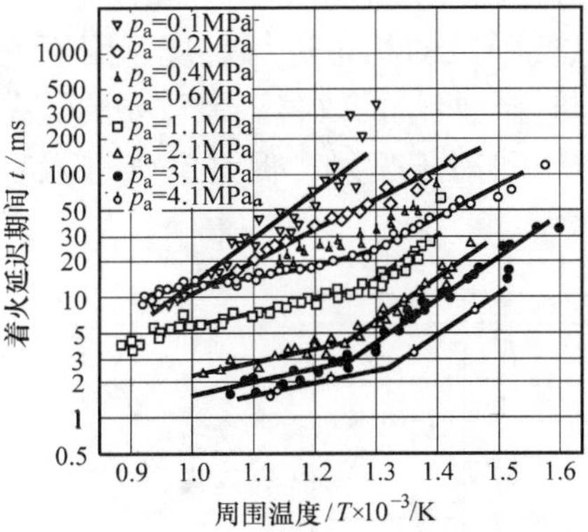

图6-42 周围温度、压力与着火延迟之间的关系

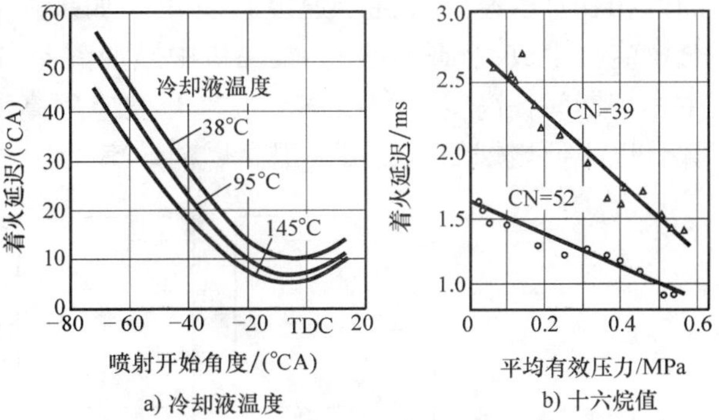

图6-43 燃油喷射时间、负荷条件与着火延迟之间的关系

② 负荷条件。负荷增大时，空气充量系数 λ 增加，气缸壁面温度（或冷却液温度）和残留废气温度上升，因此着火延迟时间缩短，如图6-43b 所示。

2. 初期燃烧期间

初期燃烧期间（或预混合燃烧期间、爆发燃烧期间）是混合气从自着火生成火焰核开始到着火延迟期间中喷射的燃油开始爆发（燃烧）为止的期间。此期间的火焰为无光焰或半发光火焰，进行预混合性燃烧，压力上升率高，成为产生噪声的原因。另外，因为热发生率高，所以温度高，导致 NO_x 生成量高。因此，根据着火延迟期间的长短，初期燃烧期间所燃烧的燃油量会发生变化，燃烧特性也发生变化。

图6-44 所示为通过急速压缩装置模拟柴油燃烧的试验结果，即着火延迟期间中随空气温度变化的压力上升率。从图中可以看出，空气温度越低，着火延迟期间就会越长，因而在初期燃烧期间的压力上升率 dp/dt 显著提高。如果在初期燃烧期间的压力上升率高，不仅产生很大的柴油爆燃音（噪声），还会增加 NO_x 的生成量。尤其在这期间燃油不能进行热分解和向周围空气中扩散，会生成大量的炭烟。此炭烟虽然在主燃烧期间大部分会燃烧，但剩余的炭烟会以颗粒形态随尾气排放。

分离式燃烧室发动机，利用销型喷油器调节初期燃油量，共轨式电控喷射系统通过预喷射控制初期的燃烧。

3. 主燃烧期间

主燃烧期间是在初期燃烧结束后喷射的燃油进行燃烧的期间，也称为控制燃烧期间（或扩散燃烧期间）。在主燃烧期间，火焰全部被激烈的光焰包围。此时火焰领域的温度很高，尤其混合气处于燃油过浓的状态，表现为空气进入火焰和混合速度支配燃烧的典型的湍流扩散火焰状态。这是因为虽然在喷雾内理论混合比附近进行燃烧，但其内部处于燃油过浓和氧气不足的状态，因此其燃烧特性受到空气与燃油的相互扩散速度（混合速度）支配。如果在氧气不足的状态进行燃烧，因不完全燃烧会生成大量的炭烟。柴油机中燃油消耗率与排气炭烟的改善，最重要的是在主燃烧期间提高空气利用率。近来开发应用高增压和高压喷射，促进空气进入喷雾，以降低炭烟的生成量，提高燃油效率。

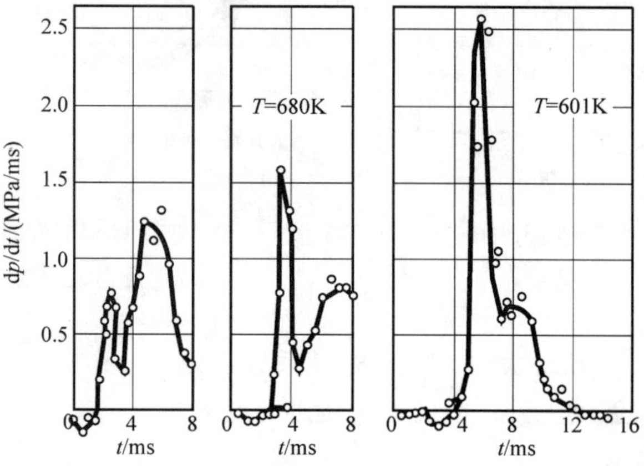

a) T=772K　b) 680K　c) 601K

图 6-44　空气温度与压力上升率

4. 后燃期间

后燃期间是从喷射结束后开始到燃烧完全结束为止的期间，在初期燃烧期间和主燃烧期间所生成的炭烟，在做功过程期间（后燃期间）通过逆挤压的与新气的接触等大部分会被燃烧。此期间为喷射结束后曲轴角度 20°～30℃A，火焰内的比当量虽然平均处于空气过盈状态，但火焰的移动会很平稳，会存在不均匀的比较大规模的火焰，并且火焰内的已燃气体浓度高，因此热发生率会降低。

炭烟在后燃期间充分利用空气的流动可以大幅度降低其排放量。尤其在新式的直喷式发动机中设计延迟了燃油喷射时间，因此在做功过程中的燃烧成为重要的环节。在共轨式燃油系统中，实施主喷射之后再喷射少量燃油的后喷射，以进一步燃烧掉炭烟，从而改善燃烧过程。

上述所有的过程依次进行，并且先行过程会影响后续过程，尤其着火延迟会对主燃烧过程带来很大的影响。

6.5.2　热发生率和燃烧特性

柴油机的燃烧会受到如上所述的着火延迟、喷射率、空气涡流等很多因素的影响，因而相当复杂。通过热发生率可以得知燃烧特性。热发生率定义为单位角度的热发生量，以 $dq/d\theta$（$kJ/kg_{空气}$℃A）表示。

热力学第一定律（能量守恒定律）为

$$Q - W = \Delta U$$

用曲轴角度 θ 对上式进行微分，可以获得

$$\frac{\mathrm{d}Q}{\mathrm{d}\theta} - p\frac{\mathrm{d}V}{\mathrm{d}\theta} = mc\frac{\mathrm{d}T}{\sqrt{\mathrm{d}\theta}}$$

利用理想气体状态方程 $pV = RT$ 消除上式中的燃油质量 m 和 $\mathrm{d}T/\mathrm{d}\theta$，可以改写为

$$\frac{\mathrm{d}q}{\mathrm{d}\theta} = \left(1 + \frac{c_{\mathrm{v}}}{R}\right)p\frac{\mathrm{d}v}{\mathrm{d}\theta} + \frac{c_{\mathrm{v}}}{R}v\frac{\mathrm{d}p}{\mathrm{d}\theta} \tag{6.15}$$

式中，如果假设 c_{v}、R，并利用示功图求出压力 p，可以计算热发生率。

图6-45所示为燃烧室容积为1000mL、燃油喷射量为20mL、喷油器直径为0.35mm、喷射压力为175个大气压的单气缸压缩模型发动机，改变空气压力和空气流动状态时的压力变化，以及随压力而变化的热发生率。表6-7显示了单气缸压缩模型发动机的规格。

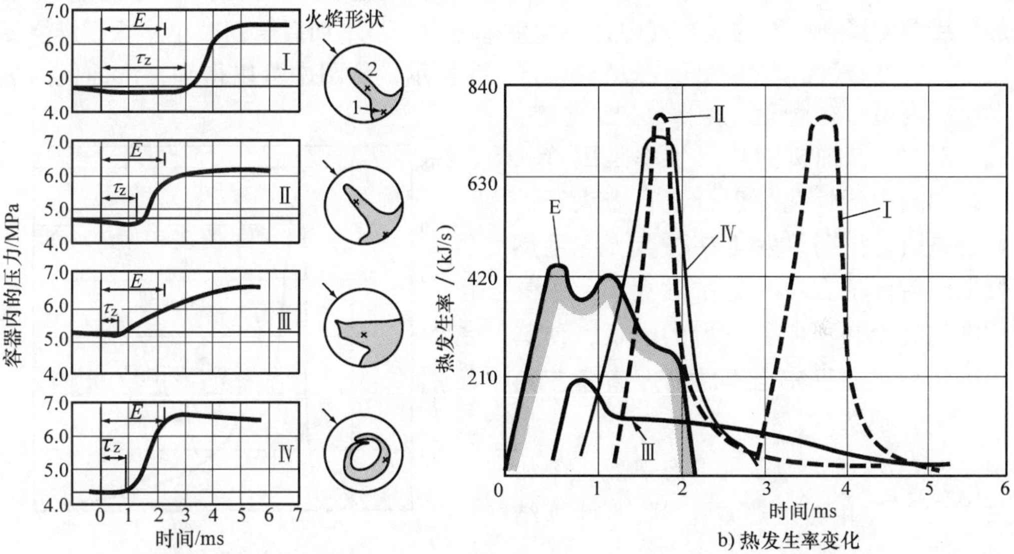

a) 压力上的变化　　b) 热发生率变化

图6-45　容器内随空气流动状态的变化

Ⅰ为着火延迟期间 τ_z 比喷射时间 τ_i 长（$\tau_z > \tau_i$）的状态，压力上升斜率大，如同在热发生曲线中所表示燃烧期间短。进行无烟燃烧。

Ⅱ为 $\tau_z < \tau_i$ 的状态，因喷射与燃烧重叠，压力急剧上升的期间短，燃烧期间长，会增加炭烟生成量。

Ⅲ为空气的流动形成不规则湍流的状态，着火延迟期间较短，压力平稳上升，

因此热发生率很小，并且燃烧时间很长。

表6-7　单气缸压缩模型发动机规格

	空气压力/×10⁵Pa	压缩温度/℃	空气状态
Ⅰ	47	506	静止
Ⅱ	47	574	静止
Ⅲ	52	640	不规则湍流
Ⅳ	42	650	涡流

Ⅳ为空气的流动形成圆周速度为90m/s涡流的状态，不仅着火延迟期间较短，而且压力急剧上升，燃烧时间短，并且进行完全燃烧。

汽油机中不规则的湍流有助于火焰的传播，但柴油机中这样的湍流不起如此作用的原因可以在图中Ⅲ明确得知。Ⅳ的状态，是有规律的空气流（或涡流）带走粒径周围的燃烧废气，并持续供给新鲜空气，因此有助于促进燃烧。此外在着火延迟期间中也能促进混合气的形成，因而压力会急剧上升。

汽油机的正常燃烧是火焰平稳传播，因而热发生率小，并随火焰的扩散而增加，后期传播到压缩的混合气中，热发生率更进一步增加后急剧减小。除了燃烧界限附近的混合气，后燃期间较短。如图6-46所示，从图中可以得知，汽油机的热发生率表现为右直角三角形（◿）形态。

对此，柴油机的热发生率是因着火延迟期间中活性化的混合气自着火开始燃烧，因而初期热发生率较大，在主燃烧期间后因形成单纯的扩散火焰，氧气浓度的减少和温度、压力的降低，使其表现为与汽油机完全不同的左直角三角形（◺）形态。

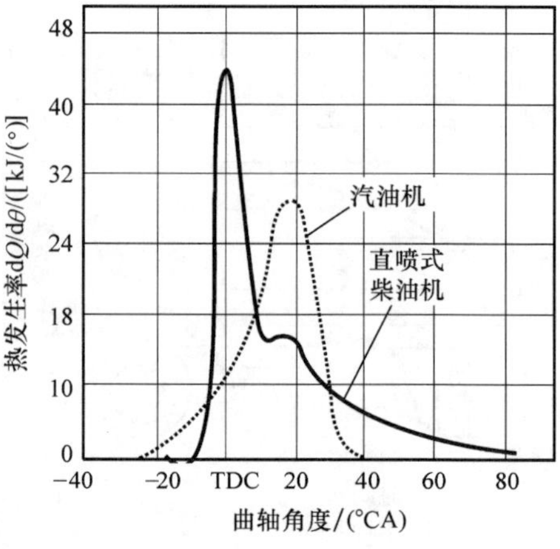

图6-46　柴油机与汽油机的热发生率比较

图6-47所示为多种形态热发生率相关压力上升和理论热效率 η_{th} 的计算结果。图中最上部为左直角三角形（◺）形态，是压燃式发动机代表性的热发生率形态，热效率约为52.9%，最高压力和压力上升率也较大。在燃烧最高压力和压力上升率较小的热发生率形态中，理论热效率较低。因此，在实用方面需要找到折中点。等边三角形（△）形态热发生率因热效率降低，因此表现为较低的压力。无论哪一种热发生率从上止点开始持续40℃A期间，如果移动热发生，就获得图6-48所示的不同结果。可以得知，即使热发生率相同，随放热时期的不同，最高压力会有相当大的变化。

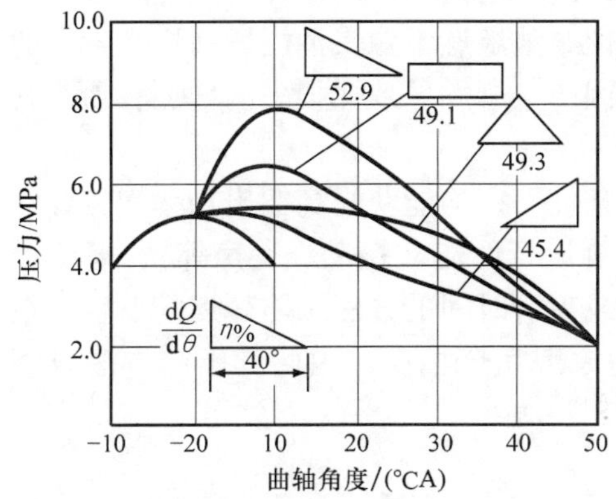

图 6-47 随热发生率时期的燃烧压力

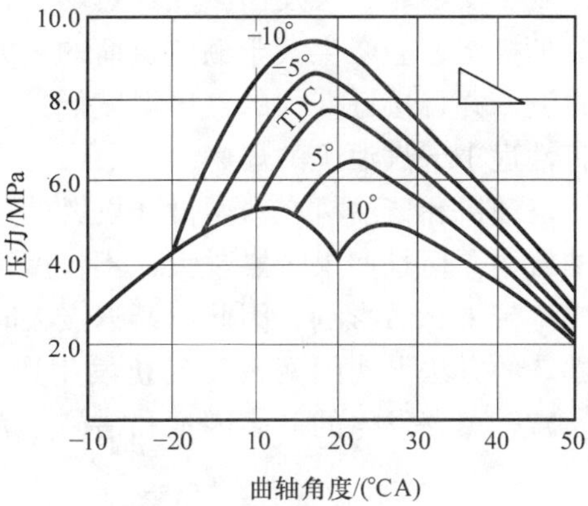

图 6-48 热发生率对理论热效率和压力上升的影响

6.5.3 柴油机爆燃

1. 发生的原因

柴油机的正常燃烧和爆燃（异常燃烧）两者均通过混合气的自着火发生，其原理是相同的。柴油机的爆燃是因燃油没有正常着火，并且着火延迟期间长，导致喷射的多量燃油瞬间着火引起的。因此，它们在本质上没有任何区别，仅在着火延迟期间中（或主燃烧期间前）所供给的燃油量不同而已。它们的区别是通过压力上升率 $dq/d\theta$ 为依据进行判别。即以压力上升率 0.5～0.6MPa/(°) 为界限，如果小于此压力为正常燃烧，如果大于此压力为柴油爆燃（异常燃烧）。

柴油爆燃发生的最重要的原因为燃油性质。要预防爆燃的发生，燃油应具备良好的着火性。柴油着火性的指标为十六烷值（或柴油指数、十六烷指数），这是柴油最重要的性质。良好的着火性，即高十六烷值会使着火延迟期间短，因此容易起动，没有急剧的压力上升，可以实现稳定运行。

2. 柴油爆燃与汽油爆燃的比较

柴油机的爆燃与汽油机的爆燃是完全不同的现象，但均为自着火引起的现象，在本质上没有任何区别。不同的是，柴油机的爆燃是在燃烧初期多量燃油瞬间着火（爆发）引起的现象，而汽油机的爆燃是燃烧末期的末端气体自着火引起的现象。

表 6-8 降低爆燃发生的措施

参数	汽油机	柴油机	参数	汽油机	柴油机
压缩比	小	大	进气压力	低	高
进气温度	低	高	燃油的燃点	高	低
气缸壁温度	低	高	燃油的着火延迟	长	短
转速	大	小	气缸容积	小	大

发生爆燃时，会发出激烈的爆燃音，压力波冲击壁面，进而冲击燃烧室各部位和曲柄机构，会产生大于额定负荷的应力。但柴油爆燃不像汽油爆燃那样产生大的压力波，并且接近壁面的气体温度低，不会因产生爆燃导致热损失的增加，因此其危害性远小于汽油机的爆燃。

汽油机和柴油机在产生微弱爆燃的运行条件下，均能获得高输出功率和良好的燃油效率。但是如果爆燃过大，不仅严重影响运行性能（振动、噪声等），还给燃油效率带来恶劣影响，因此以延迟点火时间或喷射时间的方法预防爆燃的发生。在防爆燃的方法上，因两种发动机发生爆燃的原因完全相反，因此其预防方法也相反。减轻爆燃发生的许多因素和措施见表6-8。

6.6 柴油机提高燃油效率的技术

柴油机与汽油机相比压缩比高，燃油消耗特性好，因而作为减少 CO_2 排放的高效率发动机，正受到广泛的注目。但是因进行异常扩散燃烧，在降低炭烟和 NO_x 生成量方面有难度，因此能同时降低废气排放量和燃料消耗量的技术成为必须要解决的课题。

柴油机提高燃油效率的技术有如下方面：

① 发动机热效率的改善：预混合压缩着火（HCCI）、高压燃油喷射、可变气门正时、可变压缩。比（VCR）、降低摩擦损失、降低进气/排气损失、降低冷却损失、精密控制等技术。

② 辅助机构耗用能量的降低：冷却水泵、动力制动装置、动力转向装置、电动风扇、发电机等。

③ 涡轮增压器的改善：可变几何涡轮增压器（VGT）、双级涡轮增压器等。

④ 柴油机混合动力。

6.6.1 燃烧技术

燃烧技术的改善以燃烧控制方式（发动机修正）为主体，此方法主要是平衡发动机的输出功率、燃油消耗量、其他废气排放性能。因此现在已经开发的或正在开发的燃烧技术不仅以提高燃油效率为目的，还要降低有害废气的排放量。

在这方面大体上有两种方法：一是燃烧最佳化；二是降低摩擦损失。燃烧最佳化技术方面有均质压燃（HCCI）技术、高压多次喷射技术、降低进气/排气机械损失技术、燃烧室改善技术、可变涡轮增压技术、精密控制技术等。摩擦损失降低技术方面有，与汽油机相同的凸轮轴驱动力降低技术、改善活塞运动、提高部件加工精度、使用摩擦缓和剂、部件轻量化等。

（1）均质压燃（HCCI）　在均质预混合压缩着火（HCCI）技术方面，为了提高柴油机的燃油效率，同时降低炭烟颗粒（PM）与 NO_x 的生成量，正在积极研究利用汽油机预混合燃烧方式的应用技术。早期虽然就开始对这种类型的发动机进行了研究，但因在高负荷运行条件下和过渡运行时的燃烧控制上存在难度等因素，在实用化方面正待解决的难题很多。但随着最近柴油机电控化技术的蓬勃发展，这些难题正逐步得到解决。

均质压燃（HCCI）燃烧技术是通过早期喷射形成预混合气，在不生成 PM 和 NO_x 的低温燃烧领域运行的技术。这在图 6-49 所示的局部比当量 – 温度曲线（$\phi-T$ 模型）中很容易得到解释。传统柴油机的运行条件均包含了 NO_x 和炭烟的生成领域，但均质压燃（HCCI）和 LTC 技术均为在避免这些有害成分生成领域的范围内促进燃烧的方法。为了降低 NO_x 的生成量，需要低温燃烧，利用多量废气再循环（EGR），防止炭烟生成，避免局部浓混合比（高比当量）状态下的燃烧，以通过改变喷射战略形成预混合气状态。图 6-50 所示为均质压燃（HCCI）的燃烧效果。

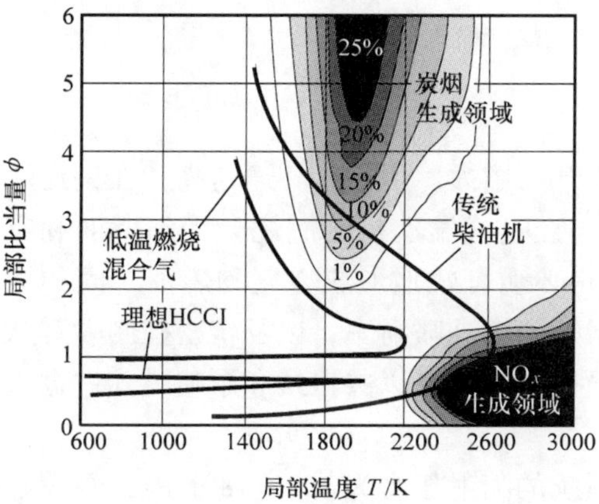

图 6-49　$\phi-T$ 模型燃烧领域

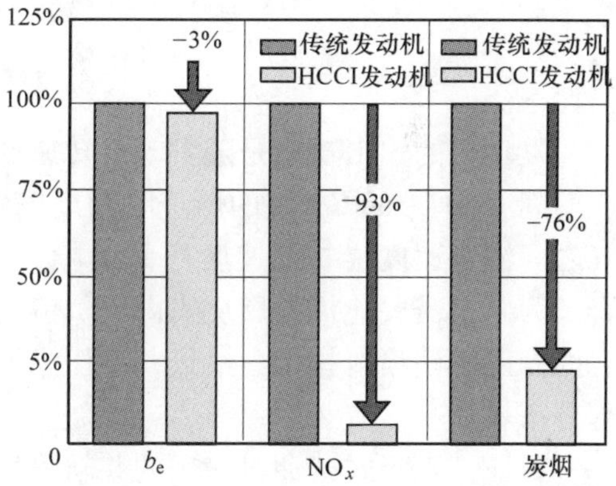

图 6-50　均质压燃（HCCI）燃烧效果

均质压燃（HCCI）的燃烧技术因为是低温燃烧，HC 和 CO 的生成量会增加，但 NO_x 和炭烟的生成量会显著降低。虽然此技术研究了很长时间，但仅局限于低负荷领域，而且存在过渡运行领域燃烧控制难的问题。尤其是，决定燃烧发生时间的燃油自发着火特性随燃油特性（组成化学成分）的不同而变化，因此必须同时研发燃烧控制技术，才能达到商用化的目的。

目前，此项技术在低负荷状态通过传统柴油燃烧和废气再循环（EGR）实行最佳化，在中负荷状态实现均质压燃（HCCI）燃烧，在高负荷状态通过高压多次喷射缩短燃烧时间，增加静态燃烧比率，因而降低燃油消耗率和有害废气的生成量。如图 6-51 所示。

（2）高压燃油喷射技术　通过高压燃油喷射技术改善燃烧对提高性能方面也很有效。直喷式发动机通过促进与空气的混合，可以有效降低炭烟颗粒（PM）的生成量，通过多次喷射，缩短燃烧时间，增加静态燃烧比率，因而能有效降低燃油

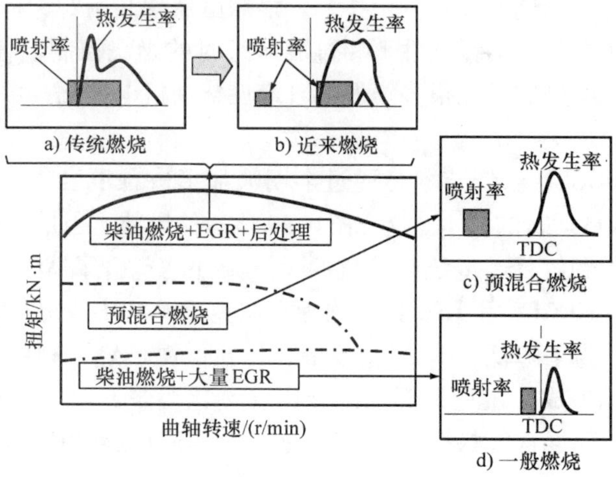

图 6-51　应用喷射自由度的燃烧模式最佳化

消耗率。

发动机的输出功率是随发动机转速的上升而增大。但是，转速越高，在一定燃烧期间（40°～60℃A）的燃烧时间会缩短。直喷式发动机的燃烧会受到燃油和空气之间混合速度（扩散速度）的影响，因此必须有效地形成空气和燃油之间的混合。为此，需要能提高燃烧室内空气流动状态和燃油喷射率，以及精密控制喷雾状态的高压燃油喷射技术。最近，高压燃油喷射系统主要以共轨式和泵喷嘴式占据大部分市场。

目前，直喷式柴油机使用的共轨喷射系统的喷射压力为160～180MPa，泵喷嘴式200MPa以上超高压喷射系统应用在部分量产乘用车上。这种超高压喷射系统，燃油平均粒径从传统的30～40μm减小到10μm左右，能缩短着火延迟时间，燃烧开始位置从喷油器附近向壁面附近移动等，表现为与传统的燃烧模式不同的形态。

共轨式的喷射时间、喷射压力、喷射率的控制，对于发动机的转速和负荷相互独立控制，因此与传统的机械式燃油喷射系统相比自由度高，还能实现多次喷射（预喷射、主喷射、端口喷射等），同时能降低噪声及 NO_x 和炭烟颗粒的生成量，还能降低燃油消耗率。喷油器原来多用电磁阀式，现在使用重量更轻、响应性更好并且更加能精密控制的压电式。

（3）进气/排气损失的降低　柴油机为了提高输出功率，多使用增压器。增压器的使用会增加进气/排气损失阻力，进气阻力的降低会提高热效率，即会降低燃油消耗率。图6-52所示为气缸容积为2.4L发动机转速为1400r/min、净平均有效压力为2MPa的柴油机的进气/排气损失对热效率的影响曲线。进气阻力的降低对策上，增压器效率的提高和进气口流量系数的提高也很重要。在进气/排气损失的降低方面，多气门化很有效。此种状态混合气的形成比起空气流动更依赖于喷雾能量，因此为了在这种状态下能进行燃烧，高压喷射系统的发展和普及是不可避免的。

进气/排气损失降低技术还有4气门燃烧室形状最佳化。这是为了在燃烧室内形成最佳的混合气，进气流动和活塞碗的形状应最佳化，喷油器应处于燃烧室的中央位置。为此，可应用4气门可变涡流控制系统等。这样一来，进气口和燃烧室形状成为决定柴油机性能的重要因素，因此通过流动分析等，正努力研究形成最佳空气和燃油混合气的燃烧室设计。图6-53所示为4气门涡流比 ϕ 与流量系数 C_D 之间的关系。

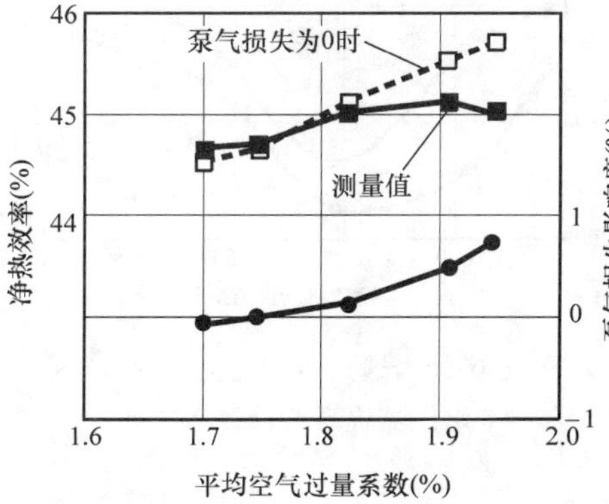

图6-52　进气、排气损失对热效率的影响

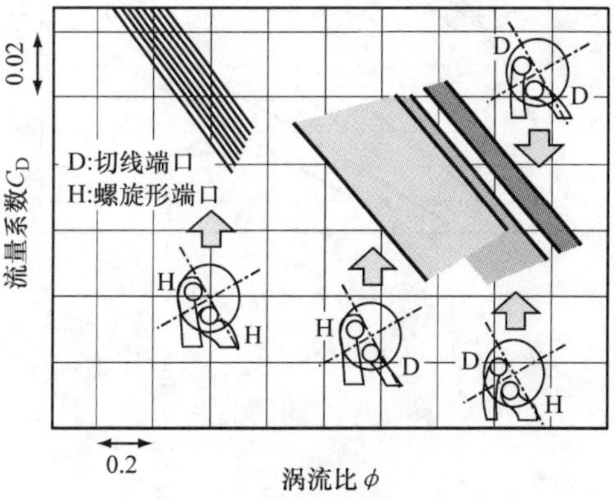

图6-53　进气口的最佳化设计

（4）精密控制技术　最近开发的精密控制技术，可以改善以燃烧压力为基础的控制。其原理是在过渡运行区间实时检测燃烧室内的燃烧压力，利用此信息计算目标控制要素后，最终把控制要素控制到目标水平上，变更基本运行控制参数。

6.6.2　涡轮增压器的改善

柴油机输出功率的提高方面包括增压技术。增压技术是以增加进气量的方法提高输出功率的技术，以小排气量获得大输出功率，因此可以实现发动机的小型化。另外，发动机的小型化可以减少摩擦损失和泵气损失，进而可以提高燃油消耗量。目前，涡轮增压器的应用，与早期废气涡轮增压器（WGT）相比，根据运行条件改变涡轮叶片角度来提高效率的可变几何涡轮增压器（VGT）正广泛采用，并且电控涡轮增压器正在普及过程中。

（1）可变几何涡轮增压器（VGT）　图6-54所示为气缸容积为2.4L、发动机转速为1400r/min、燃油喷射压力为160MPa的柴油机的空气过量系数、净平均有效压力、热效率之间的关系。当空气充量系数（λ）相同时，净平均有效压力（$p_{m,e}$）越高，其热效率越高。因此，柴油机基本上不受爆燃制约，只要利用增压系统提高平均有效压力就能提高燃油效率，此时要求增压器高压力比、高流量、高效率。但是，高增压比会使气缸内的最高燃烧压力成比例上升，以此需要发动机缸体的高刚性，同时要在与摩擦损失之间掌握平衡的最佳位置。图 6-55 所示为通过可变几何涡轮增压器（VGT）改变发动机运行状态时提高燃油效率（或效率最佳化）的例子。图示例子为大型车辆柴油机的试验情况。从图中可以得知，与早期的废气门涡轮增压器（WGT）发动机相比，可变几何涡轮增压器可在全领域内提高燃油效率。

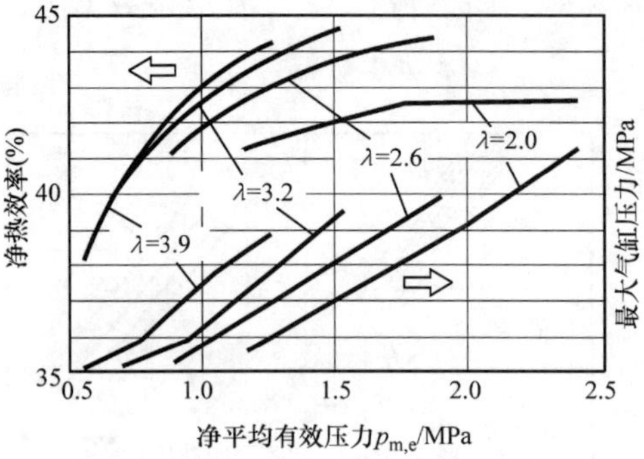

图 6-54 空气充量系数、有效压力、热效率之间的关系

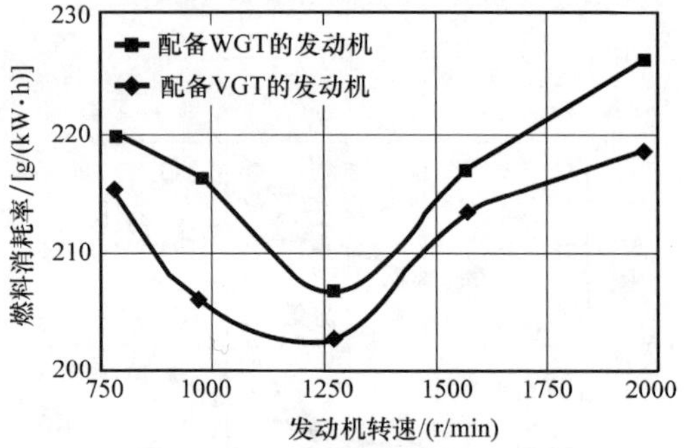

图 6-55 通过可变几何涡轮增压器提高燃油效率

（2）双级涡轮增压器 目前，根据不同运行领域选择使用双级涡轮增压器的结构正在开发应用中。可变几何涡轮增压器（VGT）虽然能在一定程度上解决涡轮延迟，但是单级涡轮增压器在最大输出功率与实用领域的性能之间需要适当的协调，因此存在明显的界限。因此，作为更加积极的方法，把涡轮增压器设计为双级涡轮增压器。双级涡轮增压器不仅提高动力性能，还能提高效率，从而获得降低有害气体生成量的增值效果。这些是通过使用各领域（能有效在高速领域和低速领域转换）效率较好的双级涡轮增压器获得的。但是这需要能有效控制双级涡轮增压器的最佳控制逻辑。

6.6.3 柴油混合动力

与汽油混合动力相比，把效率高的柴油机与电动机－发电机系统结合的柴油混合动力可以更进一步降低燃油消耗率。

1. 混合动力系统

混合动力的历史很悠久，20 世纪初，第一辆混合动力车在欧洲出现。当时，混和动力的目的是补偿发动机低功率性能，因此随着发动机性能的提高逐渐退出了历史的舞台。20 世纪 70 年代，为了应对马斯基法和石油危机，即为了降低燃油消耗量，在世界上开始开发了多种混合动力车，其后随着发动机技术的革新和石油危机的缓和，其开发又止步不前。

近年来，作为能同时降低燃油消耗和废气排放的系统，混合动力车正受到广泛的注目。现在正开发的各种混合动力系统，其典型结构与分类如图 6-56 所示。从怠速停走功能到发动机驱动力与电动机驱动力并联的混合动力系统、发动机的全部输出功率转换为电能并驱动电动机获得驱动力的串联混合动力、把这两者结合的混联型混合动力。

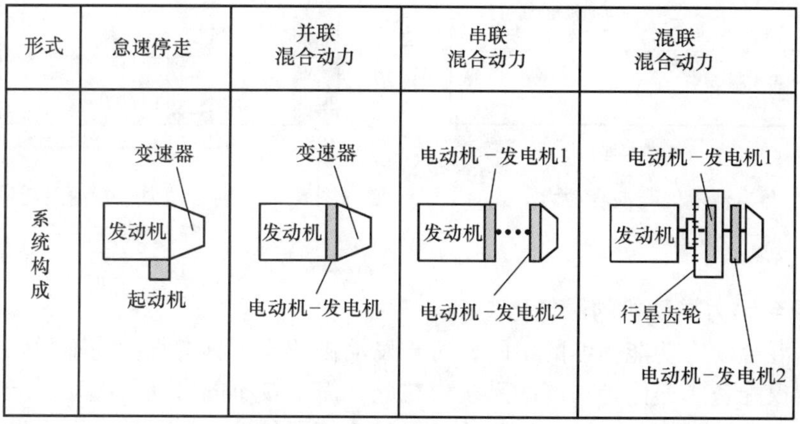

图 6-56　混合动力车的分类

另一方面，如图 6-57 所示，混合动力车根据其功能可以分为具有再生功能的电动机辅助功能轻型混合动力，以及在行驶中发动机停止并能利用电动机驱动行驶的强劲混合动力。

混合动力车必须具有排放低、动力性能好，其中要求最高的是降低燃油消耗量。为此混合动力车应具有在加减速较多的城市道路行驶模式中效率较高、在高速行驶的条件下效率较低的特征。这是因为混合动力车辆主要通过下列功能降低燃油消耗量所致：

① 怠速停走。

② 能量再生。

③ 驱动力辅助。

④ 电动机驱动行驶。

为了能具备①~④的功能，需要蓄电池、驱动电动机、逆变器等电动驱动源。

图 6-57 所示为随蓄电池电能变化的混合动力车辆功能与提高燃油效率之间的关系。为了实现电动机驱动力辅助功能，需要除了发动机之外的动力源蓄电池，以增加各种混合动力车的功能，改善燃油效率。

图 6-58 所示为通过电动机驱动行驶的强劲混合动力车辆燃油消耗量降低效果。可以得知，通过怠速停走、再生、发动机运行领域最佳化，同时采用最佳的混合动力系统，能有效地提高发动机效率。

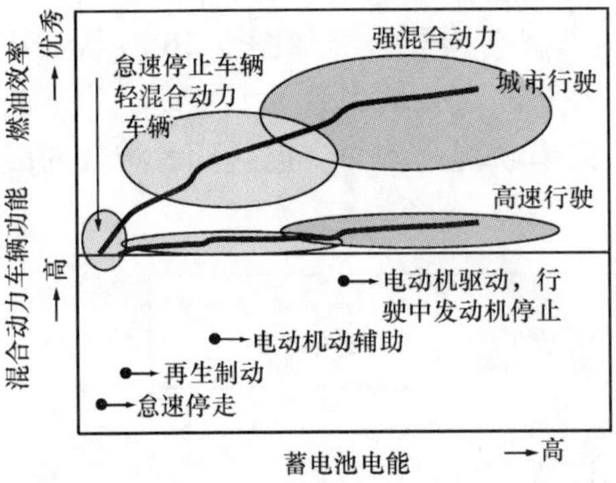

图 6-57 蓄电池电能与混合动力车辆的燃油效率

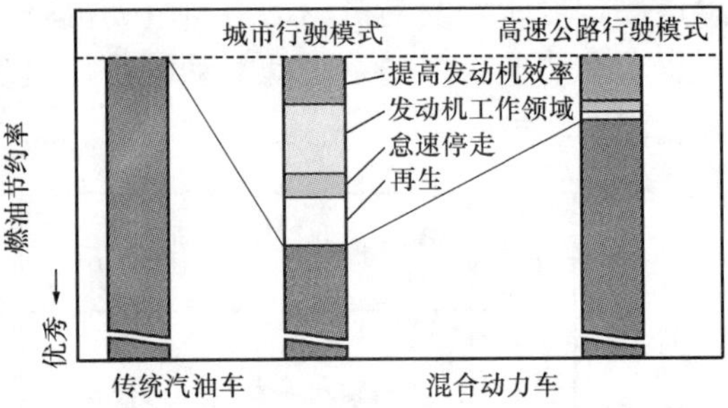

图 6-58 混合动力车燃油消耗量的降低领域

2. 混合动力发动机的最佳化

根据混合动力功能程度的不同，对于发动机的要求具有很大的不同。

(1) 仅配备怠速停走功能的系统　在此，需要较小的发动机起动性能和良好的响应性。当然还需要具备基本的与传统发动机相同的发动机特性。即，发动机需要从低负荷到高负荷全领域提高效率。

(2) 具备能量再生的系统　车辆减速时尽可能减小发动机的能量损失很重要。通常，停止发动机就可以最小化发动机的能量损失，但对于考虑重新加速时的响应性等问题，蓄电池动力较低的轻型混合动力车辆则害处较多。因此在车辆减速时不停止发动机，利用可变气门正时（VVT）等降低发动机的泵气损失等方法较为有效。

(3) 驱动力辅助系统　该系统可以减小发动机的尺寸。利用电动机辅助确保其动力性能，以相对减小排气量，使发动机尺寸减小，从而可以提高发动机低负荷领域的效率。此类型混合动力车辆重视低负荷状态下的发动机效率，因此对于稀薄燃烧、废气再循环（EGR）系统等也很有效。尤其通过涡轮增压器的配合，可以增加发动机小型化的效果，现正在考虑利用电动机驱动力辅助完善涡轮响应延迟。

(4) 仅电动机驱动即可以行驶的强劲混合动力车　这是除了上述发动机的小型化外，考虑发动机与电动机的组合，以实现最佳化的方法。图 6-59 所示为强劲混合动力车的例子。该系统把发动机输出动力与电动机的输出动力用行星齿轮连接控制动力分配，驱动力为发动机和电动机动力的合力，以此能设置相对较低的发动机输出功率和转矩。

图 6-60 所示为传统汽油机车与混合动力车电动机驱动行驶时的发动机热效率。

混合动力车通过低负荷领域停止发动机和在发动机驱动领域的最佳化，有效提高了发动机的平均效率。图中把净热效率从 A 点提高到 B 点成为此类型混合动力用发动机的研究课题。在这方面利用上述特征，通过高膨胀比化或低自由缓冲化，可以提高发动机的最大效率。

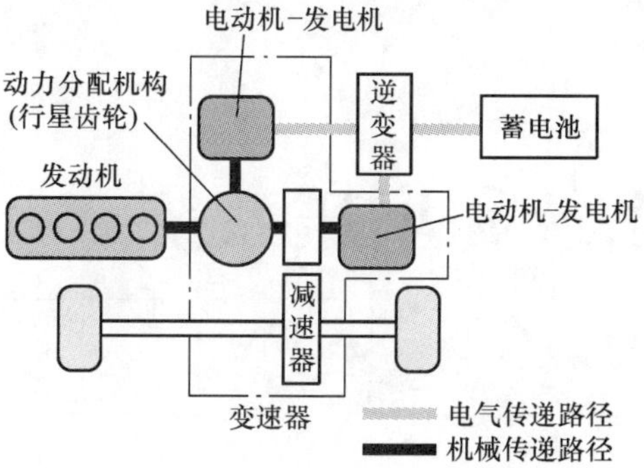

图6-59 混合动力车构成例子

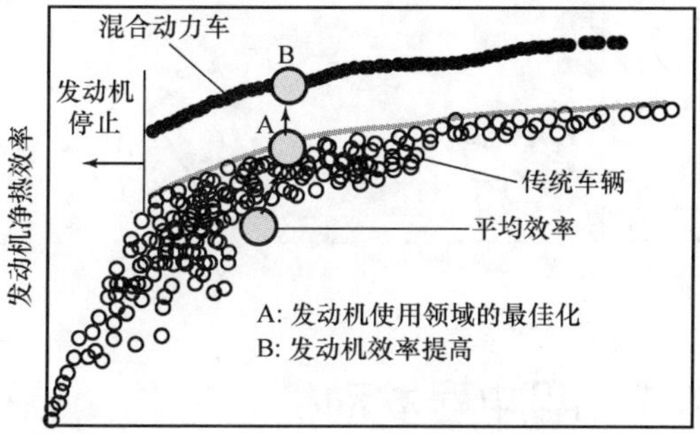

图6-60 发动机输出功率和净热效率之间的关系

练 习 题

1. 柴油机如何停止工作，为什么在汽油机上不能采用相同的方法?

2. 对博世公司和分配式泵的燃油喷射系统对比进行说明。

3. 当博世公司喷射泵的转速变化时，喷射开始时间相同吗? 这样好还是不好?

4. 请说明汽油喷射与柴油喷射的目的和运行方面的差异。

5. 请说明输出阀的功能。

6. 请列出混合气形成所需的喷雾特性项目，并各自进行说明。

7. 向密度为 $p_L = 850\text{kg/m}^3$、燃油背压为 $p_a = 3.0\text{MPa}$、温度为 $T = 773\text{K}$（空气密度 $\rho_a = 13.5\text{kg/m}^3$）的空气中以稳定喷射压力 $p = 40\text{MPa}$、用喷孔直径为 0.3mm 的喷油器进行喷射时，请求出喷射时间 $t = 0.2\text{ms}$ 时喷雾前锋到达的距离。

8. 假设在上止点开始喷射，对于压缩比分别为 5 和 20 的发动机，喷雾达到距离和扩散有什么不同?

9. 制表说明直喷式、预燃烧室式和涡流室式三种发动机的燃烧方法和性状。

10. 请说明柴油机增大输出功率的方法。

11. 什么决定柴油机所使用的最大空气过量系数和最小空气过量系数?

12. 直喷式发动机与分离式发动机相比，喷射系统更为敏感，这是为什么?

13. 直喷式发动机与分离式发动机相比燃油消耗量低，这是为什么?

第7章　进/排气系统和增压系统

7.1　四冲程发动机

不论是四冲程发动机还是二冲程发动机，其输出功率（或指示平均有效压力）都与气缸的进气量，即容积效率成正比。四冲程发动机的换气过程和二冲程发动机的扫气过程主要考虑完全排放燃烧气体，并尽可能多地吸入空气或空气燃料混合气，以获得高输出功率。换气过程通过进气门和排气门进行，因存在气门重叠、残留废气等，不能很圆满地进行换气过程。

为使发动机获得高输出功率，进气系统设计为从低转速到高转速全领域内保持高容积效率。能提高容积效率的方法有动态增压、机械增压和涡轮增压等。另外，不论进气系统/排气系统的形态如何，均配备有防噪声装置。排气系统设计为在提高容积效率的同时，不至于因降噪装置出现较快的压力降。

7.1.1　气体交换过程

往复式内燃机的换气过程通过进气过程和排气过程进行。进气过程和排气过程是非常规流动过程。往复式内燃机虽然与燃烧相关的所有现象都是非常规过程，但不仅对循环的解释还是对进气、排气过程，以正常过程进行说明均可以获得好的结果。换气过程好坏的评价因素有容积效率、空气效率比和留存比率。

容积效率 η_v 是表示气缸内吸入空气能力的指数，定义为实际气缸内存在的空气质量与在理论上能吸入的最大空气质量的比值。实际气缸内吸入的空气质量在残留废气的影响下，比工作容积小。另外，进气量不仅会受到周围大气条件的影响，还与进气系统结构、气门打开/关闭时间等运行条件有关。

$$\eta_v = \frac{实际气缸内存在的空气质量}{气缸内能存在的最大空气质量}$$

空气效率比 η_a 定义为在进气系统中检测的实际进入空气质量与理论上气缸内存在的最大空气质量的比值。空气效率比是在换气过程期间吸入的空气质量流动率。因实际吸入的空气中的一部分在气门重叠量从进气系统进入并通过排气系统直接排放，因而在进气系统检测的空气量并不是在气缸内存在的空气量，因此需要对空气效率比进行定义。

$$\eta_a = \frac{\text{在进气系统中检测的空气质量}}{\text{气缸内能存在的最大空气质量}}$$

留存比率 η_r 作为换气过程的结果，表示实际气缸内存在的空气质量与在进气系统中检测的进气量（或空气消耗量）之间的比值，以容积效率与空气效率比之间的比值进行定义。

$$\eta_r = \frac{\text{气缸内存在的空气质量}}{\text{在进气系统中检测的空气质量}} = \frac{\eta_v}{\eta_a}$$

以此可以看出容积效率 η_v 为空气效率比与留存比率之乘积 $\eta_a\eta_r$。自燃吸气发动机（NA）的容积效率为 0.6 ~ 0.9。容积效率与燃烧室形状、进气门/排气门端面积和气门打开/关闭时间等有关。

7.1.2 气门机构

1. 气门的形状和大小

（1）形状　目前，往复式内燃机的进气门、排气门大部分使用蘑菇样锥形气门。锥形气门成本较低流动阻力小，气门座落特性好又易润滑。作为构成燃烧室的一部分，气门暴露在高压、高温气体中，还有打开和关闭时的惯性冲击等，工作条件非常恶劣中。锥形气门由气门头、气门座、气门杆构成，如图 7-1 所示。

气门的气门头底部比气门头上部在水平方向的热膨胀大，因此气门座与气门导管的中心会偏离。小型发动机可以通过气门杆与气门导管之间的间隙进行补充，气缸直径越大，偏心量会越大，可以采用冷却液冷却气门周围，或镶嵌气门座圈（气门座镶圈或气门室）。镶嵌气门座圈后，其冷却（传热）效果不如气门座直接与气缸盖接触时的状态，因此为了获得高输出功率，也会采用在气门座圈附近循环冷却液进行冷却的方式。采用此类方式后，也能强制润滑气门杆。

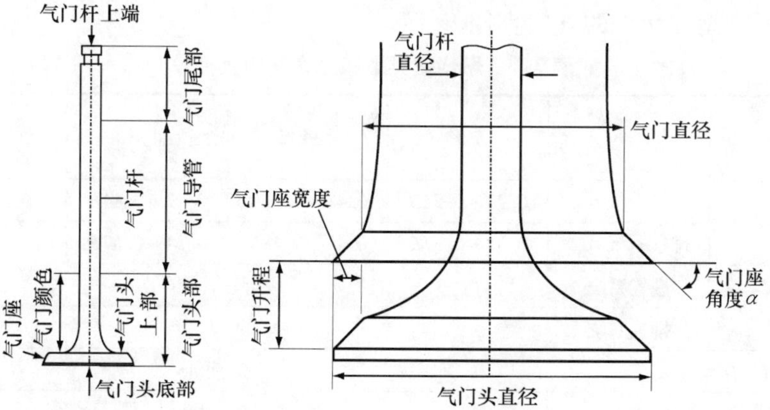

图 7-1　锥形气门结构和名称

（2）尺寸　气门的尺寸大体有四个方面，即气门头直径、气门座角度、气门座宽度（或气门座直径）和气门杆直径。

气门头直径 d_v 随燃烧室类型的不同而不同，从气缸盖结构和加速度层面上，在最大限度范围内做得越大越好。通常，半球形燃烧室 2 气门发动机的进气门直径 $d_{v,e}$为气缸内径（B）的 0.48 ~ 0.57 倍，排气门直径 $d_{v,e}=0.34\sim0.37B$。

进气门直径越大，空气阻力就越小，进气量就越多，但直径过大会受到气缸壁的阻碍，有效面积不会增大，反而会给燃烧带来恶劣的影响。为了既要增加进气量又要改善燃烧，研发了采用 3 气门、4 气门、5 气门等多气门类型的发动机 4 气门篷形燃烧室类型的进气门直径为 $d_{v,s}=0.35\sim0.37B$，排气门直径为 $d_{v,e}=0.28\sim0.32B$。通常，高功率发动机为了获得良好的容积效率，做到进气门比排气门大 20% ~40%，但配备进气增压系统的发动机为了降低排气能量损失，也有采用大尺寸排气门即 $d_{v,s}<d_{v,e}$的发动机。

气门座角度 α 考虑到气体流动阻力，通常多采用 30°、45°角度，虽然在 30°附近能获得最大容积效率，但采用 45°的情况较多。通常，气门座宽度 b 设定为，进气气门座宽度为 $b=0.03\sim0.07d_{v,s}$，排气气门座宽度为 $b=0.03\sim0.1d_{v,e}$。气门座的宽度在密封层面上以窄为好，但在传热和耐冲击层面上以宽为好。从燃烧气体传递到气门的热量，通过气门头落座在气门座上时进行散热。因此，气门座宽度和气门落座在气门座上的压力对气门的冷却效果相当重要。

气门杆直径 d_0 的大小根据抵抗气门打开时气缸内压力与惯性力的抗弯曲强度，以及气门抵抗压缩时的抗压缩强度来决定，通常，气门杆直径为 $d_0=0.2\sim0.3d_v$，为了促进传热冷却效果，有时也设计为略微粗壮。

此外，气门孔直径 d_i 为气门头部直径的 0.84 倍，即 $d_i=0.84d_v$，气门升程 h_v 由气门通过面积（气门座通过面积）与气门孔面积相同的条件下决定。表 7-1 显示了燃烧室类型和允许的气门直径。

表 7-1　燃烧室类型和允许气门直径

		楔形	半球形	盆形	篷形（4 气门类型）
气门头直径 d_v	进气系统 $d_{v,s}$	$0.43\sim0.52B$	$0.48\sim0.57B$	$0.42\sim0.44B$	$0.35\sim0.37B$
	排气系统 $d_{v,e}$	$0.35\sim0.37B$	$0.41\sim0.43B$	$0.34\sim0.37B$	$0.28\sim0.32B$
气门座宽度 b	进气系统	$0.03\sim0.07d_{v,s}$			
	排气系统	$0.03\sim0.1d_{v,e}$			
气门座角度 α		30°或 45°			
气门杆直径 d_0		$0.2\sim0.3d_v$			
气门孔直径 d_i		$0.84d_v$			

2. 气门驱动机构

气门驱动机构多采用顶置类型，分为顶置气门类型和顶置凸轮类型，如图 7-2 所示。顶置气门（OHV）的气门驱动机构由凸轮、凸轮轴、挺杆、推杆、摇臂、气门弹簧和气门组成，并由曲轴带动凸轮轴旋转。此类型凸轮轴设置在气缸体上，驱动较简便，制造费用也较经济。V 型发动机在两侧气缸排之间仅配备一个凸轮轴就能解决问题，因此比较合适。

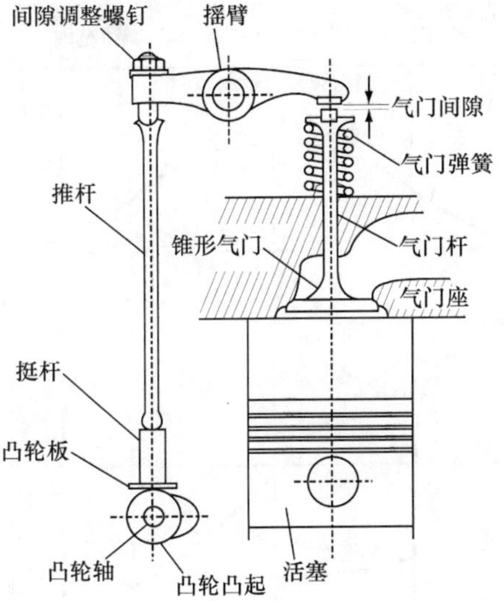

a) OHV类型

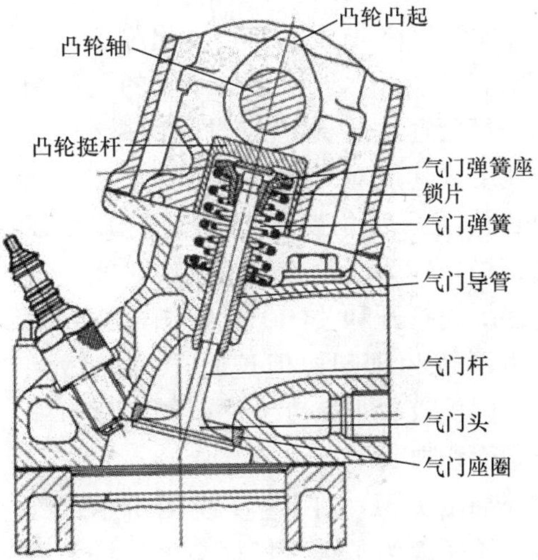

b) OHC类型(直接驱动式)

图 7-2　气门驱动机构

顶置凸轮（OH）是在气缸盖上配置凸轮轴的类型，包括凸轮通过挺杆或从动件凹头直接驱动和凸轮通过摇臂的间接驱动。调整气门间隙时，摇臂类为调整枢轴高度，挺杆类为调节调整垫片。弹簧座圈通过锥形分离锁片与气门杆进行连接。气门导管是压入气缸盖的，如有磨损可以进行更换。为了降低铝合金气缸盖的磨损，使用气门座圈。顶置凸轮式虽然设计较复杂，制造费用也较贵，但摩擦损失小，无推杆容易控制气门运动的优点很显著。尤其是直接驱动类型与间接驱动类型相比，因没有摇臂枢轴，可用较小的驱动转矩进行驱动。

① 机械式。凸轮轴旋转力通过推杆、摇臂或挺杆克服弹簧力打开气门的类型称为机械式。如图 7-2 所示为机械式气门驱动机构。

② 油压式。气门通常通过机械力驱动，此外还可以通过油压（液压挺杆）驱动。液压挺杆设计为气门传动机构保持最佳的气门间隙。采用液压挺杆可以自动调整气门间隙，在机油的作用下，在气门运动开始的初期可以起到缓冲作用，因此可以设计加快气门打开速度的凸轮形状。但也存在很多缺点，如气门黏附在打开状

态、气门运动不确定或如不采用滚轮挺杆摩擦损失就会增大等。

3. 气门、凸轮的运动

（1）凸轮运动 理论上，气门运动与凸轮和挺杆几何学形状有关。但实际气门运动因气门传动机构构成要素的质量和强度等问题，与凸轮运动稍有差异。虽然气门系统存在气门间隙，但在气门弹簧力的作用下，除了进气、排气行程外处于完全关闭状态。

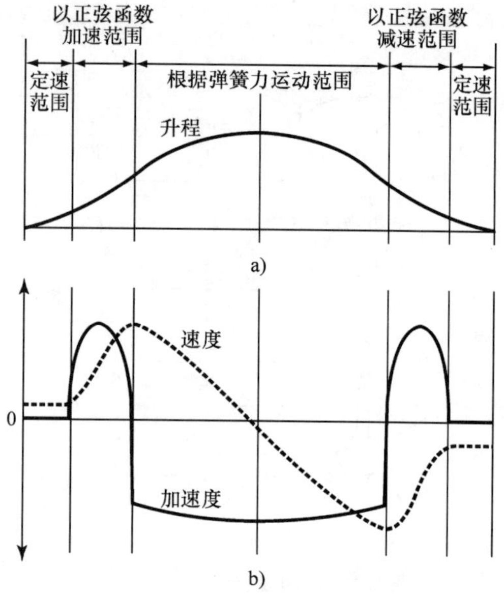

图 7-3 理论上的气门运动

a）升程 b）速度、加速度

气门的运动（升程、速度、加速度）如图 7-3 所示，可以看出除了运动初期和末期外，理论上与凸轮的运动相同。气门速度为升程对时间的微分值，加速度为速度对时间的微分值。图7-3a为凸轮随凸轮角度变化的气门升程线图，横坐标为凸轮旋转角度或时间。气门在瞬间打开和关闭，其线图成为直角四边形较为理想，但这是不可能做到的，因此仅在加速度允许范围内尽可能做到面积要大。

如图 7-3b 气门速度线图所示，气门初始速度为了缓冲挺杆与气门杆上端部之间的冲击，设计为一定的速度。这部分凸轮为了满足所有运行条件，制造了特殊的凸轮角（一定区间或一定凸轮角）。气门初始速度（冲击速度）通常在额定条件下（0.5m/s 以下）运行。

凸轮继续旋转，当凸轮旋转力大于气门弹簧力时，气门开始移动。此时，为了增加速度把凸轮的升程设计为正弦函数。气门速度随凸轮升程的增加而增加，然后开始减小，到了最大升程时速度为0，气门完全打开。气门速度的减小通过气门弹簧力的大小来决定。气门关闭的过程与此相反。

从外观设计上，随着凸轮的旋转，凸轮必须要获得这样的多种升程、速度、加速度等。这样设计的凸轮称为动力多项式凸轮。

（2）凸轮轮廓 气门通过凸轮的驱动打开，并通过气门弹簧关闭。气门的升程由凸轮轮廓和挺杆形状决定。凸轮设计为向气门提供一定的加速力，加速度能在瞬间发生变化。凸轮轮廓的设计主要是解决从 0 升程开始到最大升程过程中使用什么样的可变化函数的问题。这些函数可以用正弦波函数、多项式函数表示。如图 7-4 所示显示了多种形状凸轮轮廓。

① 基本型。如图 7-4 所示为基本型凸轮轮廓。在图中，a 为基圆，b 为凸轮腹，c 为凸起，α 为压力角。通常，凸起为圆弧形状，凸轮腹为直线或圆弧形状。

这些方面有如下类型。

切线凸轮：把基圆与凸起圆以切线进行连接，与滚子从动件（滚轮挺杆）组合使用在低速发动机上，如图 7-4a 所示。

圆弧凸轮：凸轮腹为凸面的（图 7-4b）和凹面的（图 7-4c）两种。凸面的圆弧凸轮与平面或曲面从动件（挺杆）组合使用在小型、高速发动机上，称为谐和凸轮。凹面的圆弧凸轮与滚子从动件组合使用在低速发动机上。

恒定加速度凸轮：获得恒定加速度、减速度的升程曲线由两种抛物线组合，其凸轮轮廓为很复杂的曲线。

这些凸轮的升程、速度、加速度可以利用几何学进行计算得出，如图 7-5 所示。

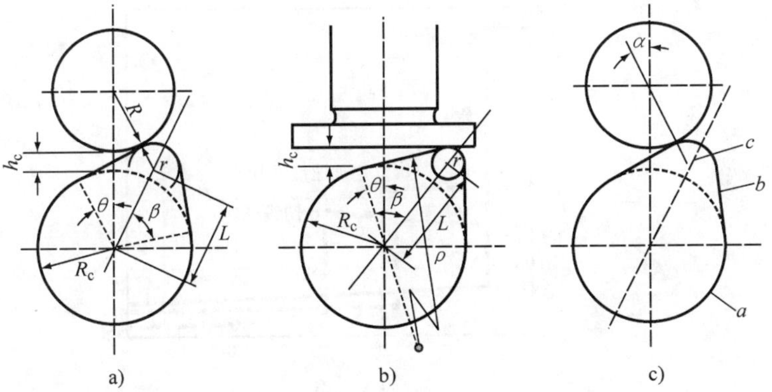

图 7-4　基本型凸轮轮廓

② 动力多项式凸轮。基本型凸轮因存在不连续加速度的范围，在高速领域气门机构受到的冲击会增大。实际凸轮是对基本型凸轮不断进行修正，并通过试错法设计为适当的形状。目前多采用动力多项式凸轮。

动力多项式凸轮为把凸轮轮廓的各项尺寸用多项式进行表达，以判定满足必要条件的常数、差数、系数，以及考虑凸轮轴、挺杆、推杆、摇臂和支撑件的弹性变形，即气门机构的弹性变形，以获得气门所必要的位移，并决定凸轮的轮廓。

气门驱动机构是由气门系统的运动质量和气门弹簧组成的运动系统，其固有振动频率较低，仅为数百赫兹。在顶置气门（OHV）的运动过程中，气门系统受到的作用力有质量惯性力、气体压力和气门系统装配相关惯性力矩等。如图 7-6 所示为顶置气门（OHV）机构的结构简图。气门系统的运动方程式如下。

$$m\frac{d^2y}{dx^2} = -k_s y - P_z - k_f(y - y_c) - P_{s0} \tag{7.1}$$

式中，k_s 为气门弹簧的弹簧常数；k_f 为气门机构的弹簧常数；P_z 为气体压力的作用力；P_{s0}为气门弹簧力；m 为气门的质量；y_c 为凸轮的变位，以如下式表示：

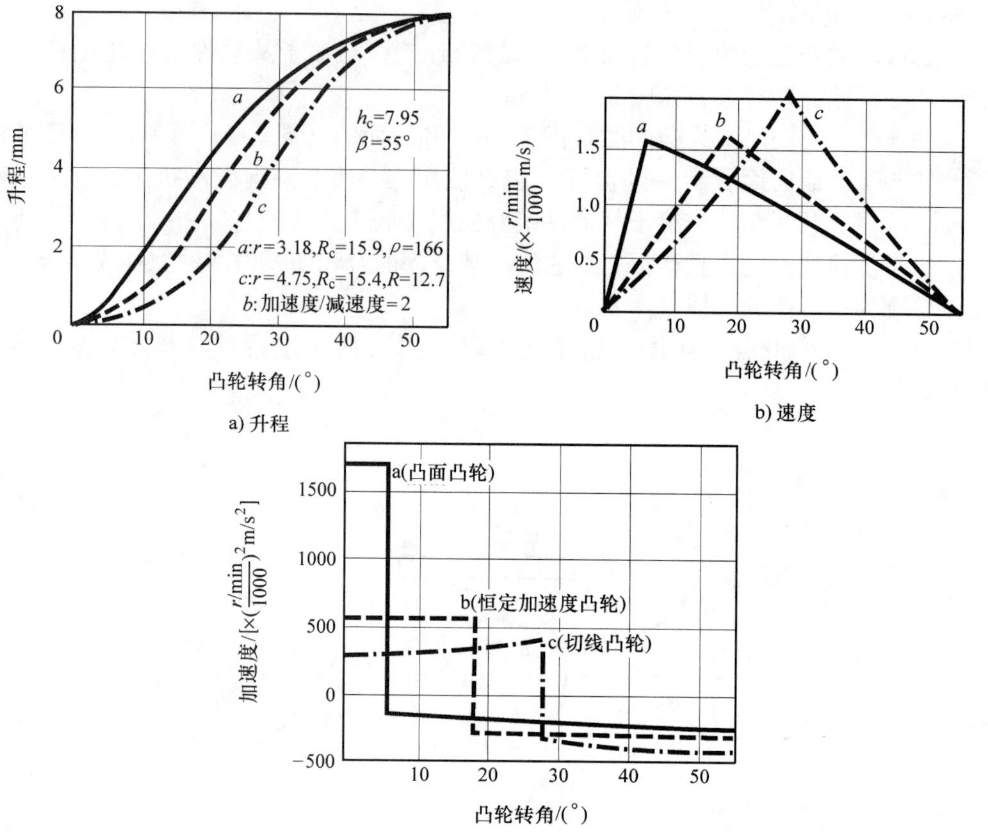

图 7-5　基本型凸轮的升程、速度、加速度比较

$$y_c = \frac{P_z + P_{s0}}{k_f} + \frac{k_s + k_f}{k_f} y + \frac{m}{k_f}(6n)^2 \frac{d^2 y}{d\theta^2}$$

式中，m_1 为气门质量；m_s 为气门弹簧和弹簧座圈质量；m_2 为挺杆、推杆、间隙调整螺栓等的总质量；I_a 为用摇臂支撑气门系统的惯性力矩；I_c 为支撑凸轮的惯性力矩；n 为凸轮轴转速。

如果考虑气门间隙 c，则凸轮位移可表示为

$$y_c = h_r + k_r y + \phi y'' \qquad (7.2)$$

式中，$h_r = c + \delta$，为缓冲曲线高度；$\delta = P_z + P_{s0}/k_f$，为初始负荷下的静态

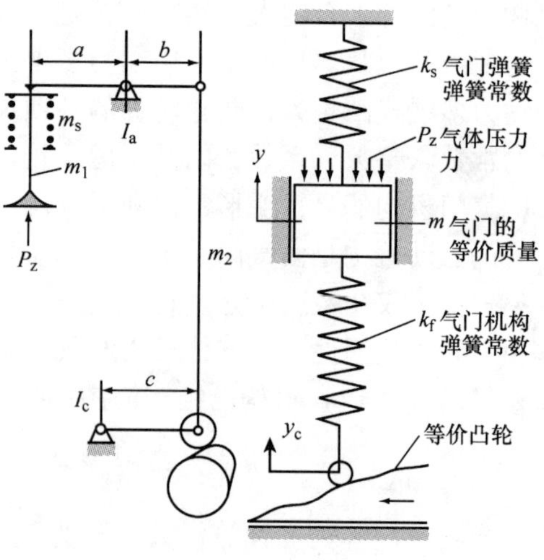

图 7-6　气门机构的结构简图

变形；$k_r = 1 + k_s/k_f$，为全气门机构的等价弹簧常数；$\phi = m\ (6n)^2/k_f$，为动态变形系数[(°)^2]。式（7.2）中的气门位移 y、加速度 y''，如果考虑对位移的多项式进行计算，可以求出凸轮的位移 y_c。以此计算出的凸轮曲线既不发生气门喘振，振动也很小，但此凸轮曲线上会出现在实际中无法制造的项。

（3）气门喘振　动力多项式凸轮的形状为凸轮角度的函数，即只要知道 $y_c = f(\theta)$，就可以求出气门的运动。气门运动是凸轮位移与气门系统的振动相重叠。在凸轮加速期间的 t_1 时间，如果气门系统的振动频率为 λ，则关系式为

$$\lambda = \frac{t_1}{2\pi}\frac{f}{n/60} \tag{7.3}$$

$$f = \frac{1}{2\pi}\sqrt{\frac{k_r}{m}} \tag{7.4}$$

式中，f 为气门系统的自然振动频率。

如图 7-7 所示为气门系统的振动频率为 $\lambda = 1$、2 时惯性力与弹簧力之间的关系。根据式（7.1），$k_f\ (y - y_c)$ 为作用在推杆上的力（仅 $P_z = 0$），此力从正（+）转为负（-）时，气门从凸轮脱离。这种气门跳动只在 $\lambda = 1$ 时出现。气门与凸轮相互脱离后，两者的运动各自分开进行，但气门会重新回到凸轮面上。此时，如果冲撞速度大，气门会重新弹跳脱离，出现反复气门跳动现象，把这种现象称为气门喘振（或气门冲击、气门跳动），如图 7-8 所示。如果此现象严重，会在气门完全关闭前一直冲击气门座，或使进气门、排气门打开/关闭时间发生变化，造成发动机性能降低。

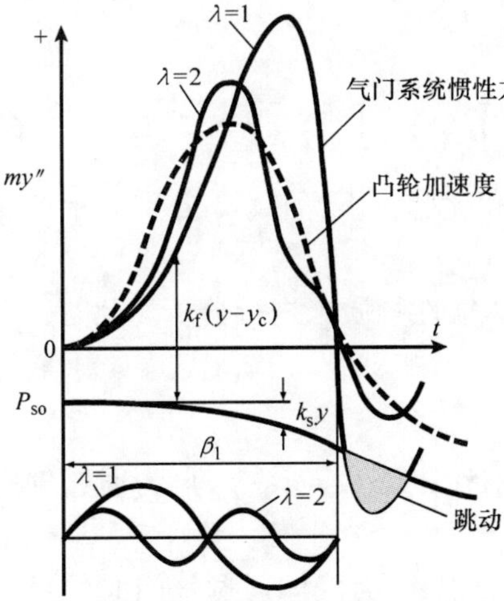

图 7-7　气门系统振动频率和跳动之间的关系

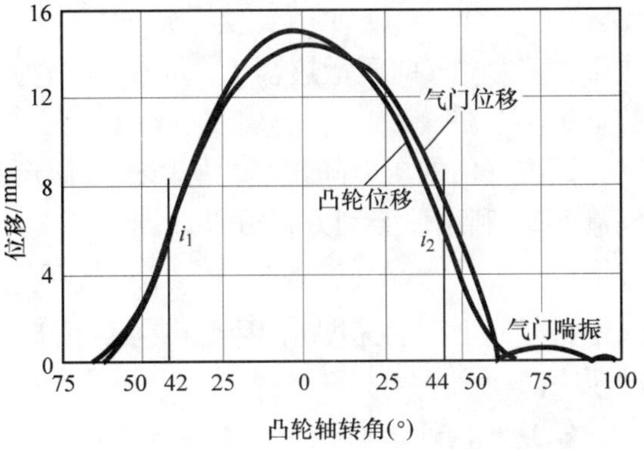

图 7-8　气门喘振

为了防止气门喘振，采用加大气门弹簧强度的方法不起多大效果，应尽可能增加气门机构的刚性，并尽可能减少气门的重量。当 $\lambda>2$ 时，没有发生气门跳动现象。动力多项式凸轮是在不产生气门跳动的条件下判定其形状，因此在规定的速度范围内没有气门跳动。

近年来，气门系统的质量分布已经成为模块化，利用计算机分析气门的运动，可以预测随速度变化的气门系统的反应。模块参数不仅包含气门系统的刚性，还包括凸轮轴驱动强度、凸轮轴扭转刚度、发动机结构上凸轮轴的装配刚度、摇臂刚度等，另外为了防止发生共振，也考虑了阻尼因素。

7.1.3 进气门/排气门的气体流动

发动机的容积效率与气门的大小、数量和气门正时等有关。下面分析气门的空气流动特性，以分析对容积效率的影响因素。

1. 气门通过流量

为了掌握提高容积效率的气门空气流动特性，首先要正确计算通过气门的空气量。图7-9所示为通过气门的空气流动。通过气门的空气质量流量 $\dot{m}$（kg/s）以“流量系数×面积×速度×密度”进行计算，即

$$\dot{m}=C_{\mathrm{D}}Au\rho \tag{7.5}$$

式中，C_{D} 为流量系数；A（m^2）为气门通道端面积；u（m/s）为空气流速；ρ（$\mathrm{kg/m^3}$）为空气密度。

（1）空气流速　假设气门前后压力相同的状态下，通过气门以正常压缩性流动时的空气流速 u_2（$=u$）为

$$u_2=\sqrt{2\frac{\kappa}{\kappa-1}p_1v_1\left[1-\left(\frac{p_2}{p_1}\right)^{(\kappa-1)/\kappa}\right]} \tag{7.6}$$

式中，κ 为空气的质量热容比；p，v 分别为压力和比容，下标1、2分别表示气门的上游和下游。

因进气门的压力降较小，所以通常假定为非压缩性物质来进行分析。此时，空气流速 u_2 利用伯努利方程可以计算为

$$u_2=\sqrt{(2\Delta p/\rho)} \tag{7.7}$$

式中，气门上游的速度 u_1 因比 u_2 小，所以忽略不计；Δp（$=p_1-p_2$）为通过气门的压力降。

（2）气门通道面积、升程　气体通过气门的面积 A_{v} 为气体通过气门时的最小端面积。这是在图7-9a中显示的 AC 之间的面积，随气门升程 h_{v}（或曲轴转角 θ）的变化而发生很大的改变，其计算式为

$$A_{\mathrm{v}}(\theta)=\pi d_{\mathrm{v}}h_{\mathrm{v}}\cos\alpha \tag{7.8}$$

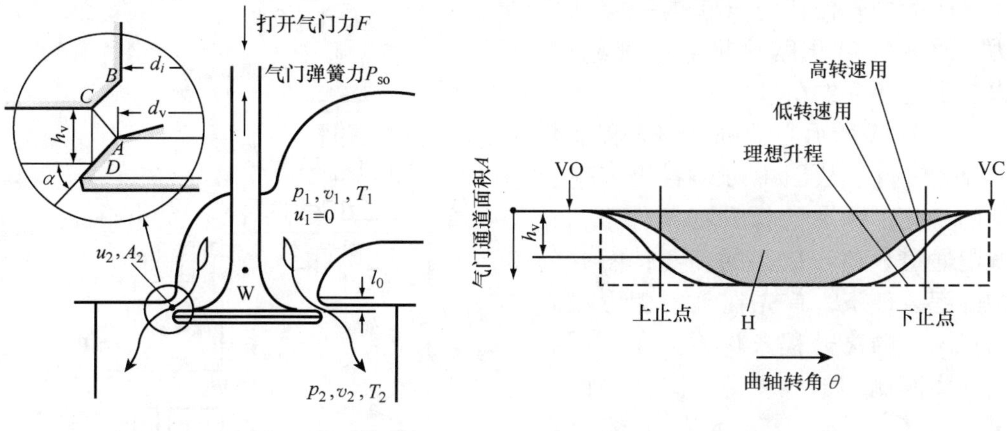

a) 气门周围流动　　　　b) 曲轴转角-气门升程曲线

图7-9　通过气门的气体流动

因气门通道面积A_v（θ）随气门升程的改变而发生变化，因此取用随进气门、排气门打开曲轴转角$\Delta\theta$（$=\theta_2-\theta_1$）的平均值，即平均气门通道面积A_m。

$$A_m = \frac{1}{\Delta\theta}\int_{\theta_1}^{\theta_2} A_v(\theta)\,\mathrm{d}\theta \tag{7.9}$$

式中，θ_1、θ_2分别为气门打开和关闭时的曲轴转角（℃A）。

气门升程h_v通常在气门通道面积A_v与气门孔面积A_p相同的条件下决定。气门通道面积见式（7.8），气门孔面积为$A_v=\pi(d_i^2-d_0^2)/4$，因此下式成立：

$$\pi d_v h_v \cos\alpha = \pi(d_i^2-d_0^2)/4$$

式中，d_i为气门孔直径；d_0为气门杆直径。在上述公式中，如果$d_0=0.2d_i$，气门升程h_v为气门座角度$\alpha=45°$时，$h_v\approx0.3d_i$，$\alpha=30°$时，$h_v\approx0.25d_i$。

要增大实际进气量，气门直径d_v和升程d_v要增大。但是，气门直径d_v受到端口直径d_i（或气缸内径B）的限制，另外即使加大升程h_v，也不会增加空气流量，反而因加速度增加而不能稳定运行。因此，在高速状态升程为$h_v\approx0.25d_i$，在低速状态下升程为$h_v\approx0.3d_i$较为良好。这也就是采用可变气门正时机构的理由。

（3）流量系数　流量系数C_D是流体有效流动面积A_e与总通道面积A之间的比值，即

$$C_D = \frac{A_e}{A} \tag{7.10}$$

因空气流通过气门的端面积随气门升程的不同而发生变化，所以空气流通道面积（计算面积）有多种定义。这里有气门升程面积$A=\pi d_v h_v$、气门端口面积$A=\pi d_i^2/4$、气门头面积$A=\pi d_v^2/4$、气门最小流通面积等。其中使用最多的是气门升程面积，因为它与气门升程呈直线关系，在计算中应用很便利。

① 流量系数测定值。进气门、排气门流量系数的测量实验装置如图7-10所

示。实验中，保持空气箱内一定的压力，改变气门升程并测量空气流量，以求出流量系数 C_D。

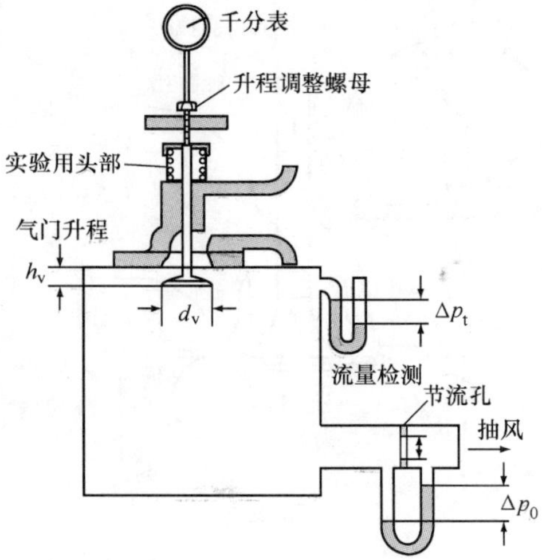

图 7-10　流量系数测量实验装置

图 7-11 所示为随进气门升程变化的流动特性。从图中可以看出气体流动的变化：图 a 的低升程条件下，在气门通道入口形成小的剥离；图 b 的中升程条件下，首先在气门侧形成剥离；图 c 的高升程条件下，在气门和气门座两侧均形成剥离；图 d 中的流量系数 C_D（$=A_e/\pi h_v d_v$）大体上在 0.6 附近。在低升程、中升程条件下，随着升程的增加流量系数也随之增加，然而在高升程条件下，随着升程的增加，因剥离现象越来越大，流量系数反而会降低。

对于进气门的形状，为了最小化流动阻力，要尽可能最小化气门座的宽度，气门头上部倒角 β 为 10°，气门座角度 α 为 30°，以及将气门与气门座之间的倒角部分做成圆角。另外，在一定的气门升程下影响流量系数的雷诺数小到可以忽略的地步。

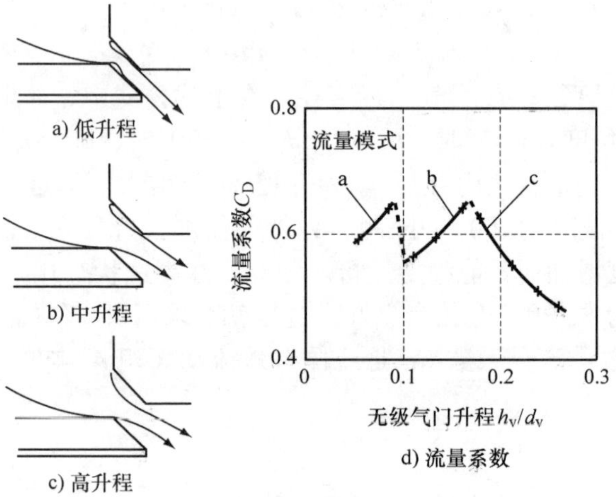

图 7-11　进气门的流动特性

排气门的升程对流动特性的影响如图 7-12 所示。在图中，上部曲线为压力比为 p_2/p_1（p_1 为气缸侧的压力，p_2 为排气侧的压力）0.99、下部曲线为 0.606 时的流量系数。流量系数随之气门升程的增加近似地在 0.7 附近变化，随之压力比的

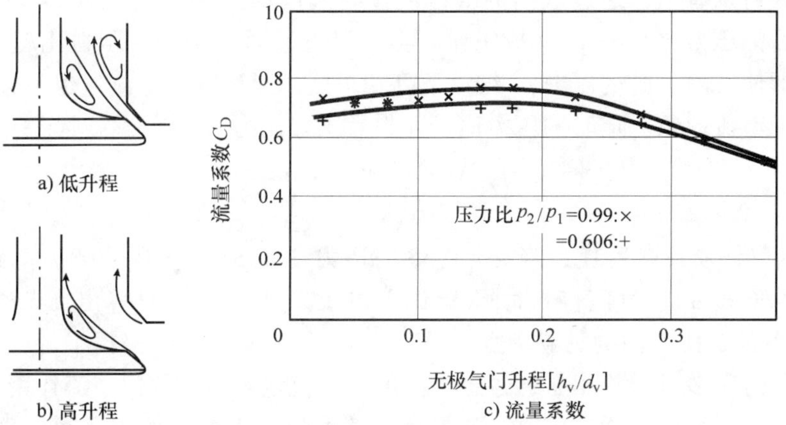

图 7-12　排气门的流动特性

变化也几乎表现为相似。这表示，虽然排气门的前后压力比（或压力降）远大于进气门的前后压力比，但压力比和升程对流量系数的影响微乎其微。因此，排气门的设计没有像进气门的设计那样敏感，气门座角度为 30°～40°范围。通常，流量系数（或静态流量系数）以一定的通道面积下的正常流动来定义，但像进气门、排气门的升程随时间发生变化的情况下，其求得的流量系数与在静态条件下求得的流量系数大有不同。因此，进气门、排气门的流量系数应以动态流量系数来定义并进行计算。

② 动态流量系数。动态流量系数（或动态平均流量系数）$C_{D,m}$ 为从进气门开始打开到关闭为止的流量系数，如果设定气门的通道面积为 A_v，进气行程中气门通道的平均面积为 A_m，以下式进行定义：

$$C_{D,m} = \frac{A_m}{A_v} = \frac{1}{A_v \Delta\theta}\int_{\theta_1}^{\theta_2} A_v(\theta)\,d\theta \tag{7.11}$$

式中，气门通道平均面积 A_m 可通过式（7.9）得出。另外，气门通道面积 A_v 是在气门升程面积（$\pi d_v h_v$）、气门端口面积（$\pi d_i^2/4$）、气门头面积（$\pi d_v^2/4$）和气门最小通道面积中选择一种使用。

例如，汽车用发动机如果输出功率为 40～65kW，转速为 4500～5000r/min，气门通道面积 A_v 通过气门头面积（$\pi d_v^2/4$）进行计算，则其动态平均流量系数 $C_{D,m}$ 为 0.26～0.3。

（4）通过气门的流量　进气、排气期间，在 Δt 时间内每一循环进入和排出气缸的气体质量流量 m，在式（7.6）中代入在前面求得的速度 u、端面积 A、动态流量系数 $C_{D,m}$，可以推导出

$$m = \dot{m}\Delta t = C_{D,m}A_v\sqrt{2\frac{\kappa}{\kappa-1}p_1\rho_1\left[1-\left(\frac{p_2}{p_1}\right)^{(\kappa-1)/\kappa}\right]}\Delta t \tag{7.12}$$

从上式可以看出，通过气门的气体流量与气门通道平均面积 $A_m = (C_{D,m}A_v)$ 和气门前后的压力比（p_2/p_1）成正比。当气门通道面积一定，压力比超过临界压力比时，即使气门下游的压力 p_2 继续下降到很低，通过气门的流量也不会再增加，而且会发生节流现象。这时的压力比，即临界压力比为

$$\left(\frac{p_2}{p_1}\right)_\sigma = \left(\frac{2}{\kappa+1}\right)^{\frac{\kappa}{\kappa-1}} \tag{7.13}$$

式中，κ 为气体质量热容比，当 $\kappa = 1.35$ 时压力比为 $p_2/p_1 = 0.5368$。把此值和气门通道平均面积 A_m、气门打开时间 Δt 代入式（7.12），可以计算出临界流量。

2. 进气门、排气门的马赫指数

泰勒通过很多试验指出了通过进气门的空气流量虽然进气门节流作用的影响最大，但当进气系统的压力一定时，如果进气速度过大，容积效率反而会急剧减小。他把这种流动现象依据进气速度特定为进气门马赫指数与 Z_s 与容积效率之间的关系。

活塞下降时通过进气门的质量流量率与气缸内的质量流量率，通过连续式可推导出

$$A_m \times u_s = \frac{\pi}{4}d_p^2 \times u_p \tag{7.14}$$

式中，A_m 为进气行程中气门通道平均面积；u_s 为通过进气门的空气流速；u_p 为活塞平均速度，$u_p = Sn/30$，（S 为行程，n 为发动机转速）；d_p 为活塞直径（或气缸内径 B）。通过式（7.14）和式（7.11）可以推导出

$$u_s = \frac{\frac{\pi}{4}d_p^2 \times u_p}{A_v C_{D,m}} = \frac{\frac{\pi}{4}d_p^2 u_p}{\frac{\pi}{4}d_{v,s}^2 C_{D,m}} = \frac{u_p}{C_{D,m}}\left(\frac{d_p}{d_{v,s}}\right)^2 \tag{7.15}$$

式中，气门通道面积 A_v 使用了气门头面积（$\pi d_{v,s}^2/4$）。

进气门马赫指数 Z_s 定义为进气门空气流速 u_s 与对应进气温度的音速 a_s 之间的比值，是决定容积效率变化的重要无量纲数。

$$Z_s = \frac{u_s}{a_s} = \frac{1}{C_{D,m}} \frac{u_p}{a_s}\left(\frac{d_p}{d_{v,s}}\right)^2 \tag{7.16}$$

式中，a_s 为进气音速（$=\sqrt{\kappa RT}$）；$d_{v,s}$ 为进气门的外径；$C_{D,m}$ 为进气门的动态平均流量系数。在上式中，使用进气音速是为了把进气马赫指数无量纲化。

泰勒在试验中获得的进气门马赫指数 Z_s 与容积效率 η_v 之间的关系如图 7-13 所示。从图中可以看出，$Z_s \leqslant 0.5$（音速的 1/2，约 170m/s）时容积效率 η_v 的变化量小，得到最大值就可以获得高输出功率，但如果 Z_s 超过 0.5，η_v 会显著降低。泰勒指出在静态气门状态，容积效率仅为马赫指数的函数，在设计发动机时，其马赫指数不要超过 0.6。在上式中，$C_{D,m}$ 值为 0.3 ~ 0.4。

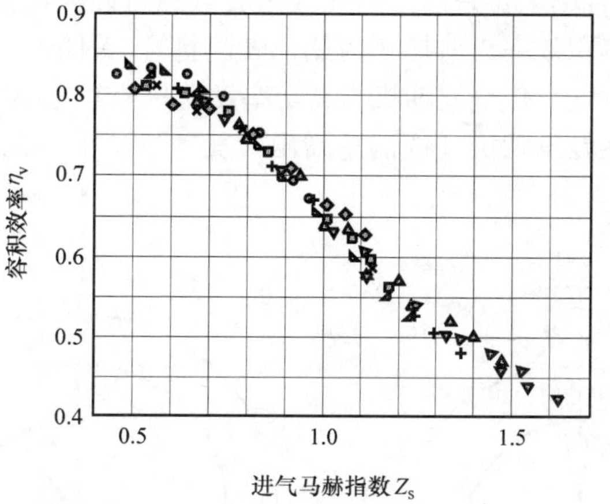

图7-13 进气马赫指数与容积效率之间的关系

通常，通过进气门和排气门的空气流速 u_s、u_e 设计为：u_s 不超过60~70m/s、u_e 不超过90~100m/s。发动机的平均有效压力在通过进气门的空气流速为 u_s = 40~50m/s时最大。即，发动机在此速度时能获得最大容积效率 η_v，以此求得进气门直径 $d_{v,s}$和升程 h_v。例如，小型陆上用发动机为75m/s，大型陆上用发动机为37m/s，汽车发动机为45m/s，飞机活塞式发动机为75m/s左右。

排气马赫指数 Z_e 与进气门马赫指数相对应，定义为

$$Z_e = \frac{1}{C_{D,m}} \frac{u_p}{a_e} \left(\frac{d_p}{d_{v,e}} \right)^2 \tag{7.17}$$

式中，a_e 为排出气体的音速；$d_{v,e}$为排气门的外径；$C_{D,m}$为排气门的平均流量系数。把进气门马赫指数式（7.16）与排气门马赫指数式（7.17）之比值称为流量比。

$$\gamma = \frac{Z_s}{Z_e} = \frac{a_e}{a_s} \frac{C_e}{C_s} \left(\frac{d_{v,e}}{d_{v,s}} \right)^2 \tag{7.18}$$

因排气温度较高，所以排出气体的音速 a_e 高于进入气体的音速 a_s，并且排气门前后的压力差大于进气门，因此即使排气门的直径 $d_{v,e}$小于进气门的直径 $d_{v,s}$，容积效率 η_v 不会降低。但是，如果排气门的直径过小，则因排气压力的增加会导致残留废气量增加，反而会降低容积效率。

7.1.4 气门的开闭时刻

换气过程是尽可能把气体在小阻力下吸入和排出的过程，因此气门的打开/关闭时刻非常重要。气门打开/关闭时刻（气门正时）不仅与容积效率有关，与减压排放、泵气损失、气门重叠量的残留废气量有密切的关系，因此对发动机的输出功率性能、燃油消耗性能和排气性能具有很大的影响。

气门打开/关闭时刻主要是选择向气缸内吸入尽可能多的空气，即有效利用气体的运动能量提高容积效率为前提。为此，气门打开/关闭时刻不仅与发动机的转速和负荷的不同而改变，传统发动机与高功率发动机相互也不同。小重叠量传统发动机与大重叠量高性能发动机（或涡轮增压式发动机）的气门打开/关闭时刻线图如图 7-14 所示。

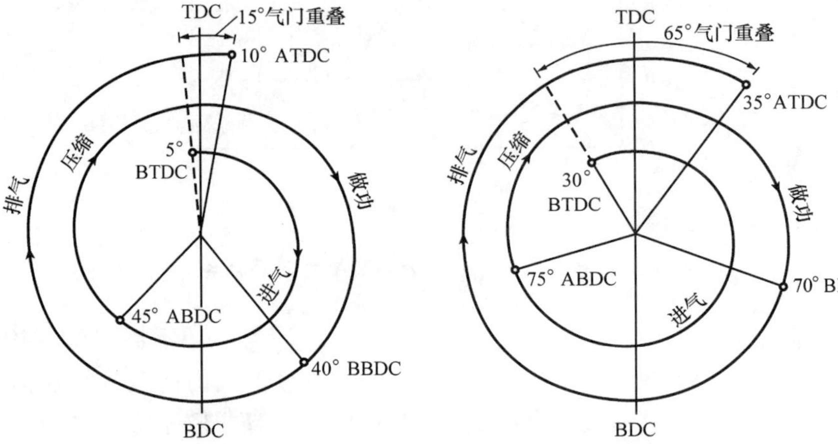

a) 传统发动机　　b) 高功率发动机

图 7-14　气门打开/关闭时刻

高功率发动机在高转速条件下，气门打开/关闭持续时间短，气体的运动能量大，为了增大进气量，应采用大的气门重叠量。如果气门重叠量大，尤其是在高转速条件下，可以更好地利用惯性增压效果的有利点。涡轮增压式发动机也设计为大气门重叠量。多种汽油机的气门打开/关闭时刻见表 7-2。

（1）进气门的打开时刻　在进气行程利用气缸内的负压向气缸内吸入空气。进气门前后的压力差较小，流速也低。在气门打开的初期，空气的流通面积小，压力差也小，因此在 15℃A 左右期间没有气体的流动，把此角度称为无效角。因此，以无效角相同量提早打开进气门，并延迟关闭排气门。

传统发动机的进气门的打开时刻（IVO）约为上止点前（BTDC）5℃A，因此在上止点前打开，使进气行程开始时有效空气流通面积变大。涡轮增压式发动机的进气系统内压力大于气缸内压力和排气系统内压力，因此在上止点前（BTDC）30℃A 左右提早打开进气门，提高容积效率。如果传统发动机过早打开进气门，在节气门的节流作用下，进气系统内压力低于排气系统内压力，会使燃烧气体逆流进入气缸，使残留废气量增加。气缸内残留废气量的增加会导致燃烧变化，这种现象在点燃式发动机上很明显。

表 7-2　汽油机的气门打开/关闭时刻

	传统发动机	高功率发动机	F－1 发动机（NASCAR*）
进气门的打开时刻［上止点前（BTDC）℃A］	3	20	60
进气门的关闭时刻［下止点后（ABDC）℃A］	47	50	70
排气门的打开时刻［下止点前（BBDC）℃A］	47	60	90
排气门的关闭时刻［上止点后（ATDC）℃A］	3	10	40
输出功率 $\dot{W}_e$/kW	179	261	447
转速 n/（r/min）	4500	5500	8500

*NASCAR：美国赛车协会联盟。

（2）进气门的关闭时刻　进气门的关闭时刻（IVC）为传统发动机在下止点后（ABDC）30°～60℃A，越是高功率发动机越延迟关闭。F－1 赛车用进气门的关闭时刻为下止点后（ABDC）70°～90℃A。

忽略进气门的关闭时刻影响容积效率的压缩性和动态效果的简单模型结果如图 7-15 所示。活塞平均速度因与发动机的大小无关显示发动机转速，因此以变量使用。从图中可以看出，在低速状态下，如果延迟进气门的关闭时刻，容积效率会降低；在高速条件下，如果提前进气门的关闭时刻，容积效率会大幅度降低，这会限制发动机的最大输出功率。

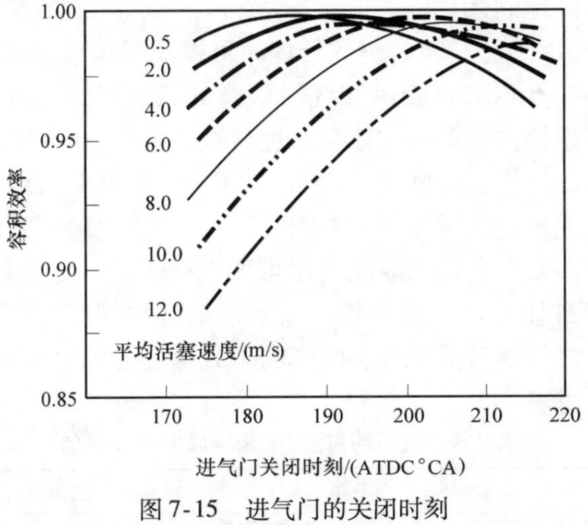

图 7-15　进气门的关闭时刻

（3）排气门的打开时刻　排气门打开初期，气缸内的压力高，排气系统内的压力在临界压力以下，因此燃烧气体从排气门以音速排出。排气系统内的压力在排出燃烧气体的作用下会上升，两者的压力差会减小。因此，燃烧气体在排气行程初期在燃烧气体压力的作用下排出，其后在上升活塞的驱赶下排出。把前者称为减压排放，把后者称为压缩排放。

排气门打开时刻（EVO）的设计为，在低速发动机上延迟以增大膨胀功，在高速发动机上提前。因排气门提前打开导致的减压排放损失（膨胀功减小）通过排气行程泵气功的减小来补偿。涡轮增压式发动机在提早打开排气门时导致的膨胀功的减小，通过涡轮回收排气能量来进行补偿。排气门的打开时刻（EVO）通常为下止点前（BBDC）40°～60℃A。

（4）排气门的关闭时刻　为了缩短气门重叠量，排气门的关闭时刻（EVC）通常为上止点后（ATDC）5°～20℃A，越是高性能发动机越会延迟关闭。排气门的关闭时刻（EVC）越迟，残留废气量就会越多，端口喷射汽油机喷射的燃料会直接通过排气系统排出。涡轮增压式发动机的增压压力越高，排气门的关闭时刻就会越延迟。

（5）气门重叠　气门重叠是进气门与排气门都处于打开的期间。进气时为了充分利用混合气的惯性力，在活塞到达上止点前打开进气门，排气时为了充分排放燃烧气体，以提高容积效率，在活塞到达上止点后关闭排气门，因而在活塞上止点前后存在进气门、排气门均处于打开状态的范围，即气门重叠区域。

通常，气门重叠量的设计是以增加新气量（或提高容积效率）为目的的。图7-14a所示为小气门重叠量传统发动机的气门正时线图，气门重叠量约为15℃A；图b是大气门重叠量高功率汽油机的气门正时线图，气门重叠量约为65℃A。尤其是，赛车用发动机的气门重叠量约为120℃A，采用较大的量。气门重叠量大，在高转速状态可以很好地利用动态效果，排气行程时可以利用排气系统内的气流惯性，促进废气的排放（或扫气），进气行程时可以获得脉动效应，提高容积效率。

内部废气再循环（EGR）表示在气门重叠的状态因进气系统内压力低于排气系统内压力，排气系统内的排放气体会通过气缸逆流到进气系统的现象。这区别于把排气系统内的排放气体通过废气再循环（EGR）导管引入到进气系统的外部废气再循环（EGR）系统。内部废气再循环（EGR）量随进气系统内负压的大小和气门重叠量的改变而发生变化，因此利用可变气门正时（CVVT）系统，根据发动机的运行条件设置最佳的气门重叠量，以通过最佳内部废气再循环（EGR）量提高输出功率性能，降低燃料消耗率和废气的排放量。各种运行领域内气门的打开和关闭持续时间需求见表7-3。

表7-3　气门的打开/关闭持续时间需求值

项目	重叠量	进气门的关闭时刻	升程量
怠速稳定性、燃料经济性	小	提前	小
部分负荷燃料消耗率	小-中	提前（延迟）	小-中
低速、中速转矩	小-中	提前	中
最大输出功率	大	延迟	大

7.1.5　进气/排气系统动态增压

在提高容积效率方面，如同气门打开/关闭时刻等静态改善，在设计层面上具有局限性，现在正在使用的技术是利用进气、排气系统内压力波的动态增压。动态增压是，把进气门、排气门间歇打开和关闭时产生的压力振动（压力波相位），与进气门、排气门的打开时刻相对应，以获得增压效果的方式。

动态增压效果方面有，在发生压力振动（压力波）的循环中直接影响进气过程的惯性效应，在其后的循环中影响进气过程的脉动效应。实际发动机配备有为了获得动态增压效果的最佳进气系统，即根据低速或高速条件改变进气系统长度的可变进气系统。动态增压效果不但在四冲程发动机上应用，在二冲程发动机上同样也可以应用，是提高容积效率（或输出功率）的重要因素。

1. 基本原理

用起动机起动发动机，把进气系统的长度在 $L_s=0\sim3.5\text{m}$ 范围内改变测量的容积效率如图 7-16 所示。可以看出，容积效率与无进气系统（进气系统长度为 0 的状态）相比，有进气系统时更高，并随着进气系统长度（或转速）的变化，存在达到最大容积效率的转速（或进气系统长度）。尤其是在进气系统的长度较长的 2.5m、3.5m 上，随着转速的变化，容积效率的变化很大。这样的现象可以用进气系统内气柱的振动和气门正时周期之间的关系进行说明。

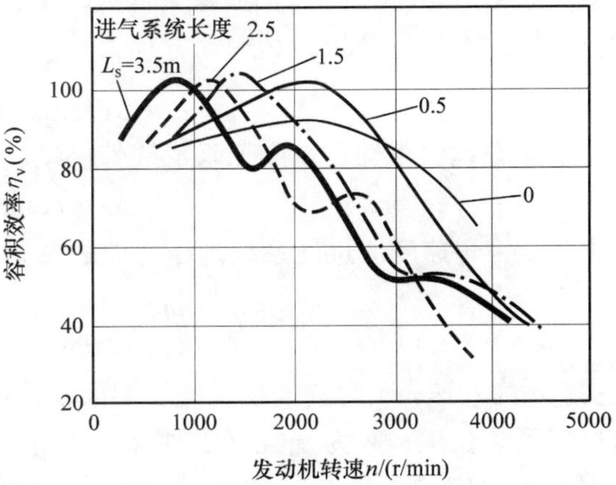

图 7-16　进气系统长度与容积效率

按照对图 7-17 所示的进气系统长度为 L、气缸容积为 V 的进气系统和发动机模型进行分析。进气系统内气体的容积如同弹簧来回发生改变。加入气体时被压缩，压力上升时要放出气体。

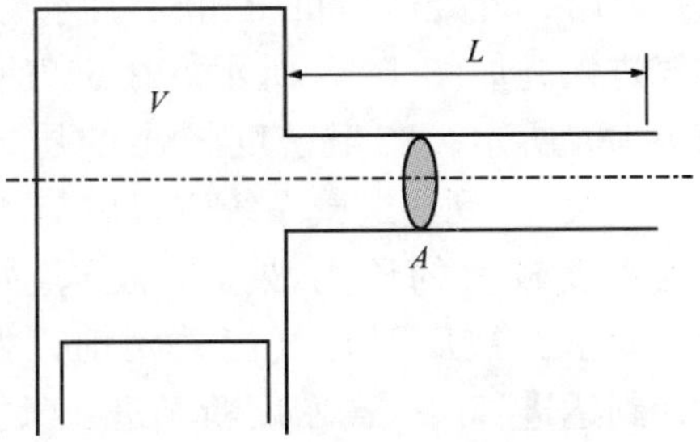

图 7-17　气缸和进气系统模型

假设把进气系统内的气柱推入到气缸内移动了 Δx。气缸内增加的质量 Δm 可以表示为

$$\Delta m=\rho A\Delta x \tag{R1}$$

气缸内密度变化 $\Delta\rho$ 表示为

$$\Delta\rho = \frac{\Delta m}{V} \tag{R2}$$

气体的音速 a 以等熵变化可以用采用下式。

$$\left(\frac{\Delta p}{\Delta \rho}\right)_s = a^2 \tag{7.19}$$

式中，下标 s 表示等熵变化。

根据压力的增加产生的力 ΔF 利用式（7.20）的 Δp，以及式（R1）和式（R2），可以得出

$$\begin{aligned}\Delta F &= \Delta pA = a^2\Delta\rho A \\ &= \left(\frac{a^2A^2\rho}{V}\right)\Delta x = \kappa\Delta x\end{aligned} \tag{7.20}$$

式中，把 κ（$=a^2A^2\rho/V$）当成弹簧常数，可以按照进气系统内气体质量 m（$=\rho AL$）的自由振动来进行分析，其运动方程为

$$m\Delta\ddot{x} - \kappa\Delta x = 0 \tag{7.21}$$

上述方程为单纯自由度无阻尼线性振动，方程的解为

$$\Delta x \propto \cos\omega t$$

式中，ω 为角速度。进气系统内压力波的频率 f_s 以下式进行计算：

$$f_s = \frac{\omega}{2\pi} = \frac{1}{2\pi}\sqrt{\frac{\kappa}{m}} = \frac{a}{2\pi}\sqrt{\frac{A}{VL}} \tag{7.22}$$

式中，a 为音速；A 为进气系统通道端面积；L 为进气系统长度；V 为气缸（共鸣器）容积。最大惯性效应的条件是，进气时间 t_s 与压力波频率 f_s 相同时，即 $t_s = 1/f_s$。

2. 惯性效应

现在分析空气进入到气缸内的过程。进气门打开时，此处产生负压和压力波，大气中的空气进入，如图 7-18 所示。在进气初期，如图 7-18a 所示，产生密度较小的压力波（小波、疏波），到达进气系统进口后与新气汇合，成为密度较大的压力波（密波），如图 b 所示。此密波被反射在气门关闭前，如图 c 所示，到达进气门，高密度新气进入气缸，以此容积效率 η_v 会提高。这称为惯性效应。

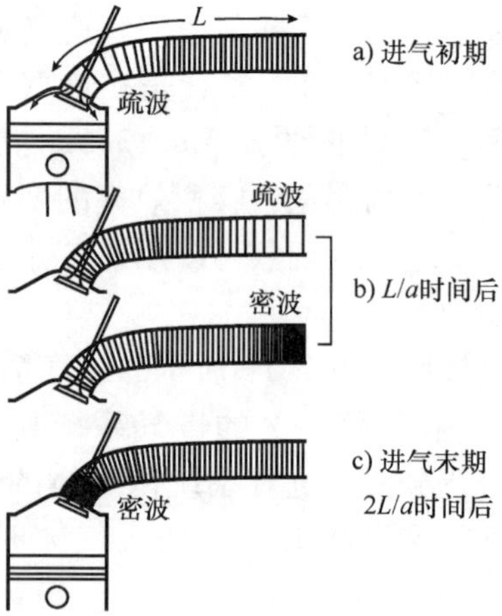

图 7-18　进气惯性效应的模型

对于惯性效应来说，进气系统的长度要短，压力波从进气门到进气系统入口并返回的时间 t 内，进气门（打开时间 t_s）应处于打开状态。即，在 $t < t_s$ 的条件下，可以获得惯性效应。如果进气系统长度过长，使压力波到入口并返回的时间 t 比进

气门开启时间 t_s 长，压力波会影响到下一循环，这称为脉动效应。

惯性效应在压力波（压力振动）从气门到达进气系统入口并返回的时间 t 等于进气门完全开启的时间 $t_s/2$ 时达到最大，即在下式成立时为最大：

$$t=\frac{t_s}{2} \tag{7.23}$$

式中，t_s 为进气时间；t 为压力波以音速 a 往返等价管长度 L_s 的时间，为

$$t_s=\frac{60}{n}\frac{\theta_s}{360}=\frac{\theta_s}{6n} \tag{7.24}$$

$$t=\frac{2L_s}{a} \tag{7.25}$$

利用式（7.24）和式（7.25）转换为等价管长度式，推导出

$$L_s=\frac{ta}{2}=\frac{t_s a}{4}=\frac{a\theta_s}{24n}\approx\frac{3400}{n} \tag{7.26}$$

式中，a 为音速，约为 340m/s；n 为发动机转速（r/min）；θ_s 为进气门有效开启角度（=气门开启角度 - 无效角度），最近的发动机上设定为 240℃A；L_s 也有与实际进气系统长度 L 相同的情况，在理论上为包括气缸容积的等价管长度。

在进气时间 t_s 与共鸣频率 f_s 之间的关系式 $t_s=1/f_s$ 中，如果以式（7.22）～式（7.25）进行分析，可以推导出下述等价管长度 L_s 式为

$$L_s=\frac{ta}{2}=\frac{t_s a}{4}=\frac{a}{4f_s}=\frac{a}{4}\frac{2\pi}{a}\sqrt{\frac{LV}{A}}=\frac{\pi}{2}\sqrt{\frac{LV}{A}} \tag{7.27}$$

式中，V 为工作容积（m^3）；L 和 A 分别为实际进气系统的长度（m）和端面积（m^2）。

可以获得惯性效应的发动机转速与进气系统长度之间的关系如图 7-19 所示。在图中可以看出，进气系统长度在高速时要短，在低速时要长，才能获得惯性效应。

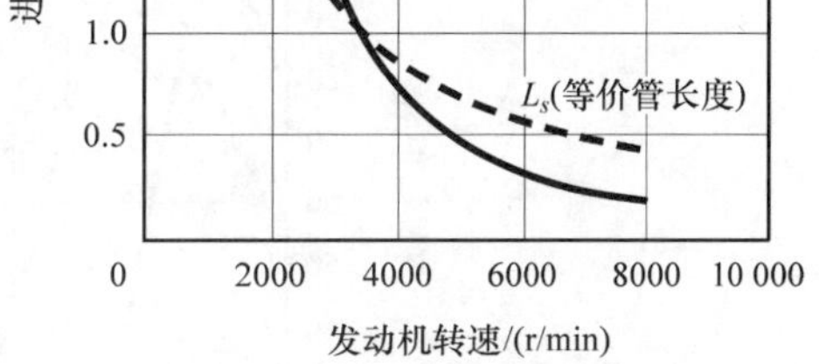

图 7-19　进气系统长度和发动机转速的关系

3. 脉动效应

惯性效应是利用在进气行程中返回气门附近的最初压力波产生的。如果进气系统的长度过长，使正压力波返回的时间 t 过长（$t>t_s$），或因发动机转速过高，使进气时间 t_s 过短，压力波会衰减剩下，并影响下一循环的进气/排气过程。即，如果正（+）压力波（密波）与下一进气门打开时间同步，容积效率会增加；如果与负压力波（疏波）同步，容积效率会降低。这称为脉动效应。

正、负压力波的重叠，用进气系统内压力波频率（进气系统内振动频率）f_s 与每秒钟进气次数 n_s（四冲程发动机为 $n/120$）的比值表达，如果把这定义为同步次数（或脉动次数）m，则同步次数为

$$m = \frac{f_s}{n_s} \approx \frac{\dfrac{a}{4L_s}}{\dfrac{n}{120}} = \frac{30a}{nL_s} \tag{7.28}$$

如果以动态增压效果条件把 $t_s/2$ 与 t 的比值称为 q，则 q 为

$$q = \frac{\dfrac{t_s}{2}}{t} = \frac{\dfrac{\theta_s}{6n}}{\dfrac{4L_s}{a}} = \frac{\theta_s}{720}\frac{30a}{nL_s} \tag{7.29}$$

在式（7.29）中代入式（7.28），并去掉两边的同项 L_s，可以得到

$$q = \left(\frac{\theta_s}{720}\right)m \tag{7.30}$$

因惯性效应在 $q=1$ 时最大，改变进气门的有效开启角度 θ_s（=气门开启角－无效角）：在式（7.24）中假设 θ_s（$=6nt_s$）为 180°，得出 $m=4$；假设 $\theta_s=240°$，得出 $m=3$。

通过试验获得的同步次数 m 分别为 1～5 的进气系统长度和容积效率相关数据曲线如图 7-20 所示。在图中可以看出，容积效率较高时，因同步次数与惯性效应相当，在脉动效应 $m=1.5$、2.5 附近与正压相位一致，表现为正效果，进气量增加；容积效率显示为山峰的凸出部分，在 $m=1$、2 附近与负压相位一致，表现为负效果，容积效率显示为山谷的凹进部分。因此可以有效地利用进气系统的长度。

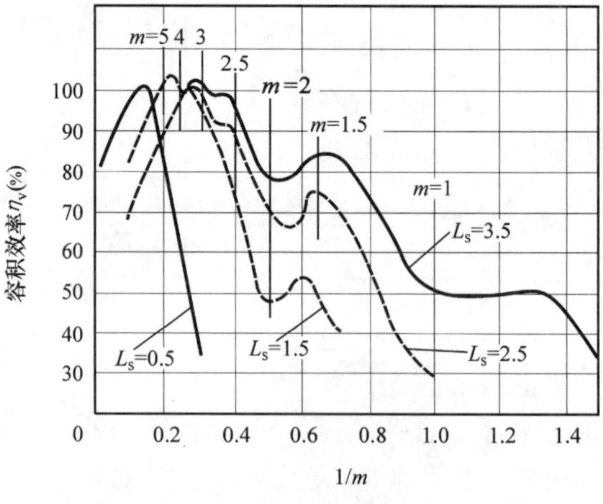

图 7-20　同步次数与容积效率之间的关系

4. 排气系统的动态效果

当打开排气门时，在排气门附近也产生正压力波，并在排气系统内成负压力波且被反射形成压力波，即产生压力振动。在进气系统中，可以在排气行程中利用此压力波。在排气行程后期（排气门关闭前）排气门附近产生负压（负压力波），气缸内的残留废气会被吸出，因而可以获得良好的扫气效果。

排气系统内随压力波的动态效果与进气系统几乎类似，但在如下方面有所不同：

① 如图 7-21 所示，在排气门开启后，会形成正压力波。此压力波的强度远大于进气门开启的时期，如果能充分利用这一点，则有可能大大增加输出功率（与进气系统相比）。

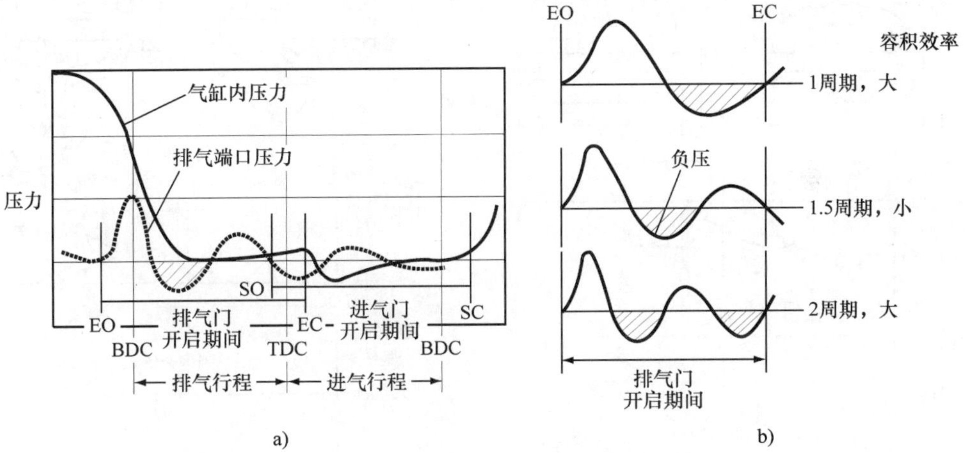

图 7-21　排气系统的动态效果

② 在排气行程后期，如图 7-21b 所示，在排气门附近形成负压，有助于燃烧气体的排放，并增加气缸内新气的进气量，大有可能进一步增加容积效率。

③ 因高温条件的影响，排气的音速 a_e 比进气的音速 a_s 大。

获得最大效果的条件与进气系统的惯性效应相同，是在排气时间与振动频率几乎同步时，如果排气门的有效开启角度为 θ_e，则可以得到

$$q = \frac{720}{\theta_e} \tag{7.31}$$

5. 多气缸发动机的进气、排气的干涉

多气缸发动机运转时，当一个气缸的进气行程（或排气行程）还没有结束前，另一个气缸开始进气（或排气），如果此时与负压力波（或正压力波）同步，因入口压力降低（或升高），进气量（或排气量）减少，因而容积效率会降低。把这种现象称为进气干涉（或排气干涉）。根据运行条件适当调节进气、排气系统的长度，可以减少干涉效果，获得良好的动态增压效果。目前，在电控喷射系统发动机

上配置有可变进气系统，不仅可以获得动态增压效果，还能减少进气干涉，以实现高性能。图 7-22 所示为 4 气缸发动机进气/排气系统的干涉状态。

如图 7-22 所示，4 气缸发动机（点火顺序 1—3—4—2）以第 1 缸、第 3 缸的顺序进气，但在第 1 缸进气末期附近第 3 缸开始进气时，第 3 缸的负压力波会阻碍第 1 缸的进气，会出现微量进气干涉。对此所采取的对策是，虽然加大进气系统的长度会较好地解决此问题，但会受到发动机室容积的制约，因此目前谋求采用随发动机运行条件改变进气缓冲器容积和进气系统长度的可变进气系统，以避免进气干涉，并提高容积效率（或进气效率）。

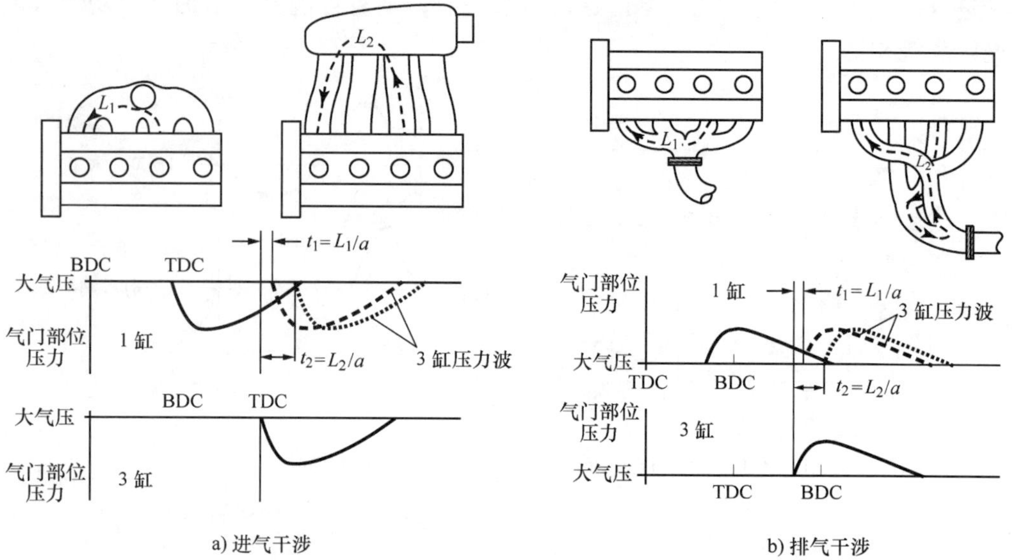

图 7-22　4 气缸发动机的进气、排气干涉

如图 7-22b 所示，加大排气系统的长度，并分成两个，使第 3 缸的排气压力波到达第 1 缸需要 L_2/a 的时间，因此第 1 缸的排气不会阻碍能顺利排气。

图 7-23 所示为利用惯性效应和脉动效应的可变进气系统长度系统。在低速时，关闭阀门 A，进气系统较长，在此利用惯性效应，在中速领域打开阀门 A，把进气缓冲器看成大气，进气系统较短，即可利用惯性效应。在高速时，重新关闭阀门 A，进气系统重又变长，此时通过脉动效应，可以改善容积效率。

6. 其他提高发动机输出功率的技术

汽油机提高输出功率的最具代表性的技术就是提高容积效率的技术。提高容积效率的方法上有动态增压、机械增压和涡轮增压。已在前面叙述了动态增压相关内容，机械增压和涡轮增压相关内容将在 7.3 节进行专门说明。

对于提高发动机输出功率的技术，除了提高容积效率之外，还有发动机的高转速化。在发动机高转速化技术上有两个方面：一个是降低进气、排气速度；另一个

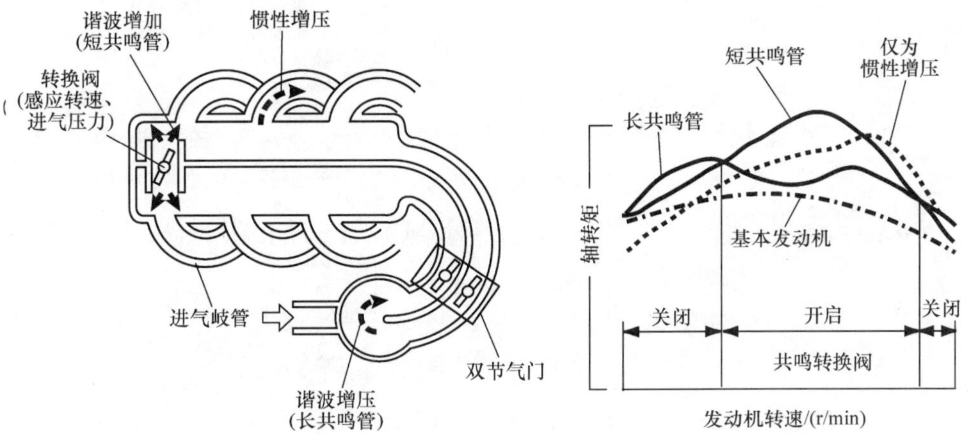

图7-23 利用惯性效应和脉动效应两者的进气系统与转矩的特性

是提高允许界限转速。进气、排气速度，即工质气体流量率与气门通道端面积之间的比值，进气门、排气门的空气流速随发动机转速的增加而增加，气门的空气阻力也随之增加，因此容积效率会随之降低。其结果是，发动机转速增加，输出功率会反而降低。即，如要通过高转速化提高输出功率，必须降低高转速下的表面进气、排气速度，以使容积效率不会降低。图7-24所示为提高最大输出功率的具体技术。

（1）多气缸化　总工作容积相同时，如果增加气缸数量，气缸直径和进气门直径会减小。对等径程发动机（内径=行程）气缸数 Z 与进气速度 u_{in} 之间的关系进行分析，有

$$V_{st}=Z\dot{V}_h\propto ZB^3 \tag{7.32}$$

$$u_{in}\propto\frac{V_h}{B^2}\propto B\propto\frac{1}{\sqrt[3]{Z}} \tag{7.33}$$

式中，V_{st}为总工作容积；Z 为气缸数；V_h 为工作容积；B 为气缸内径。可以看出，进气速度 u_{in}与气缸数 Z 的3次根式成反比，因此发动机的多气缸化在相同的转速条件下会降低进气速度。例如：4气缸发动机的进气速度为100时，通过式(7.40)计算得出不同气缸数的空气速度为：6气缸为87，8气缸为79。由此可知，多气缸发动机以进气速度降低量的相同量可以提高发动机转速，因此在相同的工作容积下可以获得更高的输出功率。

（2）短行程化　进气门直径与气缸内径成正比。相同的工作容积条件下，短行程化可以增大气缸内径 B，进气门直径也可以随之加大。另外，短行程化可以在高速领域减少摩擦损失，因此高转速化在增大气门直径的同时不可避免地要短行程化。即，短行程化可以提高最大转速。目前大部分发动机的行程/内径（S/B）为0.9~1.1，赛车用发动机的行程/内径（S/B）达到0.5左右。

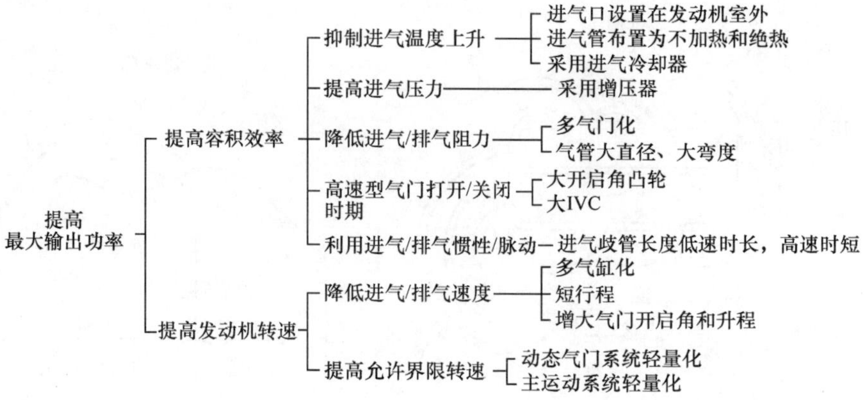

图 7-24　提高最大输出功率的方法

（3）多气门化　增大气门的空气流通面积，可以提高容积效率。下面说一下加大气门升程和加大气门开启面积的方法。在加大气门升程和气门开启面积的方法上，相对于气缸内径增加气门数量的方法很有效。因此，目前进气门、排气门的数量从基本的 2 气门发展为 3、4、5、8 气门的多气门化。多气门虽然在设计和控制上较复杂，气门高温的可能性也加大，但通过气门的小型化，可以减小弹簧力，以降低气门与气门座之间的冲击噪声，增加气门空气流通有效面积。

通常，气缸内径 B 确定了，进气门的大小也与此成比例确定。2 气门发动机为 $0.5B$，4 气门发动机在 $0.4B$ 左右为进气门的最大直径。2 气门类型和 4 气门类型的进气门面积比为

$$\frac{4\text{气门发动机进气面积}}{2\text{气门发动机进气面积}}=\frac{2\times(0.4B)^2}{(0.5B)^2}=1.28 \tag{7.34}$$

从式（7.34）中可以看出，4 气门类型比 2 气门类型进气门的面积约增加 28%。其结果是在相同的进气速度条件下，4 气门类型可以增加最大转速，以获得更高的输出功率。

进气门的开启面积（或有效面积）虽然随气门数量的增加也增加，但 5 气门以上效果不大，因此主要采用进气、排气各为 2 个气门，总 4 个气门的发动机。

（4）增大进气门开启角和升程　增大进气门的开启的时间（开启角）和升程，可以降低进气门的空气流速，增大了高速化的可能性。进气门的开启角通常为曲轴转角 240℃A 左右，F－1 赛车用发动机采用 280°～320℃A 的大开启角。

（5）提高允许界限转速　要想实现发动机高转速化，因运动部件的惯性力增大，所以必须提高动态气门系统或主运动系统部件的强度。如，为了防止气门喘振，需要加强气门弹簧力；为了能经得住活塞的惯性力，需要提高连杆的强度，增大曲轴直径等。但是，这些措施会增大机械损失，恶化燃油经济性。因此，发动机的高转速化必须做到运动部件的轻量化。

7.2　二冲程发动机

二冲程发动机虽然比四冲程发动机在结构上简单，但因进气和排气在下止点前后的很短时间，即曲轴转角 150° 左右的短时间内同时进行，因此气缸内的换气不能很圆满地进行。如果能很圆满地进行换气，在相同的条件下，二冲程发动机可获得相当于四冲程发动机 2 倍左右（实际为 1.5 倍）的输出功率，并且因每循环都要点火爆发，转矩的变动较小，摩擦损失也小，因此比功率较大。但是，与此相反，如果扫气作用不圆满，大量的燃烧气体会留在气缸内，或部分新气直接通过排气口排出，因而不仅因进气不足降低输出功率，还会导致燃料消耗率的增加和大量碳氢化合物的排放。二冲程柴油机虽然没有燃料损失，但扫气空气会被排放，导致部分压缩能量损失。因此，二冲程发动机的扫气过程是提高发动机性能和效率的影响因素中最重要的因素。

7.2.1　扫气过程

大部分二冲程发动机是曲轴箱换气类型。换气过程是进入曲轴箱内的混合气（或空气）通过扫气口（扫气端口）引入气缸，然后燃烧气体通过排气口（排气端口）被排放的过程。此时，应尽可能减小进入气缸内的混合气直接通过排气口被排放，使其尽可能充满气缸。扫气的状态会受到扫气类型、活塞头部形状和端口位置的影响，此外会受到扫气压力、排气压力和旋转速度的影响。

1. 扫气、排气口打开和关闭时期

活塞阀式二冲程发动机的扫气、排气口的打开和关闭时期是，由活塞打开和关闭在气缸壁上设置的端口的时期。曲轴箱二冲程发动机的正时线图和混合气交换过程时的流动成分如图 7-25 所示。

① 排气口打开时期（EO）：当活塞从上止点开始下降到下止点前（BBDC）55°~65℃A 时，排气口开始打开，气缸内的燃烧气体开始排放。这称为减压排放，气缸内压力会降低到周围压力。因此，二行程发动机的做功行程是活塞从上止点开始到排气口开始打开为止。

② 扫气口打开时期（SO）：排气口打开开始 5°~10℃A 后，即下止点前（BBDC）50°~60℃A 时扫气口开始打开，在曲轴箱内被压缩的新气（混合气或空气）开始进入气缸。此时，进入的新气边驱赶废气排放边进入，部分新气还通过排气口直接排放。如此，利用新气（或空气）驱赶排出气缸内燃烧废气的作用称为扫气。

③ 扫气口关闭时期（SC）：在扫气过程期间，曲轴箱与气缸内的压力成为大气压，活塞开始上升运动，在约下止点后（ABDC）55℃A 时关闭扫气口，结束扫气过程。在扫气过程末期，因气缸内压力高，曲轴箱内的压力低，气缸内的混合气

（新气 + 残留废气）可能会逆流到曲轴箱内。

④ 排气口关闭时期（EC）：扫气口关闭后，在约下止点后（ABDC）60℃A 时排气口关闭，开始压缩气缸内的混合气。

⑤ 进气口打开时期（IO）：活塞继续上升，气缸内的气体继续被压缩，曲轴箱内压力进一步降低。此时，进气口（曲轴箱端口）在约上止点前（BTDC）60℃A 打开，混合气进入曲轴箱。

⑥ 点火（或喷射）通常在上止点前（BTDC）10°~40℃A 时发生。点火后活塞继续上升直到上止点为止持续做压缩功。做功行程是活塞从上止点位置下降开始持续到排气口打开为止。

⑦ 进气口关闭时期（IC）：进气口在约上止点后（ATDC）60℃A 时关闭。曲轴箱内的压力虽然比大气压略微低一些，但在进气口关闭前，在活塞下降的情况下少量的气体会漏出。

簧片阀式二冲程发动机采用簧片阀替代进气口。这种发动机因没有进气口，正时线图会变得简单一些，如图 7-25a 所示。尤其是，簧片阀的打开时期（IO）和关闭时期（IC）不依靠活塞，而可以设计为以不同的方式控制开闭。即，把簧片阀在扫气口关闭后打开，并在活塞上止点附近关闭。此外，也不存在随着活塞的上升而向曲轴箱内逆流现象。转阀式二冲程发动机采用盘式阀替代簧片阀。转阀式也与簧片阀式相似，气门正时不必与上止点对称，因此与曲轴箱换气式不同。

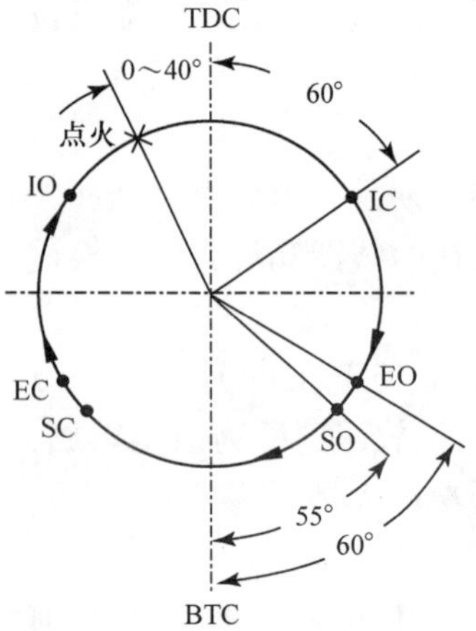

a) 正时线图

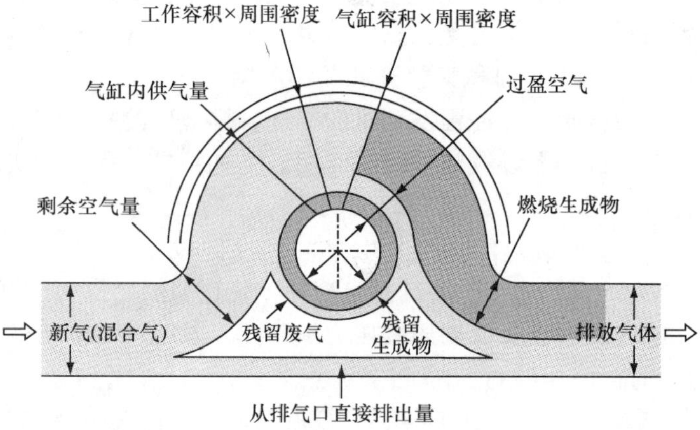

b) 混合气流动

图 7-25　二冲程发动机换气过程

2. 端口流动特性

二冲程发动机没有进气门、排气门，仅在气缸壁上设置有进气口、排气口和扫气口，端口根据活塞的位置打开和关闭。因此，为了使气缸能经得住爆发压力，润滑正常，并避免损伤活塞环，这些端口不能做得很大。通常，端口面积占气缸壁面积的 60% ~70%。

通过各端口（孔）的气体质量流量，与四冲程发动机类似，由式（7.6）可知，受到面积、流量系数和压力比（或速度）等的影响。

因二冲程发动机的端口位于气缸壁上，端口的形状会影响容积效率（或质量流量）。这与四冲程发动机的气门和端口形状影响容积效率的情况相同。气缸端口的几何学形状如图 7-26 所示。参考此图，当活塞端口完全打开时，有效流动面积 A 可以用下式进行计算：

$$A = BH - 0.86r^2 \tag{7.35}$$

端口被活塞部分关闭时，有效流动面积式为

$$A = bh - 0.43r^2 \tag{7.36}$$

式中，B、H 分别为端口的横向和纵向长度；b、h 分别为端口被打开时的横向长度和纵向长度；r 为端口边缘的曲率半径。

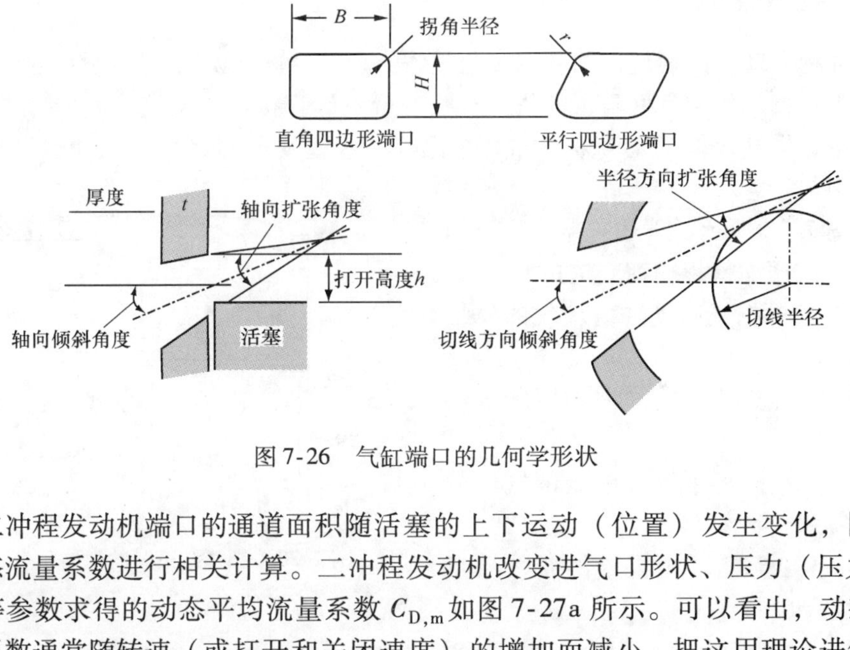

图 7-26 气缸端口的几何学形状

二冲程发动机端口的通道面积随活塞的上下运动（位置）发生变化，因而定义动态流量系数进行相关计算。二冲程发动机改变进气口形状、压力（压力差）、转速等参数求得的动态平均流量系数 $C_{D,m}$ 如图 7-27a 所示。可以看出，动态平均流量系数通常随转速（或打开和关闭速度）的增加而减小。把这用理论进气速度 u_2 与进气口打开时的活塞平均速度 u_p 的比值进行整理，如图 7-27b 所示，与压力差（$p_1 - p_2$）无关显示在 1 个曲线上部，动态平均流量系数 $C_{D,m}$ 受到 u_2/u_p 的支配。如果此值较大，动态平均流量系数 $C_{D,m}$ 可以接近静态平均流量系数 $C_{S,m}$ 的 0.72 倍。此值远大于锥形气门的动态平均流量系数。

通过排气口的压力比变化很大，此值在排气减压排放期间大，但在扫气过程期间几乎为 1。

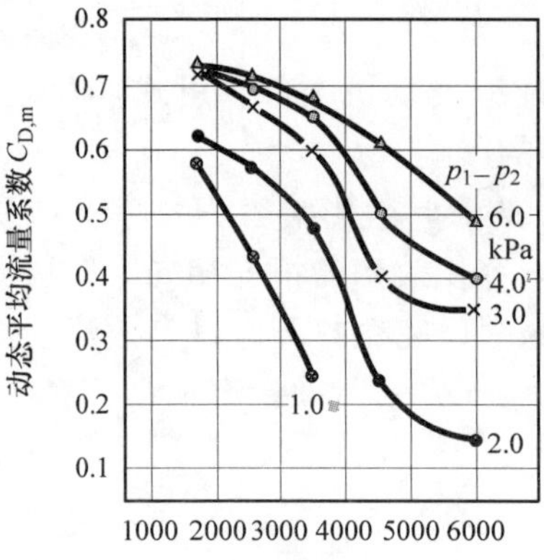

a) 转速

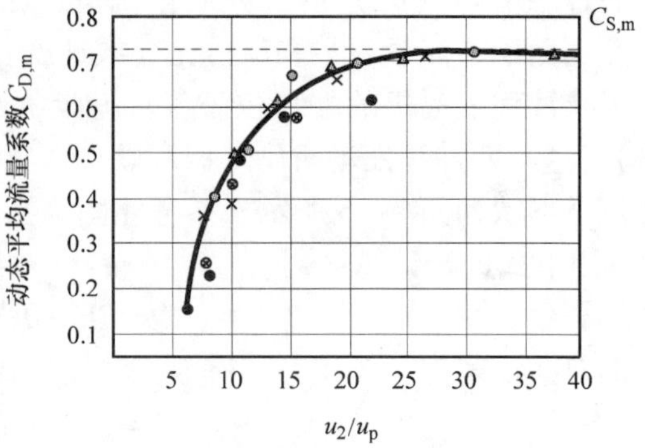

b) 进气流速/活塞平均速度

图 7-27 动态流量系数检测值

7.2.2 扫气性能

二冲程发动机的换气性能利用多个气体流动变量进行说明。这些性能变量是在理论上表示扫气作用良好与否的值，有些变量不能直接进行检测。其中有供气比、扫气效率、供气效率、充气效率和充气比等。这些变量的定义与四冲程发动机不同，应引起注意。

如图 7-28 所示，下述符号显示了扫气结束（或压缩行程初期）时的状态。

m_n、V_n：扫气后气缸内新气的质量和容积。

m_r、V_r：扫气后气缸内残留废气的质量和容积。

m_t、V_t：扫气后气缸内全部气体的质量和容积。

m_s、V_s：1 循环中供给的新气质量和容积。

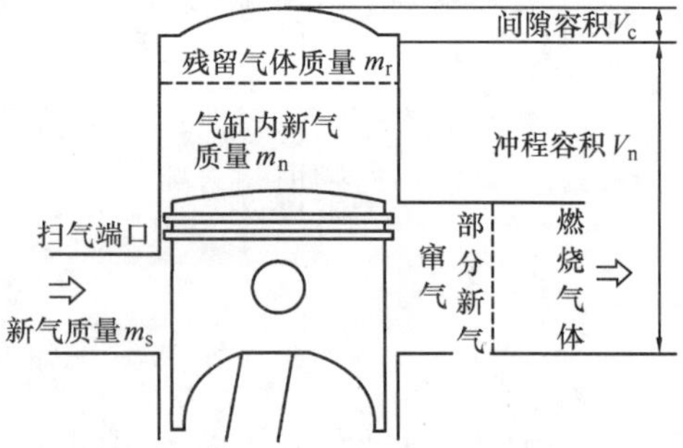

图 7-28 扫气结束时的气体状态

m_h：在外气状态（p_a、T_a）下占领工作容积 V_h 的新气的质量。

如果容积 V_n、V_r、V_t 为把质量 m_n、m_r、m_t 换算成标准大气状态（p_0，T_0）的容积，下式成立：

$$m_t = m_n + m_r$$

$$V_t = V_n + V_r \tag{7.37}$$

1. 扫气效率

扫气效率 η_s 定义为在压缩行程初期（扫气结束时）在气缸内的全部气体质量中空气（或混合气）所占的质量，即

$$n_s = \frac{m_n}{m_t} = \frac{V_n}{V_t} \tag{7.38}$$

扫气效率表示气缸内新气的浓度，此值越大，说明扫气效果更佳良好。但是，随每一循环所供给空气量（供气量）m_s 的不同，扫气效率也会不同，因此扫气状态是否良好要同时考虑扫气效率和供气比。

2. 供气比

供气比 n_d 又称为扫气比，是占据工作容积 V_h 的新气质量与实际每一循环所供给新气质量之间的比值，即

$$n_d = \frac{m_s}{m_h} = \frac{V_s}{V_h} \tag{7.39}$$

因此，二冲程发动机的供气比对应于四冲程发动机的容积效率。

3. 供气效率

供气效率 η_{tr}定义为每一循环气缸内剩余的新气质量与供给的新气质量之间的比值，即

$$\eta_{tr} = \frac{m_n}{m_s} = \frac{V_n}{V_s} \tag{7.40}$$

通过供气效率可以知道多少新气通过排气口直接排放，以及气缸内新气与残留废气的混合比率。如，供气效率 n_{tr}为 0.7 时，新气的利用效率为 0.7，与燃烧气体一起被排出的新气比率为 0.3，即（$1-n_{tr}$）。供气效率通常检测排出气体中的 O_2 和 CO_2 等，并利用此类数据进行计算。

4. 充气比、充气效率

对充气比 η_r 和充气效率 η_c 如下进行定义。

$$\eta_r = \frac{\text{扫气后气缸内残留废气量}}{\text{排气量}\times\text{外气密度}} = \frac{m_t}{m_h} \tag{7.41}$$

$$\eta_c = \frac{\text{扫气后气缸内剩余新气量}}{\text{排气量}\times\text{外气密度}} = \frac{m_n}{m_h} \tag{7.42}$$

从上式中可以推导出充气效率 η_c、扫气效率 η_s、充气比 η_r 和供气效率 η_{tr}之间的关系为

$$\eta_c = \frac{m_n}{m_h} = \frac{m_n}{m_t}\frac{m_t}{m_h} = \eta_s\eta_r = \frac{m_n}{m_s}\frac{m_s}{m_h} = \eta_{tr}\eta_d \tag{7.43}$$

5. 修正供气比

修正供气比 η_m 如下进行定义。

$$\eta_m = \frac{m_s}{m_t} = \frac{\eta_d}{\eta_r} \tag{7.44}$$

修正供气比 $\eta_m = 1$ 表示向气缸内供给的空气（或混合气）全部留在气缸内，因此 $m_t = m_s$。

气缸内空气的构成、压力和温度可以利用气体取样系统进行测量。另外，如果气缸内的空气很均匀，可以计算空气质量和残留废气质量，以获得所有的性能参数值。使用曲轴箱扫气法的点燃式二冲程发动机的全盘扫气性能值见表 7-4。

表 7-4 二冲程发动机的扫气性能

	扫气效率	供气效率	供气比	充气效率
效率	$0.7<\eta_s<0.9$	$0.6<\eta_{tr}<0.8$	$0.6<\eta_d<0.95$	$0.5<\eta_c<0.7$

7.2.3 扫气模型

实际扫气过程很复杂，很难对实际的扫气效率进行计算。因此，二冲程发动机的理想扫气过程假设为完全分层扫气模型和完全混合扫气模型进行计算，并与试验结果进行比较，逆向追踪扫气状态。理想扫气过程的模型如图 7-29 所示。

扫气过程的分析首先要假设气缸内燃烧气体和向气缸内进入的空气（或混合气）温度和压力相同，并在扫气过程中温度和压力也没有变化。此外，假设扫气结束时的气缸内全容积与工作容积相同，因 $m_t=m_h$，$n_m=n_d$，$n_r=1$，以此可以推导出

$$\eta_s=\frac{m_n}{m_t}=\frac{m_s}{m_t}\frac{m_n}{m_s}=\eta_m\eta_{tr} \tag{7.45}$$

1. 完全分层扫气模型

如图 7-29a 所示，完全分层扫气模型是假设进入气缸内的新气与燃烧气体不混合，新气以完全分离的状态驱赶排放燃烧气体的状态。

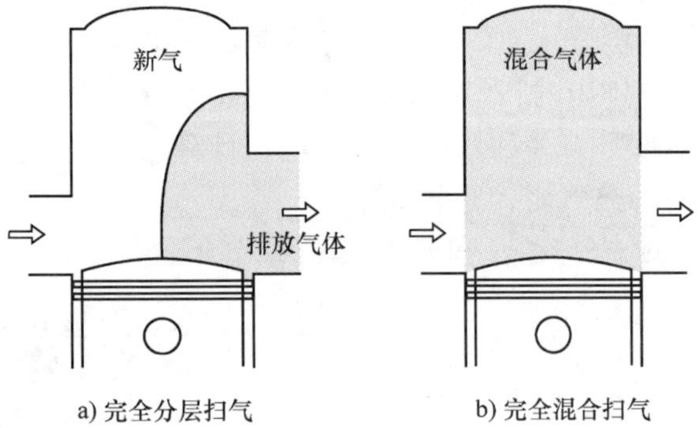

a) 完全分层扫气　　b) 完全混合扫气

图 7-29 扫气模型化

在供气比为 1 以下 $\eta_d\leqslant1$ 的状态（或修正供气比 $\eta_m\leqslant1$ 时），表示所有排放气体没有被交换的状态，进入的新气全部留在气缸内，即 $m_s=m_n$，供气效率为 $\eta_{tr}=1$。因此，通过式（7.43）可以获得

$$\eta_c=\eta_d=\eta_s\eta_{tr};\ \eta_s=\eta_m \tag{7.46}$$

在供气比为 1 以上 $\eta_d>1$ 的状态（或修正供气比 $\eta_m>1$ 时），即 $m_s>m_h$ 时，燃烧气体全部被交换，扫气效率为

$$\eta_s=1 \tag{7.47}$$

但是，如果在进入的新气 m_s 中部分新气被排出，扫气后在气缸内存在的新气质量 m_n 会小于 m_s，供气效率 η_{tr}会小于 1。式（7.47）有 $\eta_{tr}=\eta_m^{-1}$ 的关系。

2. 完全混合扫气模型

如图 7-29b 所示，完全混合扫气模型是假设在气缸内进入的新气与气缸内残留

燃烧废气瞬间完全均匀混合，并通过排气口排出的状态。此假设如下：

① 气缸内瞬间发生均匀混合。

② 扫气过程是在静态和定压状态发生。

③ 系统（气缸内）为等温状态，没有通过气缸壁的热传递。

④ 新气、燃烧气体、外气的密度相同，在此过程中保持不变。

如，在 t 时间的 $\mathrm{d}t$ 时间期间，从扫气口（孔）进入微量新气质量为 $\mathrm{d}m_s$，从排气口排出微量气体质量为 $\mathrm{d}m_e$ 时，在质量 $\mathrm{d}m_e$ 内包含的新气量为 $\eta_s \mathrm{d}m_e$。由此，可知气缸内新气的微量排气质量为

$$\mathrm{d}m_n = \mathrm{d}m_s - \eta_s \mathrm{d}m_e$$

另外，气缸内全部气体的质量变化 $\mathrm{d}m_t$ 为 $\mathrm{d}m_t = \mathrm{d}m_s - \mathrm{d}m_e$。因而上式可以表示为

$$\mathrm{d}m_n = (1 - \eta_s)\mathrm{d}m_s + \eta_s \mathrm{d}m_t$$

可以推导出

$$\mathrm{d}m_n = (1 - \eta_s) m_h \mathrm{d}\eta_d + \eta_s m_h \mathrm{d}\eta_r \tag{7.48}$$

用 m_h 除等式的两边，并从式（7.42）使用 $\mathrm{d}\eta_c = \mathrm{d}m_n / m_h$，

$$\mathrm{d}\eta_c = (1 - \eta_s)\mathrm{d}\eta_d + \eta_s \mathrm{d}\eta_r \tag{7.49}$$

另外从式（7.43）可知

$$\mathrm{d}\eta_c = (1 - \eta_s)\mathrm{d}\eta_d + \eta_s \mathrm{d}\eta_r \tag{7.50}$$

从式（7.49）和式（7.50），可知

$$\eta_r \frac{\mathrm{d}\eta_s}{(1 - \eta_s)} = \mathrm{d}\eta_d$$

$$Z - \eta_r \ln(1 - \eta_s) = \eta_d$$

式中，Z 为积分常数。在扫气过程的初期，因 $\eta_s = 0$、$\eta_d = 0$，代入上式中可得 $Z = \eta_r \ln 1 = 0$，因此可知

$$\eta_s = 1 - \mathrm{e}^{-\eta_d/\eta_r} = 1 - \mathrm{e}^{-\eta_m} \tag{7.51}$$

完全分层扫气模型和完全混合扫气模型随供气比 η_d 变化的扫气效率 η_s 和供气效率 η_{tr} 如图 7-30 所示。在式（7.51）中，完全分层扫气是没有新气被排放的理想排气条件，完全混合扫气是气缸内残留废气和新气以 50% 比例混合的状态。完全分层扫气的供气效率是在供气比 $\eta_d = 1$ 为止为 100%，此时如果供气量继续增加，部分空气会与燃烧气体一起被排放，供气效率就会降低。另外，完全混合扫气中的供气效率随供气比的增加而降低。

实际发动机表现为这两种性能的中和，有时根据条件表现为比完全混合扫气的性能更差的性能。实际发动机如果忽略动态效果，供气比会小于 1。由图可以看出，虽然供气效率良好，但扫气效率不好。对汽油机来说，为了不使混合气（燃料）直接从排气口被排放，需要高的供气效率。

从另一个角度来看，因扫气效率低会使残留废气量较多，为了确保良好的燃

烧，需要提供浓混合气。

配备增压器（压缩器）的发动机，供气比可能会大于1。这虽能改善扫气效率，但会恶化供气效率。如果采取气缸内的燃料喷射，则二冲程柴油机的燃料消耗率和未燃碳氢化合物的排放量会达到适当的水平。

恶化扫气效率和供气效率有两种情况：一是存在稀释或没有被排放的已燃气体团，扫气效率和供气效率均下降的情况；二是从进气口直接向排气口流动的情况。后者称为短路扫气流动。短路扫气流动不是混合或驱赶排放已燃气体的过程，因此扫气效率和排气效率都要下降。

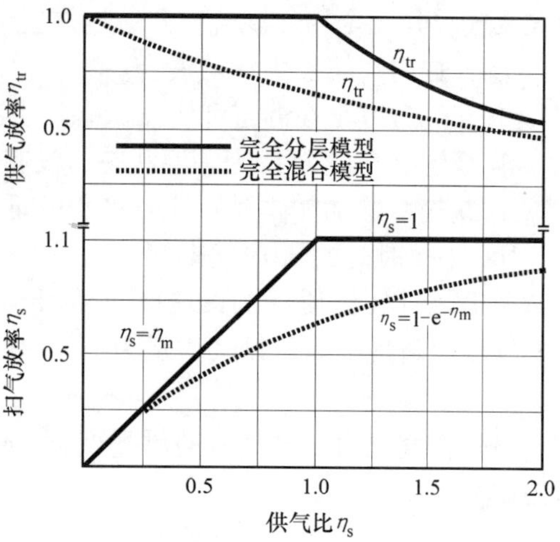

图7-30 供气比与扫气效率、供气效率之间的关系

3. 扫气效率的测量

扫气效率会受到扫气口和排气口的形状、温度、压力等的影响。因此，通过模型试验或实际发动机的试验检测这些因素对扫气效率的影响。

（1）排气分析法　在浓混合气的燃烧气体中，理论上不应存在氧气。但是，总会有在扫气过程中从排气口直接排放的空气（或混合气），即使浓混合气有燃烧，但在排气中仍存在氧气（O_2）。因此，通过检测排气中氧气（O_2）的质量分数，可以求出供气效率η_{tr}的近似值。

$$\eta_{tr}=1-\frac{\text{通过量}}{\text{供气量}}=1-\frac{[O_2]_{\text{排气}}}{[O_2]_{\text{空气}}}$$

式中，O_2为氧气质量分数（%）。

（2）气缸内气体取样法　这是在气缸内气体扫气前（排气口开启前）和扫气后（排气口关闭后），通过气体取样法对各过程气缸内的气体进行采样，并检测容积比（%）二氧化碳（CO_2）或氧气（O_2）的含量，以计算扫气效率η_s的方法。

扫气效率η_s近似地可以用下式进行计算：

$$\eta_s=\frac{\text{新气量}}{\text{混合气体量}}=1-\frac{\text{残留废气量}}{\text{混合气体量}}\approx1-\frac{[CO_2]_2}{[CO_2]_1}$$

式中，下标1、2分别表示扫气前燃烧气体和扫气后混合气体。根据气体分析法，有必要对这些质量分数分析值进行修正。测量气体以O_2代替CO_2也可以。

7.2.4 二冲程发动机的分类

二冲程发动机以扫气类型、进气类型和压缩类型进行分类。

1. 以扫气类型分类

如图 7-31 所示为二冲程发动机各种扫气类型和端口形状，其特性见表 7-5。

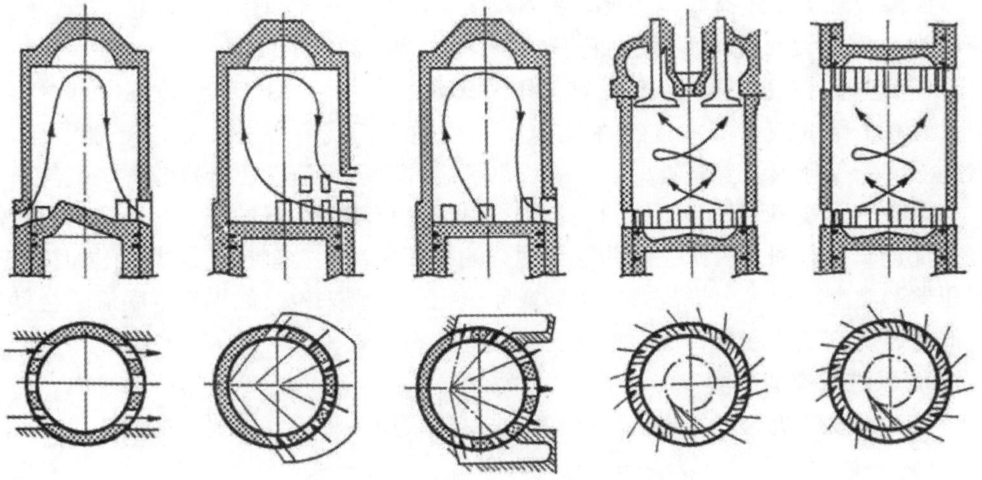

a) 横流扫气　b) 回流扫气　c) schnule回流扫气　d) 提升阀直流扫气　e) 对置活塞直流扫气

图 7-31　二冲程发动机的扫气类型和端口形状

（1）横流扫气　横流扫气为图 7-31a 所示扫气口和排气口位于气缸圆周面上相对位置的类型。此类型采用在活塞下降时首先打开排气口，然后打开扫气口，从扫气口流入的供气在气缸内横向流动驱赶残留废气的方式。这种方式因在气缸上部火花塞（喷油器）附近会残留燃烧气体，因而有扫气效率和供气效率都低的缺点。另外，进入的新气（空气或混合气）可能会直接通过排气口被排放，因此在活塞顶部设置反射板，以减少这些损失。此类型结构简单，通过扫气口的气流进入方向朝向气缸上部，以改善对残留废气的扫气，并利用排气系统内的脉动效应等方法，提高扫气效果。旧时常用这种类型，但近来几乎不再使用。

表 7-5　根据扫气类型的分类及特性

<table>
<tr><th>扫气类型</th><th colspan="2">控制类型</th><th>流动状态</th><th>开闭时期</th></tr>
<tr><td>横流扫气类型</td><td colspan="2">活塞控制端口型</td><td>横流类型</td><td>对称扫气</td></tr>
<tr><td rowspan="2">回流扫气类型</td><td rowspan="2">气门控制型</td><td>排气口控制型</td><td rowspan="2">回流型</td><td rowspan="5">非对称扫气</td></tr>
<tr><td>扫气口控制型</td></tr>
<tr><td rowspan="3">直流扫气类型</td><td colspan="2">头部气门排气型</td><td rowspan="3">直流型</td></tr>
<tr><td>活塞控制端口型</td><td>对置活塞型</td></tr>
<tr><td></td><td>逆 U 形气缸型</td></tr>
</table>

（2）回流扫气　回流扫气又称为反转扫气，是为了避免在活塞头部设置反射板，如图 7-31b 所示把排气口和扫气口在气缸半圆周相同的方向（位置）上下设置的结构。进气口的方向朝向没有孔（端口）的气缸壁，进入的空气（或混合气）

流碰到气缸壁后方向会改变。因此，扫气的过程是新气从下部扫气口进入，并在气缸内完全回转（反转）1 周，驱赶燃烧废气从上部的排气口排放。

回流扫气类型还有修正型。如图 c 所示，在中央排气口周围有双进气口，空气流动为 U 形回流。此类型多在曲轴箱压缩型小型汽油机上使用。

（3）直流扫气　直流扫气通常如图 7-31d、e 所示，扫气口设置在下部，排气口设置在上部（或头部）。这两种方式都可以通过扫气口产生涡流，从气缸下部进入的涡流新气形成绕着气缸中心轴螺旋涡流，并向上部流动驱赶排放燃烧废气。

此类型因残留废气与新气的混合少，可以进行较为良好的扫气，并且涡流对燃烧的促进非常有利。因此，船舶等大型柴油机多采用此类型扫气方式和附加扫气用增压器的类型。但是，横流扫气类型或回流扫气类型来说，如果产生涡流，会助长空气与燃烧废气的混合，反而不能获得良好的扫气效率。

2. 以进气类型分类

二冲程发动机为了提高供气比和防止窜气采用多种进气方式，如图 7-32 所示。

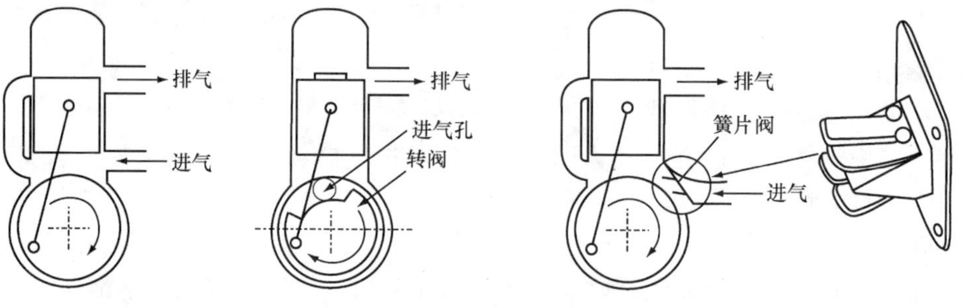

a) 活塞阀式　b) 转阀式　c) 簧片阀式

图 7-32　以进气类型的分类

（1）活塞阀式　活塞阀式为进气口和排气口设置在气缸壁上的类型。因此，进气口、排气口的打开和关闭时间对称于上止点。虽然其结构简单，但存在高速状态，即进气口开启角较大时，新气窜气损失大的缺点。

（2）转阀式　如图 7-32b 所示，进气口由与曲轴一起旋转带槽盘控制打开和关闭，因此称为转阀式。虽然结构较复杂，但其打开和关系时间为非对称型，因此能改善活塞阀式的缺点。

（3）簧片阀式　如图 7-32c 所示，簧片阀式为在曲轴箱的进气口上设置以内外侧压力差自由打开和关闭的薄片单向阀（簧片阀）的类型。因自由开闭不存在窜气，所以可以获得理想的打开和关闭时间。但是，因在进气口上设置阀门，存在增大进气阻力的缺点。

3. 以压缩类型分类

二冲程发动机根据供气的压缩方式不同，可分为曲轴箱压缩扫气和压缩器扫气方式（图 7-33）。

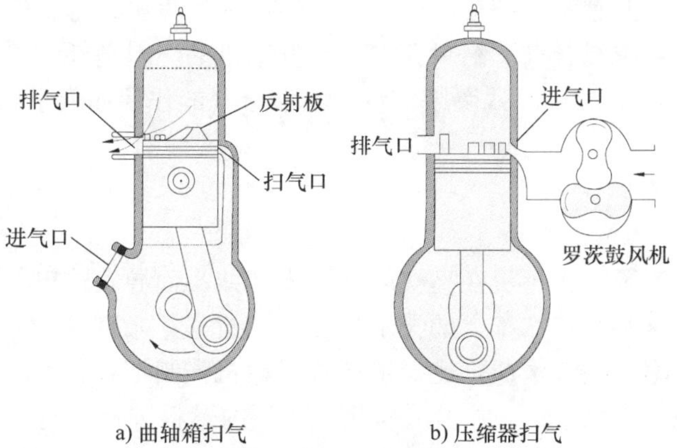

图7-33　以压缩类型的分类

（1）曲轴箱扫气　此类型是不使用专门的压缩器，利用活塞下降时的泵气作用把进入曲轴箱内的供气吸入到气缸内，并通过活塞的上升进行压缩、爆发的方式，是最普通的方式。此类型易导致扫气量的不足。

（2）压缩器扫气　配备专用压缩器获得增压效果的同时帮助扫气的方式。压缩器有机械式和排气涡轮增压式，其中机械式有活塞式、罗茨鼓风机式、叶片式等，排气涡轮增压式有离心鼓风机式。压缩器扫气方式主要使用在部分高速柴油机和大、中型柴油机上。

7.2.5　二冲程发动机的性能

二冲程点燃式发动机（3气缸，450mL）全部性能曲线如图7-34所示。最大净（制动、轴）有效平均压力是转速约4000r/min时的6.4×10^5Pa，最小燃料消耗率是转速约为3000r/min时的400g/(kW·h)。自然进气式四冲程点燃式发动机的净平均有效压力是11×10^5Pa，燃料消耗率是275g/(kW·h)。与二冲程发动机相比，四冲程发动机的燃料消耗率约低31%。但是，对于单位容积转矩或输出功率来说，二冲程发动机比四冲程发动机高约17%。

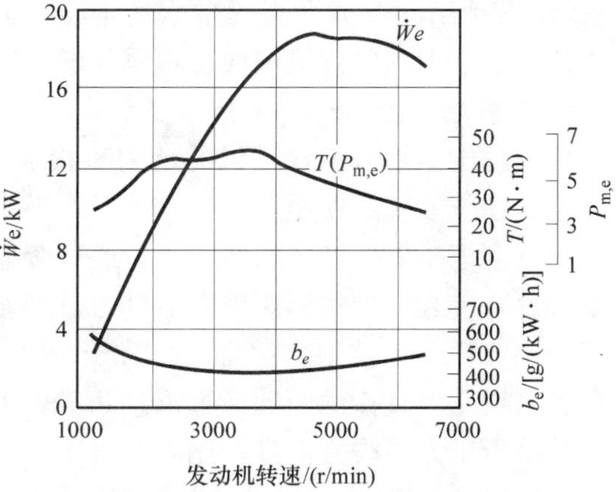

图7-34　二冲程点燃式发动机的性能

二冲程发动机的缺点是，燃料与空气的混合时间短，部分空气（或混合气）会直接通过排气口排出。因此，二冲程发动机的燃料消耗量大，以及未燃碳氢化合物的排放量也多。尤其是，扫气后气缸内的残留废气量多，即扫气效率低，为了燃烧稳定性必须提供浓混合气。结果，二冲程发动机的燃料消耗性能和废气排放性能会恶化。仅 NO_x 的排放量因残留废气量和浓混合气的作用而低于四冲程发动机。

7.3 增压

增压系统是为了防止飞机在高空因空气密度减小而导致输出功率降低为目的而开发的技术，把这利用在汽车上的技术。在空气过量系数 $\lambda \leqslant 1$ 的条件下运转的汽油机，其输出功率与空气量成正比。增压式发动机强制把超过气缸容积的空气量压入气缸，使容积效率大于 1，并供给与此成比例的燃料进行燃烧，因此与自然进气式发动机相比，大幅度提高了输出功率（或转矩）。

增压式发动机最初的目的是提高比重量 SW（kg/kW），但现如今作为低速和中速领域提高转矩的手段加以使用。此方式不仅在飞机、船舶、大型汽车（客车、卡车）上使用，在小型乘用车上也逐步扩大使用。使用增压器的柴油机的容积效率为 0.85～3.0。配备涡轮增压的发动机能比没有配备增压的发动机提高约 200% 以上的输出功率。

7.3.1 增压器的种类

增压的种类有利用进气/排气系统内压力波的动态增压、以机械力进行增压的机械增压和利用排放废气能量的涡轮增压。关于动态增压已经在 7.1.5 节中进行了叙述，在本节中主要对机械增压和涡轮增压进行叙述。

1. 机械增压器

机械增压器是利用发动机的动力直接驱动压缩机的方式，主要使用在汽油机上，很少在柴油机上使用。

此类型把压缩机产生的增压压力通过旁通阀进行调整，以决定提供给气缸的进气量。没有进入气缸的剩余压缩空气通过旁通阀返回到进气系统。旁通阀由发动机控制模块（ECU）控制。

机械增压器直接由曲轴通过增速齿轮（1.4～2.0 倍）进行驱动，因而在低速状态其增压压力能缓慢上升，比涡轮增压器低速状态下的增压响应性更良好。比如没有涡轮迟滞的现象。这表示机械增压器比涡轮增压器具有更大的转矩输出和更为良好的响应特性。如果能利用可变速度传动比装置，随负荷变化的响应性会更加迅速。但是，因压缩机的驱动力（乘用车为 10～15kW）要消耗发动机的部分输出功率，会降低发动机的输出功率，另外因比涡轮增压器体积大，因此存在装配性不良等很多缺点。

（1）罗茨式鼓风机型　罗茨增压器如图 7-35a 所示。此类型为把壳体内的两个转子向相反方向旋转压缩空气的装置。转子与壳体壁之间有 0.3～0.5mm 的间隙，其转速为发动机的 1.4 ~2.0 倍。此类型可作为二冲程发动机的压缩机（扫气泵）。

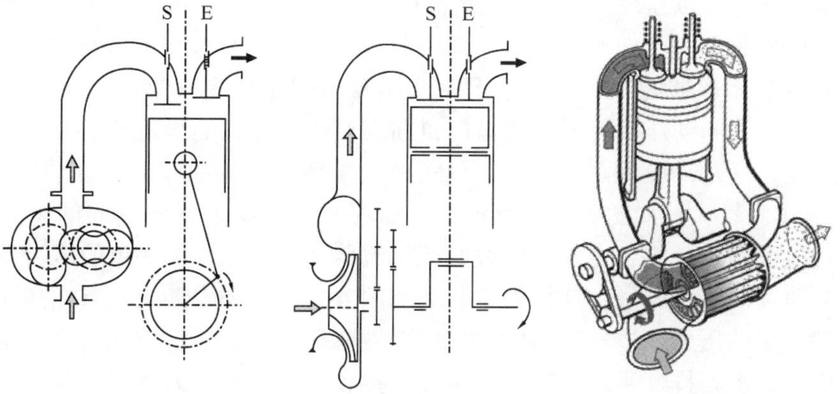

a) 罗茨式　　b) 离心式　　c) 气波式

图 7-35　机械驱动式增压器

（2）离心式增压器　离心式增压器是把在圆盘上安装直线或曲线模样叶片的叶轮在蜗壳内旋转，把从叶轮中央轴向进入的空气通过离心力朝向叶轮半径方向甩出的鼓风机。离心式增压器具有小型轻量和效率较高的优点。

（3）气波式增压器　气波增压器是把高压的排放废气能量传递到低压新气，以提高新气压力的类型，又称为压力波增压器。此类型可以看成为机械增压器和涡轮增压器结合的类型，如图 7-35c 所示。

此类型由新气和废气排放壳体端口、叶轮（浆轮）、通气壳和驱动带组成。叶轮由多个圆盘以半径方向设置，两侧处于打开状态。

工作原理：当曲轴旋转时，通过驱动带带动叶轮旋转，在通气壳内高压废气碰撞低压新气（混合气），以提高新气的压力，且自身压力下降排出。与此相反，低压新气的压力增大，成为高压新气，即获得增压效果后进入气缸。此时，在新气中混合 5% ~10% 的废气，但这并不重要。

气波增压器的特征是，没有任何机械性要素，在进气与排放的废气之间直接进行能量交换。能量交换以音速进行。因叶轮直接与曲轴连接，所以与机械增压器相同没有像涡轮迟滞等现象，随负荷变化的响应速度也较快。如果带轮的传动比不变，能量交换在输出功率曲线的某一点上会达到最大，但如果利用可变传动比带轮，相对在较宽的运行条件范围内可以有效地进行调节。目前传动比为 3.5 ~5 ，发动机的输出功率提高 1% ~1.5%，作为小动力机械效率较好。

但是，此类型制造费用较高，体积和重量也大，在发动机室中装配受到空间的限制，产生的噪声又大，且燃料效率低于涡轮增压器，以及热负荷较大。因此，在汽油机上多采用罗茨式和离心式，部分采用气波式。

2. 涡轮增压器

涡轮增压器是在轴的两端分别安装有涡轮和压缩机，利用排放的废气通过涡轮驱动压缩机旋转，以压缩空气（或混合气）并向气缸内提供增压空气的装置。关于涡轮增压器装置和工作方法已在6.2.2节叙述过，在本章节不再赘述。

（1）涡轮增压器的驱动方法　涡轮增压器根据排放废气驱动涡轮方式的不同分为恒压涡轮式和动压涡轮式两种。但目前在汽车上配备的涡轮增压器不能明确区分是恒压式，还是动压式。

① 恒压涡轮式。如图7-36a所示，恒压涡轮式把从各气缸排放的废气汇集到共用废气接收室中，将各个气缸排放的废气流脉冲平均化，在一定的压力下通过喷嘴转换为速度能，膨胀做功获得涡轮驱动功的方式。此类发动机具有在高速状态下也能保持一定的压力、以较高的废气排放速度驱动涡轮旋转且排气系统的压力脉动较小的优点，但因排气系统中需要共用废气接收室，排气压力较高，因此会降低发动机的输出功率。此类型多使用在大型船舶、发电机用发动机上。

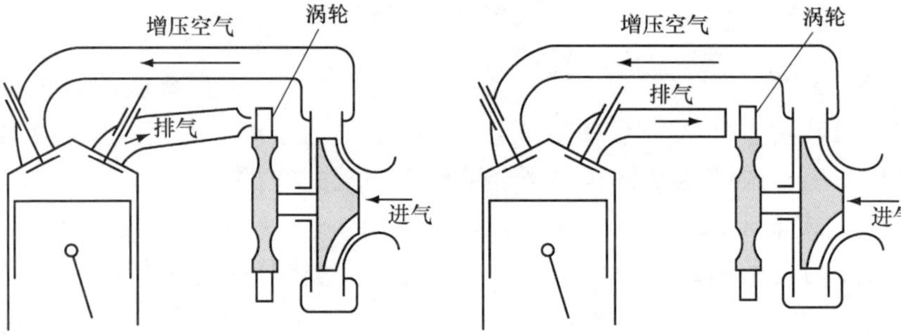

a) 恒压涡轮式　　b) 动压涡轮式

图7-36　涡轮增压器

② 动压涡轮式。动压涡轮式又称为冲压涡轮式，是把脉冲状态排放废气直接引导到涡轮，利用排放废气的全部能量驱动涡轮的方式。此类型虽然因高温废气直接接触涡轮，对涡轮不利，但因不需共用废气接收室，排气压力小，所以对发动机的输出功率没有影响。

目前，涡轮增压器在高速、高负荷状态因增压压力增加需要较大的增压器驱动力，因而能在恒压涡轮方式且压力比较小的状态下在动压涡轮方式运转。

（2）涡轮增压汽油机和柴油机的比较　涡轮增压汽油机因对进气增压，使气缸内的压力增大，温度提高，容易导致爆燃，因而与传统发动机相比压缩比小。通常，发动机的最大输出功率根据爆燃发生界限来决定的。燃料消耗率在低负荷领域因进气、排气阻力损失的增加会恶化，此外在高负荷领域为了防止因燃烧气体温度的上升而导致的爆燃发生，以及为了抑制发动机各部分的温度上升，以浓混合气运行，因而燃料消耗率会增加。

从涡轮增压汽油机的技术动向来看，因它具有排放废气的温度上升趋势，需要1000℃以上耐热性，以及为了催化转化器尽快达到活性化温度，需要涡轮壳体的低热容量化等技术。另外，为了降低惯性力矩，可用陶瓷或钛铝合金制造涡轮叶片，以提高过渡响应性。此外，开发双涡流涡轮增压器，以降低排气干涉，提高发动机低速领域的增压压力。双涡流涡轮是以点火顺序不是连续的气缸为共用排气系统，向被隔断分开的蜗壳引入排放废气的系统。

涡轮增压柴油机虽然通过增压使工质气体的压力和温度上升，但不像汽油机那样为了预防爆燃而降低压缩比，也不会为了降低燃烧温度而使用浓混合气导致燃料消耗率恶化等，因此发动机的最大输出功率限制不是因为燃烧因素，而是主要受到耐热性、机械性强度等限制因素的影响。因此，如果能提高发动机的耐热、耐压强度，即可以提高增压压力，从而提高比功率。在低负荷领域，增压柴油机同样因进气、排气阻力损失的增加，使燃料消耗率会增大；在高负荷领域，因气缸内燃烧压力上升带来的各部件耐久性问题，对最大压力p_{max}需要采取相应的对策。

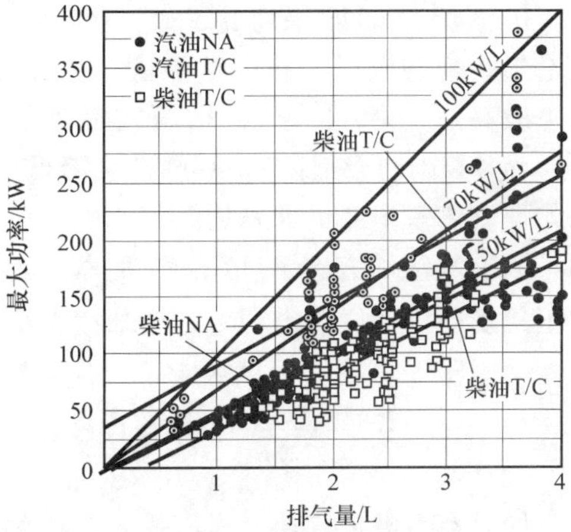

图7-37 增压发动机和无增压发动机的输出功率比较

涡轮增压柴油机的输出功率和燃料消耗率的改善，缘于通过增压增加进气压力，进而增加平均有效压力，以及通过发动机的小型化降低摩擦损失，因此涡轮增压对小型发动机的高增压化是很有效的。如果以增加排气量或增大转速的方法提高输出功率，会恶化燃料消耗率。与无增压式发动机相比，增压式发动机通过对进气的增压提高输出功率，如图7-37所示。

7.3.2 增压式发动机循环

机械增压式发动机与涡轮增压式发动机进气、排气过程的$p-V$线图不同。

1. 机械增压式发动机的理论压力线图

机械增压式发动机的理论循环线图如图7-38所示。机械增压式发动机的理论线图以1-2-3′-3-4-5-6-7-1表示，因增压压力为$p_s > p_0$，因此泵气功为由1-5-6-7组成的正（+）功。对于压缩和做功过程1-2-3′-3-4，如果压缩比ε和空气过量系数λ一定，与无增压式发动机相同，从式（2.55）中可以看出，理论热效率η_{th}受压缩初期温度和压力的影响小，仅与压力比$p_3/p_1 = p_{max}/p_1$有关。因此，机械增压式发动机与无增压式发动机的差异为是否考虑泵气功的问题。

在进气过程初期的气门重叠期间，如果新气（混合气）不从排气门直接排出，仅对气缸燃烧室中的残留废气进行扫气时，进气压缩功（－）为 9－1′－1－8，回收的泵气功（＋）为 1－5－6－7，图中的斜线部分为因增压造成的损失。机械增压器如果考虑进气压缩功，理论热效率会以损失相同量降低。另外，如果最高压力相同，与无增压式发动机（$p_0 \to p_2$）相比压缩比（$p_1 \to p_2$）会降低，因此理论热效率会更加恶化。

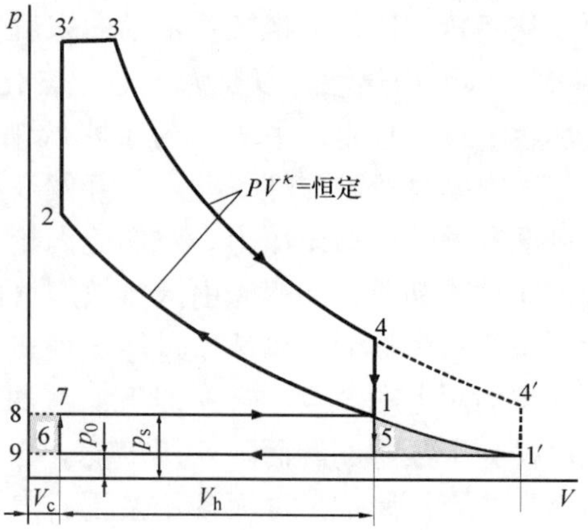

图 7-38　机械增压的理论循环

除了泵气功之外的指示热效率，因增压式发动机单位输出功率的冷却损失小，与无增压式发动机相比略微增大。

增压器（压缩器）的效率可以使用等熵效率（或绝热效率）η_{ad}。

$$\eta_{ad} = \frac{\text{绝热压缩功}}{\text{实际压缩功}} = \frac{(p_s/p_0)^{(\kappa-1)/\kappa} - 1}{T_s/T_0 - 1} \tag{7.52}$$

如果不考虑泵气功，增压式发动机的理论平均有效压力 p_{th} 与无增压式发动机 p_{th0} 的比，当压缩比和空气过量系数一定时，与进气密度成正比。

平均有效压力比为

$$\begin{aligned} p_{th'}/p_{th0'} &= \rho_s/\rho_0 = (p_s T_0)/(p_0 T_s) \\ &= \frac{p_s/p_0}{1 + (1 + \eta_{ad})(p_s/p_0)^{(\kappa-1)/\kappa} - 1} \end{aligned} \tag{7.53}$$

式中，下标 0 表示无增压式发动机。增压时的输出功率增加，即提高平均有效压力比来说，通过对进气进行冷却，以降低 T_s，进而提高增压效率 η_{ad} 是非常有效的方法。

机械增压器的驱动功用发动机的平均有效压力 p_m 进行换算，为

$$p_{\kappa} = \frac{l_0}{\eta_{ad}} \frac{\kappa}{\kappa - 1} p_0 \left[\left(\frac{p_s}{p_0} \right)^{(\kappa-1)/\kappa} - 1 \right] \tag{7.54}$$

式中，l_0 为在外气状态下供给到发动机的空气容积 V_s 与工作容积 V_h 之比（V_s/V_h），相当于二冲程循环中的供气比。实际供给的空气量为气缸内充入的空气量和气门重叠期间直接通过排气系统排出的空气量之和，因此气门重叠量越大，机械增压器的驱动功就会越大。

对于泵气功的理论平均有效压力为增压压力 p_1 这与大气压 p_0 之间的差异，在实际系统中因排气压力高于大气压力，以及存在进气、排气阻力损失，因此会小于理论值。

2. 涡轮增压式发动机的理论压力线图

机械增压器的驱动功是利用发动机的输出功率，涡轮增压器是利用排气能量(废能量)，因此涡轮增压式发动机的效率较高。

(1) 恒压涡轮式 如图 7-39 所示为恒压式涡轮增压发动机没有低压部分损失的理想 $p-V$ 线图。恒压式涡轮增压器的排气压力为 p_t，不同于以大气压 p_0 排气的机械增压器。现在假设在排气过程时，气缸内的压力与涡轮入口的压力 p_t 相同，排出气体减压排放的能量 W_b（面积 4 - 5 - 5′ - 4）全部转换为热量，排气温度在排气压力 p_t 下上升 ΔT 温度，容积也增加 ΔV，状态从 5 变化到 5′。另外，供给空气也从压力 p_s 到 p_t 膨胀，其能量附加到排气中，使气体容积进一步从 5′增加到 6。结果，涡轮绝热膨胀功是面积 6 - 7 - 9 - 10 - 6。

另一方面，供给空气的压缩功（p_0-p_s）为面积 8 - 1 - 11 - 9 - 8，充气量为 1′ - 11，供给空气量为 1 - 1′。泵气功相当于面积 1′ - 5′ - 12 - 13，如果进气系统的压力大于排气系统的压力，即 $p_s>p_t$，泵气功为正（+），由此附加到发动机的输出功率中。

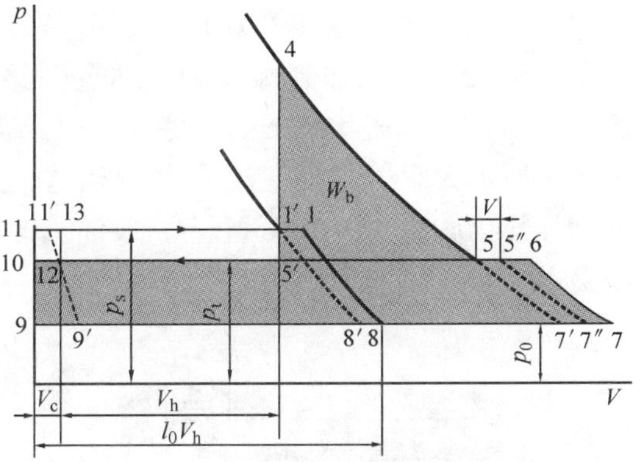

图 7-39 恒压式涡轮增压低压部分 $p-V$ 线图

恒压增压方式因涡轮喷嘴的废气流动基本上为正常流动，因此对涡轮效率有利，但因排气压力较高，会导致输出功率的减小。

(2) 动压涡轮式 动压增压时的低压部分 $p-V$ 线图如图 7-40 所示。出口压力是大气压 p_0，理想的通过进气增压的泵气功 $e-p_2-1$ 为正（+）功，以附加在发动机输出功率上。排气系统设计为，1 个气缸的排气压力充分降低后，从另外的气缸接收动压。排气系统容积尽可能小。如果每 3 个气缸的排气系统合在一起，排气间隔会在 240℃A 左右，可以连续获得动压，因此效率的降低量就会很少。如果发动机的气缸数为 4 或 8 个，就不能把 1、2 个气缸合在一起，减压排放会受到限制，效率会显著降低。

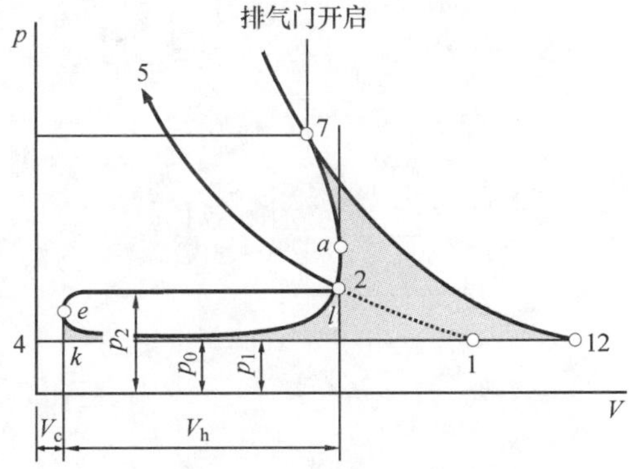

图 7-40 动压涡轮式增压低压部分 $p-V$ 线图

7.3.3 涡轮增压器的种类

发动机通常在低速状态下也需要高转矩。因此，为了改善发动机在低速状态下转矩不足的问题，在涡轮增压器的设计上为了以少量的排气能实现高速旋转，做成小型设计。但是，与此相反，在高速领域因排放气体过多，会使涡轮超速旋转，并且增压压力会达到必要以上的压力，随之大量的高压气体进入气缸，会发生强烈的爆燃，导致发动机的损坏。另外，还有增压响应延迟（涡轮迟滞）的缺陷。

涡轮增压器为了解决这样类似问题，需要对压力进行调节，因此出现了很多类型，如废气门涡轮增压器、可变涡轮增压器、多级位涡轮增压器等。

1. 废气门涡轮增压器

废气门涡轮增压器（WGT）是在高速、高负荷状态下为了降低增压器的压力（或涡轮的转速），把部分排放废气通过旁路流动，以调节降低涡轮转速，进而降低增压压力；在低速状态下关闭旁路，以此提高涡轮转速，进而提高增压压力。如图7-41a所示为废气门涡轮增压器的构造，旁路阀即为废气门（WG）。通常汽油机的增压压力为0.15～0.18MPa，柴油机的增压压力可以达到0.5MPa，但通常约为0.2MPa。废气门形状在初期为锥形阀型，目前主要使用阀片类型。

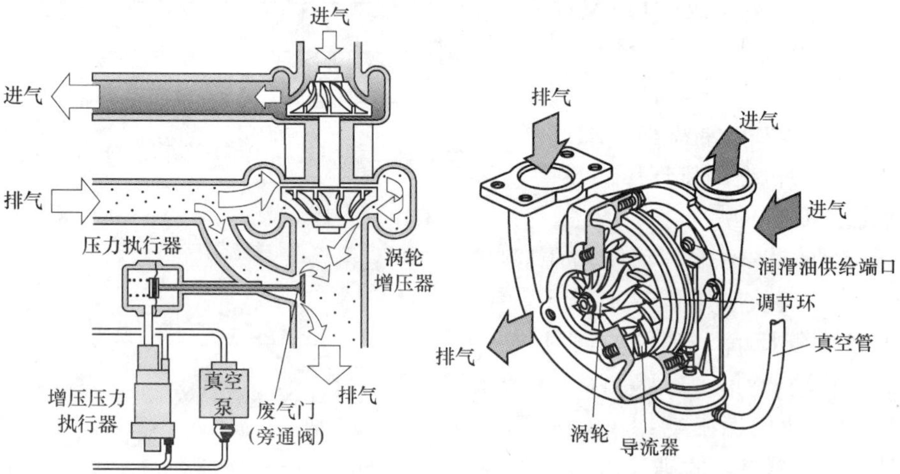

a) 废气门类型　　b) 可变类型

图7-41　涡轮增压器

废气门通过电控空气式增压压力执行器进行控制。执行器与真空泵通过3通或2通阀进行连接，进行电气控制。压力执行器的中央作用有大气压，通过弹簧力打开废气门。当发动机控制模块（ECU）输出信号时，增压压力执行器上流过电流，压力执行器与真空泵之间的通道被打开，压力执行器内的膜片被吸拉，废气门关闭，因而所有排放废气流过涡轮，使涡轮增压器的速度增大。废气门设计为常开，这是为了防止在涡轮增压器的控制系统发生故障时，在高速状态因涡轮增压器超负荷运转导致增压压力过大，因而损坏机和涡轮增压器。汽油机和柴油机均采用电控式废气门执行器。

使用废气门，虽然因把部分排放废气通过旁路流出，会降低效率，但因能保持适当的增压压力，能有效解决因供气压力过大导致的发动机机械负荷的增大，以及因排气压力过大导致的泵气损失增加等问题。因此，配置废气门可有效改善低速领域的转矩特性，其结构也比较简单，目前广泛使用在转速范围较大的小型汽油机上。

2. 可变涡轮增压器

可变涡轮增压器（VGT）是通过调节废气侧叶片（通道）的角度改变入口通道面积，以调节最佳增压压力的系统。可变涡轮增压器的结构如图 7-41 所示。即，在低速领域为提高增压响应性，关闭叶片，并在高速领域打开叶片，以控制增压压力的方式，在比废气门类型更加宽的运行范围内可以进行精密控制。可变涡轮增压器的工作原理如图 7-42 所示。

如图 7-42a 所示，利用导流叶片改变进入涡轮的排放废气通路的端面积（或间隙）大小，以调节涡轮增压压力。在低速、低负荷状态，排放废气的流通通道面积小，排放废气的压力增加。此时排放废气的流速加大，涡轮以高速旋转。尤其是，排放废气的方向流向涡轮叶片的上部末端，利用大的杠杆效果获得大转矩。在高速、高负荷状态，如图 7-42b 所示，导流叶片开大排放废气的流通通道面积，排放废气的流速降低，涡轮增压器的旋转速度也降低，排气压力也降低。

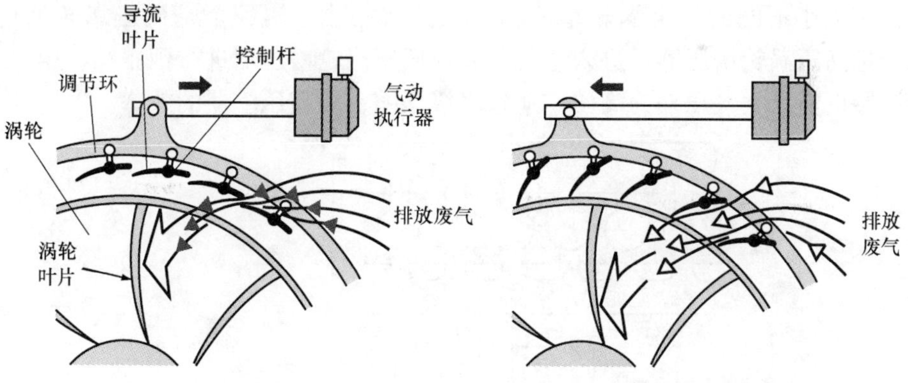

a) 高压涡轮增压器　　b) 低压涡轮增压器

图 7-42　可变涡轮增压器

导流叶片的角度可以通过调节环进行调节。这是利用安装在导流叶片上的控制杆直接或间接进行控制。调节环是通过由真空或正压空气压力进行操作的气压执行器进行控制，或通过由发动机控制模块（ECU）的指令进行操作的电动机进行控制。可变涡轮增压器（VGT）可以在所有的运行范围内控制最佳的增压压力。可变涡轮增压器（VGT）的导流叶片为常开式，在调节系统发生故障时，因导流叶片处于开启状态，可以防止增压压力的上升，可以保证安全。但是在低速时会造成输出功率的损失。

通过可变涡轮增压器（VGT）系统可以提高低速时的输出转矩，降低低速时的炭烟排放量，改善加速性等，发动机的输出功率与普通涡轮增压器相比可以增加约10%，最大转矩可以增加约14%，燃料消耗率在通常行驶区间约节约8%。另外，可变通道涡轮增压器可以控制排气压力，因此能最佳控制废气再循环（EGR），这不但能提高过渡响应性，还能有效降低有害气体的排放。汽油机因排气温度较高，热应力高一般不使用可变涡轮增压器（VGT），VGT主要使用在柴油机上。

3. 多级涡轮增压器

与单涡轮增压器相比，多级涡轮增压系统可以提高输出功率，降低燃料消耗率。

（1）顺序起动涡轮增压器　增压器的使用目的是提高低转速领域的驱动力（转矩），排气通道直径越小，反应会越迅速。但在高速领域小直径通道会限制排气流量，其效果会降低。顺序起动涡轮增压器是把小型和大型涡轮增压器并列排列设置，并在低速领域时小型、在高速领域时大型互相转换使用的涡轮增压器。顺序起动涡轮增压器因费用问题仅在大型船舶或发电机用发动机上采用。

（2）双级涡轮增压器　双级涡轮增压器把两个涡轮增压器串联设置，以增压压力的多级效果提高效率。此类型如图7-43所示，理想的是两个中冷器（中间冷却器）和大小不同的两个涡轮增压器串联连接构成。第一个是低压涡轮增压器，第二个是高压涡轮增压器。进入空气首先由低压涡轮增压器进行预压缩，第二个涡轮增压器把低压空气压缩为高压。通过多级压缩，提高压缩器的效率。

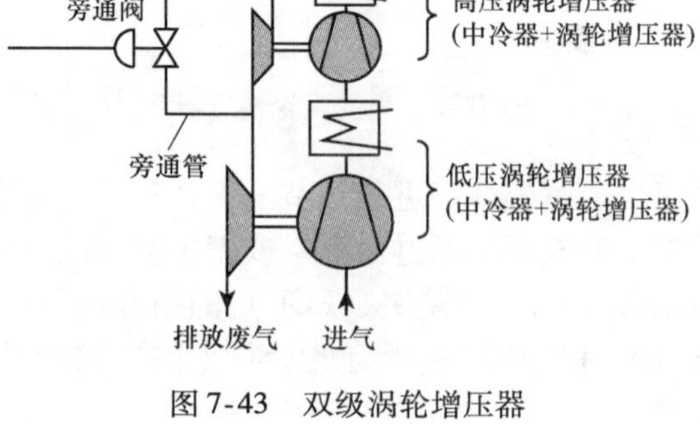

图7-43　双级涡轮增压器

在低速状态下，旁通阀关闭，高压涡轮增压器运行，迅速提高增压压力。随着发动机速度的提高，旁通阀逐步开启直到低压涡轮增压器运行。双级涡轮增压器以此方式进行调节，适当响应发动机的运行要求。因双级涡轮增压器的调节简单，因此开始应用在汽车发动机上。

（3）混合增压器　赛车与普通汽车的要求相反，以高速领域大转矩（驱动力）为需要。这样的汽车在低速领域驱动力小，需要配备低速用增压器。混合式增压器是设置低速用机械增压器和中、高速用涡轮增压器的方式。此类型因配备两种不同类型的增压器（涡轮增压器 + 机械增压器），设计和装置较复杂，价格也昂贵，因此仅在赛车等以实验性为目的配备使用。

练　习　题

1. 曲轴箱压缩类二冲程发动机尽可能把曲轴箱的容积小型化，为什么？

2. 比较二冲程发动机和四冲程发动机的优点和缺点。

3. 请叙述点燃式发动机、压燃式柴油机、涡轮增压柴油机气门正时的差异。

4. 四冲程汽油机 3000r/min 转速时的全工作容积为 1200mL。在地面运行（101.3kPa、288K），测量的进气量为 1.5m^3/min。计算此发动机的容积效率。

5. 双气缸二冲程发动机单气缸尺寸为 50mm × 74mm，压缩比为 6，以空燃比 12.5 运行。当此发动机在 5000r/min、N_e = 15kW 运行时，b_e = 480g/(kW · h)。假设为完全混合扫气，计算

（a）供气比。

（b）扫气效率。

6. 单气缸二冲程发动机的压缩比为 7，气缸尺寸为 110mm × 150mm，以 1800r/min 转速运行。平均有效压力为 710kPa，指示热效率为 30%，机械效率为 80%，空气供给量为 4.5kg/min，在端口关闭后进行燃料喷射，燃料的发热量为 4.4 × 10^4kJ/kg，空燃比为 14.5 时，计算

（a）供气比。

（b）净输出功率。

（c）指示输出功率。

（d）扫气效率。

第 8 章　内燃机的冷却

8.1　冷却的重要性

内燃机的燃烧气体自身是工质流体这一点为最大的特征，因此发动机材质的冷却相当重要。燃烧室内的最高温度瞬间会达到 2500K 以上的高温，如果不冷却，与燃烧气体直接接触的部分的强度会降低，这些部件甚至会融化，不能保持其固有的运行状态。尤其是，热力发动机的热效率随燃烧最高温度的上升而增大，具有提高燃烧气体温度的倾向，因此材料能在高温下耐用的冷却技术是左右内燃机热效率的重要因素之一。

冷却损失热量大部分通过构成燃烧室的气缸盖、气缸套、活塞头部和气门等传递到冷却媒介（如冷却水或周围空气），此外还向润滑油传递热量。

内燃机的冷却特性是周期性热源和温度差较大。为了正确测量周期性变化的温度，设计人员做了很多努力，但因每个循环每个气缸内的温度分布差异较大，因此要正确测量温度相当不易。如果忽略局部温度变化，利用指示线图可以假设平均温度。但是，通过热辐射的传热要依赖于气缸内最高温度的燃烧火焰温度，这不能用平均温度计算热辐射。尤其是，火焰的热辐射根据燃料和燃烧气体的构成，以及燃烧室的形状会有显著的差异。高速发动机的辐射传热量是全部传热量的 10% 左右。

内燃机的传热问题如上所述较复杂，不易从理论上或通过试验的方法进行分析，仅以包括热辐射的广义的热传递问题进行分析。

1. 冷却目的

所有热力发动机的输出功率是，燃烧温度越高、冷却损失越小就越大。即，发动机的冷却对输出功率的影响相当大。燃烧气体的温度如航空涡轮喷气发动机根据涡轮叶片的材料耐热性来决定，涡轮叶片材料如果为金属，则最高温度约为 950℃；如果为陶瓷，则最高温度约为 1200℃。但是，往复式活塞发动机气缸内燃烧气体瞬间的最高温度即使超过 2200℃，但因有冷却液冷却气缸周围，所以对燃烧最高温度没有限制。

但是，燃烧气体的最高温度要受到与燃烧气体接触的气缸或活塞等部件的耐久性的限制：过度冷却会导致过大的冷却损失，造成发动机性能下降；不充分的冷却会造成各部件的异常温度，并会导致热负荷、热应力、热膨胀和润滑油恶化等不良反应。因此，内燃机应在不发生异常燃烧（爆燃）的程度进行适当的冷却，以保持最佳的运行状态。

发动机冷却的目的如下：

① 防止异常燃烧（早期着火、爆燃），获得良好的燃烧性能。

② 防止发动机部附件的热损伤，保持各部附件的安全热应力，防止润滑油的恶化等，以确保发动机的可靠性和耐久性。

③ 燃烧室壁表面温度会影响容积效率（空气或混合气质量），因此应适当调节冷却液的温度，提高容积效率。

2. 冷却温度对发动机性能的影响

冷却温度为了符合其目的设定在一定的范围。冷却温度过高或过低都会给发动机带来不良影响，还会导致相关部附件的异常状态。通常，往复式内燃机的冷却液温度范围为 70～100℃。

低冷却温度对发动机的影响：

① 温度低，会造成不完全燃烧，导致热效率降低，燃料消耗率增加。

② 润滑油黏度高，造成摩擦损失增大，输出功率降低。

③ 燃料不能充分蒸发，会导致起动困难。

④ 气门间隙会发生变化。

⑤ 会诱发低温腐蚀。

高冷却温度对发动机的影响：

① 造成材料强度的降低。排气门在 700～800℃ 高温下的疲劳强度约为常温的 1/2 左右。此外，使用在活塞等部附件上的铝合金在 300～350℃ 温度下的疲劳强度约为常温的 1/3。

② 造成材料变形。活塞或气缸盖的温度分布不均时，会导致热应力，甚至会发生异常变形。大型发动机的热应力会比气体压力的应力更大。

③ 润滑油会氧化。润滑油在 120～130℃ 开始氧化，活塞头部外圆部分氧化的机油会炭化堆积。

④ 汽油机的气缸内过热表面会导致早期着火或爆燃等异常燃烧。

⑤ 润滑油黏度下降，油膜会被破坏，造成边界润滑状态，增大气缸或活塞的磨损。

8.2　热传递

热量是只要有温度梯度或温度差就要进行传递。热量的传递过程分为传导、对流和辐射三种，实际的热量传递以这三种现象复合出现。

1. 热传导

热传导是静态物质之间的热量传递现象。在进行传导的物理结构上，气体为分子间的碰撞，晶体为晶格震荡，金属为自由电子的移动等，具有多种多样的现象。

传导主要是顺从固体之间的热量传递特性。气缸主要由铸铁、铝合金或钢等材料制成，通过这些材料传导的热量 $\dot{Q}_{cn}$（W）和热流 $\dot{q}_{cn}$（W/m²），根据傅里叶热传导法可以获得如下的正常状态热传导相关式：

$$\dot{q}_{cn} = \frac{\dot{Q}}{A} = -\kappa \frac{dT}{dx} = \kappa \frac{T_1 - T_2}{L} \tag{8.1}$$

式中，$\dot{q}_{cn}$为 z 方向的热流；κ 为热传导率［W/(m·K)］；L 为材料厚度（m）；T_1、T_2 分别为材料厚度为 L 的两表面温度（K），$T_1 > T_2$，$T_1 - T_2$ 为温度差；A 为传热面积（m^2）。下标 cn 表示传导。

燃烧室内高温气体的热量通过气缸盖、气缸壁、活塞头部和气门等传导到冷却液或周围。热传导率是每个物质的物理特性，表 8-1 列出了多种物质的热传导率。固体的热传导率为大，其次以液体、气体的顺序逐步降低。

表 8-1　物质的热传导率（300℃时）

物质	单位/[W/(m·K)]
铝	204
黄铜（铜 70%、铅 30%）	111
低碳钢（mild steel）	64
高能玻璃	1.09
水	0.611
发动机机油（SAE 50）	0.145
空气	0.027

2. 热传递

热传递又称为对流或对流热传递，是根据流体和固体表面之间的温度差，以流体的流动传递热量的现象。流体的运动根据密度差（或温度差）的浮力发生时，称为自然对流（自然通风、自由流动）；根据不是浮力的其他力量发生时，称为强制对流。通常，自然对流为层流形式，强制对流为湍流形式。

正常流动强制对流来说，从温度为 T_c 的流体向温度为 T_w 的固体表面传递的热量 $\dot{Q}_{cv}$或热流 $\dot{q}_{cv}$，根据牛顿的冷却定律可以用下式进行计算：

$$\dot{q}_{cv} = \frac{\dot{Q}}{A} = h_c(T_c - T_w) \tag{8.2}$$

式中，流体温度（燃烧气体、冷却液）大于壁表面温度，即 $T_c > T_w$；h_c 为对流热传递系数（或热传递系数、热传递率）；A 为传热面积。下标 cv 表示对流热传递。

对流热传递系数 h_c 通常使用对于总热传递面积 A 的平均热传递系数 $\bar{h}_c$。平均对流热传递系数见表 8-2。

表 8-2　平均对流热传递系数

流动和流体	$\bar{h}_c$/ [W/(m^2 · K)]
自然对流，空气	3 ~ 25
自然对流，水	15 ~ 1000
强制对流，空气	10 ~ 200
强制对流，水	50 ~ 10000
凝结蒸气	5000 ~ 50000
沸腾的水	3000 ~ 100000

内燃机中燃烧气体通过气缸盖、气缸壁、活塞或气门传递到冷却液或周围空气中的热传递现象均依赖于强制对流。此外，在排气系统中排放废气的冷却，在进气系统中进入空气（或混合气）温度的上升，均属于对流热传递。

3. 热辐射

热辐射为物质（固体、液体、气体）所放射的能量。单位面积所放出的能量称为辐射能力 E（W/m^2），根据斯蒂芬 – 波兹曼定律可以用下式进行计算：

$$E_b = \sigma T_0^4 \tag{8.3}$$

式中，E_b 为理想黑体辐射能力；T_0 为气体的绝对温度（K）；σ 为斯蒂芬 – 波兹曼常数 $5.67 \times 10^{-8} W/(m^2 \cdot K^4)$。下标 b 表示黑体。辐射能力与温度的 4 乘方成正比，因此随温度的上升急速增大。多种温度下黑体的辐射能力见表 8-3。

实际固体表面或气体并不是黑体，不能像黑体那样工作，辐射一部分并吸收一部分。

实际两个物体之间辐射传递的热流 $\dot{q}_r$，通过在式（8.3）中乘以辐射率 ε，并以两个物体相互辐射能量的比值得出，以下式进行计算。

表 8-3　多种温度下的黑体辐射能力

表面温度/K	黑体辐射能力/ [W/m^2]
300（室内温度）	459
1000（粉红光温度）	56700
3000（灯丝）	4590000
5760（太阳温度）	62400000

$$\dot{q}_r = \varepsilon\sigma(T_g^4 - T_w^4) \tag{8.4}$$

式中，ε 为辐射率（$0 \leqslant \varepsilon \leqslant 1$）；$T_g$ 为气体温度；T_w 为壁表面温度。多种物质的辐射率 ε 见表 8-4。下标 r 表示辐射。

表 8-4 多种物质的辐射率

表面	辐射率（ε）
铝合金	0.035
镀铬	0.16
不锈钢、312 型	0.30
氧化处理的黑铝	0.80
沥青	0.88
土壤	0.94

4. 传热系数

（1）燃烧室　燃烧室内高温燃烧气体通过气缸壁到冷却液的总热传递过程如图 8-1 所示。为了便于说明，在这里气缸内燃烧气体和冷却液的温度使用平均温度 $\overline{T}_g$、$\overline{T}_c$，假设热传递面积 A 不变，仅考虑 Z 方向一维的正常状态。

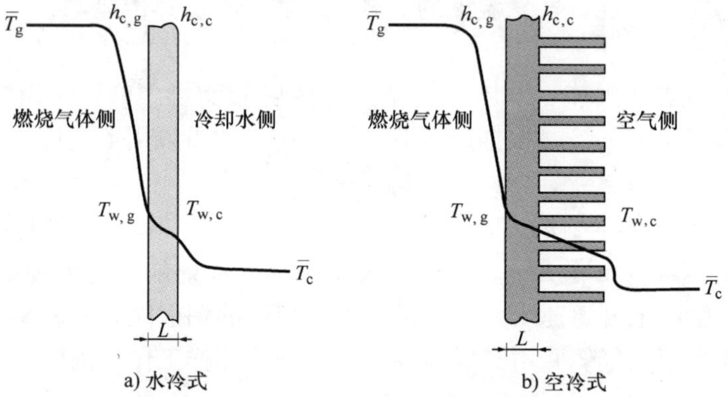

图 8-1　从燃烧气体到冷却液的热传递过程

首先，燃烧室内从高温气体到气缸壁的热传递通过强制对流和辐射进行，因此传递的热流 $\dot{q}$ 为通过强制对流热传递的热流 $\dot{q}_{cv}$ 与通过辐射热传递的热流 $\dot{q}_r$ 之和。其次，在气缸壁内部通过热传导进行热传递，在气缸外侧壁向冷却液（或空气）为通过强制对流进行热传递，因此热流以下述各自的式进行计算：

燃烧室内部：$$\dot{q} = \dot{q}_{cv} + \dot{q}_r = h_{c,g}(\overline{T}_g - T_{w,g}) + \sigma\varepsilon(\overline{T}_g^4 - \overline{T}_{w,g}^4) \tag{8.5}$$

气缸壁：$$\dot{q} = \dot{q}_{cn} = k\frac{(T_{w,g} - T_{w,c})}{L} \tag{8.6}$$

冷却液侧：$$\dot{q} = \dot{q}_{cv} = h_{c,c}(T_{w,c} - \overline{T}_c) \tag{8.7}$$

式中，$h_{c,g}$ [W/(m^2·K)] 为燃烧室内燃烧气体的热传递系数；$\overline{T}_g$(K) 为燃烧气体的平均温度；$T_{w,c}$(K) 为气缸内侧壁温度；σ[W/(m^2·K^4)] 为斯蒂芬－波兹曼

常数；ε 为辐射率。另外，k[W/(m·K)] 为气缸壁的热传导率；$T_{w,c}$(K) 为气缸外侧壁温度；L(m) 为气缸壁的厚度；$\overline{T}_c$(K) 为冷却液的平均温度；$h_{c,c}$ [W/(m²·K)] 为冷却液热传递系数，是冷却液流动速度的函数。

汽油机可以忽略燃烧气体的热辐射，即忽略式 (8.5) 中右侧第 2 项，可以用下式进行表示。

$$\text{燃烧室内部：}\dot{q} = \dot{q}_{cc} = h_{c,g}(\overline{T}_g - T_{w,g}) \tag{8.8}$$

对燃烧室内部热量的传递过程（冷却过程）分别以燃烧室内部、气缸壁和冷却液侧 3 个区间进行分析，其结果为从高温燃烧气体 ($\overline{T}_g$) 向低温冷却液 ($\overline{T}_c$) 的热量传递。

正常状态下，各区间所传递的热流 $\dot{q}$ 相同，因此通过式 (8.6) ~式 (8.8) 可以推导出

$$\dot{q} = K(\overline{T}_g - \overline{T}_c) \tag{8.9}$$

且有

$$K = \frac{1}{\dfrac{1}{h_{c,g}} + \dfrac{L}{k} + \dfrac{1}{h_{c,c}}} \tag{8.10}$$

式中，K [W/(m·K)] 称为总热传递系数（传热系数）。

燃烧气体向冷却液传递的热流 $\dot{q}$（或热量 $Q = \dot{q}A$）通过式 (8.9) 可以看出，燃烧气体温度与冷却液温度之差 ΔT 和总热传递系数 K 成正比。如要计算出此值，应知道$\overline{T}_g$、$\overline{T}_c$、$h_{c,g}$、k、$h_{c,c}$值。

其中，最难求得的是燃烧室内燃烧气体的热传递系数 $h_{c,g}$和气缸内侧壁表面的温度 $T_{w,g}$。虽然很多研究学者发表有燃烧气体的热传递系数 $h_{c,g}$多种经验计算式，但很难做到符合发动机的所有运行条件。另外，气缸内壁表面温度 $T_{w,g}$不是正常温度，是随时间发生变化的非常规温度，因此在燃烧室壁上设置温度传感器直接进行检测。剩余的气体平均温度$\overline{T}_c$ 在示功图中求得，冷却液平均温度$\overline{T}_c$、气缸壁热传导系数 k 和冷却液侧热传递系数 h_c 就可以容易求得。

(2) 散热器 发动机的冷却系统使用散热器（放热器）。在散热器中高温冷却液向周围大气传递热量（或冷却）的过程与在燃烧室内高温燃烧气体向冷却液传递热量的过程相同。即，散热器内部的高温冷却液通过散热器壁表面向空气侧（散热器外部）传递热量 Q (J/s 或 W)，可以用下式进行表示。

$$\text{散热器内部：}\quad \dot{Q} = A_c\dot{q} = A_c h_{c,r}(T_c - T_{w,c}) \tag{8.11}$$

$$\text{散热器壁：}\quad \dot{Q} = A_t\dot{q}_{cn} = A_t\frac{k(T_{w,c} - T_{w,a})}{L} \tag{8.12}$$

$$\text{散热器外部：}\quad \dot{Q} = A_a\dot{q} = A_a h_{a,r}(T_{w,a} - T_a) \tag{8.13}$$

式中，$\dot{q}$ 为热流；A_c 和 A_a 为散热器内部（冷却液侧）和外部（空气侧）的散热面积，这两个面积比为 $\zeta = A_c/A_a$；A_t、k、L 分别为散热器的散热面积（m^2）、热传导系数和厚度；$h_{c,r}$、$h_{a,r}$ 分别为冷却液侧和空气侧热传递系数；T_c、$T_{w,c}$、$T_{w,a}$、T_a 分别为冷却液温度、散热器内壁温度、外壁温度和空气温度。虽然散热器的内部面积 A_c 与外部面积 A_a 因配置散热片等原因不尽相同，但可以看成内部面积 A_c 与面积 A_t 相同。

在正常状态下，各区间传递的热量 $\dot{Q}$ 相同，通过式（8.11）~式（8.13）可以推导

$$\dot{Q} = A_a K(T_c - T_a) \tag{8.14}$$

且有

$$K = \frac{1}{\dfrac{1}{h_{a,r}} + \dfrac{1}{h_{c,r}\zeta} + \dfrac{L}{k\zeta}} \tag{8.15}$$

式中，K 为散热器的总热传递系数。为了计算散热量，必须知道上式中所有变量 T_c、T_a、$h_{c,r}$、k、$h_{a,r}$、A_t、A_c、A_a 的值。这些变量值的计算比燃烧室内状态的计算容易得多。

为了提高散热器的散热量 $\dot{Q}$，只要使散热面积 A_a、总热传递系数 K、冷却液与周围空气之间的温度差（$T_c - T_a$）较大即可。为了提高冷却液与冷却空气之间的温度差，主要采用将真空阀和压力阀集成到散热器盖以提高冷却系统压力的方法。

8.3 热平衡和冷却系统

8.3.1 发动机的热平衡

热平衡（或能量平衡）是供给到气缸内的燃料和空气能量的使用比率。热平衡随发动机运行条件的不同而发生变化，以净功（制动功、轴功）、冷却损失、排气损失和摩擦损失区分进行计算。

1. 冷却损失热量

如图 8-2 所示为随发动机转速变化的冷却液损失比例。图中ⓐ为工作容积为 400~600mL 的小型柴油机，ⓑ为 800~1600mL 的中型柴油机，ⓒ为 2000~5000mL 的大型柴油机，ⓓ为汽油机。可以看出，冷却损失比例随转速的增加而减小，随发动机排气量的减小而增加。

冷却损失较大的是小型柴油机。这是因为小型柴油机为间接喷射式（IDI）发动机，主室与副室之间连接通道的热传递系数较大，并且依赖于 2 级燃烧的长燃

烧时间和因强气流的通过燃烧室壁表面的热损失增大。与此相对应，ⓒ所示的大型柴油机为直喷式发动机（DI），燃烧室形状简单，表面积小，因此冷却损失（或冷却损失率）较小。尤其是，可以看出ⓓ汽油机的冷却损失比例比柴油机小。这是因为柴油机为了促进燃料－空气的混合，气缸内的气体流动速度较大，通过气缸壁的冷却损失热量大，另外柴油机的表面积/容积比大于汽油机。

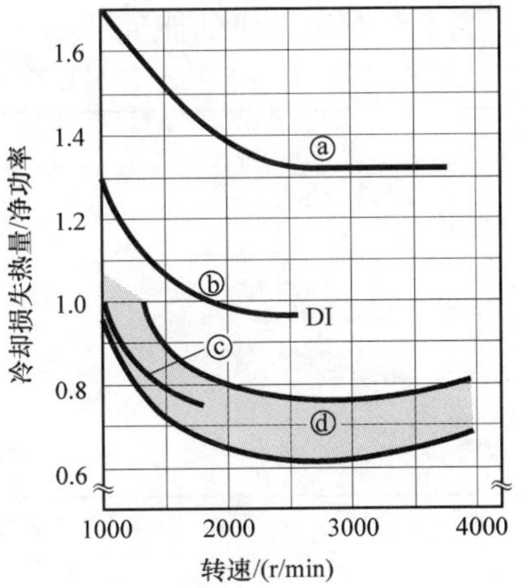

图 8-2　随发动机转速变化的冷却损失比例

2. 能量平衡

供给到发动机的燃料和空气的能量通常以净功、冷却损失、排气损失和摩擦损失进行区分和分析。发动机的正常状态能量平衡式为

$$\dot{m}_f h_f + \dot{m}_a h_a \approx \dot{m}_f H_l = \dot{W}_e + \dot{Q}_{cool} + \dot{Q}_{oil} + \dot{m}_e h_e + \dot{W}_f \tag{8.16}$$

式中，$\dot{m}_f$、$\dot{m}_a$（kg/s）为燃料和空气的质量流量率；h_f、h_a（kJ/kg）为燃料和空气的焓；H_l（kJ/kg）为燃料的低热值；$\dot{W}_e$（kW）为发动机的净功率；$\dot{Q}_{cool}$（kW）为冷却损失热量率；$\dot{Q}_{oil}$为通过润滑油的散热的热量率；$\dot{m}_e h_e$ 为通过排气被排放的热量率；$\dot{W}_f$（kW）为摩擦损失功。直喷式柴油机多采用润滑油冷却器，润滑油也起到冷却作用，因此在上述能量平衡式中包括了通过润滑油散热的热量率 $\dot{Q}_{oil}$。但副室类型柴油机主要是低功率发动机，没有润滑油冷却器。在这里假设燃烧效率为 100%，空气的能量 $\dot{m}_a h_a$ 相对于燃料的发热量 $\dot{m}_f H_f$ 较小，以此可以忽略不计。

能量使用比率随发动机转速和负荷的不同而改变。图 8-3 所示为点燃式发动机的能量使用比率。从图中可以看出，输出功率比率和排气损失比率随发动机转速的增加而增大，而冷却损失比率随发动机转速的增加（或越是高负荷）而减小。

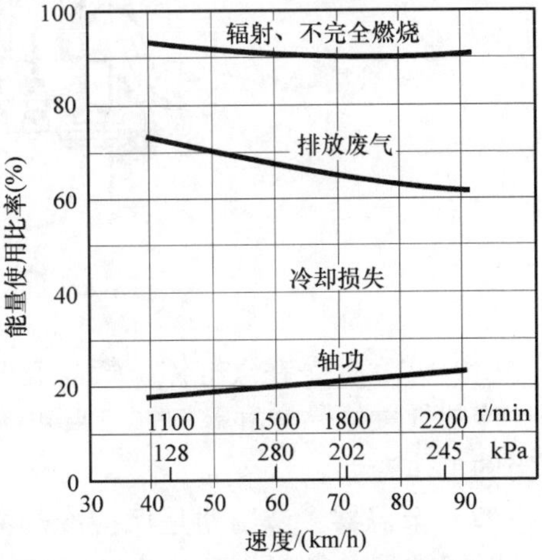

图 8-3　发动机的能量平衡

冷却损失从热效率的观点上是完全损失，但从保持发动机的内部工作温度并确保发动机可靠性的观点上是不可缺的功

能。通常汽车发动机的能量平衡见表8-5。

表8-5 汽车发动机的能量平衡

能量	汽油机	柴油机
轴功率 $\dot{W}_e$	25% ~30%	30% ~35%
冷却损失 $\dot{Q}_{cool}+\dot{Q}_{oil}$	25% ~32%	25% ~35%
排气损失热 $\dot{m}_e h_e$	30% ~35%	30% ~40%
摩擦损失 $\dot{W}_f$	7% ~13%	7% ~15%

8.3.2 冷却系统

冷却方式有水冷、空冷等方式。汽车、航空器、船舶用发动机主要采用水冷方式，缸径150mm以下的摩托车发动机或小型农用、工用发动机等以空冷式为主。

1. 冷却系统组成

汽车发动机最具代表性的水冷式冷却系统如图8-4所示，主要由水套、节温器、散热器、冷却风扇、水泵和旁通通道组成。

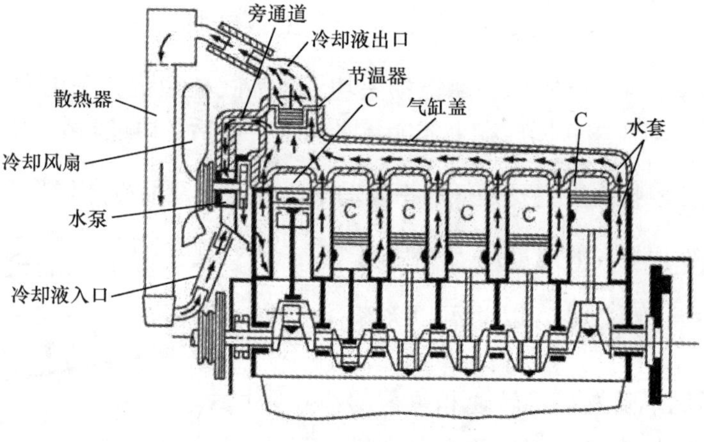

图8-4 汽车发动机的冷却系统

(1) 水套 是在气缸体、气缸盖上设计的冷却液通道。冷却液在此通道中流动，冷却气缸体、气缸盖、气门座和气门导管等，以把发动机各部位的温度保持在适当的工作温度。

(2) 节温器 节温器是保持冷却液适当温度的冷却液温度调节器。如果节温器的时间常数（完全打开为止的时间）大，在寒冷地区等会出现温度控制不稳定的现象，即会出现升程不足或升程过大等孵化（Hatching）现象，导致发动机的磨损。节温器的开启温度通常为 82℃，在寒冷地区为 87℃，大型船舶用发动机为 52℃左右。

(3) 散热器　是一种热交换器，是把在发动机上加热的冷却液进行冷却的装置。在散热器盖上配备有压力调节阀，最近设定压力可以达到 0.19MPa 左右的高压，随着冷却液的沸点也达到 110～120℃的高温，因此可以使散热器小型化。散热是行驶时利用自然风、停车时利用离合器式或电动式冷却风扇进行散热。

如图 8-5 所示为多种类型的散热器芯。空气流过散热器芯散热，以对冷却液进行冷却。

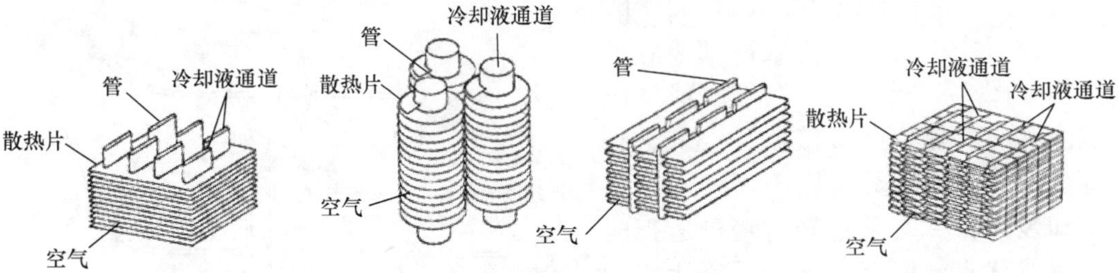

图 8-5　多种类型的散热器芯

(4) 水泵　是把冷却液压送到发动机内进行循环的装置，主要使用离心式泵。安装在气缸体上，由曲轴通过风扇驱动带连接驱动。

2. 冷却方式

(1) 水冷式　水冷式为通过水泵强制反复循环冷却液进行冷却的方式，也称为强制循环式。此类型具有冷却液入口温度较高、冷却均匀、冷却效果好、噪声小等优点。还能用作室内暖风加热器的热源，因此不仅用在汽车上，还用在使用低品质柴油的大型船舶上。

水冷式根据保持一定的冷却液温度的方式分为出口控制方式和入口控制方式，如图 8-6 所示。

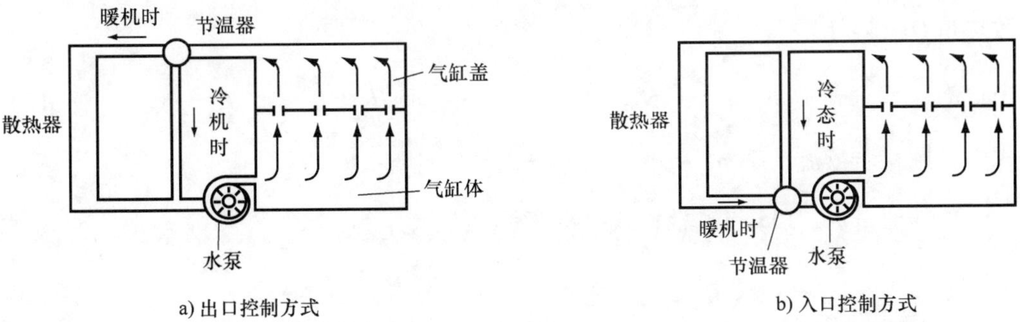

图 8-6　冷却液温度的控制方式差异

① 出口控制方式：是保持一定的冷却液出口温度的控制方式，在发动机冷却液出口设置有节温器。在低负荷领域因冷却液入口温度高，可以降低摩擦损失。但是，低温起动和暖机运行中出现的冷却液温度变化与入口控制方式相比有大的缺点。这是因为需要通过检测冷却液温度并控制流量，会出现随冷却液温度变化的响应延迟。

②入口控制方式：在发动机冷却液入口设置节温器的方式。此方式没有随冷却液温度变化的响应延迟现象，因此可以防止冷却液温度的变化。但与出口控制方式相比设置的出口冷却液温度低，因此在低负荷状态的摩擦损失比出口控制方式大。但是在全加速状态控制为低温，因而具有良好的防爆燃性能。

（2）空冷式　空冷式冷却装置的结构如图 8-7 所示，是在气缸或气缸盖配置的散热片上直接流过空气进行冷却的方式。此类型因不需要水泵等冷却装置，具有重量轻、暖机运行时间短等优点。但存在运行噪声大、润滑油消耗量大以及在气缸圆周温差大易造成热变形等缺点。因此，空冷式在汽车用发动机上不采用，仅使用在摩托车等小型发动机上。

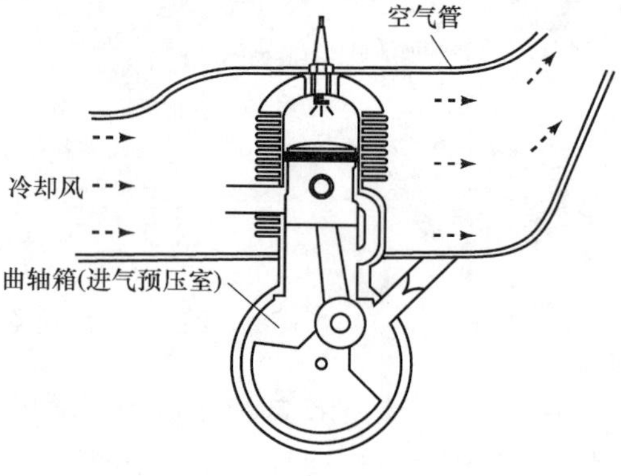

图 8-7　空冷式冷却装置的结构

空冷式有自然通风式和通过风扇强制通风进行冷却的强制通风方式。一般情况下散热片的厚度越小，单位面积、单位时间的散热量就会越大。

3. 冷却液量、冷却空气量

（1）水冷式　冷却液量可以通过发动机的全供给热量中的冷却损失比率来求得。即，燃料的发热量 $\dot{m}_f H_l$ 中冷却损失比率为 α 时，可以用下式计算每小时冷却散热量 $\dot{Q}_w$(kJ/h)：

$$\dot{Q}_w = \alpha \dot{m}_f H_l = \alpha b_e \dot{W}_e H_l \tag{8.17}$$

式中，燃料质量流动率 $\dot{m}_f$ 利用公式 $\dot{m}_f = b_e \dot{W}_e$ 计算 。

冷却液量 $\dot{m}_w$（kg/h）根据式（8.17）可以表示为

$$\dot{m}_w = \frac{\dot{Q}_w}{c_v \Delta T} = \frac{\alpha b_e \dot{W}_e H_l}{c_v \Delta T} \tag{8.18}$$

在表 8-5 中，汽车发动机的能量平衡中冷却损失比率为，汽油机是 0.25 ~ 0.32，柴油机是 0.25 ~ 0.35。如表 8-6 所示，大体上冷却散热量为，汽车用汽油机是 500 ~ 640kcal/(PS · h)，汽车用柴油机是 500 ~ 700kcal/(PS · h)，船舶用四冲程柴油机是 500 ~ 600kcal/(PS · h)。

表 8-6　汽车用发动机的冷却液温度和散热量

冷却液温度和散热量	汽油机	柴油机	
		汽车用	船舶用
入口温度/℃	70 ~ 80	70 ~ 80	15 ~ 60
出口温度/℃	90 ~ 100	80 ~ 90	40 ~ 70
冷却热量/［kcal/(PS · h)］	500 ~ 640	500 ~ 700	500 ~ 600

理想的水冷式应尽可能保持高的冷却液温度，入口和出口温度差 ΔT 尽量要保持在小（10℃以下）的范围内，并且冷却液流量要大，使各部分的温度均等。

（2）空冷式　空冷式在气缸盖或气缸体上配置有散热片。散热片的形状如图 8-8 所示，有抛物线形、锥形等。如果散热片之间的距离小，会导致空气阻力的增加，内部流速会降低，散热量会反而减小。散热片的形状以小片形状获得高散热量为较理想的，如图 8-8a 所示。在理论上由两个抛物线形成的形状在长度方向的热量分布较为理想，但因结构和铸造方面的问题，多采用图 8-8b 所示的锥形散热片。散热片的高度（长度）与散热片根部厚度 ε 和气缸内径 B 之间有关联。实用的散热片根部厚度是，铸铁气缸为 3 ~ 5mm，铝合金气缸为 2.0 ~ 2.5mm。

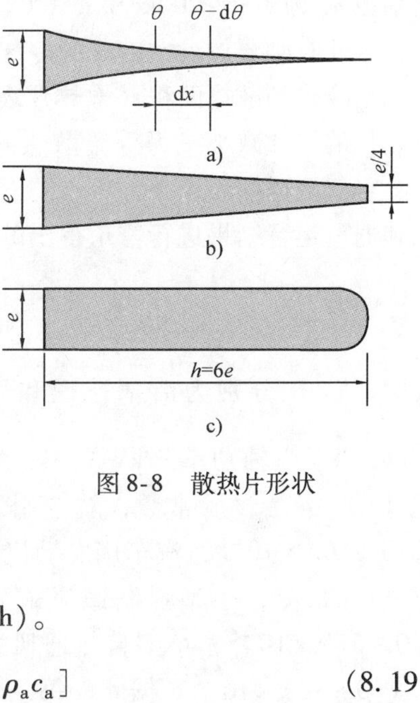

图 8-8　散热片形状

可以用下式计算散热片所需的空气流量 $\dot{V}_a$（m³/h）。

$$\dot{V}_a = \dot{Q}_a / [(T_2 - T_1)\rho_a c_a] \tag{8.19}$$

式中，$\dot{Q}_a$（kJ/h）为发动机的空冷散热量；ρ_a（kg/m³）为空气的密度；c_a［kJ/(kg · K)］为空气的质量定压热容；$(T_2 - T_1)$ 为空气入口与出口温度差（K）。

4. 冷却面积

冷却面积要考虑受热面积和散热面积。该参数随接收的热量和冷却方式的不同而有所变化。

（1）受热面积　无论是水冷式还是空冷式，受热面积均为发动机燃烧室的表面积。燃烧室分为由气缸盖、活塞头部和进气门、排气门围成的一定表面积部分和由气缸壁与上下运动的活塞围成的可变表面积部分。Mackerle 把气缸壁表面积的有效部分规定为活塞行程的 1/2，因此受热表面积 A_s（cm²）可表示为

$$A_s = 2\left(\frac{\pi B^2}{4}\right) + \pi B \frac{S}{2} \tag{8.20}$$

式中，B、S——分别为气缸内径和活塞行程。

（2）散热面积　无论是水冷式发动机还是空冷式发动机，任何发动机都可以用式（8.20）计算受热面积。但是散热面积有很大的差异。空冷式把接收的热量通过气缸外壁直接向周围空气散热，但水冷式把接收的热量首先传递到冷却液，然后由冷却液通过散热器向空气中散热。因此，散热面积是，水冷式为散热器的散热面积，空冷式为与空气接触的发动机外壁表面积（散热片表面积）。

水冷式发动机的冷却液流速通常为 0.5～1.0m/s，此时水的热传递系数 h_c 为 5000～6000kcal/m^{2}h℃。空冷式发动机的冷却空气速度为 18～22m/s，空气侧热传递系数 h_a 为 100～200kcal/m^{2}h℃。因为空气热传递系数为水热传递系数的 1/37 左右，因此有必要加大空冷式的冷却面积，从而配置有散热片。

空冷式的散热面积（散热片表面积）可以通过冷却热量加以计算，并要考虑散热片的尺寸减小或为等温散热的片形状等方面。散热量随散热片的形状、温度差、空气流速和使用条件等不同而不同（图 8-9）。实际散热面积是通常利用经验式和通过运行结果进行修正得出的。散热片总面积 A_t（m^2）的计算公式通常为：

$$A_t = aSB\frac{\dot{W}_e^2}{V_h} \tag{8.21}$$

式中，S、B 分别为活塞行程和气缸内径（m）；$\dot{W}_e$ 为轴功率（kW）；V_h 为工作容积（L）；a 为试验常数，航空用发动机为 $(8.3\sim10)\times10^{-6}$，汽车用发动机为 $(12\sim18.5)\times10^{-6}$，小型强制通风式发动机为 $(50\sim61)\times10^{-6}$，小型自然通风式发动机为 $(63\sim70)\times10^{-6}$。据此，每一个气缸散热片的面积 A[m^2/L] 的计算式如下：

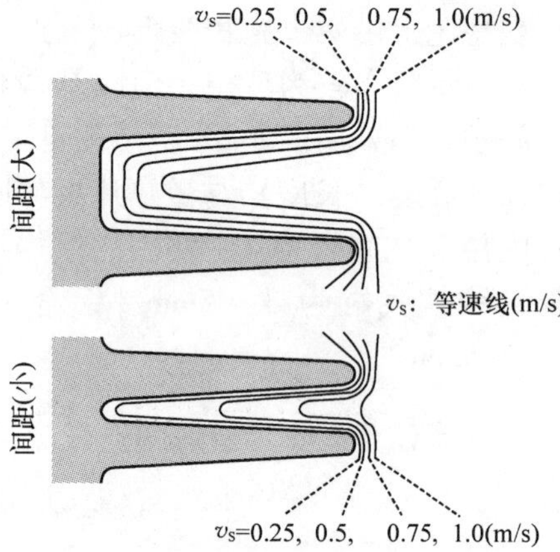

图 8-9　散热片周围空气的流动

$$A = \frac{A_t}{V_h} = aSB\left(\frac{\dot{W}_e}{V_h}\right) \tag{8.22}$$

另外，单位输出功率的散热片面积 A_p（m^2/kW）用下式进行计算：

$$A_p = \frac{A_t}{\dot{W}_e} = aSB\frac{\dot{W}_e}{V_h} \tag{8.23}$$

5. 冷却介质

(1) 冷却剂　冷却剂有水、空气、润滑油、海水等，主要使用水和空气。汽车用发动机的冷却介质主要为冷却液，船舶用发动机一起使用冷却液和润滑油。冷却液、空气、润滑油直接与发动机的内部或外部接触冷却，因此称为直接冷却剂，船舶用发动机可以把海水转换为直接冷却剂，因此称为间接冷却剂。空气也可以作为间接冷却剂。

① 冷却液：冷却液的冷却效果好，因此作为发动机、润滑油、增压器、中间冷却器、防噪器等的冷却剂使用。

② 空气：空冷式发动机把大气中的空气作为冷却剂使用。目前汽车用发动机几乎不采用空冷式，大众汽车的甲壳虫初期车型采用空冷式发动机。水和空气的物理特性见表 8-7。空气与水相比，热传导率 k 约为 1/23，温度传导率 a 约为1/160，质量热容约为 1/5，因此作为冷却介质远不如水。

③ 润滑油：润滑油冷却方式是分散在活塞内部对活塞进行冷却，并进入发动机的各部位循环吸收摩擦热。通过发动机内部循环吸收热量的高温润滑油流过润滑油冷却器，用冷却液进行冷却后再循环到发动机内。作为冷却剂的润滑油存在高温碳化的危险，并且其质量热容为水的 1/2，冷却效果稍差。

表 8-7　水和空气的物性值

物质/℃		ρ/(kg/m^3)	k/(kcal/m^{2}h℃)	c_p/(kcal/kg℃)	c_v/(kcal/kg℃)	$\nu \times 10^{-4}$/(m^2/s)	$a \times 10^{-4}$/(m^2/h)
水	20	998.2	0.511	0.999	—	0.0101	0.512
	80	971.8	0.578	1.003	974.92	0.00368	0.0593
空气	20	1.166	0.0221	0.240	—	0.156	7.89
	80	0.968	0.0260	0.241	0.241	0.217	11.10

注：温度传导率 $a = k/(c_V u)$ [m^2/h]。

④ 海水：海水在船舶用发动机作为间接冷却剂使用。海水中因含有钙（Ca）、镁（Mg）等盐类，如果处于高温状态会形成鳞状物质，易造成冷却效果降低。尤其是，如果温度超过 55℃，会析出盐分，阻碍传热作用，因此应把温度保持在45℃左右。海水不能作为直接冷却剂而作为间接冷却剂的原因即在此。

(2) 防冻液　防冻液是在冬季防止冷却液被冻结而使用的。冬季气温在 0℃以下时，冷却液就会冻结。这不仅会使冷却液失去冷却作用，还会因水冰冻过程中约 9% 的体积膨胀，导致发动机气缸体或其他部件龟裂或破裂。

防冻液的主成分有甲醇或乙二醇。这些防冻剂与纯水混合使用，其混合比例随冰点的不同而不同。

甲醇的沸点为 82℃，冰点为 -30℃，能经受较低的温度，但其沸点比水低，一旦冷却液温度上升到一定程度会蒸发，因此不能作为永久性的冷却剂使用。乙二醇无味，蒸发少，冰点为 -50℃，因此能作为永久性冷却剂使用。

8.4 热传递经验式

气缸内高温燃烧气体通过强制对流热传递和辐射热传递向气缸壁传递热量。为了求得正确的冷却损失热量，要依赖于如何能正确检测气体的热传递系数 h_g、气缸内壁表面温度（非常规壁表面温度）T_w 和辐射热传递系数 a。这些参数值因随曲轴转角、气缸内活塞位置的不同而发生变化，尤其是每个循环均不相同，因此很难对其进行正确的检测。

热传递经验式大部分为关于气体热传递系数的，关于辐射热传递系数方面的论文也鲜有发表。尤其是，这些经验式不是对特定部位瞬间热流的分析，而是利用平均温度的经验式。

8.4.1 气缸内温度的变化

（1）气缸内温度的变化　气缸内的燃烧气体温度在全行程范围内发生很大的变化，热传递系数 h_g 在每一循环中均随曲轴转角的改变而发生变化。四冲程柴油机随净平均有效压力 $p_{m,e}$ 的气缸内气体温度和热传递系数如图 8-10 所示。可以看出，热传递系数 h_g 从自然进气发动机压缩行程初期的 200 [W/(m^2 · K)] 开始到增压发动机燃烧过程的 2000 [W/(m^2 · K)] 为止变化约 10 倍。因此，热传递系数和温度要利用平均热传递系数 $\overline{h}_g$、平均有效气体温度 $\overline{T}_g$。

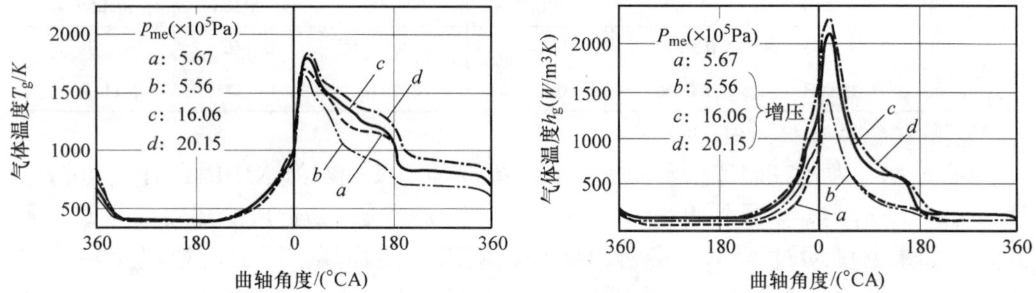

图 8-10　气缸内温度与热传递系数的变化

流热传递系数 h_g 不仅随燃烧气体温度变化，还根据燃烧室的形状、气体的流动方向、转速和物理性质的不同，发生很大的变化。

尤其是，流体流过固体表面时，会形成边界层。初期的边界层为层流，一旦经过某一点会改变为湍流，热传递阻力会发生变化。强制对流热传递系数还依赖于边界层的厚度，因此，把热传递系数以无量纲数表示。

（2）无量纲数　在发动机的热传递（或冷却）中使用的无量纲数有，考虑流体的流动状态、热传递系数、热传导系数和温度传导率的努塞尔特数 Nu、雷诺数

Re、普朗特数 Pr。

$$Nu = \frac{hL}{k} \tag{8.24}$$

$$Re = \frac{\rho uL}{\mu} \tag{8.25}$$

$$Pr = \frac{\nu}{a} = \left(\frac{\mu}{\rho}\right) \Big/ \left(\frac{k}{\rho c_{\mathrm{p}}}\right) \tag{8.26}$$

努塞尔特数 Nu 为对流热传递 h 与热传导 k 之间的比值。雷诺数 Re 虽然是流体的黏性力与惯性力之间的比值，但依赖于边界层的厚度 δ。普朗特数 Pr 为流速场 ν（动黏性系数、运动量扩散系数）与温度场 a（热扩散系数）之间的比值，当 $Pr = 1$ 时，两者相等。

8.4.2 气体热传递

燃烧室内气体热传递相关研究由努赛尔（Nusselt）开始，并由泰勒求出气缸内强制对流热传递在循环全领域所消耗时间的平均值，以此开始用无量纲数进行表示。随之，阿南德（W. J. D. Annand）、沃希尼（G. Woschni）等发表了不是时间平均值而是瞬间值相关的热传递系数表示式，形成现代主流。他们的经验式都由努塞尔特数、雷诺数和普朗特数之间的关系式形成，见式（8.27a）：

$$Nu = C \times Re^{m} Pr^{n} \tag{8.27a}$$

如果设定燃烧气体的普朗特数为常数，则式（8.27a）可以简化为

$$Nu = C \times Re^{n} \tag{8.27b}$$

式中，C、m、n 为根据流体流动与壁表面的相互条件取得不同数值的试验常数，指数 m 通过很多次的测量结果为 0.7 ~ 0.8。在雷诺数（$\rho uL/\mu$）中包含的 L 为特性长度；气体侧为气缸内径 B；冷却液侧为因围绕燃烧室使用冷却液通道宽度 D_{c} 的 2 倍数值；u 为活塞平均速度或冷却液平均速度；μ 为气体或冷却水的黏性系数。

为了客观分析发动机的散热量，在式（8.24）中把热传递系数 h_{g} 以总热传递系数（传热系数）K 代替，并对努塞尔特数（Nu_K）定义为

$$Nu_K = \frac{KL}{k_{\mathrm{g}}} = Re_{\mathrm{g}}^{\mathrm{m}} \tag{8.28}$$

（1）努塞尔的研究　努塞尔在球形静态燃烧室中测量出强制对流热传递，并把高温气体向燃烧室壁的热流区分为通过对流的热传递系数 h_{g} 和通过辐射的热传递系数 h_{r}，并以通过强制对流的热流 $\dot{q}_{\mathrm{cv}}$ 和通过辐射的热流 $\dot{q}_{\mathrm{r}}$ 之和来进行了表示。

$$\begin{aligned}\dot{q} &= \dot{q}_{\mathrm{cv}} + \dot{q}_{\mathrm{r}} \\ &= 5.24 \times 10^{-5}(1 + 0.38 v_{\mathrm{p,m}}) p^{2/3} T^{1/3} (T - T_{\mathrm{w}}) + 2.06 \times 10^{-13} (T^4 - T_{\mathrm{w}}^4)\end{aligned}$$

式中，$v_{\mathrm{p,m}}$ 为活塞的平均速度；p、T 分别为气体压力和温度；T_{w} 为燃烧室壁表面温度。

(2) Eichelberg 的研究　利用大型二冲程柴油机测量燃烧室内气体和壁表面的温度，发表了下述气体强制对流热传递系数的试验式。

$$h_0 = 0.244(pT)^{1/2} v_{p,m}^{1/3} \tag{8.29}$$

式中，h_0 为气体热传递系数；p、T 分别为气缸内压力和温度；$v_{p,m}$ 为活塞平均速度，在全工作范围内不变。以此，可以用下式计算热流 $\dot{q}$。

$$\dot{q} = h_0(T - T_w) \tag{8.30}$$

上述试验式虽然从大型二冲程柴油机上获得，但随后发现也很符合汽油机的情况，因此目前此试验式仍被广泛采用。

(3) 阿南德的研究　阿南德分离对流热传递和辐射热传递，燃烧室内的热流 $\dot{q}$ 表示为

$$\dot{q} = a\frac{k}{B}(Re)^{b}(\overline{T}_g - T_w) + c(\overline{T}_g^4 - T_w^4) \tag{8.31}$$

式中，k 为燃烧气体的热传导系数；B 为气缸内径。Re 为以 $\rho v_{p,m}B/\mu$ 定义的雷诺数，$v_{p,m}$ 为活塞的平均速度。气缸内的平均气体温度 $\overline{T}_g$ 为

$$\overline{T}_g = \frac{pVM}{m\overline{R}}$$

式中，$\overline{R}$ 为普通气体常数；M 为燃烧气体的分子量。

阿南德的经验式（8.31）中的 a、b、c 随气缸内流动强度和发动机设计的不同而均不相同。在正常运行条件下，二冲程发动机 a 值为 0.38，四冲程发动机为 0.49，并根据流体流动强度获在 $0.35 \leqslant a \leqslant 0.8$ 范围内发生变化，随流动强度的增加而增大。$b = 0.7$。c 为辐射热传递系数，在压缩行程中为 0，在燃烧和做功行程中压燃式发动机为 1.6×10^{-12}，SI 发动机为 2.1×10^{-13}。SI 发动机的 c 值远小于压燃式发动机的原因是，SI 发动机的辐射传热较小。

(4) 沃希尼的研究　沃希尼把高温燃烧气体的热传递以下式为基础进行了分析：

$$Nu = 0.035Re^{m}$$

式中，雷诺数中包含的代表长度为气缸内径 B；速度为燃烧室内气体的局部平均速度。他以上式为基础，发表了在空间上对不均匀的温度进行平均化的热传递系数 h_g 式。

$$h_g = 3.26B^{-0.2}p^{0.8}T^{-0.55}v_{p,m}^{0.8} \tag{8.32}$$

式中，h_g 为燃烧气体的热传递系数（$W/m^2 \cdot K$）；B 为气缸内径（m）；p 为瞬间气体压力（kPa）；T 为瞬间气体温度（K）；$v_{p,m}$ 为平均空气流速（m/s）。

没有涡流的水冷式直喷柴油机上的平均空气流速 $v_{p,m}$ 为

$$v_{p,m} = \left[C_1 v_{p,m} + C_2\left(\frac{V_d T_r}{p_r V_r}\right)(p - p_m)\right] \tag{8.33}$$

式中，V_d 为燃烧室容积（m^3）；p 为瞬间气体压力（kPa）；p_m 为监测压力（kPa）。（$p-p_m$）为通过燃烧的压力上升值。p_r、V_r、T_r 为在某种状态下如进气门关闭期间或燃烧开始时期等时的混合气的压力（kPa）、容积（m^3）和温度（K）；C_1、C_2 为在进气、压缩、做功和排气各行程中分别取得不同值的系数，在没有涡流的状态分别取得如下值。

换气行程：$C_1=6.18$，$C_2=0$

压缩行程：$C_1=2.28$，$C_2=0$

燃烧和做功行程：$C_1=2.28$，$C_2=3.24\times10^{-3}$

如有涡流，作为涡流强度（涡流比）ϕ 和活塞平均速度 $v_{p,m}$ 的函数，以如下式取得值。

换气行程：$C_1=6.18+0.417\times\phi/v_{p,m}$　　$C_2=0$

压缩行程：$C_1=2.28+0.308\times\phi/v_{p,m}$　　$C_2=0$

燃烧和做功行程：$C_1=2.28+0.308\times\phi/v_{p,m}$　　$C_2=3.24\times10^{-3}$

式中，$\phi=B\omega_p/2$，ω_p 为叶轮的旋转速度。

因此沃希尼的热流 $\dot{q}$ [W/m^2] 式为

$$\dot{q}=h_g(T-T_w)=3.26B^{-0.2}p^{0.8}T^{-0.55}v_{g,m}^{0.8}(T-T_w) \tag{8.34}$$

热传递系数式（8.28）是把在空间上不均匀的温度进行平均化来取得的，在柴油机上能较正确地预测散热量，但有对局部瞬间热流产出较低的倾向。沃希尼的式（8.34）在到目前为止发表的经验式中较为一致，因此正广泛应用。

如图 8-11 所示为到目前为止发表的热传递系数经验式的比较。热传递系数在压力和温度的影响下，在上止点附近达到最大。但是，即使在相同的运行条件下，经验式不同，热传递系数（或冷却热量）的值差异很大，因此使用时应注意。

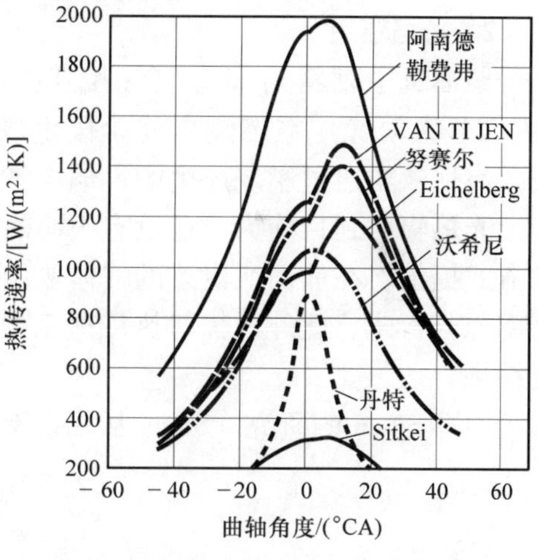

图 8-11　各种气体热传递系数的经验式比较

8.4.3　辐射热传递

向气缸壁的辐射热传递有高温燃烧气体的辐射和炭烟颗粒（黄色光焰）的辐射。汽油机或气体燃料（LPG、CNG）发动机因不发生光焰，因此不存在光焰的辐射热传递，仅有气体辐射热传递，但其量与对流热传递相比仅占几个百分比，因此也可以忽略不计。对于炭烟产生量较多的柴油机来说，因炭烟颗粒的光焰辐射传热量较大，因此不可能忽略。柴油机的辐射传热量占全部传热量的 20% ~30%。

1. 气体辐射

燃烧气体包含氢气、氧气、氮气、一氧化碳、二氧化碳和水蒸气等。这些气体吸收和放射较小波长带的辐射能量。如氢气、氧气、氮气等气体辐射较透明，但一氧化碳、二氧化碳和水蒸气会放射相当量的辐射能量。气体辐射的放射和吸收通过气体体积表现，与气体温度 T_g、各化学物种的分压 p_i 和光程长度 l 成正比。因此，气体辐射率 ε_g 可以表示为

$$\varepsilon_g = f(T_g, p_1 l, \cdots p_n l) \tag{8.35}$$

如果体积 V 的表面积为 A，气体的平均光程长度 l 可以用下式进行计算。

$$l = 0.9 \times \frac{4V}{A} \tag{8.36}$$

式中，$4V/A$ 为半球表面的平均光程长度。气体辐射率与温度、气体体积、压力的组成相关，远小于炭烟颗粒光焰辐射量。

霍特尔（Hottel）等把 CO_2、H_2O 气体相关的气体辐射率 ε_{CO_2}、ε_{H_2O} 以实验数据为根据，表现为 T_g，p_i，l 的函数，并适用在燃烧气体中。他曾发表过，燃烧最高温度下的气体辐射率为 $\varepsilon_g \approx 0.1$，气体辐射的最大热流为 0.2MW/m²。此量为对流最高热流的 5% 以下。另外，与气体辐射能量 T_g^4 成正比，辐射热流比对流热流更快降低。

2. 光焰辐射

柴油机中燃料与高温空气相互扩散混合，以湍流扩散火焰进行燃烧。炭烟（大部分为碳气）在燃烧中间阶段生成，产生很高的光焰，直到燃烧末期完全燃烧。炭烟颗粒通过燃烧产生的火焰向气缸壁传递辐射能量的现象称为光焰辐射。

光焰辐射到目前为止还没有很明确的定论，主要通过实验直接测量并以经验式的方式提出。在前面所讲述的气体热传递经验式中，对于辐射热传递项有努塞尔和阿南德分析式。此外，辐射热传递系数相关研究有 Sitgei 和弗林（Flynn）等的研究结果。

（1）Sitgei 的研究　Sitgei 从辐射率式中求出了辐射热流 q_r，即

$$\varepsilon = \varepsilon_i (1 - e^{-kpl}) \tag{8.37}$$

$$q_r = \varepsilon\sigma (T_f^4 - T_w^4) \tag{8.38}$$

式中，ε_i 为辐射层厚度为无限大时的辐射率；p 为气体压力；l 为平均光程长度（或火焰厚度）；k 为吸收系数。温度以火焰温度 T_f 代替了气体瞬间平均温度 T；σ 为斯蒂芬－波兹曼常数。

（2）阿南德的研究　阿南德提出如下与热辐射式（8.4）相似的辐射热流式，并与对流热流式一起使用。

$$\dot{q}_r = c(\overline{T}_g^4 - T_w^4) = \beta\sigma(\overline{T}_g^4 - T_w^4) \tag{8.39}$$

式中，σ 为斯蒂芬－波兹曼常数；$\overline{T}_g$ 为平均气体温度；T_w 为壁表面温度。式

(8.39) 与热辐射式 (8.4) 不同点是，温度为不是透明火焰温度的平均气体温度；β 不是辐射率 ε，而是从实验中获得的系数 $\beta=0.6$。但是，有报告提出根据发动机的种类此值过小的异议。

(3) 弗林的研究　弗林以柴油机的实验数据为根据，提出了同期辐射热流的经验式：

$$\dot{q}_{\mathrm{r}}=2\overline{\dot{q}_{\mathrm{r}}}b(a+1)\left(\frac{\theta-\theta_{\mathrm{s}}}{360}\right)^{a}\exp\left[\frac{(\theta-\theta_{\mathrm{s}})^{a+1}}{360}\right] \tag{8.40}$$

式中，θ_{s} 为辐射开始的曲轴转角。实验系数 $\overline{\dot{q}_{\mathrm{r}}}$、$a$、$b$ 和 θ_{s} 根据发动机转速、进气系统压力、燃料喷射时间和当量比的不同而不同。此关系如图 8-12 所示。

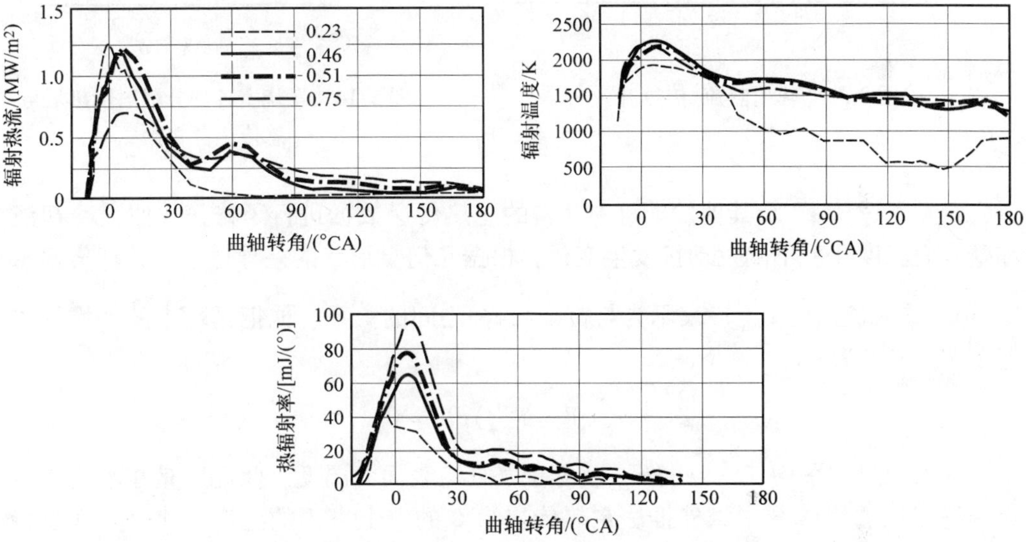

图 8-12　弗林的研究

他指出，吸收系数 k_{a} 与压力成正比，比例常数仅为平衡比、曲轴转角的函数。但是，即使 k_{a} 依赖于气体辐射相关压力 p，但相同的比例关系能否适用于炭烟辐射中还不明确。

8.4.4　气体传热量

柴油机每一循环辐射传热量与总传热量（瞬间测量的传热量总和）之间的比值 $Q_{\mathrm{radiant}}/Q_{\mathrm{total}}$ 与指示平均有效压力 $p_{\mathrm{m,i}}$ 的关系如图 8-13 所示。在图中此比值出现最大的点为，热电偶热接触面粘附煤烟的状态，此状态类似于实际运行的气缸壁状态。另外，图 8-14 所示为 Sitkei 测量的数据，以轴功率的百分比进行显示。在图中，1、2、3 分别为气体辐射、预燃烧室内的火焰辐射和主燃烧室内的火焰辐射与辐射传热总量 Q_{total} 之间的比率。4 为 1、2、3 之和，即为与辐射总热量之间的比率。冷却损失热量中辐射热量占 20% ~30%，虽然与艾伯索尔（G. D. Ebersole）的数据有大的差异，但可以肯定的是，在柴油机中不能忽略辐射传热量。

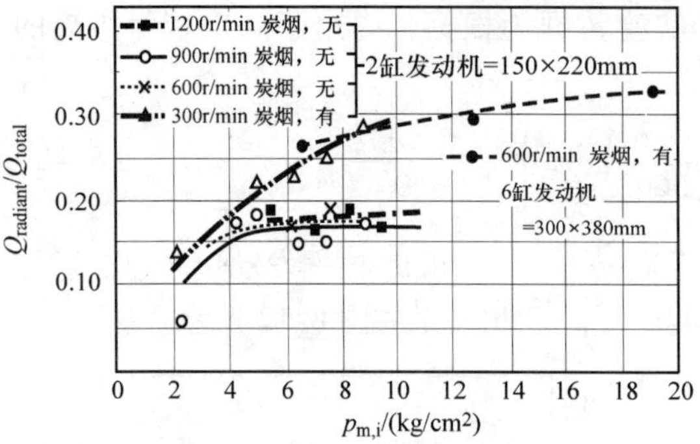

图 8-13　辐射热流/传热流

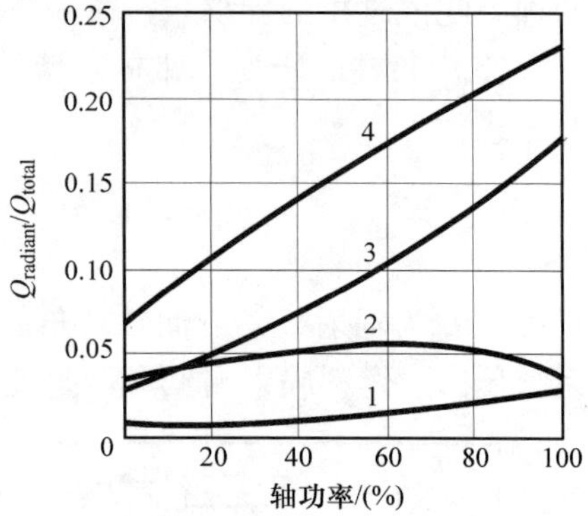

图 8-14　燃烧室各部分辐射传热量与总传热量之比

泰勒通过从 19 个其他发动机中获得的总热传递数据进行了修正。假设冷却液和壁表面温度几乎不随发动机发生变化，根据几何学形状的差异也小，并把努塞尔数 Nu（或对流热流 $\dot{q}_{cv}$）表示为与雷诺数 Re 之间的关系。他把循环中的平均气体温度 $T_{g,a}$ 定义为

$$\int A h_c (T - T_{g,a}) d\theta = 0$$

如果绝热，平均气体温度 $T_{g,a}$ 就等于气缸壁表面的温度。此温度是在平均热传递－壁表面温度线图中以外推法在热传递为 0 的点上求出的温度。此时努塞尔特数 Nu 定义为

$$Nu = \frac{\overline{\dot{Q}} B}{(\pi B^2/4)(T_{g,a} - T_w) k_g} = \frac{4 \overline{\dot{Q}}}{\pi B k_g (T_{g,a} - T_w)} \tag{8.41}$$

式中，$\overline{\dot{Q}}$ 为单位时间的平均传热量（散热量）；B 为气缸内径；k_g 为气体热传导系数。

雷诺数 Re 定义为

$$Re = \frac{\dot{m} B}{\mu_g (\pi B^2/4)} = \frac{4 \dot{m}}{\pi \mu_g B} \tag{8.42}$$

式中，$\dot{m}$ 为质量流量率；μ_g 为气体的黏性系数。Re 与 Nu 之间的关系如图 8-15 所示，以对数－对数坐标进行了显示。在图中的斜率为 0.7。由泰勒发表的气体相关温度 $T_{g,a}$、黏性系数 μ_g、热传导系数 k_g 随当量比 ϕ 的关系如图 8-15 所示。

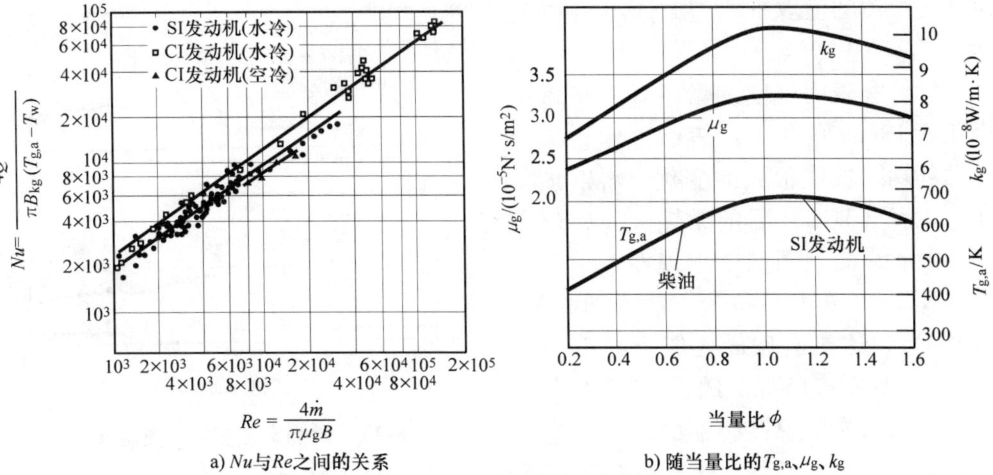

a) Nu 与 Re 之间的关系　　b) 随当量比的 $T_{g,a}$、μ_g、k_g

图 8-15　总热传递

8.5　燃烧室表面温度和热流

气体热传递相关经验式为针对空间平均化的热传递率，不是对特定部位瞬间热流的经验式。但是，部件往往受瞬间热流的影响较大。

8.5.1　测量方法

1. 瞬间温度探测

燃烧室表面温度 $T_{w,g}$ 是周期性变化的非常规温度。为了测量非常规性变化的温度，需要响应性较快的瞬间温度测量用传感器。在内燃机上使用约数 + 微米厚度薄镀镍层薄膜型瞬间温度探头，如图 8-16 所示。

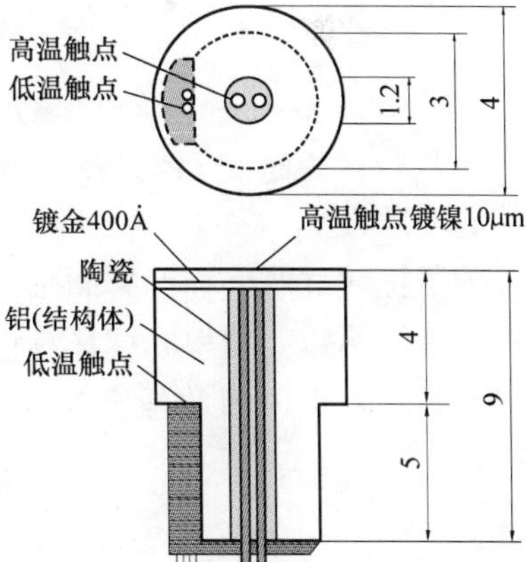

图 8-16　薄膜型瞬间温度传感器结构

为了计算燃烧室壁表面的一维热流，应知道沿着燃烧室壁厚度方向的温度分布，因此需要测量 2 点以上的温度。为此，测量表面温度和从表面深入 4 ~ 5mm 点的温度。通常壁结构体的温度从表面深入 2 ~ 3mm 也可以获得随时间经过没有变化的正常温度。瞬间温度传感器首先经过把电势换算为温度的检验试验后使用。

各温度传感器通过交流/直流转换器每 1° 曲轴转角检测一次温度，1 个循环（2 转）检测 720 个信号（数据），并把 100 个循环中检测的值取平均值，如图 8-17 所示。

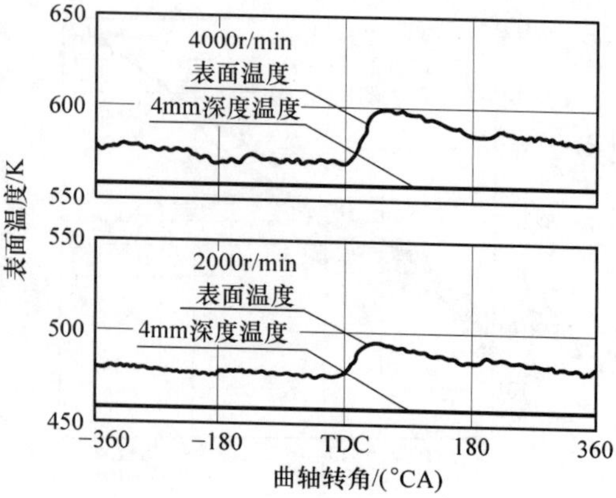

图 8-17　燃烧室表面和内部温度

燃烧室表面温度测量位置是距离火花塞 19mm 的位置。表面温度在每一循环期间发生很大的变化，特别是在上止点（TDC）后的燃烧区间变化特别大。最高表面温度出现在上止点后（ATDC）30℃A 位置，约为 509K（236℃），这比出现最大压力的上止点后（ATDC）15℃A 约迟 15℃A 左右。这被认为薄膜传感器的热容量延迟导致的现象。但是，从表面距离 4mm 深度位置处的温度显示为不随时间（曲轴转角）变化的一定的正常温度 479K（206℃）。

2. 瞬间热流

为了测量高温燃烧气体通过气缸壁向冷却液传递的热量，首先应获得通过气缸壁的热流。因燃烧室表面温度 $T_{w,g}$ 为周期性变化的非常规温度，因此热量也以非常规性进行传递。

非常规热流的计算假设在表面上热量仅以垂直方向流动，以下述一维热传导方程式进行。

$$\frac{\partial T}{\partial t}=\alpha\frac{\partial^2 T}{\partial x^2} \tag{8.43}$$

上述方程的边界条件为：

$$T(0,t)=T_w(t)$$
$$T(L,t)=T(L)=T_L \tag{8.44}$$

式中，$T_w(t)$ 为时间 t 时燃烧室壁表面的瞬间温度；$T(L)$（或 T_L）为深度 L 处的正常温度。

为了把气缸壁表面的瞬间温度 $T_w(t)$ 以边界条件使用，利用傅里叶变换将其转换为连续函数。傅里叶变换是把像试验数据等不连续的数据以级数（周期函数）显示的转换方式，因此任意时间 t 时壁表面的瞬间温度 T_w 可以用下述连续函数表示：

$$T_w(t)=\overline{T}_w=\sum_{n=1}^{N}\{A_n\cos(n\omega t)+B_n\sin(n\omega t)\} \tag{8.45}$$

式中，平均温度 $\overline{T}_w$ 为瞬间温度 T_m 在一个周期中的平均值；A_n、B_n 为傅里叶系数；n 为调和数；ω（rad/s）为角速度，分别以下述方程进行计算：

$$\overline{T}_w=\frac{1}{2\tau}\sum_{0}^{2\pi}T_w(t) \tag{8.46}$$

$$A_n = \frac{1}{\tau}\sum_{0}^{2\pi}[T_w(t)\cos(n\omega t)] \tag{8.47}$$

$$B_n = \frac{1}{\tau}\sum_{0}^{2\pi}[T_w(t)\sin(n\omega t)] \tag{8.48}$$

周期为 2τ，用曲轴转角表示为 720℃A。因此，利用上述方程式解方程式（8.43），可以获得对时间 t 与壁表面深度 x 的温度函数 $T(x, t)$。

$$T(x,t) = \overline{T}_w - (\overline{T}_w - T_L)\frac{x}{L} + \sum_{n=1}^{N}\exp[A_n\cos(n\omega t - Fx) + B_n\sin(n\omega t - Fx)] \tag{8.49}$$

$$F = \sqrt{\frac{n\omega}{2\alpha}} \tag{8.50}$$

式中，α 为 $\kappa/\rho c$ 的壁表面材质的热扩散系数。

因此，利用方程式（8.50）在一维假设下导入热传导方程式，展开此方程式可以求得瞬间热传递率，即求得非常规热流 $\dot{q}_w$。

$$\dot{q}_w(t) = \frac{k_w}{L}[\overline{T}_w - T_L] + k_w\sum_{n=1}^{N}\sqrt{\frac{n\omega}{2\alpha}}[(A_n + B_n)\cos(n\omega t) - (A_n - B_n)\sin(n\omega t)] \tag{8.51}$$

式中，k_w 为壁表面材质的热传导系数；L 为壁表面深度 4mm。上述方程式的右边第一项 $\overline{T}_w$ 和 T_L 分别为燃烧室壁表面和深度 L 处每一循环的平均温度，是每一时间唯一对应的值，表示热流的正常状态成分。第二项是热流的三角函数，通过式（8.50）求得。它表示随时间 t 的非常规状态成分，会受到温度周期函数振幅，即瞬间温度的最高值和最小值之间差异的影响。另外，为了解此方程式，需要指定调和数 n，通常取 $n=30$ 进行计算。

为了计算燃烧室壁表面热流的正常状态成分，需要知道壁表面的平均温度。用瞬间温度传感器检测的温度为非常规温度，因此为了获得平均温度，使用总体均值法如下求出壁表面的平均温度 $\overline{T}_w$(K)。

$$\overline{T}_w = \frac{1}{720}\sum_{\theta=1}^{720}\left[\left(\frac{1}{N}\right)\sum_{i=1}^{N}T(\theta,i)\right] \tag{8.52}$$

式中，N 为测量循环数；θ 为曲轴转角；i 为循环数；$T(\theta, i)$ 为任意循环和曲轴转角的温度。

8.5.2　汽油机

在实际发动机的燃烧室内，火焰传播的同时空间性温度和压力也发生变化。因此，燃烧室内的热传递率随空间（位置）和时间（曲轴转角、循环）发生变化。

图 8-18a 所示为点燃式发动机在部分负荷低速状态下气缸盖（火花塞和气缸壁中间位置）的表面温度和以此计算的热流。表面温度为 381～389K（108～116℃），温度变化为 8K 左右。如图 8-18b 所示，瞬间热流在火焰到达测量位置时与温度一起急速增大。当气体温度达到峰值时，气缸压力也达到最大。可以看出，随着活塞下降气体膨胀，气体温度逐渐降低，但热流会急速降低。在气缸盖上热流通常为 1.5～3MW/m^2。

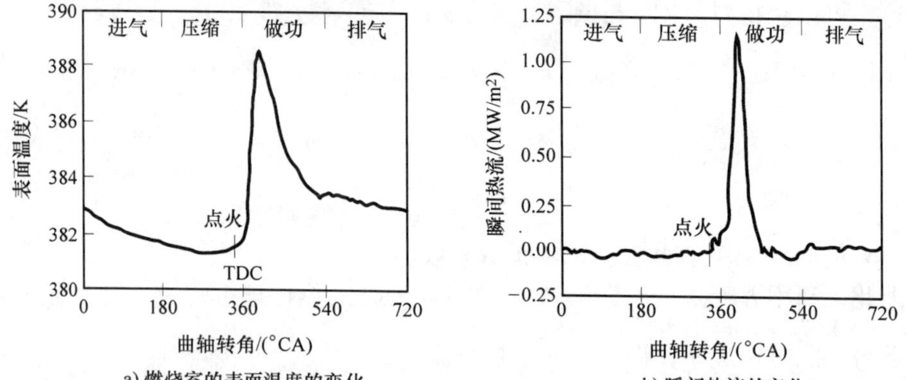

a) 燃烧室的表面温度的变化　　b) 瞬间热流的变化

图 8-18　在特定位置处的瞬间热流

沃希尼的热传递经验式取的是燃烧室内温度在各个位置的平均值，实际上燃烧室内的热流在每一循环或离火花塞的距离（或测量位置）不同而发生变化。如图 8-19a 所示，燃烧室内 4 个位置（HT1～HT4：与火花塞的距离分别为 18.7mm、25.7mm、37.3mm、46.3mm）的瞬间热流与沃希尼计算结果的比较。试验结果与沃希尼的经验式有很大的差距。热流以接近火花塞的顺序，即火焰到达越早的位置其热流的上升率就越快。图 8-19b 显示了在 HT1 位置处连续 5 个循环测量的热流。明显可以看出，火焰的传播状态在每个循环都发生变化。

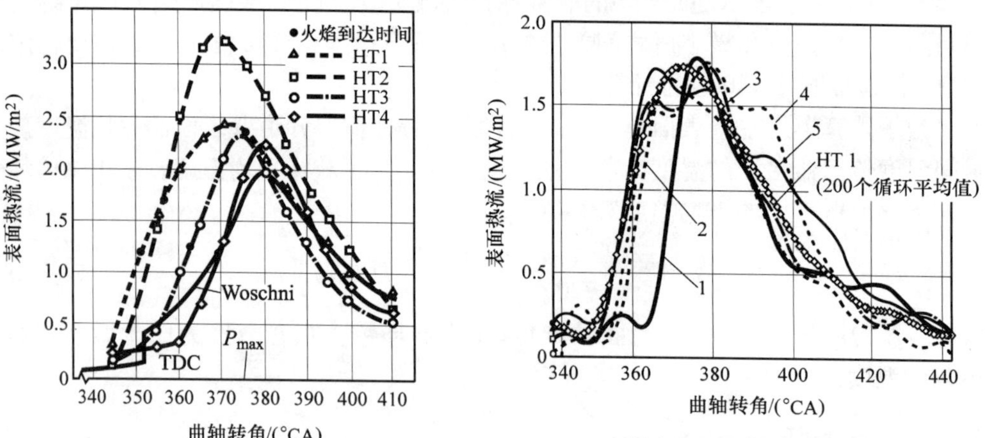

n=1500r/min，η_v=40%，A/F=18,MBT

a) 随不同测量位置的差异　　b) 随不同测量位置的差异

图 8-19　汽油机的瞬间热流

8.5.3　柴油机

柴油机的热流测量方法与汽油机类似。热流的分布通常不很均匀。柴油机也同样表现为每个循环的热流曲线之间有很大的变化。如图 8-20 所示，中间涡流直喷式柴油机在各自不同的 2 个位置，一个是（TC1）活塞凹部（热流较高的位置），另一个是（TC2）活塞冠环状壁部分的热流。试验条件是压缩比为 16，转速为 2000r/min，当量比为 $\phi = 0.5$，进气系统压力为 1.5×10^5 Pa。热流在燃烧开始的位置急速上升，在最大燃烧压力附近达到最大后，上止点后（ATDC）40～60℃A 开始逐渐减小。燃烧室表面的活塞凹部和活塞头部峰值热流为 10MW/m^2，比汽油机高得多。

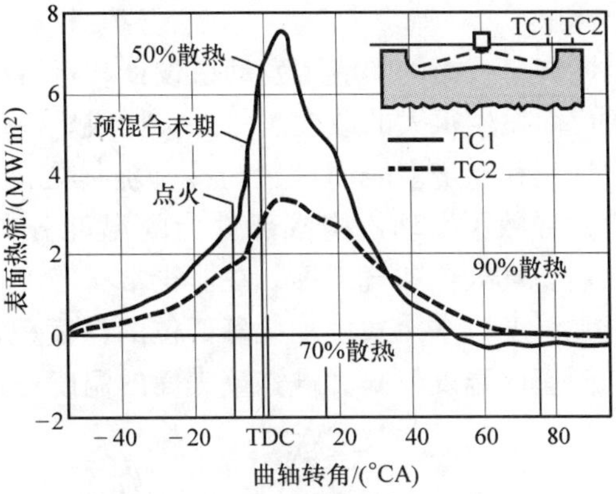

图 8-20　中间涡流柴油机热流

涡流较小的柴油机活塞凹部（TC1）的平均热流通常比活塞冠部环状壁部位（TC2）和气缸盖部位的平均热流高。这是因为活塞凹部为主要的燃烧领域，并为空气流速较高的部位。

气缸套部位的热流较低，并不均匀。气缸盖和气缸套 3 个部位的热流比较如图 8-21 所示。即使在气缸套的最上部位，最大热流也仅为气缸盖热流的 15%～20%。这可能是因为高温燃烧气体在做功行程末期前不与气缸壁接触，在做功行程末期气体温度已经下降到比最高温度低得多的原因。

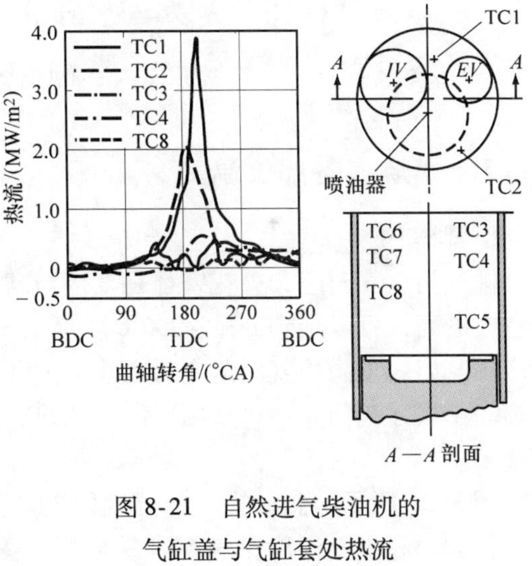

图 8-21　自然进气柴油机的气缸盖与气缸套处热流

Praum 计算求出活塞壁面与气缸盖面的热传递率 h_1，以及气缸套面的热传递率 h_2，并比较判定后者为前者的 1/3，即

$$h_2 = 1/3h_1 \tag{8.53}$$

8.6 燃烧室热负荷

燃烧室表面的热流随发动机设计和运行条件的变化而改变，尤其是随曲轴转角的变化而发生很大的改变。另外，构成燃烧室的所有部件的热流也不同。这些不均匀的热流和燃烧室表面位置与冷却流体之间的其他热阻（加热量与散热量之间的比值）导致了发动机构成部件内的温度分布不均匀。但是，构成燃烧室的活塞、气缸盖、气缸壁和气门等，在非正常状态下也能在受热量与冷却热量平衡状态下达到正常温度。水冷式发动机各部位的温度范围如图 8-22 所示。可以看出排气门和排气门座的温度较高，气缸壁表面的温度最低。

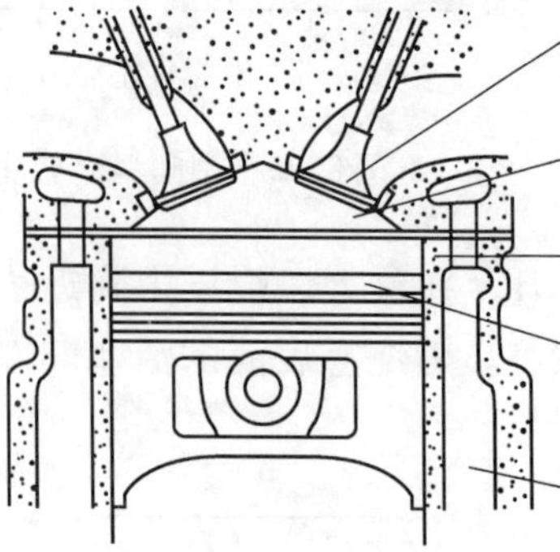

图 8-22　汽油机燃烧室周边的温度

8.6.1 燃烧室各部位温度

1. 排气门

排气门、气门座和火花塞都是直接与高温燃烧气体直接接触的部位，温度在燃烧室中最高，可以达到 800～900℃。虽然气门通过气门杆、气门导管和气门座进行冷却，但为了防止气门落座时的热应力和气门杆的粘附等，需要采取积极的冷却措施。小尺寸气门是通过气门杆散热的热量多，而大尺寸气门是通过气门座散热的热量多。

图 8-23 所示为测量排气门温度的例子。气门头部中央温度为 700℃以下时安全，但如果超过此温度，气门容易损坏。图 8-24 的右侧所示为温度达到 900℃时的例子。作为排气门防高温对策，在气门座部位镀硬合金等耐热材料层，或使用掏空气门中央部位并充入钠（熔点 98℃，沸点 892℃）的中空钠气门。钠在高温下液化，在气门开闭运动时处于搅拌状态，以促进气门的散热。也有把冷却液在气门附近进行循环冷却的设计。

2. 气缸

（1）气缸盖　气缸盖直接与燃烧气体接触，温度很高，在排气门附近的缸盖温度在 300℃以上。铝制缸盖比铸铁热传导率高，在全负荷运行条件下约大 3 倍，所以温度比铸铁材质低 40～50℃，因此可以防止因未燃气体导致的爆燃的发生。另外，缸盖壁排气门座部位的热变形可能会导致发动机的损坏，因此在此附近设置冷却液通道是非常重要的。

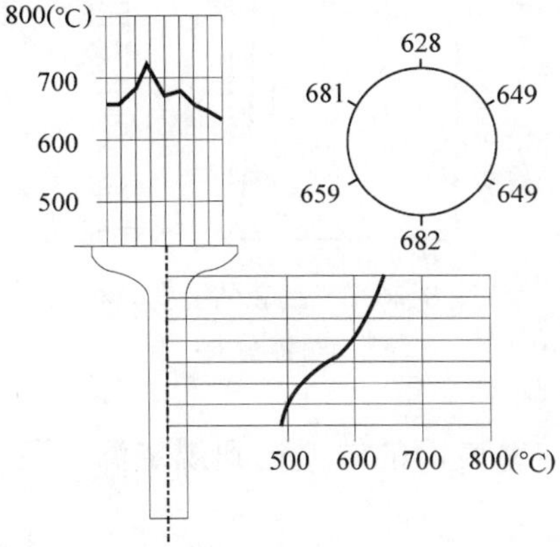

图 8-23　排气门温度

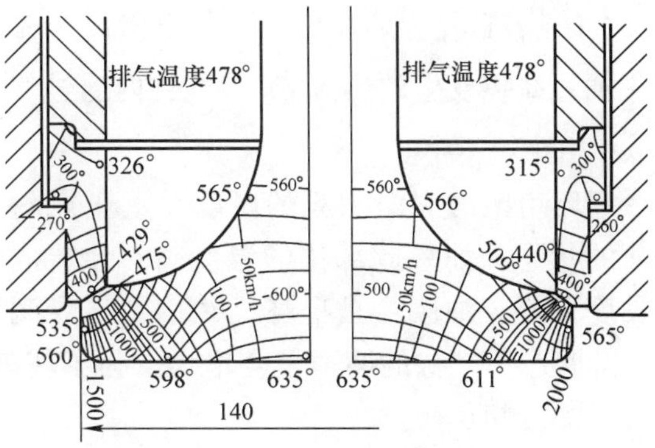

图 8-24　因高温的排气门损伤

在气缸盖上安装有进气门、排气门、火花塞等，并在其内部设计有冷却液通道，因此其结构较复杂，温度分布也相当复杂。图 8-25 显示了在 4 气缸点燃式发动机气缸盖上多个位置测量的温度分布。温度最高的部位是进气门、排气门之间火花塞周边⑤、⑥和气缸之间⑦、⑧部位，这些部位的共同特征是冷却液难以接近。

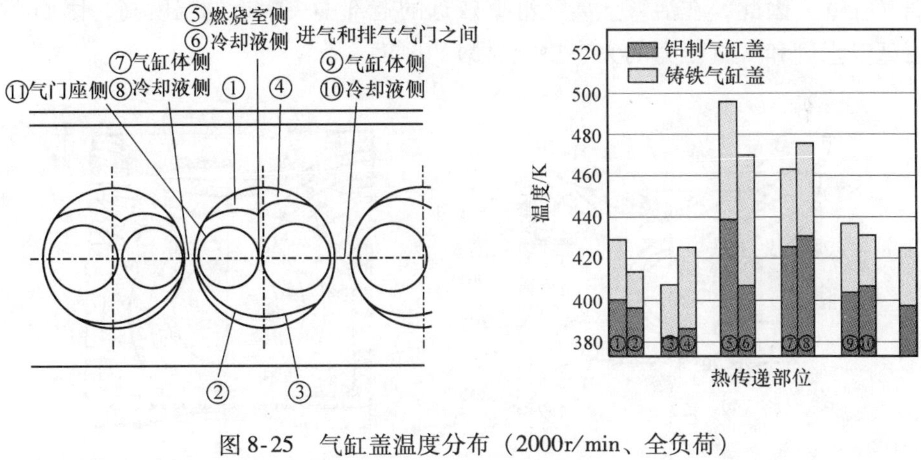

图 8-25　气缸盖温度分布（2000r/min、全负荷）

（2）气缸壁表面　图 8-26 所示为直喷柴油机（1500r/min、$p_{m,e}=11$bar）气缸套的温度和平均热流。在图中为 $\dot{q}_L$ 供给到气缸套的总热流（包括摩擦热），$\dot{q}_{GL}$ 为高温气体提供到气缸套的热流。气缸套的上部因燃烧热量的侵入多，温度可以达到 150℃，总热流 $\dot{q}$ 约为 300kW/m^2，最高，越往下部位温度和通过气体的热流 $\dot{q}_{GL}$ 就会越低。虽然在图中没有显示，但活塞裙部的温度可以达到接近于冷却液温度的 100℃左右。

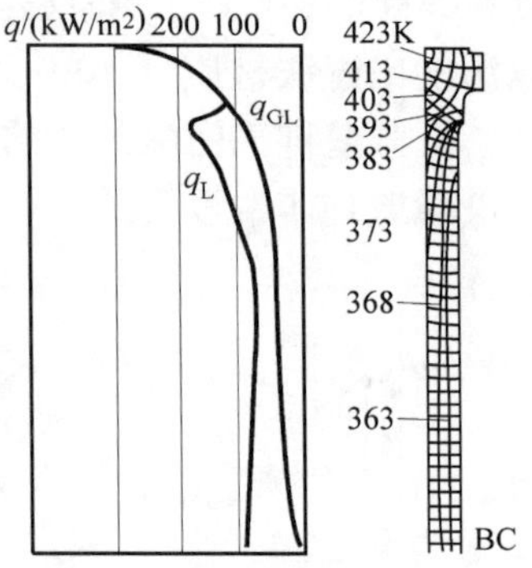

图 8-26 气缸套的温度分布和热流分布

气缸壁表面应考虑因活塞环与气缸套之间的摩擦热发生的热流 $\dot{q}_L$。即，从图中可以看出，在总热流 $\dot{q}$ 中通过摩擦发生的热流 $\dot{q}_L$ 与气缸内通过气体的热流 $\dot{q}_{GL}$ 相比较不小。

活塞环刮出的润滑油膜的厚度在上止点附近处于最薄的状态，如果此部位的温度高，会造成润滑油的黏度下降，油膜会被破坏，并达到临界润滑状态。在此状态下气缸的磨损量会增大，为了使气缸壁表面的温度达到规定温度范围，会增加冷却负荷。

3. 活塞

（1）活塞的温度分布 对汽油机和柴油机活塞各部位的温度，可以利用有限元法技术进行计算，如图 8-27 所示。图中点为实际测量的温度，除了活塞裙部外，两者较一致。在活塞中心部头部外圆部分附近的温度最高达到 250～320℃左右。在高负荷状态，汽油机和柴油机的差异就小。活塞因暴露在燃烧气体中，高热负荷导致的问题较多。燃烧气体向活塞传递的热量大部分通过活塞的第一道气环和裙部传递到气缸壁。因此，在活塞上离气缸壁较远的冠部中央附近的温度高，因而必须根据耐高温强度和气缸压力的大小决定材料的厚度。

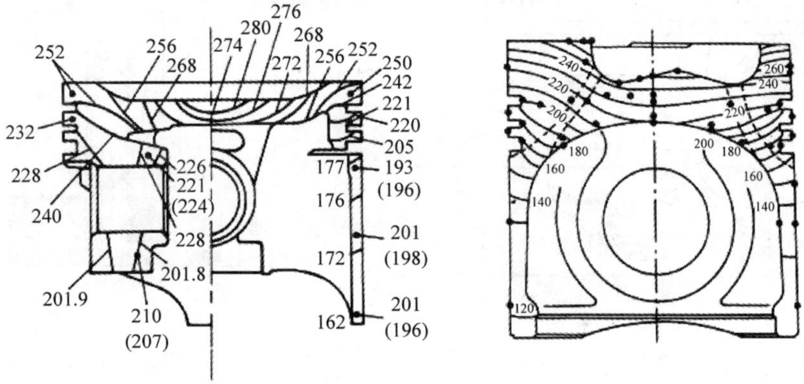

a) 汽油机　　b) 柴油机

图 8-27 活塞的温度分布

活塞的散热部位大体分为 4 个部分，即活塞环部分、活塞销孔部分、冠部和裙部。这些部位的冷却热量可以通过详细的温度测量并计算获得，如图 8-28 所示。此图为以压缩比 17，气缸内径×行程 = 125×110 的直喷式柴油机为对象，在无负荷、全负荷运行条件下测量并计算。密封环的散热量占活塞吸收总热量的 70% 左右，说明大部分热量通过此部分进行传递。可以看出，活塞裙部的传热量约为 5%，散热量最少。大型柴油机为了降低活塞冠部的高热负荷，在活塞冠部设置冷却通道进行冷却。这种方法具有大幅度减小活塞环接触面积的优点。

（2）活塞的膨胀和热应力　活塞的温度分布为，上部的温度最高，依次为中部、裙部（下部）。因此，活塞膨胀时上部与下部（裙部）的活塞与气缸壁之间的间隙会不同。如果气缸为铁质，活塞为铝合金，因这些金属的膨胀系数不同，分别为(12～14)×10^{-6}/K、(22～26)×10^{-6}/K，为了随各种运行条件保持适当的间隙，如图 8-29 所示以气缸直径 D 为准，需要把活塞上部的直径做小，裙部的直径稍微做大，分别为 D_1、D_2。设定在常温下的直径分别为 D、D_1、D_2，各部分温度的上升分别为 ΔT、ΔT_1、ΔT_2，气缸和活塞的膨胀系数分别为 β_1 和 β_2，运行中需要的间隙为 C 时，为了在长度方向上的间隙保持一致，必须满足下述关系式。

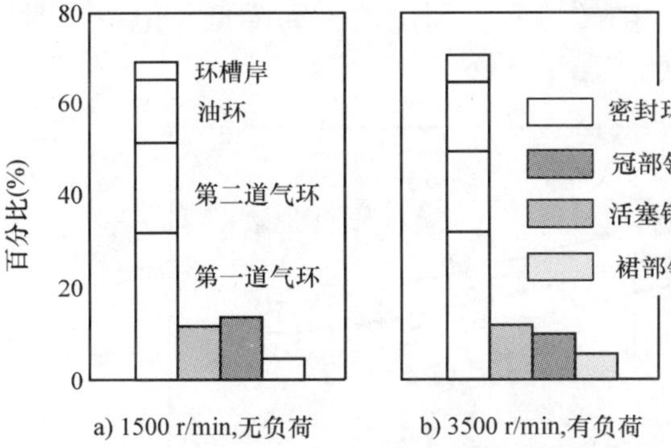

图 8-28　高速柴油机的全负荷和无负荷状态散热

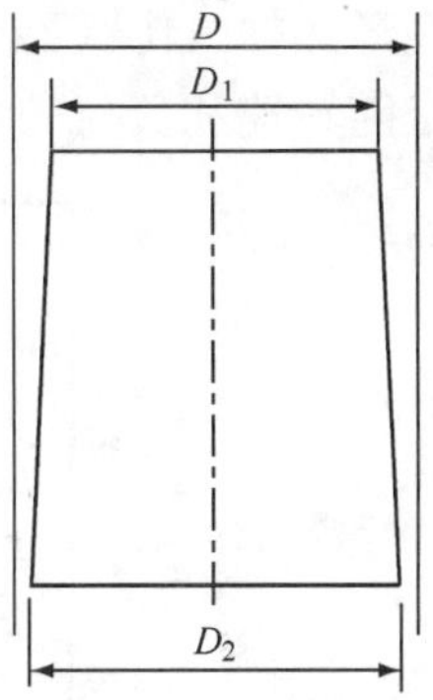

图 8-29　活塞尺寸

$$D_1 + D_1\beta_2\Delta T_1 + C = D + D\beta_1\Delta T$$
$$\therefore D_1 = D - D_1\beta_2\Delta T_1 + D\beta_1\Delta T - C$$

式中，看成 $D_1 \approx D$ 也无大碍，因此有

$$D_1 = D(1 - \beta_2\Delta T_1 + \beta_1\Delta T) - C \tag{8.54}$$
$$D_2 = D(1 - \beta_2\Delta T_2 + \beta_1\Delta T) - C$$

如果假设 $\beta_1 = 12\times10^{-6}$，$\beta_2 = 22\times10^{-6}$，$\Delta T = 90\text{K}$，$\Delta T_1 = 330\text{K}$，$\Delta T_2 = 125\text{K}$，可以获得下述关系式。

$$D_1 = 0.9954D - C$$
$$D_2 = 0.9989D - C$$

其中，虽然 C 与活塞的直径有关，但高速发动机规定为 0.2mm 以下。另外，接触高温气体的金属部分会发生随温度的热应力，如直接暴露在高温燃烧气体中的活塞、排气门等，其表面会被高温加热膨胀，不仅受到压缩应力，其内部因温度低还会受到拉伸应力，且当发动机停止恢复到常温时还会受到重复应力，因此在疲劳应力作用下有时会发生龟裂等损坏。

8.6.2 发动机变量的影响

热流与发动机输出功率相同，受到发动机转速、发动机负荷、点火时间（或喷射时间）、空燃比等的影响。另外，冷却损失与转速、负荷、气缸内气体流速（涡流和滚流流动）、温度（混合气和冷却液温度）、压力、压缩比、壁表面材质、壁表面附着物等有关，其中转速和负荷的影响最大，即越是高速、高负荷，冷却损失会越大。

1. 转速和负荷

汽油机中，燃烧室的热发生量（$\dot{m}_f H_l$）对于燃烧室全部面积 A_p 的热传递比（%）数值解释结果如图 8-30 所示。发动机排气量为 5700mL，气缸数为 8 个，试验是在理论空燃比和最佳点火时间（MBT）条件下进行的。如图 8-30 所示，虽然每一循环热损失比（冷却损失比）随转速和负荷的增大而降低，但单位时间热传递量是随转速和负荷的增大而增加。

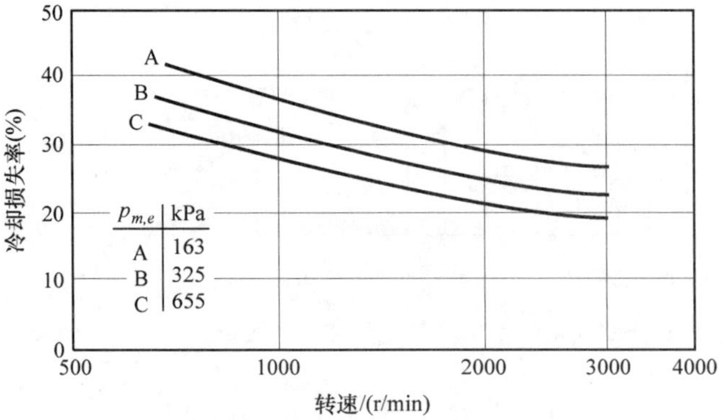

图 8-30 随发动机转速的冷却损失率

如沃希尼的公式（8.32）所示，热流 $\dot{q}$ 受到压力 ϕ、温度 T 和活塞平均速度 $v_{g,m}$ 的影响。因沃希尼的公式很复杂，为了通过试验数据便于预测各要素的热流，使用下述简单的关系式。

$$\dot{q} = C \times \left(\frac{\dot{m}_f H_l}{A_p}\right)^n \tag{8.55}$$

式中，指数 n 虽然随燃烧室形状和位置的不同而不相同，但通常采用 0.5～0.75 范围。汽油机中气缸盖与气缸套的热流为 $n=0.6$。这与直喷式柴油机的单位面积燃料流量率为 0. 195kg/sm²时的气缸盖热流相似。

汽油机随转速和净（制动）平均有效压力 $p_{m,e}$变化的净效率 η_e、机械效率 η_m和冷却损失功 $\dot{W}_{co}$如图 8-31 所示。通常，发动机的燃料消耗率在部分负荷运行条件下最低，最大输出功率出现在混合气较浓状态运行的全负荷运行条件下。

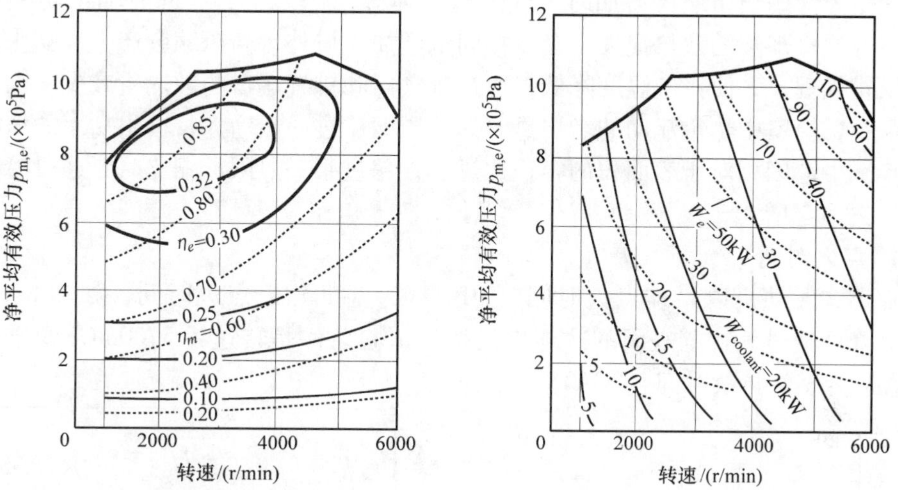

a) 机械效率、净效率线图　　b) 冷却损失线图

图 8-31　汽油机的各种性能曲线

机械效率与负荷有直接的关系，无负荷状态为 0。从图 8-31a 可以看出，机械效率在全负荷、1000r/min 转速条件下为 90%，在全负荷、6000r/min 转速条件下为 70%。从图 8-31b 中可以看出，转速为 6000r/min 时冷却损失功 $\dot{W}_{co}$为 34kW。

在图 8-31b 中同时显示了冷却损失功 $\dot{W}_{co}$和净功率 $\dot{W}_e$。净功率是利用净平均有效压力（或负荷）$p_{m,e}$和发动机转速进行计算的。冷却损失功为，净平均有效压力 $p_{m,e}$约为 0. 1MPa 时，是净功率的 2 倍左右，$p_{m,e}$为 0. 3MPa 时与净功率几乎相等，$p_{m,e}$为 0. 8 ~ 1MPa 时，是净功率的一半左右。但是，冷却系统中重要的是冷却热量，与负荷的影响相比，转速的影响更大。

2. 当量比

点燃式发动机中，最大热流在相对于最大输出功率的混合气当量比为 $\phi \approx 1.1$时出现。当量比 ϕ 相对于此值稀薄或浓，热流就会减小，如图 8-32 所示。试验条件与图 8-30 所示的条件相同，是 $p_{m,e}=325$、$n=1400$r/min。图中 $\Delta\theta_b$ 为燃烧持续时间（°CA）。热损失率随当量比的不同而变化的原因是气体温度不同。压燃式发动机中对于随负荷变化的热流，因负荷的变化是空燃比的变化所致的，因此可以用当量比的变化获得。

3. 压缩比

点燃式发动机中压缩比 ε 增加到 $\varepsilon\approx10$ 时冷却损失率会减小。当压缩比从 7 变化到 9.4 时，冷却损失率约减小 10%。其后随压缩比的增加，冷却损失比开始增加，但变化量不大。

这是因为，当压缩比增加时，气缸内气体温度随之上升，同时输出功率也增大，但通过冷却液的散热损失不会以相同量增加。另外，高压缩会产生高膨胀，减少减压排气现象，使排气温度降低，通过排气门和排气端口的散热量减少，因而可以减少在燃烧室中热量流动的增加量。如果压缩比进一步增大，输出功率的增加率会逐步减少，因相对于表面积的容积比过小，超过某一界限压缩比时，通过冷却液的热损失率会增大。

4. 点火时期

点燃式发动机以最佳点火时间（MBT）为基准延迟点火时间，如图 8-33 所示，会降低通过气缸壁表面的冷却损失率。试验条件是转速为 5700mL、8 缸汽油机，$\Delta\theta_b$ 为燃烧持续时间（°CA）。

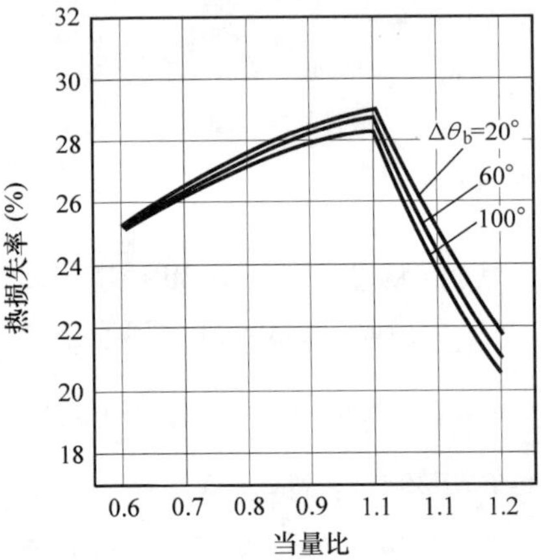

图 8-32　随当量比的热损失率

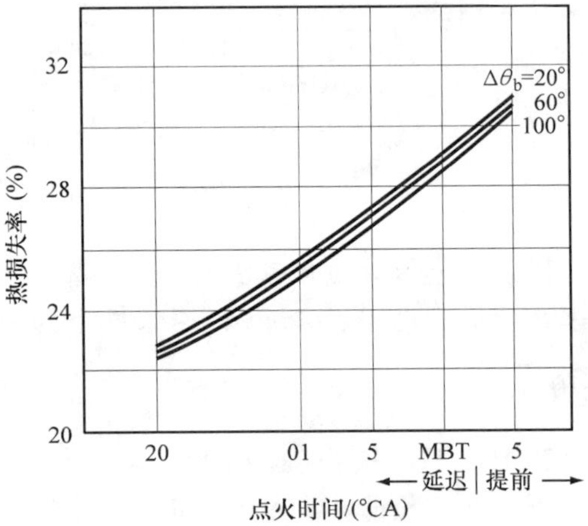

图 8-33　随点火时期的热损失率

压燃式发动机喷射时间的延迟也会出现相似的趋向。燃烧气体温度在点火时间延迟时因延迟燃烧也会减少，虽然各部位的温度大体上降低，但排气门温度因排气温度上升而增大。

5. 冷却液温度

点燃式发动机（压缩比 8.5、5500r/min）的冷却液出口温度从 70℃ 变化到 120℃ 时燃烧室周边各部位温度的测量结果如图 8-34 所示。排气门和火花塞的温度没有变化，活塞和气缸套等温度以冷却液温度的变化量相同量发生变化。

如果冷却过度，热效率会降低，燃料消耗率会增加，如图 8-35 所示。在没有气缸壁过热顾虑的条件下，应尽可能提高冷却液温度。通常，水冷式发动机的冷却液出口温度保持在 80～100℃。

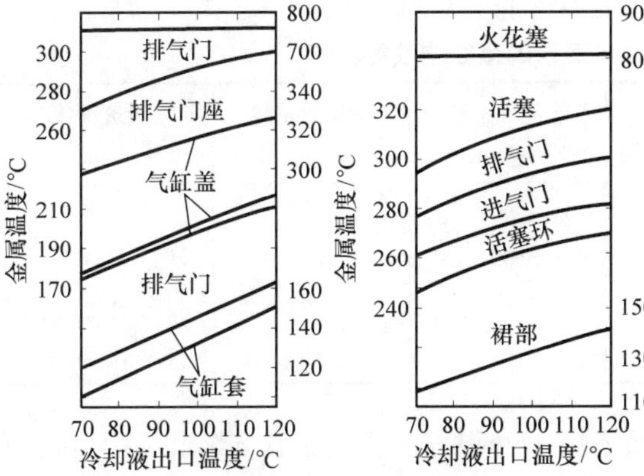

图 8-34 随冷却水出口温度的影响

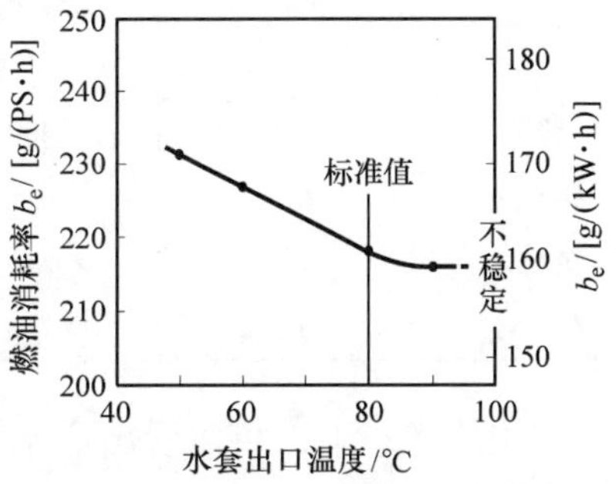

图 8-35 随冷却水出口温度变化的燃料消耗率的变化

高温冷却会发生局部高温区域，因冷却液的沸点等问题，会导致运行不稳定。作为防止这些现象的措施有，利用乙二醇等水溶液提高冷却液沸点和密封冷却液容器提高沸点。高温冷却因与外界温度的差异大，可以尽量使散热器小型化。但是，如果过度高温冷却，各构成部件的温度分布就会大，会导致发生热应力，如果过分严重会发生变形或破损。

6. 材质

发动机的材料，尤其是气缸盖的材质对发动机性能的影响很大。气缸盖的材质主要是铸铁和铝合金。虽然燃烧室内气体温度瞬间可以达到 2500K，但气缸盖的表面温度相对较低，为 200～400℃。因热传递与温度差成正比，提高燃烧室壁表面温度，或使用高热阻系数（热传导性低）绝热物质，会降低冷却损失热量。比铸铁热传导率低的像氯化硅、氧化锆等陶瓷物质能在较高的温度下运行。

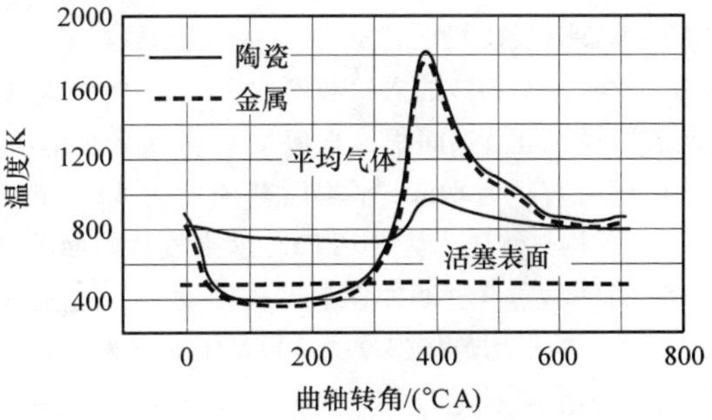

图 8-36 涡轮增压柴油机的活塞平均表面温度的变化

绝热柴油机（陶瓷发动机）这一概念早就受到人们的关注。陶瓷发动机的热传导率与金属相比低数十倍到数百倍，因此冷却损失热量非常小，能大幅度提高燃烧温度，提高膨胀做功。几种物质的热特性见表 8-8。

涡轮增压柴油机的陶瓷和金属材质活塞的表面温度与气体温度的变化如图8-36所示。陶瓷材质活塞的表面温度约为 800K，金属材质活塞的表面温度约为 500K。可以看出气缸内气体最高温度方面陶瓷材质比金属材质高，即气缸内气体温度与表面温度的变化表示相互作用的热传递的固有非正常性质。

表 8-8 铝合金与铸铁的热性物性值

材质	密度 $\rho\times10^3/(kg/m^3)$	质量热容 $c/(J/kgK)$	热传导系数 $k/(W/mK)$	热扩散系数 $a\times10^{-3}/(m^2/s)$	浸透深度 δ/mm
铸铁	7.2	480	54	1.57	2.8
铝合金	2.75	915	155	6.2	5.4
氯化硅	2.5	710	5~10	0.28	1.2
氧化锆喷雾	5.2	732	1.2	0.032	0.39

在绝热状态下，可以看出活塞表面温度上升很高。由此会使进入的空气温度升高，容积效率降低，并且会在压缩行程中发生热传递，使压缩气体温度升高，这就需要更大的压缩功。

练习题

1. 某型发动机消耗发热量为 4.3×10^4kJ/kg 的燃料 250g/(kW·h)，产生了 90kW 功率。如果冷却液消耗全发热量的 34%，需要每分钟循环多少升的冷却液？设定冷却液的进入温度为 336K，且温度上升为 15K。

2. 压缩比为 12，活塞平均速度为 6m/s 的柴油机，压缩初始气缸内的气体状态为 $p_1=130$kPa、$T_1=373$K。请计算在此状态和压缩末期，气缸内气体的热传递率 α_0。

3. 水冷式发动机的散热器在大气温度为 288K、质量流量为 0.6kg/s 时的空气出口温度为 298K。此时，冷却液的入口温度为 353K，体积流量为 0.05L/s，请求出散热器的传热系数为 K。设定散热器的全散热面积为 0.05m^2，散热量全部被传递到空气中，没有其他热损失。

4. 气缸直径为 8cm、平均活塞速度为 8m/s 的四冲程汽油机，做功行程中平均气体温度为 1673K，平均气体压力为 810kPa，求出气缸内面的平均热传递率。

5. 铸铁材质气缸四冲程水冷式发动机，气缸内每一循环的平均温度为 1000K，气体与气缸内表面之间的平均热传递率为 300W/(m^2·K)，冷却液的温度为 340K，冷却液与气缸外表面之间的平均热传递率为 1200W/(m^2·K)，铸铁的热传递率为 51W/(m^2·K)，请求出气缸壁单位面积的传热量。设定气缸壁的厚度为 6mm，其直径足够大，是一维热流。

6. 要获得 15kW 的输出功率，净功率相关冷却损失的比率为 80% 时，请求出冷却损失热量。另外，把此热量以空冷散热到空气中，散热片的平均温度保持在 473K、空冷空气温度为 293K 时，请求出所需散热片的面积是多少？设定散热片与冷却空气流之间的平均热传递率为 60W/(m^2·K)。

7. 某型发动机把发热量为 4.4×10^4kJ/kg 的燃料以 70g/(MW·s) 的比例消耗，产生了 75kW 功率。如果冷却液消耗了全发热量的 35%，需要多少冷却液的循环量？设定冷却液的进入温度为 330K，其温度上升为 20K。

第 9 章　内燃机的润滑与摩擦

9.1　润滑

在往复式内燃机上，曲柄机构、气门机构等直接或间接地与表面接触的运动部分很多，由此会产生摩擦力和磨损。润滑的目的就是降低这些部分的摩擦力和磨损，以提高机械效率，随之提高发动机的性能、耐久性、可靠性。摩擦损失所占的比例为，汽油机为5%～6%，柴油机为5%～7%。

润滑是在两个相互接触并相对运动的固体表面之间产生光滑膜的技术。润滑系统最重要的功能是润滑作用。往复式内燃机因燃烧会产生高温每个循环不仅温度发生变化，重量也不同，其方向、大小、速度也发生变化，因此对润滑作用的说明是相当困难的。

9.1.1　基本概念

1. 摩擦

在固体表面上部放置另一固体，并要移动此物体，需要相对于垂直力（固定重量）的切线方向的作用力（切向力、摩擦力、剪切力）。这里相对于垂直力 W 的切向力 R 之间的比值称为动态摩擦系数，简要称为摩擦系数 f。

$$\text{摩擦系数} = \frac{\text{切向力}}{\text{垂直力}} \tag{9.1}$$

切向力是克服摩擦的力，因此又称为摩擦力，表示与移动方向平行的阻力。摩擦力分为为了开始滑动的切线方向的作用力“静态摩擦力”，以及为了保持滑动的切线方向的作用力“动态摩擦力”。动态摩擦力小于静态摩擦力，与滑动速度无关。

固体摩擦产生的原因方面有粗糙假设和黏附假设。

① 粗糙假设：接触表面的凹凸面相互咬合，克服此咬合状态的力（阻力）即为摩擦力。

② 黏附假设：实际的接触面积比外观上的接触面积小得多。实际接触面的凹凸面在摩擦所用下一旦超出弹性变形界限，会发生永久变形并变成软质，当因持续

摩擦温度升高达到金属熔点时，两个金属表面会黏附，分离此黏附分子的力（剪切力、剪应力）即为摩擦力。

物质的屈服应力 σ_m 定义为垂直力 F_n 除以实际接触面积 A_r 的值。

$$\sigma_m = \frac{F_n}{A_r}$$

另外，两个固体表面之间的切线运动所需的切线方向的力 F_t 为实际接触面积 A_r 与物质的剪切强度 τ_m 之乘积。

$$F_t = A_r \tau_m$$

因此，摩擦系数 f 的计算公式为

$$f = \frac{F_t}{F_n} = \frac{\tau_m}{\sigma_m} \tag{9.2}$$

物质之间接触的摩擦力受到软质物质性质的支配。边界润滑摩擦面的概略图如图 9-1 所示。两个物质的表面覆盖有氧化膜和吸附的润滑膜，公式（9.2）中的物质剪切强度实际上为润滑膜的剪切强度。

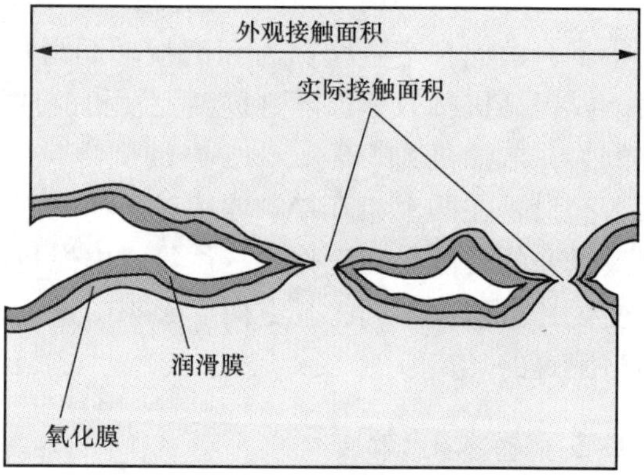

图 9-1　边界润滑摩擦面概略图

2. 润滑的目的

润滑的作用如下：

① 润滑作用：在摩擦部位形成油膜，分离摩擦面，以防止因摩擦造成的磨损或黏附，尽可能减少输出功率损失，增加发动机的寿命。

② 密封作用：在气缸壁表面与活塞环之间形成油膜，起润滑作用的同时防止气缸内的高压气体泄漏到曲轴箱内。

③ 冷却作用：吸收摩擦热，以冷却运动部分表面温度。

④ 清洁作用：通过润滑油的流动带走运动部分因磨损产生的金属粉末、碳化物或灰尘等异物，以此清洁运动部分。

⑤ 防腐蚀作用：防止金属表面因接触空气、水分、腐蚀性气体等而发生腐蚀。

9.1.2　润滑结构

即使状态相同，根据负重（或油膜状态、摩擦系数）等不同，也可将润滑结构分为边界润滑、混合润滑式和油膜润滑三种。对于这些方面通过对内燃机的最常见的两种润滑状态，即对轴颈轴承和滑动轴承进行分析。轴颈轴承和滑动轴承的润滑状态如图 9-2 所示。

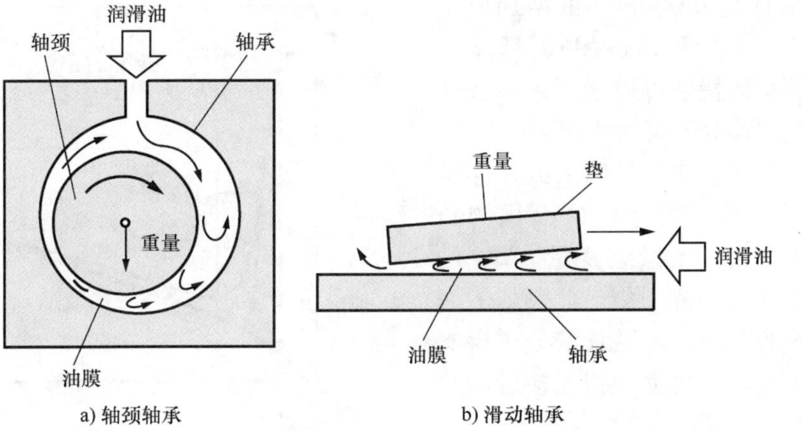

图 9-2　轴颈轴承和滑动轴承的润滑状态

润滑是液体的流动，因此应符合下述牛顿黏性定律。

$$\tau = \mu\left(\frac{\mathrm{d}U}{\mathrm{d}y}\right) = \mu\frac{U}{h}$$

式中，U 为油膜厚度 h 之间的速度差。通常，轴颈轴承的一侧为停止状态，另一侧为以速度 N 旋转，即以圆周速度 U_b 旋转。如果轴颈的半径为 r，则可以用下述公式表示圆周速度：

$$U_\mathrm{b} = \frac{2\pi rN}{60}$$

如果轴颈轴承间隙内压力为 p，摩擦系数 f 可以定义为

$$f = \frac{剪切力}{垂直力} = \frac{\tau}{p}$$

通过此公式可以推导出：

$$f = \mu\frac{2\pi rN}{60}/hp$$

在上述公式中，如果间隙（油膜厚度）h 和轴颈轴的半径 r 一定，则可以表示为

$$f = C\frac{\mu N}{p} \tag{9.3}$$

式中，C 为比例常数；μ、N、p 分别为润滑油的黏度、轴的旋转速度、油膜内的压力。上述公式右侧无量纲变量 $\mu N/p$ 对于滑动轴承是 $\mu U/(pb)$。其中 U 为速度；b 为滑动轴承的运动方向宽度（垫）；μ、p 分别为润滑油的黏性系数（黏度）和单位投影面积的负重（或压力）。

实际轴承测量摩擦系数 f 和无量纲变量 $\mu N/p$ 之间的关系，表现为图 9-3 所示的倾向。这是轴颈轴承的斯特里贝克（Stribeck）线图。其中，摩擦系数 f 的最小

点 B 的右侧为 $\mu N/p$ 随 f 的增加成正比增大的领域，可以适用式（9.3）。此领域的润滑特性可以采用黏性液体相关问题，称为油膜润滑领域。

另一方面，如果黏性系数 μ 非常小，或者轴承压力（单位面积的负重）p 非常大，无量纲变量 $\mu N/p$ 的值会到点 B 的左侧领域。此领域的润滑油油膜非常薄，以微量的分子层支撑，处于金属之间发生相互接触的状态，称为边界润滑。

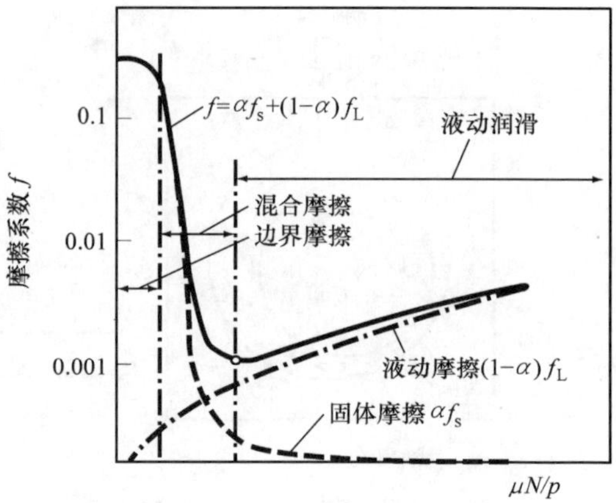

图 9-3　轴颈轴承的斯特里贝克线图

斯特里贝克线图的摩擦系数 f 可以表示为

$$f = \alpha f_s + (1 - \alpha) f_L \tag{9.4}$$

式中，f_s 为固体表面直接接触的干燥摩擦系数；f_L 为液动摩擦系数；α 为物体之间的接触常数，是 0 ~ 1 范围内的值。

1. 边界润滑

在式（9.4）中，如果物体之间的接触常数为 $\alpha \to 1$，摩擦系数为 $f \to f_s$，摩擦为接近固体摩擦的边界润滑，边界润滑膜厚度非常小，仅为几个或 1 个分子层（几百埃 ~ 10^{-3}mm）左右的厚度，无法防止固体凹凸表面之间金属的摩擦。因此，边界润滑中，润滑的同时部分固体之间产生摩擦，导致摩擦面的磨损。

在边界润滑条件下，两个固体表面之间的摩擦（或摩擦系数）在本质上与速度无关，与固体表面的性质和润滑油的性质有关。固体表面有粗糙度、硬度、弹性、塑性、剪切强度、热传导等物理特性和润滑油的固体润湿能力。在边界润滑状态，如果摩擦力（负重）下降，会转移到混合润滑领域。

边界润滑在发动机起动或停止时活塞和活塞环等发动机各部分中发生。此时燃烧压力（或负重）高或滑动速度低，或气缸壁表面的温度高，润滑油的黏度降低，可能会发生固体摩擦，从而导致摩擦面之间的黏附。因此在边界润滑条件下应使用黏性较高的润滑油。

2. 油膜润滑

在式（9.4）中，如果物体之间的接触常数为 $\alpha \to 0$，摩擦系数为 $f \to f_L$，处于油膜润滑状态。此时，油膜厚度很充分，不存在金属之间的接触。因此，在油膜润滑中对负重均由通过油压支撑，因而形成理想的润滑状态。

在油膜润滑条件下，没有金属之间的接触，摩擦系数与固体表面的性质无关，仅与润滑油的黏性系数 μ 有关。因此，固体表面的磨损非常小，摩擦损失也仅存在与润滑膜内。但是，如果相对运动速度较大，油膜的切应力就会增大，摩擦系数会重新增加。

油膜润滑中摩擦力 F_t 通过油膜的剪切力 τ 产生，因此应符合下述牛顿定律：

$$F_t = A\tau = A\mu \frac{dU}{dh} \tag{9.5}$$

式中，A 为油膜的液动面积；μ 为润滑油黏度；dU/dh 为滑动速度斜率；U 为滑动速度；h 为油膜厚度。

往复式内燃机的各部件润滑在正常状态下进行油膜润滑。但是，如果出现突然的负荷或速度变化，或机械性振动，因油膜厚度变薄，可能会脱离油膜润滑状态进入混合润滑式或边界润滑状态。

3. 混合润滑式

混合润滑式是边界润滑与油膜润滑之间的状态。在混合润滑式状态，油膜润滑和金属之间发生摩擦的边界润滑间歇地出现，会伴随接触面之间的少量的磨损。因此，摩擦系数不仅与润滑油的黏度有关，还与表面粗糙度、固体材质、滑动速度、单位面积的负荷等有关。混合润滑式中，如果负重高，则会成为边界润滑状态，会出现金属的弹性变形和金属之间的接触摩擦，化学因素会成为重要影响因素。

9.2 油膜润滑

边界润滑与油膜润滑不相同。边界润滑主要依赖于部件之间的负重（或压力）和材料的表面性质，但油膜润滑主要依赖于润滑油的黏度、油膜厚度和相对运动速度，不受固体表面性质的影响。

9.2.1 润滑过程

在固体接触面进入润滑油时，摩擦力会大幅度减小。这是因为润滑油的摩擦力（润滑膜的剪切力）远小于固体摩擦力。

油膜润滑的形成过程如图 9-4 所示，以滑动轴承（滑动面润滑）为例进行分析。两个接触面中下部为固定部分，上部为以位移速度 U 移动的运动面，这两者之间填充有润滑油。图中显示了各端面的速度分布和压力。端面①与②的油膜厚度为 $h_1 > h_2$，如果假设层流非常薄，在正常流动下流量 q 为

$$q = \int_0^{h_1} U\mathrm{d}y = \int_0^{h_2} U\mathrm{d}y \tag{9.6}$$

为了满足此条件，端面①的油膜平均速

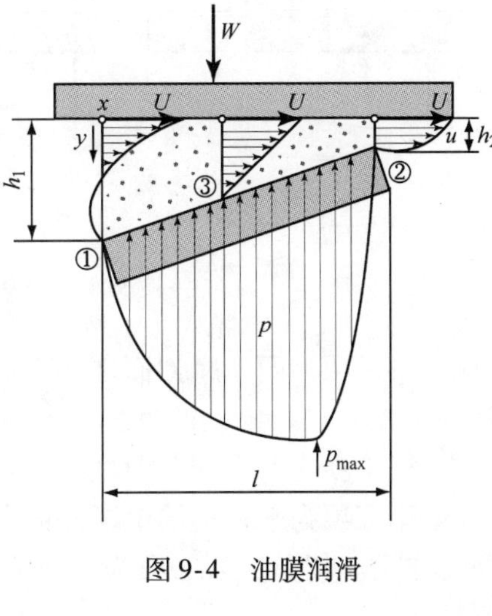

图 9-4　油膜润滑

度低，端面②的平均速度高。因此，油压 p 以图 9-4 所示的形式产生，润滑油向端面②侧快速压出。此时在压力最大的位置③端面的压力没有斜率，其速度分布成三角形。这是润滑理论上最基本的重要点，随油膜厚度变化发生的应力与负荷容量相对应。这样的油压作用称为楔塞作用或形成楔形油膜。所欲压力之和与外力 W 平衡，以油压支撑负重，不发生磨损。

$$W = \int_{①}^{②} p\mathrm{d}x \tag{9.7}$$

式中，p 为油膜内的压力（或单位投影面积的负重）；x 为润滑作用方向的距离；W 为负荷容量。如果油压 p 增大，表示在相同的油膜厚度下可以支撑更大的负重。

9.2.2 润滑理论

润滑理论是正确说明润滑膜内的压力（单位面积的负重）变化的理论。发动机的液动部位（润滑部位）存在油膜，其特性（负荷容量、压力分布、油膜厚度）的理论解释是根据雷诺兹方程式进行的。雷诺兹方程式是通过对黏性液体的那微-史托克运动方程式进行推导。

润滑相关雷诺兹方程式为

$$\frac{\partial}{\partial x}\left(h^3\frac{\partial p}{\partial x}\right) = 6\mu U\frac{\partial h}{\partial x} + 6\mu h\frac{\partial U}{\partial x} + 12\mu V$$

式中，p 为油膜内的压力；h 为任意位置；x 为油膜厚度；μ 为润滑油的黏性系数；U 为两个摩擦面之间的滑动方向（x 方向）的相对运动速度；V 为 y 方向的相对运动速度。

上述公式的右边表示油膜内发生压力的三种基本形态，如图 9-5 所示。

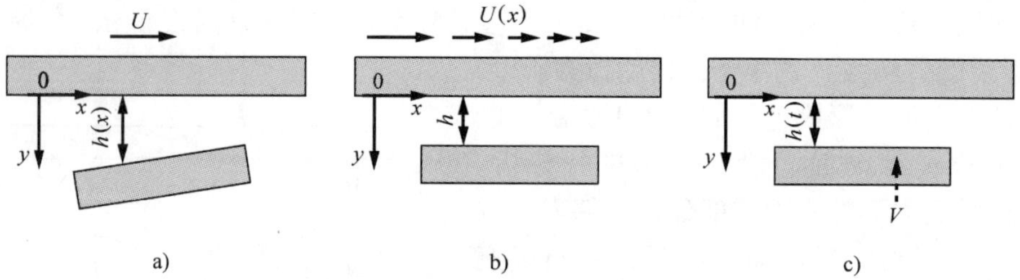

图 9-5　油膜内发生的压力三种形态

① 第一项为两个摩擦面之间有倾斜度，因此有厚度的变化。一侧固体面以相对运动速度 U 进行滑动的状态，即楔塞作用状态。

② 第二项为两个摩擦面之间相互平衡，且滑动速度 U 发生变化的情况。

③ 第三项为平行的两个摩擦面之间以速度 V 在垂直方向彼此接近的状态，称为挤压作用。其中，第二项为 $h_1 = h_2$ 的平行面，不发生油压，负荷容量为 0。发

动机润滑的油膜负荷容量通常为第①项的楔塞作用和第③项的挤压作用。

1. 滑动轴承

如图 9-6 所示，对长度为 l 的润滑停止面，运动面与停止面间隔油膜厚度 h 以速度 U 向 x 方向移动的滑动运动的情况进行分析。以油膜厚度为 y 坐标，与地面垂直的 z 方向的长度为无限长，并对润滑膜内微量容积适用那微－史托克方程式。如下进行假设：

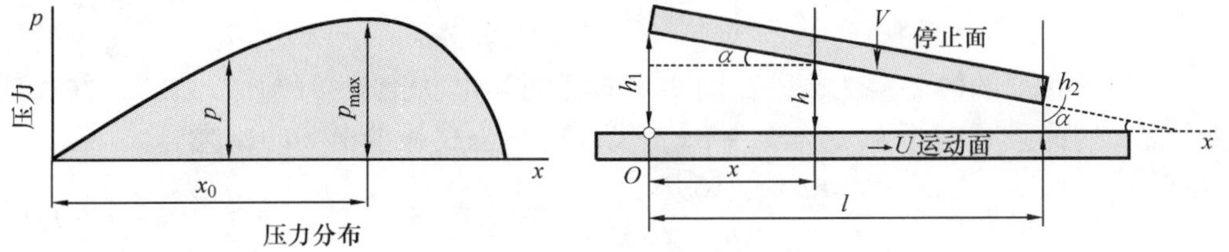

图 9-6　平衡滑动轴承和压力分布

① 流动是正常状态的层流。

② 流体的惯性力远小于剪切力，因此可以省略。

③ 流体是非压缩性牛顿流体。

④ 油膜在厚度方向没有压力差。

⑤ 固体面与润滑膜的界面不发生相对滑动。

一维正常流动那微－史托克运动方程式为

$$\rho\left(U\frac{\partial U}{\partial x}+V\frac{\partial U}{\partial y}\right)=-\frac{\partial p}{\partial x}+\mu\left(\frac{\partial^2 U}{\partial x^2}+\frac{\partial^2 U}{\partial y^2}\right) \tag{9.8}$$

式中，U、V 分别为移动物体方向的速度和垂直方向的速度；μ 为黏性系数。如果适用前面的假设，因为是正常流动 $\mathrm{d}V/\mathrm{d}t=0$，$\partial^2U/\partial x^2=0$，因固定面的斜率较小速度分布相同，并在油膜的厚度方向没有压力差，$\partial p/\partial y=0$。因此，压力 p 仅为 x 的函数，即可以看成 $p=p(x)$。

如果考虑此条件，方程式（9.8）可以表示为

$$\frac{\partial p}{\partial x}=\mu\frac{\partial^2 U}{\partial y^2}=\mu\frac{\partial}{\partial y}\left(\frac{\partial U}{\partial y}\right) \tag{9.9}$$

把上述方程对 y 进行 2 次积分，可以获得

$$\frac{\mathrm{d}p}{\mathrm{d}x}\frac{y^2}{2}=\mu U+Ay+B \tag{9.10}$$

式中，A、B 为积分常数。在边界条件 $y=h$ 时为 $U=0$，在 $y=0$ 时为 $U=U$，把这些代入到上述方程式中，可以得到

$$\frac{\mathrm{d}p}{\mathrm{d}x}\frac{h^2}{2}=Ah+B,\ \mu U+B=0$$

从上述方程式中求出 A、B，并代入式（9.10）中，可以得到

$$U(x,\ y)=\frac{1}{2\mu}\left(\frac{\mathrm{d}p}{\mathrm{d}x}\right)y(y-h)+U\left(1-\frac{y}{h}\right) \tag{9.11}$$

上述方程式为在润滑膜内任意位置（x、y）的流体速度。

在下边推导出润滑膜内任意位置的压力计算公式。润滑油量 Q 为在任意位置 x 通过油膜厚度 h 流动的量，如图 9-6 所示考虑地面垂直方向的单位宽度，可以用下述方程式进行计算。

$$Q = \int_0^h u\mathrm{d}y = \frac{Uh}{2} - \frac{h^3}{12\mu}\frac{\mathrm{d}p}{\mathrm{d}x} \tag{9.12}$$

如果停止面的倾斜度为 α，在图 9-6 的几何学形状上 $\alpha=(h_1-h_2)/l$，并在任意位置 x 的油膜厚度为 $h(x)=h_1-\alpha x$，代入这些公式并求出 $\mathrm{d}p/\mathrm{d}x$ 为

$$\frac{\mathrm{d}p}{\mathrm{d}x}=\frac{6\mu U}{(h_1-\alpha x)^2}-\frac{12\mu Q}{(h_1-\alpha x)^3} \tag{9.13a}$$

对于润滑油量 Q，先设定与 x 无关，在上述方程式中进行对 x 的积分，可以推导出

$$p=\frac{6\mu U}{\alpha(h_1-\alpha x)}-\frac{12\mu Q}{\alpha(h_1-\alpha x)^2}+C \tag{9.13b}$$

式中，C 为积分常数。在上述公式中代入 $x=0$ 时的 $p=0$ 和 $x=l$ 时的 $p=0$ 的边界条件，可以得出流量 Q 与积分常数 C 为

$$Q=\frac{Uh_1h_2}{h_1+h_2},C=-\frac{6\mu U}{\alpha(h_1+h_2)} \tag{9.14}$$

把式（9.14）代入式（9.13）中，可以得到

$$p(x)=\frac{6\mu Ux(h_1-h_2)}{h^2(h_1+h_2)} \tag{9.15}$$

上述方程式表示了随润滑距离 x 的油膜厚度 h 与油压 p 之间的关系，是润滑理论中为最基本的重要公式。这是因为随油膜厚度的变化而发生的压力要对应负荷容量的原因。滑动轴承的压力分布如图 9-6 所示。

对平板上作用的油压 p 用润滑长度 l 进行积分，可以得出在平板上作用的压力，假设在图中垂直方向单位宽度上作用的总压力（负重）为 W，可以得出

$$W = \int_0^l p\mathrm{d}x = \frac{6\mu U}{h_1+h_2}\int_0^l \frac{x(h-h_2)}{h^2}\mathrm{d}x$$

在上述方程式的右边代入 $h=h_1-\alpha x$ 并进行整理，可以得到

$$W=\frac{6\mu Ul^2}{(h_1-h_2)^2}\left(\ln\frac{h_1}{h_2}-2\frac{h_1-h_2}{h_1+h_2}\right)=\frac{6\mu Ul^2}{h_2^2(\lambda-1)^2}\left(\ln\lambda-2\frac{\lambda-1}{\lambda+1}\right) \tag{9.16}$$

式中，λ 为油膜厚度比（$\lambda=h_1/h_2$）。滑动轴承停止面的倾斜度 α 非常小，因而可以看成平板；总压力 W 等于轴承支撑的负重。

现在对润滑膜内的摩擦力进行分析。摩擦力 F 为对剪切力 τ 用润滑长度 l 进行积分的值，以下述方程式求出：

$$F = \int_0^l (\tau)_{y=0} \mathrm{d}x = -\int_0^l \left(u \frac{\mathrm{d}U}{\mathrm{d}y}\right)_{y=0} \mathrm{d}x$$

在上述方程式中，右侧的速度微分根据方程式（9.11）和式（9.13）可以推导出

$$\begin{aligned}\left(\frac{\mathrm{d}U}{\mathrm{d}y}\right)_{y=0} &= -\frac{h}{2\mu}\frac{\mathrm{d}p}{\mathrm{d}x} - \frac{U}{h} \\ &= -\frac{3hU}{(h_1-\alpha x)^2} + \frac{6hQ}{(h_1-\alpha x)^3} - \frac{U}{h}\end{aligned}$$

把此方程式代入前面的方程式中，润滑油内的摩擦力 F 计算公式为

$$\begin{aligned}F &= \frac{2\mu Ul}{h_1-h_2}\left(2\ln\frac{h_1}{h_2} - 3\frac{h_1-h_2}{h_1+h_2}\right) \\ &= \frac{2\mu U}{\alpha}\left(2\ln\lambda - 3\frac{\lambda-1}{\lambda+1}\right)\end{aligned} \tag{9.17}$$

另外，对于最大负重 W_{max}，可以在负重公式（9.16）中以用油膜厚度比 λ 进行微分的值为 0，即 $\mathrm{d}W/\mathrm{d}\lambda=0$ 的条件下求得，以此获得 $\lambda=2.2(h_1=2.2h_2)$ 的值。因此对于最大负重和最大摩擦力，在式（9.16）和式（9.17）中代入 $\lambda=2.2$，可以得到

$$W_{max} = 0.16\frac{\mu Ul^2}{h_2^2} \tag{9.18}$$

$$F_{max} = 0.75\frac{\mu Ul}{h_2} \tag{9.19}$$

因此，油膜内的平均摩擦系数 f 的计算公式为

$$f = \frac{F}{W} = \frac{0.75\mu Ul/h_2}{0.16\mu Ul^2/h_2^2} = 4.69\frac{h_2}{l} \tag{9.20}$$

2. 轴颈轴承

对于轴颈轴承，可以对雷诺兹方程式进行稍微改动适用。轴颈轴承的概略图和油膜的压力分布如图 9-7 所示。轴颈轴承起润滑作用时，轴颈（轴）和轴承的中

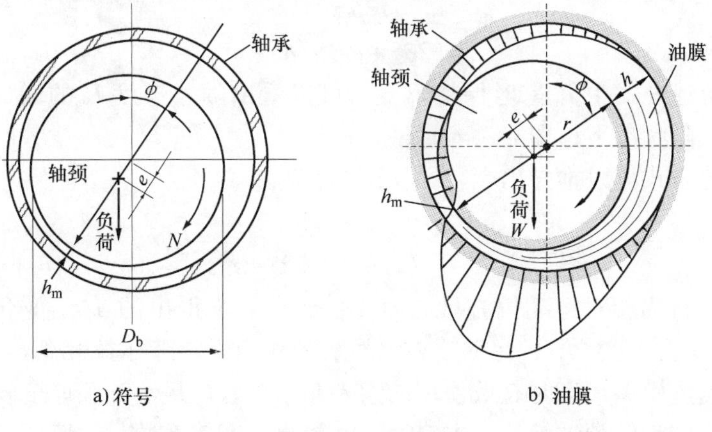

图 9-7　轴颈轴承

心如图 9-7a 所示处于偏心状态，轴颈（轴）旋转时形成楔塞型润滑油膜。

如果仅对楔塞作用进行分析，雷诺兹方程式（9.8）为

$$\frac{\partial}{\partial x}\left(h^3 \frac{\partial p}{\partial x}\right) = 6\mu U \frac{\partial h}{\partial x} \tag{9.21}$$

对上述方程式进行一次积分，可以得到

$$\frac{\mathrm{d}p}{\mathrm{d}x} = 6\mu \frac{U(h-C)}{h^3} \tag{9.22}$$

式中，C 为负重常数，是根据油膜的形成状态决定的参数。

油膜厚度 h 为 $h = h(\phi)$，用下述公式进行计算。

$$h = e\cos\phi + \delta \tag{9.23}$$

式中，e 为偏心量；ϕ 为如图所示的圆周方向的各位置；δ 为轴颈轴承与轴之间的通道宽度，$\delta = R - r$，其中 R 为轴承半径，r 为轴颈轴的半径。

如果假设 $h << r$，则可以把 $r\mathrm{d}\phi$ 看成直线。为了获得压力分布，利用式（9.22）可以得到

$$\frac{\mathrm{d}p}{r\mathrm{d}\phi} = 6\mu \frac{U(h-c)}{h^3} = 6\mu \frac{(U_\mathrm{h} - 2Q)}{h^3} \tag{9.24}$$

式中，Q 为容积流量。对于轴颈与轴承完全分离不接触的完全润滑轴承，油膜内压力 $p(\phi)$ 为 ϕ 的周期函数，即 $p(0) = p(\phi)$。对上述方程式（9.24）进行积分，可以获得下述方程式。

$$\frac{\mathrm{d}p}{\mathrm{d}\phi} = \frac{6\mu r U}{h^3}\left[h - \frac{2\delta(\delta^2 - e^2)}{2\delta^2 + e^2}\right] \tag{9.25}$$

上述方程式表示了随轴颈轴承圆周方向位置 ϕ 的压力分布。如果已知偏心量 ε，取 $\mathrm{d}p/\mathrm{d}\phi = 0$，可以得出 $p_{\max}$ 和 $p_{\min}$。油膜内的压力分布为如图 9-7b 所示，它支撑施加在轴上的负重 W。轴颈轴承能支撑的负重 W 等于在轴颈轴圆周上作用的压力与剪应力垂直成分之和，可以表示为

$$W = \frac{12\mu\pi U r^2 e}{(2\delta^2 + e^2)\sqrt{\delta^2 - e^2}} \tag{9.26}$$

如果在上述公式中负重 W 保持不变，可以看出随着速度 U 的增加，偏心量 ε 会减小。在极限状态下，即 $U \to \infty$ 时，有 $e \to 0$。

通过上述公式可以推导出

$$\frac{W}{2\mu\pi U}\left(\frac{\delta}{r}\right)^2 = \frac{6\varepsilon}{(2+\varepsilon^2)\sqrt{1-\varepsilon^2}} = L(\varepsilon) \tag{9.27}$$

式中，$\varepsilon(=e/\delta)$ 为相对运动偏心量。因此，如果对于得出的 δ/r，W/U 保持不变，即使 W、μ、U 发生变化，ε 为常数。此关系式称为索末菲尔德相似准则，$L(\varepsilon)$ 称为在试验中制造模型尺度时有效使用的索末菲尔德数。最小油膜厚度随此值的减小而减小。即，作为轴颈轴承的基本定律，摩擦力、摩擦系数、油膜厚度、负荷容量

等参数均以索末菲尔德数进行计算。

9.3　发动机各部位的润滑

内燃机的润滑部位大体上分为活塞系统、曲轴系统和动态气门系统。

9.3.1　活塞系统

活塞相对于气缸套（壁面）进行往复运动，需要在活塞环、活塞裙部、活塞销部分进行润滑。活塞主要部位如图 9-9 所示。

活塞环分为气环和油环。密封环的数量依赖于气缸内的压力，通常汽油机配置 3 个活塞环（气环 2 + 油环 1），大型柴油机配置 4 个活塞环（气环 3 + 油环 1）。活塞环为了插入活塞上和对应热膨胀处于断开状态，且其直径比气缸直径稍大。插入活塞上后，在自身张力的作用下与气缸壁表面密切配合，并在活塞环槽中旋转，以防活塞环黏附。活塞环的材质使用耐磨性强、强度和弹性等满足要求的特殊钢。

第一道环为了防止燃烧气体的泄漏，其张力大于或等于燃烧压力；第二道环的张力稍小；第三道的油环张力更小。油环设计为刮集润滑油使其进入活塞环半径方向的润滑油通道中。

活塞环的作用如下：

① 气环密封活塞与气缸套之间的间隙，以保持气体压力，最小化窜气量。

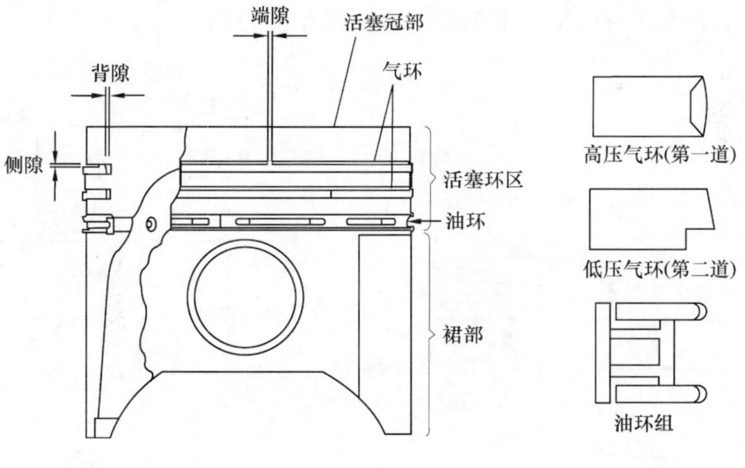

图 9-8　活塞主要部位

② 支撑活塞作用在气缸壁的作用力，并对气缸壁表面进行适当的润滑，同时防止润滑油进入燃烧室。

③ 把活塞的热量传递到气缸壁，以调节活塞的温度。

活塞环区和活塞裙部为支承负荷的表面，其作用是控制活塞在气缸内径中始终处于适当的位置。

1. 活塞环的油膜厚度

活塞系统摩擦受活塞环的支配。活塞环的润滑状态如图 9-9 所示。活塞环的作用力随时间（或曲轴角度）发生变化，尤其是活塞环表面的几何学形状，即使它发生微量的变化，对计算的结果也会有相当大的影响，因此以流体动力学分析气环的作用难度很大。活塞环的几何学形状和作用力如图 9-9 所示。作用力可以分为半径方向的作用力和轴向力。半径方向的作用力有，作用在活塞环背部的气体压力 p_1、活塞环的弹性张力 T、油膜的压力 p 和活塞环槽与活塞环之间的摩擦力 F_f。轴向作用力有，作用在活塞环上部的气缸内气体压力 $\sum_{p_1} A$、活塞环轴向反作用力 R_f、活塞环重量 mg、活塞环密封惯性力 I、油膜剪应力作用下的黏性摩擦力 F_ν 和作用在活塞环底部的气体压力 p_2。

活塞环槽内的活塞环位置由作用在活塞环上的轴向力平衡来决定的。这是因为半径方向的活塞环张力要足够大，才能克服半径方向的作用力紧密配合在气缸壁表面上。轴向力的平衡式为

$$R_f = \sum_{p_1} A - F_\nu - mg - I - p_2 \tag{9.28}$$

在上述平衡式中最重要的是气缸内的气体压力 p_c。作为发动机负荷和速度的函数，其位置不仅随曲轴角度变化，还随活塞上升、下降方向的改变而发生变化。图 9-9b 所示为做功过程末期油膜的压力分布发生倒转的现象。这可能会成为活塞环移动到环槽的上部或产生上下振动的颤抖现象的原因。润滑膜内的压力随活塞环

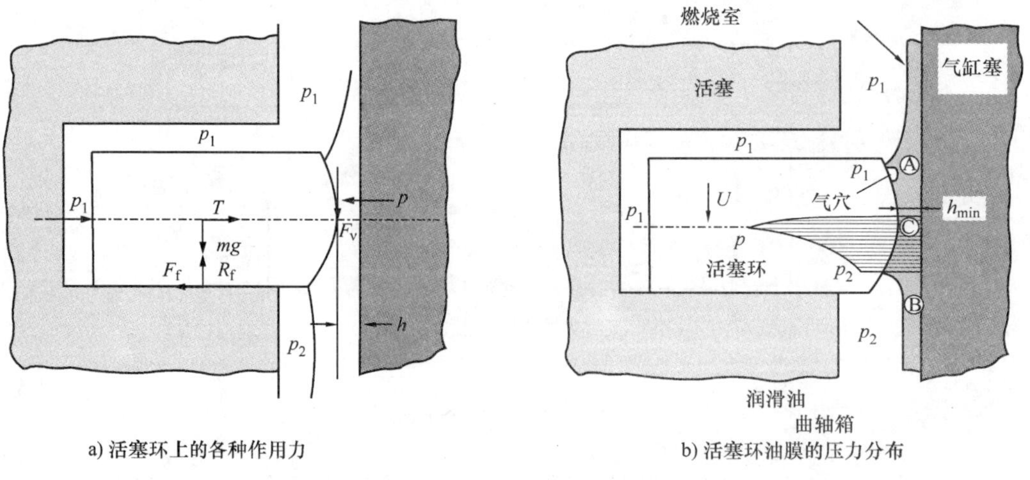

图 9-9　气环周围的润滑状态

的向下移动，A 与 B 之间产生的油压分布如图 9-9 所示。这表示了 B 与 C 之间的压力降低，并发生气穴之后压力上升到 p_1。活塞移动方向相反时，C－B 为产生压力的区域。

直喷式柴油机第一道气环油膜厚度的测量结果和理论值如图 9-10 所示。燃烧期间，油膜厚度在上止点处为最薄，为 1～2μm。这是因气缸壁表面在高温作用下处于低黏度状态，以及高气体压力和低活塞速度所致。在做功过程期间，活塞环的负荷减小，活塞的速度增加，油膜厚度逐步增加直到活塞速度达到最大，其后开始减小直到下止点（BDC）为止。在中间行程位置油膜厚度较厚的理由是，依赖于活塞速度的流体动力学作用。下止点（BDC）的油膜厚度大于上止点（TDC），这是因为下止点（BDC）处的温度比上止点（TDC）处低，因此润滑油的黏度高，以及作用在活塞环的气体压力低。

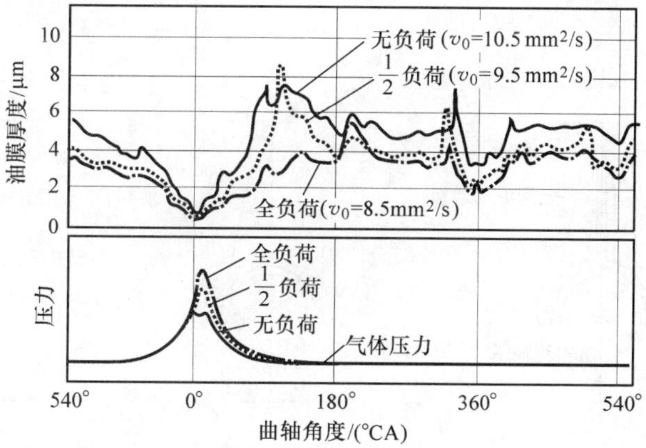

图 9-10　柴油机第一道气环的油膜厚度

如此，在一个循环期间油膜厚度的大变化，使活塞环的润滑在上止点附近成为边界润滑，在中间附近成为油膜润滑。即油膜厚度减小到 1μm 左右时，表面凸起部分开始接触气缸壁成为边界润滑。

2. 活塞系统的摩擦力

测量活塞、活塞环摩擦力的例子如图 9-11 所示。摩擦力在气体压力小的条件下，油膜润滑特性在压缩过程中间开始增大。但是，在气体压力（负荷）大的条件下，从压缩过程的上止点附近开始直到经过做功过程的中间摩擦力均较大。这是因为做功过程初期在燃烧气体的高压力作用下，对活塞环的高负荷影响较大。因此在压缩过程上止点附近成为边界润滑。

3. 活塞系统的供油

对活塞系统的供油有如下的方法，如图 9-12 所示。

① 通过在连杆大头部位上加工的小孔，间歇向气缸壁喷射润滑油的供

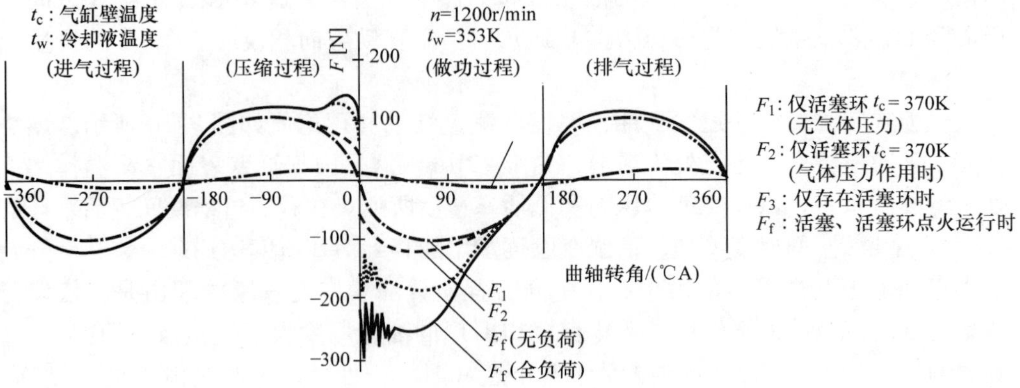

图 9-11　活塞、活塞环的摩擦力

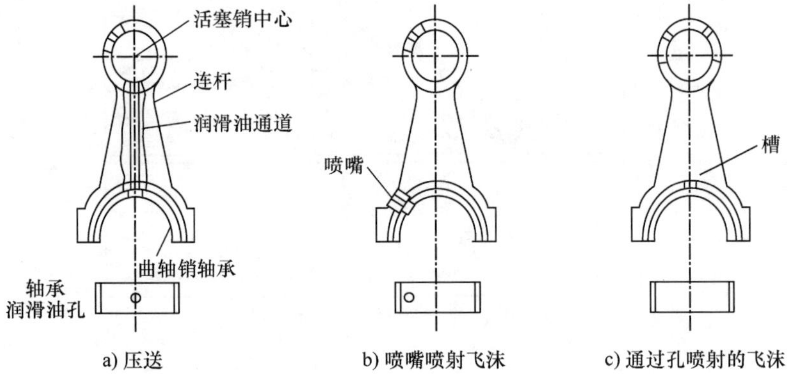

图 9-12　活塞的供油方式

油：40～60mL/min。

② 通过轴承飞散的润滑油喷溅到气缸壁的供油：约 10mL/min。

③ 通过连杆内部通道向连杆小头的供油。

④ 通过固定润滑油喷嘴喷射润滑油冷却活塞的供油：1～3L/min。

汽油机主要使用①、②类型，也有某些发动机仅使用②类型。③类型主要使用在赛车用发动机（汽油机或柴油机）的活塞冷却上。

发动机润滑油因在压缩上止点附近进行边界润滑，因此向气缸壁供给充分量润滑油，通过油环调节为最小界限。尤其是，为了在气缸壁上能维持良好的润滑油附着状态，故意把壁面做成一定程度的粗糙状态，如此即使供油不足也不会发生粘连现象。以相同的理由，活塞裙部的表面形状也被做成具有一定程度的粗糙状态。

9.3.2　曲轴系统

曲轴系统由连杆、主和副、平衡轴轴承等组成的轴颈轴承和与此接合的轴承盖组成。轴颈轴承是在高负荷状态由两个面完全分离的状态起润滑作用的完全润滑状态，摩擦损失很小。曲轴轴颈轴承的负荷随活塞作用力（气体压力和活塞系统惯性力）大小和方向的改变而发生变化。

在油膜润滑条件下运行的轴颈轴承简图如图 9-13 所示。因轴与轴承直径之间有 30 ~ 50μm（油膜间隙）的差，一旦受到负荷，轴承中心与轴中心之间就会发生偏离。因此，在轴与轴承面之间产生图 9-13a 所示的倾斜面与平面的相对运动，在楔塞作用下产生压力并支撑负荷。

压力在油膜存在开始上升，到了中间后达到最大，其后开始下降，到最后下降到供给压力。尤其是，因负荷的大小和作用方向发生变化，轴和轴承之间相互邻近运动，如图 9-13b 所示在压迫作用下产生压力，其分布形状为油膜领域的两端为供给压力，在移动方向达到最大压力。

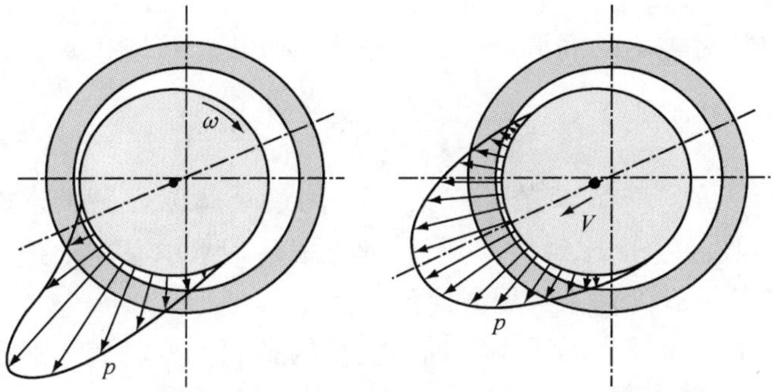

a) 楔塞作用压力分布　　b) 压迫作用压力分布

图 9-13　旋转轴承中产生油膜压力的两种形态

1. 摩擦系数

连杆轴颈轴承的负荷和偏心线图如图 9-14 所示。在图中，可以求出最小油膜厚度。轴颈和轴承表面之间的最小油膜厚度是轴承设计时的临界因子。如果油膜厚度过薄，表面的凹凸部分会破坏油膜，会增大摩擦力和磨损。通常设计时轴颈轴承的最小油膜厚度约为 2μm。

轴承内的摩擦力 F_f 大体上以轴承面积、润滑油黏度和润滑油平均速度梯度的乘积进行计算。

$$F_f \approx (\pi D_b L_b)\mu\left(\frac{\pi D_b N}{\overline{h}}\right) = \frac{\pi^2 \mu D_b^2 L_b N}{\overline{h}} \tag{9.29}$$

式中，D_b 和 L_b 分别为轴承的直径和长度；$\overline{h}$ 为平均半径方向间隙；N 为轴旋转速

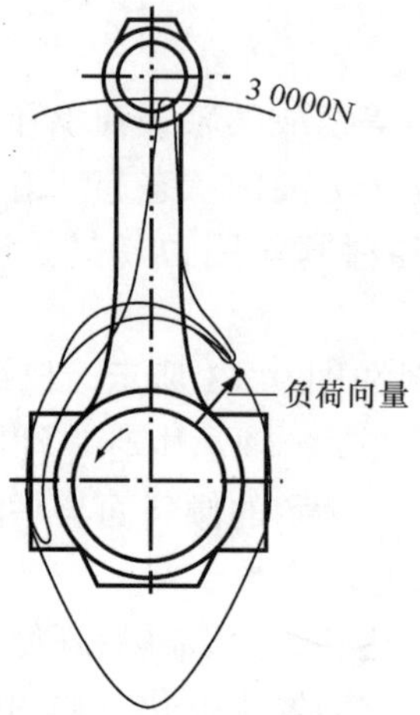

a) 连杆轴承的极端负荷曲线图

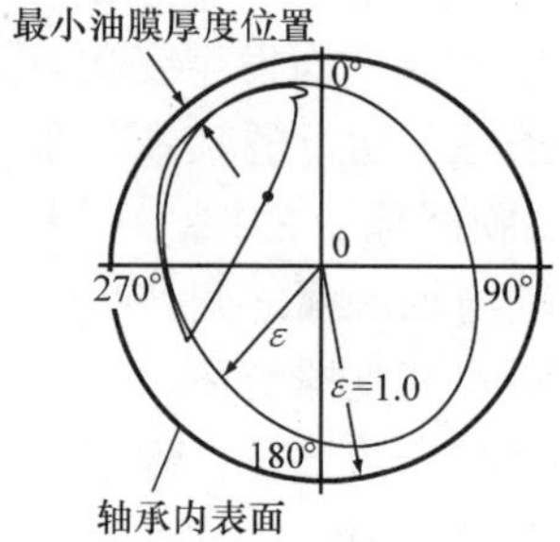

b) 连杆轴承的轴颈偏心

图 9-14　轴颈轴承的负荷和偏心线图

度。以流体动力学对轴承的润滑进行更为精密的分析，可以得到

$$F_f = \frac{\pi^2 \mu D_b^2 L_b N}{(1-\varepsilon^2)^{1/2}\bar{h}} + \frac{\bar{h}\varepsilon W}{D_b}\sin\phi \tag{9.30}$$

式中，ε 为以 $(\bar{h}-h_m)/\bar{h}$ 定义的偏心比，h_m 为最小间隙。上述公式右侧的第一项与式（9.29）相似，因子 $1/(1-\varepsilon^2)^{t/2}$ 和第二项是轴承中心与轴颈中心偏移量的修正；W 为轴承负荷；ϕ 为轴承圆周方向位置角度。

在油膜润滑中，摩擦力的大小与轴承负荷的影响不大。如果油压 p 为轴承单位投影面积的负荷，即 $p=W/(D_b L_b)$，则摩擦系数 f 为

$$f = \frac{F_f}{W} \approx \frac{\pi^2 \mu D_b^2 L_b N}{p D_b L_b \bar{h}} = \frac{\pi^2 D_b}{\bar{h}} \frac{\mu N}{p} \tag{9.31}$$

在上述公式中，可以看出实际轴承的摩擦系数 f 与 $\mu N/p$ 成正比。但是，如果 $\mu N/p$ 过小，实际轴承的流体动力学压力不能充分支撑轴负荷，会导致油膜不稳定。此时摩擦系数会急剧增大，发生混合润滑式状态。

2. 曲轴系统供油

如图 9-15 所示，曲轴系统的润滑采取强制供油方法。连杆大头的供油是通过在主轴轴承圆周方向上的上部通孔和曲轴的润滑油通道供给润滑油。

连杆大头轴承的润滑油是通过旋转的曲轴内部通道供给，油路内的润滑油会产生离心力。为此应设定在油压急剧下降时供油量急剧减少的临界压力。供油特性还与曲轴内的油路形状有关系。

曲轴系统在高速、低负荷状态，即使润滑油的黏度不高，也能形成油膜润滑状态，但在低速、高负荷状态，如果润滑油的黏度低，就会形成边界润滑状态，严重

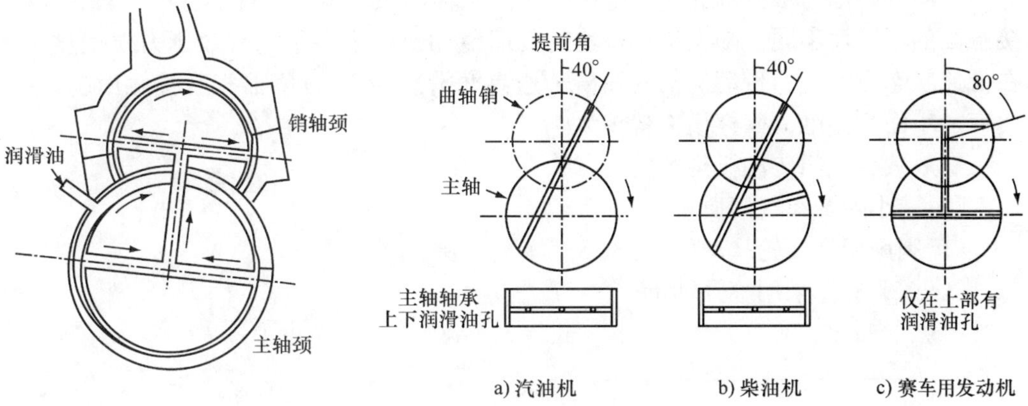

图 9-15　曲轴轴承的供油

时会导致曲轴粘连。

9.3.3　动态气门系统

动态气门系统由凸轮、升降器或从动件、驱动凸轮旋转的凸轮轴、驱动凸轮轴旋转的正时链条或正时带等组成。

动态气门系统在发动机的全部运行范围内传递负荷。在低速状态，气门系统的负荷仅为弹簧力，但在高速状态还包括构成气门系统的各部件质量的惯性力。动态气门系统的设计各种各样，分类很多，如图 9-16 所示。大型气门和高速运动会增大弹簧力、惯性负荷和摩擦。对于这些系统的摩擦力进行定量检测几乎是不可能的。如，根据气门传动机构形式检测摩擦平均有效压力的测量结果如图 9-17a 所示，可以看出发生具有 ±30% 左右的大差异变化。如果弹簧负荷相同，如图 b 所示，在低速状态摩擦平均有效压力收敛为较一致的值，在高速状态其差异逐步减小。

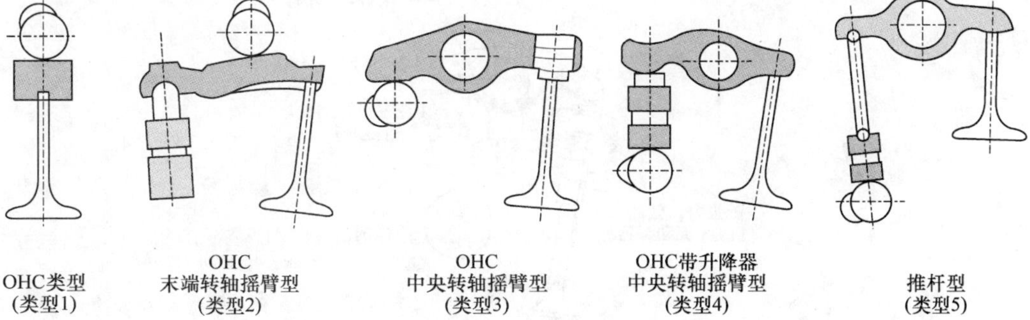

图 9-16　各种气门传动机构

气门的摩擦力根据临界接触范围，即凸轮轴轴颈轴承、摇臂/支撑、凸轮/挺杆接触面的不同而不同。随发动机转速的气门传动机构摩擦平均有效压力模型显示，在低速状态支配气门传动机构的润滑为边界润滑。凸轮/升降器相互接触面越是高负荷、小面积接触，摩擦损失就越大。

有效减少气门传动机构摩擦的方法有：

① 减小弹簧和气门质量。

② 利用挺杆凸轮从动件。

③ 摇臂支撑采用滚针轴承。

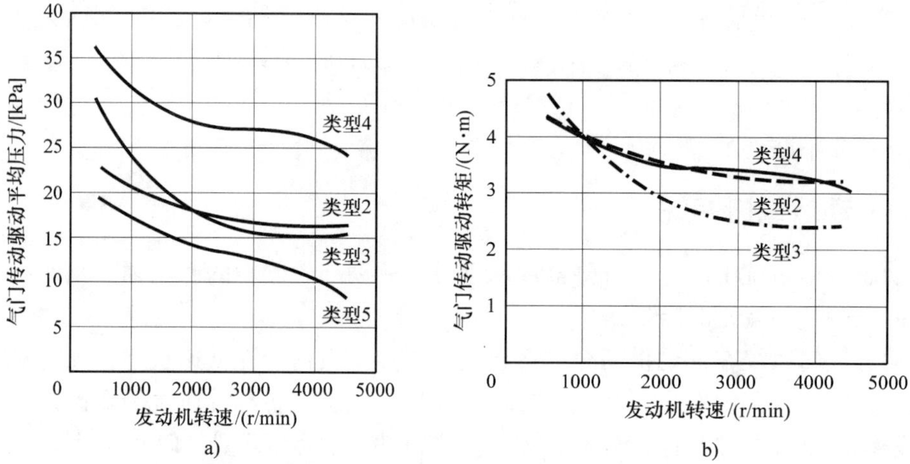

图 9-17　气门传动摩擦平均有效压力

低摩擦气门传动机构的例子如图 9-18 所示。滚子凸轮从动件尤其在低速性能良好，可以降低约 50% 的摩擦损失。

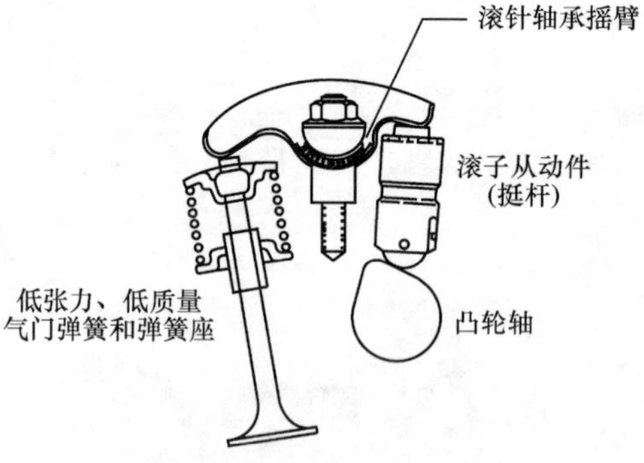

图 9-18　低摩擦气门传动机构

9.4　润滑系统

9.4.1　润滑装置

传统的汽车用发动机采用的润滑装置如图 9-19 所示，通常润滑油保存在发动机下部的油底壳内，并利用油泵把润滑油压送到各滑动部分进行强制性润滑，这称为泵送式强制供油方式。

发动机的润滑系统由油底壳、集滤器、润滑油进口油路、润滑油泵、油压调节器、润滑油滤清器、润滑油冷却器、润滑油分配油路、润滑油回油路、挡板等构成。通过这些部件，发动机润滑油执行进入—输出（油压控制）—过滤—冷却—分配—回收等循环过程。

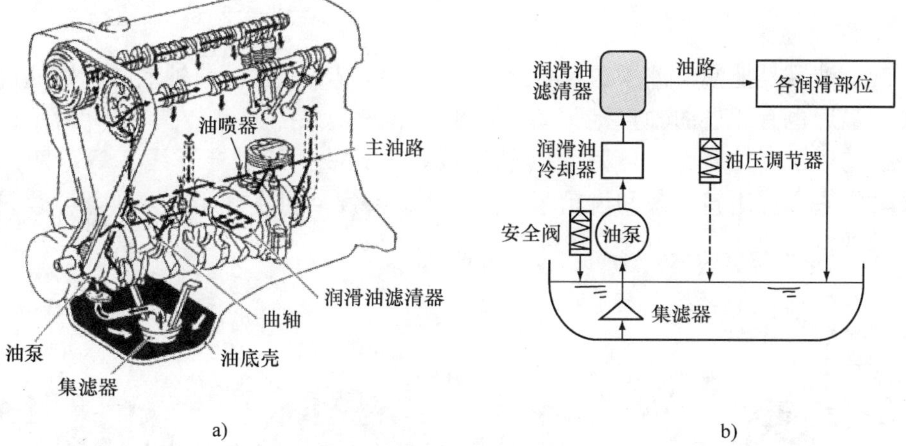

图 9-19　发动机润滑系统

1. 油底壳、集滤器、吸入

发动机润滑油保存在油底壳内，通过集滤器、润滑油进入油路，并被吸入润滑油泵。集滤器的入口由细网构成，可以过滤较大的杂质，以保护润滑油泵。

油底壳是保存润滑油的容器，也对润滑油进行冷却。下曲轴箱起着油底壳的作用。在油底壳内设置有挡板，以在紧急起步、紧急制动或急转弯时也能在油底壳底部有充分的润滑油。最近多采用低噪声、低振动类型的油底壳，其上部用铝材制造，下部用防振钢板制造。

油底壳内的油量对发动机润滑油的恶化有相当大的影响。图 9-20 所示为润滑油量与排气量之间的关系，可以看出润滑油量与发动机的排气量相对应。尤其是，柴油机因炭烟等混合在其内，因此即使排气量相同，柴油机的润滑油量也大于汽油机。检查油底壳内的润滑油量或污染状态时，可以通过插入在油底壳内的油尺进行。

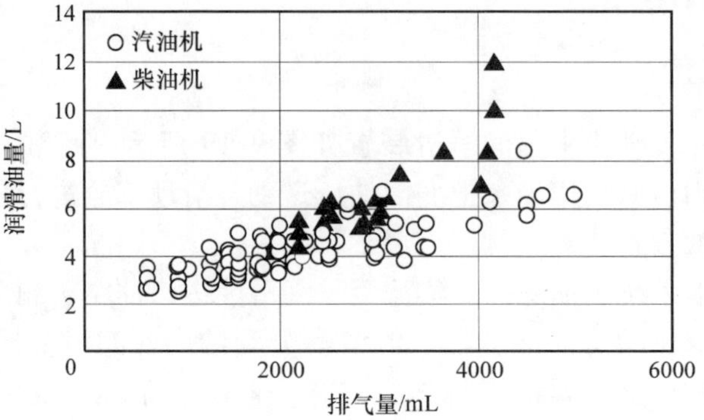

图 9-20　油底壳油量

2. 润滑油泵

润滑油泵是把润滑油压送到各运动部位的装置，通常由曲轴或凸轮轴通过链条驱动。最近也有通过曲轴直接驱动的类型。润滑油泵的类型如图 9-21 所示，有齿轮泵、转子泵、柱塞泵、叶片泵（轨迹线、渐开线摆线、渐开线）等。四冲程循环发动机主要使用转子泵和齿轮泵，二冲程循环发动机多使用柱塞泵。叶片泵多使用在柴油机上。

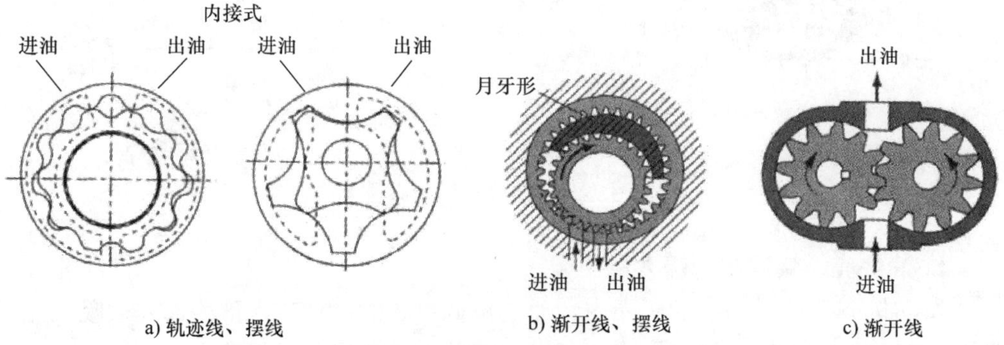

图 9-21　润滑油泵的类型

润滑油泵的安装位置多种多样，部件数量少时可安装在曲轴前段，这对经济性较有利。但因曲轴要旋转，各部位的间隙必须要大，因此泵效率会降低。另外，润滑油路变长，必须考虑吸入特性配置，且影响发动机的全长，在空间上也受到制约。安装在油底壳内虽然对经济性方面不利，但其效率高，吸入特性也较优秀，因此是较为理想的安装位置。

3. 润滑油滤清器

润滑油滤清器是过滤发动机的各滑动部位产生的金属粉末或通过燃烧产生的积炭等，以净化润滑油的装置。润滑油的过滤方式有，把循环的润滑油全部通过润滑油滤清器的全流式，通过部分润滑油的分流式，以及把这两种方式混合使用的混合式。目前多采用全流式。

润滑油滤清器由壳体和滤芯组成，有仅更换滤芯的类型和更换滤芯与壳体总成的整体式类型。当前多采用整体式。

4. 油压调节器

发动机的转速上升时润滑油泵的油压也上升，润滑油的供给量会超过所需量。油压调节器是当油压力大于调节器的弹簧张力时，打开调节阀使过多的压力油返回油底壳，以保持恒定油压的装置。油压调节器分为在润滑油泵的油路上独立安装式和在润滑油泵的壳体上安装式，以及在润滑油滤清器盖上安装式。

利用油压调整螺塞可以调整阀弹簧张力，以调整到规定的油压。润滑油压力通常汽油机为 2 ~ 3kgf/cm^2，柴油机为 3 ~ 5kgf/cm^2。

5. 发动机润滑油分配油路

发动机润滑油通过贯通气缸体内的主油道分配到各自的滑动部件上。

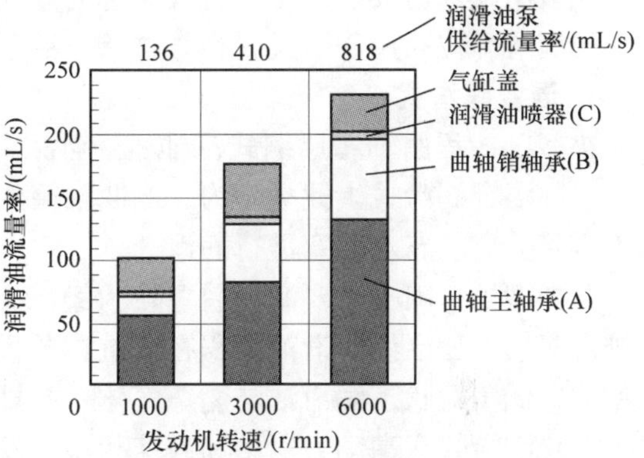

图 9-22　流量分配例子

图 9-22 所示为乘用车汽油机在全负荷和润滑油温度 100℃时随发动机转速变化的润滑油供给量测量值，可以看出 80% 供给到曲轴轴承，剩余的供给到动态气门系统。随发动机的类型不同，可附加配置可变动态气门系统、涡轮增压器、活塞冷却喷嘴、平衡轴等装置，因此润滑油的分配更加复杂。过量油量的分配会导致油压下降，因此应注意。目前油量的分配预测主要采用 CAE 软件。

9.4.2　润滑方式

发动机的润滑方式有压送式、飞散式、飞散压送式、混合润滑式，随着发动机的高速化和高动力输出化，多采用压送方式。

1. 压送式

目前，汽车用发动机大部分采用压送式（或强制润滑式）润滑方式。如图 9-21a、b 所示，油底壳内的润滑油通过润滑油泵压出，通过油压调节器调整到约 0.4MPa 的压力，并通过滤清器进行过滤后，通过主油道供给到各润滑部位（曲轴、凸轮轴等）进行润滑。润滑油通过曲轴内倾斜的润滑油路供给到曲轴主轴承、连杆轴承和活塞销套等部位。气缸壁的润滑是利用从连杆轴承和活塞销套中喷出的润滑油进行润滑。顶置凸轮轴（OHC）式发动机通过中空摇臂轴向动气门机构供给润滑油进行润滑。

涡轮增压器配置发动机或赛车用发动机等平均有效压力较大的发动机，向活塞移动面喷射润滑油，不仅起润滑作用，还对活塞进行冷却。另外，如果润滑油的温度高，在怠速状态虽然油压会下降到0.1MPa左右，但因润滑油黏度下降，会使流动阻力减小，但对润滑没有影响。

2. 飞散式

小型发动机多采用飞散式润滑方式。此类型没有配备润滑油泵，曲轴每旋转1次，利用在连杆大头上设置的润滑油勺把油底壳内的润滑油飞散到轴承或气缸壁上进行润滑。此方式构造简单，但润滑油的供给不均，对于精密配合的润滑部位不能良好供给润滑油，因此目前已被淘汰。

3. 飞散压送式

飞散压送式是飞散式与压送式结合的方式。在曲轴、凸轮轴、气门机构等精密配合的润滑部位采用压送式，在气缸壁、活塞环和活塞销等部位采用飞散式。

4. 混合润滑式

小型二冲程曲轴箱压缩式汽油机通常采用在汽油中混合润滑油1/50～1/20进行润滑的混合润滑式。此类型为，当曲轴箱内的温度高时，汽油汽化燃烧，润滑油成为雾状分离状态对活塞进行润滑。

此类型虽然因不需要润滑装置较为经济，但在温度低时容易造成不完全燃烧，易排出青烟，还会使润滑油沉积在气缸内易发生异常燃烧，导致冷却不良。此外，在低速、低负荷状态润滑油与燃烧气体一起排出，导致润滑油的消耗量大。

混合润滑式在高动力输出和高速状态会发生润滑不足的问题，因此正在采用仅对轴承部位进行强制润滑的分离润滑方式。另外，还有把汽油和润滑油分别存在曲轴箱内的分离润滑方式。此方式可以根据负荷或转速的大小对曲轴箱内的润滑油量进行调节，减少了润滑油的消耗量。还有对气缸或轴承部位集中进行供油的方式。

9.4.3 润滑油

内燃机的润滑油称为发动机机油。润滑油不仅在低负荷到高负荷、冷态起动性等多样运行条件下，还应在恶劣的运行条件下长时间使用。

润滑剂应满足下述要求：

① 能长时间保持油膜的强度（油性、黏度）。

② 对金属没有腐蚀性，应保持亲和性。

③ 低温黏度低。

④ 随温度变化的黏度变化要小。

⑤ 对热量和氧化的稳定性良好。

⑥ 良好的热传递率。

⑦ 蜡生成少，炭化物应不沉积在气缸内。

1. 润滑油的性质

内燃机获得能满足所有运行条件的润滑油是不可能的。因此，根据发动机的类型、运行条件、使用场所等条件，开发有很多种润滑油。润滑油不仅应满足在规格中明示的最重要的黏度特性，还应满足下述各种性能。

(1) 流点　润滑油在低温状态下也应能充分发挥其润滑功能。但是，润滑油在低温状态下会因结晶体析出失去其流动性能。流点是润滑油丧失其流动性能时的温度。流动性与黏度有密切的关系，但与流点不是同一性质。润滑油的流点越低越好。

(2) 油性　油性（亲金属性）是油膜与金属表面不易分离的性质，是在润滑油性质中仅次于黏度的重要性质。边界润滑时的油膜相当薄，如果此时润滑油在金属表面上的吸附能力高，容易形成油膜，可以最小化摩擦和磨损。油性随润滑油成分的不同而不同，黏度相同的润滑油，动植物油的油性大于矿油的油性。

(3) 氧化稳定性　润滑油的温度在 120～130℃开始与空气接触氧化。这些物质与燃烧生成物混合生成淤泥，会导致摩擦损失增大、金属表面腐蚀、润滑油路封闭等故障。通常，易氧化的润滑油有易炭化的倾向。氧化与炭化两者的性质有密切的关系。

(4) 黏度　为确保润滑油油膜的强度，黏度起着重要的要素。在润滑油的分类上，有根据黏度的 SAE 分类、根据质量标准的 API 分类和 SAE 新分类。汽车发动机润滑油有很多等级，根据发动机类型和气温等使用条件，选用适合的润滑油很重要。发动机润滑油的规格见表 9-1。

① SAE、API 分类。SAE 是美国汽车工程协会（SAE）制定的发动机润滑油规格，有满足低温（-17.8℃）或高温（98.9℃）任何一级规定黏度的单等级的润滑油，以及满足全部低温和高温状态规定黏度的多等级润滑油，如 10W-30、20W-40等型号。这里 W 表示 winter grade（冬季等级），数字越大，其黏度越高。夏季使用 30～40，冬季使用 10～20。

API 是美国石油协会（API）指定的发动机润滑油规格，分为汽油机用润滑油和柴油机用润滑油。

② 黏度指数。黏度 μ 的单位使用了传统 CGS 单位系的泊（P；poise），动黏度 $\nu(=\mu/\rho)$ 为沲（SS；stoke）。通常，因泊与沲为较大的单位，因此使用其 1/100 的厘泊（cP）、厘沲（cS）。SI 单位的黏度单位为（Pa·s），动黏度单位为（m^2/s）。

表 9-1　发动机润滑油规格表

	API 分类	SAE 编号	特征
汽油机	SG	10W-30	对应发动机高性能化和高级顾客指向的润滑油
	SF		
	SE	10W-30	把 SD 级质量提高到高级指向，提高了润滑性能和经济性
		20W-40	
		5W-30	以极寒地区为限
	SD	10W-30	使前润滑油提高质量的产品
		20W-40	
	CD	20W	使前 MS-DM 等级提高质量的产品
		30	
柴油机	CD	10W-30	柴油机配置涡轮增压器
		5W-30	以极寒地区为限
	CC	10W-30	柴油机通用润滑油

$$1\mathrm{P}=1\mathrm{g/cm\cdot s}=1\mathrm{dyne\cdot s/cm^2}=0.1\mathrm{N\cdot s/m^2}=0.1\mathrm{Pa\cdot s}$$

$$1\mathrm{S}=1\mathrm{cm^2/s}=1\times10^{-4}\mathrm{m^2/s}$$

黏度是分子相互之间的吸引力，依赖于温度。润滑油的黏度与温度之间的关系以黏度指数（VI）来表示。决定黏度指数的方法如图 9-23 所示。这是在温度为 100 ℉（37.8℃）~210 ℉（98.9℃）之间润滑油黏度（x）的变化，在 210 ℉时，相同黏度的两种标准润滑油（环烷类 N 与烷烃类 P）之间进行比较，表示为

$$VI=\frac{N-x}{N-P}\times100 \tag{9.32}$$

式中，N、P 分别为环烷与烷烃类的标准油；x 为试料油 100 ℉时的赛氏秒数。烷烃类标准油的黏度指数为 100，环烷类标准油的黏度指数为 0。黏度指数越大，其随温度变化的黏度特性越优良。因此，烷烃类油的黏度指数大，环烷类油小。此外，烷烃类的耐氧化性和耐热性也比环烷类优秀。汽车发动机用润滑油的黏度指数为 80~120。

图 9-24 举例说明了发动机润滑油随温度的黏度特性。显示了三种类润滑油的黏度特性，最近汽车多采用 10W-30 类型的多等级润滑油。如图 9-24 所示，为了其特性在低温（约 -20℃）时接近 10W 的黏度，高温（约 120℃）时接近 30 号黏度，在基础润滑油中添加了高分子化合物。但是，合成润滑油存在聚合物分子易被破坏、在恶劣的使用条件下随时间的流失其黏度也同时下降等缺陷。

2. 润滑油添加剂

润滑油根据发动机的种类、运行状态、运行条件等，使用多种添加剂，以改善润滑油的性质。

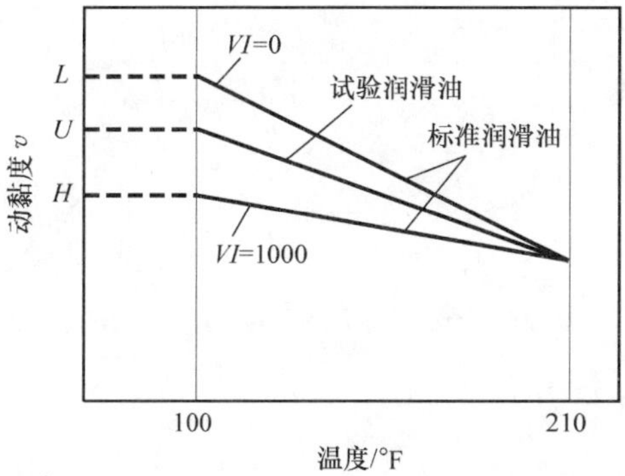

图9-23 决定黏度指数方法

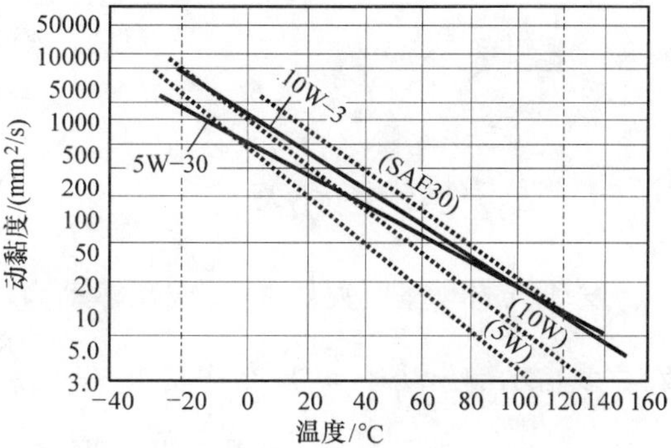

图9-24 润滑油指数与黏度之间的关系

（1）黏度指数改进剂 黏度指数改进剂是减少润滑油黏度随温度变化的添加剂。这是温度上升小时使黏度增加小、温度上升大时使黏度增加大的物质，通常使用脂肪酸或不饱和碳化氢等高分子重合物。添加量为0.5%～10%。

（2）油性改进剂 油性改进剂是提高油膜构成力和在金属表面的吸附力，以降低摩擦力的添加剂，通常使用脂肪酸和脂肪酸和脂肪酸酯、石蜡氧化物等，添加量为0.1%～5%。

（3）防氧化剂 润滑油在高负荷条件下可以上升到130℃高温。在这样的条件下，润滑油会氧化或炭化。为此，利用润滑油冷却器降低润滑油的温度到110℃以下。为了安全，在润滑油中添加防氧化剂或清净分散剂等中和剂，以抑制氧化反应的发生。防氧化剂有苯酚类化合物、硫化合物、胺类和有机金属化合物等，添加量为0.2%～3%。

（4）流点强化剂 流点强化剂是遏制润滑油温度降低时蜡的分离，以加强润滑油在低温状态流动性的物质，通常使用像巴拉弗洛（paraflow）的高分子有机化合物。

（5）清净分散剂 清净分散剂是把润滑油氧化产生的淤泥或炭等进行细化，向润滑油中加入进行分散的物质，使其不粘附在摩擦表面上。通常使用钙、钡、锌、铝等金属为主体的熔融性金属皂，添加量为1%～15%。

（6）防起泡剂 防起泡剂是防止在润滑油中产生气泡的物质。高黏度润滑油或添加了各种添加剂的润滑油容易产生气泡，如果润滑油中有气泡，就不能起到正常的润滑作用，并且会降低泵送能力。防起泡剂有硅油、乙醇等，添加量为0.01%～0.1%。

（7）极压添加剂 极压添加剂是为使润滑油能克服极高压力条件，即在高压、高负荷条件下的摩擦力而添加的物质，有硫化合物、磷化合物、环烷酸铅等，添加量为2%～8%。

9.5 摩擦

9.5.1 摩擦损失的种类

发动机的摩擦损失功 W_f（或摩擦动力 $\dot{W}_f$）是为克服摩擦所需的功，是指示功 W_i（或指示输出功率 $\dot{W}_i$）与净功 W_e（或制动马力 $\dot{W}_e$）之差。

$$W_f = W_i - W_e \text{ 或 } \dot{W}_f = \dot{W}_i - \dot{W}_e$$

另外，净功（或净输出功率）与指示功（或指示输出功率）之比称为机械效率 η_m $(=W_e/W_i=\dot{W}_e/\dot{W}_i)$。

发动机的摩擦损失有机械摩擦功 W_{rf}、泵气功 W_p、辅助机构驱动功 W_a。

$$W_f = W_{rf} + W_p + W_a$$

在发动机的能量消耗中，摩擦损失所占比例是，柴油机为7%～9.5%，汽油机为5%～7%，在部分负荷条件下所占的比例大于全负荷条件。图9-25所示为以摩擦平均有效压力表示的电动机驱动运转时汽油机和柴油机各部件的摩擦损失。如图9-25a所示为直列4缸、1.8L排量、8.8压缩比的汽油机状态，图9-25b所示为直列4缸、1.7L排量、22压缩比的柴油机状态。从图中可以看出，摩擦损失平均有效压力（或摩擦损失功、摩擦损失动力）随发动机转速的增加而增大，尤其是泵气损失功所占的比例较大。

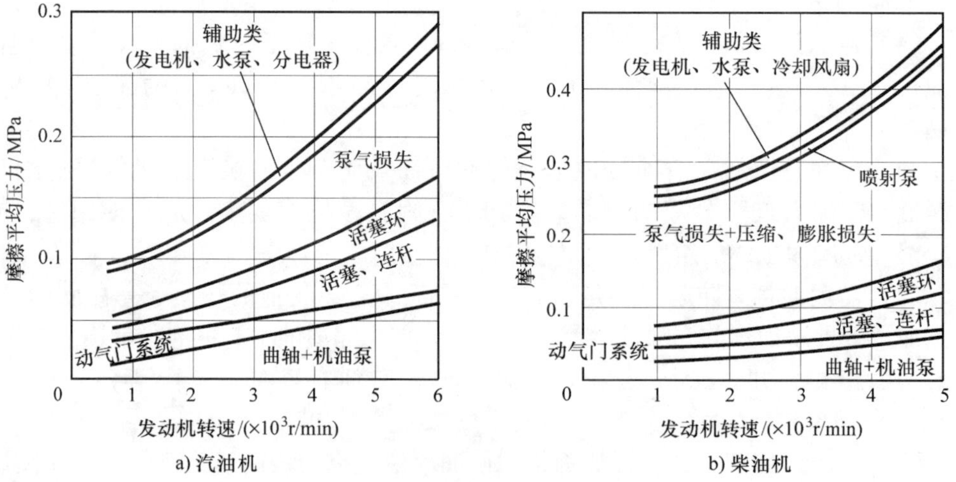

图9-25 电动机驱动运转时的摩擦损失

1. 机械摩擦功

机械摩擦功可以分为活塞系统、曲轴系统和气门系统的摩擦。

① 活塞系统：活塞环、活塞销、活塞裙部等部位的摩擦。

② 曲轴系统：曲轴轴承和连杆轴承的摩擦。

③ 气门系统：凸轮轴、推杆、凸轮从动件等的气门传动机构的摩擦。

2. 泵气功

泵气功是吸入新鲜空气和排放燃烧气体时所消耗的功，在四冲程发动机的机械摩擦损失中所占的比例最大，消耗的能量不能忽略。但是，二冲程发动机的吸入新鲜空气和排放燃烧气体是在扫气过程中完成的，因此可以忽略泵气损失。

3. 辅助机构驱动功

发动机为了获得最佳的运行条件，使用水泵、润滑油泵、燃料泵、动力转向泵、冷却风扇、发电机、空调压缩机等多种辅助装置。把这些辅助装置的动力看成损失的原因是，这些装置的运行要消耗发动机的输出动力，以减少发动机的输出动力。

9.5.2　摩擦损失的影响因素

摩擦损失的影响因素有发动机的运行因素、设计因素和润滑油。

1. 润滑油

润滑的目的是降低机械摩擦功，以提高输出动力和改善燃料效率。因此，润滑油的黏性会影响发动机的摩擦功。

2. 发动机的设计参数

发动机的设计参数有发动机的压缩比、负荷、气缸数、气门数、内径/行程比等，这些均影响摩擦损失。

① 压缩比：当压缩比增加时，摩擦平均有效压力也同时增大。压缩比对电动机驱动摩擦的影响，通常每增加 1 个压缩比，摩擦平均有效压力会增大 0.7 ~ 1Pa。

② 发动机负荷：当发动机负荷增加时，气缸内的最大压力也同时增大。气体压力的增大会加大施加在活塞环的作用力（接触力），因此摩擦力会增大。

③ 气缸数：对于排气量相同的发动机，如果气缸数量少，因摩擦表面积小，就会减小摩擦力。这是因为相对于活塞头部面积的活塞裙部面积之比减小所致。

④ 内径/行程比：内径/行程比在 1.5 以下（$R_{sb}=0.67$ 以上）时，此值越大，摩擦力和摩擦平均有效压力会越小，但在 1.5 以上时，此值对摩擦的影响不大。

⑤ 气门大小：气门大小对摩擦力的影响是，在低速状态其影响较小，但在高速状态其影响较大。

⑥ 活塞环：活塞环数越少，与气缸壁之间的摩擦面积就越小，摩擦力就越小。活塞环的张力越小，摩擦力就越小。

⑦ 冷却液温度：冷却液的温度变化会导致润滑油的温度变化，会影响润滑油

的黏度、油膜厚度和摩擦力。

3. 发动机的运行因素

影响摩擦损失的代表性发动机运行因素有转速和负荷。

（1）转速　当发动机转速增加时，摩擦损失也同时增大。发动机的实际空气质量消耗量 $\dot{m}_a$ 以“体积效率×排气量×密度×转速”进行计算，可以表示为

$$\dot{m}_a = \eta_V V_{st\rho} Ni = \eta_V V_{st}\left(\frac{p_0}{RT_0}\right)Ni$$

式中，$\dot{m}_a$ 为实际空气质量消耗量；η_V 为体积效率；V_{st}为排气量；p_0、T_0 分别为标准状态下的空气压力和温度；R 为空气的气体常数；N 为每秒的转速（r/s），四冲程发动机为 60×r/min/2；i 为发动机每转做功次数，四冲程发动机为 $i=1/2$，二冲程发动机为 $i=1$。

发动机的输出功率随转速的增加而增大，但到了某一转速以上就反而降低，这是体积效率降低导致的。即发动机的空气消耗量随发动机转速的增加而增大，当达到最大后开始减小。这是在高速状态因空气流动的摩擦损失增加导致体积效率降低所导致的。

（2）负荷　发动机的负荷与转速对机械效率（摩擦损失）的影响很大。柴油机转速、负荷、机械效率、净输出功率之间的关系如图 9-26 所示。从此关系中可以获知下列信息：

① 在全负荷状态（WOT），机械效率随速度的增加而减小（图 9-26 中最左侧线）。

② 在标准运行负荷状态，机械效率随速度的增加而增大，这是冲压效应的原因（图 9-26 中最右侧点线）。

③ 在一定的速度条件下，机械效率随输出功率的增加而增大。

④ 在一定的输出功率条件下，机械效率随速度的增加而减小。

因此，发动机的摩擦损失在发动机的主运行领域向低速领域移动就可以减小。涡轮增压柴油机适合于低速运行的修正气门正时和中冷器。

如图 9-27 所示为柴油机随转速变化的净燃料消耗率和净平均有效压力。在图中可以看出，随档位的转矩增加和额定转速的降低，汽车可以在高负荷和较低的发动机转速条件下运行。在图 9-27 中显示了在全负荷领域燃料消耗率 b_e 减少了 13% 的状态，其中 8% 为因机械效率从 84% 改善到 91% 而获得的。

9.5.3　减小摩擦损失的技术

1. 润滑油的改善

发动机润滑油的黏性与摩擦损失成正比。润滑油的黏性随温度的增加而降低。但是，如果润滑油的温度超过规定温度，局部润滑膜就会被破坏，导致边界润滑或干燥摩擦，反而会增大摩擦力。

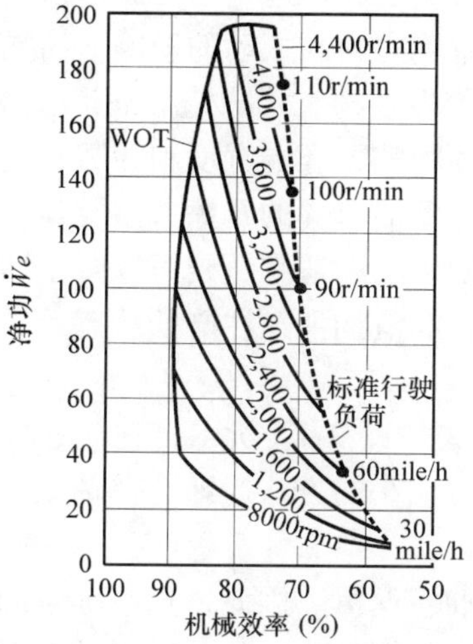

图 9-26　随机械效率的输出功率

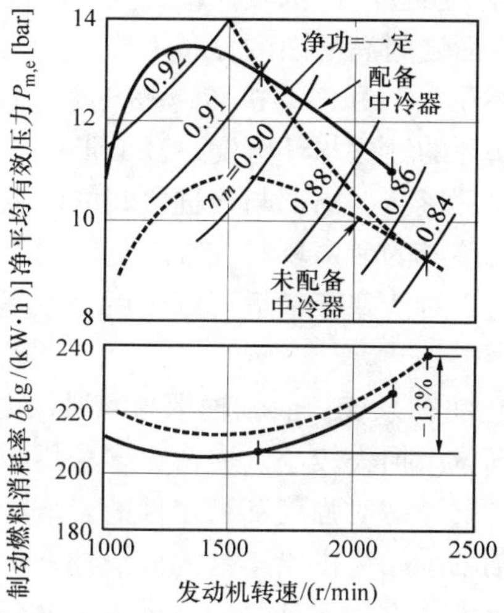

图 9-27　随转速变化的净平均有效压力和燃料消耗率

当前，汽车用发动机多采用小型高输出功率发动机，因此更加强化了对润滑油的要求。为此，利用添加剂来改善润滑油，以降低黏度，使其在所有运行领域内保持一定的黏度。低黏度高传递率润滑剂的开发，以及提高发动机润滑油的使用温度等技术，正在积极探索中。

润滑油根据其黏度分为多个等级。通常，多等级润滑油比单等级润滑油的燃料节约效果更好。但是，应注意的是，多种添加剂的混合会使燃料消耗性能变坏。如黏度指数（VI）改进剂虽根据大气条件和运行条件有所不同，但通常会给燃料消耗率带来不良效果。润滑油使用温度增加时，是通过黏度的降低来减小摩擦力。图9-28所示为缸内润滑油温度对应的运动摩擦损失。发动机润滑油使用温度的增加是要通过对发动机进行修正实现的。

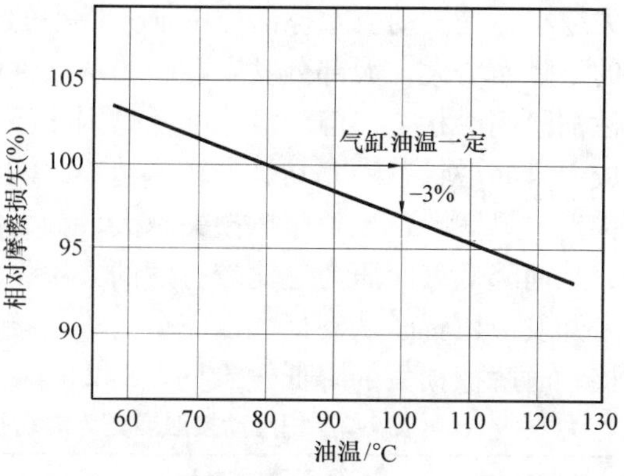

图 9-28　润滑油温度与对应的运动摩擦损失

2. 机械摩擦的改善

机械摩擦损失是活塞、曲轴、动态气门等各自不同的表面相对运动中发生摩擦产生的动力损失。往复式发动机中运转部位越多，其摩擦损失也会越大。

（1）活塞系统　活塞、活塞环、连杆部位的摩擦损失如图 9-25 所示，在总的摩擦损失中所占的比例较大，尤其是在高速状态其比例更大。这是因为通常活塞和气缸壁表面之间润滑油的分布不均，受到较大的活塞侧向力和振动的影响，而且负荷（气体压力）和发动机转速提高时，容易使油膜厚度变薄，形成边界润滑。

活塞环的摩擦与环宽度、环面形状、环张力、环间隙、环端宽度和间隙、气缸温度、裙部形状、裙部与气缸之间的间隙等有关。降低活塞环的摩擦力主要与依赖于热膨胀差异的活塞环与气缸套之间的间隙有关。如果间隙适宜，则可以减小活塞环的张力，对活塞环槽适当修正后，在不牺牲窜气和润滑油消耗性能的状态下，可以减小摩擦。

（2）曲轴系统　曲轴轴承与润滑油泵的摩擦损失如图 9-25 所示，它们在发动机摩擦部位中损失较小。通常，多采用减小轴颈轴承大小的方法，即选择轴颈轴承半径时，要考虑对强度和稳定性的影响和均衡性。

曲轴轴承始终供给丰富的润滑油，保持良好的油膜润滑。因此，这些部位的润滑通过雷诺兹方程式计算的摩擦力和油膜厚度与试验数据较为一致。但是，发动机越是高速、高输出功率化，试验结果与理论计算结果之间的差异会越大。这些差异的主要原因是，油膜全段的发热和高负荷作用下，曲轴与轴承发生变形。

油膜厚度的测量法分为通过线圈式 carp 传感器检测的轴心轨迹测量法、电气电阻法和通过电容量的最小油膜厚度测量法。曾利用油膜传感器测量过油膜压力。理论上的设计与试验（或测量）修正相结合是在发动机开发中很有效的手段。

（3）动态气门系统　动气门机构的摩擦损失如图 9-25 所示，速度越高，摩擦损失越小，是发动机摩擦部位中损失最小的部位。即动态气门系统的摩擦损失随转速的下降而增大，大部分发生在凸轮从动件的接触部位。此部位应为线接触状态的弹性油膜润滑状态，但润滑速度低时因压下表面的压力高，导致油膜厚度相当薄，形成混合润滑状态。尤其是，转速越小，润滑速度越低，表面压力反而会上升，会越接近边界润滑，导致摩擦损失越大。为了降低摩擦损失，采用减小气门弹簧的负荷，从而降低表面压力是比较有效的方法，但同时会导致气门运动特性的恶化。近年来开发应用辊子从动件，以完全的滚动接触降低了摩擦损失把滑动接触变更为滚动接触时摩擦损失的降低效果见表 9-2。

表 9-2　把滑动接触变更为滚动接触时摩擦损失的降低效果

发动机速度/(r/min)	计算数据		试验数据	
	主要部件摩擦损失降低百分率（%）		摩擦损失降低百分率（%）	
	凸轮/挺杆	摇臂/转轴	滚动从动件	摇臂/转轴，滚动轴承
500	38	11	37	10
1000	51	10	47	21
2000	50	10	48	13
4400	42	24	32	14

3. 泵气损失

泵气损失的降低可以通过加大气门尺寸实现。但是，气门面积不仅受到气缸盖面积和空间的制约，还会受到发动机转速的制约。尤其是，增大气门面积会增加摩擦损失。四冲程发动机的泵气损失分为减压排气损失、排气过程损失、进气过程损失这三个部分。

（1）减压排气损失　为了有效地排放燃烧气体，排气门在活塞到达下止点前打开。因此，从排气门打开到活塞到达下止点为止不能获得活塞的膨胀功。这称为减压排气。减压排气的损失主要由排气门的大小和开启正时决定。排气门面积越大和打开时间越提前，减压排气损失越大，但发动机转速越大，该损失越小。

（2）排气过程损失　减压排气过程开始时，气缸内压力比排气管内压力高 3 ~ 4 倍，因此部分燃烧气体会自然排出。气缸内剩余的燃烧气体在活塞从下止点向上止点移动的排气过程中压出排放，把此时活塞所做的功（动力）称为排气过程损失（或排气损失）。这部分损失的大小由气门的大小、气门正时和流动系数决定。气门尺寸和流量系数越小，或者气门打开时间越延迟，排气过程损失就越大。发动机转速越大，排气过程损失也会越大。但是，这些条件会降低发动机的输出功率，因而这些条件会带来反面的影响。因此，气门正时要考虑这些反面的影响，选择适当的调和值加以使用。

（3）进气过程损失　自然吸气发动机或增压发动机的进气过程均为空气向气缸内推进的过程，因而此功为正（+）。但是，阻碍空气流动的节气门、进气管内的空气流动摩擦、涡流控制阀、进气门等不仅会降低进气流量，还会降低进气功，这称为进气过程损失。

4. 辅助机构驱动损失

车辆所需辅助装置（润滑油泵、水泵、电动风扇等）所消耗的能量为全部能量的 0.5%，很难进一步减少此损失。辅助装置的性能改善是通过仅满足所需性能的驱动和对操作状态的控制得到的。

润滑油泵设计要求是耐高压。这是因为润滑油泵设计为在全运行范围低速状态下能提供适当的压力，因而在高速状态可能因过高的压力被损坏。因此，润滑油泵的驱动力在低速运行状态损失较大。另外，高压始终能向多个润滑部位提供高的润滑油量，但因润滑部位的温度上升，摩擦损失会增大。因此，润滑油压力的最佳化、油路内润滑油压力的降低、泄压阀的检查、滤清器的选择、润滑油分散形状等全部润滑油循环系统的再设计均能有效降低润滑油泵的驱动损失。

水泵、润滑油泵、电动风扇的驱动，有必要随运行条件适当进行选择和控制。

练　习　题

1. 请叙述轴颈轴承的 pV 值大时容易粘附的理由。
2. 请分析在润滑油路内能否使用水。

3. 请说明内燃机的磨损在起动时或低怠速相伴的状态下大于高速时的理由。
4. 请叙述完全压送式比飞散式有利的理由。
5. 请叙述润滑油的黏度指数大比小好的理由。
6. 请叙述通过活塞环窜气的原因。
7. 请叙述内燃机使用的润滑油种类。
8. 润滑油恶化时会出现哪些故障?

第 10 章　内燃机的力学

10.1　活塞 – 曲柄机构

往复式内燃机首先压缩进入气缸的空气（或混合气），然后通过燃料的燃烧成为高温、高压的燃烧气体进行膨胀推动活塞，并通过活塞 – 曲柄机构把活塞的往复运动转换为曲轴的旋转运动，以获得输出转矩（旋转力）。气缸内燃烧压力变化和往复运动机旋转运动部分的惯性力不均衡，会造成转矩的变化，导致曲轴振动，此振动会导致噪声和耐久性的降低。

通常，在往复式内燃机的设计上，首先推定最高输出功率、最高转速、最大燃烧压力等，然后决定气缸、活塞、曲轴和气门系统等运动部件的重量、强度、刚性等数据。这些数据在传统上以经验式和通过力学模型及样品等的耐久性测试进行预测，现在利用称为 CAE（计算机辅助工程）法的有限要素分析法对构成部件的构造解析、振动等进行预测。

10.1.1　构成

传统四冲程发动机活塞 – 曲柄机构的结构如图 10-1 所示。活塞通过连杆连接到曲轴，连杆大头部配备连杆轴承与曲轴连接，小头部与活塞连接。活塞 – 曲柄系

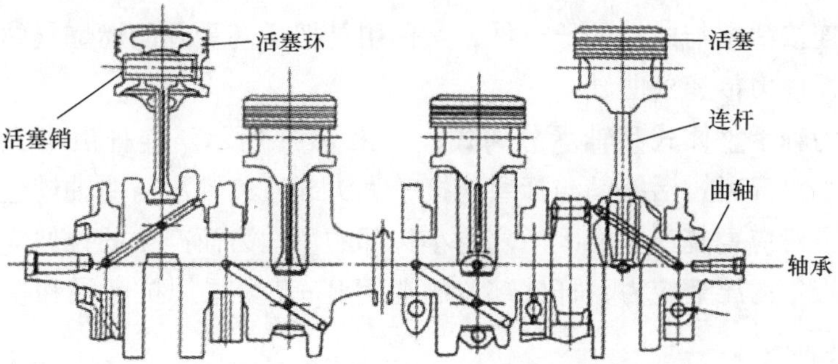

图 10-1　活塞 – 曲柄机构的结构

统的强度计算要通过施加在活塞头部的燃烧气体压力和活塞往复运动的惯性力求得。通常，施加在发动机活塞的力，燃烧气体的压力大于活塞的惯性力，但是在高速状态，惯性力可能反而比燃烧气体的压力大。

1. 活塞

活塞与气缸盖一起形成燃烧室，把燃烧气体压力和惯性力传递到连杆，在往复运动时除了上止点和下止点之外向气缸壁传递侧向推力，保持活塞环与气缸壁面之间的密封状态，并通过活塞环把燃烧气体的热量传递到气缸壁并进行散热。

在活塞的设计上，因活塞头部通常处于600～750K的高温状态，瞬间会达到4～6MPa的高压，还暴露在2500K以上的火焰中，并以10～15m/s的平均速度进行往复运动，因此有必要充分考虑材料、形状、强度、润滑、耐磨性等，而且为了减少惯性力需要尽量轻量化。

2. 活塞环

活塞环的作用是，保持活塞与气缸内壁之间的密封状态，把活塞的热量传递到气缸壁上，并刮出粘附在气缸壁上多余的润滑油，以防止润滑油进入到燃烧室中。汽油机使用2个气环和1个油环，柴油机使用3个气环和1个油环。

活塞环插入活塞，使其端部气体处于切断状态，如图10-2a所示。在活塞环张力和燃烧气体压力的作用下，活塞环槽的下端紧贴在气缸壁上，产生接触压力以保持密封性。虽然接触压力越大其密封性越好，但过大的接触压力会导致活塞环或气缸的磨损和增大摩擦损失。通常，接触压力为44～200kPa。在部分负荷运行状态，因燃烧气体压力过低，或者在高速状态因惯性力过大，如图10-2b所示，活塞环会发生扭转，导致张力显著降低。此时活塞环不能紧贴在活塞环槽的下部，导致窜气量急剧增加，活塞环甚至会在产生环槽上下颤动。

3. 连杆

连杆是连接活塞与曲轴的长杆件，其作用是把活塞受到的燃烧气体压力和活塞运动产生的惯性力传递到曲轴。

连杆分为轴承整体式和轴承分离式，如图10-3所示。连杆由小头部、杆和大头部构成，小头部通过活塞销与活塞连接，大头部通过轴承与曲轴销连接。连杆的杆件部位为了对应重复产生的因活塞与小头部的惯性力而产生的拉伸应力和因燃烧气体压力而产生的压缩应力，杆件部位的端面 *B—B* 多采用抗区服和抗弯曲能力良好的I型端面形状。

4. 曲轴

曲轴是把活塞的直线往复运动转换成旋转运动的重要的轴，由曲轴销、曲轴轴颈、曲轴臂构成。把与连杆连接的部位称为曲轴销，把曲轴坐落在气缸体上的部位称为曲轴轴颈，把连接曲轴销与曲轴轴颈的部位称为曲轴臂。

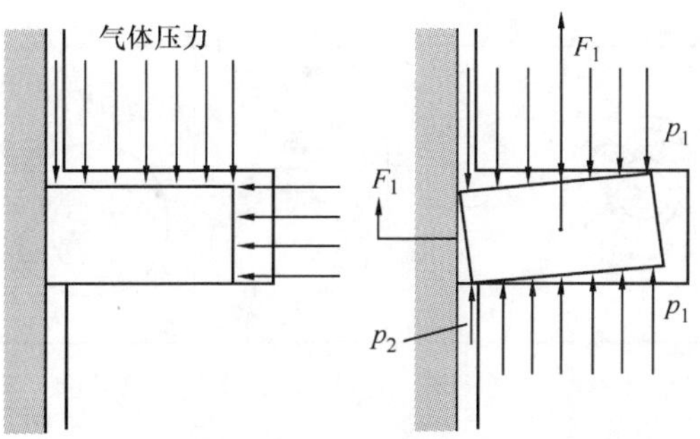

a) 活塞环推动紧贴状态　　b) 活塞环推动扭曲状态

图 10-2　活塞环

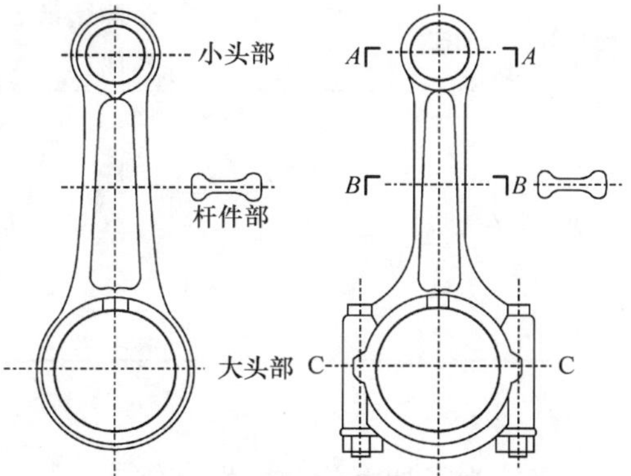

a) 轴承整体式　　b) 轴承分离式

图 10-3　连杆的形状

曲轴的设计主要考虑燃烧气体压力、惯性力、轴承负荷、驱动转矩、扭转振动等，为了减轻活塞往复运动的振动，有时还会个别配置平衡轴。如图 10-1 所示，四冲程发动机的曲轴内部制造有润滑油路。

5. 轴承

连杆的大头部通过轴承与曲轴销连接。轴承是为了承受施加在旋转曲轴上的垂直负荷。汽车发动机曲轴主轴承通常采用油膜平面轴承或滚柱轴承。

使用平面轴承时，为了充分润滑，采用高流量高压润滑油泵和润滑油滤清器。多气缸四冲程发动机大多采用油膜式平面轴承。单气缸发动机或难以进行充分润滑的二冲程发动机选择把连杆做成分离式，并使用滚柱轴承。曲轴轴承的比较见表 10-1。

表 10-1　主轴承的特性

特性	滚柱轴承（滚动轴承）	平面轴承
要求条件：重量、长度、直径	重，小，大	轻，大，小
运行噪声	有噪声	噪声小
运行摩擦：低速 高速	很小 可能会大	大 普通
润滑要求条件	除了高速外，油量小	油压起着决定性的作用，需要油量多

（续）

特性	滚柱轴承（滚动轴承）	平面轴承	
曲轴上装配性	除了已经装配的外，实际上不可能	轴承处于分离状态，便于组装	
轴承形态		摩擦式（非金属）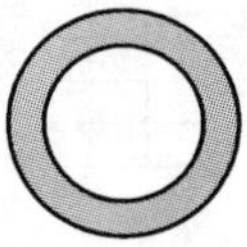	油膜式 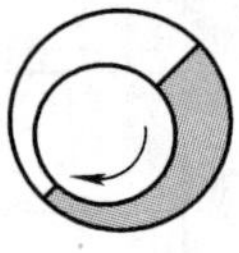

6. 飞轮

飞轮为了加大旋转惯性，制造为中心部位较薄、外周围部分较厚的铸铁圆盘。飞轮的作用是，利用旋转体的惯性力，临时储存发动机爆发产生的能量，并利用此惯性力执行排气、进气、压缩等各阶段的作用，同时缓解活塞的爆发型运动，使发动机始终处于顺畅运行状态。

10.1.2 特征

活塞－曲柄机构作为把活塞的往复运动转换为曲轴旋转运动的机构，有如下的特征：

① 密封简单，性能好。

② 高温气体的流动小，燃烧室壁的温度低。

③ 材质为较为经济，并易加工。

④ 耐久性良好。

⑤ 因上止点、下止点附近的体积变化缓慢，点火、燃烧和进气、排气良好。

⑥ 运动部分的不平衡惯性力会成为产生振动或噪声的原因。

⑦ 体积和重量大。

⑧ 因连杆倾斜，活塞与气缸壁面发生碰撞，产生振动、噪声、气穴、摩擦损失等。

⑨ 如果没有飞轮的作用，就不可能运行。

10.2 活塞

10.2.1 活塞的运动

1. 活塞的位移

图 10-4 所示为活塞－曲柄机构的概略图。图中的点 O、C、P 各为曲轴、曲轴

销和活塞销的中心。点 A 为上止点，点 B 为下止点。

活塞下降时，假设从上止点 A 下降的距离为 x，曲轴从上止点旋转的角度为 θ，连杆的倾斜角度为 ϕ。其中，r 为曲轴臂的长度，l 为连杆长度。如果把这两个长度的比值定义为连接比 $\lambda(=l/r)$，下式成立：

$$x=\overline{OA}-\overline{OP}=(r+l)-(r\cos\theta+l\cos\phi)$$
$$=r(1-\cos\theta)+\lambda r(1-\cos\phi) \tag{10.1}$$

式中，因 $\overline{CD}=l\sin\phi=r\sin\theta$，因此

$$\sin\phi=\sin\theta/\lambda$$

$$\therefore \cos\phi=\sqrt{1-\frac{\sin^2\theta}{\lambda^2}} \tag{10.2}$$

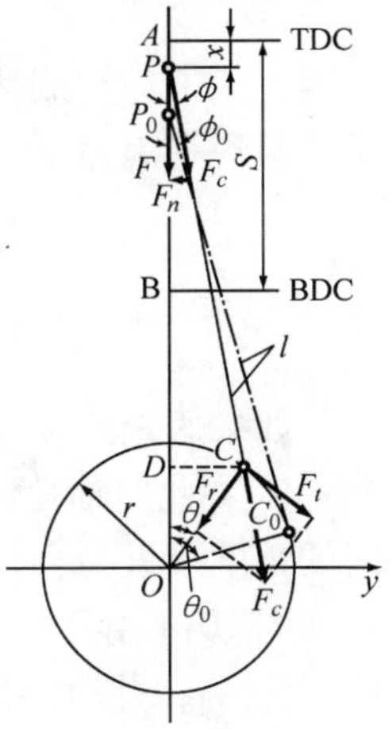

图 10-4　活塞 - 曲柄机构

把式（10.2）代入式（10.1），可以推导出

$$x=r(1-\cos\theta)+\lambda r\left(1-\sqrt{1-\frac{\sin^2\theta}{\lambda^2}}\right) \tag{10.3}$$

把式（10.3）右侧第二项利用二项式定理进行展开，因连接比通常为 $\lambda=3.5\sim4.5$，并省略 $1/\lambda^3$ 以上的项，即仅取到第二项，可以用下式近似求出活塞的位移 x。

$$x\approx r(1-\cos\theta)+\frac{r}{4\lambda}(1-\cos2\theta) \tag{10.4}$$

2. 活塞的速度

活塞的速度 u 是对活塞位移 x 用时间 t 进行微分的值，可以表示为

$$u=\frac{\mathrm{d}x}{\mathrm{d}t}=\frac{\mathrm{d}x}{\mathrm{d}\theta}\cdot\frac{\mathrm{d}\theta}{\mathrm{d}t}=\omega\frac{\mathrm{d}x}{\mathrm{d}\theta}$$

式中，$\omega(=\mathrm{d}\theta/\mathrm{d}t=2\pi N/60)$ 为曲轴的旋转角速度（rad/s）。

活塞的位移 $\mathrm{d}x/\mathrm{d}\theta$ 为对式（10.4）用曲轴角度 θ 进行微分的值，为

$$\frac{\mathrm{d}x}{\mathrm{d}\theta}=r\left(\sin\theta+\frac{1}{2\lambda}\sin2\theta\right)$$

因此，在活塞速度 u 的式中代入上式和旋转角速度 ω，可以推导出

$$u=\omega\frac{\mathrm{d}x}{\mathrm{d}\theta}=\omega r\left(\sin\theta+\frac{\sin2\theta}{2\lambda}\right) \tag{10.5}$$

另外，如果发动机的转速为 N（r/min），活塞的平均速度 u_{m}（m/s）为

$$u_{\mathrm{m}}=\frac{NS}{30}=\frac{Nr}{15} \tag{10.6}$$

式中，S 为行程，$S=2r$。

现在求出活塞的最大速度和最大速度位置。最大速度应出现在 $\mathrm{d}u/\mathrm{d}\theta=0$ 的位置，对式（10.5）用 θ 进行微分，可得

$$\frac{du}{d\theta}=\omega r\left(\cos\theta+\frac{2\cos2\theta}{2\lambda}\right)=0$$

因上式中的右侧括弧项为 0，即 $\lambda\cos\theta+\cos2\theta=0$ 或 $\cos2\theta=2\cos^2\theta-1$，所以最大速度出现在满足下述条件的曲轴角度上。

$$2\cos^2\theta+\lambda\cos\theta-1=0$$

$$\therefore\ \cos\theta=\frac{-\lambda+\sqrt{\lambda^2+8}}{4} \tag{10.7}$$

式中，如果假设连接比为 $\lambda=4$，因 $\cos\theta=(-4+\sqrt{16+8})/4=0.2245$，曲轴角度为 $\theta\approx77°$。此曲轴角度（或出现活塞最大速度的位置）是在 $\lambda=4$ 时曲轴臂与连杆之间的角度接近为直角。现在证明其结论。

如图 10-4 所示，长度 l 的连杆与曲轴臂轨迹圆的切点，即曲轴臂与连杆成直角的点为 C_0，此时活塞的位置为 P_0，曲轴角度为 θ_0，因三角形 OC_0P_0 为直角三角形，$\sin\phi_0=\cos\theta_0$ 或 $\lambda r\sin\phi_0=r\sin\theta_0$，因此下式成立：

$$\lambda\cos\theta_0=\sin\theta_0,\ \tan\theta_0=\lambda$$

$$\therefore\ \theta_0=\arctan\lambda \tag{10.8}$$

假设 $\lambda=4$，利用式（10.8）可以求出 $\theta_0\approx76°$，此角度与利用式（10.7）所获得的 $\theta\approx77°$相差仅为 1°左右，即 $\lambda=4$ 时出现活塞最大速度的位置是曲轴臂与连杆之间的角度接近于直角的位置。活塞最大速度 u_{max}的计算，在式（10.5）中代入式（10.8）可以推导出

$$u_{max}=\omega r\frac{\lambda\sqrt{\lambda^2+1}+1}{\lambda^2+1} \tag{10.9}$$

式中，忽略分子 $\lambda\sqrt{\lambda^2+1}+1$ 中的 1，仅考虑 $\lambda\sqrt{\lambda^2+1}$，活塞的最大速度为

$$u_{max}\approx\omega r/\sqrt{1+\frac{1}{\lambda^2}} \tag{10.10}$$

式中，如果假设 $\lambda=4$，分母可以看成为 1，因此对活塞的瞬间最大速度 u_{max}通过活塞的平均速度式（10.6）和 $\omega=2\pi N/60$，可以得出

$$u_{max}\approx\omega r=\omega S/2=\pi SN/60=\pi u_m/2\approx1.6u_m \tag{10.11}$$

从上式中可以看出，活塞的瞬间最大速度 u_{max}约为平均速度 u_m 的 1.6 倍。

活塞的平均速度 u_m 可以使用在摩擦损失或气缸内气体速度、气缸壁面的对流热传递等的近似值，大型船舶柴油机为 7～9m/s，汽车用汽油机为10～18m/s，小型摩托车发动机可以达到 20m/s。

3. 活塞加速度

活塞加速度 $a(m/s^2)$ 为对活塞速度 u 对时间进行微分的值：

$$a=\frac{du}{dt}=\frac{du}{d\theta}\cdot\frac{d\theta}{dt}=\omega\frac{du}{d\theta}$$

式中，$\omega=(d\theta/dt)$ 为曲轴的转速。

对活塞速度式（10.5）用 θ 进行微分，可得

$$\frac{\mathrm{d}u}{\mathrm{d}\theta}=\omega r\left(\cos\theta+\frac{\cos 2\theta}{\lambda}\right)$$

把此式代入加速度式中，可以推导出活塞加速度计算式为

$$a=\omega\frac{\mathrm{d}u}{\mathrm{d}\theta}=\omega^2 r\left(\cos\theta+\frac{\cos 2\theta}{\lambda}\right) \tag{10.12}$$

活塞的最大和最小加速度为 $\mathrm{d}a/\mathrm{d}\theta=0$，对式（10.12）进行微分，可得

$$\sin\theta+\frac{2\sin 2\theta}{\lambda}=0$$

因此，有

$$\sin\theta(1+4\cos\theta/\lambda)=0 \tag{10.13}$$

从式（10.13）中可知 $\sin\theta=0$ 和 $\cos\theta=-\lambda/4$。因 $\sin\theta=0$ 为 $\theta=0$ 或 $\theta=180°$，表示上止点、下止点，即在止点位置活塞的加速度为最大和最小。另外，如果 $\lambda>4$，因不存在满足 $\cos\theta=-\lambda/4$ 的 θ 值，因此表示仅在 $\lambda<4$ 时加速度达到最小的位置。

最大加速度出现在 $\theta=0$ 的上止点位置，根据式（10.12）可知

$$a_{max}=\omega^2 r(1+1/\lambda) \tag{10.14}$$

最小加速度出现在 $\theta=180°$ 的下止点位置，可知

$$a_{min}=-\omega^2 r\ (1-1/\lambda) \tag{10.15}$$

加速度 $a=0$ 的位置就是活塞最大速度 u_{max} 的位置，如果 $\lambda=4$，即为 $\theta=77°$ 的位置。随曲轴旋转角度 θ 的活塞移动距离 x、活塞速度 u、活塞加速度 a 如图 10-5 所示。

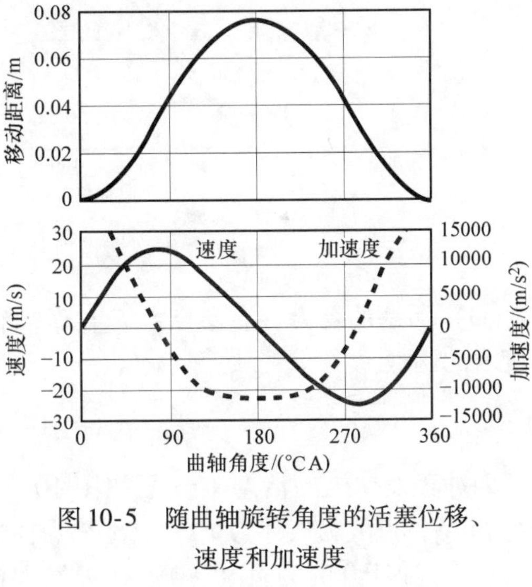

图 10-5 随曲轴旋转角度的活塞位移、速度和加速度

10.2.2 活塞上的作用力

活塞上的作用力 F 为由燃烧气体压力产生的气体力 F_g 与活塞往复运动部分质量产生的惯性力 F_i 的合力 F（$=F_g+F_i$）。

（1）气体作用力　设定气体压力为 p_g(Pa)，活塞面积为 $A(m^2)$，则气缸内气体压力产生的作用力 F_g(N)为

$$F_g=p_gA=\pi B^2p_g/4 \tag{10.16}$$

式中，B 为气缸内径（m）。气缸内气体力 F_g（或气体压力 p_g）在做功行程初期的

上止点附近为最大，随曲轴角度 θ 发生很大的变化，虽然应以 $F_g(\theta)$、$p_g(\theta)$ 进行表示，但为了简单化省略 θ 进行表示。

（2）惯性力　活塞的惯性力 F_i 为活塞系统质量 m_i 乘以加速度 a（式 10.12）来计算，即

$$F_i = m_i a = m_i \omega^2 r \left(\cos\theta + \frac{\cos 2\theta}{\lambda} \right) \tag{10.17}$$

式中，m_i 为活塞系统往复运动部分的总质量，是活塞质量 m_p、活塞环的质量 m_r 和连杆小头部的质量 m_{c1} 之和。在式（10.17）中，由右侧括弧内第一项 $\cos\theta$ 所包含的式称为 1 次惯性力，由 $\cos 2\theta/\lambda$ 所包含的式称为 2 次惯性力。这些惯性力 F_i 与旋转角速度 ω 的平方成正比，因此在高速状态其力量会相当大。

惯性力 F_i 的方向始终向着活塞运动直线方向，但其大小随曲轴角度 θ 的变化而发生改变，在压缩、排气过程中起着阻碍活塞运动（－）的作用，在做功、进气过程中起着帮助活塞运动（＋）的作用。

1 次惯性力和 2 次惯性力如图 10-6 所示。虽然 2 次惯性力的频率为 1 次惯性力的 2 倍，但其绝对值远小于 1 次惯性力。

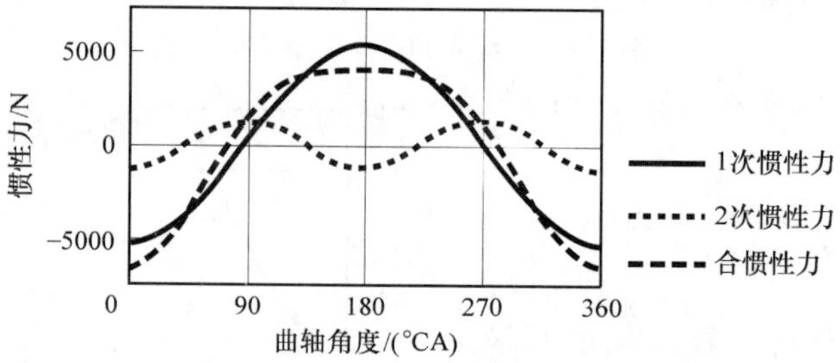

图 10-6　1 次惯性力与 2 次惯性力的变化曲线

（3）活塞的合力　活塞合力 F 在做功行程中为气体力和惯性力之和，是曲轴角度 θ 的函数。

$$F = F_g + F_i = p_g(\theta) A + m_i \omega^2 r \left(\cos\theta + \frac{\cos 2\theta}{\lambda} \right) \tag{10.18}$$

四冲程发动机的活塞工作图如图 10-7 所示。在图中实线为作用在活塞的力（合力）F，点线为气体力 F_g，点虚线为惯性力 F_i。图中还表示作用力大于 0 时为正（＋），小于 0 时为负（－）。在进气和排气行程中作用在活塞的合力 F，因气体力 F_g 较小，可以看成仅受惯性力 F_i 的支配。在做功行程中作用在活塞的力 F，在惯性力 F_i 的作用下初期会有所减少，但从做功行程中间开始随惯性力的增加而增大。

因此，虽然作用在活塞或曲轴上的力随时发生变化，但在一个循环中因惯性力的方向对称变化，整体上其惯性力所做的功为 0，结果作用在活塞上的力仅存在气

体压力的作用力 F_g。

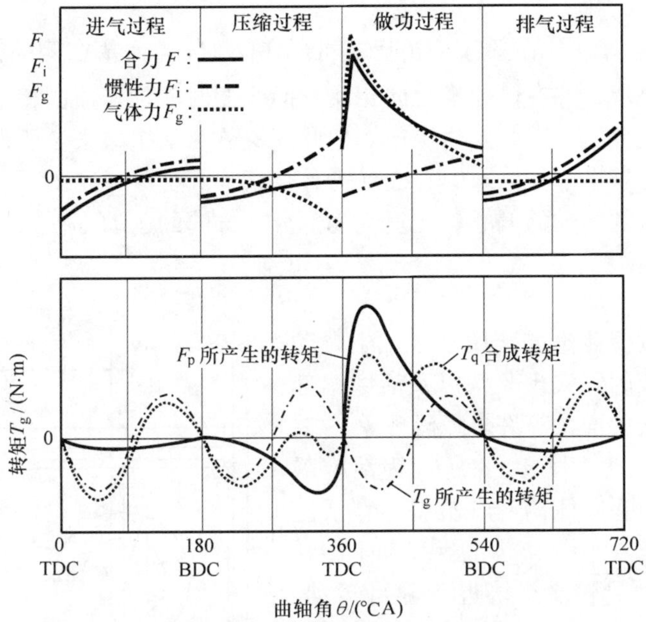

图 10-7　四冲程发动机活塞工作图

（4）旋转力　作用在活塞上的力 F 向下推动活塞最终转换为曲轴的旋转力，此时的作用力分解为连杆 PC 方向的分力 F_c 和气缸壁方向的分力 F_n，如图 10-4 所示。

$$F_c = F\sec\phi$$
$$F_n = F\tan\phi \tag{10.19}$$

式中，F_n 为活塞的侧向推力，在此力（侧向推力）的作用下活塞会发生敲击现象；F_c 为连杆方向的力量，在此力的作用下会产生曲轴的旋转力（转矩）。这些内容将在 10.4.1 节中进行详细说明。

10.2.3　活塞敲击

活塞敲击是因活塞与气缸壁之间的间隙过大，在活塞的侧向推力作用下发生敲击噪声的现象。

1. 活塞侧向推力

因作用在活塞上的力 F 要通过倾斜角为 ϕ 的连杆支撑，因此会产生推动气缸壁的力（侧向推力）F_n。

$$F_n = F\tan\phi$$

活塞的侧向推力 F_n 对于活塞与气缸之间的润滑或摩擦方面相当重要。活塞偏离量表示气缸中心（中心线）与活塞中心（中心线）之间的偏差，这是以减少因活塞侧向推力导致的噪声为目的而设计的。

2. 敲击运动

（1）并行运动　因活塞与气缸壁之间存在间隙 c，活塞在侧向推力 F_n 作用下压向气缸的一侧壁，并在侧向推力向相反方向改变时，加速撞向相反方向的气缸壁上，此现象高速反复，因此发生噪声。把此现象称为活塞敲击。假设往复运动部分的质量为 m，质量中心与活塞中心线（力作用线、x 轴）一致，活塞偏离量 δ 为0，忽略因间隙导致的力轴的偏心，往复运动部分 y 方向的运动方程式为

$$F_n = m\frac{d^2y}{dt^2} \tag{10.20}$$

在此运动碰撞能量的作用下，发生振动和噪声、冷却液的气穴现象，以及活塞裙部的变形、摩擦阻力增大等许多障碍现象。

（2）旋转运动　图10-8所示为活塞敲击的作用力。活塞右侧离开气缸壁，在活塞销中心 G 周围产生转矩 F_nh，活塞产生旋转力，但通常其力量较小，接近于并行运动。但是，如图所示，当活塞销的中心与气缸中心线偏离 $\delta=2\sim3$mm，会产生较大的旋转力 $F\delta$。假设活塞 AB 端的支撑力分别为 F_{nA}、F_{nB}，这对 O_A、O_B 点的转矩相互平衡，可以如下述进行计算。

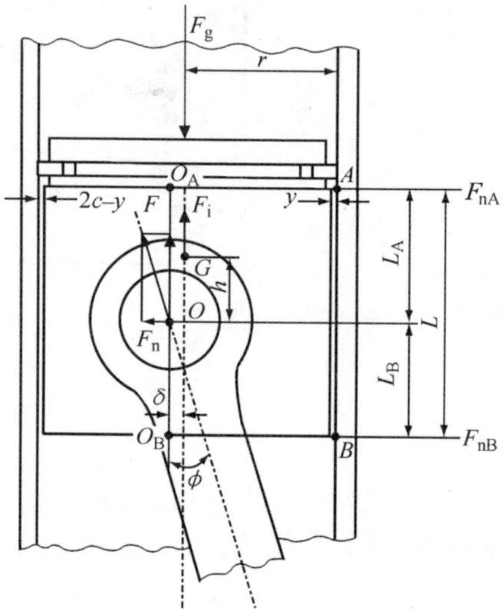

图10-8　活塞敲击的作用力

$$F_{nA} = \frac{1}{L}(-L_BF_n + F_g\delta - F_i\delta)$$

$$F_{nB} = \frac{1}{L}(-L_AF_n - F_g\delta + F_i\delta) \tag{10.21}$$

如果上述两者之一的符号改变，则以它端为中心产生旋转运动，即使两端均离开，也会产生对中心的并行运动和旋转运动的组合运动。

缓解活塞敲击的措施有，尽可能减小活塞偏离量 δ 和活塞间隙 c，或在冲撞部位使用缓冲材料等方法，但均不理想。

10.3 连杆

10.3.1 连杆的运动

如图10-4所示，连杆点 P 的小头部在 OP 线（轴中心线）上进行往复运动，大头部点 C 绕着曲轴中心 O 进行旋转运动。现对连杆大头部点 C 的旋转运动进行

分析。小头部的运动与活塞运动相同。对于点 C 的旋转运动，在几何学关系上可以得出下述等式：

$$l\sin\phi = r\sin\theta$$

$$\sin\phi = \frac{r}{l}\sin\theta = \frac{1}{\lambda}\sin\theta \tag{10.22}$$

以此，曲轴角度 θ 与连杆角度 ϕ 之间具有如下关系：

$\theta=0$ 和 π 时，$\phi=0$

$\theta=\pi/2$ 时，$\phi=\phi_{\max}=\arcsin\left(\frac{1}{\lambda}\right)$

连杆的最大角度 $\phi_{\max}$ 仅为连接比 λ 的函数，当 $\lambda=3\sim5$ 时，为 $19°10'\sim11°35'$。

对于连杆点 C 的角速度 $\mathrm{d}\theta/\mathrm{d}t$，用式（10.2）对时间 t 进行微分可以得出。

$$\cos\phi\frac{\mathrm{d}\phi}{\mathrm{d}t}=\frac{1}{\lambda}\cos\theta\frac{\mathrm{d}\theta}{\mathrm{d}t}=\frac{\omega}{\lambda}\cos\theta$$

$$\frac{\mathrm{d}\phi}{\mathrm{d}t}=\omega\frac{\cos\theta}{\lambda\cos\phi}=\omega\frac{\cos\theta}{\sqrt{\lambda^2-\sin^2\theta}} \tag{10.23}$$

以此可以得出下述结果：

$\theta=0$ 时，$\left(\frac{\mathrm{d}\phi}{\mathrm{d}t}\right)_{\max}=\frac{\omega}{\lambda}$

$\theta=\frac{\pi}{2}$时，$\frac{\mathrm{d}\phi}{\mathrm{d}t}=0$

$\theta=\pi$ 时，$\left(\frac{\mathrm{d}\phi}{\mathrm{d}t}\right)=-\frac{\omega}{\lambda}$

用式（10.23）再次对时间 t 进行微分，可以得出角加速度。

$$\frac{\mathrm{d}^2\phi}{\mathrm{d}t^2}=\frac{\mathrm{d}}{\mathrm{d}\theta}\left(\frac{\mathrm{d}\phi}{\mathrm{d}t}\right)\frac{\mathrm{d}\theta}{\mathrm{d}t}=\omega\frac{\mathrm{d}}{\mathrm{d}\theta}\left(\frac{\mathrm{d}\phi}{\mathrm{d}t}\right)=-\omega^2\frac{(\lambda^2-1)\sin\theta}{(\lambda^2-\sin^2\theta)^{3/2}}$$

因此，

$\theta=0$ 时，$\frac{\mathrm{d}^2\phi}{\mathrm{d}t^2}=0$

$\theta=\frac{\pi}{2}$时，$\left(\frac{\mathrm{d}^2\phi}{\mathrm{d}t^2}\right)_{\max}=-\frac{\omega^2}{\sqrt{\lambda^2-1}}$

$\theta=\pi$ 时，$\frac{\mathrm{d}^2\phi}{\mathrm{d}t^2}=0$

最大角加速度在 $\theta=\pi/2$ 时出现，即惯性转矩最大。

10.3.2　连杆上的作用力

1. 反力、侧向推力

如图 10-4 所示，对活塞中心轴上的作用力 F 的连杆反力（压缩力）F_c 和活塞向气缸壁的侧向推力 F_n 进行分析，可以用下式进行计算。

$$F_c = F/\cos\phi = F/\sqrt{1-\sin^2\theta/\lambda^2}$$

$$F_n = F\tan\phi = F\frac{\sin\theta}{\cos\theta} = \frac{F}{\lambda}\frac{\sin\theta}{\sqrt{1-\sin^2\theta/\lambda^2}} \tag{10.24}$$

2. 应力

如图 10-3 所示，连杆大头部的端面 $C-C$ 受到活塞和连杆的惯性力。分离式连杆的端面 $C-C$ 下部为单独的部件，称为轴承盖，在其内部放入金属轴承后进行连接。轴承盖的中央部位在最大惯性力 $F_{i,max}$ 作用下产生最大的弯曲应力。如果截面模数为 Z，则最大弯曲应力 σ_d 的计算式为

$$\sigma_d = \frac{F_{i,max}\ (l/2-d/4)}{2Z} \tag{10.25}$$

式中，d 为轴承盖的内径；l 为轴承盖固定螺栓之间的长度。

轴承盖的固定螺栓受到最大惯性力 $F_{i,max}$ 和连接拉伸力 F，因此最大拉伸应力 σ_t 可以表示为

$$\sigma_t = \frac{F_{i,\ max} + F}{n(\pi/4)d_0^2} \tag{10.26}$$

式中，n 为固定螺栓个数；d_0 为固定螺栓的直径。

10.3.3 连杆的等价质量系统

连杆的小头部进行往复运动，大头部进行旋转运动，因此连杆的运动为两者合成的复杂轨迹。对于连杆的发动机转矩变化或平衡，如图 10-9b 所示，把连杆的小头部质量 m_{c1} 和大头部质量 m_{c2} 以无质量的细线连接的等价质量系统（等价动态系统）来进行分析。

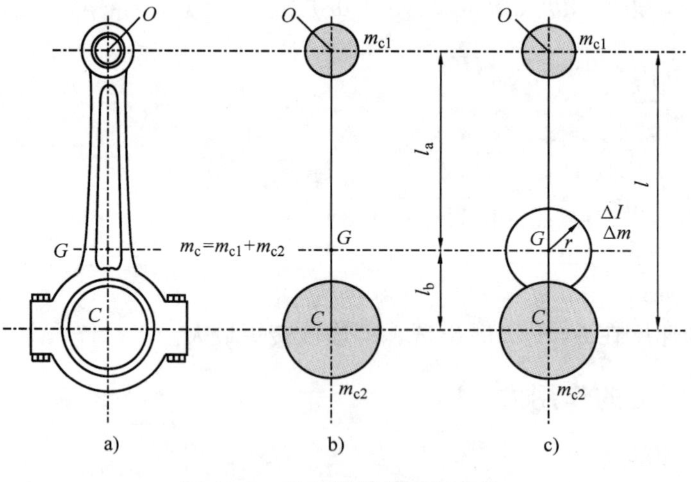

图 10-9　连杆的等价质量系统

连杆的运动可以看成等价质量系统质量中心 G 的平面运动与旋转运动的合成运动，为了这两个动力学系统相同，必须满足下述三个条件：

① 两个动力学系统的总质量相同。

② 两个动力学系统的质量中心位置不变化。

③ 两个动力学系统的质量中心圆周的质量惯性转矩 I 相同。

根据第①条件，下式成立。

$$m_c = m_{c1} + m_{c2} \tag{10.27}$$

为了满足第②条件，小头部中心点 O 与大头部中心点 C 圆周的力矩必须相同，因此下式成立。

$$m_c l_b = m_{c1} l,\ \ m_{c1} = m_c \frac{l_b}{l}$$

$$m_c l_a = m_{c2} l,\ \ m_{c2} = m_c \frac{l_a}{l} \tag{10.28}$$

式中，l_a、l_b、l 分别为连杆的质量中心 G 到小头部中心之间的距离、到大头部中心之间的距离和连杆全长。

为了满足第③条件，连杆的质量惯性转矩 I_A 与等价质量系统的质量惯性转矩 I_B 必须相同。

对于连杆质量中心 G 的质量惯性转矩 I_A，可以用下述方程进行计算：

$$I_A = \oint x^2 \mathrm{d}m \tag{10.29}$$

式中，x 为从质量中心 G 到任意点的距离；dm 为在此点的微分质量；积分表示对连杆全体的积分。

等价质量系统的质量惯性转矩 I_B 为

$$I_B = m_{c1} l_a^2 + m_{c2} l_b^2 \tag{10.30}$$

通常 $I_A < I_B$。因此，为了质量惯性转矩相同，如图 c 所示，在距质量中心 G 为 r 的位置设置附加质量 Δm。假设附加质量的质量惯性转矩为 ΔI，可以得出

$$\Delta I = \Delta m r^2 \tag{10.31}$$

由此，能获得满足

$$I_A = I_B + \Delta I \tag{10.32}$$

条件的 ΔI，可以满足第③条件。通常，因 $I_A < I_B$，ΔI 的值必须为负（-）。这意味着把 ΔI 相关修正转矩的旋转方向相反。如此附加 ΔI，全部质量也同时增加 Δm，反过来看不能满足第①条件，但如果获取的 r 值充分大，可以充分减小附加质量 Δm，没有多少差异。因此，分析连杆的惯性力时，因附加质量 Δm 非常小可以忽略不计，仅对 m_{c1}、m_{c2}的相关惯性力进行分析也无妨。

另外，如果对中心圆周的惯性力偶矩进行分析，除了小头部和大头部质量 m_{c1}、m_{c2}相关的惯性力偶矩外，可以考虑附加质量 Δm 相关的修正力偶矩。从式（10.32）中可以推导出

$$\Delta I = I_A - I_B = \oint x^2 \mathrm{d}m - (m_{c1} l_a^2 + m_{c2} l_b^2) \tag{10.33}$$

10.4 曲轴

曲轴由曲轴主轴颈、曲轴销和曲轴臂组成，通过连杆接收活塞的作用力，并转换为旋转运动。

10.4.1 曲轴的旋转力

活塞上的作用力 F 以连杆的反力 F_c 进行计算，连杆的反力分为曲轴销的切线力 F_t 与向着轴中心方向的半径方向力 F_r。

首先对展开式所需的三角函数关系式进行分析：

$$\sin(\theta+\phi) = \sin\theta\cos\phi + \sin\phi\cos\phi$$

$$\sin\phi = r\sin\theta / l = \sin\theta/\lambda$$

$$\cos\phi = \sqrt{1 - \sin^2\theta/\lambda^2}$$

如图 10-4 所示，曲轴销旋转力的关系式为

$$\begin{aligned} F_t &= F_c \sin(\theta+\phi) = F\sin(\theta+\phi)/\cos\phi \\ &= F\sin\theta\left(1 + \frac{\cos\theta}{\sqrt{\lambda^2 - \sin^2\theta}}\right) \end{aligned} \tag{10.34}$$

此切线力 F_t 与曲轴半径 r 的乘积 F_{tr} 为相对于曲轴角 θ 的旋转力。相对于中心 O 的旋转力矩，即旋转力矩 T(N · m) 可以用下式进行计算：

$$T = F_t r = Fr\sin\theta\left(1 + \frac{\cos\theta}{\sqrt{\lambda^2 - \sin^2\theta}}\right) \tag{10.35}$$

图 10-10 所示为气体力 F_g、惯性力 F_i 和其合力 F 的转矩 T 的变化。可以看出转矩（旋转力）正负变化量很大并反复。这是因为燃烧气体力 F_g 在做功过程中推动曲轴旋转，反过来在压缩过程中施加压缩力，另外惯性力 F_i 在曲轴每旋转 1 周期间瞬间旋转角速度不一致。

n 个多气缸发动机中，每个气缸以点火间隔（$720/n$）°为相位差产生驱动转矩，以获得在整体上较为平稳的转矩特性。图 10-10 所示为 6 气缸发动机的转矩曲线和单气缸发动机的转矩曲线。6 气缸发动机的曲率较大时，转矩变化较大，实际上整体上较平稳，特别是负（－）转矩较小。旋转速度越大其转矩变动较大是因为其惯性力影响较大所致。

往复式内燃机在本质上即使为多气缸发动机也不能消除转矩的变化。转矩的变化通过配备旋转运动质量较大的飞轮可以进一步平稳化。

10.4.2 曲轴的强度

气体压力在进行燃烧的上止点附近达到最大。在上止点附近活塞的速度很小，

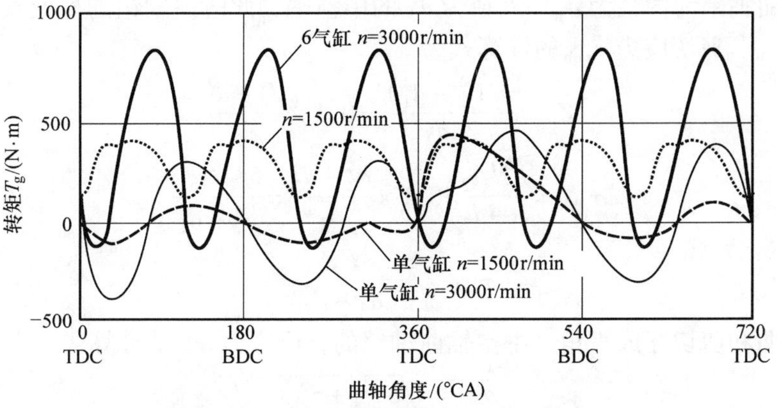

图 10-10　随曲轴角度的转矩变化

可以忽略惯性力 F_i，因而在上止点附近活塞上的作用力 F 达到最大，仅由气体力 F_g 引起各部位弯曲、扭曲和剪切等应力。

1. 曲轴销的强度

曲轴销（或曲轴）在气体力 F_g 的作用下，前后主轴承上产生反力 R_1、R_2，如图 10-11 所示。

$$R_1 = \frac{F_g l_2}{l_1 + l_2},\ R_2 = \frac{F_g l_1}{l_1 + l_2} \tag{10.36}$$

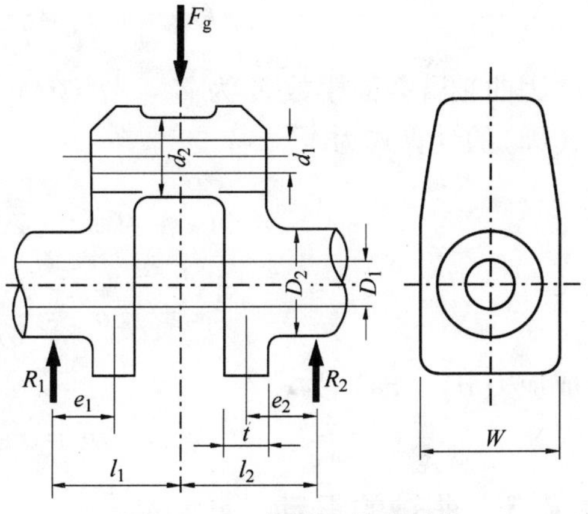

图 10-11　曲轴上的作用力

上式中，如果 $R_1 = R_2$，$l_1 = l$，则曲轴销中央部位达到最大。中央部位的弯矩 M_{pb}（N · m）的计算式为

$$M_{pb} = R_1 l_1 = \frac{F_g l_1 l_2}{l_1 + l_2} \tag{10.37}$$

因曲轴销的截面模数为 $Z = \pi d^3/32 \approx 0.1d$（$m^3$），因此曲轴销的弯曲应力 σ_{pb}（Pa）的计算式为

$$\sigma_{pb} = \frac{M_{pb}}{Z} = \frac{10F_g l_1 l_2}{(l_1 + l_2)d^3} = \frac{5F_g l_1}{d^3} \tag{10.38}$$

如果曲轴销的端面积为 A_c，剪切应力 τ_{ps}（Pa）的计算式为

$$\tau_{ps} = \frac{F_t}{A_c} = \frac{4F_g}{\pi d^2} \tag{10.39}$$

因此，合成应力 σ_p（Pa）因曲轴销的弯曲应力和剪切应力互成直角，因此可以用下式计算：

$$\sigma_p = \sqrt{\sigma_{pb}^2 + \tau_{ps}^2} \tag{10.40}$$

如果曲轴销为内径为 d_1、外径为 d_2 的中空轴，此时曲轴销的截面模数 z_h、弯曲应力 σ_{phb}、剪切应力 τ_{phb} 的计算式为

$$Z_h = \frac{\pi(d_2^4 - d_1^4)}{32d_2} = 0.1 \times \frac{d_2^4 - d_1^4}{d_2} \tag{10.41}$$

$$\sigma_{phb} = \frac{F_g l_1 l_2}{l_1 + l_2} / 0.1 \times \frac{d_2^4 - d_1^4}{d_2} = \frac{5F_g l_1 d_2}{d_2^4 - d_1^4} \tag{10.42}$$

$$\tau_{phb} = \frac{4F_g}{\pi(d_2^2 - d_1^2)} \tag{10.43}$$

因弯曲和剪切互成直角，中空轴曲轴销的合成应力 σ_{ph} 的计算式为

$$\sigma_{ph} = \sqrt{\sigma_{phs}^2 + \tau_{phs}^2} \tag{10.44}$$

2. 曲轴臂的强度

如果图 10-11 中的曲轴臂宽度为 W(m)、厚度为 t(m)，最大弯矩 M_{ab}(N·m) 出现在臂的中心位置，则其计算式为

$$M_{ab} = R_1 e_1 = \frac{F_g l_2}{l_1 + l_2} e = \frac{1}{2} F_g e_1 \tag{10.45}$$

因曲轴臂截面模数 Z 为 $Z = Wt^2/6$(m^3)，臂的弯曲应力 σ_{ab}(Pa)和压缩应力 σ_{ac}(Pa)的计算式为

$$\sigma_{ab} = \frac{M_{ab}}{Z} = \frac{3F_g e_1}{Wt^2} \tag{10.46}$$

$$\sigma_{ac} = \frac{R_1}{Wt} = \frac{F_g}{2Wt} \tag{10.47}$$

合成应力 σ_a (Pa) 为

$$\sigma_a = \sigma_{ab} + \sigma_{ac} \tag{10.48}$$

10.4.3 曲轴的振动

发动机发生的旋转力（转矩）随曲轴角度发生很大的变化，曲轴不断地进行被扭曲再恢复原状态的弹性变形运动，因此在曲轴周围发生强制扭转振动。此时，如果扭转振动频率（振动数、发动机的爆发次数）与曲轴系统（曲轴、飞轮、离合器和连接体）的固有振动频率相同，曲轴会发生共振，振幅变化很大，则曲轴因疲劳应力会被破坏。此时的发动机转速称为扭转振动的临界转速。

扭转振动是在曲轴系统中没有考虑过的应力，不仅给曲轴系统，还给曲轴箱、连杆、动气门机构等部件也带来过大的应力。因此，为了发挥稳定的最大输出功率，应分析把握发动机的振动特性，并采取相应的补救措施。

1. 扭转振动的基础方程

图 10-12 所示为轴的一端固定，另外一端固定有质量惯性转矩圆盘的扭转振动

模型。当圆盘扭转某一角度 θ 时，因轴为弹性体产生恢复到初始状态的旋转力（与 θ 成正比）$-k\theta$，此现象反复成为振动。如果此系统中作用有周期性的外力 T（$=T_0\sin\omega t$），则扭转振动相关普通运动方程为

$$I\frac{\mathrm{d}^2\theta}{\mathrm{d}t^2}=T_0\sin\omega t-k\theta-c\frac{\mathrm{d}\theta}{\mathrm{d}t} \tag{10.49}$$

式中，I 为惯性转矩；c 为黏性系数；k 为扭转相关弹性系数；$T_0\sin\omega t$ 为强制振动力（外力）；t 为时间。假设没有外力，两边以惯性转矩 I 相除，并设定 $c/I=2n$、$k/I=p^2$，则可以推导出

$$\frac{\mathrm{d}^2\theta}{\mathrm{d}t^2}+2n\frac{\mathrm{d}\theta}{\mathrm{d}t}+p^2\theta=0 \tag{10.50}$$

上述微分方程的解为

$$\theta=A_0\mathrm{e}^{-nt}\sin(\sqrt{p^2-n^2t+\varepsilon}) \tag{10.51}$$

式中，A_0 为 $t=0$ 时的扭转振幅；l/n 为衰变率；A_0、ε 分别为初始条件常数。式（10.51）显示为振幅逐步衰减的正弦波振动类型，如图 10-13 所示。此振动的角速度为 $\sqrt{p^2-n^2}$。

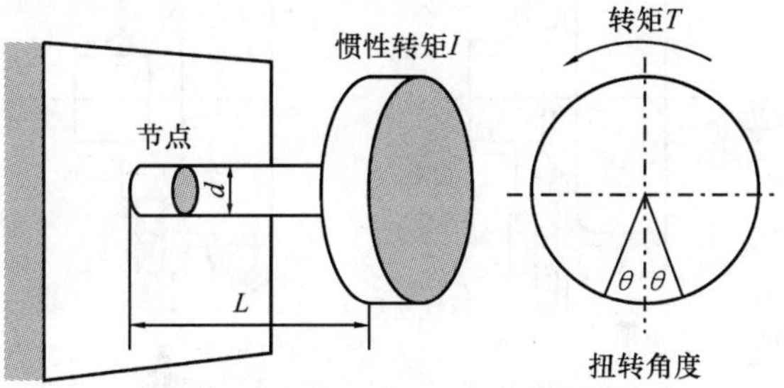

图 10-12　旋转系的扭转振动模型

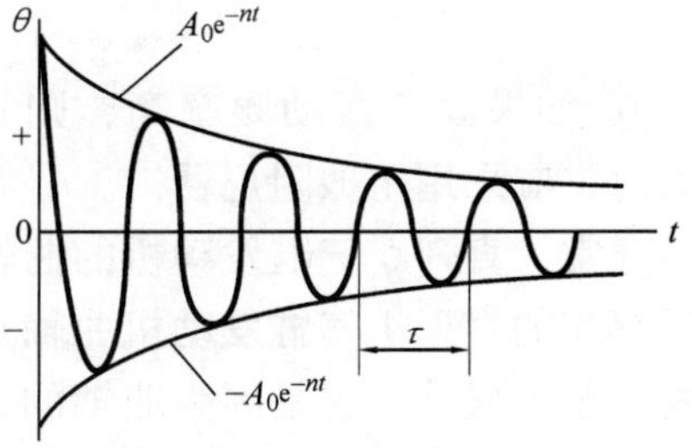

图 10-13　衰减自由振动

振动周期 τ（s/循环）和固有振动频率 f（循环/s）的计算式为

① 没有衰减的自由振动（$c=0$，$n=0$）时

$$\tau_0=\frac{2\pi}{p} \tag{10.52}$$

$$f_0=\frac{p}{2\pi}=\frac{1}{2\pi}\sqrt{\frac{k}{I}}$$

② 有衰减的自由振动时

$$\tau=\frac{2\pi}{\sqrt{p^2-n^2}}$$

$$f=\frac{1}{\tau}=\frac{1}{2\pi}\sqrt{\frac{k}{I}-\left(\frac{c}{2I}\right)^2} \tag{10.53}$$

从式（10.53）可以看出，有衰减时的周期比没有衰减时的周期稍微长。

2. 防扭转振动方法

因多气缸发动机的点火间隔相同，在曲轴旋转 1 周中爆发次数相同或其整数倍的次数上出现临界转速，把此称为主临界转速，除此之外的次数称为亚临界转速。通常，主临界转速时角振幅发生较大变化，如果此转速处于发动机常用转速范围内，会导致曲轴系统被破坏或在多处发出异常噪声。

常用转速范围较窄的发动机可以设计为避开发生共振的临界转速范围，但常用转速范围较宽的发动机，如果曲轴系统的固有振动频率在使用转速范围内，则提高固有振动频率等的措施如下：

① 加大曲轴刚性。

② 相反地降低刚性，快速通过与固有振动频率相同的发动机转速领域。

③ 在曲轴系统的耦合器内放入橡胶等弹性体，以改变振动系统。

④ 在曲轴系统上配备黏性阻尼器或摩擦阻尼器等，把振动能量转换为热能，以防止发生振动。

⑤ 在曲轴系统上附加特殊的振动系，如动态阻尼器，通过共振时产生的反力或反力矩，来消除振动力或振动力矩。

⑥ 如果固有振动频率高，则其应力大时，应采用扭振阻尼器。

通常，直列 6 气缸发动机的曲轴比相同容积的直列 4 气缸发动机曲轴更容易发生扭转振动。这是因为曲轴的长度越大，其扭转刚性越小。图 10-14 所示为防扭转振动用扭振阻尼器的例子，是与曲轴带轮整体化的橡胶阻尼器和硅油阻尼器。

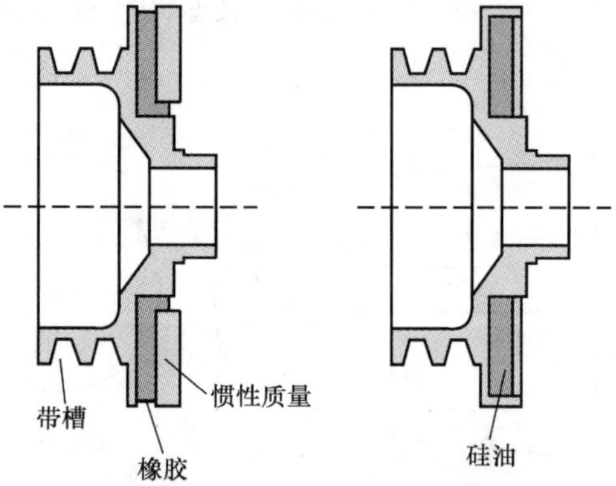

a) 橡胶阻尼器　　b) 硅油阻尼器

图 10-14　防扭转振动的扭振阻尼器

10.5 飞轮

10.5.1 飞轮的作用

飞轮是一种惯性转矩较大的蓄能器，为了使发动机的转矩均匀变化而配备使用。这是临时储存做功过程中的能量，并在其他 3 个过程中消耗其储存的能量，以稳定发动机转速的装置。

单气缸发动机的转矩（旋转力）变化如图 10-15 所示。转矩仅在做功过程中为正（+），其他过程中其变化为 ±0。图中显示了发动机的转矩曲线、飞轮的角速度曲线和平均转矩曲线。对图中曲线详细观察可以看出，与发动机转速相同转速旋转的飞轮，在发动机转矩大于平均转矩时加速，小于平均转矩时减速。发动机的转速变化，在最大角速度 ω_{max} 与最小角速度 ω_{min} 之差小时变小，大时变大。即飞轮的惯性转矩越大，转速变化越小。

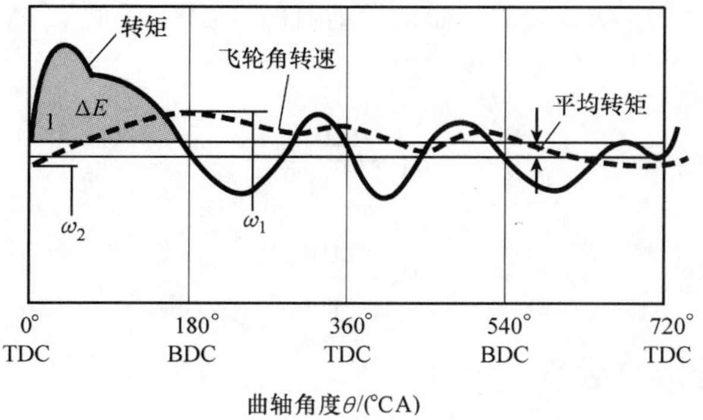

图 10-15 单气缸发动机的转矩变化和飞轮的作用

设定平均角速度为 ω_m（rad/s），转速变化率（转速变化系数）为 δ，可以表示为

$$\delta = \frac{\omega_{max} - \omega_{min}}{\omega_m} \tag{10.54}$$

$$\omega_m = \frac{\omega_{max} + \omega_{min}}{2} \tag{10.55}$$

飞轮储存或释放能量，转速变化与能量变化之间存在守恒关系。飞轮的运动能量 E 可以定义为 $E = I\omega^2/2$，飞轮的运动能量变化 ΔE 的计算式为

$$\Delta E = E_{max} - E_{min} = \frac{1}{2}I(\omega_{max}^2 - \omega_{min}^2) \tag{10.56}$$

式中，I（$kg \cdot m^2$）为飞轮的惯性转矩；ω(rad/s)为飞轮的角速度。如果考虑式（10.54）和式（10.55），则式（10.56）变为

$$\Delta E = \delta I \omega_m^2 \tag{10.57}$$

可以如下定义飞轮的运动能量变化率 ξ：

表 10-2 汽油机飞轮的运动能量变化率

发动机的类型		ξ	发动机的类型		ξ
四冲程	1 气缸	1.0 ~ 2.4	二冲程	1 气缸	0.5 ~ 0.9
	2 气缸（180°）	0.6 ~ 1.0		2 气缸	<0.5
	4 气缸（180°）	0.04 ~ 0.2			
	6 气缸（120°）	0.02 ~ 0.05			

注：括弧内数据表示邻近曲轴臂之间的角度。

$$\xi = \frac{\Delta E}{E}$$

飞轮的运动能量变化率 ξ 应为表 10-2 中显示的值。在式（10.57）中，E（kJ）为每一循环飞轮的运动能量；ΔE(kJ)为运动能量的变化量。

每一循环飞轮的运动能量 E，如果发动机的轴功率为 $\dot{W}_e$（kW），转速为 n_e(r/min)，可以用下式计算。

四冲程发动机：
$$E_4 = \frac{120\dot{W}_e}{n_e} \tag{10.58}$$

二冲程发动机：
$$E_2 = \frac{60\dot{W}_e}{n_e}$$

10.5.2 飞轮的影响因素

从减少发动机的转速变化和便于起动的方面考虑，飞轮的直径和惯性质量越大越好。但是，过大的质量会阻碍加速、减速、停车等运行特性。因此，根据气缸数、发动机的类型、用途等，有必要选择适合于各种状态的质量。

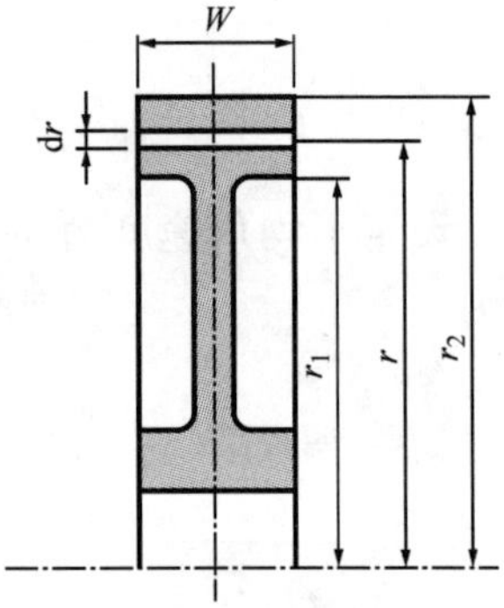

图 10-16 飞轮

飞轮的端面如图 10-16 所示。飞轮的惯性转矩除了飞轮缘外的其他位置都较小，因此分析时可忽略不计。设定飞轮缘的惯性转矩为 I，材质的密度为 p，各部位的大小为图中所示的符号，因此分析微量部分 $W\mathrm{d}r$ 的惯性转矩方程为

$$I = \int_{r_1}^{r_2} 2\pi r W\rho r^2 \mathrm{d}r = \frac{\pi}{2}\rho W(r_2^4 - r_1^4) \tag{10.59}$$

图 10-16 所示的飞轮缘的全部质量 m 为

$$m = \int_{r_1}^{r_2} 2\pi W\rho r \mathrm{d}r = \pi\rho W(r_2^2 - r_1^2) \tag{10.60}$$

根据上述两个方程，可以获得飞轮缘惯性转矩 I 与飞轮缘质量 m 之间的关系式为

$$I = \frac{m}{2}(r_2^2 + r_1^2) \tag{10.61}$$

通过式（10.61）和式（10.57），可以推导出飞轮的惯性转矩关系式为

$$\frac{\xi E}{\delta\omega_m^2} = \frac{m}{2}(r_2^2 + r_1^2) \tag{10.62}$$

平均角速度为 $\omega_m = \pi n_e/30$，如四冲程发动机因 $E_4 = 120\dot{W}_e/n_e$，把这些值代入式（10.62）中并进行转换，可以得到

$$m=\left(\frac{30}{\pi}\right)^2\frac{120\dot{W}_e\xi}{\delta n_e^3(r_2^2+r_1^2)} \tag{10.63}$$

另外，因飞轮的离心力较大，会产生较大的拉伸应力。拉伸应力 σ_t 在圆周速度为 u 时可以表示为

$$\sigma_t=\rho u^2=\rho\left(\frac{\pi r n_e}{30}\right)^2 \tag{10.64}$$

因此，飞轮的直径根据圆周速度会受到一定的限制。

10.6　发动机的平衡

如前所述，往复式内燃机的往复运动和旋转运动质量的惯性力或气体压力的变化成为转矩（旋转力）变化和发生曲轴弯曲及扭转振动等现象的原因。另外，发动机的固有振动频率与不平衡力或转矩频率相同，而诱发共振，会成为致命性故障的成因。发动机的平衡表示消除往复运动部分和旋转运动部分的不平衡力或不平衡转矩，或者减轻这些要因所采取的多种方法。

发动机不平衡的主要原因是运动部分惯性力的变化。现在对旋转运动（曲轴系统）和往复运动（活塞系统）的相关平衡进行分析。

10.6.1　平衡原理

1. 静态平衡

如图 10-17 所示，质量为 m_1 的物体围绕轴中心 O 以一定的角速度 ω 旋转时，其惯性力相关，即离心力的计算式为

$$F_{r1}=m_1r_1\omega^2$$

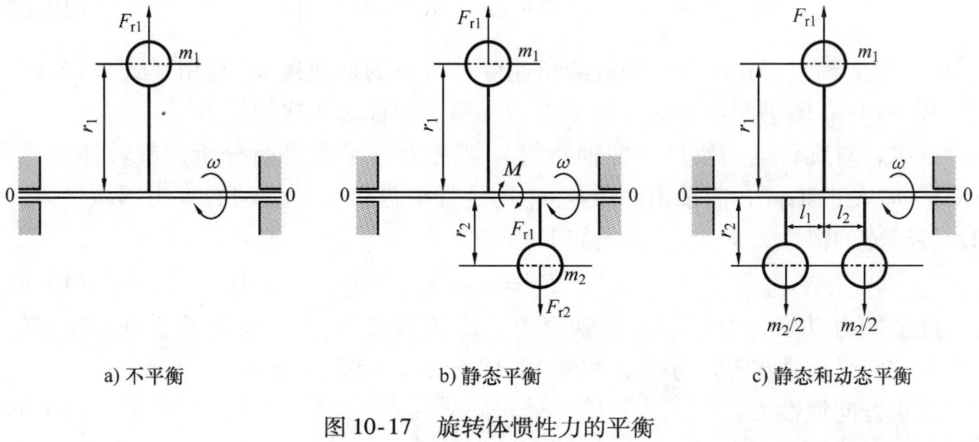

a) 不平衡　　b) 静态平衡　　c) 静态和动态平衡

图 10-17　旋转体惯性力的平衡

为了改善像这些具有不平衡形态旋转体的不平衡，把质量为 m_2 的平衡锤附加

在对称侧半径 r_2 的位置（图 10-17b），并要满足下述条件：

$$m_1 r_1 = m_2 r_2$$

即

$$\sum m_i r_i = 0 \qquad (10.65)$$

这表示处于静态平衡，所有旋转体的质量中心处于轴的中心位置。通常，多气缸发动机各旋转体的质量 m_i、半径方向距离 r_i、旋转角度 θ_i 均相同，因此能获得静态平衡。但是，单气缸发动机在质量 m_1 对称的位置附加设置平衡锤 m_b 来获得平衡。

2. 动态平衡

即使旋转体能获得静态平衡，轴旋转时两个力 F_{r1} 与 F_{r2} 作用为轴的弯曲力矩，产生多余的作用力。为了消除这些力矩的不平衡，如图 10-17c 所示，附加能消除多余力矩的平衡锤，使任意点 A 周围的力矩为 0。

$$\sum m_i r_i \omega^2 l_i = 0 \qquad (10.66)$$

这被称为动态平衡。动态平衡表示 x、y、z 轴周围的力矩处于平衡（合力矩为 0）的状态。

10.6.2 单气缸发动机的平衡

发动机的平衡是对旋转运动质量和往复运动质量所产生的所有不平衡力进行平衡。首先，对往复运动质量系统进行分析。

活塞系统（往复运动质量）进行往复直线运动（垂直方向运动）。如果活塞与活塞销质量之和为 m_{pr}，连杆中进行往复运动的小头部的质量为 m_{pc}，那么总质量 m_p 为这两个质量之和。因此往复运动质量所产生的惯性力 F_{ip}的计算式为。

$$F_{ip} = m_p a_p = m_p \omega^2 r\left(\cos\theta + \frac{\cos 2\theta}{\lambda}\right) \qquad (10.67)$$

式中，r 为曲轴半径；ω 为曲轴旋转角速度；活塞的加速度 a_p 利用了式（10.13）。式（10.67）右侧第一项称为 1 次惯性力，第二项称为 2 次惯性力。

其次，对旋转运动质量（曲轴系统）惯性力的平衡进行分析。旋转体部分的总质量 m_r 是曲轴臂、曲轴销等质量 m_{rc}与连杆中进行旋转运动的大头部质量 m_{rr}之和。旋转体的惯性力 F_{ir}的计算式如下。

$$F_{ir} = m_r \omega^2 r \qquad (10.68)$$

此惯性力以离心力作用在曲轴臂上。旋转体惯性力 F_{ir}分为垂直（x 轴方向）和水平方向（y 轴方向）分力，如图 10-18 所示其计算式为

垂直方向惯性力：$$F_{ir}\cos\theta = m_r \omega^2 r\cos\theta \qquad (10.69)$$

水平方向惯性力：$$F_{ir}\sin\theta = m_r \omega^2 r\sin\theta \qquad (10.70)$$

设定旋转和往复运动质量惯性力的垂直方向分力为 X，水平方向分力为 Y。活

塞系统因进行往复直线运动，活塞系统的惯性力均为垂直方向的力，没有水平方向的力。因此，垂直和水平方向分力的平衡式为

$$X = F_{ip} + F_{ir}\cos\theta = (m_p + m_r)\omega^2 r\cos\theta + \frac{m_p\omega^2 r\cos 2\theta}{\lambda} \tag{10.71}$$

$$Y = F_{ir}\sin\theta = m_r\omega^2 r\sin\theta \tag{10.72}$$

式中，对于旋转体质量的惯性力，如图 10-18 所示，在与曲轴销对称的位置附加设置质量 M_r 的平衡锤可以消除。往复运动部分的惯性力不能获得完全的平衡，即存在如下成分的力。

$$X = m_p\omega^2 r\cos\theta + \frac{m_p\omega^2 r\cos 2\theta}{\lambda}$$

$$Y = 0 \tag{10.73}$$

从式（10.73）可以看出，对于水平方向的不平衡惯性力可以附加设置平衡锤来获得平衡，但是对于垂直方向的不平衡惯性力可以有限减少，但不能获得全平衡。

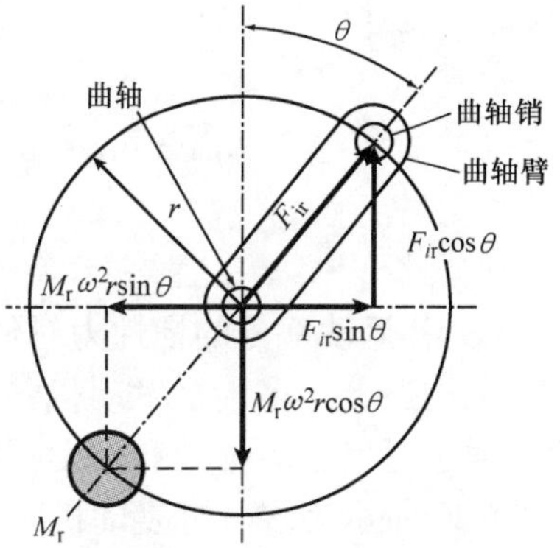

图 10-18　对旋转运动质量的平衡

10.6.3　平衡锤

为了有效地平衡发动机的旋转运动质量和往复运动质量所产生的不平衡力，在曲轴上附加设置有平衡锤。

平衡锤的总质量 m_b 是旋转运动质量和往复运动质量所产生不平衡惯性力之和。首先，对于曲轴半径 r 的旋转运动质量 m_r，在半径方向 r_{br} 的位置附加设置平衡锤 m_{br}，同时满足下式时，可以获得平衡。

$$m_{br}r_{br} = m_r r$$

其次，为了对往复运动质量 m_p 所产生的惯性力进行平衡，也应附加设置平衡锤 m_{bp}。即如果在半径 r_{bp} 的位置附加设置了平衡锤，可以得到。

$$m_{bp}r_{bp} = m_p r$$

通常，m_{bp} 的设计比上式小，根据设计指南以 km_{bp}（$k<1$）进行选择。因此，平衡锤分为两个还是多个没有相关，平衡锤的总质量 m_b 为

$$m_b = km_{bp} + m_{bg} \tag{10.74}$$

这表示与仅为旋转运动质量的平衡状态相比增加了 km_{bp} 大小，这称为超平衡。图 10-19 所示为附加设置平衡锤的曲轴系统的例子。

10.6.4　多气缸发动机的平衡

多气缸发动机的平衡必须满足下列项目：

① 各运动部分的惯性力相互抵消，合成矢量为 0。

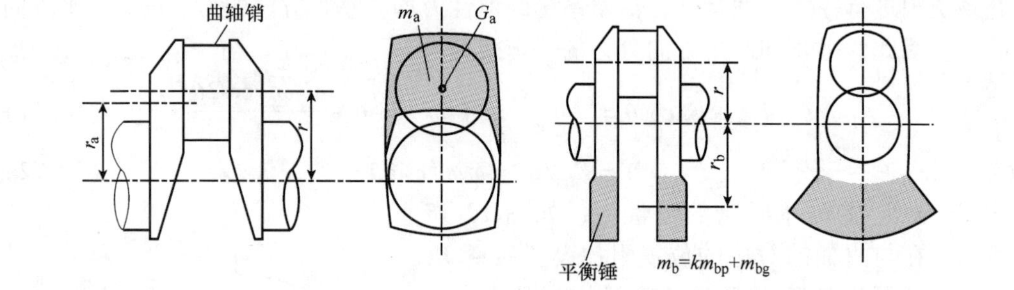

a) 直列2气缸　　b) 直列6气缸

图 10-19　曲轴的平衡锤

② 各运动部分的惯性力对任意点周围的力矩之和始终为 0。

在构造上，多气缸发动机各气缸的往复运动部分和旋转运动部分质量相互对称，通过对气缸的排列和爆发顺序的合理设计，比单气缸发动机更容易获得平衡。图 10-20 所示为多气缸发动机曲轴的配置。

多气缸发动机的平衡分析可以通过对单气缸发动机中获得的结果重复分析。如图 10-20a 所示，2 气缸发动机活塞销部分的往复运动和旋转运动质量相互对称，1 次往复运动的惯性力和离心力在两个气缸之间保持平衡。但活塞 1 和 2 不在同一平面上，因而产生的力矩不平衡，因此如图所示附加设置对称的平衡锤 m_1 和 m_2，以实现系统平衡。

在此状态下也剩余有高频往复运动惯性力，对此是没有什么对策的。这样的排列对于二冲程发动机点火做功间隔相等，转矩变动小，成为较安静的发动机。如图 10-20b 所示，直列 6 气缸发动机旋转运动的质量对称，虽然有 6 次甚至更多次的往复运动质量的惯性力，但发动机具有良好的平衡性。尤其是，四冲程、二冲程发动机均可以设计为等间隔做功，能实现转矩平均化，同时气缸排列也很优秀，因此正被广泛采用。

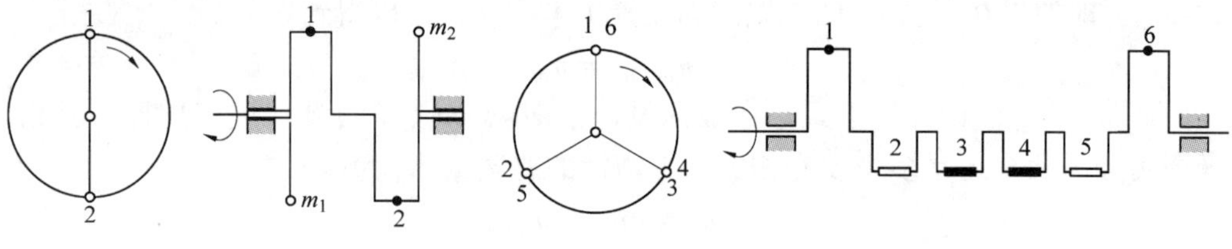

a) 直列 2气缸　　b) 直列 6气缸

图 10-20　多气缸发动机的曲轴配置

练　习　题

1. 请求出活塞的速度位移、速度、加速度式。

2. 请叙述活塞敲击现象。

3. 请说明发动机的平衡。

4. 曲轴半径为 r_1，连杆长度为 l，从上止点（TDC）开始的曲轴旋转角度为 θ，从上止点（TDC）开始活塞的位移 x 为 $x=r[(1-\cos\theta)+\lambda(1-\sqrt{1-\sin^2\theta/\lambda^2})]$（其中 $\lambda=l/r$）。请求出 $r=32\text{cm}$、转速 610r/min、$\lambda=5$ 时发动机的最大活塞速度。在速度式中 3 次方以上的项因其值较小可以忽略不计。

5. 请求出曲轴半径 $r=30\text{cm}$、连杆长度 $l=150\text{cm}$、转速 800r/min 时发动机的平均活塞速度和最大活塞速度。请求出加速度达到最大的活塞位置和此时的加速度。

6. 气缸直径为 95cm、燃烧压力为 2MPa 的发动机，请求出配备活塞销孔中心之间的距离为 $l_1=60\text{mm}$、活塞销轴承部长度为 $l_2=45\text{mm}$ 的活塞销的直径，并分析其强度。

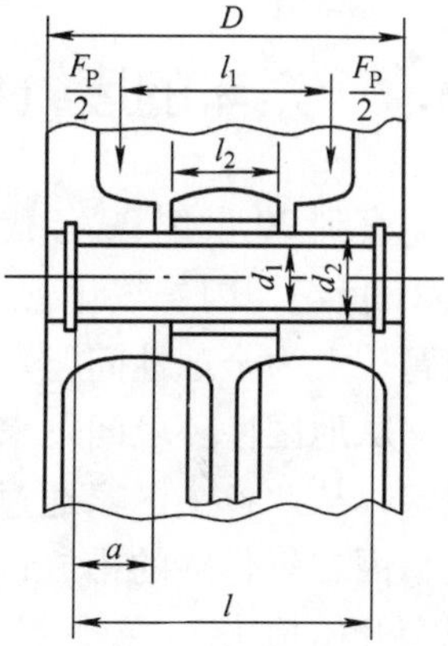

7. 曲轴的旋转半径为 190mm，连杆的长度为 760mm，旋转速度为 380r/min 的发动机，往复运动和旋转运动部分的总质量分别为 $M_i=90\text{kg}$、$M_r=150\text{kg}$，请分析附加设置和没有设置平衡锤时的运动平衡。

8. 请设计四冲程 4 气缸、45kW/4400r/min 的汽油机的飞轮。已知，旋转变化率 $\delta=0.02$，能量变化率 $\xi=0.2$。

9. 气缸直径为 8smm、燃烧压力为 4.8MPa 的发动机，图中的曲轴尺寸分别为 $d_1=0$、$d_2=57\text{mm}$、$l=104\text{mm}$、$e=34\text{mm}$，请求出活塞销部位的强度。

第 11 章　内燃机与大气污染

11.1　汽车的废气排放

直到 20 世纪 90 年代，汽车排放的废气仅是大城市中心地区的环境问题，但到了 21 世纪，因二氧化碳（CO_2，温室气体）导致地球温室化，这个问题从地区性问题扩大为全球性问题。

从地区性环境问题来说，美国于 1959 年最初制定了汽车废气排放相关防污染规定，从此各个国家通过不断地修改法律，相关法律越来越严格。全球性的问题是，因二氧化碳的排放量与燃料消耗量有直接的关系，因此制约汽车燃料消耗率的规定开始抬头。

11.1.1　废气排放问题

1. 地区性环境问题

作为地区性的环境问题，著名的世界上大气污染事件有洛杉矶烟雾事件和伦敦烟雾事件。

大气污染问题的提出是 19 世纪产业革命时期，从蒸汽动力用燃料的煤炭所产生的煤烟开始的。具有代表性的灾难是，1952 年 12 月在伦敦因烟雾所发生的灾难。当时因冬季取暖，煤炭的使用量急剧增加，煤烟因无风和气温逆流现象作用下不能及时上升扩散，致使煤烟中的亚硫酸气体与雾气结合成为硫酸，给伦敦市民的呼吸系统带来致命性的影响，有 4000 多名住院治疗，其中数百名死亡。烟雾（Smog）是煤烟（Smoke）与雾（Fog）的合成语。

另外，20 世纪 40 年代洛杉矶地区，夏季气温较高的昼间，突然出现烟雾，严重影响能见度，眼睛、鼻子、脖颈等部位受到刺激并发病的患者大量增加。这与在伦敦所发生的现象成因不同的事实已经明确，这是由汽车排放的 NO_x 和活性碳氢化合物引起的。碳氢化合物（HC）在强烈的太阳光（紫外线能量）下发生光化学反应，生成臭氧（O_3）、醛类、硝酸过氧化乙烯（PAN）等二次污染物质。因此，洛杉矶于 1959 年制定了机动车排放废气防污染法，于 1965 年制定了现今还沿用的机动车大气防污染法。两个烟雾事件的比较见表 11-1。

表 11-1　洛杉矶烟雾事件和伦敦烟雾事件的比较

区分	洛杉矶烟雾事件	伦敦烟雾事件
发生地区特性（气温，湿度，时间）	21℃以下 70%以下（低） 夏季白昼	4℃以下 90%以上（大） 冬季早晨
污染物质	1 次大气污染物质：CO、HC、HCs 2 次大气污染物质：O_3、NO_2、HNO_3、PANs、HCHO	亚硫酸气体（SO_2） 颗粒物质（PM） 硫酸液（H_2SO_4）
污染排放源	汽车排放废气	火力发电厂、产业、家庭
灾害	刺激眼睛、黏膜，致癌，橡胶老化	呼吸系统疾患

2. 全球性环境问题

汽车排放废气对全球性环境问题是因二氧化碳导致的地球温室化和气候的变化。地球温室化可以用温室效应进行说明。用玻璃围起来的温室其内部温暖的原因是，玻璃隔绝了温室内的热量通过对流和辐射向大气的放热。与此相同，地球的大气通过太阳的辐射能量变暖，地球表面大气的热量在某种气体即地球温室化气体（GHG）的隔绝作用下不能向宇宙放热，导致地球表面的温度进一步上升。

诱发温室效应的气体有，水蒸气、二氧化碳、甲烷、一氧化二氮、氟利昂、对流层臭氧、一氧化碳、氮氧化物、挥发性有机化合物、悬浮微粒、硫酸盐等多种多样。欧洲气候变化协定中规定的温室化气体是，二氧化碳（CO_2）、甲烷（CH_4）、一氧化二氮（N_2O）、氢氟碳化合物（HFC_8）、全氟化碳（PFC_8）和六氟化碳（SF_6）6 种。其中，影响度最高的是二氧化碳（总影响度的 94.7%，短期影响度为76%），除了二氧化碳之外的其他温室气体的影响度较小。二氧化碳为以碳 C 为主成分的化石燃料（石油、煤炭、天然气等）的燃烧生成的。因二氧化碳的生成量与化石燃料的使用量成正比，因此降低汽车排放的二氧化碳 CO_2 量，依赖于降低汽车的燃料消耗率。

11.1.2　排放废气的种类

汽车排放的废气大部分为燃料燃烧生成的燃烧气体，此外还有燃油箱中蒸发的燃料蒸发气体，以及发动机曲轴箱中的窜气和轮胎磨损生成的颗粒物质（PM）等。

1. 燃烧气体

燃烧气体为由燃料燃烧生成的气体，其成分约 83% 为氮气（N_2）和水蒸气（H_2O），剩余的 17% 为二氧化碳（CO_2）、一氧化碳（CO）、碳氢化合物（HC）、氮氧化物（NO_x）和颗粒物质（PM，即炭烟）。

其中，污染物质（有害气体）为一氧化碳（CO）、碳氢化合物（HC）、氮氧化物（NO_x）和颗粒物质（PM），为了净化有害气体，汽油机配备使用三元催化转化器和废气再循环（EGR）装置等，柴油机配备使用废气再循环（EGR）装置、排气后处理装置（DPF、DOC、SCR、NSC）等。

2. 窜气

窜气是燃烧室内部分未燃烧混合气通过活塞与气缸壁之间的间隙窜入到曲轴箱中的气体，80% ~90% 为燃料（HC）与空气（N_2、O_2）的混合气，其余的10% ~20% 为燃烧气体（H_2O、CO_2、CO、NO_x）。

窜气中的酸性成分和水分会降低曲轴箱内润滑油的性能，以前都是直接排放到大气中，但是有害物质碳氢化合物（HC）的排放比例（汽车所排放的总 HC 量中窜气中所含的 HC 量）为25%左右，所占比例较大，因此成为环境污染的大问题。现在，在汽油机汽车上配备了窜气控制装置，把曲轴箱内的窜气引入进气系统，进而在气缸内进行燃烧。窜气控制装置由把窜气引入进气系统的导管和调节流量的曲轴箱强制通风阀（PCV）组成，根据发动机负荷调节阀的开启量，调节引入进气系统的窜气量。

3. 蒸发气体

蒸发气体是燃油箱内的汽油蒸发并排放到大气中的气体，这完全是纯汽油成分，约占汽车所排放 HC 量的15%。

对此，汽车上配备有蒸发气体控制装置。它把燃油箱内产生的蒸发气体由活性炭罐（Canister）内的活性炭吸附并储存，并在发动机运行时，在不影响发动机运行性能的情况下，把活性炭罐内的蒸发气体吸入进气系统，进而在燃烧室内进行燃烧。蒸发气体控制装置由活性炭罐、净化控制阀、双通阀等组成。

11.1.3 废气生成机制

汽油机和柴油机的燃料均为石油系列的碳氢化合物（HC）类燃料。这些燃料与氧气发生反应生成主要物质氮气、二氧化碳、水蒸气，以及污染物质一氧化碳、碳氢化合物、氮氧化物、硫氧化物和颗粒。

1. 主要物质

汽油、柴油、石油液化气、天然气等碳氢化合物类型燃料，如果在理论空气量（$\lambda=1$）或空气过量系数（$\lambda>1$）状态进行了理想完全燃烧，在燃烧气体中根据下述化学反应式仅生成氮气、二氧化碳、水蒸气和氧气。

$$\begin{aligned} & C_xH_y+\lambda\left(x+\frac{y}{4}\right)(O_2+3.76N_2) \\ & \rightarrow xCO_2+\left(\frac{y}{2}\right)H_2O+3.76\lambda\left(x+\frac{y}{4}\right)N_2+(\lambda-1)O_2 \end{aligned} \tag{11.1}$$

在上述化学反应式中，右侧最后一项氧气量仅在空气过量系数为 $\lambda>1$ 的状态下出现，在 $\lambda\leq1$ 的状态下不会出现。这 3 种成分，即氮气、二氧化碳和水蒸气，就是内燃机（或汽车）所排放气体中的主要成分。

图 11-1 所示为汽油机在空气过量系数 $\lambda=1$ 时，即在理论混合气状态下的排放气体成分所占体积百分比。这些值为没有配备废气净化装置（三元催化器等）时的状态，虽然随着发动机的运行条件（空燃比、负荷、转速、点火时期等）和周围大气条件（温度、湿度等）的改变而发生变化，可以看出主要物质占绝大部分，所占的比率为 98%，另外污染物质占 1% 和其他非活性气体占 1%。

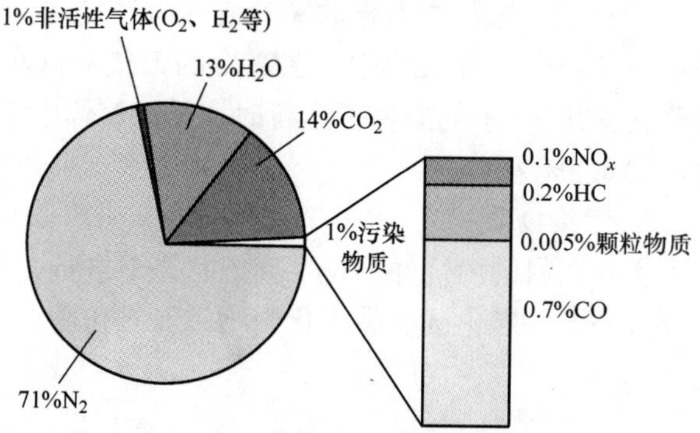

图 11-1 汽油机的排放气体成分比例（$\lambda=1$）

图 11-2 所示为没有配备废气净化装置的柴油机的排放气体质量分数。可以看出，图 11-2a 为在部分负荷运行（$\lambda>1$）条件下的排放成分，主要成分占 99.9%，污染物质占 0.1%，图 11-2b 为在空气过量系数 $\lambda=1$ 条件下的排放成分，主要成分占 99.1%，污染物质占 0.9%。

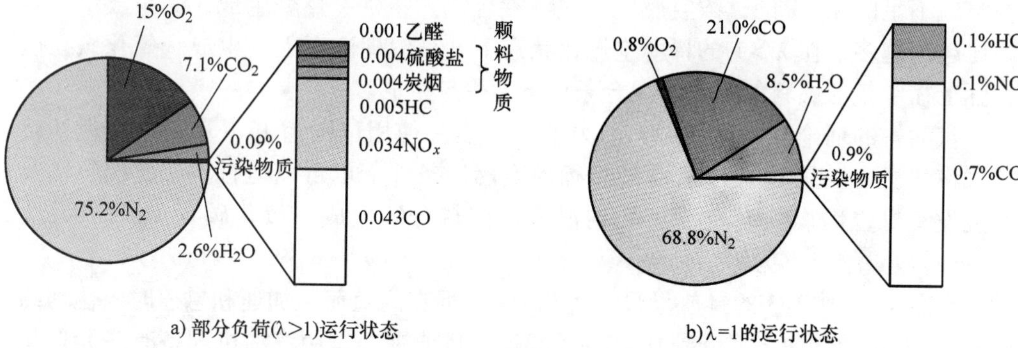

图 11-2 柴油机的排放气体成分比例

（1）氮气 空气中氮气（N_2）占 78%。氮气不直接参与燃烧过程，直接通过排气系统排放到大气中，在排放气体中氮气的质量分数最大。

（2）二氧化碳 燃料中的碳成分与氧气结合转换为二氧化碳（CO_2）。二氧化碳的生成量与燃料中碳分子的质量分数和空气过量系数 λ 有关。当 $\lambda=1$ 时，排放气体中 CO_2 的质量分数为，汽油机 14%，柴油机 21%。柴油机在 $\lambda>1$、部分负荷运行条件下排放的 CO_2 质量分数为 7.1% 左右。

二氧化碳是导致地球温室化的主要温室化气体。为了防止该原因导致地球气候变化，各国家都要求减少温室气体的排放量，即减少含碳原料（石油类燃料）的使用产生，因此需要交通部门有必要开发应用低燃料消耗率汽车或替代能量汽车。

（3）水　燃料中所含的氢气成分与氧气结合生成水蒸气（H_2O），水蒸气冷凝成水（水蒸气）并被排放。在寒冷的天气从汽车排气管排放的白烟表示其中含有水蒸气。在 $\lambda=1$ 的条件下运行时，排放气体中水蒸气的含量，汽油机为13%，柴油机为8.5%左右。

2. 污染物质

实际燃料的燃烧并不是在理想状态下进行，要通过很复杂的反应，生成除了主要成分外的一氧化碳、碳氢化合物、氮氧化物、颗粒物质等污染物质，其化学反应式为

$$C_xH_y+\lambda\left(x+\frac{y}{4}\right)(O_2+3.76N_2)$$

$$\rightarrow aN_2+bCO_2+cH_2O+dO_2+eCO+fHC+gNO_x+h\text{颗料} \tag{11.2}$$

如果在燃料中含有硫（S）成分，上述化学反应式的右侧燃烧生成物项中还包括硫氧化物（SO_x、H_2S）成分。

如图11-1和图11-2所示，可以看出汽油机和柴油机在 $\lambda=1$ 的运行条件下，排放气体中污染物质约占1%。

（1）一氧化碳　一氧化碳（CO）是燃料中的碳成分没有完全燃烧生成的，即在空气不足的 $\lambda<1$ 的过浓空燃比（过浓混合气）条件下燃烧生成，其生成量为空燃比越浓越多。在 $\lambda>1$ 的稀薄空燃比状态下，虽然理论上不会生成一氧化碳，但实际上在空气与燃料的不充分混合条件下会少量生成。

汽油机的理论空燃比 $(A/F)_s$ 为14.7，实际使用范围为13～18，在最近的直喷式汽油机中，甚至在40～50的超稀薄空燃比条件下也可以运行。如此的超稀薄燃烧发动机也因燃料与空气不均匀混合或因热分解生成一氧化碳（CO）。因此，CO的排放量绝对不为零。

在图11-1中CO的排放量显示为0.7%，但在高负荷、加速和怠速时，达到约3%，在稳定的转速下降低到0.1%～0.2%。目前乘用车用汽油机配备有三元催化器，排放气体通过三元催化器后CO所占量约为10p颗粒物质（PM）（0.001%），处于很低的状态。

柴油机的工作条件在20～80的空燃比（A/F）条件下，在比稀薄燃烧汽油机更加稀薄的超稀薄混合气状态下燃烧。在这样的条件下，理论上不应生成一氧化碳，但因燃烧范围是在油雾内为 $\lambda=1$ 的附近，在油雾中心部位局部处于氧气不足的过浓混合气状态，不仅会生成CO，还会生成HC和PM。CO的生成量为100～400p颗粒物质（PM）（0.01%～0.04%）。

CO是汽车排放废气中最有害的成分，一旦进入人体，与血液中的血红蛋白结合成为一氧化碳血红蛋白，会降低血液的氧气运送功能，使人因氧缺乏导致头痛、眩晕等疾患。

（2）碳氢化合物　碳氢化合物（HC）是碳与氢气结合的有机物总称。与CO

的生成原因类似，是空气不足的状态下不完全燃烧或在空气充足的状态下因燃料与空气混合不均匀而生成的。

汽油机在燃料与空气预混合状态供给，如果燃料的雾化不充分，气体流动弱，会造成混合不充分，导致燃料中的 HC 不进行燃烧，直接被排放。混合不良的地方主要是在燃烧室壁冷却面附近（冷却层）和活塞头部外圆柱缝隙等峡谷区。HC 的排放量在三元催化器前为 2000p 颗粒物质（PM）（0.2%）左右，通过三元催化器净化后能大大降低。

柴油机的燃料是直接喷射在气缸内，HC 的生成与汽油机不尽相同。柴油机中 HC 在温度较低的燃烧室表面没有燃烧时，在非常稀薄的混合气状态火焰熄灭时，因燃料的雾化不充分发生后期滴油时很容易生成。老款柴油机 HC 的最大生成影响因素是滴油，但在近来采用电控柴油喷射系统，滴油等影响几乎没有。HC 的生成量在 $\lambda=1$ 条件下约为 0.1%，在部分负荷运行条件下约为 0.005%（50p 颗粒物质。

如果 HC 浓度低，在空气中仅达到无毒有味的程度，但如果其浓度大，在大气中与氧气产生反应生成醛类有害物质，会强烈刺激黏膜或眼睛等。另外，HC 与 NO_x一起在强烈的太阳光线（紫外线）下会产生光化学反应，会生成臭氧（O_3）、醛类（RCHO）、硝酸过氧化乙烯（PAN）等氧化性物质，导致如洛杉矶烟雾事件。

（3）氮氧化物　氮氧化物（NO_x）是一氧化氮（NO）和二氧化氮（NO_2）的总称，排放废气中 NO_x 的 95% 以上为无色的 NO，5% 左右为红橙色 NO_2。

氮气占空气的 78%，较稳定，不易氧化（或反应）。但是，当燃烧温度高时，与氧气产生反应，温度上升到 2000℃以上时，NO_x 的生成量会急剧增加。

汽油机在理论空燃比（$\lambda=1$）附近燃烧温度最高，因此 NO_x 的生成量也达到最大，在比理论空燃比浓或稀的状态下，燃烧温度下降，因此 NO_x 的生成量会减少。柴油机因氧气过盈和压缩比高，NO_x 的生成量比汽油机多。柴油机的 NO_x 主要是在着火延迟期间生成的混合气在空气过盈状态发生急剧燃烧暴露在高温状态生成的。汽油机和柴油机 NO 的生成机制，主要是在热产生率高和温度高的条件下生成的热力型 NO（Thermal NO）。

NO 的生成机制有如下三种：

① 热力型 NO（Thermal NO）：在高温条件下空气中的氮气与氧气产生反应生成。

② 燃料型 NO（Fuel NO）：燃料中的氮气与氧气产生反应生成。

③ 瞬时 NO（Prompt NO）：过浓混合气在氧化作用下生成。

NO 的生成，从综合反应式中看为氮气（N_2）与氧气（O_2）的氧化反应，但从小过程看，氢氧基（OH）也参与其中，以如下的扩大氮氧化过程（Zeldovich）机制发生反应。

$$N_2+O \rightarrow NO+N$$

$N + O_2 \rightarrow NO + O$

$N + OH \rightarrow NO + H$

汽油机排放的NO浓度是以上述反应式的化学反应速度和气体反应的平衡浓度进行计算，可以预测到其精度相当高。柴油机虽然燃烧反应较复杂，难以进行分析，但可以模拟油雾形成过程和燃料粒子群的燃烧过程，能较精密地推算NO_x的生成过程和生成量。在图11-1和图11.2所示的$\lambda=1$运行条件下，汽油机和柴油机排放废气中的NO_x质量分数均为0.1%。NO的生成量与燃烧温度、燃烧温度持续时间和空燃比相关。

NO在空气中发生光化学反应生成二氧化氮（NO_2），NO_2为光化学烟雾的主要成因，能刺激人体眼睛、鼻子和嗓子。

（4）颗粒物质　颗粒物质（PM）又称为颗粒、粉尘、微小灰尘等，其主要成分为炭烟（炭、黑灰、炭黑），相对于汽油机，柴油机PM的排放更为严重。

进气端口喷射式汽油机在混合气化学计量比附近（$\lambda=1$）运行，所排放的炭烟量极小，不会成为问题。但是，分层充气类型直喷式汽油机在燃烧室内局部领域形成很浓的混合气或存在液滴状燃料，这会产生炭烟。因此，直喷式汽油机在分层充气运行模式时，为了避免生成颗粒物质（PM），为保证均匀混合气形成所需的时间，限制在低速领域运行。颗粒物质（PM）以能否溶解在有机溶剂中，分类为不溶性有机物质和可溶性有机物质，如图11-3所示。

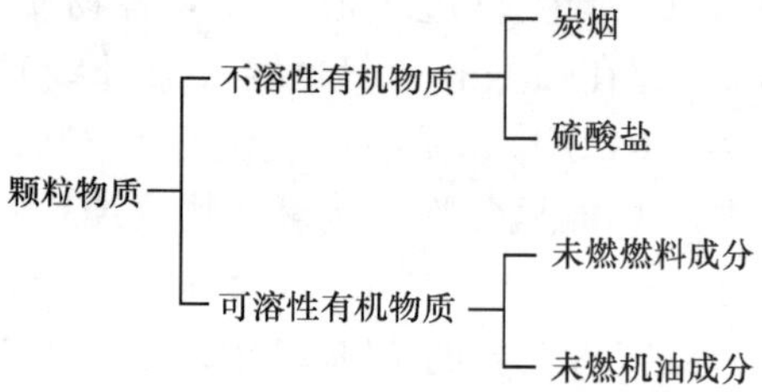

图11-3　颗粒物质的分类

① 不溶性有机物质。炭烟又称为黑灰或碳粒，气化性较低的柴油在不完全燃烧状态生成，即在氧气不足的状态暴露在高温状态下生成。这表示燃料在燃烧热量的作用下发生游离或产生脱氢反应以油滴的形态碳化的状态。汽油的气化性优秀，当氧气不足时主要生成CO和HC，但是柴油机主要生成炭烟。柴油机在燃烧中大量生成炭烟，尤其是，在燃料喷射量很大的全负荷运行条件下，即当量比很大的燃料喷射末期达到最大。其后，空气进入火焰内，当量比降低，逐步趋向于完全燃烧，炭烟急速氧化逐步减少。但是，如果火焰温度过低，氧化速度降低，炭烟的浓度几乎保持一定的值排放。

用电子显微镜观察炭烟，如图11-4a所示，是50～80nm 1个的颗粒相互接合在一起的形态。炭烟中H/C的原子比为2%左右，即有为98%的碳粒。炭烟的产生如图b所示，随温度的不同而不同，一旦温度上升，反复进行脱氢、缩聚合反应，进行多环化。对燃料的热分解过程进行分析，从温度900℃开始生成多环芳香烃碳氢化合物（PAH）的前驱物质（前体），这些物质成核成长并结合成为炭烟。在炭烟的成分中，包含有疑为致癌性物质的成分。硫酸盐是燃料中的硫成分氧化的物质，与水蒸气结合以硫酸粉尘的形态存在。

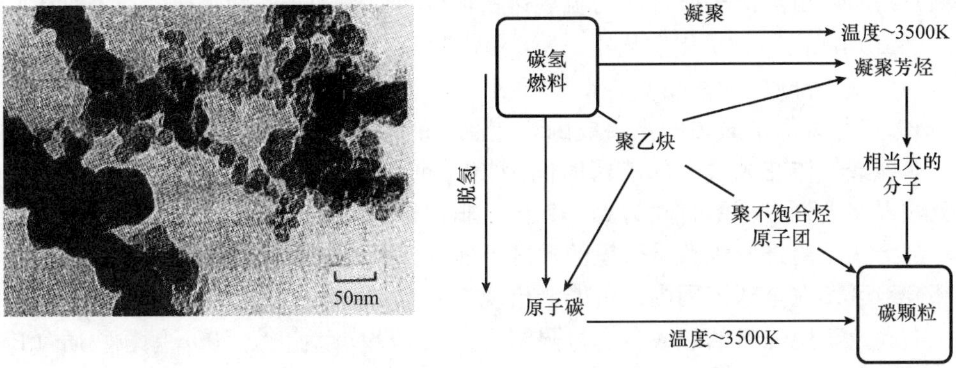

a)　　b)

图 11-4　碳氢化合物的温度与脱氢、组合过程

② 可溶性有机物质。可溶性有机物质（SOF）是液体状未燃 HC，分为未燃燃料成分和未燃机油成分。未燃的燃料或润滑油因溶解于溶剂（二氯甲烷等）中，因此称为可溶性有机物质。可溶性有机物质（SOF）的生成和排放过程可以看成类似于 HC 的生成过程。通常，在低负荷状态燃烧温度较低的条件下可溶性有机物质（SOF）的生成量增多。另外，可溶性有机物质（SOF）的组成如图 11-5a 所示，所含的发动机机油成分也多，因此要求开发润滑油消耗率较低的活塞环等。另外，最近柴油机配备氧化催化器（DOC）或柴油颗粒过滤器（DPF），大幅度降低了可溶性有机物质（SOF）的排放量。

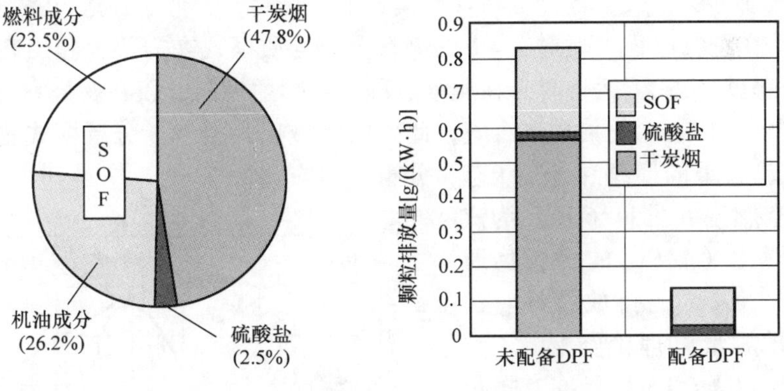

a)　　b)

图 11-5　颗粒成分比率和 DPF 的净化效果

（5）硫氧化物　虽在汽车的废气排放规定中没有包含硫的成分，但如果燃料中的硫成分多，就会与氧气产生反应增加颗粒的排放量。这是因为，在排放废气中所包含的硫氧化物（$SO_x = SO_2 + SO_3$）中，96% ~98% 为二氧化硫（SO_2），2% ~

4%为三氧化硫（SO_3），这些成分与排气中的水分产生反应生成硫酸盐，硫酸盐即为颗粒物质。虽然汽车所排放的硫氧化物很少，但因为是颗粒物质，以及粘附在催化器（三元催化器、氧化催化器、NO_x催化器等）中，降低其性能，因此要尽可能避免其生成和排放。

SO_x与NO_x都是酸雨的主要成因。酸性化的影响度为60%～70%，比NO_x高很多。亚硫酸气体在大气中的滞留时间为10～40小时，转换为硫酸根的时间很短，但硫酸根在大气中滞留时间为6～12日，非常长。因此，在空气中通过风转移并扩散，甚至在距离排放源数千公里的地区下酸雨。因此，酸雨相关环境灾难并不局限于部分地区，在全球范围内都可能会出现。

欧洲汽车用燃料的硫成分含量限制为，到1999年为止为500p颗粒物质（PM）以下，随之继续强化限制，从2005年开始，汽油、柴油中硫含量限制均为50p颗粒物质（PM）以下。但是，德国早在从2003年开始使用硫含量为10p颗粒物质（PM）以下的汽油和柴油燃料。

11.1.4 污染物质产生的影响因素

污染物质产生的影响因素，汽油机有空燃比、点火时刻、发动机转速、负荷，柴油机有空气过量系数（或当量比）、喷油时刻、喷射特性、燃烧室结构（混合气形成）等。其中，共同的最大影响因素为空气过量系数和点火时刻（喷油时刻）。

1. 汽油机

目前使用的进气端口喷射式汽油机使用三元催化器净化污染物质，并大部分在空气过量系数$\lambda=1$的理论混合比状态下运行。但是，直喷式汽油机根据运行条件在均质模式或分层模式下运行。在均质模式下运行时，类似于在进气系统中进行喷射的系统，在进气过程中喷射$\lambda=1$的燃料量。均质模式在需要大输出转矩或高速时运行。在分层模式下运行时，在压缩过程末期喷射燃料，仅在燃烧室中央云团样形成的混合气为$\lambda=1$的均质混合气，此外的领域仅为空气。分层模式总体上在燃烧室内形成$\lambda>1$的稀薄混合气状态，分布为非均质状态。

（1）空燃比 图11-6所示为汽油机随空燃比（A/F）的污染物质（CO、HC、NO_x）的排放特性。污染物质的排放量以理论空燃比$(A/F)_s=14.7:1(\lambda=1)$为基准，随稀薄混合气还是浓混合气具有很大的差别。

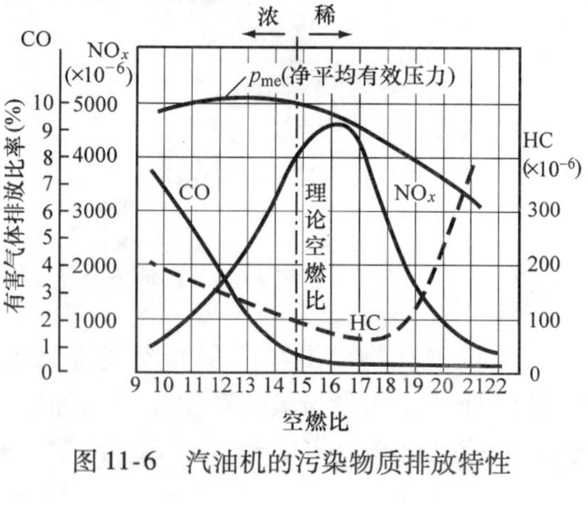

图11-6 汽油机的污染物质排放特性

① 浓混合比时。空气越不足或燃料越多，即空燃比越小（空气过量系数λ越小），因不完全燃烧，

CO、HC 的产生量越多，但 NO_x 的产生量会减少。

② 稀薄混合比时。混合气越是稀薄，CO 的排放量就会越少。在理论上，CO 在 $\lambda>1$ 的稀薄空燃比条件下不应排放，但如果空气和燃料的混合不均匀，或 CO_2 在高温状态下被热分解，就会微量产生。在稀薄混合比条件下，空燃比对 CO 排放量的影响很小。

HC 的排放量在空燃比（A/F）直到 17:1 的附近逐步减少，但在其以上的稀薄混合气状态下因失火导致急增。HC 产生量最小的空燃比范围为 $A/F(=16.2:1\sim17.6:1)(\lambda=1.1\sim1.2)$。汽油机的稀薄燃烧界限依赖于火花塞周围的空燃比和燃烧室内空气的流动状态。因此，为了在燃烧室内形成均匀混合气，发动机在进气系统中增设产生湍流的装置。

直喷式汽油机的分层模式运行是进行 $\lambda>1$ 的稀薄燃烧，因燃烧温度低于 $\lambda=1$ 时的均质模式运行，因此 NO_x 的排放量低。NO_x 的排放量最大的空燃比为比理论空燃比（$\lambda=1$）略微稀薄的空燃比附近（$\lambda=1.05\sim1.1$）。这是因为此部分为燃烧效率最大并燃烧温度最高所致。如果比此空燃比浓或稀薄，因燃烧温度降低，NO_x 的产生量减小。实际的分层进气运行为稀薄混合气运行状态，以此可以想到 HC 产生，HC 产生量与混合气的形成过程有很大的影响。因此，直喷式汽油机尽可能避免因粘附在燃烧室和活塞上的未燃烧燃料产生 HC。

（2）点火持续时间　汽油机的点火持续时间和点火能量给燃烧特性和污染物质的排放特性带来很大的影响。点火能量为放电电压 × 电流 × 火花持续时间。如果点火能量大，通过良好的电火花和稳定的火焰传播，可以扩大稀薄空燃比燃烧界限，给发动机的燃烧变化和污染物质的降低方面会带来肯定的效果。

点火持续时间给污染物质排放特性带来的影响方面，对于 CO 的排放量如图 11-7 所示。CO 的排放量如前所述与 λ 有线性关系，在 $\lambda>1$ 的稀薄混合气领域几乎不排放。因此，点火时间 α_2 除了 $\lambda<0.9$ 以下的浓混合气状态外，对于 CO 的排放特性没有任何影响。

HC 的产生与 CO 的产生机理相同，在不完全燃烧的状态下产生，如图 11-8 所示。在 $\lambda<1$ 的领域随 λ 的减小（或混合气越浓），HC 的排放量增加。最低排放量对应的 λ 为 1.1～1.2。在 $\lambda<1.1\sim1.2$ 的范围内，混合气越稀排放量越多。在 $\lambda<1$ 的浓混合比领域内，点火时间越早，即点火角越提前，HC 的排放量就会越多。HC 排放量的增加，会导致燃烧温度降低，在做功和排气过程中 HC 的 2 次反应也会带来负面影响。当点火时刻延迟时，因混合气良好燃烧，在排气过程后期燃烧室内也保持高温状态，以发生良好的氧化反应，因此 HC 的产生量会降低。

与此相反，在 $\lambda>1.1\sim1.2$ 的范围，即在稀薄混合比状态运行时，因火焰传播速度较低，如果此时点火时刻过迟，会持续燃烧到排气门打开时刻，未燃混合气会被排放，因而 HC 的排放量会增加。发动机的点火时刻越延迟，就会越早到达稀薄燃烧界限空燃比。

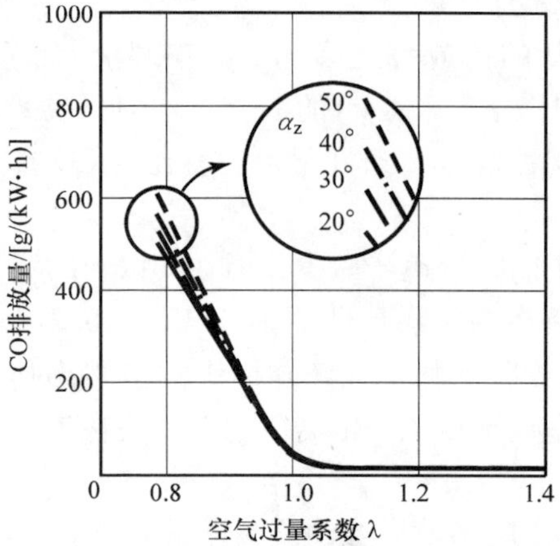

图 11-7　CO 的排放特性

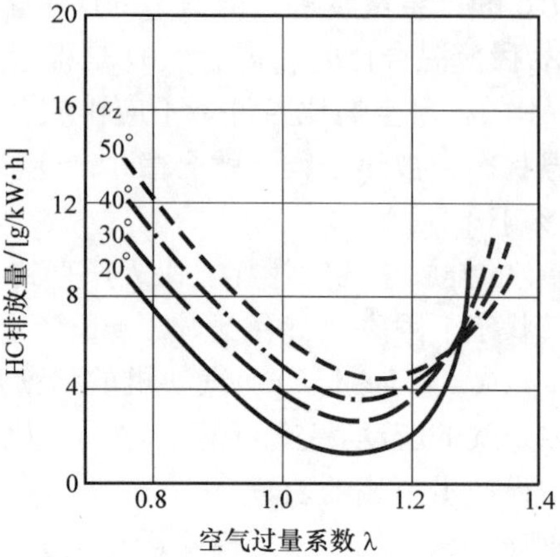

图 11-8　HC 的排放特性

点火时刻和 NO_x 的排放量之间的关系如图 11-9 所示。测试条件为 η = 2000r 颗粒物质（PM）、进气真空度为 32kPa。NO_x 的排放量在 λ 的所有范围内，点火时刻越提前就会越大。当点火时刻提前时，燃烧室内的燃烧温度就会增大，因此会增加 NO_x 的产生量，当点火时刻延迟时，因会进行良好的燃烧，气缸内的燃烧温度就会降低，从而减小 NO_x 的产生量。

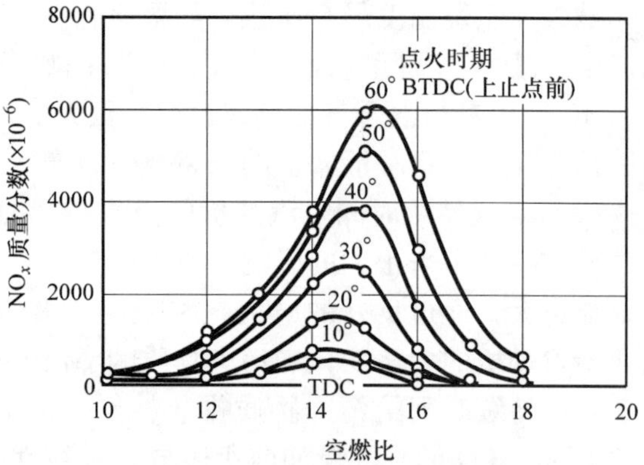

图 11-9　点火持续时间的 NO_x 排放特性

（3）发动机转速　发动机转速越快，不仅驱动水泵等辅助装置所需的动力损失越大，摩擦损失也会增加，因此会减小单位燃料（能量）输出功率（或燃料效率）。发动机在很高的转速下，因充气效率降低，反而会降低输出功率。因此，相同的输出功率比起在高速状态获得，在低速状态获得更有利于燃料效率。这给有害气体排放量也带来影响。

汽油机中 CO 和 HC 的排放量随发动机转速的增加而增大。这是因为不能充分满足形成均质混合气和良好燃烧所需的时间。但是，NO_x 的排放量随发动机转速的增加而减小。这是因为产生 NO_x 的反应时间短，尤其是随发动机转速的增加，燃烧室内残留气体量增加，气缸内的燃烧温度降低。

（4）发动机负荷　发动机的负荷（或输出转矩）对 CO、HC、NO_x 排放特性的影响各有不同。燃烧室内温度随转矩的增大而增加。因此，在其他要素相同的条件下，输出转矩越小，CO、HC 的排放量就会越大。尤其是，气缸壁面的冷却带越大，HC 的产生量就会越多，就会减小输出转矩。与此相反，在高负荷条件下，因燃烧气体的温度高，在做功过程促进 CO 和 HC 的 2 次反应，从而减小 CO 和 HC 的排放量。

发动机进气门和排气门的重叠量越大，HC 的排放量就越大。这是因为在高负荷或高增压运行条件下，气门重叠期间部分混合气会直接通过排气门排放。

NO_x的生成与 CO 和 HC 的生成相反，燃烧室的温度越高，NO_x的生成量就会越大。但是，NO_x的排放量不随转矩的增加而成比例增加。

（5）燃烧室表面积与工作容积之比　这是发动机的设计因素，与 HC 的排放量有关。汽油机会存在火焰不能到达的部分，如气缸壁冷却面附近领域、活塞与气缸壁之间的间隙容积、火花塞间隙等部分。隐藏在这些部分的混合气，虽然在做功过程中部分会被燃烧，但尤其是气缸壁面附近的压缩混合气如图 11-10 所示在排气过程初期减压排气时被排放，并在排气过程末期活塞上升时以未燃烧气体状态直接被排放。因此，如图 11-11 所示，燃烧室表面积与工作容积之比（A/V）越大，HC 的排放量越大。因此，在降低 HC 的排放量方面，减小燃烧室表面积或间隙容积较为有效。

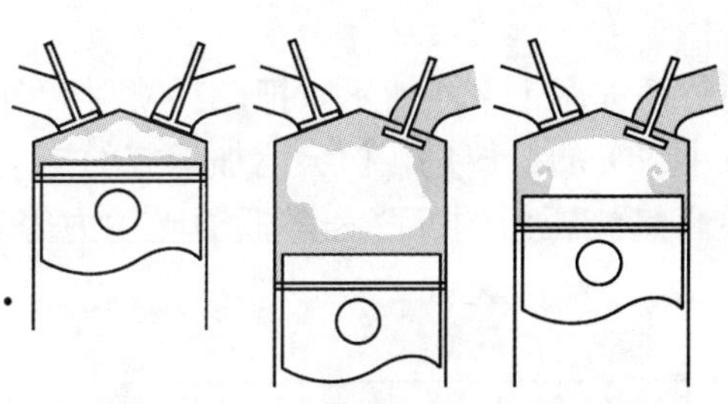

a) 压缩过程末期　b) 排气过程初期　c) 排气过程末期

图 11-10　汽油机 HC 的产生模式

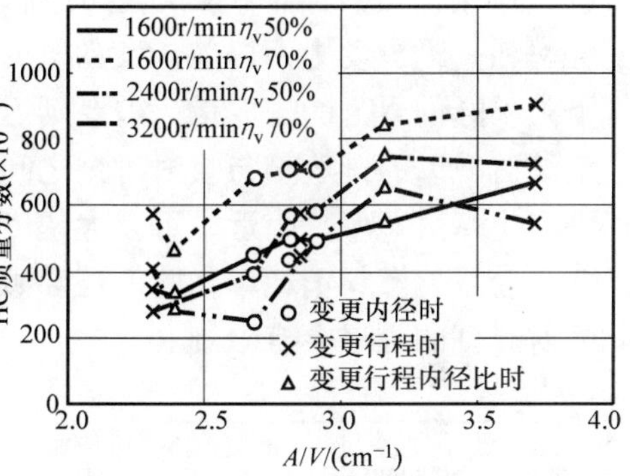

图 11-11　燃烧室的 A/V 与 HC 的排放量

（6）燃烧室内位置　根据燃烧室内位置的不同，污染物质的浓度也不同。HC 在火焰不能到达的部位生成量大，与此相反，NO_x 在温度高的部位生成量大。图 11-12 所示为燃烧室内随局部位置（或温度差异）的 NO 生成浓度。

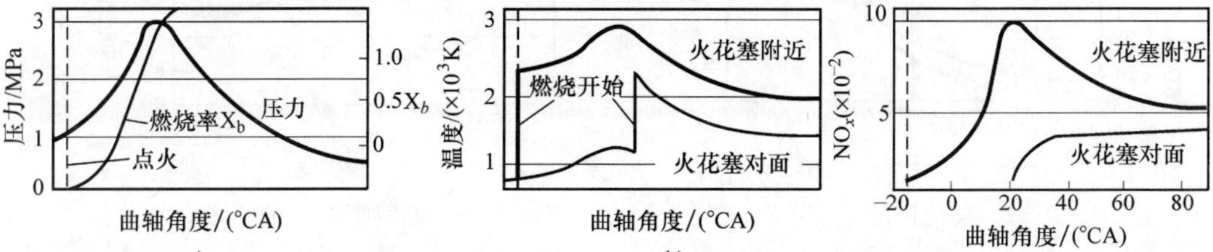

a)　b)　c)

图 11-12　汽油机的燃烧室内燃烧温度与氮氧化物的排放浓度

NO 的生成量通常在相对于温度的生成反应速度与分解反应速度相同的浓度平衡状态下达到最低。但是，往复式发动机因进行间歇燃烧，并且发动机的燃烧时间非常短，因此不能达到 NO 浓度平衡状态。即在燃烧室内浓度降低之前开始做功过程，因气缸内温度急剧下降，导致化学反应停止，此现象称为“冻结”。最近汽油机的 NO 的排放浓度约为 2000p 颗粒物质（PM）。然后通过三元催化器净化，降低到 40 ~ 50p 颗粒物质（PM）范围内。

2. 柴油机

柴油机基本上在 $\lambda>1$ 的稀薄混合气状态燃烧，因此利用较低的燃料消耗率 b_e，获得较高的输出功率，但 PM 和 NO_x 的排放量较大。这是因为油雾中心部位处于浓混合气 $\lambda<1$ 状态，会生成较多的颗粒物质，并且 NO_x 在 $\lambda=1$ 附近与燃料喷射量成正比排放。

（1）空气过量系数　柴油机的进气量始终一定，通过燃料的喷射量调整负荷，所有的运行范围在空气过量系数 $\lambda>1$ 的稀薄混合气状态运行。因此，在本质上 HC 和 CO 的排放量就少，HC、CO、NO_x 和炭烟的浓度随 λ 的增加而增大。直喷式柴油机的空燃比与排放废气之间的关系如图 11-13 所示。

（2）喷射时刻　柴油机的喷射时刻在高负荷、高速运行条件下为了获得低燃料消耗率和高输出动力而提前，发动机处于冷态时也提前，但在高负荷、中速运行条件下为了降低 NO_x 的排放量，需要延迟。

柴油机 NO_x 的排放量与喷射时刻之间的关系如图 11-14 所示。把燃料喷射时刻延迟到上止点（TDC）附近，可以大幅度减小 NO_x 的排放量，但会增加烟雾的排放量，并且会恶化燃料消耗率，此外还导致最高燃烧压力的下降和降低输出动力等。因此喷射时刻的延迟会有限制。

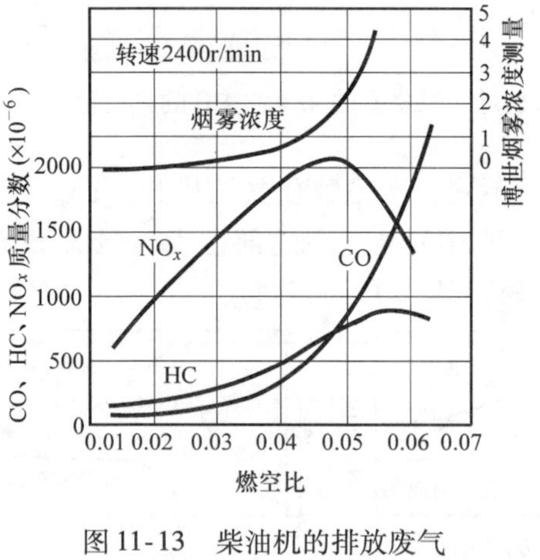

图 11-13　柴油机的排放废气

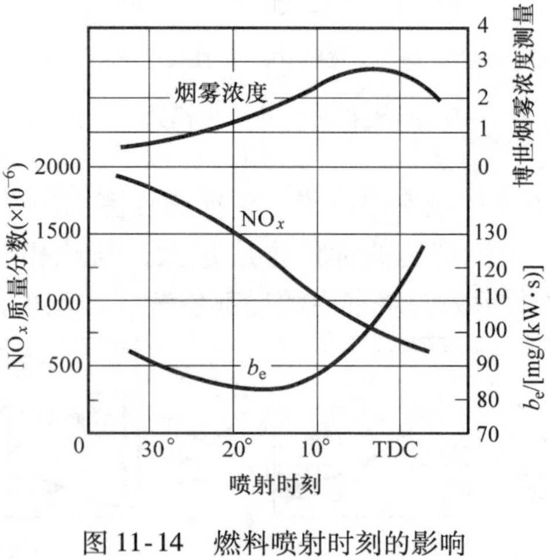

图 11-14　燃料喷射时刻的影响

尤其是，如果过度延迟喷射时刻，会在上止点后着火，这会增大预混合燃烧量，从而增大热产生量，反而会增加 NO_x 的产生量。因此，柴油机的喷射时刻是上止点前5℃A 较为适用。

（3）喷射压力　最近柴油机通过高压泵的大型化和喷油器喷嘴直径的小型化，燃料喷射压力可以达到200MPa 的高压。高压喷射通过燃料油雾的细微化和促进与空气的混合，可以缩短燃烧时间、降低 PM 的生成量，同时也能改善燃料消耗率等，但也带来很多缺陷，如因燃烧温度增加，导致 NO_x 生成量增大，因预混合燃烧量增加，导致运行噪声增大等。

因此，喷射压力（或燃料共轨压力）是与喷射时刻和废气再循环（EGR）率一起需要精密调整到最佳状态的变量。对于这些变量的解析，采取通过燃料消耗率、炭烟和 NO_x 的排放量图表化，找出这些变量之间实际的最佳协调点的方法。

（4）喷射率　污染物质的产生，不仅与喷射时刻、喷射压力有关，还与预喷射、后喷射等主喷射期间的喷射率有很大的关联。

着火延迟期间，较低的燃料喷射率会有效地降低 NO_x 的排放量和燃烧噪声。因此，预喷射在发动机的高负荷运行条件下，不仅降低燃料消耗率，还会降低 NO_x 的排放量和燃烧噪声。但是，预喷射通常会略微增大炭烟的排放量。另外，雾化良好的后喷射会有效减小炭烟的排放量。

（5）混合气的形成　燃烧室内涡流强度与空气利用效率有密切的关系。涡流强度大，虽然会增加 NO_x 的产生量，但可以降低炭烟排放量，改善燃料消耗率。但是，如果涡流强度过强，虽能降低 NO_x 的产生量，但会增加燃料消耗量和炭烟排放量，因此有必要决定适当的涡流强度。

11.2　降低排放废气的措施

降低污染物质 CO、HC、NO_x 和 PM 的技术方面，汽油机采用三元催化器和废气再循环技术，柴油机采用废气再循环和排气后处理技术。

11.2.1　汽油机

汽油机排放废气认证测试法的定容取样法（CVS－75）行驶模式中，HC、NO_x 的排放特性如图11-15 所示。HC 和 NO_x 在催化器温度没有达到工作温度（300～400℃）的起动初期开始到行驶初期大部分会排放，一旦催化器的温度达到工作温度开始正常运行后，其排放量很少，并保持一定的量。现在汽油机抑制废气排放的技术，主要是在催化器进入正常工作状态之前的运行领域中有效降低废气排放量的技术。催化器进入正常工作状态之前和之后的技术见表11-2。

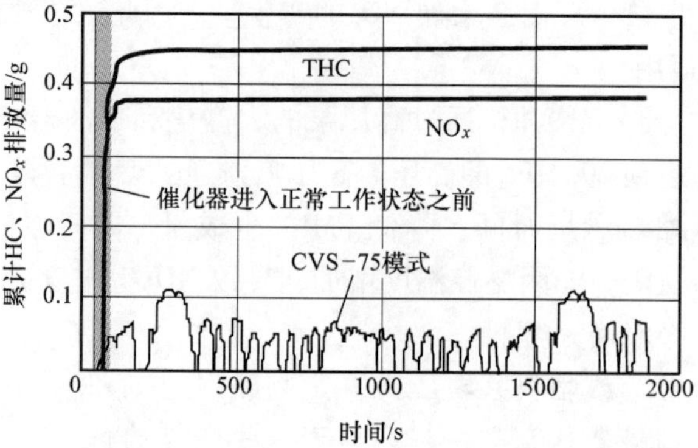

图 11-15　CVS－75 模式行驶时的 HC、NO_x 的排放特性

在催化器进入正常工作之前的降低污染物质技术方面有发动机相关技术、催化器相关技术及辅助装置使用技术。这些技术根据规定值、发动机排气量和汽车的大小等要素进行选择。关于催化器进入正常工作之前的发动机相关技术方面，在 5.5.3 节“燃料喷射控制”中“（3）冷态起动初期燃料喷射控制”部分进行了详细的叙述。在此将要叙述三元催化器、汽油废气再循环（EGR）、氮氧化物（NO_x）还原催化器和其他技术等。其中，废气再循环（EGR）和氮氧化物（NO_x）还原催化器技术因在柴油机上也适用，因此在本章节简单说明，将在柴油机降低排放废气技术部分进行详细的说明。

表 11-2　降低排放废气的技术

	催化器进入正常工作状态之前技术	催化器进入正常工作状态之后技术
发动机相关技术	• 空燃比稀薄燃烧技术 • 燃料雾化 • 燃料喷射时期最佳化 • 促进混合气湍流 • 强化点火能量	• 外部废气再循环（EGR） • 内部废气再循环（EGR） • 燃料喷射时期最佳化 • 减小活塞间隙
催化器相关技术	• 加快催化器暖机 • 增大冷态怠速转速 • 点火时刻提前 • 排气管的低热容量化 • 催化器安装在发动机近处 • 提高催化器的低温活性化	• 提高催化器的净化性能 • 空燃比控制最佳化 • 扩大催化器的净化领域 • 提高催化器的耐热性
辅助装置使用技术	• 后空气 • 吸附 HC • HC 吸附型三元催化器 • 电加热式催化器	

1. 三元催化器

三元催化转化器（TWC）是目前在汽油机的污染物质净化装置中最有效率的装置，进气端口喷射式汽油机和直喷式汽油机均使用此装置。但是，进气端口喷射式和直喷式汽油机在空气过量系数 $\lambda>1$ 的稀薄混合气运行条件下，用三元催化转化器无法净化 NO_x，此时应个别使用 NO_x还原催化器。

（1）空燃比控制技术　为了三元催化转化器能有效净化 HC、CO 和 NO_x，必须把燃料量控制在符合理论空燃比（化学计量比）。空燃比控制要求混合气比 λ 为 1，因此又称为 λ 控制技术。精密的燃料喷射量首先要求正确的进气量数据测量和在排气管内通过氧传感器的空燃比反馈控制。

随 λ 变化的三元催化器的净化率如图 11-16 所示。可以看出，HC 和 CO 的净化率随着 λ 的增大而增加，在 $\lambda\geqslant1$ 时其浓度很低。相反，NO_x的净化率在 $\lambda\leqslant1$ 的浓混合气状态优秀，但在 $\lambda>1$ 的稀薄混合气状态其净化率不良，甚至氧气浓度增加，成为 NO_x 浓度急剧增加的成因。因此，三元催化器仅在净化范围（$\lambda=1$ 附近）对 CO、HC、NO_x这三种有害气体的净化率均能达到90%以上，其控制范围较窄。这表示为了三元催化器能充分发挥其催化性能，必须把混合气的构成比例始终控制在 $\lambda=1$ 的理论空燃比附近（±0.1%）。

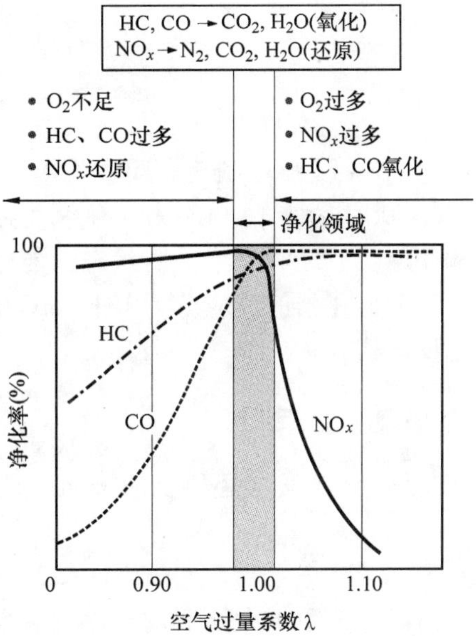

图 11-16　三元催化器的净化率

空燃比反馈控制技术是，在排气管内设置氧传感器（或空燃比传感器），通过氧传感器直接检测排放废气中的氧气浓度，发动机电子控制模块（ECU）根据此信号计算当前的空燃比。如果计算结果超出理论空燃比，通过燃料喷油器调整燃料喷射量，以控制燃料/空气混合比始终在理论空燃比附近的控制系统。

传统的发动机仅配备各一个氧传感器和三元催化器，最近的发动机配备两个氧传感器和一个或两个三元催化器。为了更加正确地判定空燃比和进行控制，正在逐步采用双级控制系统。空燃比反馈双级控制系统如图 11-17 所示。

（2）工作原理和结构

① 工作原理。催化剂是在自身状态不发生变化的条件下，在低温状态改变反应物质反应速度的物质。当前在汽车上使用的三元催化转化器为，在比表面积较大的陶瓷蜂窝型或托盘型载体上，其内装白金（Pt）、钯（Pd）、铑（Rh）、钌

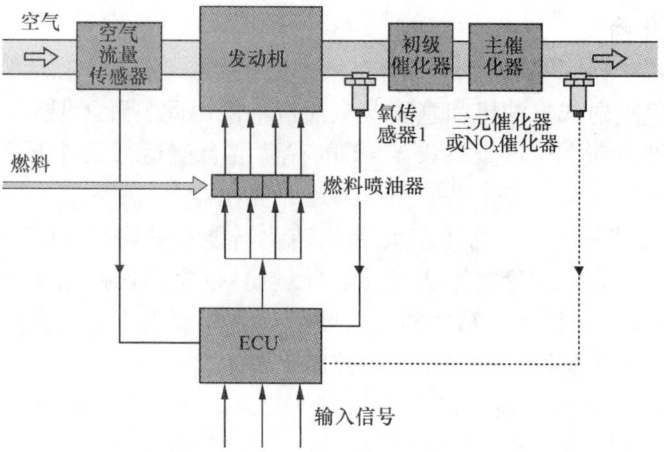

图 11-17　空燃比双级控制系统

(Ru)、钴 (Co) 等制造。HC、CO、NO_x经过三元催化器时，NO_x还原为N_2，并放出O_2，利用此氧气把 CO 和 HC 氧化为 (CO_2和H_2O) 并排放。因为在 $\lambda=1$ 时氧化和还原反应之间处于平衡状态，能净化三种污染物质，故称为三元催化转化器。

三元催化器的反应分为 CO、HC 的氧化反应和NO_x的还原反应。CO 和 HC 的氧化反应式为

$$2CO + O_2 \rightarrow 2CO_2 \tag{11.3}$$

$$2C_2H_6 + 7O_2 \rightarrow 4CO_2 + 6H_2O \tag{11.4}$$

总体上，NO_x的还原反应按照下述反应式进行：

$$2NO + 2C \rightarrow N_2 + 2CO_2 \tag{11.5}$$

$$2NO_2 + 2CO \rightarrow N_2 + 2CO_2 + O_2 \tag{11.6}$$

目前，为了扩大能适用于三元催化器中三元催化剂催化作用的 λ 范围，即扩大净化领域，正在对催化剂的材质以及能降低催化反应时产生硝酸雾的添加剂等进行研究。因此三元催化器能起作用的 λ 范围正在逐步扩大之中。

② 构造和工作条件。图 11-18 所示为配备氧传感器的三元催化转化器，有托盘型和蜂窝型。催化剂涂层材质，基本上使用陶瓷材质蜂巢（结构体：整体或基质）和金属材质蜂巢类型。用单成分催化剂不能获得高净化率，实际应用的催化剂为复合贵金属（Pt - Rh、Pd - Rh、Pt - Pd - Rh）和辅助催化剂材料（氧化铝、氧化铈、氧化锆等）的组合材料，以扩大能获得净化性能的范围。

HC、CO 的氧化反应和NO_x的还原反应所需的活性化能量，一旦催化转化器加热到一定的温度，就可以使用此热量。催化转化器的工作温度为 300℃以上，理想的工作温度范围为 400 ~ 800℃。如果催化转化器的温度为 300℃以下，净化率就很低，如果为 800 ~ 1000℃，因涂层材料氧化铝（Al_2O_3）和贵金属发生烧结，导致催化转化器热老化和热损伤，其结果会减少活性物质表面积，并严重影响催化转化

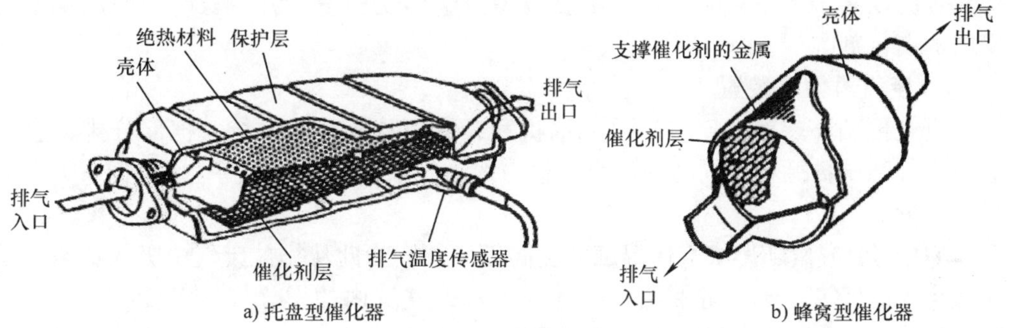

图 11-18　三元催化转化器

器的耐久性。

当发动机发生故障时，如果燃料在排气管内进行燃烧，使催化转化器的温度上升到 1400℃以上，会导致催化转化器的致命性损伤。目前，电控汽油机随时检测工作状态，防止发生此类现象，如果 ECU 检测到即将发生此类危险情况时，会切断燃料的供给，确保催化转化器的安全。

（3）催化剂的高活性化　通过结构的改善，可以提高催化剂的活化性。为了提高催化剂的初始活性化，把使用到现在的蜂窝状陶瓷系列载体用金属材质薄板结构代替，以增大蜂巢密度和通过轻量化减轻热容量，如图 11-19 所示。另外，陶瓷系列也开发了蜂巢密度从 400 孔/in^2 ~900 孔/in^2（1in =2.54cm）的高密度产品，安装位置也正在逐步采用配置在排气歧管直后位置的系统。

		金属载体	陶瓷载体
形状特性	孔形状	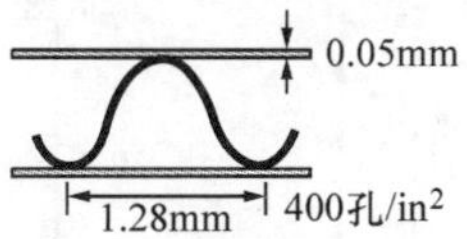	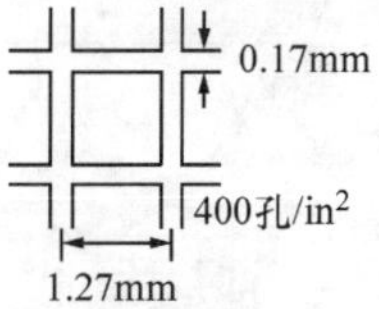
	表面积	38.8	26.8
	开口率	90.3%	75%
材料特性	材质	铁氧体不锈钢	堇青石
	热传导率	16.7×10^{-2}J/(s·cm·K)	12.5×10^{-3}J/(s·cm·K)
	质量热容	0.5 J/(kg·K)	0.84 J/(kg·K)

图 11-19　贵金属与陶瓷载体的比较

目前正在开发吸附剂。吸附剂是吸附起动初期所排放的高浓度 HC 的催化剂，在低温状态吸附，温度上升的同时脱附，并利用三元催化剂进行净化的方式，其材料有沸石等。早期催化剂为在陶瓷载体上涂上颗粒状贵金属，正在开发并扩大利用把贵金属以离子水平粘附（以大幅度减少贵金属使用量）并且长时间使用也不会变质的催化剂。

2. 废气再循环装置

废气再循环装置（EGR）是汽油机和柴油机均采用的系统，把部分排放废气通过进气系统再循环，同时降低燃烧室内的氧气浓度和燃料浓度，以降低 NO_x 生成量的装置。

NO_x 的生成量随燃烧气体温度的提高而增加，为此从排放废气中吸入比空气质量热容大的 CO_2、H_2O 等非活性气体，以降低气缸内的燃烧气体温度，从而降低 NO_x 生成量，这就是采用废气再循环系统的目的。汽油机的废气再循环（EGR）系统在大功率发动机上采用。是汽油机和柴油机均以下述公式定义废气再循环（EGR）率并使用：

$$\text{EGR 率} = \frac{\text{EGR 废气流量}}{\text{进气量} + \text{EGR 废气流量}} \times 100$$

EGR 率需要根据负荷和转速区别进行控制，考虑燃烧稳定性，配备三元催化器的发动机为进气量的 15% 左右，直喷式汽油机在低负荷状态以 30% 左右为界限进行控制。通常柴油机的 EGR 率比汽油机高。这是因为柴油机在低负荷运行条件下废气中的 CO_2、H_2O 的质量分数为 2% ~3%，仅为汽油机的几分之一，尤其是存在 15% 左右的氧气，因而如果不提供大量的再循环废气，对于 NO_x 生成量的降低效果就会很低。图 11-20 所示为汽油机的 EGR 系统概略图和通过 EGR 的 NO_x 生成量的降低效果。

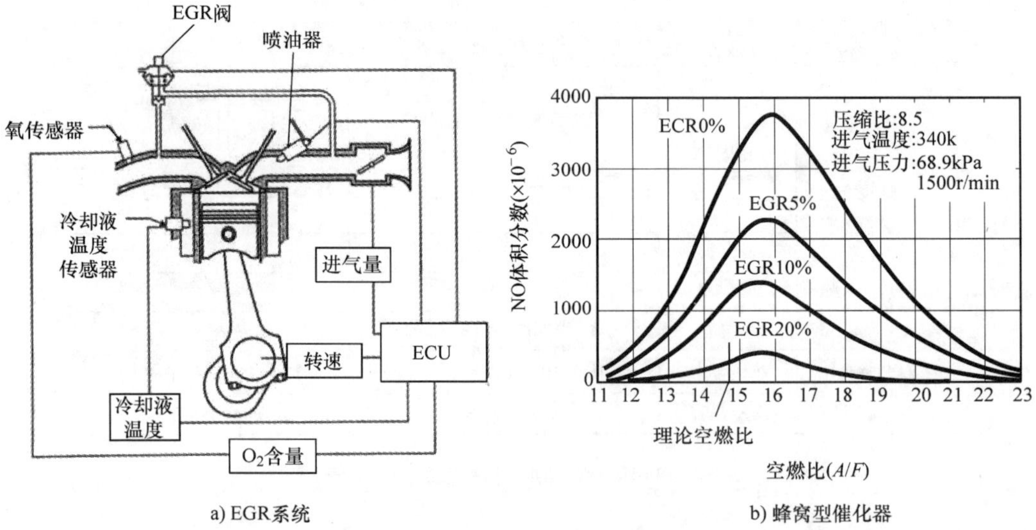

图 11-20　EGR 系统和降低 NO_x 的效果

目前，为了降低 NO_x 和改善燃料消耗率，增加 EGR 率，大容量 EGR 系统需要气缸内稳定的燃烧，为此有如下方法：

（1）增设湍流发生第三阀的燃烧室　用第三阀把包含大容量废气再循环（EGR）气体的稀薄混合气以射流的形式在活塞下降过程中喷射，以促进点火后火焰传播的方法。

（2）增设湍流发生口罩座的燃烧室　结合进气口形状和湍流发生口罩座（Masked seat），以生成强烈的涡流，加快燃烧速度，从而扩大 EGR 率界限的方法。

（3）增设湍流发生袋的燃烧室　图 11-21 所示为设置湍流发生袋（TGP）的燃烧室形态。这是单独设计湍流发生袋（TGP），在主燃烧室通道孔附近设置双级搭铁式火花塞，以吸入稀薄混合气并点火，先在湍流发生袋（TGP）内进行燃烧，然后向主燃烧室喷出传播火焰，使主燃烧室内的混合气燃烧的方法。

（4）急速燃烧式燃烧室　急速燃烧式燃烧室如图 11-22 所示，在一个气缸内设置两个火花塞同时点火，以缩短燃烧时间，使其在 20% 的 EGR 率状态下，也能获得与传统燃烧方式几乎相同的燃烧速度下的稳定燃烧。

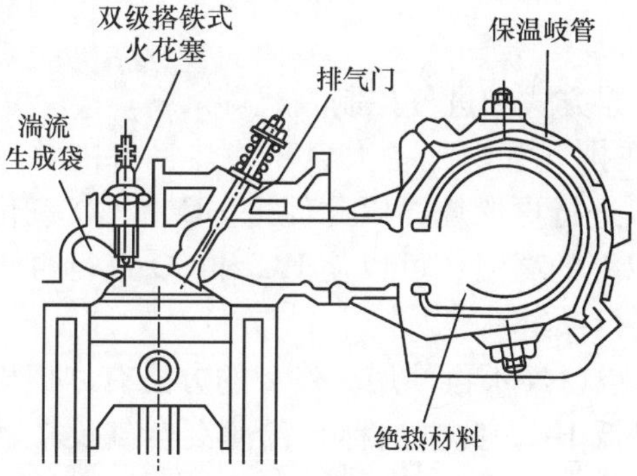

图 11-21　设置湍流发生袋（TGP）的燃烧室

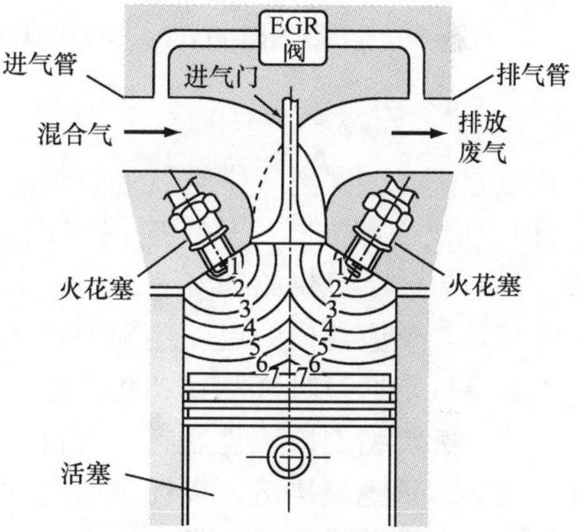

图 11-22　急速燃烧方式

3. 吸附还原催化器

直喷式汽油机在稀薄混合气运行模式下运行，因此无法用三元催化转化器净化 NO_x。虽然在稀薄混合气状态下运行可以降低 NO_x 的排放量，但还是达不到能满足排放法规所规定的程度。在氧气过盈状态下对于 NO_x 的净化，早在柴油机上开发并应用了 NO_x 吸附还原催化器（NSR）或 NO_x 旋转还原催化器（SCR），目前主要采用在净化性能方面很优秀的吸附还原催化器。

吸附还原是在稀薄空燃比领域吸附并储存 NO_x，并在还原条件下还原为 N_2 的流程。图 11-23 所示为 NO_x 吸附还原催化器的净化机制。在空燃比稀薄状态下，在白金（Pt）表面 NO 氧化为 NO_2，如果使用盐基物质［钡（Ba）、钾（K）、钠

(Na) 等] 作为吸附剂，通过氧气与盐基反应，酸性物质二氧化氮（NO_2）被吸附剂以硝酸盐的状态吸附储存。

当吸附剂中的NO_2处于饱和状态时，瞬间（0.3～2s）供给浓空燃比混合气，以形成还原环境，在白金（Pt）表面NO_2与还原成分CO发生反应，还原为N_2和O_2。燃料的供给使吸附还原催化器的工作温度范围比一般排气管内温度高280～550℃。通过这样的吸附和还原状态的重复，因而净化NO_x。

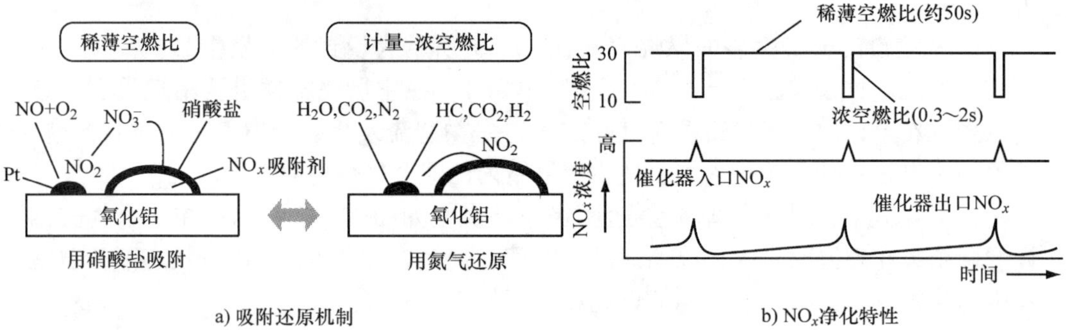

图 11-23　NO_x吸附还原机制和净化特性

4. 其他

其他方法有二次空气供给装置、热反应器方式和进气控制方式等。

（1）热反应器方式　热反应器方式是在排气管内配备大容积绝热良好的热反应器，并向排放废气供给新气（二次空气）进行再燃烧，以此促进HC和CO氧化反应的方式。反应器内的温度达到1000℃以上的高温，可以使HC和CO进行再燃烧。二次空气是通过排气脉动和防逆流阀进行供给。

目前，此类型因以牺牲燃料为代价，所以已经不再使用。代替的方法有，把排气口制造成双重绝热构造，以促进燃烧并降低HC，此方法称为稀薄混合气反应器式，目前很多发动机采用此类方法。

（2）进气控制方式　进气控制方式如图11-24a所示，在发动机进气口附近配备涡流控制阀，把进气通路变成节流通道，在进气行程时提高空气流速，以促进从喷油器喷射的燃料与空气混合。同时因在气缸内的产生强烈的流动和湍流，以获得稳定的燃烧。此方法如图11-24b所示，燃烧界限空燃比向稀薄混合比侧扩大，以此可以降低HC和CO的生成量。尤其是，在发动机处于冷态、延迟点火时期、吸入大量废气再循环（EGR）气体等状态，处于不稳定燃烧条件下很有效。

另外，能获得相同效果的方法上，也采用双重进气歧管，关闭一侧的进气端口，仅打开一个进气端口进气的方法。

11.2.2　柴油机

柴油机始终在稀薄混合气（$\lambda>1$）运行条件下运行，在排放废气控制对策上

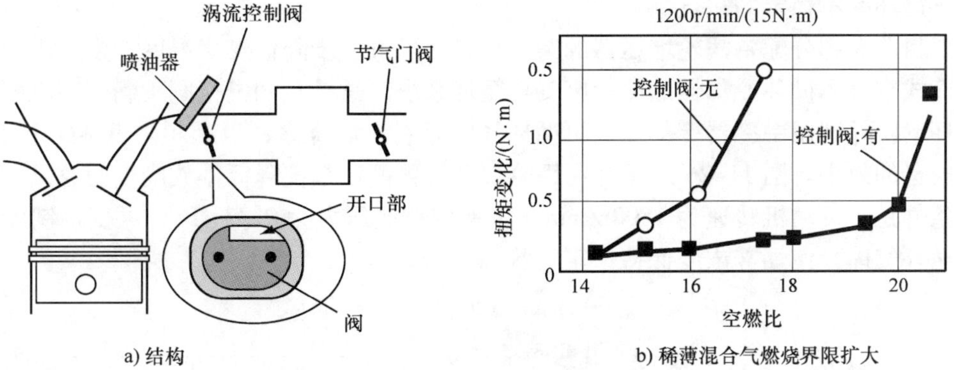

图 11-24　涡流控制阀的构成和效果

主要是降低 PM 和 NO_x 排放量。PM 主要是燃料和发动机机油等物质。从废气净化技术方面大体上分为发动机燃烧控制方式、废气再循环（EGR）、排气后处理装置。关于发动机的燃烧控制方式将在 6.6 节进行说明，在此部分主要对废气再循环（EGR）和排气后处理装置技术方面进行说明。

1. 废气再循环（EGR）

柴油机降低 NO_x 的代表性使用技术为废气再循环（EGR）技术。在进气中用排放废气代替部分空气，以降低氧气浓度和通过大质量热容排放废气成分（CO_2、H_2O 等非活性气体）降低燃烧温度，以达到降低对温度很敏感的 NO_x 生成量的目的。利用废气再循环（EGR）降低 NO_x 的效果方面，依据下述三种机制：

① 降低燃烧室内的氧气浓度。

② 降低排放废气量。

③ 通过 CO_2、H_2O 等非活性气体的高质量热容降低燃烧温度。

废气再循环（EGR）气体在乘用车上仅在低速、低负荷条件下使用，但在商用车上所有的负荷和转速范围内使用。如果柴油机废气再循环（EGR）气体量过大，降低了空气过量系数，因此炭烟和 HC 的生成量会增加，另外因排放废气中的炭烟或硫氧化物，会加大燃烧室滑动部位的摩擦，还会加快润滑油的恶化，因此需要加以注意。

EGR 系统根据 EGR 装置的适用方法分为高压 EGR（HPL）和低压 EGR（LPL）。最近为了互补低压 EGR 系统和高压 EGR 系统的优缺点，开发了能根据运行条件选择使用的混合 EGR 系统。图 11-25 所示为高压废气再循环（EGR）和低压废气再循环（EGR）系统。

（1）高压 EGR 系统　高压 EGR 系统如图 11-25 所示，是把涡轮增压器上游与排气门之间的高温、高压排放废气引入位于压缩器（涡轮增压器）下游的进气歧管中的方式，称为热废气再循环。虽然这种方式具有响应性良好的优点，但也有废气再循环率不稳定的缺点。

目前大部分配备涡轮增压器的柴油机，为了进一步降低燃烧温度，多采用配备水冷式废气再循环冷却器的冷却废气再循环系统。这是利用电控阀正确控制废气再循环率，并利用中冷器冷却废气再循环气体后引入燃烧室，以获得降低 NO_x 和 PM 生成量的效果。图 11-26 所示为利用冷却废气再循环系统降低排放废气的效果。测试条件是，发动机转速为 1800r/min，净平均有效压力为 0.33MPa，可变控制废气再循环气体量使烟雾浓度保持一定的状态。

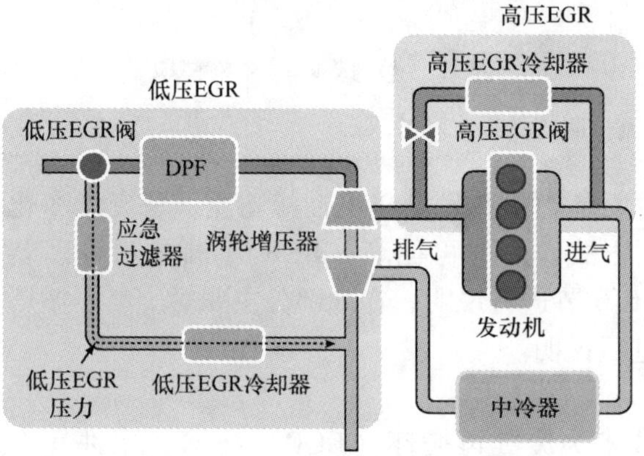

图 11-25　废气再循环（EGR）系统

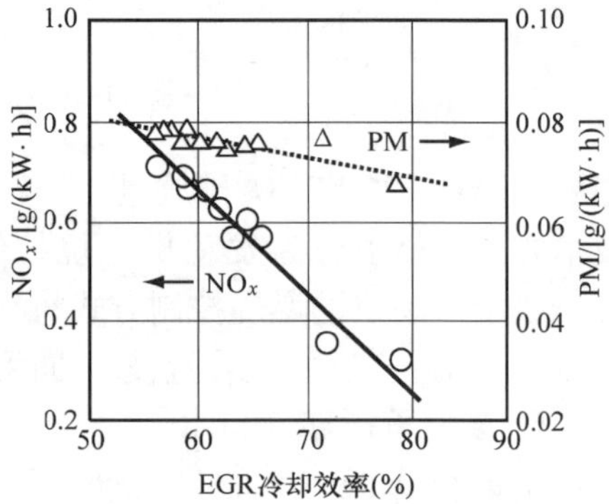

图 11-26　冷却废气再循环（EGR）的降低废气效果

（2）低压 EGR 系统　低压 EGR 是利用低压 EGR 气体的系统，如图 11-25 所示，在涡轮增压器下游安装柴油颗粒过滤器（DPF），并在 DPF 后部把经过净化的排放废气引入压缩器上游的方式。由此，低压 EGR 系统中 EGR 气体与新鲜空气混合的时间很充分，因而能向各气缸供给均等的 EGR 气体，能提高 EGR 气体分配性。另外，通过 DPF，EGR 气体的温度下降，能获得冷却 EGR 效果，尤其是通过中冷器能进一步降低 EGR 气体的温度，进一步提高了 NO_x 的降低效果。另外，EGR 气体也参与对涡轮的做功，提高了 EGR 系统的效率，并且可以改善燃料效率。

低压 EGR 系统因 EGR 气体要经过压缩器，虽然响应性有所延迟，并且会产生因低温废气 EGR 气体的噪声，以及会增加 CO 和 HC 的生成量，但在相同 NO_x 排放量的基准条件下，能获得降低炭烟生成量和改善燃料消耗率的效果。

（3）混合 EGR 系统　与高压 EGR 和低压 EGR 系统分别单独使用相比，把这两个系统一起使用会获得更加良好的效率。这是因为运行条件不同，这两个 EGR 系统具备的优缺点不同。即在低速、低负荷条件下，采用 EGR 气体供给相对有利和响应性良好的高压 EGR 系统，运行条件向高速、高负荷领域移动时，采用低压 EGR 系统。在技术方面需要开发耐高温低压 EGR 阀，以及需要在低压 EGR 气体路径和中冷器中产生冷凝水和发生腐蚀的预防措施。

2. 排气后处理装置

排气后处理装置是在排气系统中配备额外的装置，净化 NO_x 和 PM 的技术，有过滤器技术、氧化催化器（DOC）、NO_x 催化器和复合系统等。

（1）过滤器技术　柴油颗粒过滤器（DPF）是柴油机中对排放的颗粒物质（PM）进行净化的一种炭烟过滤器。柴油机中排放以炭烟为主的 PM，虽然是很微小的颗粒，但可以用过滤器捕获。DPF 作为对应更加严格的欧Ⅴ以上废气排放规定必须配备的装置，预计在不久的将来会在所有的柴油车上配备使用。但是，如果过滤器上堆积 PM，会增加排气流动阻力导致压力损失，因此必须对捕获的 PM 进行处理，以再生过滤器。图 11-27 所示为同时配备 DPF 和 DOC 的排气系统。

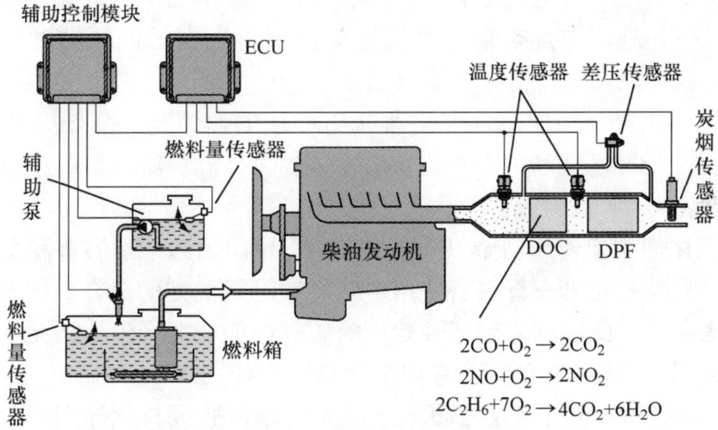

图 11-27　配备柴油 DPF 和氧化催化器（DOC）的排气系统

① 陶瓷蜂窝型过滤器。有各种各样的过滤器，其中具有代表性的是，高温性能优秀的陶瓷蜂窝型过滤器。其材质主要使用多孔质碳化硅（SiC）或堇青石（镁铝硅酸盐（$MgO_2 \cdot Al_2O_3 \cdot 5SiO_2$））。其形状为，由使用材质组成的薄的多孔质隔壁晶格状结构。如图 11-28 所示为陶瓷蜂窝型过滤器的端面形状。各流动通道的进口和出口为轮流堵住的状态，进入的排放废气通过隔壁流出。

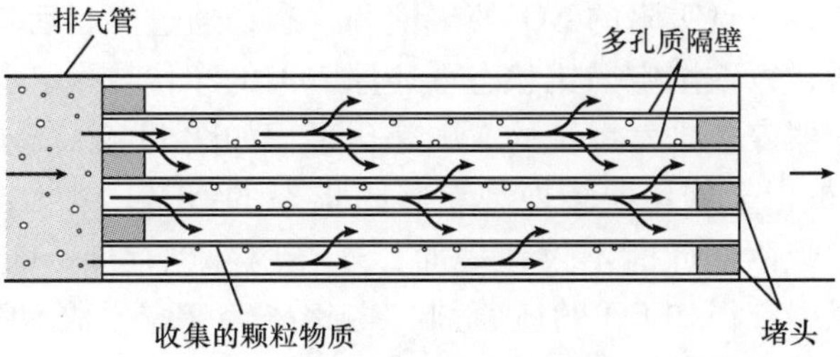

图 11-28　陶瓷蜂窝型过滤器剖面

炭烟收集在隔壁表面或内部。捕获效率虽根据隔壁的微孔直径、壁厚等不同，但会达到90%以上。此外，还有陶瓷多孔体制成的陶瓷过滤器、氧化铝镀层金属纤维过滤器等，但对炭烟的捕获效率低。

② 过滤器再生技术。DPF对炭烟成分的捕获性能很优秀，但一旦炭烟过分堆积，因排气管内流动阻力增大，会降低发动机的性能。因此，需要监测过滤器前后端的压力差，并通过再生程序清除堆积的炭烟。

炭烟只要有氧气就很容易氧化清除。再生过程是采用把收集的PM进行燃烧的方法，通常需要600℃以上的温度。但是，排放废气的温度大部分在500℃以下，因此不能利用排气热量进行自再生。再生方式有很多种，目前主要采用在后喷射阶段供给燃料，以提高燃烧温度。但这种方式需要额外增加燃料的消耗，因此需要研究在更低的温度下可以再生的方法。目前，在再生技术的研究方面，正在研发与燃料后喷射方式一起利用电加热器和燃烧器等强制再生方式的颗粒过滤器（DPF），相信不久之后就可以实现在低排放废气温度下的再生。

（2）氧化催化器　柴油氧化催化器（DOC）的作用是，降低柴油机在稀薄燃烧条件下生成的HC、CO和PM中易氧化的可溶性有机物质（SOF）排放量。通常柴油DOC配置在DPF的前方。

DOC的氧化剂主要使用白金（Pt）和钯（Pd）。因为柴油燃料和发动机机油中存在硫成分，所以发动机一直主要使用耐硫毒性能很优秀的白金，但因现在开始限制燃料中的硫含量，所以越来越多开始把耐硫毒性能相对低但价格便宜和耐久性优秀的钯（Pd），以一定的比例混合在白金（Pt）中使用。

柴油机中HC和CO的排放方面不是很大问题，通过氧化作用可以降低PM构成成分的HC，因此氧化催化器可以降低PM的排放量10%~20%。但是，与此相反，柴油中包含的硫成分在氧化作用下会转换为属于PM的硫酸盐（SO_3）并排放。因此配备氧化催化器时使用低硫燃料成为必要条件。

（3）NO_x催化器　柴油机降低NO_x的技术，具有代表性的为稀燃NO_x捕集器（LNT）（或NSR，NSC）和SCR技术。最近这两种技术均为量产。

① 吸附还原催化器。LNT是对柴油机在$\lambda>1$的稀薄混合气运行条件下生成的NO_x进行净化的方法。这是利用吸附还原催化器（NSR或NSC），使还原催化剂先吸附排气中的NO_x，一旦吸附的NO_x处于饱和状态，通过燃料后喷射或在排气系统中喷射适当的燃料，以在浓空燃比状态下还原NO_x的净化技术。

吸附还原催化器安装排气系统的NO_x净化过程如图11-29所示。在稀薄混合气燃烧条件下，NO被白金催化器转换为易吸附形态的NO_2，并大部分以硝酸钡[$Ba(NO_3)_2$]的成分被吸附。此时不仅在表面，连在内部也存储。吸附的$Ba(NO_3)_2$从浓混合气的燃料中获得如CO的还原剂，与此产生反应生成NO，NO重新与CO产生反应，还原为N_2和CO_2。铑（Rh）金属的还原反应很优秀，但因价格较贵，因此也有与白金混合使用的情况。

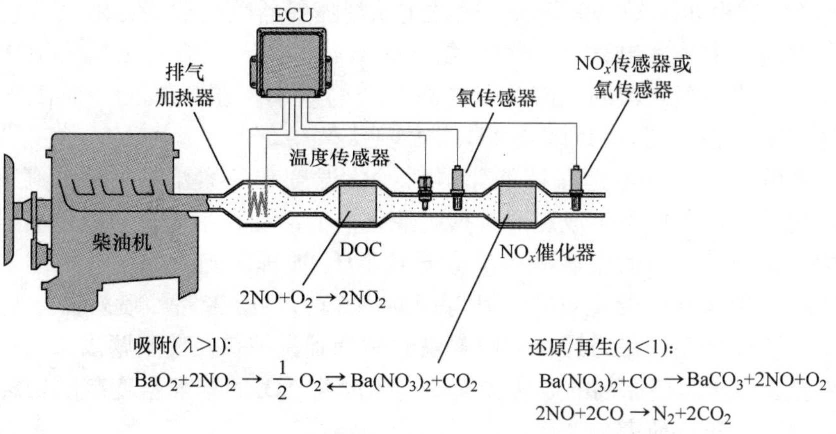

图 11-29　吸附还原催化器净化 NO_x 的过程

另一方面，吸附还原催化器的使用需要对 NO_x 充分吸附开始浓模式的时点和还原结束时的时点进行检测并判断。为此，在吸附还原催化器的出口可以设置检测基本 NO_x 排放量的传感器，但因 NO_x 传感器价格较贵，所以可以通过数据模型计算 NO_x 的吸附量和还原量，以判别稀 - 浓模式转换时点。

② 选择催化还原。如果采用与 NO_x 生成过程相反的逆反应过程，很缓慢地将 NO_x 还原分解为氮气和氧气，即为选择催化还原（SCR）法。选择 SCR 法是利用此过程的方法，供给尿素溶液[$(NH_3)_2CO$]并利用氨（NH_3）作为还原剂加快 NO_x 的分解反应速度的方法。利用此方法通常可以获得 80% ~ 90% 的高净化率。为了节约费用，正在研究不用尿素还原剂，而直接采用排放废气成分中 HC 的 HC - 尿素。但是，利用 HC 的效率低于使用尿素。利用 SCR 法净化 NO_x 的过程如图11-30 所示。

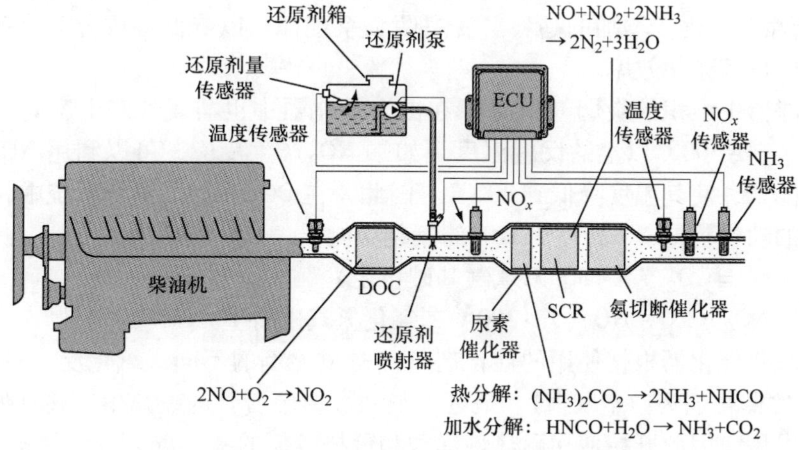

图 11-30　选择催化还原（SCR）系统构成图

NO_x净化过程如图 11-30 所示，通过还原剂喷射器喷射尿素，加水分解催化转化器从尿素溶液中分离出氨（NH_3），氨在 SCR 内与 NO_x反应生成 N_2和 H_2O。氧化催化器位于还原剂喷射器的上游，以提高系统的效率。在 SCR 的下游配备有氨切断催化器（氧化催化器），以防止 NH_3排放到大气中。

SCR 系统的核心技术是保持催化器活性化温度和尿素溶液的正确喷射控制。即，在催化器低温条件下生成硫酸铵抑制催化剂的活性，不充分的尿素喷射量会降低 NO_x的净化率，过多的尿素喷射量会导致 NH_3 被排放到大气中。如图 11-30 所示，此系统为了尿素供给配备有专用泵、尿素箱、供给管路、喷射器等复杂的装置，会增加不少费用，另外还存在尿素供给站基础设施普及等问题。

虽然把 HC 作为还原剂的方法较简便，但净化 NO_x的排气温度范围较窄和净化率较低，此问题还待研究。

（4）复合系统　柴油机因在稀薄燃烧领域运行，在排气中大量含有氧气，因此不能配置利用三元催化器。因此，在柴油机中由氧化催化器主要担负净化 HC、CO 和颗粒物质中易氧化的可溶性机物质（SOF）成分的任务，由 DPF 担负对颗粒物质中不易或不可能氧化物质的过滤任务，对于 NO_x的净化采用如 SCR 和 NSC 等专用还原系统。因此，柴油机为了解决这些废气排放问题，其排气装置需要采用氧化催化器（DOC）、颗粒过滤器（DPF）、吸附还原催化器（NSC）、选择催化还原催化器（SCR）等的复合排气系统。目前在商用柴油车的后处理系统中采用的复合系统有 DOC + DPF、DOC + DPF + SCR、DOC + DPF + NSC 等。

① DOC + DPF 系统。符合欧Ⅲ、Ⅳ废气排放标准的发动机常用的后处理系统为，柴油 DOC 和 DPF 以顺序排列的系统，如图 11-28 所示。

此系统是乘用车柴油机最常用的方式，最近在商用车柴油机也开始使用此类配置。早期在 DPF 中没有采用贵金属催化剂涂层，近来为了提高氧化反应效率，并降低对过滤器内堆积炭烟的氧化，再生过滤器的反应温度，催化剂涂层颗粒过滤器（DPF）产品处于逐步增加的趋势。使用两个系统即可以降低各成分氧化反应的负担，还可以提高净化效率。

在过滤器中堆积的炭烟（$C_{炭烟}$）在白金催化器中也与氧气产生反应（见下述反应式），需要 500℃以上的反应温度。如果 NO_2产生反应，可以利用 NO_2所拥有的强氧化能量，使其温度降低到 200℃。因此，在 DOC + DPF 复合系统中，DOC 所必备另外的功能是把 NO 转化为 NO_2的氧化功能。

$C_{炭烟} + O_2 = CO_2$（$T < 500$℃氧气基础再生）

$C_{炭烟} + NO_2 = CO + NO$（$T > 200$℃二氧化氮基础再生）

柴油氧化催化器根据使用的催化剂量和构成比例的不同，氧化反应有所差异，DOC 使用的催化剂为白金（Pt）。最近，柴油燃料中所含的硫减少，并且催化器技术也有所发展，因此开始使用耐热性优秀和价格较低的钯（Pd）。

② DOC + DPF + SCR 系统。DOC 和 DPF 组合的复合系统中，不能净化 NO_x成

分。因而在此基础上增加 SCR 催化器，以降低 NO_x 排放量。SCR 是吸附存储定期或连续喷射的还原剂，并与从发动机排放的 NO_x 产生反应进行净化。作为还原剂通常使用氨，因氨具有爆炸危险性，因此在 SCR 前方喷射尿素，并把尿素分解为氨加以使用。

SCR 通常使用没有添加贵金属的催化剂，如价格较低的钒（V）金属。因钒金属虽很经济，但具有毒性，因此最近有禁止使用的倾向，开始使用虽然价格较贵但没有毒性的沸石系列。

③ DOC + DPF + NSC 系统。作为 NO_x 的催化器，目前有用 NSC 代替 SCR 的趋势。NSC 是把在燃料稀薄条件下排放的 NO_x 利用吸附物质吸附并存储，一旦吸附量趋于饱和状态，就利用发动机在浓空燃比条件下运行时排放的 CO 还原净化吸附的 NO_x 的方式。

11.3　汽车废气排放标准和测试法

汽车所排放的污染物质在严格的法规限制下不得不持续降低。韩国对国产汽车的废气排放标准是，1978 年 7 月 1 日公布实行的环境保护法中的“汽车和重工业废气排放许可标准”开始逐步强化，于 1987 年 7 月普及了配备三元催化器装置的无铅汽油车，从 2006 年开始普及满足超低排放车辆（ULEV）标准的汽油车和天然气汽车。从 2009 年开始适用以低排放车辆（LEV）、超低排放车辆（ULEV）、极超低排放车辆（SULEV）和零排放车辆（ZEV）为对象的新燃油经济性标准的测试工况行驶油耗标准（FAS）。

柴油车从 1980 年开始以炭烟 3 模式为起点，于 1984 年 7 月增加了 3 个项目，从 1996 年开始几乎每两年出台一个新的强化的制度。目前适用的柴油车的废气排放标准为欧Ⅴ标准。

11.3.1　汽车的分类

根据废气排放标准分类的汽车在大气环境保护法（韩国）试行规则第 7 条表 5 中进行了规定。2009 年 1 月 1 日开始实行的废气排放标准的汽车分类见表 11-3。汽车分类为轻型汽车、乘用车、货车、二轮汽车和建设机械，其中乘用车和货车又分为小型、中型、重型、大型和超大型。

在汽车的能量消耗效率检测中使用“细部相同车型”的用语。这表示根据汽车的构造和特性，能量消耗效率很相似的汽车群，一旦下述各项发生改变，就不能视为细部相同车型。

① 车型。

② 排气量、增压器、进气冷却方式等。

③ 燃料供给方式。

④ 变速器类型（手动、自动）、档位数和驱动方式（前轮、后轮、4 轮驱动等）。

⑤ 空车重量差异 5% 以上。

⑥ 其他由知识经济部（韩国）官员认为有必要进行个别分类的汽车。

表 11-3　废气排放标准的汽车分类（2009 年后）

车型		规格
轻型汽车		发动机排气量在 1000mL 以下
乘用车	小型	发动机排气量在 1000mL 以上，车辆总重在 3.5t 以下，乘车人员 8 人座以下
		多功能乘用车
	中型	发动机排气量在 1000mL 以上，车辆总重在 3.5t 以下，乘车人员 9～15 人
	大型	车辆总重在 3.5t 以上，15t 以下
	超大型	车辆总重在 15t 以上
货车	小型	发动机排气量在 1000mL 以上，车辆总重 2t 以下
	中型	发动机排气量在 1000mL 以上，车辆总重 2t 以上，3.5t 以下
	大型	车辆总重在 3.5t 以上，15t 以下
	超大型	车辆总重在 15t 以上
二轮汽车		空车重量在 0.5t 以下
建设机械		发动机额定输出功率为 19～560kW

11.3.2　废气排放标准

汽车制造商废气排放许可标准在大气环境保护法中做出了规定，测试方法见“生产车辆测试检测和步骤相关规定”。本文仅对汽油车和柴油车进行简略的说明。

1. 汽油车和天然气汽车

从 2009 年 1 月 1 日开始适用的汽油车或天然气汽车的废气排放许可标准见表 11-4。

表 11-4　汽油车和天然气汽车 2009 年 1 月 1 日开始实行的废气排放许可标准

轻型汽车，小型乘用车、中型客货两用、货车					
车型		一氧化碳 (CO)/(g/km)	氮氧化物 (NO_x)/(g/km)	非甲烷碳氢化合物 (NMHC)/(g/km)	甲醛 (HCHO)/(g/km)
标准 1	甲	2.11	31	47	9
	乙	2.61	44	56	11
标准 2	甲	1.06	31	25	5
	乙	1.31	44	34	7
标准 3		0.625	12.5	6.25	2.5
标准 4		0	0	0	0
		4.0	2.0	0.55	0

废气排放检测模式是以单位行驶里程的废气排放重量（g/km）来规定的。废气排放许可标准并不是要求所有汽车一律满足相同的标准，而是提出四个标准，各制造商要选择其中一个标准，全部出厂车辆的非甲烷碳氢化合物（NMHC）平均值要满足各年度测试工况行驶油耗标准（FAS）。这是以美国加利福尼亚的低公害汽车标准为基础制定的标准：标准 1 为低排放车辆（LEV）；标准 2 为超低排放车辆（ULEV）；标准 3 为极超低排放车辆（SULEV）；标准 4 为零排放车辆（ZEV）。

2. 柴油车

柴油车从 2009 年 9 月 1 日开始的废气排放许可标准见表 11-5。轻型汽车、小型乘用车、小型货车和中型乘用车、货车的检测方法早期使用了定容取样法（CVS－75）模式，但从 2006 年开始废气排放许可标准使用了 ECE15 和 EUDC 模式，大型乘用车和超大型乘用车、货车（以下简称大型汽车）在 ND－13 模式和 ETC 模式中选择一种，从 2009 年 9 月开始废气排放许可标准要均满足 ND－13 模式和 ETC 模式。

表 11-5　柴油车 2009 年 9 月 1 日开始实行的废气排放许可标准

汽车		排放许可标准				炭烟（%）
		CO/（g/km）	NO_x/（g/km）	HC + NO_x/（g/km）	PM/（mg/km）	
轻型汽车、小型乘用车		0.50	0.18	0.23	5	10
小型货车重型乘用车、货车	小型	0.50	0.18	0.23	5	10
	中型	0.63	0.235	0.298	5	10
	大型	0.74	0.28	0.35	5	10
大型乘用车、货车超大型乘用车、货车	甲	1.50	2.0	0.46	20	10 $K=0.5m^{-1}$
	乙	4.0	2.0	0.55	30	—

11.3.3　废气排放检测法

1. 检测模式

韩国目前采用的检测模式为，汽油车和天然气汽车的废气排放认证检测为定容取样法（CVS－75）模式，柴油车为 ECE15 和 EUDC 模式，柴油大型汽车（大型乘用车/货车、超大型乘用车/货车）为 ND－13 模式和 ETC 模式。

定容取样法（CVS－75）与美国的 FTP－75（联邦检测程序）相同，如图 11-31a所示。这是模拟美国洛杉矶实际市区行驶环境的测试程序，又称为 LA－4 模式。ECE15、EUDC、ETC 模式均照搬了欧洲汽车排气测试程序。此外，排放废气检测模式还有日本的 11 模式、10・15 模式。各国所采用排气检测法的比较见表

11-6。

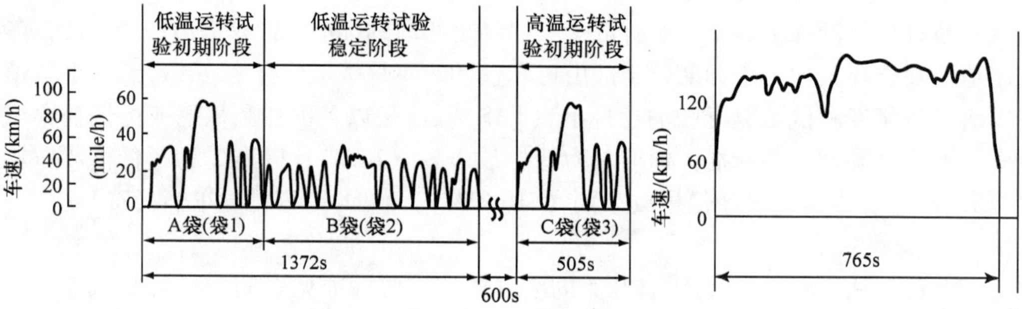

a) CVS-75模式　　b) 高速公路模式

图 11-31　美国的检测模式

表 11-6　各国排气检测法

国家	检测模式	1 个周期值			
		行驶里程/km	时间/s	平均车速/(km/h)	最高车速/(km/h)
韩国、美国	CVS-75	17.85	1877 +600 暂停	34.1	91.2
	公路	16.44	765	77.4	94.4
欧洲	MNEDC	11	1220	32.5	120
日本	11 模式①	1.021	120	30.6	60
	10 · 15 模式	4.16	660	22.7	70

① 11 模式检测模式反复检测 4 次。

2. CVS-75 模式

（1）检测装置和条件　排气检测装置有蒸发气体检测装置、底盘测功机、排气取样装置、排气分析装置、资料处理装置和其他附属装置。

定容取样法（CVS-75）是在恒温测试室中，使用能再现汽车在实际道路上行驶时所处的负荷状态的底盘测功机。底盘测功机上配备有负荷吸收装置，以及能再现加减速惯性重量的飞轮，也能模拟惯性力矩、滚动阻力和空气阻力。吸收负荷的方式有电气方式和水力方式。

测试对象车辆需要保持驻车状态规定的时间，汽油和天然气汽车为 12~36h，柴油汽车为 12h 以上，并在进行测试期间，测试室的温度要保持在 20~30℃（68~86 ℉）。

测试时，把测试对象车辆放在底盘测功机辊子上面，车辆上乘坐一名操作员，把规定的检测模式按照运行辅助装置的指示行驶完成后，检测排放的 CO、CO_2、HC、NO_x 和 PM 等排放废气的浓度，并以此测量值为根据计算单位行驶里程的排放量（g/km）。图 11-32 所示为排气检测装置。

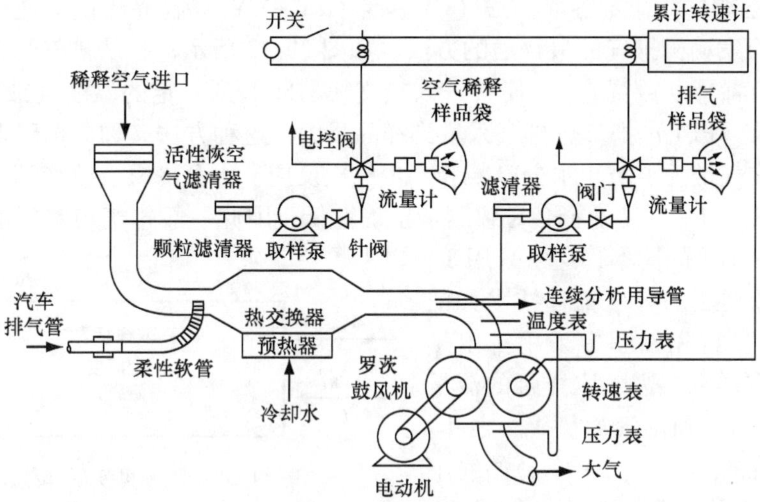

图 11-32　排放废气检测装置

（2）取样装置、分析　取样装置如图 11-32 所示，能对连续的一定流量进行取样，能检测实际排放废气量。排放废气量是利用取样浓度和检测期间的总流量进行计算。

取样装置多采用临界流量文丘里管定容取样装置（CFV－CVS）。样品袋要使用不阻碍样品流动的充分大的袋。

① 排放废气的检测。汽车在测功机上的运行分为三个阶段，在每个阶段对排气取样并进行分析。排气检测阶段见表 11-7。

表 11-7　排气采集阶段

阶段	时间	里程	备注
低温起动测试初期阶段	505s	5.78km（3.59mile）	低温起动
低温起动测试稳定阶段	865s	6.29km（3.91mile）	
暂停	9～11min	—	
高温起动测试阶段	505s	5.78km（3.59mile）	高温起动
合计	44min	17.85km（11.59mile）	

低温起动测试初期阶段：从起动开始到最初 505s 期间。此时把排气用一定量的空气进行稀释，并采集在第一个样品袋中。

低温起动测试稳定阶段：506～1370s 之间的 865s 时间为稳定阶段。此时把排气采集在第二个样品袋中。当稳定阶段结束时，关闭发动机并等待 600s（10min）。

高温起动测试阶段：发动机在高温状态重新起动到最初 505s 期间。此时把排气用空气稀释后，采集在第三个样品袋中。高温起动测试阶段转速周期与低温起动测试初期阶段的转速周期相同。

② 定容取样法。定容取样法（CVS 或 CFV－CVS：临界流量文丘里管定容取样）是采集发动机排气的最普通的方法。如图 11-32 所示，把从排气管排出的气体用空气进行稀释（或混合），使其进入热交换器降低到一定的温度（或密度）后，利用定容泵（PDP）把部分排气采集到样品袋中。这种方法又称为稀释取样法。用空气稀释排气是为了防止水分冷凝和产生二次反应。水分冷凝会改变污染物质的状态（损失）。如果过度稀释会导致测量正确性低，因此一般排气与空气的稀释比率采取 1∶10～1∶5 的比率，通常采用 8 倍以上。

定容取样法的可变稀释技术如图 11-33 所示。首先如图中采用排出量 V_f 一定的取样泵。进入取样泵的流量为空气流量 V_{air} 和排气流量 V_{exh} 之和。此时因系统的 $V_f(=V_{air}+V_{exh})$ 始终不变，因此当 V_{exh} 增加时 V_{air} 会减少。

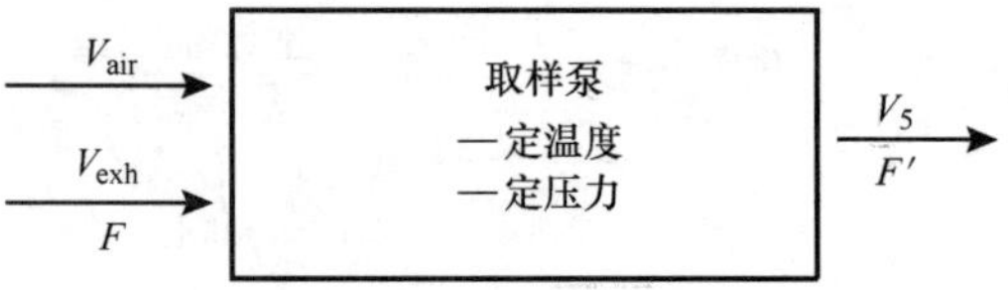

图 11-33　CVS 可变稀释技术

如果设定进入取样泵的 HC 的质量分率为 F，流出的质量分率为 F'，根据质量平衡定律，进入质量和流出质量为相同，有

$$\text{HC 进入质量} = F \times V_{exh} \times \rho_{HC} \tag{11.7}$$

$$\text{HC 流出质量} = F' \times V_f \times \rho_{HC}$$

以此根据上述两个公式获得

$$F' = \frac{F \times V_{exh}}{V_f} \tag{11.8}$$

在式（11.8）可以看出，流出的 HC 容积与进入的 HC 容积和排气容积之乘积成正比。如果排出量 V_f 全部收集在样品袋中，则行驶周期中排放的 HC 质量为

$$\text{HC 质量} = F_{bag} V_{bag} \rho_{HC} = \int_0^t F' V_f \rho_{HC} \mathrm{d}t \tag{11.9}$$

但是，采集全部的空气稀释排气是不现实的，因此利用样品袋采样获得平均 F_{bag}，总容积 V_{bag} 为取样泵每一转的排放量乘以取样泵转速来进行计算。

（3）排气分析装置　排气的分析装置在国际上规定了标准测试步骤和计量仪器。HC 用氢火焰离子化分析仪（FID），CO 用非色散红外气体分析仪（NDIR），NO_x 用化学发光式分析仪（CLD），CH_4（甲烷）用气象色谱－氢火焰离子化分析仪（GC－FID）进行分析，见表 11-8。

表 11-8　排气计量仪

测试模式	测试台	采集法	分析仪			
			碳氢化合物（HC）	一氧化碳（CO）	氮氧化物（NO_x）	甲烷（CH_4）
CVS－75 MNEDC 10·15 模式	底盘测功机	CVS	FID	NDIR	CLD	GC－FID

① 非色散红外气体分析仪。非色散红外气体分析仪（NDIR）使用在检测 CO、CO_2、NO 成分。如图 11-34 所示，从光源发射的红外线被旋转的斩波器间歇切断成为断续光，通过样品室和比较室的光路径进入到检测器。在检测器中充入有适当分压的与检测成分气体相同的气体，在进入检测器的红外线中，仅选择吸收检测成分气体的吸收波长范围。在样品室中会吸收与检测成分气体浓度相对应的红外线，但在比较室中因充入了不吸收红外线的气体，因此不吸收红外线。因此，由检测器吸收的红外线光量，会使通过薄膜隔开的两个密封腔中的气体产生浓度差，进而形成压力差。通过此压力差使薄膜产生位移，用电容式位移计检测此位移量，并把信号放大输出并记录。

② 氢火焰离子化分析仪。氢火焰离子化分析仪（FID）是在图 11-35 所示的燃烧装置中保持一定量的氢火焰，在其内部燃烧 HC 并进行检测的方式。在火焰周围设置电极，并在电极间供给一定量的电压，以此利用高阻抗放大器检测电极间隙中产生的微量离子电流，可以检测并输出与 HC 中的碳原子数成比例的数据，不会受到氢气和碳等无机物的影响。因此与 HC 的构成没有什么影响，可以检测到 $3\times10^{-6}\sim30000\times10^{-6}$范围的甲烷。

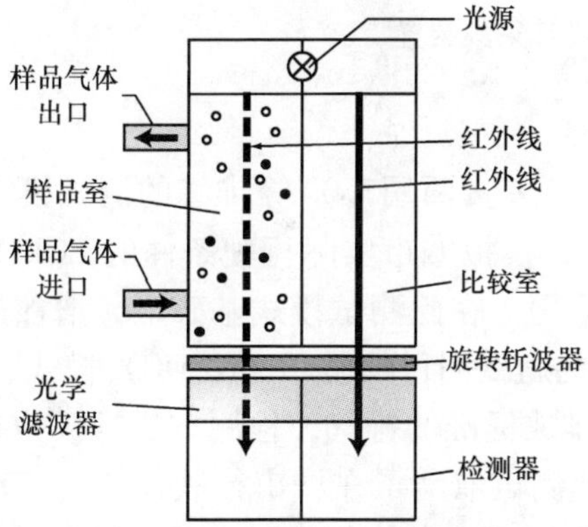

图 11-34　非色散红外气体分析仪

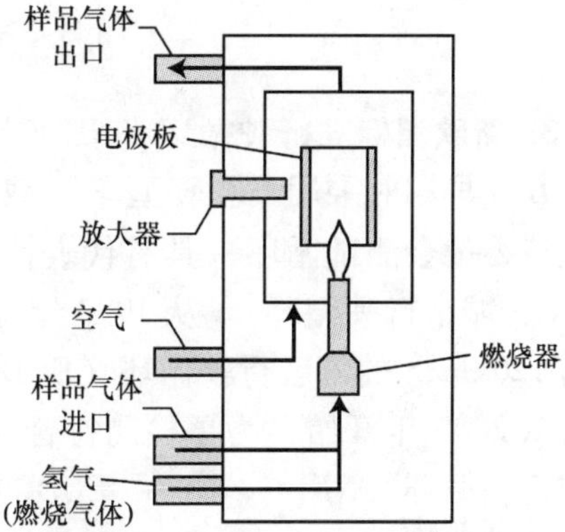

图 11-35　氢火焰离子化分析仪

③ 化学发光式分析仪。化学发光式分析仪（CLD）是利用 NO 和 O_3产生反应生成的部分 NO_2处于激发状态的情况，通过检测其返回到基态 NO_2时产生的化学发光能量，以此检测 NO 浓度的方法。

$$NO+O_3 \rightarrow NO_2^* + O_2$$

$$NO_2^* \rightarrow NO_2 + \nu$$

排气中 NO_x的检测方法是，把 NO_2加温到高温状态，并利用催化剂还原后，以上述方法和用图 11-36 所示的装置进行检测。

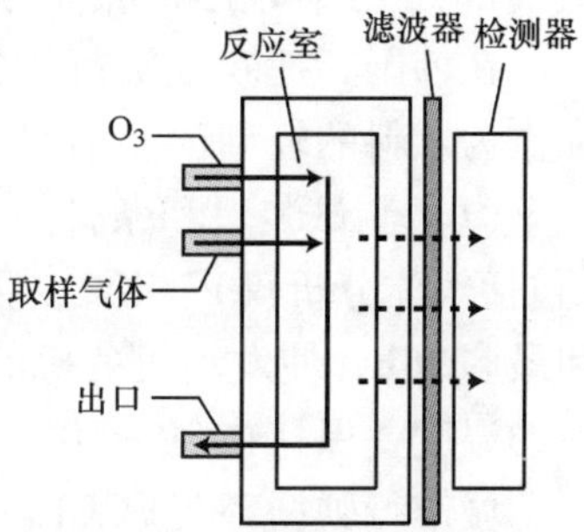

图 11-36　化学发光分析仪

④ 烟度计。烟度计是检测柴油机排放废气中炭烟的装置，其装置结构如图 11-37 所示。检测装置有两种：一是利用真空泵从排气管中把一定容量的排气通过吸入嘴吸入，利用过滤纸截留排气中的碳粒子，并测量碳粒子反射光强度的博世烟度计；二是在一定长度光路径中流过排放气体，并测量它的对光的透光度的哈特里奇烟度计。

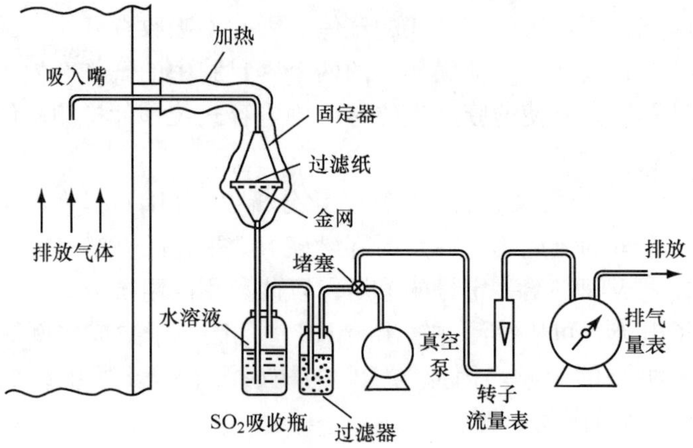

图 11-37 烟度计采集装置

3. 新欧洲标准行驶循环（NEDC）模式

欧洲早期对乘用车和轻型车（载货车、客货两用车）等排气的测试模式（欧洲经济委员会测试循环）具有代表性的是，模拟城市实际行驶条件的 ECE15 模式（UDC：城市行驶循环）。从 1993 年开始采用，在此测试模式基础上，增加最高车速为 120km/h 的郊区行驶循环（EUDC）的新欧洲行驶循环（NEDC）模式。

从 2000 年开始，为了检测符合欧Ⅲ排放标准的排气，检测方法升级为新欧洲标准行驶循环（NEDC，EU＋ EUDC）。此测试取消了在城市行驶循环（UDC）中起动后等待 10s 的时间，起动后就开始测量，因此包含了低温起动初期阶段状态测试。行驶循环模式如图 11-38 所示，由以 4 个基础城市行驶模式构成的城市行驶模式（部分 1）和附加城市行驶模式（部分 2）组成。

在韩国，把新欧洲标准行驶循环（NEDC，ECE15＋EUDC）模式使用在以柴油作为燃料的轻型车、小型、中型汽车排气的检测上。

（1）测试装置和条件　测试装置与定容取样法（CVS－75）模式的测试装置（包括气体分析仪）相同。测试条件是把测试汽车移动到驻车室后，驻车最少 6h 和最多 36h，使发动机的机油温度和冷却液温度达到驻车室温的 ±2℃ 以内。测试室的温度要保持在 20～30℃，绝对湿度要保持在 KS（30%～75%）±3%。

城市行驶循环（ECE15）模式是按照 15 工况每 195s 连续无间断地反复行驶 4 次，行驶里程为 4.052km，平均车速为 18.7km/h，最高车速为 50km/h。郊区行驶

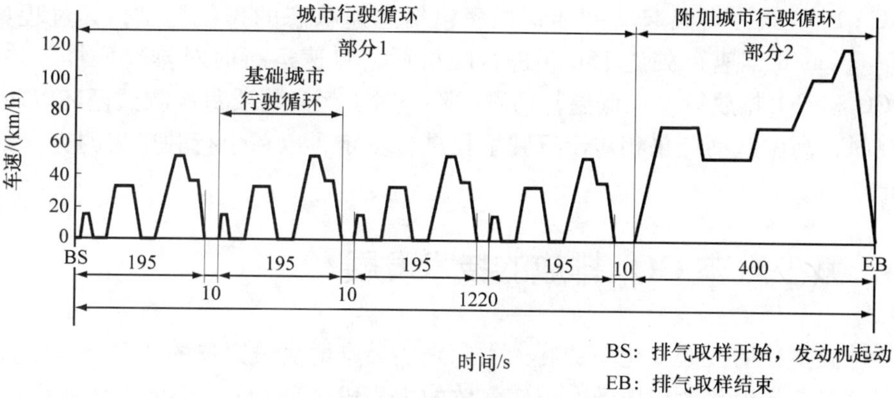

图 11-38　新欧洲标准行驶循环（NEDC）

循环（EUDC）模式的最高车速为 120km/h，行驶时间为 400s，行驶里程为 6.955km。因此，新欧洲标准行驶循环（NEDC）的总行驶里程为 11km，行驶时间为 1220s，平均车速为 32.5km/h。

（2）排气检测方法　排气取样与发动机起动同步开始，并在行驶周期最后怠速停止的同时结束。在各样品袋中采集的排气，尽可能要尽快进行分析。测试结束后，在 1h 内把颗粒物质检测过滤纸移动到重量检测室，并在检测室中 2～36h 内进行测量。颗粒物质量 m 由在各测试阶段中两个过滤纸（第一过滤纸 m_1、第二过滤纸 m_2）中截留的颗粒物质量来决定。

如果 $0.95(m_1+m_2) \leqslant m_1$，则 $m=m_1$

如果 $0.95(m_1+m_2) > m_1$，则 $m=m_1+m_2$

如果 $m_2 > m_1$，取消测试。

4. 10·15、11 模式

日本使用模拟实际行驶条件的 11 模式和 10·15 模式两种测试循环，如图 11-39所示。测试装置和检测法与定容取样法（CVS－75）模式相同。低温起动状态测试的 11 模式循环要重复进行 4 次，10·15 模式为高温起动状态测试，仅进行 1 次。

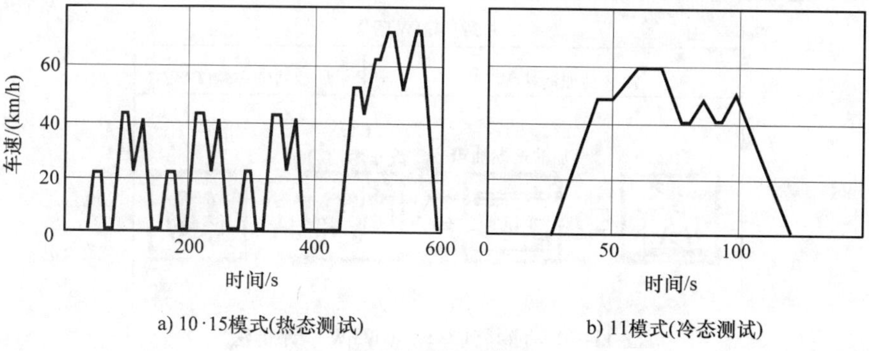

图 11-39　日本

10·15 模式为高温起动的准备程序包括怠速状态的排气测试，其过程如下。车辆以 60km/h 车速行驶约 15min 进行暖机后，怠速运行时对排气取样，并测量 HC、CO 和 NO_x 排放量。在低温起动测试阶段对于污染物质每次测试循环以质量进行检测时，高温起动结果相对于行驶里程进行决定，以单位行驶里程的克（g）进行标记。

11.4 减少汽车 CO_2 排放的技术发展

地球温室化的气候变化是威胁人类未来的最难解决最紧迫的现象。地球温室化是因温室气体的温室效应所致，温室气体的主要成分是 CO_2。温室气体的排放现状是能源相关行业最多，约占 85%。

CO_2 是以碳为主成分的化石燃料（煤炭、石油、天然气）燃烧时产生，因此 CO_2 问题就是能源问题。在韩国也好，全世界也好，能源消耗量中运输行业所占的比例约为 20%，所占的比例较大。各国为了有效降低温室气体的排放量，把运输行业作为必要管理事项。例如废气排放标准，世界各国正趋向于对 CO_2 的排放量（燃料消耗率）进行制度化限制。本章将对燃料消耗率与 CO_2 排放量之间的关系、各国对燃料消耗率的规定和降低 CO_2 技术等方面进行说明。

11.4.1 CO_2 排放量

就汽车降低排放的 CO_2 措施来说，虽然直接降低汽车燃料消耗率相当重要，但降低制造燃料时产生的 CO_2 也很重要。这是对一次能量最终使用到汽车上的燃料总效率、包括 CO_2 的总温室气体排放量和经济性等方面的评价，包括资源的采掘、燃料的制造和运输，直到使用在汽车上为止的各阶段所排放的 CO_2 量进行综合评价的“油井到车轮（WTW）评价法”。此方法又分为从燃料的采掘、精制到加油站燃油箱为止进行评价的“油井到加油站（WTT）评价”，以及从加油站燃油箱到汽车车轮为止对直接消耗燃料进行评价的“加油站到车轮（TTW）评价”，并对各阶段 CO_2 的生成量进行计算，如图 11-40 所示。对于太阳能电池、风力等再生能源和原

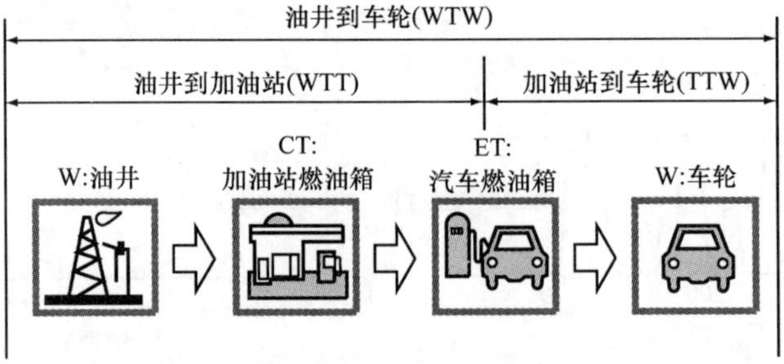

图 11-40 油井到车轮（WTW）评价法

子能等，在设备制造和建设过程中所排放的 CO_2 也不能忽略，正在处于考虑的阶段。此评价区别于油井到车轮（WTW）评价法，以生命周期评价法（LCA）表示。

1. 油井到加油站（WTT）、加油站到车轮（TTW）评价

汽车用燃料有以石油为原料的汽油、柴油、液化气（LPG）和压缩天然气（CNG），此外还有甲醇、二甲醚（DME）、费托合成柴油燃料（FTD）、生物乙醇、生物柴油、氢气等很多种燃料。费托合成柴油燃料（FTD）的油井到加油站（WTT）的计算方法见表 11-9。费托合成柴油燃料（FTD）的油井到加油站（WTT）的计算分成天然气的采掘→通过费托合成法的燃料合成→通过船舶等的长距离运输（或燃料箱运输）→配送到加油站四部分，正确把握各过程中使用的能量，并对使用此能量所产生的 CO_2 进行计算。

表 11-9　费托合成柴油燃料（FTD）的油井到加油站（WTT）计算

	输入能量 */（MJ/MJ）	能量损失/（MJ/MJ）$_{FTD}$	温室气体（GHG）排放量/（g/MJ）$_{FTD}$
天然气采掘	1.62	0.03	4.4
通过费托合成法的合成柴油燃料	1.62	0.59	18.4
通过船舶的长距离运输	1.66	0.04	2.8
配送	1.68	0.03	1.6
合计	6.58	0.68	27.1

*：为了生产拥有 1MJ 发热量的燃料所需的原料量（以能量进行换算）

油井到加油站（WTT）评价法在以相同的石油和相同的精制设备生产汽油、柴油等许多石油产品时，会存在石油公司生产效率和如何分配各产品生产中 CO_2 产生量的问题，并且采用何种方法也对其结果产生很大影响。通常，有①产品重量、②产品具有的能量（发热量）、③产品的价值（销售价格）这 3 种方法。也可以适当使用其他的方法，重要的是要明确其前提。

图 11-41 所示为在欧洲实行的对各种燃料的油井到加油站（WTT）评价法的具有代表性的例子。欧洲评价结果，如果以用石油制造的汽油、柴油作为标准对各种燃料进行比较，通常用天然气或煤炭等制造的合成燃料，在其制造燃料过程中所产生的 CO_2 量比汽油多，另外，对于生物燃料制造过程中的 CO_2 排放量，作为其原料的生物质在空气中利用太阳能把 CO_2 作为碳水化合物吸收，因此往往评价为负排放的情况也时有发生。今后，有可能导入经济化的 CO_2 固定化技术，到时评价方式会发生很大的变化，到目前为止的油井到车轮（WTW）评价法的各研究结果，引入 CO_2 固定化技术的例子很少。

加油站到车轮（TTW）评价法是，利用汽车行驶模式使用的理论能量（燃料）和实际使用的燃料量（实际燃料消耗率）计算汽车的燃料效率，并计算此时 CO_2 等地球温室化气体（GHG）的排放量。

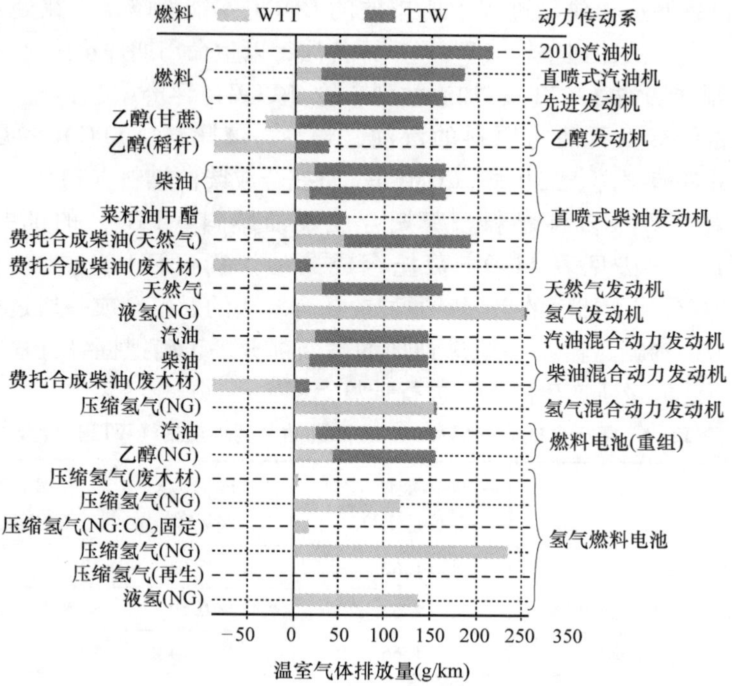

图 11-41　各种动力源和 CO_2 排放特性之间的比较

2. 油井到车轮（WTW）效率

对汽油车、混合动力车和燃料电池车的油井到车轮（WTW）评价的能量效率如图 11-42 所示。虽然汽油车的燃料效率为88%，处于较高状态，但车辆效率仅为16%，处于最低的状态，因此综合效率仅为14%。与此相反，燃料电池车的目标值，燃料效率为 70%，车辆效率为 60%，其综合效率为 42%，处于最高的状态。

	燃料效率(%)	车辆效率(%)	综合效率(%)
汽油(AT)	88	16	14%
世代普拉乌斯	88	28	25%
改良普拉乌斯	88	32	28%
03款普拉乌斯	88	37	32%
燃料电池车	58	50	29%
燃料电池车目标	70	60	42%

图 11-42　对各种燃料的油井到车轮（WTW）评价结果

汽油乘用车的车辆效率低是众所周知的，但是其值随着今后的燃料或车辆系统的开发和发展，会发生历史性的变化。

目前，按照汽车使用的动力源分为内燃机汽车、电动汽车和两者结合的混合动力汽车，将来还可以增加燃料电池汽车等。根据车辆不同动力源的油井到车轮（WTW）评价的 CO_2 排放特性如图 11-43 所示。从图中可以看出，在 CO_2 排放方面，早期汽油车辆的排放量最多，并按天然气、柴油、混合动力、燃料电池汽车的顺序，其排放量逐步减小。

11.4.2 燃料消耗率

1. 燃料消耗率检测法

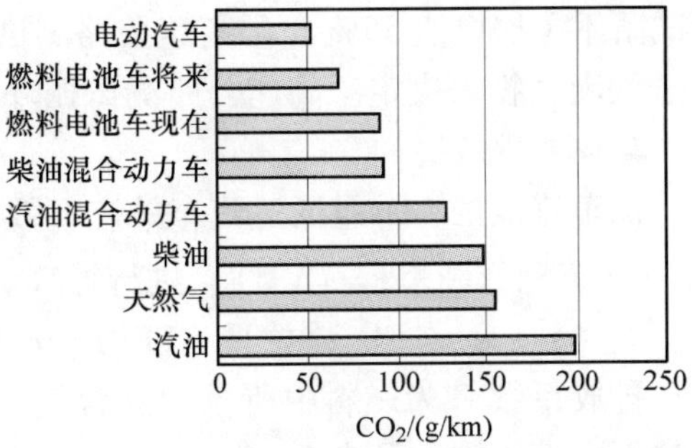

图 11-43 油井到车轮（WTW）能量效率比较

汽车的燃料消耗率（或能量效率比）是以汽车消耗单位燃料时的行驶里程（燃料效率，km/L）进行检测。这要根据“随排放废气浓度的汽车能量效率比测量法”以碳平衡法进行检测。碳平衡法是利用燃料中的碳量和排气中的碳量相同的法则，以与排气检测法（CVS－75）相同的方法检测在排气中包含的 CO、HC 和 CO_2 量，以计算燃料消耗率的方法。各国的燃料消耗率检测法见表 11-10。

表 11-10 各国的燃料消耗率检测法

国家	燃料消耗率检测法			备注
	内容	行驶	单位	
美国	（1）FTP－75 模式燃料效率值 ×0.9 （2）HWY 模式燃料效率值 ×0.78 （3）LA4、HWY 模式燃料效率的组合值	FTP－75 模式 HWY 模式	MPG	组合燃料效率值 $=\dfrac{1}{\dfrac{0.55}{FTP75}+\dfrac{0.45}{HWY}}$
欧洲	（1）城市行驶循环燃料效率值 （2）郊区行驶循环燃料效率值 （3）组合燃料效率值	EU＋EUDC 循环	L/100km	
日本	10·15 模式燃料效率值	10·15 模式	km/L	

（1）检测方法　按照大气环境保护法第 33 条的规定检测汽车的排放废气浓度。测试对象车辆的空车质量表示的是以空车质量加上 136kg。选定的测试对象车辆测试之前的累计行驶里程应为 160km 以下。

（2）计算方法　能量效率比（km/L）的计算方法为：

$$\text{汽油效率比}=\frac{640\ (\text{g/L})}{0.866\times HC+0.429\times CO+0.273\times CO_2}$$

$$\text{液化气效率比}=\frac{483\ (\text{g/L})}{0.827\times HC+0.429\times CO+0.273\times CO_2}$$

$$\text{柴油效率比}=\frac{734\ (\text{g/L})}{0.866\times HC+0.429\times CO+0.273\times CO_2}$$

在上述公式中，碳与氢气比（CH 比）汽油为 1.85，液化气为 2.5，柴油为 1.85。测试用液化气为 100% 丁烷标准，碳氢化合物（HC）、一氧化碳（CO）、二氧化碳（CO_2）为各排放废气浓度（g/km）。燃料消耗率是由定容取样法（CVS－75）

测试循环（加权值55%）和高速公路测试循环（加权值45%）这两种循环中产生的排放废气物来决定。高速公路测试循环如图 11-31b 所示。

2. CO_2 排放量

汽车排放的 CO_2 量通过汽车的燃料效率（燃料消耗率、FE)、燃料中的碳含量（C）和车辆行驶里程（VMT）进行计算。

$$CO_2\text{排放量} = FE[L/km] \times C[g/L] \times VMT[km]$$

排放系数 C 为燃料中所含的碳含量。燃料的碳含量（或排放系数）随燃料种类的不同而不同，见表 11-11。

表 11-11　燃料的碳含量　（单位：kg/L）

	汽油	柴油	天然气	液化气	乙醇	氢气	电动
CO_2（汽油换算）	2.416	2.582	1.727	2.083	2.484	0	0

3. 燃料效率与 CO_2 排放量之间的关系

虽然燃料消耗率与 CO_2 排放量之间有密切的关系，但燃料的种类不同，即使燃料效率相同 CO_2 排放量也不一样。图 11-44 所示为随燃料种类的燃料消耗率与 CO_2 排放量之间的关系。我国汽车的燃料消耗率和 CO_2 排放量见表 11-12。可以看出，CO_2 排放量随燃料消耗率的增大而减小，燃料以液化气、柴油、汽油的顺序排放量降低。

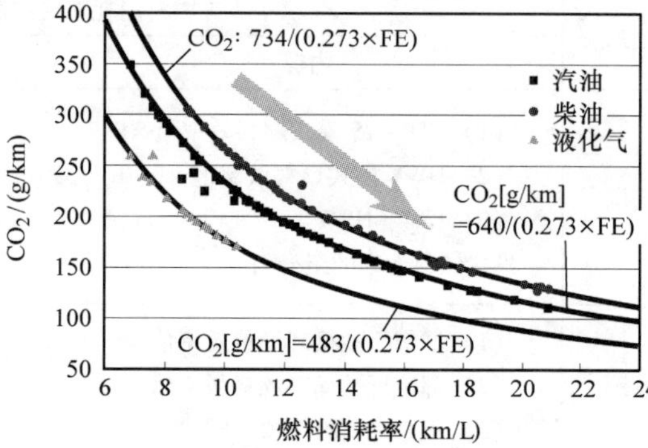

图 11-44　燃料效率与 CO_2 排放量之间的关系

表 11-12　燃料效率和 CO_2 排放量

燃料效率/(km/L)	制造商	车型名称	燃料种类	排气量/mL	CO_2 排放量/(g/km)
9.8	起亚	佳乐 2.0LPI	液化气	1998	180
	现代	途胜 2.0DOHC	汽油	1975	238
	现代	特拉卡 2.9TCI 2WD	柴油	2902	275
12.6	三星	SM3	汽油	1596	186
	双龙	爱腾跑车 2.0DI 4WD	柴油	1998	213
	现代	胜达 2.0 柴油	柴油	1991	231

11.4.3　燃料消耗率规定和动向

燃料消耗率的规定与废气排放标准一样，根据社会要求的变化而每年发生改变。

1. 燃料消耗率规定方法

燃料消耗率的规定有下述很多方法。

（1）企业类别平均燃料效率（CAFE）规定　公司平均燃料经济性（CAFE）又称为公司平均燃料效率，公司平均燃料效率规定是对 1 年时间汽车制造商总生产车型的平均燃料效率进行规定的方法。公司平均燃料效率的计算方法为

$$公司平均燃料效率=\frac{年总生产车辆数}{\sum 年生产车辆数/燃料效率}$$

（2）燃料税　燃料税是购买规定燃料效率值以下的车辆时，附加的义务性缴纳税费的规定，车辆的燃料效率越低，其税费就越大。

（3）车型类别燃料效率规定　主要是按照当量惯性重量规定燃料效率值，对各车型具体进行规定的方法。

（4）企业应对　欧洲对 CO_2 排放量的降低目标没有做出具体规定，各企业自己确定目标值。但是，欧共体会进行不定期调查，因此实际上与法律规定没有什么不同。欧洲汽车行业确定了 2008、2009 年度 CO_2 排放量降低到 140g/km 的目标，将此目标值与表 11-12 进行比较，可以看出是相当严格的目标值。

2. 各国的燃料消耗率规定和动向

美国、欧洲、日本为了减少温室气体和提高汽车产业的竞争力，制定并发布了严格的汽车温室气体排放量和燃料效率标准。

（1）美国　美国道路交通安全管理局（NHTSA）制定了乘用车和小型车的燃料效率标准，从 2011 年开始的 5 年间以每年 4.6% 的改善率，总改善率要达到 15.0%。2015 年目标燃料效率要达到，乘用车为 35.7mpg（英里每加仑），小型商用车为 28.6mpg，全体平均为 31.6mpg，进行了大幅度调整（表 11-13）。

在此内容上包含了，到目前为止仅考虑对汽车制造商平均燃料效率（CAFE）进行的评价，今后将对乘用车和小型商用车两个部分会分别规定其燃料效率标准。因此，到目前为止沿用的大型皮卡、SUV、厢式车等小型汽车的燃料效率没有得到改善，用提高小型乘用车销售量的方法提高企业的平均燃料效率的方式已经不复存在。同时，根据生产车辆数和产品结构，整车企业各自会适用不同的燃料效率标准。如，美国三大汽车企业（GM、福特、克莱斯勒）、日本三大汽车企业（丰田、本田、日产）等生产并销售多种车型的企业，其燃料效率标准会低一些，相反，保时捷、BMW、梅赛德斯奔驰等高级品牌和三菱、斯巴鲁、马自达等生产和销售少量特种车辆的企业，会有相对较高的燃料效率标准。高燃料效率车燃料税见表 11-14。

表 11-13 美国的各企业类别平均燃料效率规定（CAFE）

（单位：mpg①）

	2008 年	2011 年	2012 年	2013 年	2014 年	2015 年
乘用车	27.5	31.2	32.8	34.0	34.8	35.7
小型商用车	22.5	25.0	26.4	27.8	28.2	28.6
平均	24.8	27.8	29.2	30.5	31.0	31.6

① mpg 表示 mile per gallon，表示英里每加仑。

表 11-14 高燃料效率车燃料税

序号	燃料效率	燃料税（美元/辆）	序号	燃料效率	燃料税（美元/辆）
1	>22.5	0	7	16.5~17.5	3000
2	21.5~22.5	1000	8	15.5~16.5	3700
3	20.5~21.5	1300	9	14.5~15.5	4500
4	19.5~20.5	1700	10	13.5~14.5	5400
5	18.5~19.5	2100	11	12.5~13.5	6400
6	17.5~18.5	2600	12	<12.5	7700

（2）欧洲 欧洲在汽车 CO_2 排放方面，于 2009 年 4 月通过了按照汽车制造商类别的强化的许可标准法案。其标准为，从 2012 年开始 130g/km（约 18.1km/L），从 2020 年开始 95g/km（约 22.4km/L）。此规定与车辆的重量无关，汽车的平均二氧化碳排放量以 2012 年为对象车辆的 65%，2013 年为 75%，2014 年为 80% 的标准分阶段要达到目标，从 2015 年开始，所有车辆要达到 130g/km 以下的排放目标，对于没有达标的生产商要交纳罚金。罚款适用累进制，从 2012 年开始以每超出 1g 为 5 欧元，2g 为 15 欧元，3g 为 25 欧元，4g 开始为 95 欧元，采用梯次附加罚金。例如：超过 10g（140g/km）时，1 辆车罚金为 710（$=5+15+25+95\times7$）欧元。

另外，英国和德国把年度流通税计算标准从排气量基础变更到二氧化碳排放量基础，对 CO_2 排放量小于 100g/km 的车辆免去其年度流通税。

（3）日本 日本于 2008 年在世界混合动力车 50 万辆销售量中占据了 90% 以上的日本产车辆（丰田 90%、本田 10%），事实上独占了世界混合动力汽车市场。混合动力汽车市场预计到 2015 年会扩张到目前的 3 倍规模（150 万辆）。

日本于 2007 年 2 月修改了燃料效率标准，2010 年为 15.1km/L，2015 年为 16.8km/L，提高了标准，对于没有达标的生产商会处以罚金（100 万日元以下）。2010 年日本各企业 10.15 模式平均燃料效率见表 11-15。

11.4.4 降低 CO_2 排放的措施

汽车排放 CO_2 的降低措施有很多种，如图 11-45 所示。

表 11-15 日本的各企业类别平均燃料效率规定

车辆重量/kg	~702	703~827	828~1015	1016~1265	1266~1515	1516~1765	1766~2015	2016~2265	2266~
2010 年标准/(km/L)	21.2	18.8	17.9	16.0	13.0	10.5	8.9	7.8	6.4

1. 燃料效率的改善

为了改善燃料效率，汽车需要改善以一定的模式行驶的模式燃料效率和在实际道路行驶时的实用燃料效率。此改善措施大体上可以分为汽车技术、行驶基础建设、驾驶人的驾驶习惯等。

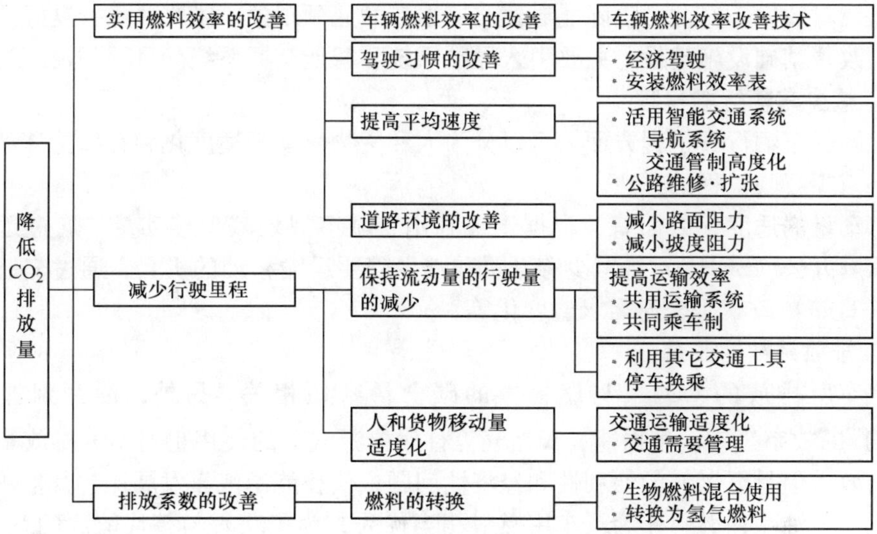

图 11-45 汽车 CO_2 排放量降低的措施

(1) 模式燃料效率的提高 模式燃料效率是通过提高能量效率（或发动机高性能化)、行驶效率（或降低行驶阻力）和车辆轻量化等技术得到改善。提高行驶效率方面有降低空气阻力、降低振动阻力、车辆轻量化、减小尺寸和改善驱动效率等。提高能量效率方面有提高热效率、提高机械效率、为部分负荷状态的改善采用可变系统、精确的电子控制等技术以及代替能源技术。对此项目的研发动向和内容见“5.6 节”和“6.6”节内容。

(2) 实用燃料效率的提高 影响实用燃料效率的因素有驾驶习惯、行驶速度、道路环境等方面。

考虑燃料效率的经济运行可以节省很多费用，但其效果随驾驶人的驾驶习惯不同而有很大差异。汽车的燃料效率通常在一定的车速范围内随车速的增加而上升，在 60km/h 附近达到最大值，如果车速进一步上升，燃料效率会急速恶化。因此在最高档位状态，车速 60～70km/h 范围为燃料效率最佳的车速范围，即经济速度范围。另外，加速、减速驾驶会比恒速驾驶的燃料效率降低约 12%，制动所消耗的能量占全部供给能量（模式行驶时）的 20% 左右，在低速行驶、高速行驶、急加速、急减速等行驶状态会增大燃料消耗量。因此，改善技术方面利用燃料效率表或换档显示器等辅助装置，以告诉驾驶人在良好的燃料效率条件下驾驶。

交通顺畅与否与车辆的燃料效率有密切的关系，如道路占有率、道路结构、交通量控制等。在市内行驶时，怠速运行消耗的时间在定容取样法（CVS－75）模式时为 18.4%，此时所消耗的燃料占全部燃料消耗量的 14%。因此，怠速运行会给燃料的经济性带来恶劣影响。另外，道路占有率低时，行驶速度会降低，因此，不仅只能在燃料效率低的速度范围行驶，而且要考虑怠速运行和加速、减速时间增加会恶化燃料效率。对此应消除能导致交通迟滞的瓶颈现象，维修并保持良好的道路条件，改善基础设施建设，并要引入导航系统和智能交通系统（ITS）等技术。

2. 减少车辆行驶里程

在降低车辆行驶里程方面，可以分为人和货物移动量适度化和在保持移动量的条件下减少行驶里程的方法。

移动量的适度化方面有，根据土地利用、城市规划减少移动量，通过远程工作、家庭办公（SOHO）等减少移动量和减少需要运输移动的机会，通过交通需要管理（TDM）政策等交通需求适度化等。

3. 排放系数的改善

汽车所排放的 CO_2 量与燃料中的碳含量密切相关。另外，油井到加油站（WTT）的效率氢气、生物能、天然气等替代能源汽车的使用也对 CO_2 排放量的降低很有效。但是因燃料的便利性和经济性问题，代替能源汽车发展比起其他领域有所困难。石油系列燃料作为汽车用燃料相当优秀，为了获得与替代能源的竞争力，在制造技术和汽车上的使用技术方面降低费用等努力很重要。另外，替代能源的投入领域，因供给基础设施建设等不能仅由汽车行业解决，需要政府、能源行业共同努力。促进替代能源的政策、国际社会的理解和秩序构筑等技术外的促进也不可避免。

练　习　题

1. 请说明汽车排气检测的取样方法。
2. 请说明 NO_x 检测用分析仪的种类、特征和原理。
3. 请说明目前，日本、美国的汽车排气规定。
4. 请说明降低汽车 NO_x 排放量的方法。
5. 请说明熄火距离和冷却领域。
6. 请说明降低汽车排放废气的对策。
7. 请说明三元催化器的作用和反馈控制。

第 12 章　航空燃气涡轮发动机

12.1　绪论

航空器用发动机与汽车用发动机均为具有代表性的内燃机。航空器用发动机不仅有间歇燃烧往复式内燃机，还有连续燃烧旋转型内燃机。旋转型内燃机也称为燃气涡轮发动机。

燃气涡轮发动机通过燃料燃烧产生的高温、高压燃烧气体，对燃气涡轮做功获得驱动主轴或螺旋桨等机械力，或通过喷口高速喷出获得推力。此类发动机不仅作为航空器用发动机、工业用（发电用）燃气涡轮、军舰和坦克等的推进器使用，还作为送油管驱动装置、微型燃气涡轮发动机、辅助动力发动机等使用。

燃气涡轮发动机大体上分为航空器用喷气式发动机和工业用燃气涡轮发动机，作为航空器用发动机早于工业用发动机。这是因为喷气推力原理较简单，仅以燃烧气体通过喷口喷出时的反作用力获得推力。因此，航空器用燃气涡轮发动机的有用动力就是推力，从这点上与利用轴的旋转运动轴功率的工业用燃气涡轮、军舰和坦克用发动机不同。目前，世界最大的飞机 A380（座位 555 个）使用 4 个推力为 386kN 的涡轮喷气发动机。

航空器使用的喷气发动机属于喷射推进发动机。喷射推进发动机是把高温、高压燃烧气体通过喷口高速喷出，并利用燃烧气体对发动机的反作用力推动飞行器。喷射式发动机分为喷气发动机和火箭发动机。喷气发动机和火箭发动机的差异为，喷气发动机的助燃剂使用空气中的氧气，火箭发动机使用的助燃剂为不是空气的专门携带的专用助燃剂。因此，喷气发动机仅能在有空气的地球空气层上使用，火箭发动机因同时携带燃料和助燃剂，因此可以在没有空气的宇宙飞行。火箭发动机相关内容将在第 13 章专门进行说明，本章节专门对航空器用燃气涡轮发动机进行说明。

12.1.1　燃气涡轮发动机概述

航空燃气涡轮发动机通过带动螺旋桨或旋翼旋转获得推进力，或燃烧气体通过喷口高速喷出时的反作用力获得推力。推进原理依赖于牛顿的运动定律。

1. 牛顿运动定律

推进原理可以利用牛顿运动第二定律和第三定律进行说明。牛顿在物体运动中主要以加速度和作用力为核心。

牛顿的运动第二定律是：物体的加速度的大小与物体所受的合外力成正比，与物体的质量成反比，加速度的方向与合外力的方向相同可以表示为

$$F = ma \tag{12.1}$$

式中，如果已知质量 m 的物体加速度 a，可以求出物体受到的作用力 F，如果已知作用力，则可以求出加速度。

牛顿的运动第三定律是：所有物体之间始终存在大小相等和方向相反的反作用力。两个物体之间的作用力和反作用力，在同一直线上，大小相等，方向相反。地球的体积比太阳小 109 倍，质量小约 100 万倍。即便如此，太阳对地球的吸引力 F_{se}与地球对太阳的吸引力 F_{sa}大小相等，方向相反。

$$F_{se} = -F_{sa} \tag{12.2}$$

另外，质量 m_a 的宇宙人对卫星施加 F_a的作用力，相对地卫星对宇宙人施加大小相等和方向相反的作用力 F_s。宇宙人和卫星相互作用者相同的大小相等力量。

$$m_s a_s = m_a a_a$$

但是，加速度的大小就不同。

$$\frac{a_a}{a_s} = \frac{m_s}{m_a}$$

加速度与质量成反比。如果通信卫星的质量 m_s 比宇宙人的质量 m_a 大 10 倍，当作用力相等时，宇宙人的加速度会大 10 倍。

此事实以动量 M 表示为

$$M = mV$$

动量变化率式为

$$\frac{dM}{dt} = \frac{d(mV)}{dt} = F \tag{12.3}$$

如果作用力作用时间为 Δt，动量变化式为

$$\Delta M = F\Delta t$$

宇宙人施加的作用力 F_a会导致卫星动量的变化，卫星动量的变化式为

$$\Delta M = F_s \Delta t$$

根据作用力－反作用力定律，卫星会对宇宙人施加方向相反且大小相等的反作用力 F_s。宇宙人在此力的作用下，其动量发生变化，变化量与卫星的动量变化相反，即

$$\Delta M_a = F_a \Delta t$$

$$F_s = -F_a \text{ 或 } \Delta M_s = -\Delta M_a \tag{12.4}$$

式中，宇宙人和卫星的动量变化量和为0。这表示推动卫星后，总动量 M_t不发生变

化并保存的事实，即

$$M_t = M_s + M_a \tag{12.5}$$

这称为动量守恒定律。

2. 推进原理

推力表示推动物体的力。为了推动物体需要作用力。航空器的作用力如图12-1所示，有推力、阻力、升力和重力四种力量。

航空器为了能飞行，推力（F）必须大于阻力（D），升力（L）必须大于重力（W）。即推力大于阻力时航空器可以移动，升力大于重力时航空器可以升天，相反如果升力小于重力，航空器会下降。

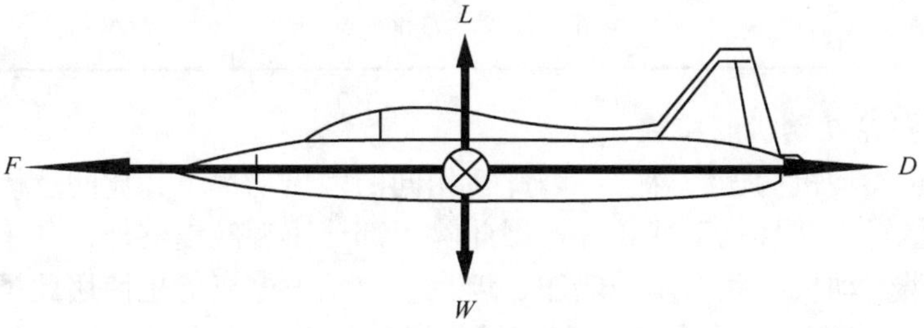

图 12-1　航空器的作用力

大型航空器配备有涡轮喷气发动机。涡轮喷气发动机吸入空气与燃料混合燃烧，高温、高压燃烧气体高速从喷口喷出，此时燃烧气体对发动机的反作用力就是推力。涡轮喷气发动机航空器飞行时推力 F 的大小，在空气（或燃烧气体）侧利用牛顿第二定律，根据式（12.3）可以推导出

$$\begin{aligned}\mathbf{F} &= \frac{\mathrm{d}(mV)}{\mathrm{d}t} = \lim_{\Delta t \to 0} \frac{1}{\Delta t}\{(mV)_{t+\Delta t} - (mV)_t\} \\ &= \lim_{\Delta t \to 0} \frac{1}{\Delta t}(m_2 V_2 - m_1 V_1) \\ &= \dot{m}(V_2 - V_1)\end{aligned} \tag{12.6}$$

从式（12.6）可以看出，推力 F 为质量流量率 $\dot{m}$ 和进口与出口速度增加率 ΔV（$=V_2 - V_1$）之间的乘积，并与这些值的大小成正比。

通过螺旋桨的推进原理也与此相同，通过动量变化的反作用力产生向前作用力。即航空器向前飞行的力量通过螺旋桨的旋转力获得。螺旋桨式飞机发动机的作用，仅为产生驱动螺旋桨旋转的轴动力，并不是燃烧气体从喷口喷出产生推力。

螺旋桨式和喷气式飞机最大的差异之一在于推动流体的质量流量率和流体喷气速度。这些值的比较见表 12-1。为了获得相同的推力，螺旋桨式的质量流量率为喷气式的 6.7 倍，与此相反流体喷气速度为 1/6.7 倍。这表示螺旋桨的端面积远远大于喷气式喷口的端面积。对于流体的动能变化，喷气式为螺旋桨式的 6.7 倍。这

表示对相同推力的发动机来说，喷气式比螺旋桨式多消耗6.7倍的能量。这虽然仅是通过简单的计算得出的，但还是能看出螺旋桨式的效率远远大于喷气式的效率。通常，螺旋桨式因在高速状态下螺旋桨会发生失速，不能产生有效的推力，因此仅在低速状态下具有良好的效率。在高速状态下喷气式的效率较高，因此大型高速航空器配备使用涡轮喷气发动机或涡扇发动机。

表12-1　喷气式与螺旋桨式的比较

	喷气式	螺旋桨式
质量流量率	30kg/s	200kg/s
流体喷气速度	200m/s	30m/s
推力	$30\times200=6000$N	$200\times30=6000$N
动能	$30\times200^2/2=600000$W	$200\times30^2/2=90000$W

3. 燃气涡轮发动机的特性

燃气涡轮发动机为连续燃烧，因此在相同的输出功率下，比间歇燃烧的往复式发动机其重量轻，并且机动性较好。因此除了部分小型航空器外，几乎所有的航空器均使用此类发动机，此外军用船舶、坦克、应急发电机等也使用此类发动机。另外，20世纪50年代开始使用在铁路用燃气涡轮发动机火车上，还使用在微型燃气涡轮发动机、辅助动力装置上。辅助动力装置（APU）是为大型机械提供辅助动力的小型燃气涡轮机。这些有为飞机室内换气和通风的空气供给用装置和大型喷气发动机起动装置等。

燃气涡轮发动机的特性如下：

① 不同于往复式发动机的间歇燃烧，进行连续燃烧，因此振动小，寿命长，尺寸小，重量轻，输出功率大。

② 用燃烧气体直接转动涡轮，仅由旋转运动部分构成，因此构造简单，不需要冷却液，润滑油使用量也少，可以实现无人驾驶，并且运行、检查、维修容易。

③ 可以自由配置压缩器和涡轮，因此可以构成符合负荷特性的最佳燃气涡轮机，输出动力可以达到移动型为数千千瓦，发电用为每个数十万千瓦。

④ 燃气涡轮机因高速旋转，起步时会输出很大的转矩，因此需要减速装置，汽车上使用压缩器驱动用涡轮和车辆驱动用涡轮分别由不同轴构成的2轴燃气涡轮机。

⑤ 燃气涡轮机的热效率随压缩器进口的空气温度越低，或最高温度比值越大越好。但是燃烧气体的温度会受到涡轮叶片材料使用温度界限的限制，因此比柴油机或蒸汽涡轮发动机的温度略微低，并且不能使用重油等低质燃料，经济性不良，因此在工业上使用时不用在一般情况，多使用为应急用发动机。

12.1.2　燃气涡轮发动机的种类

燃气涡轮发动机大体上分为航空用和工业用。作为工业用主要是通过旋转轴获得动力的轴动力发动机，航空用不仅有轴动力发动机，还有燃烧气体从喷口喷出获得推力的喷射推进发动机。

航空用轴动力发动机有往复式发动机、涡轮轴发动机，喷射推进发动机有涡轮喷气发动机、涡桨发动机、涡扇发动机、冲压式喷气发动机、超音速燃烧冲压式喷气发动机和脉动喷气发动机。对于燃气涡轮发动机（涡轮发动机）来说，压缩器、燃烧器和涡轮为基本配置，但冲压式喷气发动机、超音速燃烧冲压式喷气发动机、脉动喷气发动机没有压缩器和涡轮，仅有燃烧器。

低速小型航空器主要使用往复式发动机，中型中速航空器主要使用往复式发动机和涡桨发动机，大型高速航空器主要使用涡轮喷气发动机和涡扇发动机。如直升机等旋翼式航空器在开发初期多使用往复式发动机，但现在主要使用涡轮轴发动机。

1. 航空用燃气涡轮发动机

航空器用燃气涡轮发动机根据产生动力的部分和形状及构造，主要分为涡轮喷气发动机、涡桨发动机、涡扇发动机、涡轮轴发动机，如图 12-2 所示。

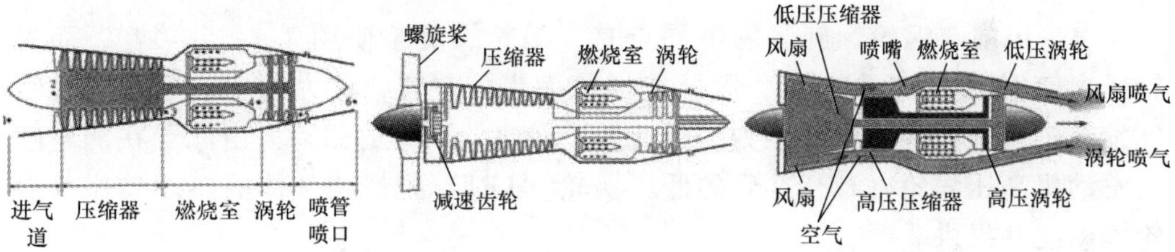

a) 涡轮喷气发动机　　b) 涡桨发动机　　c) 涡扇发动机

图 12-2　航空器用喷气发动机

（1）涡轮喷气发动机　涡轮喷气发动机是少量的流体通过喷口高速喷出获得高推力的发动机。此发动机在飞行速度越高时其效率越高，尤其是从跨音速到超音速（马赫数 0.9 ~ 3.0）之间表现出优秀的飞行性能。但是，在低速状态其效率较低，燃料消耗率会增大。另外，因燃烧气体高速喷出，因此喷气噪声很大。早期的喷气发动机大部分为涡轮喷气发动机，但因效率和噪声问题，主用于军事领域。

现在，涡轮喷气发动机在主燃烧室与喷口之间增设有加力燃烧室（后燃烧室），把燃烧气体进行再加热后通过喷口喷出，以增加推力。这种发动机称为后燃烧涡轮喷气发动机，可以进行超音速飞行。战斗机等有必要在很短的时间内急速增加推力时使用。

（2）涡桨发动机　涡桨发动机有两个功能：一是把大量的流体低速加速获得推力的螺旋桨功能；二是使少量的流体高速喷出获得推力的涡轮喷气功能。

螺旋桨推进发动机也是把大量的流体以低速加速获得推进力的低速用发动机，主要使用往复式发动机。涡桨发动机是使用非往复式的燃气涡轮发动机。低速用航空器的螺旋桨使用2～4个桨叶，这是因为大量的空气以较低的速度流动，损失较低。输出动力的大部分（75%～80%）是从涡轮轴的旋转转矩获得，然后因涡轮轴高速旋转通过减速齿轮降低速度，之后驱动螺旋桨旋转获得推力，同时通过燃烧气体从喷口高速喷出获得部分推力（20%～25%）。

涡桨发动机具备喷气发动机的高速、高空特性和螺旋桨的低速、低空特性优势，在中速、中高度飞行中也能获得高效率。涡桨发动机的发动机噪声和振动较小，但螺旋桨产生的噪声较大。

（3）涡扇发动机　涡扇发动机又称为风扇喷气发动机、涵道式发动机、涵道风扇发动机，在压缩器前配备有轴流风扇的类型。轴流风扇安装在涵道内，其作用类似于涡桨发动机的螺旋桨功能。此发动机是为了提高涡轮喷气发动机的低速性能而开发的，可以认为结合了涡轮喷气发动机和涡桨发动机二者的特性。

涡轮风扇与涡轮螺旋桨的不同点是，涡轮螺旋桨使用2～4个桨叶，而涡轮风扇使用30～40个扇叶，因此能加速大量的空气，该力远小于通过涡轮喷气发动机排气获得相同的推力，因此效率较高。风扇的驱动力由配置在涡轮喷气发动机高压涡轮（HPT）后的低压涡轮（LPT）把燃烧气体的热能转换为涡轮轴动能并提供。

如图12-2c所示，进入风扇的空气大部分经过核心（燃烧室）周围的涵道并从风扇排气喷口喷出。进入核心部分的主空气量 $\dot{m}_a$ 对流过核心周围的两股空气量 $\dot{m}_b$ 之间的比值（$\dot{m}_b/\dot{m}_a$）称为涵道比，典型的涡轮风扇发动机的涵道比约为8:1。从理论上，理想的情况是从喷口喷出的排气速度与风扇喷口喷出的空气速度相同。如果涵道比为8:1，则约90%的推力从风扇获得，剩余的10%从涡轮喷气发动机的排气获得。推力比随涵道比的不同而不同。此类型发动机的特征是，亚音速（马赫数0.6～0.9）的推进效率较高，降低燃料消耗率，还因排气喷出速度低，排气噪声较小。因此，此类型发动机多使用在民间用大型航空器上，目前还用推力增强装置，使用在F－111、F－14和F－15等马赫数为2.0以上的大型超音速战斗机上。图12-3所示为波音777飞机上使用的普莱特惠特尼公司（Pratt & Whitney）生产的PW4084涡扇发动机。其规格：长为4.87m，风扇直径为2.84m，质量为6800kg。

（4）冲压式喷气发动机　喷气发动机根据压缩空气的方法分为涡轮喷气发动机、冲压式喷气发动机、超音速燃烧冲压式喷气发动机和脉动喷气发动机，如图12-4所示。

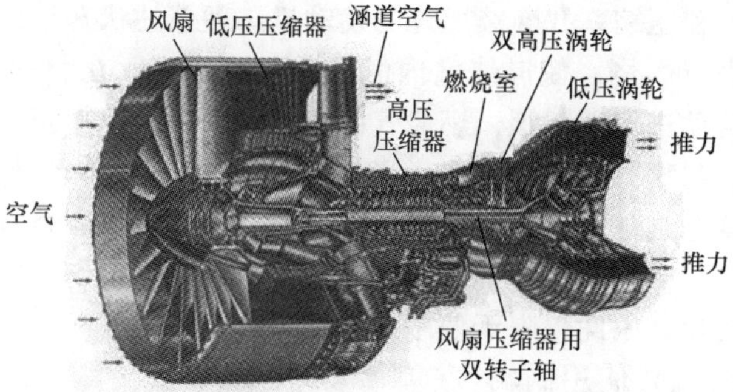

图 12-3　涡轮风扇发动机

冲压式喷气、超音速燃烧冲压式喷气、脉动喷气发动机均没有压缩器，是利用航空器速度的冲压（动压）压缩空气。涡轮喷气发动机为了使燃烧气体的喷气速度远大于进气速度，利用压缩器增加空气的压力。冲压式喷气发动机没有压缩器和涡轮，仅有燃烧室，因此构造简单，效率高，推重比（推力/重量）也较大，约为20，但在停止状态不能以自力推进，为了产生冲压必须以其他方式使飞行器加速到适当速度。因此，冲压式喷气发动机不同于涡轮喷气发动机，在超音速飞行时能产生有效的推力，必须配备能加速到产生有效冲压速度的助推器。

超音速燃烧冲压式喷气发动机是适用在马赫数 5 以上飞行器的喷气式发动机。冲压式喷气发动机在马赫数 5 以上（极超音速）的速度下，因发动机内空气力学上的过负荷，推进效率大幅度降低不能使用。这是因为冲压式喷气发动机的燃烧在亚音速条件下进行燃烧，如果把以超音速进入的空气减速为亚音速状态，则空气的温度会上升到火焰温度附近的 2000K 以上，空气会发生分解（吸热反应）反应，因而通过燃料的燃烧从化学能获得推进动能的概念成为无意义之举。超音速燃烧冲压式喷气发动机的燃烧室如图 12-4c 所示，没有把燃烧气体从亚音速加速到超音速的几何学喷管缩颈部分，仅由喷管膨胀部分构成，燃烧在超音速（马赫数 2 以上）状态下进行。

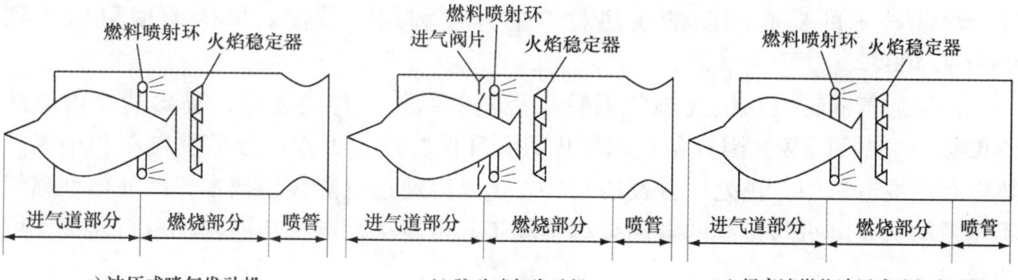

a) 冲压式喷气发动机　b) 脉动喷气发动机　c) 超音速燃烧冲压式喷气发动机

图 12-4　喷气式推进发动机的概念图

脉动喷气发动机是在冲压式喷气发动机的进气道上增设自动进气控制阀，把空气以绝热状态引入和压缩，并断续燃烧的发动机。理想的状态是，在自动进气控制阀关闭的静态下进行燃烧，使燃烧室内的压力急速上升。在急速上升的压力作用下，会迅速关闭自动进气控制阀，燃烧气体在下游侧喷管中膨胀，以大于入口的速度喷出。燃烧气体在喷管中膨胀加速，当燃烧室内的压力下降到一定压力时，进气阀自动打开，新鲜空气进入燃烧室与燃料混合，并被残留热点燃着火进行燃烧。此发动机因在燃烧过程中使压力上升，一旦起动，在停止状态也可以运行，但自动进气控制阀的寿命较短，因此仅限于使用在特殊用途上。

航空用发动机主要使用涡轮喷气发动机，适合的飞行速度最高马赫数为2.0～2.3，在此以上飞行速度上，冲压式喷气发动机较有效。图12-5所示为各种推进发动机适合的飞行速度和高度。

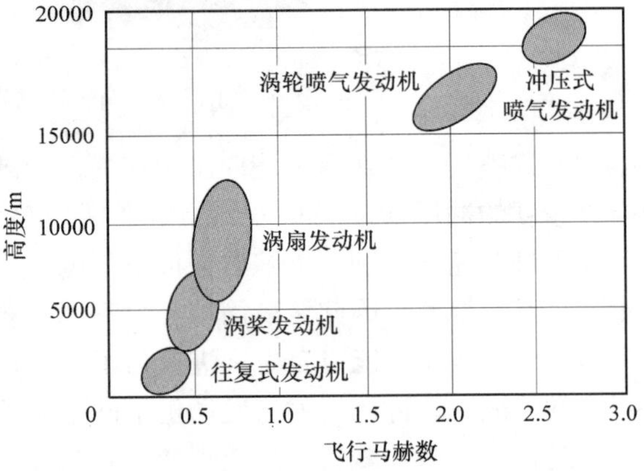

图12-5 各种推进发动机适合的飞行速度和高度

2. 工业用燃气涡轮发动机

工业用燃气涡轮发动机主要使用涡轮轴发动机。涡轮轴发动机不仅使用在发电机上，还广泛使用在坦克、军舰上，在航空领域主要使用在直升机上。此类发动机不产生推力，仅获得机械能，燃烧气体在燃气涡轮中膨胀到大气压，直接产生轴的旋转功（或电能），通过减速装置传递动力驱动直升机的螺旋桨、船舶用螺旋桨、坦克轮等。直升机不需要额外的喷气推力，仅需要带动螺旋桨旋转的动力，因此使用此种发动机。

发电机用燃气涡轮发动机种类繁多，从能装载在货车上的小型微型燃气涡轮发动机到输出功率为数十万千瓦的大型发电机，多种多样。涡轮的转速适合产生交流电压，不需要减速齿轮的3000～3600r/min，热效率为30%左右，近年来通过涡轮叶片冷却技术的提高和新的耐热材料的开发利用，涡轮入口的温度可以达到1300～1400℃。

微型燃气涡轮发动机是燃气涡轮小型化的结构，种类多样，输出功率可以从1kW以下到数百kW。因具备技术性优势和环保特性，可作为分散性电源和小规模热电联供发电机用，正处于普及的趋势。这是因通过电能转换技术，即使微型燃气涡轮发动机发电机与传统的电网频率不同步，也能把发电机与涡轮轴进行连接使用的缘故。

最近，燃气涡轮发动机+蒸汽轮机的复合发电技术应用较多。这是把燃气涡轮发动机排放的高温排气热量（废热）作为蒸汽轮机锅炉热源使用的方式。燃气涡轮发动机和蒸汽轮机分别与各自的发电机连接发电，热效率可提高到45%左右，比传统的发电系统相比约提高 15% 的热效率。如果采用同时产生电力和热量的热电联供发电，可以获得 70% 以上的热效率。

12.1.3　燃气涡轮发动机的发展史

燃气涡轮发动机是 1791 年由约翰·巴伯提出并取得专利的，在“为了发生运动的目的，生成可燃性空气的方法”中介绍其基础理论之后，80 年代得到了白热化的研究。人们由此开发了地面动力用发动机，1940 年前后用作航空用发动机，得到了急速发展。

燃气涡轮发动机作为地面动力源，最初得到利用并广泛普及的是 1872 年德国的斯托尔塞（Stolze），配备有目前燃气涡轮发动机主要素的压缩器和涡轮。法国的 C. Lemale 和 R. Armengaud 于 1901 年、1903 年取得了专利，由布朗勃法瑞（Brown Boveri）公司制造并试运行，动力性能为 4000r/min 时 300PS。

德国的 Holzwarth 于 1908 年制造完成了 10MW 的大型燃气涡轮发动机发电装置。压力为 2.5 大气压，热效率为 12.5%。随后，瑞士的布朗勃法瑞公司制造的燃气涡轮发动机配备了 10~12 级压缩器和 4~5 级反动涡轮，涡轮入口的排气温度（TIT）为 815℃，总和热效率为 22%~26%。

英国的费兰科·卫通（F. Whittle）在 1930 年取得了将燃气涡轮发动机用作航空器推进器的专利。但是，喷气发动机的开发和飞行是德国要稍早一些。德国的 H. Ohain 研发了以氢气为燃料的航空用燃气涡轮发动机，由亨克尔（Heinkel）公司制造，于 1937 年 3 月试运行了推力为 2.45kN 的发动机。其后，把燃料改为汽油，制造完成了 HeS-3B 发动机，并于 1939 年 8 月安装在亨克尔 He178 机体上，进行了世上最早的涡轮喷气式飞行。开发到实用阶段并批量生产的是，德国勇克（Junker）公司的 Jumo004 发动机和宝马公司的 BMW003 发动机。德国在 20 世纪 50 年代之前共生产了 500 台以上。Jumo004 发动机使用了 6 个圆筒型（罐型）燃烧器，BMW003 发动机的燃烧器配备了 16 个带有旋转喷油器和挡板类型火焰稳定器的环状燃烧器。

在英国，1936 年 3 月 Power Jet 公司成立了，弗兰克·惠特尼（Frank Whittle）在该公司的协助下开始了发动机的开发，于 1936 年 3 月最早取得了涡扇发动机的专利，并于 1937 年 4 月 12 日成功试运行了推力为 5.34kN 的 W-1U 型发动机。

随后，对发动机进行改良，把推力为 3.78kN、质量为 283kg 的 W1A 涡轮喷气发动机安装在格罗斯特（Gloster）E28/39 飞机机体上。该飞机于 1941 年 5 月 15 日首次试飞成功，飞行了约 17min。之后，英国的卢卡斯（Lucas）公司确立了现在最常用的压力喷射阀燃烧器的基本结构，奠定了燃气涡轮发动机设计的基础。

目前燃气涡轮发动机技术持续发展，最近小型燃气涡轮发动机的发展举世瞩目。利用 CFD 或有限元法等方法，研发了能在高压缩比和高温状态下运行、进行有效燃烧和冷却的发动机。从 20 世纪 90 年代开始采用箔轴承，可以不使用润滑油便能在高温状态下运行。另外，随着电力转换技术的发展，微型燃气涡轮发动机分散性电力技术也正处于普及趋势。

表12-2和表12-3分别显示了燃气涡轮发动机开发历史背景和初期燃气涡轮发动机的主要项目。

表12-2 燃气涡轮发动机开发历史背景

年份	内容
1791	英国的约翰·巴伯最早取得了燃气涡轮发动机基础理论专利
1872	德国的斯托尔塞取得了比较接近现在燃气涡轮发动机形态的燃气涡轮发动机专利，但因各部件的效率没有达到导致失败
1894	法国的Rene Armengaud和Charles Lemale成功制造了能产生实际动力的燃气涡轮发动机
1895	美国的查尔斯·柯蒂斯（C. G. Curtiss）取得了一项燃气涡轮发动机的专利
1908	德国的H. H. Holzworth设计了最早的静态燃气涡轮发动机
1911	瑞士的布朗勃法瑞公司最初生产并开始销售Holzworth设计的发动机
1930	英国的弗兰克·惠特尼取得了一项涡轮喷气发动机的专利
1940	爱雪维斯（Escher Wyss）公司最初试制闭式循环燃气涡轮发动机并试运行成功
1941	瑞士的布朗勃法瑞公司最早运行成功燃气涡轮发动机机车
1942	美国的通用电气公司成功生产了由英国设计的燃气涡轮发动机
1947	最早的装配燃气涡轮发动机的船舶运行
1950	英国的罗孚（Rover）公司最早成功试运行燃气涡轮发动机汽车
1959	美国的涵道式发动机JT－3T和CJ 805－23装配在B707、DC8、康维尔（Convair）990等民航飞机上
1969	英国装配矢量推力发动机（劳斯莱斯的Pegasus）的鹞式飞机成功飞行
1964	美国的唐纳德·坎贝尔（Donald Campbell）驾驶涡轮喷气发动机汽车（蓝鸟品牌）创造了时速为403mile/h（648km/h）的世界纪录
20世纪70年代初	研发了第二代高涵道比发动机JT－9D、CF－6、RB－211，并装配在B747、DC9、A300等民航飞机上
20世纪80年代初	研发了高效率大型涡扇发动机（CFM56、RB432、RJ500、JT10D等）

表12-3 初期喷气发动机的主要项目

制造公司 发动机名称	亨克尔公司 HeS－3B	Power Jet W. 1	勇克公司 Jumo 004B－1	宝马公司 BMW003
静推力/N	4.41	4.23	8.93	7.85
循环增压比	2.8	4	3.14	3.1
涡轮进口温度/K	970	—	1048	1043

（续）

制造公司 发动机名称	亨克尔公司 HeS-3B	Power Jet W. 1	勇克公司 Jumo 004B-1	宝马公司 BMW003
空气流量/(kg/s)	12	10	21.2	19.3
燃料消耗率/[mg/(N·s)]	45.3	38.8	39.7	39.7
压缩器	轴流+离心	两侧离心(单)	轴流 8	轴流 7
燃烧器	环形	回流式	筒型×6	环形
转速/(r/min)	11600	17000	8700	9500
质量/kg	360	236	750	608
装载飞机	He178	格罗斯特 E28/39	Me262	He162
最初飞行	1939.08	1941.05	1943.10	1944.10

12.2 热力学-流体力学

12.2.1 热力学-流体力学基础

喷气发动机假设工质流体空气（或燃烧气体）为理想气体，且气体流动为正常状态，且把推进发动机的所有过程假设为理想气体正常流动来进行说明。

1. 能量守恒方程

压缩器、燃烧器、涡轮的气体流动相关正常状态能量守恒方程为

$$\underbrace{q+\left(u_1+\frac{1}{2}V_1^2+gz_1+p_1v_1\right)}_{\text{系统输入能量}}-\underbrace{w-\left(u_2+\frac{1}{2}V_2^2+gz_2+p_2v_2\right)}_{\text{系统输出能量}}=0$$

式中，q、w 分别为通过系统分界的热量和功，下标 1、2 分别表示系统的进口和出口。如果使用焓定义式 $h=u+pv$，并忽略进口和出口的势能变化，上式可变化为

$$q+h_1+\frac{1}{2}V_1^2-\left(w+h_2+\frac{1}{2}V_2^2\right)=0 \tag{12.7}$$

式中，V 为工质流体速度。通常，压缩器、涡轮、喷管、扩散管内的气体流动假设为绝热过程（$q=0$）。

压缩功或涡轮功根据能量守恒方程（12.7）推导出

$$w=\left(h_1+\frac{1}{2}V_1^2\right)-\left(h_2+\frac{1}{2}V_2^2\right) \tag{12.8}$$

喷管或扩散管仅为工质流体的通道，如果忽略摩擦热，可以视为等焓过程，正常状态能量守恒方程根据式（12.7）可以推导出

$$\left(h_2+\frac{1}{2}V_2^2\right)-\left(h_1+\frac{1}{2}V_1^2\right)=0 \tag{12.9}$$

或

$$h_2+\frac{1}{2}V_2^2=h_1+\frac{1}{2}V_1^2=\text{常数}$$

2. 总参数

总参数是说明可压缩性流动时表示气体状态的量，是流体以等熵过程（可逆绝热过程）减速到速度为0时的状态参数。总参数以下标0表示，分别以 T_0、p_0、ρ_0、h_0表示总温、总压、总密度和总焓。使用总参数可以在说明压缩性流动时更为简便一些。

由正常状态能量式（12.9）可知，焓与动能项始终一起出现，可以把这两项组合为一项表示，即

$$h_0=h+\frac{V^2}{2} \tag{12.10}$$

式中，h_0为总焓（Stagnation Temperature）；h 为静焓（Static Temperature）。如果假设流体为质量热容为常数的理想气体，焓 h 可以用 c_pT 代替，可以把式（12.10）表示为如下的温度相关式：

$$T_0=T+\frac{V^2}{2c_p} \tag{12.11}$$

式中，T_0为总温（Stagnation temperature），表示速度为0状态下的温度；$V^2/2c_p$为流体速度从 V 降低到0的过程中流体温度上升值，称为动态温度。在低速流动状态下，值较小，静温度 T 与总温 T_0相同。但是在高速流动状态下，利用固定传感器测量的温度（总温 T_0）比静温度 T 高很多，其差值就是动态温度。

总压 p_0 是在等熵过程静止状态下的流体压力。根据等熵过程的状态方程式 $T_p^{(1-k)/k}$ = 常数的理论，理想气体的总压 p_0与静压（静压力）p 之间的关系为

$$\frac{p_0}{p}=\left(\frac{T_0}{T}\right)^{\kappa/(\kappa-1)} \tag{12.12}$$

如果把压缩功或涡轮功 w 用总参数进行表示，根据能量守恒方程（12.8）可以更为简单地表示为

$$w=(h_1-h_2)+\left(\frac{1}{2}V_1^2-\frac{1}{2}V_2^2\right)=h_{01}-h_{02}=c_p(T_{01}-T_{02}) \tag{12.13}$$

如果燃烧器中的加热量 q 用总参数表示，则从能量方程（12.7）可以推导出

$$q=h_{02}-h_{01}=c_p(T_{02}-T_{01}) \tag{12.14}$$

从式（12.13）和式（12.14）中可以得出，当没有热量和功的传递，总焓与总温保持一定值。

$$h_{01}=h_{02}\text{或}\ T_{01}=T_{02}$$

如果流体在端面积不均匀的管内流动会产生摩擦产生热量，使静温度发生变化，但总温不会发生变化。

总焓与总温是当流动停止时获得的焓和温度。但是，总压是以可逆绝热过程停

止时获得的压力。因此，总压不同于总温，仅在没有热量和功传递的喷管和扩散管中的可逆绝热流动过程（等熵过程）中保持一定。总压的降低利用在流体摩擦尺度上。总压 p_0、总温 T_0 可以在等熵过程的 $p-T$ 线图上显示其状态参数，作为决定任意流体状态的热力学状态参数（性质）。

如图 12-6 所示，在 $T-s$ 线图上同时显示了静态 1 与 2 之间压缩过程的总参数和静态参数。在图中点线表示理想过程（等熵过程），实线表示增熵的实际过程，数字上的上标撇（′）表示理想过程。因此，在状态 1 与 2 之间的压缩过程中，出口总压在理想过程中以 02′表示，实际过程中因非可逆性成为点 02。

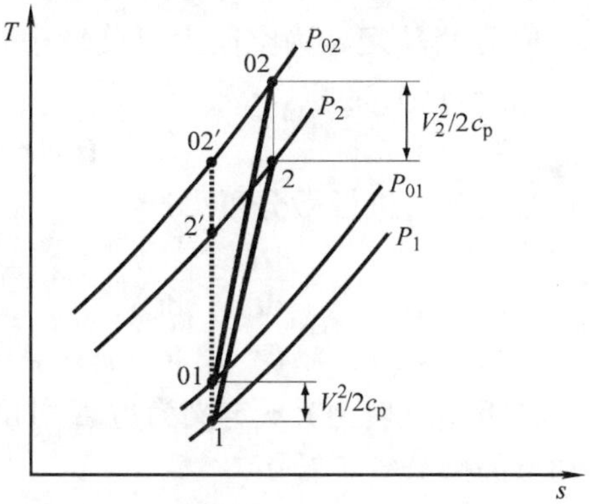

图 12-6　滞止状态

3. 动量、角动量守恒定律

喷气式原理是利用进气的空气动量变化获得推进力，动量守恒定律是解释涡轮喷气发动机的核心。

(1) 动量守恒定律　加速或减速运动的所有流体与正常状态或非正常状态无关，任何状态下都满足牛顿第二定律。即，所有物体如果不受外力的作用或作用力的合力为 0，物体保持恒定速度和以 0 加速度移动，如果合力不是 0，则物体的加速度与作用力的大小成正比。

动量（线性动量）M 是指质量 m 的物体以速度 V 运动，其定义为

$$\boldsymbol{M} = m\boldsymbol{V} \tag{12.15}$$

把牛顿第二定律以动量的观点解释为

$$\boldsymbol{F} = ma = \frac{\mathrm{d}}{\mathrm{d}t}(m\boldsymbol{V}) \text{ 或 } \boldsymbol{F}\mathrm{d}t = \mathrm{d}(m\boldsymbol{V}) \tag{12.16}$$

式中，左侧 $F\mathrm{d}t$ 称为冲量；右侧 d（mV）称为动量变化量。作用力 $\boldsymbol{F}$（或 ΣF）和速度 $\boldsymbol{V}$ 以矢量表示，应注意其方向。此方程式表示动量随时间的变化率 d（$m\boldsymbol{V}$）/dt 等于作用在物体上的作用力（外力）$\boldsymbol{F}$，并且在任何方向施加的冲量 $\boldsymbol{F}\mathrm{d}t$ 等于动量变化量 d（$m\boldsymbol{V}$）。如果没有外力作用（$F=0$），则式（12.16）可以用下式表示。

$$\begin{aligned} \mathrm{d}(m\boldsymbol{V}) &= m\boldsymbol{V}_2 - m\boldsymbol{V}_1 = \boldsymbol{M}_2 - \boldsymbol{M}_1 = \boldsymbol{0} \\ \boldsymbol{M}_2 &= \boldsymbol{M}_1 \text{ 或 } m\boldsymbol{V}_2 = m\boldsymbol{V}_1 \end{aligned} \tag{12.17}$$

这被称为动量守恒。

如果把式（12.16）的作用力和速度以不是矢量的标量成分进行表示，x 方向和 y 方向的动量守恒定律为

$$\sum F_x = \dot{m}(V_{x,2} - V_{x,1}) \text{ 或 } \sum F_x t = m(V_{x,2} - V_{x,1}) \tag{12.18a}$$

$$\sum F_x = \dot{m}(V_{x,2} - V_{x,1}) \text{ 或} \sum F_x t = m(V_{x,2} - V_{x,1}) \tag{12.18b}$$

（2）角动量守恒定律　涡轮机构（涡轮、压缩器）是流体改变旋转叶片的动量，相反旋转的叶片对流体做功，以提高流体压力的机械装置。这样的机械流体力学问题方面，转矩与角动量很重要。

角动量 $\boldsymbol{H}$ 定义为空间上以旋转中心 O 开始在位置 r 的地点位置半径 r 与线性动量 $\boldsymbol{M}$（$=m\boldsymbol{V}$）之积。

$$\boldsymbol{H} = \boldsymbol{r} \times \boldsymbol{M} = \boldsymbol{r} \times m\boldsymbol{V} \tag{12.19}$$

对角动量进行微分可得

$$\frac{\mathrm{d}\boldsymbol{H}}{\mathrm{d}t} = \frac{\mathrm{d}}{\mathrm{d}t}(r \times m\boldsymbol{V}) = \frac{\mathrm{d}\boldsymbol{r}}{\mathrm{d}t} \times m\boldsymbol{V} + r \times m\frac{\mathrm{d}\boldsymbol{V}}{\mathrm{d}t}$$

$$= \boldsymbol{V} \times m\boldsymbol{V} + r \times m\boldsymbol{a} = r \times m\boldsymbol{a} = r \times \boldsymbol{F}$$

转矩（旋转力）τ 定义为位置向量 $\boldsymbol{r}$ 与力矢量 F（$=\mathrm{m}\boldsymbol{V}$）之积，根据上式对角动量的微分等于转矩。

$$\frac{\mathrm{d}\boldsymbol{H}}{\mathrm{d}t} = \boldsymbol{r} \times \boldsymbol{F} = \tau \tag{12.20}$$

式（12.20）表示外部作用转矩 $\boldsymbol{r}$ 等于角动量的变化量 $\mathrm{d}\boldsymbol{H}/\mathrm{d}t$。如果没有外部作用转矩（$\tau=0$），从式（12.19）和式（12.20）可得

$$\boldsymbol{H}_2 = \boldsymbol{H}_1 \text{ 或 } \boldsymbol{r}_2 \times m\boldsymbol{V}_2 = \boldsymbol{r}_1 \times m\boldsymbol{V}_1 \tag{12.21}$$

式（12.21）被称为角动量守恒。

如果把式（12.20）利用标量成分表示，可以表示为

$$\tau = \dot{\boldsymbol{H}}_2 - \dot{\boldsymbol{H}}_1 = \dot{m}(r_2\boldsymbol{V}_{z,2} - r_1\boldsymbol{V}_{z,1}) \tag{12.22}$$

涡轮机构以 ω 角速度旋转时，式（12.22）可以表示为

$$\tau\omega = \dot{m}(r_2\omega V_{z,2} - r_1\omega V_{z,1})$$

式中，$\tau\omega$ 相当于涡轮机构的动力 $\dot{W}$。在理想的离心泵中，流体的切线速度 V_z 与叶片的转速相同，因此 $V_{z,1} = \omega_1 r_1$，$V_{z,2} = \omega_2 r_2$。把此公式代入到上式中，可得离心泵的转矩 τ 与动力 $\dot{W}$ 为

$$\tau = \dot{m}\omega(r_2^2 - r_1^2) \tag{12.23}$$

$$\dot{W} = \tau\omega = \dot{m}\omega^2(r_2^2 - r_1^2) \tag{12.24}$$

动力 $\dot{W}$ 在作用于流体上的转矩与旋转方向相同的压缩器中为负（－）值，转矩与旋转方向相反的涡轮中为正（＋）值。这表示压缩器的驱动要从外部获得功，涡轮的驱动会对外部做功。因此，在压缩器中角动量增加，在涡轮中角动量减小。

12.2.2　喷气发动机的燃料

目前，喷气发动机使用的最常用燃料是煤油（Kerosene）。但是，工业用燃气

涡轮发动机多使用柴油燃料，最近为了降低地球温室化气体二氧化碳（CO_2）的排放量，开始使用天然气。此外，现在正考虑气体燃料丙烷气等。表 12-4 显示了可作为燃气涡轮发动机燃料的物质性质。

航空用燃气涡轮发动机最初使用了氢气燃料。汉斯·冯·奥海恩于 1937 年利用氢气作为燃料成功试运行了航空用燃气涡轮发动机。但是，氢气不太适合作为内燃机燃料，因此没有继续使用，但有必要探讨作为超音速航空器或极超音速航空器的燃料使用的可能性。

工业用燃气涡轮发动机的燃料，气体燃料相对于液体燃料在燃烧器设计层面上优秀，具有如下特征：

① 没有燃料雾化、蒸发过程等，因此可以做成小尺寸燃烧器。

② 燃料与空气容易混合，因此可以避开燃料浓的领域，进行接近于预混合的低辐射燃烧。

③ 不会因壁面等部分积炭的原因发生异常燃烧发生的裂解（热分解）等现象。

④ 火焰稳定区域可以保持高温状态，容易获得稳定的燃烧。

⑤ 混合气的着火能量小。

⑥ 气体燃料相对于液体燃料不能利用像油滴的动量，因此在燃烧领域的分散较难。

⑦ 气体燃料每体积发热量小，因此需要较大的燃料供给装置。

表 12-4　燃气涡轮发动机用燃料的性质

项目	氢气	甲烷	丙烷	煤油	备注
分子式	H_2	CH_4	C_3H_8	C_nH_{2n}	煤油为 $n-C_9H_{20}$
分子量	2.01594	16.043	44.097	128	
凝固点/K	14.4	90.68	83.47	230*	*沉淀点
沸点/K	20.39	109.16	231.09	430*	*初馏点
液体密度/(kg/m^3)	70.9	423	585.3	795.2*	沸点时的值，*15/4℃
质量热容(液体)/[kJ/(kg·K)]	9.5(20K)	3.4(100K)	2.3(235K)	1.98	
汽化热/(J/g)	446	510			
低热值/(MJ/kg)	116	50.0	46.386*	43.1	*25℃
气体密度/[kg/(N·m^3)]	0.0899	0.7168	10.35		
质量定压热容/[kJ/(kg·K)]	14.19	2.15	1.675	1.655*	*25℃
热传导率/[mW/(m·K)]	168	30.2	15.7	11.6	
黏性系数 $\times 10^6$/(Pa·s)	8.40	10.19	7.50		
运动黏性系数 $\times 10^6$/(m^2/s)	94.4	14.22	0.725	1.88*	*15℃(液体)
临界压力/(1.01×10^5)	12.797	45.7	42.1		

（续）

项目	氢气	甲烷	丙烷	煤油	备注
临界温度/K	33.24	190.7	370.01		
普朗特数	0.67	0.82	0.89		
扩散速度/(cm^2/s)	0.611	0.219	0.0863	0.55 * *	* * n－辛烷
理论混合比(质量比)	34.3	17.3	15.6	14.8	
(体积比)	3.38	9.55	23.8		
可燃界限/(%)(体积分数)	4.0～75.0	5.3～9.5	2.2～9.5	0.8～6.0	
最高燃烧速度/(m/s)	3.06	0.33	0.42		
理论火焰温度/K	2318 (31.6%) *	2148 (10%) *	2198 (4.2%) *		* ()内为燃料质量分数
熄火距离/mm	0.65		1.9		
最小着火能量/mJ	0.02	0.29(0.9)	0.27(1.25)		()内为当量比

* 如果没有其他标记，是0℃、1.01×10^5 时的值。
* * 煤油的值为平均值或大概值。

喷气发动机的燃料会直接影响寿命、安全、经济性和性能，因此应符合严格的构成条件。航空器用喷气发动机燃料使用Jet A航空煤油或Jet A－1航空煤油。根据美国ASTM D－1655（1958）标准，规定Jet A和Jet A－1用冰点分别为－40℃和－50℃的煤油。Jet A－1航空煤油的物理特性见表12-5。这与一般家庭用的无色煤油很相似。

表12-5　喷气发动机燃料（Jet A－1航空煤油）的主要物理特性

测试项目	性能值	测试方法
密度（15.4℃）	0.7875	ASTM D 1298
分馏特性 I.B.P. ℃	155.0	ASTM D 86
10%蒸发/℃	172.5	
20%蒸发/℃	178.0	
50%蒸发/℃	191.5	
90%蒸发/℃	220.0	
F.B.P./℃	235.0	
剩余量体积分数（%）	1.0	
流出量（在200℃时）体积分数（%）	66.0	
燃点/℃	47.5	ASTM D 56
硫质量分数（%）	0.003	ASTM D 1266
炭烟点	25.6	ASTM D 484
实在气体/（mg/100mL）	0.4	ASTM D 1322

（续）

测试项目	性能值	测试方法
沉淀点/℃	-53.0	ASTM D 381
成分分析芳烃成分体积分数（%）	18.5	ASTM D 2386
不饱和成分体积分数（%）	0.1	ASTM D 1319
水分离指数	92	
运动黏度(在 -34.4℃时)/(m^2/s)	5.65×10^6	ASTM D 2550
全潜在剩余量/(mg/100mL)	0.6	ASTM D 445
颗粒杂物/(mg/4L)	0.7	

通常，向燃烧室内供给燃料时的注意事项如下：

① 雾化特性。

② 排出压力流量特性。

③ 在燃烧室内分散和混合。

④ 燃料供给辅助机构负担。

⑤ 压力喷射阀耐久性，尤其是喷孔的耐磨损性。

12.2.3 推进发动机循环

航空燃气涡轮发动机以喷气发动机循环运行。喷气发动机循环与单纯布雷顿循环在等压燃烧循环方面相同，不同点是，布雷顿循环是通过高温、高压燃烧气体对涡轮做功获得动力，但喷气发动机循环是在涡轮上仅获得驱动压缩器的动力，推力是大部分燃烧气体通过喷管膨胀做功获得的。

1. 涡轮喷气发动机

涡轮喷气发动机相关事项，首先对质量、能量、动量守恒和性能及效率进行说明后，再具体进行解释。

(1) 质量、能量、动量守恒　下面对涡轮喷气发动机相关参数进行说明，首先通过对简单圆筒管模型化的控制体积适用质量、能量、动量守恒定律进行说明(图 12-7)。如下进行假设。

① 是正常状态均匀流动。

② 是等熵过程（可逆绝热过程）。

③ 从涡轮获得的动力等于压缩器的驱动力。

④ 可以忽略势能的变化。

⑤ 因为是均匀流动，进口和出口的速度分布均匀。

⑥ 适用于控制体积的轴向力 F_t 表示总推力。

1）质量守恒。进入控制体积（涡轮喷气发动机）的空气和燃料的质量流量率之和与流出控制体积的质量流量率相同，因此下式成立：

$$\dot{m}_{\mathrm{a}} + \dot{m}_{\mathrm{f}} = \dot{m}_{\mathrm{e}} \qquad (12.25)$$

式中，$\dot{m}$(kg/s) 为质量流量率，下标 a，f，e 分别表示空气、燃料和排气。如果考虑燃料空气比（燃空比）$F/A \equiv \dot{m}_{\mathrm{f}}/\dot{m}_{\mathrm{a}}$，则上式转换为

$$\dot{m}_{\mathrm{a}}(1 + F/A) = \dot{m}_{\mathrm{e}} \qquad (12.26)$$

涡轮喷气发动机的燃空比 F/A 约为1∶100（=0.01），因此可以视为 $\dot{m}_{\mathrm{e}} \approx \dot{m}_{\mathrm{a}}$。

2）能量守恒。如果对正常状态能量守恒方程（12.7）考虑上述假设，可以推导出

$$\dot{m}_{\mathrm{f}}(h_{\mathrm{f}} + 0 + 0) + \dot{m}_{\mathrm{a}}\left(h_{\mathrm{a}} + \frac{1}{2}V_{\mathrm{a}}^2 + 0\right) - \dot{m}_{\mathrm{e}}\left(h_{\mathrm{e}} + \frac{1}{2}V_{\mathrm{e}}^2 + 0\right) = 0$$

如果把上式中的 m_{e} 以式（12.26）代入，可以推导出

$$\dot{m}_{\mathrm{f}}h_{\mathrm{f}} + \dot{m}_{\mathrm{a}}\left(h_{\mathrm{a}} + \frac{1}{2}V_{\mathrm{a}}^2\right) = \dot{m}_{\mathrm{a}}(1 + F/A)\left(h_{\mathrm{e}} + \frac{1}{2}V_{\mathrm{e}}^2\right) \qquad (12.27)$$

推进发动机最核心事项是预测气体从喷口喷出时的出口速度。把式（12.27）以空气质量流量率 $\dot{m}_{\mathrm{a}}$ 相除，可以计算出口速度 V_{e} 为

$$V_{\mathrm{e}} = \left[\frac{(F/A)h_{\mathrm{f}} + h_{\mathrm{a}} - [1 + (F/A)]h_{\mathrm{e}} + \frac{1}{2}V_{\mathrm{a}}^2}{\frac{1}{2}(1 + F/A)}\right]^{1/2} \qquad (12.28)$$

式中，h_{a}、h_{f}、h_{e} 分别为空气、燃料和排气的焓。任意温度 T 时的焓参考式（4.19），以标准状态焓 $h^{\circ}{}_{\mathrm{f}}$（T_{ref}）和测量焓 Δh_{s}（T）之和求出。

$$\begin{aligned} h(T) &= h^{\circ}{}_{\mathrm{f}}(T_{\mathrm{ref}}) + \Delta h_{\mathrm{s}}(T) \\ &= h^{\circ}{}_{f}(T_{\mathrm{ref}}) + c_{\mathrm{p}}(T - T_{\mathrm{ref}}) \end{aligned} \qquad (12.29)$$

3）动量守恒。对图 12-7c 所示控制体积的动量守恒进行分析。涡轮喷气发动机进口与出口的动量不同，由此产生推力 F_{t}。因此，包括推力可以得到动量守恒。

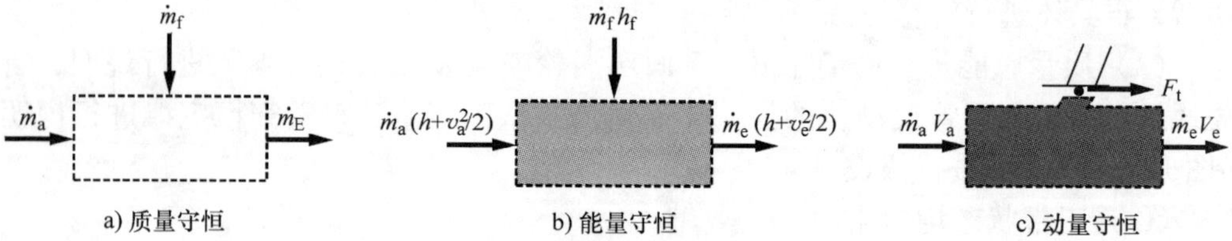

图 12-7　涡轮喷气发动机的控制体积

对控制体积的动量守恒以下述方程表示：

$$\dot{m}V_{\mathrm{in}} - \dot{m}V_{\mathrm{out}} + \sum F_{cv} = 0$$

在上式中代入轴向标量成分动量和推力，可以推导出

$$\dot{m}_{\mathrm{a}}V_{\mathrm{a}} - \dot{m}_{\mathrm{e}}V_{\mathrm{e}} + F_{\mathrm{t}} = 0 \qquad (12.30\mathrm{a})$$

或

$$F_t = \dot{m}_e V_e - \dot{m}_a V_a \tag{12.30b}$$

把上式中的 $\dot{m}_e$ 以式（12.26）代入，可以推导出

$$F_t = \dot{m}_a[(1 + F/A)V_e - V_a] \tag{12.31a}$$

涡轮喷气发动机的燃空比 F/A 约为 0.01，因此式（12.31a）可以转换为

$$F_t \approx \dot{m}_a(V_e - V_a) \tag{12.31b}$$

式中，V_e 为喷管出口速度；V_a 为空气进口速度。

（2）涡轮喷气发动机的性能

① 推力、推进功率。涡轮喷气发动机的推力 F_t 可以用式（12.30）计算。因排气质量流量率为空气与燃料的质量流量率之和，因此可以用下式表示推力：

$$F_t = (\dot{m}_a + \dot{m}_f)V_e - \dot{m}_a V_a = \dot{m}_a(V_e - V_a) + \dot{m}_f V_e \tag{12.32a}$$

如果排气在喷管中没有完全膨胀到大气压力 p_a，只膨胀到出口压力 $p_e(>p_a)$，如图 12-8 所示，存在出口面积 A_e 所受到的作用力 $A_e(p_e - p_a)$，这称为压力推力，计算为

$$F_t = \dot{m}_a(V_e - V_a) + \dot{m}_f V_e + A_e(p_e - p_a) \tag{12.32b}$$

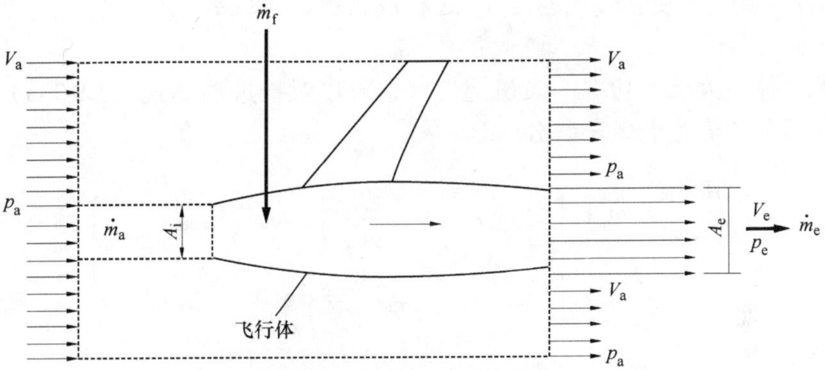

图 12-8　飞行器推进概略图

式（12.32b）显示了推进发动机产生推力需要何种要素。上式右侧第一项为依据空气流量率的动量变化，第二项为燃料流量率的动量，第三项为压力推力。在喷气发动机的推力式中，通常燃料流量率 $\dot{m}_f$ 远小于空气流量率 $\dot{m}_a$，因此可以忽略右侧第二项，推力为动量推力与压力推力之和。如果在喷管中排气完全膨胀，因 $p_e = p_a$，以此第三项为 0，即压力推力也可以忽略。

如果喷气式飞机以一定的速度在静态空气中飞行，空气进口速度 V_a 等于飞机飞行速度 V_{craft}，即 $V_a = V_{craft}$。如果把推力以涡轮喷气发动机的燃空比 F/A 表示，可以把式（12.32b）表示为

$$\begin{aligned} F_t &= (\dot{m}_a + \dot{m}_f)V_e - \dot{m}_a V_{craft} \\ &= \dot{m}_a(1 + F/A)V_e - \dot{m}_a V_{craft} \end{aligned} \tag{12.32c}$$

式中，视为喷管中的排气完全膨胀，有 $p_e = p_a$，因而忽略了压力推力 $A_e(p_e - p_a)$。

推进功率 $\dot{W}_p$（kW）是推力 F_t 与飞机飞行速度 $V_{craft}(=V_a)$ 之积，根据推力式（12.32c）可以推导出

$$\begin{aligned}\dot{W}_p &= F_t V_{craft} = \dot{m}_a[(1+F/A)V_e - V_{craft}]V_{craft} \\ &= \dot{m}_a V_e V_{craft}\left[(1+F/A) - \frac{V_{craft}}{V_e}\right]\end{aligned} \tag{12.33a}$$

通常，涡轮喷气发动机的燃空比 F/A 为 1∶150～1∶50（0.007～0.02），可以视为 $F/A \approx 0$，因此推力与推进功率之间的关系可以表示为

$$F_t \approx \dot{m}_a(V_e - V_{craft})$$

$$\dot{W}_p \approx \dot{m}_a(V_e - V_{craft})V_{craft} \approx \dot{m}_a V_e V_{craft}\left(1 - \frac{V_{craft}}{V_e}\right) \tag{12.33b}$$

从式（12.33b）中可以看出，涡轮喷气发动机的推力 F_t 和推进功率 $\dot{W}_p$ 与空气质量流量率 $\dot{m}_a$ 和喷管喷气速度 V_e 之积成正比，飞机的飞行速度 V_{craft} 越快，就越小。

在此计算最大推进功率的飞机速度。这可以对推进功率式（12.33a）以飞机速度进行微分的值等于0来求出，即

$$\begin{aligned}\frac{d\dot{W}_p}{dV_{craft}} &= \dot{m}_a V_e\left[(1+F/A) - \frac{V_{craft}}{V_e}\right] + \dot{m}_a V_e V_{craft}\left[-\frac{1}{V_e}\right] \\ &= \dot{m}_a V_e\left[(1+F/A) - \frac{2V_{craft}}{V_e}\right] = 0\end{aligned}$$

因而，有

$$V_{craft,opt} = \frac{V_e(1+F/A)}{2} \approx \frac{V_e}{2} \tag{12.34}$$

因此可以获知最大功率的飞机速度 $V_{craft,opt}$ 为喷气发动机喷气速度 V_e 的1/2左右。

② 比推力、推力燃料消耗率比。航空器的性能用比推力和推力燃料消耗率比来进行评价。

比推力 I_s（m/s）定义为空气质量流量率 $\dot{m}_a$（kg/s）对所产生的推力 F_t（N）之比。发动机的大小以空气的质量流量率来判定，因此比推力相对表示发动机的大小。发动机的大小不仅表示重量，还有前端面积（前端面积与阻力系数有关），因此航空发动机的比推力要尽可能大。

如果推力为 F_t，空气质量流量率为 $\dot{m}_a$，比推力 I_s 的计算式为

$$I_s = \frac{F_t}{\dot{m}_a} \tag{12.35a}$$

把式（12.35a）中的推力 F_t 以式（12.32b）代入，可以推导出

$$I_s = \frac{F_t}{\dot{m}_a} = (1 + F/A)V_6 - V_1 + \frac{A_6}{\dot{m}_a}(p_6 - p_1)$$

如果忽略燃空比 F/A，则比推力 I_s 的计算式改写为

$$I_s = (V_6 - V_1) + \frac{A_6}{\dot{m}_a}(p_6 - p_1) \tag{12.35b}$$

各种推进发动机随马赫数的比推力如图 12-9 所示。TJ 为涡轮喷气发动机，RJ 为冲压式喷气发动机，SCRJ 为超音速燃烧冲压式喷气发动机，火箭为化学燃料火箭。可以看出，在马赫数 4 以下，涡轮喷气发动机的比推力最大，马赫数在 4 以上时，冲压式喷气发动机的比推力大于涡轮喷气发动机。

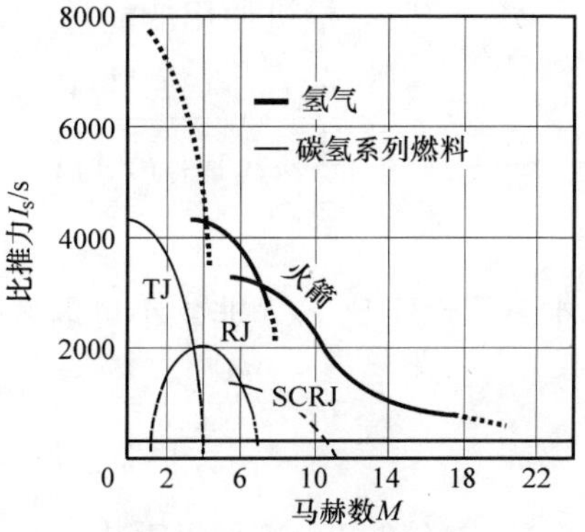

图 12-9　各种发动机的比推力

推力燃料消耗率比 $Tsfc$[(kg$_{燃料}$/s)/N]是喷气发动机的经济性指标，定义为单位推力（N）对燃料消耗率（燃料质量流量率）$\dot{m}_f$（kg/s）之比，即

$$Tsfc = \frac{\dot{m}_f}{F_t}$$

推力燃料消耗率比和比推力 I_s 之间的关系，根据式（12.35）可以推导出

$$Tsfc = \frac{\dot{m}_f}{F_t} = \frac{\dot{m}_f}{\dot{m}_a I_s} = \frac{F/A}{I_s} \tag{12.36}$$

推力燃料消耗率比与即将在下面部分要介绍的喷气发动机总效率 η_{tot} 之间的关系为

$$\eta_{tot} = \frac{推进功率}{供给热量} = \frac{F_t V_{craft}}{\dot{m}_f H_L} = \frac{V_{craft}}{Tsfc} \times \frac{1}{H_L} \tag{12.37}$$

（3）喷气发动机的效率　喷气发动机的效率分为内部效率、推进效率和总效率三种。

① 内部效率。喷气发动机是把燃料的能量转换为喷气的动能获得推力。此时能量的转换效率称为热效率或内部效率 η_i，定义为

$$\eta_i = \frac{推进使用的能量}{供给燃料能量} = \frac{喷气流量 \times 动能增加率}{单位时间供给能量}$$

$$= \frac{\frac{1}{2}\dot{m}_a(1+F/A)V_e^2 - \frac{1}{2}\dot{m}_a V_{craft}^2}{\dot{m}_f H_L} = \frac{(V_e^2 - V_{craft}^2)}{2H_L}\frac{\dot{m}_a}{\dot{m}_f} \quad (12.38)$$

式中，因燃空比 $F/A(=\dot{m}_f/\dot{m}_a)$ 远小于1可以忽略不计，进口空气速度 V_a 等于飞机速度 V_{craft}，供给的燃料能量为燃料质量流量率与燃料低热值之积，即 $\dot{Q}_{in}=\dot{m}_f H_L$。

② 推进效率。推进效率或外部效率 η_p 是喷气动能中在飞行器推进方面有效使用动能之比。即，推进功率与单位时间喷气动能之比，表示为

$$\eta_p = \frac{有效推进功}{推进使用的能量} = \frac{推力\times速度}{喷气流量\times动能增加率}$$

$$= \frac{\dot{m}_a[(1+F/A)V_e - V_{craft}]V_{craft}}{\frac{1}{2}\dot{m}_a(1+F/A)V_e^2 - \frac{1}{2}\dot{m}_a V_{craft}^2} = \frac{[(1+F/A)V_e V_{craft}] - V_{craft}^2}{\frac{1}{2}[(1+F/A)V_e^2 - V_{craft}^2]} \quad (12.39a)$$

式中，因燃空比 F/A 非常小可以忽略不计，因此推进效率计算式为

$$\eta_p = \frac{V_{craft}(V_e - V_{craft})}{\frac{1}{2}(V_e^2 - V_{craft}^2)} = \frac{2V_{craft}}{V_e + V_{craft}} = \frac{2}{1+V_e/V_{craft}} \quad (12.39b)$$

从式（12.39b）可以看出，推进效率 η_p 仅为速度比 V_e/V_{craft}（$=V_e/V_a$）的函数。图12-10所示为推进效率 η_p 与速度比 V_e/V_{craft} 之间的关系。对图12-11和推力式（12.32c）一起分析，可以得知下述事项。

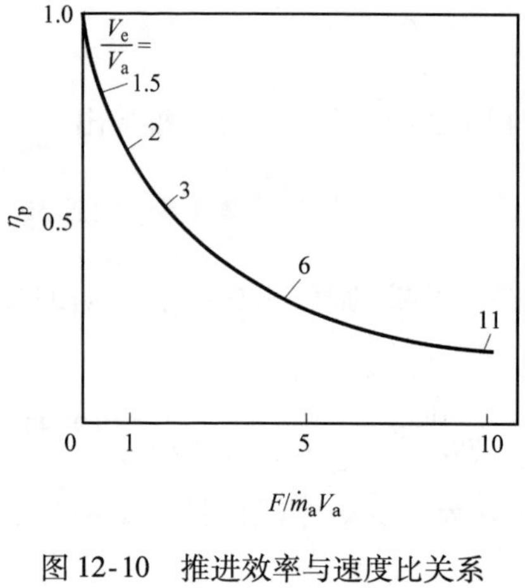

图12-10 推进效率与速度比关系

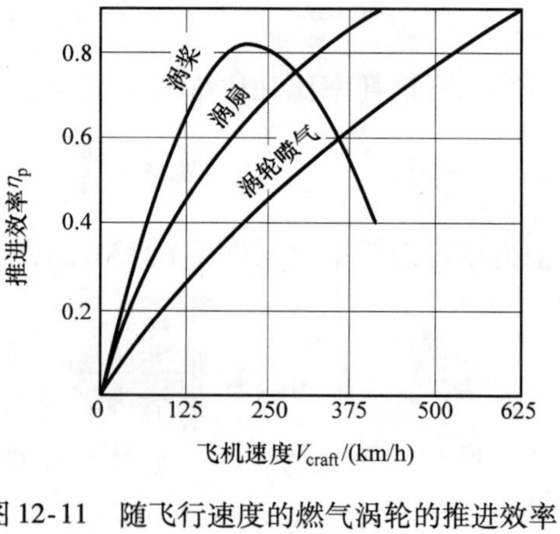

图12-11 随飞行速度的燃气涡轮的推进效率

a）当 $V_{craft}=0$ 时，推进效率 η_p 为0，推力 F_t 达到最大。此状态是飞机起飞时的状态，起飞时可以获得最大推力。

b）速度比 V_e/V_{craft} 越小，即飞机速度越接近喷管喷气速度，推进效率就越高，但推力会越小。当速度比 V_e/V_{craft} 为1时，即 $V_{craft}=V_e$ 时，推进效率会达到 $\eta_p=$

100%，但推力 F_t 就会为 0。

因此，推进效率达到最大的速度比与推进功率达到最大的速度比不同。推进功率达到最大的速度比的状态是，根据式（12.34）飞机速度 V_{craft} 为 1/2 喷管喷气速度 V_e 时的状态，此时推进效率为 $\eta_p = 0.667$。

随飞机速度变化的各种燃气涡轮发动机的推进效率如图 12-11 所示。在低速状态涡桨发动机的推进效率高于涡轮风扇发动机或涡轮喷气发动机，飞行速度在 250km/h 以上时，因螺旋桨的效率降低，涡桨发动机的效率会急速下降。因此，涡桨发动机、涡扇发动机和涡轮喷气发动机使用在各自的高效率速度范围内。

③ 总效率。喷气发动机的总效率 η_{tot} 是单位时间供给燃料的能量对推进功率之比，表示为

$$
\begin{aligned}
\eta_{tot} &= \frac{\text{有效推进功}}{\text{消耗燃料能量}} = \frac{\text{推力} \times \text{速度}}{\text{单位时间供给能量}} \\
&= \frac{\dot{m}_a[(1+F/A)V_e - V_{craft}]V_{craft}}{\dot{m}_f H_l} = \frac{(V_e - V_{craft})V_{craft}}{H_l}\frac{\dot{m}_a}{\dot{m}_f} \\
&= \eta_i \eta_p
\end{aligned}
\tag{12.40}
$$

因此，推进发动机的总效率 η_{tot} 为内部效率 η_i 与推进效率 η_p 之积。推进发动机的总效率、内部效率、推进效率可以视为与往复式发动机的净热效率、指示热效率、机械效率相对应。

推进发动机的效率从各个方程式可以看出，与航空器的速度 V_{craft} 有密切的关系。航空器的运行速度范围很广，以起飞最大输出功率（或地面停止性能）或特定高度和速度的巡航性能进行评价。

2. 涡轮喷气发动机循环说明

涡轮喷气发动机如图 12-2a 所示，气体发生器（压缩器 + 燃烧器 + 涡轮）前后配备有空气进气道、喷管。涡轮喷气发动机理性 $T-s$ 线图和实际 $T-s$ 线图如图 12-12 所示。各过程如下。

① 1－2 过程：在空气进气道中降低进气流速，产生动压（冲压力）的压缩过程。

② 2－3 过程：通过压缩器进一步压缩空气的压缩过程。喷气发动机通常总压缩比为 10～20，各级增压比为 1.1（或 1.2），因此使用多级压缩器，并且需要压缩功 w_c。

③ 3－4 过程：在燃烧器中进行定压燃烧加热过程，加热量为 $\dot{Q}_{in} = \dot{m}_f H_L$。实际上，部分空气进入到燃烧器，燃料燃烧成为高温、高压燃烧气体，其余的空气通过燃烧器内筒外侧对燃烧器进行冷却，并在燃烧器后部与燃烧气体混合降低燃烧气体的温度后，进入涡轮做功。

④ 4－5 过程：在燃气涡轮中燃烧气体部分膨胀的过程，利用获得的涡轮功 w_t

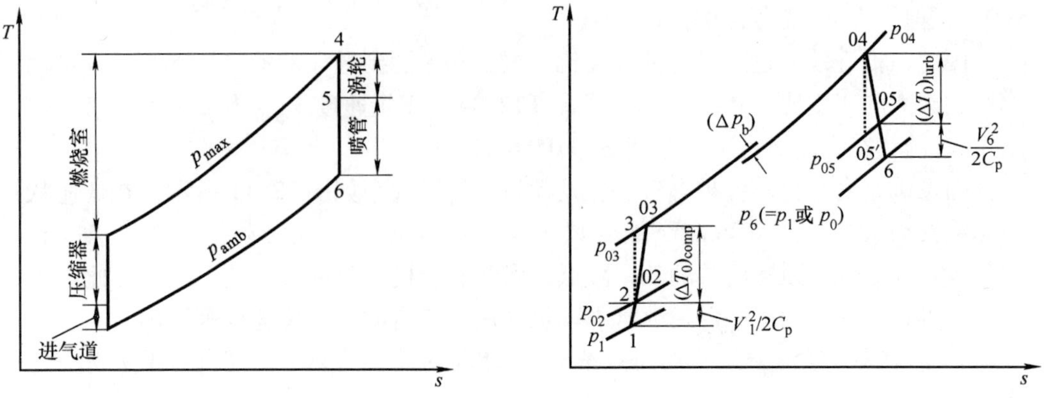

a) 理想$T-s$线图　　b) 实际$T-s$线图

图 12-12　涡轮喷气发动机

驱动功压缩器。即 $w_t = w_c$。涡轮的级数通常采用 1 ~4 级。

⑤ 5 – 6 过程：在喷管中把从涡轮排出的高压燃烧气体膨胀到环境压力，产生推力的过程。亚音速航空器使用收敛喷管，超音速航空器使用收敛 – 扩散喷管。

⑥ 6 – 1 过程：从喷管喷出的燃烧气体向大气定压放热的过程。

（1）空气进气道　空气进气道是进入空气的进口。其作用是降低约等于飞机飞行速度的高速进气流速，以增加进气压力（冲压力）。通过降低流体速度增加压力称为冲压效应。

空气进气道的形状亚音速发动机与超音速发动机不同，当空气进入压缩器时，空气压力和速度必须均匀，且压力损失（摩擦损失）应最小。图 12-13 所示为超音速发动机的空气进气道，形状为敛 – 扩散管类型。

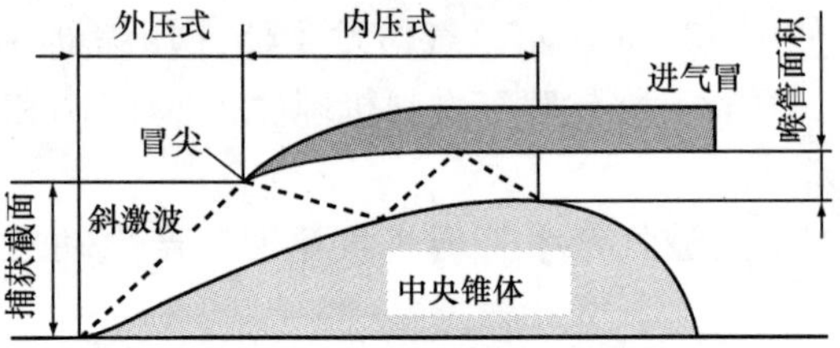

图 12-13　超音速空气进气道

如果假设空气进气道中的空气流动产生摩擦，但没有热传递，则可以把能量守恒方程（12.7）改写为

$$\left(h_2 + \frac{1}{2}V_2^2\right) - \left(h_1 + \frac{1}{2}V_1^2\right) = 0 \text{ 或 } h_{01} = h_{02} \tag{12.41}$$

因而，如果没有热传递和功传递，当流体通过不均匀端面积通道时，即使产生摩擦，总焓和总温也为一定值，即 $h_{01} = h_{02}$、$T_{01} = T_{02}$。

空气进气道中流体流动的 $T-s$ 线图如图 12-14 所示，温度为 $T_{01} = T_{02}$。实际上流体流动时存在摩擦损失，因而总压不会保持一定的压力。在空气进气道冲压效应下会使压力上升（$p_{02}-p_1$）。如，在超音速发动机空气进气道中冲击波的作用下空气的进气流速从超音速降低到马赫数 0.8 左右，并在进气道扩散段中空气膨胀流速进一步降低到马赫数 0.5 的亚音速，压力上升。通常，空气进气效率是主要使用以温度上升定义的等熵效率 η_i 或以压力上升定义的冲压效率 η_r。下面对此进行分析。

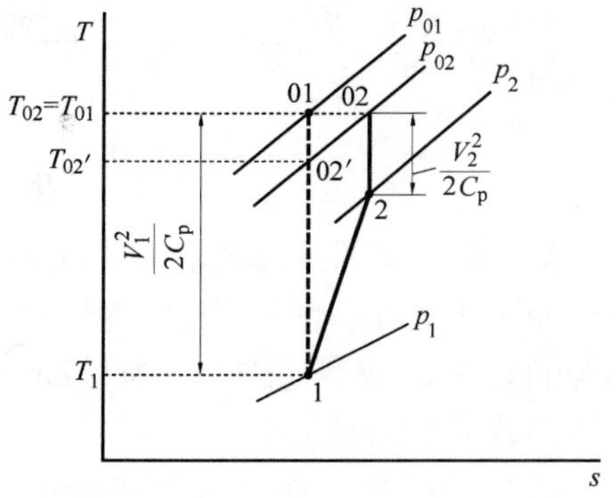

图 12-14　空气进气道的 $T-s$ 线图

推进发动机在外界温度为 T_1 以飞行速度 V_1 飞行时，总温 T_{02} 如图 12-14 所示，表示为

$$T_{02} = T_{01} = T_1 + \frac{V_1^2}{2C_p}$$

从理想气体的等熵过程状态方程式 $Tp^{(1-\kappa)/\kappa}=$常数中，有

$$\frac{p_{02}}{p_1} = \left(\frac{T_{02}}{T_1}\right)^{\kappa/(\kappa-1)}$$

η_i 定义为在空气进气道中为了获得相同的冲压出口压力 p_{02}，实际压缩功对等熵压缩功之比，当质量定压热容一定时，以温度比显示：

$$\eta_i = \frac{h_{02}' - h_1}{h_{02} - h_1} = \frac{T_{02}' - T_1}{T_{02} - T_1} \tag{12.42a}$$

式中，T_{02}' 为等熵冲压压缩压力 p_{02} 时的温度。通过导入等熵效率 η_i 可以求出 T_{02}'。

因此有

$$T_{02}' = T_1 + \eta_i \frac{V_1^2}{2C_p} \tag{12.42b}$$

把上式与式（12.11）进行比较，可以把 η_i 视为在空气进气道中等熵压缩时（或减速时）上升的动态温度比。

根据空气进气道的压力比 $T_p^{(1-\kappa)/\kappa}=$常数，可以推导出

$$\frac{p_{02}}{p_1} = \left(\frac{T_{02}}{T_1}\right)^{\frac{\kappa}{\kappa-1}} = \left[1 + \frac{T_{02}' - T_1}{T_1}\right]^{\frac{\kappa}{\kappa-1}} = \left[1 + \eta_i \frac{V_1^2}{2c_pT_1}\right]^{\frac{\kappa}{\kappa-1}}$$

$$= \left[1 + \eta_i \frac{\kappa-1}{2} M_1^2\right]^{\frac{\kappa}{\kappa-1}} \tag{12.43}$$

式中，$M_1 = V_1/c = V_1/\sqrt{\kappa R T_1} = V_1/\sqrt{(\kappa-1)c_pT_1}$。总温 T_{02} 也可以用马赫数 M_1 项表示为

$$\frac{T_{02}}{T_1} = \left[1 + \frac{\kappa-1}{2}M_1^2\right] \tag{12.44}$$

冲压效率 η_r 为空气经过进气道期间，实际过程与理想等熵过程中的压力增加比，即

$$\eta_r = \frac{p_{02} - p_1}{p_{01} - p_1} \tag{12.45}$$

空气进气道的等熵效率 η_i 与冲压效率 η_r 的大小几乎相等，两个值可以互换使用。冲压效率可以容易测得，等熵效率以焓或温度表示容易计算得到。空气进气道的等熵效率 η_i 亚音速进气道为0.85～0.95，超音速进气道效率比亚音速小，通常随马赫数的增加而减小。

（2）压缩器　空气进气道后的过程为通过压缩器提高空气压力的压缩过程。压缩器的效率定义为等熵压缩功对实际压缩功之比。实际压缩功因包括摩擦损失等非可逆性要素，因此需要比理想等熵压缩功 W_c' 更大的实际功 W_c，如图12-15所示。

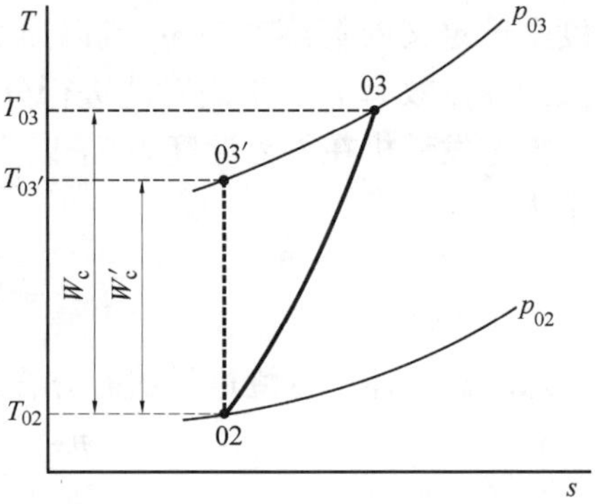

图12-15　压缩器的 $T-s$ 线图

从空气的总压 p_{02} 压缩到出口压力 p_{03} 时，压缩器的效率 η_c 计算式为

$$\eta_c = \frac{W_c'}{W_c} = \frac{h_{03}' - h_{02}}{h_{03} - h_{02}} = \frac{T_{03}' - T_{02}}{T_{03} - T_{02}} \tag{12.46}$$

在这里压缩器的实际功 W_c 为对空气所做的压缩器功。实际压缩器旋转时的压缩功为，在上述压缩功的基础上应加上轴承摩擦等机械损失 Δh_f，因此需要比理想压缩功更大的功。如果考虑这些损失，可以把上式改写为

$$\eta_c = \frac{h_{03}' - h_{02}}{h_{03} - h_{02} + \Delta h_f} \tag{12.47}$$

通常，压缩器的效率轴流式为0.85，离心式为0.8左右。

（3）燃烧器　燃烧器中把高压空气与燃料混合进行定压燃烧，并产生高温燃烧气体。燃烧气体的温度受到涡轮叶片材料高温强度界限温度的限制，因此通过燃烧器内筒流入的大量两股空气稀释并降低温度。在这里，把直接参与燃烧的空气称为主空气。因此，涡轮喷气发动机的总燃料空气比 F/A 为1∶150～1∶50（0.007～0.02），保持很稀薄的燃空比状态。冲压式喷气发动机因没有涡轮，可以达到更高的燃烧温度，因此燃空比比涡轮喷气发动机更大。

燃烧器中的空气、燃料和燃烧生成物的能量守恒方程为

$$\dot{Q}_{in} + \dot{m}_a h_{03} = \dot{m}_a (1 + F/A) h_{04}$$

式中，$\dot{Q}_{in}$ 为燃料燃烧所供给的热能；h_{03}、h_{04} 分别为3、4位置的总焓。如果把上式的两边以 $\dot{m}_a$ 相除，并且因燃空比过小视为 $F/A \approx 0$，则可以推导出

$$q_{in} + h_{03} = h_{04} \tag{12.48}$$

式中，q_{in}为供给单位质量空气的热能。

燃烧效率 η_b 定义为在实际燃烧过程中供给气体的热量（有效发热量）Q_e 与从燃料获得的热量 $m_f H_L$ 之比。

$$\eta_b = \frac{Q_e}{m_f H_L} \tag{12.49}$$

喷气发动机的燃烧过程相关燃料空气比利用式（12.48）和式（12.49），以空气与燃料供给热量比可以近似得到。即，根据式（12.48）供给1kg空气的热量 q_{in} 计算式为

$$q_{in} = h_{04} - h_{03}$$

此外，燃料1kg所供给的热量 q_f 为 $\eta_b H_L$，因此空燃比的计算式为

$$A/F = \frac{q_{in}}{q_f} = \frac{h_{04} - h_{03}}{\eta_b H_L} \tag{12.50}$$

在燃烧器中除了燃烧损失外，还存在压力损失。因此，燃烧并不能达到理想定压燃烧的 p'_{03}，因存在流体的摩擦损失，以及因燃烧引起流速增加，燃烧过程会达到低的压力 p_{03}，即 $p_{03} < p'_{03}$。压力损失是以下式定义燃烧器压力系数 E_b 并使用。

$$E_b = \frac{\Delta p_b}{p_b} = \frac{p'_{03} - p_{03}}{p'_{03}} = 1 - \frac{p_{03}}{p'_{03}} \approx 0.05 \tag{12.51}$$

大部分涡轮喷气发动机的燃烧器压力损失系数为5%以下。

（4）涡轮　压缩器的驱动功是高温燃烧气体通过涡轮时部分膨胀来获得的。实际涡轮内的流体流动因存在流体摩擦熵会增加，下面以理想等熵过程来假设进行说明。

涡轮内流体流动的能量守恒根据式（12.7）可以表示为

$$(\dot{m}_a + \dot{m}_f)h_{0.4} - [\dot{W}'_t + (\dot{m}_a + \dot{m}_f)h'_{05}] = 0 \tag{12.52}$$

式中，$\dot{W}'_t$ 为涡轮的等熵膨胀功。把上式的两边除以空气流量 $\dot{m}_a$，且因燃空比过小，可视 $F/A \approx 0$，因此单位质量涡轮功可以表示为

$$w'_t = h_{04} - h'_{05} = c_p(T_{04} - T'_{05}) \tag{12.53}$$

当涡轮内的流体从进口压力 p_{04}膨胀到出口压力 p_{05}时，因存在摩擦损失，实际涡轮中如图12-16所示，获得的膨胀功 w_t 小于理想等熵膨胀功 w'_t。在实际过程中的涡轮功为

$$w_t = h_{04} - h_{05} = c_p(T_{04} - T_{05}) \tag{12.54}$$

因此，如下定义涡轮效率 η_t。

$$\eta_t = \frac{w_t}{w'_t} = \frac{h_{04} - h_{05}}{h_{04} - h'_{05}} \tag{12.55}$$

式中，涡轮功 w_t 并不是涡轮旋转的轴功，而是空气对涡轮所做的功。从涡轮功获

得的涡轮轴旋转功，因存在轴承的摩擦损失、风阻损失和旋转损失等，小于实际涡轮功 w_t。在式（12.55）中附加传递损失 Δh_f，总涡轮效率为

$$\eta_t = \frac{h_{04} - h_{05} - \Delta h_f}{h_{04} - h'_{05}} \quad (12.56)$$

通常，涡轮效率为90%以上。

（5）推力喷管　推力喷管是涡轮喷气发动机的最后过程，是通过降低燃烧气体的压力，即通过燃烧气体的膨胀增加气流速度，以获得推力的部分。在喷管内的燃烧气体的流动也与空气进气道相同，用绝热过程来进行说明。

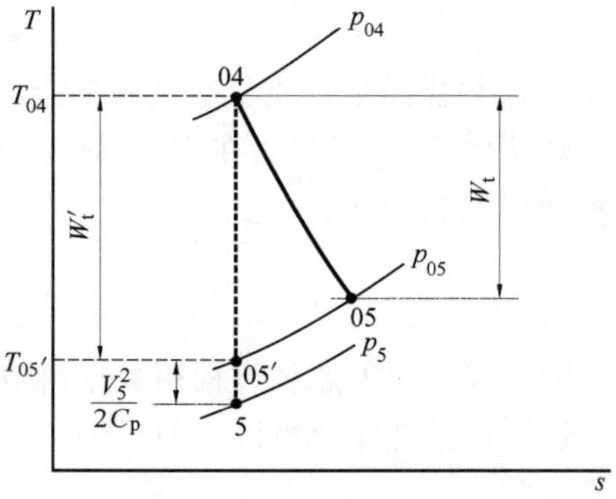

图 12-16　涡轮的 $T-s$ 线图

喷管内理想气体流动能量守恒方程为

$$\left(h'_6 + \frac{1}{2}V'^2_6\right) - (h_5 + 0) = 0$$

根据上式，可以把喷气速度 V'_6 表示为

$$V'^2_6 = \sqrt{2(h_{06} - h'_6)} \quad (12.57a)$$

如果考虑实际的摩擦，喷管的喷气速度可以计算为

$$V_6^2 = \sqrt{2(h_{05} - h_6)} \quad (12.57b)$$

喷管的等熵效率 η_j 为理想喷气速度对实际喷气速度之比，$T-s$ 线图如图12-17所示。

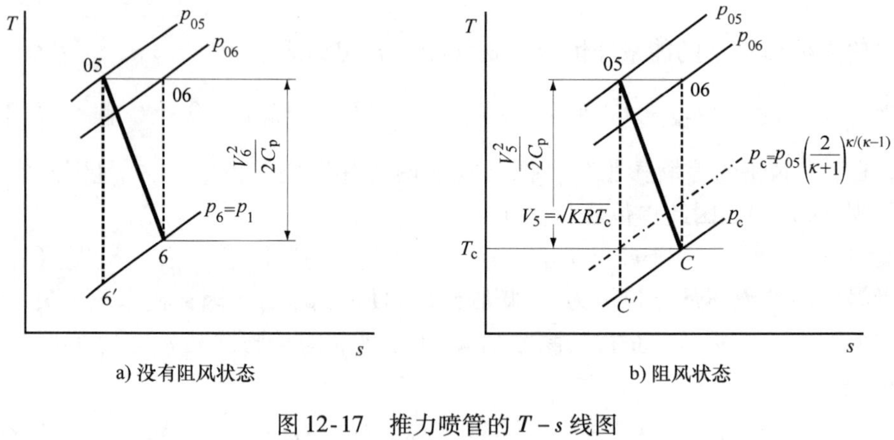

图 12-17　推力喷管的 $T-s$ 线图

$$\eta_j = \frac{V_6}{V'_6} = \frac{h_{05} - h_6}{h_{05} - h'_6} = \frac{T_{05} - T_6}{T_{05} - T'_6} \quad (12.58)$$

图 12-17b 所示的阻风（choke）状态表示通过喷管的流体质量流量率达到最

大，即使进一步降低出口压力，质量流量率不再增加的状态。通常，推力喷管的效率为 95% 左右。

式（12.58）可以改写为

$$T_{05}-T_6=\eta_j T_{05}\left[1-\left(\frac{1}{p_{05}/p_6}\right)^{(\kappa-1)/\kappa}\right] \tag{12.59}$$

式中，如果知道喷管进口条件（p_{05}，T_{05}）、喷管效率 η_j 和出口温度 T_6，可以求出压力比。另外，因推力喷管出口的总温 T_{06} 与进口的总温 T_{05} 相同，$T_{05}-T_6$ 等于 $T_{06}-T_6$，如图 12-17a 所示，此值等于喷气的动态温度 $V_6^2/2c_p$。在喷管没有风阻的临界压力比范围内，p_6 等于 p_1，因此压力推力 $F_p=A_6(p_6-p_1)$ 为 0。在临界压力比以上，喷管会受到风阻，压力 p_6 会成为临界压力比 p_c，此时喷管出口速度 V_6 会达到音速 a（$=\sqrt{\kappa R T_c}$）。但是，如果喷管内的气体流动不是等熵过程，如何求出临界压力 p_c 会成为问题。这可以从临界温度比 T_{05}/T_c 求出临界压力。

当喷管风阻时，临界压力比 p_{05}/p_c 等于 p_{05}/p_6，马赫数为 $M_6=1$。在没有功和热量传递的气体流动中，因总温相同，从 $T_{05}=T_{06}$ 的事实中可以推导出

$$\frac{T_{05}}{T_c}=\frac{T_{06}}{T_c}=1+\frac{V_6^2}{2c_pT_c}=1+\frac{\kappa-1}{2}M_6^2$$

在上式中代入 $M_6=1$，上式改写为

$$\frac{T_{05}}{T_c}=\frac{\kappa+1}{2} \tag{12.60}$$

通过上式可以求出 T_c，那么只要知道 η_j，可以求出图 12-17b 所示的以实际临界压力 p_c 进行等熵膨胀时的温度 T_c'，即

$$\eta_j=\frac{T_{05}-T_c}{T_{05}-T_c'}$$

$$T_c'=T_{04}-\frac{1}{\eta_j}(T_{05}-T_c)$$

临界压力 p_c 的计算式可以表示为

$$p_c=p_{05}\left(\frac{T_c'}{T_{05}}\right)^{\kappa/(\kappa-1)}=p_{05}\left[1-\frac{1}{\eta_j}\left(1-\frac{T_c}{T_{05}}\right)\right]^{\kappa/(\kappa-1)}$$

把式（12.60）的 T_c/T_{05} 代入上式，可以获得临界压力比计算式为

$$\frac{p_{05}}{p_c}=\frac{1}{\left[1-\frac{1}{\eta_j}\left(\frac{\kappa-1}{\kappa+1}\right)\right]^{\kappa/(\kappa-1)}} \tag{12.61}$$

为求出压力推力 $A_6(p_c-p_1)$ 的剩余项目是喷管的出口面积 A_6。通过质量流量 $\dot{m}_a$ 可以求出 A_6：

$$A_6=\frac{\dot{m}_a}{\rho_c V_c} \tag{12.62}$$

式中，临界密度 ρ_c 可以利用理想气体状态方程以 p_c/RT_c 求出；临界速度 V_c 可以用 $\sqrt{2c_p(T_{05}-T_c)}$ 或 $\sqrt{\kappa RT_c}$ 求出。

3. 实际简单涡轮喷气发动机

实际简单涡轮喷气发动机的 $T-s$ 线图如图 12-12b 所示。如果知道飞行速度和飞行高度，就可以求出其性能。

（1）大气压力、温度、音速　对飞行高度的性能解释，需要知道各海拔的大气温度和压力。在表 12-6 的国际标准大气表（ISA）中可以求出大气压力、温度和音速。大气温度在 0 ~ 11000m 高度范围内每 500m 高度温度变化为 3.2K，11000m ~ 20000m 范围内保持 216.7K 的温度，高度继续升高时温度会逐渐增大。

但是，各高度的大气温度和压力随季节和纬度的不同而发生变化，实际环境大气条件与 ISA 值有相当大的差异，这点应注意。

表 12-6　国际标准大气表（海拔高度密度 $\rho_0=1.225\text{kg/m}^3$）

高度 h/m	压力 p/bar	温度 T/K	密度比 ρ/ρ_0	音速 a/（m/s）
0	1.01325	288.15	1	340.3
1000	0.8988	281.7	0.9075	336.4
2000	0.7950	275.2	0.8217	332.5
3000	0.7012	268.7	0.7423	328.6
4000	0.6166	262.2	0.6689	324.6
5000	0.5405	255.7	0.6012	320.5
6000	0.4722	249.2	0.5389	316.5
7000	0.4111	242.7	0.4817	312.3
8000	0.3565	236.2	0.4292	308.1
9000	0.3080	229.7	0.3813	303.8
10000	0.2650	223.3	0.3376	299.5
11000	0.2270	216.8	0.2978	295.2
12000	0.1940	216.7	0.2546	295.1
13000	0.1658	216.7	0.2176	295.1
14000	0.1417	216.7	0.1860	295.1
15000	0.1211	216.7	0.1590	295.1
16000	0.1035	216.7	0.1359	295.1
17000	0.0885	216.7	0.1162	295.1
18000	0.07565	216.7	0.0993	295.1
19000	0.06467	216.7	0.08489	295.1
20000	0.05529	216.7	0.07258	295.1

（2）空气进气道　空气进气道出口的总温 T_{02} 和总压 p_{02} 以下式求出：

$$T_{02}=T_1+\frac{V_1^2}{2c_p}$$

$$\frac{p_{02}}{p_1}=\left[1+\eta_j\frac{V_1^2}{2c_pT_1}\right]^{\kappa/(\kappa-1)}$$

(3) 压缩器　一旦求出压缩器的增压比 p_3/p_2，则可求出压缩器出口的总压 p_{03} 和总温 T_{03}，为

$$p_{03} = \left(\frac{p_3}{p_2}\right)p_{02}$$

$$T_{03} - T_{02} = \frac{T_{02}}{\eta_c}\left[\left(\frac{p_{03}}{p_{02}}\right)^{(\kappa-1)/\kappa} - 1\right]$$

(4) 燃烧室　考虑燃烧室前后的能量平衡，求出理论燃料空气比 $(F/A)'$ 和实际燃料空气比 (F/A)。考虑燃烧室中空气、燃料和燃烧生成物的能量关系式 (12.27) 改写为

$$\dot{m}_f H_L + \dot{m}_a h_{03} = (\dot{m}_a + \dot{m}_f)h_{04}$$

式中，H_L 为燃料的低热值。由此可知理论燃料空气比 $(F/A)'$ 为

$$(F/A)' = \frac{\dot{m}_f}{\dot{m}_a} = \frac{h_{04} - h_{03}}{H_L - h_{04}}$$

把上式的两边除以 h_{03}，并假设质量定压热容 c_p 不变，可得

$$(F/A)' = \frac{h_{04}/h_{03} - 1}{H_L/h_{03} - h_{04}/h_{03}} = \frac{T_{04}/T_{03} - 1}{H_L/(c_p T_{03}) - T_{04}/T_{03}}$$

把上式的 h_{04} 以 $c_{p,g}T_{04}$、h_{03} 以 $c_{p,a}T_{03}$ 代入，可以求出答案。通常，空气的质量定压热容 $c_{p,a}$ 为 1.005kJ/kg，燃烧气体的质量定压热容 $c_{p,g}$ 为 1.148kJ/kg。

如果燃烧效率为 η_b，则实际燃料空气比 (F/A) 计算式为

$$(F/A) = \frac{(F/A)'}{\eta_b}$$

(5) 涡轮　涡轮进口和出口的状态可以按下述方法求出。

因涡轮功与压缩功的平衡关系中 $w_t = w_c/\eta_m$，因此涡轮进口状态式为

$$T_{04} - T_{05} = \frac{c_{p,a}(T_{03} - T_{02})}{c_{p,g}\eta_m}$$

$$p_{04} = p_{03}(1 - \Delta p_b/p_{03})$$

式中，Δp_b 为燃烧室压力下降量。

因此，理想的涡轮出口温度 T'_{05} 和出口压力 p_{05} 为

$$T_{05} = T_{04} - \frac{c_{p,a}(T_{03} - T_{02})}{c_{p,g}\eta_m}$$

$$T'_{05} = T_{04} - \frac{1}{\eta_t}(T_{04} - T_{05})$$

$$p_{05} = p_{04}\left(\frac{T'_{05}}{T_{04}}\right)^{\kappa/(\kappa-1)}$$

(6) 推力喷管　要首先确认是否为风阻状态后，再求出喷管出口的喷气速度。在此喷管压力比为 p_{05}/p_1。

喷管的临界压力比根据式（12.61）可以表示为

$$\frac{p_{05}}{p_{c}}=\frac{1}{\left[1-\frac{1}{\eta_{j}}\left(\frac{\kappa-1}{\kappa+1}\right)\right]^{\kappa/(\kappa-1)}}$$

① 风阻状态。如果喷管压力比大于临界压力比，即 $p_{05}/p_1>p_{05}/p_0$，喷管处于风阻状态。风阻状态喷管出口的状态参数（温度、压力、密度）和速度计算式为

$$T_6=T_c=\left(\frac{2}{\kappa+1}\right)T_{05}$$

$$p_6=p_c=p_{05}\left(\frac{1}{p_{05}/p_c}\right)$$

$$\rho_6=\frac{p_c}{RT_c}$$

$$V_6=\sqrt{\kappa RT_c}$$

② 未风阻状态。如果 $p_{05}/p_1<p_{05}/p_c$，喷管处于未风阻状态。在未风阻的状态，喷管出口的温度、压力和速度计算式为

$$T_6=T_{05}-\eta_i T_{05}\left[1-\left(\frac{1}{p_{05}/p_6}\right)^{(\kappa-1)/\kappa}\right]$$

$$p_6=p_1$$

$$V_6=\sqrt{2c_p(T_{05}-T_6)}=\sqrt{2c_p\eta_j T_{05}\left[1-\left(\frac{1}{p_{05}/p_1}\right)^{(\kappa-1)/\kappa}\right]}$$

（7）性能

① 比推力。比推力 I_s 以式（12.35b）计算。

$$I_s=(V_6-V_1)+\frac{A_6}{\dot{m}_a}(p_6-p_1)$$

② 推力燃料消耗率比。推力燃料消耗率比根据式（12.37）表示为

$$Tsfc=\frac{F/A}{I_s}$$

【例 12.1】

涡轮喷气发动机航空器在 10000m 高空以马赫数 0.8 飞行。当涡轮喷气发动机的各部分性能如下时，请求出比推力与燃料消耗率。压缩器的增压比为 8，涡轮进口温度为 1200K，空气进气道的等熵效率为 $\eta_i=0.93$，压缩器的效率为 $\eta_c=0.87$，涡轮效率为 $\eta_t=0.90$，推力喷管效率为 $\eta_j=0.95$，机械效率为 $\eta_m=0.99$，燃烧效率为 $\eta_i=0.98$，燃烧室的压力降 Δp_1 为压缩器供给压力的 4%。空气的质量热容比为 1.4，燃烧气体的质量热容比为 1.33。

【解答】

从表 12-6 国际标准大气表中查到高度 10000m 时大气的压力、温度、音速为

$$p_1 = 0.2650\text{bar},\ T_1 = 220\text{K},\ a = 299.5\text{m/s}$$

空气进气道和压缩器出口总温 T_{02} 和总压 p_{02} 为

$$\frac{V_1^2}{2c_p} = \frac{(0.8 \times 299.5)^2}{2 \times 1.005 \times 1000} = 28.6\text{K}$$

$$T_{02} = T + \frac{V_a^2}{2c_p} = 220 + 28.6 = 248.6\text{K}$$

$$p_{02} = p_1\left[1 + \eta_i \frac{V_1^2}{2c_p T_1}\right]^{\kappa/(\kappa-1)} = 0.2650 \times \left[1 + 0.93 \times \frac{28.6}{220}\right]^{1.4/(1.4-1)}$$

$$= 0.395\text{bar}$$

压缩器出口的总压 p_{03} 和总温 T_{03} 为:

$$p_{03} = \left(\frac{p_3}{p_2}\right)p_{02} = 8 \times 0.395 = 3.161\text{bar}$$

$$T_{03} = T_{02} + \frac{T_{02}}{\eta_c}\left[\left(\frac{p_{03}}{p_{02}}\right)^{(\kappa-1)/\kappa} - 1\right] = 248.6 + \frac{248.6}{0.87}[8^{(1.4-1)/1.4} - 1]$$

$$= 480.4\text{K}$$

涡轮进口和出口的状态参数为:

涡轮功 w_t 与压缩功 w_c 之间通过机械效率 η_m 有 $w_t = w_c/\eta_m$ 的关系，因此有

$$T_{04} - T_{05} = \frac{c_{p,a}(T_{03} - T_{02})}{c_{p,g}\eta_m} = \frac{1.005 \times (480.4 - 248.6)}{1.148 \times 0.99} = 204.9\text{K}$$

$$T_{05} = T_{04} - \frac{c_{p,a}(T_{03} - T_{02})}{c_{p,g}\eta_m} = 1200 - 204.9 = 995.1\text{K}$$

$$p_{04} = p_{03}\left(1 - \frac{\Delta p_b}{p_{03}}\right) = 3.161 \times \left(1 - \frac{0.98}{3.161}\right) = 2.181\text{bar}$$

$$T'_{05} = T_{04} - \frac{1}{\eta_t}(T_{04} - T_{05}) = 1200 - \frac{1}{0.90} \times 204.9 = 972.3\text{K}$$

$$p_{05} = p_{04}\left(\frac{T'_{05}}{T_{04}}\right)^{\kappa/(\kappa-1)} = 2.181 \times \left(\frac{972.3}{1200}\right)^{1.4/(1.4-1)} = 1.044\text{bar}$$

由此可知，喷管的压力比和临界压力比为

$$\frac{p_{05}}{p_1} = \frac{1.044}{0.265} = 3.94$$

$$\frac{p_{05}}{p_c} = \frac{1}{\left[1 - \frac{1}{\eta_j}\left(\frac{\kappa - 1}{\kappa + 1}\right)\right]^{\kappa/(\kappa-1)}} = \frac{1}{\left[1 - \frac{1}{0.95}\left(\frac{0.33}{2.33}\right)\right]^{1.33/0.33}} = 1.907$$

从上述两式中，可知 $\frac{p_{05}}{p_1} > \frac{p_{05}}{p_c}$，故喷管处于风阻状态。

推力喷管状态参数为

$$T_6 = T_c = \left(\frac{2}{\kappa + 1}\right) T_{05} = \left(\frac{2}{1.33 + 1}\right) \times 995.1 = 854.16\text{K}$$

$$p_6 = p_c = p_{05}\left(\frac{1}{p_{05}/p_c}\right) = 1.044 \times \left(\frac{1}{1.907}\right) = 0.547\text{bar}$$

$$\rho_6 = \frac{p_c}{RT_c} = \frac{0.547 \times 100}{0.287 \times 854.16} = 0.223\text{kg/m}^3$$

$$V_6 = \sqrt{\kappa RT_c} = \sqrt{1.33 \times 0.287 \times 1000 \times 854.16} = 571\text{m/s}$$

比推力 I_s 为

$$\frac{A_6}{\dot{m}_a} = \frac{1}{\rho_6 V_6} = \frac{1}{0.223 \times 571} = 0.007853$$

$$I_s = (V_6 - V_1) + \frac{A_6}{\dot{m}_a}(p_c - p_1) = (577 - 239.6) + 0.007853 \times (0.547 - 0.265)$$
$$= 331.4\text{N}\cdot\text{s/kg}$$

推力燃料消耗率比 $Tsfc$、理论燃料空气比$(F/A)'$、实际燃料空气比(F/A)为

$$(F/A)' = \frac{h_{04} - h_{03}}{H_l - h_{04}} = \frac{1.148 \times 1200 - 1.005 \times 480.4}{43100 - 1.148 \times 1200} = 0.0214$$

$$(F/A) = \frac{(F/A)'}{\eta_b} = \frac{0.0214}{0.98} = 0.0218$$

由此可知，推力燃料消耗率比为

$$Tsfc = \frac{(F/A)}{I_s} = \frac{0.0218 \times 3600}{331.4} = 0.237\text{kg/h}\cdot\text{N}$$

12.3 压缩器

简单燃气涡轮发动机循环的热效率随压缩器增压比的增大而增加。因此，燃气涡轮发动机的压缩器必须增压比高，流量要大，并尽可能小型化。但是，压缩器中空气会向压力较高的方向流动，因此在叶片之间的通道中容易发生附面层剥离或喘振。附面层剥离不仅会降低效率，还会因失速发生的振动导致结构上的问题。因此，为了避免附面层的剥离，压力增加量要小，一级压缩器的增压比会受到限制。为了获得大的总增压比，要使用多级压缩器。

压缩器分为轴流式和离心式。目前航空器用燃气涡轮发动机主要使用 15 级以上、增压比为 20 以上、效率为 90% 以上、空气的质量流量率约为 160kg/s 的轴流式压缩器。中型、大型航空器多使用在此基础上配备风扇、增压比为 25、空气质量流量率为 450kg/s 以上的涡扇发动机。

12.3.1 工作原理

压缩器压缩工质流体空气并增加压力，涡轮与此相反膨胀空气并降低压力，两

者的作用相互对立，但其工作原理相同。

压缩器和涡轮为有效增加和降低压力，轴流式压缩器的各级由旋转的工作叶片（Moving blade）和处于停止状态的导流叶片（Stationary blade）成对组成，多级压缩器的各级串联连在一起。轴流式压缩器的工作叶片又称为转子叶片或动叶片，导流叶片又称为定子叶片或静叶片，离心式压缩器中称为叶轮（Impeller）和扩压器（Diffuser），轴流式涡轮中称为工作叶片和导流叶片。

轴流式压缩器中进入空气时，通过工作叶片向空气施加转矩（力、旋转力），空气加速且动能增加。此动能（速度）在停止状态的导流叶片通道中减速并增加压力。多级压缩器为了获得规定的增压比，空气依次通过各级时连续重复此过程。为了压缩器的性能预测或设计，必须把增压比和压缩功（驱动力）及各级的速度三角形联系起来。

12.3.2　速度关系式、转矩、功

1. 速度关系式

工质流体在压缩器（或涡轮）内以正常状态流动时，利用能量守恒定律可以推导出焓、速度和压缩功（或涡轮功）之间的关系式。流体速度因具有相对于空间的绝对速度和相对于旋转体的相对速度，不容易理解。叶片的代表性形状和与其之间的关系如图 12-18 所示。

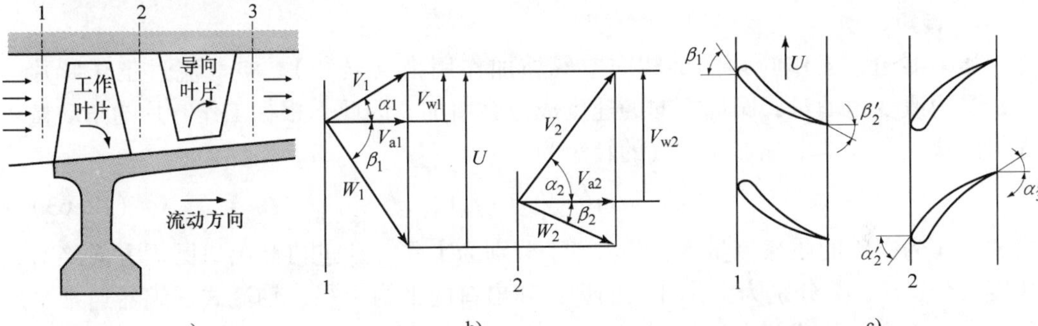

图 12-18　轴流式压缩器工作叶片进口和出口的速度三角形

旋转机构（压缩器、涡轮）中的流体速度，由固定观察者所观察到的速度（绝对速度）与转动叶片所观察到的速度（相对速度）不同。进入压缩器工作叶片的空气速度为 V（停止坐标系所观察的绝对速度），如果工作叶片的转动速度为 U（转速或圆周速度），由旋转的工作叶片所观察到的空气速度 W（相对速度）为空气的绝对速度与工作叶片转速之差，即

$$W = V - U$$

这样速度之间具有图 12-18b 所示的速度三角形关系。对一级压缩器中的空气流动进行分析，空气在工作叶片进口以角度 α_2 和绝对速度 V_1 进入。工作叶片以 U

速度旋转。相对于工作叶片的相对速度 W_1 为绝对速度与转速之差，此时相对流动角度为 β_1。如果工作叶片的进口角度 β_1' 与相对流动角度 β_1 之差的入射角大，则具有附面层剥离的危险；如果过大则会发生失速。因此，为了防止压缩器发生失速，设计时使相对流动角度与工作叶片的进口角度相等或差值很小。

空气以与工作叶片出口角度 β_2' 相似的相对流动角度 β_2 从工作叶片中流出。此角度在流体的滑动现象作用下比工作叶片出口角度稍大。出口的相对速度 W_2 从设计为压缩器全流程一定的空气轴向速度 V_a 可以求出。通过出口速度三角形可以求出出口绝对速度 V_2 和流动角度 α_2。工作叶片的通道端面积为扩散型，因此空气通过工作叶片（U 为一定）时，相对速度减小（$W_2 < W_1$），但是绝对速度会增大（$V_2 > V_1$）。

工作叶片出口的绝对速度 V_2 和流动角度 α_2 会成为导流叶片进口的条件。因此，工作叶片出口流动角度 α_2 和导流叶片进口角度 α_2' 设计为相同。导流叶片处于固定状态不旋转，空气在导流叶片内流动时，与工作叶片不同，因绝对速度流动。因此，空气以导流叶片出口角度 α_3' 相似的角度和绝对速度流出导流叶片。导流叶片的出口条件成为下一级工作叶片进口条件，即 $V_3 = V_1$；$\alpha_3 = \alpha_1$。

压缩器的目的是增加空气的压力，这主要由各级的导流叶片担负。即，为了增加压力，导流叶片的空气流动通道端面积设计为扩散型。工作叶片的目的虽然是增加动能（速度），但通过扩散型的空气流动通道端面积，也可以增加空气的压力。

2. 转矩、功

压缩器通过工作叶片的旋转向空气施加作用力（转矩）。空气流过工作叶片时，受力改变角动量，圆周方向的速度成分会增加。因此，根据工作叶片的角动量守恒定律，可以求出施加在空气的转矩为

$$\tau = \dot{m}(r_2 V_{w2} - r_1 V_{w1}) \tag{12.63}$$

式中，$\dot{m}$ 为空气的质量流量率；V_{w1}，V_{w2}分别为工作叶片进口和出口圆周方向绝对速度成分；r_1、r_2 分别为工作叶片的进口和出口的平均半径，轴流式压缩器通常半径的变化不大，因此假设为相同。

工作叶片施加在空气的动力 P 为转矩 τ 与旋转角速度 ω 之积。

$$P = \tau\omega = \dot{m}(\omega r_2/V_{w2} - \omega r_1 V_{w1})$$

式中，ωr 与工作叶片的转速 U 有“$U = \omega r$”的关系，如果没有半径变化，则其值一定。因此，轴流式压缩器的所需动力（或施加在空气的动力）计算式为

$$P = \dot{m}U(V_{w2} - V_{w1}) = \dot{m}U\Delta V_w \tag{12.64}$$

式中，有

$$\Delta V_w = V_{w2} - V_{w1} \tag{12.65}$$

式（12.64）表示，压缩器旋转的工作叶片向空气施加作用力时，随着空气角动量的改变，圆周方向的速度成分增加。当然，在导流叶片上也会有作用力，但因

导流叶片不旋转，因此没有施加在空气上的动力。因此，式（12.64）中的动力是由工作叶片施加在空气的动力，也是由一级压缩器施加的动力。

下面对施加动力时空气的温度和压力的变化进行分析。因工作叶片经过期间所发生的摩擦热相对于施加的动力相当小，可以假设工作叶片内的流动是绝热过程。因此，工作叶片上适用正常状态能量守恒方程，动力可以表示为

$$P = \dot{m}(h_{02} - h_{01}) = \dot{m}c_p(T_{02} - T_{01}) \tag{12.66}$$

导流叶片也可以设定为绝热过程，在导流叶片上的能量守恒方程为

$$h_{02} = h_{03} \text{ 或 } T_{02} = T_{03} \tag{12.67}$$

压缩器在工作叶片上吸收动力，因此总温上升，导流叶片在保持一定总温的状态下增加压力。

利用式（12.64）和式（12.66），可以获得在一级压缩器的总温增加量 ΔT_{01} 和速度变化量 ΔV_w 之间的关系式为

$$\Delta T_{0s} = T_{03} - T_{01} = \frac{U\Delta V_w}{c_p} \tag{12.68}$$

12.3.3　$T-s$ 线图和增压比

压缩器的导流叶片上没有输入动力，可以考虑为等熵过程，根据能量守恒定律总温 T_0 和总焓 h_0 保持不变。因此，如图 12-18a 所示，以下标 2、3 分别表示导流叶片进口和出口时，能量守恒式为

$$T_{02} = T_2 + \frac{V_2^2}{2c_p} = T_3 + \frac{V_3^2}{2c_p} = T_{03} \tag{12.69}$$

参考图 12-18b 所示的速度三角形，在导流叶片中绝对速度会降低，温度会增加。即，因 $V_3 < V_2$，有 $T_3 > T_2$。相反，在工作叶片中与获得的动力成正比，总温会增大，即 $T_{02} > T_{01}$。但是，当以与工作叶片一起旋转的观察者角度上观察工作叶片时，等于没有输入动力，因此相对总温 $T_{0,rel}$（以相对速度 W 计算的总温）不变，如下式表示。

$$T_{01,rel} = T_1 + \frac{W_1^2}{2c_p} = T_2 + \frac{W_2^2}{2c_p} = T_{02,rel} \tag{12.70}$$

在工作叶片上相对速度减小，温度上升。即因 $W_2 < W_1$，有 $T_2 > T_1$。考虑此关系，在轴流式一级压缩器的状态变化如图 12-19 所示。在此 $T-s$ 线图中，对工作叶片和导流叶片的损失进行分析。在工作叶片经过期间，总温与输入动力成正比增加，但如式（12.78）所示，相对总温保持不变，因此温度 T 以与相对速度减小量成比例的速度增加。如此，在工作叶片中温度和总温增加，同时压力和总压均要增大。但因实际过程为非可逆过程，因此不能获得与等熵过程相同的压力增大。

一级压缩器的等熵效率 η_s 为

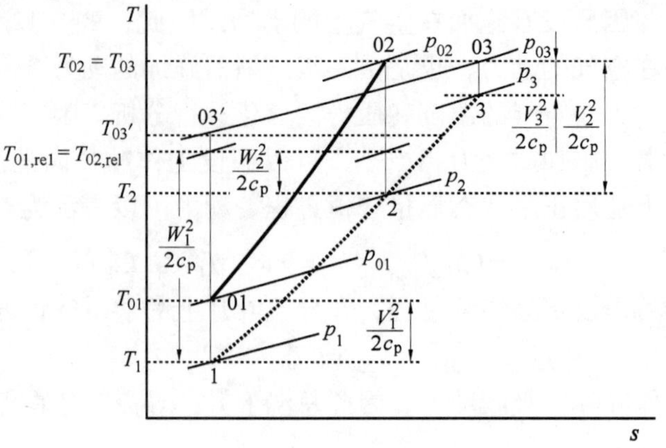

图 12-19 一级压缩器的 $T-s$ 线图

$$\eta_s = \frac{\text{等熵过程功}}{\text{实际过程功}} = \frac{T'_{03} - T_{01}}{T_{03} - T_{01}} \tag{12.71}$$

利用理想气体的等熵状态式 $T_p^{(1-\kappa)/\kappa}$ = 常数，式（12.71）可以改写为

$$\eta_s = \frac{(p_{03}/p_{01})^{\frac{\kappa-1}{\kappa}} - 1}{T_{03}/T_{01} - 1} \tag{12.72}$$

式（12.72）所示的一级压缩器的效率可以作为以相同的温度比能获得多少增压比的尺度。

把式（12.72）对增压比 R_s（$=p_{03}/p_{01}$）进行推导，可以改写为

$$R_s = \frac{p_{03}}{p_{01}} = \left[1 + \frac{\eta_s \Delta T_{0s}}{T_{01}}\right]^{\kappa/(\kappa-1)} \tag{12.73}$$

式中，适用一级压缩器中的总温增加量 ΔT_{0s}（$= T_{03} - T_{01}$）和速度关系式（12.68），可以将增压比表示为

$$R_s = \left[1 + \eta_s \frac{U\Delta V_w}{c_p T_{01}}\right]^{\kappa/(\kappa-1)} \tag{12.74}$$

从上式中可以看出，如果效率 η_s 不变，为了获得大的增压比，必须增大工作叶片的转速 U 和圆周方向的绝对速度变化量 ΔV_w。在此考虑速度三角形，可以获得关系式：

$$U = V_{w1} - W_{w1} = V_{w2} - W_{w2} \tag{12.75}$$

因此，有

$$\Delta V_w = V_{w2} - V_{w1} = W_{w2} - W_{w1} = V_a(\tan\alpha_2 - \tan\alpha_1) \tag{12.76}$$

从式（12.76）可以看出，圆周方向绝对速度变化量与轴向速度和工作叶片中的流动角度变化量有很大的关系。因此，为了增加压缩器各级的增压比，必须增大下述要素：

① 工作叶片的转速 U。

② 轴向绝对速度 V_a。

③ 工作叶片的流动角度的转换（$\alpha_2 - \alpha_1$）。

12.3.4　压缩器的种类

在压缩器的重量或大小层面上，航空器所占的比重较大。压缩器和涡轮均有轴流式和离心式。

1. 轴流式压缩器

轴流式压缩器顾名思义空气以压缩器的轴向进入和被压缩，并以轴向排出。轴向式虽然比离心式构造复杂，但可以把大容量空气以高增压比和良好的效率进行压缩，还可以小型化正面端面积，因其空气阻力小，所以作为中型、大型航空器的理想压缩器广泛使用。

轴流式压缩器的特性是，在一级压缩器中提供给流体的角动量变化很小，在一级压缩器中能获得的增压比（压力上升比）为 1.5 以下，因此设计为多级压缩器。要增加一级压缩器的增压比，如前所述应增大工作叶片的转速 U 或直径。但是，压缩器由涡轮驱动，因此受到转速的限制，此外如果在一定流量下增大工作叶片的直径，会因叶片的高度低而导致效率降低。因外，轴流式压缩器存在运行范围窄，在小流量条件下容易发生喘振现象的缺点。

中型、大型航空器几乎大部分使用轴流式压缩器，通常配备 15 ~ 18 级压缩器，能获得 10 ~ 40 的增压比。目前世界上使用的主要轴流式压缩器的级数和增压比见表 12-7。

表 12-7　轴流式压缩器的级数和增压比

制造商	型号	级数	增压比
普莱特惠特尼航空器	TF33 - P - 3	15	13.0
	F100 - PW - 100	13	24.8
	JT8D - 11	13	16.2
	PW2040	17	27.6
通用电气公司	J79 - GE - 8	17	12.9
	T64 - GE - 7A	14	14.1
	CF6 - 05C	18	29.3
	GE - 90B1	14	39.0
劳斯莱斯	RB211 - 524B2	14	28
	斯贝（Spey）MK. 512 - 14	17	21
	Tyne R Ty - 20MK801	15	13.95

2. 离心式压缩器

离心式压缩器由作为工作叶片的叶轮和作为导流叶片的扩散器构成，空气轴向进入离心式压缩器后，向半径方向流动从压缩器流出。流出的空气再次转向90°方向后进入位于压缩器后方的燃烧室。即压缩器的驱动力通过工作叶片（叶轮）增加空气的流速，通过导流叶片（扩散器）把空气的动能转换为压力。

如图12-20所示，实际离心式压缩器设计为，在工作叶片上增加一般的压力，剩余的一般在导流叶片上获得。图中显示了空气从叶轮入口（叶轮中央部的空气进入部位）进入和通过扩散器时，空气压力和速度的变化量。可以看出，空气通过叶轮时，速度和压力同时增加，而通过扩散器时，速度降低，压力增加。

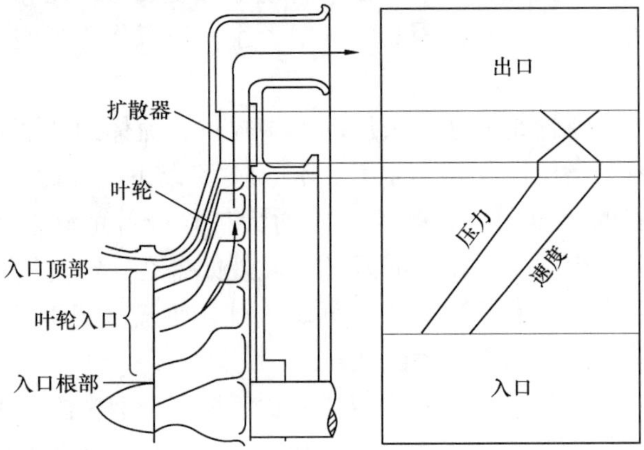

图12-20　离心式压缩器中的空气流动

离心式压缩器扩散器的形状对压缩器效率的影响很大。扩散器降低空气的流速，并提高压力，在此过程中肯定会产生一些损失。如果压力急速发生变化，因逆压梯度过大，会出现空气流动剥离现象；相反如果压力梯度过缓，通道长度过长，则会增加摩擦损失。另外，叶轮和壳体之间的间隙要保持最小值，以防止空气泄漏，才能获得高效率。

离心式压缩器的特性是，在结构上既简单又坚固，对于相同的压缩比轴向长度小，在宽广的范围内效率高。在性能方面对设计制造精密性的依赖不敏感。尤其是，对异物的抗损伤性良好，即使异物沉积在叶片通道中，对性能的影响也不大。另外，离心式压缩器用1级可以获得4级左右的大增压比，具有小型轻量化的优点。但是，如要制造为多级压缩器，则需要改变空气的流动方向，因此制造技术上难度很大，并且效率降低，不能获得优秀的增压比，特别是需要大流量空气时，发动机的直径会很大，这将成为作为大型航空器压缩器的最大缺点。因此，离心式压缩器主要使用在需要小增压比和小流量的小型燃气涡轮发动机或辅助动力装置上。例如，汽车和航空器的涡轮增压器就主要使用离心式压缩器。

离心式压缩器类型有单级、多级和双面进气类型等，大部分为1～2级压缩器，最大增压比可以达到 15∶1。离心式压缩器的级数和增压比见表 12-8。

表 12-8　离心式压缩器的级数和增压比

制造商	型号	级数	增压比
Allied – Signal Garret Engine Div.	T76G12 ，420，421	2	8.5
	TPE 331 – 8/9	2	10.3
	TPE 351 – 20	2	13.2
GM Allison Gas Turbine Div.	T703 – A700	1	8.6
	250 – C30M	1	8.6
普莱特惠特尼加拿大公司	PW119，119A	2	11.8
	PW 123	2	14.4

12.3.5　轴流式压缩器的性能

1. 失速现象

如果压缩器的入射角度（叶片进口角度与流体相对流动角度差）增大，附面层开始剥离。附面层的剥离并不是在所有的叶片中同时发生，而是首先在特定的叶片中发生，如图 12-21 所示。这称为失速（Stall）。发生失速时，叶片的通道面积减小，原来应流过 B 通道的流体会移动到紧邻叶片（A 和 C）的通道侧，流到 A 通道的流体入射角度会增大，流到 C 通道的流体入射角度会减小。

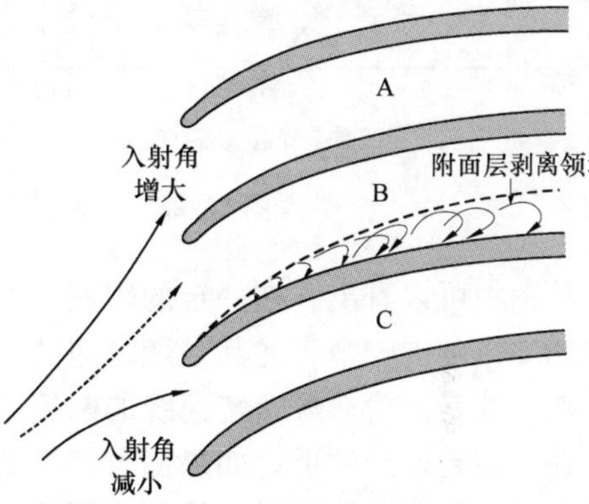

图 12-21　失速现象

其结果是，入射角度增大的 A 通道附面层会发生剥离，导致发生失速。但当 A 通道发生失速，B 通道的入射角减小，反而会消除附面层的剥离现象，空气会正常流动。如果这样的过程持续反复发生，失速会继续在与压缩器旋转方向相反的叶片通道上移动。失速的发生会严重影响压缩功能，诱发压缩器的振动和空气温度的上升，会缩短压缩器的寿命。

2. 喘振现象

如式（12.73）所示，压缩器的增压比 R_s 与效率 η_s 和每级的总温增加量 $\Delta\dot{T}_{0s}$ 成正比。因此压缩器在一定的转速 U 状态下，随着流量 $\dot{m}$ 的减小，增压比 p_{03}/p_{01} 先增加后稍微减小。这称为喘振现象。失速是在压缩器的部分级中发生的局部现象，但喘振在压缩器全级中发生。

通常，通过阀的流量与压力降的二次方根成正比，即 $\dot{m}\propto\sqrt{\Delta p}$。相反，压力降与通过流量的二次方成正比。压缩器在一定转速下，如果增加背压，流量就会减小。即压缩器的流量逐渐减小时，背压 p_{03} 逐渐增加，但是达到某个流量后，背压不再增加，反而会开始减小，这就是喘振现象开始点。从此开始，背压开始小于压缩器的压力，流动会发生逆流现象，当此现象严重时，会发生噪声和振动，同时压缩器丧失其功能。

3. 性能曲线

轴流式压缩器的性能曲线通常如图 12-22 所示，把总增压比（p_{03}/p_{01}）和每级热效率（η_s）显示为转速变量（$N/\sqrt{T_{01}}$）和质量流量率变量（$\dot{m}\sqrt{T_{01}}/p_{01}$）的函数。

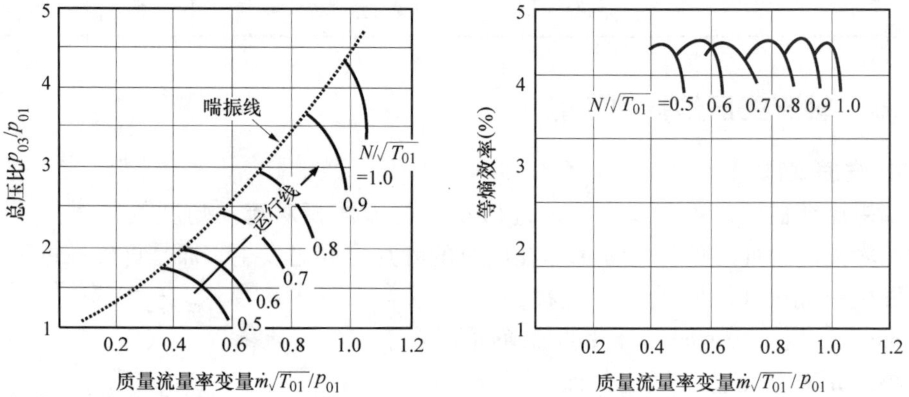

图 12-22　轴流式压缩器的性能曲线特性

从图中可以看出，在一定的转速（$N/\sqrt{T_{01}}$）条件下，轴流式压缩器的质量流量率的工作范围较窄，尤其是随转速的增加其工作范围更加窄，显示为接近垂直线的形态。这是因为在等速转速线的两侧末端会出现喘振现象和风阻现象的原因。通常，在一定转速条件下，如果随着空气流量的节流逐渐增加增压比，因压缩器背压的增大，会发生空气流量供给被中断的喘振现象，把各转速下的喘振点连接成为喘振线。相反，在一定转速条件下，如果增加空气流量，因受到扩散管的限制会发生阻塞现象，此时如果进一步增加空气流量，则会出现阻碍空气流量的风阻线。因此，在燃气涡轮发动机的全运行范围，轴流式压缩器的运行范围始终在喘振线以下和风阻线以上，即这两者界限值范围内为有效运行范围。

轴流式可以获得高效率、高增压比，但因稳定运行的范围过窄，在部分负荷运行条件下会容易进入喘振范围。另外，轴流式压缩器会很容易被异物打伤叶片，而且如果运行时间过长，会在叶片表面沉积灰尘，降低压缩器的性能，因此必须使用空气滤清器。通常，运行线如图所示与喘振线保持一定的间隔，随转速的增加向流量和压缩比同时增大的方向移动。

12.4　燃烧室

随航空器飞行速度和高度的不同，其发动机在进气的压力和温度变化很大的条件下运行。海平面的大气压力为 1 大气压（101.3kPa），温度为 15℃，与此相比，10000m 高空的大气压力为 0.265 大气压，温度为 -50℃。航空器的燃烧系统不仅能对应环境条件大的变化和急剧的变化，还应保持一定的涡轮进口所需温度，并且在飞行中熄火时应在再着火条件下保证容易着火起动。

燃烧室的性能通常与燃烧室的形状、燃料的供给特性、燃烧室内气体的流动特性等有关，因此设计燃烧室时，不能直接采用理论上计算的燃烧室，而是要通过试验方法和尝试错误法进行设计。

12.4.1　燃烧系统

燃烧系统由燃烧器、燃料喷油器、燃烧室、点火系统、后燃烧室等构成。

1. 燃烧室

燃气涡轮燃烧室的结构简图如图 12-23 所示。燃烧室由内筒（火焰筒、火焰管）和外筒（外壳或外管）构成，燃烧室为了进行冷却设计为多槽或多孔形状。从压缩器流出的高压空气通过反流板分为直接进入燃烧室的主空气和流过燃烧室周围的两股空气。主空气量占全空气量的 15% ~20%，通过主气流孔进入到内筒与燃料混合进行燃烧。大部分空气作为两股空气在内筒与外筒之间流动，冷却燃烧室。其中部分空气（30% ~40%）通过两股气流孔进入燃烧室内筒中，把燃烧气体完全燃烧，剩余的空气（30% ~40%）作为稀释用空气，通过内筒的下游冷却气流孔进入内筒中冷却燃烧气体，使其温度降到涡轮进口许可界限温度以下。

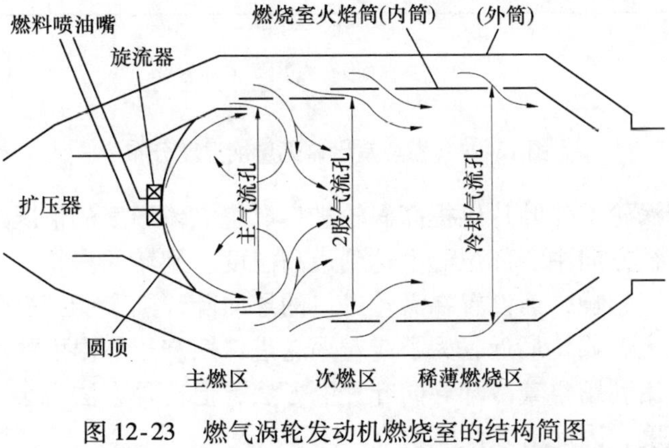

图 12-23　燃气涡轮发动机燃烧室的结构简图

燃气涡轮发动机燃烧室分为主燃区、次燃区和稀薄燃烧区。虽然喷气发动机的理论空燃比为 15:1，但燃气涡轮发动机燃烧室全空燃比为 60:1 ~120:1。另外，因燃料的稀薄燃烧界限为20∶1～25∶1，如果空气与燃料完全混合超出稀薄燃烧界限，就不能进行燃烧。因此，燃气涡轮发动机燃烧室的主要作用是，在较宽的运行条件下保持稳定的燃烧，这主要依赖于空气与燃料的适当混合实现。

主燃区的作用是产生稳定的火焰。空气在燃烧室剖面上的平均速度为10～50m/s，但燃料的湍流燃烧速度最快的理论混合比条件下也不超过10m/s，为了在这样的条件下获得稳定的火焰，采取多种方法。通常在燃气涡轮发动机的燃烧室中设计有旋流器，使进入的空气旋转，以在所有的运行条件下获得稳定的火焰。在次燃区利用两股空气使从主燃区流出的燃烧气体完全燃烧。稀释燃烧区为导入空气降低燃烧气体温度的区域。燃烧气体温度（涡轮进口温度）取决于涡轮叶片材料的许可温度。通常，燃烧气体温度为1600～1800℃，涡轮进口温度要降低到金属材质涡轮叶片时为950℃，陶瓷材质时为1200℃左右。

稀释区域的作用不仅仅是降低燃烧气体的温度，重要的是在涡轮进口形成所需温度分布。一般温度分布为图12-24所示的实线。涡轮高速旋转时，工作叶片的叶根部位受到很大的拉伸应力，因此其寿命受限于疲劳强度，工作叶片上部工作寿命主要受限于蠕变强度，受限于材料的强度，需要图12-24所示的温度分布，以保持良好的强度。

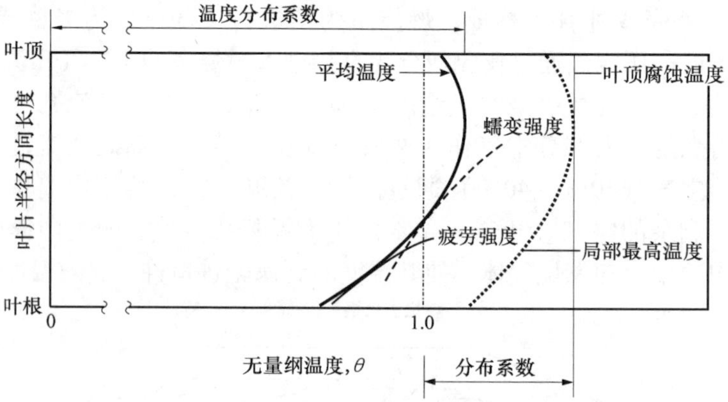

图12-24　燃烧室出口无量纲温度分布

最近，冷却涡轮工作叶片以提高涡轮进口燃烧气体温度的情况逐渐增多。这将使工作叶片的半径方向中心部位温度达到最高温度。旋转的涡轮工作叶片受到圆周方向平均化的温度影响，而设置在涡轮进口的导向叶片则会受到燃烧室出口端面局部最高温度的很大影响。最近，为了应对涡轮进口燃烧气体温度的增大，燃气涡轮发动机上开始使用利用空气冷却导向叶片的方法，但这种方法也会冷却降低涡轮进口的燃烧气体温度，因此必须注意这点。

2. 燃料喷油器

航空用燃气涡轮发动机使用液体燃料。燃料喷油器的雾化特性对发动机性影响很大。

燃料从燃料箱通过燃料泵供给到燃料喷油器。燃料泵类型有齿轮泵和柱塞泵。燃料的喷射压力在正规负荷状态为0.2～5MPa，在设计层面上为1MPa左右。齿轮泵的结构较简单，但不能获得很高的压力，因此多使用利用斜盘机构改变行程的柱塞泵。

燃气涡轮发动机的燃料喷油器如图12-25所示，可以分为压力式喷油器，旋转式喷油器，双流体式喷油器。其中压力式喷油器还分为单油路喷油器、双油路喷油器和回油式喷油器。

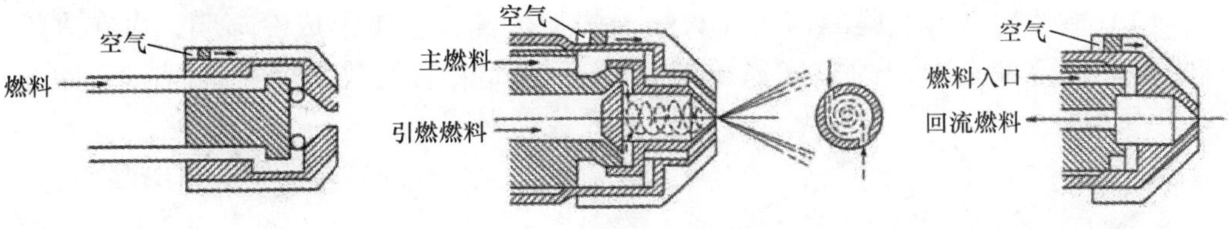

a) 压力式喷油器　b) 旋转式喷油器　c) 双流体喷油器

图12-25　燃料喷油器

（1）单油路喷油器　单油路喷油器把燃料向涡流室以切线方向进行喷射，以自由形成涡流运动，把压力转换为旋转速度，在喷孔中心部位形成空洞，以锥形液膜形状进行喷射。一旦喷射，锥形液膜被分裂形成雾化状态。此类型具有仅利用喷射压力可以调节油量以及雾化特性良好的优点，但喷射油量少时，因喷射压力小，会导致雾化不良。在初期的喷气发动机上主要使用了此类型喷油器。

（2）双油道喷油器　双油道喷油器在一个喷油器内设计有两套燃料供给系统，在起动、低负荷状态，利用引喷系统充分雾化的压力供给燃料，随着负荷的增加，一旦油压超过一定的界限，即通过主燃料系统喷射燃料，以防止压力过度增大，能获得良好的雾化效果。

（3）回油式喷油器　回油式喷油器在涡流室设置有回油端口，因此与负荷无关，始终向涡流室供给一定比例的燃料，因而始终获得相同强度涡流的喷油器。此类型在无负荷条件到全负荷条件的所有运行范围内没有压力的变化，雾化特性良好。

（4）旋转式喷油器　旋转式喷油器的喷嘴可以旋转，以利用离心力雾化燃料。此类型喷油器即使在燃料泵排出压力低的条件下也能获得良好的雾化特性。

（5）蒸发式喷油器　蒸发式喷油器的主空气和燃料进入蒸发管，在周围温度作用下燃料蒸发与主空气混合，并且在出口开始燃烧。从蒸发管排出后，未燃的混合气在两股空气的作用下安全燃烧。此类型喷油器因燃料蒸发快，火焰长度短，因而能缩短燃烧室的长度。在较宽的空燃比范围内其效率良好，尤其在大空燃比的稀薄混合气条件下效率很高。

3. 燃烧室火焰筒

燃烧室火焰筒是燃烧室内筒的外皮，由厚度约为0.8mm很薄的合金板制成。燃烧气体温度为1600~1800℃，高于燃烧室火焰筒和涡轮材质的熔点。因此，通过进入燃烧室的空气冷却降低燃烧室火焰筒的温度。当压缩比增大时，压缩空气温度会上升，这不仅会增加燃烧室火焰筒冷却用空气的温度，还会增加燃烧气体的温度。因此，越是高压缩比发动机，应采用冷却性能越好的火焰筒。

燃烧室火焰筒根据冷却方法（构造）分为气膜冷却、冲击冷却、发散冷却、复合冷却、热障涂层等。

（1）气膜冷却　气膜冷却是在火焰筒的加热侧板壁上形成冷却膜，以在火焰筒板壁上进行对流冷却的方式，还同时具有切断火焰的效果。其典型类型如图12-26所示。

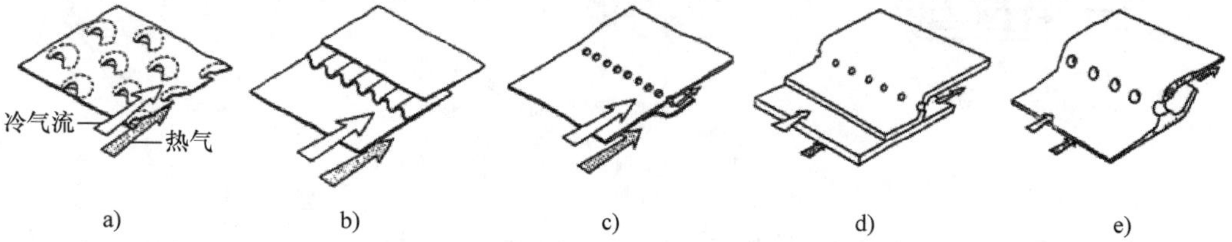

图12-26　典型的气膜冷却结构

图a的天窗结构为初期使用的结构，具有轻量和易加工的优点，但在加工部位容易发生裂纹，因此近年来基本不使用此类型。图b的波纹条结构和图c的喷射冷却结构为钣金结构，早期就开始使用，具有易制造加工的优点。图d的计量孔结构通过钣金或机械加工制造，通过调节冷却用空气孔（计量孔）的数量或直径，容易控制或强化冷却效果。图e的静压室冷却结构是在冷却空气入口设计有静压室，把均匀膜状空气以层流状送出，经过长距离保持高气膜冷却效率的类型。

气膜冷却效率η_{fc}定义为

$$\eta_{fc} = (T_G - T_{w,ad})/(T_G - T_K) \tag{12.77}$$

式中，$T_{w,ad}$为冷却气膜局部温度；T_G为高温燃烧气体温度；T_K为冷却空气温度。

（2）冲击冷却　冲击冷却是双层设计火焰筒壁，在被加热侧板壁的背面流动冷却空气获得冷却效果。在保焰等区域新鲜空气不能进入的部位使用较为合适。

（3）发散冷却　发散冷却是在火焰筒的被冷却面上钻掉多个0.3~1.0mm的小孔，使冷却空气喷出冷却火焰筒，以避免与高温燃烧气体接触的结构。最近，利用激光可以在板面上大倾斜角钻孔。此外，网状结构或多孔质板结构火焰筒也开始应用。如果加工相同直径的多数孔或使用多孔材质，则会因火焰筒表面的压力分布不能对应冷却所需的冷却空气排出量分布，因此有必要关注。

（4）复合冷却　复合冷却是在薄板表面上通过化学处理（化学腐蚀等）雕刻冷却空气通道，并把2~3个板叠在一起的叠层结构。最近实用中的有分段结构

（PWA 商品名称浮动壁）。这是在高温气体侧使用耐热性良好的材料隔热板进行冲击冷却的方法。虽然重量增大，价格贵，但是耐久性优秀，经济性良好。由 P&W 开发的 V2500 发动机和 F－22 战斗机发动机采用了此类型火焰筒。

（5）热障涂层　热障涂层是在火焰筒金属表面上镀上陶瓷等耐热材料，以获得隔热和耐腐蚀性效果的方式，使用在辐射热流速较大的地方较好。但机械强度较低，在低循环疲劳（LCF）条件下，镀层容易发生裂纹或剥离等现象。镀层是把下述材料在母材的表面上以层状溶射。

① 铝化镍（厚度 0.1mm）。

② 35% 铝化镍 + 65% 稳定化氧化锆（厚度 0.1mm）。

③ 稳定化氧化锆（厚度 0.3mm）。

稳定化氧化锆（ZrO_2）是添加氧化镁（MgO）以改善在 1000K 附近产生结晶变形现象的物质。此外，还有把由 NASA 开发的用三氧化二钇（$Y_2O_3$12%）稳定化的氧化锆（ZrO_2）在黏合剂镍（Ni）基中添加 16% 铬（Cr）、6% 铝（Al）、0.6% 钇（Y））上部涂覆两层隔热镀层的类型。

4. 后燃烧室

喷气发动机为了补充推力，采用后燃烧室。后燃烧室气体的进入速度（或涡轮出口速度）为 230～370m/s，远远大于主燃烧室空气的进入速度 100m/s。此速度对于火焰的稳定来说过大，因此需要利用扩散管降低速度后输送到后燃烧室的燃烧领域。

后燃烧室通常如图 12-27 所示，由多孔环状燃料供给管向燃烧气体中喷射液体燃料，在其下游设置有火焰保持器，以进一步降低燃烧气体速度，同时形成湍流，稳定燃烧火焰。

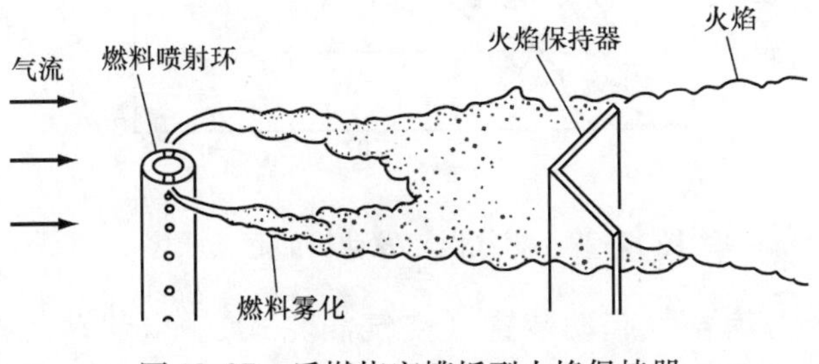

图 12-27　后燃烧室槽板型火焰保持器

航空发动机后燃烧室的配置类型按照其配置方式主要分为三种，如图 12-28 所示。图 a 所示为涡轮喷气发动机后燃烧室在涡轮下游的燃烧气体中设置火焰保持器，虽然氧气浓度低，但进入气体温度处于高温状态，因此很容易进行燃烧。图 c 所示为涡轮风扇涵道燃烧器，虽然在氧气浓度不下降的空气中设置火焰保持器，但因进入气体的温度低，因此燃料的气化或火焰保持困难。图 b 所示为介于 a 与 c 之间的类型，它把两者优点合二为一。

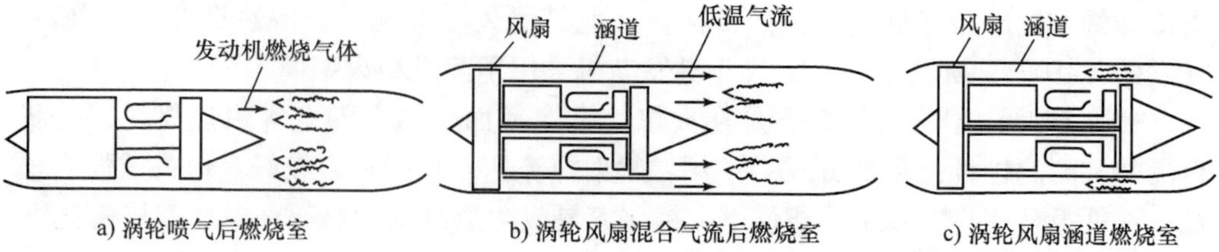

图 12-28　后燃烧室配置

5. 起动和点火

燃气涡轮发动机的起动，包括能转动供给空气用压缩器和涡轮的起动装置，以及点燃燃料与空气混合气的点火装置。

（1）起动装置　燃气涡轮发动机从转动压缩器开始起动程序。图 12-29 所示为燃气涡轮发动机典型的起动顺序。图中点线为对应压缩器最大转速的比，实线为对应排气最大温度的比。起动机带动压缩器旋转，进气被压缩流入燃烧室，点火系统开始点火，紧接着喷射燃料，燃料与空气混合气开始燃烧，当压缩器通过发动机自身动力旋转时，就会切断起动机和点火系统。

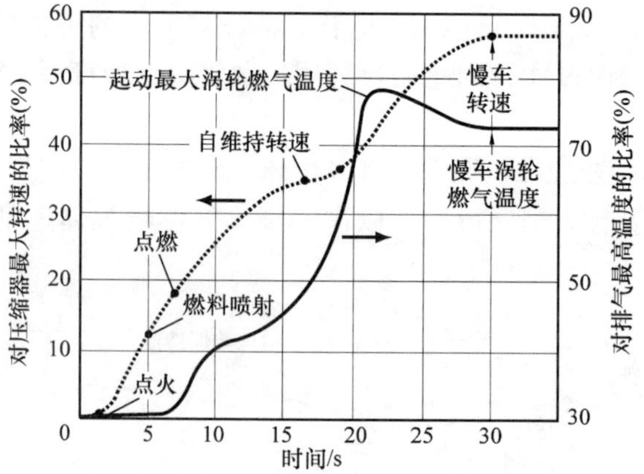

图 12-29　燃气涡轮发动机的起动顺序

起动装置的类型有空气起动装置（空气涡轮式）、电起动装置（电动机式）、筒式（Cartridge）起动装置、燃气涡轮起动装置（燃气涡轮式）、油压起动装置（油压驱动式）等很多种。其中除了使用电动机起动的小型发动机外，最常用的是空气起动装置。

空气起动装置结构简单，重量较轻，经济性良好。这是利用辅助动力装置（APU）或其他正在运转中的发动机所提供的空气带动涡轮旋转起动。油压起动机主要使用在直升机上，还使用在部分船舶用燃气涡轮发动机上。

（2）点火装置　燃气涡轮发动机的点火装置使用电嘴。点火系统由产生高电压的激励器、高压导线和点火电嘴组成。点火装置为各自独立的双重系统（两个点火电嘴），分别安装在不同的位置。

点火电嘴有空气间隙类型和表面放电类型。空气间隙类型类似于汽油机的火花塞，但为了能点燃 25m/s 左右流速的混合气，必须提供很高的点火能量，电极间的间隙要大，并要能耐很大强度的火花。表面放电类型为绝缘体末端能从中央高压电极向壳体漏电的半导体雷管组成。点火电嘴能产生每分钟 60～100 次的火花，因电极会逐渐侵蚀，需要定期更换。

如果在飞行中燃烧系统火焰熄灭，必须立即重新点火起动。发动机在压缩器进口结冰、空气扰流、起飞和着陆等不能充分获得稳定燃烧的条件下，可能会发生熄火的现象。

12.4.2　燃烧室的分类

燃烧室根据发动机类型的不同而不尽相同，通常根据结构进行分类。

航空用燃气涡轮发动机的燃烧室根据其结构分为筒型、环状筒型和环型三种，如图 12-30 所示。从发动机正面看，从上部向逆时针方向顺序为 1 号、2 号…N 号燃烧室，在最上部和最下部燃烧室上安装点火电嘴。当点火电嘴产生火花点燃混合气时，通过火焰传播管向邻近的燃烧室传播火焰进行燃烧。

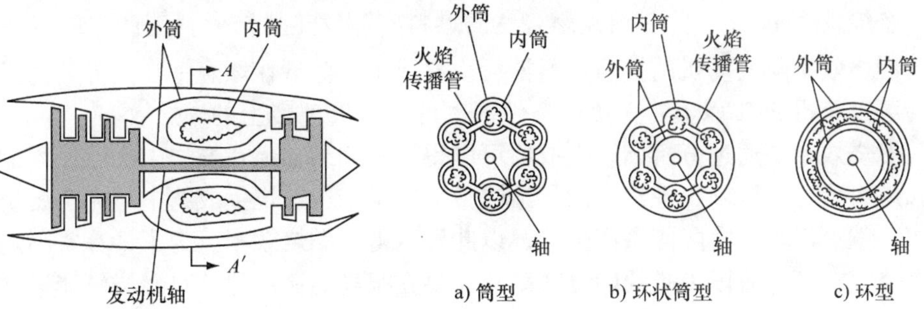

图 12-30　随燃烧室结构的分类

1. 筒型

筒型也称为圆管型。是在发动机轴周围以圆周方向配置 5～10 个燃烧室火焰筒的类型。燃料是通过共用燃料供给管供给到各燃烧室火焰筒的燃料喷射装置。这种燃烧室的优点是，只要开发 1 个燃烧室火焰筒，就可以开发能获得与火焰筒数量翻倍输出功率的燃气涡轮发动机，火焰筒损坏时只要更换损坏的火焰筒即可，因此在初期航空用发动机上使用较多。

筒型火焰筒前端面积较大，因此重量和体积大，这些特征不太适合于在航空用发动机上使用，因此最近开发的新型航空器上几乎不使用此类型。仅在小输出功率直升机或辅助动力装置（APU）等小型燃气涡轮发动机上使用单筒型火焰筒。

2. 环型

环形为共同拥有1个外筒和内筒的类型。此类型可以利用最大燃烧室容积，因此压力损失小，可以设计最小的发动机直径，因此目前广泛采用此类型。但是也存在一些缺陷，如燃料与空气混合气分布不均匀、燃烧室出口温度分布不均匀并且内筒因结构上强度薄弱容易造成弯曲损坏等。

3. 环状筒型

环状筒型是把环型的高空间利用率与筒型的结构稳定性和维修便利性优点相结合，各火焰筒在环状壳体的圆周方向均匀排列的类型。与筒型的各火焰筒独自进气相比，环状筒型要通过环状壳体向所有的火焰筒提高空气，因此存在空气不能向各火焰筒均匀供给的缺陷。此类型在大型商用航空器发动机上广泛使用。

12.4.3 燃烧室的性能

要提高燃气涡轮的效率，应提高循环的温度以及各部件的效率。燃烧系统的效率高意味着燃烧效率高和压力损失小。通常，燃烧效率为99%左右，压力损失为压缩器供给压力的2%~8%。此外，燃烧室的性能方面要考虑燃烧室的耐久性和有害气体排放特性等。

1. 燃烧效率

燃烧效率η_b定义为供给到燃烧室的燃料实际发热量与燃料应产生的发热量之比。燃烧效率与发动机的推力燃料消耗率比成正比。现在燃烧室在大部分的运行领域内可以获得99%以上，无负荷条件下也可获得95%以上的燃烧效率。

燃烧效率是通过分析燃烧生成物可以得知。如果知道在燃烧中实际使用的空气量和燃料量，可以求出理论上的供给热量；如果知道燃烧生成物中不完全燃烧物的比率，就可以求出实际能量产生量，以此可以得出燃烧效率。为了计算实际燃气涡轮燃烧室在某一阶段为止的燃烧效率，需要在很高的流动状态对燃烧气体采样进行化学分析。这种方式实际上不容易实现，此外燃气涡轮燃烧室的空燃比非常大，在样本中不完全燃烧物所占的比例很小，因此会导致很大的误差。燃烧效率定义为

$$\eta_b = \frac{\text{实际发热量}}{\text{供给热量}} = \frac{\Delta T\text{ 增加所需的理论燃空比}}{\Delta T\text{ 增加所需的实际燃空比}} \tag{12.78}$$

式中，ΔT为燃烧室进口与涡轮出口的平均总温之差。如果燃烧室出口的温度过高，会损坏热电偶，继而导致涡轮叶片的烧伤，因此检测涡轮出口的温度非常重要。

2. 压力损失

燃烧室内的燃烧在理论上进行定压燃烧，实际上有通过摩擦损失、流动损失的压力损失。如果发生压力损失，因随之压缩功会减少，实际的增压比会减小，导致热效率降低。因此，为了提高燃料效率，需要尽可能减小压力损失。通常，如果燃烧达到高负荷、高效率，总体上会容易导致压力损失的增大。

航空用燃烧室的压力损失为相对于燃烧室进口前压力为4%~6%。燃烧室的

压力损失通常因为空气流分布不均、燃烧室内部的燃料与空气的急速混合以及燃烧室与涡轮的有效冷却等原因发生。保持较低的压力损失对于发动机是相当重要的性能。即，压力损失每增加 1%，推力燃料消耗率比也会增加 1%。

总压损失系数 Δp_b 为动压差，是无量纲数，表示为

$$\Delta p_b = \frac{\Delta p_0}{\rho_1 V_1^2/2} = \frac{\Delta p_0}{\dot{m}_a^2/2\rho_1 A_m^2} \tag{12.79}$$

式中，A_m 为燃烧室的平均端面积。压力损失系数越小，压力损失会越小。根据燃烧室的形状，以环型、环状筒型、筒型的顺序压力损失会增大。这些燃烧室的压力损失系数分别为 18、25、35 左右。

3. 耐久性

耐久性在行驶性、经济性和可靠性的观点上最重要。通常，航空用发动机的耐久性以 10000h 为目标。燃烧室内火焰温度超过 2000K，因此提高燃烧室火焰筒的耐久性和同时尽可能做到涡轮进口燃气温度（TIT）的分布，以防止涡轮的早期恶化。火焰筒的寿命主要受到因高温氧化造成的板厚减小和因反复加热造成的低频疲劳损坏的影响。火焰筒的所有部分设计温度基本上不会超过许可温度 1100K。

影响耐久性的主要要素有燃烧室出口的温度分布。这里有模型系数（Pattern Factor）*PF*，定义为

$$PF = \frac{T_{max} - T_{avg}}{T_{avg} - T_{inlet}} \tag{12.80}$$

式中，T_{max}、T_{avg}、T_{inlet}分别为在燃烧室出口检测的最高温度、平均温度和在燃烧室进口检测的温度。

模型系数作为表示燃烧室出口端面或涡轮进口端面局部最大温度大小（或热冲击）的指标使用。这表示高压涡轮的叶片设计为必须在模型系数所表示的最高温度条件下运行。模型系数通常为 0.25～0.45，如图 12-24 所示为燃烧室出口无量纲温度分布。

12.4.4　有害气体

燃气涡轮燃烧室所排放的污染物质有未燃烧成分的碳氢化合物（THC）、一氧化碳（CO）、氮氧化物（NO_x）和炭烟。这些污染物质排放影响因素有主燃区的温度、当量比（或燃空比）、混合率、滞留时间、燃烧室火焰筒的淬火等。

1. 污染物质发生原因和对策

HC 和 CO 主要在怠速运转等低负荷运转状态下因不完全燃烧生成，NO_x 和炭烟主要在高转速高负荷状态下生成。炭烟在局部性燃料喷油器附近过浓混合气区域生成，NO_x 主要在理论混合比附近的高温火焰区域生成。

HC 和 CO 多在低负荷运转状态下生成的原因是，在低负荷状态运转时，燃料的喷射压力低，使燃料的平均粒径大，导致难以完全燃烧，此外进入的空气温度和

内筒壁面的温度低，使燃料不能充分蒸发气化。

HC、CO 和炭烟在燃烧室主燃区的浓混合气条件下生成。随之这些成分在次燃区通过两股空气的氧化反应逐步减少。通常，主燃烧区域（主燃区）的当量比略小于理论空燃比的微稀薄混合气状态。微稀薄混合气状态 CO 排放量较高的原因是，较低的氧化率和较短的滞留时间。在理论空燃比附近，CO 的排放量较少，这是因为在高温状态下反应率较快。HC 生成的主要是燃料雾化不充分。尤其是，使用压力喷油器的燃烧室更换为双流体喷油器，可以提高燃料的微粒化特性，能降低 CO 和 HC 的生成量。

NO_x 的生成条件与 CO 和 HC 的生成条件正好相反。因此，在降低这些有害气体排放量方面具有相互权衡关系。NO_x 生成的最主要因素是温度，且随负荷的增大而增加。要降低 NO_x 的生成量，应尽可能降低燃烧温度，并要缩短高温燃烧气体在燃烧室中的滞留时间。

2. 低 NO_x 燃烧室

（1）NO_x 排放倾向　航空用燃气涡轮发动机中 NO_x 的排放量与燃烧室进口空气温度或燃烧气体温度有密切的关系，具有线性正比关系。

航空用燃气涡轮燃烧室制造商所提示的 NO_x 生成指数经验式，均为温度与压力的函数：

GE 公司：
$$EI(NO_x) \propto p_1^{0.3}\exp(T_1/194) \tag{12.81}$$

P&W 公司：
$$EI(NO_x) \propto p_1^{0.5}T_2\exp(T_1/288)/V_2 \tag{12.82}$$

式中，下标 1、2 分别表示燃烧室进口和出口条件；V_2 为燃烧室出口的燃烧气体速度，表示燃烧气体在燃烧室内的滞留时间。因此，由式（12.81）指向的燃烧室不包含出口温度和出口速度项，因而可以看成燃烧气体会急速稀，在燃烧室下游不生成 NO_x 的燃烧室。相反，由式（12.82）指向的燃烧室包含有出口燃气温度 T_2 和燃气速度 V_2，因而可以看成燃烧气体温度较高、随着滞留时间的增加会持续生成 NO_x 的燃烧室。

NO_x 的排放量与燃烧效率 η_b 或不完全燃烧率（$100-\eta_b$）之间的对比很重要。如果燃烧效率低，火焰温度也低，未燃烧成分会增加，即 He 和 CO 的排放量会增加，但 NO_x 的排放量会减少。因此，时常会发生把各种燃烧效率低的燃烧看成 NO_x 燃烧的错误。因此，对于燃烧室 NO_x 排放量的评价，必须与燃烧效率或 CO 等未燃烧成分排放量一起分析。

（2）低氮氧化物航空发动机　航空器对环境（污染物质排放量和噪声）污染的规定通常仅考虑机场周边的环境影响，因此仅对起飞和着陆时的状态做出规定，但最近随着航空器的增加也开始考虑废气排放绝对量的增加，开始研究巡航飞行时的废气排放量限制规定。但是对 9000m 以上的飞行条件还没有做出规定。

航空发动机开始启动实用性的废气排放量降低是美国的 E^3（读为 E 立方）和欧洲气候变化计划（ECCP）项目。这是由 P&W 公司和 GE 公司各自在主轴方向和半径方向分成燃烧领域，并分化其功能，以降低 NO_x 的排放量。在此研究开发的双环形燃烧室采用在大型低 NO_x 排放量发动机上。此类型单独配备了在低负荷状态下使用的引燃燃烧室，以确保在所有的运行领域稀薄混合气的稳定燃烧。其结构简图如图 12-31 所示。图 12-31a 所示为由 GE 公司在波音 777 飞机配备的 GE90 发动机上采用的，在半径方向分成燃烧室，并配备 20 个喷油器的类型，内径侧为主燃烧室，外径侧为引燃燃烧室。此类型引燃燃烧室的容积较大，因此能容易应付空气负荷率较大的慢车转速或高空再着火条件。在 A321 空客上配备的 CFM－5B 发动机也采用此类型发动机燃烧室。另外，图 12-31b 所示为由 P&W 公司生产的 V2500－A5 发动机所采用的燃烧室，为在主轴方向不同位置配置燃料供给位置的类型，接近主轴的内侧为引燃燃烧室。因进入空气温度低，在火焰不易雾化混合的低负荷条件下，能充分利用较长的燃烧室。在燃烧负荷较大的设计点附近，通过外侧燃烧室可以容易调整涡轮所需的温度较高的火焰。

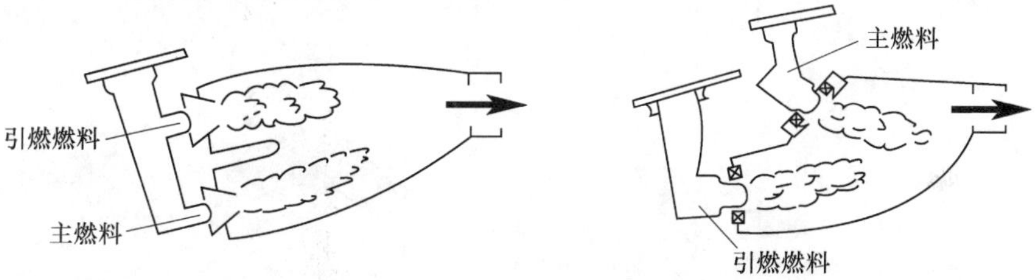

a) GE方式　　b) P&W方式

图 12-31　低 NO_x 用环形燃烧室

12.5　涡轮

燃气涡轮是把高温、高压的燃烧气体膨胀为低压状态，以获得涡轮功的装置。涡轮因流体（燃烧气体）向低压侧流动，把叶片之间的通道面积逐渐缩小，可以大幅度增加流动速度，不容易生成附面层，剥离的危险性也很小。因此，涡轮与压缩器相比较容易设计，效率也高，用一级涡轮就可以获得很大的动力。涡轮的级数与压缩器相比少得多。但涡轮在很高的温度条件下运行，以及受到很大的力量，导致叶片在结构上存在弯曲大的问题，因此叶片的冷却技术相当重要。

涡轮的类型与压缩器相同，根据工质流体的流动方向分为轴流式涡轮和径向流式涡轮。径向流式涡轮比轴流式涡轮各级的压力比大，空间占有率小，在结构上较坚固，因此比较适合于比起性能更加注重低制造费用和简练外形的小型发动机上。与此相反，轴流式涡轮可以有效地流过大流量空气，容易制造为多级涡轮，因此适用于需要大动力的发动机上。尤其是，每级所能获得的动力较大，因此航空用燃气涡轮大部分使用轴流式涡轮。在本节主要讨论轴流式涡轮。

12.5.1 速度三角形

涡轮与压缩器相同，由导流叶片和工作叶片组成，其结构也相似。涡轮的导流叶片又称为喷口，工作叶片又称为转子。高温、高压燃烧气体流过导流叶片（喷口）时发生膨胀，压力降低，流速增加。工作叶片（转子）从燃烧气体获得能量，以一定的速度旋转，产生输出轴的旋转功（涡轮功）。燃烧气体的压力和流速下降，使涡轮所获得能量的等量。高温、高压燃烧气体的能量转换为工作叶片的旋转动能，这是因为燃烧气体的流动方向变化和通过膨胀的动量变化转换为带动工作叶片旋转的旋转力。

涡轮内以正常状态流动时，如果应用能量守恒定律，可以推导出焓、流速和涡轮功之间的关系式。轴流式涡轮级的叶片形状和速度三角形如图 12-32 所示。在导流叶片（喷口）进口，高温、高压燃烧气体绝对速度定义为 V_1。进入到第一级涡轮的燃烧气体流动角度为 α_1。

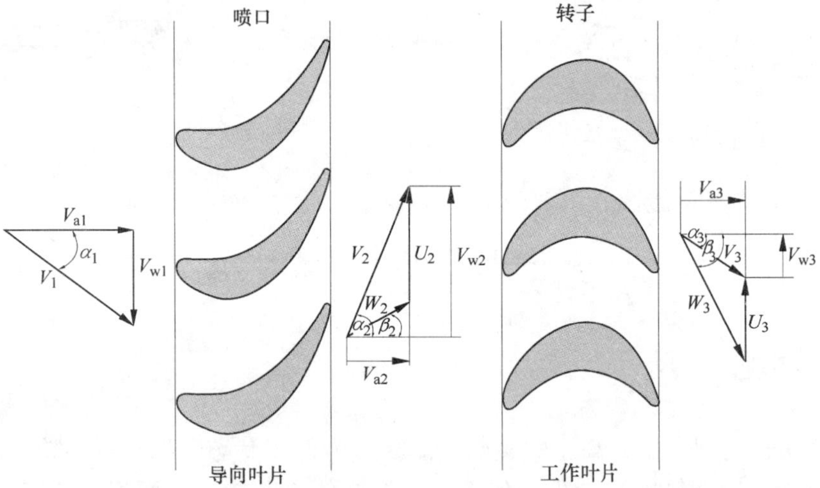

图 12-32 轴流式涡轮级的叶片形状和速度三角形

导流叶片的出口条件就是转子的进口条件。工作叶片（转子）以转速 U 旋转，相对于工作叶片的空气相对速度 W_2 是，绝对速度 V_2 与工作叶片的转速 U 之差，此时可以定义相对流动角度 β_2。以此工作叶片的进口角度 β_2' 设计为等于相对流动角度 β_2。此外，工作叶片的出口条件为下一级导流叶片的进口条件，因此有 $V_3 = V_1$，$\alpha_3 = \alpha_1$。尤其是，轴向速度的变化会产生等量轴向力，因此工作叶片设计为轴向速度 V_a 一定。

轴向速度一定的条件是，通过速度三角形进行分析，工作叶片的转速 U 可以表示为

$$U = V_{w2} - W_{w2} = V_{w3} - W_{w3} \tag{12.83a}$$

或

$$U = V_a(\tan\alpha_2 - \tan\beta_2) = V_a(\tan\beta_3 - \tan\alpha_3) \tag{12.83b}$$

根据圆周方向的速度变化，涡轮（工作叶片）所发生的动力 P 为转矩 τ 与旋转角速度 ω 之积，如果没有半径变化，表示为

$$P = \tau\omega = \dot{m}U(V_{w2} + V_{w3}) = \dot{m}U\Delta V_w \tag{12.84}$$

单位质量流量所能获得的一级涡轮输出功率，即比功率 w_s（$=P/\dot{m}$）为

$$w_s = U(V_{w2} + V_{w3}) = UV_a(\tan\alpha_2 + \tan\alpha_3) \tag{12.85a}$$

利用式（12.83a）可以把比功率以相对流动角度 $\Delta\beta$ 表示为

$$w_s = U(W_{w2} + W_{w3}) = UV_a(\tan\beta_2 + \tan\beta_3) \tag{12.85b}$$

从上式中可以得知，叶片转速 U、轴向流动速度 V_a 和相对流动角度变化 $\Delta\beta$ 越大，可以获得的比功率越大。但是，随着转速的增加，离心力会增大，拉伸应力也增大，以及涡轮在高温条件下运行时，随着温度的变化，不同材料的性质受到影响，因此在结构上会受到限制。此外，涡轮与压缩器以相同的转速一起旋转，也会受到压缩器性能特性的限制。

12.5.2 $T-s$ 线图和效率

在涡轮导流叶片上可以忽略热量的发散，也不发生动力变化，根据能量守恒方程，总焓 h_0 和总温 T_0 保持不变，可以表示为

$$T_{01} = T_1 + \frac{V_1^2}{2c_p} = T_2 + \frac{V_2^2}{2c_p} = T_{02} \tag{12.86}$$

式中，下标 1、2 分别表示导向叶片进口和出口（工作叶片进口）。另外，下标 3 表示工作叶片出口（导向叶片进口）。

在涡轮工作叶片上因发生动力，总焓和总温会发生变化，根据能量守恒方程，可以表示为

$$w_s = h_{02} - h_{03} = c_p(T_{02} - T_{03}) = c_p\Delta T_{0s} \tag{12.87}$$

即，在涡轮中燃烧气体的焓减小转换为动力，因此总焓和总温会减小。式（12.87）与式（12.85a）合并，在一级涡轮中总温的减小量 ΔT_{0s} 可以以速度的函数表示为

$$\Delta T_{0s} = \frac{\Delta h_{0s}}{c_p} = \frac{U}{c_p}(V_{w2} + V_{w3}) \tag{12.88}$$

如果工作叶片的进口和出口的绝对速度相同，即 $V_2 = V_3$，则工作叶片中温度的减小量等于总温的减小量。但是，在与工作叶片一起旋转的观察者角度上进行观察，因不发生动力，形成相对总温 $T_{0,rel}$ 保持不变的过程，为

$$T_{02,rel} = T_2 + \frac{W_2^2}{2c_p} = T_3 + \frac{W_3^2}{2c_p} = T_{03,rel} \tag{12.89}$$

以上式为依据，在图 12-33 所示的 $T-s$ 线图中显示了轴流式涡轮的一级状态

变化。导向叶片是降低压力（$p_1 > p_2$）和增加速度（$V_1 < V_2$）的流体流动通道。在导向叶片内流体流动时会发生摩擦损失，因此熵会增大，能获得的速度会减小。在等熵过程中，导向叶片出口温度降低到温度 T_2'，实际过程中导向叶片出口温度降低到温度 T_2，因此动能产生量会减少。

与此相反，在工作叶片中，总温与涡轮输出功率成比例以式（12.88）为依据减少。但是，如式（12.89）所示，相对总温保持不变，静态温度 T 与相对速度的增加成比例减少，在工作叶片中，静温（及总温）和静压（及总压）均会减少。因此，一旦发生摩擦损失，能获得的动力就会减少。

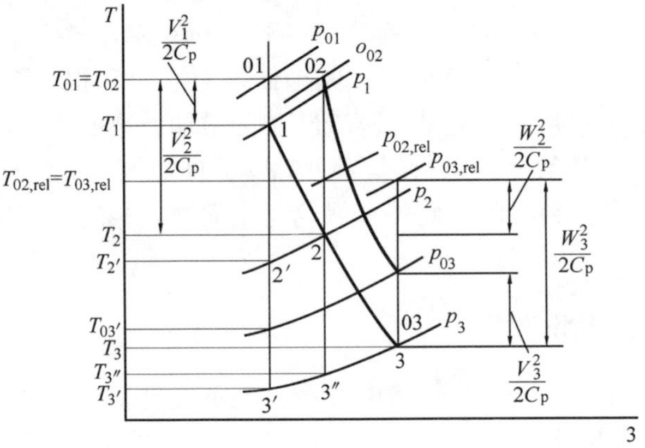

图 12-33　一级涡轮 $T-s$ 线图

涡轮的等熵效率 η_s 定义为等熵过程和实际过程中发生的动力之比，表示为

$$\eta_s = \frac{\text{等熵过程功}}{\text{实际过程功}} = \frac{T_{01} - T_{03}}{T_{01} - T_{03}'} \tag{12.90}$$

利用理想气体的等熵状态方程 $Tp^{(1-\kappa)/k}$ = 常数，式（12.90）可以改写为

$$\eta_s = \frac{1 - T_{03}/T_{01}}{1 - (p_{03}/p_{01})^{\frac{\kappa-1}{\kappa}}} \tag{12.91}$$

对式（12.91）进行变换，相对于总压比（p_{03}/p_{01}）所发生的总温减小量 ΔT_{0s} 的计算式为

$$\Delta T_{0s} = \eta_s T_{01}\left[1 - \left(\frac{1}{p_{01}/p_{03}}\right)^{(\kappa-1)/\kappa}\right] \tag{12.92}$$

式中，η_s 为对于总温的等熵效率，称为涡轮的总效率。此总效率在出口动能 $V_3^2/2$ 使用在下一级或其他目的上时很有用。可以说是出口动能使用为推力能量时涡轮喷气发动机的一个很好的例子。

效率定义为在得出的压力差（$p_{01}-p_3$）中能获得的最大动力（理想动力）对实际获得动力之比。如图 12-33 所示，即使在相同的等熵过程，随出口速度 V_3 的不同，最大动力也不同。即，出口速度越小，动力越大，当出口速度为 0 时获得最

大动力。此时，效率称为级的静态效率 η_{ts}，定义为

$$\eta_{ts} = \frac{T_{01} - T_{03}}{T_{01} - T_3'} = \frac{1 - T_{03}/T_{01}}{1 - (p_{03}/p_{01})^{\frac{\kappa-1}{\kappa}}} \tag{12.93}$$

式中，T_3' 为等熵过程中从 p_{01} 到 p_3 膨胀后的温度。静态效率在出口速度为 0 时等于总效率，出口速度不是 0 时，小于总效率。此静态效率是在不需要涡轮出口的动能，即不需要推力发生时所需的效率。涡轮轴发动机仅需要获得机械能量，因此使用静态效率。

12.5.3　反动度

涡轮反动度 ξ 是工作叶片中燃烧气体膨胀程度的尺度，定义为涡轮全级（导向叶片 + 工作叶片）中焓减小量对工作叶片中焓减小量之比。

$$\xi = \frac{\text{工作叶片中焓减小量}}{\text{全级中焓减小量}} = \frac{h_2 - h_3}{h_{01} - h_{03}} \tag{12.94}$$

在运行温度范围内，质量定压热容 c_p 的变化量小，用焓的减小比表示温度的减小比。在非压缩性等熵流动中，焓的变化比等于压力的变化比。因此，反动度还表示涡轮全级中压力减小量对工作叶片中压力减小量之比。

反动度为 $\xi=0$ 的涡轮，焓减小量（或压力降）全部在导向叶片中发生，在工作叶片中没有任何压力降，仅消耗所具有的动能获得涡轮功，这种涡轮称为冲动式涡轮。合理设计工作叶片的形状，可以使工质流体在通过工作叶片时也发生压力降，即发生膨胀，从而获得膨胀时的反作用功，这种涡轮被称为反动式涡轮。反动度为 $\xi=0.5$ 时，说明导流叶片与工作叶片中的焓减小量相同，这表示冲动作用和反动作用各占一半，把这称为反动式涡轮有点怪怪的，这是因为轴流式涡轮中发生反动作用仅在 $\xi=0.5$ 时产生。通常，轴流式涡轮使用的反动度 ξ 的值为 0 和 0.5。现在对涡轮叶片的形状进行分析。

全级的焓变化通过式（12.88）和式（12.83）推导，可得

$$h_{01} - h_{03} = h_{02} - h_{03} = U(V_{w2} + V_{w3}) = U(W_{w2} + W_{w3}) \tag{12.95}$$

工作叶片中以与工作叶片一起旋转的观察者角度上进行观察，因没有动力传递，可以视为相对总焓保持不变，即 $h_{02,rel} = h_{03,rel}$，有

$$h_2 - h_3 = \frac{W_3^2}{2} - \frac{W_2^2}{2} \tag{12.96}$$

此外，轴向速度一定时，通过速度三角形进行分析，可得

$$W_3^2 - W_2^2 = W_{w3}^2 - W_{w2}^2 \tag{12.97}$$

把这些关系式代入式（12.94）中并推导，可得反动度公式为

$$\xi = \frac{W_{w3} - W_{w2}}{2U} = \frac{V_a}{2U}(\tan\beta_3 - \tan\beta_2) \tag{12.98}$$

把式（12.98）与速度关系式（12.83）合并，还可以将反动度表示为

$$\xi = \frac{1}{2} - \frac{V_{w2} - W_{w3}}{2U} = \frac{1}{2} - \frac{V_a}{2U}(\tan\alpha_2 - \tan\beta_3) \tag{12.99}$$

反动度 ξ 为0的条件（冲动式涡轮）从式（12.98）中可以看出，是在相对流动角度 β_2 与 β_3 相同时的状态。在反动度为0的条件下，轴向速度保持不变的状态速度三角形和叶片形状如图12-34所示。对叶片形状进行观察，工作叶片的形状上前后的速度方向相反大小相等，因此在工作叶片上不发生膨胀。与此相反，在导向叶片上速度大幅度增加，发生很大的膨胀。因此，所有的膨胀仅在导向叶片上发生。

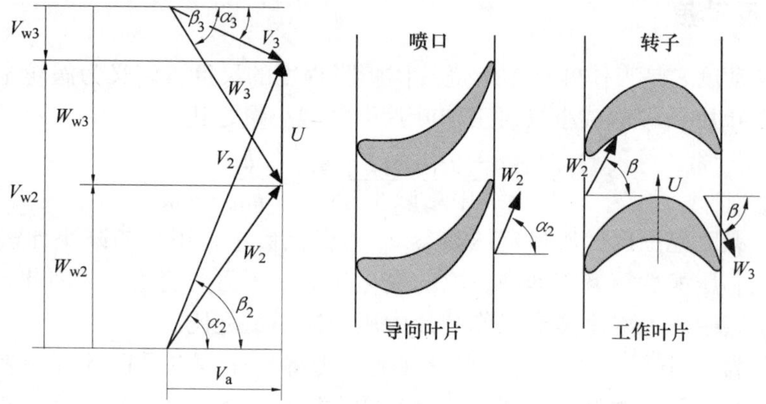

图12-34　冲动式涡轮的速度三角形和叶片形状

反动度 ξ 为0.5的条件（反动式涡轮）从式（12.99）中可以看出，是在导向叶片的出口绝对速度流动角度 α_2 与工作叶片出口相对速度流动角度 β_3 相同时的状态，如图12-35所示。反动式涡轮中，因具有 $\beta_2 = \alpha_3$，$C_2 = V_3$ 和 $C_3 = V_2$ 的关系，工作叶片与导向叶片的形状相同。因此，工作叶片与导向叶片中发生的膨胀程度相同，从而使焓和温度的减小程度相同，即工作叶片与导向叶片中膨胀和压力降程度相同。如果反动度小于0.5，则说明导向叶片中的压力降更大。

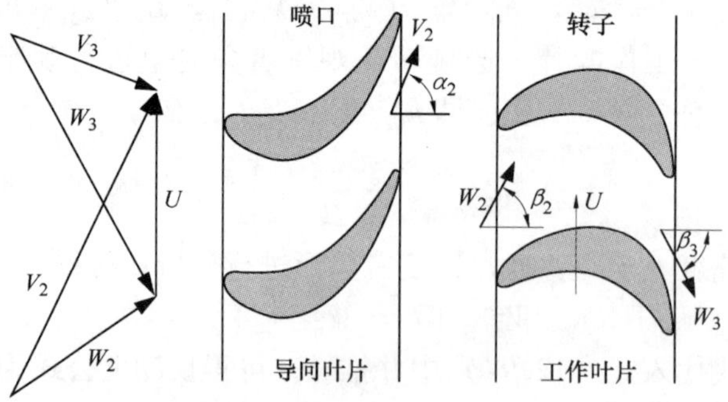

图12-35　反动式涡轮的速度三角形和叶片形状

12.5.4　轴流式涡轮的性能

涡轮性能通过计算在进口、出口条件（p_{01}、p_{03}、T_{01}）和转速（N）条件下能获得多大动力（涡轮功）来判定。因此，涡轮性能的表现方式类似于压缩器性能，把涡轮效率 η_t 和压力比 p_{01}/p_{03} 以转速变量（$N/\sqrt{T_{01}}$）和质量流量率（$\dot{m}\sqrt{T_{01}}/p_{01}$）等变量来表示。

涡轮性能曲线如图 12-36 所示。虽然压力比增加时流过涡轮的流量增加，但增加到临界压力比后，不能再继续增加，此现象称为阻塞现象。阻塞现象在压力比 2 和 3 之间发生。在相同的压力比条件下，如果增加转速，流量反而会减小。

随压力比和转速变化的涡轮效率如图 12-36b 所示，不同于压缩器在较宽的范围内保持较高的效率（0.6～0.8）。如果压力比或转速不同于设计条件，质量流量率会减小或增加，这种变化会随入射角度的变化而发生变化。如果入射角度变大，容易形成附面层，会发生附面层剥离现象，导致流动损失的增大，在涡轮中向压力降低的方向流速增加，因此除了入射角度非常大的情况外，通常不会发生附面层剥离现象。因此，涡轮在较宽的运行条件下获得较高的效率。尤其是，即使在压力较大的状态，随压力比的流量变化幅度小，效率变化也小。但是，在压力比较小的领域，效率会急剧减小。在此领域随压力比的流量变化大，结果流动损失变化也大。

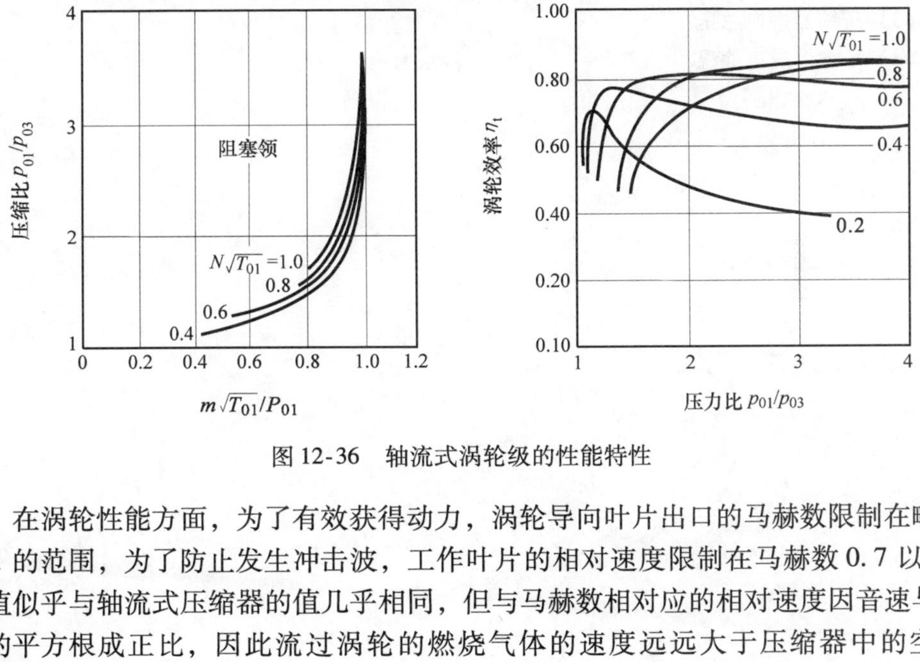

图 12-36　轴流式涡轮级的性能特性

在涡轮性能方面，为了有效获得动力，涡轮导向叶片出口的马赫数限制在略大于 1 的范围，为了防止发生冲击波，工作叶片的相对速度限制在马赫数 0.7 以下。此值似乎与轴流式压缩器的值几乎相同，但与马赫数相对应的相对速度因音速与温度的平方根成正比，因此流过涡轮的燃烧气体的速度远远大于压缩器中的空气流速。

练 习 题

1. 比较说明螺旋桨推进与喷气式的推进。

2. 请叙述涡轮风扇发动机的特征，并把风扇和涵道的作用与涡轮喷气发动机和涡轮螺旋桨进行比较说明。

3. 将燃气涡轮用燃料特性与陆地用汽油和柴油燃料进行比较说明。

4. 请说明在军用航空器的推力增加方面使用后燃烧室的理由。

5. 温度为300K的空气在离心式压缩器中从0.1MPa压力等熵压缩为0.6MPa压力。求出通过此离心式压缩器的空气温度变化和内部能量变化。

6. 装配简单涡轮喷气发动机的航空器以280m/s的速度飞行。此航空器的发动机出口喷气速度为1000m/s，空气流量率为45kg/s，请求出航空器的推力和推进效率。

7. 涡轮喷气发动机航空器在10000m高空以900km/h的速度飞行。喷管喷气速度为640m/s，喷气出口压力为51kPa，发动机的空气流量率为35kg/s，燃料流量率为1800kg/h。请求出此飞机的推力、全推力和推进效率。

8. 涡桨发动机进气道内温度和压力各为5℃和75kPa的空气以150m/s的速度进入。进气道的进口面积为0.3m^2，压缩器进口（进气道出口）端面积为0.5m^2，扩散器的效率为85%。请求出：

（1）压缩器进口空气速度。

（2）压缩器进口总温。

（3）压缩器进口总压。

（4）压缩器进口静温。

第 13 章　火箭推进发动机

13.1　绪论

火箭推进发动机也是由高温、高压燃烧气体直接从喷管高速喷出获得推力的内燃机。此发动机与前面章节中叙述的涡轮喷气发动机相同，是喷气推进发动机。与涡轮喷气发动机不同的是，燃料燃烧所需的氧化剂不是利用大气中的氧气，而是利用专门装载在航天器中的氧化剂。因此，火箭推进发动机具备了在没有空气的宇宙中作为运载发动机使用的优点。但是，火箭推进发动机因需要运载专门的氧化剂，航天器的重量越重，为了脱离地球引力的力量就会越大。

13.1.1　火箭推进发动机的种类

火箭推进发动机根据推进剂（合并燃料和氧化剂的用语）的种类分为化学推进剂火箭和非化学推进剂火箭（图 13-1）。

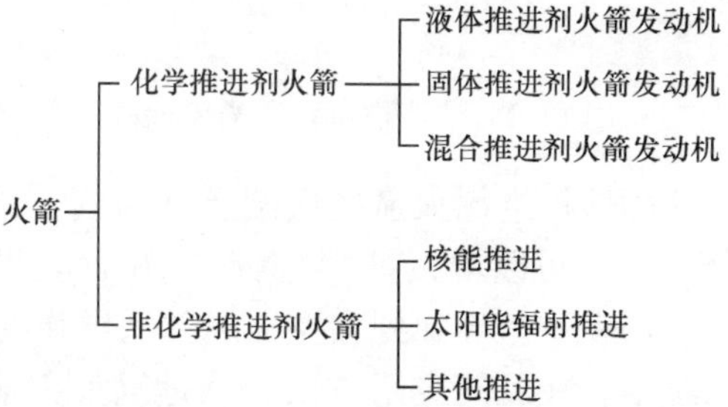

图 13-1　火箭推进发动机的种类

1. 化学推进剂火箭发动机

化学推进剂火箭发动机是，把推进剂发生氧化反应所产生的高温、高压燃烧气体从喷管高速喷出获得推力的发动机。在这里，根据推进剂的种类分为液体推进剂火箭发动机、固体推进剂火箭发动机以及使用固体燃料与液体氧化剂的混合推进剂火箭发动机。

（1）液体推进剂火箭发动机　液体推进剂火箭发动机（LRE）的推进剂为液体状态，燃料使用液态氢气、汽油、煤油、乙醇等，氧化剂使用液氧，其结构简图如图 13-2 所示。

液体推进剂火箭发动机是把液体推进剂储存在燃料箱中，利用泵或压缩气体的压力供给到燃烧室进行燃烧，并把 2500～4100°C 的高温燃烧气体从喷管以 1800～4300m/s 的高速喷出，以获得比固体推进剂火箭大的推力。发动机由推力室（喷射器 + 燃烧室 + 喷管）和推进剂供给系统构成。喷管壁面与高温燃烧气体直接接触，因此设置有冷却导管，低温液体推进剂在冷却导管中流动对喷管壁面进行冷却后进入到喷射器。第二次世界大战中，德国开发的V2火箭是使用75%乙醇和25%水混合的液体燃料，氧化剂使用液氧的液体推进剂火箭发动机。目前，美国或俄罗斯生产的运载火箭，使用主发动机为液体推进剂火箭，并附加组合助推火箭的2级或3级火箭。

（2）固体推进剂火箭发动机　顾名思义，固体推进剂火箭发动机（SRM）就是推进剂为固体燃料的火箭，由发动机壳体、推进剂药柱、喷管和点火器4大部分构成，在如图13-3所示中显示了其概略图。固体推进剂虽然存在一旦点火就不能调节其推力大小或者燃烧中断后不能再点火等缺点，但具有结构简单、尺寸小、重量轻、制造费用低、储藏便利、发射准备所需时间短等优点。

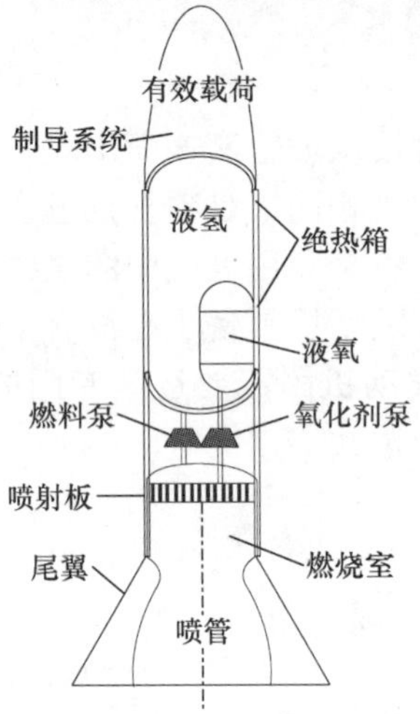

图13-2　液体推进剂火箭发动机

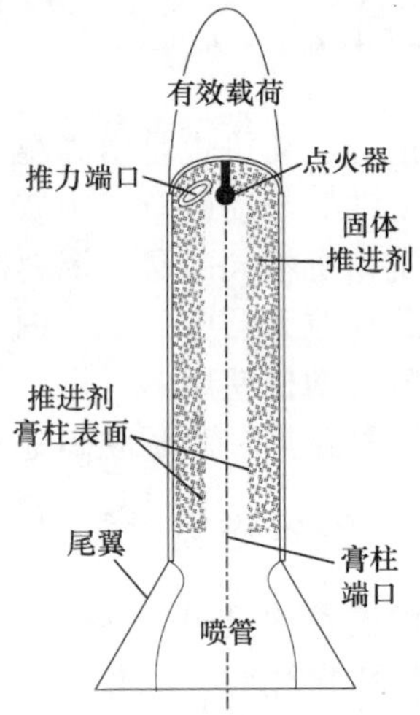

图13-3　固体推进剂火箭发动机

固体推进剂火箭在惯例上称为固体推进剂火箭发动机（SRM），可以增大推力/重量比和随其的初始速度，因此多使用在小型导弹到大型洲际弹道导弹（ICBM）军用武器系统中。在民间应用方面，从地面发射观测火箭、运载火箭（SLV）时提供初始推力的1级助推火箭等大容量发动机，到确保人造地球卫星从低轨道变更到高轨道等所需的小容量发动机，使用范围较广。美国的运载火箭德尔塔（Delta）系列配备有9个固体推进剂助推火箭。最近，正在开发击落大气层内低高度物体的固体推进剂高速拦截导弹。

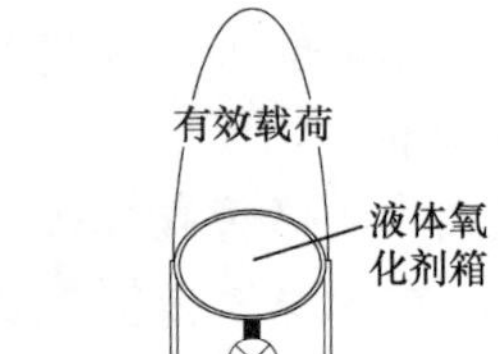

图13-4　混合推进剂火箭发动机

（3）混合推进剂火箭发动机　混合推进剂火箭发动机为一种典型的使用固体燃料和液体氧化剂的发动机，其结构简图如图13-4所示。液体氧化剂储存在加压燃料箱中，通过氧化剂喷射器喷射在固体推进剂端口。如像固体推进剂火箭发动机利用点火器进行点火，推力是高温燃烧气体通过喷管喷出获得。

2. 非化学推进剂火箭发动机

非化学剂推进剂火箭主要有利用核能、太阳能辐射和其他能源，但为了能把这些能量的利用实用化，还有很多待解决的问题。

核能推进是利用原子核反应（核分裂或核融合）生成的热能对推进剂进行加热，把以此产生的高温气体通过固体或自身喷管进行膨胀制造高速喷气获得推力的方式。核分裂火箭从 20 世纪 60 年代开始研究，在把氢气作为工质流体的地面试验中，在石墨反应堆中 848s 中累计推力为 980000N，氢气温度约为 2500K。但是，存在能耐 2600K 以上高温的材料、放射能、动力调节装置、反应堆的冷却、高能中间元素的缓和方法、放射能防护装置等设计上的问题。

太阳热辐射能推进是利用太阳能电池、燃料电池等生成的电能对推进剂进行加速获得推力的方式。根据加速方法，分为离子推进装置（静电加速）和等离子推进装置（电子加速）。这些电推进系统发生的是低推力，使用在宇宙航天器的姿势控制、轨道修正、轨道上运行等方面。

其他能源推进装置有激光推进装置。这是从设置在地面或宇宙空间站上的激光储藏装置向装载在航天器上的推进剂照射激光，使推进剂蒸发、加热并高速喷出获得推力的方式。

3. 化学火箭发动机的应用

化学火箭发动机可以获得很大的推力和做到多级火箭，不仅作为运载火箭的发动机，还使用在宇宙飞船的轨道修正、固定飞行等方面。除了运载火箭（或宇宙飞船）外，还使用在航空器、导弹、起飞辅助装置（火箭发动机和冲压式发动机的助推火箭）上。

（1）运载火箭发动机　化学火箭发动机主要作为运载火箭发动机（发射发动机），正开发应用很多种类型。在此对几种运载火箭发动机举例说明。

土星 5 号是 3 级液体推进剂火箭，是发射阿波罗宇宙飞船的运载火箭名称。各级火箭始终进行控制自动运行。1 级使用 RP－1（碳氢燃料），2 级、3 级均使用液氢/液氧（LH_2/LO_2）燃料，各自产生 7570000lb、570000lb、11125000lb 的推力。土星 5 号运载火箭的重量为包括有效载荷（运送到宇宙的货物）约为 6262000lb。离地时，重量对推力比为 7570/6262 = 1.209。这表示运载火箭为了进行加速，产生比初始重量大 20% 以上的推力。

航天飞机运载火箭由如轨道飞行器、外部燃料箱（ET）和固体推进剂火箭（SRBs）三大部分构成。配备有 3 个主发动机（SSME），在海平面上各自产生 375000lb 的推力。主发动机利用外部燃料箱供给的液氢/液氧燃料运行约 8.5min，发射后约 8.5min 轨道飞行器进入第一轨道时，外部燃料箱燃料耗尽被分离并返回地球大气层。外部燃料箱是航天飞机唯一的不能重复使用的消耗性部件。

（2）助推火箭发动机　助推火箭发动机是在运载火箭上简单附加的推力系统，

是补充推力用发动机。如，在航天飞机运载火箭上使用的两个固体推进剂火箭助推器（SRBs），从发射开始运行123s（约2min），各自产生2700000lb的推力，以补充主发动机推力的不足。此后从外部燃料箱被分离降落到海上。降落到海上的孔助推火箭进行回收，并在下一次航天飞机发射中重复使用。

（3）宇宙飞船机动发动机　宇宙飞船机动发动机是为了宇宙飞船在宇宙中修正轨道、重进入轨道、轨道保持（运行）等飞行而使用的发动机。航天飞机配备有两个轨道飞行器机动系统。

（4）姿态控制火箭　姿态控制火箭是为了调整航天器的飞行姿态而使用的火箭。航天飞机配备有38个主推进发动机和6个轨道修正推进发动机（辅助发动机）。这些反作用推力发动机的运行时间为从几微秒到几秒钟之间。

13.1.2　火箭推进发动机的历史

火箭的历史是从最初发明火药的中国开始的。火药的发明是在850年左右缘于中国的炼丹术，以硫黄、木炭、树脂等作为燃料，氧化剂使用硝石（醋酸钾）制成。据历史记载，1044年就有化学制造的记录，1150年左右出现了对称为“走鼠（跑动的鼠）”的火箭形象化的记录。另外，还记载有中国于1232年制造了称为“火箭”的火箭推进式箭，并应用在战争中的记录。

近代，欧洲人开发了火箭推进装置。最初在18世纪末期，由英国人威廉康格里夫制造了火箭推进装置。他利用中国的化学火箭技术，成功开发了射程距离为2.7km的固体推进剂火箭。其后19世纪初，使用在英美战争和各种纷争的军事用途上，但其命中率较低。19世纪末期，使用在捕鲸、信号传递、船舶间救命索的连接等方面。

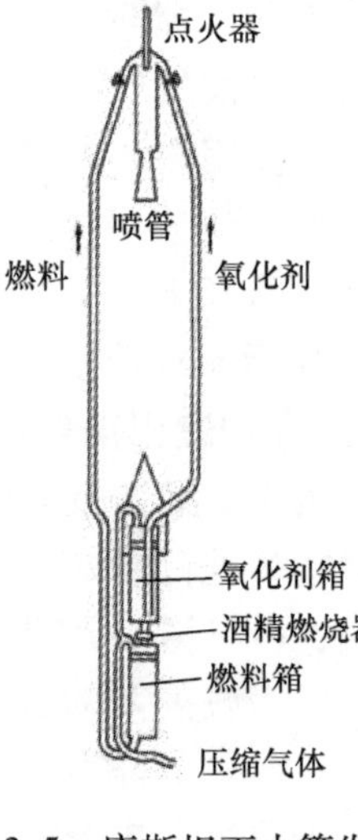

图13-5　康斯坦丁火箭发动机

1. 研究者

火箭开发代表性研究者有，康斯坦丁·齐奥尔科夫斯基、罗伯特·戈达德、赫尔曼·奥伯特、谢尔盖·巴甫洛维奇·科罗廖夫、James wyld和美国火箭协会、D. von Karman、沃纳·冯·布劳恩等。苏联的康斯坦丁·齐奥尔科夫斯基（1857—1935）于1903年发表了关于《利用反作用运载火箭宇宙探险》的论文，对利用火箭的地球重力场的脱离和重进入的方法，以及多级火箭相关进行了分析。另外，对极低温推进剂的液氢和液氧的利用、再生冷却推力室的保护、推力控制方式、太空行走、载人宇宙空间站的可能性等方面提出了很多革命性的见解。

美国的罗伯特·戈达德（1882—1945）是在真空箱中燃烧推进剂并测量推力，以此证明了火箭在真空中可以工作的齐奥尔科夫斯基的想法。

1914 年，获得了包括火箭燃烧室喷管和推进剂供给系统设计，及多级点火方式的推力室开发，以及加压供给液体推进剂的增压系统研究等 220 多个专利。1919 年发表的《升高到极限高度的方法》论文中，提出了月球旅行方法的数学分析结果。他所研发的火箭在 1935 年成功升高到 2.2km 高度。

赫尔曼·奥伯特（1894—1989）是出生于罗马尼亚的德国数学家，于 1923 年发表了“向着恒星系的火箭”论文。他在论文中主张，利用汽油和液氧推进剂的火箭比固体燃料火箭飞得更高更远，即使乘坐 2 人也能把 400t 重量的火箭发射到地球轨道。图 13-6 所示为奥伯特设计的 2 级火箭的设计图。第 1 级推进剂为乙醇和水的混合燃料，氧化剂使用氧气，第 2 级推进剂使用液氧和液氢等极低温推进剂。这对后来由冯·布劳恩开发 V2 火箭起到了很大的作用。

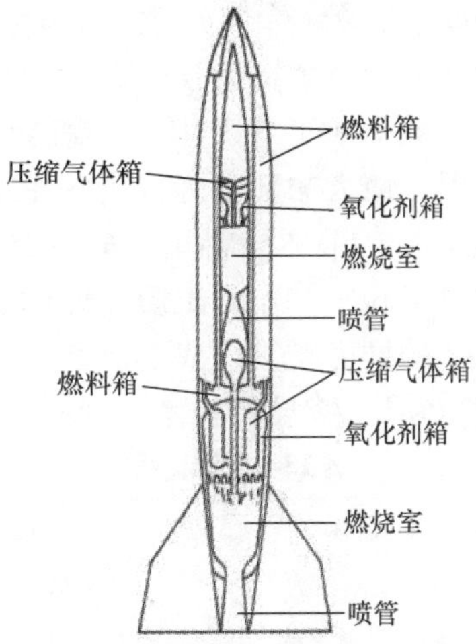

图 13-6　奥伯特 2 级火箭发动机

谢尔盖·巴甫洛维奇·科罗廖夫（1906—1966）是苏联火箭之父，是在人类历史上最早把人类送到宇宙空间的人。他在苏联最早制造了液体燃料火箭，即使在斯大林的肃清运动中被打入监狱后也继续研究火箭理论，并在第二次世界大战后研发了洲际弹道导弹，成功发射了人造地球卫星和载人宇宙飞船等，在苏联宇宙开发中起了举足轻重的作用。

1930 年，在美国有一些热衷于科幻的人们开始集会，此集会后来成为美国火箭协会（ARS），此协会于 1963 年与航空科学协会合并成立了航空航天学会（AIAA）。James wild 是当时普林斯顿大学生，是火箭协会的会员，他进行了能有效冷却火箭发动机的试验，开发了最早的超音速航空器火箭推进 Bell X－1 发动机，并在与美国火箭协会一起成立美国国家航空航天局（NASA）中起到了关键作用。NASA 是在苏联成功发射人造地球卫星后，于 1958 年以单纯民间研究机关成立的。

西奥多·冯·布劳恩是加利福尼亚大学（CIT）航空学教授。他主要进行了空气动力学、喷气发动机、燃气涡轮、高速飞行相关翼展的研究，并建立了喷气动力研究所。

沃纳·冯·布劳恩（1912—1977）是 20 世纪德国最高级火箭专家，柏林业余火箭团体（德国宇宙旅行协会）解散后，进入陆军火箭研究班，于 1942 年开发了在小型液体推进剂火箭上装载大型弹头的长距离导弹 A－4。此火箭被命名为 V2，成为现代火箭的始祖。美国、苏联等所有国家以德国的 V2 火箭技术为基础，成功开发了自己国家的火箭。冯·布劳恩在战争结束后逃亡到美国，并在美国研发了短程弹道导弹红石导弹、中程弹道导弹丘比特－C（多级火箭）等。1958 年，美国利用丘比特－C 成功地把美国第一颗人造地球卫星送到了轨道上，1961 年，美国利用红石成功地把第一个美国人送到了宇宙。

2. 各国的研究

（1）德国 德国以冯·布劳恩的火箭开发为动机于1937年在佩内明德建设了世界最早的宇宙中心，于1942年3月成功研发了A－4（V2）火箭。V2火箭高为14m，外径（壳体）为1.65m，最高上升高度为80～90km，射程为360km。其结构从上到下依次为弹头、制导部分、推进剂系统和火箭发动机4部分。在弹头中可以装载1t高性能炸弹，在制导部分配备有陀螺仪、自动控制仪和无线发信、收信装置。最大的部分为推进剂系统，其内装载有约3.8t的水和乙醇混合物燃料箱和约4.9t的液氧燃料箱。最后部分为火箭发动机部分，由在80%过氧化氢气中发生的氧气和氢气作为工质流体的、在500°C高温中运转的离心涡轮泵和采用薄膜冷却方式的推力喷管构成。燃烧室的工作压力和温度分别为250psi和2700°C，比推力为200s。V2导弹的主要规格见表13-1，V2火箭形状如图13-7所示。

表13-1 V2火箭的规格

名称	规格
燃烧室压力	15.5kgf/cm^2
推力（海平面）	25.4t
排气速度（海平面）	1993m/s
比推力（海平面）	203s
燃烧时间	65s
总推力	1860t·s
喷管喉内径	40cm
结构质量	4.0t
燃料（水＋乙醇）	3.8t
氧化剂（液氧）	4.9t
其他	0.2t
总质量	12.9t

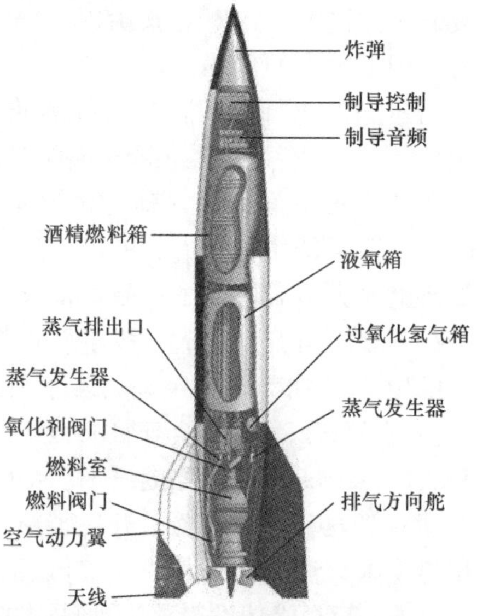

图13-7 V2火箭的内部构造

（2）苏联 苏联继齐奥尔科夫斯基进行了很多研究。1932年由科罗廖夫建立了喷气科学研究所（GIRD），1933年8月发射了第一枚火箭GIRD－09。另外，格鲁斯克研发了液体推进剂火箭ORM－1和ORM－65，战后科罗廖夫以德国科学家和V2火箭技术为依据研制了苏联产V2火箭，并于1947年10月成功发射。其后，研发了射程分别为278km的R1火箭和446km的R2火箭，紧接着研发了射程为1204km的“SS3讼棍”和射程为1800km的“SS4凉鞋”等中程弹道导弹，并配备在实战中，西欧和远东地区均处于SS4的射程之内。

1957年8月，苏联利用科罗廖夫开发的A－1火箭，研发了配备5×10^{6}t级氢弹、射程为6500km的SS6洲际弹道导弹（ICBM）。A－1火箭于1957年10月成功地把世界最早的人造地球卫星斯普特尼克1号（Sputnik－1）送上了地球轨道。此卫星是直径为58cm、质量为83.6kg的铝制球形卫星，在高度为227～940km的轨道上飞行并测量大气密度和温度。斯普特尼克2号中带着一只名为“莱卡”的狗上到了宇宙，莱卡在宇宙中生活了1周，带回了很多生物学资料。

1961年，人类最早的载人宇宙飞船“东方1号”成功发射，以此诞生了世界最初的宇宙人尤里·阿列克谢耶维奇·加加林。1971年，前苏联早于美国首先成功发射了宇宙空间站“礼炮”号。但是，从20世纪90年代初苏联宇宙研究领域基本处于滞止状态，开始落后于美国。

（3）美国　美国是由加利福尼亚大学研究部门继承罗伯特·戈达德的研究，于1944年成功发射了被称为“女兵下士”（Wac－Corporal）的高空探测火箭。1949年2月，在把德国的A－4火箭与“女兵下士”成功结合后，发射了名为“缓冲器”（Bumper Wac）的火箭。

1957年10月，美国在苏联发射人造地球卫星斯普特尼克1号几天后，在海军开发的先锋火箭试验发射中创造了高度175km和飞行里程540km的记录，但在此年12月先锋1号首次正式发射中，离地后1～2min发生爆炸，以失败告终。美国于1958年1月利用由冯·布劳恩研发的红石洲际弹道导弹（Redstone ICBM）成功发射了人造地球卫星探索者1号（Explorer 1）。探索者1号长度约为1m，直径为15.22cm，质量为4.82kg，发现了范艾伦辐射带。

美国从此开始促进水星计划、双子星计划、阿波罗计划等宇宙开发计划，开发了各种运载火箭。其中大部分是改造雷神（Thor）、丘比特（Jupiter）、宇宙神（Atlas）、大力神（Titan）等弹道导弹制造，侦察兵（Scout）、土星5号（saturn 5）、航天飞机（Space Shuttle）等最初开始就以宇宙飞船进行了设计。在宇宙计划中被寄予很大期望的德尔塔（Delta）运载火箭是在美国雷神中程弹道导弹（IRBM）的基础上制造的，1960年5月首次成功发射，被认为是低价、可靠性高的优秀运载火箭，其后进行了基本改造，用附加多个固体推进剂火箭助推器的方法增大了推力。宇宙神先是用于洲际弹道导弹（ICBM），于1957年第一次飞行后继续进行改造，宇宙神/阿金钠（Atlas/Agena）、宇宙神/半人马座（Atlas/Centaur）等也与其他火箭结合使用。大力神也是在20世纪50年代后期用于洲际弹道导弹（ICBM），由此开发了大力神2、大力神3、大力神34等多种运载火箭。侦察兵是所有4级均为固体推进剂火箭发动机构成的小型运载火箭，土星5号是为把阿波罗宇宙飞船送到月球而开发的运载火箭，在阿波罗计划之后没有再使用。

目前，美国使用最多的运载火箭是航天飞机。航天飞机自1981年开始飞行以来进行了100多次的宇宙飞行。其规格为，翼展为23.79m，长度为37.34m，高度为17.25m，起落架间距为6.91m，质量为2050439kg，时速为28800km/h，装载量为117935kg，界限为245000kg，赤道倾斜角为28.5°轨道。

航天飞机设计为可以运送7名人员到轨道。在7名人员中，2名是任务执行长和飞行员，其余为技术人员和科学家。航天飞机内设有操纵室、卧室、休息室、卫生间、电器装置室和气密室。3 个主发动机各自由高压涡轮泵、钟形喷管和再生冷却用燃烧室构成，由外部燃料箱供给作为推进剂的液氧和液氢。两个固体推进剂助推器为回收再利用设置有降落伞，发射开始与主发动机同时点火并提供推力。外部燃料箱储存液氧和液氢，在燃料箱的外壁喷涂绝热层，以防止燃料箱外壁结冰和冻结，并最小化渗透到燃料箱的热量，以防止发射时液体推进剂沸腾。航天飞机的结构如图 13-8 所示。

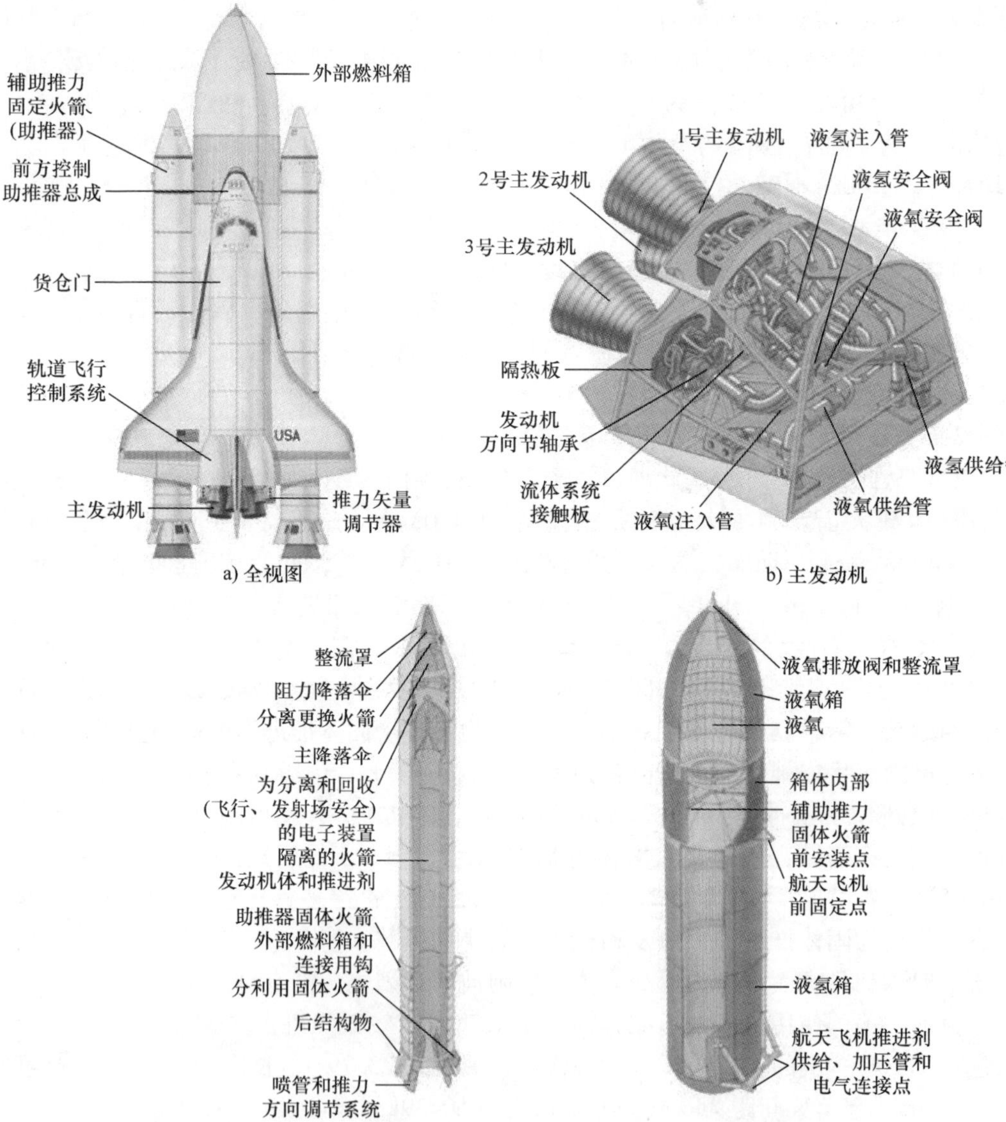

a) 全视图　b) 主发动机　c) 助推器　d) 外部燃料箱

图 13-8　航天飞机

（4）欧共体

① 法国：1950 年 8 月，法国利用 V2 开发的薇罗尼卡（Veronique）火箭首次发射失败，其后利用此技术开发了人造地球卫星发射用钻石（Diamant）系列火箭。1962 年成立了国家宇宙研究所（CNES），利用钻石火箭于 1965 年 11 月成功发射了法国最早的人造地球卫星 A－1。国家宇宙研究所于 1969 年在南美大西洋沿岸的法属圭亚那新建立了航天发射场。

② 英国：1969 年 6 月，英国首次发射失败，在持续几次失败后，1971 年 10 月把质量为 72.5kg 的普罗斯帕罗 X－3（Prospero X－3）人造地球卫星成功送到了高度为 547～1582km 的椭圆形极地轨道上。此时使用的火箭是黑箭号运载火箭（Black Arrow），是长度为 13m 的小型 3 级火箭。

③ 欧洲航天局：欧洲航天局（ESA）是法国提议由欧共体共同开发大型运载火箭，由欧洲航天研究机构（ESRO）和欧洲运载火箭研究机构（ELDO）于 1975 年合并成立。目前有 17 个国家参与其中，主导欧共体全部宇宙产业的发展，利用各国的资助和协作开展开发活动。欧洲航天局开发了发射人造地球卫星的亚利安运载火箭（Ariane Rocket）。自 1979 年 12 月亚利安 1 号发射成功以来，逐步开发了大型火箭使用在商业用发射上。亚利安 1 号为 2 级火箭，亚利安 2～4 号为 3 级火箭。亚利安 2 号为在亚利安 1 号基础上增加第 3 级助推器的火箭，亚利安 3 号为在亚利安 2 号基础上增加固体推进剂助推器的火箭，亚利安 4 号为亚利安 3 号的扩大型，不同点是扩大了第 1 级和第 3 级的燃料装载量，并能增加到各有两个液体和固体推进剂助推器（总共 4 个助推器）。在亚利安 4 号中，推力最强的亚利安 44L 配备了 4 个液体推进剂助推器（维京 5C 发动机），到达地球同步转移轨道的有效载荷最大可以达到 4949kg。火箭全长为 58m，总质量为 240000kg～470000kg。

（5）日本　日本在第二次世界大战后被禁止航空器和弹道导弹的开发和生产，解除禁令后，1954 年开始宇宙的研究。1955 年东京大学系川英夫（Hideo Itokawa）教授成功制造了一枚长 23 厘米、直径 1.8 厘米、重 175g 名为“铅笔”（Pencil）的小型固体推进剂 1 级火箭，并进行了火箭发动机喷口大小、重量中心的位置、空气动力学问题、固体推进剂的配合率、水平飞行等很多的试验。其后，依次开发了 Baby 火箭、K－火箭、K－6 2 级固体推进剂火箭、L 系列火箭。日本从 L－4S－1～4 持续失败后，于 1970 年 2 月继苏联、美国和法国后第四个成功把质量为 23.8kg 的人造地球卫星“大隅”号送到了地球轨道。

日本于 1969 年 7 月与美国签订了德尔塔发射用火箭技术转让和协作开发 N 火箭合约，日本宇宙开发事业团（NASDA）成功开发 N－1 火箭后，利用转让的小型德尔塔火箭技术成功开发了 H－1 火箭。

日本利用 H－1 的开发经验，自主开发了 H－2 火箭。H－2 火箭由极低温 1 级、2 级双固体燃料助推器构成，1 级和 2 级推进发动机（LE－7）是 H－1 的 2 级发动机（LE－5）改款型。另外，固体推进剂火箭助推器也采用了改良的 SRB－A。

H－2A 火箭由日本宇宙航空研究开发机构（JAXA）主管，并由三菱重工制造。2001 年 8 月 29 日成功试验发射了 H－2A 1 号，2008 年 2 月 23 日发射了 H－2A 14 号。

（6）中国　中国于 1956 年奠定对宇宙事业的政策基础后，从 20 世纪 60 年代初开始研究运载火箭技术。中国宇宙火箭的名称为“长征”（CZ）。

中国开发长征 1 号（CZ－1）火箭，于 1970 年 4 月成功把人造地球卫星东方红 1 号送到了地球低轨道（LEO）上，成为世界上第五个独立发射卫星的国家。CZ－1 是利用中程弹道导弹（IRBM）CSS－2 开发的 3 级火箭。其后，开发了使用 N_2O_4/UDMH 推进剂的 2 级火箭长征 2 号（CZ－2C）和使用极低温燃料液氢和液氧（LH_2/LOX）的长征 3 号（CZ－3A）。

中国于 2003 年利用长征火箭（CZ－2F）成功发射了载人宇宙飞船神舟 5 号，成为继美国和苏联之后世界第三个发射载人宇宙飞船的国家。2005 年 10 月，第二次成功发射载人宇宙飞船神舟 6 号，将其送到了宇宙轨道上。2007 年 10 月，利用长征 3A 火箭成功发射了中国最初的月球探测器嫦娥 1 号，2008 年 9 月成功发射了载人宇宙飞船神舟 7 号。

（7）其他　其他发射人造地球卫星的国家有印度、以色列等。

印度于 1967 年和 1969 年分别设立了宇宙科学技术中心和印度宇宙研究机构（ISRO），开发了很多种类罗西尼探空火箭（RSR）。由 ISRO 开发的第一个人造地球卫星运载火箭 SLV－3 是类似于美国的小型人造地球卫星运载火箭侦察兵的 4 级固体推进剂火箭，其长度为 22.7m，最大直径为 97.5cm，总质量为 16.9t。经过几次失败后，终于在 1980 年 7 月成功发射，把 40kg 的罗西尼科学卫星送到了近地点 295km、远地点 745km 的椭圆形轨道上，继英国后成为第 7 个利用自主火箭独立发射人造地球卫星的国家。印度继续成功开发人造地球卫星运载火箭 PSLV，于 1994 年成功进行了发射。PLSV 是 1 级和 3 级火箭为固体推进剂火箭、2 级和 4 级为液体推进剂火箭的 4 级火箭，长度为 44.2m，质量为 275t。

以色列于 1988 年 9 月利用 3 级固体推进剂火箭沙维特（Shavit）成功把重量为 155kg 的奥费克（Offeq）－1 卫星送到了近地点 250km、远地点 1150km、倾斜角为 148°的轨道上。沙维特火箭是利用射程为 1400km 的杰里科（Jericho）－2 导弹改良开发的直径为 1.4m、全长为 18m、质量为 23.6t 的火箭。

（8）韩国　韩国的科学火箭开发是韩国航空宇宙研究院（KARI）从 1988 年开始的。分别于 1993 年 1 级固体推进剂火箭 KSR－Ⅰ（韩国探空火箭）、于 1998 年 2 级固体推进剂火箭 KSR－Ⅱ、于 2002 年液体推进剂火箭 KSR－Ⅲ 发射成功，奠定了宇宙开发基石。KSR－Ⅲ是使用煤油和液氧的 1 级液体推进剂火箭，总质量为 6t、长度为 14m、直径为 1m，平均起飞推力为 12.7t、平均比推力为 208.3s。韩国在 2009 年 8 月罗老号运载火箭（KSLV－1）的发射失败。此火箭是 1 级为俄罗斯开发的液体推进剂火箭，2 级为国内开发的固体反冲发动机 2 级运载火箭，总质量为 140t、总长为 33m、直径为 3m、推力为 180t（吨力）。

宇宙运载火箭典型的数据如图 13-9 所示，起飞性能见表 13-2。通常，航天飞机或联盟号的载人航天器的起飞重量对推力之比（F/W）小，一般卫星发射用运载火箭和探测火箭（丘诺、战神 1）等的 F/W 较大。这是因为载人航天器起飞时的加速度要限制在人体能承受的安全范围内，因此 F/W 不能设计过大。

		日本	苏联	欧共体	美国
总重量(t)		260	1075	460	2.041
有效载荷重量	低轨道(t)	10.0	19.5	8.0	29.5
	静止轨道(t)	2.0	2.0	2.2	2.4

图 13-9　几种典型的火箭

表 13-2　代表性的运载火箭离地性能

国家	运载火箭	最大起飞推力 F/lbf	起飞重量 W/lbf	最大 F/W	燃料/氧化剂	级
美国	丘诺（Sergeant） 战神（Aries）I 侦察兵（Scout） 宇宙神（Atlas）/ 半人马座（Centaur） 大力神（Titan）3B	42000 46500 107000 437500 520000	 10179 14000 47200 360600 386400	 4.13 3.32 2.27 1.21 1.35		
	德尔塔（Delta）3924	972000	425300	2.29	RJ－1/LOX RJ－1/N_2O_4	1 2
	大力神（Titan）34D	2920000	1500000	1.95	A－50/N_2O_4 LH_2/LOX	1，2 3
	航天飞机	3140000	2041200	1.53	LH_2/LOX MMH/N_2O_4	ME OS
俄罗斯	联盟号（Soyuz）	1125000	720000	1.56	Kerose/LOX	1，2
欧共体	阿利安（Ariane）3	856000	530000	1.62	UDMH/N_2O_4 LH_2/LOX	1，2 3
日本	H－1	640000	306500	2.09	RJ－1/LOX LH_2/LOX	1 2
中国	FB－1	617300	420000	1.47	UDMH/N_2O_4 LH_2/LOX	1，2 3
印度	SLV－3	95000	37500	2.53	UDMH/N_2O_4	

13.2 压缩性流体的热力学性质

为了理解推进喷管内燃烧气体的流动，必须清楚压缩性流体的热力学性质，如音速与总参数、音速与马赫数、音速与端面积之间的关系等。

13.2.1 压缩性流体

1. 状态方程式

液体或固体可以看成非压缩性物质，但气体为压缩性物质。气体流动时的压力变化会导致很大的密度变化。流体流动时，表现其状态的变量有速度、压力和温度。此时，为了解释流动状态，需要质量、动量、能量方程式。但是，当增加密度变量时，需要增加一个理想气体状态方程式：

$$p=\rho RT \tag{13.1}$$

2. 音速

液体的流动速度远远小于通过其液体的压力扰动传播速度。与此相反，气体流动时，气体速度与压力扰动传播速度相近或也有可能会超出。在压缩性流动状态下，压力扰动的传播速度是很重要的因素。音波是能用耳朵感觉到的有限大小的压力扰动，这种传播速度即为音速。在此对正常状态流动状态下的音速方程式进行推导。

在静止状态的流体中，如图 13-10a 所示，对以速度 a 传播的压力波小的端面进行分析。

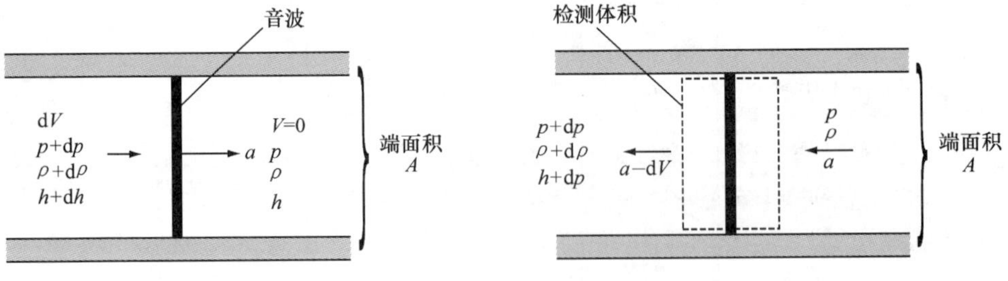

a) 音波的端面　　b) 对音波的相对流动

图 13-10　音波的传播

压力波经过压力为 p 和密度为 ρ 的气体时，会发生无限小的变化，即 $\mathrm{d}p$、$\mathrm{d}\rho$、$\mathrm{d}V$。因此，音波经过后的流体状态变化为速度 $\mathrm{d}V$、压力 $p+\mathrm{d}p$、密度 $\rho+\mathrm{d}\rho$，如图 13-10b 所示，引用以固定在波面的坐标，流体以波面为中心右侧以速度 a 接近，左侧以速度 $a-\mathrm{d}V$ 远离。这些变化可以利用质量、动量守恒定律进行解释。

对于包围波面周围的检测体积，分析质量和能量方程式。首先，正常状态的检

测体积质量守恒为 $m_1 = m_2$，因此可以表示为

$$\rho Aa = (\rho + \mathrm{d}\rho)A(a - \mathrm{d}V)$$

式中，A 为检测体积的端面积。因扰乱导致的变化很小，忽略右边的微小高次项，上式可以改写为

$$a\mathrm{d}\rho - \rho\mathrm{d}V = 0 \tag{13.2}$$

其次，对检测体积适用能量守恒定律。如果假设检测体积的边界没有热量或功的传递，并且可以忽略势能的变化，则正常状态能量守恒方程可以表示为

$$\{(h + \mathrm{d}h) - h\} + \left\{\frac{(a - \mathrm{d}V)^2}{2} - \frac{a^2}{2}\right\} = 0$$

对上式进行分解整理，可以得出下述能量守恒方程。

$$\mathrm{d}h - a\mathrm{d}V = 0 \tag{13.3}$$

式中，流体速度变化量 $\mathrm{d}V$ 很小，可以忽略其平方项。通常，音波的能量很小，不能改变流体的温度或压力。因此，音波是以等熵过程（可逆绝热过程）进行传播。如果在第 2$T\mathrm{d}s$ 方程式 $T\mathrm{d}s = \mathrm{d}h - v\mathrm{d}P$ 中应用等熵过程 $\mathrm{d}s = 0$，因 $v = 1/\rho$，因此可以表示为

$$\mathrm{d}h = \frac{\mathrm{d}p}{\rho} \tag{13.4}$$

合并式（13.2）~式（13.4），可以推导出

$$a^2 = \left(\frac{\partial p}{\partial \rho}\right)_s \tag{13.5}$$

式中，下标 s 表示等熵过程。对理想气体的等熵过程状态方程“$pv^{\kappa} = p\ (1/\rho)^{\kappa} = C$”进行微分，可以得到

$$\frac{\mathrm{d}p}{\mathrm{d}\rho} = \left(\frac{\partial p}{\partial \rho}\right)_s = \frac{\kappa p}{\rho}$$

把上述关系代入式（13.5）中，可以获得下述音速计算公式：

$$a = \sqrt{\kappa pv} = \sqrt{\kappa RT} \tag{13.6}$$

从式（13.6）中可知，音速 a 与绝对温度 T 的平方根成正比。

空气中传播的音速，因空气质量热容比为 $\kappa = 1.4$，空气的气体常数为 $R = 287\mathrm{J/(kg \cdot K)}$，所以可以表示为

$$a = \sqrt{\kappa RT} = 20.05\sqrt{T} \tag{13.7}$$

13.2.2　马赫数关系式

压缩性流体的流动中，马赫数决定流体的特性。现在用质量热容比 κ 和马赫数 M 表示静态参数（T，p，ρ）和总参数（T_0，p_0，ρ_0）之间的关系。

总参数是在对压缩性流动进行说明时表示气体状态的参数，具有如下特征：

① 总参数是流体以等熵过程减速到速度为 0 时的状态参数，是如同静态参数

决定流体状态的热力学状态参数。

② 正常状态能量方程式是可以把焓和动能之和用总参数进行表示，因此方程式能比想象的更为简单。

③ 在喷管或扩散管中的流动，因没有功和热量的传递，能量方程式仅存在焓和动能，其和值始终为常数，因此总温和总焓保持不变，即在等熵流动中 $T_{01}=T_{02}$、$h_{01}=h_{02}$。

④ 但是，在喷管或扩散管中的流动，即使假设为绝热过程，因存在摩擦损失，总压不会保持不变，即 $p_{01}\neq p_{02}$。

1. 马赫数与状态参数比

总参数（T_0，p_0，ρ_0）与静态参数（T，p，ρ）之间的关系如同在“12.2.1 节中说明的，具有如下关系：

$$\frac{T_0}{T}=1+\frac{V^2}{2c_pT} \tag{13.8}$$

$$\frac{p_0}{p}=\left(\frac{T_0}{T}\right)^{\kappa/(\kappa-1)} \tag{13.9}$$

$$\frac{\rho_0}{\rho}=\left(\frac{T_0}{T}\right)^{1/(\kappa-1)} \tag{13.10}$$

现在用质量热容比 κ 和马赫数 M 表示一下上述关系式。在式（13.8）右边第二项 $V^2/(2c_0T)$ 中引用质量定压热容 $c_0=\kappa R/(\kappa-1)$、音速 $a^2=\kappa RT$ 和马赫数 M（$=V/a$），可以获得

$$\frac{V^2}{2c_pT}=\frac{V^2}{2[\kappa R/(\kappa-1)]T}=\left(\frac{\kappa-1}{2}\right)\frac{V^2}{a^2}=\left(\frac{\kappa-1}{2}\right)M^2$$

把上式代入式（13.8）中，可以获得温度关系式为

$$\frac{T_0}{T}=1+\left(\frac{\kappa-1}{2}\right)M^2 \tag{13.11a}$$

或

$$M=\sqrt{\frac{2}{\kappa-1}\left(\frac{T_0}{T}-1\right)} \tag{13.11b}$$

利用类似的方法，可以推导出压力和密度相关式：

$$\frac{p_0}{p}=\left[1+\left(\frac{\kappa-1}{2}\right)M^2\right]^{\kappa/(\kappa-1)} \tag{13.12}$$

$$\frac{\rho_0}{\rho}=\left[1+\left(\frac{\kappa-1}{2}\right)M^2\right]^{1/(\kappa-1)} \tag{13.13}$$

把式（13.11）~式（13.13）称为马赫数关系式，是表示燃烧室的总参数（T_0，p_0，ρ_0）、喷管内任意端面上的静态参数（T，p，ρ）及其位置上马赫数 M 之间关系的很重要的方程式。对于在喷管出口速度、喷管流通流量式中出现的压力比

p/p_0，将式（13.12）代入，可以转换为用马赫数表达的方程式。现在用质量热容比 κ 和马赫数 M 表示一下任意的压力比 p_2/p_1。对于压力 p_1 可以把式（13.12）用下式表示为

$$\frac{p_0}{p_1}=\left[1+\left(\frac{\kappa-1}{2}\right)M_1^2\right]^{\kappa/(\kappa-1)}$$

以此，可以获得如下的压力比 p_2/p_1 关系式。

$$\frac{p_1}{p_2}=\left\{\frac{1+[(\kappa-1)/2]M_2^2}{1+[(\kappa-1)/2]M_1^2}\right\}^{\kappa/(\kappa-1)} \tag{13.14}$$

如果是等熵（可逆绝热）流动，如同总焓，总压也保持不变。但如果是非可逆绝热过程，虽然总焓和总温保持不变，但总压不会保持不变。

在等熵流动中，因总焓保持不变，$T_{01}=T_{02}$，因此利用式（13.11a）可以获得

$$T_{01}=T_1\left(1+\frac{\kappa-1}{2}M_1^2\right)=T_2\left(1+\frac{\kappa-1}{2}M_2^2\right)=T_{02} \tag{13.15}$$

在非可逆绝热过程中，在式（13.14）中代入式（13.12）和式（13.15），可以将总压比表示为

$$\frac{p_{01}}{p_{02}}=\frac{p_1}{p_2}\left\{\frac{1+[(\kappa-1)/2]M_1^2}{1+[(\kappa-1)/2]M_2^2}\right\}^{\kappa/(\kappa-1)}=\frac{p_1}{p_2}\left(\frac{T_2}{T_1}\right)^{\kappa/(\kappa-1)} \tag{13.16}$$

2. 马赫数 $M=1$ 时的状态参数比

在马赫数为 1 的位置（喷管喉）的流体的状态参数称为临界状态参数。把临界状态参数与总参数之比称为临界比，如图 13-11 所示显示了在喷管喉部的马赫数为 1 时的喷管喉的状态参数。在上述式（13.11）～式（13.13）中代入马赫数$M=1$，可以获得如下临界比公式：

$$\frac{T^*}{T_0}=\frac{2}{\kappa+1} \tag{13.17}$$

$$\frac{p^*}{p_0}=\left(\frac{2}{\kappa+1}\right)^{\kappa/(\kappa-1)} \tag{13.18}$$

$$\frac{\rho^*}{\rho_0}=\left(\frac{2}{\kappa+1}\right)^{1/(\kappa-1)} \tag{13.19}$$

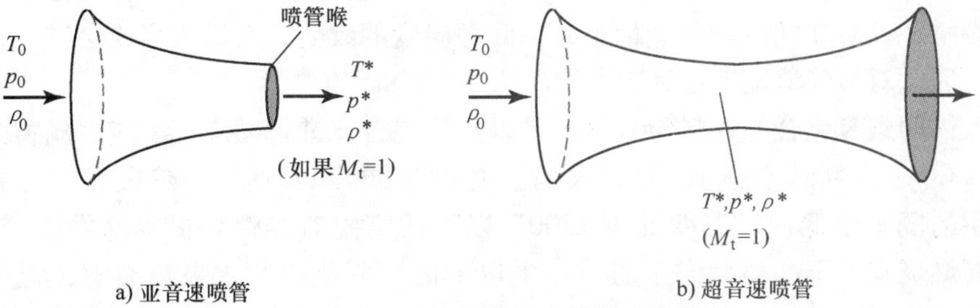

图 13-11　喷管喉的状态参数

多种质量热容比 κ 下的临界比见表 13-3。

表 13-3 等熵流动中多种质量热容比 κ 下的临界比

	$\kappa=1.3$（过热水蒸气）	$\kappa=1.33$（燃烧生成物）	$\kappa=1.4$（空气）	$\kappa=1.667$（单原子气体）
T^*/T_0	0.8696	0.8584	0.8333	0.7499
p^*/p_0	0.5457	0.5404	0.5283	0.4871
ρ^*/ρ_0	0.6276	0.6295	0.6340	0.6495

在拉瓦尔喷管中，马赫数为1是在喷管喉中发生的。现在用质量热容比 κ 和马赫数 M 表示一下 $M=1$ 的喷管喉状态参数（临界状态参数、以上标 * 表示）与任意端面上的状态参数之间的关系。

在等熵流动中，因总焓保持不变 $T_0^*=T_0$，根据式（13.11a）可以得到

$$T_0^*=T^*\left(1+\frac{\kappa-1}{2}\right)=T\left(1+\frac{\kappa-1}{2}M^2\right)=T_0$$

因此，温度比为

$$\frac{T^*}{T}=\frac{1+[(\kappa-1)/2]M^2}{(\kappa+1)/2} \tag{13.20}$$

根据理想气体的等熵关系式‘$T(1/\rho)^{\kappa-1}=C$’，密度比为

$$\frac{\rho^*}{\rho}=\left\{\frac{1+[(\kappa-1)/2]M^2}{(\kappa+1)/2}\right\}^{1/(\kappa-1)} \tag{13.21}$$

面积比（马赫数为 M 的部位端面积 A 与喷管喉部面积 A^* 之比）为

$$\frac{A}{A^*}=\frac{1}{M}\left\{\frac{1+[(\kappa-1)/2]M^2}{(\kappa+1)/2}\right\}^{\frac{\kappa+1}{2(\kappa-1)}} \tag{13.22}$$

这些公式在亚音速、跨音速及超音速的所有速度范围有效。

3. 质量热容比

不仅喷管的流动特性（速度、流量、流量变量等），推力也受到质量热容比 κ 的影响。理想气体和实际气体（燃烧气体）的质量热容比均为温度的函数。理想气体的质量热容比随温度的上升其变化很缓慢，但实际燃烧气体因在高温条件下发生热裂解，其温度和平均分子量小，以此随温度的改变其质量热容比会发生很大的变化，因此对喷管流动特性和推力有很大的影响。

液体的碳氢化合物燃料与氧气如果以理论混合比进行燃烧，反应生成物为二氧化碳（CO_2）和水蒸气（H_2O），火焰温度约为3300K。通常，热裂解在低温条件下发生的概率很低，但温度处于1500K以上的高温时，就会很容易发生。以此，像火箭燃烧室处于高温状态下时，一半以上的二氧化碳和水被热裂解，氢气、氧气、一氧化碳、氢氧根离子和氢原子会存在于燃烧气体中，因此平均分子量会变小。喷管燃烧室内燃烧气体的温度达到2000K以上时会发生热裂解，以此燃烧气

体的平均分子量会变小，因而喷管喉部的端面积比理想气体时的状态设计为更大。见表 13-4 所示显示了各种气体质量热容比 κ 随温度的变化。

表 13-4 各种气体质量热容比 κ 随温度的变化

温度 K	空气	CO_2	CO	H_2	N_2	O_2	H_2O
50	1.40	1.40	1.40	1.66	1.40	1.40	1.33
100	1.40	1.40	1.40	1.58	1.40	1.40	1.33
200	1.40	1.35	1.40	1.44	1.40	1.40	1.33
300	1.40	1.29	1.40	1.40	1.40	1.40	1.33
500	1.39	1.23	1.39	1.40	1.39	1.36	1.31
700	1.36	1.20	1.36	1.39	1.37	1.34	1.28
1000	1.34	1.18	1.33	1.38	1.34	1.31	1.25
1500	1.31	1.17	1.31	1.35	1.31	1.29	1.22
2000	1.30	1.16	1.30	1.33	1.30	1.28	1.19
2500	1.29	1.16	1.29	1.30	1.29	1.27	1.18
3000	1.28	1.15	1.29	1.29	1.29	1.26	1.18

13.2.3 音速与面积之间的关系

非压缩性流体流动时，当端面积减小时，流体的速度增加，当端面积增大时，流体的速度减小。压缩性流体流动时，这样的关系始终不会成立的。

如图 13-12 所示，对不等端面积管内流动的一维正常状态等熵过程进行分析。在正常状态下，质量流量率 $\dot{m}$（kg/s）保持不变，连续方程式如下。

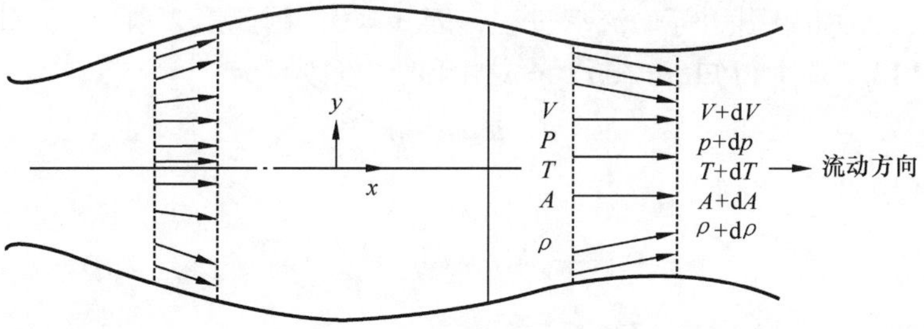

图 13-12 管内流动

$$\dot{m} = \rho A V = 常数$$

对上式进行微分，并两边用 ρAV 相除，得

$$\frac{d\rho}{\rho} + \frac{dV}{V} + \frac{dA}{A} = 0 \tag{13.23}$$

把对管内流动的正常状态能量守恒方程以微分形态表示为

$$dh + VdV = 0$$

对第 2$T\mathrm{d}s$ 方程式如果引用等熵过程，因 $\mathrm{d}s=0$，可以表示为

$$\mathrm{d}h = v\mathrm{d}p$$

把上述 2 式合并，有

$$v\mathrm{d}p = -V\mathrm{d}V \text{ 或 } -\frac{\mathrm{d}V}{V} = \frac{v\mathrm{d}p}{V^2} \tag{13.24}$$

在式（13.23）中引用式（13.24），可得

$$\frac{\mathrm{d}A}{A} = \frac{v\mathrm{d}p}{V^2} - \frac{\mathrm{d}\rho}{\rho} \tag{13.25}$$

在等熵过程中，理想气体状态方程"$p(1/\rho)^\kappa = C$"可以改写为

$$\ln p + \kappa \ln(1/\rho) = \ln C$$

把上式进行微分可得

$$\frac{\mathrm{d}p}{p} - \kappa\frac{\mathrm{d}\rho}{\rho} = 0 \text{ 或} \frac{\mathrm{d}\rho}{\rho} = \frac{\mathrm{d}p}{\kappa p}$$

在式（13.25）中如果引用上式和音速 $a=\sqrt{\kappa p v}$、马赫数 M（$=V/a$），可得

$$\frac{\mathrm{d}A}{A} = \frac{v\mathrm{d}p}{V^2} - \frac{\mathrm{d}p}{\kappa p} = \frac{1}{\kappa}\frac{(a^2-V^2)}{V^2}\frac{\mathrm{d}p}{p} = \frac{1}{\kappa}\left(\frac{1}{M^2}-1\right)\frac{\mathrm{d}p}{p} \tag{13.26}$$

式（13.26）是在端面积不等的流体流动中，表示端面积 A、音速 M、压力 p 之间关系的很重要的关系式。

下面推导出类似于式（13.26）的关系式。设定压力为密度和熵的函数 $p=p(\rho,s)$，对此进行微分可得

$$\mathrm{d}p = \left(\frac{\partial p}{\partial \rho}\right)_s \mathrm{d}\rho + \left(\frac{\partial p}{\partial s}\right)_\rho \mathrm{d}s$$

对于上式，如果引用等熵流动过程，因 $\mathrm{d}s=0$，因此第 2 项为 0，对于右边第 1 项因从式（13.5）中得知$(\mathrm{d}p/\mathrm{d}\rho)_s = a^2$，因此可以改写为

$$\mathrm{d}p = a^2\mathrm{d}\rho \tag{13.27}$$

从式（13.24）可得

$$-V\mathrm{d}V = v\mathrm{d}p = \frac{\mathrm{d}p}{\rho}$$

在上式的 $\mathrm{d}p$ 中代入式（13.27），可得

$$-V\mathrm{d}V = \frac{a^2\mathrm{d}\rho}{\rho} \text{或} \frac{\mathrm{d}\rho}{\rho} = -\frac{V\mathrm{d}V}{a^2}$$

在式（13.23）中代入上述中的 $\mathrm{d}\rho/\rho$，可得

$$\frac{\mathrm{d}A}{A} = \frac{V\mathrm{d}V}{a^2} - \frac{\mathrm{d}V}{V} = (M^2-1)\frac{\mathrm{d}V}{V} \tag{13.28}$$

式（13.28）与式（13.26）是具有重要意义的方程式，表示在亚音速和超音速流动中端面积、速度、压力之间的关系完全不同的状态。

1. 亚音速流动

喷管是降低流体压力（$dp<0$）并增大速度（$dV>0$）的装置。首先对亚音速 $M<1$ 喷管的端面积如何发生变化进行分析。因为喷管的 dV 为正（+），在 $M<C$ 的亚音速流动中，式（13.28）右边括弧内的项为负（-），右边为负。因此，左边也应为负，故 $dA<0$，即 $A_2<A_1$。这表示在亚音速流动条件下逐渐增速的喷管形状为，端面积向着气体流动方向逐渐减小的收敛型喷管。把此关系代入式（13.28）中，分析一下压力的变化状态。式（13.28）的左边端面积的变化 dA 为负，因此右边也应为负。因此，在亚音速 $M<1$ 条件下的右边括弧项为正，通过喷管的压力变化 dp 为负，即 $dp<0$。

2. 超音速流动

如果是 $M>1$ 的超音速流动，在式（13.28）的右边项中，因 dV 和括弧项均为正，故右边为正。因此，左边也应为正，即 dA 为正，即 $A_2>A_1$。这表示在超音速流动条件下逐渐增速的喷管形状为，端面积向着气体流动方向逐渐增大的扩散型喷管。把此关系代入式（13.26）中，左边端面积的变化 dA 为正，因此右边也应为正。因此，在超音速 $M>1$ 条件下的右边括弧项为负，通过喷管的压力变化 dp 为负。即，可以看出喷管的作用是通过 $dp<0$ 获得 $dV>0$。因此，如果要把流体从亚音速增速到超音速，在亚音速领域需要收敛型喷管，在超音速领域需要扩散型喷管，因此采用拉瓦尔喷管。

马赫数 $M=1$ 时，从式（13.26）和式（13.28）中可知 $dA=0$，即在没有端面积变化的位置上形成，把此部位称为喷管喉。

3. 喷管和扩散管

喷管根据喷管出口速度的马赫数分为亚音速、音速、超音速喷管（或拉瓦尔喷管），见表 13-5。把所有高温、高压气体膨胀（或减小压力）使用在获得高速上。表中下标 0、t、e、a、cr 分别表示总（入口）参数、喷管喉、出口、周围、临界状态。如，a_t 为喷管喉的音速，M_t 和 M_e 为喷管喉和出口的马赫数。

表 13-5 喷管的分类

	亚音速喷管	音速喷管	超音速喷管
形状	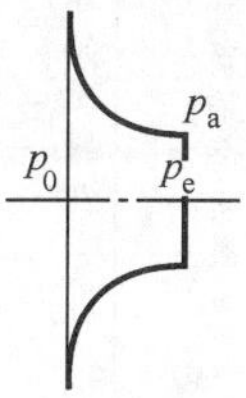	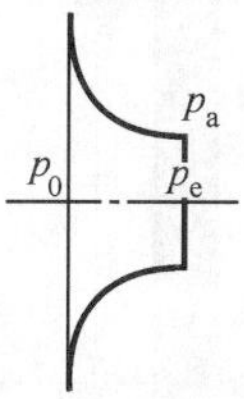	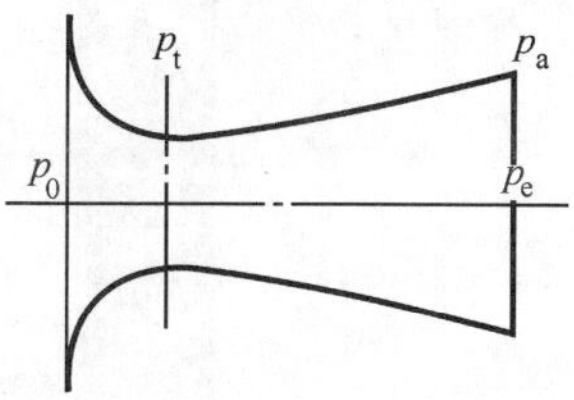
喷管喉速度	$V_t<a_t$	$V_t=a_t$	$V_t=a_t$
出口速度	$V_e<a_e$	$V_e=V_t$	$V_e>V_t$
马赫数	$M_e<1$	$M_e=M_t=1$	$M_e>1$，$M_t=1$
压力	$p_a=p_e>p_{cr}$	$p_a\leqslant p_e=p_{cr}$	p_a，$p_e<p_{cr}$，$p_t=p_{cr}$

收敛喷管使用在喷管出口压力 P_e 大于临界压力 P_{cr}的状态，此时出口速度为音速以下，因此还称为亚音速喷管。音速喷管是外部压力（或背压）P_a 等于或小于临界压力 P_{cr}时，出口压力 P_e 等于临界压力 P_{cr}，流出速度等于音速的喷管。

超音速喷管的形状是收敛－扩散型。收敛喷管即使外部压力充分低，喷管出口压力也不会下降到临界压力以下，最大出口速度只能达到音速。如果外部压力 P_a 充分低，在喷管喉部压力 P_t 会下降到临界压力 P_{cr}，由此速度达到音速，并在扩散段从临界压力 P_{cr}膨胀到外部压力 P_a，因此速度可以获得超音速。火箭推进发动机使用收敛－扩散喷管，以获得马赫数为 8 以上的排气速度。

扩散管是减小流体速度（$dV<0$）、增加压力（$dp>0$）的装置，具有与喷管相反的功能。扩散管使用在压缩器或泵叶片上，喷管所有参数会取相反值，见表 13-5。如，通过超音速降低到亚音速以增大压力的收敛－扩散型扩散管，在收敛段把速度从超音速下降到音速，并在扩散段从音速下降到亚音速，以增大压力。

13.3 火箭的运动

火箭的运动可以分为火箭为了脱离地球的重力场运动和如宇宙轨道转移、飞行保持、姿势调节等无重力场运动。火箭的飞行性能与火箭发射前航天器的初始质量与推进剂完全燃烧后的质量之比有很大的关系。

13.3.1 火箭的质量与质量比

化学火箭各种构成质量如图 13-13 所示。化学火箭的初始质量 m_0 为有效载荷质量 m_{pl}、推进剂质量 m_p、结构体 m_s 之和。最终质量 m_f 为初始质量减去推进剂质

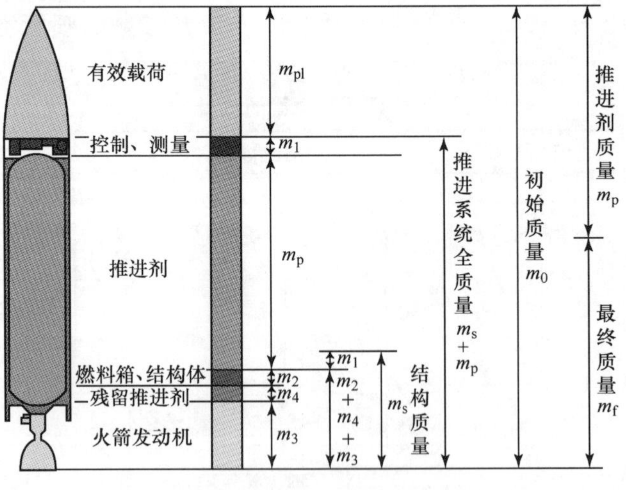

图 13-13　化学火箭的质量构成

量的有效载荷质量与结构体质量之和。结构体质量为初始质量减去有效载荷与推进剂质量的质量，包括燃料箱、发动机、喷管、控制装置等火箭发动机的所有组成部分。

初始质量 m_0 与最终质量 m_f 之间的关系式为

$$m_0 = m_{pl} + m_s + m_p \tag{13.29}$$

$$m_f = m_{pl} + m_s = m_0 - m_p \tag{13.30}$$

质量比 MR（$=1/R$）为火箭运行消耗推进剂后的最终质量 m_f 与初始质量 m_0 之比。此外，推进剂比 ζ、有效载荷比 λ 和结构系数定义为

$$MR = \frac{m_f}{m_0}$$

$$\zeta = \frac{m_p}{m_0} = \frac{m_0 - m_f}{m_0} = 1 - MR$$

$$\lambda = \frac{m_{pl}}{m_p + m_s} = \frac{m_{pl}}{m_0 - m_{pl}}$$

$$\varepsilon = \frac{m_s}{m_p + m_s} = \frac{m_s}{m_0 - m_{pl}} = \frac{m_f - m_{pl}}{m_0 - m_{pl}}$$

这些变量之间的关系为

$$MR = \frac{\varepsilon + \lambda}{1 + \lambda} \tag{13.31}$$

化学火箭发动机的优秀性在于能把推进剂比 ζ 做到多么大，即在于能装载多少推进剂。此外，大的有效载荷比 λ 和小的结构系数 ε 为好。在质量比 MR 不变的条件下，结构系数 ε 减小时，有效载荷比 λ 就会增加。这表示对整个航天器来说，质量比 MR 越小，飞行性能就会越良好。这些变量值与运载火箭的类型有关。另外，对于多级火箭来说，虽然各级的 MR、λ、ε 各有不同，但其差异不会很大。

通常，1 级火箭的质量比 MR、推进剂比 ζ、有效载荷比 λ 和结构系数 ε 的范围为

$0.05 < MR < 0.5$、$0.5 < \zeta < 0.95$、$0.01 < \lambda < 0.2$、$0.08 < \varepsilon < 0.5$

13.3.2　无重力场中的运动

运载火箭的飞行性能和轨迹如图 13-14 所示，如果假设推力方向与飞行方向相同，则如下平衡式成立：

$$m\frac{dV}{dt} = F - D - mg\sin\theta \tag{13.32}$$

式中，F 为推力；D 为空气阻力；m 为航天器的总质量；V 为航天器的速度；g 为重力加速度。

在无重力场中，因空气阻力 D 和重力相关力 $mg\sin\theta$ 不存在，因此式（13.32）成为

$$m\frac{\mathrm{d}V}{\mathrm{d}t}=F=kc \quad (13.33)$$

式中，推力 F（N）为有效排气速度 c（m/s）与航天器的质量损失率（推进剂消耗率）k（kg/s）之积。航天器的质量损失率可以表示为

$$k=-\frac{\mathrm{d}m}{\mathrm{d}t}$$

把上式代入式（13.33）中，可得

$$m\frac{\mathrm{d}V}{\mathrm{d}t}=kc=-\frac{\mathrm{d}m}{\mathrm{d}t}c \quad (13.34\text{a})$$

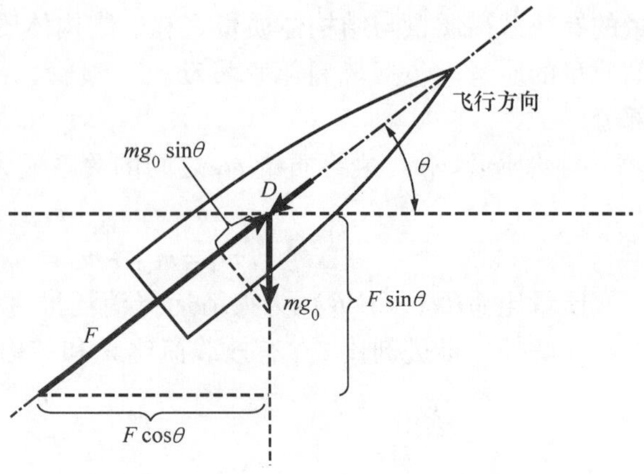

图 13-14　航天运载火箭的飞行

为了对上式进行积分，改写为如下形式：

$$\mathrm{d}V=-c\frac{\mathrm{d}m}{m} \quad (13.34\text{b})$$

对式（13-34b）进行积分，假设在时间 $t=0$ 时航天器的初始质量 $m=m_0$、初始发射速度 $V=0$，任意时间 t 时为 $m=m$、$V=V$，可得

$$V=-c\ln\left(\frac{m}{m_0}\right) \quad (13.35\text{a})$$

因此，有

$$\frac{m}{m_0}=\mathrm{e}^{-\frac{V}{c}} \text{ 或 } \mu=\mathrm{e}^{-\nu} \quad (13.35\text{b})$$

式中，$\mu=m/m_0$，为质量比，$\nu=V/c$，为速度比。式（13.35）就是在无重力场中火箭的运动方程式。当速度比 $\nu=1$ 时，即飞行速度 V 与有效排气速度 c 相同时，质量比 μ 为 e^{-1}。即 $m/m_0=1/\mathrm{e}$、$(m_0-m)/m_0=1-1/\mathrm{e}$，因此推进剂的燃烧量（$m_0-m$）为初始质量 m_0 的 $1-1/\mathrm{e}=1-1/2.718=0.6321$（63.2%）倍。另外，火箭的飞行速度 V 为气体喷出速度 c 的 ν 倍时，因 $m/m_0=\mathrm{e}^{-\nu}$，此时火箭的质量 m（$=m_0-kt$，火箭的初始质量 m_0 减去已经消耗的推进剂质量 kt 的值）为初期质量 m_0 的 $1/\mathrm{e}^{\nu}$ 倍。

如果积分区间定为推进剂完全燃烧时的时间 t_b 为止，$m=m_f$、$V=V_f$，即成为火箭最终质量 m_f 和最终达到速度（燃烧结束速度）V_f，表示为

$$V_f=-c\ln\left(\frac{m_f}{m_0}\right)=-c\ln(MR) \quad (13.36\text{a})$$

因此，有

$$MR = \frac{m_f}{m_0} = e^{-V_f/c} \text{ 或 } R = \frac{m_0}{m_f} = e^{V_f/c} \tag{13.36b}$$

式（13.36b）就是表示有效排气速度 $c(=g_0 I_s)$、质量比 $MR(=1/R)$、最终达到速度 V_f 之间关系的火箭飞行的基本关系式，称为齐奥尔科普斯基方程，如图 13-15 所示。

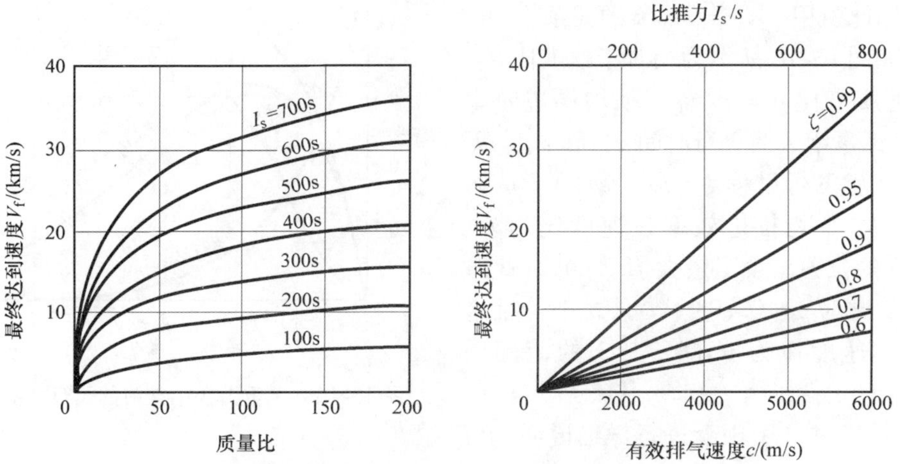

图 13-15　质量比、有效排气速度和最终达到速度之间的关系

把平均推进效率 η_{pm} 定义为在时间 t 时火箭的动能与到时间 t 为止喷出气体量（推进剂的燃烧量）的动能之比。这不是时间 t 时的推进效率，而是从发射开始到时间 t 为止的平均推进效率。

$$\eta_{pm} = \frac{mV^2/2}{(m_0 - m)c^2/2} = \frac{\nu^2}{e^{\nu} - 1} \tag{13.37}$$

根据质量比为 $\mu = m/m_0 = 1 - kt/m_0 = 1 - t/t_0$ 的关系，把式（13.35a）整理为速度比 ν 相关式，为

$$\nu = \frac{V}{c} = -\ln\mu = -\ln\left(1 - \frac{t}{t_0}\right) \tag{13.38}$$

即可以把速度表示为时间的函数。因为飞行里程为 $x = \int_0^t V\mathrm{d}t$，可以表示为

$$\frac{x}{ct_0} = -\int_0^t \ln\left(1 - \frac{t}{t_0}\right)\mathrm{d}\left(\frac{t}{t_0}\right) = \int_1^{\mu} \ln\mu \mathrm{d}\mu = \mu\ln\mu + 1 - \mu \tag{13.39}$$

从式（13.39）中推导无量纲飞行里程 ξ 和无量纲时间 τ 的公式为

$$\xi = \frac{x}{ct_0},\quad \tau = \frac{t}{t_0} = 1 - \mu$$

对于无量纲飞行里程 ξ，引用式（13.39）和无量纲时间 τ，可以推导出

$$\xi = \tau + \mu\ln\mu = \tau + (1 - \tau)\ln(1 - \tau) \tag{13.40a}$$

或，如果引用式（13.38），可以表示为

$$\xi = \tau - \mu\nu \tag{13.40b}$$

在式（13.40b）中，各自代入 ξ、τ、μ、ν 变量式，可得

$$\frac{k}{cm_0}x = \frac{k}{m_0}t - \left(1 - \frac{k}{m_0}t\right)\frac{V}{c} \tag{13.40c}$$

式中，推进剂消耗率有 $k = -\mathrm{d}m/\mathrm{d}t$ 的关系，因此引用了 $t_0 = m_0/k$ 的关系。

如图 13-16 所示为相对于速度比 $\nu = V/c$ 的质量比 $\mu = m/m_0$、平均推进效率 η_{pm}、无量纲火箭飞行时间 $\tau = kt/m_0$、无量纲火箭飞行里程 $\xi = kx/(cm_0)$。从图中可知，平均推进效率在速度比为 $\nu = 1.593$ 的位置出现了最大值 0.648，此时的质量比为 $\mu = 0.203$。另外，平均推进效率在速度比为 $\nu = 0.7 \sim 3$ 的范围内良好。

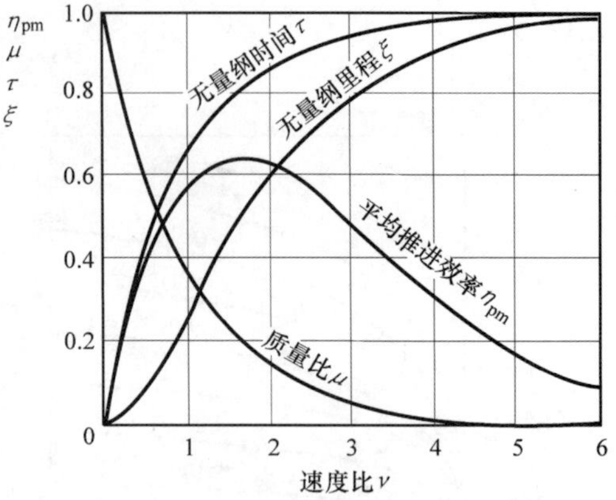

图 13-16　无重力场中火箭的飞行性能

在 13.4.3 节中会进行详细说明，可以看出推进效率在速度比 $\nu = 1$ 时为 $\eta_p = 1$，但平均推进效率 η_{pm} 并不是与此相同。另外，对于燃料的燃烧，通过式（13.35b）可知，火箭内剩余的推进剂质量随着速度比 ν 的增加会急剧减小，火箭速度要达到比气体的喷出速度高出很多的高速并不是那么容易做到的。因此，在实际应用中大体上速度比约为 2 以下的范围。

13.3.3　重力场中的运动

重力场中的火箭运动存在重力损失 $mg\sin\theta$ 和空气阻力损失 D。

1. 火箭的运动方程式

为了简单推导出火箭的运动方程式，首先忽略空气的阻力，并假设为火箭发射后立即垂直方向上升，$\sin\theta = 1$，重力加速度为常数。因而在重力场中火箭的运动方程式（13.32）为

$$m\frac{\mathrm{d}V}{\mathrm{d}t} = F - mg$$

式中，m 为火箭质量。在推力 $F = kc$ 中，把推进剂消耗率 k（kg/s）引用火箭的质量损失率，即 $k = -\mathrm{d}m/\mathrm{d}t$，上式改写为

$$m\frac{\mathrm{d}V}{\mathrm{d}t} = -\frac{\mathrm{d}m}{\mathrm{d}t}c - mg$$

为了对上式进行积分，转换为如下形态：

$$\frac{\mathrm{d}V}{c} = -\frac{\mathrm{d}m}{m} - \frac{g}{c}\mathrm{d}t \tag{13.41}$$

把上式以式（13.34b）相同的条件进行积分，并引用前述符号进行转换，

可得

$$\frac{V}{c}=-\ln\frac{m}{m_0}-\frac{g}{c}t=-\ln\mu-\frac{gt_0}{c}\tau \tag{13.42a}$$

或

$$\frac{m}{m_0}=\frac{m_0-kt}{m_0}=\mathrm{e}^{-\frac{V}{c}}\mathrm{e}^{-\frac{g}{c}t} \tag{13.42b}$$

式（13.42b）就是火箭在重力场中的运动方程式。此方程式与在无重力场中的火箭运动方程式（13.35b）不同的是，仅多出了因数 $\mathrm{e}^{-gt/c}$。此因数的值始终小于1，因此如果假设通过燃烧的推进剂质量减小量 κt 相同，那么对于火箭的速度 V，时间 t 越短，即因数 $\mathrm{e}^{-gt/c}$的值越接近1就会越大。这表示燃料消耗率 κ 越大和燃烧时间 t 越短越好。极限状态下最好是所有推进剂瞬间燃烧结束，此时的质量比 μ 与速度比 ν 之间的关系可以利用重力加速度 $g=0$（无重力场状态）的条件得出，如图13-15所示。

但是，在实际燃烧过程中燃烧速度的大小具有局限性，并且还存在到目前为止还没有考虑过的火箭空气阻力，因此火箭在发射后并不是立即加速到最高速度，而是在空气密度较大的低空缓慢增加速度，到达空气密度相对较小的高空后再加速到最高速度飞行。

式（13.42a）可以用与式（13.38）和式（13.40b）相对应的无量纲式表示。

$$\nu=-\ln\mu-(gt_0/c)\tau \tag{13.43}$$

$$\begin{aligned}\xi&=\int_0^{\tau}\nu\mathrm{d}\tau=\tau-\mu[\nu+(gt_0/c)\tau]-(gt_0/c)\tau^2/2\\&=\tau+(1-\tau)\ln(1-\tau)-(gt_0/c)\tau^2/2\end{aligned} \tag{13.44}$$

式（13.44）与无重力场式（13.40a）相比，可以看出仅增加了右边最后项。上述两个式仅在推进剂全部燃烧时成立，表示在推进剂比 $\zeta(=m_p/m_0)$ 不变的条件下，燃烧结束时的最终速度与高度之间的关系。因燃烧结束后没有推进力，火箭仅按照自由落体运动定律运动。

现在计算一下重力场中火箭的最终速度 V_f。对此，把式（13.41）进行积分到推进剂完全燃烧的时间 t_b 为止，因在时间 $t=0$ 时为 $m=m_0$、$V=0$，在时间 t_b 时为 $m=m_\mathrm{f}$、$V=V_\mathrm{f}$，因此可以用下式进行计算得出。

$$V_\mathrm{f}=c\ln R-gt_\mathrm{b} \tag{13.45}$$

式中，$R(=1/MR)$ 为以 m_0/m_f 定义的质量比。可以看出火箭的速度 V_f 随燃烧时间 t_b 的缩短而增加。

燃烧结束时的高度 h_b 可以用下式进行计算得出。

$$h_\mathrm{b}=\int_0^{t_\mathrm{b}}V\mathrm{d}t=-ct_\mathrm{b}\frac{\ln R}{R-1}+ct_\mathrm{b}-\frac{1}{2}gt_\mathrm{b}^2 \tag{13.46}$$

火箭的最大上升高度 $h_{\max}$ 可以利用在燃烧结束时的动能与势能相等的关系进行

计算。

$$\frac{1}{2}mV_{\mathrm{f}}^2 = mg(h_{\max} - h_{\mathrm{b}})$$

在最终速度 V_{f} 中代入式（13.45），h_{b} 中代入式（13.46），可得

$$h_{\max} = h_{\mathrm{b}} + \frac{V_{\mathrm{f}}^2}{2g} = \frac{c^2(\ln R)^2}{2g} - ct_{\mathrm{b}}\left(\frac{R\ln R}{R-1} - 1\right) \tag{13.47}$$

当质量比 R 保持不变时，燃烧结束时的速度 V_{f} 越大或燃烧时间 t_{b} 越短，火箭的最大上升高度 $h_{\max}$ 就会越高。另外，如要增加燃烧速度，质量比 R 要非常大，质量比大表示火箭的最终质量 m_{f} 小，这表示火箭的运输能力（有效载荷质量）降低。因此，质量比的大小也有局限性。

2. 重力的影响

根据万有引力定律，行星吸引火箭（航天器）的力量 F 与两个物质的质量 M、m 的之积成正比，与两个物质之间的距离成反比，其计算式为

$$F = G\frac{Mm}{r^2} \tag{13.48}$$

式中，比例常数 G 为重力常数 $6.67259 \times 10^{-11}\mathrm{N \cdot m^2/kg^2}$。引用力 $F = ma$ 和式（13.48），在质量为 M、半径为 R 的行星表面重力加速度 g_0，以及在高度为 h（或 $r = R + h$）的高度上重力加速度的计算式为

$$g_0 = \frac{Gm}{R^2}, g = \frac{Gm}{(R+h)^2} \tag{13.49}$$

根据式（13.49），重力加速度 g 与行星表面上的重力加速度 g_0 之间具有如下的关系：

$$g = \frac{g_0 R^2}{(R+h)^2} = \frac{g_0}{(1 + h/R)^2} \tag{13.50}$$

式中，g_0 为地球表面的重力加速度 9.81m/s；R 为地球半径 6370km。因此，当高度为 $h = 100\mathrm{km}$ 时，把这些已知的数据代入式（13.50）中，可以得出重力加速度为 $g \approx 9.48\mathrm{m/s^2}$，这是地球海平面上的 97% 左右。即，从地面到 100km 高度的重力变化仅减小 3%，因此在推进剂燃烧期间将重力加速度可以看成 $g \backsimeq$ 常数也无妨。

实际火箭的设计要考虑空气阻力，在密度较低的高度以不太大的适当速度飞行，在空气密度相当小，即空气阻力很小的高高空中，使飞行速度达到最高。

3. 空气阻力损失

火箭的空气阻力可以表示为

$$D = C_D\left(\frac{\rho V^2}{2}\right)A \tag{13.51}$$

式中，C_D 为阻力系数；ρ 为空气密度；V 为火箭速度；A 为火箭前方受风端面积。阻力系数与火箭的形状、速度（马赫数）、火箭的飞行方向角度等有关。尤其是，

空气密度随火箭的飞行，即随高度的升高发生很大的变化。在32km左右的高度上空气密度约比海平面减小1%左右。

空气阻力D与速度平方V^2成正比，因此火箭速度增加时，阻力损失会大幅度增大。虽然减小速度会大幅度降低阻力损失，但是如果减小发射速度，则会增加发射时间，导致重力损失增大。

13.3.4　多级火箭

多级火箭是在没有不现实地加大质量比R（$=m_0/m_f$），也没有减小运输能力的状态下获得高燃烧速度的方法。

1. 运载火箭起飞速度

火箭能脱离地球引力场所需的初速度，可以用反向思维，求出从地球引力场外部向地球自由落体的物体在地球表面上的速度即可。

在离地球中心高度r（$=R+h$）的位置，质量为m的物体自由落体时，其速度变化为由势能转换为动能的结果，具有如下关系：

$$\mathrm{d}\left(\frac{mV^2}{2}\right) = -mg\mathrm{d}r = -mg_0\left(\frac{R}{r}\right)^2\mathrm{d}r$$

把上式从无限距离（$r=\infty$）到地球表面（$r=R$）进行积分，推导出

$$V^2 = 2g_0R^2\left(\frac{1}{r}\right)_\infty^R = 2g_0R \tag{13.52}$$

地球半径为6370km，则地球表面的速度为

$$V = \sqrt{2g_0R} = \sqrt{2\times 9.81\times 6370\times 10^3} = 11180\mathrm{m/s} = 11.18\mathrm{km/s}$$

这表示火箭在地面上最小要以此初速度发射，才能脱离地球的引力场。这仅为理想的理论计算值。

现在要求出火箭的速度。通常，质量比MR（$=1/R$）界限值为0.05，把此值代入式（13.36a）可获得$V_f=-c\ln(0.05)=2.996c$，火箭能获得的最大飞行速度是有效排气速度c的3倍左右。但是因有效排气速度为$c=I_sg_0$，如果固体推进剂火箭与液体推进剂火箭的比推力各自为250s、350s，则最终速度为

固体推进剂火箭：$V_f=-(I_sg_0)\ln(MR)=-(250\times 9.8)\ln(0.05)=2.45(\mathrm{km/s})$

液体推进剂火箭：$V_f=-(I_sg_0)\ln(MR)=-(350\times 9.8)\ln(0.05)=3.43(\mathrm{km/s})$

由上得知，如果质量比为0.05的火箭能获得的速度最大约为4km/s，仅为火箭脱离地球速度（排气喷出速度）12km/s的1/3左右。这表示利用1级火箭不能获得脱离大气层的速度。在1级火箭中，质量比$MR=0.05$时，推进剂质量占火箭全质量的95%，剩余的5%为结构物和有效载荷的质量，即便如此也很难实现脱离大气层。例如：对V2火箭来说，推进剂占全质量的69%，气体排出速度c为

2136m/s，火箭的速度 V 为1500m/s，速度比 ν（$=V/c$）仅为0.70。

2. 多级效果

对于多级火箭来说，各级的初始速度会成为全级的最终速度。多级火箭的最终速度是各级火箭最终速度之和，即 n 级火箭的最终速度 V_f 可以表示为

$$V_f = V_1 + V_2 + \cdots + V_n = \sum_{i=1}^{n} \Delta V_i \tag{13.53}$$

如果没有重力和大气阻力，各级的增加速度可以利用式（13.36a）$V_i = -c_i\ln(MR)_i$ 得出，如果所有各级的有效排气速度 c_i 相同，n 级火箭的最终速度可以表示为

$$V_f = \sum_{i=1}^{n} -c_i\ln(MR)_i = -c\ln(MR_1 \cdot MR_2 \cdots MR_n) \tag{13.54}$$

现在对3级火箭的多级效果进行分析。当发射3级火箭达到最高速度时，分离第1级火箭，同时第2级火箭点火产生推力。与此相同，当第2级火箭达到最高速度时，第3级火箭点火，同时分离第2级火箭。假设发射初期的推进剂重量占全重量的75%（$\mu=0.25$），从图13-16中得知速度比 ν 为1.4，火箭的速度 V 为排气速度 c 的1.4倍。实际上因存在喷管的膨胀损失和摩擦等损失，速度比 ν 会比理论值小，如果假设 $\nu=1$，因碳氢燃料的排气喷气速度约为4000m/s，所以此第1级火箭也能达到与此相同的速度。

对第2级火箭来说，对式（13.34b）中设定初始值 $t=0$ 时为 $m=m_{02}$、$V=V_1$，并到任意时间 t 为止进行积分，有

$$\int_0^t \frac{\mathrm{d}V}{c} = \int_0^t -\frac{\mathrm{d}m}{m}$$

由此可得

$$\frac{V_2}{c} - \frac{V_1}{c} = \nu_2 - \nu_1 = -\ln\frac{m}{m_{02}} = -\ln\mu_2 \text{ 或 } \mu_2 = \mathrm{e}^{-(\nu_2-\nu_1)} \tag{13.55}$$

式中，m_{02} 为第2级火箭的初始质量（1级火箭的最终质量），μ_2、ν_2 分别为第2级火箭的质量比和速度比。式（13.55）的关系在图13-16中把 μ 引用为 μ_2、ν 引用为（$\nu_2-\nu_1$），同样以质量比 μ 的曲线得出。与第1级原理相同，第2级火箭也在 $\mu_2=0.25$ 时 $\nu_2-\nu_1=1.4$，因存在各种损失，假设 $\nu_2-\nu_1=1$，即 $\nu_2=\nu_1+1=2$，以此第2级火箭的最高速度 V_2 为8000m/s左右。同理，第3级火箭的最高速度 V_3 为12000m/s左右，因此最终达到脱离地球引力场的速度。

假设火箭的各级最终重量的15%为结构物重量 m_s，10%为有效载荷重量 m_{pl}。如果第3级火箭的有效载荷质量为100kg，第3级火箭的初始质量为1000kg，第2级火箭的有效载荷质量为第3级火箭质量，以此第2级火箭的初始质量为10000kg，以此类推，第1级火箭的初始质量为100000kg。从而3级火箭的初始有效载荷比为100/100000=0.001，说明有效载荷比数值很小。

理论上，虽然火箭的级数越多其飞行性能越会提高，但是一旦级数达到一定程度，其飞行性能的提高会达到饱和状态。另外，级数的增加会带来结构的复杂性，并在可靠性等方面会出现很多问题。目前，最多使用的是 3 级火箭，侦察兵（美国）和 SLV（印度）等 4 级固体推进剂火箭发动机也有，但没有采用更多级的火箭。多级火箭相关例子如图 13-17 所示。

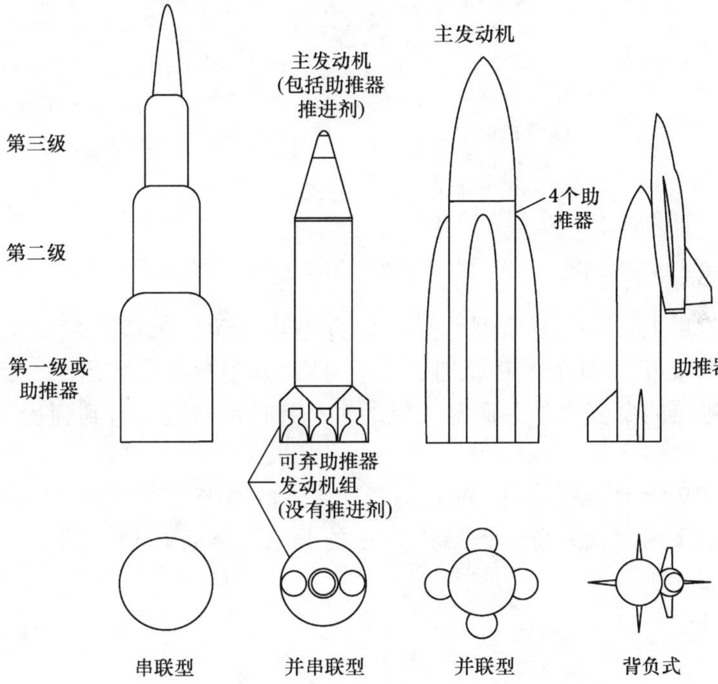

图 13-17　多级火箭的形状

3. 人造地球卫星的发射

把人造地球卫星或其他货物运送到地球同步轨道（GEO）上的运载火箭通常使用 3 级液体推进剂火箭。有时为了提高发射能力，在第 1 级火箭上附加 3 个、6 个、9 个固体推进剂助推器（SRB），以增加起飞时的推力。

发射人造地球卫星时，为了充分利用地球的自转能量，大部分向着东方发射。运载火箭进入地球同步轨道的飞行路径如图 13-18 所示。运载火箭通过强劲的第 1 级起飞加速，当第 2 级点火时会穿过地球大气层上升到约 200km 高度进入到暂泊轨道（Parking orbit）。此时第 1、2 级火箭被分离脱开，仅第 3 级和人造地球卫星在暂泊轨道上飞行，一旦到达赤道上空，第 3 级火箭点火并进入转移轨道，之后第 3 级火箭从卫星上分离出来。第 3 级火箭的发射点处于转移轨道近地点，因此第 3 级火箭起着近地点推进发动机（PKM）的作用。卫星在转移轨道上旋转几圈收集轨道数据后，通过远地点推进发动机（AKM）的发射向着目的地方向变更姿态。

人造地球卫星中配备有十几个姿态控制用推进器。远地点发动机往往直接附加

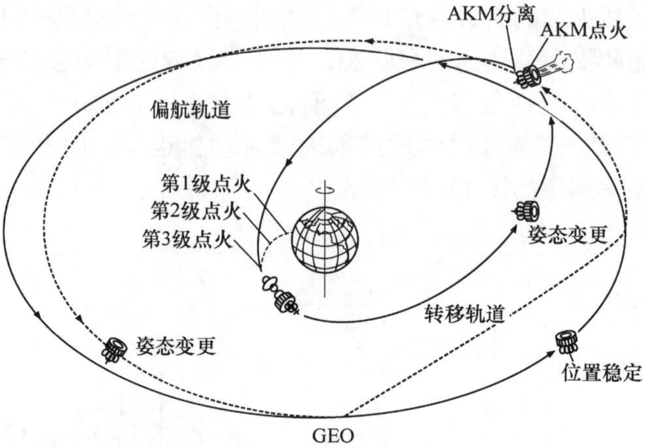

图 13-18　通过运载火箭的进入 GEO 的过程

在人造地球卫星上，一旦卫星到达适当的远地点位置，远地点发动机（AMF）点火，卫星进入接近 GEO 的漂移轨道，之后 AKM 从卫星上分离出来。漂流中的卫星通过几个推进器的反复操作，调整卫星的姿态和移动轨道，直到到达目标位置并稳定为止。

如图 13-19 所示为阿利安－44L 为了进入地球同步转移轨道（GTO）的第 1 级火箭点火并起飞到运载火箭任务结束为止的一系列飞行计划（飞行顺序、飞行时间、飞行状态）。

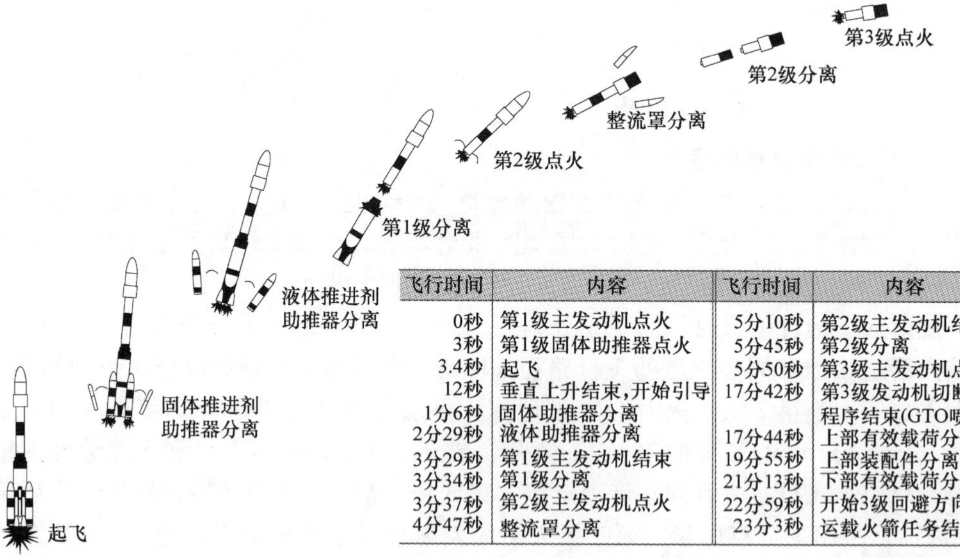

飞行时间	内容	飞行时间	内容
0秒	第1级主发动机点火	5分10秒	第2级主发动机结束
3秒	第1级固体助推器点火	5分45秒	第2级分离
3.4秒	起飞	5分50秒	第3级主发动机点火
12秒	垂直上升结束，开始引导	17分42秒	第3级发动机切断程序结束(GTO喷射)
1分6秒	固体助推器分离		
2分29秒	液体助推器分离	17分44秒	上部有效载荷分离
3分29秒	第1级主发动机结束	19分55秒	上部装配件分离
3分34秒	第1级分离	21分13秒	下部有效载荷分离
3分37秒	第2级主发动机点火	22分59秒	开始3级回避方向调整
4分47秒	整流罩分离	23分3秒	运载火箭任务结束

图 13-19　阿利安－44L 的典型飞行概略

13.4　火箭发动机的推进

火箭发动机是把推进剂燃烧所产生的高温、高压燃烧气体通过收敛-扩散喷管加速到超音速并向外喷出，以通过其反作用力获得推力的装置。在此部分对推进性能、理想火箭喷管和火箭发动机的特性进行说明。

13.4.1　推进性能

推进原理的详细内容已在 12.1.1 一节中进行了说明。在下面对火箭发动机的推进性能进行说明。

1. 推力

推力表示燃烧气体以高速向外喷出时，燃烧气体对结构物产生的反作用力，单位是牛顿（N）。火箭发动机的推力与航空燃气涡轮发动机相同，是根据动量变化的动量推力与根据压力差的压力推力之和。

图 13-20 所示为火箭发动机推力室的结构简图。

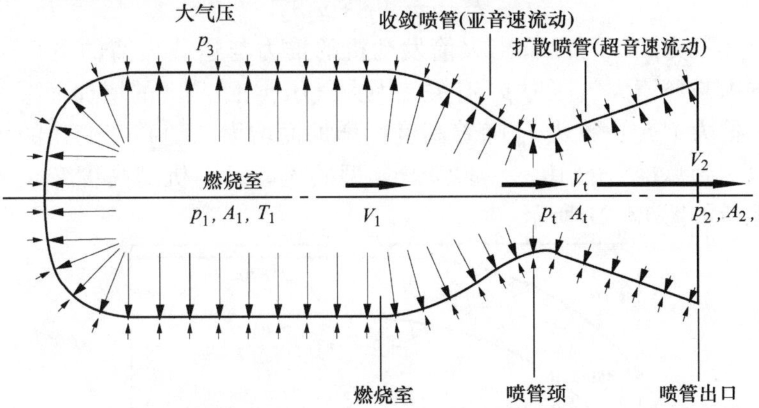

图 13-20　推力室的结构简图

动量推力 F_m(N)是根据动量变化产生的推力。动量是推进剂质量 m_p 与速度 V 之积，因此动量推力计算式为

$$F_m = \frac{d}{dt}(m_p V) = \dot{m}_p(V_2 - V_1)$$

式中，$\dot{m}_p$（kg/s）为推进剂质量流量率（或排气的质量流量率）；V_2 和 V_1（m/s）分别为排气速度和排气初始速度。

喷管入口是燃烧室，因燃烧室的状态应用总参数，因此排气的初始速度 V_1 为 0，动量推力式为

$$F_m = \dot{m}_p V_2 = \frac{\dot{w}_p}{g_0} V_2 \tag{13.56}$$

式中，$\dot{w}_p$（N/s 或 kgf/s）为进入燃烧室的推进剂重量流量率；g_0 为把重量转换为质量所需的重力常数（取标准重力加速度 $9.81\mathrm{m/s^2}$），与重力加速度 g 不同。

压力推力 F_p（N）是根据喷管出口内外的压力差产生的推力，因压力等于压强×面积，因此可以表示为

$$F_p = A_2\Delta p = (p_2 - p_3)A_2 \tag{13.57}$$

式中，A_2（$\mathrm{m^2}$）为喷管出口端面积；p_2（Pa）为喷管出口端面受到的排气压力；p_3（Pa）为周围大气压力。即使存在半径方向的作用力，火箭通常为轴对称类型燃烧室，因此不影响轴向推力。

火箭发动机的总推力 F 是动量推力 F_m 和压力推力 F_p 之和。

$$F = \dot{m}_p V_2 + (p_2 - p_3)A_2 \tag{13.58a}$$

火箭发动机运行时，随高度变化的环境大气压力 p_3 发生变化时，其推力也发生变化。如果排气压力 p_2 小于环境大气压力 p_3，压力推力就为负（-）。此条件因导致推力减小，因此火箭的喷管设计为排气压力略大于环境大气压力。火箭在宇宙中运行时，因宇宙处于真空状态，即 $p_3=0$，因此火箭发动机的推力式表示为

$$F = \dot{m}_p V_2 + p_2 A_2 \tag{13.58b}$$

纵观上述推力式，可以看出火箭发动机的推力与运载火箭的飞行速度 V_{craft} 无关。压力推力与环境大气压力 p_3 有关，因大气压 p_3 随高度的增加而减小，因此火箭发动机的推力 F 与比推力 I_s 随着高度的增加而增大。随高度变化的压力推力的变化量可以达到总推力的 10% ~30%。典型的火箭发动机随高度变化的推力和比推力的变化量如图 13-21 所示。

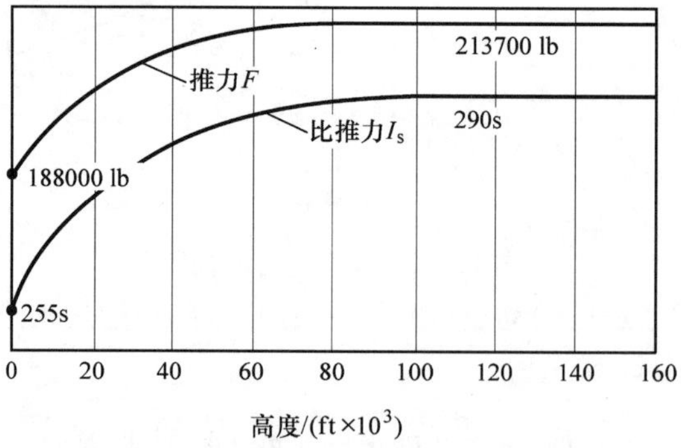

图 13-21　随高度的火箭发动机推力和比推力

2. 有效排气速度

有效排气速度 c（m/s）定义为火箭发动机的推力 F（N）与推进剂的质量流量率 $\dot{m}_p$（kg/s）之比。

$$c = \frac{F}{\dot{m}_p} = V_2 + \frac{(p_2 - p_3)A}{\dot{m}_p} \tag{13.59}$$

即有效排气速度 c 通过测量推力 F 和推进剂质量流量率 $\dot{m}_p$ 就可以求出。如果喷管出口压力 p_2 和大气压力 p_3 相同，仅存在动量推力，有效排气速度 c 等于喷管出口的排气速度 V_2。如果 $p_2 \neq p_3$，则 $c \neq V_2$。

因式（13.59）右边第二项小于第一项，通常可以看成有效排气速度 c 约等于实际排气速度 V_2。因此设定 $c = V_2$，推力式改写为

$$F = \dot{m}_p c = \dot{m}_p V_2 \tag{13.60}$$

3. 总推力和比推力

火箭发动机即使设计为推力 $F(t)$ 一定，但通过试验就不一定，如图 13-22 所示随时间发生变化，另外，也很难对固体推进剂的质量流量率进行测量。因此，固体推进剂火箭的推力要通过地面燃烧试验，并把推力－时间线图用燃烧时间进行积分得出的总推力，或用总推力除以推进剂质量流量得出的比推力进行计算。

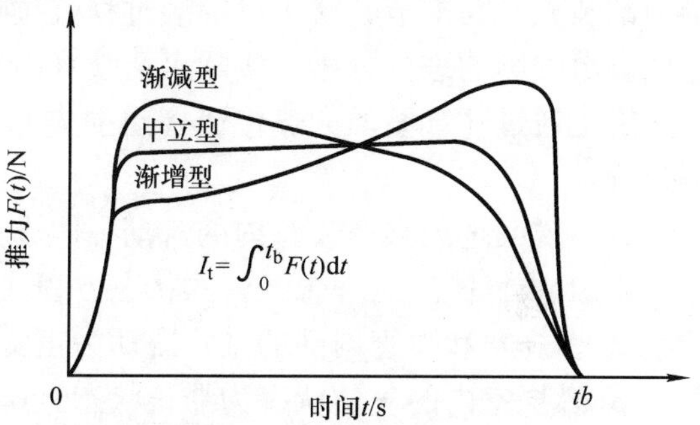

图 13-22　推力－时间线图

总推力 I_t(N·s) 定义为总燃烧时间 t_b 期间推力－时间线图的全面积。

$$I_t = \int_0^{t_b} F(t)\,dt \tag{13.61}$$

推进剂的质量流量 w_p(N) 为如下。

$$w_p = g_0 \int_0^{t_b} \dot{m}_p\,dt \tag{13.62}$$

比推力 I_s(s) 是单位重量推进剂燃烧获得的总推力（或动量变化量）效率，定义为

$$I_s \equiv \frac{I_t}{w_p} = \frac{\int_0^{t_b} F(t)\,dt}{g_0 \int_0^{t_b} \dot{m}_p\,dt} = \frac{I_t}{m_p g_0} \tag{13.63}$$

比推力为时间的量纲，表示单位重量推进剂保持推力 F 的时间。如果火箭在推力保持不变的正常状态运行，并忽略燃烧开始和结束（或终止）时推力的瞬间变化，则式（13.61）可以简单表示为

$$I_t = F t_b = m_p g_0 I_s \tag{13.64}$$

另外，有效排气速度 c 和比推力 I_s 之间的关系式为

$$c = \frac{F}{\dot{m}_g} = \frac{F t_b g_0}{\dot{m}_g t_b g_0} = \frac{I_t g_0}{m_g g_0} = I_s g_0 \tag{13.65}$$

式中，m_g 为使用的推进剂总质量（kg）。

有效排气速度 c 或比推力 I_s 仅为表示火箭发动机性能的重要变量，如式(13.65)所示具有相互间的关系，因此仅使用其中一个变量。美国使用比推力 I_s，俄罗斯使用有效排气速度 c。

13.4.2 理想火箭喷管

火箭喷管是把燃烧室中产生的高温、高压排气向外喷出，通过其反作用力获得推力的装置。在本节，对于以等熵过程流过喷管的排气流量、速度，以及压力比对这些参数的影响进行分析。实际火箭喷管内排气流动是排气和喷管壁面之间产生摩擦，发生通过喷管壁面的热传递（热损失），根据情况会发生冲击波，因此不是等熵过程。

为了说明理想火箭喷管内的流动，假设如下理想状态：

① 工质气体满足理想气体的状态方程式，质量热容保持不变。

② 燃烧室和喷管内部的排气流动为正常状态。

③ 燃烧室内的气体状态为滞止状态，压力和温度保持不变。

④ 喷管内工质气体的流动是一维正常流动，即工质气体的性质和速度仅在喷管的轴向不同，垂直与轴的方向上保持不变。

⑤ 喷管壁面没有摩擦和热传递，喷管内气体为等熵流动。

1. 喷管出口速度

现在对推力室的收敛－扩散喷管内排气流动进行分析。因喷管入口为燃烧室，喷管入口状态参数以总参数表示。把正常状态能量守恒以总焓 h_0 表示为

$$h_0 = h_2 + \frac{V_2^2}{2}$$

如果把焓以 $h = c_p T$ 表示，喷管出口速度 V_2 可以表示为

$$V_2 = \sqrt{2c_p T_0\left(1 - \frac{T_2}{T_0}\right)} = \sqrt{\frac{2\kappa}{\kappa - 1}RT_0\left(1 - \frac{T_2}{T_0}\right)}$$

$$= \sqrt{\frac{2\kappa}{\kappa - 1}RT_0\left[1 - \left(\frac{p_2}{p_0}\right)^{(\kappa-1)/\kappa}\right]} \tag{13.66a}$$

式（13.66a）可以用如下的无量纲喷管出口速度表示为

$$\frac{V_2}{\sqrt{RT_0}} = \sqrt{\frac{2\kappa}{\kappa - 1}\left[1 - \left(\frac{p_2}{p_0}\right)^{(\kappa-1)/\kappa}\right]} \tag{13.66b}$$

式中，质量定压热容引用了 $c_p = \kappa R/(\kappa - 1)$，温度比 T_2/T_0 引用了等熵过程的理想气体状态方程"$Tp^{(1-\kappa)/\kappa} = C$"。可以看出，喷管出口速度 V_2 在燃烧室状态（p_0，T_0，v_0）一定时，是质量热容比 κ 和压力比 p_2/p_0（或出口压力 p_2）的函数。喷管出口速度随压力比的减小而增大，最大速度 $V_{2,\max}$ 为在出口压力 $p_2 = 0$ 时，即燃烧气体向真空膨胀时出现，其计算式为

$$V_{2,\max} = \sqrt{\frac{2\kappa}{\kappa - 1}RT_0} \tag{13.67}$$

最大排气速度 $V_{2,\max}$ 称为等熵速度，表示燃烧气体的热能全部转换为轴向速度。

图 13-23 所示为通过式（13.66b）的无量纲喷管出口速度对逆压力比 p_0/p_2 和质量热容比 κ 的关系曲线。可以看出，出口速度随逆压力比的增大而增加，但其增加率较小，并且随质量热容比的减小而增加。

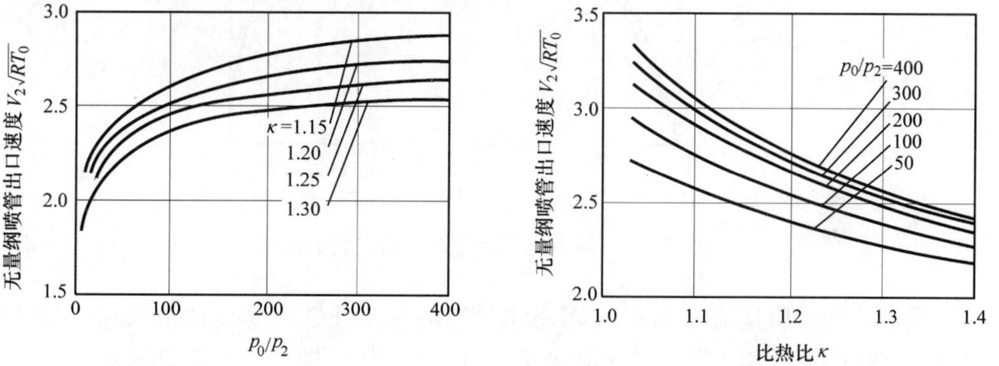

a) 逆压力比的影响　　b) 质量热容比的影响

图 13-23　无量纲排气速度

2. 喷管通过流量

在喷管内流过各端面的流量，质量守恒式“$\dot{m} = A\rho V =$ 一定”成立。如果引用理想气体等熵过程的状态方程 $\rho p_0^{1/\kappa} = \rho_0 p^{1/\kappa}$、理想气体的状态方程 $\rho_0 = p_0/(RT_0)$ 和任意端面上的速度 V 式（13.66），喷管内流过任意端面上的质量流量率 $\dot{m}$ 可以表示为

$$\begin{aligned}\dot{m} &= A\rho V = A\rho_0\left(\frac{p}{p_0}\right)^{1/\kappa}\sqrt{\frac{2\kappa}{\kappa-1}RT_0\left[1-\left(\frac{p}{p_0}\right)^{(\kappa-1)/\kappa}\right]} \\ &= A\frac{p_0}{\sqrt{RT_0}}\sqrt{\frac{2\kappa}{\kappa-1}\left[\left(\frac{p}{p_0}\right)^{2/\kappa}-\left(\frac{p}{p_0}\right)^{(\kappa+1)/\kappa}\right]}\end{aligned} \tag{13.68a}$$

式（13.68a）可以用无量纲流量变量表示为

$$\frac{\dot{m}\sqrt{RT_0}}{Ap_0} = \sqrt{\frac{2\kappa}{(\kappa-1)}\left[\left(\frac{p}{p_0}\right)^{2/\kappa}-\left(\frac{p}{p_0}\right)^{(\kappa+1)/\kappa}\right]} \tag{13.68b}$$

从上式中可知，当喷管入口（燃烧室）的状态（p_0、T_0 等）和喷管内的端面积 A 不变时，流过喷管的质量流量率 $\dot{m}$(kg/s) 与压力比 p/p_0 有关。图 13-24 所示为无量纲流量变量与压力比 p/p_0 和质量热容比 κ 的关系曲线。如图所示，当压力比为 $p/p_0 = 1$ 时，因没有压力差，质量流量率为 0，在 $p/p_0 = 0$ 时也为 0，由此可以

知道存在无量纲流量变量达到最大的压力比，即临界压力比。这表示在临界压力比状态流过喷管的流量会达到最大。

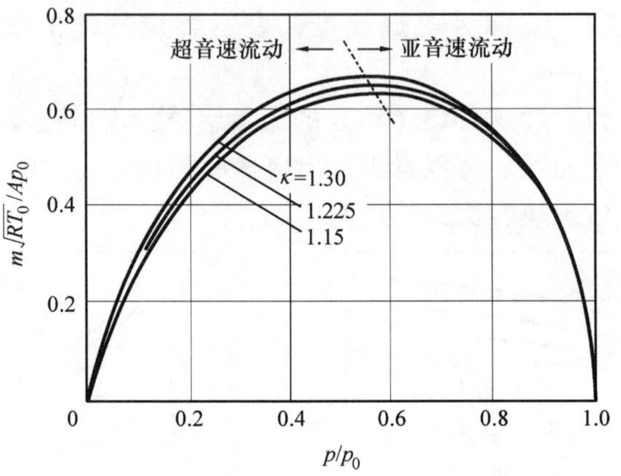

图 13-24　压力比与无量纲流量之间的关系

流过喷管的质量流量率 $\dot{m}$ 可以用喷管喉的状态参数表示。这是在式（13.68）中用喷管喉的端面积 A 和压力 p 代替面积 A_t 和压力 p_t 即可。可以表示为

$$\dot{m} = A_t \frac{p_0}{\sqrt{RT_0}} \sqrt{\frac{2\kappa}{\kappa-1}\left[\left(\frac{p_t}{p_0}\right)^{2/\kappa} - \left(\frac{p_t}{p_0}\right)^{(\kappa+1)/\kappa}\right]} \tag{13.69a}$$

或

$$\frac{\dot{m}\sqrt{RT_0}}{A_t p_0} = \sqrt{\frac{2\kappa}{\kappa-1}\left(\frac{p_t}{p_0}\right)^{2/\kappa}\left[1 - \left(\frac{p_t}{p_0}\right)^{(\kappa-1)/\kappa}\right]} \tag{13.69b}$$

3. 背压对流过喷管流量的影响

喷管出口速度、流动流量会受到背压（外界压力）的影响。在喷管出口端面上，排气压力 p_e 与背压 p_a 如果相同，推力系数会达到最大，燃烧气体会膨胀到最佳状态，但是如果不同，会发生膨胀不足或膨胀过度现象。观察背压 p_a 对流过喷管的质量流量率的影响，就可以容易理解上述观点。

（1）收敛喷管　现在对流过收敛喷管的亚音速流动进行分析。对于在入口条件（燃烧室的总参数 p_0，T_0 等）一定，将背压 p_a 从燃烧室压力 p_0 开始逐渐降压时，对流过喷管的质量流量率 $\dot{m}$ 与喷管出口端面上的排气压力 p_e 的变化进行分析，如图 13-25a 所示。由此可以知道如下事实：

① $p_a = p_0$：如果背压与入口压力相同，喷管内没有排气的流动，如图 13-25a 所示，在喷管内的压力分布均匀。

② $p_0 > p_a > p^*$：背压 p_a 大于临界压力 p^* 和小于入口压力 p_0 时，排气流过喷管时压力下降，在喷管出口排气压力 p_e 与背压相等。

③ $p_a \leqslant p^*$：背压 p_a 小于或等于临界压力 p^* 时，喷管出口压力 p_e 降低到临界

压力 p^*。这表示即使背压小于临界压力，只要喷管内的压力分布与临界压力时相同，也不能进一步发生变化。

图 13-25b 上图所示为随压力比 p_a/p_0 变化的流过喷管的质量流量率 $\dot{m}$。质量流量率 $\dot{m}$ 随压力比 p_a/p_0 的减小而增加，压力为 $p_a = p^*$ 时达到最大值。压力比即使下降到临界压力比 p^*/p_0 以下，$\dot{m}$ 也保持不变。因此，流过喷管的质量流量率在临界压力比时达到最大，此时的流动称为被风阻（窒息）。图 13-25b 下图所示背压 p_a 对出口压力 p_e 的影响。从图中可以看出下列关系。

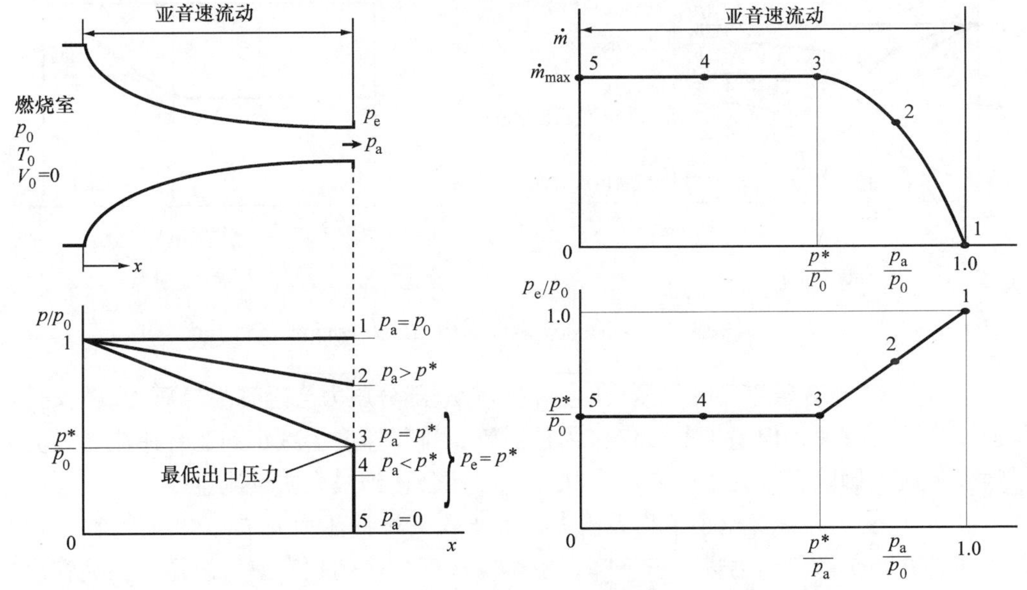

a) 压力分布　　b) 质量流量率

图 13-25　收敛喷管内的压力分布

$$p_e = \begin{cases} p_a & \text{for } p_a \geqslant p^* \\ p^* & \text{for } p_a < p^* \end{cases}$$

这表示即使背压为临界压力以下，只要在收敛喷管出口端面上的排气压力 p_e 等于临界压力 p^*，在出口端面上马赫数为 1，质量流量率就会达到最大。

（2）收敛 – 扩散喷管　收敛 – 扩散喷管中背压的影响如图 13-26 所示。流过收敛 – 扩散喷管的流体并不是全部加速到超音速。另外，即使达到超音速，如果背压与喷管的设计压力不匹配，就会发生冲击波。

① $p_0 > p_a > p^*$：收敛 – 扩散喷管中如果背压大于临界压力，在喷管内全部领域流动为亚音速，流过喷管的流量会小于最大流量。喷管内的排气速度在收敛段逐渐增大，到了喷管喉就会达到音速以下的最大速度，但流过扩散段时会逐渐减小。因此压力在收敛段降低，在扩散段增大。

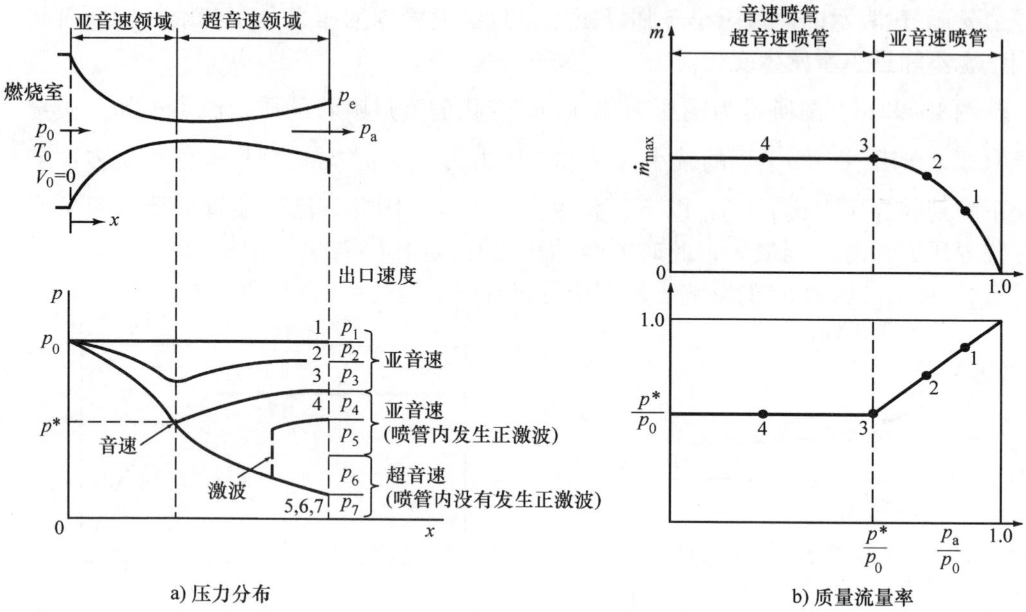

图 13-26　收敛、扩散喷管内的压力分布

② $p_a=p^*$：背压等于临界压力时，在喷管喉部分压力会达到临界压力 p^*，排气速度会达到音速，但是扩散段仅作为扩散管，排气速度会减小到亚音速流动。流过喷管的流量因喷管喉处于临界压力状态，因此会达到最大质量流量率。

③ $p^*>p_a>p_e$：背压小于临界压力，大于喷管设计压力 p_e 时，在喷管喉上达到音速，并在扩散段压力进一步下降，使排气速度加速到超音速。但是，在喷管出口气体继续膨胀，使压力下降到小于背压时会发生逆流，因此在喷管壁面会发生气流剥离，导致发生突然间的不连续压力上升现象，这样的压力不连续点称为正激波。如果发生激波现象，排气速度就会减小到亚音速状态，在正激波下游的喷管扩散段会起着扩散管的作用，使排气速度进一步下降，且压力持续上升。这样的状态是在喷管的膨胀比过大时发生，称为膨胀过度。

④ $p^*>p_e>p_a$：背压小于临界压力和喷管设计压力时，在喷管喉上达到音速，并在扩散段加速到超音速。这样的条件是在喷管长度短，即膨胀比较小的情况下发生，此时排气还能进一步膨胀，称为膨胀不足。因此，燃烧气体离开喷管出口端面时发生急剧膨胀产生斜激波，激波在发动机尾流的边界上被反射，与产生的压力波相互交叉，在下游反复发生压缩和膨胀。即，正激波和斜激波是在背压与喷管设计压力不一致时发生。

引用上述条件，收敛－扩散喷管内的质量流量率如图 13-26b 所示。区域Ⅰ是收敛段的亚音速喷管领域，区域Ⅱ是音速喷管或超音速喷管的扩散段领域，满足如表 13-5 所示的条件。

4. 临界压力比和最大质量流量率

（1）临界压力比　现在对流过喷管的流量达到最大的临界压力比 p^*/p_0 进行计算。这可以通过对流过喷管的质量流量率式（13.68b）的右边（又称为流量函数 ν）用压力比 p/p_0 进行微分，用得出的值为 0 时的压力比来求出。

设定压力比 p/p_0 为 r，流量函数 ψ 可以表示为

$$\psi = \sqrt{\frac{2\kappa}{\kappa-1}\left(r^{\frac{2}{\kappa}} - r^{\frac{\kappa+1}{\kappa}}\right)} = \sqrt{\frac{2\kappa}{\kappa-1}f(r)}$$

因流量函数 ψ 最大的压力比 r 为 $\mathrm{d}f(r)/\mathrm{d}r = 0$，可得

$$r = \left(\frac{2}{\kappa+1}\right)^{\frac{\kappa}{\kappa-1}} \text{或} \frac{p^*}{p_0} = \left(\frac{2}{\kappa+1}\right)^{\kappa/(\kappa-1)} \tag{13.70}$$

式（13.70）为流量函数 ψ 最大的压力比，即为能流过喷管的最大质量流量率的压力比。在此，把压力比 p^*/p_0 称为临界压力比，把压力 p^* 称为相对于喷管入口压力 p_0 的临界压力。

（2）喷管喉部速度　质量守恒式“$\dot{m} = A\rho V =$ 一定”中，如果各端面的状态参数（p、T、ρ 等）和质量流量率 $\dot{m}$ 不变，在喷管内端面积 A 最小的部分速度 V 会达到最大。在收敛喷管中喷管出口端面，在收敛－扩散喷管中喷管喉端面为最小流动面积。现在求出临界压力比（以上标 * 表示）条件下的喷管内最小端面部分（喷管喉、以下标 t 表示）的速度 V_t^*。这对喷管内速度式（13.66a）中的压力比 p_2/p_0 以临界压力比 p^*/p_0 式（13.70）代入可以求出。

$$\begin{aligned}
V_t^* &= \sqrt{\frac{2\kappa}{\kappa-1}RT_0\left[1-\left(\frac{2}{\kappa+1}\right)\right]} \\
&= \sqrt{\frac{2\kappa}{\kappa+1}RT_0} = \sqrt{\frac{2\kappa}{\kappa+1}R\frac{\kappa+1}{2}T_t^※} \\
&= \sqrt{\kappa RT_t^*}
\end{aligned} \tag{13.71}$$

式中，对于总温 T_0 应用了式（13.17）；T_t^* 为临界压力比条件下喷管喉部的气体温度。因式（13.71）与音速 a 相关式（13.6）相同，可以表示为

$$V_t^* = a \text{ 或 } M_t^* = 1 \tag{13.72}$$

式（13.72）表示在临界压力比条件下，喷管喉部气体的速度 V_t^* 等于音速 a，即马赫数 $M_t^* = 1$。因此，临界压力比 p^*/p_0 式（13.70）表示马赫数 $M = 1$ 时的状态参数，临界温度比和临界密度比相关状态方程与前述的式（13.17）和式（13.19）相同。

（3）最大质量流量率　流过喷管的最大质量流量率（或临界流量率）$\dot{m}^*$（$= m_{\max}$）是对式（13.69a）中的压力比 p_t/p_0 以临界压力比 p^*/p_0 式（13.70）代入求出的。

$$\dot{m}^* = A_t p_0 \sqrt{\frac{2\kappa}{\kappa-1}\frac{1}{RT_0}\left(\frac{2}{\kappa+1}\right)^{\frac{2}{\kappa-1}}\left[1-\left(\frac{2}{\kappa+1}\right)\right]}$$

$$= A_t p_0 \sqrt{\frac{\kappa}{RT_0}\left(\frac{2}{\kappa+1}\right)^{\frac{\kappa+1}{\kappa-1}}}$$

$$= C_m A_t p_0 \tag{13.73}$$

式中，C_m 为质量流量系数，表示为

$$C_m = \sqrt{\frac{\kappa}{RT_0}\left(\frac{2}{\kappa+1}\right)^{\frac{\kappa+1}{\kappa-1}}} \tag{13.74}$$

流过喷管的最大流量 $\dot{m}^*$ 根据式（13.73）可知，与喷管入口（燃烧室）的总压 p_0、喷管喉部端面积 A_t 和质量流量系数 C_m 成正比。

5. 超音速喷管的流动变量

喷管的流动变量为表示燃烧室的总参数（T_0、p_0、ρ_0）与喷管内的任意端面上的静态参数（T，p，ρ）及在此位置上的马赫数 M 之间关系的函数式，有前述的式（13.11）~式（13.13）。

$$\frac{T_0}{T} = 1 + \left(\frac{\kappa-1}{2}\right)M^2$$

$$\frac{p_0}{p} = \left[1 + \left(\frac{\kappa-1}{2}\right)M^2\right]^{\kappa/(\kappa-1)}$$

$$\frac{\rho_0}{\rho} = \left[1 + \left(\frac{\kappa-1}{2}\right)M^2\right]^{1/(\kappa-1)}$$

喷管的流动变量除了上述3种函数外，还有喷管喉部面积和速度与任意端面上的面积和速度之比 A/A_t 和 V/V_t。

音速流动所需的喷管喉部面积 A_t 与喷管内任意端面上的面积 A 之间，在连续的条件下 $A\rho V = A_t\rho_t V_t$ 成立。引用理想气体状态方程、喷管喉部马赫数 $M_t = 1$ 和等熵流动函数式（13.11）~式（13.13），如下的关系式成立：

$$\frac{A}{A_t} = \frac{\rho_t V_t}{\rho V} = \frac{1}{M}\frac{p_t}{p}\sqrt{\frac{T}{T_t}}$$

$$= \frac{1}{M}\sqrt{\left[\left(\frac{2}{\kappa+1}\right)\left(1+\frac{\kappa-1}{2}M^2\right)\right]^{\frac{\kappa+1}{\kappa-1}}} \tag{13.75}$$

根据式（13.75）得知，面积比 A/A_t 为马赫数 M 和质量热容比 κ 的函数。当质量热容比不变时，由马赫数决定其值。当面积比不变时，马赫数有两个解，这与收敛－扩散喷管会有各1个亚音速和超音速速度的事实相符。

速度比 V/V_t 也同样与上式一样展开，可得

$$\frac{V}{V_t} = \frac{\rho_t A_t}{\rho A} = \frac{1}{M}\sqrt{\left[\left(\frac{2}{\kappa+1}\right)\left(1+\frac{\kappa-1}{2}M^2\right)\right]^{\frac{3\kappa+1}{\kappa-1}}} \tag{13.76}$$

图13-27所示为质量热容比为 $\kappa = 1.4$ 时，以部分马赫数 M 为横坐标的与超音速喷管流动变量之间的关系。如图所示，$M < 1$ 的领域与亚音速领域的喷管收敛

段，$M=1$ 为喷管喉部，$M>1$ 领域与超音速领域的喷管扩散段（膨胀部分）相对应。当 $M<0.3$ 时，可以忽略排气的密度、压力、温度的变化，看成非压缩性流动。可以看出，为了获得马赫数 $M=10$ 的高速流动，需要很大的膨胀比 ϵ，但此时的速度比 V/V_t 相对来说不很大。

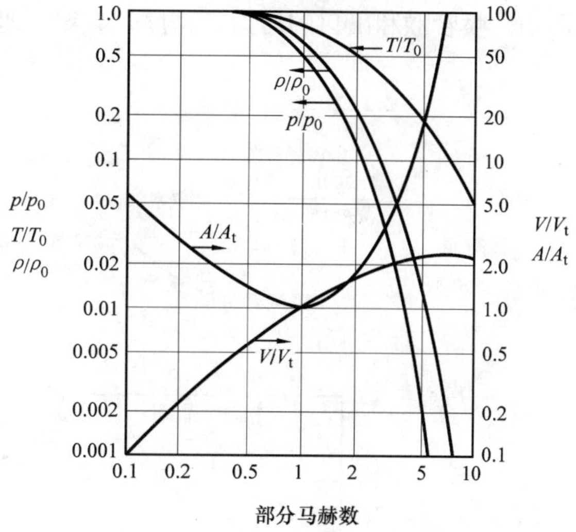

图 13-27　收敛－扩散喷管中部分马赫数与流动变量之间的关系

6. 喷管膨胀比、速度比

（1）喷管膨胀比　喷管膨胀比在超音速喷管中定义为出口端面积 A_e 与喷管喉部端面积 A_t 之比。喷管膨胀比随喷管设计条件和周围大气条件的改变而发生变化。速度 V_e、V_t 引用式（13.66），密度引用理想气体状态方程"$p^{-1/\kappa}/\rho=C$"，由此可得

$$\frac{A_e}{A_t}=\frac{\rho_t V_t}{\rho_e V_e}=\frac{\left(\dfrac{2}{\kappa+1}\right)^{1/(\kappa-1)}}{\left(\dfrac{p_e}{p_0}\right)^{1/\kappa}\sqrt{\dfrac{\kappa+1}{\kappa-1}\left[1-\left(\dfrac{p_e}{p_0}\right)^{(\kappa-1)/\kappa}\right]}} \tag{13.77}$$

（2）喷管速度比　喷管速度比 V_e/V_t 定义为喷管喉部速度 V_t（$=a_t=\sqrt{kRT_t}$）对喷管出口速度 V_e 之比，由此可得

$$\frac{V_e}{V_t}=\sqrt{\frac{\kappa+1}{\kappa-1}\left[1-\left(\frac{p_e}{p_0}\right)^{(\kappa-1)/\kappa}\right]} \tag{13.78}$$

与喷管出口最大速度 $V_{e,max}$ 之比为，在式（13.78）中 $p_e=0$ 的状态，即燃烧气体向真空中喷出时的状态，此时的喷管速度比为

$$\frac{V_{e,max}}{V_t}=\sqrt{\frac{\kappa+1}{\kappa-1}} \tag{13.79}$$

因此，燃烧气体的质量热容比为 $\kappa=1.4$ 时，上式答案为 $\sqrt{6}=2.45$，即喷管出口的最大速度 $V_{e,max}$ 为喷管喉部速度 V_t（音速，是温度的函数）的 2.45 倍。这称为喷管的临界马赫数 M^*，表示临界马赫数为 2.45。

【例 13.1】

质量热容比为 $\kappa=1.4$，气体常数为 $R=287\text{J/(kg·K)}$ 的空气在内径为 0.15m 的直管内流动。气体以马赫数 1.5 并无摩擦地通过收敛－扩散喷管从导管中排出。在喷管入口中压力和温度分别为 350kPa、340K，马赫数为 0.15。请求出喷管喉部

的面积，喷管喉和出口的压力、密度、温度、速度和质量流量率（图 13-28）。

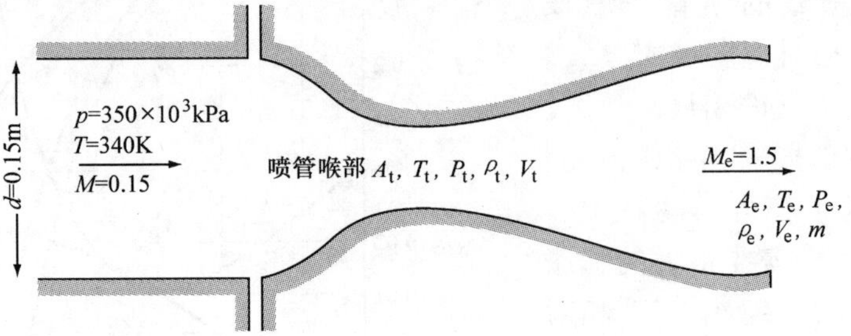

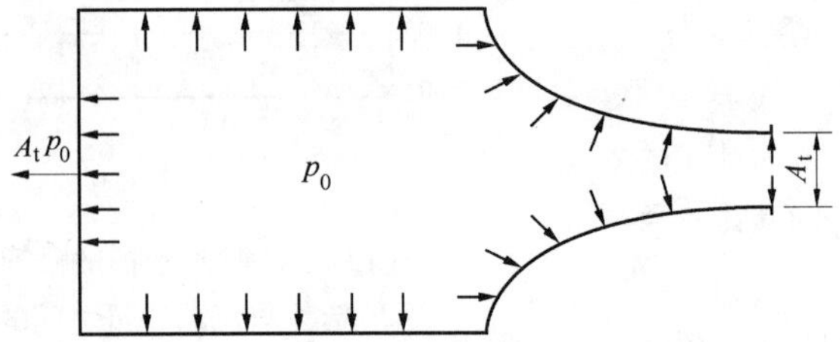

图 13-28　$A_t p_0$ 的说明

【解题】

在喷管喉部因马赫数为 $M=1$，喷管喉的状态参数以下标 t、出口的状态参数以下标 e 表示。

喷管喉部的端面积利用端面积与马赫数之间的关系式（13.75），有

$$\frac{A}{A_t}=\frac{1}{M}\sqrt{\left[\left(\frac{2}{\kappa+1}\right)\left(1+\frac{\kappa-1}{2}M^2\right)\right]^{\frac{\kappa+1}{\kappa-1}}}$$

代入 $A=\pi d^2/4=\pi\times0.15^2/4$、$\kappa=1.4$、$M=0.15$，可以得出

$$A_t=\frac{\frac{\pi}{4}\times0.15^2}{\frac{1}{0.15}\left[\frac{2}{2.4}\left(1+\frac{0.4}{2}\times0.15^2\right)\right]^{\frac{1.4+1}{2(1.4-1)}}}=0.004519\text{m}^2$$

根据式（13.11）和式（13.12）可以得出总温和总压为

$$T_0=T\left(1+\frac{\kappa-1}{2}M^2\right)=340(1+0.2\times0.15^2)=341.5\text{K}$$

$$p_0=p\left[1+\left(\frac{\kappa-1}{2}\right)M^2\right]^{\kappa/(\kappa-1)}$$

$$=350\times10^3\left(1+\frac{1.4-1}{2}\times0.15^2\right)^{1.4/(1.4-1)}=355.5\times10^3\text{Pa}$$

喷管喉部的温度和压力为，因 $M=1$，因此根据式（13.17）和式（13.18）可以得出

$$T_t = T_0\frac{\kappa+1}{2} = 341.5\times\frac{2.4}{2} = 284.6\text{K}$$

$$p_t = p_0\left(\frac{2}{\kappa+1}\right)^{\frac{\kappa}{\kappa-1}} = 355.5\times10^3\left(\frac{2}{2.4}\right)^{1.4/0.4} = 187.3\times10^3\text{Pa}$$

喷管喉部的密度和音速的解为

$$\rho_t = \frac{p_t}{RT_t} = \frac{187.8\times10^3}{287.04\times294.6} = 2.299\text{kg/m}^3$$

$$c_t = \sqrt{\kappa RT_t} = \sqrt{1.4\times287.04\times284.6} = 338.2\text{m/s}$$

因此，喷管喉部的气体速度 V_t 的解为

$$V_t = c_t = 338.2\text{m/s}$$

根据式（13.11）和式（13.12），可以得出喷管出口的温度和压力为

$$T_e = T/\left(1+\frac{\kappa-1}{2}M_e^2\right) = 341.5/(1+0.2\times1.5^2) = 235.5\text{K}$$

$$p_e = p_0/\left[1+\left(\frac{\kappa-1}{2}\right)M_e^2\right]^{\kappa/(\kappa-1)}$$

$$= 355\times10^3/\left(1+\frac{1.4-1}{2}\times1.5^2\right)^{1.4/(1.4-1)} = 96.84\times10^3\text{Pa}$$

密度和音速为

$$\rho_e = \frac{p_e}{RT_e} = \frac{96.84\times10^3}{287.04\times235.4} = 1.432\text{kg/m}^3$$

$$c_e = \sqrt{\kappa RT_e} = \sqrt{1.4\times287.04\times235.5} = 307.6\text{m/s}$$

因此，喷管出口空气的排出速度和质量流量率的解为

$$V_e = M_e c_e = 1.5\times307.6 = 461.4\text{m/s}$$

$$\dot{m} = \rho_t V_t A_t = 2.299\times338.2\times0.004519 = 3.514\text{kg/s}$$

13.4.3　火箭发动机的特性

1. 推力系数

推力系数是火箭发动机推力的无量纲尺度。火箭发动机的推力 F 为动量推力与压力推力之和。排气速度 V_e 引用式（13.66），流过喷管的质量流量率 $\dot{m}$ 引用式（13.69），推力以喷管喉部的状态参数可以表示为

$$F = \dot{m}V_e + (p_e - p_a)A_e$$

$$= A_t p_0\sqrt{\frac{2\kappa^2}{\kappa-1}\left(\frac{2}{\kappa+1}\right)^{\frac{\kappa+1}{\kappa-1}}\left[1-\left(\frac{p_e}{p_0}\right)^{\frac{\kappa-1}{\kappa}}\right]} + (p_e - p_a)A_e \tag{13.80}$$

火箭发动机的推力 F 利用喷管喉部端面积 A_t 与喷管入口（燃烧室）的总压 p_0 之积，表示为

$$F = C_F A_t p_0 \tag{13.81}$$

式中，C_F 称为推力系数。利用上述 2 式可以推导出

$$C_F = \sqrt{\frac{2\kappa^2}{\kappa-1}\left(\frac{2}{\kappa+1}\right)^{\frac{\kappa+1}{\kappa-1}}\left[1-\left(\frac{p_e}{p_0}\right)^{\frac{\kappa-1}{\kappa}}\right]} + \frac{p_e - p_a}{p_0}\left(\frac{A_e}{A_t}\right) \tag{13.82}$$

式（13.81）的 $A_t p_0$ 如图 13-28 所示，可以把它看成配备收敛喷管的假想火箭发动机在外界压力为 0 时的压力推力。

根据式（13.82）可知，推力系数 C_F 是喷管膨胀比 A_e/A_t（或 p_e/p_0）、压力比 p_a/p_0 和质量热容比 κ 的函数。图 13-29 所示为以逆压力比 p_0/p_a 为变量的 A_e/A_t 与 C_F 之间的关系，图 13-29a 为质量热容比为 $\kappa=1.30$ 的情况，图 13-29b 为 $\kappa=1.20$ 时的情况。当喷管膨胀比 A_e/A_t 一定时，逆压力比越大或燃烧室压力 p_0 一定时，外界压力 p_a 越小，推力系数就越大。这表示航天器越往高空飞行，火箭发动机的推力就越大。

另外，从图中可以看出，当逆压力比不变时，存在推力系数 C_F 达到最大的喷管膨胀比（最佳喷管膨胀比）A_e/A_t。

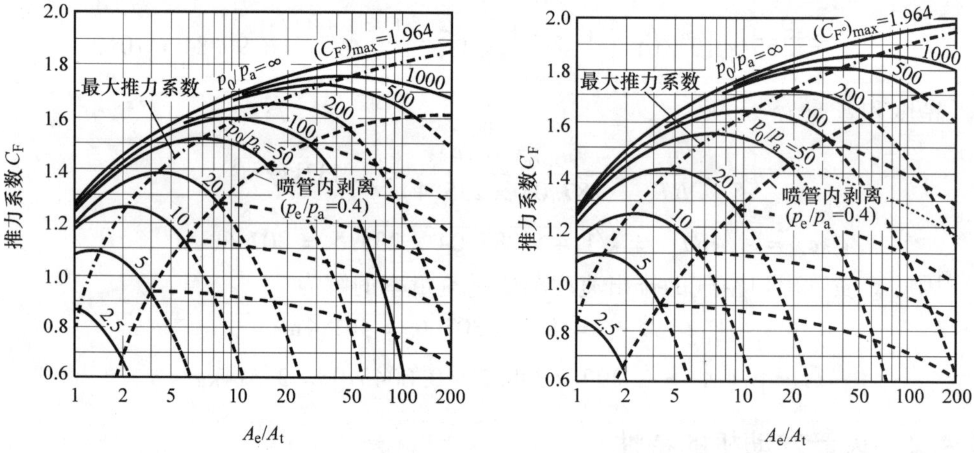

a) $\kappa=1.30$时　　b) $\kappa=1.20$时

图 13-29　喷管膨胀比与推力系数之间的关系

有效排气速度 c 和比推力 I_s 利用推力系数 C_F 式（13.81）和质量流量系数 C_m 式（13.74），可以表示为

$$c = \frac{F}{\dot{m}_p} = \frac{C_F A_t p_0}{C_m A_t p_0} = \frac{C_F}{C_m} \tag{13.83}$$

$$I_s = \frac{c}{g_0} = \frac{C_F}{C_m g_0} \tag{13.84}$$

2. 最佳推力系数

最佳推力系数 C_F° 是在燃烧室压力 p_0 一定时获得最大推力的推力系数，把此时

的燃烧气体膨胀称为最佳膨胀（理想膨胀）。能获得最佳膨胀的压力比 p_e/p_a，在设定 p_a/p_0 为一定的条件下，把式（13.84）的右边以 p_e/p_0 进行微分的值为 0 时可以求出，得出 $p_e=p_a$ 的结果。因此，最佳推力系数可以表示为

$$C_F^\circ = \sqrt{\frac{2\kappa^2}{\kappa-1}\left(\frac{2}{\kappa+1}\right)^{\frac{\kappa+1}{\kappa-1}}\left[1-\left(\frac{p_e}{p_0}\right)^{\frac{\kappa-1}{\kappa}}\right]} \tag{13.85}$$

尤其是，当 p_0/p_a 为无穷大，即外界压力 p_a 为 0 时喷管膨胀比 A_e/A_t 无穷大（$p_e/p_0 \to 0$ 时），此时 C_F 为最大，此解即为最大推力系数。$C_{F\max}^\circ$ 表示为

$$(C_F^\circ)_{\max} = \sqrt{\frac{2\kappa^2}{\kappa-1}\left(\frac{2}{\kappa+1}\right)^{\frac{\kappa+1}{\kappa-1}}} \tag{13.86}$$

以质量热容比 κ 为变量的压力比 p_0/p_e 与最佳推力系数 C_F° 之间的关系如图 13-30 所示，可以看出最佳推力系数随质量热容比 κ 的减小而增大。

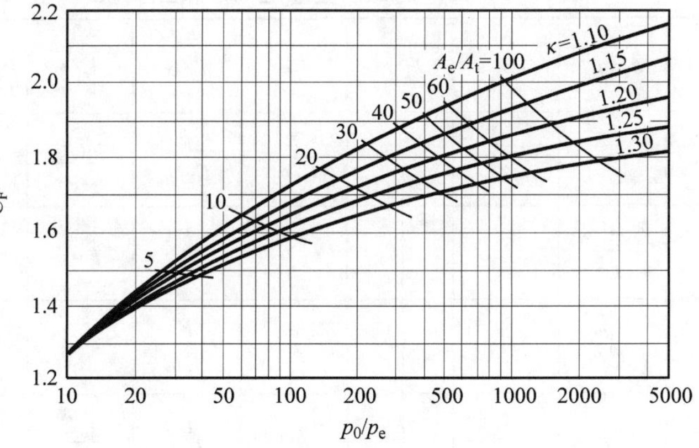

图 13-30　随 p_0/p_e 的最佳推力系数的变化

3. 特征排气速度

特征排气速度（特性速度）c^* 定义为有效排气速度 c 与推力系数 C_F 之比：

$$c^* = \frac{c}{C_F} \tag{13.87}$$

式中，引用推力系数 C_F 为推力 $F = C_F A_t p_0 = \dot{m}c$，质量流量率 $\dot{m} = C_m A_t p_0$ 的关系式，特征排气速度 c^* 可以表示为

$$c^* = \frac{c}{C_F} = \frac{c}{\dfrac{F}{A_t p_0}} = \frac{A_t p_0}{\dot{m}} = \frac{1}{C_m} \tag{13.88}$$

从上式中可知，特征排气速度 c^* 等于质量流量系数 C_m 的倒数，引用质量流量系数式（13.74），可以表示为

$$c^* = \frac{1}{C_m} = \sqrt{\frac{RT_0}{\kappa}\left(\frac{\kappa+1}{2}\right)^{\frac{\kappa+1}{\kappa-1}}} \tag{13.89}$$

从上式可知，特征排气速度 c^* 与喷管条件（喷管长度、喷管喉面积、喷管膨胀比）和压力比 p_a/p_0 无关，仅为燃烧室总温 T_0 和质量热容比 κ 的函数。即，特性速度表示推进剂固有特性要素的燃烧能量。

推力 F 利用特征排气速度 c^* 可以表示为

$$F = C_F \dot{m} c^* \tag{13.90}$$

为了评价比较推进剂的性能，与有效排气速度 c 或比推力 I_s 相比，使用包含推力系数因子的特征排气速度 c^* 更加有效。

在火箭发动机性能的许多变量中，如果直接使用较为复杂。但是，如果利用这些变量之间的相互关系，可以很容易得出结论。如，对于喷管喉面积，利用性能要求条件的推力值，并通过式 $A_t = F/(C_F p_0)$ 就可以求出。火箭每个变量之间的关系见表 13-6。

表 13-6　火箭的每个变量之间的相互关系

	A_t/m^2	$c/(m/s)$	$c^*/(m/s)$	C_F	F/N	I_s/s	$p_0/(N/m^2)$	$\dot{m}/(kg/s)$
喷管喉面积 A_t		$\frac{c\dot{m}}{p_0 C_F}$	$\frac{c^* \dot{m}}{p_0}$	$\frac{F}{C_F p_0}$	$\frac{F}{C_F p_0}$	$\frac{\dot{m} g_0 I_s}{C_F p_0}$	$\frac{F}{C_F p_0}$	$\frac{\dot{m} c^*}{p_0}$
有效排气速度 c	$\frac{C_F A_t p_0}{\dot{m}}$		$c^* C_F$	$c^* C_F$	$\frac{F}{\dot{m}}$	$g_0 I_s$	$\frac{C_F A_t p_0}{\dot{m}}$	$\frac{F}{\dot{m}}$
特性速度 c^*	$\frac{A_t p_0}{\dot{m}}$	$\frac{c}{C_F}$		$\frac{c}{C_F}$	$\frac{F}{C_F \dot{m}}$	$\frac{g_0 I_s}{C_F}$	$\frac{A_t p_0}{\dot{m}}$	$\frac{F}{\dot{m} C_F}$
推力系数 C_F	$\frac{F}{A_t p_0}$	$\frac{c}{c^*}$	$\frac{c}{c^*}$		$\frac{F}{A_t p_0}$	$\frac{g_0 I_s}{c^*}$	$\frac{F}{A_t p_0}$	$\frac{F}{\dot{m} c^*}$
推力 F	$C_F A_t p_0$	$\dot{m} c$	$C_F \dot{m} c^*$	$C_F A_t p_0$		$\dot{m} g_0 I_s$	$C_F A_t p_0$	$\dot{m} g_0 I_s$
比推力 I_s	$\frac{C_F A_t p_0}{\dot{m} g_0}$	$\frac{c}{g_0}$	$\frac{C_F c^*}{g_0}$	$\frac{C_F c^*}{g_0}$	$\frac{F}{\dot{m} g_0}$		$\frac{C_F A_t p_0}{\dot{m} g_0}$	$\frac{F}{\dot{m} g_0}$
燃烧室压力 p_0	$\frac{F}{C_F A_t}$	$\frac{\dot{m} c}{C_F A_t}$	$\frac{\dot{m} c^*}{A_t}$	$\frac{F}{C_F A_t}$	$\frac{F}{C_F A_t}$	$\frac{\dot{m} g_0 I_s}{C_F A_t}$		$\frac{\dot{m} c^*}{A_t}$
质量流量率 $\dot{m}$	$\frac{A_t p_0}{c^*}$	$\frac{F}{c}$	$\frac{F}{c^* C_F}$	$\frac{F}{c^* C_F}$	$\frac{F}{g_0 I_s}$	$\frac{F}{g_0 I_s}$	$\frac{A_t p_0}{c^*}$	

4. 火箭发动机的效率

火箭发动机的效率通常不直接使用，为了理解能量均衡而使用。对于效率分为火箭发动机能量转换过程的效率（燃烧效率、内部效率）和推进效率。

（1）燃烧效率　燃烧效率 η_c 定义为推进剂进行燃烧所能获得的理想的反应热（最大有用能量）E_{chem} 对实际产生的热量（有用能量）E_{useful} 之比。理想的反应热为推进剂的质量流量 m 与燃烧反应热 Q_R 之积。

$$\eta_c = \frac{\text{实际产生的热量}}{\text{推进剂理想反应热}} = \frac{E_{useful}}{E_{chem}} = \frac{E_{useful}}{mQ_R}$$

化学火箭的燃烧效率为94% ~99%。

(2) 内部效率 内部效率 η_i 定义为实际燃料所产生的热量（有效能量）对高温燃烧气体从喷口喷出的动能之比，即，

$$\eta_i = \frac{\text{喷气动能}}{\text{实际产生的热量}} = \frac{E_{jet}}{E_{useful}}$$

从喷管出口喷出的喷气动能 E_{jet} 利用有效排气速度 c 和质量流量 m，可以表示为

$$E_{jet} = \frac{1}{2}mc^2$$

喷气动力 $\dot{W}_{jet}$ 是动能 E_{jet} 的时间变化率，如果假设气体的有效排气速度 c 和质量流量 m 一定，可以以多种形式表示：

$$\begin{aligned}\dot{W}_{jet} &= \frac{d}{dt}\,\frac{1}{2}mc^2 = \frac{1}{2}\dot{m}c^2 = \frac{1}{2}\left(\frac{\dot{w}}{g_0}\right)(I_s g_0)^2 = \frac{1}{2}\dot{w}g_0 I_s^2 \\ &= \frac{1}{2}(\dot{w}I_s)g_0 I_s = \frac{1}{2}Fg_0 I_s = \frac{1}{2}Fc \end{aligned} \tag{13.91}$$

实际化学火箭喷管不能把全部高温燃烧气体能量转换为动能，部分能量会直接被排出，因此内部效率 η_i 为40% ~70%。内部效率与燃烧室或喷管的结构和运行条件有关，与飞行速度没有关系。

(3) 推进效率 推进效率 η_p 定义为喷出的喷气动能对有效利用在航天器推进上的推进力之比。喷气动能是推进航天器的推进能量与剩余喷气动能之和，即

$$\eta_p = \frac{\text{有效推进功}}{\text{喷气动能}} = \frac{\text{推进动能}}{\text{推进动能} + \text{剩余喷气动能}} \tag{13.92}$$

推进动力 $\dot{W}_p$ 为传递到运载火箭的动力，表示单位时间移动距离所产生的推力，是推力 F 与火箭绝对速度 V 之积，即

$$\dot{W}_p = FV$$

剩余喷气动力 $\dot{W}_r$ 是喷出的喷气残留动能导致的动力，如果设定火箭的飞行速度 V 为有效排气速度 c，则计算公式为

$$\dot{W}_r = \dot{m}(c - V)^2/2$$

式中，$\dot{m}$ 为推进剂的质量流量率。因此，如果引用上式，火箭发动机的推进效率 η_p 成为速度比 V/c 的函数。

$$\eta_p = \frac{FV}{FV + \dot{m}(c - V)^2/2} = \frac{2V/c}{1 + (V/c)^2} \tag{13.93}$$

火箭发动机的推进效率 η_p 与速度比 V/c 之间的关系曲线如图 13-31 所示。实线为火箭发动机，点线为空气吸入型喷气发动机。从图中可知，当航天器的速度 V 为 0 时，推进效率为 0，航天器的速度 V 增加时，推进效率也随之增大，当航天器的速度 V 与有效排气速度 c 相同时，即 $V=c$ 时，推进效率 η_p 为 1。如果速度比 V/c 小于或大于 1，推进效率均要减小。

火箭发动机与喷气发动机的差异是，火箭在 $V/c>1$ 状态下运行，喷气发动机与此相反，在排气速度大于飞行速度的 $V/c<1$ 的状态下运行。这是因为存在为了滞止状态空气流动的冲压阻力损失所致。因此火箭以 $V/c>1$ 状态下运行为特征。化学火箭发动机在实际发生的热能转换为推进能量的过程中所发生的各种损失如图 13-32 所示。

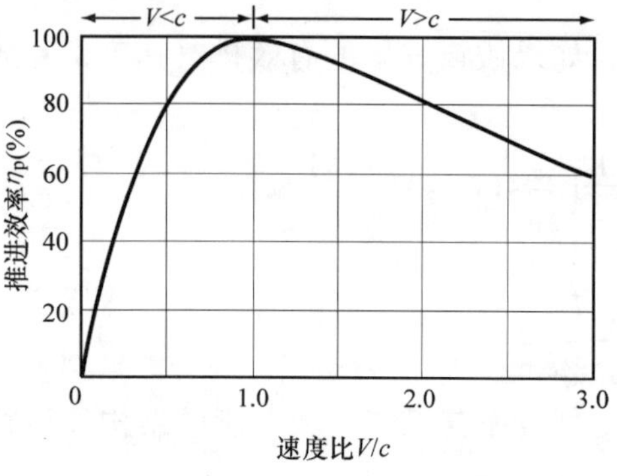

图 13-31　速度比与推进效率

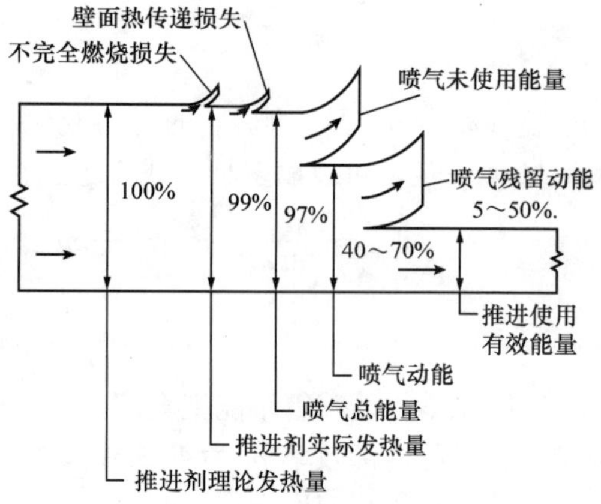

图 13-32　化学火箭发动机的热量分析

（4）总效率　火箭发动机的总效率 η_{tot} 定义为推进剂的理想反应热（单位时间供给热量）对有效推进功（推进动力）之比，是燃烧效率、内部效率和推进效率之积。

$$\eta_{tot}=\frac{\text{有效推进功}}{\text{推进剂的理想反应热量}}=\eta_c\eta_i\eta_p=\frac{FV}{\dot{m}Q_R}=\frac{cV}{Q_R} \tag{13.94}$$

13.5　液体推进剂火箭发动机

液体推进剂火箭发动机（LRE）是液体状推进剂进行燃烧所产生的高温、高压气体喷出获得推力的发动机，主要使用在大型推进发动机上，作为高性能要求的航天器推进发动机使用。虽然在结构上比固体推进剂火箭发动机复杂，但具有很多优点，如比推力较大，较容易控制推力，燃烧中断后容易重新点火，比起固体推进剂火箭发动机结构系数小，可以用液体推进剂冷却喷管，可以长时间使用等。

13.5.1 液体推进剂火箭发动机的结构

液体推进剂火箭发动机通常由运载火箭（结构体）、制导装置（或导航装置）、推进剂燃料箱、发动机等构成。最上端装载有效载荷和制导装置，其下端安装有大型推进剂燃料箱和发动机。发动机系统由燃烧室、喷管、推进剂供给装置和动力源、推进剂流量调节装置等构成，此外还包括为执行起动、停止或各种功能控制的装置。其中，燃烧室和喷管统称为推力室。

1. 推力室

火箭发动机的核心是推力室，由燃料进行燃烧的燃烧室、推进剂喷射器和超音速喷管（收敛－扩散喷管）构成。雷神（Thor）发动机使用的再生冷却式推力室总成如图 13-33 所示。

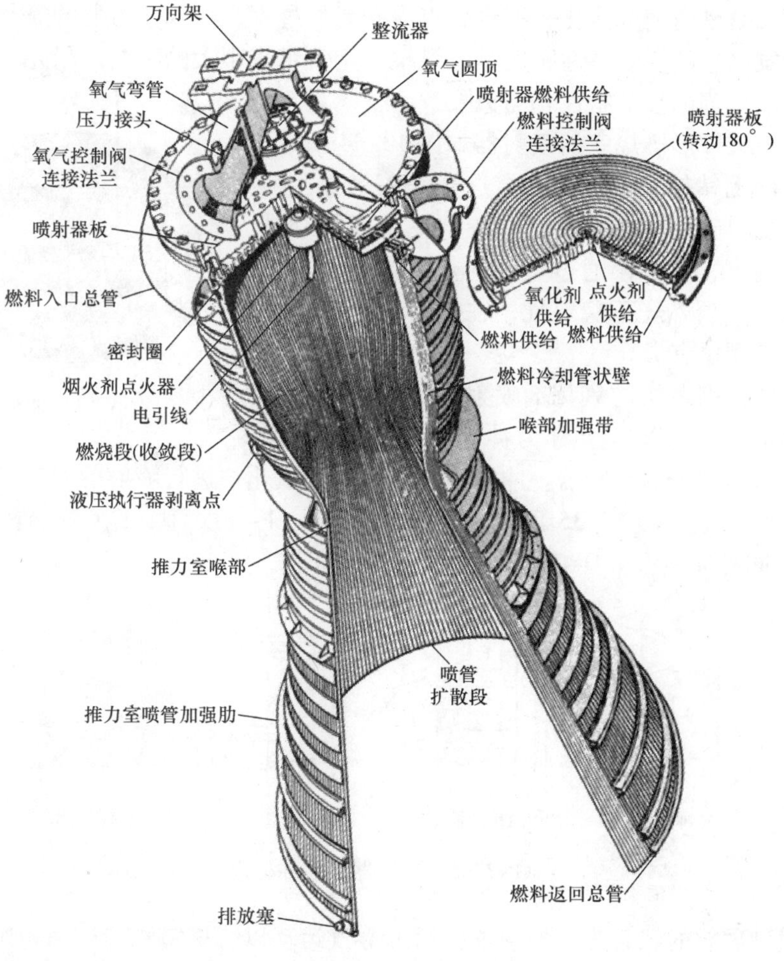

图 13-33 推力室结构

（1）燃烧室　燃烧室是燃料和氧化剂混合进行燃烧产生高温、高压燃烧气体的空间，形成喷管入口。因此，燃烧室以保持为了推进剂进行完全燃烧反应所需滞留时间的容积或长度作为基本条件进行设计。燃烧室的形状如图 13-33 所示，圆柱形较多，也有球形或近球形的形状。虽然球形燃烧室在一定容积条件下的表面积最小，在重量和冷却面上较有利，但是与圆柱形相比在制造上困难，另外在燃烧室内很难形成均匀的燃烧反应。

火箭发动机燃烧室的压力正在逐渐增大，同时火箭发动机的性能也越来越高。虽然燃烧室的压力低并不能说明发动机的性能一定低，但是目前获得最高技术水平评价的 RD－180 发动机的燃烧室压力为 250 大气压，航天飞机主发动机的燃烧室压力为 200 大气压左右，日本 LE7A 发动机的燃烧室压力为 120 大气压左右。

（2）喷射器　喷射器是把推进剂向燃烧室喷射的装置。推进剂喷射到燃烧室内后，在几毫秒内完成雾化、混合、点火和燃烧过程，因此喷射器的喷雾特性给燃烧效率和发动机的燃烧特性，尤其是燃烧稳定性带来很大的影响。因此，喷射器喷射燃料和氧化剂的喷雾特性相当重要。

通常，圆柱形燃烧室的喷射器如图 13-34 所示，在圆盘表面上钻掉很多喷射孔，这称为喷射板。喷射板增加燃料喷射量，在接近于燃烧室壁面的领域降低燃烧温度，以减小通过壁面的热量传递量，另外为了防止高频燃烧不稳定性，在喷射板表面设计有挡板的类型也有。

图 13-34　喷射器

喷射器根据燃料与氧化剂喷射孔的配置或形状不同分为很多种，基本上分为冲撞型和非冲撞型，其典型类型如图 13-35 所示。冲撞型为把燃料和氧化剂进行喷射的同时发生冲撞并雾化混合的类型，图 13-35 所示为异种冲撞型（F-O 类型、F-O-F 类型等），图 13-35b 为同种冲撞型（O-O 类型、F-F 类型）。

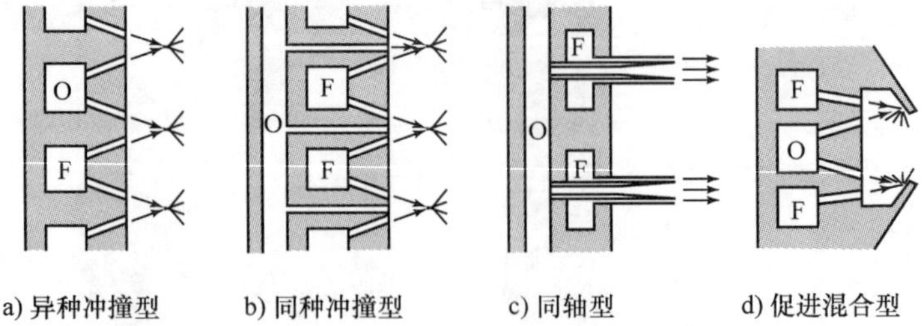

图 13-35　喷射器的各种类型

冲撞型理想的状态为，发生冲撞后的雾气运动以燃烧室轴向运动为好。非冲撞型为如图 13-35c 所示，是燃料与氧化剂通过各自的喷射器轴向喷出的同轴类型。此外还有，图 13-35d 所示的燃料与氧化剂冲撞雾化后再与物体表面发生冲撞，以促进混合的挡板类型。另外，还有把推进剂以圆柱形或圆锥形喷射的漩涡喷雾类型，以及把推进剂喷射到预混合室内进行混合后，再向燃烧室喷出的预混合类型喷射器等。

（3）喷管　喷管是降低排气压力并增加排气速度的通道，把燃烧室产生的高温、高压燃烧气体加速到超音速，最终获得所需推力的装置。

喷管的设计是为把燃烧气体的化学能尽最大可能转换为动能的喷管表面形状的设计。通常，超音速喷管分为入口段、喷管喉、出口段三个部位。要注意的是在喷管出口段（扩散段）不要发生燃烧气体过大膨胀。即，应防止燃烧气体过大膨胀，导致燃烧气体在喷管壁面被分离或在喷管内部产生激波等。

喷管的形状根据设计目的分为圆锥形喷管、钟形喷管、抛物线钟形喷管等，其中广泛使用的是钟形喷管。喷管的形状如图 13-36 所示。

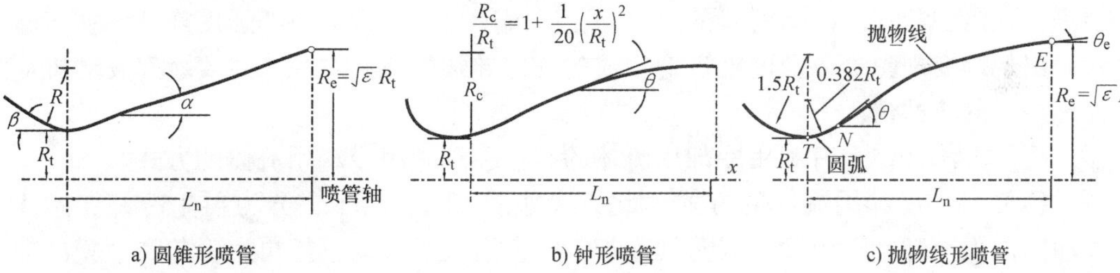

图 13-36　喷管的形状

① 圆锥形喷管：喷管出口段为圆锥形，制造容易，面积比不同时仅调整喷管的出口段长度即可，因此根据流量的变化调节其大小较容易。此形状通常使用在小型武器用火箭等，如低价批量生产的火箭上使用。

② 钟形喷管：因其样子像钟而得其名为钟形喷管，又称为环状喷管。此形状在扩散段初始部分气体会急剧膨胀，并在后半部分缓慢膨胀，以防止产生激波，在出口部分气体的流动为平行的轴向流动。

③ 抛物线形喷管：与钟形喷管形状类似，为了设计便利而采用的抛物线形状。喷管喉部为圆弧形状，如图 13-36c 所示从 N 点开始到 E 点为止，即喷管扩散段后半部分为抛物线形状的喷管。喷管喉部与出口直径以喷管设计要求条件的喷管喉部半径 R_t 和膨胀比 A_e/A_t 进行计算得出。

2. 涡轮泵

大型液体推进剂火箭发动机几乎大部分都使用涡轮泵。涡轮泵是把液体推进剂供给到推力室（燃烧室）的装置。只要决定了火箭发动机的设计要求参数，首先决定泵的规格。涡轮泵系统的设计需要对重量、效率、驱动力等所有的方面进行仔细的分析。首先，重量越轻越好。因此通常设计为高速涡轮泵，以减少其重量，但从另一方面考虑，旋转速度越大，其损失就越大，即性能越低。另外，极低温液体推进剂（LOX、LH_2）涡轮泵在涡轮侧流动高温气体，在泵送侧流动极低温液体推进剂，因此在热传递和密封等方面的设计上有很多难题。尤其是，液氧的使用具有发生爆炸的危险，因此在结构设计上需要非常小心。

泵的种类有离心式、轴流式、混合流动式等，近来在运载火箭上主要使用以单级能提高到高压状态的离心式泵。泵入口附加有为了能使推进剂顺利进入的螺旋形导流器。

推进剂涡轮系统有，把燃料和氧化剂供给泵以各自的涡轮驱动的类型，以 1 个涡轮同时驱动 2 个泵的类型，以及 2 个涡轮使用的工质气体驱动第 1 个涡轮后再进入第 2 个涡轮的直列式驱动类型。涡轮几乎都是用轴流式涡轮。

3. 推力室冷却法

火箭发动机的燃烧气体温度会达到 2000 ~ 3500°C 高温，推力室壁面的热流为 1 ~ 200MW/m^2，达到相当大的程度，因此与燃烧气体接触的燃烧室和喷管壁面必须进行适当的冷却。冷却的目的是，防止因温度上升导致材料的强度降低、在高温状态出现蠕变现象，以及因推进剂生成的气体导致的高温腐蚀，并要缓解发动机点火燃烧时的热冲击。

冷却方法大体上有利用冷却用流体的类型和不利用冷却用流体的方式。

（1）利用冷却用流体的方式　此方式如图 13-37 所示，分为再生冷却、倾注冷却、液膜冷却、喷出冷却或蒸发冷却等。大型火箭发动机把再生冷却和液膜冷却方式混合使用。对于再生冷却方式将在第（3）部分进行专门说明。

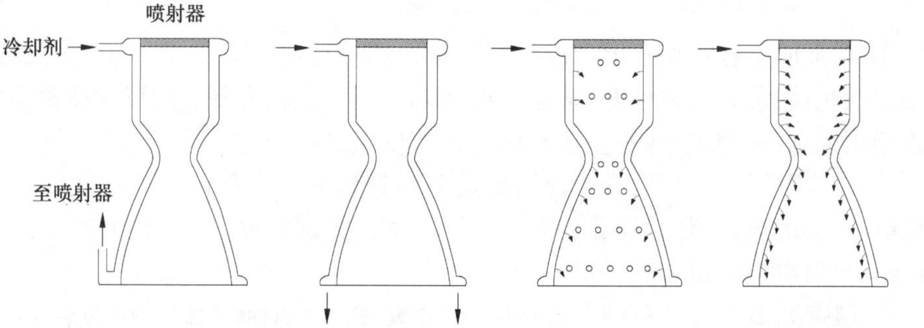

图 13-37　利用冷却用流体的冷却方式

倾注冷却在冷却剂通过推力室壁中管路流动冷却的方式与再生冷却方式相同，不同的是倾注冷却方式所使用的冷却剂（推进剂）不再回收，而是直接向外排出。此时使用适当的喷管，把气化的冷却剂以超音速向外喷出，可以获得少量的推力。此方法与再生冷却方式相比在性能上有所降低，但具有结构上简单、冷却剂供给压力小的优点。

液膜冷却是在与高温燃烧气体接触的壁面上流动气体或液体冷却剂，以形成隔热膜隔绝热传递的方法。因作为冷却剂使用推进剂，壁面附近会成为浓混合气，使壁面附近燃烧气体的温度降低，降低向壁面的热传递量。冷却剂是通过壁面上垂直方向排列的小孔（或槽）供给。液膜冷却效果是越往下游越不良，因此在垂直方向以适当的间隔排列小孔。

喷出冷却或蒸发冷却是把喷管壁面以多孔质物质制造，以喷出冷却剂进行冷却的方法。喷出冷却是冷却剂为气体，蒸发冷却是冷却剂为液体。冷却剂冷却推力室壁面的同时形成低温蒸气膜，以隔绝高温燃烧气体向壁面的热传递。采用液膜冷却方式时，通常冷却剂的利用效率不高，喷出冷却方式冷却剂的利用效率较高，在壁面全部范围内能确保均匀的冷却效果。但是，此方式把冷却剂通过多孔壁向喷管内直接喷射，需要高压冷却剂，因此在设计时需要注意材料的选择和结构。

（2）不利用冷却用流体的方式　此方式是通常在小型液体推进剂火箭和固体推进剂火箭上采用的方法，大体上有吸热方式、绝热方式、烧蚀冷却方式和辐射冷却方式等，通常把两种以上方式混合应用。

吸热方式是利用热传递率高、热容量大的材料，以防止壁面温度上升的方法，通常使用在运行时间较短的固体助推剂火箭推力室上。小型火箭发动机与绝热方式或烧蚀方式并用。

绝热方式是利用热传递率低的内衬覆盖喷管壁面，以降低通过壁面热传递量的方法。多与吸热方式或热辐射方式混合使用。内衬材料使用热传递率较低的陶瓷或各向异性石墨，陶瓷存在热冲击下容易发生裂纹的缺陷。

烧蚀冷却方式是代替绝热材料（内衬）使用烧蚀用有机材料覆盖内壁面，以降低通过壁面热传递的方法。此材料在高温条件下发生热裂解，形成高绝热性分解气体层，通常使用在小型上部用发动机上。

辐射冷却方式多与绝热方式、烧蚀冷却方式并用。热辐射与温度的 4 次方成正比，为了获得较大的辐射热流，需要提高温度。通常钽合金、钼合金等能在1000 ~ 2000K 的高温中保持强度，因此作为辐射冷却用材料使用。为了增加这些材料的热辐射率，适当进行覆盖涂层（如钼合金为二硅化钼涂层）或为了防止因燃烧气体的侵蚀，使用陶瓷涂层等。

（3）再生冷却方式　再生就是重新利用废热的意思。火箭发动机的再生冷却系统如图 13-38 所示，把喷管壁的冷却热重新使用在获得推力上。此方式与倾卸冷却方式相比，虽然能提高火箭的性能，但需要高压泵，并且燃烧室和喷管的构造较复杂。

再生冷却方式根据壁面内的通道类型分为轴流式和螺旋式，另外根据燃烧气体和冷却剂的流动方向分为并流型、逆流型、反转流型等。如高压液氧/液氢发动机，特别是壁面热负荷较大的推力室的再生冷却通道，把内壁和外壁分别制造，然后粘贴在一起，如图 13-39 所示。

喷管内壁利用厚度较厚的金属材料（铜合金）加工成轴流槽结构（密肋结构），在其上部盖上外壁（外板），并以电成型法或扩散粘接法制造。密肋结构与燃烧气体接触的壁面平整，热负荷小，槽采用机械加工制成，因此能精密加工冷却

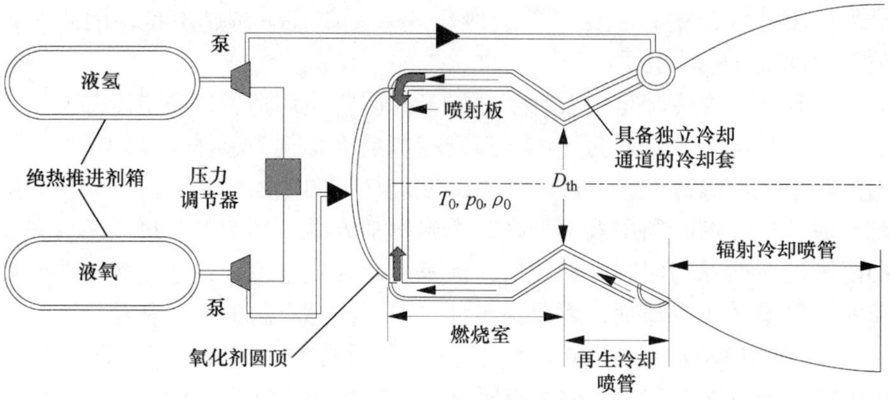

图 13-38　再生冷却火箭的概略图

a) 密肋结构　　b) 管路结构

图 13-39　推力室壁的结构

剂通道的端面。

13.5.2　液体推进剂火箭发动机的种类

液体推进剂火箭发动机根据把推进剂供给到燃烧室内的方法分为通过气体压力供给的方式和通过涡轮泵进行加压供给的方式，采用哪种方式，应根据推力的大小、运行时间、火箭种类、推进剂的种类等进行选择。

1. 气体压力供给方式

此方式是把非活性气体（氦气、氮气等）以高压储存在高压储气箱中，并利用非活性气体的压力把燃料箱内的推进剂压出供给到推力室的方法，因此称为加压式。通常把加压用气体直接储存在高压储气箱中使用，此外还有利用推进剂的汽化气体、液体的蒸发气体、化学反应生成的气体等方式。气体的物理特性方面要求分子量小，在储藏状态密度高，与推进剂和推进器壁面材料具有相容性（没有化学性干涉和溶解性）等。初期主要使用了非活性化气体的氮气，但氮气对液氧产生冷凝溶解反应，因此目前多使用氦气等低凝固点气体。

气体压力供给方式如图 13-40 所示。通常，加压用气体的压力为推进剂燃料箱压力 5 ~ 8 倍的 10 ~ 35MPa 范围内。加压用氦气（10）通过位于高压储气箱出口的热交换器（13）和压力调节器（12）调整为一定的压力后，经过单向阀（1）、（5）进入推进剂燃料箱（3）、（7）内，并对燃料和氧化剂施压。此气体在推进剂消耗完后，还能起到不使推进剂在供给管和阀门等部位残留而进行清除作业的作用。非活性气体高压储气箱内的加压气体压力 p_{gas}，应大于燃烧室压力 p_a、喷射器中的压力降 Δp_i、推进剂管路和冷却套等流动压力损失 Δp_L、包括压力调节器的加压气体管路中的压力降和损失 Δp_g 等的合压力，如下的压力关系式应成立。

$$p_{gas} > p_c + \Delta p_i + \Delta p_L + \Delta p_g$$

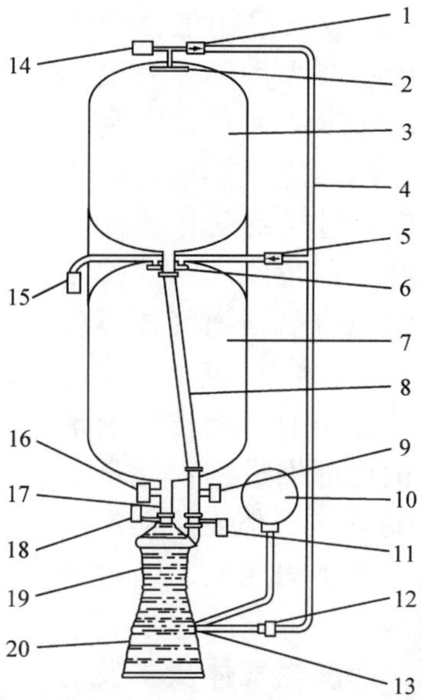

图 13-40　气体压力供给式液体推进剂火箭发动机
1—单向阀　2—加压器　3—燃料箱
4—加压氢气体管路　5—单向阀　6—加压器
7—氧化剂箱　8—燃料供给管　9—燃料箱充填嘴
10—高压氦气箱　11—燃料主阀和流量调节孔
12—调节器　13—热交换器　14—燃料箱卸压阀
15—氧化剂箱卸压阀　16—氧化剂箱充填嘴
17—氧化剂供给管　18—氧化剂主阀和孔
19—燃烧室　20—喷管

2. 涡轮泵供给方式

液体推进剂火箭发动机几乎全部利用此方式。这是利用涡轮驱动泵把推进剂（燃料和氧化剂）强制供给到推力室的方式，主要使用在高推力和运行时间较长的液体推进剂火箭上。对气体加压式来说，如果燃烧时间增加，加压气体量和加压储气箱的尺寸也相应地增大。但涡轮泵式与燃烧时间无关，并且推进剂燃料箱内部压力低也无妨，可以设计为薄壁燃料箱，因而可以做到燃料箱轻量化，减轻整体火箭的重量。

涡轮泵式根据产生涡轮驱动用气体的方法，分为气体发生方式和膨胀方式。气体发生方式（气体发生器循环）又称为分离流动循环。图 13-41 所示为通过泵加压的部分燃料和氧化剂旁通进入气体发生器（10）内进行燃烧，以利用燃烧气体驱动涡轮的方式。膨胀方式是利用推进剂（燃料和氧化剂）冷却推力室后膨胀的高温推进剂气体驱动涡轮，并把从涡轮排出的推进剂气体引入主燃烧室利用其剩余能量的方法，又称为附加流动循环（Topping flow cycle）。气体发生方式可以把从涡轮排出的气体压力做到低压状态，但膨胀方式因从涡轮排出的推进剂气体要供给到主燃烧室，因此必须以大于主燃烧室的压力进行膨胀。因此，气体发生方式效率（或有效功）会高。如果对比推力进行比较，气体发生方式高出 1% ~5%，可以说此值对航天器性能的影响还是较大的。

近来，运载火箭用液体推进剂火箭系统主要采用气体发生方式。但是，气体发生方式因利用燃料和氧化剂燃烧产生的气体驱动涡轮，存在过高的气体温度会融化涡轮叶片的危险。因此控制混合气为浓混合气，把气体温度保持在600～1100°C范围内。气体发生器所使用的燃烧推进剂量约为发动机全部推进剂消耗量的5%以下。通常，气体发生器产生的燃烧气体驱动涡轮后，通过排气管直接排放到大气中。还有一种情况是，把燃烧气体从主发动机喷管扩散段下游引入到喷管内部，以利用浓混合气状态燃烧的剩余能量获得少量的附加推力。此时，在喷管入口点的压力与涡轮排气压力相同的位置引入才能有效。

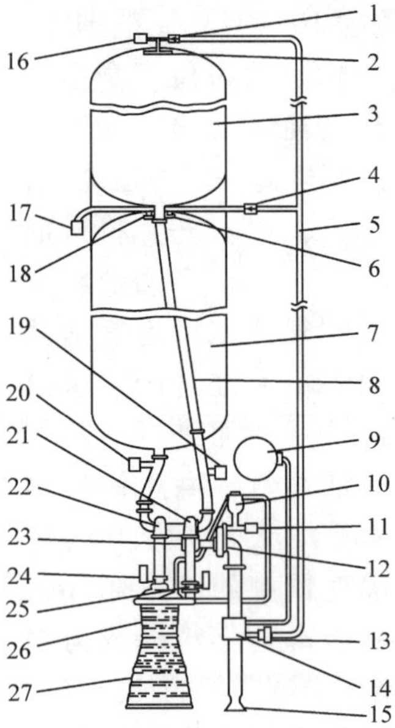

图13-41 涡轮泵供给式液体推进剂火箭发动机

1—单向阀 2—加压器 3—燃料箱 4—单向阀 5—加压氢气体管路 6—加压器 7—氧化剂箱 8—燃料供给管 9—高压氦气箱 10—气体发生器 11—涡轮驱动用气体发生器 12—涡轮 13—调节器 14—热交换器 15—涡轮排气用喷管 16—燃料箱卸压阀 17—氧化剂箱卸压阀 18—加压器 19—燃料箱充填嘴 20—氧化剂箱充填嘴 21—燃料泵 22—氧化剂泵 23—齿轮盒 24—氧化剂主阀 25—燃料主阀 26—燃烧室 27—喷管

13.5.3 液体推进剂

推进剂是火箭的燃料和氧化剂的统称。火箭发动机的开发初期，研发了多种液体推进剂，早期的洲际弹道导弹（ICBM）多使用液体推进剂火箭。但近来洲际弹道导弹（ICBM）几乎都使用储存性良好和发射准备时间较短的固体推进剂火箭。

1. 推进剂类型

液体推进剂的类型通常分为仅使用一种的单一推进剂、使用燃料和氧化剂两种的二元推进剂和使用三种以上的三元推进剂，但大部分使用二元推进剂。另外，根据装载状态不同，分为储藏性推进剂和极低温推进剂，以点火方式分为自然着火推进剂和强制点火推进剂。在此部分主要对单一推进剂和二元推进剂进行说明。

（1）单一推进剂　单一推进剂多使用过氧化氢（H_2O_2）、肼（N_2H_4），此外还有环氧乙烷（C_2H_4O）、硝基甲烷（CH_3NO_2）、过氧化氢与乙醇的混合物等。这些均为自燃性很强的物质，主要使用催化剂产生化学反应获得推力。

单一推进剂火箭发动机虽然供给系统较简单，但推进剂性能低，因此主要使用在不是火箭主发动机的控制火箭或人造地球卫星上。单一推进剂的特性见表13-7。

表13-7　单一推进剂的特性

单一推进剂	密度	火焰温度/℉	c^* [fps]	I_s/s	灵敏度
过氧化氢	1.45	1839	3418	165	否
肼	1.01	2050	3952	230	否
环氧乙烷	0.87	1760	3980	189	否
硝基甲烷	1.13	4002	5026	244	是

过氧化氢推进剂从在V-2发动机上使用开始到20世纪60年代应用较广泛，但存在储藏中缓慢分解持续增加燃料箱内的压力以及被水稀释的量增加的问题。压力上升导致燃料箱的设计变复杂，被水稀释会导致性能降低。

肼在稳定的化学物质中具有较高的比推力，从全局上表现较为良好的物理特性，但存在点火较难的缺陷。早期在肼燃料中添加四氧化二氮（N_2O_4）起动助燃剂（Start slug）进行点火燃烧，所有“徘徊者”（Ranger）、“水手2”（Mariner 2）和“水手4”均使用了肼/起动助燃剂系统。但使用起动助燃剂会使系统较为复杂，另外单一推进剂的最大优点是不使用氧化剂，但使用起动助燃剂必须使用氧化剂。

（2）二元推进剂　目前大部分的液体推进剂火箭发动机采用把燃料和氧化剂各自独立供给的二元推进剂系统。罗伯特·戈达德博士最初设计的火箭是使用煤油和液氧推进剂的二元推进剂系统。二元推进剂燃料有RP-1（煤油）、肼、氢气（LH_2）、不对称二甲肼［UDMH，$(CH_3)_2NNH_2$］、甲肼（MMH，CH_3NHNH_2）、三氟化氯（ClF_3），氧化剂有液氧（LOX）、四氧化二氮（N_2O_4）、硝酸（HNO_3）。

第二次世界大战后，美国对火箭的研究开始初期，把煤油这种燃料命名为RP-1（火箭推进剂1）并作为首选燃料使用，氧化剂因液氧在野战等环境下不易储存，因此选择使用了易储存的硝酸（HNO_3）。但从20世纪60年代初开始，腐蚀性低的四氧化二氮（N_2O_4）开始作为首选燃料使用。作为二元推进剂燃料研究最多的是肼和不对称二甲肼（UDMH）。肼虽然不太稳定，但比推力I_s较高。

美空军的运载火箭项目最终选择的是把肼与不对称二甲肼（UDMH）以50:50比例混合的物质航空肼50，此混合燃料最初使用在大力神Ⅱ上。其后，开发了储存容易并具备航空肼50物性的甲肼（MMH）燃料并开始首选使用。

美国宇航局（NASA）因运载火箭的需要开发了使用氧气/氢气推进剂的土星系列（土星Ⅰ、1B、5-阿波罗、5-太空实验室）。其后，在航天飞机上也开始使用此推进剂组合。之后虽然对氟氧化剂和三氟化氯等衍生产品持续进行了研究，但因氟在金属燃料箱中储存困难，最终以失败告终。

二元推进剂中的液氧（LOX）、液氢（LH_2）、氟（F_2）在非常低的温度下液化，因此称为低温物或低温推进剂。这些推进剂在储藏时需要对燃料箱进行绝热保护，以尽可能减小蒸发损失，并需要对蒸发气体采取安全措施。与此相比，煤油、四氧化二氮、硝酸等可在常温下以液体状态长时间储藏的燃料称为可储藏性推进剂。

2. 液体推进剂的混合比和性能

二元推进剂中根据燃料和氧化剂的类型具有多种组合方式。某种组合可以自燃并持续燃烧反应，把这种组合称为自燃性推进剂。如，不对称二甲肼（UDMH）或甲肼（MMH）与四氧化二氮（N_2O_4）或硝酸（HNO_3）的混合物，以及 H_2-F_2等的组合具有自燃性质。此外，为了推进剂混合后开始燃烧反应需要点火装置，为了防止因自燃延迟导致的爆炸性燃烧，通常对自燃性推进剂也配备点火装置。

二元推进剂的混合比（质量比）r_m 定义为氧化剂质量 m_o 与燃料质量 m_f 之比，即

$$r_m = \frac{m_o}{m_f} = \frac{\dot{m}_o}{\dot{m}_f} \tag{13.95}$$

推进剂总流量为 $\dot{m} = \dot{m}_o + \dot{m}_f$，因此氧化剂和燃料的质量表示为

$$\dot{m}_o = \frac{r_m}{1 + r_m}\dot{m} \tag{13.96}$$

$$\dot{m}_f = \frac{1}{1 + r_m}\dot{m} \tag{13.97}$$

另外，二元推进剂首选以平均密度高为条件，设定氧化剂密度为 ρ_o，燃料的密度为 ρ_f，混合比为 r_m，二元推进剂的平均密度 ρ_m 表示为

$$\rho_m = \frac{\rho_o r_m + \rho_f}{1 + r_m} \tag{13.98}$$

密度比推力 $I_{s,d}$定义为平均密度与比推力之积，即

$$I_{s,d} = \rho_m I_s \tag{13.99}$$

密度比推力是考虑了火箭推进剂燃料箱所需容积的参数，对飞行性能影响非常大的要素。二元推进剂的混合比有时也以容积比表示。

通常，推进剂性能以特征排气速度 c^* 或比推力 I_s 等表示。这些参数在燃烧气体的温度为 T_f、平均分子量为 M_m 时，与 $\sqrt{T_f/M_m}$成正比。虽然从此方面来看燃烧气体的温度越高越好，但实际上因不完全燃烧、燃烧气体的热裂解等，推进剂的化学能要全部转换为热能是不可能的。通常，T_f/M_m 在浓混合气状态达到最大，此时的混合比就是性能上的最佳混合比。二元推进剂中最佳混合比并不是燃烧气体达到最高的理论混合比附近，而是在燃烧气体中低分子量成分含量较多的浓混合比。目前正在使用中的推进剂混合气体，每 1kg 质量发热量为 3200 ~ 5500kJ/kg。二元推进剂的组合性能见表 13-8。

表 13-8　代表性的二元推进剂组合性能

氧化剂	燃料	质量混合比 O/F	密度/(g/cm³)	燃烧气体温度/°F	燃烧气体平均分子量	特性速度 c^*/fps	推力系数 C_F	比推力 I_s/s
四氧化二氮 (N_2O_4)	UDMH	2.61	1.18	5685	23.6	5650	1.625	285
	航空肼-50	2.0	1.21	5590	22.6	5725	1.62	288
		2.15	1.21	5570	23.0	5665	1.636	288
	MMH	2.16	1.20	5635	—	5720	1.621	288
液氧 (LOX)	RP-1	2.0	0.998	5760	21.1	5898	1.605	294
		2.40	1.012	6100	22.8	5953	1.62	300
		2.56	1.02	6150	23.3	5920	1.632	300
		2.73	1.03	6200	23.9	5865	1.642	299
	UDMH	1.65	0.98	6.010	21.3	6115	1.631	310
		1.3	0.98	6065	22.1	6040	1.638	307
	LH^2	4.02	0.28	4935	10.0	7980	1.578	391
		19.50	0.65	4960	23.4	5300	1.61	265

13.6　固体推进剂火箭发动机

固体推进剂火箭发动机（SRM）是把固体形态燃料与氧化剂混合物进行燃烧并把高温、高压气体喷出获得推力的发动机。与液体推进剂火箭发动机相比，具有结构简单、驱动装置少、制造费用低、容易确保其可靠性、以推进剂充满状态可保存、在任意时刻能立即进行发生等优点。但是与液体推进剂火箭发动机相比也存在比推力较低、推力控制或燃烧熄火后重新点火困难、在大型火箭中发动机壳体的重量会变大、结构系数增大以及没有冷却喷管用液体冷却剂，因此对于能长时间耐高温燃烧的结构设计困难等缺点。

13.6.1　固体推进剂火箭发动机的结构

固体推进剂火箭发动机由发动机壳体、药柱、喷管、点火器等构成，如图 13-42 所示。

1. 发动机壳体

发动机壳体是固体推进剂火箭发动机的载体和燃烧室。推进剂燃烧时，燃烧气体压力约为 100 大气压，温度为 2500～3000K，会受到大负荷和高温影响。因此，发动机壳体制造为高压容器，在燃烧室侧会覆盖内衬和绝缘材料。

发动机壳体材料使用能耐燃烧气体压力和温度的比强度（材料强度与材料重量之比）较大且刚性较高的材料。以高强度合金钢为主使用，为了减轻重量，还使用钛合金、铝合金或复合材料。

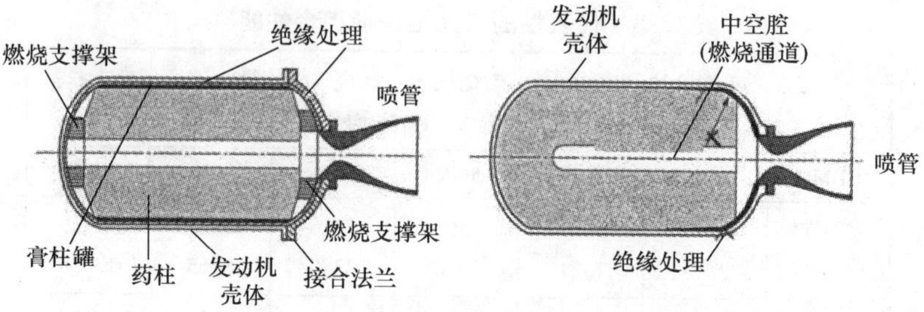

图 13-42　固体推进剂火箭发动机的结构

与传统的金属材料相比，复合材质发动机壳体不仅重量轻，并且比强度大，耐腐蚀性良好。形状是与金属材质发动机壳体相似是轴对称圆柱形，20 世纪 60 年代使用玻璃纤维材料，70 年代使用芳纶纤维材料，80 年代后开始使用高强度碳纤维材料。

内衬是为发动机壳体绝热，在药柱与绝缘材料之间嵌入的类橡胶薄层材料。内衬的作用是当火焰先锋到达发动机壳体时，抑制药柱的燃烧，并增加绝缘材料与药柱之间的黏合性。内衬材料通常使用与药柱黏合剂相同的黏合剂。

绝缘材料设置在推进剂药柱与发动机壳体之间。其作用是，在推进剂燃烧时，保护发动机壳体不被高温高压的燃烧气体腐蚀或烧蚀损坏，类似于内衬的作用，以橡胶材质为主使用，材料有丁腈橡胶（NBR）、丁苯橡胶（SBR）、硅橡胶等。为了增加耐热性，还使用二氧化硅、草酸钙、硫酸铵、凯夫拉（Kevlar）等材料。

2. 药柱

固体推进剂安装在发动机上时，被称为药柱。药柱中央空腔被称为燃烧通道。通常药柱由在推进剂铝粉和高氯酸铵中添加类橡胶粘合剂和其他添加剂构成。

推进剂药柱的制造根据推进剂类型、发动机类型和大小等，具有很多种方式。其中，具有代表性的有，把推进剂通过模具加压压伸成型的方法，以及加入模具内浇铸的方法。双基推进剂的制造有两种方法：压伸成型和浇铸，而复合推进剂的制造仅使用浇铸的方法。

3. 喷管

喷管是把燃烧室中推进剂燃烧产生的高温、高压排气向外喷出，通过其反作用力获得推力的装置，为了获得喷气的超音速，采用收敛 - 扩散型喷管。喷管的设计类似于液体推进剂火箭发动机喷管的设计，设计时以最小化流动损失为条件。

喷管是直接接触高温燃烧气体、温度最高的部件，尤其在喷管喉部更为如此。喷管的设计受到部件的温度、腐蚀、烧蚀的限制。尤其是喷管喉部因腐蚀导致的性能降低等应引起注意。喷管材料使用合成石墨（碳环氧树脂）和碳复合材料。合成石墨（碳环氧树脂）耐热性较好，因此嵌在喷管喉部，但因强度较低，需要额外的载体支撑架进行固定。碳复合材料由热分解的碳基碳纤维材质构成的复合材料。碳纤维具有优秀的比强度，还有碳和硅酚醛塑料（Silica phenolics）的复合材料。

4. 点火装置

固体推进剂火箭发动机的点火装置是提供推进剂点火所需能量的装置，由把外部能量转换为热能的引爆器（initiator）、防误点火安全装置、提供推进剂点火所需主能量的点火器构成。

引爆器是接收外部输入能量并产生热能的一种能量转换装置。点火器是把引爆器产生的火焰传递到推进剂药柱的全部表面上，以把温度提高到点火温度，并把燃烧室压力增加到能自运行温度的装置。点火安全装置是仅在满足点火条件时允许点火的装置，以防止弹道导弹（或运载火箭）在保管和运输途中误点火。

13.6.2　推进剂药柱形状和燃烧特性

火箭发动机的推力以排气质量流量与有效排气速度之积或喷管入口压力、推力系数与喷管喉部端面积之积表示。这表示推进剂药柱的形状和燃烧类型，决定了多种推力 - 时间特性。固体推进剂火箭发动机一旦开始燃烧，就不能调整推力，因此药柱的形状很重要。

1. 燃烧类型和药柱形状

固体推进剂药柱的基本燃烧类型如图 13-43 所示。图 13-43a 所示为药柱充满容器的状态下，从末端面开始逐渐燃烧的端面燃烧类型，图 13-43b 所示为从圆柱外表面开始逐渐燃烧的外表面燃烧类型，图 13-43c 所示为从圆柱中空内表面开始逐渐燃烧的内表面燃烧类型，图 13-43d 所示为内表面、外表面复合燃烧类型。图 13-44 所示为根据药柱端面形状的推力 - 时间特性曲线。燃烧从药柱表面开始，因此药柱的形状是时间的函数，决定着燃烧面积，由燃烧率和燃烧面积决定推力。图 13-44a 所示为药柱端面形状是中空圆柱管型，目前多采用此类型。圆柱管型内表面的燃烧表面积随燃烧时间的增加而增大，进而推力也随之增大，因此称为渐增型。图 13-44b 所示为星型（或内表面、外表面燃烧），药柱形状燃烧表面积随燃烧时间的增加而保持一定面积，因此称为中立型。图 13-44c 所示为双锚型（或外表面燃烧），药柱形状燃烧表面积随燃烧时间的增加而减少，推力也随之减小，因此称为渐减型。其中最常用的设计为星型药柱的中立型燃烧。

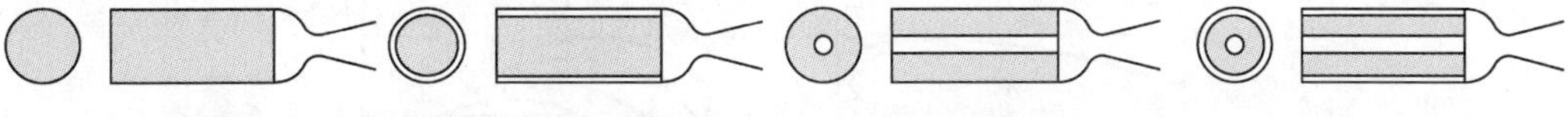

a) 端面燃烧　　b) 外表面燃烧　　c) 内表面燃烧　　d) 内/外表面燃烧

图 13-43　燃烧类型的分类

2. 药柱的燃烧特性

为了说明药柱的燃烧特性，进行如下假设。燃烧为完全燃烧，燃烧气体符合均质理想气体状态方程式。燃烧气体的质量热容比与温度无关保持一定。燃烧气体的流动方向与喷管的主轴方向相同，在端面上为具有均匀流动特性（压力、温度、

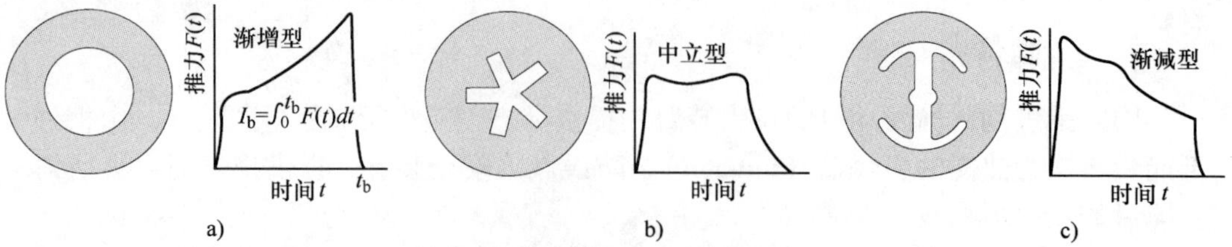

图 13-44　药柱端面形状与推力 - 时间特性

密度、速度等保持不变）的一维正常流动。忽略摩擦和边界层损失，没有通过火箭壁面的热传递。喷管内流动是正常状态，没有激波或不连续表面，均匀膨胀。

现在对图 13-45 所示的圆柱管型内表面燃烧进行分析。如果中空燃烧通道（或药柱长度）无限长，会进行渐增型燃烧；但如果中空燃烧通道很短，会形成 3 维燃烧，因由 d/D、L/D 的大小决定燃烧表面积，几乎不会出现渐增型燃烧。此类型的燃烧特性如图 13-46 所示。横轴 η 为无量纲燃烧距离，纵轴 θ 为无量纲燃烧表面积，各自以如下式进行定义：

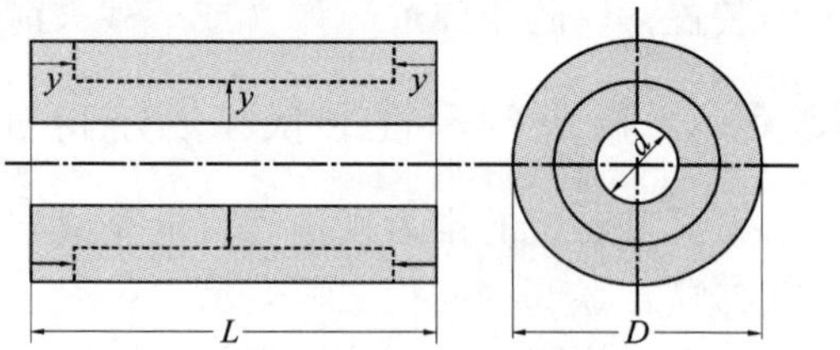

图 13-45　圆柱管型内表面燃烧药柱

$$\eta = \frac{2\int_0^t v_b \mathrm{d}t}{D} = \frac{2y}{D} \tag{13.100}$$

$$\theta = \frac{4A_b}{D^2} \tag{13.101}$$

式中，v_b 为药柱的燃烧速度；A_b 为燃烧表面积。

如图 13-46 所示，在 d/D 为 0.5、L/D 为 2 的状态，燃烧形式类似于中立型。因此如果 L/D 增大，会形成渐增型燃烧；如果 L/D 减小，会形成渐减型燃烧。

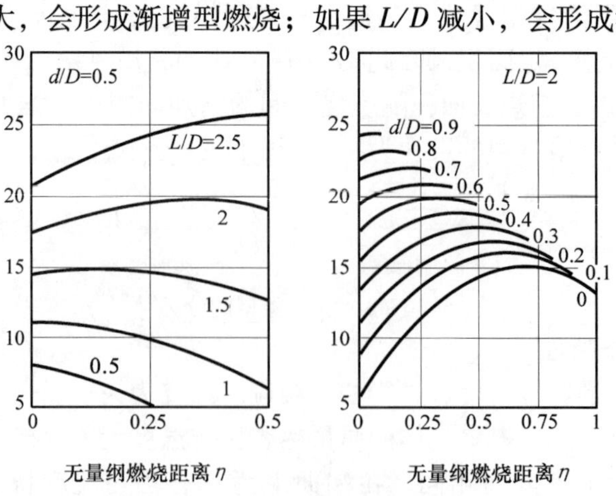

图 13-46　圆柱管型燃烧特性

13.6.3　固体推进剂

固体推进剂火箭发动机根据用途、要求性能、功能等，决定推进剂的类型和药柱的大小与形状。

1. 要求特性

对固体推进剂所要求的特性有比推力、密度比推力、燃烧特性和机械特性等。

（1）比推力、密度比推力　固体推进剂的性能随燃料与氧化剂混合比率的不同而发生变化。特征排气速度 c^*、比推力 I_s 与 $\sqrt{T_f/M}$成正比，为了提高推进剂的性能，应提高燃烧气体的温度 T_f，且燃烧气体的分子量要小。要提高燃烧气体的温度，必须把高能燃料与氧化剂的组合比率做到最佳混合比率，即达到化学计量比。如，高能燃料与氧化剂高氯酸亚硝酰组合的推进剂，燃烧气体温度会达到 4500K，这样的高温气体对喷管的耐热性有影响，故燃烧气体温度限制在 3500K 左右。因此，为了获得更大的特征排气速度 c^* 或比推力 I_s，减小燃烧气体分子量 M 更具有实质性的意义。

对固体推进剂的要求特性中，要素之一为密度比推力 $I_{s,d}$（$=\rho_p I_s$）。密度比推力 I_{sd}定义为推进剂密度 ρ_p 与比推力 I_s 之积，固体推进剂火箭首选高密度固体推进剂。

液体推进剂和固体推进剂火箭发动机的特征相互比较见表 13-9。通常固体推进剂火箭的比推力比液体推进剂火箭（450s）低 300s 或以下。但是固体推进剂的密度更大，因此当推力一定时，可以构成为更为小型的系统。

表 13-9　液体推进剂和固体推进剂火箭发动机的比较

	特征	分类	推力 F/tf[①] 燃烧时间 t_b/s 比推力 I_s/s	用途
液体火箭	· 高比推力 · 可以长时间燃烧、燃烧中断、重点火 · 固定密度的制导控制容易 · 大型时可提高质量比 · 结构复杂 · 立即发射困难 · 小型时比固体推进剂火箭质量比小	大型	$F=50\sim750$ $t_b=60\sim500$ $I_s=250\sim450$	第 1，2 级
		中型	$F=0.5\sim25$ $t_b=60\sim800$ $I_s=250\sim450$	上端 轨道修正
		小型	$F=0.5\sim250$kgf $t_b=20\sim1000$ $I_s=250\sim300$	姿态控制 位置控制

（续）

	特征	分类	推力 F/tf① 燃烧时间 t_b/s 比推力 I_s/s	用途
固体火箭	· 结构简单 · 可以立即发射 · 容易获得高初始速度 · 小型时比液体推进剂火箭质量比大 · 比液体推进剂比推力小 · 燃烧中断后重点火困难 · 固定密度的制导控制困难 · 大型时比液体推进剂火箭质量比小	大型	$F=50\sim1500$ $t_b=30\sim120$ $I_s=220\sim250$	助推器 第1，2级 ICBM
		中型	$F=0.5\sim25$ $t_b=1\sim50$ $I_s=220\sim300$	助推器 上端 级间分离 导弹
		小型	$F=20\sim2500$kgf $t_b=1\sim20$	级间分离 航空器起飞辅助 小型导弹

① tf 表示吨力，1tf≈9964N。

（2）燃烧特性　固体推进剂的燃烧在其表面的垂直方向进行，燃烧表面具有与初期表面始终平行的特性，这称为均匀火烧（Piobert）定律。另外，燃烧速度表示为燃烧表面垂直方向燃烧前进的速度。固体推进剂火箭根据用途规定了适当的燃烧速度。如导弹或助推器等需要较大初期加速度的情况下，需要较大的推进剂燃烧速度，如果在火箭的上端配备使用，所需的燃烧速度小。目前使用的推进剂燃烧速度为几毫米/秒到几厘米/秒范围内。

（3）机械特性　固体推进剂药柱具有黏性和弹性组合的黏弹性物质特性。向推进剂施加应力时，初期显示为弹性性质，随时间发生一定的变形状态，一旦到达某一时间开始显示为黏性性质，发生变形突然减小的蠕变现象。因此，推进剂药柱在点火和燃烧所发生的应力、热应力和火箭运动所带来的运动应力作用下，会有发生变形或被破坏的可能性，因此必须采取措施防止发生此类情况。

（4）其他　推进剂药柱不仅要满足比推力、燃烧速度、机械特性等参数要求，还要满足随时间变化的物理、化学性质要求，以及制造型、稳定性、经济性等要求。

固体推进剂火箭（武器）以长时间保存为前提，因此即使经过长期的保存时间，推进性能也不应发生变化，推进剂随长时间的变化量要小。另外，推进剂为了能成型，应具备适当的流动性，因为在制造过程中会施加一定的机械应力，也会发生一定程度的化学反应，因此必须保证制造工艺的稳定性。最后，在实用性方面应考虑成本低廉。

2. 类型

固体推进剂通常区分为均质型和异质型：均质推进剂分为单基推进剂、双基推进剂；异质推进剂分为复合推进剂、改性双基推进剂。这些是按照是否存在比巨大分子更大规模的异质型来区分的。

均质型的硝化纤维素（NC）分子结构中包含可燃剂和氧化剂成分，这种单基推进剂具有自燃特性。双基推进剂（DB）主要由硝化纤维素（固体）和硝化甘油（NG）（液体）系列火药混合而成，固体火箭通常使用这种推进剂。异质推进剂由氧化剂粒子与可燃剂聚合黏合剂（高分子聚合树脂）或金属可燃剂粒子（铝等）构成，这称为复合推进剂，改性双基推进剂也属于此范畴。

复合推进剂从1942年由喷气推进研究所（JPL）最初发明使用以来，使用较多的由氧化剂、燃料、黏合剂、增塑剂等构成。复合推进剂由多种构成物质混合而成，因此其类型多种多样，新类型也正在不断研究开发中。典型的复合推进剂见表13-10。

表13-10　典型的复合推进剂

构成成分		物质名称
氧化剂		AP、AN、RDX、HMX等
键合剂（黏合剂与燃料相容）		HTPB、PS、PVC、PU、PBAN、PBAA、CTPB
添加剂	金属燃料（高频燃烧不稳定性抑制剂相容）	铝（Al）、铍（Be）、镁（Mg）、硼（B）等
	塑化剂	DOA：己二酸二辛酯、DOZ、DOS等
	硬化、键合用添加剂	TDI、PQD
	键合用添加剂	MAPO：氧化磷1，2三羟甲基氧化磷
	燃烧速度催化剂	三氧化二铁（Fe_2O_3）、三氧化二铬（Cr_2O_3）

复合推进剂的类型标识方法通常以黏合剂、氧化剂、燃料的顺序标识，有时也仅用黏合剂标识。如，大力神助推器固体火箭推进剂的标识为PBAN/AP/AL。这表示燃料为铝粉（AL）、氧化剂为高氯酸铵（AP）、黏合剂为PBAN，也可以简单地以PBAN标识。

（1）燃料、氧化剂　复合推进剂以聚合树脂作为黏合剂兼可燃剂，并混合固体氧化剂粉进行硬化。氧化剂有高氯酸铵（AP，NH_4ClO_4）等高氯酸盐类和硝酸铵（AN）等硝酸盐类，目前几乎大部分使用高氯酸铵。硝酸铵因燃烧速度低，作为氧化剂使用在液体推进剂火箭的涡轮泵驱动用气体发生器、航空器的起飞辅助用发动机等。

（2）黏合剂　黏合剂为塑料或橡胶等高分子物质，其使用目的有两方面：一是，把燃料铝粉与氧化剂高氯酸铵相互结合，成为能成型为药柱的固体形状；二是，黏合剂自身作为燃料使用。

黏合剂有羟基聚丁二烯（HTPB）、聚氯乙烯（PVC）、聚苯乙烯（PS）、聚氨酯（PU）和聚丁二烯丙烯酸（PBAA）等。

（3）添加剂　此外，为了改善推进剂的硬度、改善燃烧率、稳定燃烧（抑制急剧燃烧）、改善浇铸特性、改善结构特性（增塑剂）和吸收水分（稳定剂）等特性，多使用添加剂。

高性能复合推进剂为了增加比推力和防止燃烧不稳定性，混合金属粉末燃料。目前，作为金属燃料主要使用铝粉，正在考虑为了获得更大的比推力研发使用铍粉。但是铍粉点火温度较高、燃烧不完全，而且燃烧气体具有毒性，因此不适合于在地面使用。

练　习　题

1. 请说明为了增大火箭推力，推进剂需要的特性要素和喷管设计形状。

2. 液体推进剂燃料多使用液氢和煤油，其理由是什么？

3. 温度为 T（K）的空气中音速 c（m/s）如下式表示，请论证。

$$c = 20.05\sqrt{T}$$

4. 燃料箱内空气状态压力为1.0MPa、密度为1.5kg/m^3。在燃料箱中打孔，并设置喷管，空气无损失喷出时，请求出空气的排气速度。空气在喷管出口端面上的压力等于大气压0.1MPa。

5. 直径为10cm的喷管中，水以速度200m/s喷出，并与固定平板垂直碰撞。请求出此平板受到的冲力。另外，如果平板以喷气流动方向50km/h的速度移动，请求出平板的受力。

6. 在马赫数为1.5的均质超音速流动场中设置皮托管测量静压。在设置皮托管的前方产生了激波，并在皮托管中测量的总压为150kPa。请求出此超音速流动场的静压为多少？已知 $\kappa = 1.4$。

7. 火箭的地面试验，初始质量为220kg，火箭发动机运行后质量为130kg，货物及非推进结构物的质量为110kg，火箭的运行时间为3.0s，推进剂的平均比推力为240N · s^3/kgm。请求出质量比、推进剂质量流量率、推力、推力对质量比、运载火箭的加速度、有效排气速度、冲力和冲力对质量比。

8. 固体推进剂火箭发动机的喷管喉部直径为0.0855m，喷管出口直径为0.2703m。在利用此喷管的地面试验（标准海平面高度）中，初始质量为1200kg，火箭发动机运行后的最终质量为20kg，燃烧室压力为7.0MPa，喷管出口压力为0.07MPa，燃烧时间为40.0s，平均推力为62250N。请求出此火箭在海平面高度上的推进剂质量流量率、有效排气速度、特征排气速度、比推力。另外，请求出此火箭在高度为1000m、10000m时的有效排气速度和比推力。

参 考 文 献

1. 전홍신, 해외 천연가스 자동차의 연구개발 동향, 자동차공학회지, 1990.4, pp.16-28
2. 전홍신, 국산승용차의 에너지 절약기술, 자동차공학회지, 1992.5, pp.5-26
3. 김득상, 신개념 가솔린엔진의 연구, 오토저널, 2007.08, pp.75-79
4. 손건석, 상용 디젤 산화촉매 특징 및 기술, 오토저널, 2008.02, pp.44-54
5. 정용일, 김홍석, 디젤자동차용 DPF 기술의 국내외 개발동향, 오토저널, 2008.02, pp.55-61
6. 김용우, 민준석, 일본의 경유차 PM, NOx, 규제동향 및 저감기술, 오토저널, 2008.02, pp.75-80
7. 조규남, 자동차의 전자화 추세 및 소요센서 전망, 오토저널, 2008.06, pp.36-42
8. 유창성, 바이오 디젤 연료, 오토저널, 2008.06, pp.87-89
9. Yasuhiro Daisy, 2020년 이후의 선행 친환경자동차기술, 오토저널, 2008.08, pp.18-25
10. 이기형, 자동차 엔진기술 동향, 오토저널, 2008.08, pp.26-35
11. 전광민, 자동차 배기후처리기술의 현황 및 전망, 오토저널, 2008.08, pp.36-40
12. 박심수, 신형 파워트레인의 현황과 전망, 오토저널, 2008.08, pp.43-54
13. 최규재, 자동차 섀시시스템의 기술의 현황 및 전망, 오토저널, 2008.08, pp.76-87
14. 이수영, 자동차와 IT 융합기술의 전망, 오토저널, 2008.08, pp.88-94
15. 정준화, 미국 정부, 2015년 '목표연비기준' 상향 조정, 오토저널, 2008.10, pp.154-158
16. 배충식, 장진영, 디젤엔진 연비향상 기술, 오토저널, 2008.12, pp.20-27
17. 이백행, 신동현, 플러그-인 하이브리드 자동차용 에너지 저장시스템 개발 동향, 오토저널, 2009.02, pp.32-37
18. 이진욱, 유럽 EUCAR 저탄소자동차 기술개발 현황, 오토저널, 2009.02, pp.59-79
19. 전광민, 미래형 자동차 배기가스 제로화 기술개발, 오토저널, 2009.04, pp.104-111
20. 김용래, 조성환, 수퍼클린 승용디젤엔진의 기술개발 동향, 오토저널, 2009.10, pp.16-24
21. 엄명도, 제작자동차 배출가스 관련법규, 오토저널, 2009.10, pp.100-106, 2009.12, pp.97-101
22. 녹색성장위원회, 자동차 연비 및 온실가스 기준 개선방안, 2009.7

23. Corporate Average Fuel Economy, Wikipedia, the free encyclopedia
24. 오영택, 류정인, 하종률, 내연기관, 동명사, 2002
25. 이성렬, 내연기관, 보성각, 2006
26. 부준홍외, 분사추진기관, 청문각, 2002
27. 공창덕외, 항공가스터빈엔진, 동명사, 2002
28. 홍용식, 우주추진공학, 청문각, 2002
29. 윤웅섭, 김영수 옮김, 로켓공학, 경문사, 2004.
30. 한국추진공학회, 항공우주 추진기관 개론, 한티미디어, 2008
31. 長尾不二夫, 內燃機關講義, 養賢堂, 1981
32. 大道寺達, 內燃機關原論, 丸善株式會社, 1981
33. 大竹一友, 藤原俊隆, 燃燒工學, コロナ社, 1985
34. 廣安博之, 寶諸幸南, 內燃機關, コロナ社, 1987
35. 荒井 宏, 自動車の電子システム, 理工學社, 2004
36. 自動車技術 ハンドブック, 1. 基礎, 理論編, 社團法人 自動車技術會, 2004
37. 自動車技術 ハンドブック, 2. 環境, 安全編, 社團法人 自動車技術會, 2004
38. 村山 正, 常本秀幸, 自動車エンジン工學, 東京電機大學出版局, 2009
39. Edward F. Obert, Internal Combustion Engines and Air Pollution, Intext Educational Publishers, 1973
40. John Fenton, Gasoline engine analysis for computer aided design, Mechanical Engineering, 1986
41. John B. Heywood, Internal Combustion Engine Fundamentals, McGraw-Hill International Editions, 1989
42. George P. Sutton, Oscar Biblarz, Rocket Propulsion Elements, John Wiley & Sons, 2001
43. Bosch handbook series, Diesel engine management (3rd ed.), Professional Engineering, 2004
44. Robert Bosch, Gasoline engine management (3rd ed.), J Wiley & Sons, 2006.
45. Ayhan Demirbas, Biodiesel : a realistic fuel alternative for diesel engine, Springer, 2008
46. Saeed Farokhi, Aircraft propulsion, John Wiley & Sons, 2009
47. John Dixon, Modern diesel technology : preventive maintance & imspection, Delmar, 2010